Lehrbuch der Forstwissenschaft.

Für Forstmänner und Waldbesitzer

von

Dr. Carl von Fischbach,
Fürstlich Hohenzollernschem Ober-Forstrath.

Vierte vermehrte Auflage.

Berlin.
Verlag von Julius Springer.
1886.

ISBN-13:978-3-642-89674-3 e-ISBN-13:978-3-642-91531-4
DOI: 10.1007/978-3-642-91531-4

Softcover reprint of the hardcover 4th edition 1886

Seiner Majestät

dem König

Karl von Württemberg

allerehrfurchtsvollst gewidmet.

Vorrede zur ersten Auflage.

Zu Herausgabe des vorliegenden Buches veranlaßte mich die Ansicht, daß es dem Anfänger in unserer Wissenschaft an einem nicht zu kurzen und nicht zu umfassenden Leitfaden fehle, ein Mangel, den ich bei Einleitung mehrerer junger Forstmänner lebhaft fühlte. Mit Rücksicht auf den Anfänger suchte ich die schwierigen Fragen, welche eine genaue Kenntniß des ganzen Betriebes voraussetzen, aus den ersten Abschnitten zu entfernen und in der Betriebslehre zusammenzustellen. Diesem Theile habe ich besondere Aufmerksamkeit gewidmet, weil er meiner Ansicht nach noch viel zu wenig theoretisch entwickelt ist; ohne Zweifel liegt der Grund davon im Vorherrschen der Staatsforstverwaltungen, in denen seit längerer Zeit die Principien des Betriebes bestimmt sind, so daß also die hieher einschlägigen Fragen nur selten zur Erörterung kamen, obwohl sie für die große Zahl Privatwaldbesitzer von nicht geringer Wichtigkeit sind.

So schließe ich mit dem Wunsche, daß dieses Buch als der erste literarische Versuch eines Praktikers nachsichtige Beurtheilung finden möge.

Wildbad, den 28. August 1856.

Der Verfasser.

Vorrede zur zweiten Auflage.

Die freundliche Aufnahme und nachsichtige Beurtheilung, welcher sich die erste Auflage dieses Buches zu erfreuen hatte, veranlaßten mich, auf die Verbesserung und Vervollständigung desselben möglichste Sorgfalt zu verwenden.

Ein erweiterter Berufskreis, sowie mehrere Reisen in die verschiedenen deutschen Länder lieferten mir neben den literarischen Hülfsmitteln reichliches Material zu Nachträgen und Berichtigungen.

Der fortschreitenden Entwicklung und vermehrten Bedeutung des künstlichen Waldbaues ist Rechnung getragen und ihm demgemäß auch eine entsprechendere Stellung im System gegeben worden. Die Betriebslehre hat am wenigsten Aenderungen erlitten; denn obgleich sie vor allen anderen Zweigen der Vervollständigung noch am meisten bedarf, so übersteigt dies doch die Kräfte des Einzelnen, und das von Waldbesitzern und Staatsregierungen bis jetzt in dankenswerther Weise beigeschaffte Material genügt noch lange nicht zur Ausfüllung der vorhandenen Lücken.

Nach dem in Heidelberg gefaßten Beschluß der Versammlung deutscher Land- und Forstwirthe soll auch in der forstlichen Literatur das metrische Maßsystem angewendet werden; mit Rücksicht auf einen größeren Theil von nichttechnischen Lesern habe ich dies aber vorerst unterlassen.

Die neu hinzugekommenen Literaturnachweisungen konnten im Hinblick auf den Leserkreis dieses Werkes nur einen kleinen Theil der erschienenen Schriften aufführen.

Rottweil, den 15. März 1865.

Der Verfasser.

Vorrede zur dritten Auflage.

Wiederholt habe ich mich bemüht, überall, wo es nothwendig war, den Inhalt dieses Buches zu verbessern und zu vervollständigen, wobei diesmal die Eintheilung des Stoffes und das System von der zweiten Auflage im Wesentlichen beibehalten wurden.

Es ist, wie ich hoffe, von den wichtigeren literarischen Erscheinungen der Zwischenzeit keine unberücksichtigt geblieben, soweit sie wirklich Erprobtes gebracht hat. Daneben gab mir mein gegenwärtiger Wirkungskreis auf einem weiten, äußerst belehrenden Beobachtungsfeld reichliche Gelegenheit, neue Erfahrungen zu sammeln, welche sorgfältig mitbenutzt wurden.

Diese meine dienstliche Stellung in einer der größten Domänenverwaltungen Deutschlands leitete mich auch von selbst dahin, in dieser Auflage, noch mehr als in den früheren, den privatwirthschaftlichen Standpunkt festzuhalten, um insbesondere nach dieser Richtung zur Weiterentwicklung des forstlichen Gewerbes beizutragen, wodurch die auf dem Titel angedeutete Erweiterung des Leserkreises begründet sein dürfte.

In voller Würdigung der überzeugenden Beweiskraft aller der Praxis entstammenden Zahlen habe ich davon aufgenommen, was an zuverlässigem Material zu beschaffen war; freilich ist es nicht so viel, als ich gewünscht hätte, denn allgemein brauchbare Durchschnittsgrößen und Werthe sind selten, und die etwas reicher zur Verfügung stehenden, aus einzelnen Wirthschaften oder Beständen entnommenen Zahlen sind erst dann verständlich, wenn jeweils die maßgebenden Vorbedingungen geschildert werden können, was in dem engen Rahmen eines Lehrbuches nicht gut möglich ist.

Zum Schlusse habe ich noch Herrn Privatdocent Dr. C. O. Harz in München öffentlich zu danken für seine freundliche Beihülfe bei Umarbeitung des Abschnittes über Anatomie und Physiologie der Pflanzen.

Sigmaringen, den 20. November 1876.

Der Verfasser.

Vorrede zur vierten Auflage.

Seit dem Erscheinen der dritten Auflage ist unsere Literatur durch viele sehr beachtenswerthe Erscheinungen wesentlich bereichert, zugleich aber die Forstwirthschaft selbst in neue Bahnen gelenkt worden, wozu ohnehin auch ein namhafter Rückgang der Waldrente in Folge sinkender Holzpreise führen mußte. Das wirthschaftliche Denken und haushälterische Rechnen hat sich deßhalb immer weiter auszubilden und muß bei einem richtigen Bildungsgange schon von Anfang an nach jeder Seite hin sorgfältig gepflegt und entwickelt werden. — Unter Beachtung aller Fortschritte der Wissenschaft habe ich mich bemüht, dieser Anforderung besonders auch noch dadurch gerecht zu werden, daß ich, so weit irgend möglich, die benutzbaren Zahlenbeispiele zu vermehren bestrebt war, da sie mehr als alle anderen Beweismittel zur Aufklärung beitragen.

Die dadurch beim Hauptfach nöthig gewordenen Erweiterungen des Textes hätten in gleicher Weise eine Umarbeitung des vorbereitenden Theiles bedingt, weil auch auf den Gebieten der Standortslehre und der Pflanzenphysiologie viele Fortschritte zu verzeichnen waren. Um nun den bisherigen Umfang des Buches nicht allzusehr zu erweitern, habe ich mich entschlossen, letztere beide Abschnitte ganz wegzulassen und den dadurch gewonnenen Raum dem Hauptfach zu widmen; ich glaube nicht befürchten zu müssen, daß dadurch die Brauchbarkeit des Buches vermindert werde.

Sigmaringen, den 25. Juni 1886.

Der Verfasser.

Inhalts-Uebersicht.

Vorbereitender Theil.

Forstbotanik.

Forstwissenschaft.

Erster Theil.

Zweiter Theil.

Vierter Theil.

Fünfter Theil.

Anhang.

Erste Abtheilung.

Zweite Abtheilung.

Seite

Dritte Abtheilung.

Beilagen.

Vorbereitender Theil.

Die Forstwissenschaft beschäftigt sich mit Nutzbarmachung der wildwachsenden Bäume und Sträucher, weßhalb zunächst diese und deren Eigenschaften, so weit sie forstliche Bedeutung haben und in der allgemeinen Botanik eine speziell technische Berücksichtigung nicht finden, hier einzeln beschrieben werden, indem als Einleitung vorausgeschickt wird ein kurzer Abriß der

Forstbotanik.

Literatur.

Nördlinger, Forstbotanik. Stuttgart, Cotta. 1875.
Willkomm, Forstliche Flora von Deutschland und Oesterreich. Leipzig, Winter. 1875.
Döbner Nobbe, Forstbotanik. 4. Aufl. Berlin, Parey. 1882.
Rob. Hartig, Wichtige Krankheiten der Waldbäume. Berlin, Springer. 1873.
Derselbe, Lehrbuch der Baumkrankheiten. Das. 1882.
Paul Sorauer, Handbuch der Pflanzenkrankheiten. Berlin, P. Parey. 1886.
Heinr. Fischbach, Katechismus der Forstbotanik. 4. Aufl. Leipzig, Weber. 1884.

Erstes Kapitel.

Allgemeines.

§. 1.

Vorbegriffe.

In den meisten Fällen hat es der Forstmann mit den der gemäßigten Zone eigenthümlichen geselligen Pflanzen zu thun; darunter versteht man solche, welche ausschließlich auf einer größeren Fläche allein vorkommen, und das Gedeihen anderer Arten auf diesem Raume nicht gestatten oder sehr erschweren. Sowohl nützliche als auch schädliche Waldpflanzen fallen unter diesen Begriff. Bedingt gesellige Pflanzen nennt man solche, welche nur unter besonders günstigen Verhältnissen in größerer Ausdehnung herrschend auftreten. Der Landwirth unterscheidet noch zwischen verträglichen und unverträglichen Gewächsen; in der Forstwissenschaft ist diese Unterscheidung nicht so entwickelt und durch Beobachtungen noch nicht genügend festgestellt; obgleich die Kenntniß dieses Verhaltens der Holzarten neben und nach einander in vielen Fällen von praktischem Werthe sein könnte.

§. 2.

Aufzählung der Forstgewächse.

Die für den Forstbetrieb wichtigsten Pflanzen sind folgende (die betreffenden Klassen und Ordnungen des Linné'schen Systems sind mit römischen und arabischen Ziffern beigesetzt, die natürlichen Familien nach Endlichers System):

I. Deutsche Waldbäume.

Laubhölzer.

Die Stieleiche, Sommereiche, Quercus pedunculata (Erhardt).

Die Traubeneiche, Wintereiche, Quercus Robur (Smith) oder sessiliflora. Beide bedingt gesellig. XXI. 6. Cupuliferae.

Die Buche, Rothbuche, Fagus sylvatica. XXI. 6. Cupuliferae, gesellig.

Die Hainbuche, Weißbuche, Carpinus Betulus. XXI. 6. Cupuliferae, bedingt gesellig.

Die Ulmen oder Rüstern, Ulmus campestris, Feldulme, et effusa, Fächerulme. V. 2. Ulmaceae, nicht gesellig.

Die Esche, Fraxinus excelsior. II. 1. Jasmineae (Oleaceae), bedingt gesellig.

Die Ahorne. Acer platanoides, Spitzahorn, Pseudoplatanus, Bergahorn, et campestre, Maßholder oder Feldahorn. VIII. 1. Acerineae, nicht gesellig.

Der Vogelbeerbaum, Sorbus aucuparia. XII. 5. Pomaceae.

Der Elzbeerbaum, Crataegus torminalis. XII. 5. Pomaceae.

Der Mehlbeerbaum, Crataegus Aria. XII. 5. Pomaceae.

Der wilde Birn- und Apfelbaum, Pyrus communis et Malus. XII. 5. und 2. Pomaceae.

Der Sperbelnbaum, Sorbus domestica. XII. 5. Pomaceae. Die sechs letztgenannten nicht gesellig.

Die wilde Süßkirsche, Prunus avium. XII. 1. Drupaceae, nicht gesellig.

Die zahme Kastanie, Edelkastanie, Castanea vesca. XXI. 6. Cupuliferae, bedingt gesellig.

Der Zürgelbaum, Celtis australis. V. 2. Celtideae, nicht gesellig,[1]) nur am Südabfall der Alpen vorkommend.

Die bisher genannten Holzarten werden zu den *harten* Hölzern gezählt; sie heißen manchmal auch *edle* Laubhölzer.

[1]) Näheres über diese Holzart Centralblatt f. d. ges. Forstwesen Wien 1877 S. 256.

Die Birken, Betula alba, Weißbirke, et pubescens, Schwarz- oder Ruchbirke. XXI. 6. Betulaceae, bedingt gesellig, werden bald zu dem harten, bald mit den nachfolgenden zu dem weichen Laubholze gerechnet.
Die Erlen, Elsen, Alnus glutinosa, Roth- oder Schwarzerle, incana, Weißerle, et viridis, Bergerle. XXI. 4. Betulaceae, gesellig.
Die Aspe, Espe, Populus tremula. XXII. 7. Salicideae, gesellig.
Die Schwarz- und Silberpappel, Populus nigra et alba. XXII. 7. Salicideae, nicht gesellig.
Die Linden, Tilia parvifolia et grandifolia. XIII. 1. Tiliaceae, bedingt gesellig; erstgenannte wächst viel langsamer als die zweite.
Die Weiden, Salix (verschiedene Arten). XXII. 1. Salicideae, die meisten Arten gesellig.

Nadelhölzer, Zapfenbäume. Coniferae (zum Weichholz gezählt).
Die Weißtanne, Edeltanne oder kurzweg Tanne, Pinus Abies (Duroi) oder Abies pectinata (Decandolle).
Die Rothtanne oder Fichte, Pinus Picea (Duroi), Abies excelsa (Decandolle).
Die gemeine Kiefer, Föhre, Weißföhre, Forche, Pinus sylvestris,
Die Schwarzkiefer, Pinus nigricans.
Die Lärche, Pinus Larix, Larix europaea.
Die Arve, Zürbe oder Zirbe, Zirbelkiefer, Pinus Cembra.

Sämmtliche sechs Arten gehören in die XXI. Klasse, 7. Ordnung Linné's, Abietineae Decandolle und zu den geselligen Waldbäumen.
Die Eibe, Taxus baccata. XXII. 12. Taxineae, nicht gesellig.

II. Ausländische Waldbäume, deren Acclimatisation bereits gesichert ist.

Robinia Pseudoacacia, die Akazie. XVII. 3. Papilionaceae.
Platanus occidentalis, die Platane.
Populus italica et canadensis, die italienische und canadische Pappel.
Quercus rubra et coccinea, die Purpur- und die Scharlacheiche.
Juglans nigra, alba et cinerea, amerikanische Nußbäume, letztere Art trägt den besonderen Namen Hikory.
Acer saccharinum, Zuckerahorn.
Ailanthus glandulosa, Götterbaum (in wärmeren Weinländern).
Pinus strobus, Weymuthskiefer.
Pinus maritima, Seekiefer (in sonnigen Weinlagen und an der Seeküste).

III. Einheimische Sträucher.

Die Hasel, Corylus Avellana. XXI. 6. Cupuliferae.
Der Faulbeerstrauch, das Pulverholz, Rhamnus Frangula. V. 1. Rhamneae.
Der Hollunder, Sambucus racemosa et nigra. V. 3. Sambuceae.

1*

Der Hartriegel, Cornus sanguinea et mascula. IV. 1. Corneae.
Die Rainweide, Ligustrum vulgare. II. 1. Oleaceae.
Der Schneeballstrauch, Viburnum Opulus. V. 3. Sambuceae.
Der Weißdorn, Crataegus Oxyacantha et monogyna. XII. 1. Pomaceae.
Der Schwarzdorn, Prunus spinosa. XII. 1. Drupaceae (Amygdaleae).
Der Sanddorn, Hippophaë rhamnoides. XXII. 4. Eleagneae.
Die Stechpalme, Ilex Aquifolium. IV. 4. Aquifoliaceae.
Der Wachholder, Juniperus communis. XXII. 5. Cupressineae.
Die Waldrebe, Clematis Vitalba. XIII. 6. Ranunculaceae.
Die Brombeere, Rubus fruticosus et caesius. XII. 5. Dryadeae.
Die Himbeere, Rubus idaeus. XII. 5. Dryadeae.
Die Heidelbeeren, Vaccinium Myrtillus, Vitis idaea, uliginosum et Oxycoccos. VIII. 1. Ericaceae.
Die Heide, Erica vulgaris. VIII. 1. Ericaceae.
Die Pfrieme, Spartium scoparium. XVII. 3. Papilionaceae.
Der Ginster, Genista tinctoria et sagittalis. XVII. 3. Papilionaceae.
Die Alpenrosen, Rhododendron. X. 1. Ericaceae.

IV. Weitere forstlich zu beachtende Pflanzen.

Die verschiedenen Gräser, Simsen, Binsen.
Die Farnkräuter.
Die Moose und Flechten.
Die Schwämme.

Hievon sollen in Nachfolgendem die wichtigeren Gewächse bezüglich ihres forstlichen Verhaltens näher geschildert werden.

§. 3.

Verhalten der Waldbäume zum Licht, Frost 2c.

Nach dem Grade der Lichtbedürftigkeit hat G. Heyer[1]) die wichtigeren Waldbäume folgendermaßen geordnet, wobei diejenigen vorangestellt sind, die am wenigsten Licht verlangen:

Weißtanne, Fichte.
Buche, Schwarzkiefer.
Linde, zahme Kastanie, Hainbuche.
Esche, Eiche.
Bergahorn, Spitzahorn, Obstbaum, Erle.
Weymuthskiefer,
gemeine Kiefer.
Ulme.

[1]) Gust. Heyer, Das Verhalten der Waldbäume gegen Licht und Schatten, Erlangen, 1852, und Forstliche Klimatologie 2c., S. 376 u. ff.

Birke, Aspe.

Lärche.

Obwohl es schwierig ist, eine solche Reihenfolge aufzustellen, weil die einzelnen Holzarten in verschiedenen Lebensstufen und auf verschiedenen Standorten nicht immer dieselben Ansprüche machen, möchten wir doch nach unseren Wahrnehmungen folgende zunächst für die Jugendperiode geltende Ordnung als die für unseren Beobachtungskreis geltende gegenüber stellen.

1) Buche, 2) Weißtanne, 3) Zirbel- und Weymuthskiefer, 4) Fichte, 5) Esche, 6) Hainbuche, 7) Spitzahorn, 8) Schwarzkiefer, 9) Traubeneiche, 10) Bergahorn, 11) Schwarzerle, 12) Ulme, 13) Stieleiche, 14) Weißerle, 15) gemeine Kiefer, 16) Lärche, 17) Edelkastanie, 18) Aspe, 19) Birke.

Dabei ist zu bemerken, daß die Abstufungen zwischen den einzelnen Holzarten nicht immer gleich sind, und daß nebenbei noch die Art der Beschattung von Einfluß ist, so daß z. B. die Eiche in einem ziemlich geschlossenen älteren Kiefernbestand noch gut fortkommt, während sie unter ihren eigenen Mutterbäumen keinen so starken Druck aushält; Aehnliches wird bei der Fichte unter Buchen beobachtet, wo sie nahezu unter vollem Schluß sich ansiedelt, während sie unter alten Weißtannen und Fichten viel mehr Licht verlangt und von gleichalterigen jüngeren Buchen fast gar keine Ueberschirmung erträgt, um so weniger, wenn gleichzeitig ein Drängen damit verbunden ist.

Von besonderer Bedeutung ist auch die größere oder geringere Widerstandsfähigkeit gegen die Spätfröste und ist in dieser Beziehung etwa die nachstehende Reihenfolge anzunehmen, wobei die empfindlichsten Holzarten vorangestellt werden:

Bei den Nadelhölzern: Weißtanne, Fichte, Lärche, Schwarzkiefer, gemeine Kiefer, Weymuthskiefer, Zirbe.

Bei den Laubhölzern: Buche, Stieleiche, Esche, Bergahorn, Traubeneiche, Spitzahorn, Schwarzerle, Ulme, Hainbuche, Weißerle, Birke, Aspe, Salweide.

Für Deutschland und die Nachbarländer ist die Reihenfolge nach den klimatischen Ansprüchen der einzelnen Holzarten in ihrer Eigenschaft als bestandsbildende etwa folgende, wobei die ein milderes Klima fordernden vorangestellt sind: Seekiefer, Zerreiche, Edelkastanie, Traubeneiche, Hainbuche, Akazie, Stieleiche, Schwarzkiefer, Esche, Schwarzerle, gemeine Kiefer, Birke, Weißtanne, Buche, Weymuthskiefer, Bergahorn, Rothtanne, Lärche, Arve, Alpenerle, Legföhre. —

Bei der horizontalen Verbreitung gegen den Nordpol nehmen einzelne Arten eine andere Stellung ein, namentlich die Birke und Rothtanne, welche eigentlich ihre Plätze gegenseitig vertauschen, während die Weißtanne dort gar nicht mehr in Betracht kommt.

Nach den Anforderungen an die Bodenkraft ordnen sich unsere

Hölzer, mit den anspruchloseren beginnend, etwa wie folgt: Kiefer, Birke, Weißerle, Rothtanne, Eiche (Niederwald), Lärche, Buche, Weißtanne, Traubeneiche, Ahorn, Esche, Ulme, Stieleiche.

Zweites Kapitel.

Von den baumartigen Laubhölzern.

§. 4.

Allgemeine Eigenschaften.

Sämmtliche Laubhölzer keimen mit zwei Samenlappen, gehören also zu den dicotyledonen Pflanzen; die bei uns heimischen verlieren im Winter die Blätter. Nur einzelne forstlich minder wichtige Arten haben Zwitterblüthen, die meisten blühen diclinisch (männliche und weibliche Organe getrennt) die Mehrzahl davon monöcisch (beide Geschlechter auf einem Baum vereinigt), die männlichen Blüthen haben bei letzteren die Form von Kätzchen, Blüthenhüllen fehlen, oder sind nur durch unvollständige Gebilde angedeutet.

Im Allgemeinen gehören die Laubhölzer weniger als die Nadelhölzer zu den geselligen Holzarten; sie verlangen milderes Klima, tiefgründigeren und besseren Boden. Zum Theil erreichen sie ein höheres Alter als die Nadelhölzer; das Wachsthum der Laubhölzer verbreitet sich mehr als bei jenen in die Aeste, wodurch die Länge und Gleichförmigkeit des Stammes beeinträchtigt wird.

Die Laubhölzer sind weniger Krankheiten und Gefährdungen durch schädliche Thiere unterworfen; überdauern die Beschädigungen, die ihnen durch ihre Feinde zugefügt werden, leichter, als die Nadelhölzer; namentlich leiden sie weniger vom Wind, weil sie zur gefährlichsten Zeit ohne Blätter, und nicht so hoch und schlank sind. Beinahe alle (mit Ausnahme der Aspe) schlagen aus dem Stock aus, eine geringere Zahl (Silberpappel, Weißerle, Akazie) auch noch wie die Aspe ausschließlich aus den Wurzeln. Das Nadelholz läßt sich auf diesem Wege nicht verjüngen.

Die Laubhölzer liefern dem größten Theile nach bloß Brennholz, und zwar die am verbreitetsten vorkommende Buche, Birke und Eiche, ein besseres, als die Nadelhölzer. In höherem Alter nimmt die Brennkraft des Laubholzes nicht zu wie beim Nadelholze. — Bloß die Eiche giebt ein in größeren Mengen gesuchtes Bauholz; die Werkhölzer werden fast ausschließlich den Laubholzwaldungen entnommen; sind aber nur in geringeren Mengen verwerthbar.

Die Früchte von Eiche, Buche und Kastanie sind für die Fütterung zu verwenden, das abgefallene Laub ist zur Streu gesucht; manchmal wird das grüne Laub zur Viehfütterung benützt.

§. 5.

Die Stiel- und Traubeneiche.

Diese beiden Arten kommen in den milderen Waldregionen Deutschlands überall vor; sie unterscheiden sich botanisch durch den Stand der Früchte; die der Stieleiche sind an einem langen Stiel meist einzeln oder zu zweien; die der Traubeneiche dagegen mit ganz kurzen, kaum sichtbaren Stielen in größerer Zahl traubenförmig an der Spitze der Zweige beisammen sitzend. Die Blätter aber sind bei der Stieleiche ganz kurz gestielt, während die Traubeneiche langgestielte Blätter hat. Bei beiden Arten bleiben die Samenlappen der Keimpflanze unter der Erde; die ersten Blättchen haben eine nicht zu verkennende Aehnlichkeit mit den Blättern der älteren Bäume, nur sind die der Traubeneiche auf der Unterseite behaart, die der Stieleiche nicht.

Die Stieleiche erreicht unter den bei uns heimischen Bäumen die ansehnlichsten Dimensionen, sie wird 30—35 m hoch und erlangt einen Durchmesser bis zu 2 m. Am besten gedeiht sie auf tiefgründigem, humosem, frischem, sandigem Lehm, Mergel oder Kalk, sie kommt aber auch auf nicht zu armem Thonboden fort. In der Rheinthalebene erweist sie sich ziemlich widerstandskräftig gegen längere Ueberschwemmung. Auf flachgründigen, nassen oder mageren Böden gedeiht sie nur als Ausschlagholz. Sie liebt ein mildes Klima, doch überschreitet sie die Grenzen des Weinbaues noch ohne Nachtheil und dürfte ziemlich die gleiche Verbreitung haben wie die rauheren Kernobstsorten. Gegen Norden reicht sie bis zum 60° Br., kommt jedoch hier nur in Meereshöhe vor. Am Harz scheint sie zu fehlen; in den Alpen ist sie auf der deutschen Seite die einzige Art. Im Gebirge geht sie nicht immer so hoch, wie die Traubeneiche z. B. im Spessart, wogegen sie auf der schwäbischen Alb so hoch geht, wie im Schwarzwald die Traubeneiche, auf circa 700 m. In den bayerischen Alpen kommt sie bei 1000 m noch vor; in den schweizer Alpen (800 m) und im Jura geht sie höher als Robur. Ihr Vorkommen ist nicht bloß nach der Erhebung und Exposition, sondern auch nach dem Boden zu beurtheilen.

Als einzelner Baum hat sie unter den einheimischen Holzarten die höchste Lebensdauer, die Vorbedingungen hiezu sind günstiger Standort und freie Stellung behufs ungehinderter Kronenentwicklung; Letzteres ist bei Erziehung älterer Stämme schon frühzeitig zu beachten. In reinen Beständen hält sie sich ziemlich lang geschlossen, bis etwa ins 120. Jahr, dann stellt sie sich licht und begünstigt das Aufkommen von Gras und Straucharten (Haselnuß, Dornen 2c.). Sie verbreitet sich sehr in die Krone, bildet zwar wenige, aber um so stärkere Aeste, die Belaubung ist ziemlich licht, und darum ist sie nicht geeignet, den Boden in höherem Alter gehörig zu überschirmen. Dies und ihre Ansprüche an einen guten

Boden sind wesentliche Momente sie in die Klasse der bedingt geselligen Holzarten einzureihen.

Sie keimt im Freien noch auf mäßig verrastem Boden, ist nur als ganz junge Pflanze gegen Fröste empfindlich, kann auch den Druck der Mutterbäume nur wenige Jahre ertragen. In erster Jugend wächst sie etwas langsam, namentlich unter einem Schutzbestand; erst vom 10. bis 20. Jahr an entwickelt sie sich mehr im Höhenwuchs; zwischen dem 80. bis 100. Jahr läßt sie darin nach, und wächst mehr in die Dicke.

Die Bewurzelung geht in der Jugend vorherrschend in die Tiefe, im höheren Alter verschwindet die Pfahlwurzel und die Seitenwurzeln treten an ihre Stelle. Bis ins 60. und 80. Jahr erhält sich ihre Ausschlagfähigkeit; sie giebt reichlichen, kräftigen und in erster Jugend sehr schnell wachsenden Stockausschlag, welcher bis ins 40., 50. Jahr einen günstigen Zuwachs zeigt. Die Stöcke behalten ihre Ausschlagfähigkeit sehr lange. Ausschläge aus der Wurzel sind auch mit künstlicher Nachhülfe nicht zu bewirken. Nach zurückgelegtem 80.—100. Jahre fängt sie an Samen zu tragen, doch sind die guten Samenjahre selten, namentlich in geschlossenen Beständen. Die Blüthe entwickelt sich etwas später als das Laub; dieses bricht bei ihr 8—10 Tage früher aus als bei der andern Art. Die Früchte reifen im Oktober und die Samen fallen sogleich ab; sie sind sehr verschieden in der Größe, meist etwas größer und länglicher als die der Traubeneiche.

Das Holz liefert ein ausgezeichnetes sehr dauerhaftes Baumaterial zum Hoch-, Wasser- und Schiffbau; seine Elasticität ist übrigens gering, weshalb es zu Tragbalken weniger taugt, dagegen ist es zur Tischlerei sehr gesucht, ebenso zur Herstellung von Weinfässern. Hinsichtlich der Brennkraft steht es nicht weit hinter dem der Buche zurück; es brennt aber mit sehr geringer Flamme. Die Rinde ist zum Gerben von Leder sehr gesucht. Die Früchte dienen zur Fütterung von Schweinen. In wärmeren Ländern (Ungarn ꝛc.) wachsen an ihren Fruchtkelchen die ein gutes Gerbmaterial liefernden **Knoppern**, Auswüchse veranlaßt durch den Stich eines Insekts (Cynips Quercus calycis).

Die Eiche hat verhältnißmäßig wenig Feinde; Wild- und Weidvieh schaden hauptsächlich da, wo diese Holzart selten ist; der jungen Pflanze werden die Maulwurfsgrillen, Maikäferlarven und Mäuse manchmal gefährlich.

Die häufigsten Krankheiten sind die Kernfäule (welcher sie aber weniger unterworfen ist als die Traubeneiche), Gipfeldürre und Frostrisse. Die besten Vorbeugungsmittel sind die Anzucht auf passendem Boden, rechtzeitge Benutzung der reinen Bestände oder Erziehung in einer passenden Mischung, Unterlassen künstlicher Ausastung.

Die **Traubeneiche** bekommt selten so starke Dimensionen, wie die Stieleiche. Auf Thon- und auch auf minder kräftigem Boden gedeiht sie besser, als jene, sie kommt noch auf Sandboden mit geringer Thonbeimischung oder mit lehmigem Untergrund gut fort, auch wenn er bloß eine Tiefe von 0,5—0,8 m hat, aber nicht durch Streurechen oder Bloßliegen entkräftet ist. Auf Moorboden kommt sie so wenig vor wie jene.

Im Gebirge geht sie nur ausnahmsweise höher als die erstgenannte Art, doch ist zu bemerken, daß sie in Krain, Illyrien und dem Küstenland auf trockenen heißen Kalkhängen in Vermischung mit den wärmeres Klima beanspruchenden Quercus Cerris und pubescens vorkommt.

Sie erreicht als ein einzelner Baum ein hohes Alter, im reinen Bestand 150—200 Jahre; ist in der Jugend und im Alter gegen Hitze und Kälte unempfindlicher als die Stieleiche. Ihre Bewurzelung ist weniger tiefgehend. In Beziehung auf den Stockausschlag verhält sie sich wie jene. Der Laubausbruch, die Blüthe und Fruchtreife erfolgt um 8—10 Tage später, als bei der Stieleiche. Für die freie Kronenentwicklung verlangt sie etwas weniger Raum und Licht wie die Stieleiche; da sie sich nicht so stark in die Aeste entwickelt.

Ihr Holz ist spaltbarer, aber nicht so zäh und wird zum Bauwesen nicht so gesucht wie das der Stieleiche. Im Schälwald ist die Traubeneiche beliebter, da die Rinde mehr Gerbestoff enthält, sich stärker entwickelt und besser schälen läßt. Die Eicheln sind bei ihr kürzer, aber voller; die Samenjahre häufiger als bei der Stieleiche.

§. 6.

Die Zerreiche, Scharlacheiche ꝛc.

Die in Krain und in Ungarn häufige Zerreiche, Quercus Cerris, verhält sich in forstlicher Hinsicht wie die Traubeneiche, nur durch ihren Anspruch auf wärmeres Klima, durch schnelleren Wuchs und späteres Austreiben der Blätter und Blüthen sowie durch die zweijährige Reifeperiode der Frucht unterscheidet sie sich von ihr. Auch hat ihr Holz eine größere Brennkraft, es wird dem der Buche vorgezogen; die Kohle ist jedoch nicht so gut; zu Bau- und Werkholz wird es nicht gern verwendet; durch seine hellere gelblichere Farbe ist es leicht von dem der andern Arten zu unterscheiden.

Quercus pubescens ist eine in wärmeren Lagen Deutschlands meist nur strauchartig vorkommende Art ohne große forstliche Bedeutung.

Quercus rubra und coccinea, die Purpur- und Scharlacheiche, sind aus Amerika zu uns gebracht worden; sie vertragen unser Klima sehr gut bis zu einer absoluten Höhe von 600 m. Die erstere zeichnet sich durch größere Genügsamkeit und durch rascheren Wuchs vor den einheimischen Arten aus; ihr Holz ist ebenso gut wie das der letzteren. Die zweite Art hat keinen so raschen Wuchs, doch wächst sie nicht langsamer als die einheimischen; sonst ist ihr Verhalten gleich dem der andern. Im

Fürstenthum Anhalt sind beide Arten in größerer Zahl angebaut und tragen dort reichlich Samen.

Quercus alba hat ähnliche Vorzüge und noch besseres Holz, verlangt aber guten Boden und ein ziemlich mildes Klima, wo Weinbau getrieben werden kann.

§. 7.

Die Rothbuche.

Dieser Baum gehört zu den geselligen Holzarten, er erreicht ein Alter von 120—180 Jahren, im geschlossenen Bestand von 80—150 Jahren und erhält sich sehr lang in dichtem Schluß.

Die Buche macht keine großen Ansprüche auf Tiefgründigkeit des Bodens; Nässe und stockendes Wasser kann sie dagegen nicht ertragen; ein lockerer Boden sagt ihr besser zu, noch mehr aber kalkhaltige [1]) und kalireiche Böden; doch gedeiht sie auch auf Thon; dagegen nicht auf Moorboden und dürrem Sand, andrerseits hält sie sich auf felsigem und steinigem Boden, wo er zerklüftet ist, ganz gut. In den bayrischen und tyroler Alpen und dem bayrischen Wald erhebt sie sich bis zu 1300 m; in reinen Beständen jedoch nur bis zu 1100 m, im Schwarzwald bis 1200 m, am Harz bis zu 500 m.

Die Keimpflanze trägt zwei fleischige, nierenförmige Samenlappen, mit einem dichten, kurzen, silberglänzenden Ueberzug auf der Unterseite; sie erheben sich über die Oberfläche des Bodens und können selbst schwachen Frösten nicht widerstehen; das zweite ebenso empfindliche Blätterpaar hat die gewöhnliche Blattform der Buche, jedoch noch gegenüberstehend. Bis zum 10., in rauhen Lagen bis zum 20. Lebensjahr verlangt die junge Pflanze den Schutz der Mutterbäume, und erträgt bei günstigen Standortsverhältnissen bis zum 30. oder 40. Jahr einen starken Druck ohne größeren Nachtheil. Die junge Buche keimt nur auf wundem, oder ganz schwach berastem Boden; eine hohe Schicht Laub oder Moos, durch welche ihre Wurzel den mineralischen Boden nicht erreichen kann, ist ihrem Gedeihen hinderlich. Ohne Schutzbestand läßt sie sich nur in mildem Klima und bei sorgfältiger Behandlung anziehen.

Sie liebt ein feuchtes nicht von Spätfrösten heimgesuchtes Klima, gedeiht daher besser im Vor- und Mittelgebirge, als in der Tiefebene; an der Seeküste wächst sie ausgezeichnet, entwickelt hier eine viel stärkere Krone und hat man für sie die besondere Bezeichnung Küstenbuche vorgeschlagen, im Gegensatz zu der schlankeren Gebirgsbuche, deren Reisiganfall ein viel geringerer ist. West- und Nordabhänge sagen ihr im Mittel-

[1]) Im Bayr. Wald gedeiht sie noch sehr gut, obgleich der Boden nach O. Sendtners Untersuchungen nur geringen Kalkgehalt zeigt; dagegen ist er dort in ungeschwächter Kraft mit reichem Humusvorrath erhalten worden.

gebirge und Hügelland besser zu, als die andern Expositionen. Sehr warme, südliche Hänge sind ihr nicht sehr zuträglich, doch läßt sie sich auch hier fortbringen, so lang sie im Schluß erhalten oder durch Stockausschlag verjüngt wird. In Frostlagen läßt sie sich nur durch besondere Sorgfalt erhalten; die Krone wird hier in Folge häufiger Frostschäden breitästig und schirmförmig.

Die Wurzelbildung ist mehr oberflächlich; der Baum wird im Schluß langschäftig, 20—35 m hoch bis zum Gipfel, seine Krone ist vielästig und dicht, die einzelnen Zweige werden im Durchschnitt nicht sehr stark. Die Belaubung ist äußerst reichlich und dicht. Im 60.—80. Jahre wird der Baum samentragend; allgemeine Samenjahre sind selten, sie lassen sich mit Sicherheit nur alle 10—15 Jahre erwarten, wenn das Holz im vorangegangenen Herbst gut ausreifen konnte und Spätfröste der Blüthe nicht schaden; halbe Mastjahre treten im Durchschnitt alle 5—8 Jahre ein. — Sie blüht im Mai, gleich nach dem Ausbruch des Laubes; ihr Same reift im Oktober und November und fällt sogleich ab.

Die Ausschlagfähigkeit erhält sich kaum übers 40. Jahr, und sie hat überhaupt eine geringe Neigung, sich durch Stockausschläge zu verjüngen; ihre Stöcke erhalten sich auch nicht über 3 oder 4 Abtriebsperioden hinüber ausschlagfähig; verletzte Wurzeln geben einen ziemlich reichlichen Ausschlag. Die Buche verbessert den Boden sehr.

Zu Brennmaterial ist ihr Holz vorzüglich und für die meisten Feuerungen als das beste gesucht, unter der steigenden Concurrenz der Steinkohle leidet aber sein Absatz stark. Zum Hochbau wird es der geringen Dauer wegen fast gar nicht, zu Werkholz hingegen ziemlich allgemein verwendet, doch ist der Bedarf daran nicht groß; unter Wasser zeigt es eine lange Dauer, es wird daher zu Schiffskielen benützt. Läßt man es nach der Fällung ungespalten in der Rinde liegen, so verdirbt es sehr rasch.

Aus dem Samen bereitet man Oel, auch wird er zur Viehfütterung (Schweinemast) verwendet, doch darf er dem Vieh nicht allein gereicht werden.

Von Krankheiten hat diese Holzart ziemlich wenig zu leiden; alte Stämme werden öfters weiß-, seltener rothfaul. Der Gipfeldürre unterliegt sie auf trockenen, mageren Standorten; wenn sich der Schluß des Bestandes nicht gehörig erhalten hat, oder wenn der Boden durch längeres Streurechen entkräftet ist. Bei schneller Freistellung springt die Rinde durch den Einfluß der Sonne auf und löst sich vom Baum (Sonnenbrand). — Von schädlichen Thieren wird sie weniger heimgesucht; am gefährlichsten werden ihr die Mäuse, welche die jungen Stämmchen entrinden.

§. 8.

Die Hain-, Hage- oder Weißbuche.

Die Hainbuche unterscheidet sich von der Rothbuche durch die Form der Frucht; diese ist ein flachgedrücktes, mit steinartiger Schale umgebenes Nüßchen, das auf einem dreitheiligen Flügel sitzt; außerdem sind die Blätter gefaltet, der Stamm ausgebuchtet, was bei der Rothbuche nicht der Fall ist.

Diese Holzart kommt nur als bedingt gesellige vor, sie findet sich namentlich in kalten Lagen, wo die Rothbuche wegen der Fröste nicht mehr gut gedeiht, und auf schweren, zähen Thonböden, wo fast keine anderen Hölzer fortkommen. Nässe verträgt sie nicht gut. — Im Gebirge geht sie nicht so hoch wie die Rothbuche, sie bleibt etwa 300 m unter derselben zurück.

Sie erreicht eine Höhe von 16—24 m und selten eine Stärke von 40—60 cm; auch nicht ein so hohes Alter wie die Rothbuche. Die Bewurzelung ist ziemlich tiefgehend. In erster Jugend wächst sie rasch, und gedeiht noch gut in ziemlich verrastem Boden; sie verlangt von der ersten Zeit an einen freien Stand. Ihre Krone ist nicht so dicht, wie die der Buche, die Zweige sind fein, aber ziemlich zahlreich und ihr Auftreten beschränkt sich weniger auf die eigentliche Krone, indem sie sich über einen großen Theil des Stammes verbreiten. — Die Hainbuche wirkt ebenfalls günstig auf die Bodenverbesserung.

Im 40.—50. Jahr fängt sie an Samen zu tragen; die Samenjahre sind häufig; die Blüthen erscheinen zugleich mit dem Laub, der Same reift im Oktober und fliegt den Winter hindurch ab; er ist ziemlich leicht und verbreitet sich auf 20—30 Schritte Entfernung vom Mutterbaum. Bis zur Keimung muß er $1\frac{1}{2}$ Jahre im Boden liegen. Die kleinen, eiförmigen Samenlappen erheben sich über den Boden.

Ihre Stöcke halten sich sehr lang ausschlagfähig und liefern viele kräftig wachsende Ausschläge, dieselben werden jedoch leicht zum Kümmern gebracht durch stärkere Ueberschirmung. Aus den Wurzeln erfolgt dagegen kein Ausschlag. Sie taugt zu Kopfholz gut. Das Brennholz steht dem der Rothbuche gleich, zu Werkholz giebt sie ein sehr geschätztes Material. Außerdem ist ihr Laub zur Fütterung geeignet. — Am meisten schaden ihr die Mäuse und das Wild. Von Krankheiten hat sie wenig zu leiden.

Die in Kärnthen und Ungarn vorkommende Hopfenbuche, Ostrya carpinifolia, verhält sich als Ausschlagholz ziemlich ähnlich wie die Hainbuche, dagegen ist ihre Neigung zu baumartiger Entwicklung geringer; sie verlangt ein wärmeres Klima.

§. 9.

Die Edelkastanie[1]) und Platane.

In den milderen Gegenden Deutschlands, im mittleren Rheinthal (Elsaß, Pfalz) und auf dem Südabfall der Alpen kommt die Kastanie im Wald häufig vor; meist jedoch als Ausschlagholz im Nieder- und Mittelwald. Sie geht nicht so weit nördlich als die Weinrebe, und ist gegen Spätfröste sehr empfindlich; in sonniger Lage, namentlich an östlichen Hängen, auf nicht allzu trockenem Standort und felsigem aber zerklüftetem Boden befindet sie sich am besten; Nord- und Südhänge sind ihr weniger zuträglich, die Ebenen aber am allerwenigsten. Im Elsaß steigt sie bis auf 550 m. absolute Höhe. Der Baum gehört zu den raschwüchsigsten unter den einheimischen Laubhölzern und erreicht ein Alter von 100 bis 150 Jahren; der Ausschlag erfolgt sehr reichlich und auch noch von 50- bis 60 jährigen Stöcken. — Die Fruchtbarkeit tritt im 50.—60. Jahr ein; die Blüthe entwickelt sich im Monat Juli an den jüngsten Trieben, die Frucht reift im Oktober.

Das Holz hat in seiner Struktur viele Aehnlichkeit mit dem der Eiche, doch ist es als Nutzholz nicht so gesucht; es ist poröser und weniger hart; als Brennholz ist es etwas besser; die Stockausschläge sind zu Rebpfählen sehr begehrt. Die Frucht von nicht veredelten Bäumen ist weniger gut verkäuflich. Das Laub wird vom Vieh gern gefressen.

Die amerikanische Platane verlangt ein etwas weniger warmes Klima als die Kastanie; sie erwächst auf gutem, tiefgründigem, mäßig feuchtem Boden ziemlich rasch zu einem Baum erster Größe und liefert ein gutes Werkholz, das auch eine dem Buchenholz wenig nachstehende Brennkraft besitzt. Die Vermehrung geschieht mit wenig Schwierigkeit durch Stecklinge, und es ist deßhalb zu verwundern, daß diese raschwachsende, nutzbare Holzart so selten angezogen wird.

§. 10.

Die Ulmen, Rüstern, Steinlinden.

Es kommen in unsern Waldungen hauptsächlich zwei Ulmenarten vor, die Feldulme und die Fächerulme; letztere hat ein kleineres Blatt, feinere und fächerförmig gestellte Zweige.

Die Ulmen gehören unter die nicht geselligen Holzarten; sie kommen nur einzeln auf gutem, tiefgründigem, frischem Boden und auf zerklüfteten Felsen vor. Die chemische Zusammensetzung des Bodens zeigt weniger Einfluß auf ihr Gedeihen, doch scheinen sie den Kalk und Mergel besonders

[1]) Vgl. Kaising in dem Bericht über die Versammlung deutscher Forstmänner in Straßburg S. 118. Berlin, J. Springer 1884.

zu lieben; sie ertragen ein ziemlich rauhes Klima und sind gegen Spätfröste, selbst in der Jugend, wenig empfindlich. Ein trockener, heißer Standort schlägt ihnen nur bei tiefgründigem, lockerem Boden noch einigermaßen zu. In den Rheinniederungen zeigen sie sich gegen länger dauernde Hochwasser wenig empfindlich. — In den Alpen gehen sie kaum bis zu 1100 m. Höhe.

Die Keimpflanze erhebt ihre zwei kleinen, nierenförmigen Samenblätter über die Erde und treibt bald nachher ein zweites Paar gegenständige Blätter, die stark gezähnt sind; vom nächsten Jahr an stehen die Blätter alternirend und der Wuchs ist ein sehr rascher. Beide Arten keimen nur auf wundem Boden und ertragen noch den Schirmdruck eines Buchenlichtschlags. Sie erreichen ein Alter von 150—200 Jahren, und wachsen bis zu einer Höhe von 30 m. und einer Stärke von 1 m. Ihre Wurzeln gehen tief. Sie blühen im März und April, längere Zeit vor dem Laubausbruch, ihr Samen reift Ende Mai und Anfangs Juni, er ist eine Flügelfrucht, fliegt wenige Tage nach dem Reifwerden ab. Im 60.—70. Jahre fangen sie an Samen zu tragen; derselbe verbreitet sich auf eine Entfernung von 100 Schritten und darüber vom Mutterbaum und geräth in der Regel alle 2—3 Jahre reichlich; doch sind viele taube Körner dabei; er verträgt nur eine leichte Erdbedeckung, keimt meist noch im gleichen Sommer, wo er gereift ist; doch bleiben bei trockenem Wetter viele Körner aus, welche im nächsten Frühjahr noch nachkeimen.

Auf den Stock gesetzt, geben sie einen kräftigen und üppigen Ausschlag, die Stöcke dauern lang; Wurzelbrut treiben sie in ziemlicher Menge, wenn sie tief gehauen werden. Als Brennholz haben sie annähernd die gleiche Qualität, wie die Buche; zu Werkholz liefert die Feldulme das dauerhafteste und zäheste Material. Eine Abart ist wegen ihres ausgezeichneten Holzes besonders gesucht, im Rheinthal hat sie den Namen Rusche, in der Bretagne heißt sie tortillard. Die langsamer wachsende Fächerulme eignet sich nicht zu Werkholz, sondern nur zu Brennholz und auch dieses ist wegen der Schwerspaltigkeit wenig begehrt. — Unter ihren Feinden sind eigentlich nur die Blattläuse zu nennen (der verwandten Ulmus americana schaden die Blattläuse nicht) und das Wild; doch heilen sie die Beschädigungen gut aus.

Zu beachten ist noch die strauchartig bleibende, sogenannte **Heckenulme**, deren Samen dem der andern beiden Arten ganz ähnlich sieht; es ist deßhalb vor dem Ankauf von solchem zu warnen.

§. 11.

Die Esche.

Sie gehört kaum noch zu den bedingt geselligen Holzarten; denn auch bei den günstigsten Standortsverhältnissen wird sie selten in größerer Ausdehnung herrschend. Sie liebt einen feuchten, auch noch nassen Boden, sofern kein saurer Humus sich vorfindet, und das Wasser nicht zu lang stagnirt; dagegen muß ein trockener Standort, auf dem sie noch gedeihen soll, wenigstens tiefgründig und humos sein oder zerklüftete, leicht verwitternde Felsen im Untergrund haben; auf Thonboden gedeiht sie gut, wenn er feucht und tiefgründig ist; am liebsten ist ihr ein Kalkboden oder ein lockerer Lehm. — Spätfröste schaden ihr nicht selten. — In den Alpen geht sie bis zu 1200 m. absoluter Erhebung. — Ein Alter von 120—150 Jahren erreicht sie noch gut. Im 40.—50. Jahre trägt sie Samen und fast jährlich; sie blüht im April vor Ausbruch des Laubes. Der Samen reift im September und Oktober, fliegt während des Winters ab, verbreitet sich auf 30—40 Schritte vom Mutterbaume und bleibt $1\frac{1}{2}$—$2\frac{1}{2}$ Jahre im Boden, bis er keimt. In der ersten Jugend wächst sie ziemlich langsam, und verlangt einigen Schutz, kann aber auch einen stärkeren Druck ertragen; später bedarf sie zur Kronenentwicklung Freistellung. Sie gehört zu den tiefwurzelnden Holzarten, ihr Stamm wächst schlank und schnell in die Höhe; sie stellt sich bald licht; bekommt wenige, aber stärkere Aeste; trägt ein Fiederblatt mit 7—13 Blättchen, die Belaubung ist ziemlich licht, der Boden verrast deßhalb unter ihr sehr bald.

Ihr Ausschlag ist reichlich und wächst rasch; er erfolgt noch von 50- und 60jährigen Stammstöcken, diese dauern gut aus. Wurzelbrut ist selten. Das Holz wird von den meisten Handwerkern sehr gesucht. — Feinde hat sie wenig, darunter sind zu nennen die spanische Fliege und der Hylesinus Fraxini. Von Krankheiten wird sie nur selten heimgesucht.

§. 12.
Die Ahornarten.

Es gibt dreierlei Arten: der gemeine oder Bergahorn, Acer Pseudoplatanus, der spitzblättrige oder Spitzahorn, Acer platanoides, und der Feldahorn oder Masholder, Acer campestre; erstere zwei werden baumartig, letzterer gehört mehr zu den Halbbäumen. Die Unterscheidungskennzeichen der drei Arten liegen schon in den Blättern, der Spitzahorn hat tiefere Einschnitte, die Lappen und Zähne sind sehr spitzig, während der Bergahorn abgerundete Lappen und Zähne hat; jener enthält einen Milchsaft, dieser keinen; die Rinde des Stamms schuppt sich beim Bergahorn ab, beim Spitzahorn bleibt sie rauh und beim Feldahorn wird sie korkartig. Die Blätter dieses letzteren sind viel kleiner, als die der beiden vorigen Arten.

Der Bergahorn und der Spitzahorn kommen nur einzeln, anderen Holzarten beigemischt vor. Sie gedeihen noch auf trockenem, flachgründigem Boden, der aber humos sein muß. Nässe und selbst größere Feuchtigkeit ist ihnen zuwider, steinige und felsige Standorte lieben sie dagegen sehr. Thonböden entsprechen ihnen nicht, Thonmergel noch eher; Lehm und humosen Kalkboden ziehen sie vor. In rauhem Klima und kalten Lagen kommen sie noch gut fort; der Bergahorn geht höher als der Spitzahorn, in den Alpen bis zu 1300 m., im bayrischen Wald bei gutem Wuchs bis 1100 m., am Harz 500 m.

Beide letztgenannten Arten wurzeln flach; der Stamm geht im freien Stand nicht so rasch in die Höhe und setzt bald eine ziemlich breitästige Krone an, mit dichter Belaubung. Sie erreichen ein Alter von 100 bis 200 Jahren, tragen im 40.—60. Jahr Samen; dieser ist eine Flügelfrucht, gedeiht oft und reichlich. Der des Bergahorns unterscheidet sich durch ein fast kugelrundes Korn von dem mehr plattgedrückten des Spitzahorns. Die Keimpflanzen beider sind dagegen an den Cotyledonen kaum zu unterscheiden; die des Spitzahorns haben eine dunklere saftigere Färbung; das folgende Blätterpaar des letzteren ist ganzrandig, das des Bergahorns sägezähnig.

Blüthezeit: April und Mai, beim Spitzahorn vor, beim Bergahorn kurz nach dem Laubausbruch; Reifezeit September; der Samen fliegt den Winter durch ab und verbreitet sich auf 30—40 Schritte vom Mutterbaum. Die jungen Pflanzen können den ihnen anfänglich wegen Gefährdung durch Frost und Unkraut sehr nothwendigen Schutz der Mutterbäume nicht lange ertragen; der Spitzahorn verlangt in der Jugend mehr Licht als die andern. Der Ausschlag vom Stock ist zwar nicht allzu reichlich, aber sehr kräftig und schnellwüchsig. Wurzelausschläge sind ganz selten. Das Holz vom Bergahorn ist namentlich zu feineren Schnitz- und Möbelarbeiten gesucht; seine Brennkraft nähert sich der des Buchenholzes, das vom Spitzahorn wird zu technischen Zwecken weniger verwendet. Das Laub giebt ein gutes Futter.

Der Masholder oder Feldahorn bleibt meistens strauchartig, nur auf ganz günstigem Standort erhebt er sich zu einem Halbbaum. In Beziehung auf den Boden ist er ziemlich anspruchsvoll; er zieht auch die Kalk- und Mergelböden vor und verträgt Nässe so wenig wie die andern beiden Arten. Er giebt sehr reichlichen Ausschlag, sein Holz findet bei ausnahmsweise stärkeren Dimensionen auch noch technische Verwendung, nähert sich aber in der Heizkraft schon mehr den Weichhölzern. Feinde und Krankheiten treten selten auf. Gegen Fröste sind alle drei Arten minder empfindlich, am wenigsten der Spitzahorn.

§. 13.

Die Weiß- und Schwarzbirke.

Die Schwarzbirke, auch weichhaarige Birke, Betula pubescens, unterscheidet sich von der Weißbirke, Betula alba, besonders dadurch, daß die jungen Triebe weich behaart sind, während sie bei letzterer sich mit Warzen (Wachsausschwitzungen) bedecken.

Die Schwarzbirke kommt mehr im Norden vor, und bildet dort ausgedehnte, reine Bestände, gehört also dort entschieden zu den geselligen Holzarten, aber auch bei uns scheint diese Art eine Neigung zum geselligen Auftreten zu haben, wenigstens eine größere, als die Weißbirke, welche meist nur einzeln zwischen andern Holzarten sich einfindet.

Die Weißbirke liebt mehr den trockeneren, sandigen, kalkhaltigen Boden, während die andere Art auf feuchtem und nassem Thonboden noch gut fortkommt; selbst in Brüchen, wo die Schwarzerle wegen Flachgründigkeit des Bodens und wegen stauendem Wasser nicht mehr gedeiht. Beide gehen im Gebirge nicht so hoch, wie gegen Norden. Auf der schwäbischen Alb bleibt die Weißbirke bei 650 m Erhebung schon merklich zurück, in den Alpen geht sie bis 900 m, am Harz aber nur bis zu 300 m. Die andere Art gedeiht auf der schwäbischen Alb noch gut bei 800 m, und am Harz geht sie bis zur höchsten 1000 m hohen Spitze. In wärmeren Gegenden und an südlichen, sonnigen Hängen wachsen beide nicht so gut.

Sie erreichen ein Alter von 80—120 Jahren; in geschlossenen Beständen halten sie nicht so lang, weil sie sich schon vom 40. Jahr an licht stellen und der Boden unter ihrer geringen Ueberschirmung bald verrast. Auf solchem Boden keimt die junge Pflanze nicht, sondern nur auf wunden Stellen; sie halten sich nicht unter irgend welchem Druck; wollen vielmehr von Jugend an einen freien Stand und eine räumliche Stellung, namentlich bedürfen sie in Mischung mit andern Hölzern einen solchen Vorsprung vor diesen, daß ihre Krone sich über denselben voll und frei entwickeln kann. — Die kleinen, eiförmigen Samenlappen fallen bald ab; nachdem zuvor ein in der Form den Blättern älterer Bäume ähnliches nur mehr rundliches Blatt getrieben ist. In diesem Alter sind die Pflänzchen den jungen Himbeeren sehr ähnlich; letztere sind aber an einzelnen steifen Borstenhaaren leicht zu unterscheiden. — Die Wurzeln laufen flach, bei der Weißbirke mehr, als bei der andern. Der Stamm geht rasch in die Höhe, wird sehr schlank, die Krone ist unbedeutend, die Belaubung ganz licht, bei der Schwarzbirke etwas stärker, sie wachsen namentlich bis ins 40. und 60. Jahr schnell, sind in der Jugend gegen Fröste sehr hart und eignen sich daher vorzüglich, um andere zartere Holzarten unter ihrem Schutze anzuziehen, oder um in kürzerer Zeit einen reichlichen Holzertrag zu erlangen.

Blüthezeit Mai mit dem Laubausbruch, der Samen reift im September und fliegt im Winter bald aus, er verbreitet sich sehr weit und fällt mit den Schuppen der Zäpfchen gleichzeitig ab. Im 30—40. Jahr fangen sie an Samen zu tragen, und man kann alle 2—3 Jahre auf reichen Anflug rechnen.

Die Weißbirke zeigt weniger Neigung zum Stockausschlag, sie verliert die Ausschlagfähigkeit schon im 30. Jahre, und brechen bei ihr die Lohden sehr leicht am Stock ab. Bei der Schwarzbirke sind diese Verhältnisse günstiger. Wurzelausschläge kommen bei beiden nicht vor. — Häufig wird behauptet, daß gepflanzte Birken auch bei rechtzeitigem Abtrieb nicht ausschlagen, es ist dies aber unrichtig. Der Ausschlag erfolgt theils an der Abhiebsfläche, theils am Wurzelknoten.

Die Birke liefert ein gutes Brennholz, zu manchfachem Gebrauch auch sehr taugliches Werkholz; dasselbe verdirbt aber sehr rasch, wenn es nach der Fällung nicht sogleich streifenweise entrindet wird; noch schneller tritt dies ein bei stehend abgestorbenen Stämmen. Als Nebenprodukt ist der Rinde zum Gerben der Juchten zu erwähnen. — Feinde und Krankheiten sind kaum schädlich. Vom Wind werden die Birken häufig geworfen.

§. 14.

Die Akazie.

Diese nordamerikanische Holzart hat sich zwar in unsern Wäldern noch nicht so allgemein eingebürgert, doch darf sie nicht ganz unbeachtet bleiben, weil sie für manche Zwecke kaum entbehrt werden kann. Auf magerem, steinigem, trockenem Boden gedeiht sie noch ganz gut, sofern sie mit ihrer Wurzel tief eindringen kann. Nur auf stark bindigem, moorigem und nassem Standort kommt sie nicht fort; in Ungarn wird sie mit gutem Erfolge noch auf Flugsand angepflanzt. Da sie spät austreibt, so kann sie noch in rauhem Klima angezogen werden; obwohl sie auch gerne an sonnigen Hängen wächst. — Die Keimpflanze hat fleischige, nierenförmige, oberirdische Samenlappen, denen bald ein fast kreisrundes Blättchen folgt, erst später entwickeln sich Fiederblättchen.

Die junge Akazie verlangt einen lockeren, reinen Boden als Keimbett. Ein Theil ihrer Wurzeln geht rasch in die Tiefe, einzelne streichen an der Oberfläche hin, das Bestreben der Stammbildung tritt nicht sehr hervor, sie bildet sich bloß zu einem Baum zweiter Größe. Ihre Aeste sind wenig zahlreich, sie hat ein Fiederblatt mit 11 bis 21 Blättchen; der Baumschlag ist ziemlich licht, aber die Belaubung wieder dichter, so daß der Blattabfall die Humusbildung sehr befördert. Sie wächst bis ins 40. bis 60. Jahr rasch, trägt frühe und fast jährlich Samen, blüht im Juni, reift im Oktober; die Schotenfrucht bleibt bis in den Februar auf dem Baum hängen. Als Baum gezogen erreicht sie ein Alter von 80—100 Jahren.

Ihr Ausschlag erfolgt sehr reichlich, weniger aus dem Stock, als aus den Wurzeln; die Ausschläge vom Stock brechen leicht ab. Das Holz ist sehr zäh und hart, als Brennholz vorzüglich, auch zu Eisenbahnschwellen, Schiffsnägeln, Rebstecken ꝛc. gesucht; es besitzt bei Verwendung in der Erde große Dauer, zieht sich aber in gespaltenem Zustande im Freien bald krumm.

Gegen Spätfröste ist sie empfindlich, obgleich sie spät austreibt, auch Frühfröste schaden ihr häufig, weil sie bis zu Eintritt rauher Witterung forttreibt. Der Wind gefährdet sie stark, weil die Aeste leicht abschlitzen. Wild, namentlich Hasen, auch Weidvieh, werden ihr oft gefährlich.

Wenn dem Vorschlage des Verf.[1]) entsprechend durch rationelle Züchtung eine dornenlose Abart erzogen werden könnte, so würde diese Holzart eine weit größere Bedeutung und Beliebtheit erlangen.

§. 15.

Die Weiß-, Roth- oder Schwarz- und Alpenerle.

Erste beide Arten sind leicht von einander zu unterscheiden, indem die Weißerle auf der Unterseite des Blattes und an der Rinde des Stammes eine weißliche Farbe hat; die Blätter sind bei ihr schmäler und spitzer als bei der andern Art, bei der sie einen klebrigen Saft ausschwitzen. Beide Arten lieben einen nassen Boden; die Schwarzerle erträgt eine stärkere Nässe und gedeiht sogar noch auf nassem und sumpfigem, oder auf Moor- und Bruchboden, wenn das Wasser namentlich den Sommer über nicht stagnirt; dagegen verlangt sie unbedingt eine Tiefgründigkeit von mindestens 0,5 m und im Untergrund Sand und Thon, was bei der Weißerle nicht der Fall ist. Auf undurchlassendem Thonboden gedeihen beide nicht gut, ebensowenig in trockenen, sonnigen Lagen.

Beide ertragen ein rauhes Klima; die Weißerle geht ziemlich hoch im Gebirg, in den Alpen bis zu 1500 m und am Harz nahezu bis 500 m; die Schwarzerle dagegen ist mehr ein Baum der Ebene und geht nicht ins Gebirg. Gegen Norden findet man die Weißerle fast bis zur Grenze der Baumvegetation; die Schwarzerle geht nicht so weit und bloß bis zum 60. Grad nördlicher Breite; sie ist mehr eine Holzart der Ebenen und der Flußniederungen.

Die Erlen keimen mit zwei eiförmigen Samenlappen, welchen bald die Entwicklung eines weiteren, den Blättern des alten Baumes ähnlichen Blättchens folgt; gegen Trockenheit und Hitze ist das junge Pflänzchen sehr empfindlich; es kommt nur auf wundem Boden an, wo dann wiederum der Barfrost ihnen leicht schadet. Im zweiten Jahr beginnt ein rascher Wuchs. Beide Arten verlangen von Jugend an einen freien Stand. In der Belaubung und Kronenbildung sind beide ziemlich gleich, sie üben keinen sehr starken Schirmdruck; doch wird dabei die Weißerle wegen der niedriger angesetzten Krone etwas schädlicher. Die Schwarzerle hat einen schöneren, höheren Stamm; die Weißerle wird nur unter günstigen Verhältnissen ein Halbbaum und paßt bloß für den Niederwald mit kurzem Umtrieb. Einzeln erreichen sie ein Alter von 100—120 Jahren;

[1]) Allgem. Forst- u. Jagdzeitung 1848 S. 327 u. das. 1861 S. 89.

in geschlossenen Beständen halten sie sich aber selten bis zum 80. Jahr. Im 30.—40. Jahr tragen beide Samen und die Samenjahre sind nicht selten. Sie blühen vor dem Laubausbruch im März, ihr Samen reift im Oktober und fliegt zu Anfang des Winters ab, er verbreitet sich auf eine große Fläche, die Zäpfchen bleiben nachher noch am Baum hängen. Die Rotherle treibt nach Bedarf und nach dem Stand des Wasserspiegels nachträglich Wurzeln aus dem Stamm und auf diese Weise bilden sich in den nassen Brüchen die hohen Mutterstöcke (Kaupen).

Der Stockausschlag erfolgt bei beiden reichlich, selbst noch in einem Alter von 40—50 Jahren, die Stöcke dauern sehr lang. Bei der Weißerle ist auch auf eine sehr zahlreiche Wurzelbrut zu rechnen. — Das Brennholz von der Weißerle ist minder gut, als das der Schwarzerle; dieses hat nahezu die gleiche Brennkraft wie das Birkenholz und ist außerdem zu Wasserbauten wegen seiner Dauerhaftigkeit sehr gesucht, sowie auch wegen seiner Farbe zur Fabrikation von Cigarrenkistchen ꝛc. Die Rinde der Schwarzerle wird in den Weißgerbereien benützt, die Kohle der Weißerle in den Pulverfabriken. — Gegen Früh- und Spätfröste ist die Weißerle am unempfindlichsten, während bei der Schwarzerle namentlich die jungen ein- und zweijährigen Lohden starken Frösten erliegen, was dann häufig noch ein Absterben der Mutterstöcke zur Folge hat. Von Krankheiten und Feinden haben beide Arten wenig zu leiden.

Die Alpenerle wird zwar nie baumartig, sondern höchstens ein 3—4 m hoher Strauch, allein im Hochgebirg bildet sie eine willkommene Bedeckung steiler Lehnen, zum Schutz gegen Lawinen und Erdrutschungen. Auf dem Kalkgebirg ist sie nicht so häufig wie im Urgebirg, sie macht aber sonst wenig Ansprüche an den Boden, kommt im Geröll und in feuchten wie auch nassen Stellen gut fort. Der Ausschlag erfolgt bei ihr sehr reichlich aus dem Stock, doch werden die einzelnen Lohden selten stärker als 10—15 cm. Auch bildet sie reichliche Wurzelbrut.

Die Haselerle, Alnus pubescens, ein niedrig bleibender Strauch in Schlesien und Sachsen vorkommend, hat keine forstliche Bedeutung; sie trägt jedoch frühzeitig Samen, welcher leicht zu gewinnen ist und deßhalb zur Verfälschung des Samens der andern beiden Arten benützt wird.

§. 16.

Die Schwarzpappel, Silber- und kanadische Pappel.

Die Schwarzpappel kommt weniger im Wald vor, und wird meist nur an Wegen, Bachrändern, Flußufern ꝛc. als Kopfholz erzogen; sie wächst auf einem frischen, lockeren, mäßig tiefen Boden ganz gut, an fließendem Wasser vorzüglich; auch noch auf nassen aber nicht sumpfigen Stellen, und erträgt noch ein ziemlich rauhes Klima; sie giebt als Kopfholz starke Brennholzerträge und dauert lange aus. Die kanadische

Pappel taugt weniger zu Kopfholz, indem der Stamm bald krank wird und abstirbt, sie erwächst aber zu einem stärkeren Baum erster Größe; das Holz derselben ist zu technischen Zwecken weniger gesucht als das der italienischen Pappel, welche aber langsamer wächst. Jene wird gerne von der Larve des Cerambyx heros befallen, doch erst nach dem 30. und 40. Jahr, er macht dadurch das Holz, welches sonst zu Holzschuhen sehr beliebt ist, für diesen Zweck unbrauchbar. Zum Brennen ist das Holz minder gut, das der Schwarzpappel ist aber nur zu diesem Zweck verwendbar, und das vom Stamm überdieß sehr schwerspaltig. Die Belaubung ist bei den beiden letztgenannten Arten sehr licht, und sie sind daher auch dem Graswuchs wenig hinderlich. Bei ihrer Fortpflanzung kommt weniger die natürliche Besamung, als die Fähigkeit durch Stecklinge sich vermehren zu lassen, in Betracht. In den Auwaldungen an der March findet sich übrigens die kanadische Pappel verwildert und pflanzt sich auch aus Samen fort. Die aus Samen gezogenen italienischen Pappeln entwickeln ein tiefgehenderes Wurzelsystem als die aus Stecklingen erwachsenen.

Die Silberpappel erwächst an der mittleren Donau und ihren Seitenflüssen zu einem sehr starken Stamm, sie vermehrt sich durch zahlreiche Wurzelbrut außerordentlich leicht, verlangt aber einen kräftigen und feuchten Boden. Durch Stecklinge läßt sie sich nicht gut vermehren, man benützt dazu mit mehr Erfolg die Wurzelausläufer. Sie liefert nur ein geringes Brennmaterial; dagegen ein seines geringen Gewichts und der leichteren Bearbeitung wegen zu manchen Zwecken gesuchtes Nutzholz.

§. 17.

Die Aspe, Espe oder Zitterpappel.

Diese Holzart, welche nur zu den bedingt geselligen gehört, findet sich fast auf allen, auch noch auf ziemlich mageren Böden, und ist häufig auf den besseren ein schlimmes Unkraut; auf sauren Böden fehlt sie, und auf schwerem Thon gedeiht sie weniger gut. Größere Trockenheit liebt sie nicht, der Boden muß frisch sein, wenn er ihr noch zusagen soll; sie erträgt aber starke Nässe. Warme, sonnige Lagen sind ihr nicht besonders zuträglich, obgleich sie zu den lichtbedürftigen Holzarten gehört. Gegen den Frost ist sie unempfindlich; sie geht bis zu 1500 m hoch ins Gebirg.

Die Wurzeln streichen sehr flach, der Stamm wächst ziemlich rasch in die Höhe und bildet eine lichte Krone, welche nur wenig überschirmt. Im 25.—30. Jahr trägt sie schon Samen; sie blüht im April vor dem Laubausbruch, ihr Same reift im Juni und fliegt alsbald ab, derselbe gedeiht fast jedes Jahr reichlich, ist sehr leicht und verbreitet sich außerordentlich weit, da er mit einem Büschel Haare versehen ist. Sie wird frühzeitig von Krankheiten, namentlich Kernfäulniß befallen, deßhalb auch als einzelner Baum nicht älter wie 60—80 Jahre, und wo sie horstweise geschlossen ist, stellt sie sich schon im 40. Jahr licht. Stockausschlag liefert sie keinen, dagegen eine unendlich zahlreiche Wurzelbrut, von der aber nur ein geringer Theil größere Lebensdauer besitzt. Zur Erhaltung und Erhöhung der Bodenkraft ist sie nicht geeignet; dagegen in Frostlagen zu Schutzholz, um unter ihr empfindlichere Holzarten anzuziehen. — Unter den Insekten hat sie viele Feinde: Blattkäfer, die Larve von Cerambyx Carcharias, und dann wird sie häufig von der Rothfäule befallen.

Das Holz wird in Ermanglung von Nadelholz zu Bauholz verwendet und liefert das Material zu den roheren Schnitzarbeiten, Holzstiften, sowie den besten Holzstoff zur Papierfabrikation, wodurch sie die ehemals innegehabte letzte Stelle in der Rangordnung verloren hat und in der Nähe solcher Fabriken eine sehr einträgliche Holzart geworden ist. Als Brennholz ist es nicht gesucht, weil es wenig Brennkraft besitzt; dagegen wird die Kohle zu Schießpulver verarbeitet.

§. 18.

Die Weidenarten.

An Flußufern kommen die Weiden in größerer Ausdehnung gesellig vor, jedoch selten als Baumholz oder Hochwald; die forstlich wichtigen Arten gedeihen nur auf nassem oder feuchtem, etwas tiefgründigerem und lockerem Boden; ganz trockene, schwere Bodenarten, ganz sumpfige und torfige Gründe vermeiden die nutzbaren Arten; gedeihen aber meistens noch in kalten Lagen, nur die gelbe Weide ist gegen den Frost schon ziemlich empfindlich.

Im Ausschlagwald und als Kopfholz liefern sie vermöge ihrer großen Reproduktionsfähigkeit in niederem Umtrieb einen reichlichen Holzertrag, und zeigen eine große Dauer, wogegen aber die baumartigen höchstens ein Alter von 60—70 Jahren erlangen, weil sie leicht faul werden. Wurzelausschläge kommen bei ihnen nicht vor. Ebenso ist es selten, daß man sie durch Samen verjüngt, meist durch Stecklinge.

Für Kopfholz eignen sich vorzüglich die Baumweiden, namentlich Salix alba, daphnoides und fragilis; als Buschholz kommen häufig vor: S. viminalis, incana, amygdalina und purpurea, die beiden letzteren lassen sich auch noch als Kopfholz erziehen.

Ihr Holz ist sehr weich und zum Brennen wenig geeignet, dagegen sind die ein- und mehrjährigen Ausschläge zu manchen technischen Zwecken, zum Korbflechten, zum Wasserbau sehr gesucht.

Auf nassen Stellen findet man zwischen anderen Holzarten häufig die Sahlweide und die Garn- oder Salbeiweide, Salix caprea und aurita; erstere als ein sehr hoher Strauch, letztere ziemlich nieder bleibend und langsam wachsend. Die Sahlweide gedeiht am besten von allen Laubhölzern auf unverwittertem Boden und ist deßhalb zur Befestigung von Erdrutschen so wie zur Aufforstung von Steinhalden sehr geeignet; ebenso als Schutzholz in Frostlagen; ihr Holz ist auch noch zur Schießpulverfabrikation verwendbar.

Zur Erziehung von Flechtruthen eignen sich folgende Arten: S. viminalis, purpurea, viminalis amygdalina, vim. acutifolia, hippophaefolia, pruinosa acutifolia, letztere, die kaspische Weide, gedeiht auch noch auf Sandboden, wenn er einigermaßen frisch ist. Beabsichtigt man feinere Ruthen zu erziehen, so darf hiezu kein allzukräftiger Boden gewählt werden, weil sie sonst Nebentriebe ansetzen. Will man gröbere Sorten zum Binden von Reiswellen, so empfehlen sich hiezu S. purpurea, vitellina und caprea.

Drittes Kapitel.

Die Nadelhölzer.

§. 19.

Allgemeine Eigenschaften.

Im Allgemeinen unterscheiden sich dieselben von den Laubhölzern dadurch, daß sie meist immergrüne und mehrjährige Belaubung haben. Alle forstlich wichtigen Nadelhölzer keimen mit mehr als 2, meist 5—10 Samenlappen, welche sich über die Erde erheben und auf ihrer Spitze gemeinsam das Samenkorn tragen, bis der in demselben enthaltene Nahrungsstoff aufgezehrt ist. Die Blüthe ist einhäusig, die männliche und weibliche in Kätzchenform; die Frucht (oder richtiger der Fruchtstand) ein holziger Zapfen, der auf jeder Schuppe zwei geflügelte Samen trägt, welche von den nächstfolgenden Schuppen bedeckt werden. Die meisten Zapfen behalten ihren Zusammenhang auch noch, nachdem der Samen ausgeflogen ist. Das Wurzelsystem der Nadelhölzer geht durchschnittlich nicht so tief, wie das der Laubhölzer; der Baum entwickelt sich bei ihnen mehr in der Richtung der Achse, sie sind daher vollholziger und liefern weniger Astholz. Die Zweige sind bei den meisten Arten quirlförmig gestellt. An Ausdauer kommen sie den Laubhölzern meist gleich mit Ausnahme der Eiche, welche sie darin übertrifft. Sie begnügen sich mit einem flachgründigeren, minder kräftigen Boden, und sind im Stande die organische Kraft desselben wesentlich zu vermehren; die meisten können auch größere Kälte in der Jugend und im Alter ertragen und lieben mit wenigen Ausnahmen die Feuchtigkeit, entweder einen feuchten Boden oder ein feuchtes Klima, einzelne gehen bis an die Grenze der Baumvegetation im Gebirge, wie im Norden.

Sie tragen öfter und reichlicher Samen, derselbe ist in der Regel geflügelt und leicht, verbreitet sich daher über weite Strecken. Dagegen schlagen die Nadelhölzer nicht vom Stock aus. — Das Holz der Zapfenbäume ist zu Brennholz noch gut und geht dem der weichen Laubhölzer meist vor; das harzreichere, ältere Holz ist von größerer Heizkraft, als das von jüngeren Stämmen. Zu Bauholz ist es unentbehrlich; zu Werkholz dagegen weniger gesucht. Als Nebenprodukte sind die Harze und Oele zu erwähnen, die man aus dem Stamm und dem Samen gewinnt. Fast alle sind als gesellige Bäume über große Landstriche verbreitet.

Feinde haben die Nadelhölzer den Arten nach zwar weniger, als die Laubhölzer; aber dieselben treten in der Regel viel zahlreicher und intensiv schädlicher auf, weil dem Nadelholz eine größere Reproduktionskraft mangelt. Dem Wind können sie wegen ihrer wintergrünen Belaubung, ihres höheren, schlankeren Wuchses und flachgehenderen Wurzeln weniger Widerstand leisten. — Der Rothfäule, Gipfeldürre und dem Harzfluß sind sie ebenfalls theilweise stärker als die Laubhölzer unterworfen.

§. 20.

Die Weißtanne, Edeltanne, Tanne.

Diese Holzart hat einen verhältnißmäßig geringen Verbreitungsbezirk im mittleren und südlichen Deutschland, ferner in den Karpathen und ihren Ausläufern, wo sie als gesellige Holzart in größerer Ausdehnung auftritt.

Sie verlangt unter den Nadelhölzern den tiefgründigsten und besten Boden, besonders liebt sie den sandigen Lehm; doch kommt sie auch vielfach in üppigem Wachsthum auf Thon, Mergel und Kalk vor, sie gedeiht auch noch auf Boden, welcher zwar in seiner oberen Schicht für die Fichte zu arm ist, aber dafür durch seine Tiefgründigkeit Ersatz bietet.[1]) Selbst auf entwässerten Torfmooren siedelt sie sich noch an. — Die Fröste im Frühjahr und die Hitze im Sommer schaden namentlich den jungen Pflanzen häufig; darum kann sie in Freilagen nur bei sehr vorsichtiger Behandlung erzogen werden, und geht auch weniger weit im Gebirge in die Höhe; in den Alpen, jedoch nur als einzelner Baum, da reine Bestände dort fehlen, bis 1500 m, ebenso hoch in den Karpathen und der Bukowina; im Schwarzwald über 900 m, im Erzgebirge bis 900 m, im bayrischen Wald bis zu 1000 m in nördlichen Lagen; in verkümmertem Wuchs noch 120 m höher; im Thüringer Wald gegen 600 m.

Die Weißtanne keimt mit 4—7, gewöhnlich mit 5 Samenlappen, welche die Form der Nadeln des älteren Baumes haben, jedoch sind bei ihnen die weißen Streifen und die Spaltöffnungen auf der Oberseite. Diese Keimblätter halten bis ins dritte Jahr. In rauhem Klima entwickeln sich im ersten Sommer außer diesen keine weiteren Blättchen; in milderen Lagen jedoch treiben noch hart über denselben 4—6 etwa $\frac{1}{3}$ so

[1]) Forstliche Mittheilungen aus Bayern Heft 8 S. 310. Oesterreich. Monatsschrift für Forstwesen 1866 S. 326. Verhandlungen des bad. Forstvereins 1876 S. 31.

lange Nadeln, welche die zwei weißen Streifen auf der Unterseite haben; in günstigeren Verhältnissen verlängert sich das Pflänzchen im ersten Jahr noch durch einen dicht benadelten Höhentrieb. Im 3.—5. Jahr bildet sich der erste (im Verhältniß zur Höhe lange) Seitentrieb. Im Ganzen wächst die junge Pflanze in der ersten Jugend am langsamsten unter allen Waldbäumen mit Ausnahme der Zirbe, welche sie in der Hinsicht noch etwas übertrifft. Ihre Wurzeln gehen 0,6—0,8 m tief; vom 15. bis 20. Jahr an treibt sie rasch in die Höhe, und dann ist ihr Längenwachsthum ein äußerst günstiges. Den Druck der Mutterbäume kann sie sehr lang ertragen, wenn sie einmal die in dieser Hinsicht empfindliche Periode zwischen dem zweiten und dritten Jahre überstanden hat; vor diesem Alter gedeiht sie in ziemlich geschlossenem Bestand, wenn sie aber im dritten Jahr nicht in größeren Lichtgenuß gesetzt wird, so geht sie schnell zu Grund; dadurch unterscheidet sie sich wesentlich von der Buche und wird deßhalb häufig von dieser verdrängt. — Dem Unkraut (Vaccinien) widersteht sie als junge Pflanze besser wie die Fichte.

Der Stamm wird sehr langschäftig und fällt wenig ab. Die Beastung ist ziemlich dicht, aber mehr an den Gipfel gedrängt, die Aeste sind nach aufwärts gerichtet. Die Nadeln stehen dicht und namentlich bei jungen Pflanzen kammförmig; halten in der Regel 8—10, manchmal auch 15 Jahre; außer den an der Basis des Jahrestriebs hervorbrechenden Seitenzweigen bilden sich noch mehrere längs des vorjährigen Triebs, und es wird dadurch der Schirm der Weißtanne sehr dicht, doch ist ihr langer Schaft und ihr geringer Kronendurchmesser wieder günstig.

Die Blüthe bricht im Mai am vorjährigen Holz aus, der Samen reift Anfangs Oktober und fliegt sogleich ab. Die Zapfen stehen aufrecht an den äußersten Spitzen der Zweige im Gipfel des Stammes; wenn die Samenreife eingetreten ist, so fallen die Schuppen des Zapfens gleichzeitig mit dem Samen ab und nur die Spindel desselben bleibt noch einige Monate stehen. Die Keimfähigkeit des Samens läßt sich nicht länger als bis ins nächste Frühjahr erhalten und zwar nur durch Anwendung großer Sorgfalt; auch im frischen Samen finden sich ziemlich viele taube Körner. Alle 3—5 Jahre ist auf ein reichliches Samenjahr zu rechnen. Vor dem 70.—80. Jahr trägt die Weißtanne selten Samen. Sie erreicht als einzelner Stamm ein Alter von 200—300 Jahren; im geschlossenen Bestand dauert sie von allen Nadelhölzern am längsten aus, weil sie weniger Krankheiten als die Fichte unterworfen ist, nicht so viele Feinde hat als die Kiefer und Fichte, auch weil ihr der Wind und Schneedruck weniger schaden, und sie selbst im höheren Alter einen dichten Stand gut erträgt.

Unter unseren Nadelhölzern hat sie die meiste Reproduktionskraft, sie ersetzt verlorengegangene Gipfeltriebe sehr rasch wieder, heilt Beschädigungen am Stamm leicht aus; falls sie nicht zur Zeit des Winterfrostes erfolgt sind. Ihre Aeste und der Stamm brechen nicht so leicht ab als bei andern Nadelholzbäumen. — Die häufigste Krankheit ist der Krebs (§. 36), der oft Fäulniß veranlaßt, oder den Windbruch begünstigt; die Rothfäule und Gipfeldürre kommen selten vor. Als Schmarotzerpflanze findet sich auf ihr die Mistel ein, und wenn deren Wurzeln in das Stammholz einwachsen, so faulen sie nach dem Absterben leicht aus, wodurch natürlich auch das Holz selbst früher anfault.

Ihre Feinde sind Bostrichus curvidens und lineatus, die Nonne, das Wild, insbesondere das Reh, Weidvieh und der große braune Rüsselkäfer; letztere drei schaden nur den jungen Pflanzen. — Als Bauholz ist die Tanne vorzüglich geschätzt wegen ihrer Länge und ihres verhältnißmäßig starken oberen Durchmessers. Als Brennholz steht sie der Fichte und Forche nach; für Böttcher und Schindelmacher ist sie wieder gesucht wegen ihrer Spaltbarkeit, dagegen liefert sie kein so schönes, weißes Holz. Nebenprodukte, namentlich das Harz sind unbedeutend; die unterdrückten Stämme können zu Floßwieden sehr gut verwendet werden. Die Nadeln und kleinen Zweige von frisch gefällten Stämmen werden als Einstreu beim Rindvieh benutzt, und sind zu diesem Zweck beliebter, als die der Fichte.

§. 21.

Die Fichte, Rothtanne.

Die Fichte, vorherrschend ein Baum des Gebirges, kommt in größter Ausdehnung gesellig vor, und hat nach der Kiefer die weiteste Verbreitung unter den mittel- und nordeuropäischen Waldbäumen. Sie verlangt mehr einen sandigen als thonigen Boden, vermeidet aber allein nur die dürren, trocknen Thon-, Kalk- und ganz mageren Sandböden; feuchte und frische Böden liebt sie sehr, und gedeiht auf nassen, selbst sauren Stellen noch gut, begnügt sich mit mäßiger Tiefgründigkeit, geht hoch im Gebirge hinauf und weit gegen Norden, sie überschreitet noch den Polarkreis (Finnland, Enara See); in den schweizer Alpen steigt sie am Nordabfall bis 16 und 1800 m, im Engadin und am Südabfall der Alpen über 2100 m, in den bayrischen Alpen bis 1600 m, doch bildet sie nur bis zu 1300 m schöne Bestände; im bayrischen Wald bei gutem Längenwuchs bis 1100 m, im Erzgebirge desgleichen bis 950 m. Auf dem Schwarzwald nur vereinzelt bis zu 1200 m, am Fichtelgebirge 850 m, im Thüringer Wald 700 und am Harz gegen 900 m. Es ist dies hinlänglicher Beweis, daß sie ein rauhes Klima noch gut ertragen kann. Freilagen sagen ihr zu, sofern sie einigermaßen noch Schutz gegen Wind hat. Im Gebirge hindern folgende Lokalverhältnisse ihre Verbreitung: nordöstliche Exposition, geringe Massenerhebung des Bodens, Nähe des Meeres oder kontinentaler Ebenen oder Gletscher, Enge der Thäler, schroffe, den Stürmen exponirte Lage, trockener oder doch zeitweilig stark austrocknender Boden, kurzer Tag zur Zeit des Erwachens aus dem Winterschlaf. (cf. Kerner Oesterr. Revue 1864 II und III 5.) In der Jugend ist die Fichte gegen Frost etwas empfindlich, auch verlangt sie zur Keimung einen mehr unkrautfreien Boden; sie erträgt unter günstigen Verhältnissen noch einen mäßigen Druck des Schutzbestandes bis ins 20. oder 30. Jahr.

Die Keimpflanze entwickelt sich mit 6—11, meist 9 nadelförmigen Samenlappen, welche im 2. Jahr bei Beginn des nächsten Triebs abfallen. Ein Gipfeltrieb bildet sich übrigens oft schon im ersten Sommer; im 3. Jahr treten erstmals die quirlförmigen Aeste hervor, wenn die Pflanze sich normal entwickeln kann. Das Wachsthum beschleunigt sich dann, sobald der Boden durch die eigenen Aeste oder in anderer Weise dicht beschattet ist. Die Wurzeln gehen von Jugend an ganz flach und streichen weit aus. Der Stamm wird sehr lang, das Höhenwachsthum schließt erst im 80.—100. Jahr ab. Nach oben fällt der Schaft stark ab. Die Aeste sind zahlreich, nicht bloß an dem Grund des Jahrestriebs, sondern auch in der Länge der vorjährigen Triebe, sie werden sehr lang, im Alter hängend, die Seitenzweige lothrecht herabhängend. Die Belaubung dauert 4—8 Jahre; der Schirmdruck ist beinahe so stark als bei der Tanne. Die Bodenverbesserung ist in geschlossenen Beständen bedeutend.

Die Blüthen brechen im Mai am vorjährigen Holz hervor; die weiblichen Zapfen sind während dieser Zeit aufrecht, später hängend; der Same reift im Oktober und fliegt im Nachwinter ab, der Zapfen bleibt leer bis zum folgenden Herbst am Baum. — Das Samenkorn hat die gleiche Größe wie das der Kiefer, dieses ist aber dunkler von Farbe, schwarz marmorirt, mit einzelnen lichter gefärbten Körnern; das der Fichte hingegen rostfarbig und in eine stärkere Spitze auslaufend. Das beste Kennzeichen geben die Flügel, welche bei der Fichte das Korn in einer napfförmigen Vertiefung tragen, die nach unten durch die Haut des Flügels geschlossen ist, während der Flügel des Forchensamens durchbrochen und das Korn in einen Ring gefaßt ist, wie das Glas bei einer Brille. Die Samenjahre sind häufig. Schon im 50.—60. Jahr trifft man Fichten, die guten Samen tragen. Der einzelne Stamm erreicht ein Alter bis zu 300 Jahren; in geschlossenen Beständen dagegen hält sich diese Holzart oft nur bis zum 100. und 120. Jahr, weil Windwurf, Schneedruck und Krankheiten den Schluß vielfach unterbrechen.

Die hauptsächlichste Krankheit ist die Rothfäule. Die Ursache ist meist die durch äußerliche Verletzungen eindringende Pilzfaser von Trametes radiciperda (§. 36). Als Feinde treten auf: Bostrichus typographus und lineatus, Phalaena Bombyx Monacha. In den Kulturen werden schädlich: Hochwild und Rehe, die Maikäferlarven, die Maulwurfsgrille, der große, braune Rüsselkäfer und der Fichtenwickler; sodann auf geringerem Boden die Unkräuter, gegen welche die Fichte in der Jugend ziemlich hülflos ist.

Ihr Holz ist zu Spaltwaaren sehr gesucht; auch zu Bauholz, weil es leichter ist, mehr Zähigkeit und Elasticität besitzt, als das der Tanne. Zu Brenn- und Kohlholz wird es ebenfalls in größter Ausdehnung benützt, liefert zwar kein so gutes Material, wie ältere Kiefern, aber ein etwas besseres wie die Tanne. Die Rinde dient zur Rothgerberei; ebenso wird ihr Harz in größerer Ausdehnung gewonnen. Die Nadeln und kleinen Zweige von frisch gefällten Stämmen werden in Schwaben, in Steyermark ꝛc. vielfach als sogenannte Hakstreu oder Graß zur Düngerbereitung benützt. Die feineren weit ausstreichenden Wurzeln kommen hie und da als Binde- und Flechtmaterial in Verwendung.

§. 22.

Die Kiefer (Föhre, Forle, Forche).

Diese Holzart gehört wie die vorigen beiden Arten zu den geselligen Bäumen; sie bildet vorherrschend in den Tiefebenen Bestände von großer Ausdehnung. In Beziehung auf die Ansprüche an den Boden ist sie die genügsamste; denn sie wächst noch erträglich auf ganz humusarmem Sand- und selbst auf moorigem Bruchboden, wobei natürlich ihre Massenerzeugung nicht besonders bedeutend ist. Auf ganz flachgründigem Boden läßt sie im Wuchs nach und stellt sich licht, sobald sie mit ihren Wurzeln nicht mehr in die Tiefe dringen kann. Bringt man sie auf bessere Böden, worunter ihr die tiefgründigeren Sand- und sandigen Lehmböden besonders zusagen, so steigt ihr Massen-Ertrag bedeutend; und auf trockeneren Standorten oder im rauheren Klima hebt sich die Qualität ihres Holzes noch wesentlich dadurch, daß die inneren Schichten sich mit Harz anfüllen, welches dem Holz eine sehr große Dauer giebt. Häufig hat dieses Kernholz eine rothbraune Färbung, und dies zeigt eine vorzügliche Qualität an; es ist aber keineswegs bei allen Kiefern der Fall, daß sich der Splint in dieser Art vom Kernholz unterscheidet; es ist die Erzeugung solchen Holzes mehr an einzelne Gegenden und Individuen geknüpft, namentlich kommt derartiges Holz im Gebirge häufiger vor, wo überhaupt die Kiefer einen anderen Habitus zeigt, indem der Längenwuchs mehr überwiegt und die Astbildung dagegen zurücktritt. Aehnlich verhält sie sich auch im hohen Norden.

In Beziehung auf die Lage erträgt sie alle Expositionen leicht, sowohl die heißen wie die kalten. Im Gebirge geht sie nur selten so hoch, als die Fichte, aber gegen Norden um so weiter. In den deutschen Alpen steigt sie bis gegen 1200 m, am Südabfall als einzelner Baum bis gegen 1600 m, im Schwarzwald bis 800, im Thüringer Wald etwas über 400, im Harz 300 m. Nach Norden geht sie bis über 70° nördlicher Breite und nimmt eine besondere Baumform (schlankeren, vollholzigeren Stamm, pyramidale Krone) an; auch gilt das dort erwachsene Holz für das beste und dauerhafteste, es geht unter dem Namen Kiefer von Riga in den Handel.

Die Kiefer keimt mit 4—7, meist 5 Nadeln, welche aber nur $\frac{1}{3}$ der Länge ihrer gewöhnlichen Nadeln haben; der im 1. und in rauhem Klima im 2. Jahr hervorbrechende Gipfeltrieb hat platte, lanzettförmige, weiche, sägezähnige Blätter, erst im 3. Jahr entwickeln sich die gewöhnlichen Nadeln zu zweien aus einer Scheide (eigentlich verkümmerte Triebe, Kurztriebe, Stauchlinge).

Die junge Pflanze ist gegen die Hitze empfindlicher als gegen Frost, doch klagt man neuerdings in Norddeutschland über häufige Benachtheiligung der Kulturen durch Frühfröste; ein ziemlicher Unkräuterüberzug schadet ihr weniger als den übrigen Nadelhölzern. Auf der andern Seite erträgt sie aber den Druck der Mutterbäume von erster Jugend an fast gar nicht oder doch nur für kurze Zeit, und stirbt leicht unter einer auch minder dichten Beschirmung. Ebenso wird ihr der Seitendruck nachtheilig und zwar mindestens auf einer Breite, welche der Höhe des vorstehenden Bestandes gleichkommt.

Die Wurzeln zeigen ein großes Bestreben in die Tiefe zu dringen (bis zu 4 m nach Burkhardt), um so mehr, je trockener und lockerer der Boden ist; auf moorigem oder flachgründigem Standort streichen sie aber mehr oberflächlich. — Das Höhenwachsthum ist von erster Jugend an rasch; im 50.—60. Jahr läßt es allmählich nach. Der Stamm ist sehr abfällig, Seitenzweige bilden sich nur an der Basis des Jahrestriebs; die Krone älterer Bäume besteht aus wenigen, aber stärkeren, weit ausgreifenden Aesten, woher es auch zum Theil kommt, daß sich die Bestände im höheren Alter lichter stellen, als bei anderen Waldbäumen. Die Belaubung ist ziemlich dünn und die Nadeln dauern bloß bis ins 3. Jahr.

So lang die Kiefer in gedrängtem Schluß steht, was namentlich bis zur Beendigung des Längenwuchses zutrifft, verbessert sie den Boden sehr ausgiebig, wie kaum eine andere Holzart. Im späteren Alter ist dies wegen der lichteren Ueberschirmung nicht mehr in dem Grade möglich; dagegen können unter diesem Schirm die edleren Laubhölzer und theilweise auch Nadelhölzer gut gedeihen, und nöthigenfalls als Bodenschutzholz angezogen werden.

Die Kiefer blüht im Mai und Juni während der Entwicklung der neuen Triebe, an deren Spitze die weiblichen Blüthen stehen, ihr Same reift im Oktober des *folgenden* Jahres, und fliegt darauf im März ab. Bis die Zapfen reif werden, hat sich ein weiterer Jahrestrieb gebildet, und nun hängen die $1\frac{1}{2}$jährigen Zapfen am unteren Ende des letzten Triebes. Nach dem Ausfliegen des Samens bleiben sie noch ein Jahr sitzen und diese leeren Zapfen findet man an der Basis des vorletzten Jahrestriebes. Der Same ist sehr leicht und fliegt in der Regel auf eine Entfernung von 60—100 Schritte vom Baum. Die Samenjahre sind nicht gerade selten, alle 3—4 Jahre ist auf reichlicheren Samenansatz zu rechnen. Die Forche trägt viel früher als alle andern Waldbäume, oft schon im 30.—40. Jahre reichlich und guten Samen. Die Beschreibung des Samenkorns ist oben bei der Fichte gegeben.

Im geschlossenen Bestand erhält sich die Kiefer kaum bis ins 70. oder 80. Jahr, selten länger. Einzelne Bäume erreichen in der Mischung mit anderen Holzarten oder in jüngeren Beständen übergehalten ein sehr hohes Alter bis zu 200 und 300 Jahren. Krankheiten treten selten in größerer Ausdehnung bei ihr auf. In erster Jugend, namentlich im 2. bis 5. Jahr wird sie von der Schütte befallen, die Nadeln werden im Nachwinter roth, sterben ab, worauf sich die Triebe nur kümmerlich entwickeln und oft der Tod der Pflanze eintritt. Die Ursachen dieser Krankheit werden theils in stärkeren Frühfrösten, theils in einer Pilzwucherung von Lophodermium Pinastri Chev. gesucht. — Bezüglich der Rothfäule hat Rob. Hartig konstatirt, daß dieselbe durch das Fasergewebe eines Pilzes Trametes Pini veranlaßt wird (cf. §. 36). Eine andere Art von Fäulniß geht von der Wurzel aus und stellt sich hauptsächlich auf sehr erschöpften Böden ein (Hagen d. forstl. Verh. Preußens 2. Aufl. Bd. 1 S. 150). Schneedruck schadet ihr namentlich in der Jugend und in milderem Klima nicht selten.

Das Holz der Kiefer ist zu technischen Zwecken sehr gesucht, wenn es im Winter bei Frostwetter gefällt wurde und die bezeichnete rothe Farbe hat. Auch ohne diese Eigenschaft geht es immer noch dem Fichten- und Tannenholz zu Wasserbauten, Eisenbahnschwellen u. dergl. vor. Als Brennholz ist es ebenfalls sehr gut, namentlich um eine rasche Hitze zu erzeugen. Nebenprodukte sind der Kien, Theer und in neuester Zeit die Waldwolle, ein aus den Nadeln bereitetes Surrogat für Roßhaare 2c., zum Polstern der Betten u. dergl. benützt.

Ihre Feinde sind das Hochwild (Schälen der Rinde) und das Reh (Abäßen der Gipfel, wenn die Kiefer vereinzelt auftritt), der Kiefernspinner, die Nonne, die Kieferneule, der Kiefernmarkkäfer, die Blattwespe; in jüngeren Jahren schaden ihr die Maikäferlarven, der kleine und große Rüsselkäfer.

§. 23.

Die Bergföhre, Legföhre, Krummholzkiefer, Latsche 2c.

Die **Bergföhre** mit ihren vier oft zu Verwechselungen Anlaß gebenden Unterarten erlangt im Hochgebirge, an der oberen Baumgrenze eine große Bedeutung; es ist deßhalb von Werth etwas näher darauf einzugehen, wobei wir dem genauen Kenner der lebenden und fossilen Baumflora der Schweiz Dr. **Oswald Heer** (Urwelt der Schweiz) folgen; er charakterisirt die Pinus montana Mill. als Art in der Weise: sie bildet theils aufrechte, mehr oder weniger hohe Bäume mit pyramidalkegelförmiger

Krone, theils niederes Krummholz mit bogenförmig aufsteigenden Aesten. Rinde dunkelgrau, Nadeln beiderseits saftiggrün, vorn weniger zugespitzt als bei Pin. sylvestris. Die weiblichen Zäpfchen sind Anfangs aufrecht, später sich etwas biegend, aber nie zurückgekrümmt; die Zapfen fast sitzend, Zapfenschuppen mit einem hervortretenden, öfter hakenförmig gekrümmten Schild; der Nabel des Samenkorns ist mit einem schwärzlichen Ring umgeben, Samenflügel etwa zwei Mal so lang als das Nüßchen. — Diese Art zerfällt in folgende Rassen:

Die Hakenföhre, P. montana uncinata (Spirke in Bayern), mit ziemlich hohem, aufrechtem Stamm, unsymmetrischen Zapfen mit meist stark entwickelten Haken.

Die Sumpfföhre, P. mont. uliginosa, kleine, knorrige Bäume bildend, die glänzendbraunen Zapfen mit stark vorstehenden, abwärts gerichteten Haken.

Die Legföhre, P. mont. humilis, strauchartiger Wuchs mit niederliegenden Aesten, eiförmigen oder eikegelförmigen, unsymmetrischen Zapfen mit gewölbten, indeß wenig hakenförmig, zurückgekrümmten Schildern.

Die Zwergföhre, P. mont. pumilio, von derselben Tracht wie die vorige, aber mit fast kugeligen oder kurz eiförmigen sitzenden Zapfen, deren gewölbte Schilder rings um die Zapfen von gleicher Bildung sind. Diese Form steigt bis 2100 m; im Tiefland erscheint nur die Hakenföhre.

Zu besserer Vergleichung folgt auch noch die Charakteristik der gemeinen Kiefer, P. sylvestris, nach demselben Autor: hoher Baum, schirmförmige Krone; die Nadeln auf der oberen platten Seite hechtblau bereift und vorn zugespitzt, weibliche Kätzchen gestielt und zurückgebogen, die reifen Zapfen hängend, eikegelförmig, etwa 5 cm lang, die Samenflügel meist etwa drei Mal so lang als das Nüßchen. — Hier wäre wohl auch noch hervorzuheben, daß die gemeine Kiefer im Winter nur ein- und zweijährige Nadeln trägt; die andere Art aber auch noch drei- und vierjährige.

So wenig die drei letztaufgeführten Unterarten der Bergföhre, welche meist unter dem Namen Legföhre, Krummholzkiefer, Latsche, Zundern &c. zusammengefaßt werden, als Nutzungsobjekte in Betracht kommen, so sind sie doch im Hochgebirge an der oberen Grenze der Baumregion äußerst nützlich; da sie wie nicht leicht etwas anderes gegen die Bildung von Lawinen beinahe unbedingten Schutz gewähren. Auch können zwischen ihnen am ehesten noch baumartige Holzarten aufkommen.

§. 24.

Die österreichische Schwarzkiefer.

Von der gemeinen Kiefer unterscheidet sich die Schwarzkiefer durch ihre längeren, dunkelgrün gefärbten Nadeln, während jene graugrüne Nadeln hat. Die Zapfen und das Samenkorn sind bei der Schwarzkiefer größer. Die Nadeln der Schwarzkiefer haben ebenfalls je zu zweien eine viel längere Scheide als die der gemeinen Föhre und halten 2 Jahre länger aus; der Wuchs ist bei jener gedrungener und derber.

In forstlicher Beziehung dagegen unterscheidet sie sich von der gemeinen Kiefer nur in einigen Punkten: Zunächst hat sie einen geringeren Verbreitungsbezirk im östlichen Alpengebiet (bis zu 1200 m) und den angrenzenden Ländern; geht aber auch hier nicht höher ins Gebirge als jene. Auf Dolomit- und Kalkboden gedeiht sie wohl am besten, und besser als die gemeine Kiefer; sie gedeiht namentlich auch noch auf ziemlich massigen Felsen mit schwacher Bodendecke. Gegen Hitze und Frost ist sie unempfindlich, zieht aber die wärmeren Lagen, Süd- und Südwestseiten vor, sie widersteht dem Schneedruck sehr gut, auch von Insekten und Krankheiten hat sie weniger zu leiden; die Stürme können ihr fast gar nichts anhaben. Ihre Belaubung ist viel dichter, als die der Kiefer, sie überschattet den Boden stark und liefert rasch eine dichte Humusschichte. Ihr Holz wird dem der gemeinen Kiefer in jeder Hinsicht vorgezogen; Harz wird reichlich und in vorzüglicher Qualität von ihr gewonnen. Sie erreicht ein ebenso hohes Alter wie die gemeine Kiefer und wird ebenso bald samentragend. Obwohl sie in höherem Alter den freien Stand ebenfalls liebt, so hält sie sich doch bei regelmäßiger Behandlung länger im Schluß als die P. sylvestris; auch erträgt sie in der Jugend eine etwas stärkere Ueberschirmung als diese.

§. 25.

Die Lärche.

Die eigentliche Heimath der Lärche sind die Vor- und Hochalpen von 7—1600 m Erhebung. In der Schweiz geht sie bis 2000 m, im Engadin bis 2300 m, in Tyrol, Steiermark, Kärnthen bis 2200 m, in den Karpathen bis 1550 m hoch, sie überschreitet die obere Grenze der Fichte kaum um 50—60 m. Am besten gedeiht sie auf kalkigem und sandigem Gebirgsboden an östlichen und nördlichen Gehängen; dagegen meidet sie nasse, sonnige und den Stürmen ausgesetzte Lagen und die engen tiefen Thäler; das feuchte Klima längs der Seeküste sagt ihr wieder gut zu am Niederrhein, in Holland wie in Ostpreußen (Johannisburg). Selbst unter den günstigsten Verhältnissen tritt sie nur ausnahmsweise gesellig auf. In größeren Beständen findet man sie mit andern Hölzern gemischt; und wo sie ausschließlich rein erzogen wird, da ist vielfach die Gras- und Weidenutzung Hauptsache; man sieht darum nur selten einen geschlossenen Horst; auch zeigt sie sich eigentlich nirgends in dichtem Schluß; gerade dadurch unterscheidet sie sich von der Kiefer, daß sie auch in der Jugend unbedingt einen freien Stand zu möglichst kräftiger Entwicklung ihrer Krone haben muß.

Die Lärche verlangt einen lockeren, mehr trockenen als feuchten Boden, mit ziemlicher Tiefgründigkeit; gedeiht aber auch auf steinigem und felsigem Grund, sofern derselbe nur zerklüftet ist. Thonboden sagt ihr nicht zu; magerer Sand und nasse oder sumpfige Stellen ebensowenig. Kälte schadet ihr weniger als Hitze, doch kann erstere da, wo häufig Spätfröste einfallen, ihr Wachsthum wesentlich hindern. Am besten sagen ihr nicht allzuexponirte Freilagen zu, während sie in der Ebene des Binnenlandes nicht gut fortkommt.

Die Lärche keimt mit 5—7, meist 6 sehr zarten ganzrandigen Keimblättern, denen bald weitere kürzere Blättchen folgen; in rauhem Klima entwickelt sich dann im 2. Jahr der weitere Höhentrieb und Seitenzweige, welche mit breiten, lanzettförmigen, nicht selten über Winter bleibenden Nadeln besetzt sind; erst am 3jährigen Pflänzchen und bei älteren an 2jährigem Holz treten sommergrüne Nadeln in büschelförmiger Stellung an der Spitze von verkümmerten Zweigen auf. — Die junge Pflanze keimt noch in mäßigem Grasüberzug und wächst vom 2. Jahr an sehr schnell; gegen Frost ist sie unempfindlich; im Herbst schließt ihr Wachsthum sehr spät ab.

Die Bewurzelung ist tiefgehend, der Stamm stark abfällig, im Einzelnstande vielfach nicht so gerade gewachsen, wie bei den andern Nadelhölzern. An Höhe und Dicke erreicht er ziemlich die gleichen Dimensionen wie die Kiefer. Die Astverbreitung ist nicht besonders stark, Astquirle bilden sich bei ihr nicht deutlich aus, die Seitenzweige sind unregelmäßig vertheilt, an den jüngeren Trieben sehr zahlreich, sterben aber bald ab; die Belaubung ist einjährig und sehr licht.

Die Blüthezeit beginnt oft schon im März; der Same reift im folgenden Oktober oder November und fliegt im Frühjahr ab; die ziemlich kleinen Zäpfchen bleiben nachher noch ein Jahr hängen. Im Hochgebirge klagt man über die Seltenheit reichlicher Samenjahre; auch in den Ebenen trägt die Lärche nicht so oft tauglichen Samen, wie ihr häufiges Blühen vermuthen lassen sollte. Krankheiten hat sie wenige und nur von untergeordneter Wichtigkeit; Windwurf kommt bei ihr ganz selten vor.

Da sie von Jugend auf den freiesten Stand liebt, so läßt sich eigentlich von ihr nicht sagen, wie lang sie im Schlusse aushält. In den Niederungen erreichen reine Bestände kaum ein Alter von 60—70 Jahren, einzelne Stämme werden 2—300 Jahre alt. — Unter ihrem lichten Schirm siedelt sich bald ein vortrefflicher Graswuchs an und empfiehlt sie sich deßhalb zur Anpflanzung auf Viehweiden.

Als Feinde sind zu nennen das Wild, namentlich in den Gegenden, wo sie seltener vorkommt; ferner eine Blattlaus und auch einige Borkenkäfer, Bostrichus amitinus und cembrae. Auf günstigem Standort erträgt sie Beschädigungen leicht, wogegen sie in ungünstigen Lokalitäten bald kränkelt, sich mit Moos und Flechten überzieht und im Wuchse rasch nachläßt. In den Alpen leidet sie vom Weidvieh weniger als die Fichte.

Das außer der Saftzeit gefällte Holz ist vorzüglich zu Bau- und Werkholz, wenn es roth und harzhaltig ist, was aber nicht bei allen Stämmen zutrifft. Daß es nicht von Insekten angegangen wird, ist unrichtig; man kann häufig Spuren im Lärchenholz treffen, wie sie der Bostrichus lineatus in Weißtannenstämmen hinterläßt. Zur Feuerung ist es nicht so gut wie das Fichtenholz; es hält aber einen viel größeren Druck aus als dieses, was ihm zu Grubenholz den Vorzug sichert. Joch- und Graslärche sind keine besonderen Arten; erstere hat dichteres, letztere lockereres Holz. — Da und dort wird auch noch Lärchenterpentin gewonnen.[1])

§. 26.

Die Arve oder Zürbelkiefer und die Weymuthskiefer.

Die Zürbelkiefer tritt in beschränktem Umfange in den Hochlagen der Alpen, Karpathen und des Urals als gesellige Holzart auf. Sie erträgt noch einen ziemlich nassen Boden, theilweise auch sauren Humus in demselben, verlangt aber Tiefgründigkeit; kalkhaltige Thonböden sagen ihr weniger zu, reine Kalkböden und Dolomit meidet sie ganz. In den Alpen geht sie noch über 2000 m, in den Karpathen bis 1600 m, und ist gegen rauhes Klima sehr unempfindlich; ihre untere Grenze liegt in den Alpen bei 1000 m.

Die junge Pflanze keimt im 2. Jahr nach der Aussaat mit 9 derben Nadeln und gedeiht noch in einer leichten Grasdecke, widersteht der Kälte gut und kann den Druck längere Zeit ohne Nachtheil ertragen. Die Bewurzelung ist tiefgehend, der Stamm bildet sich schlank und gerade, fällt in der Höhe nicht so rasch ab wie bei der gewöhnlichen Kiefer; die Krone besteht aus ziemlich vielen, doch minder starken Aesten, als bei der gemeinen Kiefer, auch gehen dieselben nicht so in die Breite. Das Wachsthum ist in der Jugend sehr langsam, erst vom 20. Jahr an entwickelt sich der Baum schneller; in tieferen Regionen zeigt er in dieser Hinsicht ein ganz ähnliches Verhalten wie die Weißtanne.

Die Belaubung ist dicht und hält 4 Jahre lang aus; es kommen 5 Nadeln aus einer kaum merklichen Scheide hervor. Samenjahre sind im Hochgebirge nicht sehr häufig. Dem Samen wird viel von Menschen und Thieren nachgestellt. Die Zürbe trägt etwa im 70.—80. Jahre Samen. Die Blüthe bricht gegen Ende Mai aus, die Frucht reift im Herbst des folgenden Jahres und fallen dann die Schuppen des Zapfens gleichzeitig ab. Der Same hat die Größe einer kleinen Haselnuß.

Der Baum erreicht ein sehr hohes Alter; auch in größeren Beständen hält er sich lange (150—200 Jahre) geschlossen. — Im Leben hat er

[1]) v. Seckendorff, Centralbl. 1885 S. 366 und Marchard, Oesterreich. Monatsschrift f. d. Forstwesen 1870 S. 1.

wenig Feinde; aber es ist zu bemerken, daß das verarbeitete Holz auch von Insekten angegangen wird. Zu Werkholz liefern insbesondere die älteren Stämme ein sehr gutes und gesuchtes Material, namentlich zu Schnitzarbeiten. Zu Bauholz ist es ebenfalls vorzüglich, und als Brennholz steht es dem bessern Kiefernholz gleich.

Die **Weymuthskiefer**[1]) wurde von Lord Wymouth aus Nordamerika herübergebracht und hat sich inzwischen bei uns ganz vollständig eingebürgert. Die Nadeln kommen auch bei ihr zu fünf aus einer Scheide und haben auf der Unterseite ebenfalls 2 weiße Streifen, wie die der Zürbe; sie sind aber viel feiner und zarter. Der Zapfen ist etwas länger wie bei der Fichte, aber nicht so dick, hat längere und breitere Schuppen; reift im 2. Jahre nach der Blüthe und bleibt noch ein Jahr am Baum, nachdem der Samen ausgeflogen ist. Eine natürliche Verjüngung kommt noch auf ziemlich verfilztem Boden gut an (Thiergarten bei Cleve) und hält den Druck von Buchen und Eichen noch besser aus als die Fichte; auch der Seitendruck schadet ihr weniger, weßhalb sie sich zur Nachbesserung kleinerer Lücken empfiehlt.

Diese Kiefer wächst sehr rasch zu einem starken Stamm heran; gedeiht noch auf ziemlich magerem, sogar auf moorigem Boden; erträgt auch ein rauheres Klima; sie wird in Schottland häufig angebaut und findet sich in der Schweiz noch bei 1400 m Meereshöhe, wo sie den Spätfrösten und dem Schneedruck besser widersteht, als die Fichte. In reinem Bestand hält sie sich lange in dichtem Schluß und liefert einen reichlichen Nadelabfall bis über das 80. Jahr hinaus (Scheidelwitz bei Brieg), bessert deßhalb den Boden außerordentlich. In Amerika ist ihr Holz sehr geschätzt, bei uns galt es dagegen als eines der leichtesten und brüchigsten, vielleicht nur deßhalb, weil früher nur jüngere Bäume zur Nutzung kamen; neuerdings werden aber seine Vorzüge auch hier immer mehr anerkannt. Beschädigungen heilen bei ihr sehr leicht wieder aus; doch wird sie gerne vom Wurzelkrebs befallen und getödtet.

Viertes Kapitel.

Sträucher, Stauden, Gräser, Moose ꝛc.

§. 27.

Die Hasel.

Dieser Laubholzstrauch kommt nur auf sehr gutem Boden vor, gewährt aber hier keinen genügenden Ertrag und verdrängt durch seinen reichlichen

[1]) **Baur**, Forstliche Monatsschrift 1871 S. 281, 1867 S. 294. **Burkhardt**, Säen und Pflanzen, 4. Aufl., S. 408. Bericht über die 12. Versammlung deutscher Forstmänner zu Straßburg 1883 S. 86.

Ausschlag und die dichte Belaubung in der Regel die besseren Holzarten, weßhalb er häufig zu den Unkräutern gerechnet werden muß; er findet sich gern ein auf Kalk- und Lehmboden; der Thonboden sagt ihm weniger zu; ebenso wenig große Feuchtigkeit und Nässe; gegen Kälte ist er ziemlich unempfindlich.

Die Hasel gedeiht nur ausnahmsweise zu einer Stärke von über 20 cm; schlägt sehr reichlich vom Stock aus, und in den ersten 5—8 Jahren wachsen die Lohden ungewöhnlich rasch, später lassen dieselben aber schnell nach und ihre Zunahme in die Länge und Dicke ist dann ganz gering. Die Hasel liebt zwar einen freien Stand, doch erhält sich auch unter einem dichteren Schirm die Ausschlagfähigkeit ihrer Stöcke; weßhalb diese Holzart nur durch Stockroden oder durch langjährigen starken Druck verdrängt werden kann. Der Ertrag an Holz ist gering, dagegen ist sie als bodenverbessernde Holzart zu schätzen, und zu Bodenschutzholz sehr geeignet.

Die jungen Ruthen liefern Flechtmaterial, Reife und Bindwieden zur Flößerei; die stärkeren Stangen concurriren bei Anfertigung der feinen Radspeichen für Luxuswagen erfolgreich mit dem besten amerikanischen Hikoryholz; außerdem verwendet man das Holz in der Form von Hobelspähnen zum Klären des Bieres. Die Nüsse werden zur Oelbereitung und das Laub zur Viehfütterung benützt.

§. 28.

Der Faulbeerstrauch oder das Pulverholz.

Diese Holzart findet sich bei uns häufig und ist gegen Norden weit verbreitet; sie kommt auf feuchtem oder nassem Boden vor, ihre Wurzeln gehen flach, der Wuchs ihrer Lohden ist in den ersten Jahren sehr rasch, läßt aber bald nach; sie schlägt reichlich von dem Stock und der Wurzel aus. Die Belaubung ist zwar ziemlich licht, aber bei dem reichlichen Ausschlag wirkt sie auf lichtbedürftige Holzarten doch verdämmend. Der Faulbeerstrauch kann den Druck anderer Bäume gut ertragen. Das Holz ist bloß zur Verkohlung behufs der Pulverfabrikation gesucht, im Uebrigen ist es ein schlechtes Material, und sein häufiges Vorkommen ein Zeichen schlechter Wirthschaft.

§. 29.

Der Weiß- und Schwarz- oder Schlehdorn.

Beide kommen mehr auf Kalk und Mergel, weniger auf eigentlichem Thon und Sand vor; zeigen jedoch überall einen bessern Boden an. Sie treten in der Regel nur als Straucharten auf und sind dann dicht in einander verwachsen, so daß selten zwischen ihnen etwas besseres aufkommen kann; der Schwarzdorn erträgt auch noch einen ziemlichen Schirmdruck. Haut man sie ab, so erfolgt ein sehr reichlicher Stock- und Wurzelausschlag, welcher noch hinderlicher wirkt. Bloß in der Nähe von Gradirwerken haben sie einigen Gebrauchswerth, sonst sind sie wegen ihrer Dornen wenig gesucht, obgleich sie ein gutes Brennholz liefern. Zu Hecken wird der Weißdorn häufig angezogen. Längs des Waldrandes geben sie einigen Schutz gegen das Eindringen von Menschen und Vieh wie gegen das Entführen der Laubdecke.

§. 30.

Die Himbeere und Brombeere.

Die Himbeerstaude gedeiht nur auf lockerem, humosem Lehm- und Sandboden; sie treibt unter der Erde viele Wurzelsprossen und kann den Boden rasch aussaugen; ihre oberirdischen Stengel sind zweijährig, schießen sehr dicht auf und haben eine starke Belaubung, so daß alle die Pflanzen, die in der ersten Jugend viel Licht verlangen, wie Eichen und Kiefern, nicht unter ihnen gedeihen; die Fichte leidet noch ziemlich unter ihrem Druck; wogegen Weißtanne und Buche eher zwischen ihnen fortkommen.

Dieses Unkraut wuchert hauptsächlich im zweiten Jahr nach eingetretener stärkerer Lichtung; in Dunkelschlägen kommt es noch nicht vor. Wenn der Boden durch längeres Freiliegen mager geworden ist, so gehen die Himbeeren wieder von selbst aus.

Die Brombeeren finden sich mehr auf Thon- und Mergelböden, sie überziehen mit ihren Ranken die jungen Pflanzen und drücken sie, namentlich wenn Schnee fällt, zu Boden. In so großen Massen, wie die Himbeeren, treten sie aber nur selten auf. Beide Unkräuter sind schwer zu vertilgen, am ehesten noch durch Herbeiführung eines baldigen Bestandesschlusses. Das Ausschneiden derselben im Sommer schwächt sie einigermaßen und verschafft den dazwischen stehenden jungen Holzpflanzen Hülfe.

§. 31.

Die Heidelbeere, Preißelbeere, Bärenbeere und Kienporst.

Auf magerem Sandboden gehört der Heidelbeer-, auch Bikbeer- und Schwarzbeerstrauch, Vaccinium Myrtillus, zu den schlimmsten Unkräutern; er hält sich fast in allen geschlossenen Beständen, mit Ausnahme der Buche und Tanne, während er wie auch die Heide nach eingetretener Freistellung sich sehr üppig entwickelt; worauf besonders aufmerksam zu machen ist, da Pfeil s. Z. eine gegentheilige Ansicht vertrat. Wenn er auch anfangs nur einen leichten Ueberzug bildet, so verdichtet sich derselbe ober- und unterirdisch doch bald und wird zu einem für die Atmosphärilien schwer zu durchdringenden Filz, der ebenso auch das Anfliegen und Aufkeimen des Samens unserer meisten Waldbäume gänzlich hindert. Wuchert die Heidelbeere in dieser Weise längere Zeit, so entsteht durch den Ausschluß der atmosphärischen Einwirkungen ein saurer Humus, der sich allmählich in seinen Eigenschaften fast ganz dem torfartigen Humus nähert, und den meisten Waldbäumen erst durch Lockerung und Bearbeitung genießbar gemacht werden kann.

Die Heidelbeere hält sehr lange aus, ihre Stengel streichen weit über den Boden hin, und treiben da, wo sie mit demselben in Berührung kommen, leicht Wurzeln, wodurch sich ihre rasche Vermehrung und die schnelle Verdichtung des filzigen Bodenüberzuges erklären läßt. Dieselbe ist sommergrün, blüht Ende Mai, ihre Beeren reifen im August; werden verspeist, oder zu Branntwein verarbeitet, und zum Färben des Weines benützt.

Ein ganz ähnliches Unkraut ist die Preißelbeere oder Kronsbeere, V. Vitis idaea, sie ist wintergrün, gedeiht noch auf feuchterem und saurerem Boden, als die vorige und bildet einen noch schlechteren Humus.

Die zwei anderen Heidelbeerarten, V. Oxycoccos und V. uliginosum, treten nicht oft gesellig auf und sind daher forstlich nicht von besonderer Bedeutung; erstere hat wintergrüne, letztere sommergrüne Blätter.

Die Bärenbeere, Arbutus Uva-ursi, und der Kienporst, Ledum palustre, sind holzige, ausdauernde Sträucher und kommen selten vor; erstere auf trockenem, magerem, letztere auf torfigem, saurem Boden. Diese überzieht den Boden oft so dicht, daß eine Besamung unmöglich ist; erstere ist minder schädlich, beide sind wintergrün.

§. 32.

Die Heiden.

Die gewöhnliche Heide, Erica vulgaris, begnügt sich mit magerem, trockenerem Sandboden, aber auch mit Moorboden, sie macht noch weniger Ansprüche an die Bodenkraft als die Heidelbeere, gedeiht unter den älteren Kiefernbeständen, selbst wenn sie geschlossen sind, noch gut; der Schirm der übrigen Waldbäume ist ihr dagegen zu dicht. Im Freien erholt sie sich schnell vom früheren Druck und wächst unter Umständen zu einem 3 Fuß hohen Strauch heran.

Neben der Aussaugung des Bodens bildet sich aus ihrem Blätterabfall ein harz- und wachshaltender Humus, der den wenigsten Waldbäumen zusagt. — Die Heide dauert lange aus und vermehrt sich rasch durch Samen und Wurzelausschläge; sie blüht im Juli, ihr Samen reift im November. Wenn die Triebe nicht zu alt sind, werden sie von dem an gröberes Futter gewöhnten Rind und Schaf abgeweidet. Sonst kann man die Heide zur Streu abmähen, oder zur Compostbereitung verwenden, um einen Theil des Heidelandes zu etlichen Fruchternten damit zu düngen.

Im Hochgebirge kommt eine andere Heide, E. carnea, vor; sie verhält sich ähnlich, wie die geschilderte, liebt aber feuchtere und ziemlich saure Böden.

§. 33.
Ginster, Pfriemen und Wachholder.

Erstere beide finden sich ebenfalls auf trockenem, magerem Sand. Bloß die eine Art von Ginster, Genista sagittalis, bildet einen dichten Filz und ein noch dichteres Gewebe von Wurzeln und Sprossen; dies ist eine Staude; die übrigen sind holzige, ausdauernde Sträucher; sie schaden mehr durch Ausmagern, kommen aber nicht in geschlossenen Beständen vor. Im Allgemeinen treten sie nicht in so großen Massen und in bedeutenderer Ausdehnung gesellig auf, wie die vorigen.

Die Besenpfrieme erreicht eine Höhe von 1 m, hat zwar eine ganz schwache Belaubung, bildet aber durch die vielen, ruthenartigen, langen Zweige ein sehr dichtes Gebüsch; sie bekommt zuweilen einen 10—15 cm starken Stamm. — Ginsterarten wachsen nicht so hoch und werden auch nicht so dick. — Der Färbeginster wird gesammelt und ein Farbmittel daraus bereitet, die übrigen können nur als Streu benützt werden, das Weidevieh nimmt sie nicht an.

Der Wachholder kommt als niedriger Strauch auf Sand- und Kalkboden vor und wächst auf besserem Kiefernboden sehr üppig, wodurch er die Verjüngung erschwert; er läßt sich nur durch öfteres Aushauen der Stöcke verdrängen. Auf Viehweiden geben diese Sträucher den besseren Holzarten häufig den in der Jugend nöthigen Schutz und befördern dadurch deren Ansiedlung und Verbreitung.

§. 34.
Gräser.

Die Gräser treten als Forstunkräuter in einer größeren Zahl von Arten auf; sie sind nur da schädlich, wo sie zu lange wuchern, in Folge dessen einen dichten Filz bilden, dem Boden Nahrung entziehen und ihn von den Einwirkungen der Atmosphärilien abschließen; oder in Frostlagen die Früh- und Spätfröste fördern, oder den Mäusen Aufenthalt gewähren; doch werden sie auch oft nützlich, indem sie auf Sandboden z. B. die Hitze mäßigen, und auf der andern Seite wieder gegen das Verwehen des leichten Sandes und Laubes so wie gegen das Ausziehen der jungen Pflänzchen durch den Frost Schutz gewähren. — Der direkte Ertrag aus denselben durch Verkauf zu Viehfutter oder Streu, oder durch Gewinnung des Samens ist nach den Oertlichkeiten sehr verschieden, unter Umständen ziemlich bedeutend.

Die echten Gräser zeigen einen bessern, säurefreien Boden an; die Poa, Festuca, Bromus, Milium, Molinia, Anthoxanthum, Agrostis und Melica siedeln sich schon in Dunkelschlägen an, wogegen die Quecken Triticum, Schmielen Aira, ferner Avena, Bromus und Holcus fast ausschließlich nur auf lichten Stellen sich finden; Aira cespistosa, Festuca sylvatica, Molinia coerulea lieben nasse Stellen und bilden in dieser Richtung den Uebergang zu den Binsen und Simsen. Unter letzteren kommen Luzula pilosa und albida häufig im Schatten, an trockenen Orten vor, während die meisten übrigen, Luzula maxima, Scirpus sylvaticus und Andere auf feuchten und nassen Stellen wachsen. — Auf trockenem, magerem Boden finden sich Bocksbart, Nardus stricta, Aira canescens und flexuosa, Festuca rubra et ovina.

Die Riedgräser, Carices, Binsen, Juncus, Glyceria, Schilfrohr rc. finden sich meist auf saurem Boden und hier oft in großer Menge; sie bilden den Uebergang zu den Torfpflanzen, unter denen hauptsächlich das Wollgras, Eriophorum, zu nennen ist neben Carex pauciflora, Davalliana[1]), paradoxa, remota etc. in Verbindung mit den verschiedenen Torfmoosarten (Sphagnum). In diesen Verhältnissen treten aber die Unkräuter mehr in den Hintergrund; das Wasser und der saure Humus schaden weit mehr als jene. — Carex brizoides, das falsche Seegras, kommt noch auf trockenerem Boden vor; es bildet einen den jungen Holzpflanzen schädlichen, dichten, zusammenhängenden Wurzelfilz; läßt sich aber als Ersatz für Roßhaar gut verwerthen.

§. 35.

Die Farnkräuter und Moose.

Die Farnkräuter werden nur ausnahmsweise schädlich in nassem, dem Sumpfboden sich näherndem Standort; hauptsächlich tritt der Adlerfarn auf; er hat einen in der Erde kriechenden Stamm und treibt jährlich seine Wedel oder Blätter oberirdisch. Er wirkt schädlich durch Entziehung von Kali aus dem Boden, das er in größerer Menge, als alle andern Unkräuter in sich aufnimmt. Zur Streu und zum Dünger auf thonigem Boden ist er daher sehr gut. — Der Schildfarn treibt dichte Blätterbüschel und überschattet die jungen Holzpflanzen sehr stark. — Beide Arten zeigen übrigens noch einen günstigen Stand der Bodenkraft an.

Die Moose finden sich in verschiedenen Arten: auf trockenem, beschattetem Waldboden als günstige Decke des Bodens zur Erhaltung der Feuchtigkeit und des Humus, Hypnum splendens, Schreberi, triquetrum loreum, umbratum, purum, erstere zwei unter Fichten und Tannen, letztere drei unter Tannen vorherrschend; Polytrichum formosum (Fichten), commune, juniperinum, urnigerum (Tannen), Hypnum squarrosum triquetrum, Polytrichum piliferum, formosum, aloides und nanum in Kiefernbeständen. — Auf nassem und sumpfigem Boden, auf welchem eine

[1]) Diese Art ist benannt nach ihrem Entdecker, dem um das Forstwesen des Cantons Waadt hochverdienten Forstrath Davall sen.

Moosdecke durch Festhalten der Nässe viel schadet, kommen vor: Sphagnum squarrosum, palustre und cuspidatum, Polytrichum commune; Meesia uliginosa und Andere.

§. 36.

Pilze und Flechten.

Die an lebenden Bäumen vorkommenden Flechten sind nicht schädlich, da sie am Baum bloß Anheftungspunkte suchen, aber keine Nahrung aus ihm ziehen. Sie finden sich übrigens meist in ungünstigen Standortsverhältnissen ein und so werden sie oft irrthümlich für die Ursache des schlechten Gedeihens der Waldbäume angesehen. Dies gilt namentlich von der Bartflechte, Usnea barbata, welche sich auf den Bäumen in solchen Oertlichkeiten ansiedelt, wo häufig kalte, feuchte Luft stagnirt.

Unter den Flechten, die im Bodenüberzug vorkommen, sind zu nennen Cladonia rangiferina (unter Tannen), pixidata, unicalis; Caetraria aculeata, diese drei letztgenannten unter Kiefern. Wie schon oben gesagt, zeigen sie einen herabgekommenen, mageren Boden an und werden deshalb gewöhnlich Hungerflechten, und auch unrichtigerweise Hungermoos genannt.

Die Bedeutung der Schwämme und Pilze wird immer mehr erkannt und es sollen wenigstens einige der wichtigeren hier besonders aufgezählt werden; sie kommen in lebenden Pflanzen vor als echte Schmarotzer (Parasiten) oder auf faulenden Organismen, wo sie weniger forstliche Bedeutung haben als Saprophyten; einzelne in beiderlei Weise. Agaricus melleus dringt mit seinem Mycelium (Fasergewebe, Pilzmutter) am Wurzelknoten der Nadelhölzer unter deren Rinde in der Form schneeweißer Pilzbänder (Rhizomorpha subcorticalis) ein und bringt damit die Stämme zum Absterben. Außerhalb der Wurzeln treten jene Pilzbänder als dunkelbraune, den Faserwurzeln ähnliche Stränge, Rhizomorpha subterranea, auf. Diese Krankheit heißt man Erdkrebs oder Wurzelfäule oder Harzsticken. Auch Trametes radiciperda befällt die Nadelhölzer zunächst an den Wurzeln, wächst dann aber im Holz aufwärts und verursacht so die verbreitetste Art der Rothfäule. Trametes Pini keimt an Wundstellen der Nadelholzstämme und verbreitet sich im Innern des Stammes sehr rasch, manchmal ringförmig, wodurch die Kernschäligkeit verursacht wird. Wenn sodann der Fruchtträger als „Schwamm" sich äußerlich zeigt, so ist die Krankheit im Innern schon ziemlich vorgeschritten und der „Schwammbaum" sofort zur Nutzung zu bringen. — Für den Forstmann ist sodann noch indirekt wichtig der sogenannte Hausschwamm[1]) oder der laufende Schwamm, Boletus destructor, der in Gebäuden an feuchten, dumpfigen Orten, wo der Luftzutritt gehemmt ist, das Holz zerstört.

[1]) Rob. Hartig, Der echte Hausschwamm. Berlin, J. Springer 1885.

Die Rost-, Brand- und Mehlthaupilze, welche meist nur mikroskopisch zu untersuchen und zu erkennen sind, treten in großer Zahl und in den verschiedensten Formen auch an unseren Waldbäumen auf, bald an den Blättern, der Rinde oder im Holz, wo sie verschiedene Krankheiten und Abnormitäten verursachen. Zur näheren Informirung über dieselben muß auf die darüber veröffentlichten ausführlicheren Werke[1]) Bezug genommen werden und mag es deßhalb genügen die wichtigeren davon hier aufzuzählen und kurz zu charakterisiren.

Melampsora Goeppertiana an Preißelbeerstengeln Anschwellungen verursachend, im folgenden Jahre in der früher als besondere Art beschriebenen Form von Aecidium columnare in den jungen Nadeln der Weißtanne, woraus später die gelblichen Aecidien auf der Unterseite hervorbrechen.

Aecidium elatinum, welches an der Weißtanne den sogenannten Hexenbesen und den Krebs veranlaßt; ersterer eine Wucherung der durch Pilzmycel angeschwollenen in großer Zahl sich bildenden Zweige, an welchen die Nadeln meist schon im ersten Jahr abfallen; letzterer eine Wucherung im Holz und der Rinde, wodurch diese häufig gesprengt wird.

Coleosporium Senecionis auf Senecio-Arten als bläulich-weißer Mehlthau vorkommend und von da auf die Kiefer übertretend, wo er als Peridermium Pini den Kiefernblasenrost bildet und den Kienzopf, Brand, Krebs oder die Räude verursacht und die Entwicklung des Stammes, wie der Zweige und Nadeln stört.

Caeoma pinitorquum, der Kieferndreher, die Ursache des Drehwuchses.

Hysterium Pinastri, in den Nadeln der Kiefer eine, wo nicht die einzige Ursache der Schüttekrankheit.

Im Herbst werden unsere Laubhölzer häufig auf den Blättern von Brandpilzen (in dunkeln, runden Flecken sichtbar) befallen, welche sich durch Vermittelung des Laubstreudüngers auf die Felder und Rebgelände übertragen, wo sie am Getreide und den Trauben in anderer Form als Rost wieder auftreten.

Eine ganz andere, die Lebensthätigkeit begünstigende Einwirkung der Pilze auf einzelne Holzarten ist neuerdings festgestellt worden. Durch eine gewisse Lebensgemeinschaft (Symbiose) fördern die Trüffelarten die Thätigkeit der Wurzeln einzelner Holzarten; z. B. die sogenannte Hirschtrüffel bei der Kiefer, die Speisetrüffel bei Eichen, Roth- und Weißbuchen, beim Haselstrauch und der Edelkastanie. Prof. B. Frank in Berlin hat nachgewiesen, daß die Wurzeln dieser Holzarten von einem Pilzgewebe (wohl zu unterscheiden von der Pilzfrucht, der eßbaren Trüffel) umgeben

[1]) Rob. Hartig, Wichtige Krankheiten der Waldbäume. Berlin, Springer. 1873. Derselbe, Lehrbuch der Baumkrankheiten. Das. 1882. Crefeld, Ueber Brand- und Hefepilze. Paul Sorauer, Handbuch der Pflanzenkrankheiten. Berlin, P. Parey. 1886.

sind, das ihnen das Wasser und die Nährstoffe aus dem Boden zuführt, und dagegen vom Baum die für sich benöthigte Nahrung erhält. Je ärmer der Boden an organischer Substanz ist, um so weniger finden sich von diesen Pilzen. Dankelmann, Zeitschr. f. Forst- u. Jagdwesen 1885 S. 494 u. 1886 S. 39.

Außerdem lassen die Versuche des berühmten Physiologen Pasteur darauf schließen, daß auch die Keimung der Pflanzensamen durch Pilze oder andere Mikroben (kleine thierische und pflanzliche Organismen) angeregt und eingeleitet werde.

Forstwissenschaft.

Literatur.

Hundeshagen, Encyklopädie der Forstwissenschaft. Tübingen, Laupp. 1859.
H. Cotta, Grundriß der Forstwissenschaft. 6. Auflage. Leipzig, Arnold. 1872.
Hartig, Lehrbuch für Förster. Stuttgart, Cotta. 10. Auflage. 1861.
Pfeil, Neue vollständige Anleitung zur Behandlung, Benutzung und Schätzung der Forsten. Berlin, Veit & Comp.
Grabner, Die Forstwirthschaftslehre für Forstmänner und Waldbesitzer. 3. Auflage. Herausgegeben von J. Wessely. Wien, Braumüller. 1866.
Püschel, Forstencyklopädie. (Alphabetisch geordnet.) Leipzig, Brockhaus. 2. Auflage. 1872.
E. Landolt, Der Wald, seine Verjüngung, Pflege und Benutzung. 3. Auflage. Zürich, F. Schultheß. 1877.
Grunert, Die Forstwissenschaft für Forstlehrlinge und angehende Förster. 2. Auflage. Hannover bei Rümpler. 1876.
Heinrich Fischbach, Der Wald und dessen Bewirthschaftung. Ein Leitfaden für Privatwaldbesitzer, Gemeindebeamte ꝛc. Stuttgart, Eugen Ulmer. 1884.
Zeitschriften. Neben vielen Vereinsschriften sind hauptsächlich folgende zu erwähnen:
Lorey und Lehr, Allgemeine Forst- und Jagdzeitung. Frankfurt, Sauerländer.
Grunert und Leo, Forstliche Blätter. Berlin und Leipzig. H. Voigt.
Judeich, Tharander forstl. Jahrbuch. Dresden, Schönfeld.
Dankelmann, Zeitschrift für Forst- und Jagdwesen. Berlin, Springer.
v. Seckendorff, Centralblatt für das gesammte Forstwesen. Wien, Frick.
E. Landolt, Schweizerische Zeitschrift f. d. Forstwesen. Zürich, Orell Füßli & Co.
Franz Baur, Forstwissenschaftliches Centralblatt. Berlin, P. Parey.

§. 37.

Begriff und Eintheilung.

Wald nennt man eine mit wildwachsenden Holzarten bestockte Fläche von größerem Zusammenhang, Urwald einen solchen, der noch niemals in Benutzung genommen war; sobald dagegen der Mensch durch einen mehr oder weniger regelmäßigen Betrieb die Waldungen zu benutzen und zu pflegen anfängt, haben wir den Kulturwald und es beginnt die Forstwirthschaft. — Die systematische Begründung und Aufzählung der hiebei in Anwendung kommenden Regeln ist die Aufgabe der Forstwissenschaft; sie hat also die in der Natur begründete und durch den

Bedarf der Menschen bedingte zweckentsprechendste Behandlung des Waldes zu erforschen und übersichtlich zu lehren.

Diese Lehre theilt sich ab

A. in die Produktionslehre, welche sich beschäftigt mit der Erziehung, Benützung und Beschützung der Waldungen. Sie lehrt danach

1) die Verjüngung und Behandlung vorhandener, sowie die Anzucht neuer Wälder: Waldbau;

2) die Erhebung, Zugutmachung und den Transport der Waldprodukte: Forstbenutzung;

3) die Abwendung und Bekämpfung der den Wäldern drohenden Gefahren: Forstschutz.

B. Die Betriebs- und Verwaltungslehre. Dieselbe faßt eine größere Anzahl von Waldbeständen im Zusammenhang, als ein abgeschlossenes Ganzes auf; sie lehrt die verschiedenen auf die Produktion einwirkenden Kräfte in ihrem Einfluß auf den Betrieb kennen und giebt eine Uebersicht über die Einwirkungen, die der Wirthschafter auf den Betrieb ausüben kann. — Die damit in Zusammenhang stehende forstliche Statik zeigt, wie die forstlichen Betriebskräfte zu erforschen und zu messen sind. Diese Lehre ist noch wenig entwickelt und fehlen noch viele von den hiezu nothwendigen Materialien, obwohl neuerdings die forstlichen Versuchsstationen eifrigst mit deren Sammlung beschäftigt sind.

C. Die Taxationslehre enthält die Vorschriften, wie man den Erfolg der wirthschaftlichen Maßregeln in Zahlen veranschlagen kann; sie dient dazu, den Ertrag und den Nutzungswerth der Waldungen zu erheben.

Als Anhang wird noch gegeben die den Staatswissenschaften angehörende Staatsforstwirthschaftslehre, welche die Aufgabe hat zu zeigen, wie die Waldungen zum Nutzen der Gesammtheit der Staatsbürger bewirthschaftet werden sollen, und durch welche den Einzelnen nicht zu Gebot stehende Mittel dieses Ziel erreicht werden kann.

§. 38.

Erklärung einiger technischen Ausdrücke.

Ein Theil der technischen Ausdrücke kann erst im weitern Verlauf des Vortrags erklärt werden; ein großer Theil jedoch läßt sich hier schon definiren, wodurch auch für denjenigen der Vortrag verständlicher wird, dem solche Bezeichnungen weniger oder noch gar nicht geläufig sind.

Dabei ist zu unterscheiden zwischen den auf den einzelnen Baum, und den auf den einzelnen Wald angewendeten Begriffen.

Die Holzgewächse bezeichnet man nach ihrer Größe und der Art ihrer Entwicklung als Sträucher, wenn sie sich unmittelbar über dem Boden mehrfach in einzelne Zweige, Ausschläge oder Lohden theilen, wobei sie eine Höhe von 5—10 m selten überschreiten; andrerseits gehören aber auch die niedrigen, kaum über den Boden sich erhebenden Heiden, Heidelbeeren 2c. noch zu den Sträuchern. Die größeren Straucharten entwickeln sich unter günstigen Verhältnissen zu Halbbäumen, an welchen ein einziger Stamm in der Höhe von 8—15 m sich in Aeste und Zweige theilt; letztere beiden faßt man zusammen in dem Begriff Baumkrone, während man den Stamm und seine unmittelbare Verlängerung innerhalb der Krone als Schaft bezeichnet. Diejenigen Bäume, welche obige Höhen überschreiten, werden als Bäume erster, zweiter, dritter Größe angesprochen, wofür man aber keine scharfen Grenzen angeben kann; die erste Größe dürfte bei unseren Waldbäumen etwa mit 40 m, die zweite mit 25—30 m erreicht sein, was darunter bleibt, gehört sodann in die dritte Größe. Ein Laubholzbaum dritter Größe, der sich unter dem Einfluß ungünstiger Verhältnisse (häufig wiederkehrende Spätfröste, Verbeißen durch Weidvieh oder Wild 2c.) nur sehr niedrig und mit dichter, buschiger Krone entwickelt, wird Kollerbusch genannt; beim Nadelholz und namentlich bei der Kiefer bilden sich in freiem, vereinzeltem Stande von unten auf sich in stärkere Aeste theilende Büsche, Kusseln. Ist die Baumkrone verhältnißmäßig niedrig oder hoch angesetzt, so sagt man, der Stamm ist kurzschäftig oder langschäftig.

Die als direkte Verlängerung des Stammes senkrecht in den Boden eindringende Wurzel heißt Pfahl- oder Herzwurzel, die übrigen Seiten- und Faserwurzeln, letztere sind die feineren Verästelungen und werden Thauwurzeln genannt, wenn sie in der obersten Schichte des Bodens sich entwickeln. Der Punkt, an welchem sich der aufwärts wachsende Stamm von der abwärts wachsenden Wurzel scheidet, heißt der Wurzelknoten. Der Wurzelstock oder kurzweg Stock ist der unterste Theil des Stammes, aus welchem die Wurzeln hervortreten; bei der Fällung des Stammes bleibt der Stock und manchmal noch ein längeres oder kürzeres Stück des Schaftes stehen, welche zusammen als Stockholz, Stubbenholz gewonnen werden. — Mutterstöcke sind diejenigen Laubholzstöcke, von welchen durch neue Triebe, Lohden oder Stocklohden, ein Ausschlag, Stockausschlag erfolgen soll. Einzelne Laubhölzer treiben Wurzellohden, schlagen aus der Wurzel aus.

Nach den verschiedenen Altersstufen unterscheidet man zunächst den Vorwuchs, solche junge Pflanzen, welche sich im Bestande ansiedeln, bevor dessen Verjüngung beabsichtigt ist; dann den absichtlich erzogenen Nachwuchs, und zwar Kernwuchs, wenn er aus Samen, Anflug aus leichtem geflügelten Samen, Aufschlag aus schwerem, senkrecht vom Mutterbaum abfallenden Samen erwachsen und noch nicht so weit entwickelt ist, daß er den Boden vollständig deckt.

Bei künstlich erzogenen Pflanzen unterscheidet man unverschulte oder unverstapelte und verschulte oder verstapelte Pflänzlinge, je nachdem sie als Sämlinge direkt aus dem Saatbeet kommen, oder nachher nochmals in ein anderes Beet verpflanzt waren; dieselben kommen entweder mit der die Wurzeln umgebenden Erde, dem Ballen, Erdballen, als Ballenpflanzen, oder mit nackten Wurzeln zur Verwendung. Bei Laubholzpflänzlingen wird manchmal der Stamm vor der Verpflanzung unmittelbar über der Wurzel abgehauen, und heißen dieselben sodann Stutz- oder Stummelpflanzen. Heister und Halbheister nennt man 2—4, bezw. 1—2 m hohe Pflänzlinge. Stufig sind dieselben, wenn sie einen kräftig entwickelten, mit der nöthigen Zahl von Seitenzweigen versehenen, nicht zu rasch in die Höhe getriebenen Stamm haben.

Raitel, auch Stange nennt man einen jüngeren Baum, namentlich in der Zeit, wo seine Krone noch weniger entwickelt ist, später heißt er Latt- oder Bohlstamm; dann folgen nach örtlichem Gebrauche verschiedene Benennungen, die hauptsächlich nach der zulässigen Verwendung der betr. Stämme gewählt sind, z. B. Bau- oder Sägstamm oder Holländer, Meßholz, Fünfziger, Gemeinholz 2c. Ueberständig oder rückgängig ist der Baum, wenn er die Zeit der kräftigeren Entwicklung überschritten hat, der Höhenwuchs still steht und das Wachsthum in die Dicke sich allmählich verringert; steigert sich dieser Zustand, so wird der Baum abständig, die obersten Aeste sterben ab, der Baum wird gipfeldürr, zopftrocken.

Windständig nennt man diejenigen Bäume, welche so gut bewurzelt und sonst so beschaffen sind, daß sie dem Wind widerstehen können. Die vom Sturm geworfenen Stämme heißen Windwurf, wenn sie mit der Wurzel ausgehoben sind, und Windbrüche, wenn der untere Theil des Stammes stehen geblieben und nur der obere Theil abgebrochen ist.

Jeder Baum bewirkt mit seiner Krone eine zeitweilige Beschattung auf der umgebenden Fläche, welche verschieden wirkt, je nach der Holzart, der Dichtigkeit der Krone und der Belaubung, der Höhe des Baumes und seines Standortes, in der Ebene oder am Hang, Nordhang oder Südhang. Dadurch gewährt der Baum entweder wohlthätigen Schutz gegen extreme Hitze und Frost, oder übt durch Entziehung von Licht, Thau, Regen 2c., durch seinen Druck einen nachtheiligen Einfluß auf den umgebenden jüngeren Bestand aus; man spricht in diesen Fällen vom Schirmdruck, welcher senkrecht wirkt, oder vom Seitenschutz und Seitendruck, welcher auf die seitlich stehenden jungen Pflanzen Einfluß übt. Wo ein solcher nicht besteht, gebraucht man den Ausdruck im Freien. Starke Stämme, namentlich solche mit glatter Rinde werfen die Sonnenstrahlen zurück und steigern dadurch die Hitze auf der Süd- und Südwestseite in schädlicher Weise bis auf eine Entfernung von 6 bis 8 m. — Die senkrecht unter den Aesten der Baumkrone belegene Fläche heißt die Schirmfläche.

Aeckerich oder Mast nennt man die Gesammtheit der in einem Jahr wachsenden Samen von Eichen oder Buchen, wonach man unterscheidet zwischen Eichel- und Buchelläckerich. Mastjahr oder Samenjahr ist ein solches, in dem die Mast oder anderer Samen reichlich gediehen ist; volle Mast, halbe Mast und Sprengmast beziehen sich auf größere oder geringere Mengen des erzeugten Samens; eine Sprengmast ist es, wenn nur einzelne Bäume Bucheckern oder Eicheln tragen.

§. 39.
Fortsetzung.

Aus einer größeren Zahl von Bäumen oder auch von Straucharten, welche eine zusammenhängende Fläche einnehmen oder bestocken, bildet sich ein Waldbestand oder kurzweg Bestand (auch Bestockung). Eine bestimmte Minimal- oder Maximalgröße läßt sich für einen Bestand nicht wohl angeben; es hängt dies von dem Umfang und der Eintheilung des ganzen Waldbesitzes ab. Treten dann in dem Bestand kleinere zusammenhängende, vom übrigen nach Alter und Holzart verschiedene, in sich aber gleichartige Theile hervor, so nennt man dies Horste.

Die Bestände sind regelmäßig oder unregelmäßig, je nachdem die einzelnen Bäume in Beziehung auf Alter oder Größe, sowie in Beziehung auf ihre Vertheilung über der Fläche gleich oder ungleich sind. Vollkommene oder geschlossene, im Schluß stehende Bestände sind solche, in denen durch die mehr oder weniger in einander greifenden Zweige der vorhandenen Bäume der Boden durchaus beschattet wird; im Gegensatz davon braucht man die Ausdrücke unvollkommen, licht, lückenhaft. Die nicht mit Bäumen bewachsenen, und nicht von ihnen überschirmten Stellen heißen Lichtungen oder Lücken, wenn sie klein; Blößen aber, wenn sie größer sind.

Normal ist ein Bestand, welcher die unter den gegebenen äußeren Verhältnissen höchst mögliche Regelmäßigkeit und Vollkommenheit besitzt; Einige steigern den Begriff noch, und sprechen dann von idealen Beständen. Diese beiden Begriffe bezeichnen keinen absolut feststehenden Zustand, sondern ziemlich verschiedene Verhältnisse, je nach dem Standort, der Holz-, Betriebs- und Behandlungsart, oder auch nach der Ausdehnung der Flächen, für welche sie gelten sollen; besonders aber nach den verschiedenen Ansichten der Beurtheiler.

Reine Bestände sind solche, die bloß von einer einzigen Holzart gebildet werden, oder wo andere Holzarten nur in verschwindend kleiner Anzahl auftreten; jene ist die herrschende, diese die eingesprengte Holzart; untergeordnet heißt dieselbe, wenn sie der Zahl nach, oder wirthschaftlich von keiner Bedeutung ist.

Gleichmäßig oder einzeln gemischt heißt ein Bestand, wenn in allen Theilen desselben zwei oder mehrere Holzarten, jede in demselben Verhältniß zu den andern auftreten. Horstweise gemischt wird derjenige Bestand genannt, in welchem jede einzelne Holzart oder Altersstufe in größerer Zahl gruppenweise beisammen vorkommt.

Nach außen, gegen die nicht zur Holzzucht benutzten Flächen grenzt sich der Bestand ab durch den Waldtrauf, welcher zum Waldmantel wird, wenn er dicht geschlossen und nach außen voll beastet ist. Auch im Innern des Waldes sind solche Mäntel nothwendig zur Abgrenzung des Bestandes gegen jüngeres Holz und zum Schutz desselben gegen Windschaden.

Der Bestand theilt sich in Haupt- und Neben- oder Zwischenbestand; jener wird gebildet aus den herrschenden (dominirenden) Stämmen, welche in Wipfel und Krone sich frei entwickelt und den übrigen einen Vorsprung abgewonnen haben. Wird der Bestand älter und bedürfen die einzelnen Stämme zu ihrer gesunden Entwicklung je einen größeren Raum, so muß ein Theil derselben nach und nach den Platz räumen; namentlich diejenigen, welche in der Kronenentwicklung und bald auch im Höhen- und Stärkewachsthum zurück bleiben, sie werden beherrschte Stämme und im weiteren Verlauf kommen sie unter den Seiten-, später auch noch unter den Schirmdruck der herrschenden Stämme, sie werden unterdrückt oder verdämmt, und zwar um so rascher, je lichtbedürftiger die betr. Holzart ist. Diese beiden Kategorien bilden den Neben- oder Zwischenbestand. In unregelmäßigeren Beständen unterscheidet man noch weitere Stammklassen, wie dies unten in der Lehre von den Durchforstungen näher dargelegt wird.

Waldrechter, oder Ueberhaltstämme sind solche, welche im Hochwald bei der Verjüngung übergehalten werden, um in den künftigen Bestand einzuwachsen.

Schlag heißt diejenige Waldfläche, auf welcher das alte Holz weggehauen wird, um junges darauf nachzuziehen; die auf einer solchen Fläche stehenden älteren Stämme heißen Samen- oder Mutterbäume und bilden zusammen den Besamungs-, Schirm- oder Schutzbestand.

In der ersten Jugend heißt der Bestand Schonung, Mais, Jungmais, Kultur oder Pflanzung; wenn er sich sodann geschlossen hat, Dickung, beim Laubholz Gertenholz, später Raitel- oder Stangenholz, namentlich in der Periode, wo der Höhenwuchs vorherrscht und die unteren Aeste abgestorben sind.

Haubar oder hiebsreif ist derjenige Bestand, bei welchem der zur Benützung oder zur Verjüngung geeignete Zeitpunkt eingetreten ist; da dieser Zeitpunkt als Haubarkeitsalter nach verschiedenen maßgebenden Rücksichten festgesetzt werden kann, so läßt sich weder eine bestimmte, noch eine annähernde Altersangabe dafür machen. Angehend haubare, mittelwüchsige oder mittelalterige Bestände sind hienach solche, welche das Haubarkeitsalter noch nicht erreicht haben, wovon aber die ersteren denselben näher stehen, als die letzteren; die überständigen und überhaubaren Bestände haben dagegen das Haubarkeitsalter bereits überschritten.

Der im Zeitpunkt der Haubarkeit vom Hauptbestand anfallende Holzertrag bildet die Haubarkeitsnutzung oder den Haubarkeits- oder Abtriebsertrag (unrichtiger Weise auch Hauptnutzung genannt). Alles, was vom Zwischen- oder Nebenbestand anfällt, heißt Zwischennutzung oder Durchforstungsertrag, welcher in den Durchforstungen gewonnen wird. Haubarkeits- und Zwischennutzungsertrag zusammen bilden die Hauptnutzung; die übrigen Waldprodukte, Baumfrüchte, Samen, Baumsäfte, Gras ꝛc. werden unter dem Begriff Nebennutzungen zusammengefaßt.

Mit der Erhebung der Haubarkeitserträge geht die Verjüngung, d. h. die Anzucht eines neuen Bestandes an Stelle des alten Hand in Hand; sie ist eine natürliche, wenn sie durch den von den Mutterbäumen abfallenden Samen, oder durch Stockausschlag bewirkt wird, eine künstliche, wenn Saat aus der Hand oder Pflanzung zur Anwendung kommen. Dauert die Verjüngung eines Bestandes mehrere Jahre, so bezeichnet man diese Zeit als Verjüngungszeitraum.

Erster Theil.

Waldbau.

Literatur.

Heinrich Cotta, Waldbau. Herausgegeben durch dessen Enkel H. v. Cotta. Leipzig. Arnold. 1865. 9. Auflage.
Carl Heyer, Waldbau oder Forstproduktenzucht. Leipzig, Teubner. 1878. 3. Auflage.
Pfeil, Die deutsche Holzzucht. Leipzig, Baumgärtner. 1860.
K. Gayer, Der Waldbau. 2. Auflage. Berlin, P. Parey. 1882.
G. Wagener, Der Waldbau und seine Fortbildung. Stuttgart, Cotta. 1884.
C. E. Ney, Die Lehre vom Waldbau. Berlin, P. Parey. 1885.
Borggreve, Die Holzzucht. Berlin, P. Parey. 1885.

§. 40.

Begriff und Eintheilung.

Der Waldbau umfaßt die Lehren von dem Anbau, der Erziehung und Pflege der Waldungen. — H. Cotta rechnete auch noch die Lehre von der Holzernte hieher, welche aber als Forstbenutzung gewöhnlich vom Waldbau getrennt behandelt wird.

Die Lehre von der Verjüngung der Waldungen theilt sich ab in die Lehre von der natürlichen und künstlichen Verjüngung. Der Unterschied liegt in der Art und Weise wie an die Stelle der alten, benutzbaren Bestände neue erzogen werden. Bewirkt man dies mit Hülfe des von den vorhandenen alten Bäumen naturgemäß abfallenden Samens oder mit Hülfe ihrer Fähigkeit vom Stock auszuschlagen, so bezeichnet man dies als natürliche Verjüngung. Wird dagegen ohne Zuhülfenahme von vorhandenen alten Bäumen oder ausschlagfähigen Stöcken eine Fläche mit Holzpflanzen in Bestockung gebracht, so heißt dies künstliche Verjüngung, und die betreffenden Lehren jene natürlicher, diese künstlicher Waldbau. Cotta nennt jenen Holzzucht, diesen Holzanbau.

Je nachdem das junge Holz unter dem Schutz der Mutterbäume oder erst nach vollständiger Beseitigung des Altholzbestandes angezogen wird, unterscheidet man neuerdings Vor- und Nachverjüngung; diese bedingt meist das künstliche Eingreifen, während jene beide Verjüngungsarten zuläßt.

§. 41.

Betriebsarten.

Die Regeln des Waldbaues modificiren sich je nach den verschiedenen Betriebsarten. Unter Betriebsart versteht man ein Wirthschaftssystem, wobei die Verjüngungsweise und das Alter, das man die Bestände und Bäume erreichen läßt, sowie der Bestandesschluß, unterscheidende Merkmale abgeben. Folgendes sind die vier Betriebsarten:

1. Betriebsarten mit vollem und gleichmäßigem Bestandesschluß:

Beim Hoch- oder Samenwald erfolgt die Verjüngung gleichzeitig auf einer größeren zusammenhängenden Fläche durch natürliche Besamung oder durch künstliche Saat oder Pflanzung. Die Bestände sind daher in sich annähernd gleichalterig, also auch die verschiedenen Altersstufen räumlich von einander getrennt, sie erreichen meistens ein höheres Alter.

Der Niederwald (Schlagholz) verjüngt sich durch Stockausschlag, ebenfalls gleichzeitig auf größeren zusammenhängenden Flächen.

2. Betriebsarten mit zeitweilig oder dauernd unterbrochenem Schluß:

Hierunter ist zunächst zu erwähnen die älteste Form der Waldwirthschaft, der Femelwaldbetrieb, wobei die Verjüngung zwar ebenfalls, wie beim Hochwald, durch Samen erfolgt, aber die Schlagführung der Art ist, daß die einzelnen Altersklassen nicht der Fläche nach getrennt, sondern überall gemischt durcheinander stehen.

In den letzten Dezennien erlangte der in verschiedenen Formen vorgeschlagene und durchgeführte Lichtungsbetrieb immer größere Bedeutung und er verdient überall, mit Ausnahme der geringeren Standorte, die volle Beachtung, sei es nun nach der von E. F. Hartig oder

4*

Seebach oder Homburg angewendeten Methode, welche das gemein haben, daß früher oder später durch künstliches Eingreifen der Bestandesschluß in geringerem oder stärkerem Grade unterbrochen wird, um hiedurch einen wesentlich gesteigerten Zuwachs, den Lichtungszuwachs zu gewinnen.

Sodann ist hier noch zu nennen der Baumfeldbetrieb, der bei uns noch nicht ins Leben getretene Vorschlag H. Cotta's zu einer länger dauernden Verbindung land- und forstwirthschaftlicher Bodenbenützung.

Der Heisterwald nähert sich demselben am meisten, darunter versteht man in Norddeutschland mit Laubholzheistern bepflanzte, ständige Viehweiden.

3. Eine Betriebsart, welche obigen beiden Anforderungeu genügt, ist der Mittelwald, bei dem das Unterholz wie im Niederwald in vollem Schluß, das Oberholz dagegen im Lichtstande erzogen wird.

Die Waldfeldwirthschaft ist keine Betriebs-, sondern eine Art der Nebennutzung, und kommt daher erst in der Lehre von der Forstbenutzung zur Besprechung.

Erster Abschnitt.

Künstliche Verjüngung. Holzanbau.

Literatur.

v. Pannewitz, Kurze Anleitung zum künstlichen Holzanbau. Breslau. 1845.
Jäger, Forstkulturwesen. Marburg. 1865. 2. Auflage.
Burkhardt, Säen und Pflanzen nach forstlicher Praxis. Hannover. 1877. 4. Auflage.

§. 42.

Vorbegriff.

Die künstliche Verjüngung erfolgt entweder durch Saat, Pflanzung, Stecklinge oder Absenker, oder durch Zusammenwirken mehrerer dieser Methoden.

Sie muß angewendet werden in Beständen, welche noch keinen, oder keinen tauglichen Samen mehr tragen; bei längerem Ausbleiben der Samenjahre; in Beständen, bei denen der Boden zu stark verrast und verunkrautet ist (Kiefern, Eichen 2c. in höherem Alter); auf größeren Kahlschlägen und bei Aufforstung ausgedehnter Oedungen; bei Anzucht einer neuen, auf der betreffenden Fläche oder in deren nächster Nähe nicht vorkommenden Holzart; in Oertlichkeiten, welche der Ueberschwemmung ausgesetzt sind, und wo das Gedeihen der Pflanzen in dem 1. und 2. Lebensjahre wegen großer Trockenheit des Bodens, Felstrümmer 2c. unsicher ist; ferner im Niederwald und Heisterwald, sowie auf kleineren Blößen im Hochwald als Nachhülfe der natürlichen Verjüngung. Letztere wird aber auch da, wo sie leicht möglich wäre, von der künstlichen Verjüngung vielfach verdrängt und es gewinnt darum auch diese immer mehr Terrain. Die wirthschaftlichen Vor- und Nachtheile der beiden Methoden können erst in der Betriebslehre abgehandelt werden.

Die Regeln über Richtung, Ausdehnung, Aneinanderreihung und Vorrücken der Schläge (Verjüngungsflächen), welche im Abschnitt über natürliche Verjüngung gelehrt werden, müssen auch bei künstlicher Kultur Beachtung finden.

Nicht selten ist vor Beginn der eigentlichen Kultur eine Vorbereitung des Bodens nöthig, um ihn fähig zu machen der einen oder andern Holzart einen passenden Standort bieten zu können. Es geschieht dies hauptsächlich durch Entwässerung, durch Entfernung des Unkräuterüberzugs und durch Lockerung des Bodens; auch die Zubereitung von besonderer, das Gedeihen der Kultur sicherer machender Erde, ist hieher zu rechnen.

Ausnahmsweise wird es auch noch nöthig die Kulturflächen einzufriedigen wie im Hochgebirge (mit Holzzäunen), am Karst (mit Mauern), auf ausgebeuteten Torfmooren mit Gräben u. s. w., wobei man sich unter Verwendung des billigsten nächst zur Hand liegenden Materials den ortsüblichen Gewohnheiten möglichst anschließt.

Erstes Kapitel.

Von den Kulturvorbereitungen.

I. Entwässerung.

§. 43.

Allgemeine Regeln.

Vor Ableitung des überflüssigen und schädlichen Wassers hat man sorgfältige Erwägungen darüber vorausgehen zu lassen, bis zu welchem Grad die Entwässerung nothwendig und nützlich ist, Es giebt Böden, so namentlich Moorboden, welche durch eine vollständige Trockenlegung unter Umständen geradezu unfruchtbar werden. Ebenso können einzelne Holzarten eine vollständige Trockenlegung nicht gut ertragen, z. B. Erlen und Fichten, namentlich wenn das Klima ziemlich trocken ist. Auch hat man bei größeren Entwässerungen in den Tiefebenen den Einfluß, welchen die Senkung des Wasserspiegels auf die umgebenden Bestände äußern wird, in Betracht zu ziehen.

Das Wasser wird in Gräben abgeführt; man wählt im Forsthaushalt meistens offene Gräben, weil die verdeckten mit Röhren zu theuer sind, und die Wurzeln in die Röhren eindringen, was den Wasserabzug erschwert oder ganz unmöglich macht. — Die Entwässerung wirkt nie bis zur vollen Grabentiefe, weil durch die Kapillarkraft die Feuchtigkeit 0,1 bis 0,4 m über die Sohle des Grabens gehoben wird; es ist dies nach der Bodenart und dem Gefäll verschieden.

Die Gräben sollen ein gleiches Gefäll haben, denn da, wo das Gefäll wechselt, treten entweder Verschlammungen ein, oder greift das Wasser die Grabenwände an. Bei zu starkem Gefäll muß die Sohle terrassirt, oder durch Steine ꝛc. gegen Ausreißen geschützt werden. — Den Gräben muß ferner eine gerade Richtung gegeben werden, wenn es ohne zu große Kosten geschehen kann; Felsen, größere Lagersteine ꝛc. werden deßhalb aus Sparsamkeitsrücksichten umgangen.

Die Wände der Gräben sind nur ausnahmsweise senkrecht, im Moorgrund bei geringer Tiefe, sonst erhalten sie hier eine Neigung von 20—30 Graden. Bei den übrigen Bodenarten giebt man ihnen eine stärkere Böschung oder Dossirung, im Thonboden von 35—45°, im Lehm 45—50°, in sandigem Lehm und Sandboden soll sie wo möglich noch flacher sein. Je mehr Wasser in einem Graben fließt, um so flacher muß verhältnißmäßig die Böschung gemacht werden.

Die Weite und Tiefe des Grabens richtet sich nach der aufzunehmenden Wassermenge und dem Gefäll; wo dieses stärker ist, also das Wasser rascher abfließt, ist kein so weiter Graben erforderlich, als im umgekehrten Fall. Wenn ein Graben nur wenig Wasser zu führen hat, so läßt man die beiden Wände desselben unter einem spitzen Winkel zusammenlaufen; muß er dagegen mehr Wasser aufnehmen, so giebt man ihm auf dem Grund eine Sohle, d. h. man rückt die Grabenwände auseinander und läßt eine Ebene zwischen ihnen.

Das Gefäll des Grabens soll dem Wasser einen raschen und sichern Abfluß verschaffen und daher, wo es irgend ausführbar, etwa ein Procent betragen, damit das Wasser kleinere Hindernisse selbst wegräumen kann. Ueber vier und fünf Procent ist schon ein starkes Gefäll, doch kommen im Gebirge noch stärkere vor. Müssen die Gräben durch ein Terrain mit unebener Oberfläche gezogen werden, so ist darauf zu dringen, daß die Sohle dennoch ein gleichmäßiges Gefäll bekomme, daß also die Arbeiter die Unebenheiten der Oberfläche nicht auf die Sohle übertragen. Ein ganz schwaches Gefäll wird womöglich an der Ausmündung der Gräben auf eine kurze Strecke verstärkt, damit der Wasserabfluß befördert wird.

Um den Gräben durchaus einen gleichen Querschnitt zu geben, läßt man von leichten Brettern oder Stäben, je für die verschiedenen Grabenarten, besondere Schablonen fertigen, welche der Arbeiter von Zeit zu Zeit senkrecht in den Graben stellt, um seine Arbeit danach zu prüfen und zu berichtigen.

Man unterscheidet Hauptgräben und Seiten-, Neben- oder Schlitzgräben. Erstere haben das Wasser möglichst rasch abzuführen, letztere dasselbe aus der versumpften Fläche aufzunehmen und den Hauptgräben zuzuleiten. Wo eine gleichzeitig nach zwei Richtungen hin geneigte Fläche zu entwässern ist, kommt es vor, daß die Seitengräben sich nochmals verzweigen müssen.

Die aus dem Graben ausgeworfene Erde ist auf der unteren Seite desselben anzuhäufen oder daselbst gleichmäßig über das umgebende Terrain zu vertheilen, damit sie nicht den Eintritt des Wassers in den Graben hindert. Das Gleiche wird erreicht, wenn man die Erde nicht in fortlaufenden Dämmen, sondern in kegelförmigen Haufen aufschüttet, zwischen welchen man einen entsprechenden Raum freiläßt. Dabei läßt sich dann auch die etwaige obere, bessere Erde von dem rohen Untergrund getrennt halten, um später als Kulturerde Verwendung zu finden.

Einzelne Terrainabschnitte, denen man keinen natürlichen Wasserabfluß geben kann, kesselförmige Vertiefungen, lassen sich oft durch Versenken des Wassers mittelst Durchbrechung der undurchlassenden Erdschichte (durch Senkbrunnen) trocken legen. — In Torfmooren und bei Orthstein ist es meistens geboten, die Gräben einige Jahre vor der eigentlichen Kultur zu ziehen, damit der Boden inzwischen sich setzen oder verwittern kann.

Die Unterhaltung der Gräben erfordert zunächst den Ausschluß des Weidviehs von der ganzen Fläche, sodann ein von Zeit zu Zeit wiederkehrendes Ausräumen, Beseitigung der auf der Sohle wachsenden Pflanzen, sofern sie nicht etwa die Sohle vor Ausreißen schützen. Diese Arbeiten sind nothwendig so lange bis der Bestand sich geschlossen hat, auf Moorboden oft noch länger, um in dem neu erzogenen Bestand ein Stocken des Wachsthums zu verhindern.

§. 44.

Specielle Ausführung.

Geht man an die Entwässerung, so ist es das erste, die Ursache der Versumpfung oder der schädlichen Nässe aufzusuchen. Es kann entweder Quellwasser oder Regenwasser die Veranlassung sein; die Quellen können innerhalb des versumpften Terrains, oder außerhalb, höher als dieses, liegen.

Sind offene oder verborgene Quellen die Ursache der Versumpfung, so besteht die Hauptaufgabe darin, dem zu Tage tretenden Wasser auf kürzestem Wege einen geregelten Abfluß zu verschaffen. Treten Quellen an einem Hang zu Tage, so ist ihr eigentlicher Ursprung oft schwer zu finden, namentlich wenn man keine genaue Kenntniß von den Schichtenverhältnissen der Gebirgsformation hat. Selten brechen sie bloß an einem Punkt hervor, sondern meist auf einer größeren Längenausdehnung an der Bergwand hin, über einer undurchlassenden Schichte; in solchem Fall kann man durch einen derselben folgenden Isolirungs- oder Kopfgraben das Wasser auffangen und dann auf kürzestem Wege fortführen; manchmal wird es hier nöthig, mehrere Parallelgräben übereinander anzulegen. Durch Regulirung des Wasserablaufs auf der den Hang beherrschenden Ebene ist es auch öfters möglich, den Quellen des Hangs ihren schädlichen Zufluß zu entziehen.

Hat die Versumpfung ihren Grund im Regenwasser, das wegen undurchlassendem Untergrund oder mangelnder Neigung der Fläche nicht gehörig versinken oder ablaufen kann, so gehört ein vollständiges Grabensystem dazu, um die Entsumpfung zu bewirken. Zuerst sind die Richtungen der Hauptgräben festzustellen; sie haben vom tiefsten Punkt auszugehen, und dem Gefäll der Gesammtfläche folgend immer die relativ tiefsten Punkte der einzelnen natürlichen Abtheilungen oder Mulden womöglich in geraden Linien zu durchschneiden; Ausnahmen sind bloß da zu machen, wo das Gefäll zu stark oder wo Felsen die Arbeit zu sehr vertheuern. — Findet sich keine solche natürliche Eintheilung, ist vielmehr die zu entwässernde Fläche eine gleichmäßig geneigte Ebene, so richtet sich die Entfernung der Hauptgräben nach der Möglichkeit, ihnen das Wasser noch mit dem nöthigen Gefäll durch die Seitengräben zuführen zu können. Hat die Fläche ein ganz unbedeutendes Gefäll, so muß man dasselbe in den Schlitzgräben dadurch verstärken, daß man deren Sohle, je näher dem Hauptgraben, desto tiefer legt, wodurch dann ihre Länge in engeren Grenzen gehalten wird. — Hat z. B. der Hauptgraben eine Tiefe von 0,5 m und ließe sich diese in den Seitengräben äußerstenfalls noch auf 0,2 m beschränken, so ergiebt sich hieraus bei 0,6 Prozent Gefäll als zulässige Länge des Seitengrabens $\frac{(0{,}5-0{,}2) \times 100}{0{,}6} = 50$ m und die Hauptgräben erhalten dann einen Abstand von $2 \times 50 = 100$ m.

Die Seitengräben sollen möglichst im rechten Winkel von den Hauptgräben abzweigen, und nur das nothwendigste Gefäll bekommen; auf diese Weise wirkt die geringste Grabenlänge auf eine möglichst große Fläche. Sehr häufig findet man freilich noch Nebengräben, welche nahezu dem stärksten Gefäll folgen, sie sind aber ebendeßhalb meist ohne genügende Wirkung; jedenfalls steht dieselbe nicht im richtigen Verhältniß zu den Kosten. Der Abstand zwischen den Seitengräben soll nicht größer sein, als daß sie noch sämmtliches überschüssige Wasser aus der zwischenliegenden Fläche aufnehmen können; je tiefer sie gemacht werden, um so weiter wirken sie, doch hat die Bodenart hierauf noch wesentlichen Einfluß. Nach den Erfahrungen bei der Drainage rechnen die Landwirthe für leichten Boden auf 2 dm Grabentiefe 3 m Abstand der Röhrenstränge, in mittelschweren Böden 2 m und in schweren $1-1\frac{1}{2}$ m; ähnlich wird sich der Torfboden verhalten. Für forstliche Zwecke ist übrigens keine so vollständige Entwässerung nöthig, deßhalb mögen obige Zahlen nur als Verhältnißzahlen angesehen werden.

Bei Anlegung eines Grabensystems ist es wegen des Kostenpunkts rathsam, die Seitengräben anfangs nicht zu nahe zusammen zu rücken, bis man ihre Wirkung auf dem betreffenden Terrain und Boden näher beobachten kann; der Abstand ist aber so zu wählen, daß zwischen zweien immer noch gut ein dritter sich anbringen läßt, ohne daß sie dann zu nahe zusammen kämen. Hat man es mit einer größeren Fläche zu thun, auf welcher die Entwässerung nicht auf einmal gleichzeitig bewirkt werden kann, so wird es in der Regel nothwendig, an dem äußeren Umfang des Sumpfs zu beginnen, damit derselbe sich nicht weiter ausbreiten kann; es muß aber das Grabennetz gleich anfangs für die ganze Fläche entworfen werden, um in die Arbeit der verschiedenen Jahre die nöthige Einheit zu bringen.

Die Gräben sind stets offen zu erhalten, namentlich sollen sie nicht mit Moos, Gras u. dgl. überwachsen, oder durch Erde, Reis u. dgl. verstopft werden.

Ausnahmsweise kommen auch bedeckte Gräben vor, z. B. in Saatschulen, Wegen u. dgl.; man erreicht mit ihnen den gleichen Zweck wie mit den offenen Gräben dadurch, daß man entweder gebrannte Thonröhren (Drainröhren) oder Steingerölle, Reis 2c. auf den Grund der Gräben legt und dieses Füllmaterial mit einer Schichte Moos abschließt, sodann aber den Graben vollends mit der ausgehobenen Erde wieder zufüllt.

Neben den Grabenziehungen spielt die Vegetation selbst noch eine große Rolle bei der Entwässerung. Durch eine geschlossene Fichtenkultur wird der Boden rascher trocken gelegt, als durch das reichlichste Grabennetz; es erklärt sich dies leicht, wenn man bedenkt, welch' große Wassermenge die Pflanzen bei ihrem Wachsthumsprozeß in Gasform aushauchen, und daß außerdem noch ein großer Theil des Regenwassers, das sonst auf den Boden gefallen wäre und dort die Versumpfung vermehrt hätte, auf den Blättern und Zweigen zerstäubt und verdunstet. Es ist daher sehr zweckmäßig mit der Kultur einer solchen Blöße schon frühzeitig zu beginnen, wenn der Boden auch noch nicht ganz entwässert ist; freilich sind dann Holzarten dafür zu wählen, die einen nassen Standort ertragen können, oder eine Kulturart, durch welche sie gegen die Nässe geschützt sind, besonders die in solchen Lagen sehr zweckmäßige Manteuffel'sche Hügelpflanzung.

Mit der Entwässerung wird öfter die Vorbereitung zur Saat oder Pflanzung vereinigt, indem man größere oder kleinere Quadrate oder Kreisflächen mit Gräben umgiebt, die ausgehobene Erde in der Mitte aufhäuft und dann auf diesen künstlich erhöhten Stellen kultivirt. Für genügenden Ablauf des Wassers muß dabei durch Verbindung der einzelnen Umfangsgräben mit den Hauptgräben gesorgt werden. Auch legt man öfter zwei Parallelgräben nahe zusammen und wirft die ausgehobene Erde auf den zwischenliegenden freien Raum, um eine erhöhte Kulturstelle zu schaffen. Dies nennt man Rabatten-, jenes Rondell- oder Klumpskultur, vgl. Allg. Forst- und Jagd-Ztg. 1884 S. 366.

II. Bewässerung.

§. 45.

Auch die Bewässerung ist schon zum Zweck der Kulturvorbereitung zu Hülfe gezogen worden, z. B. in Niederösterreich an der Pulkau und in Bayern. In letzterem Fall wurde ein Torfmoor mit hartem Kalkwasser bewässert und überschlammt, mehr durch die Methode der Ueberstauung als durch Ueberrieselung. Bei Hochwasser wurde der Fluß auf das Moor geleitet, sein schlammiges Wasser dort so lange festgehalten, bis es die erdigen Theile abgesetzt hatte. Hand in Hand damit ging die Ableitung des Torfwassers, und auf diese Weise wurde der Boden in doppelter Richtung verbessert; so daß sich theilweise ohne künstliche Nachhülfe edlere Holzarten ansiedeln konnten. — Auf der Herrschaft des Grafen von Flandern in der Campine (Belgien) mußte eine größere, zur Holzzucht bestimmte Sandfläche zunächst zur Bewässerung eingerichtet und zu dem Zweck ein langer Zuleitungskanal gebaut werden, da ohne diese Vorbereitung die Aufforstung nicht für möglich gehalten wurde.

Wo ferner der Boden durch zu starke Streunutzung hart geworden ist, kann durch Ueberrieseln mit Wasser eine günstige Wirkung hervorgebracht werden. Außerdem zieht man an solchen Hängen in entsprechendem Abstand von 10—20 m Horizontalgräben, um den Abfluß des Regenwassers zu verlangsamen, bezw. dasselbe den Untergrundschichten zuzuführen; diese Gräben heißen auch Schutzfurchen oder Laubfänge. — Manchmal ist es möglich das von der Höhe abzuführende Wasser in niederer liegenden, felsigen oder steinigen Gründen seinen Schlamm absetzen zu lassen, und auf diese Weise den Boden zu verbessern. — Bei den in Flußniederungen gelegenen Erlenwaldungen empfiehlt es sich durch Stauvorrichtungen zeitweilige Bewässerung zu ermöglichen, wodurch der Zuwachs erheblich gesteigert wird.

III. Bodenbearbeitung.

§. 46.

Eine Art der Bodenvorbereitung kann unter Umständen sehr einfach bewirkt werden durch Ruhenlassen, wenn nämlich der Boden zu locker oder durch landwirthschaftliche Benutzung zu stark ausgesogen ist. Noch besser läßt sich allzugroße Lockerheit bei bindigem Boden beseitigen durch zeitweises Beweiden, wo der Tritt des Viehes die Befestigung des Bodens vollendet; auf dürrem, trockenem Sandboden oder auf Flugsand ist aber gerade das Gegentheil der Fall. Wo eine schwächere Schicht von Heide- oder Sauerhumus über dem mineralischen Boden liegt, bewirkt der Tritt des Viehes eine erwünschte Mischung dieser beiden. Mit dem Beweiden läßt sich noch weiter erreichen das Zurückdrängen des Unkräuterüberzuges, sofern das Vieh an diesem Geschmack findet und nicht die eine oder andere schädliche Art ganz meidet. Auf Kalk- und Sandboden ist ein leichter Bodenüberzug den Kulturen nur förderlich, indem er die jungen Pflänzchen gegen das Ausziehen durch Frost und gegen Hitze schützt. Auf Thonboden wird der Ueberzug in der Regel zu bald filzig und schadet dann durch Beengung der Wurzelentwicklung und durch Steigerung der von Spätfrösten drohenden Gefahr.

Wo ein stärkerer Ueberzug von Unkraut oder holzigen Stauden vorkommt, da ist ein streifenweises Abmähen mit einer starken Sense geboten; auch ein Durchrupfen ist bei Heide und Heidelbeer oft von Vortheil. Die gänzliche Beseitigung des Bodenüberzugs durch Abschälen, Brennen, wird für ausschließlich forstliche Zwecke nur ausnahmsweise räthlich sein; es kommt hauptsächlich da vor, wo gleichzeitig mit der Holzkultur ein landwirthschaftlicher Einbau verbunden wird, namentlich im Hackwald und Waldfeld.

Die Bodenbearbeitung kann sich auf die ganze Fläche erstrecken oder bloß auf einzelne kleinere Stellen beschränkt werden, wohin die Pflanzen zu stehen kommen. Die erstere Art wird für sich allein selten mehr angewendet; sie empfiehlt sich in größerer Ausdehnung bloß dahin, wo noch nebenbei eine landwirthschaftliche Benützung des Bodens stattfindet; z. B. beim Waldfeldbau,[1]) oder wo Stock- und Wurzelholz sehr gesucht, und die Arbeitslöhne nicht zu hoch sind. Unter Umständen wird auch die durch Barfrost bewirkte, sonst den jungen Pflänzchen so nachtheilige Bodenlockerung zu forstlichen Zwecken benützt, z. B. auf Thon- und Lehmböden beim Waldfeldbau, wo die Holzsaat breitwürfig in der Zeit ausgeführt wird, so lange die während der Nacht entstandenen Frostrisse noch offen sind. In Oberschwaben wird dieses Verfahren mit gutem Erfolg angewendet.

Die stellenweise Bearbeitung ist Regel; dieselbe hat oft nur den Zweck, den Bodenüberzug für einige Jahre unschädlich zu machen, oder auch die Lockerung und Vorbereitung des Keimbetts oder der Pflanzstelle zu bewirken. Ist der Boden schwer und zäh, so hat sie der eigentlichen Kultur längere Zeit, womöglich um einen Winter, vorauszugehen, damit der Frost den schädlichen Zusammenhang aufheben kann. Das Gleiche ist nothwendig beim Orthsteinboden, wo die den Pflanzenwurzeln unzugängliche Schichte durchbrochen, ausgehoben und einige Jahre an der Luft liegen bleiben muß, ehe darauf kultivirt werden kann; man zieht zu dem Zweck Gräben von entsprechender Tiefe und breitet die ausgehobene Erde zu beiden Seiten derselben aus. Rückt man die Gräben so nahe zusammen, daß die zwischenliegende Fläche vollständig und mindestens 15 bis 20 cm hoch mit dem Auswurf bedeckt werden kann, so hat man die

[1]) Heinrich Fischbach: Ueber die Lockerung des Waldbodens. Stuttg. 1858.

bereits erwähnte Rabattenkultur, welche nicht bloß auf Orthstein- und Sumpfboden, sondern auch auf magerem Sande Anwendung findet und wobei die Humus- und Unkrautschicht zu Gunsten des anzuziehenden Bestandes vollständig nutzbar gemacht werden.

Die Art der Bearbeitung wechselt vom leichten Aufschürfen mit hölzernen oder eisernen Rechen (Harken) bis zum tiefen Umbruch mit Spaten und Hacke, je nach den besonderen Zwecken. Auf magerem Boden und trockenem Standort wird eine tiefere und sorgfältigere Bearbeitung nöthig als im entgegengesetzten Fall; ebenso auf Brandflächen nach einem heftigen Feuer.

An Hängen ist die Bodenbearbeitung so vorzunehmen, daß der gute Boden nicht abgeschwemmt werden kann; das Wasser darf zu dem Ende keinen offenen Abfluß bekommen, sondern muß so geleitet werden, daß es durch den Boden durchsickert; dies geschieht nur bei stellenweiser Bearbeitung und dadurch, daß man den bearbeiteten Stellen eine horizontale Lage und auf der Seite gegen das Thal hin mit Schonung des Bodenüberzugs an der äußeren Seite der Riefe einen erhöhten Rand giebt. Je steiler der Hang, um so sorgfältiger muß die Arbeit ausgeführt werden.

Als Kulturwerkzeuge benützt man in den meisten Fällen nur die ortsüblichen landwirthschaftlichen Hand- oder Spanngeräthe; ihre Anwendung hat den Vortheil, daß die Arbeiter mit den nöthigen Handgriffen bereits vertraut sind und nicht besonders eingeübt zu werden brauchen. Weil aber im unkultivirten Boden viel mehr Hindernisse zu überwinden sind, so müssen stets solidere und stärkere Geräthe dazu gewählt werden. In vielen Fällen kommt man freilich mit denselben nicht mehr aus und hat deshalb mit Recht eigene forstliche Kulturwerkzeuge construirt; doch ist nicht zu verkennen, daß einzelnen davon die nöthige Einfachheit und Zweckmäßigkeit abgeht. Da fast alle Kulturinstrumente bloß für einzelne Kulturarten taugen, so werden sie bei passender Gelegenheit im weiteren Verlauf näher beschrieben werden.

Bei den neuerdings in Angriff genommenen größeren Aufforstungen in den Haidegegenden der norddeutschen Tiefebene benützt man vielfach und mit günstigem Erfolge den Dampfpflug, welcher sehr gute und nicht zu theure Arbeit liefert. (Burkhardt, aus d. Walde, 7. Heft S. 250.)

IV. Kulturerde.

§. 47.

Eine weitere Vorbereitung zu den Kulturen ist die künstliche Zurichtung einer düngenden oder das Anwachsen und Gedeihen der jüngeren Pflanzen sichernden Erde. Hiezu wird hauptsächlich die Rasenasche verwendet. Um diese zu gewinnen, werden auf einer ziemlich stark verfilzten, nicht nassen Stelle etwa 10 cm dicke Rasen abgeschält und aufrecht gestellt, damit sie trocknen können. Ist dies geschehen, so werden sie in kleine Meiler zusammengesetzt, in deren Inneres man leicht brennbares Holz bringt, worauf sie angezündet werden. Das Brennen soll so langsam als möglich vor sich gehen, es muß daher der Luftzug beschränkt und gehemmt werden. Ist der Meiler ganz durchgebrannt, so bringt man die Asche auf Haufen und bedeckt sie über Winter mit Rasen oder Nadelreisig, damit die werthvolleren, aber im Wasser leicht löslichen Pflanzennährstoffe erhalten bleiben.

Das Brennen wirkt vortheilhaft, indem es die mineralischen Bestandtheile des Bodens und des Bodenüberzuges löslicher macht, den nachtheiligen Zusammenhang des Thonbodens mehr aufhebt und die Säure im Boden beseitigt. In ganz frischem Zustand verwendet man die Rasenasche nicht gerne, ohne sie zuvor mit anderer Erde gemengt zu haben. Die Qualität derselben und ihre Wirkung ist natürlich verschieden, je nach der Beschaffenheit der verwendeten Rasen, der Art und Weise der Zubereitung und der Beschaffenheit des Bodens, auf dem sie angewendet wird; die auf armem Sandboden gewonnene hat gewöhnlich nur geringeren Erfolg, welcher den Kosten nicht entspricht.

Außer der Rasenasche kann man auch, namentlich auf lockerem Boden, reine Holzasche, Kalk, Gyps ꝛc. in Vermischung mit einer 10—16fachen Menge gewöhnlicher Erde zur Düngung benützen. Wo sich gute humose Walderde findet, oder wo gelegentlich ein billiger Compost, frei von Unkrautsamen, bereitet werden kann, sind auch diese zu gleichem Zweck anwendbar.

Im Allgemeinen erreicht man mit solchen düngenden Substanzen den Vortheil, daß die Pflanzen sich rascher entwickeln und den Gefahren der ersten Jugend bälder entwachsen, daß man an Zeit und Raum gewinnt, und daß man die Entwicklung des Wurzelsystems mehr nach der einen oder andern Richtung hinleiten kann. Dabei ist aber zu warnen vor dem Versuche das Gedeihen einer Holzart auf einem ihr nicht zusagenden Boden erzwingen zu wollen; da die anfänglich günstigen Wirkungen nachlassen, sobald sie nicht mehr von der geringen Mitgift zehren kann und da in solchem Fall die Kosten vergeblich aufgewendet sind.

Man hegt auch manchmal noch für die auf passendem Standort ausgeführte Kulturen das Bedenken, daß solche durch künstliche Mittel erzogene Pflanzen später im Wuchs rasch nachlassen und auf die Dauer nicht so gut gedeihen, wie diejenigen, welche ohne solche Beihülfe erzogen worden sind; ja es wird sogar behauptet, daß die gedüngten Pflanzen den Keim des späteren Verderbens in sich tragen. Die forstliche Erfahrung in diesem Punkt umfaßt noch nicht die gehörige Zeit, um darnach ein Urtheil, auf Thatsachen gestützt, abgeben zu können; theoretisch aber läßt sich annehmen, daß eine Steigerung des Vegetationsprozesses und eine spätere Herabstimmung dieses stärkeren Wachsthumsganges keine nachtheiligen Folgen mit sich führt, weil die Pflanze eigentlich mit jedem Jahr sich erneut und kein so großer innerer Zusammenhang unter den verschiedenen Jahresschichten besteht. Auf der anderen Seite ist nicht zu übersehen, daß solche Düngungsmittel nur da angewendet werden, wo der Mensch bereits in den naturgemäßen Gang der Waldverjüngung eingreift und die jungen Pflanzen in eine viel nachtheiligere Lage bringt, als dies bei jenem der Fall wäre; daß also wohl eine künstliche Ausgleichung dieses Mißverhältnisses stattfinden darf.

Auf schweren und nassen Böden wird die Kultur besonders schwierig, weil Thon und Lehm in feuchtem Zustande sich festballen und dabei die Wurzeln der Pflänzlinge in unnatürlicher Lage eingepreßt und eingeschmiert werden; deßhalb bereitet man sich da im Sommer zuvor, eventuell ohne weitere Zuthat, gelockerte Erde auf kleineren über die Fläche gleichmäßig vertheilten Haufen, in welchen während des Winters der Frost die weitere Lockerung vollbringt, und welche im Frühjahr bald so weit austrocknen, daß man darin auch ohne Beimischung von düngenden Substanzen ein das Pflanzgeschäft erleichterndes und das Gedeihen der Kultur sehr sicherndes Hülfsmittel hat, welches namentlich auf steinigem und felsigem oder mit starkem Rasenfilz überzogenen Boden kaum entbehrt werden kann, weil in erstgenannten Oertlichkeiten überhaupt zu wenig Feinerde vorkommt; auf berasten Stellen dagegen dieselbe zu tief liegt und von der atmosphärischen Luft lange zuvor abgeschlossen war, so daß sie den jungen Pflänzlingen nicht gut zusagt. Außerdem verlangen diese eine möglichst erhöhte Stellung, mindestens in gleicher Höhe mit dem Bodenüberzug, die ihnen nur durch Zuhülfenahme solcher Kultur- oder Füllerde gegeben werden kann. Auf moorigem oder bruchigem Boden wird oft mit Vortheil reiner Sand und umgekehrt auf Sand Moorboden als Kulturerde verwendet, wenn solche in der Nähe zu haben sind. — In Ungarn gießt man auf Flugsand einen dickflüssigen Lehmbrei in die unmittelbar zuvor gemachten Pflanzlöcher und hält die Pflänzlinge indessen in die Mitte des Loches. Centr.-Bl. f. d. ges. Forstw. 1882 S. 7.

V. Kultur-Arbeiter.

§. 48.

Wo man einen Stamm ständiger Waldarbeiter zur Verfügung hat, da erlangen solche wenigstens in der Mehrzahl bald eine Uebung in den nothwendigen Handgriffen und Arbeiten; einzelne davon auch eine Vorliebe und besonderes Geschick für diese oder jene Kulturthätigkeit, wenn sie sachlich und anfänglich mit der nöthigen Geduld eingeleitet und überwacht werden. Es ist Sache des Kulturleiters, diese Eigenthümlichkeiten zu beachten, entsprechend zu pflegen und für den Hauptzweck möglichst nutzbar zu machen. Andererseits giebt es auch ungeschickte, träge oder gar widerwillige Arbeiter, welche dann jedenfalls nur zu den die geringste Sorgfalt erfordernden oder zu den am leichtesten zu controlirenden Verrichtungen verwendet werden sollen, sofern sie überhaupt noch brauchbar sind.

Bei Vertheilung der Arbeiten muß sodann auch noch der dabei nöthige Aufwand an körperlicher Kraft berücksichtigt werden. Da aber kräftigere Arbeiter stets höhere Löhne beanspruchen als die schwächeren, so hat man jene nur in solcher Zahl heranzuziehen, daß sie im Stande sind, die schwierigeren Arbeitsaufgaben vollständig zu bewältigen. Wo Arbeiter aus zwei Lohnklassen verwendbar sind, muß man deren Leistungen mit ihren Lohnansprüchen vergleichen und danach diejenige Klasse bevorzugen, mit der man am billigsten durchkommt.

Von besonderer Bedeutung ist das richtige Ineinandergreifen und die zweckmäßige Theilung der verschiedenen Verrichtungen unter die einzelnen Arbeiterklassen, weshalb das Verhältniß, bei welchem jede einzelne ihre volle Arbeitsthätigkeit entfalten kann, richtig bemessen sein muß, damit es nicht vorkommt, daß die eine zu warten hat, bis die andere mit den nöthigen Vorarbeiten fertig ist; oder ein Theil der Arbeit überhastet und schlecht hergestellt wird.

Für diese Anordnungen lassen sich allgemeine Regeln nicht geben, sie müssen nach den örtlichen und persönlichen Verhältnissen bemessen werden; es läßt sich aber leicht der richtige Weg finden, wenn man beim Beginn der Kulturarbeiten zunächst nur mit einer kleineren, leicht zu überblickenden Zahl beginnt und hierbei die Leistungsfähigkeit der einzelnen Arbeiterklassen beobachtet, woraus sich dann das richtige Verhältniß leicht ermitteln läßt. In allen Zweifelsfällen ist es aber besser, wenn eher die billigere Lohnklasse als die theurere ein überzähliges Mitglied aufzuweisen hat.

Alle Arbeiten, welche größere Pünktlichkeit und Sorgfalt verlangen und deren Ausführung nachträglich nicht mehr im einzelnen geprüft oder sichergestellt werden kann, sollen durch gut angeleitete und überwachte Tagelöhner ausgeführt werden, wobei man sich allerdings oft mit weniger geübten und unerfahrenen Leuten begnügen muß, namentlich dort wo gleichzeitig die Ackerarbeit viele Kräfte in Anspruch nimmt.

Hiebei hat dann der Kulturaufseher, sei es nun der Schutzbeamte oder ein verläßiger und gut eingeschulter Vorarbeiter, eine sehr wichtige Aufgabe, um einerseits die richtige Ausführung aller einzelnen Verrichtungen einzuleiten und zu überwachen, sowie für jede derselben die richtigen Kräfte in Verwendung zu nehmen. Es ist eine der Hauptaufgaben des Wirthschaftsführers, hiefür den richtigen Mann auszuwählen und ihn schon vor Beginn der Arbeiten über alle Einzelheiten und etwa vorkommende Zwischenfälle gehörig zu unterrichten und mit Anweisung zu versehen.

Zweites Kapitel.

Von der Holzsaat.

§. 49.

Vom Samen.

Der Samen, welcher zu den Kulturen verwendet wird, muß vollständig ausgereift, nach dem Einsammeln gut und zweckmäßig behandelt und möglichst frisch sein, da die meisten Waldsamen kaum über ein Jahr ihre Keimkraft behalten. Näheres in nachstehender Tabelle.

Die Reife des Samens erkennt man an verschiedenen Erscheinungen; bei einer Holzart fällt er ab, sobald er reif ist, z. B. bei der Buche, Eiche, Weißtanne, Ulme ꝛc. Bei einer andern werden die Fruchthüllen zur Zeit der Reife holzig (Fichte); die Flügel vertrocknen, bei dem Ahorn ꝛc. Bei Samen, den man nicht selbst gesammelt hat, erkennt man, daß er gut ausgereift war, am vollen Korn, das seine Hülle gänzlich ausfüllt, an der Schwere und der entsprechenden gesunden Farbe, am frischen, bei Nadelhölzern harzigen und in keinem Falle schimmeligen Geruch.

Wenn aber auch der Zeitpunkt des Einsammelns der richtige war, so kann doch durch eine fehlerhafte Behandlung bei der Aufbewahrung, durch ungünstige äußere Einflüsse oder durch mehrjähriges Liegen die Keimfähigkeit verloren gegangen sein; man hat daher vor Ankauf und Verwendung des Samens genau zu untersuchen, ob er brauchbar sei oder nicht. Diese Probe macht man am sichersten durch direkte Versuche, indem man eine bestimmte Anzahl von Körnern zum Keimen bringt; entweder in Töpfen mit lockerer Erde gefüllt, welche immer genügend feucht erhalten wird, oder in ebenso behandelten wollenen Lappen. Hienach kann man schon nach 10, längstens nach 20 Tagen ein sicheres Ergebniß bekommen, wenn die Temperatur von 18—20° R. eingehalten wird; nur bei den Zürben- und Lärchensamen sind $1\frac{1}{2}$ Monate hiezu nöthig. — Bei einiger Erfahrung und Uebung erkennt man an einem durchschnittenen Korn die Keimfähigkeit ohne besondere Hülfsmittel ziemlich sicher an der gesunden Farbe und dem vollen, frischen Kern; es giebt hienach eine solche Schnittprobe unter Umständen schon genügende Anhaltspunkte. Neuerdings verwendet man auch zu diesen Samenproben besonders construirte Keimapparate, wovon der Liebenberg'sche im Centralblatt f. d. ges. Forstwesen Wien 1879 S. 548 ausführlich beschriebene wegen seiner Einfachheit sich am ersten empfiehlt; vgl. auch Harz, Landwirthsch. Samenkunde. Berlin, P. Parey 1885, wo ein sehr guter Keimapparat beschrieben wird.

Zu beachten ist auch noch, daß die Keimkraft nicht überall für sich allein den Ausschlag giebt, es kommt auch noch auf die Lebensfähigkeit der Pflänzchen an, welche z. B. bei Samen von geharzten Schwarz-

Reife- und Ernte-Zeit ꝛc. der Waldsamen.

Holzart	Reifezeit	Abfallzeit	Kennzeichen der Reife	Der Same bleibt keimfähig	Bemerkungen.
Ulme . . . br.	Ende Mai Anf. Juni	Bei Eintritt der Reife	Eintrocknen des Flügels	Bis nächstes Frühjahr	Aufmerksame Behandlung vorausgesetzt.
Birke . . . br.	Ende August Anf. Sept.	Herbst und Vorwinter	Bräunung d. Schuppen	do.	
Zürbe . . . br.	Ende August Anf. Sept. des zweiten Jahres	bald nach der Reife	Verholzung der Zapfen	do.	keimt 1 Jahr nach der Saat.
Weymuthskiefer . . . br.		bei Eintritt der Reife		2—3 Jahre	
Weißtanne . br.	Ende Sept. Anf. Okt.	bald nach Eintritt der Reife	Bräunung d. Schuppen	bis nächstes Frühjahr	aufmerksame Behandl. vorausges.
Bergahorn . Spitzahorn . br.	do.	November	Bräunung der Flügel	zur Noth ins zweite Jahr	
Stieleiche . . aufl.	Anf. Oktbr.	mit Eintritt der Reife	Bräunung der Samenschale	bis nächstes Frühjahr	nach ungünstigen Sommern reifen die Samen nicht vollständig aus.
Traubeneiche aufl.	Mitte Oktbr.				
Rothbuche . aufl.	Oktober	bald nach Eintritt der Reife	Aufspringen der Frucht	do.	
Weißbuche . br.	Ende Oktbr.	Dezember	Verholzen der Flügel	ins zweite Jahr	Keimung 1 Jahr nach der Aussaat.
Esche . . . br.	do.	do.	do.	do.	
Erle . . . br.	do.	do.	Bräunung der Zäpfchen	bis nächstes Frühjahr	wie bei der Birke.
Fichte . . . br.	August und Septbr.	theilw. Okt., Febr. u. März des folgenden Jahres	Verholzung der Zapfen	2—3 Jahre	in den Zapfen erhält sich die Keimfähigkeit einige Jahre länger.
Lärche . . . br.	Ende Oktbr.			2 Jahre	
Akazie . . . br.	do.	Dezember	Bräunung der Schoten	do.	
Kiefer . . . br. Schwarzkiefer br.	Oktober des zweiten Jahres	Februar u. März des folgenden Jahres	Verholzung der Zapfen	2—3 Jahre	wie bei der Fichte.

Zu den Angaben in Spalte 5 ist zu bemerken, daß frischer Samen immer der beste ist und daß mit zunehmendem Alter ein Theil der ursprünglich keimfähigen Körner taub wird, der Samen also jedes Jahr an Werth verliert.

Bei denjenigen Holzarten, deren Samen auf den Bäumen gebrochen werden müssen, ist in der ersten Spalte br. beigesetzt, die übrigen mit aufl. bezeichneten müssen auf dem Boden aufgelesen werden. Holzarten mit festgeschlossenen Zapfen gestatten das Sammeln an gefällten Stämmen; die Weißtanne und Zürbe aber nicht.

kiefern eine weit geringere ist als bei dem von ungeharzten Stämmen. Hempel, Centrbl. 1879 S. 363.

Beim Ankauf des Samens ist zu rathen, sich vom Händler die Keimkraft in Prozenten garantiren zu lassen und wenn der Samen diesen Garantien nicht entspricht, verhältnißmäßigen Abzug am Preis zu bedingen. Einzelne Holzarten liefern stets einen Samen von geringerer Keimkraft, z. B. Ulmen, Hainbuchen, Lärchen und Tannen, weil sich die tauben Körner nicht von den gesunden trennen lassen. — Verunreinigungen des Samens durch fremde Substanzen, Sand, Erde ꝛc. sind natürlich unstatthaft; auch die Beimischung der Flügel und Schuppen bei Nadelholzsamen beeinträchtigt das Urtheil über die Güte des Samens, obwohl in solcher Mischung die Keimkraft länger und sicherer erhalten bleibt; am längsten aber dann, wenn man den Samen in den Zapfen läßt. — Beim Entflügeln werden die Nadelholzsamen gewöhnlich genetzt und nehmen dadurch leicht Schaden. Dunklere oder gar angekohlte Spitzen der Flügel sind das sichere Zeichen, daß eine zu starke Hitze (beim Ausklengen) angewendet wurde, und deßhalb die Keimkraft gelitten haben wird; also auch eine spätere Keimung und schwächlichere Pflanzen zu erwarten sind.

Die beste Aufbewahrungsart ist die, den Samen sobald als möglich in den Boden zu bringen; dies ist aber nicht thunlich bei solchen Samen, denen von Thieren stark nachgestellt wird.

Beim Aufspeichern ist vor Allem dafür zu sorgen, daß der Samen nicht durch Vögel, Mäuse ꝛc. gefressen, oder sonst verschleppt und verunreinigt werde. Wenn Samen mit feinem Korn auf Bretterböden gelegt wird, so sind die Spalten vorher zu verkleben; dann soll er trocken aufbewahrt werden, doch sind in dieser Richtung die Ansprüche verschieden; sehr kleine Samen können einen größern Grad von Trockenheit ertragen, als dicke, volle Körner. Die Eicheln, Bucheln und der Weißtannensamen müssen im Herbst unmittelbar nach dem Einsammeln 2—3 Wochen lang auf luftigen Böden 5—8 cm hoch aufgeschüttet und anfangs täglich 1—2mal gewendet werden. Zum Aufbewahrungsort während des Winters paßt am besten eine etwas feuchte Lokalität, doch darf es am nöthigen Luftwechsel um so weniger fehlen, als sonst leicht ein Schimmeln eintreten würde, das die Keimkraft rasch vernichtet; Scheunen mit geschlagenen Lehmtennen sind am geeignetsten hiezu. Die Unterbringung dieser Samen in Gruben hat viel Risiko, weil in diesen sich leicht Schimmel bildet, oder wenn sie zu früh bedeckt werden, sich die Samen bald erhitzen und so die Keimkraft verlieren. Dieses Verfahren ist deßhalb nur dann zulässig, wenn man in den Gruben durch eingelegtes Reis für genügenden Luftwechsel sorgt, oder die Eicheln und Bucheln in der unten beschriebenen Weise regelrecht mit Erde durchschichtet.

Einfacher und noch sicherer erfolgt die Ueberwinterung in den Aleman'schen Hütten. Die Eicheln und Bucheln kommen in einen

2,5 m breiten, 0,3 m tiefen Graben, zu dessen beiden Seiten der Auswurf einen um 15 cm vom Graben abstehenden Damm bildet, um das Einfließen des Wassers zu verhindern; dann wird der Graben etwa zu $\frac{3}{4}$ der Tiefe mit Eicheln gefüllt und sofort eine leichte Bedachung von Schilf oder Stroh darüber errichtet, deren beide Giebelseiten erst mit Eintritt kälterer Witterung geschlossen werden; bei strenger Kälte wird das Dach mit Moos ꝛc. verdichtet, wodurch auch im Frühjahr zu zeitiges Keimen verhindert wird.

So lange die Samen noch frisch sind, darf man sie nicht dicht aufschütten, muß sie fleißig rühren und wenden, bis sie abgetrocknet sind; auch später, wenn sie dichter auf einander zu liegen kommen, soll man sie nie außer Acht lassen, um rechtzeitig Nachtheile von ihnen abwenden zu können. Hält eine trockene Witterung längere Zeit an, so ist es nöthig, Bucheln, Eicheln und Weißtannensamen durch Begießen mit Wasser vor zu starkem Austrocknen zu schützen; nachher sind sie wieder fleißig zu wenden. Das Naßwerden durch Regen und Schnee schadet dem Samen wenig, wenn er durch fleißiges Umwenden und hinlänglichen Luftwechsel rechtzeitig wieder so weit getrocknet wird, daß sich kein Schimmel bilden kann.

Einzelne Samen, wie diejenigen der Hainbuche, Esche, des Weißdorns und Taxus, ferner bei vorausgegangener längerer Aufbewahrung im Trockenen die der Zürbelkiefer und Linde, keimen erst im zweiten Jahr nach der Reife; diese werden am besten in der Erde aufbewahrt. An Orten, wo kein Quellwasser eindringen kann, macht man eine Grube, bringt auf den Grund derselben einiges Reis, bedeckt dieses mit einer leichten 2 bis 3 cm dicken Schicht Erde, bringt eine etwas dünnere Schicht Samen darauf, dann wieder die gleiche Lage Erde und so abwechselnd fort, bis sämmtlicher Samen untergebracht ist. Oben muß noch eine Schicht Moos oder Laub und eine stärkere Lage Erde, wenigstens 30 cm dick, aufgelegt und fest angetreten werden. Kommt die Zeit der Saat, so ist der Samen auszusäen, ehe er noch zu keimen anfängt, wobei natürlich die zwischenliegende Erde nicht ausgeschieden werden kann, sondern mit dem Samen, wie er aus der Grube kommt, ausgesät wird. — Auch bei den während des Winters in Haufen aufgeschütteten Samen ist das Durchschichten mit trockener Erde ein gutes Mittel zur Erhaltung der Keimkraft.

Ein rasches, möglichst gleichzeitiges Keimen des Samens ist von großem Vortheil; man weicht deßhalb die zu Frühjahrssaaten bestimmten Samen in Wasser ein, das mit etwas Salzsäure gemischt ist (so daß sich Lakmuspapier leicht weinroth darin färbt) oder das einige Zeit über frisch abgelöschtem Kalk gestanden war. Das Kalkwasser wird dann in ein anderes Gefäß, in welchem der Samen sich befindet, übergegossen, und bleibt etliche Tage mit demselben zusammen. Vor der Aussaat darf man den Samen nur leicht abtrocknen lassen. Bei älteren Samen ist diese Vorbereitung von besonderem Nutzen.

Einige erfahrene Holzzüchter lassen Bucheln und Eicheln vor der Aussaat unter einer dünnen Laubdecke an einem feuchten schattigen Ort, wo sie nöthigenfalls auch begossen werden, zunächst ihre Wurzelkeime austreiben und legen sie dann erst in ihr ordentliches Keimbett.

§. 50.

Anwendbarkeit der Saat.

Die Saat ist beim Forstkulturwesen unter folgenden Verhältnissen anwendbar:

1) unter Schutzbestand (Untersaat), wo keine natürliche Besamung zu erwarten ist, oder wo die Abfuhr von Langholz viel Schaden macht, und den Saatstellen hinter Stöcken, Steinen ꝛc. Schutz gegeben werden kann;

2) im Freien bei Holzarten, die in erster Jugend sich rasch entwickeln und wenig vom Frost und Unkraut zu leiden haben: Birke, Kiefer, Erle, Eiche;

3) bei Holzarten, die sich nicht gut oder nur mit erheblichen Kosten verpflanzen lassen, Eiche, Weißtanne;

4) wenn der Samen im Verhältniß zu dem in Aussicht stehenden Erfolg billig gekauft werden kann;

5) auf Boden, der wenig zur Verrasung geneigt, nicht sumpfig oder naß, nicht zu trocken, fest und thonig, nicht zu nahrungsarm, steinig oder felsig ist. — Moor-, Kalk- und schwere Thonböden schließen Holzsaaten fast ganz aus, weil namentlich diejenigen Holzarten, welche im ersten Jahr keine tiefe Pfahlwurzel treiben, den Winter über vom Frost ausgezogen werden oder in heißen Sommern vertrocknen. Ebenso kann bei diesen Holzarten eine allzustarke Lockerung (durch Stockrodung, Waldfeldbau ꝛc.) das Gedeihen der Saaten gefährden;

6) in mildem Klima und in minder sonnigen Lagen;

7) wenn eine Beschädigung durch Vögel nicht zu fürchten ist;

8) wo der Rüsselkäfer die Pflanzung unsicher macht.

§. 51.

Bodenvorbereitung zur Saat.

Eine solche wird nicht in allen Fällen nöthig, bloß da, wo der Boden sehr verfilzt, die Saat aber eben deßhalb weniger am Platz ist, oder das Unkraut den jungen Pflanzen schädlich würde, oder diese selbst einer sorgfältigen Pflege bedürfen, um ordentlich gedeihen zu können.

Pflanzen, die in ihrer Jugend schnell wachsen, und bald eine Neigung zu flacher Wurzelbildung zeigen, bedürfen weniger Vorbereitung; auf der andern Seite ist eine sorgfältigere Behandlung da nothwendig, wo die Pflanzen nicht in den günstigsten Verhältnissen aufwachsen, wo ihnen der nöthige Schutz nicht gegeben werden kann ꝛc. Birken, Hainbuchen, Erlen und Forchen bedürfen auf Boden mit geringem Grasüberzug, wenn er nicht zum Auffrieren geneigt ist, keiner Bodenvorbereitung oder nur ausnahmsweise einer leichten Wundmachung durch Aufschürfen, zeitweiliges Beweiden, namentlich mit Schafen, u. dgl. Wo ein dichterer Unkräuterüberzug vorkommt, da ist dieser auf größeren Platten oder in Riefen abzuschälen, dabei jedoch nicht zu viel guter Boden mit dem Unkraut und seinen Wurzeln zu entfernen, aber die ausschlagfähigen Wurzeln auch nicht auf der Saatstelle zurückzulassen. Bei leichtem Boden ist jedoch eine solche gänzliche Vertilgung des Bodenüberzugs auf der Saatstelle nicht zweckmäßig, weil für die jungen Pflänzchen die Gefahr des Ausziehens durch den Frost zu groß ist. Auf sehr losem Boden oder an steilen Hängen wird es daher manchmal nöthig, gleichzeitig Gras mit anzusäen. — Buchen, Weißtannen, Kiefern, Eschen, Ahorn bedürfen einer guten 8—20 cm tiefen Lockerung; eine weitergehende bis zu 30 und 40 cm Tiefe erfordert die Eichelsaat, wenn die Eichen auf dem fraglichen Platz zu Bäumen erzogen werden sollen; je theurer diese Vorbereitung ist, umsomehr hat sie sich auf das Nothwendige zu beschränken.

Vor Winter, öfters schon im vorangehenden Nachsommer, muß die Bodenbearbeitung vorgenommen werden, wenn es im Frühjahr an Arbeitern fehlt, wenn die Vorbereitung eine sehr gründliche sein muß; wenn der Ueberzug möglichst verderben und verwesen, wenn bei schwerem Boden, dessen Bindigkeit durch den Frost gemildert werden soll, oder wenn vom Schutzbestand den Winter über Besamung erwartet wird. In diesen Fällen genügt schon ein rauhes Bearbeiten, während die Vorbereitung unmittelbar vor der Saat eine etwas sorgfältigere Behandlung erfordert. — Bevor man aber zur Saat schreitet, muß sich der Boden wieder etwas setzen, da der Same in frisch bearbeitetem Boden leicht zu tief untergebracht wird. Wo diese Ruhe nicht gegeben werden kann und die Saat unmittelbar der Bearbeitung folgen muß, ist es unumgänglich nöthig, den Boden zuvor wieder etwas festzutreten. Wird eine Saat unter passendem Schutzbestand vorgenommen, so ist keine so weitgehende Bodenvorbereitung nothwendig, wie bei einer Saat im Freien, weil der Samen in jenem Falle stets mehr in seine natürliche Lage kommt, und von Laub ꝛc. bedeckt wird.

Die gewöhnlichsten und zweckmäßigsten Werkzeuge zur Bearbeitung des Bodens sind: die Hacke, wie sie in jeder Gegend üblich ist; wo es sich um steinigen Boden handelt, soll sie nicht so breit und im ganzen solider gefertigt werden. — Die Plaggenhaue hat eine breitere und schärfere Schneide, als die gewöhnliche Haue oder Hacke; es wird mit ihr der Rasen und dichtere Bodenüberzug abgeschält oder abgeplaggt. Dieses Instrument muß in der Regel vom Waldeigenthümer gestellt werden, weil es zu anderen Zwecken nur selten benützt werden kann. Zu leichteren Wundmachungen genügt ein starker hölzerner Rechen (Harke). Wo der Ueberzug schon dicht, oder der Boden steinig ist, da muß ein eiserner angewendet werden. Aehnliche Wirkungen hat die sogenannte Plaggenegge; sie besteht aus zwei eisernen Rechen, die übers Kreuz unten an einem Stock befestigt sind, welcher in einem etwas längeren eisernen Stift endigt; oben am Stock befindet sich ein Querholz, mit dem die Rechen bequem im Kreis um jenen Stift gedreht werden, um den Bodenüberzug zu durchbrechen und den guten Boden bloß zu legen.

Neben diesen Handgeräthen sind auf wurzelfreiem, nicht allzu steinigem Boden der Pflug und die Egge anwendbar. Ein Umpflügen der ganzen Fläche kann nur in Verbindung mit dem Getreide- oder Kartoffelbau geschehen. Wo dieser Fall nicht eintritt, genügt ein streifenweises 4—10 cm tiefes Pflügen eventuell mit nachfolgendem Untergrundspflug. — Beim Uebereggen des Waldbodens ist eine stärker gebaute Egge als die gewöhnliche nothwendig, sie braucht jedoch nicht so viele Zähne zu haben, kann auch nöthigenfalls, um die Angriffspunkte zu vervielfältigen, mit Dornen und sonstigem Gestrüpp durchflochten werden. Eiserne Eggen sind wegen ihres starken Baues am geeignetsten zu solchem Zweck.

§. 52.

Verschiedene Methoden der Saat.

Die Saat ist verschieden nach der Art den Samen auf der Fläche zu vertheilen; es sind entweder Voll-, Riefen-, Plätze- oder Löchersaaten. Bei der Vollsaat wird der Samen gleichmäßig über die ganze Kulturfläche ausgestreut; sie findet in der Regel nur da Anwendung, wo eine vollständige Bearbeitung des Bodens vorangegangen ist, oder wo der Boden ohne eine solche Vorbereitung dem Samen ein passendes Keimbeet gewährt, oder wo es sich um eine Holzart handelt, bei der die Unterbringung des Samens durch Regen- und Schneewasser, Frost ꝛc. sich vollzieht wie bei der Birke, Erle und wenn der Same billig ist. Der Same wird auf diese Art nicht selten schlecht bedeckt, man braucht deßhalb sehr viel, die Bodenvorbereitung ist meist zu theuer, und darum wählt man diese Art am wenigsten. Zweckmäßig ist sie nur auf Waldfeldern oder solchen Stellen, wo Ballenpflanzen erzogen werden sollen.

Wenn man den Samen nur auf einem kleineren Theil der Fläche in schmalen fortlaufenden Streifen unterbringt und den übrigen Theil der Kulturfläche unberührt läßt, so nennt man dies eine Riefensaat. Dieselbe erlaubt eine sorgfältigere Herrichtung des Keimbeetes ohne zu großen Aufwand und erleichtert die nachherige Pflege der Saat, man erspart wesentlich an Samen und Arbeit. Die Riefen können in größeren Reihen fortlaufend, gerade oder in Unterbrechung auf kürzere Strecken, oder in Kurven und mehr dem Terrain folgend, gezogen werden. Am Hang sind sie stets horizontal zu legen, jedoch an geeigneten Stellen (Mulden ꝛc.)

zu unterbrechen, um für später zum Holztransport dienliche Lücken offen zu lassen.

Die Breite der Riefen wird bedingt durch die Dichtheit des Bodenüberzugs, und durch das Bedürfniß der jungen Pflanzen nach baldigem, gegenseitigem Schutz. Auf sehr verfilztem Boden ist es gerechtfertigt, 40 bis 60 cm breite Riefen zu ziehen; die Saat soll aber dessen ungeachtet auf einen engeren Raum dieses abgeplaggten Streifens beschränkt werden, und kann auf diese Weise eine sorgfältigere Behandlung erfahren. Zum Schutz gegen das schnelle Einwachsen des Unkrautes ist es gut, wenn der Rasen auf der einen Längenseite der Riefen nicht abgehauen, sondern bloß umgebogen und hart an den unteren oder südlichen Rand des abgeplaggten Streifens, die obere Seite nach unten gekehrt, angelegt wird. Die Saatrille hat dann in der Nähe dieses Randes den besten Platz. An Bergabhängen und auf sehr lockerem Boden dürfen die Riefen nicht zu schmal gemacht werden, weil sonst leicht durch starke Regengüsse der Samen zugeschwemmt wird und verdirbt.

Die Entfernung der Riefen von einander richtet sich hauptsächlich darnach, wie schnell ein Schluß der Kultur herbeigeführt werden soll und wie bald sich solcher mit Rücksicht auf die gewählte Holzart und die Standortsverhältnisse erwarten läßt. Eine Entfernung von 1 m dürfte in der Regel den höchsten Anforderungen genügen, wogegen ein Abstand von 2—3 m das Maximum sein wird, wenn es sich nicht bloß um die Einmischung einer Holzart handelt. An Bergabhängen ist die Entfernung nicht zu weit zu nehmen; dagegen ist in solchen Lokalitäten wieder darauf zu sehen, daß die Entfernungen alle horizontal gemessen werden.

Statt den Boden streifenweise für die Saat vorzubereiten, geschieht dies öfters auch auf kleineren, nicht im fortlaufenden Zusammenhang befindlichen Stellen, welche isolirt von einander in bestimmtem Abstand über die Kulturfläche vertheilt sind, man nennt dies die T e l l e r s a a t oder p l ä t z e w e i s e S a a t; sie hat die meiste Aehnlichkeit mit der eben geschilderten Methode, es sind bezüglich der Größe der wundzumachenden Stellen, ihrer Entfernung von einander die gleichen Rücksichten zu nehmen, wie sie dort angedeutet wurden. Diese Art der Saat ist auf stark verfilztem Boden nicht zweckmäßig, weil das Unkraut schnell von a l l e n Seiten hereinwächst, dagegen hat sie den Vortheil, daß sie auf unebenem, steinigem Terrain, unter Schutzbestand leichter ausführbar ist, als die Riefensaat, und einen besseren Erfolg verspricht, weil im Allgemeinen die Arbeit sorgfältiger betrieben und namentlich die tauglichsten Plätze mit dem besten Boden, Stellen mit angemessenem Schutz oder mit dem geringsten Bodenüberzug ausgewählt werden können. Bei dieser Methode läßt sich der Samen mit Vortheil auf der Nord- und Nordwestseite von größeren Steinen oder vou Stöcken unterbringen, hier keimt er am schnellsten und die jungen Pflanzen haben später den meisten Schutz gegen Austrocknung 2c. —

Einzelne Holzarten können in den ersten Jahren ein Verwehtwerden mit Laub nicht ertragen (Weißtanne, Lärche), man muß deßhalb für die Saatstellen erhöhte Plätze auswählen oder dieselben bei der Zurichtung künstlich etwas erhöhen.

Die Löchersaat unterscheidet sich nur dadurch von der Plätzesaat, daß bei ihr eigentlich keine andere Bodenbearbeitung stattfindet, als die, welche unmittelbar zur Unterbringung des Samens nothwendig ist, sie läßt sich sonach nur auf lockerem, wenig verrastem Boden, am ehesten unter Schutzbestand und bei Holzarten anwenden, welche gut im einzelnen Stande gedeihen. Für diese Methode sind besondere Instrumente im Gebrauch, und zwar das einfachste im Steckholz oder im Steckeisen, für lockeren Boden und für Samen, der schon etwas tiefer untergebracht werden soll, anwendbar; der Saathammer ist unter den gleichen Verhältnissen zu empfehlen, ferner der Spiralbohrer, welcher eine tiefe Lockerung des Saatloches möglich macht, und namentlich auch auf bindendem Boden brauchbar ist. Der Spiralbohrer besteht aus einem 0,8—1 m hohen eisernen Stock, der oben zur Handhabe ein Querholz hat, und unten eine abwärts sich verjüngende und zuspitzende, schraubenförmig gewundene, 12 bis 20 cm lange, schiefe Fläche, die am äußeren Rande etwas vorwärts gebogen ist. Für steinige Böden ist derselbe spitzer, für bindige Thonböden stumpfer zu machen. Man arbeitet mit ihm in der Erde wie mit einem Bohrer im Holz, nur mit dem Unterschied, daß man ihn beim Herausnehmen rückwärts dreht, um die gelockerte Erde nicht aus dem Loch herauszuwerfen; vor der Einsaat muß jedoch die lockere Erde wieder etwas angetreten werden. — Wo die Stockrodung eingeführt ist, eignen sich die wieder eingeebneten Stocklöcher, nachdem die gelockerte Erde einige Monate Zeit gehabt hatte sich zu setzen, recht gut zu Saatstellen für jene Holzarten, welche durch den üppigen Unkräuterwuchs, der sich da einstellt, nichts zu leiden haben.

§. 53.

Von der Aussaat und Unterbringung des Samens.

Die Aussaat des Samens geschieht mit der Hand, bei Vollsaaten breitwürfig, wobei natürlich, wenn leichter Samen gesät wird, windstilles Wetter abgewartet werden muß.

Bei Riefen-, Plätze- und Löchersaaten wird der Same in die gut gelockerte Erde eingestreut, und zwar bei großem Samen einzeln, bei kleinerem Samen so, daß in entsprechenden Zwischenräumen immer 3 bis 6 keimfähige Körner neben einander zu liegen kommen. Ist die Aussaat vollbracht, so handelt es sich um Unterbringung des Samens und Bedeckung desselben mit Erde. Bei der Vollsaat geschieht dies durch Eintreiben von Schafen oder Rindvieh, mit der gewöhnlichen Egge, der

Dornegge (Schleppbusch) oder dem Pflug (Eicheln); auf leichtem Sandboden durch Ueberwerfen mit Erde, welche aus Gräben ausgehoben und beiderseits mit der Wurfschaufel in dünner Vertheilung über die Fläche gestreut wird. Bei der Riefen- und Löchersaat muß es mit der Hand, dem Rechen (Harke) oder einem steifen Besen geschehen; bei größerem Samen, der tiefer unterzubringen ist, wird ein Bedecken durch Heranziehen der Erde mit dem Rechen oder mit der Hacke nothwendig. Der Saathammer und das Steckholz werden gleichzeitig zum Unterbringen und Bedecken der Samen benützt. Hat vor der Saat zum Behuf der Vorbereitung eine tiefere Lockerung des Bodens stattgefunden, so ist die besäte Stelle, nachdem der Samen bedeckt ist, fest anzutreten, damit der Samen von starken Regengüssen nicht ganz heraus- oder zu tief in den lockeren Boden hineingeschlagen wird; damit ferner die Wurzeln der jungen Pflanzen einen guten Halt bekommen und die nöthige Feuchtigkeit zur Keimung sich besser im Boden erhält. Wie tief der Samen untergebracht werden muß, wird in §. 57 für jede einzelne Holzart besonders angegeben.

Ist der Boden nicht bindend und bildet er namentlich nach stärkerem Regen keine harte Rinde, so ist ein tieferes Unterbringen gerechtfertigt, als im entgegengesetzten Falle. Wo ein Ausziehen der jungen Pflanzen vom Frost zu befürchten, kann ein tieferes Einlegen des Samens ebenfalls günstig sein. Bloßes Vermengen der feineren Samen mit der Erde ohne eigentliche Bedeckung genügt da, wo der Boden nach Regengüssen leicht eine Kruste bekommt, welche das Einwirken der Luft auf tiefere Schichten hindert. In solchen Fällen ist es übrigens zweckmäßig, sich zum Bedecken des Samens einer besseren Erde zu bedienen, hiezu kann man Waldhumus oder im Allgemeinen eine gute lockere Bodenart, oder Rasenasche nehmen; bei Vollsaaten läßt sich natürlich solche Kulturerde nicht anwenden.

Gemischte Saaten erfordern in der Regel zwar keine besondere Behandlung, doch sind einzelne Punkte bei denselben abweichend. Schon wegen der verschiedenen Ansprüche an Bodenzubereitung und Bedeckung, Seitenschutz ꝛc., welche die einzelnen Holzarten machen, ist es selten zulässig, die Mischung in der Art zu bewerkstelligen, daß man bloß den Samen im gegebenen Verhältniß mit einander mengt und hierauf denselben gemeinschaftlich aussät. Am zweckmäßigsten ist es, jede Holzart besonders anzusäen und hierbei jeder ihren passenden Standort anzuweisen; bei Vollsaaten ist letzteres natürlich nicht konsequent durchzuführen, aber bei Riefen- und Plätzesaaten ist die Möglichkeit, daß man es so einrichten kann, ein besonderer Vorzug.

Ferner muß man in einzelnen Fällen auch darauf hinwirken, daß das gewünschte Mischungsverhältniß stets auf der ganzen Saatfläche gleichmäßig beibehalten werde; es geschieht dies am sichersten durch Eintheilung der Fläche in eine bestimmte Anzahl gleicher Theile; in ebenso viele gleiche Theile ist dann auch jede Samenquantität zu theilen, worauf diese den einzelnen Flächenabtheilungen zugewiesen werden. Ein solches Abtheilen der Fläche und der Samenmenge ist auch bei reinen Saaten zu empfehlen, um sie überall gleich dicht zu bekommen.

§. 54.

Samenmenge.

Die zur Verwendung kommende Samenmenge wird meist nach Gewicht, seltener mehr nach dem Raummaß bestimmt. Dabei kommt es in erster Linie darauf an, wie viel Körner jeweils in der Maß- oder Gewichtseinheit enthalten sind. Dies ist bei ein und derselben Holzart verschieden nach dem Standort und dem Jahrgang; wenn demungeachtet in untenstehender Tabelle Durchschnittszahlen gegeben werden, so sind sie ebendeßhalb nur als Annäherungswerthe zu betrachten. Auch die Behandlung der Samenbäume übt einigen Einfluß auf die Größe des Korns, wie die in der Tabelle aufgenommenen Untersuchungen vom Forstmeister Stöger im

Holzart	1 hl wiegt kg	1 Liter zählt Körner	1 kg zählt Körner	1 hl Zapfen wiegt kg	100 kg Zapfen geben Samen kg	1 hl Zapfen giebt Samen kg	
Gemeine Kiefer, ohne Flügel	48	72000	150000	52	2,10	0,80	
Fichte do.	44	62000	140000	40	4,40	1,40	
Weißtanne do.	30	7000	22000			1,80	
Lärche do.	50	80000	160000	36	1,00	2,20	
Weymuthskiefer do.	42	19200	45700				
Schwarzkiefer do.	52	30000	58000	56	2,75	1,80	
do. geharzt . .			49285			1,46	Nach Stöger.
do. ungeharzt .			52000			1,99	
Zürbelkiefer			3600	60	16,00	5,70	
Buche	45	1932	4580				
Stieleiche, große Samen	65	115	177				
do. kleine do.	64	209	325				
Traubeneiche, gr. . .	65	263	402				
do. kl. . .	64	416	648				
Esche, mit Flügel .	21	2860	13300				
Bergahorn, do. .	16	1173	7110				
Hainbuche, ohne Flügel	48	15000	32000				
Ulme	5,5	7700	140000				
Birke	9	15000	170000				
Schwarzerle	32	28000	88000				
Akazie	80	40000	50000				

Wiener Centr.-Bl. f. d. ges. Forstwesen 1879 S. 363 beweisen, wonach geharzte Schwarzföhren kleinere Körner und demnach auch schwächere Pflänzchen ergeben als ungeharzte.

Sodann ist die Samenmenge noch abhängig von der Keimkraft des Samens, welche jeweils in Prozenten ausgedrückt und von allen soliden Handlungen in zuvor bestimmtem Verhältniß garantirt zu werden pflegt. — Je geringer die Keimkraft ist, umsomehr muß die zu verwendende Samenmenge verstärkt werden, annähernd in umgekehrtem Verhältniß zu den dieselbe bezeichnenden Prozenten. Die Angaben in den Lehrbüchern sind in der Regel nicht auf die ohnehin selten vorkommende Keimfähigkeit aller Körner bemessen. Wo aber dies der Fall, da muß von einem Samen mit nur 60 % keimfähigen Körnern im Verhältniß wie 60 : 100 mehr genommen werden.

Endlich hat auch die der Keimung und dem späteren Gedeihen mehr oder weniger günstige Beschaffenheit des Bodens und Bodenüberzuges einen Einfluß auf die Bestimmung der zu verwendenden Samenmenge, selbstverständlich aber nur in den Grenzen, innerhalb welcher die Saat überhaupt noch zulässig erscheint.

Je schlechter der Boden ist, je mehr Gefahr den jungen Pflanzen vom Bodenüberzug, oder von anderer Seite droht, je weniger Sorgfalt später auf die fragliche Kultur verwendet werden kann, je unreiner und schlechter der Samen ist, um so dichter muß gesät werden. Es ist dabei übrigens noch zu bemerken, daß auf solchem Boden, wo die anzuziehende Holzart kaum noch gedeihen kann, ein anfänglich zu dichter Stand öfter schädlich als nützlich wirkt, und nur mit großen Kosten wieder sich beseitigen läßt.

Wo man in späteren Jahren Pflanzen zum Versetzen aus der Saat ausheben will, ist ebenfalls dichter zu säen. Je nach der Eigenthümlichkeit der Holzart ist eine dichtere oder dünnere Saat geboten, letztere z. B. bei Eichen, Forchen, Birken, Lärchen, welche von Jugend auf einen freien Stand lieben. Bei Anzucht von gemischten Beständen ist eine größere Samenmenge nöthig, als bei reinen Beständen.

Je sorgfältiger die Bodenvorbereitung und Unterbringung des Samens vorgenommen wird, um so weniger ist davon erforderlich. Bei hohen Arbeitslöhnen oder bei theurerem Saatgut kommt also zu erwägen, ob besser an dem einen oder anderen gespart werden kann, ohne den Erfolg zu beeinträchtigen.

Als ungefährer Anhaltspunkt können für die wichtigsten Holzarten folgende Samenmengen gelten, wobei die beste Samenqualität und sorgfältige Behandlung der Arbeiten vorausgesetzt wird; beim Nadelholzsamen ist abgeflügelter gemeint. Auf 1 ha nimmt man zur plätzeweisen Saat von Kiefern-, Fichten- und Lärchensamen 4—7 kgr., von Tannen 60 bis 100, Birken 8—12, von der Hainbuche 30—50 kgr., von der Buche $2\frac{1}{4}$—4 hl, Eiche 3—5 hl. Bei der Löchersaat nimmt man $\frac{1}{3}$—$\frac{1}{2}$ weniger, bei der Riesensaat um so viel mehr, bei der Vollsaat das Doppelte von obigen Mengen; bei den theureren Samen ist letztere übrigens nicht zu empfehlen. Auch bei den anderen läßt ein Blick in die obige Tabelle sofort erkennen, daß in den hier vorgeschlagenen Samenquantitäten noch eine überreiche Zahl von Körnern zur Verwendung kommt.

§. 55.

Eintheilung der Arbeiten.

Die einzelnen Arbeiten bei den Saaten erfordern mehr oder weniger Pünktlichkeit, Geschick oder Kraft. — Diejenigen Arbeiten, welche größere Anstrengung und Ausdauer erheischen, sind durch Männer verrichten zu lassen, sie können, wo sich ihre genaue Ausführung leicht controliren läßt, wie beim streifen- und plätzeweisen Abplaggen, Aufpflügen der Riesen ꝛc., im Akkord vergeben und schon einige Monate vorher ausgeführt werden. Die Vorbereitung des Keimbetts muß sehr pünktlich geschehen, erfordert aber, wenn der Bodenüberzug nicht stark ist, keine große Kraft, und soll deßhalb unter genauer Aufsicht durch geschickte Taglöhner ausgeführt werden.

Das Säen und Unterbringen des Samens ist gewissenhaften und pünktlichen Arbeitern zu übertragen, sie sind zu diesem Ende mit Sorgfalt auszuwählen und strenge im Auge zu behalten.

Da wo die Saatstellen nicht regelmäßig über die Fläche vertheilt, oder nicht zum Voraus abgesteckt werden können, sind diejenigen Personen, welche die Saatriesen oder Plätze auszuwählen und herzurichten haben, sachgemäß anzuleiten und zu beaufsichtigen, damit keine Fehler geschehen. Je schwieriger die Wahl der Saatplätze ist, je mehr Rücksichten genommen werden müssen auf die Beschaffenheit des Bodens, auf den nöthigen Schutz, auf Beseitigung oder Umgehung des Unkrauts, um so mehr ist die Thätigkeit des Aufsichtspersonals in Anspruch genommen, um so weniger Arbeiter können deßhalb von einem Aufseher oder Vorarbeiter entsprechend überwacht werden. Namentlich soll man beim Beginn der Arbeit nie gleich die volle Zahl in Thätigkeit setzen, weil sie nicht alle gleichzeitig eingewiesen werden können.

Bei gemischten Saaten wird jeder mit dem Säen betrauten Person eine besondere Samenart eingehändigt und nach Verhältniß der beabsichtigten Mischung die Zahl der Personen für jede Samenart bestimmt. Durch Kinder säen zu lassen, ist nur da gerechtfertigt, wo es an ständiger guter Aufsicht nicht mangelt.

§. 56.

Die Saatzeit.

richtet sich nach dem Zustand der Kulturfläche, nach dem Klima, der Holzart, namentlich danach, ob sich der Samen gut durchwintern läßt, und nach den verfügbaren Arbeitskräften. Ob im Herbst oder Frühjahr gesät werden soll, ist die erste Frage, die sich jedoch nicht unbedingt für die eine oder andere Jahreszeit entscheiden läßt. Saaten unter Schutzbestand sind in der Regel im Herbst am zweckmäßigsten, weil hier die jungen Pflanzen von Frost und Hitze, eben des Schutzbestandes wegen, nichts zu fürchten haben, und weil der Samen unmittelbar nach dem Einsammeln untergebracht werden kann, somit die Mühe und Gefahr der Aufbewahrung erspart wird; wenn jedoch Mäuse und andere Thiere in größerer Zahl dem Samen nachstellen, ist die Herbstsaat nicht mehr im Vortheil, ebensowenig dann, wenn man im Herbst noch keinen frischen Samen zur Verfügung hat, wie bei Fichten, Kiefern und Lärchen. Wo kein eigentliches Frühjahr eintritt, wie z. B. im Hochgebirge, da empfiehlt sich ebenfalls die Herbstsaat, damit bei Beginn der Vegetation keine Zeit für die jungen Pflanzen verloren geht und dieselben im ersten Sommer noch gut verholzen können. Bei solchen Holzarten, welche in der Jugend dem Frost ordentlich widerstehen, ist eine Herbstsaat zulässig, wenn sie durch andere Verhältnisse, z. B. durch Mangel an Arbeitern, im Frühjahre geboten wäre.

Soll im Frühjahre gesät werden, so ist es Regel, die Periode der trockenen Frühjahrswinde sowie die Strichzeit der Vögel[1]) vorbeigehen zu lassen, und erst gegen Ende April oder Anfang Mai zu säen. Je empfindlicher die Pflanze gegen Frost ist, um so später muß man säen. Wo die jungen Pflanzen durch den Bodenüberzug gegen Frost und Hitze einigen Schutz haben, da ist eine frühere Saat zulässiger, als im entgegengesetzten Falle.

Bei Holzarten, deren Vegetation im ersten Jahre sich verhältnißmäßig rasch abschließt, wie z. B. bei der Fichte und Weißtanne, verspricht eine späte Saat im Juni noch Erfolg, nur hat man in solchem Fall darauf zu achten, daß eine Zeit gewählt werde, wo es nicht an der nöthigen Feuchtigkeit zur Keimung fehlt. Bei der Kiefer hat eine spätere Saat zur Folge, daß das einjährige Pflänzchen nicht mehr gehörig verholzt, schwächlich bleibt und dann bei frühzeitig eintretendem Frost eher krank wird.

§. 57.

Verfahren bei der Saat der einzelnen Holzarten.

Wenn gleich in Beziehung auf die Saat und Unterbringung des Samens bei den einzelnen Holzarten wenig Besonderes mehr zu sagen ist, so sind doch die verschiedenen Nebenumstände, unter welchen die eine oder andere Holzart mehr oder weniger gut gedeiht, sowie auch einzelne Punkte in Beziehung auf die Pflege der Saat im ersten Jahr hier zu erwähnen.

[1]) Verwendung von Mennige zum Schutz gegen Vogelfraß an den Keimpflänzchen vgl. §. 61.

Die Eichel, deren Cotyledonen unter dem Boden bleiben, wird 3—4 cm tief mit Erde bedeckt, sie verlangt zu einer kräftigen Wurzelbildung einen tief gelockerten Boden; wird deßhalb auf Stocklöcher oder in 30—40 cm tief ausgehobene, nachher wieder mit der gleichen Erde zugefüllte Gräben gesät, wo sie vorzüglich gedeiht; sie hat weniger vom Frost zu fürchten, wo es sich nicht um eigentliche Frostlagen handelt. Ein zu dichter Unkrautüberzug, namentlich wenn er das Licht von den jungen Pflanzen abhält, schadet der Eiche sehr, deßhalb ist bei der Bodenvorbereitung dafür zu sorgen, daß das Unkraut nicht zu rasch wieder überhand nehmen kann. In der Regel legt man nur ein oder zwei Körner zusammen; sie werden auf lockerem Boden mit dem Steckeisen, auf bindenderem nach Anwendung des Spiralbohrers oder der Hacke gelegt, beim Waldfeld in die Pflugfurche.

Die Bucheln werden 1—2 cm tief bedeckt; diese Holzart fordert keine tiefe Lockerung des Bodens. Unter einem Schutzbestand gedeiht sie am besten; in rauhen Lagen kann sie gar nicht im Freien erzogen werden, eine Vorkultur von Kiefern oder Birken geht in solchen Fällen zweckmäßig einige Jahrzehnte voraus. Wo die Buche im Freien erzogen wird, muß sie gleich nach dem Hervorbrechen der Samenlappen mit lockerem Boden behäufelt werden, daß bloß noch die Samenlappen über den Boden heraussehen. Wenn der Boden ihr zusagt, so verträgt sie sich gut mit einem mäßigen Unkrautüberzug, der ihr mancherlei Schutz gewähren kann. Sonst ist die Behandlung wie bei der Eiche, und fordert auch hier der hohe Preis des Saatguts eine sparsame Verwendung desselben.

Die Birken verlangen einen wunden, aber nicht zu lockeren Boden, ertragen keine Ueberschirmung und leiden nur selten durch den Frost; der Samen wird ganz leicht mit dem Boden vermengt, höchstens 3—5 mm tief untergebracht und dann angetreten. Letzteres ist nothwendig und daher ist auch die Vollsaat bei der Birke nur dann zulässig, wenn man dies durch Weidvieh oder durch Schnee (Aussaat vor Winter) bewirken kann.

Die Ulmen und Erlen sind ebenso zu behandeln, jedoch etwas tiefer (4—7 mm) unterzubringen; bei beiden soll nur frischer Samen zur Verwendung kommen und die Ulme gleich nach der Samenreife ausgesät werden. Die Samen der Hainbuchen, Eschen, Ahorn erfordern eine Bedeckung von 6—10 mm. Die Akazie dagegen keimt am besten in 4—5 cm Tiefe.

Die Weißtanne leidet vom Frost und unmittelbar nach der Keimung von der Sonnenhitze, erträgt aber den Schutz eines Oberholzbestandes sehr gut, sie wird selten im Freien in größerer Ausdehnung kultivirt; der Samen darf nicht stärker als 1—2 cm hoch bedeckt und muß fest an den Boden angedrückt werden. Ein nicht zu dichter Bodenüberzug gewährt den jungen Pflanzen erwünschten Seitenschutz. Wird sie unter Laubholzschutzbestand gesät, so muß zu verhindern gesucht werden, daß das abgefallene Laub die jungen Pflanzen überlagern kann, man giebt daher hier den Saatstellen eine etwas erhöhte Lage, und sät an Hängen näher an den äußeren Rand der Riefen. In Nadelholzbeständen muß die Moosdecke auf den Saatstellen zuvor beseitigt werden. Der Samen wird am besten mit eisernen Rechen oder mit etwas steifen Holzbesen untergebracht. Zu beachten ist auch noch, daß in Jahren, wo nur wenig Samen geräth, derselbe nicht bloß unverhältnißmäßig theurer, sondern auch viel schlechter und weniger keimfähig ist als in reichen Samenjahren.

Die Kiefer und Lärche gedeihen meist ohne allen Schutz. Bloß auf ganz magerem, dürrem Sandboden ist die Bildung einer Bodendecke abzuwarten, oder durch Aussaat von Grassamen künstlich zu fördern, da sonst die jungen Kiefern von der abwechselnden Hitze und Kälte zu viel leiden müssen. Lärchen sagen solche Verhältnisse nicht mehr zu. Der Samen fordert bei der Kiefer 6—10 mm, bei der Lärche 3—6 mm Bedeckung; auf lockerem Boden genügt bei ihr schon das Antreten nach der Aussaat; denn sie verlangt als Keimbett einen mehr festen als lockeren Boden. — Die Kiefer wird auch noch durch Zapfensaat (am besten in flachen mit dem Pflug gezogenen und nachher mit dem Untergrundspflug gelockerten Furchen) kultivirt, wobei man nach dem Aufspringen der Schuppen das Ausfallen des Samens und dessen Verbindung mit dem Boden durch Ueberfahren mit einer Dornegge oder mit Besen befördert. Man bedarf 4—6 hl Zapfen auf 1 ha. Auf feuchterem und bindigerem Boden sind solche Saaten weniger am Platze, weil die Zapfen hier nicht so gut aufspringen; sie liefern aber auf sandigen Böden mehr und kräftigere Pflanzen als die mit geklengten Samen ausgeführten Kulturen und es tritt namentlich die Keimung 8—14 Tage früher ein als bei diesen, auch bleiben die Zapfensaaten vom Vogelfraße mehr verschont.

Drittes Kapitel.

Von der Pflanzung.

§. 58.

Anwendbarkeit derselben.

Die Pflanzung bekam erst in den letzten vier Decennien eine größere Verbreitung; früher war man allgemein der Ansicht, daß sie zu theuer, und im Großen wegen der vielen Arbeit unausführbar sei, auch hatte man noch zu wenig Erfahrungen; um die Sicherheit des Erfolgs einer Pflanzung gewährleisten zu können. Hierauf folgte eine Zeit, wo man die Saat fast ganz verwarf, obwohl beide als Kulturmittel nicht zu entbehren sind. Es ist aber vorauszusetzen, daß jede der beiden Methoden an richtiger Stelle angewendet und sachgemäß ausgeführt werde; demnach soll hier auch nicht von den Vortheilen der einen oder andern Kulturart die Rede sein, da solche bloß dann namhaft gemacht werden könnten, wenn die eine oder andere in unpassenden Lokalitäten vorgenommen wird. Wenn es sich von der Nachholung versäumter Kulturen handelt, so wird in der Regel die Pflanzung den Vorzug verdienen und da man früher häufiger mit solchen zu thun hatte, so ist es erklärlich, wie die Pflanzung mehr in den Vordergrund gestellt werden konnte. Sie wird sowohl im Freien, wie auch unter Schutzbestand vorgenommen, im letzteren Fall spricht man von Unterpflanzung, zu welcher lichtbedürftige Holzarten sich nicht eignen.

Nach dem gegenwärtigen Stand unserer Erfahrungen soll die Pflanzung da zur Regel gemacht werden, wo

1) der Bodenüberzug zu stark, und deßhalb der Erfolg einer anderen Kulturart, namentlich der Saat unsicher ist.

2) Auf nassem und sehr steinigem oder felsigem, ebenso auf sehr herabgekommenem, abgemagertem Boden, für den eine baldige Bedeckung durch den neuen Bestand nöthig wird.

3) In Lokalitäten, wo der Frost durch Ausziehen der ein- und zweijährigen Pflänzchen schadet, namentlich auf Kalk-, Moor- und theilweise auch auf Thonboden, oder wo Spätfröste häufig auftreten.

4) An steilen, namentlich gegen Süden und Südwesten abfallenden Bergwänden.

5) In rauhem Klima, insbesondere im Hochgebirge.

6) Wo die Saaten der Beschädigung durch Vögel, Wild, Insekten 2c. sehr ausgesetzt, oder Schnee und Duftanhang zu fürchten sind.

7) Bei Bestandesnachbesserungen, namentlich wenn das die Blöße umgebende Holz schon einen Vorsprung hat.

8) Im Niederwald und bei dem Kopfholzbetrieb.

9) Bei empfindlichen Holzarten, die in der ersten Jugend eine sehr sorgfältige Pflege erfordern.

10) Wo Rücksichten auf Gewinnung von Nebennutzungen (Getreide, Hackfrüchte, Gras 2c.) zu nehmen sind.

11) Wo es sich um Herstellung eines bestimmten Mischungsverhältnisses und einer regelmäßigen Vertheilung der Pflanzen handelt.

12) Wenn der Samen in größeren Mengen schwer zu bekommen, oder sehr theuer ist. Seit z. B. die Preise für Kiefernsamen so sehr gestiegen sind, kommt bei dieser Holzart die Pflanzung meistens billiger zu stehen als die Saat, und ist nebenbei auch noch sicherer im Erfolg.

§. 59.

Von den Pflänzlingen.

Gesunde und taugliche Pflänzlinge müssen ein gut und regelmäßig entwickeltes Wurzel- und Astsystem besitzen, welche beiderseitig einander das Gleichgewicht halten; sie sollen insbesondere entsprechend (aber nicht zu stark) entwickelte Höhentriebe, genügend viele und gleichmäßig vertheilte Seitenzweige haben, ebenso volle und große Knospen namentlich am Gipfel, welche beim Durchschneiden eine frische grüne Farbe zeigen. Blätter und Nadeln müssen in hinreichender Zahl vorhanden sein und die normale Consistenz, wie auch ein gesundes sattes Grün zeigen. Die Rinde des Stämmchens und der Aeste ist glatt ohne Risse und frei von Flechten, beim Ritzen der Wurzeln wird eine saftige weißlich grüne Haut sichtbar. — Zwischen guten Pflänzlingen und schönen Pflanzen ist wohl zu unterscheiden, bei letzteren sind möglichst starke Höhentriebe erwünscht, bei ersteren aber nicht, weil sie auf eine ebenso kräftige Entwicklung der Pfahlwurzel schließen lassen, welche die Verpflanzung erschwert und vertheuert.

Stärkere Beschädigungen, oder schwächere, die sich oft wiederholt haben, wie z. B. durch Frost, durch Wild oder Weidvieh veranlaßte Verkümmerungen machen den Pflänzling in der Regel unbrauchbar; kümmerlich erwachsene, magere Pflanzen mit weit auseinander gerückten und schwachen Knospen oder mit einzelnen absterbenden Theilen, im dichten Schluß gestandene, schwanke, spillige Stämmchen, ohne die gehörige Zahl von Zweigen und Seitenwurzeln, sind nicht zu verwenden. Es ist dabei wesentlich zwischen den einzelnen Holzarten zu unterscheiden; das Nadelholz, welches weniger Reproduktionskraft besitzt, verlangt eine sorgfältigere Auswahl der Pflänzlinge, als das Laubholz, welches in Wurzeln und am Stamm ein starkes Beschneiden zuläßt, wodurch man die beschädigten Theile entfernen, oder eine entsprechende gesündere Entwicklung derselben hervorrufen kann. Ferner lassen sich Buchen z. B., die im Druck ihrer Mutterbäume gestanden sind, eher noch verwenden, als Eichen und Hainbuchen. Zu Stutzpflanzen sind übrigens auch noch die im stärksten Druck gestandenen Laubhölzer geeignet, sobald ihre Wurzeln hinlänglich entwickelt sind.

Die Pflänzlinge können absichtlich zum Zweck der Verpflanzung erzogen werden, oder man findet Gelegenheit, sie natürlich verjüngten Beständen oder aus Freisaaten (namentlich Eichen, Kiefern und auch manchmal noch Fichten) zu entnehmen. Im ersteren Fall kann man sie entweder selbst erziehen oder von Anderen zweckmäßig erzogene kaufen; dies ist aber weniger zu empfehlen, weil man sie nicht nur billiger selbst erzieht, sondern auch deßhalb, weil die selbst erzogenen nicht so weit transportirt zu werden brauchen und somit weniger Gefahren ausgesetzt sind.

Wo man die in natürlichen Verjüngungen vorhandenen Pflanzen zum Kultiviren benützt, da ist bei deren Auswahl sehr vorsichtig zu verfahren, man darf bloß solche nehmen, die in freiem Stand räumlich erwachsen sind, damit man die Gewährschaft hat, es seien die Wurzeln gehörig entwickelt und die Pflanze ertrage den freien Stand.

Bei größeren Pflanzen muß das Ausheben sehr vorsichtig mit der Hacke oder dem Spaten geschehen, wobei so viel als möglich sämmtliche

Wurzeln zu erhalten sind. In manchen Verhältnissen empfiehlt sich das Ausheben größerer und kleinerer Pflänzlinge mit dem Ballen, d. h. mit der zusammenhängenden, die Wurzeln umgebenden Erde; auf sehr sandigem und steinigem Boden ist dies natürlich nicht ausführbar. Ein leichter Ueberzug von Heide oder Gras steigert jedoch den Zusammenhang und macht auch noch leichtere Böden ballenhaltig. Die zur Ballenpflanzung nöthigen Pflänzlinge können nicht weit transportirt werden, weil sich die Erde leicht ablöst und der Transport theuer kommt. Es hat übrigens das Verpflanzen mit dem Ballen die größte Sicherheit des Erfolges für sich, weßhalb man überall, wo es geschehen kann, die in natürlicher Besamung erwachsenen Pflanzen aus nächster Nähe dazu verwendet, und erst dann, wenn sich solche nicht vorfinden, besondere Pflanzkämpe zu diesem Zweck anlegt.

Jüngere Pflanzen können auf leichtem, sandigem, oder durch längeren Regen aufgeweichtem Boden mit der Hand vorsichtig ausgezogen werden. Dieses Verfahren ist besonders dann zulässig, wenn die Pflanzen nachher in einen lockeren guten Boden, insbesondere aber wenn sie auf etliche Jahre in eine Pflanzschule kommen. In den meisten Fällen ist man aber genöthigt, seinen Pflanzenbedarf auf hiezu besonders zugerichteten Flächen zu erziehen, indem man den Samen in wohl vorbereiteten Boden aussät; solche Stellen heißen Saatschulen oder Saatkämpe. Werden aber die hierin erzogenen Pflanzen, ehe sie an den Ort ihrer Bestimmung kommen, ein- oder mehrmals in ein anderes, ähnlich vorbereitetes Land versetzt, um da die weitere nöthige Ausbildung zu erlangen, so erhält dieses den Namen Pflanzschule oder Pflanzkamp.

§. 60.

Von der Saatschule.

Bei der Wahl des Orts für eine Saatschule sind folgende Rücksichten zu nehmen: der Boden und die Lage muß den zu erziehenden Holzarten gut zusagen, letztere soll möglichst frostfrei sein, deßhalb sind Freilagen mit entsprechendem Seitenschutz von Osten und Süden her erwünscht; auf leichtem Sand dagegen ein solcher von der Westseite, damit die jungen Pflanzen nicht vom Sand überdeckt werden können. Eine nördliche Lage ist besonders darum zweckmäßig, weil in einer solchen die Vegetation später beginnt, man kann also mit Pflanzen, die hier erzogen sind, länger kultiviren; die Arbeiten in der Saatschule fallen nicht mit den Arbeiten im Freien zusammen 2c. Eine mäßige Neigung der Fläche ist erwünscht, eine starke aber möglichst zu vermeiden, weil sonst jeder Regen die gute Erde entführt, den Samen und die jungen Pflanzen ausschwemmt oder zudeckt 2c. Mit Rücksicht auf die nöthige Reinhaltung des Bodens und auf Ersparung an Arbeitslöhnen ist es gerechtfertigt, einen mehr dem Sand, als dem Thon sich nähernden Boden zu wählen. Lehmböden, namentlich kalklose, welche nach stärkerem Regen an der Oberfläche eine harte Kruste bekommen, sind für Saatschulen wenig geeignet. Ein nasser, unthätiger Boden ist ebenfalls nicht gut. Auf alten, verrasten Blößen ist keine Saatschule anzulegen, weil hier das Unkraut nur mit großen Kosten bewältigt werden kann.

Die Saatschulen sollen so nahe als möglich an der künftigen Kulturstelle sein, um den theuren und gefährlichen Transport der Pflanzen abzukürzen. Zweckmäßig ist es, wenn Wasser in der Nähe ist, um zärtlichere Pflanzen damit begießen zu können.

Für die lichtbedürftigen Pflanzen legt man die Saatschulen am zweckmäßigsten auf frisch abgeholzten Flächen an, womöglich am nordöstlichen Rande des hohen Bestandes, so daß dieser noch Seitenschutz gegen die Mittagshitze gewährt; wird die Saatschule in die Mitte eines hohen Bestandes gelegt, so erhält sie am geeignetsten eine solche Lage, daß die Diagonalen gegen Süd Nord und Ost West gerichtet sind, wobei sie von Südost nach Nordwest die geringere Längenausdehnung bekommt; damit der Reflex der vom hohen Holz zurückgeworfenen Sonnenstrahlen am wenigsten schädlich werden kann. Für die schutzbedürftigen Holzarten, wie Buche und Weißtanne, legt man die Saatkämpe in entsprechend gelichtete, ältere Bestände und wird sodann der Schutzbestand nach und nach abgetrieben, um die jungen Pflanzen allmählich an eine freiere Stellung zu gewöhnen. In solchen Saatschulen braucht der Boden nicht umgebrochen zu werden; die Bearbeitung ist zum großen Theil erspart, weil sich der Boden von selbst locker erhält und das Unkraut nicht so wuchern kann.

Saatkämpe ohne vorhergehende Bearbeitung des Bodens sind nur ausnahmsweise zulässig, z. B. zur Erziehung von Ballenpflanzen auf leichtem, nicht den Ballen haltendem Boden; hier besteht die Vorbereitung zur Saat lediglich im Abmähen der Heide.

In den meisten Fällen muß aber die Zurichtung der Saatschule in der Art erfolgen, daß dem Samen ein von Unkraut freies Keimbett mit mildem, lockerem Boden gegeben werden kann. Die Pflanzen sollen sich namentlich in ihren Wurzeln kräftig entwickeln, in den meisten Fällen weniger nach der Tiefe, als nach der Oberfläche hin, damit man bei der später erfolgenden Verpflanzung keine so großen Pflanzlöcher nöthig hat. Nur da, wo die zu erziehenden Pflänzchen für sehr trockene Böden oder Lagen bestimmt sind (Kiefern für Sandboden), muß das Wurzelsystem mehr in die Tiefe gelenkt werden, was besonders durch tiefe Lockerung und durch Verbesserung der untersten gelockerten Schichten geschehen kann. Ist der Boden Thon oder Lehm, so ist ein Umbruch vor Winter unbedingt nothwendig, weil dadurch der Boden ohne besondere Arbeit lockerer und milder wird.

In stark verunkrautetem Land wird häufig zuvor das Abschürfen und Verbrennen des Rasenfilzes oder eine einjährige Brache mit fleißiger Bearbeitung nöthig sein; eine landwirthschaftliche Benützung ist nur da zulässig, wo der Boden sehr kräftig ist. Mergel, der noch nicht gehörig verwittert ist, taugt nicht zu einer Saatschule, in solchem Fall ist ein mehrjähriger Bau von landwirthschaftlichen Gewächsen als Vorbereitung zu empfehlen. Schwerer Thonboden ist durch Beimischung von humoser Walderde oder durch Brennen zu verbessern.

Der Umbruch eines Saatbeets hat gewöhnlich nach vorherigem Abrechen der unverwesten Bodendecke, des Dürrholzes ꝛc. auf 10—20 cm Tiefe zu erfolgen, je nach der betreffenden Holzart flacher oder tiefer; für die zu Flugsandkulturen bestimmte Kiefer ist eine bis zu 0,4 m tiefe Rodung nöthig. Die den Boden überdeckenden Unkräuter sammt ihren ausschlagfähigen Wurzeln sind pünktlich auszulesen und zuvor von der anhängenden Erde zu befreien; diese Arbeit hat namentlich sehr sorgfältig zu geschehen, wenn der Umbruch unmittelbar der Saat vorausgeht; wird er aber vor Winter bewirkt, so kann man die Unkräuter oben aufliegen lassen und im Frühjahr wegnehmen; auf diese Weise wird die gute Erde dem Land selbst eher erhalten werden.

In den meisten Fällen genügt ein sorgfältiges Durchhacken auf obige Tiefe, unter gleichzeitiger Beseitigung der Steine, Stöcke, Wurzeln u. dgl. Um die Einwirkung des Winterfrostes zu begünstigen, läßt man hernach noch die so gelockerte Erdschicht auf Dämme werfen, wobei man zugleich die Tiefe des Umbruchs sicherer kontroliren kann. Größere Felsen und Stöcke läßt man zur Ersparung von Arbeitslohn manchmal ungerodet im Boden zurück und umgeht die betr. Stelle.

Beim Umbruch ist darauf zu sehen, daß der Humus und die obere bessere Erdschicht nicht zu tief untergebracht werde, weil sich sonst die Wurzeln mehr in die Tiefe ziehen, und die Verpflanzung dadurch erschwert würde. — Umfriedigungen sind nöthig, wo Wild und Weidvieh oder der Wind (durch Verwehen) schaden könnten, sie sind so wohlfeil als möglich anzulegen.

Die unmittelbare Vorbereitung für die Saat geschieht durch wiederholtes Behacken, Reinigen von Samen- und Wurzelunkraut; dann wird zur Eintheilung der Beete geschritten; dieselben sollen nur so breit sein, daß man von beiden Seiten aus ohne das Beet betreten zu müssen, in der Mitte desselben die nöthigen Arbeiten vornehmen kann, 1 m ist hienach die passendste Breite; die zwischenliegenden Wege sind 30—40 cm breit zu machen. Aeußerst wichtig ist ein vollständiges Horizontallegen der Beete, um dadurch die gleichmäßige Vertheilung von Feuchtigkeit, Luft und Licht zu sichern, sowie auch das Abschwemmen der guten Erde und des Samens zu verhindern. Gut ist es, wenn vor der Saat sich der Boden wieder etwas festsetzen kann; wäre dazu die Zeit zu kurz, so muß das Land vor oder nach der Saat mit einem Brett angedrückt werden.

§. 61.

Fortsetzung. Ansaat und Pflege.

Die Saat geschieht entweder in Riefen (Rillen, Streifen) oder breitwürfig (Vollsaat). Diese ist nur zulässig bei Holzarten, welche im ersten oder zweiten Jahr das Saatbeet wieder verlassen müssen, einen dichten Stand ertragen, und keine besondere Pflege erfordern, ferner bei gutem, unkrautfreiem Boden. — Die Rillensaat hat die Vortheile, daß die Pflanzen besser gepflegt werden können, daß man dabei unter Umständen das Versetzen ins Pflanzbeet ersparen kann, ohne daß die Entwicklung der Wurzeln darunter Noth leidet. Je breiter aber die Rillen gemacht und je dichter sie besät werden, um so weniger erreicht man diese Zwecke.

Bei der Einsaat hat man den Zustand des Bodens zu beachten, namentlich darf der Thonboden nicht zu naß und nicht zu hart sein. Auch hier läßt sich Kulturerde mit Nutzen verwenden, sowohl zum Ausfüllen der Riefen nach vollzogener Saat, sowie zum Bedecken der Vollsaaten. — Mit Ausnahme des Tannensamens ist die Frühjahrssaat in den Saatschulen Regel.

Ob die Saat dichter oder weniger dicht zu machen ist, hängt vom Zweck ab, zu welchem die Pflanzen in den Saatbeeten erzogen werden sollen. Will man sie von den Saatbeeten sogleich ins Freie versetzen, so ist eine dünnere Saat gerechtfertigt, um so dünner, wenn man mit dem Ballen verpflanzen will. Sind die Pflanzen aber für die Pflanzschule bestimmt, so darf dichter gesäet werden und zwar um so dichter, je bälder sie das Saatbeet verlassen. Bei Pflanzen, deren Wurzeln mehr oberflächlich sich verbreiten, ist dünner zu säen; auf magerem Boden desgleichen.

Bei dichter Saat erspart man an Arbeitslohn für Reinhalten und Ausheben; ihr anfängliches Gedeihen ist sicherer, namentlich auf schwerem Boden, wo die Keimpflänzchen vereinzelt nicht so leicht hervorbrechen können. Die Pflanzen schützen einander selbst mehr gegen Frost und Unkraut; es hat jedoch die dichte Saat auch ihre Nachtheile, wenn sich die Pflanzen dabei nicht gehörig entwickeln können, namentlich wenn sie zu lange beisammen im Saatbeet bleiben.

Die gleichmäßige Vertheilung des Samens auf die einzelnen Beete oder Reihen des Saatkamps erfordert auch hier eine ganz besondere Sorgfalt und geschieht am besten durch Vormessen der auf die gegebene kleinere Einheit berechneten Samenmenge mit einem Liter- oder sonstigen Hohlmaß, da man im Freien mit der Waage nicht gut zurecht kommen kann. Je kleiner die Flächen und Samenmengen gemacht werden, um so gleichmäßiger erfolgt die Vertheilung und empfiehlt sich ein solches Vorgehen insbesondere da, wo es an geübten Arbeitern fehlt.

Von ganz gutem Samen und in sonst günstigen Verhältnissen werden bei Riefensaat folgende Quantitäten verwendet, wenn die Pflanzen vom Saatbeet aus unmittelbar an den Ort ihrer zukünftigen, bleibenden Bestimmung kommen, andernfalls kann das Zwei- bis Dreifache genommen werden: Fichten 10—20 gr, Kiefern 6—10 gr, Schwarzforchen 10—20 gr, Lärchen 15—25 gr, Weißtannen, Eschen und Ahorn 60—120 gr, Akazien 10—15 gr, Ulmen 4—6 gr, Hainbuchen 200—250 gr, Eicheln 1—2 lit., Bucheln 0,6—1,0 lit. auf 1 qm.

Die Unterbringung des Samens erfolgt in der Regel etwas tiefer als bei den Saaten im Freien, weil der Boden locker und rein, darum auch der Luft und Feuchtigkeit der Zutritt erleichtert ist. In Riefen geschieht die Bedeckung des Samens mit der ausgehobenen Erde, indem man solche mit dem Rechen (der Harke) über den Samen herzieht und nachher antritt; oder mittelst einer besonderen, besseren Füllerde (Rasenasche), welche auf den Samen gedeckt wird.

Die Riefen für große Samen werden am besten mit der gewöhnlichen Hacke gezogen; für kleinere Samen in lockerem, sandigem Boden drückt man die Riefen mit einem 1—2 cm breiten Holz in die Beete ein. Neuerdings wendet man hierfür den Rillendrücker an, ein ca. 1 m langes, in der Breite den Beeten gleichkommendes Brett, auf dessen Unterseite 3—6 cm hohe, 2—3 cm starke Stäbe 15—25 cm von einander entfernt aufgenagelt sind. Mit diesen Stäben nach unten wird der Rillendrücker auf das frisch gelockerte Saatbeet gelegt, und nun werden die Stäbe durch das Daraufspringen eines Mannes in den lockeren Boden eingedrückt, wodurch sich die Rillen bilden. Anstatt den Stäben auf der Unterseite eine Rundung zu geben, zieht man auch eine Hohlkehle in denselben, wodurch am Grund der Rille eine entsprechende Erhöhung sich bildet; bei der Einsaat vertheilt sich dann der Samen in die zwei längs der beiden Seiten der Rille entstandenen Furchen, was besonders für solche Pflanzen von Werth ist, welche bis zur definitiven Verwendung im Saatbeet bleiben sollen.

Bei breitwürfigen Saaten geschieht das Unterbringen des Samens durch Einhacken mit der Hacke oder der Harke, wie auch durch Aufstreuen von gewöhnlicher oder besserer Erde.

Wenn die Keimpflänzchen hervorbrechen, so ist ihnen nachzuhelfen, falls der Boden inzwischen eine Kruste bekommen hätte, und die keimenden Pflänzchen deßhalb für sich allein die Erde nicht heben könnten. Wo sich leicht eine solche Kruste bildet, da wird es nothwendig, die Saatbeete oder die Riefen gleich nach der Saat mit Moos zu bedecken. Sobald dann die Keimpflänzchen anfangen aus dem Boden hervorzubrechen, wird die Moosdecke weggenommen. Ueber die Zeit der größten Hitze empfiehlt es sich, durch seitwärts eingesteckte belaubte Zweige den erforderlichen Schutz zu geben.

Ferner ist der Samen vor und während der Keimung gegen Beschädigungen durch Mäuse, Vögel und Insekten zu schützen. Gegen Vogelfraß schützt insbesondere die keimenden Nadelholzsamen ein Ueberzug von rother Mennige (rothem Bleioxyd). Vor der Aussaat wird der Samen in Wasser gebracht, worin Mennige aufgerührt wurde; dabei bleibt so viel an jedem Korn hängen, daß es die Vögel vollständig abhält; für 10 kgr Samen reichen 100—150 gr Mennige aus. Petroleum und Carbolsäure halten zwar die Thiere ab, beeinträchtigen jedoch die Keimkraft der Samen.

Die Saatbeete sind stets rein von Unkraut und locker zu erhalten, namentlich ist auf bindenderem Boden öfters zu lockern; ebenso bei trockener Witterung, weil von frisch bearbeitetem Boden auch die feineren, wässerigen Niederschläge und die Wasserdämpfe aus der Atmosphäre leichter aufgenommen werden. Diese Bearbeitung hat mit Vorsicht zu geschehen, damit keine Wurzeln beschädigt und keine Pflänzchen gehoben werden. Tägliches und zwar starkes Begießen der Saatbeete ist nothwendig bei Erlen bis zu dem Zeitpunkt, wo die Keimpflänzchen hervorbrechen; auch bei anderen empfindlicheren Holzarten empfiehlt es sich in trockenen Zeiten. Im zweiten Jahre der Vegetation sind die Saatländer ebenso wie oben angegeben, rein zu halten und die Zwischenräume zwischen den Riefen zu lockern.

Sind die Keimpflanzen etwas erstarkt, so kann man durch dichtes Bedecken des offenen Bodens zwischen den Riefen mit Moos, Laub, nöthigenfalls auch mit passenden Holzstücken 2c. den gleichen Zweck erreichen, wie durch die Lockerung; es erhält jene Decke dem Boden die Feuchtigkeit, läßt kein Unkraut aufkommen, wirkt düngend, hindert das Ueberschlämmen durch Schlagregen, das öftere Auf- und Zufrieren, und damit das Ausziehen der Pflanzen durch den Frost. Bei Vollsaaten wird dies verhindert durch 1—2 cm hoch im Herbst eingestreute, feingesiebte Erde; auch das Bedecken mit Reis während der Frostzeit ist gut; wenn sodann die Spätfröste im Frühjahr seltener werden, ist die Reisdecke allmählig abzunehmen.

Auf schwerem Boden, wo dieses Heben der schwachen Pflänzchen durch Barfrost am meisten zu fürchten, unterläßt man im Spätsommer und Herbst jede Lockerung des Bodens wie auch die Beseitigung des Unkrautes. Vom Frost ausgezogene Pflanzen sind durch alsbaldiges Antreten und Bedecken der Wurzeln mit feiner Erde vor dem Verderben zu schützen.

§. 62.

Ausheben der Pflanzen.

Beim Ausheben der Pflanzen ist vorsichtig zu verfahren, damit man alle, namentlich auch die feineren, für die Ernährung wichtigeren Wurzeln möglichst vollständig und unverletzt erhält. Zu dem Ende muß man den in Reihen stehenden Pflanzen von der Seite beikommen, in angemessener Entfernung parallel damit einen Graben ziehen und von hier aus die Wurzeln der Pflanzen untergraben; man kann sie dann leicht mit der anhängenden Erde in den Graben herein ziehen und durch kleine Nachhülfe vollends losmachen; die zwischen den Wurzeln befindliche Erde ist durch vorsichtiges Schütteln, oder Wegdrücken mit der Hand, zu entfernen. Das Ausheben hat sich manchmal nicht auf alle Pflanzen zu erstrecken, indem ein Theil derselben noch fürs nächste Jahr übergehalten wird. In solchem Fall kann man die stärkeren Pflanzen bei feuchtem Wetter ausrupfen, dies ist namentlich bei Eichen, Eschen, Buchen zulässig, so lang sie noch wenig Seitenwurzeln haben, oder man kann die Riefen der Länge nach hälftig theilen, oder gleichmäßig unterbrechen, so daß man z. B. auf 1 dm Länge sämmtliche Pflanzen aushebt, und dann wieder ein ebenso großes Stück unberührt läßt, oder wenn die Riefen sehr enge gezogen waren, nimmt man je die zweite Riefe ganz heraus. Die hiebei entstehenden Löcher sind alsbald mit guter Erde wieder auszufüllen. Besonders vorsichtig sind die jungen Kiefern auszuheben, damit namentlich die Pfahlwurzel vollständig erhalten bleibt.

Stark verletzte, oder unterdrückte, oder aus sonstigen Ursachen kümmernde Pflanzen sind zur besseren Kräftigung in die Pflanzschule zu versetzen, wo sie sich bald erholen.

Die feineren Würzelchen, auf deren Erhaltung es vorzüglich ankommt, trocknen sehr rasch aus; es ist daher dringend nöthig, sie durch Bedecken mit feuchtem Moos, Laub, Erde, durch Einschlämmen in Lehmbrei oder durch Eintauchen in Wasser davor zu schützen. Am besten ist freilich ein baldiges Unterbringen der fraglichen Pflanzen am Ort ihrer zukünftigen Bestimmung. Kann man dies nicht sogleich thun, so ist es nöthig, dieselben ordentlich in Erde einzuschlagen; dies darf jedoch nicht gebund- oder büschelweise geschehen, sondern es müssen die Gebunde gelöst, die Pflanzen auseinander genommen und ihre Wurzeln *vollständig* mit feiner Erde umgeben werden, damit keine Luft dazwischen treten kann, wodurch das Vertrocknen oder Schimmeln der Wurzeln beschleunigt wird; das Nadelholz ist namentlich in dieser Hinsicht sehr empfindlich. — Das *Ausheben der mit den Ballen* zu versetzenden Pflanzen geschieht in der Regel mit dem Hohlspaten oder Pflanzenbohrer; dieses Instrument kann nur bei jüngeren Pflanzen angewendet werden.

Man muß dafür sorgen, daß jedes Jahr die nöthige Fläche eingesät wird, um den Pflanzenbedarf *nachhaltig* decken zu können, wobei auf eine genügende Reserve Bedacht zu nehmen ist. Es können auch nach einem reichen Samenjahr Pflanzen, die noch verschult werden, aus Schlägen an Wegen ꝛc. ausgehoben und damit die Ausgaben für besondere Saatbeete 2 oder 3 Jahre lang erspart werden.

Der *Wechsel der Saatschulen* hat Vieles für sich, namentlich bei Holzarten, die keiner sorgfältigeren Pflege bedürfen, und bei Kahlschlagwirthschaft; auf ärmerem Boden hat ein solcher jedenfalls früher einzutreten als auf kräftigerem. Man bekommt dadurch immer wieder frischen Boden, kann den Transport der Pflanzen abkürzen, den passendsten Standort für die einzelne Holzart wählen 2c., doch hat er auch seine Nachtheile und ist unter Umständen wenigstens nicht zu rasch zu bewerkstelligen, wo namentlich ein von Unkraut reines Land schwer zu finden, oder wo der Umbruch, die Umzäunung 2c. theuer ist, bei kleineren Waldcomplexen und geringem Pflanzenbedarf, bei vorherrschender natürlicher Verjüngung und langsamem Abtrieb. In solchem Falle ist in den einzelnen Saatbeeten ein passender Wechsel der Holzarten einzuführen, oder es muß eine künstliche Düngung durch humose Erde, Rasenasche, Holzasche 2c. die nöthige Nachhilfe gewähren. Namentlich da, wo eine Holzart eine längere Reihe von Jahren gestanden ist, darf dieselbe nicht sobald wieder nachgezogen werden. Häufig werden Saat- und Pflanzschulen mit Compost gedüngt, der aus verschiedenen Abfällen der Saatschule, vorherrschend aus Unkraut bereitet wird; er enthält eben deßhalb vielen keimfähigen Unkrautsamen und macht das Land sehr unrein. Solcher Compost ist auch kein besonders wirksamer Dünger, und wird durch die darauf zu verwendende Arbeit viel theurer als andere wirksamere Düngemittel. — Solche sind jetzt überall im Handel leicht und billig zu haben, und lassen sich mit gutem Erfolg anwenden. Da die jungen Pflänzchen, namentlich die Nadelhölzer, dem Boden verhältnißmäßig große Mengen Phosphorsäure entziehen, so empfiehlt sich in erster Linie aufgeschlossenes Knochenmehl und andere Phosphate, in zweiter Linie kalihaltige Düngstoffe.

§. 63.

Die Pflanzschule.

Hiefür ist kein so milder Boden nothwendig, wie für die Saatschule. Die Pflanzen kommen schon mit erstarkten Ernährungsorganen versehen dahin, können also auch mehr Hindernisse und Schwierigkeiten überwinden. Die Pflanzschule darf eher etwas abhängig sein, als die Saatschule. — Weil der Umbruch des Bodens und die selten entbehrliche Umzäunung ziemlich viel kosten, so ist eine Pflanzschule stets längere Zeit beizubehalten, und darum muß man auf eine passende centrale Lage sehen, damit der Transport der Pflanzen nach allen Richtungen hin erleichtert ist; man muß mit Wagen gut hin- und wegkommen können. Der Umbruch des Platzes soll auf 15—30 cm Tiefe erfolgen, tiefer aber nicht, weil es meist auch hier der Zweck nicht ist, die Wurzelbildung nach der Tiefe hin zu begünstigen. Die Wurzelunkräuter sind beim Umbruch sorgfältig zu entfernen, dagegen kann der sonstige Bodenüberzug tief untergebracht werden, um so die nährenden Theile zu erhalten.

Für schattenliebende Pflanzen wird die Pflanzschule unter Schutzbestand angelegt, man erspart dadurch die Umbruchkosten wenigstens theilweise, muß aber, wie oben bei den Saatschulen bereits angegeben ist, eine Stelle mit gutem, humosem Boden dazu aufsuchen.

Bei jeder Pflanzschule ist auf Herstellung einer horizontalen oder mäßig geneigten Ebene und auf Ausgleichung der verschiedenen Unebenheiten im Terrain zu dringen; es muß aber jedenfalls dem Boden eine gleichmäßige Neigung gegeben werden. Wo bei dieser Gelegenheit viel roher, unverwitterter Untergrund an die Oberfläche gebracht wird, da ist es nöthig, den Boden durch Brachliegenlassen, oder durch Bebauen mit landwirthschaftlichen Gewächsen, namentlich Hackfrüchten, etwas milder zu machen. Die in der Saatschule nothwendige Beeteintheilung ist in der Pflanzschule meistens überflüssig und der Raumersparniß wegen zu unterlassen.

Das Einsetzen der Pflänzlinge in die Pflanzschule, das sogen. Verschulen, Umlegen, Verstapeln, (Pikiren der Gärtner) geschieht in Reihen nach der Schnur; diese Reihen sind an Abhängen horizontal zu ziehen, um das Abschwemmen des Bodens zu verhindern. Je in die dritte bis sechste Reihe eingelegtes Moos bewirkt das Gleiche. — Die Entfernung der Reihen richtet sich zuerst darnach, daß die Bearbeitung zwischen denselben gut vorgenommen werden kann, und daß den Wurzeln und Aesten gehöriger Raum zur Entwicklung gegeben ist. Bleiben also die Pflanzen längere Zeit im Pflanzbeet, so müssen sie auf größere Abstände gestellt werden; soll dagegen die Astentwicklung mehr gehemmt werden, so ist enger zu pflanzen; auf sehr gutem Boden kann gleichfalls ohne Nachtheil eine weniger räumliche Stellung gegeben werden.

Beim Nadelholz, das in der Regel bloß zwei oder drei Jahre im Pflanzbeet bleibt, genügt eine Entfernung der Reihen von 12—20 cm und 3—5 cm Abstand der Pflanzen in den Reihen; Lärchen sollen jedoch etwas weiter gepflanzt werden. Bei Buchen, Hainbuchen, sind 20—30 cm Abstand der Reihen und 8—12 cm Entfernung der Pflanzen von einander das Minimum. Eichen, Eschen, Ahorn, Ulmen, welche entweder länger im Pflanzenbeet bleiben, oder sehr rasch wachsen, verlangen einen größeren Abstand, 40—60 und 15—30 cm; Heister oder Hochstämme (2—3 m hohe Pflanzen) mindestens 60 beziehungsweise 45 cm. Pflanzen, die später mit dem Ballen ausgehoben werden, erhalten je nach Bedarf 12 bis 30 cm Abstand nach beiden Seiten.

Bei ganz jungen Pflanzen mit wenig entwickelten Seitenwurzeln, bei lockerem, lehmigem oder sandigem Boden geschieht das Einsetzen am schnellsten mit dem Setzholz oder Setzeisen (bald rund, bald dreikantig), wobei nur darauf zu sehen ist, daß die Wurzeln fest angedrückt werden. Etwas stärkere Pflanzen werden am besten in 10—15 cm tiefe, mit der Hacke oder mit einem besonders construirten kleinen Rillenpflug[1]), welcher

[1]) Vgl. Allgem. Forst- und Jagdzeitung 1867, S. 85 und (in Betreff der Verschulgestelle) 1884 S. 1 und 1885 S. 197.

von einem Mann gezogen wird, gemachte Rillen oder Gräbchen gelegt, und die Erde nachher mit den Händen beigezogen und fest angedrückt, oder gut angetreten. Die Verwendung von besserer Erde zum Ausfüllen der Rillen ist sehr zweckmäßig, wenn man die Wurzelbildung mehr nach oben leiten und concentriren will. Das Einlegen, Beischaffen besserer Erde, sowie das nachherige Zurechtrücken der Pflänzchen und Andrücken der Wurzeln geschieht je durch besondere Arbeiter (Kinder oder Frauen). Das Einlegen wird wesentlich erleichtert und auch sorgfältiger ausgeführt mit Hülfe von Verschulgestellen und Pflanzlatten (vgl. Anm. auf S. 90).

Ein zweimaliges Versetzen ist nur ausnahmsweise zu empfehlen, die Pflanzen werden dadurch unnöthig vertheuert und das Verpflanzen derselben an ihren Bestimmungsort wird ebenfalls schwieriger. Nur etwa bei Hochstämmen oder Heistern, welche zu Alleebäumen, Bepflanzung von ständigen Viehweiden oder Anzucht von Kopfholz bestimmt sind, wird es zu empfehlen sein.

§. 64.

Fortsetzung. Beschneiden der Pflanzen.

Vor dem Einsetzen müssen manche Pflanzen in den Wurzeln und Aesten beschnitten werden.

Das Beschneiden der Aeste hat den Zweck, das beim Ausheben durch Verletzung und Verlust einzelner Wurzeln gestörte Gleichgewicht zwischen Zweigen und Wurzeln wieder herzustellen, überhaupt die gestörte und gehemmte Vegetationsthätigkeit auf eine kleinere Zahl von Organen zu concentriren und dadurch zu fördern. In einigen Fällen soll durch das Beschneiden eine bessere Baumform erzielt, oder das Wachsthum in eine bestimmte Richtung geleitet werden.

Das Beschneiden der Wurzeln hat zum Zweck, entweder bloß einen verletzten Theil der Wurzeln zu entfernen und an die Stelle der durch Zerreißen oder Quetschung entstandenen Wunde eine glatte, leichter heilbare zu setzen, oder man beabsichtigt der Wurzelbildung eine andere, den Zwecken der Kultur entsprechendere Richtung zu geben. Die Schnittfläche einer solchen Wurzel hat nämlich nicht bloß die Funktion, so lange noch nicht die nöthige Zahl von feinen Saugwurzeln vorhanden ist, Wasser, und damit die sonstige Pflanzennahrung aufzunehmen, sondern auch die Bildung von solchen Saugwurzeln am Rande des Abschnittes zu veranlassen. Demzufolge ist das Beschneiden der Wurzel nicht nothwendig bei Pflanzen, die sorgfältig ausgehoben wurden und die bloß Saugwurzeln in der geeigneten Stellung haben. Bei Nadelhölzern, wo die Schnittfläche leicht verharzt und dann kein Wasser mehr eindringen kann, wird das Beschneiden ganz unterlassen.

Das Beschneiden in den Aesten ist unnöthig bei den Nadelhölzern (etwa mit Ausnahme der Lärche), namentlich wenn sie sehr jung verpflanzt werden; bei Laubhölzern, so lange sie bloß den Stamm ohne, oder mit ganz schwachen Seitenästen entwickelt haben. Wo sodann die Gipfelknospe gehörig ausgebildet ist, braucht man auch den Gipfel nicht zu beschneiden.

Das Beschneiden geschieht mit einem scharfen Messer, oder wo viel geschnitten wird, mit einer guten Baumscheere, welche das Geschäft sehr fördert. Bei den Wurzeln hat es so zu geschehen, daß, wenn der Baum aufrecht gestellt wird, die Schnittfläche nach unten gerichtet ist und beim Einsetzen auf dem Boden unmittelbar aufsitzt. Manche Forstleute verlangen eine Schonung der Pfahlwurzeln. Beim Versetzen ins Pflanzbeet würde dies gerade den Zweck dieser Maßregel aufheben; diejenigen Bäume, die eine Pfahlwurzel nöthig haben, reproduciren eine solche unter allen Verhältnissen, wo es der Standort erlaubt. Uebrigens ist zu bemerken, daß die Funktion der Pfahlwurzel bald aufhört, und daß dann die Pfahlwurzel zurücktritt oder eingeht, wie man leicht bei der Eiche beobachten kann. Beim Versetzen ins Pflanzbeet müssen die Wurzeln so kurz beschnitten werden, daß man beim nächsten Ausheben und Verpflanzen auf die Kulturstelle noch den an der Schnittfläche sich bildenden Wurzelkranz gut benützen kann, ohne die Pflanzlöcher auffallend tief und weit machen zu müssen.

Das Beschneiden des Stamms und der Aeste geschieht bei Laubholz oft kurzweg in der Weise, daß man etliche Centimeter über der Wurzel den ganzen Stamm abschneidet oder mit einem Beil abhaut und vom Stock wieder neuen Ausschlag erwartet. Dieses Verfahren heißt die S t u t z - oder S t u m m e l p f l a n z u n g, und empfiehlt sich besonders für Eichen- und Erlenausschlagwald, kommt auch sonst noch in Anwendung, wenn der Stamm oder der Gipfel durch Frost, Hagel, Wild, Mäuse 2c. beschädigt wurde, oder wenn die Pflanze seither auf magerem, unbeschütztem Boden, oder in starkem Druck kümmern mußte, oder wenn beim Ausheben die Wurzeln auffallend verletzt wurden.

Im Uebrigen ist es Regel, beim Beschneiden nur so viele Aeste wegzunehmen, als nothwendig sind, um das gestörte Gleichgewicht mit dem Wurzelsystem wieder herzustellen. Es sollen zunächst immer die stärkeren Aeste beseitigt werden, namentlich solche, welche mit dem Gipfeltrieb concurriren. Dabei ist auf die Eigenthümlichkeit der Holzart zu achten. Bei der Ulme entwickelt sich z. B. der nächstjährige Gipfeltrieb sehr gern aus einem Zweig, der im heurigen Jahr noch eine mehr seitliche Stellung einnimmt. Bei der Akazie ist regelmäßig der künftige Gipfel anfänglich ein Seitenast, weil sie die Gipfelknospen nicht ausbildet. Wo der Gipfel abgeschnitten werden muß, hat dies stets unmittelbar über einer gesunden kräftigen Knospe zu geschehen und wenn die Holzart gegenständige Knospen hat, so ist eine davon noch wegzunehmen. Wird ein Seitenast abgeschnitten, so hat dies nicht glatt am Stamm, parallel mit dessen Achse, sondern etwa in einem Winkel von 30—45° zu geschehen, weil auf diese Weise die kleinste Wunde entsteht, und die Wulst am Absatz des Astes noch geschont werden kann.

Während des Beschneidens müssen die Pflanzen nach ihrer Größe in Klassen gebracht werden; untaugliche Pflanzen sind natürlich wegzuwerfen, wogegen solche Kümmerlinge, die sich bald zu erholen versprechen, wieder besonders zu legen sind. Selbst kränkliche Pflanzen erholen sich oft noch in der Pflanzschule und sind darum, wenn es an guten Pflanzen fehlt, nicht zu vernachlässigen. Diese Ausscheidung nach der Größe und Brauchbarkeit ist bei allen zum Verschulen bestimmten Pflänzlingen nöthig, damit man diejenigen, welche bereits kräftig entwickelt sind und somit auch künftig ein besseres Gedeihen versprechen, besonders setzen kann; sie lassen sich oft ein oder zwei Jahre früher verwenden; sondert man solche nicht ab, so müssen sie entweder länger stehen bleiben, oder die noch nicht brauchbaren mit ausgehoben und wieder verpflanzt werden, was nur unnöthige Kosten macht. — Während des Beschneidens und Sortirens sind die Wurzeln sorgfältig vor Austrocknung zu schützen.

§. 65.

Pflege der Pflanzschule.

Die Pflege der Pflanzbeete besteht, ähnlich wie bei den Saatbeeten, hauptsächlich im Reinhalten von Unkraut und namentlich im ersten Jahr in öfterem Lockern, damit die Wurzelbildung in der Nähe der Erdoberfläche befördert wird. Während im ersten Jahr auf bindendem Boden ein drei- bis viermaliges Lockern nöthig wird, genügt im zweiten und dritten Jahr ein zweimaliges Wiederholen dieser Arbeit, falls das Land nicht zu unkrautig wäre. Dabei ist zu bemerken, daß die Lockerung im Frühjahr tiefer als sonst zu geschehen und daß im Allgemeinen die Tiefe der Lockerung sich nach dem Boden und der Holzart zu richten hat; auf Thonboden tiefer als auf Sandboden, bei Nadelholz nicht so tief als bei Laubholz 2c. — Auch hier kann die Lockerung erspart und der Zweck billiger erreicht werden durch Bedecken des Bodens zwischen den Pflanzenreihen mit Moos, Laub, Gras 2c.; es muß dies aber unmittelbar nach einer Bodenlockerung und sorgfältigen Reinigung geschehen.

Die Arbeiter wenden zum Behacken am besten die gewöhnlichen, leichten Hacken an; haben dabei aber die üble Gewohnheit, in das bereits gelockerte Land hineinzustehen, und dieses wieder theilweise festzutreten, was namentlich geschieht, wenn sie kleine Schritte nehmen. Man vermeidet diesen Uebelstand, wenn man sie jeweils in eine noch nicht bearbeitete Reihe stellt und von der aus in die nächste mit der Hacke hinüber greifen läßt; es können hierbei zwar nur je eine oder zwei Reihen gleichzeitig bearbeitet werden, aber die Arbeit geht eben so schnell. Die Arbeiter haben sich hierbei staffelförmig hintereinander aufzustellen. — Mit Vortheil bedient man sich namentlich in größeren Pflanzgärten einer kleinen Reihenegge oder eines Häufelpflügchens, welche von einem Arbeiter gezogen und von einem anderen gelenkt werden.[1]) Wachsen die Laubhölzer zu sehr in die Aeste, so sind einzelne der stärksten herauszuschneiden, und kann dies ohne Nachtheil auch im Sommer geschehen.

Ueber das Ausheben der Pflanzen ist zu dem bereits oben Gesagten noch beizufügen, daß die Räumung in der Regel sich auf zusammenhängende Flächen zu erstrecken hat. Bei dem engen Stand, bei welchem wir unsere Forstbäume in den Pflanzschulen erziehen, ist es nicht wohl thunlich, einzelne Stämme aus den Reihen heraus zu nehmen, besonders auch deßhalb nicht, weil die Arbeit dadurch vertheuert wird.

Je stärker die Pflanzen sind, um so weniger kann man sie mit ihren sämmtlichen Wurzeln herausbekommen; es ist dies aber auch, besonders bei den Laubhölzern, nicht so absolut nöthig, wenn man nur die Pfahlwurzel und ihre hauptsächlichsten Verzweigungen auf eine Länge von 15—35 cm unverletzt erhält. Der Zeitpunkt des Aushebens richtet sich weniger nach dem Alter der Pflänzlinge, als vielmehr nach ihrer Entwicklung, und dann nach den Erfordernissen der Kulturfläche, wie weiter unten gezeigt werden wird.

Bei den Pflanzschulen ist ein Wechsel wegen der damit verbundenen Kosten nicht so leicht ausführbar, um so nothwendiger ist es daher, mit dem Anbau der einzelnen Holzarten in den verschiedenen Beeten abzuwechseln und namentlich zwischen beschattenden und nicht beschattenden einen ordentlichen Umlauf einzuführen; sodann ist es zweckmäßig, nach jedem Ausleeren eines Feldes die Bearbeitung desselben in der Art vorzunehmen, daß wieder eine andere Bodenschicht an die Oberfläche kommt, was am besten durch doppeltes Umspaten geschehen kann. Wo der Boden schon mehr erschöpft ist, muß zur künstlichen Düngung mit Holz- oder Rasenasche, Laub, Humus, Stalldünger ꝛc. geschritten werden; am besten wirkt das Laub von derjenigen Holzart, welche auf dem betreffenden Felde erzogen werden soll.

Wird eine Pflanzschule ganz verlassen, so läßt man so viele gesunde wüchsige Stämme auf ihr zurück, daß diese in Bälde einen geschlossenen Bestand bilden können; dabei ist jedoch darauf zu achten, daß keine zu bunte Mischung entsteht, daß namentlich keine unverträglichen Holzarten beisammen gelassen werden. Diese Gelegenheit kann übrigens leicht benützt werden zur Anzucht seltener Holzarten und zur Waldverschönerung.

Bei geringerem Pflanzenbedarf kann man auf besserem Boden Grabenaufwürfe und Stocklöcher zum Verschulen benützen; oder man pflanzt auf besseren Stellen anfänglich etwas dichter, um Material zu den Nachbesserungen zu bekommen.

[1]) Vgl. Heyer, Allgem. Forst- und Jagdzeitung 1867, S. 85.

§. 66.

Aus Saat- und Pflanzkämpen zu erwartende Pflanzmengen.

Saatkamp. Pflanzkamp.

Holzart.	Art der Aussaat	Samenmenge pr. Ar Saatkamp	Erzeugniß an brauchbaren Pflanzen pr. kg oder hl Aussaat	Erzeugniß an brauchbaren Pflanzen pr. Ar	Bezeichnung der Pflanzkämpe	Zahl der Pflanzen pr. qm	Größe des Pflanzkamps auf 1 Ar Saatkamp	Deckung des Samens mit Erde
			Hundert	Hundert			Ar	mm
Eiche . . .	in Rillen Breitsaat	0,2 hl 0,4 hl	216	43 70—80	Lohdenkamp Halbheister Heister	10 4 2	400	20—30
Buche . . .	in Rillen	0,1 =	540	54	Lohdenkamp Halbheister Heister	15 5 3	320	15—20
Ahorn . . .	desgl.	1,0 kg	16	16	Lohdenkamp Halbheister	12 4	120	10—12
Esche . . .	desgl.	1,2 =	18	27	Lohdenkamp Halbheister	14 5	180	10—12
Ulme . . .	Vollsaat	1,5 =	60	90	Lohdenkamp Halbheister	18 4	400	2—5
Weißbuche .	in Rillen	3 =	10	30	Lohdenkamp	20	150	20—25
Erle	Vollsaat	2—3 =	24	46—90	desgl.	18	400	2—5
Akazie . . .	in Rillen	1,2 bis 2,0 kg	30	50	desgl.	15	300	10—12
Fichte . . .	Streifensaat Ballensaatkamp	1,0 kg 0,8 =	132	158 35 Ballen	Einzelverschulung Büschel à 3 Pfl.	50 25	300 600	7—10
Tanne . . .	Rillsaat	4,5 =	16	72	Lohdenkamp	30	240	12—15
Kiefer . . .	Streifensaat Ballensaatkamp	0,6 = 0,25 =	100	100	Einzelverschulung Ballenpflanzkamp	75 30	120	6—8
Lärche . . .	Rillsaat	2,5 =	40	100	Lohdenkamp Halbheister	25 8	400	2—5
Schwarzkiefer . . .	in Rillen	2,0 =	30	60		60	100	12—15
Weymuthskiefer . . .	desgl.	2,5 =	6	15		40	35	15—20

§. 67.

Zeit der Pflanzung.

Nach allgemeinen Erfahrungen empfiehlt sich in den meisten Fällen die Zeit unmittelbar vor dem Laubausbruch als die passendste für die Pflanzung mit entblößten Wurzeln. — Wenn die Pflanzen sorgfältig gegen Vertrocknen der Wurzeln geschützt werden und nicht zu weit zu transportiren sind, so ertragen einzelne Holzarten das Versetzen noch, wenn schon die Blätter ausbrechen, Kiefern selbst noch, wenn sie stark treiben; auch die Fichte ist zur Zeit, wo die Knospen zu platzen beginnen, noch gut zu verpflanzen. Tannen und Lärchen dagegen ertragen dies nicht und müssen deßhalb stets vor Eintritt dieses Zeitpunktes verpflanzt werden. Die Laubhölzer, welche man zuvor stark beschneidet, gestatten ein späteres Verpflanzen; Pflanzung mit dem Ballen ist selbst im Vorsommer mit Sicherheit noch ausführbar; desgleichen im Herbst, wenn die Pflanzen nicht so groß sind, daß sie vom Schnee umgedrückt werden, ehe sie angewachsen sind. Sonst ist die Herbstpflanzung bloß da zu rathen, wo der Boden im Frühjahr spät zugänglich, oder wo in trockenen sonnigen Lagen, auf flachgründigem Boden großer Werth auf Erhaltung der Winterfeuchtigkeit zu legen ist, oder wo unter Schutzbestand gepflanzt wird, oder wo im Frühjahr die nöthigen Arbeiter fehlen. Auch das frühe Austreiben einer Holzart kann die Herbstpflanzung räthlich machen, z. B. bei der Lärche, Tanne. Zwischen hohen ein- und zweijährigen Unkräutern ist die Herbstpflanzung sehr erschwert; hier wartet man bis zum Frühjahr, wo der Schnee die Stauden ꝛc. niedergedrückt hat. — Im Spätherbst wird im Allgemeinen die Arbeit vertheuert durch die kurzen Tage, Kälte ꝛc.

Die im Herbst ausgeführten Pflanzungen haben den Winter über namentlich in exponirten Lagen häufig vom Frost zu leiden; der Boden wird bis zum Beginn der Vegetation zu fest und dieser Umstand wirkt hinderlich auf die Entwicklung des Wurzelsystems; es treiben deßhalb auch die im Herbst gesetzten Pflanzen im folgenden Frühjahr später aus als die in demselben Frühjahr gesetzten.

§. 68.

Alter der Pflänzlinge.

Die Größe, oder wie man gewöhnlich zu sagen pflegt, das Alter, in welchem die Pflanzen versetzt werden, ist sehr verschieden. Kiefern werden häufig einjährig vom Saatbeet weg ins Freie gebracht, im dritten Jahr lassen sie sich ohne Ballen nicht mehr mit Sicherheit verpflanzen, wogegen Eichen, Buchen und Tannen meist erst im fünften bis achten Jahr an den Ort ihrer bleibenden Bestimmung kommen; Lärchen lassen sich gewöhnlich schon zweijährig verwenden; Fichten zum Theil ebenso alt, meist aber im dritten oder vierten Jahr, desgleichen die Esche und Hainbuche; dagegen Ulme und Ahorn ein- und zweijährig.

Auf wundem Boden, wo weniger vom Unkraut zu fürchten ist, oder unter Schutzbestand darf man mit schwächeren Pflanzen kultiviren; schnellwachsende Holzarten lassen sich ebenfalls ohne Nachtheil ins Freie bringen, so lange sie noch nicht hoch sind. Bringt man mehrere Pflänzlinge mit einem kleinen Ballen Erde in ein und dasselbe Pflanzloch (Büschelpflanzung), so kann man kleinere Pflanzen nehmen, als bei der Einzelnpflanzung, ebenso bei der Hügelpflanzung. Auf armem Boden soll es zweckmäßiger sein, kleinere, jüngere Pflanzen anzuwenden, weil sie sich besser an die magere Kost gewöhnen, als große, die mehr Nahrung bedürfen und noch nicht die nöthige Wurzelverbreitung haben. — Auf dicht verfilzten Boden gehören größere Pflanzen, ebenso auf Stellen, wo Frost und Reif häufig schaden. Will man eine langsam wachsende Holzart zwischen einer schnell wachsenden in Mischung erziehen, so bedarf man für erstere entsprechend stärkere Pflänzlinge. Hat die Kulturstelle eine kleine Ausdehnung, ist das umgebende Holz schon weit voran, oder hat es einen raschen Wuchs, wie z. B. Stockausschläge, so dürfen keine kleinen Pflanzen genommen werden. Wo Weidvieh und Wild schadet, noch weniger. In rauhem Klima und auf trockenem Standort fährt man mit größeren Pflanzen sicherer; doch dürfen sie (hauptsächlich Fichten) im Hochgebirge, wo viel Schnee fällt, nicht über 0,4—0,5 m groß genommen werden, weil der Schnee den stärkeren allzuviel schadet.

Auch bei der besten Erziehungsmethode erhält man nicht durchaus gleichmäßig erstarkte Pflanzen; es ist daher geboten, dieselben mit Umsicht zu vertheilen, die schwächeren auf weniger, die größeren auf stärker verraste Plätze; auf kleineren Blößen diese, auf größeren jene.

§. 69.

Art der Pflanzung.

Die Pflanzung wird vorgenommen mit Ballen, d. h. mit der die Wurzeln umgebenden Erde, **Ballenpflanzung**, oder mit entblößen Wurzeln bei einzelnen Stämmen, **Einzelnpflanzung**, oder es werden mehrere Pflanzen zusammen mit einem einzigen Ballen ausgehoben und in Ein Pflanzloch gesetzt, **Büschelpflanzung**.

Die **Ballenpflanzung** mit Hülfe des Hohlspatens oder Pflanzbohrers ist einfach; das Ausheben und Einsetzen kann auch von ungeübten Arbeitern mit ziemlicher Sicherheit vollzogen werden; dagegen ist der Transport der Pflanzen erschwert und gilt es deßhalb als Vorbedingung, daß dieselben in **nächster Nähe**, wo man sie braucht, auf etwas bindendem, womöglich mit einer Grasdecke versehenem, steinfreiem Boden erzogen oder aus natürlichen Verjüngungen entnommen werden können.

Die Ballen müssen so groß sein, daß die Mehrzahl der Wurzeln in denselben enthalten ist, und daß sie genau in die gemachten Löcher passen, oder was noch zweckmäßiger, aber etwas umständlicher ist, sie müssen in größere Löcher gebracht, mit lockerer Erde umgeben, und dann fest gedrückt werden. Im Großen ist sie nur mit jüngeren Pflanzen ausführbar. Bei 3—5jährigen Kiefern ist sie vorzugsweise im Gebrauch. — Im Kleinen wird sie angewandt zu Bestandesnachbesserungen, wobei auf kleinere Blößen oder alte Frostplatten auch noch bis zu 1,5 m hohe, aus dem angrenzenden

Bestand ausgehobene Pflanzen genommen werden. Zum Ausheben solcher stärkeren Pflanzen verwendet man zwei scharfe und schwere Spaten, mit denen zwei Männer den Ballen losstechen, welcher einen zur Größe der Pflanze in richtigem Verhältniß stehenden, immerhin aber den Transport nicht zu sehr erschwerenden Umfang bekommen soll. Das Einsetzen geschieht nicht so tief, daß der Ballen ganz versenkt würde, er wird bloß auf eine wunde Stelle aufgesetzt und mit lockerer Erde oder auf die Grasnarbe gelegten Rasen umgeben.

Die Büschelpflanzung wurde früher bei Fichten häufig angewendet, um einen baldigen Schluß der Kultur zu befördern, und die Nachbesserungen überflüssig zu machen; es hat sich aber gezeigt, daß diese Zwecke nur dann erreicht werden, wenn man nicht mehr wie früher 30 und mehr Pflanzen aus dichten Saatriefen in ein Büschel nimmt, sondern höchstens 4—5, welche man am besten auch noch besonders zu diesem Zwecke verschult. Diese Methode empfiehlt sich für solche Verhältnisse, wo die Nachbesserung sehr erschwert ist, wo die Pflanzen von großer Trockenheit, vom Weidvieh, Wild u. dgl. zu leiden haben. Sie wird auch bei Buchen angewendet zur Unterpflanzung Seebach'scher Lichthiebe.

Die Einzelpflanzung mit entblößten Wurzeln ist gegenwärtig in größter Ausdehnung üblich; wenn man baldige Zwischennutzungen wünscht, bepflanzt man die 3. oder 4. Stufe mit je 2 Pflanzen.

Auf einem Boden, der längere Zeit unthätig gewesen ist, in dem sich viel adstringirender Heidehumus oder eine Orthsteinschicht findet, wo das Gras oder sonstiger Kräuterüberzug sehr dicht ist, müssen längere Zeit vor der Pflanzung entsprechende Vorbereitungen getroffen werden. Im ersteren Fall ist das Pflanzen in eingefüllte Gräben oder auf Dämme zweckmäßig. Dabei hat man vor allem dafür zu sorgen, daß der untaugliche Boden längere Zeit an der Luft ausgebreitet bleibe, um seine schädlichen Stoffe zu verlieren und für die Pflanzen nahrungsfähig zu werden. Auch das Pflanzen auf Grabenaufwürfe ist namentlich an feuchten Orten zu empfehlen. Auf trockenem aber nicht flüchtigem Sand pflanzt man in aufgepflügte 5—8 cm tiefe Furchen. Wo der Unkrautfilz sehr dicht ist, werden die Furchen tiefer gemacht und je zwei so nahe zusammengerückt, daß die beiden ausgepflügten Streifen den Zwischenraum hügelförmig bedecken; darüber läßt man hernach eine Walze gehen und setzt dann die Pflanzen im folgenden Jahre in diese Rücken. — Ist Pflugarbeit nicht anwendbar, so sind vor der Pflanzung Plaggen umzulegen; man haut nämlich mit einer schweren breiten Hacke 1—2 Quadratfuß große Rasen los und legt sie, die bisherige Oberfläche nach unten gekehrt, neben die abgeschälte Stelle auf den Filz. Dadurch erhält man eine doppelte Grasschicht mit Erde bedeckt und wenn nach $\frac{1}{2}$ bis $1\frac{1}{2}$ Jahren jene in Verwesung übergegangen ist, so wird auf diese Plaggen gepflanzt. Der Erfolg dieser Kultur ist durch den sich bildenden Humus und durch den Schutz vor den nachtheiligen Einwirkungen des Unkräuter=

überzugs wesentlich gesichert, man kann ziemlich kleine Pflanzen dazu nehmen. Beim Abschälen der Rasen ist nur die bessere, humose Erdschicht mit umzulegen, soweit die Erde mit Wurzeln durchflochten. Die Pflanzung auf solchen Plaggen hat in der Weise zu geschehen, daß die Wurzel des Pflänzlings mit ihrer Spitze noch in den unter der Plagge befindlichen festen Boden eingesenkt wird. Auf nassen Stellen und steinfreiem Boden kann man die Plaggen in schmalen zusammenhängenden Streifen ausheben und diesen eine solche Richtung geben, daß gleichzeitig dadurch eine oberflächliche Entwässerung bewirkt, der Rasenfilz durchbrochen und der Luft Zutritt verschafft wird, was das Gedeihen der Kultur sehr fördert.

Auf schwerem Thonboden wäre es oft gut, die Pflanzlöcher vor Winter anfertigen zu lassen, damit der Boden unter den Einwirkungen des Frostes milder würde, aber es füllen sich diese Löcher während des Winters in der Regel mit Wasser, wodurch im Frühjahr die Arbeit des Pflanzens sehr aufgehalten wird.

§. 70.

Einsetzen der Pflanzen.

Die Größe der Pflanzlöcher richtet sich wesentlich nach der Ausdehnung des Wurzelsystems der betreffenden Pflänzlinge, dann auch nach der größern oder geringern Nothwendigkeit, die Wurzelbildung auf dem neuen Standort durch künstliche Nachhülfe zu begünstigen.

Bei der Verpflanzung von einjährigen Kiefern auf Sandboden wird nur mit einem eisenbeschlagenen spitzen Holz ein Loch in die Erde gestoßen, dann die Wurzel eingesenkt und sofort mit demselben Holz von seitwärts Erde an dieselbe angedrückt. Das Buttlarsche Pflanzeisen ist ein ähnliches einfaches Pflanzinstrument. Auf lockerem Boden wird die Pflanzung in den Spalt (Klemmpflanzung) angewendet, man stößt einen gewöhnlichen, oder einen mit aufgeschmiedeten Rippen versehenen Spaten oder ein keilförmiges, mit längerem Stiel versehenes Eisen (Stieleisen) senkrecht in den Boden, bewegt es nach beiden Seiten, senkt die Wurzel des Pflänzchens in den auf diese Weise gebildeten Spalt und tritt denselben mit beiden Füßen wieder zu. Ganz ähnlich läßt sich das Preuschensche Pflanzbeil auf mildem Boden unter Schutzbestand verwenden. (Allg. F. u. J. Z. 1866 S. 121.) Bei 2jährigen Eichen wird für die Pfahlwurzel mit einem Eisen in den Spalt selbst noch ein tieferes Loch vorgestoßen.

Einfach gestaltet sich auch das Ausheben der Pflanzlöcher bei Anwendung des Hohlspatens oder Pflanzbohrers; derselbe wird in die Erde gestoßen und dann mit einer drehenden Bewegung sammt dem dazwischen hängen bleibenden Ballen zurückgezogen. Der Heyer'sche cylindrische Hohlbohrer ist hiezu sehr zu empfehlen.

Der schraubenförmig gewundene Spiralbohrer (§. 52) läßt sich ebenfalls zur Anfertigung von Pflanzlöchern verwenden; er hebt allerdings die

Erde nicht aus und man muß vor dem Einsetzen der Pflanzen in solche Löcher die lockere Erde vorher auf die Seite schieben, aber es wird auf diesem Wege eine vortheilhafte Zerkrümelung des Bodens bewirkt, welche das Gedeihen der Pflanzen wesentlich fördert. Auf steinigem Boden ist dieser Bohrer ausgezeichnet, weil er sich leicht zwischen den Steinen durchwindet; zur Ballenpflanzung ist er aber nicht zu gebrauchen.

Auf weniger verrastem Boden läßt sich mit Hülfe gewöhnlicher Flachspaten durch vier Stiche ein pyramidenförmiger Erdballen ausstechen, welcher dann nach dem Einlegen der Pflanze wieder in das entstandene Loch eingedrückt und damit die Wurzel bedeckt wird. Danckelmann, Zeitschrift f. d. F. u. J. W. 1885 S. 187.

Bei Anfertigung gewöhnlicher Pflanzlöcher für mittelgroße Pflanzen verfährt man auf die Weise, daß zuerst der Unkrautüberzug hinweg gehackt wird, wobei aber die gute Erde sorgfältig zu erhalten ist; hierauf wird die humose Bodenschicht leicht aufgelockert, fein zertheilt, sofort tiefer gehackt und der Untergrund mit der besseren Erde gemischt; die Erde soll so wenig als möglich aus dem Pflanzloch herausgeschafft werden, weil gerade die feinern, bessern Theile zwischen den umgebenden Unkräutern versinken und nicht mehr für die Pflanzung nutzbar gemacht werden können.

Macht man tiefere Löcher, so sind die verschiedenen Bodenschichten gesondert zu halten, damit man beim Einsetzen der Pflanzen die beste Erde in die Nähe der Wurzeln bringen kann. — Kleinere Löcher macht man am besten mit der Hacke, größere mit dem Spaten, wenn der Boden frei von Wurzeln und Steinen ist. Auf umgelegtem Rasen werden die Pflanzlöcher mit dem Spiralbohrer oder mit dem Pflanzeisen gemacht.

Beim *Einsetzen der Pflanzen* ist zu beachten, daß die Wurzeln wieder in ihre natürliche Lage kommen; die feinste und beste Erde muß in ihre Nähe gebracht und nachdem dieselben rings damit umgeben sind, mäßig angedrückt werden, so daß sich keine hohlen Räume dazwischen befinden. Hierauf wird die übrige Erde zum Ausebnen des Loches verwendet und oben auf legt man die abgeschälten Rasen, den Grasfilz nach unten gerichtet, oder etliche Steine, weil dadurch die Feuchtigkeit besser erhalten wird.

Eine Hauptregel ist die, daß die Pflanzen *nicht zu tief* eingesetzt werden, weil sonst die Wurzeln den atmosphärischen Einflüssen, namentlich der Wärme, zu sehr entzogen sind, was häufig ein Kränkeln und Absterben der Pflanzen zur Folge hat; die Pflanze soll so gesetzt werden, daß der Wurzelknoten noch etwas über die Oberfläche des umgebenden Bodens hervorsieht; die Wurzeln müssen dabei natürlich noch bedeckt sein. Je feuchter der Boden und je rauher das Klima ist, um so mehr muß diese Regel beachtet werden; im entgegengesetzten Falle sind Ausnahmen zulässig oder nothwendig. Auf trockeneren Kulturstellen hat man für die Pflanzen die tieferen Punkte, auf nassem, kaltem Boden etwas erhöhte auszuwählen.

Die Anwendung von besserer *Kulturerde*, Rasenasche u. dgl. ist da nothwendig, wo es wegen vieler Steine und Gerölle an eigentlicher Erde fehlt, wo der Boden zu mager, oder wo der Bodenüberzug zu dicht ist; vortheilhaft ist eine solche Zuhülfenahme der Füllerde jedenfalls, um den Pflanzen eine etwas erhöhte Stellung zu geben und das Anwachsen zu erleichtern, namentlich auf nassem, schwerem Boden.

Auf sehr nassem oder flachgründigem Boden ist es manchmal gerechtfertigt, nicht in, sondern auf den Boden zu pflanzen; dies nennt man die Hügelpflanzung. Es wird zuerst $\frac{1}{2}$ bis 1 Cubikfuß lockere gute Erde in der Form eines kegelförmigen Haufens auf die Pflanzstelle aufgeschüttet, dann die Pflanze vorsichtig in diese Erde eingesetzt, und der Hügel mit umgekehrten Rasen oder Moos bedeckt, um das Abrutschen der Erde zu verhindern. Diese von Oberforstmeister v. Manteuffel[1]) angegebene Methode ist zwar etwas theuer, aber sehr sicher in ihrem Erfolge.

Das Befestigen der Pflanzen mit Pfählen ist in der Regel nur bei Alleebäumen nöthig; im Großen kommt es zu theuer.

§. 71.

Entfernung der Pflanzen und Form der Pflanzung.

In Betreff der Entfernung, in welche die Pflanzen gebracht werden sollen, läßt sich eben so wenig eine bestimmte, allgemein bindende Regel geben; sie muß sich nach den Verhältnissen ändern. Auf magerem Boden, bei dichtem Unkräuterüberzug, in rauhem Klima bildet sich der natürliche Wald aus einer größeren Zahl von Stämmen, hier ist also auch enger zu pflanzen; kleinere oder langsam wachsende, in der Jugend Schutz bedürfende Pflanzen und solche, welche das Wild ꝛc. gern beschädigt, müssen in größerer Zahl angezogen werden. Unter Schutzbestand, von welchem keine Besamung mehr zu erwarten, dagegen beim Abtrieb und der Abfuhr noch Beschädigungen zu fürchten sind, muß enger gepflanzt werden, ebenso da, wo die schwächeren Sortimente aus den Durchforstungen gut verwerthet werden können, oder wo sehr astreines Holz erzogen werden soll. — Wenn übrigens andere, der Hauptkultur nicht schädliche Holzarten von selbst anfliegen und einen baldigen Schluß begünstigen, so erlaubt dies eine räumlichere Pflanzung. Wo es sich um Bestockung größerer, öder Stellen handelt, kann man weiter pflanzen, als bei kleineren Blößen, die rings schon von höherem Holze umgeben sind. In solchem Falle ist dann auch noch auf die Entfernung vom angrenzenden Bestand zu achten. Diese richtet sich nach dem Lichtbedürfniß und dem muthmaßlichen Wachsthumsgang der vorhandenen nnd der anzuziehenden Holzart. Bei lichtbedürftigen Holzarten ist dieser Abstand mindestens so weit zu nehmen, als der angrenzende Bestand hoch ist (bei Lärchen und

[1]) v. Manteuffel, Die Hügelpflanzung der Laub- und Nadelhölzer. 2. Auflage. Leipzig 1858.

Birken bis zum ein und einhalbfachen), bei schattenliebenden kann er etwas kleiner genommen werden. Am besten thut man, wenn bei kleineren Blößen zunächst in die Mitte eine gesunde kräftige Pflanze gesetzt und dann der noch übrig bleibende Raum entsprechend ausgefüllt wird. — Solche Lücken, die sich im Laufe der nächsten 6—8 Jahre, selbst mit Hülfe minder erwünschter Holzarten, schließen, werden ganz übergangen. Wenn es nicht besondere Zwecke erheischen, soll keine Pflanze an Orte gesetzt werden, wo sie nicht emporkommen und gedeihen kann. Man sieht aber häufig, daß diese Regel nicht beachtet und dadurch viel Geld unnütz ausgegeben wird.

Bloß bei solchen Nachbesserungen auf kleineren Blößen oder sehr unebenem, felsigem oder verunkrautetem Boden ist die Form der Pflanzung oder der sogenannte Verband nothwendig ein unregelmäßiger, weil man sich jedesmal nach dem wechselnden Einfluß der Umgebung zu richten hat und bei der Wahl der Pflanzstellen den größeren Steinen wie den wuchernden Unkrautbüschen, sowie allen Hindernissen, welche das spätere Gedeihen der Pflanze stören, ausweichen soll.

Bei größeren Blößen und bei ganz neuen Waldanlagen wird gewöhnlich in regelmäßiger Form gepflanzt; das Geschäft nimmt dadurch einen rascheren Fortgang, die Arbeit und die Aufsicht wie auch die späteren Nachbesserungen und sonstige Nachhülfen sind erleichtert, die Nebennutzungen sind besser und sicher zu gewinnen, die Durchforstungen und sonstige Arbeiten leichter vorzunehmen, so daß sich die Mühe des Absteckens der Reihen vollständig lohnt.

Ein regelmäßiger Verband wird hergestellt durch mehrere gerade und parallel mit einander laufende Reihen. Steht die Entfernung der Reihen in keinem bestimmten Verhältniß zu dem Abstand der Pflanzen in den Reihen, so nennt man dies schlechtweg Reihenpflanzung. Werden diese Reihen abwechselnd unterbrochen, so daß in bestimmten Entfernungen Lücken entstehen, während in den beiden nächsten Reihen dann die Pflanzung wieder beginnt, so heißt dieß Staffelpflanzung. — Bei der Dreipflanzung bilden je drei Pflanzen ein gleichseitiges Dreieck, oder jede Pflanze steht im Mittelpunkt eines regelmäßigen Sechsecks. Ist die Entfernung der Pflanzen in den Reihen in diesem Fall 1 m, so ist der Abstand der Reihen von einander 86,9 cm und jede Pflanze steht rechtwinklig über der Mitte von zwei andern Pflanzen der nächsten Reihe. — Bei der Quadratpflanzung bilden vier Pflanzen ein Quadrat, die Abstände der Reihen und der Pflanzen in den Reihen sind gleich groß. — Bei der Fünfpflanzung oder Quincunx steht in der Mitte eines auf den Ecken bepflanzten Quadrats noch eine Pflanze, die erste und dritte oder zweite und vierte Reihe sind so weit von einander entfernt, als der Abstand der Pflanzen in den Reihen beträgt; zwei neben einander liegende Reihen sind somit um die halbe Pflanzweite in den Reihen von einander entfernt.

Bei Verwendung kleinerer Pflanzen ist es oft zweckmäßig, 5 bis 9 oder noch mehr Pflänzchen enger zusammenzusetzen und dann diese kleinen Horste unter sich in regelmäßigen Verband zu bringen. Dieß ist namentlich da zu empfehlen, wo wegen Nässe, Orthstein zc. die Bodenvorbereitung sehr theuer ist und darum auf einzelne kleinere Stellen beschränkt werden muß.

Die regelmäßigste, allseitige Entwicklung der Wurzeln und Zweige läßt die Dreipflanzung zu, ihr folgen die Fünfpflanzung, die Quadratpflanzung, die Staffel- und Reihenpflanzung. Bei engem Verband erhält man also mittelst der Dreipflanzung am frühesten eine durchweg geschlossene Kultur; bei der Reihenpflanzung dagegen erfolgt in den Reihen rascher ein dichter Schluß, wobei die Pflanzen sich schon gegenseitig vor den schädlichen äußern Einflüssen zu sichern vermögen. Sollen die Pflanzen von Jugend auf an einen freien Stand gewöhnt werden, so ist die Drei- oder Fünfpflanzung zu wählen; auch die Quadratpflanzung paßt noch für solche Verhältnisse.

Die Reihenform wird besonders da bevorzugt, wo verhältnißmäßig wenige Pflanzen künstlich erzogen werden sollen, z. B. bei der Eiche in Mischung mit andern Holzarten, ferner unter Schutzbestand, wo eine andere regelmäßigere Form nicht gewählt werden kann, hier geht sie dann oft in Staffelform über; endlich ist die Reihenpflanzung auch da geboten, wo mit Rücksicht auf die den jungen Pflanzen drohenden Gefahren ein baldiger Schluß wenigstens in den Reihen nothwendig ist, also auf magerem, sehr verunkrautetem Boden.

Will man gemischte Bestände erziehen, so ist der Abstand der Reihen und die Zusammenstellung der einzelnen Holzarten sorgfältig zu erwägen nach der muthmaßlichen und wünschenswerthen Astverbreitung, dem sonstigen Wuchs und Lichtbedürfniß der einzelnen Holzart, ihrer Neigung zu mehr oder weniger dichtem Stand, ihre Verträglichkeit mit den übrigen anzuziehenden Arten u. s. f. Den langsamer wachsenden Hölzern giebt man einen Vorsprung von etlichen Jahren und pflanzt sie horstweise oder in mehreren Reihen unmittelbar neben einander.

Die Punkte, auf welche eine Pflanze zu stehen kommt, werden entweder vorher mit Stäbchen bezeichnet, oder es werden Schnüre in den Reihen ausgespannt und längs derselben mit einem Stock die Entfernung der Pflanzlöcher von Mitte zu Mitte bestimmt; einfacher ist es noch, wenn man an den Schnüren selbst in der erforderlichen Entfernung leicht kenntliche Zeichen, kleine Läppchen zc. anbringt, oder mit dem Pflug die Linien vorzeichnet.

An Abhängen werden die Pflanzreihen zweckmäßig gerade bergabwärts geführt, um später den Holztransport zu erleichtern und Beschädigungen der stehenden Stämme zu verhindern. In der Ebene ist die Richtung von Ost nach West mit Rücksicht auf baldigen Schutz vor der Mittagshitze und auch mit Rücksicht auf den Wind die beste. — Damit die Kulturen zur Zeit des ersten dichten Schlusses noch gut begangen werden können, ist es zu empfehlen, je die 40. oder 50. Reihe ausfallen zu lassen, solche Gassen können dann später auch als Nebenwege gute Dienste leisten.

§. 72.

Besondere Regeln für die einzelnen Holzarten.

Die Eiche wird am billigsten und besten einjährig ins Freie verpflanzt, weil man später ihrer tiefgehenden Bewurzlung nicht mehr hinreichend Rechnung tragen kann; im ersten Jahr wird sie manchmal eingepflügt; die Heisterpflanzung kommt namentlich wegen der Pflanzenerziehung sehr theuer, es ist dabei ein mehrmaliges Versetzen in der Pflanzschule nöthig. Die Eichen werden in weitem Verbande in Gruppen und Horsten gepflanzt; im Niederwald wendet man mit Vortheil die Stutzpflanzung an; die Ballenpflanzung kommt selten in Anwendung; z. B. am Harz, vgl. Dankelmann III. Bd., 3. Heft. Das Beschneiden der Eichen soll sich nur auf einen Theil der Seitenzweige beschränken.

Die Buche kann 1- und 2jährig nur unter Schutzbestand verpflanzt werden, wobei das Setzholz oder das Buttlar'sche Pflanzeisen angewendet wird. Zum Verpflanzen ins Freie nimmt man gewöhnlich 4—8jährige, in Pflanzschulen erzogene und verschulte, oder 10—12jährige, in natürlichen Verjüngungen erwachsene und dann stark zu beschneidende Pflänzlinge, manchmal auch stärkere Heister mit dem Ballen zur Nachbesserung kleiner Blößen, was aber im Verhältniß zu dem geringen Ertrag der Buchenwaldungen allzuhohe Kosten verursacht. Stutzpflanzungen werden öfters bei Anlage von Hochwaldbeständen ausgeführt, auch mit der Büschelpflanzung hat man gute Erfolge erzielt; doch wird solche durch den hohen Preis des Saatguts sehr theuer. Der Verband muß namentlich auf weniger günstigem Standort thunlichst enge gewählt werden, um einen baldigen Schluß herbeizuführen. Die Pflanzung hat zeitig im Frühjahr zu geschehen.

Ulmen, Ahorn, Eschen kann man oft schon im zweiten oder dritten Jahr ins Freie verpflanzen, wo das Unkraut nicht gar zu stark wird; man wählt für sie kleinere Stellen mit gutem Boden; sie eignen sich namentlich zur Nachbesserung zwischen Buchen, welchen sie rasch nachkommen, wenn der Vorsprung nicht gar zu groß ist. Auf weniger gutem Boden werden die frisch gepflanzten Ahorne häufig gipfeldürr und sterben oft ganz ab, namentlich wenn die Pflanzlöcher nicht tief gelockert waren. — Hainbuchen werden nur in Niederwald verpflanzt, wozu man schon etwas erstarkte Pflänzlinge nöthig hat, Stutzpflanzung empfiehlt sich hierbei sehr. Erlen und Akazien können in den meisten Verhältnissen schon ein- und zweijährig verwendet werden. Auf nassem Terrain ist bei den Erlen die Herbstpflanzung geboten, eventuell auch die Hügel- oder noch besser die Alemann'sche Klapppflanzung, bei welcher ein quadratisches Rasenstück von 0,3 m Seite auf 3 Seiten losgestochen und umgeklappt wird, um auf der frei gewordenen Stelle ein Pflanzloch zu machen. Nach Einsetzen der Pflanze wird der Rasen in der Mitte zerschnitten und zu beiden Seiten der Pflanze in seine vorige Lage zurückgebracht.

Die Fichte läßt sich sehr leicht verpflanzen, nur auf trockeneren Böden ist größere Vorsicht anzuwenden. Beim Ausheben und Transport der Pflanzen müssen die Wurzeln wie bei allen Nadelhölzern besonders sorgfältig vor dem Austrocknen geschützt werden. Zur Ballenpflanzung eignet sie sich wegen der fehlenden Pfahlwurzel ganz gut; Büschel- und Hügelpflanzung werden bei ihr auch angewendet. Mit Rücksicht auf ihre flache Bewurzlung ist ein baldiger Schluß und deßhalb ein engerer Verband sehr erwünscht. Sie wird meist 3jährig verpflanzt, doch auch schon 2jährig, besonders bei Büschel- und Hügelpflanzung, und 4—6jährig in kalten Lagen oder an graswüchsigen Orten; wenn man in diesen Fällen nicht vorzieht, unter Schutzbestand zu pflanzen, was sonst bei ihr nicht nöthig ist. Ein zu tiefes Einsetzen wirkt sehr hemmend auf ihre erste Entwicklung,[1]) deßhalb empfiehlt sich namentlich auf stärker verunkrauteten Böden reichliche Anwendung von Kulturerde. Im Wachsthum stockenden Fichtenpflanzungen kann durch nachträgliches Aufreißen einer Pflugfurche zwischen den Reihen geholfen werden, da auf diese Weise die Luft seitlichen Zutritt zu den Wurzeln bekommt.

Die Weißtanne wird nur in stärkeren Exemplaren ins Freie verwendet; man nimmt dazu 6—8 Jahre alte verschulte Pflänzlinge und sucht ihnen Stellen aus, wo sie durch Unkraut, Stöcke, Felsen ꝛc. Schutz haben; in Mischung mit der Fichte muß ihr ein entsprechender Vorsprung gegeben werden. Unter Schutzbestand kann man sie schon im dritten oder vierten Jahre verpflanzen. Ballenpflanzung ist bei ihr in diesem Alter zwar noch anwendbar, doch erfordert sie mehr Vorsicht als bei der Fichte wegen der Pfahlwurzel; Büschelpflanzung ist bei ihr nicht üblich. Wenn die Knospen aufzubrechen beginnen, muß die Pflanzung eingestellt werden.

Die Kiefer[2]) wird meist ein- und zweijährig aus dem Saatbeet mit entblößten Wurzeln verpflanzt, wobei nur gesunde Pflanzen zu verwenden sind; da neuerdings die Schütte immer intensiver auftritt und ein Gesunden der von ihr befallenen Individuen nur noch ausnahmsweise erwartet werden darf. Um der Schütte vorzubeugen, hat man in den letzten Jahren das sogenannte Einkellern der Kiefernpflanzen über Winter vorgeschlagen. Dabei werden dieselben im Spätherbst ausgehoben und in einer etwa 0,6 m tiefen Grube reihenweise in lockere Erde eingeschlagen, so daß nur die benadelten Theile frei bleiben. Hienach wird die Grube den Winter über mit Reisig dicht bedeckt, bis die Zeit der Pflanzung beginnt. Der Erfolg dieser Maßregel war aber in den meisten Fällen ein unbefriedigender und findet dieselbe deßhalb auch nur noch wenig Anwendung. Wenn die Kiefer

[1]) Vergl. Heyer, Allg. Forst- und Jagdzeitung, 1870, Novbr., und Forstl. Mittheilungen aus Bayern, 11. Heft, S. 114.

[2]) Ueber die Behandlung der Kiefer, vergl. hauptsächlich die Schriften von Pfeil und Burkhardt, sodann Grunert, Forstliche Blätter, 10. Heft, Geschichte der Kiefernpflanzung.

das zweite Jahr überschritten hat, läßt sie sich ohne Ballen nicht mehr mit Erfolg verpflanzen. Beim Ausheben ist alle Sorgfalt darauf zu verwenden, daß namentlich die Pfahlwurzel vollständig und unverletzt erhalten wird, ferner daß sie auf dem Transport und während des Pflanzgeschäfts vor Austrocknen geschützt sei; man bringt sie deßhalb in feuchtes Moos oder in Kübel, Töpfe ꝛc., die mit Wasser gefüllt sind, oder taucht sie in Lehmbrei. Ebenso ist sorgfältiges Einsenken der Wurzel in vertikaler Richtung nothwendig; zu diesem Zweck werden die nassen Wurzeln im Sand hin- und hergezogen, so daß der hängenbleibende Sand ihnen die nöthige gerade Richtung im Pflanzloch giebt. Die Wurzeln sind fest mit Erde zu umgeben, insbesondere die unteren Spitzen gut anzudrücken. Die Verpflanzung ist noch möglich, wenn die jungen Triebe anfangen sich zu entwickeln. Auf leichtem Boden, wo ein Abwehen zu befürchten ist, sind die Pflanzen tiefer einzusetzen, als sie vorher saßen. Ein etwa vorhandener Unkrautfilz muß von den Pflanzstellen entfernt werden, entweder durch vorherige Zurichtung der Pflanzstellen mit dem Spaten (Vorgraben) oder mit der Hacke oder mit dem Pfluge. Durch Verschulen der einjährigen Pflanzen und nachherige Verwendung derselben im folgenden Jahr wird die Sicherheit der Pflanzung wesentlich erhöht; desgleichen durch Ballenpflanzung mit 2—5jährigen Pflänzlingen unter Zuhülfenahme des Bohrers, für 2jährige Pflanzen insbesondere des Heyer'schen kleinen Cylinderbohrers. — Bei der Schwarzkiefer wird, wenigstens in ihrer Heimath auf Kalkgebirge, die Saat der Pflanzung vorgezogen. — Die Lärche läßt sich dagegen, nachdem sie zu treiben angefangen, nicht mehr verpflanzen. Büschelpflanzung ist bei den drei letzten Arten nicht anzuwenden.

Die Nachbesserungen in theilweise mißlungenen Kulturen erfordern stets eine sorgfältigere Behandlung und ein mehr erstarktes Pflanzmaterial. Wo es angänglich, wird für dieses auch noch eine schneller wachsende oder, wenn der Boden seit der ersten Bepflanzung schlechter oder graswüchsiger geworden, eine genügsamere Holzart gewählt. Wo die Maikäferlarve geschadet hat, darf nicht wieder auf die vorige Stelle und nicht unmittelbar nach dem Fraß gepflanzt werden. Wegen des einzuhaltenden Abstandes von dem vorhandenen Nachwuchs vgl. §. 71.

§. 73.

Begründung unregelmäßiger Bestände.

In Vorstehendem wurde die bisher übliche Erziehung möglichst regelmäßiger Bestände abgehandelt. Neuerdings wird übrigens immer mehr darauf hingearbeitet, den Stämmen des Hauptbestandes eine unregelmäßigere Stellung zu geben, um einzelne Individuen thunlichst in ihrer Entwicklung zu fördern und zu kräftigen, damit auf diese Weise in kürzerer Zeit stärkeres, werthvolleres Holz erzogen werde, ein Ziel, welches schon in der 1856 erschienenen 1. Aufl. dieses Buches auf S. 395 vorgezeichnet wurde.

Geht man noch einen Schritt weiter, so darf man in künstlich zu erziehenden Beständen diese Entwicklung nicht mehr ausschließlich der Natur überlassen, man muß vielmehr schon bei Gründung derselben diejenige Zahl von Individuen, welche nothwendig sind, um den künftigen Hiebsreifen oder Abtriebsbestand zu bilden, in eine Stellung bringen, bei welcher ihnen ein Vorsprung vor dem übrigen mehr eine Nebenrolle spielende Bestandstheilen gegeben und für die ganze Lebensdauer gesichert wird.

Zu diesem Zweck erscheint es nothwendig, verschiedene der vorstehend behandelten Kulturarten mit einander in Verbindung zu bringen, wofür hier einige Beispiele angegeben werden sollen, ohne daß damit die Zahl der möglicherweise einzuschlagenden Wege als erschöpft anzusehen wäre.

Am allereinfachsten gestaltet sich die Lösung der Aufgabe, wenn zum Abtriebsbestand eine schnellwüchsige, für den Füllbestand dagegen eine langsam wachsende Holzart gewählt werden kann. In diesem Falle pflanzt man die Zahl der ersteren, welche die Ertragstafeln oder sonstige Erfahrungen für die bestehende Umtriebszeit angeben, etwa noch mit einer Reserve von 10—15 Prozent in gleicher, aber doch nicht zu regelmäßiger Vertheilung aus; läßt ihnen je nach dem muthmaßlichen Gang ihrer künftigen Entwicklung erforderlichen Falles noch ein oder mehrere Jahre Vorsprung und pflanzt dann die langsamer wachsende Holzart als Füllbestand nach, wobei zunächst auf baldige Deckung des Bodens hinzuwirken ist.

Hat man dagegen nur einerlei Holzart zur Verfügung, so erzieht man für den Abtriebsbestand besonders kräftige Pflanzen und läßt ihnen auch noch bei der Auspflanzung eine sorgfältigere Pflege angedeihen, worauf dann einige Jahre später der Füllbestand angepflanzt wird. Gestatten die Bodenverhältnisse und die Natur der anzuziehenden Holzart die Saat, so läßt sich diese für den Füllbestand vielleicht schon im gleichen Jahre mit der Pflanzung des Abtriebsbestandes ausführen.

Andrerseits kann es sich auch empfehlen, für diesen Heister zu verwenden, wobei allerdings deren Beschaffung in größerer Zahl ihre Schwierigkeiten hat, die freilich in den Gegenden, wo die Hutweiden regelmäßig mit Holz bepflanzt werden, längst überwunden sind.

In Laubholzbeständen läßt sich unter Umständen das Füllholz aus Stockausschlägen, entweder mit Hülfe bereits vorhandener Mutterstöcke, oder durch Verwendung von Stutzpflanzen anziehen; da wo schwächeres Material wenig Werth hat, sind auch noch freiwillig ankommende Sträucher rc. willkommen zu heißen.

Das wichtigste hierbei ist die richtige Bestimmung des dem Abtriebsbestand zu gebenden Vorsprunges. In dem erstangegebenen Fall, wo eine schnellerwachsende Holzart dazu verwendet wird, ergiebt er sich gewissermaßen von selbst; hier hat man nur dafür zu sorgen, daß er nicht allzugroß und dadurch die Astverbreitung nicht zu sehr begünstigt wird; obwohl die meisten lichtbedürftigen Holzarten eine möglichst freie Entwicklung ihrer Krone als Lebensbedingung fordern, andrerseits aber wieder schon bei mäßiger Einwirkung des umgebenden Bestandes ihre untersten Aeste abstoßen. — Bei Schattenhölzern dauert dieser Prozeß viel länger und deßhalb muß man da, wo auf Erziehung von astreinem Nutzholz Werth gelegt wird, den Vorsprung nur etwa so weit geben, daß nach eingetretenem Bestandesschluß die Krone etwa in ihrer halben Länge den Füllbestand überragt.

§. 74.

Eintheilung der Arbeiten.

An und für sich schon, und besonders noch aus Anlaß des fast überall hervortretenden Mangels an Arbeitskräften muß einer zweckmäßigen Vertheilung der Kulturgeschäfte nach Zeit und Ort die größte Aufmerksamkeit geschenkt werden. Zunächst ist für rechtzeitige Räumung der Kulturstelle zu sorgen, sei es nun, daß es sich bloß um das Ausrücken oder die Abfuhr des aufbereiteten Holzes oder auch noch um die Stockholzgewinnung handelt. Letztere muß da, wo für die folgende Kultur Schaden durch den Rüsselkäfer zu befürchten ist, mindestens um ein Jahr der Bepflanzung vorangehen; auf sehr schwerem thonigem Boden, wo noch der Nebenzweck der Aufschließung und Lockerung des Bodens erreicht werden soll, ist manchmal eine solche Zwischenpause ebenfalls zu empfehlen. — An steilen Gebirgshängen und auf sehr felsigem Terrain ist man öfter genöthigt, durch Anlage von Fußpfaden für die Zugänglichmachung der Kulturstelle zu sorgen.

Bei Ausführung der eigentlichen Kulturarbeiten müssen dieselben nach zwei verschiedenen Gesichtspunkten eingetheilt werden, in solche, die mit Rücksicht auf die Vegetationsentwicklung an eine bestimmte kurze und nicht zu verlegende Frist gebunden sind und in solche, welche in beliebiger Jahreszeit mit alleiniger Ausnahme von hartem Frostwetter vorgenommen werden können. Zu letzteren gehört die Herstellung von Entwässerungs- und Schonungsgräben, die Zubereitung von Kulturerde, das Umlegen von Plaggen, das Ziehen von Saat- oder Pflanzfurchen mit dem Pflug, oder das Bearbeiten solcher von Hand; das Ausgraben größerer Pflanzlöcher für Heister, das erste Umbrechen von Saat- und Pflanzschulen ꝛc. Diese Arbeiten sind stets in Zeiten auszuführen, wo die Löhne am niedrigsten stehen, und insbesondere die Feldgeschäfte ruhen. Doch können auch hiebei Ausnahmen vorkommen, wenn man eine gewisse Zahl von Arbeitern ständig das ganze Jahr hindurch zu beschäftigen hat oder wenn die ausgehobene Erde und das umgebrochene Land den Einflüssen des Winterfrostes ausgesetzt werden sollen. Der eigene weitere Bedarf an Arbeitskräften, namentlich für die Holzaufbereitung, ist dabei stets im Auge zu behalten, damit letztere nicht beeinträchtigt wird.

Die Ausführung von Saaten oder Pflanzungen zur Herbstzeit wird nur in den Fällen nöthig werden, wenn die Aufbewahrung des Samens Schwierigkeiten macht (Bucheln und Tannensamen) und wenn der frischgesäte Samen nicht von Mäusen, Vögeln ꝛc. bedroht wird, oder wenn die Pflanzung an sonnigen, trockenen Hängen auszuführen ist, oder wenn frühtreibende Holzarten, namentlich Lärche und Tanne, zur Verwendung kommen; endlich wenn unter Schutzbestand gepflanzt wird, wo ein Ausfrieren nicht zu fürchten ist. — Bei der Herbstpflanzung empfiehlt sich möglichst früher Beginn; einerseits damit noch ein Anwachsen stattfinden kann, andererseits damit man nicht in die kurzen und kälteren Tage hineinkommt, wo meist bei gleichen Lohnsätzen wie für die längeren Tage viel weniger und dann auch noch schlechter gearbeitet wird. Es gelingt aber selten, frühzeitig genug zu beginnen, weil einerseits die landwirthschaftlichen Ernte- und Bestellungsarbeiten alle verfügbaren Hände im Felde beschäftigen und weil meist auch noch die Witterung zu trocken oder zu kalt ist. Immerhin ist es nöthig, die Herbstzeit für Kulturzwecke möglichst auszunützen, wenn man größeren Geschäftsaufgaben gegenübersteht und Arbeiter zur Verfügung hat.

In allen Fällen bestimmt der Wirthschaftsführer die Reihenfolge, in welcher die Kulturarbeiten zur Ausführung kommen sollen und je mehr zu thun, je kürzer die zur Verfügung stehende Zeit bemessen ist, um so sorgfältiger müssen die hiebei maßgebenden Verhältnisse erwogen werden. — Die Saaten lassen sich am ehesten zurückstellen, namentlich wenn die nöthige Bodenvorbereitung schon vor der eigentlichen Kulturzeit stattgefunden hat; doch darf die Verschiebung nicht bis in die trockenere Periode des Nachfrühlings geschehen. Unter den Pflanzungen sind die mit ballenlosen Pflänzlingen auszuführenden stets die dringendsten; hienach bestimmt sich die Reihenfolge zunächst nach den Anforderungen der verschiedenen Holzarten: Birken, Lärchen und Weißtannen ertragen eine Verspätung am schwersten, ebenso die Buche, nur die Stummelpflanzung läßt sich bei ihr wie bei der Eiche noch ohne Nachtheil nach dem Laubausbruch ausführen. Die Fichte darf schon etwas angetrieben haben, ohne daß ihr das Verpflanzen schadet, die Kiefer erträgt dasselbe, wenn sie schon 1—2 cm lange Gipfeltriebe angesetzt hat, vorausgesetzt, daß man sie sonst gut behandelt und namentlich die Wurzeln sorgfältig aushebt und vor dem Austrocknen schützt. Die Ballenpflanzung läßt sich bei sorgfältiger Behandlung und ballenhaltender Erde fast den ganzen Sommer über (die Zeit der größten Hitze ausgenommen) vornehmen.

Neben dieser durch die Holzarten bestimmten Reihenfolge wirken auch die Standortsverhältnisse darauf ein, so daß auf leichtem sandigem Boden in trockener sonniger Lage, in der wärmeren Niederung früher gepflanzt wird, als unter entgegengesetzten Verhältnissen. Mit Hülfe einer zeitig und gut vorbereiteten Kulturerde kann man die verzögernd oder beengend auf die Arbeit einwirkenden Bodenverhältnisse, namentlich zu große Nässe oder Härte, einigermaßen neutralisiren und die Kulturzeit wenigstens in Etwas erweitern, indem man nach Regenwetter früher mit der Arbeit wieder beginnen kann, als da, wo ohne solche Beigabe in den rohen Boden gepflanzt werden muß.

In allen Fällen sind die Nachbesserungen früherer Kulturen oder natürlicher Verjüngungen stets als die dringendsten Arbeiten anzusehen, was aber noch häufig mißachtet wird. Allerdings spricht Einiges dafür, daß man nicht gleich mit den Nachbesserungen beginnt, sondern zunächst die Arbeiter auf größeren Blößen einschult, wo sie leicht beaufsichtigt und eingeleitet werden können; hernach aber die besseren auswählt, um sie zu dem schwierigeren Geschäft zu verwenden. — Nach Beendigung der Pflanzungen folgen die Saaten im Freien und in den Pflanzschulen, während das Verschulen in letzteren schon früher in Gang gesetzt werden muß.

Vor dem Beginn der Kulturarbeiten hat man mit dem die Aufsicht führenden Personal die Kulturstelle zu begehen und über die Vorbereitungen zur Arbeit und deren Ausführung ins Einzelne gehende Anleitung zu geben; dies ist namentlich bei schwierigeren Nachbesserungen, bei Ausführung gemischter Saaten und Pflanzungen nothwendig, und können bei diesem Anlaß auch noch die Reihen und Horste vorgezeichnet werden. Es ist hiebei gleichzeitig zu bestimmen, von wo, in welchen Quantitäten und in welchen Transportmitteln die Pflanzen bezogen werden, wie und wo die ausgehobenen Vorräthe auf der Kulturstelle zu verwahren (am besten in Wasser oder reihenweise und in dünnen Lagen mit feiner Erde durchschichtet), wohin die stärkeren und die schwächeren Exemplare zu verwenden sind, welche Pflanzstellen eine sorgfältigere Bearbeitung, die Beigabe von mehr oder weniger Füllerde erfordern u. s. w. — Bezüglich der beizuschaffenden Pflanzenvorräthe ist zu sagen, daß zu große Mengen die gute Verwahrung auf der Kulturstelle erschweren; es ist deßhalb meist schlecht gespart, wenn man die Pflanzen in überreicher Zahl aushebt und in großen Wagenladungen transportirt. — Das Aufsichtspersonal ist auch stets zum Voraus darüber zu unterrichten, wie etwa nach Unterbrechung der Arbeit durch Regen 2c. oder nach vollständiger Beendigung derselben die Arbeiter anderweitig zu beschäftigen sind.

Auch empfiehlt es sich nicht, gleichzeitig an verschiedenen Punkten mit der Arbeit zu beginnen, es ist viel besser, wenn man zunächst an einem Ort die Arbeiten einleitet und organisirt, womöglich unter Beiziehung des gesammten Aufsichtspersonals oder wenigstens des ungeübteren Theiles davon; ist dann hier das Nöthigste geordnet, so wird auf der zweiten Kulturstelle ebenso verfahren u. s. w. — Sind die Arbeiten etwas schwieriger Natur, oder die Aufseher und Vorarbeiter weniger eingeübt, so ist es gut, wenn man auf der betreffenden Kulturstelle zunächst nur mit einer geringen Zahl von Arbeitern beginnt und erst, wenn diese genügend geschult sind, an den folgenden Tagen weitere Kräfte heranzieht.

Wenn die Arbeit selbst eingeleitet werden soll, so ist es ein Hauptерforderniß, jedem einzelnen Arbeiter seine bestimmte Verrichtung zuzuweisen; ihn über die Art der Ausführung, über die besten Handgriffe 2c. eingehend zu belehren, namentlich ist dies nothwendig bei Nachbesserungen, wo die Aufsicht und Leitung weniger ins Einzelne gehen kann. Eine entsprechende Theilung der Arbeit ist in den Fällen von selbst geboten, wenn man für schwerere Arbeiten, Pflanzstufen machen 2c., kräftigere, für das Einpflanzen dagegen schwächere Personen zur Verfügung hat; aber auch sonst kann man bei umsichtiger Berücksichtigung der körperlichen und geistigen Kräfte der einzelnen Arbeiter, namentlich bei Pflanzschularbeiten, den Fortgang wesentlich fördern, wenn es möglich ist, jedem ausschließlich einen besonderen Theil der Verrichtungen zuzuweisen.

Dem Aufsichtspersonal ist sodann besonders zu empfehlen, daß es für ruhigen und gleichmäßigen Gang der Arbeiten sorge, vor Unterbrechung der Arbeit während der Ruhestunden oder der Nacht die noch unverwendeten Pflanzenvorräthe genügend verwahren lasse. Die Zeiten für den Beginn, die Unterbrechung, wie für die abendliche Beendigung der Arbeit sind genau einzuhalten; unzulässig ist namentlich hiebei das Versprechen einer früheren Entlassung vom Arbeitsplatz, falls ein gewisses Arbeitsmaß zuvor geleistet sei, weil sonst zu schnell und deßhalb schlecht gearbeitet wird. Die vom Aufseher zu gebenden Befehle und Weisungen müssen bestimmt gefaßt und wo möglich auch an eine bestimmte Person gerichtet sein;[1]) er muß für die ganze Arbeiterkompagnie denken und das gehörige Ineinandergreifen der verschiedenen Verrichtungen veranlassen, rechtzeitig die erforderlichen (aber auch keine zu großen) Pflanzenvorräthe zur Stelle schaffen lassen, unnöthiges Hin- und Herlaufen verhindern; bei Verwendung von Kulturerde stets den kürzesten Weg vorschreiben, auf welchem dieselbe beizuschaffen ist u. s. w. Es ist also sehr wichtig für diesen Zweck, zuverlässige, verständige und gut geschulte Leute zu verwenden, welche sich auch die nöthige Autorität zu verschaffen wissen.

Kontrolirt man den Fortgang der Arbeit nach der Zahl der verwendeten Pflanzen, so ist mehrfache Vorsicht geboten, um sich nicht täuschen zu lassen und um keine allzugroße, die sorgfältige Behandlung beeinträchtigende Hast in die Arbeit zu bringen; am sichersten ist die Kontrole in der Pflanzschule, wobei aber absichtliche und unabsichtliche Beseitigung von Pflanzen immerhin noch einige Unsicherheit verursachen kann.

[1]) „Unsicherheit im Befehlen erzeugt Unzuverlässigkeit im Gehorsam." Graf v. Moltke.

Viertes Kapitel.

Von der Verjüngung durch Stecklinge und Absenker und von der Veredlung.

§. 75.

Verjüngung durch Stecklinge.

Einzelne Holzarten, z. B. Weiden, Pappeln, Platanen 2c., lassen sich durch Einstecken von unbewurzelten Zweigen in die Erde fortpflanzen. Es werden zu diesem Zweck die Zweige von vollständig ausgereiftem, in der Regel einjährigem Holz im Nachwinter abgenommen; oben und unten an einem Auge, so daß diese beiden noch am Steckling bleiben, abgeschnitten und in ein lockeres, etwas feuchtes Bett 20—30 cm tief mit einem Setzholze schief eingesenkt, wobei noch zwei oder drei Augen über den Boden heraussehen sollen. Weiden lassen sich auf diesem Wege sehr leicht vermehren, auch die Pappeln mit Ausnahme der Silberpappel; diese geht am sichersten an, wenn der Steckling am untern Ende noch ein Wurzelstück mitbekommt, also von Wurzelausläufern genommen wird.

Bei Weiden und Schwarzpappeln, welche zu Kopfholz bestimmt sind, werden stärkere, 3—4jährige, 2—3 m hohe Aeste zu diesem Zwecke verwendet und gleich an den Ort ihrer Bestimmung eingesetzt. Man nimmt diese Setzstangen in der Regel etwas länger, als ihre Höhe künftig sein soll, weil meist am oberen Ende ein Stück eintrocknet; es ist von Vortheil, wenn man am untern Theil des einzusetzenden Astes noch etwas älteres Holz stehen läßt, weil dieser Theil leichter Wurzeln bildet. Diese Setzstangen werden 40—60 cm tief eingesetzt, wozu man vorher in lockerem Boden mit einem schweren Eisen Löcher in den Boden stößt; auf festem Boden gräbt man die Löcher. Beim Einsetzen der Stangen darf die Rinde an der untern Schnittfläche nicht losgestoßen werden. Auf trockenen und sehr nassen Stellen empfiehlt es sich, die Setzstangen mit einem Hügel von guter Erde zu umgeben. Wenn es möglich ist, sie bis in die Nähe des Grundwasserspiegels einzusenken, so sichert dies ihr Anwachsen sehr. — Wo im Frühjahr die Kulturstelle länger unter Wasser steht, empfiehlt es sich, die Setzstangen im Winter durch Löcher, die ins Eis eingestoßen werden, in den Boden zu bringen.

Die Stecklinge sind bis zu ihrer Verwendung an einem schattigen Ort aufzubewahren, damit sie nicht austrocknen; man gräbt sie zu diesem Zweck mit der untern Hälfte in die Erde ein; empfindlichere Holzarten (Platanen) dürfen dem Frost nicht ausgesetzt sein. Vor dem Einstecken werden sie manchmal einige Tage ins Wasser gestellt, was das Anwachsen begünstigt. Beim Einsetzen ist darauf besonders zu sehen, daß sie fest mit Erde umgeben werden und daß namentlich die untere Schnittfläche mit Erde satt in Verbindung kommt.

Einzelne Holzarten, z. B. Akazien, Weißerlen, Silberpappeln ꝛc., lassen sich durch Wurzelstücke fortpflanzen. Es geschieht auf ähnliche Weise, wie bei den Stecklingen, wenn diese Vermehrung regelmäßig betrieben werden soll. Manchmal geschieht es aber mehr zufällig, indem beim Ausheben von Akazien ein Theil der Wurzeln im Land zurückbleibt und da wieder frische Pflanzen bildet.

§. 76.

Absenker.

Bringt man einen mit dem Stamm in Verbindung bleibenden Ast etwa 10—15 cm tief in die Erde und läßt ihn mehrere Jahre ruhig darin, so werden sich an demselben bei den meisten Holzarten und zwar bei den weichen Laubhölzern am frühesten, bei den Nadelhölzern am spätesten Wurzeln bilden. Auf diese Weise kann sich der Ast als Absenker zur selbstständigen Pflanze entwickeln, wenn er nach erfolgter Bewurzelung vom Mutterstamm getrennt wird.

Für den Niederwald ist früher diese Vermehrungsart zur Wiederbestockung von Blößen empfohlen worden; man biegt etliche Jahre vor der Schlagstellung einzelne Aeste herunter, gräbt sie so in die Erde ein, daß die Spitze des Zweiges noch etwa 0,5 m lang heraussieht und trennt sie vom Mutterstamm, wenn sie sich bewurzelt haben. Die Wurzelbildung wird gefördert durch eine leichte Verletzung der Rinde auf der nach unten gerichteten Seite des Astes, oder auch durch einen senkrechten Schnitt bis aufs Mark und ein stückweises Spalten des Astes; die Rinde muß aber dabei in Verbindung mit dem Holze bleiben und dieses halb abgespaltene Stück muß mit der Spitze des Zweiges in ununterbrochenem Zusammenhang stehen. — Neuerdings wurde diese Verjüngungsweise als ungenügend bezeichnet, weil die damit erzogenen Pflanzen weniger dauerhaft sein sollen, dem Verfasser sind aber Verhältnisse bekannt, wo sie im Eichenschälwald mit gutem Erfolg zur Anwendung kam (Centralbl. f. d. ges. Forstwesen 1882 S. 410).

Auch bei Buchen hat dieses Verfahren in hiesiger Gegend sich recht gut bewährt und dürfte es namentlich im Nieder- und Mittelwald größere Beachtung verdienen als ihm bisher zu Theil geworden.

§. 77.

Von der Veredlung.

Die Veredlung hat den Zweck, Eigenthümlichkeiten einer Unterart oder Varietät, die sich durch Samen nicht constant erhalten lassen, auf andere Individuen der gleichen Art, welche diese Merkmale nicht besitzen, zu übertragen; sie wird bloß bei solchen Pflanzen angewendet, die sich durch Stecklinge und Absenker nicht so leicht vermehren lassen.

Die Hauptsache, worauf es bei der Veredlung ankommt, besteht darin, den Wildling und das Edelreis in eine solche Verbindung zu bringen, daß die gleichnamigen Theile der beiden Holzkörper und namentlich die Cambiumschichten genau mit einander in Berührung kommen, um hernach mit einander zu verwachsen.

Die Veredlung liegt nur ausnahmsweise in der Aufgabe des Forstmanns und es kann daher die nähere Beschreibung derselben um so mehr umgangen werden, als die nothwendigen Handgriffe doch erst durch längere Uebung sich erlernen lassen. Dagegen sollte es der Forstwirth sich zur Aufgabe machen, die Nothwendigkeit einer Veredlung zu beseitigen und die Erziehung von constanten Abarten zu bewirken, welche die wünschenswerthen Eigenschaften bei der Vermehrung durch Samen beibehielten.

So gut dies bei den landwirthschaftlichen Gewächsen mit der Zeit gelungen ist, so gut dürfte es auch bei den Waldbäumen gelingen, freilich ist ein größerer Zeitraum dazu erforderlich. Namentlich wäre ein Werth auf solche individuelle Eigenthümlichkeiten zu legen, die eine größere Verbreitung des betreffenden Baumes begünstigen, wie z. B. der spätere Laubausbruch, wodurch die gefährliche Periode der Spätfröste leichter überstanden wird, der Mangel an Dornen bei der Akazie rc. Vergl. die Vorschläge des Verf. in der Allgemeinen Forst- und Jagdzeitung. 1848, S. 325. 1861, S. 89 und Centralblatt f. d. ges. Forstwesen. 1875, S. 147. 1876, S. 462.

Fünftes Kapitel.

Anhang zur künstlichen Verjüngung.

§. 78.

Befestigung von Böschungen, Erdrutschen, Flußufern und Wildbächen.

Der Forstmann hat öfter auch Kulturen vorzunehmen, bei welchen die Holzerziehung Nebensache ist und andere Rücksichten maßgebend sind, dahin gehören die Befestigung von Böschungen, Erdrutschen, Flußufern und die Verbauung von Wildbächen, sodann die Bindung des Flugsandes, Anlage von Hecken und von Waldmänteln oder Schutzstreifen.

Bei der Befestigung von Böschungen ist zunächst auf gehörige Ableitung des Wassers hinzuwirken; namentlich sind verborgene Quellen aufzusuchen und die Wasser in Drainröhren oder durch Sickerdohlen abzuleiten. — Ist die Böschung sehr steil und läßt sich ihr eine mäßige Neigung nicht geben, so muß man strauchartige, möglichst tiefwurzelnde Holzarten anziehen; es eignet sich hiezu auf nassem Boden besonders die Weißerle, weil sie Wurzelbrut treibt, ebenso auf minder nassen Stellen die

Aspe, die strauchartigen Weiden und die Alpenerle. Die Weiden können als Stecklinge oder sogar in der Form von Flechtzäunen eingesetzt werden, was besonders da von Werth ist, wo die Bodenoberfläche nicht wund gemacht werden soll. Auf trockenem Boden sind zu wählen Akazien, Birken, Haseln, Legföhren; auf rohem frisch aufgeschlossenem sogen. todtem Boden gedeiht die Sahlweide am besten. Einem engeren Pflanzverband ist dabei der Vorzug zu geben.

An Straßen und Eisenbahnen sollen die Böschungen oft nur mit niedrig bleibendem Gesträuch bepflanzt werden. Hiezu eignen sich auf sandigem Boden Besenpfriemen, Ginster, Wachholder und Heiden; auf thonigem Boden zur Noth auch noch Wachholder, Cytisus nigricans, Ligustrum vulgare oder die Hauhechel (Ononis spinosa), auf nassem Boden die Alpenerle, Garnweide (Salix aurita). Oefters ist auch die Ansaat von Luzerne, Esparsette oder einer passenden Grasmischung genügend, doch kommt bei Grassaaten ein Abrutschen leicht vor, weil die Wurzeln nicht tief gehen, man muß daher Bäume oder Sträucher einzeln dazwischen pflanzen; noch besser ist es, wenn man Stecklinge einbringen kann, weil dabei eine Lockerung des Bodens vermieden wird. An steilen Böschungen und an nassen Stellen dürfen die gepflanzten Holzarten nie baumartig werden, weil sonst ihre Schwere das Abrutschen befördert.

Bei Erdabrutschungen ist zunächst die Ableitung des Wassers aus dem Bereich des bewegten Terrains mit besonderer Sorgfalt vorzunehmen; hierauf hat möglichst bald die Bepflanzung in der oben angegebenen Weise zu folgen, wobei Holzarten, welche Nässe gut ertragen, zu bevorzugen sind.

Zur Sicherung der Flußufer eignen sich vorzüglich Erlen und Weiden, auch Pappeln und andere rasch wachsende Holzarten; nur darf man solche Hölzer, die baumartig werden, nicht zu nah an die Ufer bringen, weil sie sonst leicht von der Strömung unterwaschen werden. Es ist hiebei so rasch und so dicht als möglich ein Bestand anzuziehen. Mit Erlen kann man auf wundem, schlammigem Boden eine Saat versuchen, bei den Weiden sind Stecklinge einzubringen; dieselben müssen lang genug sein, um noch in den feuchten Untergrund hinabzureichen und so eingesteckt werden, daß das Wasser leicht über sie wegströmen kann. Diese Kulturarbeiten dürfen erst dann vorgenommen werden, wenn die Hochgewässer im Frühjahr verlaufen sind. Auf sandigen, trockenen Stellen ist der Seekreuzdorn anzuziehen; auch gedeiht da noch Salix argentea und repens, so wie die Akazie. Die Silberpappel und Aspe sind namentlich wegen der Wurzelausläufer sehr zu empfehlen, sie erfordern aber schon einen bessern Boden und lassen sich nicht so leicht durch unbewurzelte Stecklinge fortpflanzen; die Wurzelausläufer von alten Stämmen wachsen aber sicher an.

Handelt es sich um Beförderung der Verlandung in Altwassern, so sind zu dem Zwecke zunächst Schlammfänge anzulegen; man gräbt nämlich auf 30—40 Fuß Entfernung frischgehauenes 6—7 Fuß langes Weiden- und Pappelnreisig 2 Fuß tief reihenweise in den Boden ein, wobei man zwischen den einzelnen Aesten einen genügenden Raum läßt, damit das Wasser möglichst ungehindert durchziehen kann. Die Reihen müssen rechtwinklig auf die Strömung gerichtet werden, und das Reis muß mit dem untern Ende in einem spitzen, stromaufwärts gerichteten Winkel eingelegt oder eingesteckt werden. Auch durch nesterweises Eingraben von Weidenreisig in 0,5 m tiefe, etwa 1 m weite und 3—5 m von einander entfernte Gruben läßt sich derselbe Zweck erreichen.

Die Verbauung von Wildbächen ist, wenn es sich um weit vorgeschrittene Verwüstungen handelt, kaum noch Sache des Forstmannes;[1]) jedenfalls muß sich derselbe für solche wichtigere Unternehmungen den Rath eines erfahrenen Wasserbautechnikers einholen. Mustergiltig sind die in Frankreich und in den Schweizer, neuerdings auch in den oesterreichischen Alpen ausgeführten Verbauungen.

Dem Forstmann des Gebirges liegt aber die sehr wichtige Verpflichtung ob, es nie so weit kommen zu lassen, daß man die Hülfe des Wasserbautechnikers in Anspruch nehmen muß; es ist hier eine der nützlichsten Wirkungen des Waldes, daß er den Boden bindet und vor Abschwemmung schützt, die Bildung von Wildbächen hindert. Der Forstmann kann also durch die Ausübung seines Hauptberufes schon vielen Schaden verhindern; nebenbei aber muß er darauf bedacht sein, die auf Kahlschlägen, Blößen ꝛc. sich bildenden kleineren Rinnsale als die Anfänge des größeren Uebels rechtzeitig zu beseitigen, oder durch Einstellen von Geflechten, steinernen Querdämmen ꝛc. den Wasserlauf zu reguliren; nebenbei aber auch durch baldige Wiederbestockung der Verjüngungsflächen sich im neuen Bestand ein weiteres Mittel zur Abwehr heranzuziehen.

§. 79.

Bindung des Flugsandes.[2])

Hiebei ist zu unterscheiden zwischen Bindung der Dünen an der Meeresküste und der Sandschollen im Binnenland. — Erstere geschieht durch Anpflanzung von Sandhafer (Elymus arenarius), von Sandrohr (Arundo arenaria), oder von Heidekraut (3jährig mit dem Ballen ausgehoben). Die Holzkultur verspricht nur in geschützteren Lagen unter Ver-

[1]) v. Seckendorff, Verbauung der Wildbäche, Aufforstung und Berasung der Gebirgsgründe. Wien, 1884, Wilh. Frick. — Demontzey, Studium über die Arbeiten der Wiederbewaldung und Berasung der Gebirge, übersetzt von Seckendorff. Wien, 1880. C. Gerold.

[2]) Krause, Der Dünenbau auf der Ostseeküste West-Preußens. Berlin, 1850. — Tharandter Jahrbuch, XII., S. 86. — Wessely, Der europäische Flugsand und seine Kultur. Wien, Faesy & Frick, 1873.

wendung von Ballenpflanzen mit nachfolgender Reisdeckung Erfolg; doch dürfte an exponirten Stellen die Legforche noch gedeihen. — Steilen, vom Wind angebrochenen Flächen ist eine gleichmäßige sanfte Neigung von höchstens 25—30 Graden zu geben. Der Weidgang des Viehes, selbst das Betreten durch Menschen, ist ganz auszuschließen; namentlich sind die Hohlkehlen zu schonen, und werden deßhalb in den bedrohteren Orten Einfriedigungen angelegt.

Bei Flugsand im Binnenland sind letztere Maßregeln ebenfalls nothwendig. Wo der Sand sehr flüchtig ist, deckt man denselben mit Heidegestrüpp, Aesten ꝛc. (diesen ist stets eine solche Lage zu geben, daß die Abhiebsflächen dem Winde zugekehrt sind, auch ist es manchmal nothwendig, dieselben zu beschweren), oder man belegt die Fläche netz- und schachbrettförmig mit im Herbst beigeführten etwa 30 cm im Quadrat haltenden Plaggen und pflanzt im Frühjahr in die Winkel der Netze oder in die Plaggen selbst. Die früher allgemein empfohlenen Coupierzäune werden nur noch ausnahmsweise angewendet, um Wege ꝛc. vor dem Ueberwehtwerden zu schützen. Die Kultur hat in allen Fällen auf der vom Wind am meisten bedrohten Seite zu beginnen; die Pflanzen sollen etwas tiefer eingesetzt werden als sie früher standen.

In Norddeutschland wird der Flugsand meist durch Kiefernpflanzung gebunden; theils verwendet man Pflanzen mit Ballen, theils solche mit entblößten Wurzeln, vorherrschend einjährige, theils unter Benützung von Füllerde. Bei Erziehung der Pflänzlinge hat man mit besonderer Sorgfalt auf tiefgehende Bewurzlung hinzuwirken und bei der Pflanzung in oben angegebener Weise alles, was den Erfolg sichern kann, zur Anwendung zu bringen. — In Ungarn verwendet man auch Akazien oder Stecklinge der canadischen Pappel und steckt dieselben in quer vor den Wind gelegten Reihen schief mit dem untern Theil gegen den Wind, so daß derselbe darüber weggeht. Die Akazie schließt sich viel dichter und giebt einen reichlichen Laubabfall, verdient deßhalb den Vorzug vor der nur einen geringen Schluß bildenden canadischen Pappel.

§. 80.

Anlage von Hecken, Windmänteln und Baumalleen.

Für die Anzucht von Hecken[1]) wurde früher die Saat empfohlen, es verdient aber die Pflanzung schon darum den Vorzug, weil sie bälder einen Erfolg verspricht. — Handelt es sich um Erzielung eines Schutzes gegen Menschen oder größere Thiere, so gewähren die Baum- und Straucharten

[1]) Rudolph Fischer, Die Feldholzzucht. Berlin, 1878. Wiegand und Hempel. — A. v. Lengerke und Gloger, Anleitung zur Anlage, Pflege und Benutzung lebendiger Hecken. Leipzig, 1860.

mit Stacheln und Dornen die größten Vortheile. Hieher sind zu rechnen: der Weißdorn, die Akazie, der Sauerdorn (wo derselbe nicht zu nahe an Getreidefelder zu stehen kommt, da er den Getreiderost veranlaßt), der Kreuzdorn, Stechpalmen und Wachholder. Außer diesen liefern Hainbuchen, Rothbuchen, Fichten, Weißtannen, der Bocksdorn (Lycium), die gelbe Schote (Robinia Carragana) ein gutes Material zu Hecken, die beiden letztgenannten gedeihen auch noch auf leichteren Sandböden. Lonicera tartarica empfiehlt sich namentlich aus dem Grunde, weil es sich auf einfachstem Wege durch Stecklinge anziehen läßt; auch bei Weiden, welche auf nassen Böden zu diesem Zweck kaum entbehrt werden können, geschieht die Anzucht in solcher Weise. — Es ist darauf zu sehen, daß die gewählte Holzart keine Wurzelbrut treibt, was unter den obigen nur beim Bocksdorn vorkommt, der aber auf Sandboden nicht leicht durch etwas anderes zu ersetzen ist.

Die Pflanzung in ausgehobene und nachher wieder eingefüllte Gräben ist am sichersten und man hat dabei Gelegenheit, die Anlage so zu machen, daß ein gewisser Verband hergestellt werden kann, indem man an beiden Rändern des Grabens je eine Reihe pflanzt, wovon die eine Pflanze immer gegenüber der Mitte von zwei andern Pflanzen der zweiten Reihe zu stehen kommt. Die Tiefe des Umbruchs richtet sich nach dem Bedürfniß der gewählten Holzart. Die Laubholzpflanzen können zwar schon älter sein, müssen aber in dem Fall sehr kurz als Stummel geschnitten werden; dadurch wird bezweckt, daß sich tief unten am Boden viele Ausschläge bilden, welche später nach beiden Seiten hin umgebogen und mit denen des nächsten Stammes zusammengebunden werden, so daß sie möglichst nahe am Boden bleiben. Dieses Geschäft ist sehr sorgfältig vorzunehmen, indem das Versäumte später nicht wieder nachgeholt werden kann. Jüngere Laubholzpflänzlinge können, statt senkrecht eingesetzt, schief oder mehr horizontal, aber nicht zu tief in den Boden gelegt werden, so daß dann die Seitenzweige in die Höhe treiben, um eben so viele Pflanzen zu ersetzen.

Wenn die gewählten Holzarten sehr rasch wachsen, so ist es nothwendig, die Zweige schon im ersten Sommer gegen die nebenstehenden Stämme hinzubiegen, oder durch Beschneiden des Gipfels das Höhenwachsthum mehr zurückzuhalten. Von den Nadelhölzern sind jüngere, zwei- bis dreijährige oder solche, die von jeher frei gestanden, zu wählen, damit die nothwendige Entwicklung der Seitenzweige nicht fehlt. Der Gipfel ist beim Verpflanzen in halber Länge des letztjährigen Triebes abzuschneiden und alle Sorgfalt darauf zu verwenden, daß die untern Zweige erhalten werden. Im zweiten und dritten Jahr, oft auch noch im vierten ist mit dem Einflechten der Seitenzweige und dem Zurückschneiden der Gipfeltriebe fortzufahren. Wenn die Hecke die gewünschte Höhe erreicht hat, so wird sie mit der Scheere beschnitten, wozu Anfangs August die beste Zeit ist. — Die Regeneration der Laubholzhecken geschieht einfach durch Abhauen der alten Stämme, wodurch ein dichter Stockausschlag veranlaßt wird, bei welchem übrigens die Entwicklung von Seitenästen durch zeitiges Beschneiden ebenfalls gehörig befördert werden muß.

Die Erziehung eines Waldsaumes zum Schutz gegen die Winde kann sowohl für den Forst- wie für den Landwirth nöthig werden. Es handelt sich hiebei vor Allem um die Wahl einer passenden Holzart, dieselbe muß vermöge ihrer tiefen Bewurzlung dem Wind gehörig Widerstand leisten. Nadelhölzer eignen sich weniger, weil sie nicht in dem Grade widerstandsfähig sind, dagegen halten sie namentlich auch im Winter den Wind sehr gut ab. Je schmäler der anzulegende Waldstreifen ist, um so mehr muß man zu tief wurzelnden Holzarten greifen und auf dem gegen die Windseite gerichteten Trauf die Astbildung begünstigen, den Höhenwuchs aber mehr zurückhalten. Dies geschieht hauptsächlich durch einen von Jugend an freien Stand, oder durch öfteres Abschneiden des Gipfels. Wenn man die anzulegende Fläche der Länge nach in zwei Theile theilt, in der dem Wind zugewandten Hälfte des Streifens die Pflanzen von Jugend an frei stellt und sobald sie mit den Zweigen dichter in einander greifen, die Verbindung durch Herausnahme einzelner Stämme wieder aufhebt, so wird sich hiedurch schon einiger Schutz für die zweite, rückwärts liegende Hälfte des Streifens erzielen lassen. Auch auf dieser müssen die Bäume in ihrer Jugend längere Zeit frei gestanden sein, damit ihr Wurzelsystem sich gehörig ausbreitet. Ist dies geschehen, so soll auf diesem Theil ein mäßiger Schluß eintreten und thunlichst erhalten werden. Ein Femelbetrieb bei Weißtannen, Fichten und Buchen, oder ein Mittelwaldbetrieb mit Eichen und Buchen dürfte diese Zwecke am sichersten erreichen lassen. Es kann bei solchen Kulturen natürlich nur die Pflanzung im weiteren Verband Anwendung finden.

In Dänemark legt man solche Windmäntel in der Art an, daß man auf der exponirten Seite zuerst einen Streifen strauchartig bleibender Holzarten erzieht, dann folgt ein Streifen von Halbbäumen und zuletzt ein dritter mit Bäumen zweiter oder erster Größe. Zu ersterem eignen sich Legforchen besonders gut; von den Bäumen geben die Weymuthskiefern die dichteste Wand. In Norwegen erhalten die in exponirten Lagen anzuziehenden Fichtenbestände in der Weise einen windsichernden Trauf, indem man zu äußerst 3—4 Reihen Krummholzkiefern, dann 3 Reihen Abies alba (Michaux) und darauf 3 Reihen Schwarzkiefern anzieht, denen auf gutem Boden noch einige Reihen Weißtannen vorangestellt werden. In allen Fällen muß man die Kultur möglichst sorgfältig ausführen, gute Pflanzen wählen, Füllerde zu Hülfe nehmen ꝛc.

Zu Baumalleen an Fahrwegen, Dämmen, Feldrändern ꝛc. empfehlen sich in all den Fällen, in welchen man Obstbäume nicht verwenden will oder kann, die canadische und italienische Pappel, wilde Kastnie, Linden (jedoch nur großblättrige), Eschen, Ulmen, Ahorne, Eichen ꝛc., in milderen Gegenden auch noch die amerikanische Platane, der Silberahorn, der Götterbaum (Ailanthus glandulosa) u. a. Die Silber- und Balsampappel erwachsen zwar zu sehr schönen Bäumen, werden aber durch ihre Wurzelausläufer den anstoßenden Grundstücken sehr lästig; ebenso die Schwarzpappel, diese bildet überdieß keinen schönen Baum, wächst langsam und giebt ein schlechtes, wenig gesuchtes Holz. In sehr hohen Lagen sind Vogelbeer- und Mehlbeerbäume oder die Aspe und Birke zn empfehlen, letztere insbesondere auch an frequenten Straßen zu leichterer Orientirung in dunkeln Nächten. Auf sehr nassem, moorigem Boden sind Erlen, Birken, Weiden (Salis alba et fragilis) oder Aspen zu benützen und zu hügeln, was auch in sonstigen Oertlichkeiten von guter Wirkung ist.

Canadische und zur Noth auch italienische Pappeln können durch Setzstangen (wie Weidenkopfholz) an Ort und Stelle erzogen werden; besser ist es aber, wenn man auch diese Holzarten aus Stecklingen von einjährigem Holz in Pflanzschulen erzieht und als Heister verpflanzt; dies ist bei der Platane unbedingt nöthig, von welcher nur etwa die Hälfte der Stecklinge anwächst, in trockenen Jahren oft noch weniger. Die Silber- und Balsampappeln werden durch Wurzelausläufer vermehrt, welche zur weiteren Entwicklung ins Pflanzbeet kommen. Die übrigen Arten werden aus Samen erzogen.

Zweiter Abschnitt.

Natürliche Verjüngung. Holzzucht.

§. 81.

Anwendbarkeit der natürlichen Verjüngung.

Dieselbe ist mit Rücksicht auf den Erfolg nothwendig:

1) bei Holzarten, welche in der Jugend längere Zeit Schutz verlangen und nur unter ganz ausnahmsweise günstigen Verhältnissen ohne solchen im Freien erzogen werden können, z. B. bei der Buche und Weißtanne;

2) in rauheren Lagen, insbesondere im Hochgebirge, auch bei andern Holzarten;

3) bei einzelnen Betriebsarten, z. B. beim Femelbetrieb, zum größten Theil auch beim Nieder- und Mittelwald.

Sie ist vom forstwirthschaftlichen Standpunkt aus zu empfehlen:

1) in Verhältnissen, wo die künstliche Kultur durch Terrain- und Bodenverhältnisse erschwert ist, z. B. an steilen Hängen, auf felsigem Boden ꝛc.;

2) bei extensivem Betrieb und mangelnden Kulturmitteln, niedrigen Holzpreisen;

3) unter Verhältnissen, wo die Samenjahre häufig sind und der Boden den jungen Pflanzen viele Nahrung bietet, welche beim längeren Bloßliegen und durch die Bearbeitung verloren ginge;

4) wo viel gesunder Vorwuchs vorhanden ist.

Sie ist nicht ausführbar:

1) auf großen Blößen, wo von der Natur aus kein Samen hingelangen kann;

2) wenn eine andere Holzart angezogen werden soll, als die vorhandene;

3) wenn die zu verjüngende Holzart nicht mehr, oder noch nicht genügend Samen trägt;

4) beim Niederwald, wenn die Stöcke nicht mehr ausschlagen;

5) wenn der augenblickliche Zustand des Bodens das Keimen des Samens und das Gedeihen der jungen Pflanze durch zu große Nässe, zu dichten Unkräuterüberzug ꝛc. hindert.

Es kommen übrigens die weiteren hiebei maßgebenden Verhältnisse unten in der Betriebslehre noch besonders zur Sprache.

Erstes Kapitel.

Vom Hochwald.

§. 82.

Methoden der natürlichen Verjüngung.

Die natürliche Verjüngung im Hochwald kann und muß auf verschiedene Weise erfolgen, je nach den verschiedenen Ansprüchen der einzelnen Holzarten, und den einzelnen Faktoren der Standortsverhältnisse (Klima, Lage und Boden).

Als Verjüngungsmethoden sind aufzuführen:

I. schlagweise Verjüngungsarten, bei welchen der Schutz- und Besamungsbestand jeweils auf der ganzen Fläche durchgehends die gleichen Lichtungsgrade erhält. Dabei unterscheidet man wieder

1) die langsame Verjüngung mittelst eines Dunkel- oder Besamungsschlages, öfter wiederholten Lichtschlägen und eines Abtriebsschlags, 15 bis 20 Jahre dauernd; kommt hauptsächlich für Weißtannen in Anwendung, in Hochlagen auch für Fichten und Buchen;

2) die raschere Verjüngung mittelst Dunkelschlages und nur einmaliger Lichtung vor dem Abtriebsschlag; 6 bis 12 Jahre dauernd, für Fichten, und in milderem Klima für Buchen und Tannen;

3) die schnelle Verjüngung, bei der bloß zwei Hiebe erfolgen; 3 bis 6 Jahre in Anspruch nehmend, für Fichten in exponirten Lagen, für Kiefern und Eichen;

4) die Absäumungen: in schmalen, kahlgehauenen Streifenschlägen, wobei die Besamung von der Seite her erfolgen soll, für Fichten und Kiefern auf nicht zu stark verfilztem Boden;

5) die Verjüngung in großen Kahlhieben, wobei jedoch in der Regel eine umfangreiche künstliche Nachhülfe stattfinden muß, wenn nicht zu viele Zeit verloren gehen soll; sie wird als unwirthschaftlich mit Recht überall verlassen, sobald ein intensiverer Betrieb Platz greift;

6) die Verjüngung in Coulissenschlägen, wobei zwischen dem stehenden Holze schmale Streifen kahl abgeholzt werden, und wenn diese besamt sind, das stehen gebliebene alte Holz ebenfalls weggenommen wird, hat nur noch historisches Interesse.

II. die horstweise Verjüngung oder der Löcher- (auch Kessel-) hieb, wobei die Bestände gruppen- und horstweise in Angriff genommen und in längeren Zeiträumen von 30—50 Jahren verjüngt werden.

Sogenannte Vorbereitungsschläge sind bei allen vier Verjüngungsmethoden zulässig.

§. 83.

Allgemeine Regeln für die Schlagführung.

a) In vollkommenen, regelmäßigen und reinen Beständen.

Als allgemeine Regeln für die sämmtlichen Verjüngungsmethoden gelten folgende:

1) In allen Fällen ist ein guter Schluß des Schlagrandes und die volle Beastung der Traufbäume auf den der Mittagshitze und den Stürmen ausgesetzten Seiten möglichst lange zu erhalten. Auch auf exponirten Stellen im Innern der Bestände ist ähnliche Vorsicht geboten. Ein Aufhieb des Traufs an der Ostseite ist dagegen der Verjüngung förderlich, weil das Seitenlicht das Ankommen des Nachwuchses begünstigt.

2) In größeren Beständen, bei welchen sich die einzelnen Hiebsarten nicht jeweils auf die ganze Fläche erstrecken können, schreitet die Verjüngung in der Art vor, daß die verschiedenen Bestandsformen in folgender Ordnung vertreten sind: Auf der gefährdeten West- oder Nordwestseite liegt der noch unangegriffene geschlossene Theil des Bestandes mit gut erhaltenem Trauf; daran reiht sich der Vorbereitungsschlag, an diesen der Besamungsschlag, dann die Lichtschläge mit gegen Osten immer schwächer werdendem Schutzbestand und zuletzt der freigestellte Jungwuchs in ansteigender Altersfolge.

Die Scheidelinien zwischen diesen verschiedenen Lichtungsgraden haben in gerader Richtung parallel mit einander, aber senkrecht auf die gefahrdrohende Windströmung zu verlaufen.

3) Die sorgfältige Erhaltung der Laub- und Moosdecke mindestens 8—10 Jahre vor Beginn und über die ganze Dauer der Ver-

jüngung ist eine Hauptbedingung des Gelingens der natürlichen Besamung. Nur ausnahmsweise ist die Decke so stark, daß sie hinderlich wird (unten §. 84 Ziff. 3).

4) Auf mageren Stellen innerhalb eines natürlich zu verjüngenden Bestandes, wo die künstliche Verjüngung geboten ist, hat die Einlegung des Verjüngungshiebes so lange zu unterbleiben, bis die künstliche Nachhülfe wirklich eintreten kann und soll.

5) Ueber dem eigentlichen Verjüngungszweck darf aber das ökonomische Ziel der ganzen Wirthschaft nicht aus dem Auge verloren werden. Die hiebei zulässige Anstrebung einer Steigerung des Geldertrages ist eine mindestens gleichberechtigte Aufgabe der Schlagführung. Von diesem Gesichtspunkt aus empfiehlt es sich, immer die hiebsreifsten und stärksten Stämme zuerst (selbstverständlich nicht zu viel und nicht zu nahe nebeneinander) herauszuziehen, während man häufig noch sehen kann, daß aus übel angebrachter Aengstlichkeit die Verjüngungshiebe anfänglich nur wie stärkere Durchforstungen geführt und auf das schwächere Holz beschränkt werden. Ein erfahrener Wirthschafter wird bei der Auswahl der überzuhaltenden Stämme schon an deren Aussehen erkennen, ob sie zu den frohwüchsigen und dauerhaften gehören; dies läßt sich vermuthen bei Stämmen mit schwachem Wurzelanlauf, wenig abfälliger Form des Stammes, genügend entwickelter Beastung, kräftigem Höhenwuchs, üppiger Belaubung, glatter Rinde 2c. Auch der Anfänger in der Praxis wird sich durch aufmerksame Beobachtung an gefällten Stämmen bald so weit unterrichten, daß er annähernd den Zuwachsgang äußerlich schon zu erkennen vermag. Außerdem haben wir an dem Preßler'schen Zuwachsbohrer ein vortreffliches Hülfsmittel, um an einem aus dem Stamm herausgebohrten Spahn den Gang des Zuwachses in den letzten Jahren zu prüfen.

6) Die Auszeichnung im Laubholz geschieht am zweckmäßigsten, so lange die Bäume noch belaubt sind, weil während dieser Zeit der zu gebende Lichtungsgrad besser bemessen werden kann. Die im Winter ausgezeichneten Schläge werden in der Regel schon im nächsten Sommer zu dunkel erscheinen.

7) Die erste Auszeichnung eines Besamungsschlages bereitet dem in die Praxis neu eintretenden Anfänger mancherlei Schwierigkeiten, welche aber an der Hand nachstehender vom Oberforstmeister G. Kraft in Hannover gegebenen Anleitung leicht zu überwinden sind, weßhalb wir dieselbe wörtlich hier folgen lassen: „Was die Ausführung der Samenschlagstellung selbst anlangt, so wird namentlich der Anfänger sich vor Beginn derselben ein eventuell durch kleine Probehauungen zu verdeutlichendes Bild von der projektirten Unterbrechung des Kronenschlusses einzuprägen haben. Sodann nimmt man langsam und in schmalen Abständen (um so schmäler je stärker die Bestände noch gefüllt sind) hin- und zurückschreitend und nur die Kronen ins Auge fassend, eine kleine Bestandespartie (eine Gruppe von 4 bis 8

Stämmen[1]) vor, merkt sich zunächst die Stämme, welche wegen angrenzender Lücken 2c. jedenfalls stehen bleiben müssen, und projektirt nun die Auslichtung der Parthie nach Maßgabe des nach obigem Verfahren annähernd festgesetzten Kronenabstandes. In zweifelhaften Fällen betrachtet man die betreffende Parthie von zwei entgegengesetzten Seiten. Zu einer zweiten Bestandesgruppe fortschreitend betrachtet man die Randstämme der ersten, soweit sie nicht zum Aushiebe bestimmt sind, als Anfangsglieder der zweiten Gruppe 2c. Es kann kommen, daß die für die letztere passendsten Aushiebe mit den für die erste Gruppe projektirten nicht recht harmoniren wollen, und daß man für beide Gruppen einen andern Schlagstellungsmodus als besser erkennt. In diesem Fall muß man die Auszeichnung der ersten Gruppe modifiziren, man wird aber alsdann die beiden ersten Gruppen der dritten gegenüber in der Regel als feststehend ansehen müssen, weil sonst die Aenderungen wegen der Rückwirkung auf die erste kein Ende haben würden. — Die zu nutzenden Stämme bekommen am Wurzelhalse einen Schalm zum Waldhammerschlage und einen leichten Schalm etwa in Brusthöhe an derjenigen Seite, nach welcher man fortschreitet und an der man demnächst zurückkehrt."

Anzufügen wäre etwa nur noch, daß das Hülfspersonal in der Richtung mitwirken soll, indem es rechtzeitig auf alle kranken und beschädigten Stämme aufmerksam macht.

8) Gewöhnlich ist selbst der geübteste Praktiker nicht im Stande, sogleich mit der ersten Auszeichnung überall den richtigen Lichtungsgrad herzustellen, es ist dies nicht einmal zweckmäßig, namentlich nicht, wenn bei Fällung stärkerer Stämme am Schutzbestand Beschädigungen zu befürchten sind, die sich bei schwierigem Terrain auch durch geübte Arbeiter nicht unbedingt vermeiden lassen. Deßhalb behält man sich eine Richtigstellung des Schlages oder Schlagrektifikation vor; man durchgeht nach Fällung der zuerst gezeichneten Stämme den Schlag und prüft nochmal, ob der nun hergestellte Lichtungsgrad in allen Theilen der richtige ist; wo die Beschattung zu stark scheint, werden noch einzelne Stämme herausgenommen, oder die stärker und tief herab beasteten entsprechend entastet.

12) Die Schonung des Nachwuchses während der Holzaufbereitung wird am sichersten erreicht, wenn die Fällungsarbeiten und die Abfuhr bei Schnee und nicht zu strenger Kälte vor sich gehen, oder doch das Holz womöglich durch die eigenen Arbeiter in dieser Zeit an die Wege angerückt und das Brennholz erst dort gespalten wird.

13) Die Entfernung der ausschlagfähigen Stöcke ist da, wo reiner Kernwuchs erzogen werden soll, besonders zu empfehlen, weil durch die erfolgenden Stockausschläge später die Samenpflanzen beeinträchtigt werden.

[1]) In stammreichen Beständen wird man diese Zahlen vielleicht verdoppeln dürfen und ebenso bei erlangter größerer Uebung in dieser Arbeit.

— Auf solchen Stellen, die dem Winde ausgesetzt sind, ist das Stockroden so lange zu unterlassen, bis der Schutzbestand entbehrlich wird; weil beim Ausgraben der Wurzeln auch solche von stehenden Stämmen abgehauen werden, wodurch dann diese den nöthigen Halt verlieren.

§. 84.

Vorbereitungsschlag.

Ein solcher hat den Zweck, die nachfolgende Verjüngung zu ermöglichen oder zu erleichtern, oder eine Zuwachssteigerung herbeizuführen; er ist nöthig:

1) Wenn die Bäume noch nicht fähig sind, Samen zu tragen, ohne gerade zu weit von der geeigneten Lebensperiode entfernt zu sein. Es ist bekannt, daß in geschlossenen Beständen die Bäume nicht so frühe Samen ansetzen, wie im freieren Stand; deßhalb wird durch eine Lichtung geschlossener Bestände die Samenbildung wesentlich befördert.

2) Wenn die Bewurzlung der Bäume und der Standort zweifeln lassen, ob die in freiere Stellung gebrachten Stämme den Stürmen widerstehen können. Im geschlossenen Bestand können sich die Wurzeln nicht so kräftig entwickeln, daß sie dem Stamme den erforderlichen festen Halt geben, wenn er plötzlich frei gestellt wird; außerdem stützen sich die Bäume im Schluß wenigstens bis zu einem gewissen Grad gegenseitig. Werden sie nun dieses Schutzes beraubt, ehe sie sich in den Wurzeln ausbreiten konnten, so fallen viele vor dem Wind; eine regelmäßige Stellung des Schlages läßt sich daher bei Bäumen, die unmittelbar zuvor im Schluß gestanden sind, nicht lange erhalten, und doch beruht auf einer solchen wesentlich der Erfolg der Verjüngung.

Die unter 1 und 2 aufgeführten Hiebe werden von Grebe Kräftigungshiebe genannt.

3) Wenn der Boden zur Aufnahme des Samens nicht gehörig vorbereitet, entweder zu hart (in Folge zu vielen Streurechens, Weidens u. dgl.), oder wenn die ihn bedeckende Moos- und Laubschicht zu tief ist und dem Würzelchen des keimenden Pflänzchens das Eindringen in den mineralischen Boden unmöglich macht. Wo Laub oder Moos zur Streu gesucht sind, kann man in letzterem Fall durch streifenweises Abharken leicht helfen, andernfalls braucht es oft lange Zeit, bis das Moos sich so weit als nothwendig vermindert hat; dann muß man eben den Vorbereitungsschlag frühzeitiger einlegen, wobei man auch noch an Lichtungszuwachs gewinnt. In anderen Fällen läßt sich ein schädlicher Bodenüberzug durch Eintreiben von Weidvieh, oder durch Abmähen mit der Sense, oder durch Ausrupfen unschädlicher machen, nur dürfen in den beiden ersten Fällen keine zu schonenden jungen Pflanzen vorhanden sein. Das äußerst schädliche Abplaggen ist nicht hieher zu zählen, weil es den fruchtbaren Theil des Bodens noch wegnimmt.

4) Nicht selten muß auch der Vorbereitungsschlag benützt werden, um vor der Verjüngung minder erwünschte und deßhalb zu verdrängende Holzarten vollends aus dem Wege zu räumen. Anderwärts hat er den weiteren Zweck, den Vorwuchs an eine freiere Stellung zu gewöhnen. Das unbedingte Weghauen des Vorwuchses in diesem Zeitpunkt ist selbst da, wo die höchste Regelmäßigkeit der zu erziehenden Bestände noch angestrebt werden sollte, entschieden ein wirthschaftlicher Fehler; denn der schwächere Theil desselben erholt sich oft noch rechtzeitig, deckt jedenfalls den Boden, stärkerer giebt guten Schutz, nicht bloß durch seine lichte Ueberschirmung, sondern auch bei der Stammholzabfuhr, welche dadurch in engeren Bahnen gehalten wird.

5) Auch die Rücksicht auf den Forsthaushalt, namentlich auf die Nachhaltigkeit der Nutzung bei den einzelnen Holzsortimenten, bedingt öfters noch die Führung eines Vorbereitungsschlages, wenn größere Unregelmäßigkeiten beim Eintreten der Samenjahre vorkommen, damit man beim Eintreten eines solchen nicht zu viel Material auf einmal zu schlagen hat, und doch eine größere Fläche zur Aufnahme der Besamung genügend lichten kann.

6) Bei Führung des Vorbereitungsschlages muß der Schluß in allen Fällen etwas unterbrochen werden; der Grad dieser Unterbrechung richtet sich nach den Zwecken, die man damit erreichen will. Wo es sich von der Vorbereitung eines trockenen, hart gewordenen Bodens handelt, ist natürlich nicht so licht zu stellen, wie da, wo eine zu starke Laub- oder Moosdecke rascher verwesen soll. In dem zu 1 bezeichneten Falle wird ebenfalls eine stärkere Unterbrechung des gedrängten Schlusses nothwendig werden, wenn die Bäume noch sehr jung sind. Es ist auch öfters nöthig, schon früher, z. B. bei der letzten Durchforstung, diese Zwecke ins Auge zu fassen, oder zwei Vorbereitungshiebe zu führen. Jedenfalls aber soll nie so stark gelichtet werden, daß eine Verrasung ꝛc. erfolgen kann.

Es ist, wie schon oben gesagt, auch hier nicht zu empfehlen, mit der Wegnahme von schwächeren oder unterdrückten Stämmen zu beginnen, weil dies die angestrebten Zwecke nur wenig fördert, und weil gerade die schwächeren Stämme den besten Schirmschutz geben und in günstigstem Zuwachs stehen; man wird vielmehr nur durch die Herausnahme einzelner stärkerer Stämme zum Ziele kommen, indem die zurückbleibenden, befreit von der drückenden Konkurrenz, schneller wachsen oder mehr Licht an den Boden gelangen lassen; auch schließen sich die etwa auf solche Weise entstandenen Lücken wieder bald so weit, als es für den gegebenen Zweck nothwendig ist; in dieser Zeit sind sie jedenfalls nicht so bedenklich als bei den späteren Schlägen. Wo einzelne Gruppen herrschender Stämme zu gedrängt stehen, soll deren Zahl ebenfalls entsprechend vermindert werden. Von älteren Waldrechtern und vorgewachsenen stark beasteten Stämmen sind schon jetzt so viele vereinzelt herauszuziehen, als es nach dem wünschenswerthen Lichtungsgrad zulässig ist. Müssen aber solche noch stehen bleiben, so darf in deren nächster Umgebung kein schwächeres Holz und namentlich auch kein Vorwuchs weggenommen werden, damit dieselben bei ihrer späteren Fällung keine zu große Lücke verursachen.

Als Regel ist ferner beim Vorbereitungs- und Dunkelschlag zu beachten, daß niemals zwei stärkere Stämme zugleich weggenommen werden, deren Schirmflächen sich unmittelbar berühren.

Sodann ist auch in Laubholzbeständen die möglichst lange Erhaltung der schwächeren Stangen geboten, weil sonst die Ausschläge von ihren zurückbleibenden Stöcken den Kernwuchs überholen und verdrängen.

7) Sofern es sich bloß um Rücksichten auf den Gang der natürlichen Verjüngung handelt, soll den Vorbereitungshieben nur diejenige Ausdehnung gegeben werden, daß man ihnen mit den ordentlichen Besamungsschlägen und den Nachhieben noch rechtzeitig folgen kann. — Zu große Angriffsflächen haben überhaupt mancherlei Nachtheile, namentlich können Fröste, Feuer, Insekten viel schädlicher einwirken, weßhalb man auch aus solchen Rücksichten niemals zu große zusammenhängende Flächen zugleich anhauen darf.

8) Neuerdings kommt aber die andere Wirkung des Vorbereitungsschlages immer mehr zur Geltung, die durch Verminderung der Zahl der herrschenden Stämme und deren freiere Stellung zu erlangende Zuwachssteigerung, der Lichtungszuwachs. Da aber dieses Verhältniß in engem Zusammenhang mit der Lehre von den Durchforstungen steht, so wird es dort ausführlicher besprochen werden.

§. 85.

Besamungs- und Lichtungsschlag.

Ersterer ist jeweils nach den Anforderungen der einzelnen Holzarten so zu stellen, daß die Besamung auf der ganzen Fläche vollständig erfolgen kann.

1) Der Grad der zur Besamnng nöthigen Lichtung richtet sich hauptsächlich nach der Schwere oder Leichtigkeit des Samens und zum Theil auch nach der Häufigkeit der vollen Samenjahre. Die Besamungsschläge in Buchen sind danach dunkler zu halten, als bei der Hainbuche; bei Weißtannen dunkler als bei Fichten ꝛc. An Hängen verbreitet sich der Samen von oben stehenden Bäumen weit abwärts; es läßt daher die Rücksicht auf die Besamung hier eine lichtere Schlagstellung zu.

2) Bei Kahlschlägen ist die Breite des Schlages nach der Möglichkeit des Samenüberwurfs zu bemessen, wobei die Wirkung der zur Zeit des Samenabfalls herrschenden Winde mit in Rechnung genommen werden darf.

3) Oefters ist bei Führung der Besamungsschläge die Rücksicht auf den künftig für die jungen Pflanzen nöthigen Schutz vorwiegend, so daß man also aus diesem Grund mehr Samenbäume überhalten muß, als zur Besamung eigentlich nöthig wären; es ist hiebei sowohl gegen die Unkräuter, wie auch gegen die schädlichen klimatischen Einflüsse Vorsorge zu treffen.

4) Die Verbindung des Samens mit dem Boden wird befördert durch die bis nach dem Samenabfall zu verschiebenden Arbeiten der Holzaufbereitung und Abfuhr, durch Eintreiben von Schweinen, Schafen 2c.; oder durch Gestattung der Stockholznutzung, um den Boden wund zu machen, sofern nicht eine Begünstigung des Windwurfes hiebei zu fürchten ist. Tritt nach dieser Schlagstellung nur ein schwaches Samenjahr ein, so muß man da, wo die Mittel zu künstlicher Kultur nicht gegeben sind, auf Besamung in einem der nächsten Jahre warten und zu dem Zweck besorgt sein, daß der Boden für die Aufnahme des Samens empfänglich bleibt.

Bezüglich des Nachwuchses verlangte man früher möglichst dichte Stellung, je dichter je besser. Dabei ergab sich dann nach wenigen Jahren ein solches Gedränge in den Jungwüchsen, daß (kein Fuchs durchkriechen) keine der vielen Lohden sich entsprechend entwickeln und das ganze Dickicht dem Schneedruck nicht widerstehen konnte. Es empfiehlt sich deßhalb, einem solchen Uebelstand vorzubeugen und in Begünstigung des natürlichen Anfluges nicht zu weit zu gehen. — In größeren Schlägen kann überhaupt nicht überall auf natürliche Besamung gerechnet und gewartet werden, namentlich nicht auf stark verrastem Boden, in Horsten von nicht erwünschten Holzarten 2c.; die *künstliche Nachhülfe hat in solchem Fall rechtzeitig einzutreten.*

5) Ist die Besamung einer Fläche erfolgt, so muß, wenn etwa der Besamungsschlag dunkler zu halten war, als es der Schutz der jungen Pflanzen erfordert, alsbald der für die jungen Pflanzen nöthige *Lichtungsgrad* hergestellt werden.

Das richtige Maß desselben ist für die einzelnen Holzarten verschieden und wird das erforderliche darüber unten noch besonders vorgetragen. Das die natürliche Verjüngung begünstigende Seitenlicht wird durch Aufhieb des östlichen oder nordöstlichen Traufes gegeben. Im Wald selbst lassen sich leicht analoge Verhältnisse auffinden, unter welchem Grade von Beschattung junge Pflanzen gut gedeihen; es ist übrigens dabei zu beachten: einerseits, daß Blößen im geschlossenen Bestand fast gar kein Seitenlicht erhalten, daß also hier der Nachwuchs unter ungünstigeren Verhältnissen vegetirt, als in einem gleichmäßig gestellten Schlag; andererseits, daß bei allen gegen den Druck sehr empfindlichen Holzarten die einjährigen Pflanzen oft schon im ersten oder zweiten Jahr nach der Keimung wieder verschwinden, daß also von denselben an Stellen, die ihnen nicht zusagen, gar keine, nicht einmal kümmernde Repräsentanten zu finden sind.

6) Der dem Dunkelschlag zu gebende Lichtungsgrad richtet sich außerdem auch nach dem Standort: in mildem Klima, wo die jungen Pflanzen rascher heranwachsen, wo die schädlichen Einflüsse der Atmosphärilien nicht so zu fürchten sind, ist eine stärkere Lichtung zulässig; an Nord- und Osthängen, wo die Fröste schädlich wirken, soll langsamer, dagegen an Südhängen, wo den jungen Pflanzen die so nothwendigen wässerigen Niederschläge von den Mutterbäumen theilweise entzogen werden, rascher und stärker gelichtet werden, ebenso auf trockenem und magerem Boden. Wo für die jungen Pflanzen Gefahr von Unkraut zu fürchten ist, muß langsam gehauen werden, also namentlich in der Nähe von Blößen, desgl. auf gutem Boden; die verschiedenen Holzarten ertragen hier auch einen stärkeren Druck als auf geringerem Boden.

Ferner sind noch die möglichen Gefährdungen des Schutzbestandes durch Stürme ins Auge zu fassen, man hält deßhalb in exponirten Lagen mehr Stämme über als in geschützten.

7) Bezüglich der Bestandesverschiedenheiten ist zu beachten, daß da, wo in einem Schlag verschiedene Holzarten abwechselnd auftreten, in der Regel auch dem Schutzbestand eine nach deren Bedarf veränderte Stellung zu geben ist; wo das Holz schwächer wird, muß man mehr Stämme stehen lassen, weil sie noch keine so dichte Krone haben; ebenso da, wo gipfeldürre Stämme übergehalten werden müssen. Wird der Bestand aber stellenweise kurzschäftiger, so ist zu unterscheiden zwischen Stämmen mit sehr dichter Krone (Kollerbüschen) und zwischen solchen mit minder reichlichem Astansatze; erstere wirken sehr verdämmend auf den Nachwuchs, und sind womöglich zu entfernen; letztere geben dagegen einen guten Schutzbestand.

8) Bei Führung des Besamungs- oder Dunkelschlags ist es ferner noch mehr als beim Vorbereitungsschlag Regel, die stärkeren Bäume und vorzugsweise diejenigen, welche in größeren Längen als g a n z e Stämme abgegeben werden, womöglich zuerst herauszunehmen, auch wenn dadurch der richtige Grad des Schlusses nicht überall gleichmäßig erhalten wird, indem die langen Hölzer später bei der Abfuhr aus dem mehr erstarkten Nachwuchs einen viel größeren Schaden anrichten. Man hört zwar oft den Einwurf, daß diese Alten als Samenbäume vorerst noch unabkömmlich seien, was aber in Wirklichkeit bei hiebsreifen Hochwaldbeständen nicht zutrifft, und auch nicht bei jüngeren, falls der Vorbereitungsschlag seine Schuldigkeit gethan hat. — Bei der Fällung solch stärkerer Stämme wird häufig der umgebende Schutzbestand gefährdet, weßhalb bei der ersten Auszeichnung in der Nähe derselben mehr Holz, als nöthig wäre, stehen zu lassen ist. Außerdem werden auch diejenigen Stämme zuerst entfernt oder theilweise entastet, welche bei einer tief herabgehenden Beastung dem entstehenden jungen Bestand durch allzudichten Schirmdruck schaden würden.

9) Die weitere Lichtung durch N a c h h i e b e hat nach Bedarf des Nachwuchses zu erfolgen, es ist dabei namentlich ins Auge zu fassen, daß

das Bedürfniß nach Licht und nach den atmosphärischen Niederschlägen bei den jungen Pflanzen wächst, während auf der andern Seite die im freien Stande rasch zunehmende Kronenverbreitung der Schutzbäume jene beeinträchtigt; die verschiedenen Nachhiebe dürfen daher der Zeit nach nie zu weit von einander entfernt sein. Wenn der Nachwuchs anfängt zu kümmern, d. h. wenn die einzelnen Stämmchen im Höhenwuchs nachlassen, oder die Seitentriebe nicht mehr ordentlich entwickeln, wenn sie wenige, kleine, gelblichgrüne Blätter, dünne, kurze Knospen haben, dann ist es höchste Zeit, den Nachhieb zu wiederholen; bei Holzarten, die gegen den Druck sehr empfindlich sind, darf es übrigens nie so weit kommen, daß der Nachwuchs obigem Bilde entspricht. — Bei verspäteten Nachhieben sollte niemals der ganze Schutzbestand auf einmal weggenommen werden.

10) Der Abtrieb oder Räumungshieb erfolgt, wenn die jungen Pflanzen keinen Schutz mehr nöthig, und die für sie gefährliche Region der Frostgrenze überschritten haben. Bei Holzarten, die in der Jugend unter den Spätfröften nicht leiden, hat der Abtrieb einzutreten, sobald vom Schutzbestand keine natürliche Besamung mehr zu erwarten, oder wenn derselbe nicht mehr nöthig ist, um Bodenunkräuter und ungeeignete Holzarten zurückzuhalten.

11) Bei Nachhieben und beim Abtrieb ist es oft zur Schonung des Jungholzes geboten, die Schutzbäume vor der Fällung ausästen zu lassen. Alle Stämme, die als Langholz abgefahren werden, sind in der Richtung der künftigen Abfuhrlinie zu werfen. Jeder gefällte Stamm muß sofort nach der Fällung entastet werden.

12) Als Zeit der Fällung ist beim Abtrieb und bei den späteren Nachhieben die Zeit der strengen Kälte ganz ausgeschlossen, weil bei starkem Frost die jungen Pflanzen zu spröde sind und durch die Aufbereitung des Holzes viel Schaden leiden. Ebenso ist die Zeit des ersten Frühjahrstriebes ungeeignet.

13) Die Licht- und Abtriebsschläge, sowie die Kahlschläge müssen in der Richtung geführt werden, daß der Transport des Holzes nicht zwei oder mehrere Jahre über eine bereits gelichtete oder abgetriebene Fläche zu gehen hat, weil sonst der Nachwuchs zu sehr beschädigt wird. An Berghängen ist aus diesem Grund nicht von unten nach oben abzutreiben. Schon bei Führung des Besamungsschlages muß man diese Rücksicht ins Auge fassen, weil bei den Nachhieben nicht gut von der angefangenen Ordnung abgewichen werden kann. — Auch die im Forstschutz zu lehrenden Rücksichten auf den Wind sind zu beachten.

14) Das im Licht- und Abtriebsschlag anfallende Material muß zur Schonung des Nachwuchses so viel möglich an die Abfuhrwege getragen werden und darf nicht zu lange im Walde bleiben.

§. 86.

Die horstweise Verjüngung.

Diese Methode trägt auch den Namen Löcherhieb und wird eigentlich hierdurch schon genügend gekennzeichnet; sie bildet eine Mittel- und Uebergangsstufe zwischen dem schlagweisen Hochwald- und dem Plänterbetrieb; ist jedoch unzweifelhaft insofern noch zu jenen zu rechnen, weil sie einen begrenzten Verjüngungszeitraum und auch bestimmte Verjüngungsflächen hat. Auf diesem Wege erhält man unregelmäßige und ziemlich ungleichalterige Bestände, welche, wie in der Betriebslehre dargelegt wird, ihre besonderen Vorzüge haben.

Deßhalb ist dies die Verjüngungsmethode der Zukunft in allen den Fällen, wo ein intensiver Betrieb mit weitgehendster Nutzholzerziehung Platz greifen soll, wie sie denn auch im Badischen Schwarzwald schon längst mit Vorliebe und mit bestem Erfolg zur Anwendung kommt.

Als Vorbedingung ist anzusehen, daß die zur Verjüngung bestimmten Bestände in geschützter, dem Wind nicht allzusehr ausgesetzter Lage und nicht allzu regelmäßig erwachsen oder wenigstens aus widerstandsfähigen Holzarten gebildet sind; daß sie ferner eine größere Flächenausdehnung haben und in längerer Umtriebszeit bewirthschaftet werden.

Schon vor Beginn der eigentlichen Verjüngungsperiode ist hier der Vorwuchs sachgemäß zu pflegen und zu erhalten. Die ersten Angriffspunkte werden durch das Vorhandensein eines solchen bestimmt; wo er aber fehlen sollte, geht man zunächst dem kranken rückgängigen und dann dem nutzbarsten hiebsreifen Holze nach, welches in diesem Fall nicht mehr vereinzelt, sondern nester- und gruppenweise gefällt wird, während die schwächeren Stämme als Schutzbestand und zu ihrer weiteren Entwicklung übergehalten werden. Zwischen solchen kleineren, 15—30 ar großen, möglichst in die Länge gezogenen Schlägen bleiben andere mindestens doppelt so große Flächen in ihrem vollen Bestandesschluß, wobei aber eine Durchforstung oder ein Vorbereitungsschlag wohl zuläßig erscheint.

Nachdem auf den gelichteten Stellen Besamung erfolgt ist, fängt man an, deren Ränder gegen den geschlossenen Theil des Bestandes zu erweitern, wobei der unter dem Einfluß des Seitenlichtes angekommene Nachwuchs die besten Anhaltspunkte über das Wieweit an die Hand giebt. Auf diese Weise wird man 3 bis 4malige, je einige Jahre auseinanderliegende Hiebe brauchen, um die ganze Fläche besamt zu erhalten. Es gilt aber nicht als Regel, dies zu beschleunigen und deßhalb folgen in der Zwischenzeit zur Deckung des Holzbedarfes in den erst angegriffenen Flächen Nachlichtungen, je nach Bedarf des Nachwuchses und nach dem Vorrücken des Schutzbestandes in die hiebsreifen Stärkeklassen.

Der Vorwuchs wird hierbei so aufmerksam als möglich gepflegt und auch die kranken oder beschädigten Stämmchen erst beim letzten Hieb weggenommen, weil sie zuvor noch einen guten Schirm und einen wirksamen Schutz gegen größere Beschädigungen durch die Langholzabfuhr geben. — Um diese möglichst unschädlich zu machen, ist es nöthig, daß sie auf Rechnung des Waldbesitzers durch die eigenen Waldarbeiter unter genügender Aufsicht erfolge.

Die Vornahme weiterer Nachhauungen richtet sich dann hauptsächlich nach dem Bedürfniß des Nachwuchses und beim Schutzbestand daneben auch noch nach der Hiebsreife der einzelnen Stämme und nach deren Widerstandsfähigkeit gegen Windwurf, welche übrigens durch entsprechende Richtung der Hiebe auch in diesem Fall möglichst zu verstärken ist.

§. 87.

b) Schlagführung in unvollkommenen und unregelmäßigen Beständen.

1) Zur Vorbereitung der eigentlichen Verjüngungshiebe sind schon bei den Durchforstungen folgende Maßregeln zu treffen:

a) Die Begünstigung der gewünschten Holzart und geeigneten Altersklasse; die Stockausschläge sind allmählig zu verdrängen, wenn sie nicht mehr durch Vereinzelung zum Samentragen fähig gemacht werden können; breitästige Stämme sind zeitig aufzuasten.

b) Auf gutem Standort sind jüngere Horste stärker als gewöhnlich zu durchforsten; selbst minder geeignete Vorwüchse aber zu schonen.

c) Sorgfältige Erhaltung und Herbeiführung des Schlusses auch mit Hülfe von weniger begünstigten Holzarten; Erhaltung oder Erziehung von Bodenschutzholz, namentlich auf mageren Stellen. — Am Waldtrauf und am Rand der Blößen ist ein voller Schluß besonders wichtig.

d) Diese sind ferner möglichst frühe der Streunutzung zu verschließen.

e) Nasse Stellen müssen rechtzeitig mit Gräben versehen werden, damit der Boden für die Aufnahme von Samen geeignet und die Ausbreitung der Nässe nach Wegnahme eines Theiles der Bäume verhindert wird.

2) Je mehr man in solchen Verhältnissen die Verjüngung verlangsamen kann, um so vollständiger wird man den Zweck erreichen; allein es dürfen dann auch an den zu erziehenden Bestand keine allzuhohen Ansprüche bezüglich der Regelmäßigkeit gestellt werden.

3) Während der Periode des Vorbereitungsschlages sind obige Regeln ebenfalls noch zu beachten, ferner aber noch folgende:

a) Weil derartige Bestände ohnehin keinen so dichten Schluß haben, so darf die Lichtung nicht zu stark vorgenommen werden; stellenweise wird man schon durch Aufastung das erforderliche Licht geben können.

b) An Orten, wo noch natürliche Verjüngung zu hoffen, ist das Ankommen der Besamung durch frühzeitiges streifenweises Behacken des Bodens, theilweises oder gänzliches Entfernen des Unkrautes zu befördern.

c) Größere Blößen, welche bei der Fällung und Abfuhr des umgebenden Holzes nicht berührt werden, sind schon in diesem Stadium künstlich zu kultiviren.

d) Eine Wiederholung der Vorbereitungshiebe ist bei schwachen oder sehr unregelmäßigen Beständen zu empfehlen.

4) Der Besamungsschlag soll

a) auch nicht so licht geführt werden, wie in normalen Beständen.

b) Bei Blößen und Horsten ist zu beachten, von welcher Seite ein Schutz am nöthigsten ist und demgemäß in den Horsten auf der entgegengesetzten Seite zu lichten. Die Wegnahme der inneren, meist schwächeren Stämme eines Horstes hat wegen ihrer geringen Beastung keine große Wirkung; dagegen ist ein längeres Ueberhalten derselben in Nutzholzwirthschaften von besonderem Vortheil, weil sie vermöge ihrer Astreinheit und ihres gleichmäßigen Wuchses ein gesuchteres Sortiment geben und ihr Zuwachs bei lichterer Stellung ein viel günstigerer wird. Andrerseits schafft man dann durch Wegnahme einzelner dichter beasteter Randbäume im Innern der Horste das so günstige Seitenlicht.

c) Die, wenn auch nur vorübergehende, Beimischung anderer Holzarten ist durch entsprechende Stellung des Schutzbestandes zu begünstigen. Besonders bei wechselnder Standortsgüte ist das einseitige Anstreben reiner Bestände nicht zu empfehlen.

d) Die Nachhülfe durch Behacken und künstliche Einsaat darf nicht zu sehr beschränkt und verzögert werden.

5) Lichtschlag.

a) Auf ungünstigem Standort soll die Lichtung nicht zu lang verschoben, auf gutem Boden kann sie verlangsamt werden, namentlich auch, wenn der Zuwachs ein günstiger ist.

b) Künstliche Nachhülfe durch Einsaat schnellwachsender, oder durch Pflanzung der zu verjüngenden Holzarten, Benutzung der Stocklöcher zur Pflanzenzucht ist zu empfehlen, wie auch

c) Vervollständigung der Entwässerung; Erweiterung des Grabennetzes, und

d) allmählige Lichtung am Trauf der Bestände.

5) Abtriebsschlag.

a) Kränklicher oder zu stark im Druck gestandener Laubholzvorwuchs ist auf den Stock zu setzen; unter Umständen auch geschlossene Horste, wenn sie den Umtrieb nicht mehr aushalten würden. An letzteren sind aber, wenn sie einwachsen sollen, die Randbäume von den überhängenden Aesten zu befreien.

b) Vereinzelter Nadelholzvorwuchs von Fichten und Tannen ist vorsichtig aufzuästen; wenn er aber das Gedeihen des umgebenden Bestandes zu sehr beeinträchtigt, ganz wegzunehmen (doch geht man in dieser Hinsicht oft zu weit), oder durch Ballenpflanzung zusammenzurücken. Geschlossene

Horste von gesundem Nadelholzvorwuchs sind ebenfalls zu erhalten und am Rande aufzuasten.

c) Rasches Eingreifen durch künstliche Kultur ist hier noch besonders geboten.

Im Allgemeinen ist davor zu warnen, daß man aus Rücksicht auf die anzustrebende Regelmäßigkeit des zu erziehenden Bestandes das zufällig Vorhandene oder absichtlich Erzogene nicht wieder Preis giebt, oder daß man dem Streben nach von Jugend an reinen und regelmäßigen Beständen zu viele Opfer bringt. Namentlich auf ungünstigem Standort ist das Erhalten des Vorhandenen, auch wenn es weniger zu entsprechen scheint, meist viel besser und erfolgreicher als die Beseitigung desselben, weil die von dem neuanzuziehenden Bestand erwartete Besserung selten oder doch nur mit erheblichem Zeit- und Zuwachsverlust und nicht immer mit voller Sicherheit zu erlangen ist.

§. 88.
Waldrechter.

Das Ueberhalten einzelner Stämme in den zweiten Umtrieb und während der ganzen Dauer desselben empfiehlt sich manchmal auch im Hochwald durch verschiedene, in der Betriebslehre erörterte Vortheile; es sind dabei folgende Regeln zu beachten:

1) Der Standort muß der betreffenden Holzart g u t zusagen; es ist nur auf b e s s e r e m Boden zulässig; ebenso nur in windsicheren, geschützten Lagen; dagegen ausgeschlossen an Süd-, Südwest- und auch noch an Westhängen.

2) Die überzuhaltende Holzart soll wenig Schirmdruck ausüben und eine genügend lange Lebensdauer versprechen.

3) Die einzelnen Bäume sollen ganz gesund, namentlich auch an der Rinde unverletzt sein, keine überwiegende, aber doch eine allseitig gleichmäßige Astentwicklung zeigen, ihren Höhenwuchs womöglich beendigt haben, und sich zu Nutzholz eignen, da bei einer Brennholzwirthschaft das Ueberhalten von Waldrechtern sich nicht lohnt. — Durch entsprechende Freistellung im geschlossenen Bestand müssen sie schon zum Voraus windständig erzogen werden, auch hat in ihrem Wurzelgebiet jede Stockrodung zu unterbleiben.

4) Längs der Schlagränder, Wege und des Waldtraufes können mehr Stämme übergehalten werden, zum Theil auch solche, die nicht den vollen Umtrieb aushalten.

5) Am meisten empfehlen sich als Waldrechter die Eiche und Kiefer; außerdem die nicht geselligen besseren Laubhölzer und die Weißtanne; die Fichte ist wegen des Sturmschadens nicht dazu geeignet.

6) Die Rücksichten auf die nachzuziehende Holzart, auf ihre größere oder geringere Empfindlichkeit gegen den Druck sind ebenfalls maßgebend,

sowie die größere oder geringere Möglichkeit eines baldigen Schlusses im nachwachsenden Bestand. — Horstweises Ueberhalten ist nothwendig bei Eichen.

7) Am leichtesten ertragen die Buchen und Weißtannen den Druck der Waldrechter, die Fichte auch noch ziemlich gut, am wenigsten aber die Kiefer, obgleich selbst bei ihr auf mittelgutem Boden mit Nutzen noch 20—30 Stämme per ha übergehalten werden können.

§. 89.

Verjüngung vollkommener und regelmäßiger Buchen-Hochwaldungen.[1])

Die Bucheln (Ekern) fallen meist senkrecht vom Mutterbaume ab, zudem sind im mittleren und nördlichen Deutschland die vollen Samenjahre selten, und es müssen zur Verjüngung die sogenannten Sprengmasten sorgfältig benutzt werden. Die jungen Pflanzen verlangen in der ersten Jugend je nach dem Standort bis ins 10. und 20. Jahr Schutz gegen die ihnen so schädlichen Spätfröste und die Unkräuter; außerdem ist zu ihrem Gedeihen eine humose Bodendecke von verwesendem Laub sehr förderlich. Sie ertragen den Druck der Mutterbäume lange ohne Schaden, namentlich wenn sie nachher nicht zu rasch frei gestellt werden. — Nach diesen Winken, welche die Natur uns giebt, müssen sich die bei der Verjüngung zu ergreifenden Maßregeln richten.

Bei Bestimmung der Hiebszugsrichtung hat man in reinen und als solche zu erhaltenden Buchenforsten weniger auf die Sicherung gegen Wind als vielmehr gegen Frost und Hitze vorzusorgen, und wird deßhalb in den meisten Fällen die Richtung von Südost gegen Nordwest den Vorzug verdienen. Wo man es in der Hand hat, sind kleinere Schläge anzulegen, weil in den großen das Laub zu stark verweht wird.

Ein Vorbereitungsschlag wird hauptsächlich da nothwendig werden, wo die Streunutzung in schädlicher Ausdehnung längere Zeit betrieben, oder das Laub vom Wind fortgeweht und in Folge dessen der Boden ganz ausgetrocknet und hart geworden ist; was eine 5—10jährige Ruhe oder einen Schutz gegen den Wind nöthig macht, auch ist in solchem Falle streifenweises Behacken des Bodens auf den exponirten Stellen zu empfehlen.

Wird ein Vorbereitungsschlag eingelegt, um einen frühzeitigeren oder reicheren Samenansatz zu bewirken, so ist eine passende Auswahl der überzuhaltenden Stämme zu treffen; abgängige, gipfeldürre, faule oder hohle Bäume tragen wenig und schlechten Samen, sie sind daher thunlichst zu entfernen; die etwa vorhandenen Stockausschläge sind zu begünstigen, weil sie erfahrungsmäßig früher Samen tragen, als die aus dem Kern ent-

[1]) Grebe, Der Buchenhochwald, Eisenach 1856. — Knorr, Studien über die Buchenwirthschaft, Nordhausen 1863.

standenen Stämme; wo mehrere Ausschläge auf einem Stock stehen, ist ihre Zahl zu verringern. Aller Vorwuchs ist in diesem Zeitpunkt sorgfältig zu schonen.

Bei der Buche empfiehlt sich zeitige Einlegung von Vorbereitungsschlägen namentlich auch zum Zweck der Ausnutzung des Lichtungszuwachses, welcher bei dieser Holzart einer ganz ungewöhnlichen Steigerung fähig ist (cf. unten bei den Lichthieben), ein Moment, das bei der sonstigen geringen Rentabilität der Buche besondere Beachtung verdient.

Aeltere Schriftsteller verlangen, daß bei Stellung des Besamungs- oder Dunkelschlages die Aeste der Buchen noch in einander greifen sollen; es ist dies aber nicht nothwendig, da zur Zeit des Samenabfalles die Bewegung der Stämme durch den Wind eine weitere Verbreitung des abfallenden Samens über die unmittelbare Schirmfläche der Samenbäume hinaus bewirkt. Die Stellung des Besamungsschlags erfolgt demgemäß bei voller Mast in der Weise am zweckmäßigsten, daß die äußersten Zweigspitzen der Stämme im älteren über 100jährigen Holz 2—2,5 m, in jüngerem 1—1,5 m von einander entfernt sind. Je seltener die vollständigen Samenjahre, je mehr die Sprengmasten zu Hülfe genommen werden müssen, und je mehr von Verrasung und Unkrautwuchs zu fürchten, um so dunkler muß die Stellung sein. Bei kurzschäftigem und weniger zum Samentragen geneigtem Holz muß ebenfalls dunkler gehalten werden. Als sicherstes Merkmal der zur Aufnahme des Samens geeignetsten Bodenbeschaffenheit gilt das Auftreten eines beginnenden Graswuchses, der vereinzelt in schwachen Büschchen die Laubdecke durchbricht. — Etwa $\frac{1}{10}$ bis $\frac{1}{6}$ des Vollbestandes wird bei Stellung des Besamungs- und Dunkelschlages herausgenommen.

Erlauben es die Verhältnisse im Forsthaushalt, daß der Besamungsschlag gerade in der Zeit geführt wird, wo ein Aeckerich bereits eingetreten, so ist dies schon darum sehr zweckmäßig, weil auf diese Weise, während des Winters, durch die Fällungs- und Aufbereitungsarbeiten eine gehörige Verbindung des Samens mit dem Boden erreicht wird. Eine solche ist unbedingt nothwendig, um das Fehlkeimen zu verhindern, welches namentlich dann eintritt, wenn die Würzelchen der keimenden Samen bei einfallendem trockenem Wetter den mineralischen Boden noch nicht erfaßt haben und in ihrer nächsten Umgebung nicht mehr die nöthige Feuchtigkeit finden. — Ist in einem solchen Besamungsschlag kein Vorwuchs vorhanden, so darf die Anrückung des erzeugten Materials an die Wege ohne Anstand unterbleiben, weil die Abfuhr des Holzes den Boden auch noch wund macht.

Bei sehr reichlichem Aeckerich kann man unbedenklich während des Samenabfalles eine Zeit lang Schweine eintreiben, nur muß man damit aufhören, so lange noch etwa $\frac{1}{2}$ bis $\frac{1}{3}$ der Mast auf den Bäumen hängt. Ebenso kann man durch Menschen Bucheln in den Schlägen auflesen lassen, wobei natürlich nicht alle gefunden, sondern viele in den Boden getreten werden. Das Zusammenkehren der Bucheln mit Besen ist aber zu verbieten.

An Orten, wo eine natürliche Besamung nicht erwartet werden kann, da sollte gleich mit Stellung des Dunkelschlages die künstliche Nachhülfe (Ansaat in Riefen oder in Stufen, oder Pflanzung einjähriger Pflänzchen mit Buttlar'schem Eisen unter Schutzbestand) eintreten. Stellenweise genügt auch schon eine bloße Bearbeitung des Bodens durch Aufkratzen oder Aufhacken, wenn es nämlich nicht an samentragenden Mutterbäumen fehlt. — Vor dem Erzwingen eines Buchennachwuchses auf ungünstigem Standort ist aber hier besonders zu warnen, weil der nur mit größeren Kosten zu erzielende Erfolg später meistens weit hinter den gehegten Erwartungen zurückbleibt.

Die Bucheln keimen in einem nach obigen Regeln gestellten Besamungsschlage sehr gut, und die jungen Pflanzen ertragen auf 3—6 Jahre den angegebenen Schutz der Mutterbäume ohne Nachtheil, in rauhem oder feuchtem Klima noch länger. In milden Gegenden und auf sehr guten Böden ist aber eine Lichtung des Schlages 3 oder 4 Jahre nach erfolgter Besamung dem Aufschlag sehr vortheilhaft; doch kommt auch hiebei die möglichste Ausnutzung des Lichtungszuwachses am Schutzbestand mit in Betracht, zumal der Nachwuchs einen mäßigen Druck gut erträgt. Richtet man sich ausschließlich nach dem Bedürfniß des letzteren, so soll die Lichtung in der Weise erfolgen, daß etwa $\frac{2}{5}$ bis $\frac{1}{2}$ der vorhandenen Stämme genommen werden, während in ungünstigem Klima nach 4—6 Jahren $\frac{1}{3}$, und in besonders rauhen, den Spätfrösten ausgesetzten Lagen, wo auch die Bucheln nicht so reichlich und oft gedeihen, nach 5—8 Jahren bloß $\frac{1}{4}$ der Stammzahl des Besamungsschlages zu nehmen ist. — Je weniger beim ersten Nachhieb oder Lichtschlag genommen wird, um so öfter muß man wiederkehren, um so mehr haben die jungen Pflanzen durch die Aufbereitung des Holzes zu leiden, die Holzhauerlöhne und namentlich die Ausrückungskosten werden theurer &c., so daß es jedenfalls genau zu erwägen ist, ob das Klima wirklich einen langsameren Abtrieb verlangt. Darüber wird man sich bald ein Urtheil bilden können, wenn man die im freieren Stande sich findenden jungen Buchen genau untersucht, ob sie vom Frost gelitten haben oder nicht; es dürfen aber hier nur Parallelen gezogen werden zwischen Pflanzen, die auf ganz ähnlichen Standorten vorkommen. — Daß auf ärmeren Böden und in sonnigen Lagen früher und rascher gelichtet werden muß, ist bereits oben § 85 hervorgehoben.

Im Lichtschlag soll auf natürliche Besamung einzelner Lücken und Blößen nicht mehr gewartet werden; es ist nur ganz nutzlos verlorene Zeit; wenn einmal über die Hälfte der Schlagfläche natürlich besamt ist, so muß man künstlich, jedoch mit Ausschluß der sehr theuren Saat, nachhelfen.

Die in rauheren Lagen und auf mageren Böden noch folgenden Nachhiebe sind in angemessenen Zwischenräumen vorzunehmen, und haben sich längstens alle 5—6 Jahre zu wiederholen, wobei jede einzelne Nutzung annähernd die gleiche Masse entnimmt. Der letzte Schlag oder Abtrieb wird zweckmäßig in einer kürzeren Frist, etwa von 3—4 Jahren, dem unmittelbar vorangegangenen Hiebe nachfolgen. Werden die Nachhiebe in kürzeren Pausen von 2—3 Jahren vorgenommen, so hat der Nachwuchs keine Zeit, um Beschädigungen, die er beim vorangegangenen Hiebe erhalten, wieder auszuheilen, und sich in der freieren Stellung zu erholen. Läßt man aber längere Zwischenräume eintreten, so wachsen die Aeste der Schutzbäume wieder nahe zusammen und die jungen Pflanzen werden in ihrer geregelten Entwicklung gestört, namentlich auch dann, wenn durch spätere Nachhiebe wieder eine stärkere Lichtung eintreten muß.

In milden Lagen und bei gutem Boden, besonders wenn keine Gefahr von Forstunkräutern droht, kann der Abtrieb rasch erfolgen. Während der oben angegebene Gang der Verjüngung einen Zeitraum von 15—20 Jahren durchschnittlich erfordert, kann im entgegengesetzten Falle eine Periode von 7—8 Jahren und die Einlegung von bloß drei Hieben vollständig genügen.

In den südlichen Alpen führt man oft nur einen mäßigen Dunkelschlag und dann nach 3—4 Jahren den Abtrieb, stellenweise auch nur einen einzigen Kahlhieb, wobei dann freilich die Wiederverjüngung dem Zufall überlassen bleibt, da durch die Fällung und den Transport des Materials, theilweise auch durch die Spätfröste der vorhandene Nachwuchs in vielen Fällen gänzlich verdorben wird.

Es wurde auch schon empfohlen, um möglichst regelmäßige Bestände zu erzielen, einzelne vorgewachsene Stämme oder Horste beim letzten Lichtschlag auf den Stock zu setzen, was aber vom finanziellen Standpunkt aus entschieden zu verwerfen ist, sofern es sich nicht um wirklich krüppelhaftes Material handelt. Andrerseits geschieht auch noch öfter in der Richtung zu viel, daß man durch sorgfältiges Ausrücken, durch Abasten der Samenbäume vor der Fällung hecheldicht angekommenen Aufschlag vor jeder Durchbrechung sichern zu müssen glaubt, also Geld dafür ausgiebt, um den Existenzkampf im künftigen Bestand intensiver zu machen und zu verlängern.

Für unregelmäßige und unvollkommene Buchenbestände ergeben sich die Regeln der Verjüngung aus dem Vorstehenden im Zusammenhalt mit § 87. Doch ist gleich von Anfang an darüber zu entscheiden, wie weit die Mitbenutzung der Stockausschläge zuläßig sein soll, wobei sich eine gewisse Toleranz gegen dieselben empfiehlt.

§. 90.

Hainbuchen-Hochwaldungen.

Die Hainbuche kommt selten im Hochwald rein vor und es wird wenige Verhältnisse geben, wo dies anders gewünscht werden möchte, wie z. B. in engen kalten Thalschluchten.

Sie unterscheidet sich hauptsächlich dadurch von der Rothbuche, daß sie dem Frost in der Jugend sehr gut widersteht, daß sie den Schutz der Mutterbäume fast gar nicht bedarf, und daß sie in einem mäßigen Grasfilz noch keimt und gedeiht. Weil außerdem ihr Samen leichter und beflügelt ist, so dürfen die Besamungsschläge sehr licht geführt werden, und es ist ein baldiger Abtrieb zulässig. Der Samen der Hainbuche keimt bekanntlich erst im zweiten Jahre nach seinem Abfall, deßhalb kann man die Besamung auch vom geschlossenen, oder im Vorbereitungsschlag stehenden Bestand erhalten, und den Abtrieb dann in dem unmittelbar auf das Samenjahr folgenden Jahrgang vollständig auf einmal bewirken, wenn man nicht zu größerer Vorsicht zehn bis fünfzehn Samenbäume per Morgen einige Jahre als Reserve stehen läßt. Will man rein aus Samen erwachsene Bestände, so sind die Stöcke der Mutterbäume aus den Schlägen sorgfältig zu entfernen, weil sie einen dichten und in der Jugend sehr schnell wachsenden Ausschlag geben.

§. 91.

Eichen-Hochwaldungen.

Diese Bestandesform tritt ebenfalls selten auf und noch seltener bei derselben, die zur natürlichen Verjüngung geeignete Bodendecke, wenn nicht zuvor ein Bodenschutzholz angezogen war, da die Eichen in dem Alter, wo sie Samen tragen und benutzbares Holz liefern, schon ziemlich licht stehen; älterer Vorwuchs wird sich keiner vorfinden, weil sie den Druck der Mutterbäume nur wenige Jahre ertragen können. Die beiden Arten verhalten sich in dieser Beziehung gleich; die Traubeneiche wächst in der Jugend etwas langsamer.

Wenn der Boden nicht zu stark verrast oder mit Strauchwuchs bedeckt ist, so keimt die Eichel gerne. Der Eintrieb von Rindvieh und Schafen etliche Jahre vor der Besamung vermindert in der Regel die schädliche Dichtheit des Grasfilzes und erleichtert das Ankommen der Besamung, ein Schaden ist davon nicht wohl zu befürchten, weil es in den Schlägen an Vorwuchs fehlt. Die Verbreitung des Samens ist durch dessen Größe und Schwere ziemlich gehemmt, doch wird sie auch wieder durch den Häher gefördert. Zur Besamung ist jedoch immerhin die Stellung eines Dunkelschlags, wie bei der Buche angegeben, nöthig. Im Schutzbestand genügt ein Kronenabstand von 4—5 m. Die Unterbringung des Samens wird bewirkt durch Eintreiben von Rindvieh und Schafen nach dem Abfall der Eicheln, oder durch Eintreiben von Schweinen vor dem gänzlich beendigten Abfall des Samens; durch das Brechen der Schweine kommt der Boden in einen für diesen Zweck sehr tauglichen Zustand. Ein Nachhieb hat spätestens nach 3—4 Jahren auf die Hälfte des Schutzbestandes sich zu erstrecken, dem dann in gleicher Zeit der Abtrieb folgen soll.

Der etwa noch erforderliche Schutz gegen die schädlichen Einwirkungen der Atmosphärilien wird dadurch gegeben, daß man die Schläge in schmalen Streifen anlegt und sie in der passendsten Richtung vorrücken läßt, etwa von Nord gegen Süd, oder von West gegen Ost, was bei dieser Holzart, wo der Wind nicht zu fürchten ist, keinen Anstand hat.

Bei der Verjüngung der Eiche bedarf es noch weniger als bei der Buche eines reichlichen Ankommens der Besamung und eines dichten Standes derselben, die etwaigen Lücken sind deßhalb mit anderen, billiger anzuziehenden Holzarten zu ergänzen und ist zu dem Zweck jede auf natürlichem Wege ankommende derartige Beimischung willkommen zu heißen.

Eine andere oben bereits angedeutete Bestandsform bildet sich im Eichenhochwald dadurch, daß die vom 60.—100. Jahr an sich licht stellenden Eichen durch Aushieb der geringeren, oder eines Theiles der zu gedrängt stehenden Stämme so weit gelichtet werden, daß die Anzucht eines Bodenschutzholzes unter ihnen möglich ist, welches bis zum Zeitpunkt der natürlichen Verjüngung sorgfältig erhalten bleibt. Dasselbe erhält nun zwar den Boden in der für die natürliche Besamung passenden Empfänglichkeit, allein sobald eine Durchlichtung desselben vorgenommen wird, bildet sich aus den zurückbleibenden Laubholzstöcken ein reichlicher Ausschlag, welcher dem Eichenkernwuchs bedenkliche Konkurrenz macht, wenn nicht eine durchgreifende Stockrodung stattfindet; die Hiebsführung hat dann wie in den gemischten Eichen- und Buchenbeständen zu erfolgen.

§. 92.

Birken-, Erlen- und Aspen-Hochwald.

Die Birke ist bei uns in reinen Hochwaldbeständen selten, und ihre Erhaltung in solchen wird nur ausnahmsweise Aufgabe der Forstwirthschaft sein, weil sie sich bald licht stellt und unter ihr der Boden sich rasch verschlechtert. Sie empfiehlt sich nur auf unentwässertem Bruch- und Moorboden, wo wegen mangelnder Tiefgründigkeit die Erle nicht mehr gedeiht; doch ist in solchem Fall der Niederwaldbetrieb mehr am Platz.

Die Besamung der gegebenen Fläche hat keine Schwierigkeiten, da diese Holzart reichlich und oft Samen trägt und denselben weithin verbreitet. Schutz bedarf die junge Pflanze fast gar keinen, dagegen muß der Samen mit dem Boden in feste Verbindung gebracht werden und dies geschieht von der Natur selbst nur auf leicht berasten oder ganz wunden Stellen, welche aber in den Birkenbeständen selten sind; deßhalb ist die Aufarbeitung und Abfuhr des Holzes so einzurichten, daß dabei eine möglichst große Wundmachung des Bodens bewirkt wird.

Das Ueberhalten eines Schutzbestandes ist unnöthig. Bloß in dem Fall, wenn die Besamung nicht vollständig erfolgt und der Boden noch wund ist, kann dies zur etwaigen Ergänzung derselben mit einzelnen wenigen Stämmen an Wegen und dergleichen geschehen.

Das Eintreiben von Weidvieh einige Jahre vor Beginn der Verjüngung ist ebenfalls gut, damit der Grasfilz vermindert wird, namentlich leisten die Schafe dabei gute Dienste. Auch die Verbindung des Samens mit dem Boden wird dadurch am besten bewirkt, wie man sich auf vielen Schafweiden überzeugen kann. Im andern Fall ist ein Wundmachen durch Hacken oder Rechen nöthig. — Im bayerischen Oberfranken findet sich diese Holzart in reinen Beständen häufiger, sie werden im 30. bis 50. Jahr kahl abgetrieben, dann der Boden etliche Jahre landwirthschaftlich benützt, worauf die Birke von benachbarten Beständen her oder von einzelnen, übergehaltenen Samenbäumen schnell wieder anfliegt.

Die auf Bruch- und Moorboden beschränkten Erlenhochwaldungen lassen sich wegen des Wassers nicht überall natürlich verjüngen, da sie oft bis in den Vorsommer hinein überschwemmt sind. Es gelten für sie im Uebrigen die gleichen Regeln, wie für die Birken.

Die Aspe wird noch seltener im Hochwald rein erzogen werden wollen; sie pflanzt sich durch Wurzelbrut und auf wundem Boden durch Samen fort. Erstere liefert aber nur auf ganz günstigem Standort einen dauerhaften, zum höheren Umtrieb des Hochwaldes tauglichen Nachwuchs. Unter minder günstigen Verhältnissen muß man demselben zeitig durch Ausschneiden nachhelfen. Der Samen der Aspe ist sehr leicht und es gilt daher das Gleiche, was von der Birke gesagt ist, auch hier, namentlich weil sie ebensowenig Schutz verlangt, wie diese.

§. 93.

Vollkommener und regelmäßiger Weißtannen-Hochwald.

Die Weißtanne[1]) hat bezüglich ihres Verhaltens in der Jugend und ihrer Ansprüche während der Verjüngung einige Aehnlichkeit mit der Buche, verlangt aber doch eine viel sorgfältigere Behandlung, namentlich früher einen etwas größeren Lichtgenuß und Schutz gegen Unkraut, weil sie in den ersten 5—6 Jahren sehr langsam wächst. Am schädlichsten werden ihr in diesem Alter Brombeeren und dichtes Himbeergebüsch, was also nicht aufkommen darf.

In den älteren Beständen, auf gutem Boden, siedelt sich auch bei ziemlich dichtem Schluß da und dort ein Vorwuchs an, der zur Verjüngung gut benützt werden kann und bei allen folgenden Hieben möglichst zu schonen und zu erhalten ist, indem dadurch ein erheblicher Vorsprung im Alter gewonnen und das in erster Jugend langsame Wachsthum der jungen Tanne einigermaßen ausgeglichen werden kann.

Eine dichte Moosdecke, welche öfters in den Weißtannenbeständen vorkommt, macht es nöthig, daß rechtzeitig, d. h. 3—5 Jahre vor Beginn der

[1]) Gerwig, Die Weißtanne im Schwarzwalde. Berlin 1868. J. Springer. — Dreßler, Die Weißtanne auf dem Vogesensandstein. Straßburg, J. Bensheimer. 1880.

Verjüngung ein Vorbereitungsschlag geführt oder das Moos streifenweise weggenommen werde. Der Vorbereitungsschlag läßt sich übrigens auch schon viel früher einlegen und damit eine wesentliche Steigerung des Massen- und Werthzuwachses herbeiführen. Der bei der Buche beschriebene leichte Graswuchs ist auch hier ein Zeichen, daß die Besamung gut ankommen kann. Der Besamungsschlag muß dunkler gehalten werden, als bei der Buche angegeben, es wird die Entnahme von $\frac{1}{8}$ bis $\frac{1}{6}$ des Vollbestandes in stärkeren Stämmen für diesen Zweck genügen. Wenn der alte Bestand sehr langschäftig ist, so bedarf es einer stärkeren Lichtung als im entgegengesetzten Falle; auf gutem zum Unkrautwuchs geneigtem Boden ist im Anfang besonders vorsichtig zu lichten. In dem einen Punkt unterscheidet sich aber die Verjüngung der Weißtanne *wesentlich* von der der Buche, *daß sie nach dem zweiten oder im äußersten Falle nach dem dritten Jahre, wenn sich der erste Seitenzweig bildet, unbedingt eine freiere Stellung, als im Besamungsschlage verlangt*; weil sonst die jungen Pflanzen schnell wieder verschwinden, während etwa vorhandener Buchenaufschlag unbehindert fortwächst. Bei dieser Lichtung darf der Zugriff auf das Altholz etwas schwächer sein als bei der ersten, und es kann auch hernach eine längere Pause von 4—6 Jahren bis zum nächsten Hieb eintreten.

Im Lichtschlag, wo die äußersten Zweigspitzen der Schutzbäume 3—6 m weit von einander entfernt sind, kann sie ebenfalls wieder längere Zeit stehen, ohne wesentliche Benachtheiligung des jungen Bestandes. Der Abtrieb erfolgt, wenn die jungen Pflanzen 1—2 m hoch sind. Ob dies bloß in einem einzigen Hieb oder in mehreren geschehen soll, ist nach den bei der Buche gegebenen Andeutungen und nach den Rücksichten auf die Erziehung von mehr oder minder werthvollem Nutzholz zu entscheiden. Aus letzterem Grund dauert der Verjüngungszeitraum auf dem Schwarzwald nicht selten 20—40 Jahre, ohne daß die Vollständigkeit der natürlichen Verjüngung darunter Noth litte; denn auch die Beschädigungen bei den öfter wiederkehrenden Nachhieben schaden der Tanne nicht so viel, weil sie etwaige Verletzungen leicht ausheilt, wenn solche nicht zur Zeit eines strengen Frostes erfolgt sind.

Die Weißtanne gedeiht sehr gut im Seitenschutz, namentlich wenn von erord oder Nordost her Licht gegeben wird. Diese günstigen Verhältnisse erstrecken sich aber nur auf einen schmalen Streifen neben dem schützenden Bestand, etwa $\frac{1}{3}$ bis $\frac{1}{2}$ so breit, als das Holz hoch ist. Eine Verjüngungsmethode auf diese Erfahrungen zu gründen, ist jedoch nur als Ausnahme zulässig, weil der Streifen, auf den sich der Seitenschutz erstreckt, sehr schmal ist, weil das Vorrücken der Schläge nur in mehrjährigen Pausen geschehen darf, und weil der Seitenschutz das rasch wuchernde schädliche Gras und Unkraut nicht zurückzuhalten vermag.

Die horstweise Verjüngung oder der Löcherhieb mit länger dauerndem

Verjüngungszeitraum sagt der Tanne fast noch besser zu als der Buche und es ist dabei in ähnlicher Weise zu verfahren, wie für diese Holzart oben angegeben wurde.

§. 94.

Unregelmäßige und unvollkommene Tannenbestände.

Nirgends werden sich im Ganzen mehr Unregelmäßigkeiten in den Beständen finden, als bei der Weißtanne, weil diese Holzart früher meist gefemelt wurde. Es lassen sich aber solche Bestände bei der Verjüngung ohne große Schwierigkeiten behandeln, weil die Weißtanne Jahrzehnte lang in stärkerem Druck sich gesund erhält und nach einer allmähligen Lichtstellung noch gesunde und dauerhafte Bäume liefert. Die schwächeren, geschlossenen oder sich bald schließenden Horste in solch unregelmäßigen Waldungen können daher mit Nutzen bei der Verjüngung für den künftigen Bestand übergehalten und benützt werden, sofern sie durch die Fällung und Abfuhr des benachbarten hohen Holzes nicht zu sehr beschädigt werden, was an Bergabhängen und bei Nutzholzwirthschaft zu befürchten ist, wenn man schnell abtreibt, im andern Fall aber viel weniger. Die dadurch entstehende Altersungleichheit bringt keine Nachtheile, weil die Weißtanne im Einzelnen und im Bestand ein hohes Alter erreicht und nicht so empfindlich gegen den Druck ist. Durch Aufästen einzelner Stämme und der Randbäume in den Horsten kann man das Wachsthum des umgebenden jüngeren Bestandes sehr befördern. Wo ältere Horste mit samentragenden Stämmen vorkommen, verfährt man wie oben bei den regelmäßigen Waldungen angegeben ist; die alten dichtbeasteten Tannen sind dabei zuerst zu nehmen. In Parthien von mittelwüchsigem Holze aber, welches noch keinen oder erst wenig Samen trägt, wird man am besten zunächst einen Vorbereitungsschlag, dann nach einigen Jahren einen Besamungsschlag stellen, und wenn nicht bei einem allgemeinen Samenjahr vom angrenzenden Holz Besamung erfolgt, so muß man rechtzeitig auf künstlichem Wege nachhelfen. Es ist aber auf die Gefahr vom Wind besonders zu achten, da gerade die mittelwüchsigen Bestände am meisten davon zu leiden haben. Die Erhaltung eines Waldmantels oder eines dichteren Schutzbestandes an den exponirten Stellen ist bei unvollkommenen und unregelmäßigen Weißtannenwaldungen dringend zu empfehlen.

In Beziehung auf unvollkommene Waldungen ist hier zu erwähnen, daß die natürliche Verjüngung in den unvollkommenen Parthieen davon abhängt, ob und wie weit der vorhandene Bodenüberzug und genügender Schutz vor Spätfrösten ein Ankommen der Besamung zuläßt. Bloß bei einer sehr mäßigen, noch nicht verfilzten Berasung, oder bei einem leichten mit Moos durchwachsenen Ueberzug von Heiden und Heidelbeeren läßt sich ein Gelingen der natürlichen Verjüngung erwarten, wenn der vorhandene Bestand noch den im Vorausgegangenen bezeichneten Schutz gewähren kann.

§. 95.

Regelmäßige und vollkommene Fichtenbestände.

Die Fichtenwälder lassen sich auf drei verschiedene Weisen natürlich verjüngen. Entweder durch kahlen Abtrieb in schmalen Streifen, wobei auf Besamung von der Seite her gerechnet wird, oder durch Besamungsschlag und nachfolgenden kahlen Abtrieb; oder endlich durch Dunkelhieb und langsam folgende Licht- und Abtriebsschläge.

Da die Fichten dem Windwurf sehr ausgesetzt sind und häufig schon in geschlossenen Beständen viel davon zu leiden haben, so ist bei deren Verjüngung um so größere Vorsicht anzuwenden, damit die Stürme keine Störung in den Gang der Verjüngung bringen. Bei den Durchforstungen und namentlich bei dem Vorbereitungsschlag ist darauf hinzuwirken, daß die einzelnen Stämme sich allmählig an einen freieren Stand gewöhnen. Ein Vorbereitungsschlag wird nur da zu umgehen sein, wo der Bestand — wie es bei Fichten öfters vorkommt — schon vorher nicht ganz geschlossen steht; dagegen ist ein solcher häufig deßhalb nöthig, wenn eine sehr hohe Moosdecke die natürliche Besamung nicht Wurzel fassen läßt.

In den ersten 3—4 Jahren wächst die junge Fichte langsam und hat vom Graswuchs viel zu leiden; doch erträgt sie den Druck der Mutterbäume noch gut. Die Schläge müssen bei ihr mit besonderer Sorgfalt der herrschenden Windrichtung entgegengeführt werden, und erhalten bei uns, wo die gefährlichsten Winde aus Nord-West kommen, die Richtung von Süd-Ost gegen Nord-West. Es wird nun allerdings dagegen eingewendet, daß der Samen vorzüglich bei einer entgegengesetzten Windrichtung ausfliege. Dies hat aber nur dann einen schädlichen Einfluß, wenn dieser Wind sehr stark und längere Zeit anhält; denn da der Samen nie so rasch und plötzlich abfliegt, so ist auch bei obiger Richtung der Schläge eine Besamung sicher zu hoffen.

Will man bloß mittelst Kahlschlägen verjüngen, so treibt man 4—6 Jahre nach geführtem Vorbereitungsschlag einen 1—2mal so breiten Streifen, als das nebenstehende alte Holz hoch ist, kahl ab und erwartet die Besamung von der Seite her, welche auch sehr leicht erfolgt, wenn der Boden durch die Fällung und Aufbereitung des Holzes, namentlich aber durch Stockrodung wund gemacht wurde, oder wenn er nicht sehr graswüchsig und also empfänglich für die Besamung ist. Der gesunde unbeschädigte Vorwuchs läßt sich namentlich auf besseren Böden und in feuchterem Klima mit Nutzen erhalten. — Zu lange darf man nicht auf natürliche Besamung warten; besonders wenn das Unkraut rasch überhand zu nehmen droht, muß man durch Pflanzung nachhelfen. — Bevor der letzte Schlag vollständig verjüngt ist, soll mit dem Hieb nicht vorgerückt werden.

Da der Fichtennachwuchs von der Sonnenhitze viel zu leiden hat, so ist es bei den Kahlschlägen ganz besonders nothwendig, daß man ihnen eine Richtung giebt, bei der das angrenzende hohe Holz Mittags die Schlagfläche beschattet; deßhalb ist ein Vorrücken der Schläge von Nord nach Süd mit Vorstand des alten Holzes gegen Süden besonders da zu empfehlen, wo es an der für die Fichte so nöthigen Feuchtigkeit im Boden oder Klima fehlt; auch sind unter solchen Verhältnissen die Schläge schmäler zu machen. An Berghängen soll die Schlaggrenze stets in gerader Linie bergab gezogen werden, und wenn die Länge dann nicht ausreichen sollte, um das nöthige Material zu liefern, so macht man am oberen Theil einen rechtwinkligen Bruch, so daß der Schlagstreifen in horizontaler Richtung am oberen Bergrand sich fortsetzt.

Mit Rücksicht auf die wohlfeilere Bringung führt man in den österreichischen und theilweise auch in den schweizerischen Alpenforsten große Kahlschläge, deren Besamung dann ebenfalls der Natur überlassen wird und unter günstigeren Verhältnissen in 10—20 Jahren, jedoch ziemlich unvollständig erfolgt. Die einzige Hülfe, die man dabei giebt, besteht darin, daß man das Reis auf Haufen zusammenzieht, oder wo geweidet wird, über die Fläche gleichmäßig ausbreitet. Daß bei einer solchen Wirthschaft stets $\frac{1}{5}$ bis $\frac{1}{4}$ des Waldbodens ertraglos ist, dient nicht zu deren Empfehlung.

Die Verjüngung in Besamungsschlägen mit nach 3—6 Jahren folgendem Abtrieb ohne vorherige weitere Lichtungen läßt sich anwenden, wo die Spätfröste weniger häufig und stark auftreten, wo das Unkraut in den angehauenen Beständen nicht zu sehr überhand nimmt, oder wo für den in lichtere Stellung gebrachten Schutzbestand vom Wind größerer Schaden zu fürchten ist.

Der Dunkelschlag ist mit Rücksicht auf den Wind und das Unkraut zu führen; sonach in Standortsverhältnissen, die vor Verrasung und Wind gesichert sind, die Stellung der Samenbäume in der Art zu geben, daß die äußersten Zweigspitzen 2—3 m von einander entfernt sind. In entgegengesetzten Fällen ist es nothwendig, einen dichteren Schluß zu erhalten, den Vollbestand nur um $\frac{1}{8}$ bis $\frac{1}{10}$ zu vermindern, und namentlich auf gutem, also zur Verrasung geneigtem Boden erträgt die junge Fichte einen solchen Druck der Mutterbäume mehrere Jahre. — Auch hiebei soll gesunder Vorwuchs mit benützt, kranker zum Schutz übergehalten werden.

Da diese Holzart Beschädigungen bei der Fällung und Abfuhr nicht so gut ausheilt, wie die Tanne, vielmehr dadurch häufig den Keim des späteren Verderbens in sich aufnimmt, so ist es bei ihr besonders nothwendig, die starken Stämme immer zuerst herauszunehmen und den Schutzbestand mehr aus den schwächeren Bäumen zu bilden. Die Verbindung des Samens mit dem Boden wird schon durch die Aufbereitung und Abfuhr genügend bewirkt. Auch das streifenweise Aufrechen von Moos, wo solches zu hoch und zu dicht ist, kann gute Dienste leisten.

Auf der Seite, von welcher der Wind droht, muß ein möglichst widerstandsfähiger Waldmantel bis zuletzt erhalten bleiben.

Der Abtrieb erfolgt 3—5 Jahre nach der Besamung, wenn die Pflanzen einen gehörigen Vorsprung vor dem Unkraut erlangt haben, der Hieb hat in schmalen Streifen vorzurücken, und gleichzeitig ist dann in dem unangehauenen Theil der Dunkelschlag zu führen. Die Breite des abzuholzenden Streifens richtet sich nach der Höhe des angrenzenden Bestandes und soll das Zweifache derselben nicht übersteigen.

Bei dieser Verjüngungsmethode hat man es wie bei der vorigen so einzurichten, daß mit den Hieben in verschiedenen Beständen abgewechselt werden kann, damit während der Zwischenzeit der Nachwuchs in den einzelnen Schlägen gehörig erstarke, und keine zu großen Schlagflächen mit vorherrschend jüngerem Holz sich an einander reihen, weil dadurch der Frostschaden, später auch die Feuersgefahr zu sehr befördert werden.

Die Verjüngung durch Dunkelhiebe mit nachfolgender langsamer Räumung durch Licht- und Abtriebsschläge ist auf gutem Boden, wo Unkraut zu fürchten ist, in geschützteren Lagen und bei Nutzholzwirthschaft die zweckmäßigste Methode. Windschaden ist zwar selbst bei größter Sorgfalt auf diesem Wege nicht immer zu vermeiden, aber er wird durch eine richtige Waldeintheilung und Hiebsfolge, durch zweckmäßige Wahl der Schutzbäume, vorsichtige Anlage und Erhaltung von Windmänteln, und schon früher durch geeignete Maßregeln bei den Durchforstungen und Vorbereitungsschlägen, sich auf's Unschädliche reduciren lassen. — In allen Theilen des Bestandes muß bei Gewinnung des Wurzelholzes mit Vorsicht verfahren werden; es empfiehlt sich deßhalb namentlich das Baumroden, wobei die Wurzeln mehr ausgerissen werden, und dann eine Beschränkung der Nutzung auf das Holz der Stöcke mit Ausschluß der Wurzeln.

Der Besamungsschlag wird nach den oben angegebenen Regeln geführt; doch ist er stets nur so groß anzulegen, daß man mit den Nachhauungen noch rechtzeitig folgen kann, weil sonst der Nachwuchs zu lang im Druck stehen bleibt, oder der Wind auf der ausgedehnteren Fläche und während der längeren Periode, bis der Nachhieb eintritt, mehr Schaden verursachen kann. — Die Räumung geschieht am besten in zwei Hieben, und zwar nimmt man das erstemal, etwa 3—4 Jahre nach erfolgter Besamung, $\frac{3}{10}$ bis $\frac{5}{10}$ der noch vorhandenen Schutzbäume, den Rest nach weiteren 4—5 Jahren. — Der Vorwuchs ist wie bei der vorigen Methode angegeben, zu behandeln.

Ein langsamer Abtrieb durch drei oder mehr Lichtschläge ist namentlich da rathsam, wo die jungen Pflanzen wegen rauhen Klimas (nicht wegen sonniger Lage oder schlechten Bodens) langsamer wachsen, oder wo die Früh- oder Spätfröste sehr zu fürchten sind.

Bei der Fichte ist eine künstliche Nachzucht sehr leicht, und darum ist die natürliche Verjüngung neuerer Zeit selten irgendwo rein durchgeführt. Bei der künstlichen Nachhülfe kann eine Untersaat nur selten Anwendung finden, Freisaaten noch weniger; die Pflanzung ist vorzuziehen.

Die Verjüngungen durch Koulissen-, Spring- oder Wechsel- und Schachenschläge sind längst verlassen, weil sie dem Wind zu vielen Spielraum gestatten. Bei jenen wurde der Bestand streifenweise, bei letzterer Art schachbrettförmig durchhauen und vom stehenden Holz die Besamung des abgetriebenen Theils erwartet.

Der Löcherhieb oder die horstweise Verjüngung kommt bei der Fichte zwar da und dort auch zur Anwendung, jedoch nur in geschützten, windsicheren Lagen, wo er ähnlich behandelt wird, wie oben in §. 86 angegeben; nur mit dem Unterschied, daß die Verjüngung in kürzerer Zeit von 12—15 Jahren durchzuführen ist.

§. 96.

Unregelmäßige und unvollkommene Fichtenbestände.

Die unregelmäßigen Fichtenbestände lassen sich deßhalb nicht so gut natürlich verjüngen, wie die unregelmäßigen Weißtannenwaldungen, weil der Vorwuchs der Fichte sich nicht überall, namentlich nicht auf mittleren und geringeren Böden, so lange gesund erhält, als der der Weißtanne. Wenn aus demselben noch ein dauerhafter Nachwuchs gewonnen werden soll, so dürfen die einzelnen Pflanzen nicht über 20—30 Jahre alt und nicht zu sehr im Druck gestanden sein; auch müssen sie mit mehr Vorsicht an eine freiere Stellung gewöhnt werden; diejenigen, welche diesen Anforderungen nicht entsprechen, sind jedenfalls zur Herstellung des Schutzbestandes, wozu sie sich ganz gut eignen, zu benützen.

Im Uebrigen ist die Methode der Verjüngung für die betreffenden Verhältnisse aus den obigen für regelmäßige Bestände gegebenen Regeln leicht zu entnehmen, und es wird sich deßhalb, um Wiederholungen zu vermeiden, auf jene bezogen. Es ist jedoch der Unterschied zu machen, daß etwas rascher vorgegangen werden muß, als bei der Buche und Weißtanne, wegen der Natur des Nachwuchses und wegen der für den Schutzbestand drohenden Windgefahr.

Bei unvollkommenen Waldungen ist besonders zu beachten, daß die Fichte im verrasten Boden nur selten ankommt, daß man daher nicht zu lange mit der Nachhülfe durch Pflanzung zögern darf, wo es sich um solche Blößen handelt.

§. 97.

Verjüngung der Kiefernwaldungen.

Noch vor 20—30 Jahren schien bei der Kiefer die künstliche Verjüngung, namentlich die Pflanzung, fast zur allgemeinen Regel zu werden.

In den letzten zwei Jahrzehnten hatten aber diese Kulturen unter allen möglichen Heimsuchungen zu leiden, hauptsächlich durch Engerlinge, Rüsselkäfer, Schütte, Frost ꝛc., weßhalb man neuerdings mit Recht der natürlichen Verjüngung auch bei dieser anscheinend weniger dafür geeigneten Holzart wieder größere Beachtung schenkt.

Die Schwierigkeiten liegen hauptsächlich darin, daß dieselbe im Alter, wo sie hiebsreif wird, sich licht stellt und deßhalb in vielen Fällen ein mehr oder weniger dichter Unkrautüberzug unter ihr sich ansiedeln kann, während die junge Pflanze in demselben nicht gut ankommt und bald des vollen Lichtgenusses bedarf. Besonders auf ungünstigem Standort tritt dies hervor und es gilt daher in Norddeutschland als Regel, daß auf Böden geringster Güte (V. Klasse) natürliche Verjüngung gar nicht mehr am Platz sei. — Die Hindernisse, welche ein allzudichter Bodenüberzug der Besamung entgegenstellt, werden theilweise gelegentlich durch die Fällung und Aufbereitung des Holzes, theilweise durch Eintrieb von Schweinen, dann auch durch Baum- oder Stockrodung, durch Eggen (am wirksamsten ist eine starke eiserne Gliederegge), durch streifenweises Harken oder Hacken mit Erfolg überwunden.

Ein Vorbereitungsschlag wird nur in solchen Beständen nothwendig, welche etwa vor dem 80. Jahre zur Verjüngung kommen, weil zuvor die Krone der Bäume noch nicht genügend entwickelt und zum Fruchtansatz befähigt sein wird; derselbe ist so dunkel zu halten, daß keine schädliche Verunkrautung eintreten kann, und er darf aus dem gleichen Grunde auch nicht allzulange dem eigentlichen Angriffshiebe vorausgehen.

Als wesentliche Vorbedingung für die natürliche Verjüngung sind häufige und reichliche Samenjahre anzusehen; bis zu einem gewissen Grad hat es der Wirthschafter in der Hand, dieselben zu begünstigen, wenn im ganzen Forst dahin gewirkt wird, dem Hylesinus piniperda den Aufenthalt möglichst zu erschweren, weil die von ihm verursachten Beschädigungen der Gipfeltriebe den Blüthenansatz erheblich vermindern. Durch baldige und vollständige Räumung der Schläge von Nutz- und Brennholz mit Einschluß des Reises werden ihm die Brutstätten entzogen und damit auch jenem nachtheiligen Einflusse vorgebeugt.

Die Verjüngung selbst erfolgt entweder durch schmale Kahlhiebe mit seitlicher Besamung vom Altholzbestand, wobei das Gleiche gilt, was oben bei der Fichte hierüber gesagt wurde, oder mittelst eigentlicher Besamungsschläge, bezüglich welcher aber die verschiedenen Schriftsteller und Wirthschaftsführer erheblich in ihren Ansichten auseinandergehen,[1]) was offenbar von dem nach Verschiedenheit der Standortsverhältnisse wechselnden Feuchtigkeits- und Lichtbedürfniß der jungen Pflanze abhängt.

[1]) cf. Allgem. Forst- u. Jagd-Zeitung 1878 S. 41 u. 45. 1879 S. 161. — Verhandlungen des Bad. Forstvereins in Heidelberg 1876 S. 7.

Auf trockeneren, aber sonst nicht zu armen Böden, wo der Schirmdruck der Mutterbäume dem Nachwuchs bald schädlich wird, stellt man bloß einen Besamungsschlag, wozu im 100jährigen Holze 60—80 Stämme genügen, und nimmt dieselben an den Stellen, wo Besamung genügend erfolgt ist, schon im nächsten Jahre weg, während die übrigen nur etwa bis ins 5. Jahr stehen bleiben.

Bei einem langsameren Vorgehen wird der Samenschlag durch Herausnahme von etwa einem Viertheil der Stämme gestellt und je nach dem Ankommen der Besamung nachgehauen, was nöthigenfalls bis ins 10. Jahr fortgesetzt werden kann. — Die Nachbesserung der Bestandeslücken erfolgt nach dem letzten Abtrieb am besten mit den im besamten Theil zu gewinnenden Ballenpflanzen.

Endlich werden auch aus dem feuchten Klima Ostpreußens günstige Erfolge berichtet von der horstweisen Verjüngungsmethode, wobei der Vorwuchs fast wie bei der Buche und Fichte mitbenützt werden kann, da er sich in Bestandeslücken gerne von selbst ansiedelt, in freierer Stellung schnell erholt und gesund entwickelt. — Auf Boden, der bei rascher Bestandeslichtung flüchtig werden könnte, muß sehr langsam und vorsichtig vorgegangen werden, zumal dabei eine künstliche Bestandesbegründung womöglich umgangen werden soll.

Die Kiefer ist im Allgemeinen dem Windwurf weniger ausgesetzt, als die meisten anderen Waldbäume, und insofern kann man sich bei ihr bezüglich der Wahl der Schlagrichtung etwas freier bewegen. Führt man Kahlschläge, so ist es erwünscht, wenn die zu verjüngende Fläche Mittags und Nachmittags Schatten vom hohen Holz bekommt, da die bei entgegengesetzter Richtung von demselben reflektirten Strahlen der Mittagssonne auf einer der halben Stammhöhe entsprechenden Breite gar keine Vegetation aufkommen lassen; die Schlagrichtung von Süd nach Nord oder von Südsüdwest nach Nordnordost ist deßhalb zu empfehlen. — Auf flachgründigem oder feuchtem Boden wird die Kiefer doch auch vom Wind geworfen und da empfiehlt sich mehr die Richtung von Ost nach West. — Sodann gilt auch hier als Regel, die Schläge nicht zu groß anzulegen, vielmehr sie um so kleiner zu machen, je schwieriger die Verjüngung ist, und andrerseits den Schlag langsamer zu lichten, wenn von Maikäferlarven, dem Rüsselkäfer oder der Schütte Gefahr für den Nachwuchs zu fürchten. — Bevor die in Angriff genommene Fläche vollständig verjüngt ist, soll der Hieb im anstoßenden Altholz nicht weiter vorrücken.

Das Ueberhalten einzelner Stämme, um solche in den künftigen Bestand einwachsen zu lassen, ist nur auf besserem Kieferboden an schattigen Hängen oder auf ebenem Terrain ausführbar; man wählt dazu langschäftige, minder reichlich beastete Stämme; das Aufästen ist bei der Kiefer zulässig. Auf ein Hektar kann man bis zu 20 Stämme überhalten; wo Windwurf zu befürchten ist, bleiben anfänglich mehr stehen.

Die Verjüngung **unregelmäßiger** Kiefernwaldungen hat insofern weniger Schwierigkeiten, als immer einzelne Stämme schon in jüngerem Alter Samen tragen und daher eher eine vollständige natürliche Besamung zu erwarten ist, als bei anderen Holzarten. Bei der Kiefer kann übrigens, wie bereits erwähnt wurde, Vorwuchs, welcher einige Jahre überschirmt war, nur auf günstigeren Standorten benützt werden

Die jüngeren Horste, welche ganz frei erwuchsen, könnten da, wo hohe Anforderungen an die Regelmäßigkeit des künftigen Bestandes gestellt werden, nicht wohl für denselben erhalten bleiben, weil die nachwachsenden jungen Pflanzen sich nicht gehörig an dieselben anschließen und zwischen den älteren und jüngeren Parthien stets ein ziemlicher Raum frei bleibt; es ist aber wohl zu erwägen, ob dieser eine kleine Nachtheil das Aufgeben des erlangten Vorsprungs wirklich rechtfertigt, wobei der geringere Werth des Kiefernbodens auch noch mit in die Wagschale zu legen ist.

Bei **unvollkommenen** Kiefernwaldungen wird die natürliche Verjüngung sich ohne Anstand durchführen lassen, wenn der Bodenüberzug ein Ankommen der Besamung allgemein ermöglicht. Ist dieses nicht der Fall, so kann durch Eintreiben von Schweinen ꝛc. oder durch Bearbeiten, streifenweises Aufharken, der Unkrautfilz aufs Unschädliche vermindert oder durchbrochen und der Samen mit dem Boden in Verbindung gebracht werden.

Für die sogenannten **Kusselbestände**, in welchen breitästige, sonst aber gutwüchsige Kiefern ohne eigentlichen Schluß und nur in losem Zusammenhang die Bestockung bilden, wird als erste Maßregel beim Uebergang zu einer besseren Wirthschaft häufig noch die sofortige Wegnahme aller dieser Kusseln verlangt, selbst in mißrathenen Kulturen werden die vorhandenen Pflanzen mit einem Vorsprung von oft nur 6 oder 8 Jahren vor Beginn der Neupflanzung weggehauen, „abgebuscht", obgleich die durch dieses allerdings geringwerthige Bestandesmaterial zu erlangende Vermehrung des Humusvorraths im Boden meist viel nützlicher wirkt, wenn der Bestand bis zu annäherndem Schluß erhalten bleibt, als wenn man den Boden wiederum auf ungewisse Zeit bloßlegt, und in den Stöcken zahlreiche Brutstätten für den Rüsselkäfer schafft.

§. 98.

Die Schwarzkiefer.

Sie hat viel Aehnlichkeit mit der gemeinen Kiefer, gedeiht auf flachgründigem, steinigem Boden, selbst auf Felsen, wenn sie nur zerklüftet sind, noch sehr gut und keimt auch auf etwas verrastem Boden; gegen Schirmdruck ist sie mindestens ebenso empfindlich wie die gemeine Kiefer; es genügt zur Besamung eine Zahl von 50—80 Stämmen pro ha in 100jährigem Bestand. Windwurf ist bei ihr eigentlich gar nicht zu fürchten;

dagegen müssen in geharzten Beständen etwas mehr Samenbäume übergehalten werden, weil der davon erzeugte Samen weniger kräftige Pflanzen liefert. Außer den eigentlichen Besamungsschlägen kommen auch schmale Streifenschläge für seitlichen Samenüberwurf mit günstigem Erfolg in Anwendung.

Erschwert wird die natürliche Verjüngung häufig durch das auf Kalkboden sich ansiedelnde Laubholzgesträuch, welches durch möglichste Erhaltung des allerdings in höherem Alter sich rasch lichtenden Bestandesschlusses vor Beginn der natürlichen Verjüngung zurückzudrängen und nach eingetretener Lichtung durch streifenweises Ausroden so oft als nöthig zu beseitigen ist. — Der Besamungsbestand ist wegzunehmen, sobald ein Anflug sich zeigt, oder wenn nicht mehr auf solchen zu hoffen ist. Auf den von dieser Holzart bevorzugten Süd- und Osthängen darf namentlich mit dem Nachhiebe nicht zu lange zugewartet werden.

§. 99.

Lärchenhochwald.

Die Lärche ist in der Jugend wie im Alter in hohem Grade lichtbedürftig und unempfindlich gegen den Frost, sie bedarf des Schutzes der Mutterbäume also nicht, erträgt einen solchen aber auch nicht. Sie keimt auf ziemlich verrastem Boden und macht in dieser Beziehung weniger Ansprüche auf Vorbereitung als die Kiefer, obwohl sie auch auf wundem Boden gut anfliegt.

Die junge Pflanze ist gegen Beschädigungen durch Weidevieh oder durch Bringung des Holzes wenig empfindlich, sie heilt dieselben rasch und gut wieder aus.

Regelmäßig geschlossene, reine Lärchenbestände sind aber selbst in der Heimath dieser Holzart sehr selten und daher die Regeln für die Verjüngung noch nicht so genau festgestellt, wie bei den übrigen Waldbäumen; sie findet sich häufiger in Mischung mit Fichten und Laubholz.

Weil es sich bei der Lärche meist um exponirte Lagen handelt, so ist zum Schutz des Bodens gegen Abschwemmung eine nicht allzu dichte Berasung sehr willkommen.

Da wenig Rücksicht auf den Wind zu nehmen ist, so kann die gleiche Schlagführung, wie bei den Kiefern, empfohlen werden. Nur ist hiebei zu bemerken, daß die Lärche von früher Jugend an einen freieren Stand liebt, und daher keine so vollständige Besamung erstrebt zu werden braucht, wie bei der Kiefer. Andrerseits sind aber auch die Samenjahre in ihrer Heimath häufig und reichlich. Es eignet sich diese Holzart übrigens außerhalb des Hochgebirges nicht zu reinen Beständen, während sie als Mischholz auf zusagendem Standort Ausgezeichnetes leistet.

§. 100.

Die Zürbe oder Arve.

Nur in den Alpen und Karpathen haben sich noch einzelne wenige, geschlossene Arvenwälder erhalten. Die Arve trägt nicht sehr häufig Samen; etwa alle 6—8 Jahre tritt ein reichliches Samenjahr ein; die Keimung erfolgt meistens erst im zweiten Jahr nach dem Abfall; sie erfordert eine Samenschlagstellung wie die Weißtanne, und weil die jungen Pflanzen anfangs sehr langsam wachsen, 4—6 Jahre nach der Besamung einen Nachhieb, dem noch drei bis vier weitere Lichtungen und dann der Abtrieb in eben so langen Zwischenräumen folgen können. Kahlschläge sind ihrer Verjüngung nicht günstig; dagegen keimt die junge Pflanze noch gut zwischen einem mäßigen Unkräuterüberzug.

Die Beschützung der Schläge gegen die Samensammler und den Tannenhäher ist sehr schwierig, und man hat deßhalb eher eine dunklere, als eine lichtere Stellung für den Besamungsschlag zu wählen. Da die junge Zürbe den Druck der Mutterbäume sehr gut aushält, so ist der vorhandene Vorwuchs sorgfältig zu schonen und zu pflegen. Mit Rücksicht auf die hohen und exponirten Lagen ihres Standorts sollte übrigens bei der Zürbelkiefer die schlagweise Verjüngung seltener, und der Femelbetrieb mehr Regel sein.

§. 101.

Verjüngung gemischter Bestände.[1])

Außer den allgemeinen, in §. 83 gegebenen Regeln gelten hiefür noch folgende vorzüglich in dem Fall, wenn eine Holzart vor der andern zu begünstigen ist; man hat dann die Behandlung vorherrschend nach letzterer einzurichten; demungeachtet bleibt der Grad der Mischung in dem neu zu begründenden Bestand bei der natürlichen Verjüngung stets mehr dem Zufall überlassen.

Schon bei den Durchforstungen, namentlich aber beim Vorbereitungsschlag, ist der bevorzugten Art Raum zu schaffen, um ihre Entwicklung im Allgemeinen und die Fähigkeit des Samentragens möglichst zu befördern. Ebenso muß der Vorwuchs davon überall geschont, beziehungsweise durch entsprechende Lichtung des alten Holzes gekräftigt und gesund erhalten werden. — Bei stärkerem Auftreten der minder begünstigten Holzart kann deren Vorwuchs durch Ausreißen ganz oder theilweise entfernt und dadurch das Ankommen der andern erleichtert werden. — Haben die beiden Holzarten in der Jugend einen verschiedenen Wachsthumsgang, so ist der Nachwuchs der langsamer wachsenden zunächst zu begünstigen.

Die Stellung des Besamungsschlags muß den Anforderungen der vor andern oder zunächst gewünschten Holzart entsprechen und womöglich

[1]) K. Gayer, Der gemischte Wald. Berlin, P. Parey. 1886.

zu der Zeit erfolgen, wo sie Samen trägt. In dem Schutzbestand sind namentlich auch Stämme von den Holzarten in genügender Zahl und gleicher Vertheilung überzuhalten, welche erst bei lichterer Stellung sich ansamen, und es ist nach Eintritt dieser geeigneten Stellung dafür zu sorgen, daß ihr Samen ein für ihn geeignetes Keimbett findet, oder an den Boden kommt.

Der Abtrieb hat sich nach den Anforderungen der begünstigten Holzart zu richten, sowohl bezüglich der Pausen, in welchen die Hiebe folgen, als bezüglich des Lichtungsgrades.

Die auf solche Weise erhaltene Mischung läßt sich, falls sie dem gegebenen Zwecke nicht vollständig entspricht, durch die nöthige Nachbesserung der Blößen, durch spätere Reinigungshiebe und Durchforstungen rechtzeitig noch entsprechend berichtigen, weßhalb man von Anfang an keine zu hohen Anforderungen zu machen braucht.

Wenn eine horstweise Mischung erhalten bleiben soll, so sind die einzelnen Horste als besondere Bestände nach den Regeln für die betreffende Holzart zu behandeln.

Wo die künftigen Mischungsverhältnisse nicht zum Voraus bestimmt festgestellt sind, und wo es sich mehr um eine vollständige Verjüngung, als um eine bestimmte Mischung handelt, da ist die Aufgabe weniger schwierig und es lassen sich die Regeln dafür aus dem für die einzelnen Holzarten Gegebenen und aus dem Obigen leicht entnehmen.

§. 102.

Eichen in Mischung mit andern Holzarten.

Im Laubholzhochwald kommen sie am meisten mit der Buche gemischt vor; beide Arten wachsen in der ersten Jugend etwas langsamer als diese, und deßhalb ist bei Eintritt des Eicheläckerichs schon zur Zeit des Vorbereitungsschlags unter- und außerhalb der Zweigspitzen derjenigen Samen tragenden Eichen, welche beim nächsten Hieb herauskommen, ein 6—8 m breiter Streifen vom Buchenbestand kahl abzutreiben und nöthigenfalls durch Stockroden oder Behacken des Bodens das Ankommen der Eichen-Besamung zu fördern. Diese Streifen sind auf die Südost-, Süd- und Westseite von den alten Stämmen zu legen, damit die jungen Pflanzen über die Mittagshitze Schutz vom vorstehenden Buchenbestand haben; von ihren eigenen Mutterbäumen erträgt die junge Eiche den Schutz mehrere Jahre hindurch gut. Es ist noch besonders darauf zu sehen, daß man in dieser Weise auf zusammenhängenden Flächen von mindestens je 25—40 ar so viel Eichen-Nachwuchs erzieht, als zu späterer Herstellung eines annähernd reinen Horsts nothwendig ist; wo die natürliche Verjüngung hiezu nicht ausreicht, hat rechtzeitig die künstliche Nachhülfe zu Herstellung des Zusammenhangs einzutreten. Es ist übrigens hiebei eine vereinzelte Beimischung der

Buche erwünscht. — Den Eichen ist stets das nöthige Licht zu geben, und sie müssen demgemäß vor schädlichem Seitendruck bewahrt werden.

In älteren, noch längere Zeit überzuhaltenden Horsten ist bei der Verjüngung auf Herstellung eines genügenden Bodenschutzholzes von Buchen 2c. hinzuwirken, unter Umständen sind selbst Haseln 2c. als solches willkommen. Buchen siedeln sich oft von selbst an, und werden dann unter den zur Verjüngung bestimmten Eichenhorsten dem Eichen-Nachwuchs gefährlich; sie sind in dem Fall durch Herausreißen oder Weghauen zu entfernen. — Reine Eichenbestände werden häufig schon im 60.—80. Jahre mit Buchen unterpflanzt, damit man dem Hauptbestand eine die nöthige volle Entwicklung der Krone fördernde Lichtung geben kann.

Aehnlich ist die Eiche in der Mischung mit Nadelholz zu behandeln; nur muß man ihr noch mehr Licht und noch größeren Vorsprung geben und auf etwas ausgedehntere Horste hinwirken. Unter der Kiefer findet sich gerne Eichenvorwuchs ein, der meist zur Verjüngung benützt werden kann; in diesem Fall entspricht ein Vorbereitungsschlag und nachheriger rascher Abtrieb dem Zweck am besten. — Mit der Fichte und Weißtanne verträgt sie sich weniger gut, weil ihr diese beiden bald einen Vorsprung abgewinnen und dadurch ihre Kronenentwicklung beengen, theilweise auch durch die dichte Benadelung ihr das nöthige Licht entziehen. Immerhin finden sich derartig gemischte ältere Bestände Fichten und Eichen in Schlesien und Ostpreußen, Tannen und Eichen im Schwarzwald.

Vereinzelter Eichen-Nachwuchs zwischen Buchen und Nadelholz läßt sich nur selten und nur mit großen Opfern von Mühe und Geld emporbringen; er verdient deßhalb unter diesen Verhältnissen keine besondere Beachtung, außer wenn er an Wegen, Schneißen, oder am Waldtrauf sich einfindet.

§. 103.

Mischungen mit der Buche.

Vielen Buchenbeständen trifft man Ahorne, Eschen, Ulmen, Hainbuchen und Birken beigemischt, und es ist die Erhaltung dieser Holzarten in der Regel geboten. Da sie sämmtlich keinen so starken Schirmdruck ertragen wie die Buche, so muß eine entsprechende Anzahl Samenbäume noch im Lichtschlag übergehalten werden; außerdem verlangen Birken und Ulmen ein wundes Keimbett, auch in zerklüfteten Felsen siedeln sie sich leicht an. Da der Samen von diesen Holzarten sich sehr weit verbreitet, so genügen wenige Stämme davon; förderlich ist es jedenfalls, wenn man an Stellen mit gutem Boden, wo solche Samenbäume stehen, schon bei Führung des Dunkelschlags in den Buchen mehr Licht giebt; namentlich die Ulme verlangt dies; der Birke entspricht aber erst die letzte Lichtung vor dem Abtriebsschlag. — Die jungen Pflanzen der genannten

Holzarten holen auch die etliche Jahre älteren Buchen rasch ein und gedeihen noch im Einzelnstand gut.

Vor frühzeitigem Weghauen des untauglichen Vorwuchses derselben hat man sich zu hüten, weil die (mit Ausnahme von der Birke) reichlich erfolgenden sehr kräftigen Stockausschläge in weitem Umkreis den Samennachwuchs stark gefährden; deßhalb wartet man damit am besten bis zum Abtriebsschlag, wenn sich derselbe bis dahin noch nicht so weit erholt haben sollte, daß man ihn einwachsen lassen kann.

Wenn Aspen den Buchen beigemischt sind, so hat man zur Zurückdrängung der Wurzelbrut möglichst dunkel zu stellen und die Aspen möglichst lang überzuhalten. Zur Begünstigung des Buchenvorwuchses, der sich gern unter den reinen Aspen einfindet, sind solche meist etwas nasse Stellen frühzeitig zu entwässern. Auch Buchenstockausschlag läßt sich in dem Fall zur Verjüngung benützen, weil solche Mischbestände nie ein hohes Alter erreichen können, während allerdings die Aspe in neuerer Zeit zu Papierstoff gesucht ist und für diesen Zweck als Durchforstungsmaterial nutzbar gemacht werden kann.

In der Mischung mit Nadelholz kommt die Buche ebenfalls häufig vor. Mit der Weißtanne verträgt sie sich im Allgemeinen sehr gut, doch bekommt sie in geschlossenen Beständen dadurch leicht einen zu großen Vorsprung, daß ihr Vorwuchs einen viel stärkeren Schirmdruck des alten Bestandes erträgt und in den ersten 10 Jahren viel schneller wächst, als die Weißtanne. — Da das schlagbare Holz der Buche nicht so alt zu werden braucht, wie das der Tanne, so kann man jene bei den der Verjüngung vorausgehenden Durchforstungen und dem Vorbereitungshieb ohne Nachtheil erheblich vermindern; wo dies nicht ausreicht, muß der Buchenvorwuchs durch Ausreißen beseitigt werden. Die Schlagstellung hat sich zunächst nach den Anforderungen der Weißtanne zu richten; und namentlich hat rechtzeitig die nöthige Lichtung einzutreten. Auch sonst ist der Tannenvorwuchs überall zu begünstigen, denn die Buche siedelt sich in regelmäßig geführten Schlägen leicht an und holt die Tanne schnell ein.

Sind aber Buchen und Fichten gemischt, und soll die Buche bei der Verjüngung erhalten werden, so sind zunächst jene durch dunkle Stellung des Besamungsschlags zu begünstigen, und erst wenn die Buchen sich in entsprechender Zahl angesiedelt haben, ist der den Fichten nothwendige Lichtungsgrad zu geben. Durch stärkere Lichtstellung des Besamungsschlags läßt sich dagegen die Fichte mehr begünstigen.

Da das vereinzelt in den Buchen aufwachsende Nadelholz bald einen Vorsprung bekommt und dann auf Kosten des Schaftholzes und des Längenwuchses die Kronenentwicklung überwiegt, so ist auch in diesem Fall, namentlich bei Nutzholzerziehung, eine horstweise Mischung sehr zweckmäßig.

Mit der Kiefer gemischt findet sich die Buche selten; die natürliche Verjüngung dieser Mischung ist auch schwer durchzuführen, wenn es sich nicht um horstweises Auftreten der beiden Holzarten handelt; die Buche siedelt sich gern frühzeitig unter den Kiefern an. Die Beimischung der Kiefer, so weit sie sich nicht durch Ueberhalten einzelner Samenbäume in den Lichtschlag auf natürlichem Weg erreichen läßt, kann durch künstliche Nachzucht leicht bewirkt werden.

§. 104.

Mischungen der Nadelhölzer.

Sehr häufig trifft man Fichte und Weißtanne gemischt; da letztere in der Jugend langsamer wächst als erstere, so ist zunächst darauf zu sehen, daß der Besamungsschlag nach den für die Tanne gegebenen Regeln gestellt wird, und erst dann weiteres für die Fichten gebotene Licht erhält, wenn der Weißtannenaufschlag einen Vorsprung von 6—10 Jahren hat. Wo Fichtenvorwuchs hinderlich ist, muß er um so mehr entfernt werden, als die Weißtanne ihn nicht einholen kann. Wird die Fichte begünstigt, so hat man, so weit kein Unkraut zu fürchten, die Stellung von Anfang an lichter zu geben. Unter älteren Fichtenhorsten, die sich gern licht stellen, findet sich frühzeitig Weißtannenvorwuchs ein, der mit Vortheil für die Verjüngung benützt werden kann.

Auch unter älteren Kiefern siedelt sich die Tanne auf ihr zusagendem Standort sehr leicht an; während natürlich umgekehrt jene unter dem starken Druck dieser Holzart nicht wachsen kann; eine schwache Beimischung von Kiefern ist nichts desto weniger sehr zweckmäßig, wenn die Weißtanne einen entsprechenden Vorsprung hat, andernfalls leidet sie von der breiten Beastung jener. Nur wenn diese Neigung der Verastung durch baldigen Schluß neutralisirt wird, erlangt die Kiefer jene gesuchte astreine Langschäftigkeit, die sie als eingesprengte Holzart für den übrigen Bestand kaum bemerklich macht.

Die Mischung von Fichten und Kiefern ist in älteren, vollkommenen und regelmäßigen Beständen selten; bei der natürlichen Verjüngung hat man zu beachten, daß die Kiefer in der ersten Jugend viel schneller wächst, als die Fichte, und daß sie ohne letztere keine so dauerhaften Bestände bildet; man hat deßhalb anfänglich die Fichte ausschließlich zu begünstigen, bis der Nachwuchs so erstarkt ist, daß ihn die Kiefer nicht mehr überholen oder durch ihre starke Astverbreitung belästigen kann. Auch da, wo letztere Holzart begünstigt werden soll, ist der Fichtennachwuchs als späteres Schutzholz gegen Vermagerung des Bodens erwünscht und demgemäß möglichst zu erhalten.

Endlich ist noch die Beimischung von Birken im Nadelholz zu erwähnen, welche wegen der Zwischennutzungserträge sehr vortheilhaft wird, wenn die Birke nicht gar zu zahlreich auftritt; am besten paßt sie zur Kiefer, obgleich sie in den meisten Standorten noch etwas schneller wächst als diese, und dann mit ihrem leicht beweglichen Gipfel die Nadelhölzer in ihrer nächsten Nähe abpeitscht, was aber nur dann vorkommt, wenn dieselben gleich hoch sind wie sie. Es muß deßhalb darauf gedrungen werden, daß bei der natürlichen Verjüngung das Nadelholz einen genügenden Vorsprung bekommt, wenn es sich nicht etwa um Schutz gegen Frost handelt, in welchem Fall die Birke vorgewachsen sein und den Schirm bilden muß.

Zweites Kapitel.

Plänter- oder Femelwald.[1])

§. 105.

Begriff und Einleitung.

Während aus den für Verjüngung des Hochwalds angegebenen Verfahrungsarten erhellt, daß bei diesem zusammenhängende, gleichalterige Bestände in größerer oder geringerer Ausdehnung erzogen werden, so wird sich aus dem Folgenden ergeben, daß beim Femelbetrieb die verschiedenalterigen Stämme nicht der Fläche nach getrennt, sondern unmittelbar neben einander über die ganze Fläche gleichmäßig gemischt und vertheilt sind. Oder mit andern Worten: die Nutzung und Verjüngung im Femelwalde geschieht zwar durch natürliche Besamung, aber nicht in zusammenhängenden Schlägen, sondern vereinzelt, bald da, bald dort. Sobald ein Stamm diejenige Stärke erreicht hat, in welcher er nutzbar ist, wird er gefällt, und es ist auf diese Weise bei aufmerksamer eingehender Behandlung möglich, jeden lebensfähigen Stamm zur höchsten Vollkommenheit gelangen zu lassen.

Beim Femelbetrieb kommen hauptsächlich die Nadelhölzer in Betracht; Laubhölzer werden nur ausnahmsweise nach dieser Methode bewirthschaftet. Vorzüglich geeignet sind diejenigen Holzarten, welche in der Jugend den Druck gut ertragen, dem Wind gehörigen Widerstand leisten, und Beschädigungen, die ihnen durch die Aufbereitung und Abfuhr zugefügt werden, leicht wieder ausheilen. Allen diesen Anforderungen entsprechen die Weißtanne und Arve am vollständigsten; die Fichte noch ziemlich gut; die Lärche und Kiefer fast gar nicht; (bezügl. der Kiefer jedoch zu vergl. Forstliche Monatsschrift 1859, S. 194). Bei den Laubhölzern könnte bloß von Buche und Eiche die Rede sein, bei ihnen tritt aber meistens die Mittelwaldwirthschaft an die Stelle des Femelbetriebs.

Die ganz ungeregelte Femelwirthschaft, bei welcher die Verjüngung mehr als Nebensache behandelt wird, verdient in diesem Stadium eigentlich noch nicht den Namen einer forstlichen Betriebsart, und kann auf die

[1]) Das Wort leitet sich ab vom lateinischen femininum und vom einzeln Zwischen-herausraufen des (allerdings männlichen) Hanfs, den man aber früher, vor Aufstellung des Linné'schen Pflanzensystems, als weiblich bezeichnete.

Dauer nur da bestehen, wo ein geringer Holzbedarf aus einer großen Waldfläche leicht und ohne Mühe sich decken läßt. Besondere Regeln für diese den Namen einer forstlichen Betriebsart kaum mehr verdienenden Nutzungsweise anzugeben, ist nicht möglich, da gerade ihr Wesen im Regellosen liegt, und die ganze Thätigkeit des Wirthschafters dabei bloß auf zweckmäßige und rechtzeitige Benützung der einzelnen Stämme gerichtet ist.

§. 106.

Gewöhnlicher Femelhieb.[1])

Wo ein geregelter Femelbetrieb mehr mit Rücksicht auf die Erhaltung und Nachzucht der geeigneten Holzarten geboten ist, da muß eine entsprechende Concentrirung des Hiebs und Abwechslung in den Hiebsflächen eingeführt werden, damit der Nachwuchs in der 5—20 Jahre umfassenden Zwischenzeit, wo kein Hieb im betreffenden Bestand geführt wird, hinlänglich Zeit bekommt, um sich an eine freiere Stellung zu gewöhnen und sich wieder von den Beschädigungen zu erholen, welche ihm bei der Fällung und Abfuhr des zur Nutzung gebrachten Holzes etwa zugefügt worden sind. Es braucht zum Behuf dieser Abwechslung nicht gerade eine förmliche Flächeneintheilung gemacht zu werden, es genügt schon, wenn der Hieb von einem Ende des Waldes langsam gegen das andere Ende hin jährlich in annähernd gleicher Flächenausdehnung vorrückt. Dabei kann man stammweise, gruppen- oder streifenweise pläntern; die erstere Art bedingt den schwächsten Angriff durch Herausnahme ganz vereinzelter Stämme; die zweite und dritte Art gestatten eine stärkere Hiebsführung in der bezeichneten Vertheilung der Angriffsflächen.

Beim Hieb selbst werden vorzüglich diejenigen Stämme herausgenommen, welche die nutzbare Stärke erreicht haben; je später sich derselbe auf der gleichen Fläche wiederholt, um so weiter muß man bei der Auszeichnung auch noch auf etwas schwächeres Holz herabgehen, daneben sind alle diejenigen Stämme herauszunehmen, welche keine tauglichen Sortimente mehr liefern können und dabei dem Nachwuchs hinderlich sind; selbst wenn ihr Holz unbenutzt im Walde liegen bleiben müßte. Hat man die Wahl zwischen mehreren Stämmen, so ist natürlich derjenige vorher zu nehmen, in dessen Nähe sich bereits Vorwuchs findet, oder der stärker beastet ist und andere Bäume im Wachsthum zurückhält, oder der keinen so guten Zuwachs mehr zeigt. Können mehrere Stämme nebeneinander geschlagen werden, so hat dies bei lichtbedürftigeren Holzarten mit Rücksicht auf das Gedeihen einer natürlichen Besamung seine Berechtigung. Man nähert sich auf diesem Wege den oben schon behandelten Löcher-

[1]) Allg. Forst- und Jagdzeitung 1857. Monatsschrift für das Forst- und Jagdwesen 1857, 1859, 1865, S. 457. Schweizerische Monatsschrift 1866, S. 53. 1882, S. 189. Der Plänterwald. Wien, 1878. Schuberg in Miklitz. Centr.-Bl. 1876, S. 1.

oder auch Kesselhieben. Hierdurch erzielt man die Altersklassen mehr horstweise gemischt, begünstigt damit die kräftigere Entwicklung des Schafts auf Kosten der Aeste, was bei Nutzholzwirthschaft besonders zu empfehlen ist.

So weit es die Rücksichten auf den Geldertrag erlauben, sind an den überzuhaltenden Stämmen Aufästungen vorzunehmen; auch ist in gleichalterigen Horsten gelegentlich der Hauptnutzung auf der betreffenden Fläche das unterdrückte Holz wegzuhauen; anderwärts ist aber dasselbe zu schonen.

Hinsichtlich der Fällung und Abfuhr des Holzes ist besondere Vorsicht geboten; ein möglichst vollständiges Wegnetz ist zu diesem Zweck unumgänglich nothwendig.

§. 107.

Femelhieb in Bann- und Schutzwaldungen.

Es giebt nun aber auch Femelwälder, in welchen die Nachzucht des jungen Holzes und die Erhaltung einer fortwährenden Bodenüberschirmung durch Bäume der verschiedensten Altersklassen die Hauptsache, und die Materialnutzung Nebensache ist. Diese sind, wenngleich ihr Geldertrag sehr niedriger sein kann, doch für einzelne Gegenden von höchstem Werth, indem sie die wichtigsten, unentbehrlichsten Schutzmauern gegen Naturereignisse, Lawinen, Bergrutschen, Versandungen 2c. bilden und somit ihre Erhaltung aus diesen Rücksichten dringend geboten ist.

Es ist eine allgemeine Regel, die namentlich von den Schriftstellern, welche die Alpenwirthschaft kennen, aufgestellt wird, daß in solchen Waldungen die Verjüngung durch langsames, stellenweises Heraushauen des alten Holzes von der Mitte des Bestandes gegen die Grenze hin eingeleitet; daß dem Nachwuchs, wenn er einmal erstarkt ist, allmählig Luft gemacht werden muß, ohne dabei alles ältere Holz und die mittleren Altersklassen zu entfernen. Das in solchen Wäldern vorkommende Lagerholz, namentlich an der oberen Grenze und solches, welches quer am Hange liegt, ist thunlichst zu erhalten, die Stockrodung hat zu unterbleiben; die Stöcke sind in den exponirteren Lagen 0,5—1 m hoch zu machen.

Den oben erwähnten einzelnen Jahresschlägen hat man in diesem Fall eine 2—3mal größere Ausdehnung zu geben, und diese Flächen dann entsprechend schwächer in Angriff zu nehmen, so daß in Pausen von 6 bis 10 Jahren allmählig das hiebsreife Holz herausgezogen wird. Je näher der Hieb den Grenzen des Bestandes kommt, von woher die Gefahr droht, wo ohnehin der Bestandesschluß immer lockerer wird, um so vorsichtiger und langsamer muß das ältere Holz herausgenommen werden; doch darf man nicht in den häufigen Fehler verfallen, die Stämme so alt werden zu lassen, daß ihre Fähigkeit, Samen zu tragen, verloren geht und die Erziehung von Nachwuchs dadurch unmöglich gemacht wird. Auf den Wind ist hiebei besonders zu achten; nicht bloß der ganze Bestand, sondern auch die einzelnen Horste sind stets von der windfreien Seite in Angriff zu nehmen, man führt die Hiebe annähernd von Ost nach West und zugleich von unten nach oben.

In solchen Waldungen hat man auch durch größere Vorsicht bei der Fällung und Abfuhr, durch theilweises Aufästen der stehenbleibenden Stämme dem Gedeihen des Nachwuchses Vorschub zu leisten, durch Wundmachung des Bodens nach einem Samenjahr für gehörigen Erfolg der Besamung zu sorgen, nöthigenfalls durch Untersaat und Unterpflanzung die Natur zu unterstützen.

Auf Sandboden, wo der Wald gegen das Flüchtigwerden des Bodens schützen soll, ist auf Bildung und Erhaltung eines mäßigen Bodenüberzugs von Unkräutern Bedacht zu nehmen; es ist dies um so dringender geboten, als die in solchen Verhältnissen vorkommende Holzart, die Kiefer, weil sie überhaupt zu dieser Betriebsart weniger paßt, nicht immer den nöthigen Schutz bieten kann. Auf solchem Standort ist dann insbesondere für die rechtzeitige Anzucht, resp. Erhaltung eines möglichst dichten Waldmantels zu sorgen, und namentlich der Vorwuchs zu schonen.

Unter allen Umständen müssen diese Bannwälder von der Weide- und Streunutzung vollständig verschont bleiben.

§. 108.

Weitere Regeln für die Femelhiebe.

Es ist zweifelhaft, ob es in der Natur des Femelbetriebs begründet werden kann, daß man der einen oder andern Holzart einen größern Vorschub verschaffe, als ihr die Natur angewiesen hat. Sollte dies aber namentlich bei den im letzten Paragraph genannten Waldungen nothwendig sein, so wird es überall da eine künstliche Nachhülfe erheischen, wo die zu begünstigende Holzart nur selten oder gar nicht vorkommt; ist sie dagegen häufiger, so sind beim Hieb die haubaren Stämme vorzüglich da wegzunehmen, wo Nachwuchs von derselben vorhanden ist. Findet sich kein solcher, so ist in der Nähe der samentragenden Stämme nach den für unregelmäßige Hochwaldbestände in §. 87 gegebenen Regeln dem Bestand eine entsprechende Stellung zu geben, damit der Samen darunter keimen und der Nachwuchs gedeihen kann. Sonst ist durch vorsichtiges Heraushauen des Nachwuchses der zu verdrängenden Holzart zwischen dem der begünstigten ein weiteres Mittel zur Erreichung des Zweckes gegeben, das aber niemals so weit gehen darf, daß man den Nachwuchs der nicht erwünschten Holzart auch da entfernt, wo noch gar kein anderer, oder so wenig vorhanden ist, daß derselbe allein sich nicht zu halten vermag. Am förderlichsten für die Begünstigung einer Holzart wird die Wegnahme derjenigen Stämme der andern Holzart wirken, welche noch zu jung sind, um gehörig Samen zu tragen; es versteht sich aber von selbst, daß dies nur da geschehen darf, wo die begünstigte Holzart schon ausreichend vertreten ist.

Für die einzelnen Holzarten lassen sich noch folgende Andeutungen geben. Die Weißtanne erfordert die geringsten Rücksichten auf den Nachwuchs, er wird sich auch nach langem Druck wieder leicht erholen und kräftigen, und da sie auch im späteren Alter widerstandsfähiger ist, als alle übrigen Holzarten (mit Ausnahme der Arve), so ist sie nach Kräften zu begünstigen. Bei der Fichte muß der etwaige Vorwuchs allmählig an die freiere Stellung gewöhnt werden, wenn man ihn erhalten will; bei ihr kann man sich in geschützteren Lagen mehr den Kesselhieben nähern, um gesunden, tauglichen Nachwuchs zu erhalten; dabei ist große Rücksicht auf den Wind zu nehmen, indem man von Jugend auf die Pflanzen so viel als möglich sich erkräftigen läßt, damit sie den nöthigen Widerstand leisten können; bei der Herausnahme mehrerer neben einander stehender Stämme faßt man den angrenzenden Bestand genau ins Auge, ob nicht durch Fällung jener dem Wind ein Angriff gestattet werde. Unmittelbar neben einander nimmt man aber bei einem Hieb nie zwei oder mehrere stärkere Stämme, und es gilt diese Regel für beide Holzarten, Fichte und Tanne.

Die Kiefer macht noch mehr, als die Fichte, eine horstweise Erziehung der verschiedenen Altersklassen nothwendig. Die Buche wird ähnlich behandelt wie die Weißtanne, und die Eiche wie die Kiefer.

Bei der Eiche kann es sich übrigens nur selten um einen Femelbetrieb handeln, weil sie nur im milderen Klima vorkommt, während die größeren Ansprüche an den Wald hier längst diese Betriebsart verdrängt haben, und weil man im Mittelwald eine geeignetere Betriebsart hat, um den Anforderungen dieser Holzart gerecht zu werden.

Drittes Kapitel.

Niederwald, oder Schlagholzbetrieb.

§. 109.

Vorbegriff.

Der Niederwaldbetrieb gründet sich auf die Fähigkeit der Laubhölzer, vom Stock oder der Wurzel wieder auszuschlagen, wenn man den Stamm abgehauen hat. Auf diesem einfachen Wege läßt sich eine vollständige Bestandesverjüngung erzielen, sobald einmal die nöthige Anzahl von ausschlagfähigen Stöcken vorhanden ist. Die Wirthschaft hat dabei hauptsächlich ihr Augenmerk auf die Erhaltung der Ausschlagfähigkeit und der geeigneten Holzarten zu richten.

Früher war die Ansicht verbreitet, daß die Ausschlagfähigkeit eines Stockes blos so lange dauere, als derselbe gelebt hätte, wenn der fragliche Stamm zur normalen Entwicklung gekommen wäre. Vielfache Erfahrungen haben aber diese Ansicht widerlegt, und man hat sich überzeugt, daß die Stöcke der meisten Laubholzarten bei richtiger Behandlung viel länger ausschlagfähig sind, daß sie eigentlich unter günstigen Verhältnissen perennirend genannt werden können.

Dagegen ist zu beachten, daß der aus Samen erwachsene Baum seine Ausschlagfähigkeit in einem bestimmten Alter verliert, und daß daher beim Niederwald ein zu später Hieb die ganze Verjüngung eines Bestandes gefährden kann. Der zu frühe Abhieb ist dagegen nicht schädlich für die Stöcke, sie behalten dabei ihre volle Ausschlagfähigkeit, so lange die richtige Jahreszeit (siehe §. 110, Ziffer 3) eingehalten wird, und so lange der Boden die erforderliche Kraft behält.

Die Grenze der Ausschlagfähigkeit ist nach den Holzarten und dem Standort verschieden; auf magerem Boden, in rauhen Lagen hört dieselbe früher auf, als bei entgegengesetzten Verhältnissen; bei der Eiche, Esche, Ulme, den Ahornen später, als bei der Buche und Birke. Die größere oder geringere Dicke der Rinde und namentlich der abgestorbenen Borke ist in der Regel die Ursache des Aufhörens der Ausschlagfähigkeit. Je dünner und saftiger die Rinde ist, um so größer ist die Ausschlagfähigkeit. Nur die Buche macht hievon eine Ausnahme, indem sie die Reproduktionskraft verliert, ehe die Rinde mit abgestorbener Borke sich bedeckt. — Daneben muß aber öfter auch noch die Unterstützung der Verjüngung durch natürliche Besamung willkommen geheißen werden, namentlich bei Holzarten, welche frühzeitig Samen tragen und die Ausschlagfähigkeit der Stöcke bald verlieren, was bei der Birke zusammentrifft. Erstere Vorbedingung gilt auch noch für die Erle, Esche, Aspe und theilweise auch für die Hainbuche; für die Rothbuche dagegen, wo derartige Nachhülfe doppelt erwünscht kommt, nur bei höherem Umtriebe.

§. 110.

Allgemeine Regeln.

Bei Führung der Schläge im Niederwald gelten folgende Regeln:

1) Einhaltung eines geeigneten Alters, in welchem noch alle Stöcke gut und reichlich ausschlagen. In gemischten Waldungen kann durch die Wahl des Hiebsalters eine Holzart oft plötzlich verdrängt werden. Eine zu niedere Umtriebszeit ist hauptsächlich durch die öftere Wiederkehr der in den ersten Jahren des Umtriebes mangelnden Bodenbeschattung schädlich, weil dadurch die Bodenkraft zu sehr erschöpft wird. Manchmal tritt bei zu frühem Abtrieb ein Verbluten der Stöcke und damit der Verlust der Ausschlagfähigkeit ein, namentlich kommt dies bei der Hainbuche und theilweise auch bei der Eiche vor.

2) Sorgfältige Behandlung der Stöcke beim Fällen und während der Aufbereitung des Schlagmaterials. Dabei ist darauf zu sehen, daß

a) der Abhieb so geführt werde, wie es die Eigenthümlichkeit der Holzart erheischt. Erfolgt der Ausschlag allein oder doch wenigstens vorherrschend auf der Krone des abgehauenen Stockes, wie bei der Buche, so kann man so niedrig als möglich hauen. Erfolgt derselbe seitwärts am Stock, so ist diesem eine solche Höhe zu geben, daß zwischen dem Boden und dem der Austrocknung unterworfenen Theil unmittelbar unter der Abhiebsfläche des Stockes noch genug frisches Holz und daran Raum zur Bildung der neuen Triebe bleibt. — Der Hieb darf in beiden Fällen nicht im alten Holze des Stockes geführt werden, wenn die Rinde desselben zu dick ist und keine Ausschläge mehr hervorbrechen läßt. — Wo der Ausschlag aus den Wurzeln erfolgt, ist eine Rücksicht auf den Stock nicht geboten.

b) Der Abhieb hat so zu geschehen, daß der Stock möglichst wenig verletzt wird; namentlich ist das Zerreißen der Stöcke durch die fallenden, halb abgehauenen Stangen zu vermeiden, weil solche Risse das Austrocknen des Stockes befördern, und dadurch der Ausschlagfähigkeit Eintrag gethan wird. — Aeußere Verletzungen an der Rinde schaden weniger, sind sogar oft vortheilhaft, indem aus der frischen Rinde, die sich am Rande einer solchen Wunde bildet, leichter Ausschläge hervorbrechen, als aus der ältern.

c) Die Abhiebsfläche muß glatt mit scharfer Axt gehauen (nicht gesägt) sein, den Ablauf des Wassers gestatten, und womöglich eine Neigung gegen Süden haben, um die Verdunstung des ausfließenden Saftes zu befördern.

d) Mit besonderer Vorsicht sind die aus Samen erwachsenen jüngeren Pflanzen zu hauen; die Anwendung eines leichten scharfen Beiles oder einer Baumscheere ist bei ganz schwachen Pflänzchen zu empfehlen, weil das Stämmchen bei der Arbeit mit diesen Werkzeugen weniger hin und her gezogen, also auch die Wurzeln weniger gelockert werden.

3) Die Fällungszeit ist von großem Einfluß auf die Erhaltung der Ausschlagfähigkeit. Ueber diesen Punkt haben verschiedene Meinungen bestanden. Die Fällung zur Saftzeit wurde von Einzelnen verworfen; doch zeigt ein Blick auf die Bestockung der Eichenschälwaldungen, die seit Jahrhunderten im Saft gehauen werden, daß die Ausschlagfähigkeit dadurch nicht beeinträchtigt wurde, vielmehr hier der Ausschlag sehr reichlich und frohwüchsig erfolgt. Die Fällung vor Winter hat für den Stock manche Nachtheile: die Beschädigungen, welche er bei der Fällung etwa erlitten, werden durch das eindringende Wasser, wenn solches gefriert, noch vergrößert; die darauf folgende Austrocknung durch die Frühjahrswinde kann gleichfalls nur nachtheilig wirken. Aber auch unverletzte Stöcke leiden durch Frost mehr, als die entsprechenden Theile der stehenden Bäume, was sich leicht erklärt, wenn man den Einfluß der nächtlichen Wärmeausstrahlung auf die Erdoberfläche, und andererseits den mit der ganzen Pflanze im Zusammenhang stehenden Stock ins Auge faßt, welcher hiedurch jener starken Erkältung entrückt wird.

Als die passendste Zeit der Fällung ist daher die Saftzeit, und wo diese nicht anwendbar ist, die Zeit kurz vor Beginn der stärkeren Saftbewegung, also der Schluß des Winters zu bezeichnen. In rauherem Klima ist übrigens der Hieb zur Saftzeit nicht rathsam, weil durch denselben das Erscheinen der Ausschläge hinausgeschoben und ihr gehöriges Verholzen im Herbst des ersten Jahres gefährdet wird.

4) Die Ausschlagfähigkeit wird befördert durch ungehinderte Einwirkung von Licht und Wärme auf den Stock, durch Bedecken der Abhiebsfläche mit Rasen oder Steinen, durch Wegschaffen der Erde von den Stöcken, um die zartere, seither bedeckte Rinde zu gesteigerter Thätigkeit zu veranlassen, durch größere oder kleinere Verletzungen in der Rinde, Einkerbungen einen oder zwei Zoll unter der Abhiebsfläche, Behäufeln der Ausschläge mit Erde, Rasen ꝛc., um die jüngeren Stangen zur Bildung neuer Wurzeln zu veranlassen (diese Maßregel muß dem Hieb einige Jahre vorausgehen), und endlich durch Auflockerung des Bodens in unmittelbarer Umgebung des Stockes.

5) Bei der Richtung der Schläge ist darauf Bedacht zu nehmen, daß die austrocknenden kalten Frühjahrswinde aus Ost und Nordost durch das vorstehende ältere Holz möglichst von der Schlagfläche abgehalten werden.

6) Wo für die Stöcke oder den Ausschlag ein Schutz gegen Fröste ꝛc. nöthig ist, kann das Ueberhalten einzelner älterer Stockausschläge auf einige Zeit gerechtfertigt sein. Der Nachhieb hat aber zu erfolgen, sobald der Boden anfängt, sich durch die Ausschläge zu decken.

7) Streng genommen ist eine Nachbesserung des Niederwaldes bloß durch künstliche Kultur möglich, doch auch, wie schon erwähnt, eine stellenweise natürliche Besamung nicht ganz ausgeschlossen. Es versteht sich von selbst, daß eine solche Ergänzung der Bestockung nach Thunlichkeit benützt und befördert werden muß, z. B. durch Ueberhalten von einzelnen Stangen, welche zum Samentragen bestimmt sind, sowie auch durch Wundmachung des Bodens und durch Lichtung der Stockausschläge in der Nähe der Samen tragenden Bäune, sobald ein Samenjahr eintritt, und sobald die bereits aufgegangenen Pflanzen zu sehr überschirmt werden.

8) Beim Samennachwuchs, der sich zufällig oder durch künstliche Nachhülfe angesiedelt hat, ist noch die Frage zu entscheiden, ob derselbe möglichst jung oder möglichst alt sein soll, um kräftigen Ausschlag zu liefern. Ist derselbe kränklich und unterdrückt, so ist es rathsam, ihn so bald als möglich abzuschneiden; man wird auf diesem Wege etwas weit Besseres erhalten, als wenn man ihn stehen ließe, auch die sorgfältigste Pflege vorausgesetzt. — Bei freudig gedeihendem Kernwuchs dagegen ist es zulässig und oft auch vortheilhaft, denselben etwas älter als die Stockausschläge werden zu lassen, weil sich die Ausschlagfähigkeit an den aus Samen erwachsenen Pflanzen immer länger erhält, und weil sie auch nicht so viel Holz geben wie Stockausschläge von gleichem Alter.

9) Die im Niederwald entstehenden Lücken sind in der Regel durch Stutz- oder Heisterpflanzung nachzubessern oder durch Ableger und bei Pappeln oder Weiden durch größere Stecklinge und Setzstangen. Langsamer wachsende Holzarten müssen in möglichst erstarkten Exemplaren und in gut gelockerte Pflanzlöcher und nicht zu nahe an ausschlagfähige Stöcke eingesetzt werden. Nur etwa bei Birke und Erle läßt sich die Saat auf unkrautfreiem Boden anwenden. Auf mageren Stellen werden zweckmäßig zur Bodenverbesserung vorübergehend Kiefern ꝛc. eingesät; in solchen Oertlichkeiten sind auch Dornen ꝛc. als Bodenschutzholz zu erhalten, bis bessere Hölzer angezogen sind.

10) Handelt es sich um Verdrängung einer Holzart, so ist es zweckmäßig, diese, wenn sie keinen zu dichten Schirm bildet, überzuhalten und die zu begünstigende vorher zu hauen. Auf diesem Wege bekommen die zu begünstigenden Ausschläge einen Vorsprung und es wird manchmal möglich werden, den Boden sich durch diese decken zu lassen, ehe man an den Nachhieb der andern geht, so daß also von dieser die Ausschläge nicht mehr aufkommen können. Die gänzliche Ausrottung einer Holzart wird bewirkt, wenn man die einzelnen Stämme auf 0,2 m Breite rings herum entrindet (ringelt) und so zwei Jahre stehen läßt, während welcher Zeit der ganze Vorrath von Reservenahrung aufgezehrt und die Ausschlagfähigkeit auch in den Wurzeln vernichtet wird. — Holzarten, die eine freie Stellung verlangen, lassen sich durch Ueberhalten eines stärkeren, beschattenden Oberholzbestandes verdrängen, oder wenigstens im Wuchs zurückhalten.

11) In sehr exponirten Lagen, namentlich an steilen, südlichen Hängen, und bei Holzarten, die den Druck gut ertragen, ist es zweckmäßig, nicht alle Stangen eines Stockes auf einmal zu hauen, sondern nur etwa je $\frac{1}{3}$ oder $\frac{1}{4}$ derselben, und nach je 5—6 Jahren die übrigen Ausschläge. Auch bei Stöcken, die wegen ihres Alters ꝛc. keinen zahlreichen oder kräftigen Ausschlag mehr erwarten lassen, ist das Ueberhalten eines oder mehrerer Ausschläge von gutem Einfluß auf die Beförderung der Ausschlagfähigkeit.

12) Durchforstungen sind der Bestandesentwicklung und Zuwachssteigerung sehr förderlich, und namentlich bei höherem Umtrieb öfter zu wiederholen; im Eichenschälwald steigern sie insbesondere auch den Ertrag und die Güte der Rinde. In gemischten Niederwaldbeständen lassen sich dadurch die einzelnen Holzarten entsprechend begünstigen und ausnutzen oder ganz verdrängen.

13) Die Hackwaldungen unterscheiden sich nur dadurch von den gewöhnlichen Niederwaldungen, daß bei ihnen nach dem Abtrieb der Boden zwischen den Stöcken einige Jahre hindurch, allerdings nicht zum Vortheil der Holzproduktion, landwirthschaftlich benützt wird; in manchen Gegenden nennt man solche Waldungen Hauberge. Vergl. Verhandlungen des Badischen Forstvereins, 1871. Freiburg, F. J. Scheible. 1872.

§. 111.

Regeln für die einzelnen Holzarten.

Die verschiedenen, zum Niederwald tauglichen Holzarten sind folgende: Die Schwarzerle, Weiden, Hasel, Akazie, Hainbuche, Esche, Weißerle, Aspe, Silberpappel, Eiche, Ulme, Berg-, Spitz- und Feld-Ahorn, Birke, Buche; ferner meist als minder erwünschte Beimischungen: das Pulverholz, der Hartriegel, Schwarz- und Kreuzdorn rc.

Unter den genannten Holzarten sind die mit dem reichlichsten Ausschlag vorangestellt; es ist aber dabei zu bemerken, daß diese Reihenfolge nur da gilt, wo die betreffenden Holzarten auf den ihnen zusagenden Standorten vorkommen; auf weniger entsprechendem Standort vermindert sich die Ausschlagfähigkeit. Unter den genannten Holzarten treiben in der Regel bloß die Weißerle, die Silberpappel und die Aspe eine reichliche Wurzelbrut, ohne dazu durch künstliche Nachhülfe veranlaßt worden zu sein, etwas weniger noch die Akazie. Bei den Birken, Akazien und auch noch bei den Erlen brechen die Ausschläge durch Schnee und Duftanhang, selbst durch starken Regen leicht am Stock ab.

Das Alter, in dem die einzelnen Holzarten ihre Ausschlagfähigkeit verlieren, liegt bei den Schwarzerlen und Eichen zwischen dem 40.—60. Jahre; bei den Ulmen, Ahorn, Akazien, Hainbuchen und Eschen zwischen 35.—50., bei den Buchen und Birken zwischen dem 30.—45., bei den Weißerlen und Weiden zwischen dem 20.—30. Jahre. Es ist aber zweckmäßig, wenn man den Hieb nicht zu weit hinausrückt, weil der Ausschlag von altem Holz nicht so reichlich erfolgt, wie von jüngeren Stöcken, und weil immerhin einzelne Stöcke ihre Ausschlagfähigkeit früher verlieren.

Bei der Erle ist der Hieb während des Winterfrostes geboten, wenn sie einen sumpfigen Standort einnimmt, und sollen die Stöcke 10—15 cm hoch gemacht werden; zur vollen Bestockung sind auf gutem Boden 400—600 ausschlagfähige Stöcke pr. Hektar erforderlich. — Im Eichenschälwald ist dagegen mit Rücksicht auf die Gewinnung der Rinde[1]) der Safthieb Regel, und werden die andern zwischen den Eichen vorkommenden Hölzer (das sogenannte Raumholz) im Winter zuvor geschlagen. Bei der Eiche ist ein glatt-, scharf- und tiefgeführter Abhieb, hart über dem Wurzelknoten geboten, damit sich die Ausschläge wieder neubewurzeln können. Das Einreißen der Rinde in die Wurzeln hält man namentlich auf geringeren Böden für schädlich. Zur vollen Bestockung eines reinen Eichenschälwaldes gehören etwa 2800—3400 ausschlagfähige Stöcke auf einen Hektar guten Bodens.

[1]) Ueber Eichenschälwald vergl. Allgem. Forst- und Jagdzeitung von 1863, S. 347. Bayerische Forstwirthschaftliche Mittheilungen, 1. Band, 4. Heft, 1852. Neubrand, Die Gerbrinde. Frankfurt a. M., Sauerländer. 1869. Fribolin, Der Eichenschälwaldbetrieb. Stuttgart, Schickardt & Ebner. 1876.

Eine Mischung der Holzarten ist im Niederwald sehr häufig und mit Ausnahme des Eichenschälwaldes meistens auch erwünscht, namentlich auf weniger gutem Boden. Wenn die schnellwachsenden Weichhölzer die besseren Holzarten unterdrücken, so hat man durch zeitige Durchforstungen und Auszugshiebe letzteren nachzuhelfen.

Neuerdings wird auch die Anlage von Weidenhegern und deren Bewirthschaftung als forstliche Aufgabe behandelt und existirt darüber eine besondere Literatur[1]), worin sich derjenige orientiren muß, der damit zu thun bekommt. Hier ist nur so viel zu sagen, daß die Anlage auf gutem, feuchtem, mindestens 0,5—0,6 m tief gerodetem Boden durch Einsetzen von 0,4 m langen Stecklingen aus 2jährigen Trieben in 0,4—0,6 m Reihenabstand und 0,15—0,25 m Entfernung in den Reihen ausgeführt wird, und daß die Nutzung bei den werthvolleren Flechtweiden jedes Jahr erfolgt; der Schnitt ist hart am Boden zu führen, besser mit scharfem Messer als mit der Scheere. Die Anlagen müssen gejätet, gehackt und gedüngt werden. — Ein engerer Verband liefert mehr reine Ruthen ohne seitliche Verzweigungen.

Viertes Kapitel.

Mittelwald.

§. 112.

Vorbegriffe.

Der Mittelwaldbetrieb ist eine Zusammensetzung des Nieder- und Hochwaldes. Ein Theil des Bestandes, das Unterholz, wird von Stockausschlägen, ein anderer Theil, das Baum- oder Oberholz, von Bäumen, die aus Samen erwachsen sind, gebildet.

Bei der Verjüngung soll auf beiderlei Wegen, durch Samen und durch Stockausschlag, vorgegangen werden. Es tritt aber hiebei die besondere Schwierigkeit ein, daß die Stockausschläge den Boden vor der Schlagstellung in der Regel sehr dicht überschirmen und so das Ankommen der Besamung erschweren oder ganz verhindern, daß dann bei der Schlagstellung eine plötzliche und sehr starke Lichtung eintreten muß, daß das Unkraut von einem Abtrieb zum andern sich in den meisten Fällen lebensfähig erhält und sich deßhalb rasch ausbreitet, wenn ein Hieb geführt wird, daß ferner nach der Schlagstellung die Stockausschläge sehr rasch wachsen und leicht den anfangs etwas zurückbleibenden Kernwuchs unterdrücken oder ganz verdrängen.

[1]) Krahe, Die Korbweidenkultur. 4. Aufl. Aachen, R. Barth. 1886. Coaz, Kultur der Weide. Bern. 1879.

Außerdem ist das Verhältniß zwischen Ober- und Unterholz in doppelter Beziehung zu beachten; ob ersteres dem letzteren keinen Schaden bringt, und ob das Unterholz nach der Schlagstellung rasch genug wieder den Boden deckt, um die zum Gedeihen des Oberholzes nöthige Ueberschirmung alsbald wieder herzustellen. Diese Andeutungen zeigen, daß die Verjüngung des Mittelwaldes durch wesentliche Momente von der Verjüngung des Nieder- und Hochwaldes verschieden ist. Es kommt aber auch noch darauf an, ob im Oberholz oder im Unterholz der Schwerpunkt der Wirthschaft zu suchen sei, eine Frage, die wohl überall zu Gunsten des ersteren beantwortet werden muß, sofern es sich nicht etwa um bloße Brennholzwirthschaft handelt.

Das Oberholz in einem regelmäßigen Mittelwald besteht aus mehreren Altersklassen, welche, vermischt untereinander, gleichmäßig über die ganze Fläche vertheilt sein sollen. Gewöhnlich sind für die einzelnen Altersklassen besondere Benennungen eingeführt. Das Alter wird hier nicht direkt nach den Jahren, sondern nach der Umtriebszeit des Unterholzes bemessen.

Die jüngsten Oberholzstämme, welche beim letztmaligen Hieb des Unterholzes, sei es nun vom Samenwuchs oder Stockausschlag, übergehalten wurden, heißen Laßreiser, Hegereiser oder Laßraitel, und wird bei ihnen vorausgesetzt, daß sie wenigstens einen vollen Umtrieb des Unterholzes alt sind; Vorwuchs von jüngerem Alter wird nicht dazu gerechnet. Diejenigen von ihnen, welche nach dem zweiten Unterholzhieb übergehalten sind, führen den Namen Oberständer. Nach der nächsten dritten Schlagführung heißen sie angehende Bäume; sie rücken nach dem folgenden, vierten Hieb in die Klasse der Hauptbäume auf, und diejenigen Stämme, welche den fünften und die späteren Hiebe überleben, werden mit dem Namen alte Bäume bezeichnet.

Das Verhältniß des Oberholzes zum Unterholz macht sich hauptsächlich durch die von ersterem ausgehende Ueberschirmung fühlbar. Diejenige Fläche, welche senkrecht unter dem Kronenschirm des betreffenden Baumes liegt, heißt seine Ueberschirmungsfläche oder Schirmfläche. Beim Mittelwald drückt man den Grad der Ueberschirmung dadurch aus, daß man die überschirmte Fläche in Bruchtheilen des Gesammtareals angiebt, z. B. es ist $\frac{1}{3}$ des Schlages überschirmt, will so viel heißen, daß von der Schlagfläche ein Theil senkrecht unter den Kronen des Oberholzes liegt, und zwei Theile des Bodens von solcher Bedeckung frei sind.

Hiebei ist es nothwendig, jedes Mal genau zu bezeichnen, wie lange Zeit seit der letzten Schlagstellung verflossen sei. Gewöhnlich wird jedoch die Ueberschirmung nur unmittelbar vor oder unmittelbar nach der Schlagstellung näher ins Auge gefaßt; in diesem Fall aber erst dann, nachdem mittelst Rektifikation und Aufästung die letzte Hand an den Schlag gelegt ist. — Diese Ueberschirmung kann auch bei dem gleichen Verhältniß zwischen überschirmter und nicht überschirmter Fläche eine verschiedene Wirkung äußern; je nachdem die Belaubung dicht, die Krone niedrig angesetzt, das Klima mild oder rauh, die Lage südlich oder nördlich, exponirt, der Boden gut oder schlecht ist, oder die im Unterholz vertretenen Arten den Druck mehr oder weniger leicht ertragen.

§. 113.
Holzarten des Mittelwaldes.

Es ist beim Mittelwald Regel, daß eine größere Zahl von Holzarten gemischt in demselben vorkommt und es ist ein solches Verhältniß wegen des Gegensatzes zwischen Ober- und Unterholz und wegen der verschiedenen Ansprüche, die an beide gemacht werden, sehr wünschenswerth oder fast nothwendig.

Die beim Niederwald angeführten Holzarten sind zwar alle auch im Mittelwald für das Unterholz brauchbar; aber es wird für diesen Zweck noch die weitere Eigenschaft gefordert, den mehr oder weniger starken Druck der Oberholzstämme ohne größere Nachtheile längere Zeit zu ertragen. Von diesem Gesichtspunkte aus empfiehlt sich die Buche vorzüglich als Unterholz im Mittelwald mit stärkerem Oberholzbestand; weniger gut, oder bloß für einen lichteren Oberholzbestand eignen sich die Esche, Hainbuche, Eiche und Birke ins Unterholz; die Aspe und Erle gedeihen am wenigsten bei einem starken Druck; die Hasel erhält sich noch gut bei einem dichteren Oberholzbestand.

Ist der Standort im allgemeinen, insbesondere der Boden für eine Holzart günstig, so kann sie auch einen stärkeren Druck ertragen, als im umgekehrten Fall. Auf schlechteren Böden, in trockenen Lagen, an sonnigen Hängen darf nur wenig und schwächer beastetes, also vorherrschend nur jüngeres Oberholz übergehalten werden, wenn man das Unterholz nicht verdrängen will. Es ist allerdings selten, daß das Unterholz rasch und gänzlich verdrängt wird; aber gar leicht verschwinden die besseren Holzarten aus demselben und machen allmählig schlechteren Platz, welche die Hauptaufgabe des Unterholzes, die baldige und dichte Ueberschirmung des Bodens, nicht mehr gehörig zu erfüllen vermögen, so daß dann auch zuletzt der Oberholzbestand nothleidet.

Zum Oberholz eignen sich vorherrschend solche Bäume, welche wenig überschirmen, und dem Wind gut Widerstand leisten. Es sind dies im Allgemeinen Stämme mit geringer Astverbreitung, hochangesetzten Kronen und tiefgehender, starker Bewurzelung, welche von Jugend an ziemlich frei standen.

Zum Oberholz kann nicht bloß Laubholz, sondern auch Nadelholz gewählt werden. Unter den einzelnen Laubholzarten eignen sich am besten zum Ueberhalten die Eichen und namentlich die Stieleiche, welche sich weniger stark in die Aeste verbreitet und mehr in die Höhe strebt. Die

Birken empfehlen sich vermöge ihrer lichten Belaubung ebenso gut, werden aber auf exponirten Stellen häufig vom Wind geworfen. Die Esche hat noch eine lichtere Belaubung als die Eiche. Ulmen und noch mehr Ahorn bilden dagegen eine dichte, aber meist hochangesetzte Krone. Die Aspe wäre in Beziehung auf den Schirm gleich nach der Birke einzureihen, wenn sie eine größere Dauer hätte. Die Buche ist durch ihre starke Belaubung und dichte Krone dem Unterholz zwar am meisten nachtheilig, doch kann man dem einigermaßen entgegenwirken, wenn man unter den Stämmen eine entsprechende Wahl trifft, und dieselben bloß wenige Umtriebszeiten überhält. Mit Rücksicht darauf, daß die Buche im Unterholz den Druck sehr gut erträgt, und daß sie sich durch Stockausschlag weniger leicht verjüngt, ist ein Ueberhalten von Buchen im Oberholz zur Begünstigung der natürlichen Besamung rathsam. Die Hainbuche wird meist nur vereinzelt als Samenbaum zum Zwecke der Erneuerung oder Vervollständigung des Unterholzes übergehalten, indem ihr geringer Höhenwuchs und ihre dichte, weit herabreichende Krone sie nicht besonders zu Oberholz empfiehlt; sie trägt aber frühzeitig Samen und kann deßhalb bald wieder entfernt werden. Auf feuchtem Boden empfehlen sich die kanadische Pappel wegen ihrer lichten Belaubung und hochangesetzter Krone, die italienische Pappel wegen ihrer geringen Schirmfläche. Es giebt auch Fälle, wo Obstbäume als Oberholz gezogen werden, und wo das Obst eine schöne Nebeneinnahme gewährt; es sind vorzüglich Sorten mit hochgehenden Kronen und spätreifer Frucht zu wählen.

Sollen Nadelhölzer übergehalten werden, so empfehlen sich hauptsächlich die Lärchen und Kiefern hiezu; weniger die Fichte und Tanne, weil sich diese mehr in die Aeste verbreiten, und weil die Fichte auch noch häufig vom Wind geworfen wird.

§. 114.
Altersklassen und Ueberschirmung.

Noch ist das Verhältniß der einzelnen Altersklassen zu einander und zur Gesammtheit des Oberholzes in Betracht zu ziehen. Die jüngste Altersklasse überschirmt in den meisten Fällen höchst unbedeutend, wogegen die Oberständer sich während der längeren Freistellung schon dichter beastet und belaubt haben; dazu kommt dann ferner, daß sie meist auch noch kurzschäftig sind. Die angehenden Bäume und Hauptbäume haben ebenfalls eine starke Kronenverbreitung, doch hat sich ihre dichte Belaubung in der Krone mehr in die Höhe gezogen, selbst dann, wenn sie unten keine Aeste verloren haben. Die alten Bäume dagegen bekommen nicht selten lückenhafte Kronen, und lassen in Folge dessen wieder mehr Licht auf den Boden gelangen; nur die Buche, Ulme und Linde machen hievon Ausnahmen.

Es versteht sich von selbst, daß man schon der Sicherheit wegen eine größere Zahl Laßreiser überhält, als man seiner Zeit alte Bäume haben will, weil in der langen Reihe von Jahren viele dieser Stämme durch Elementarereignisse, Krankheiten, Frevel, Beschädigungen beim Fällen stärkerer Stämme u. dgl. ausgehen. Andere werden sich nicht so, wie es mit Rücksicht auf das Unterholz wünschenswerth ist, entwickeln und müssen darum frühzeitiger entfernt werden. — Behält man nun bloß die Zwecke der Verjüngung im Auge, so ist es nur nothwendig, die Oberholzstämme so lange überzuhalten, bis sie tauglichen Samen tragen. Dabei müssen aber so viele stehen bleiben, daß sich der Zweck der Verjüngung durch Samen noch überall erreichen läßt, wo es etwaige Lücken im Unterholz nöthig machen, und daß auf der anderen Seite das Unterholz noch hinreichend Licht und Luft behält. Tragen also die Bäume bald Samen, so läßt sich mit wenigen Altersklassen dieser Zweck vollständig erreichen; werden sie erst später fruchttragend, so müssen mehr Altersklassen übergehalten werden und es ist darauf zu sehen, daß die jüngeren davon nicht zu sehr überwiegen, weil man sonst weniger ältere Stämme erziehen könnte, ohne den Bestand des Unterholzes zu gefährden. Verlangt das Unterholz Schutz gegen Spätfröste u. dgl., so wird in der Regel ein stärkerer Schutzbestand aus der zweiten Altersklasse, der Oberständer, diesen Zweck am ehesten erfüllen.

Der zulässige Grad der Ueberschirmung ist nach den Standortsverhältnissen, den Holzarten und den Umtriebszeiten verschieden. Auf gutem Boden, bei nicht zu langem Umtrieb wird, die Buche als Unterholz angenommen, eine Ueberschirmung von 0,7—0,8 der Fläche unmittelbar vor der Schlagstellung noch genügendes Licht für das Unterholz geben, während bei längerem Umtrieb und bei Hainbuchen- oder Eichenunterholz 0,5—0,6 der Fläche eine starke Ueberschirmung sein kann, wenn nicht etwa das Oberholz einen sehr lichten Baumschlag hat, oder sehr langschäftig ist.

Die Ueberschirmung von $\frac{3}{10}$ der Fläche unmittelbar nach der Schlagstellung kann in den meisten Fällen schon eine starke genannt werden, während sie aber beim Vorherrschen der Birken im Oberholz durchaus für alle Arten von Unterholz nicht zu stark wäre. Ist das Holz sehr kurzschäftig und breitästig, so ist eine Ueberschirmung von 0,1—0,15 ausreichend, namentlich wenn der Umtrieb sehr lang ist. Auf schlechtem Boden, in sonniger, trockener Lage ist nur noch eine geringe Ueberschirmung zulässig, soweit überhaupt den Rücksichten auf das Unterholz noch Rechnung zu tragen ist. Bei längeren Umtriebszeiten darf nicht so viel übergehalten werden, desgleichen bei Holzarten mit dichter Belaubung.

Die Stammzahl in den einzelnen Oberholzklassen wird öfters nach genauen mathematischen Verhältnissen schematisch durch Rechnung festgestellt. In der Wirklichkeit wird man sich selten daran halten können, weil nur ausnahmsweise eine so sorgfältige Wahl möglich ist, wie sie in solchen Fällen vorausgesetzt wird, denn meistens fehlt es an der nöthigen Zahl der Stämme in einer oder der andern Altersklasse; oft muß man bei der Vertheilung des Oberholzes auch auf die Standortsverhältnisse, auf den Samennachwuchs im Unterholz u. dgl. Rücksicht nehmen, was immer wieder Abweichungen veranlassen wird. Die Zuwachs- und Ertragsverhältnisse des Oberholzes und der einzelnen Klassen desselben fallen noch besonders ins Gewicht; doch ist hiewegen auf die Betriebslehre Bezug zu nehmen.

§. 115.

Regeln für die Schlagführung.

Ist der Ueberschirmungsgrad und das Verhältniß der Altersklassen zu einander bestimmt, so muß danach der Schlag gestellt werden. Wer noch keine Uebung darin hat, wird am besten in kleinen Probeschlägen ein anschauliches Bild sich zu verschaffen suchen und dieses dann auf den ganzen Schlag übertragen.

Manchmal wählt man lieber eine mehr horstweise Vertheilung des Oberholzes und sie läßt sich da nicht wohl vermeiden, wo z. B. das Gedeihen einzelner Holzarten oder Altersklassen an bestimmte, nicht überall im Schlag vorkommende Standortsverhältnisse gebunden ist, oder wo man die zu starke Astverbreitung der Stämme hindern will. Das Unterholz in solchen Horsten darf aber nie ganz außer Acht gelassen werden, da sie in der Regel nie so dicht geschlossen erhalten werden können, um den Boden unter sich vor Vermagerung zu schützen.

Die Oberholzstämme sind nach ihrer Gesundheit, muthmaßlichen Ausdauer, nach der gesuchtesten Form des Stammes, nach der geringsten und am höchsten angesetzten Krone, mit Ausschluß allzuschlanker, sich nicht selbstständig tragender Stämme auszuwählen und nach Holzarten und Altersklassen, wo die erwähnten Ausnahmen nicht zu machen sind, gleichmäßig über die ganze Fläche zu vertheilen.

Werden ältere Bäume übergehalten, und ist man nicht ganz sicher, ob sie während der nächsten Umtriebszeit gesund bleiben, so hat man in ihrer Nähe mehr jüngeres Holz, als die gegebene Norm fordert, in Reserve stehen zu lassen. Wo sich Samennachwuchs angesiedelt hat, ist demselben gehörig Luft zu machen, oder nach dem Bedürfniß der Holzarten der nöthige Schutz zu erhalten, daß er nicht zu rasch freigestellt wird, und dadurch Schaden erleidet.

Zur Heranziehung und Begünstigung des Samennachwuchses bei den Eichen ist stellenweise im Unterholz ein Vorhieb zu führen, wie solches bei den gemischten Hochwaldbeständen (§. 102) angegeben ist. — Von denjenigen Holzarten, welche in der Jugend den freien Stand lieben, werden einige Samenbäume übergehalten, die sofort nach etlichen Jahren nachgehauen werden können, wenn sie ihren Zweck erfüllt haben.

Bei der Fällung ist das stärkste Holz zuerst, überhaupt alles Oberholz vor dem Unterholz zum Hieb zu bringen, damit man genau weiß, welche

Stämmchen zu Laßraiteln bestimmt werden können. Für die Hiebsführung im Unterholz gelten die gleichen Regeln, wie sie im Abschnitt über den Niederwald angegeben sind. Desgleichen auch für die etwa nöthig werdenden künstlichen Nachbesserungen. Nur sind da, wo für die Ergänzung und Erneuerung des Oberholzbestandes gesorgt werden muß, die nothwendigen Heisterpflanzungen mit recht erstarkten Pflanzen möglichst sorgfältig auszuführen und auf größere Lücken zu beschränken, wo man sicher sein kann, daß der beabsichtigte Zweck auch wirklich erreicht wird. Da bei dieser Betriebsart die Rodung der stärkeren Stöcke Regel ist, so lassen sich die größeren Stocklöcher zur Ansaat von schnellwachsenden Holzarten, die kleineren zur Anpflanzung benutzen. Womöglich sollte aber nicht wieder dieselbe Holzart auf die gleiche Stelle kommen.

Die Richtigstellung des Schlages oder Schlagrektifikation erfolgt theils gleich nach der Hiebsführung, und besteht in diesem Falle hauptsächlich im Aufästen der jüngeren Stämme. Auf ältere Bäume darf diese Maßregel nur ausnahmsweise ausgedehnt werden, weil der Stamm an den wunden Stellen leicht anfault und dadurch sehr an Werth verliert.

Eine weitere Rektifikation erfolgt im zweiten oder dritten Jahr nach der Schlagführung und erstreckt sich auf Herausnahme derjenigen Stämme, hauptsächlich der Laßraitel, welche durch den Wind, Schnee, Duft und Regen umgebogen worden sind, oder welche die Freistellung nicht ertragen. Außerdem werden bei dieser Gelegenheit auch jene Laßraitel oder Oberständer nachgehauen, welche zum Schutz von Samennachwuchs übergehalten wurden, falls dieser des Schutzes nicht mehr bedarf, und andere welche mit Rücksicht auf die drohenden Gefahren als Reserve dienten, um etwa entstehende Lücken zu decken.

Bei jungen, schlanken Stämmen kann ein solcher Nachhieb mit Sicherheit nicht vor dem zweiten oder dritten Jahr geführt werden, weil dieselben erst im zweiten Jahr eine stärkere Belaubung ansetzen und dadurch mehr Gefahren unterworfen sind.

Fünftes Kapitel.

Conservations- und Lichtungshiebe.[1])

§. 116.

Schon frühzeitig haben Einzelne erkannt, daß die höchsten Leistungen bezüglich der Holzmassenerzeugung nicht dem dicht geschlossenen Vollbestand

[1]) G. Kraft, Beiträge zur Lehre von den Durchforstungen, Schlagstellungen und Lichtungshieben. Hannover, Klindworth. 1884. G. Th. Homburg, Die Nutzholzwirthschaft im geregelten Hochwald-Ueberhalt und ihre Praxis. Kassel. 1878. Waisenhausbuchhandlung. Burckhardt, „Aus dem Walde". Heft 7. Bericht über die 10. Versammlung deutscher Forstwirthe in Hannover 1881.

zukommen, daß sich dieselben vielmehr bei einer entsprechend lichteren Stellung der Stämme erheblich steigern lassen, und diese neuerdings immer mehr Geltung gewinnende Erfahrung hat zu verschiedenen Versuchen geführt, die günstigeren Zuwachsleistungen in der Wirthschaft nutzbar zu machen, zumal seitdem die Untersuchungen von Baur, Wagener u. A. nachgewiesen, daß in dichtem Schluß der Höhenzuwachs — im Gegensatz zur früheren allgemeinen Annahme — ein geringerer sei, als im freien Stande. Die nachstehenden Betriebsarten verdienen deßhalb um so aufmerksamere Beachtung, als sich verschiedene davon in der Praxis wirklich genügend erprobt haben.

Eine der Zeit nach folgende Verbindung von Ausschlag- und Samenverjüngung, deßhalb auch nur für Laubholzbestände anwendbar, wurde von C. F. Hartig für solche Verhältnisse vorgeschlagen, wo vom Niederwald zum Hochwald oder in letzterem vom niederen zum höheren Umtrieb übergegangen wird. Man haut in 40—50jährigen Beständen etwa $\frac{3}{5}$ bis $\frac{2}{3}$ der Stämme heraus und erhält dann von den Stöcken einen reichlichen Ausschlag. Die schöneren Stangen werden übergehalten, etwa 6—800 pr. ha, erstarken und zeigen im freien Stand einen sehr günstigen Zuwachs. Nach etwa 30—40 Jahren wird im Unter- und Oberholz wieder gehauen und mit Hülfe des letzteren die natürliche Verjüngung ausschließlich durch Samennachwuchs eingeleitet. In Kurhessen wurde diese Betriebsart vorübergehend eingeführt, und hat einen guten Erfolg gehabt in all den Fällen, wo man sich auf Bestände mit gutem Boden beschränkte; auf ungünstigem Standort erfolgt die Ueberschirmung des Bodens durch die Stockausschläge sehr ungenügend, und deßhalb hatte dann auch die Lichtstellung auf den Zuwachs des Oberholzes in solchen Oertlichkeiten nicht den erhofften günstigen Einfluß.

Für Mittelwaldungen, wo die Buche vorherrscht, ist zeitweilig eine solche Verjüngung durch natürliche Besamung nothwendig und vortheilhaft, um die alten nicht mehr ausschlagfähigen Stöcke durch kräftigen Kernwuchs zu ersetzen, und in solchen Verhältnissen wird diese Methode auch für kleinere Bestandespartien mit günstigem Erfolg angewendet.

Der hannoversche Oberforstmeister v. Seebach hat eine ähnliche Verjüngungsmethode, den modificirten Buchenhochwaldbetrieb, Lichtungshieb, vorgeschlagen; sie unterscheidet sich von der vorigen durch späteren Anhieb der Bestände im 60.—80. Jahr, nach Beendigung des hauptsächlichsten Höhenwuchses, durch Zuhülfenahme des Samennachwuchses und der künstlichen Verjüngung zur Erziehung eines Bodenschutzholzes und durch Ueberhalten einer geringeren Zahl von Stämmen, etwa 200—300 pr. ha, welche dann im 120.—140. Jahre ihres Alters, bis wohin sich wieder ein Kronenschluß hergestellt hat, zur natürlichen Besamung benützt werden. Beim ersten Hieb nutzt man etwa $\frac{2}{3}$ der Bestandesmasse und bezieht beim zweiten Hieb meist ebensoviel, als ein unangegriffener Bestand gegeben hätte. — Nach v. Seebach wird dadurch ein Hochwald geschaffen, der volle Lebenskraft, Holzreichthum und hohen Zuwachs in sich schließt, und er hat damit nicht zu viel versprochen, wie die in 40 Jahren erzielten Erfolge beweisen.

Nachdem aber die neueren Forschungen ergeben haben, daß ein dichter Schluß den Höhenwuchs nicht steigert, wie es früher irrthümlich angenommen wurde, so wird der Seebach'sche Lichtungshieb sich dadurch noch wesentlich vervollkommnen lassen, daß man die Lichtung frühzeitiger und weniger gewaltsam, mehr allmählig vornimmt. Es wäre sogar denkbar, daß ohne Beeinträchtigung der Zuwachsleistungen ein Schluß, bei welchem sich die Kronen noch berühren, erhalten und damit der Anbau eines Schutzholzes auf ein Minimum beschränkt werden könnte.

Der Homburg'sche Hochwald-Ueberhaltbetrieb nähert sich diesem Ideal, indem schon in früher Jugendperiode mit den Durchforstungen begonnen und dabei die zu Nutzholz und zu Ueberhältern geeigneten respektive dafür zu erziehenden Stämme durch allmählige Lichtung in der Umgebung zur bevorzugten Klasse herangebildet, an eine freiere Stellung gewöhnt und in der Kronenentwicklung begünstigt werden. Ein dichter Bestandesschluß ist dadurch unmöglich, was aber nicht verhindert, daß ein voller Kronenschirm den Boden vollständig überschattet. Im 50. bis 70. Jahre wird ein solcher Vollbestand in Vorbereitungshieb gestellt mit Schonung und Begünstigung des zur Nutzholzzucht in den zweiten Umtrieb überzuhaltenden Materials, worauf in den gewöhnlichen Zwischenräumen die Nachhiebe folgen, bei deren letztem soviel Ueberhälter für den nächsten Umtrieb stehen bleiben, als die Rücksicht auf den Nachwuchs und der Standort erlauben, welche dann bei der späteren Verjüngung das Nutzholz zu liefern haben, während im jüngeren Theil des Bestandes ähnlich verfahren wird, wie oben angegeben.

Aus dem Gesagten geht dann auch hervor, daß dieser Betrieb bis jetzt nur bei Laubholz Anwendung fand, obwohl er bei sachgemäßer Behandlung auch fürs Nadelholz paßt, sofern man nicht dafür den Femelbetrieb vorzieht.

Sechstes Kapitel.

Kopfholzbetrieb und Schneidelwirthschaft.

§. 117.

Der Kopfholzbetrieb ist eigentlich keine besondere, namentlich keine rein forstliche Betriebsart. Derselbe bildet mehr nur eine Unterabtheilung des Niederwaldbetriebes, und es besteht im Wesentlichen kein Unterschied zwischen beiden, als daß beim Kopfholz die Erziehung der Ausschläge in einer bestimmten größeren Höhe über dem Boden bezweckt wird.

Es eignen sich hauptsächlich die weichen Holzarten hiezu, namentlich die baumartigen Weiden und Pappeln, jedoch mit Ausschluß der Aspe, sowie auch Hainbuchen, Ulmen und Eschen, weniger aber Eichen, Schwarzerlen, Ahorn und Buchen.

Die erste Anzucht der Kopfholzstämme muß auf künstlichem Wege bewerkstelligt werden. Sind bewurzelte Pflanzen gesetzt worden, so hat man auf ein stufiges Wachsthum hinzuwirken, damit der Stamm stark genug werde, um die Last der Krone zu tragen; man hat deßhalb den Höhenwuchs auf Kosten der Astentwicklung zurückzuhalten, was durch zweckmäßiges Einstutzen des Gipfeltriebes geschieht. Hat dann der Stamm die für Kopfholz taugliche Höhe erreicht, so bewirkt man dort die Bildung von möglichst vielen Seitenästen und nimmt die unter der Krone befindlichen Zweige weg, wenn der Stamm eine Stärke erlangt hat, daß er die Krone selbstständig tragen kann. Werden die Kopfholzstämme aus Setzstangen erzogen, so sind die im ersten und zweiten Jahr nach dem Einsetzen überall hervorbrechenden Ausschläge zweimal im Sommer (nach dem ersten und zweiten Safttrieb) abzunehmen, mit Ausnahme der in der Nähe der künftigen Krone befindlichen. Der erste und zweite Abhieb der Ausschläge hat einige Jahre früher einzutreten, als bei alten Stämmen, weil sonst die Aeste dem Stamm zu schwer werden.

Der Abhieb der Stämme hat in der erforderlichen Höhe, meistens zwischen 2—3 m über dem Boden zu geschehen; es richtet sich dieselbe nach den Zwecken, die als Nebennutzungen erreicht werden sollen, und es ist dabei nur zu bemerken, daß die Höhe, wie sie beim ersten Abhieb festgestellt wird, später nicht mehr leicht verändert werden kann. Wo Viehweide stattfindet, müssen die Stämme so hoch genommen werden, daß das Vieh den Ausschlägen nicht beikommen kann.

Beim Hieb gelten die gleichen Regeln wie beim Niederwald, nur ist noch größere Sorgfalt darauf zu verwenden, daß der Stamm durch das Fällen der Ausschläge keinen Schaden leide. Man darf ferner nie im alten Holze hauen, sondern muß von jeder wegzunehmenden Stange ein 5 bis 10 cm langes Stück stehen lassen, an dem dann die neuen Ausschläge erfolgen. In manchen Fällen wird das Ueberhalten einer Ausschlagstange anempfohlen, es ist dies aber nicht nothwendig und unter Umständen dem Stamm schädlich, weil die fragliche Stange durch ihre Schwere leicht umgedrückt und dabei ein Stück vom Stamm abgeschlitzt werden kann.

Sehr zweckmäßig ist es dagegen, wenn man bloß die stärkeren Ausschläge heraushaut und die schwächeren stehen läßt, weil in diesen dann rasch ein stärkerer Zuwachs erfolgen kann und der Stamm nicht veranlaßt wird, so viele neue Ausschläge zu treiben, wovon ein großer Theil unnütz wieder verdirbt. Auch soll man im ersten Jahr einen Theil der zahlreich erscheinenden Ausschläge wegnehmen, um das Wachsthum in den übrigen zu beschleunigen; dies ist namentlich da zu empfehlen, wo sich dieses Material zu Flecht- und Bindweiden 2c. gut verwerthen läßt.

Die Umtriebszeit im Kopfholz setzt man gewöhnlich zwischen 4—10 Jahren, die höhere nur bei harten Hölzern, weil die Ausschläge vom Wind leicht abgeschlitzt werden, wenn man sie zu stark werden läßt.

Wenn ein Stamm keinen kräftigen Ausschlag mehr zu liefern im Stande ist, so wird er weggehauen. Es ist jedoch dabei zu bemerken, daß oft ganz schlechte, hohle Stämme noch die gleiche Produktionskraft besitzen, wie gesunde.

Bei der Schneidelwirthschaft[1]) läßt man dem Stamm den Gipfel und schneidet jährlich, oder alle 2—6 Jahre die Seitenzweige, meist wegen des Laubes, zur Fütterung ab. Am besten geschieht dies Ende August, damit sich im Herbst keine neuen Ausschläge mehr bilden, welche den Winter über leicht erfrieren und die Triebkraft des Baumes abschwächen. Die Eichen und Linden, welche um diese Zeit noch frisches Laub haben, eignen sich deßhalb sehr gut für diesen Betrieb, Pappeln dagegen weniger. Für die landwirthschaftlichen Nebennutzungen ist dieser Betrieb vortheilhafter, als der Kopfholzbetrieb, weil er eine geringere Ueberschirmung des Bodens veranlaßt.

Siebentes Kapitel.

Uebergang von einer Betriebsart in eine andere.[2])

§. 118.

Uebergang vom Femel- zum schlagweisen Hochwaldbetrieb.

Der Uebergang von einer Betriebsart in eine andere unter ausschließlicher Anwendung der natürlichen Verjüngung ist meistens sehr schwierig, und erfordert nicht bloß langjährige Vorbereitungen, sondern auch während der Verjüngung selbst die größte Aufmerksamkeit und Sorgfalt. Am häufigsten sind die Uebergänge vom Femelwald zum schlagweisen Hochwald und vom Mittelwald zum Hochwald, seltener vom Hochwald zum Mittelwald oder zum Niederwald. Die Regeln für Verjüngung von unregelmäßigen und unvollkommenen Waldungen sind im Wesentlichen auch für diese Uebergänge maßgebend, doch ist noch besonders Folgendes hervorzuheben:

Der Uebergang vom Femelbetrieb zum Hochwald ist, was die Verjüngung betrifft, am wenigsten schwierig, weil in den meisten Fällen die erforderliche Anzahl von samentragenden Bäumen vorhanden ist; wo diese fehlen, kann man wenigstens die Herstellung des nöthigen Seiten-

[1]) Vgl. A. Block, Mittheilungen landwirthschaftlicher Erfahrungen. Breslau 1832.

[2]) Die bei derlei Uebergängen noch weiter als nothwendig erscheinenden Maßregeln, Waldeintheilung, Reihenfolge der Hiebe ꝛc., sind in der Betriebslehre abgehandelt.

schutzes durch das jüngere Holz bewirken, auch ist, weil es sich hier fast nur um Nadelholz handelt, auf denjenigen Stellen, wo sich wenig oder keine samentragende Bäume befinden, noch eine Besamung zu erwarten. Wo man hierauf nicht rechnen kann, da darf man mit der künstlichen Nachhülfe nicht säumen. Da es sich bei diesem Uebergang mehr um unregelmäßige Bestände handelt, so ist in den meisten Fällen ein Vorbereitungsschlag nothwendig, wobei die abgängigen Bäume herausgenommen und das junge, zum Samentragen noch nicht fähige Holz freier gestellt wird.

Bei der Auswahl der Samen- und Schutzbäume ist darauf zu sehen, daß die weniger dicht beasteten und belaubten stehen bleiben, weil ohnehin in gefemelten Beständen die Kronenentwicklung sehr stark ist. Wo der Schutzbestand nur aus kurzschäftigem Holz hergestellt werden kann, da ist eine lichtere Stellung als gewöhnlich zu geben, weil der Druck desselben viel schädlicher wirkt, als der von höheren Stämmen. Das Aufästen ist bei solchem Schutzbestand ein sehr förderliches Hülfsmittel, um eine gleichmäßige Ueberschirmung herstellen zu können. Wenn gleich die Bäume von Jugend auf an einen freien Stand gewöhnt sind, so dürfen die Rücksichten auf den Wind doch nicht gar zu sehr bei Seite gesetzt werden.

Bildet die Weißtanne die herrschende Holzart, so ist auf Erhaltung und Heranziehung von Vorwuchs in den der Verjüngung nahen Beständen aller Bedacht zu nehmen. Bei dieser Art von Uebergang sind ganz regelmäßige Waldungen nicht leicht, oder nur mit ungewöhnlich großen Opfern zu erziehen; es ist daher ganz in der Ordnung, nicht zu pedantisch auf eine solche Regelmäßigkeit des Nachwuchses hinzuwirken.

Im Uebrigen muß in vielen Fällen die künstliche Kultur zu Hülfe genommen werden, um die Aufgabe vollständig durchzuführen; auch die Waldpflege erfordert besondere Sorgfalt. Dabei begünstigt man die zufällig ankommenden weichen Holzarten, weil sie bald einen Bodenschutz und meist auch einen Ertrag gewähren.

Außer den genannten Maßregeln sind noch die Auszugshiebe von alten Stämmen zu erwähnen. Diese müssen im mittelwüchsigen Holz mit besonderer Vorsicht weggenommen werden; die Stämme sind vor der Fällung zu entasten und nur durch geschickte Holzhauer, unter strenger Aufsicht, fällen zu lassen; auch soll bei der Abfuhr sorgfältig das stehende Holz geschont werden.

Wo die Fortsetzung der Femelhiebe vor oder während des Ueberganges noch nothwendig ist, müssen sie mit Sorgfalt ausgeführt werden, und man muß dabei stets die künftige schlagweise Verjüngung, und wie oder wann solche eintreten soll, ins Auge fassen, so daß diese Femelhiebe in den Abtheilungen, die demnächst zur schlagweisen Verjüngung kommen, den Vorbereitungsschlägen passend vorausgehen und auch annähernd nach den dafür gegebenen Regeln behandelt werden.

§. 119.

Uebergang vom Mittel- und Niederwald zum Hochwald.

Die Ueberführung eines Mittelwaldes zum Hochwald ist in dem Falle leicht, wenn mit Hülfe eines starken Oberholzbestandes die natürliche Verjüngung überall möglich ist und wenn das Unterholz die nöthige Ausdauer besitzt, um daraus den Schutzbestand ergänzen zu können. Im entgegengesetzten Fall kann ein Uebergang durch natürliche Verjüngung nur unvollständig bewirkt werden, und ist es deßhalb zweckmäßiger ihn während einer oder mehrerer Umtriebszeiten durch Heranziehung eines genügenden Oberholzbestandes allmählig vorzubereiten.

Es giebt Fälle, wo die Ueberschirmung des Oberholzes kurz vor der Schlagstellung auf 0,8 bis 0,9 der Fläche sich erstreckt. Stehen nun gleichzeitig die meisten Oberholzstämme in einem Alter, in welchem sie Samen tragen, so ist hier mit Zuhülfenahme des Unterholzes ein Dunkelschlag leicht zu stellen; es darf dieses bloß gehörig gelichtet werden. Die Stöcke des Unterholzes sind womöglich gleichzeitig herauszugraben, oder doch auf jedem etliche ältere Ausschläge überzuhalten, weil diese den Kernwuchs weniger gefährden, als die neuen, in großer Zahl hervorbrechenden Stockausschläge. Die Lichtung des Schlages erfolgt nach den für jede Holzart besonders angegebenen Regeln; doch hat man meist etwas dunkler zu halten, weil Unkraut mehr zu fürchten ist.

Ist aber der Oberholzbestand nicht so zahlreich vorhanden, oder sind Holzarten beigemischt, welche nicht in den Hochwald taugen, so ist zunächst darauf zu dringen, daß diese allmählig entfernt und von den besseren Holzarten wenigstens Stockausschläge zur Verjüngung benützt werden können. Rechtzeitige Durchforstungen und Vorbereitungsschläge in Verbindung mit einem geordneten Aufästen des Oberholzes leisten viel Vorschub, daß ein großer Theil der Stockausschläge schon in einem mittleren Alter vollkommenen Samen trägt. Ist dieser Zeitpunkt eingetreten, so stellt man den Besamungsschlag, wobei aber namentlich darauf aufmerksam zu machen ist, daß der Schirm der auf diese Weise verminderten Stockausschläge, durch reichlichen Laubansatz sich außerordentlich rasch verdichtet, daß daher eine baldige Lichtung um so eher geboten ist, je mehr diese Wirkung einer freien Stellung eintritt.

Der Uebergang vom Mittelwald zum Hochwald kann aber auch noch dadurch bewerkstelligt werden, daß man in den vorhandenen jüngeren Schlägen den Samennachwuchs und die Ausschläge von jungen kräftigen Stöcken begünstigt; daß man namentlich das Oberholz vorsichtig nachhaut und sofort die entstehenden Blößen durch künstliche Kultur in Bestockung bringt. Einzelne Stämme können übergehalten werden, um sie in den jungen Bestand einwachsen zu lassen; hiebei ist eine passende Auswahl zu treffen, damit sie nicht zu viel durch Ueberschirmung schaden.

Zur Erlangung eines baldigen Schlusses ist die Erhaltung und theilweise die Begünstigung von minder geeigneten, weichen Holzarten nicht zu verwerfen, doch dürfen sie natürlich nur so weit zugelassen werden, daß sie dem besseren Bestande nicht schaden; sie sind aber auch deßhalb sehr willkommen, weil man den Bestand schon mit Rücksicht auf das Vorherrschen der Stockausschläge nicht so alt werden lassen kann und weil sie sehr rasch wachsen, daher auch einen starken Materialertrag abwerfen.

Wenn eine seither nicht vorhandene Holzart (Nadelholz) angezogen werden soll, so bleibt in der Regel nur Kahlhieb mit nachfolgender künstlicher Anzucht übrig, wobei aber die Jahresschläge in umgekehrtem Verhältniß zur künftigen höheren Umtriebszeit kleiner zu machen sind. Dies verlängert die Uebergangsperiode und nöthigt deßhalb dazu, den Mittelwaldbetrieb zeitweilig auf einem Theil der Fläche noch beizubehalten.

Der Uebergang vom Niederwald zum Hochwald ist in dem Fall, wo man bloß die Verjüngung im Auge hat, sehr einfach, wenn die Stockausschläge kräftig und die Stöcke jung sind; man läßt dann den Bestand so alt werden, bis die fleißig zu durchforstenden Stockausschläge Samen tragen und verjüngt nach den beim Hochwald angegebenen Regeln. Mit Rücksicht auf die Wirthschaft und den Abgabesatz wird dies aber nur bei vereinzelten kleineren Parzellen möglich werden; zweckmäßiger ist es deßhalb, vorher zum Mittelwald überzugehen, und gleich beim ersten Umtrieb die nöthige Zahl von gesunden, wüchsigen Raiteln überzuhalten. Geht dies nicht an, fehlt nämlich die gewünschte Holzart, oder versprechen die Stangen nicht die gehörige Dauer, so wird man noch einen weiteren Umtrieb abwarten müssen. Inzwischen ist aber der Kernwuchs überall zu begünstigen, denn wenn er auch bei der Verjüngung nicht immer direkt benutzt werden kann, so giebt er doch einen kräftigeren, zum beabsichtigten Zwecke brauchbareren Ausschlag, als die alten Stöcke.

Je rascher man bei dieser Umwandlung zum Ziele gelangen will, um so weniger kann die künstliche Nachhülfe entbehrt werden, und sie ist öfters nothwendig, weil entweder eine Holzart verdrängt werden muß, oder die gewünschte nicht mehr fähig ist, Samen zu tragen; die Stockausschläge dienen dann nur dazu, um einen gehörigen Schutzbestand herzustellen und das Gedeihen der Kultur sicher zu machen.

§. 120.

Uebergang vom Hochwald zum Mittelwald oder Niederwald.

Dieser Uebergang hat in dem Fall keine Schwierigkeiten, wenn das die Bestockung bildende Holz der Mehrzahl nach noch ausschlagfähig ist; man hält dabei, wenn Mittelwald angestrebt wird, eine ordentliche Anzahl passender Oberholzstämme über, die aber zuvor durch allmählige Freistellung windständig gemacht werden müssen.

Ist kein Ausschlag mehr zu erwarten, so bleibt nichts übrig, als durch natürliche Besamung zu verjüngen und vom Lichtschlag die nöthige Anzahl Oberholzstämme überzuhalten. Kann man hiebei verschiedene Holzarten wählen, so wird dies nur vortheilhaft sein; ebenso zweckmäßig ist es, wenn man Stämme von verschiedenem Alter oder wenigstens von verschiedener Stärke überzuhalten vermag. Es wird bei solchen Uebergängen häufig die Verjüngungsmethode horstweise wechseln müssen, indem ein Theil der Stöcke oder einzelne Holzarten noch Ausschlag versprechen, während andere keinen mehr erwarten lassen. — Diejenigen Bestände, welche nicht mehr vom Stock ausschlagen, aber auch noch keinen Samen tragen, sind durch Vorbereitungsschläge zu erkräftigen, damit sie zu geeigneter Zeit, zunächst noch einmal auf natürlichem Wege, verjüngt werden können.

Wird der Uebergang vom Hochwald zum Niederwald angestrebt, so hat man diejenigen jüngeren Bestände, welche noch Ausschlag geben, auf den Stock zu setzen, die älteren aber zuvor natürlich zu verjüngen.

§. 121.
Begünstigung einzelner Holzarten.

Hat man neben der Umwandlung noch eine Holzart zu begünstigen und eine andere zu verdrängen, so kann dadurch die Aufgabe sehr erschwert und die Erreichung des Zieles in weitere Ferne hinaus gerückt werden, wenn man lediglich auf die natürliche Verjüngung angewiesen ist. Solche Ziele sind meist nur beim Uebergang zum Hochwald aufgestellt, und man kann daher schon längere Zeit zuvor bei Durchforstungen und Vorbereitungsschlägen auf Begünstigung der betreffenden Holzart und ihre rasche Entwicklung, sowie auf Entfernung der anderen Holzart, namentlich ihrer samentragenden Stämme hinwirken. Erhaltung des Vorwuchses, wo dies geschehen kann, ohne der Dauerhaftigkeit zu schaden, gehört auch zu den förderlichsten Mitteln. — Bei der Schlagstellung selbst ist zum Anhieb die passende Zeit zu wählen, wenn ein Samenjahr für die bevorzugte Holzart in Aussicht steht oder eben erst eingetreten ist; ferner muß die Stellung und das Vorrücken der Schläge so eingerichtet werden, daß sie der letzteren möglichst entsprechen, den anderen Holzarten dagegen nicht zusagen. Ohne eine ausgedehnte künstliche Nachhülfe wird man aber damit nicht ausreichen, und in vielen Fällen ausschließlich auf diese angewiesen sein. Die Hauptsache geschieht dann durch allmählige Herausnahme der zu verdrängenden Holzart bei den Auszugs-, Reinigungs- und Durchforstungshieben.

Achtes Kapitel.

Verbindung der verschiedenen Methoden.

§. 122.

Die in Vorstehendem gelehrten Verjüngungsmethoden können nur selten für sich allein zur Anwendung kommen und müssen, um den Erfolg sicherer und schneller zu erreichen, in zweckmäßige Verbindung mit einander gebracht werden. Namentlich wird in neuerer Zeit immer mehr darauf hingewirkt, die künstliche Verjüngung mit der natürlichen zu verbinden, indem man gefunden hat, daß das extreme Festhalten an der einen oder andern Methode vielfach nicht so wohlfeil und sicher zum Ziele führt, als man früher glaubte, namentlich wenn man die bei ausbleibendem Erfolg eintretenden Ertragsverluste in Rechnung nimmt.

Durch vorausgehende Entwässerung nasser Stellen und durch rechtzeitige Bodenlockerung in den Besamungsschlägen kann man auch an solchen Orten oft noch eine natürliche Besamung erlangen, wo sie sonst nicht angekommen wäre. Eine Nachhülfe der natürlichen Besamung durch Einstreuen von Samen in die Schläge leistet manchmal ebenso gute Dienste, wenn man den für die anzusäende Holzart geeigneten Zeitpunkt bezüglich des Lichtungsgrades und des Bodenzustandes richtig wählt. Die Saat ist namentlich bei solchen Holzarten zu empfehlen, deren Samen wohlfeil ist und wenig Bodenbearbeitung fordert. In anderen Fällen kann man auf lichteren Stellen in Schlägen, wo keine natürliche Besamung mehr zu erwarten ist, durch Unterpflanzung schon frühzeitig auf eine gleichförmige Verjüngung hinwirken, und hat nicht selten den Vortheil, daß man dabei mit kleineren Pflanzen auf wohlfeile Weise denselben Zweck erreicht, den man später nur mit größeren Opfern erlangen könnte. — Je ungünstiger die Aussichten auf Erfolg der natürlichen Verjüngung sind, um so frühzeitiger muß mit der künstlichen Nachhülfe eingegriffen und um so sorgfältiger muß dieselbe vorgenommen werden, um die Sicherheit des Erfolges zu wahren.

Auch durch Kombination von Saat und Pflanzung läßt sich noch mancher Vortheil erreichen, wenn gemischte Bestände erzogen werden sollen; die langsamer wachsende Holzart (z. B. Fichte) wird gepflanzt und die schneller wachsende gleichzeitig (Kiefer) oder etliche Jahre später (Birke) eingesät.

Vor Beginn der Verjüngung ist namentlich die Reihenfolge festzustellen, in welcher die einzelnen Kulturmaßregeln und bei gemischten Beständen die Holzarten am zweckmäßigsten auf einander folgen; die Entwässerungen, das Umlegeu von Plaggen, die Entfernung des Unkrautüberzuges, die Anzucht eines Schutzbestandes von dauerhafteren, leichter gedeihenden Holzarten, die Bildung von Windmänteln in sehr exponirten Lagen, die Anlage von Saat- und Pflanzschulen sind Maßregeln, welche der eigentlichen Kultur längere oder kürzere Zeit vorausgehen müssen, an die man deßhalb rechtzeitig denken muß. Namentlich bei der Pflanzung ist vor zu großer Eile zu warnen, daß man nicht mit allzu kleinen schwachen oder unverschulten Pflänzlingen eine Kultur ausführt, wozu solche weniger passen, in der Absicht, ein oder mehrere Jahre Vorsprung zu bekommen; in der Regel bewirkt dies nur eine Verzögerung, weil die kleinen Pflänzchen vielen Gefahren vom Unkraut und den Witterungseinflüssen ausgesetzt sind, und deßhalb langsamer anwachsen als stärkere Exemplare. Für die Kiefer und theilweise auch für die Eiche, welche in der Regel einjährig verpflanzt werden, gilt diese Warnung nicht.

Müssen auf einer Kulturstelle durch Pflanzung zwei oder mehrere Holzarten angezogen werden, wovon die eine anfänglich schneller wächst als die andere, so ist es nothwendig, jene einige Jahre später einzupflanzen, wobei auch das Licht- und Raumbedürfniß der einzelnen Holzarten zu beachten ist. Nachbesserung der Kultur, die in den meisten Fällen nothwendig wird, kann auch schon bei der ersten Anlage erleichtert werden, wenn man z. B. bei der Saat an einzelnen Stellen mit gutem oder gelockertem Boden, auf Stocklöchern, Grabenaufwürfen ꝛc. etwas reichlicher sät, die Saatstellen näher zusammenrückt, um die erforderlichen Pflanzen später da ausheben zu können. Ebenso kann man bei der Pflanzung die Sache behandeln. Nachbesserungen werden in der Regel durch Pflanzung schnellwachsender Holzarten oder erstarkter Exemplare bewirkt. Diese Arbeit kommt stets theuerer zu stehen, deßhalb ist darauf zu halten, daß sie so wenig wie möglich nöthig wird; engere Pflanzung, Beimischung und Erhaltung von Weichhölzern, Stockausschlägen, Büschelpflanzung u. s. f. sind zu dem Zweck zu empfehlen; insbesondere aber auch die Beschränkung aufs N o t h w e n d i g e. In dieser Richtung sieht man noch viele Fehler gemacht, durch verspätete Anwendung der Saat, Auspflanzung von engen Wegen und kleinen Lücken; zu nahes Anrücken an den vorhandenen Nachwuchs, wo an ein Aufkommen der Pflanzen nicht zu denken, also der diesfallsige Aufwand vergeblich gemacht ist.

Vor dem öfteren Wiederholen der gleichen Kulturmethode auf derselben Stelle ist noch besonders zu warnen, namentlich bei der Saat, weil der Boden in der Zwischenzeit schlechter wird, stärker verrast und dann die ganze Kultur unsicherer ist. — Es ist nicht immer leicht, das Richtige gleich auf das erste Mal zu treffen, hinreichend sicher und doch nicht unnöthig theuer zu kultiviren.

Dritter Abschnitt.

Waldpflege.[1])

§. 123.

Die Waldpflege lehrt die richtige Behandlung der Bestände von ihrem jüngsten Alter bis zur Wiederverjüngung; sie umfaßt die Lehren von der Beförderung und Leitung des Wachsthums der begünstigten Holzarten mittelst Herstellung und Erhaltung eines richtigen Bestandesschlusses, mittelst Reinigungs- und Auszugshieben, Durchforstungen und Aufastung.

Die meiste, theuerste und auch oft wirkungslose Pflege erheischen diejenigen Bestände, welche auf einem der betreffenden Holzart nicht zusagenden Boden stocken, oder in einer ungeeigneten Mischung erzogen wurden, weßhalb immer als erste Rücksicht gelten muß, der Natur in diesen beiden Richtungen keinerlei Zwang anzuthun.

Erstes Kapitel.

Herstellung eines baldigen Bestandesschlusses.

§. 124.

Förderung des Wachsthums junger Bestände.

Ist die natürliche Besamung nicht so dicht erfolgt, daß schon wenige Jahre nach dem Abtrieb der Bestand sich schließen kann, so tritt auf sehr magerem Boden, besonders da, wo ein dichter Unkrautüberzug vorhanden ist, der Fall ein, daß das Wachsthum des jungen Bestandes fast ganz still steht, oder von Jahr zu Jahr abnimmt.

Auf Boden ohne Ueberzug kann den zu begünstigenden Pflanzen selbst einiger Vorschub geleistet werden durch Bearbeitung des Bodens, wobei die Erde etwas in die Nähe der Pflanzen herangezogen wird, was namentlich der jungen Eiche besonders gut zusagt, es ist aber nur ausführbar in Reihenkulturen, beim Waldfeldbau. Bei Laubholzpflanzen ist ein gleichzeitiges Abschneiden unmittelbar über dem Boden ebenfalls von günstiger Wirkung, es geschieht dies am besten mit einer Baumscheere, indem beim Abschneiden mit dem Messer die Pflanze leicht in der Wurzel losgerissen wird.

Ist aber der Boden zwischen den im Wuchs stockenden Pflanzen mit einem Unkrautüberzuge bedeckt, so kann man diesen zur Förderung des

[1]) Königs Waldschutz und Waldpflege. 3. Auflage. Von C. Grebe. Gotha 1875. (Umfaßt auch Theile vom Forstschutz und der Forstbenutzung.) H. v. Salisch, Forstästhetik. Berlin, J. Springer. 1885.

Wachsthumes in der Art benützen, daß man denselben auf den kleineren Blößen abschält, und die Plaggen, mit der Oberseite nach unten gekehrt, an die betreffenden Pflanzen anlegt, so daß durch das Aushauen der Plaggen der Zutritt der Luft zu den Wurzeln begünstigt wird und eine doppelte Unkrautdecke in unmittelbarer Nähe der Pflanze zur Verwesung kommt, wodurch die schädlichen Einwirkungen des Unkrauts aufgehoben werden, ein größerer Humusvorrath sich bildet und die Feuchtigkeit sich besser erhält. Diese Art von Nachhülfe ist aber nur da im Großen ausführbar, wo in regelmäßigen Reihen gepflanzt ist; man theilt zu dem Zweck den zwischen zwei Reihen frei gebliebenen Raum in vier gleiche Streifen, sticht in der Mitte mit einem scharfen Spaten oder Rasenmesser eine gerade Linie durch den Ueberzug und senkrecht auf dieselbe kleinere Linien gegen die Mitte zwischen zwei Pflanzen; diese Durchstiche brauchen sich den Pflanzenreihen nur auf die Hälfte zu nähern, dann klappt man die Plaggen so um, daß der seither in der Mitte zwischen zwei Reihen befindliche Rand unmittelbar an die Pflanze zu liegen kommt. Stehen die Pflanzen sehr weit, so ist es nicht nothwendig, den Rasen der ganzen Breite nach umzulegen. Oder man zieht in den Bestandeslücken 0,5—1 m tiefe Gräben, wie es der Raum erlaubt und verbreitet die ausgehobene Erde einige Centimeter hoch über die Oberfläche, namentlich aber in der Nähe der kränkelnden Pflanzen, welchen auf diese Weise oberirdisch und auch unterirdisch durch die von den Gräben her seitlich eindringende Luft neue Nahrung aufgeschlossen wird.

§. 125.

Beimischung von schnellwachsenden Holzarten und von Bodenschutzholz.

Oefters läßt sich der nothwendige Schluß schon dadurch herstellen, daß man eine auf den fraglichen Boden passende Holzart durch Nachsaat oder Nachpflanzung heranzieht. Manchmal bieten die nicht wünschenswerthen Holzarten, wie Birken, Aspen, Salweiden, Pulverholz 2c., welche sich von selbst ansiedeln, eine entsprechende Bodendecke, sind dann aber stets im Auge zu behalten, damit sie dem besseren Holz nicht schaden.

Soll eine künstliche Nachhülfe stattfinden, so müssen auf schlechtem Boden genügsamere Pflanzen gewählt werden, und womöglich solche, die in erster Jugend rasch wachsen und einen dichten Baumschirm haben. Die Schwarzkiefer und die gemeine Kiefer eignen sich vorzüglich hiezu; die Lärche und Birke insofern oft noch besser, weil sie, auch wenn sie stärker sind, noch übergehalten werden können.

Durch solche Beimischung erreicht man namentlich das gewünschte Ziel um so eher und sicherer, je bälder man die schützende Holzart anzieht und es ist deßhalb nöthig, während der natürlichen oder vor der künstlichen Verjüngung rechtzeitig daran zu denken, wie schnell und mit welchen Mitteln ein Schluß herzustellen ist.

In älteren Beständen ist die Beimischung solcher Holzarten nicht mehr ausführbar; hier hat man einen die Bodenkraft schützenden und mehrenden Unterwuchs als sogenanntes **Bodenschutzholz** zu erziehen und sorgfältig zu erhalten. Hiezu eignen sich hauptsächlich Holzarten, die den Druck gut ertragen, und welche sich theilweise freiwillig als Vorwuchs einfinden; in deren Ermanglung aber alle Sträucher, Dornen, selbst Unkräuter. Die Buche findet sich oft von selbst ein unter Eichen, Kiefern und Weißtannen, die Tanne unter Kiefern, Buchen und Eichen, die Fichte desgleichen. Wenn eine künstliche Anzucht nöthig wird, muß der Kostenpunkt sehr in die Wagschale gelegt werden; von diesem Gesichtspunkt aus empfehlen sich am meisten die Fichte und die Hainbuche, erst in zweiter Linie die Tanne und dann die Buche, deren Samen sehr theuer ist und nicht oft geräth. Besonders nothwendig ist ein solches Schutzholz auf kleineren mageren Stellen, die mit größeren besseren Flächen zusammenhängend behandelt werden müssen, und am **Waldtrauf**, wo nebenbei noch die ganze volle Beastung der Randbäume von Jugend auf unverkürzt zu erhalten ist. Beim Laubholz empfiehlt sich am Trauf in exponirten Stellen ein schmaler Streifen Niederwald, um einen dichteren Schluß zu bekommen.

Wo der Wald an Feld stößt und der Nachbar die auf sein Gut hinaushängenden Aeste beseitigen darf, ist es im Interesse des Waldes geboten, in jungen Beständen mit dem Holz so weit zurückzuweichen, daß die Aeste später nicht über die Grenze hinüberragen.

Zweites Kapitel.

Reinigungs-, Auszugshiebe und Durchforstungen (Verbesserungshiebe).

§. 126.

Definition.

Die **Reinigungshiebe** haben den Zweck, in jüngeren Schlägen die nicht wünschenswerthen Stockausschläge derselben Holzgattung zu entfernen und einen rein aus Samen erwachsenen Bestand herzustellen. Die **Auszugshiebe** sollen eine oder mehrere Holzarten, beziehungsweise Altersklassen zu Gunsten einer anderen verdrängen. Bei diesen beiden Maßregeln nimmt man keine Rücksicht darauf, ob die herauszunehmende Holzart herrschend oder unterdrückt ist, wogegen die **Durchforstungen** erst beginnen, wenn unterdrückte Stämme sich bilden oder bereits vorhanden sind, und dabei in der Regel nur diese herausgenommen werden, ohne den Schluß des Bestandes zu unterbrechen.

Streng genommen wird selten eine dieser Hiebsarten rein durchgeführt werden können, es werden immer Uebergriffe in das Gebiet der einen oder andern stattfinden müssen. Im Allgemeinen ist bei allen drei Hiebsarten im Auge zu behalten, daß sie das Gedeihen und Wachsthum einer oder mehrerer Holzarten befördern sollen, und daß sie bei umsichtiger Anwendung sehr wirksame Hülfsmittel einer rationellen und rentablen Forstwirthschaft bilden. Ihre Bedeutung und namentlich ihr Verhältniß zu der vielfach, aber irrigerweise höher geschätzten Kulturthätigkeit ist am treffendsten gezeichnet in einem königl. preußischen Ministerialrescript vom 16. April 1865 in folgendem Satz: „Die Erhaltung einer schon vorhandenen wüchsigen Eiche hat oft mehr Werth als die Pflanzung von zehn Eichen, deren Gedeihen noch zweifelhaft bleibt, und die Erhaltung einzelner wüchsiger Eichenhorste pro Morgen in den Verjüngungsschlägen ist oft von größerem Nutzen als die Anlage einer umfangreichen neuen, noch vielen Gefahren ausgesetzten Eichenkultur. Das Verdienst, welches der Forstwirth sich durch Erhaltung und Pflege des Vorhandenen erwirbt, ist daher nicht geringer als das Verdienst, welches er durch gelungene Kulturausführungen und Verjüngungsoperationen sich erwerben kann.“

§. 127.

Reinigungs- und Auszugshiebe.

Handelt es sich bloß um zwei Holzarten, wovon die eine der andern Platz zu machen hat, so haut man jene heraus, wo und sobald sie dieser schadet, oder wenn man weiter gehen will, nimmt man die erstere auch dann noch weg, wenn sich erwarten läßt, daß die andere in Bälde den Schluß herstellen wird. Besondere Rücksichten sind da zu nehmen, wo die auszuziehende Holzart der verbleibenden den nöthigen Schutz und Anhalt gewährt, oder wo auf Erhaltung der Bodenüberschirmung wegen des Unkrautes, wegen sonniger Lage, mageren Bodens ꝛc., gedrungen werden muß. Hier ist allmählig und mit Vorsicht zu verfahren; man hat zwar der begünstigten Holzart allen Vorschub zu leisten, aber nicht zu plötzlich, sondern ihr die Ausbreitung Schritt für Schritt anzubahnen und sie im Besitz des einmal gewonnenen Terrains zu sichern. Nur durch öfter wiederkehrende, langsame und vorsichtige Herausnahme der unerwünschten Holzart läßt sich in solchen Fällen das Ziel erreichen. Wenn die zu verdrängenden Holzarten vom Stock ausschlagen, so kann, je rascher und je dichter dies erfolgt, um so sicherer auf die Wiederherstellung einer Bodenüberschirmung gerechnet und darum auch stärker gehauen werden, falls die zu begünstigende Art einen solchen Vorsprung hat, daß ihr die nach dem Hieb wiederum zahlreich erscheinenden dichtbelaubten Stockausschläge nicht mehr schaden können.

Wo mehrere Holzarten vorhanden sind, und von diesen wieder einzelne verdrängt werden sollen, da ist es nothwendig, zuerst zu bestimmen, welche absolut zu vertilgen und welche ausschließlich zu begünstigen sei; die übrigen sind dann zwischen diesen beiden in die richtige Reihenfolge zu bringen und ist hienach der Hieb so zu führen, daß die begünstigten Holzarten die nöthige Luft bekommen, ohne daß der Schluß allzustark unterbrochen würde.

Sind die auszurottenden Hölzer schon weit voran, so ist vorsichtig zu verfahren, um die besseren Holzarten allmählig an das Licht und den freieren Stand zu gewöhnen. Handelt es sich in diesem Falle um Vertilgung von Laubholzstockausschlägen, so soll ein Theil derselben auf jedem Stock stehen bleiben, um den nöthigen Schirm herzustellen und um die den benachbarten bessern Hölzern oft so schädlichen, in großer Menge hervorbrechenden stark belaubten Ausschläge im Wuchs zurückzuhalten. Es sind aber stets vollkommen erstarkte Stockausschläge stehen zu lassen, weil die schwächeren bei der üppigen Laubentwicklung, welche in Folge dieses Aushiebes eintritt, leicht durch Regen umgedrückt werden. Die stehengebliebenen Stangen werden dann später herausgehauen, wenn die begünstigten Holzarten so weit erstarkt sind, daß sie von den Stockausschlägen nichts mehr zu befürchten haben. — Zuerst werden immer die östlich, südlich oder westlich von den zu begünstigenden Stämmen stehenden Stockausschläge ꝛc. weggenommen, um ihnen mehr Licht zuzuführen.

Ist eine Nadelholzart zu verdrängen, so muß dies in der Regel mit besonderer Vorsicht geschehen, weil die dazwischen befindlichen Laubhölzer in dem dichten Schluß der Nadelhölzer sehr schlank erwachsen und daher nicht auf einmal ihrer Stützen beraubt werden dürfen; es kann in solchem Fall nothwendig werden, das Nadelholz bloß zu entgipfeln, damit es das Laubholz noch eine Zeit lang stützen und mit den Seitenästen den Bodenschirm erhalten kann. Je mehr die zu begünstigende Holzart noch einer Stütze bedarf, um so weniger tief darf die Entgipfelung vorgenommen werden.

Die Reinigungshiebe sind womöglich im Vorsommer, nach Beendigung des ersten Triebes vorzunehmen; man erreicht dadurch den Zweck viel sicherer, weil hernach die Triebe und Knospen der begünstigten Holzart unter dem vermehrten Einfluß des Lichtes und der Wärme vollständig ausreifen können, während auf der andern Seite von den zu verdrängenden Holzarten keine oder keine so kräftigen Stock- und Wurzelausschläge mehr erfolgen, jedenfalls nicht mehr gehörig verholzen und daher mit geringerer Lebensfähigkeit ins nächste Vegetationsjahr übergehen. Laubhölzer, welche ganz verdrängt werden sollen, sind etwa 1 m hoch über den Boden abzuhauen, und diese Stöcke, falls sie noch ausgeschlagen haben, ein Jahr später am Boden wegzunehmen.

Kann gleichzeitig mit dem Aushieb ein zweckmäßiges Aufästen der zu begünstigenden Laubhölzer vorgenommen werden, so wird dies nur günstig auf dieselben einwirken. Bei Nadelhölzern ist diese Maßregel nur in feuchtem Klima gestattet, weil sie vorherrschend flachwurzelnd sind, und daher die Unterbrechung der Bodenüberschirmung, welche das Aufästen bedingt, einen Stillstand im Wachsthum nach sich zieht.

Es tritt aber auch öfter der Fall ein, daß allzudicht stehende

Jungwüchse, namentlich Saaten auf trockenem, magerem Boden, ins Stocken gerathen, wodurch dann die schädlichen Einflüsse des Windes, Schnee- und Duftanhangs zu sehr begünstigt werden. Um dies zu vermeiden, muß die Pflanzenzahl auf einer so bestockten Fläche durch Ausschneiden allmählig vermindert werden, was stets theuer zu stehen kommt, wogegen bei rechtzeitigem Eingreifen durch Verkauf oder anderweitige Verwendung der überzähligen Pflänzlinge billiger zu helfen ist. Dies Ausschneiden nähert sich zwar schon mehr den Durchforstungen, doch hat sich hier in der Regel noch kein unterdrücktes Holz gebildet, es muß also die Zahl der dominirenden Stämme vermindert werden. Sobald man ein Kränkeln des Jungholzes, oder nur eine mehrere Jahre gleich bleibende Verlangsamung des Wachsthums bemerkt, muß die Hülfe eintreten.

Wo es sich um Herausnahme einzelner älterer Stämme handelt, da ist die möglichste Schonung des umstehenden Holzes, Erhaltung des Bestandsschlusses, oder baldige Wiederherstellung desselben zu bezwecken, weßhalb bei der Fällung, Aufbereitung und Abfuhr die größte Vorsicht zu beobachten ist. — Bei jüngeren Stämmen mit größerem oder geringerem Vorsprung, welche sich zu sehr in die Aeste verbreitet haben, reicht es öfters schon aus, wenn man dieselben theilweise entästet. Der durch Aushieb dieser Altersklasse verursachte Zuwachsverlust ist meist sehr bedeutend, und die angestrebte Regelmäßigkeit des Bestandes wird dadurch doch nicht erreicht; man erhält nur statt einer positiven und rentabeln Unregelmäßigkeit eine negative, unrentable; es wird sich also nur in den seltensten Fällen rechtfertigen lassen, diese Maßregel zur Anwendung zu bringen.

Bei Bestimmung des Anfanges und der Wiederholung der Reinigungshiebe kommt zwar in erster Linie der Zustand des betreffenden Jungholzes als maßgebend in Betracht; daneben darf aber auch der Kostenpunkt nicht aus dem Auge verloren werden, besonders da, wo das gewonnene Material werthlos ist, oder doch die Kosten nicht deckt. Allzufrüher Beginn und zu häufige Wiederholungen vermehren die Kosten und vermindern den jedesmaligen Materialanfall und empfiehlt es sich deßhalb, den richtigen Mittelweg zu wählen, wobei dem Bestand mit den möglichst geringsten Kosten noch rechtzeitige Hülfe gebracht wird; namentlich ist es oft allzugroße Aengstlichkeit, welche die Maßregel vertheuert, und dabei spielt die Aufastung solcher Hölzer, die nachher doch bald der Axt verfallen, noch häufig eine allzugroße Rolle.

§. 128.

Die Durchforstungen. Seitheriges Verfahren.

Diese Hiebsart hat vor Allem den Zweck, den Zuwachs zu steigern, oder ihn in eine bestimmte Richtung zu leiten; nebenbei läßt sich noch die eine oder andere Holzart begünstigen oder verdrängen. — Wenn eine größere Anzahl von Stämmen dicht gedrängt beisammen steht, so werden sich einzelne davon bald kräftiger und rascher entwickeln, als andere; jene breiten sich in den Aesten und Wurzeln mehr aus, nehmen den andern Licht und Nahrung, deßhalb bleiben diese im Wachsthum zurück und sterben zuletzt ganz ab. Es ist einleuchtend, daß dieses Drängen nicht bloß den zurückgebliebenen, sondern auch den im Vorsprung befindlichen Pflanzen schaden, und sie im Wachsthum mehr oder weniger hemmen muß. Wird daher dieser Kampf um die Existenz abgekürzt oder gar vermieden, so kann dies nur von günstigem Einflusse auf den Zuwachs sein; in erster Linie muß dahin gestrebt werden, jedem Kampf um die Existenz vorzubeugen.

Die verschiedenen Abstufungen, in welchen die Folgen desselben sich dem Auge darstellen, sind in der bereits erwähnten Schrift des k. pr. Oberforstmeisters Kraft in Hannover am anschaulichsten geschildert; es werden darin unterschieden:

1) Vorherrschende Bäume mit ausnahmsweise kräftig entwickelter Krone (die folgende Klasse überragend).

2) Herrschende, in der Regel den Hauptbestand bildende Stämme mit verhältnißmäßig gut entwickelten Kronen (die Normalhöhe des Hauptbestandes nirgends überschreitend).[1])

3) Gering mitherrschende Stämme, Kronen zwar noch ziemlich normal geformt und in dieser Beziehung denen der zweiten Stammklasse ähnelnd, aber verhältnißmäßig schwach entwickelt und eingeengt. Diese bilden die untere Grenzstufe des herrschenden Bestandes.

4) Beherrschte Stämme: Kronen mehr oder weniger verkümmert, entweder nur von zwei Seiten oder von allen Seiten zusammengedrückt, oder einseitig entwickelt,

a) zwischenständige, im Wesentlichen schirmfreie, meist eingeklemmte Kronen,

b) theilweise unterständige.

5) Ganz unterständige Stämme

a) mit lebensfähiger Krone, was nur bei Schattenholzarten vorkommt,

b) mit absterbender oder abgestorbener Krone.

Es geht schon aus diesen Bezeichnungen hervor, wo die Folgen des Kampfes anfangen sich bemerkbar zu machen, unzweifelhaft schon bei den gering mitherrschenden Stämmen, da aber mit vorschreitendem Alter immer wieder ein Theil der zweiten Klasse in die dritte herabgedrückt wird, so ist dies auch ein Beweis dafür, daß schon unter diesen herrschenden Stämmen ein Kampf geführt wird, und es ist also Aufgabe des Forstmannes, rechtzeitig einzugreifen, um demselben vorzubeugen.

Die Durchforstungen müssen daher beginnen, sobald jener Kampf um

[1]) Das in ( ) Beigefügte ist Zusatz des Verfassers dieses Buches.

die Existenz eintritt, und sich in entsprechenden Perioden wiederholen; dabei dürfen sie sich aber niemals bloß auf das unterdrückte Holz beschränken, denn dies wäre von geringem Einfluß auf die Förderung des Zuwachses; es muß vielmehr dem herrschenden Bestand die normale Entwicklung vorgezeichnet und erleichtert werden durch zeitige Herausnahme der angehend unterdrückten beherrschten und der gering mitherrschenden Stämme, sofern diese nicht etwa vereinzelt stehen. Es gibt auch Fälle, wo man die Zahl der herrschenden Stämme vermindern muß, z. B. in allzugedrängt stehenden Buchenverjüngungen oder Nadelholzsaaten; sodann insbesondere in angehend haubaren Hochwaldbeständen zur Zeit, wo der Höhenwuchs nachläßt und die Kronenentwicklung kräftiger erfolgen muß, wenn nicht ein Rückgang im Massenzuwachs eintreten soll. In letzteren sind alle jene Stämme der Durchforstung verfallen, welche nur ganz schwache Kronen tragen und verhältnißmäßig geringe Stammstärke besitzen, sofern sie im Bereich kräftiger entwickelter Stämme stehen.

Eine zeitweilige Unterbrechung des Schlusses ist also stets unvermeidlich, nur darf solche niemals so stark sein, daß sie über die nächstfolgende Durchforstung hinaus sich erhalten würde. — Bei Laubholzbeständen, welche während des Winters durchforstet werden, wird öfter zu wenig herausgenommen, weil der Wald im unbelaubten Zustand viel lichter aussieht als im belaubten. — Bei den Durchforstungen galten bisher folgende Regeln:

1) Daß mit Rücksicht auf den Standort der Hieb stärker geführt werden könne auf gutem Boden, in mildem und feuchtem Klima, in nördlichen und westlichen Lagen; daß da, wo vom Schnee- und Duftanhang oder vom Wind Schaden zu befürchten ist, namentlich auch im Hochgebirge (Schweiz. Zeitschr. f. Forstw. 1876 S. 80), von Jugend auf freier gestellt werden muß, indem man der einzelnen Pflanze möglichst viel Raum zu geben hat, damit sie ihre Aeste und Wurzeln allseitig kräftig zu entwickeln vermag. Dagegen ist in dem Fall anfangs ein umgekehrtes Verfahren einzuhalten, wenn die Durchforstung verspätet vorgenommen wird, man darf dann nur sehr allmählig zu einer lichteren Stellung übergehen. Auf schlechterem Standort trägt bekanntlich dieselbe Fläche stets eine größere Stammzahl von gleichem Alter als auf besserem, und es handelt sich bei jenem mehr als anderwärts um dauernde Bodenüberschirmung zum Behuf der Bodenverbesserung und Erhaltung der Feuchtigkeit; deßhalb darf der Hieb hier nicht so stark geführt werden.

2) Mit Rücksicht auf die Holzart ist gestattet, bei tiefwurzelnden Waldbäumen und bei solchen, die eine lichtere Stellung verlangen, z. B. Eichen, Forchen, Birken, Erlen, stärker zu durchforsten; Fichten stärker als Tannen. — Die schattenliebenden Holzarten lassen übrigens die Ausscheidung des Nebenbestandes weniger leicht erkennen und werden deßhalb in der Regel zu schwach durchforstet.

3) In jüngerem Alter, so lange die Stämme noch durch Abwerfen ihrer unteren Aeste sich reinigen, ist eine dunklere Hiebsführung nothwendiger, als später.

4) Am Trauf, namentlich gegen das Feld und an exponirten Stellen im Innern des Waldes ist ein voller Schluß zwar sorgfältig zu erhalten; allein doch den herrschenden Stämmen so viel Raum zu schaffen, daß sie ihre volle Widerstandsfähigkeit erlangen und behalten.

5) Wo astreines Nutzholz erzogen werden soll, müssen die Hiebe am dunkelsten gehalten werden; wo das Brennholz ein Hauptprodukt ist, da ist eine lichtere Stellung zulässig; die lichteste aber bei der Erziehung von unregelmäßigen Krummhölzern zum Schiffbau, welche übrigens neuerdings viel weniger begehrt werden.

6) Nicht selten ist es nothwendig, bei den Durchforstungen ältere vorgewachsene Stämme herauszunehmen, wenn sie krank geworden sind, oder voraussichtlich den Umtrieb nicht mehr aushalten. Vor der Fällung sind dieselben ausästen zu lassen und nach derjenigen Richtung zu fällen, wo sie am wenigsten schaden. In der Umgebung solch älterer Stämme dagegen, welche schon bei der nächsten Durchforstung, im Vorbereitungs- oder Besamungsschlag herauszunehmen sind, ist das unterdrückte Holz zu schonen, damit die durch ihre Fällung entstehende Lücke nicht zu groß wird und eher wieder verwächst.

7) Bei den ersten Durchforstungen hat man seither vorzüglich darauf gesehen, daß die stehenbleibenden Stämme in möglichst gleichem Abstand auf der Fläche vertheilt waren; es bricht sich aber immer mehr die Ueberzeugung Bahn, daß eine unregelmäßigere Stellung der Stämme namentlich in Nutzholzwirthschaften die Erziehung stärkerer und mannigfaltigerer Sortimente fördert und wird darnach vorgegangen.

8) Ferner müssen die aus Samen erwachsenen Pflanzen im Hochwald mit längerem Umtrieb fast ohne Ausnahme begünstigt werden, die Stockausschläge sind allmählig herauszunehmen (zu vereinzeln); hiebei stets diejenigen zuerst zu entfernen, welche die nebenstehenden Samenpflanzen durch Ueberhängen im Wachsthum hindern, und nur die stehen zu lassen, welche von Anfang an eine mehr senkrechte Richtung angenommen haben. — Bei kürzerem Umtrieb bilden die Stockausschläge wegen ihres anfänglich schnelleren Wuchses einen sehr beachtenswerthen, besonderer Pflege würdigen Theil des Bestandes und soll namentlich darauf hingewirkt werden, daß ausschlagfähige Stöcke womöglich noch durch Ueberhalten einer lebenden Stange für die folgende Umtriebszeit nutzbar bleiben. — Stämme die sich gabeln oder an anderen reiben, sind zu beseitigen, erstere allmählig.

9) In jungen Nadelholz-Dickichten müssen die bei der Arbeit hinderlichen, abgestorbenen Zweige mit Vorsicht und ohne Beschädigung des Stammes entfernt werden, ebenso kranke und krebsige Stämme.

10) Wo die begünstigte Holzart durch andere (natürlich noch nicht

allzustark) zurückgedrängt ist, muß derselben allmählig Luft gemacht werden, damit sie gehörig erstarken und Terrain gewinnen kann. Dies wird ihr wesentlich erleichtert, wenn man ihr zunächst von Ost, Süd und West her Licht verschafft.

11) In unvollkommenen und unregelmäßigen Beständen ist besonders darauf zu achten, daß in der Umgebung von Blößen oder lichter bestockten Stellen weniger weggenommen wird. Wo sich der Boden gern mit Unkraut überzieht, ist die gleiche Vorsicht nöthig. Ob mehr den jüngeren oder mehr den älteren Horsten aufgeholfen werden soll, hängt von dem Altersklassenverhältniß des Wirthschaftsganzen ab, muß also besonders für jeden Bestand vom Taxator möglichst genau bestimmt werden.

12) In angehend haubaren und in weniger vollkommenen mittelwüchsigen Beständen sind zur Erleichterung für die künftige Verjüngung auch die stärkeren und schwächeren Vorwüchse, theilweise sogar die Ausschläge von früher weggenommenen Stangen zu erhalten. Dies ist besonders bei hohem Umtrieb wichtig, weil mit ganz altem Holz allein nicht leicht der richtige Schutzbestand hergestellt werden kann.

13) In älteren Beständen und bei Nutzholzwirthschaft muß auf die Schonung des gesundesten und werthvollsten Holzes Bedacht genommen werden; Stämme, die solches erwarten lassen, sind zu erhalten, namentlich also astreine, die bei einer Brennholzwirthschaft in der Regel am ehesten weggenommen werden können, weil sie in gedrängtem Schluß stehen.

14) Die Erhaltung von Bodenschutzholz und allem, was dazu geeignet ist, muß in älteren Beständen, wie auf geringem und sehr zur Verunkrautung geneigtem Boden, sowie bei Holzarten, die sich bald licht stellen, sorgfältig berücksichtigt werden.

15) Die Durchforstungen lassen sich, wo die Rücksicht auf das zu gewinnende Material es nicht anders verlangt, ohne Anstand im Sommer wie im Winter ausführen; dabei soll aber das angefallene Holz alsbald an die Wege ausgerückt werden.

16) Die Wiederholung dieser Hiebsart richtet sich nach dem mehr oder minder raschen Wiedereintritt des Kampfes zwischen den herrschenden Stämmen; man kann dabei nicht jedes Drängen und Unterdrücktwerden vermeiden, weil sonst die Holzgewinnung und die Arbeit zu sehr zersplittert würde; aber man muß da bälder entscheidend einschreiten, wo die Erhaltung einer lichteren Stellung gewünscht wird, oder wo der vorangegangene Hieb aus dem einen oder anderen Grund schwächer geführt wurde, als im entgegengesetzten Falle. Auf magerem Boden, wo vorsichtiger gehauen wird, sind die Durchforstungen in kürzeren Zeiträumen zu wiederholen. Der Entwicklungsgang jedes einzelnen Bestandes ist ununterbrochen im Auge zu behalten, um jeweils rechtzeitig einschreiten zu können; mit Hülfe des Preßler'schen Zuwachsbohrers lassen sich Stockungen im Zuwachs am sichersten nachweisen.

17) In Nieder- und Mittelwaldungen wirkt die Vornahme von Durchforstungen im Ausschlagholz ganz ähnlich, selbst schon in Weidenhegern mit 2jährigem Umtriebe,[1]) denn es unterliegt keinem Zweifel, daß dieselben den Zuwachs ebenso fördern, wie in den Hochwaldungen, umsomehr als bei den Stockausschlägen die zurückbleibende geringere Zahl von Lohden alsbald in den vollen Genuß der seitherigen Nahrungszufuhr gesetzt wird, welche vorher auf eine größere Menge von Stockausschlägen sich vertheilte, wogegen die in den Hochwaldungen zurückbleibenden Stämme erst nach einiger Zeit durch Ausbreitung des Wurzelsystemes den neuen, größeren Nahrungsraum erobern können. Im Eichenschälwald steigern die Durchforstungen Qualität und Quantität der Rinde. — Die sämmtlichen Mutterstöcke sollen übrigens lebensfähig erhalten werden und darf man deßhalb niemals alle Ausschläge eines Stockes weghauen, außer wenn man eine Holzart vertilgen will.

18) Es ist im Allgemeinen zu bemerken, daß die Durchforstung eigentlich selten so weit gehen kann, daß nur noch die äußersten Zweigspitzen der Bäume sich berühren; in jedem normalen und regelmäßigen Bestande werden vielmehr die Zweigspitzen noch in einander greifen, wenn ein ordentlicher Schluß vorhanden ist, ohne daß deßhalb unterdrücktes Holz sich vorfinden wird. Doch kommen auch, namentlich bei den lichtbedürftigen Holzarten Fälle vor, wo ein eigentlicher Bestandesschluß nicht mehr besteht und doch einzelne Stämme absterben, aus keinem andern Grund, als weil sie für die eigenthümlichen Anforderungen der Holzart zu gedrängt stehen; dies tritt namentlich bei Kiefern und Lärchen, wie auch bei Eichen in älteren Beständen häufig ein, bei jenen oft schon mit dem 40. Jahr.

19) Außer den im Bestand selbst liegenden Bedingungen haben auch noch Einfluß auf die Hiebsführung in den Durchforstungen die Gelegenheit zum Holzabsatz, die Höhe der Arbeitslöhne, die mehr oder weniger häufigen Holzdiebstähle und die Streunutzungen.

§. 129.

Die Durchforstungen in ihrer Weiterentwicklung.

Wenn bis vor Kurzem das forstliche Ideal eines Bestandes durch dessen höchste Regelmäßigkeit und Vollkommenheit zum Ausdruck kam, so ließen sich zur Erziehung solcher Bestände nicht wohl andere Regeln aufstellen, als die vorstehenden. Nachdem sich aber in den letzten Jahren die Erkenntniß immer mehr Bahn bricht, daß jenes Ideal nach verschiedenen Richtungen hin nicht das leiste, was man von ihm erwarten zu dürfen glaubte, so muß dieser Erkenntniß auch hier Rechnung getragen werden,

[1]) Schweiz. Zeitschr. f. Forstwesen 1876 S. 78.

wobei übrigens hervorzuheben, daß wir so lange wir noch mit jenen Beständen zu thun haben, uns nur wenig und (namentlich bei den älteren) nur ganz allmählig von der im vorigen §. gegebenen Richtschnur entfernen dürfen.

Der Hauptzweck der Durchforstung geht dahin, den einzelnen lebensfähigsten Stämmen so viel freien Raum zu schaffen, daß sie alle Naturkräfte, welche der Standort ihnen bietet, in höchstem Maß nutzbar zu machen vermögen, ohne diese Kräfte einzeln oder alle zusammen zu schwächen. Letztere Einschränkung bezieht sich lediglich auf die Bodenkraft, welche bekanntlich unter dem Schutz und Schatten eines geschlossenen Bestandes sich erhält und sogar vermehrt, während sie ohne eine solche Ueberschirmung wenigstens in den oberen Schichten durch Unkrautwuchs und nachtheilige Einwirkung der Sonne zurückgeht; den unteren Schichten bleiben dagegen in solchem Falle viele Nährstoffe erhalten, welche ihnen durch einen Baumwuchs entzogen würden.

Auf die Frage, wie viele Bäume nöthig sind, um einen Standort von gewisser Güte vollständig auszunutzen, bleiben uns Wissenschaft und Praxis eine irgend befriedigende Antwort schuldig, und kam man namentlich in der Praxis gar häufig zu der Losung, je mehr um so besser! Dies ist nun aber entschieden als unrichtig erkannt, denn die Gebrauchsfähigkeit der Stämme wächst in weitaus den meisten Fällen mit der Stärke der Stammdimensionen, und je dichter dieselben beisammen stehen um so schwächer bleiben sie, um so geringwerthigeres Holz erhält man von ihnen. Sehr belehrende Zahlen veröffentlicht Prof. Schuberg auf Grund der in Baden angestellten Versuche in Baurs Centralbl. 1886, S. 131 (s. u. §. 275).

Daneben darf aber auch die Rücksicht auf die Erhaltung der Bodenkraft nicht außer Acht gelassen werden und diese bedingt eine genügende Ueberschirmung des Bodens durch die Baumkronen, oder mit andern Worten, einen genügenden Bestandesschluß. Fragt man aber, was ist das Richtige? so erhält man hierüber nirgends sichere Anhaltspunkte, denn die einen suchen denselben herzustellen oder zu erhalten durch die möglichst größte Stammzahl, während leicht zu erkennen, daß, je größer dieselbe ist, um so schwächlicher der einzelne Stamm und namentlich dessen Krone sich entwickeln kann. Andere wieder verlangen von den lichtbedürftigen Holzarten eine ebenso dichte Ueberschirmung wie von den Schattenhölzern und sprechen selbst da noch von lichten Kiefern oder Eichenbeständen, wo zwischen deren Stämmen nirgends mehr einer Platz fände. Wieder andere verlangen zur Beförderung des Höhenwuchses einen dichten Schluß, während nachgewiesenermaßen dadurch eine Verlangsamung desselben eintritt. Am meisten Berechtigung hat noch die Forderung, den Schluß so dicht zu halten, daß die Aeste am unteren Theil des Stammes in genügender Höhe zum Absterben gebracht werden, um auf diese Weise astreines Nutzholz zu erziehen; diese Forderung gilt also nur für Nutzholzwirthschaften und auch da nur so weit, als astreines Holz entsprechend höher bezahlt wird wie anderes.

Eine Bestimmung des Schlußgrades durch Stammzahlen ist aus dem Grunde nicht möglich, weil es dabei hauptsächlich auf die gerade, je nach der Stammzahl so sehr verschiedene Kronenentwicklung ankommt. Die Ertragstafeln von Baur geben z. B. für die Buche in 3. Bonität die Stammzahl im 111. Jahr mit 754, in 2. Bonität mit 604 pr. ha an, während in der Oberförsterei Uslar ein von Seebach in Lichtungsbetrieb genommener, ebenso alter Bestand (Kugelberg, Distr. 84, vgl. unten § 259) 30 Jahre nach der Lichtung wieder den Vollschluß erlangt hatte und zwar mit nur 282 Stämmen pr. ha auf 3. Standortsbonität. (Ber. über die X. Vers. dtschr. Forstwirthe in Hannover S. 175.) In diesem Fall betrug der Kronendurchmesser 6, in den andern beiden Fällen 3,6 und 4 m; daraus ist ersichtlich, welch große Dehnbarkeit die Baumkrone besitzt, sobald sie den dazu nöthigen Spielraum bekommt, eine Wahrnehmung, welche übrigens an jedem Besamungsschlag ebenso gemacht werden kann.

Neben dem Kronendurchmesser spielt dann auch noch die größere oder geringere Dichtigkeit der Belaubung eine sehr wichtige Rolle. Obgleich uns hierüber nur aus jüngeren Beständen genaue Messungen vorliegen, so läßt sich aus denselben doch das mit Sicherheit entnehmen, daß die Belaubung an Zahl und Größe der Blätter mit der freieren Stellung zunimmt (Baur, Forstl. Centr.-Bl. 1882, S. 160 und 1884, S. 431). Die untersuchten zwei 24- und 44jährigen, noch nicht durchforsteten Buchendickungen hatten das 9,45 bezw. 7,51fache der Versuchsflächen als Blattfläche, die ältere also — ohne Zweifel wegen länger unterbliebener Durchforstung — eine erheblich schwächere Belaubung. Je mehr sodann die einzelnen Stämme der herrschenden Klasse sich näherten, um so stärker war ihr Blattansatz und zwar betrug pr. Stamm die Blattzahl in der Stärkeklasse von

Stärkeklasse von	1—2 cm,	3—4 cm,	5—6 cm,	7—8 cm,	11—12 cm,
im 24jährigen	271	1261	4114	10140	—
im 44jährigen	204	790	1541	7290	10531.

Daß die stärkste Klasse des älteren Bestandes mit 11—12 cm Durchmesser nur wenig mehr (dagegen aber etwas kleinere) Blätter trug, als die erheblich schwächere des jüngeren Bestandes, und daß dieser überhaupt um 14 % mehr Blätter hatte als jener, kann nicht als normaler Zustand gelten, es wird mit Recht wiederum der verspäteten Durchforstung zuzuschreiben sein. Durch Division der Blattzahl der Probestämme in die ganze Summe der Blätter läßt sich ermitteln, wie viel Stämme von jeder Stärkeklasse nothwendig wären um die ganze Blattmenge zu tragen und da ergeben sich nun gegenüber von den wirklich gefundenen Stammzahlen unverhältnißmäßig niedere Größen; statt der den jüngeren Bestand bildenden 1051 Stück genügten von den 6 cm starken 334; im älteren statt 540 Stück von den 8 cm starken 164, wobei noch mit Sicherheit anzunehmen, daß, wenn diese geringere Zahl allein vorhanden wäre, dieselben gewiß noch eine stärkere Belaubung, also auch eine viel größere Leistungsfähigkeit für die Zwecke der Bodenbeschattung und der Holzerzeugung hätten, welche ja unzweifelhaft im Verhältniß mit der Blattoberfläche (vielleicht auch Blattmasse) zunimmt.

Möglichste Steigerung des Blattansatzes und der Blattoberfläche muß daher die Hauptaufgabe bei der Durchforstung sein; diese läßt sich aber mit dem seitherigen Bestandes-Ideal der höchsten Stammzahl und Regelmäßigkeit nicht erreichen, weil dabei alle Stämme nahezu die gleiche Höhe erlangen und deßhalb nur an der obersten Spitze eine schwache Kronenbildung stattfinden kann, indem der verlangte dichte Schluß jede seitliche Entwicklung unmöglich macht. Bei jenen 282 Buchen im Kugelberg hat die Baumkrone eine Basis von 35,4 qm und haben deßhalb die Aeste einen weit größeren Raum als bei den 604 der Ertragstafel, wobei dem einzelnen nur ein Flächenantheil von 16,5 qm zukommt und deßhalb auch die Vertiefung der Kronenbildung viel mehr beeinträchtigt wird. — Es ist sicher, daß jede Unregelmäßigkeit des Bestandes die dem Licht zugängliche Oberfläche desselben vergrößert und den Blattansatz, sowie die vegetative Thätigkeit steigert.

Aber auch noch auf anderem Wege gelangt man zu einem ganz ähnlichen Ergebniß. Nach der obigen Angabe aus der Ertragstafel wird der hiebsreife Bestand im Alter von 111 Jahren auf zweiter Standortsklasse gebildet aus 604 Stämmen; dies ist für den Umtrieb von 111 Jahren der Abtriebsbestand nach Grabner. Die Bedeutung dieser Unterscheidung erhellt am besten aus den eigenen Worten unseres Autors: „Für den Abtriebsertrag der Wälder, für die Hauptnutzung ist natürlich nur jene Holzmasse und jene Anzahl von Bäumen maßgebend, die zur Zeit der Haubarkeit auf der Fläche vorhanden sind; möge letztere im jugendlichen Holzbestande auch um Tausende von Stämmen mehr beherbergt haben, als sich im Benützungsalter vorfinden, so tragen alle diese Tausende mit ihrer Holzmasse zur Hauptnutzung unmittelbar nicht das mindeste bei; sie erscheinen als Beiwerk, welches nothwendig war, um die Produktionskraft des Bodens möglichst vollständig zu benützen, dieselbe durch die günstigen Rückwirkungen des Waldschlusses zu erhalten, dem haubaren Bestande aber Menge und Güte seiner Holzmasse zu sichern. . . . . Für die Hauptnutzung der Wälder ist also nur jene Holzmasse von unmittelbarer Wirkung und Bedeutung, die den zur Zeit der Haubarkeit den Holzbestand bildenden Stämmen angehört; nur diese Anzahl von Stämmen bildet den eigentlichen bleibenden Holzbestand."

Die Bedeutung und Tragweite dieser längere Zeit in Vergessenheit gekommenen Unterscheidung läßt sich wohl am besten an der Hand unserer Erfahrungstafeln in nachfolgenden Zahlen nachweisen:

Autor	Holzart	Bonität	Umtrieb	Alter	Stammzahl pr. ha		
			Jahre		Vollbestand	Abtriebsbestand	Füllbestand
Baur	Fichte	II	120	120	720	720	—
			—	100	744	720	24
				90	880	720	160
				80	1200	720	480
	Fichte	II	90	90	880	880	—
				80	1200	880	320
				70	1580	880	700
				60	2080	880	1200
Lorey	Weißtanne	I	120	120	340	340	—
				110	417	340	77
				100	528	340	188
				90	680	340	340
		I	110	110	417	417	—
				100	528	417	111
				90	680	417	263
				80	920	417	503

Zur Erzeugung des Haubarkeitsertrages bedarf man also bei der Fichte auf 2. Bonität in 90jährigem Umtrieb 880 Stämme pr. ha; im 60jährigen Bestand sind dagegen 2080 vorhanden, von welchen 1200 den Füllbestand bilden; dieser vermindert sich bis zum 70. Jahr um 500 Stück, welche im Laufe der 10 Jahre als Durchforstungsmaterial genutzt werden. Die übrigen 700 Stämme des Füllbestandes werden nun aber in dieser Zeit bei der bisherigen Art der Behandlung auch noch als herrschende Stämme erhalten und gepflegt, obgleich sie zum Haubarkeitsertrag nichts beitragen und theilweise wenigstens die 880 Stämme des Abtriebsbestandes in ihrer Entwicklung beengen, was sich durch die Steigerung des Zuwachses nach Führung eines Dunkelschlages sattsam beweisen läßt.

An der Richtigkeit dieser Ansichten läßt sich nicht im geringsten zweifeln, und sobald man denselben beitritt, nimmt die Lehre von den Durchforstungen eine ganz andere Gestalt an; statt bisher unsere Aufmerksamkeit und Pflege einer unbestimmten Zahl von jeweils ohne unser Zuthun in die herrschende Klasse eingerückten Stämmen zuzuwenden, haben wir künftig gleich mit dem ersten Eingreifen diejenigen Individuen auszuwählen, welche dereinst den Abtriebsbestand bilden, die Abtriebsstämme, nöthigenfalls dieselben in irgend einer Weise kenntlich zu machen, um von da ab vorzüglich ihnen die sorgsamste Pflege angedeihen zu lassen; alle übrigen Theile des Bestandes ohne Rücksicht, ob sie vorherrschend sind oder nicht, treten ihnen gegenüber gänzlich in den Hintergrund zurück, und haben hauptsächlich nur die Bestimmung, den Boden zu decken, werden deßhalb wohl am besten als Füllholz oder Füllbestand bezeichnet und diesem Zweck entsprechend behandelt.

Die Abtriebsstämme müssen nun so früh als möglich einen Vorsprung vor dem Füllbestand bekommen; in natürlichen Verjüngungen wird dies leicht möglich durch Benutzung von Vorwuchs; bei künstlicher Verjüngung durch Anwendung der Pflanzung für den Abtriebsbestand und der Saat für den Füllbestand, welche aber nicht allzurasch der ersteren folgen darf, oder durch passende Mischung, indem man lichtbedürftige, schnellwüchsige Holzarten gleichzeitig mit langsamer wachsenden, weniger lichtbedürftigen anpflanzt und letztere zum Füllholz bestimmt, oder durch Verwendung von Ganz- oder Halbheister für den neu zu gründenden Abtriebsbestand.

Der den Abtriebsstämmen zu gebende Vorsprung hat sich nach der größeren oder geringeren Astreinheit zu richten, welche man von denselben verlangt, je mehr diese Rücksicht durch die für reinere Waare zu erzielenden höheren Preise ins Gewicht fällt, um so kleineren Vorsprung wird man geben und umgekehrt. — Auch kommt dabei die Natur der vorwachsenden Holzart insofern mit in Betracht, als bei den Schattenhölzern die unteren Aeste erst durch einen dichteren Schluß zum Absterben gebracht werden; man darf diesen also keinen so großen Vorsprung lassen, wie den lichtbedürftigen. Bei unserem gegenwärtigen Stand des Wissens ist es noch nicht möglich, nähere Anhaltspunkte darüber zu geben, wir müssen uns gedulden, bis die anzustellenden Versuche uns solche liefern werden.

In den aus natürlicher Verjüngung hervorgegangenen Jungwüchsen besteht häufig eine solche Gleichheit unter dem zahlreich vorhandenen Nachwuchs, daß man die nöthige Zahl von Stämmen für den Abtriebsbestand mehr aufs Gerathewohl auswählen muß. Diesen ist dann, wie in allen anderen Fällen, durch Beseitigung der sie bedrängenden Nachbarschaft möglichster Vorschub zu leisten. Zunächst sind immer die konkurrirenden, gleichhohen und gleichstarken Stämme zu entfernen, oder doch zu entwipfeln, falls sie wegen der Bodendeckung oder wegen Zurückdrängung der unteren Aeste des Abtriebsstammes noch einige Zeit nothwendig sein sollten. Eine Bodendeckung durch Stockausschlag wird nur im früheren Zeitpunkt noch zu erlangen sein, da später die Einwirkung des Lichtes auf den Stock allzusehr beschränkt ist.

Die Aufmerksamkeit darf aber niemals nachlassen, der Abtriebsbestand muß jederzeit vor irgend welchem Existenzkampf bewahrt werden, indem alles (herrschend oder nicht herrschend), was die einzelnen vorgewachsenen Stämme in ihrer möglichst kräftigen Entwicklung hindern könnte, zu entfernen ist, bevor es so weit kommt. Nöthigenfalls kann auch durch Aufastung derselben geholfen werden; nur muß dies in einem Alter geschehen, wo die Aeste noch nicht stärker als 15—30 mm sind.

Eine besondere Aufforderung, den Füllbestand neben seiner Nutzbarmachung für den Hauptzweck auch noch sonst so rentabel als möglich zu gestalten, wird es dabei nicht bedürfen, sie versteht sich von selbst und können hiefür annähernd die für unsere Vollbestände seither geltenden Regeln mit geringen Aenderungen in Kraft bleiben.

Drittes Kapitel.

Aufästen der Bäume.[1])

§. 130.

Manchmal lassen sich einzelne Stämme, welche dem umgebenden Bestand schaden, nicht entfernen, ohne den Schluß wesentlich zu unterbrechen, oder das Holz unzeitig verwerthen zu müssen; in andern Fällen soll dagegen astreines Nutzholz erzogen werden, und zu diesem Zwecke ist das Aufästen der einzelnen Stämme nothwendig.

Das Aufästen eines Stammes hat hauptsächlich in jenem Alter eine günstige Wirkung, so lange das Höhenwachsthum noch vorherrscht. Wo sich dieses aber durch zufällige, ungünstige Einflüsse, durch häufig wiederkehrende Fröste, Verbeißen von Weidvieh ꝛc. bälder, als es Regel ist, abgeschlossen hat, da ist jene Maßregel immerhin noch zweckdienlich, um den zu früh eingetretenen Stillstand wieder zu heben.

Die Zwecke des Aufästens werden am sichersten erreicht, wenn man es allmählig bewirkt und nicht auf einmal zu viele Zweige wegnimmt. Würde man etwa $\frac{1}{4}$ der Aeste auf einmal abhauen, so wäre dies in manchen Fällen zu stark, wenn gerade die untersten, dichtbelaubten genommen würden. Bloß da, wo mehr die Rücksichten auf den Unterwuchs vorwiegen, läßt sich ein stärkeres Aufästen rechtfertigen. Es sind übrigens dabei auch die Kosten zu berücksichtigen; je öfter sich die Aufästungen wiederholen, um so theurer wird diese Maßregel; im Großen kann man deßhalb selten eine Wiederholung eintreten lassen, weil das gewonnene Material meist keinen entsprechenden Werth hat.

Beim Aufästen ist zu unterscheiden zwischen Nadelholz und Laubholz. Ersteres erträgt diese Operation weniger gut und sie kann geradezu schädlich wirken, wenn dadurch der Schluß des Bestandes unterbrochen wird. Die Tanne und Lärche ertragen das Abnehmen eines Theiles ihrer Aeste noch ziemlich gut, die Fichte und Kiefer nur bei sehr vorsichtiger Behandlung.

Beim Laubholz ist eine Verminderung der Astverbreitung eher und auch in größerem Umfange noch zulässig, weil die Reproduktionskraft stärker ist, und meistens auch nothwendiger, weil sich das Astsystem auf Kosten des Stammes mehr als beim Nadelholz entwickelt. Ein völliges Entästen

[1]) G. Alers, Ueber das Aufästen der Waldbäume. 2. Aufl. 1874.

ist aber selbst bei jüngeren Laubholzstämmchen nicht thunlich, denn es hätte nur zur Folge, daß sich eine größere Zahl von sogenannten Wasserreisern bildete, wodurch dann der Trieb wieder vom Gipfel abgelenkt würde. Es ist auch beim Laubholz zu empfehlen, nur langsam sich dem Ziele zu nähern, und zuerst die stärksten Aeste, oder diejenigen, welche die Form des Stammes oder der Krone verderben, wegzunehmen.

Am zweckmäßigsten ist es, wenn man die über 4—6 cm starken Aeste nicht unmittelbar am Stamm abschneidet, weil sonst die Wunde zu groß würde, man läßt deßhalb die Wulst an der Basis des Astes oder einen 4—8 mm langen Stumpf noch stehen. Bei Aesten, deren Wegnahme größere Wunden verursachen würde, welche voraussichtlich im Laufe von 3—6 Jahren nicht wieder überwachsen, hat man zu bedenken, ob nicht der Stamm dadurch anfaulen werde. Es läßt sich diese Frage bloß im Zusammenhang mit den Standorts- und Wachsthumsverhältnissen des Baumes entscheiden. Sollen aber dennoch des umgebenden Bestandes wegen stärkere Aeste abgenommen werden, so ist es rathsam, ein größeres Stück derselben mit einem grünenden lebensfähigen Seitenzweig stehen zu lassen. Die Schnittfläche soll in diesem Fall so geführt werden, daß ihre Verlängerung gegen den Boden hin den Stamm oder dessen Verlängerung unter einem spitzen Winkel trifft; denn wenn man auch die Schnittfläche senkrecht führt, so ist damit bloß für den ersten Augenblick eine Garantie gegeben, daß kein Wasser in der Wunde stehen bleiben kann; sobald diese nämlich zu übernarben anfängt, kann sich das Wasser über der Wulst halten und veranlaßt Fäulniß. Uebrigens wird das Abnehmen stärkerer Aeste nur bei wüchsigen, nicht zu alten Stämmen noch einen ordentlichen Erfolg erwarten lassen, und darf auch bei diesen nicht zu weit ausgedehnt werden, weil sie sonst leicht absterben oder anfaulen. — Die größte zulässige Dicke der wegzunehmenden Aeste schwankt je nach dem Standort zwischen 10—15 cm. — Unmittelbar nach der Lostrennung des Astes muß die Wunde mit Theer verstrichen werden.

Bei Abnahme der Aeste bedient man sich in der Regel eines leichten Handbeiles oder der Baumsäge; neuerdings wird letztere namentlich bei der gegen Beschädigungen des Stammes besonders empfindlichen Fichte empfohlen. Der in Belgien übliche Schneidelmeißel läßt sich bloß bei schwachen Aesten anwenden. Jüngere Pflanzen werden mit der Scheere beschnitten. Die Hauptsache ist eine glatte Schnittfläche ohne Splitterung; insbesondere ist eine Loslösung des Bastkörpers vom Holzkörper sorgfältigst zu vermeiden. Das so schädliche Abschlitzen vom Stamm und das Zersplittern des zurückbleibenden Aststumpfes wird verhindert, wenn man anfangs auf der untern Seite eine Kerbe einhaut; bei Bäumen mit zähem Bast, wie bei der Ulme, ist sehr vorsichtig zu verfahren.

Die zweckmäßigste Zeit des Aufästens ist nach R. Hartig die Zeit der Vegetationsruhe. Soll unmittelbar vor Beginn der Vegetationszeit aufgeastet werden, so darf dies bei schwächeren Stämmen nicht so stark geschehen, weil sonst der Baum sich leicht zu üppig entwickelt und der schwereren Last der Blätter nicht gewachsen ist. Geschieht das Aufästen mehr mit Rücksicht auf das umgebende Holz, so kann es stärker betrieben werden; an Bäumen, die nicht mehr lang stehen, kann man auch stärkere Aeste abnehmen. Ebenso braucht man diejenigen Stämme, welche bloß Brennholz abwerfen sollen, weniger schonend zu behandeln.

§. 131.

Abborken der Bäume.

Die Pflanzen-Physiologie lehrt uns, daß der Tod eines Baumes zum Theil auch durch den Widerstand herbeigeführt wird, welchen die rauhe, abgestorbene Borke dem Vordringen des abwärts steigenden Bildungssaftes in den Weg legt. Es läßt sich daher denken, daß die Hinwegräumung dieses Widerstandes das Leben eines Baumes auf längere Zeit zu fristen vermöge. Im Großen wird sich dieses Verfahren natürlich nicht anwenden lassen, wogegen es bei einzelnen Stämmen, deren Erhaltung durch besondere Interessen geboten ist, gewiß zum Ziele führt, wie die Erfahrungen in der Obstbaumzucht beweisen. Die saftführende Schichte der Rinde darf aber natürlich nicht beschädigt werden. Es geschieht daher auch die Arbeit am zweckmäßigsten zu einer Zeit, wo das Holz mit der Rinde in fester Verbindung ist. Auch das Aufschlitzen der Rinde in der Richtung von unten nach oben fördert das Wachsthum, weil dadurch die Rindenspannung vermindert und dem absteigenden Bildungssaft das Vordringen erleichtert wird. — In manchen Gegenden wird die Borke älterer Stämme von Frevlern entwendet.

Rückgängige alte Bäume lassen sich einigermaßen wieder neu beleben, wenn man in einiger Entfernung vom Stamm im Kreise der die Nahrung aufnehmenden Wurzeln eine mindestens 0,3 m hohe Schicht guter humoser Erde aufschüttet, welche sich dann rasch mit neuen Saugwurzeln durchzieht. Dieses Mittel kann selbstverständlich nur ausnahmsweise im Interesse der Waldverschönerung zur Anwendung kommen.

Zweiter Theil.

Forstbenutzung.

Literatur.

Pfeil, Forstbenutzung und Forsttechnologie. 3. Auflage. Leipzig, Baumgärtner. 1858.
König und Grebe, Die Forstbenutzung. 2. Auflage. Eisenach. 1861.
Gayer, Forstbenutzung. 6. Auflage. Berlin. 1883. P. Parey.

§. 132.

Einleitung.

Die Verrichtungen, welche der natürliche Waldbau mit sich bringt, bedingen in den meisten Fällen schon eine Erhebung und Zugutmachung der Waldprodukte, welche unter solchen Verhältnissen im engen Zusammenhang mit der ganzen Waldwirthschaft stehen, wenn demungeachtet die Erhebung und Zugutmachung in besonderem Abschnitt gelehrt werden, so hat dies seinen Grund vorzüglich darin, daß die Regeln hiefür im Allgemeinen für alle Holz- und Betriebsarten ziemlich gleichmäßig gelten.

Der Forstwirth hat die Erzeugnisse seiner Waldungen meistens schon im Wald in eine zum Transport oder zu ihrer weiteren Verwendung geeignete Form zu bringen; er muß vielfach den Transport selbst übernehmen, die Transportanstalten herstellen und unterhalten; deßhalb gehört in diesen Abschnitt der Forstwissenschaft auch die Kenntniß der verschiedenen Eigenschaften des Holzes, welche demselben seine Verwendung zu einzelnen Zwecken sichern; es ist ferner erforderlich, daß der Forstmann die Regeln der Anlage einfacher Landwege und Floßstraßen näher kenne und sich mit den verschiedenen zweckmäßigsten Transportarten vertraut mache. Außerdem ist die eigentliche Holzfällung und Aufbereitung, sowie die Gewinnung der sonstigen Waldprodukte in diesem Abschnitt Gegenstand der Darstellung.

Erster Abschnitt.

Von der Holznutzung.

Erster Unterabschnitt.

Allgemeiner Theil.

Literatur.

Nördlinger, Die technischen Eigenschaften der Hölzer. Stuttgart, Cotta. 1860.
Derselbe, Fünfzig Querschnitte der in Deutschland wachsenden Bau-, Werk- und Brennhölzer. Stuttgart, Cotta.
Rob. Hartig, Das Holz der deutschen Nadelwaldbäume. Berlin, J. Springer. 1885.

Erstes Kapitel.

Eigenschaften des Holzes.

§. 133.

Allgemeines.

Die mancherlei Verwendungsarten, zu welchen man das Holz benützt, um den Zwecken der Menschen zu dienen, setzen auch verschiedene Eigenschaften voraus, wodurch dasselbe zu dem einen oder andern Bedarf besonders tauglich wird. Diese Eigenschaften sind aber nicht bei jedem Holze gleich, sie wechseln nach der Baumart, nach dem Stammtheil, dem Alter und dem Gesundheitszustand des Baumes, von dem das Holz genommen, nach dem Standort, auf dem es gewachsen ist, nach der Art und Weise, wie es erzogen wurde, ob im Schluß oder im freien Stand, ob mehr langschäftig und gleichmäßig dick, oder kurzschäftig und rasch abfallend; dicht oder weniger dicht beastet 2c. Alle diese Verschiedenheiten in den Eigenschaften begünstigen oder verhindern die eine oder andere Verwendungsart und jedes Holz hat zu irgend einem Zweck die größte Brauchbarkeit und keines besitzt eine allgemeine Verwendbarkeit, auch wechselt solche im Laufe der Zeit; so hat die früher verachtete Aspe durch die schöne weiße Farbe und die Langfaserigkeit ihres Holzes in den Papierstoff-Fabriken gute Abnehmer gefunden.

Die physischen Eigenschaften, die beim Holz in Betracht kommen, sind folgende: 1) die Farbe, 2) der Geruch, 3) die Textur, 4) die Dichtigkeit, 5) die Schwere, 6) die wasserhaltende und anziehende Kraft, 7) die Festigkeit, 8) die Zähigkeit, 9) die Elasticität, 10) die Härte, 11) die Spaltigkeit, 12) die wärmeleitende Kraft, 13) die Dauer, 14) Brennbarkeit; endlich sind 15) die Formverhältnisse und 16) die äußeren Mängel und Schäden zu berücksichtigen, welche den Gebrauchswerth zu einzelnen Zwecken erhöhen oder vermindern oder ganz aufheben.

§. 134.

Specielles über die Eigenschaften des Holzes.

Die Farbe des Holzes ist an und für sich nur bei Verwendungen zu feineren Zwecken von Werth und wird im Uebrigen bloß so weit beachtet, als sich danach verschiedene Eigenschaften und Zustände des Holzes mehr oder weniger sicher beurtheilen lassen. Am häufigsten wird die Farbe benützt, um bei einzelnen Holzarten Kernholz vom Splint zu unterscheiden. In vielen Fällen giebt die Farbe auch Aufschluß über die mehr oder weniger gesunde Beschaffenheit des Holzes.

Der Geruch des Holzes kommt bei unseren Waldbäumen weniger in Betracht; bei Hölzern der heißen Zone erhöht er oft den Werth bedeutend.

Einzelne Holzarten lassen sich an ihrem eigenthümlichen Geruch leicht erkennen, wie z. B. die Traubenkirsche, frisches Aspen- und Eichenholz, die türkische Weichsel ꝛc., andrerseits läßt ein moderiger Geruch auf angehendes Verderben des Holzes schließen.

Die Textur des Holzes ist verschieden, weil die Verbindung der Gefäßbündel und des Füllgewebes bei jeder Holzart eine andere ist; die eine hat größere Gefäße und weitere oder dickwandigere Zellen, als die andere; die Markstrahlen sind bald fein und kaum mit bloßem Auge wahrnehmbar, bald groß, und deutlich zu erkennen; bei einigen Arten sind Splint und Kernholz mehr gleichmäßig (Ahorn, Birke, Aspe, Hainbuche, Fichte ꝛc.), bei anderen wesentlich verschieden durch größere Dichtigkeit, andere Farbe u. dgl. (Eiche, Ulme, Akazie, Esche, Lärche ꝛc.). Je nach der Textur unterscheidet man grob- und feinfaseriges, maseriges, geflammtes oder gestreiftes Holz; ferner zerstreutporige Hölzer (Ahorn, Erle, Birke, Pappel, Weide, Hainbuche, Rothbuche) und ringporige (Eiche, Kastanie, Esche, Ulme, Akazie), je nachdem die Gefäße des Holzkörpers mehr gleichmäßig über den ganzen Jahresring vertheilt, oder mehr in dem Frühjahrsholz, dem inneren Theil, zusammengedrängt sind. Je mehr ein Baum in einem Jahre in die Dicke zulegt, um so größer ist die Verschiedenheit der Textur des betreffenden Jahresringes, je gleichmäßiger dagegen das Gefüge des einzelnen Jahresringes und je übereinstimmender die sämmtlichen Schichten sind, um so gleichmäßigere Struktur zeigt das Holz; auf magerem Standort oder in dichtem Schluß ist dies besonders der Fall; auch bei einzelnen Holzarten mehr als bei andern: so zeichnet sich die Eibe, der Buchs, die Linde, Pappel ꝛc. durch eine ganz gleichmäßige Textur ihres Holzes aus; diese gleichmäßige Struktur des Holzes wird auch seine relative Dichtigkeit genannt.

Zu den grobfaserigen Holzarten gehören die Eiche, Ulme, Esche; zu den feinfaserigen der Ahorn, die Birke, der Apfelbaum ꝛc. Die Buche steht etwa in der Mitte zwischen beiden.

Die absolute Dichtigkeit hängt ab von der Dicke und Festigkeit der Zellwandungen und von der innigen Verwachsung der Zellen und Gefäßbündel unter einander; sie wird durch das Gewicht des vollkommen trockenen Holzes bestimmt, da natürlich in schwererem Holze der meiste Zellstoff und am wenigsten Luft innerhalb der Zellen und sonstigen Zwischenräumen enthalten ist.

Das Gewicht der Holzfaser ist verschieden von dem Gewicht des Holzes. Die Holzfaser hat nahezu bei allen Holzarten dieselbe spezifische Schwere, sie ist schwerer als Wasser, ihr spezifisches Gewicht schwankt zwischen 1,15 und 1,30. Das Holz enthält je mehr es austrocknet um so mehr Luft in seinen Zwischenräumen und ist darum spezifisch leichter, als die reine Holzfaser. Das Gewicht des Holzes wechselt dann auch noch nach der Holzart, dem Stammtheil, woher es genommen ist, dem Standort, der Erziehungsart, Fällungszeit und in den meisten Fällen auch nach dem Wassergehalt.

Das schwerste Holz im trockenen Zustand liefern in der Regel das Kernholz, der Stock und die unteren Theile des Stammes, beim Nadelholz auch die Aeste; auf magerem Boden, in rauhem Klima, in sehr dichtem Schluß wird schwereres Nadelholz erzeugt als unter entgegengesetzten Verhältnissen, während andererseits das Eichenholz aus wärmeren Standorten ein größeres Gewicht hat als das aus kälteren Gegenden, ähnlich sollen sich die anderen ringporigen Hölzer verhalten. Bekannt ist der Unterschied im Gewicht von frischem, grünem, mit Saft erfülltem und älterem, durch langes Liegen im Trockenen, oder durch künstliche Mittel mehr oder weniger von seinem Wassergehalt befreitem Holz.

Ein Festmeter harten Holzes, Eichen, Buchen, Eschen, Ahorn, Ulmen und Hainbuchen wiegt in ganz frischem Zustand 950—1100 kgr, trocken je nach dem Grad und der Dauer der Austrocknung, aber ohne Zuhülfenahme künstlicher Mittel, 800—900 kgr; weiche Laubhölzer grün 800 bis 900 kgr, lufttrocken 600—700 kgr; Nadelhölzer frisch 7—900, trocken 5—600 kgr (1 Cubm Wasser = 1000 kgr).

Nach der Jahreszeit ist das Gewicht in folgender Weise verschieden: bei den harten Laubhölzern in der ersten Hälfte des Jahres um nahezu 4 Procent schwerer, in der zweiten Hälfte um 4,8 Procent leichter als der ganzjährige Durchschnitt; bei den weichen Laubhölzern in der ersten Hälfte des Jahres um 5,4 Procent schwerer, in der zweiten Hälfte um 6,7 Procent leichter; die Kiefer hat ebenfalls in der ersten Jahreshälfte, die Fichte und Tanne dagegen in der zweiten schwereres Holz. (Theodor Hartig.)

Bei aufgespaltenem Holz beträgt der Gewichtsverlust unter günstigen Umständen im Freien während der ersten 50 Tage nach der Fällung gegen 20 Procent, in den folgenden 50 Tagen 10 Procent. In lufttrockenem Zustande enthält es immer noch 15 bis 20 Procent Wasser, welches nur durch künstliche Erwärmung ausgetrieben werden kann.

Die wasserhaltende und wasseraufnehmende Kraft des Holzes hängt von der größeren oder geringeren Menge Holzfaser ab, die dasselbe im entsprechenden Raume enthält (je dichter dasselbe, um so geringer die Fähigkeit zur Wasseraufnahme); von der Möglichkeit, daß die Feuchtigkeit das Holz durchdringen kann, was z. B. bei harzreichem Kiefernholz viel langsamer vor sich geht, als bei Weiden- und Pappelholz. Jüngeres Holz, mit feinen Zellhäuten und mit weiten Gefäßen wird sehr rasch austrocknen, aber eben so schnell auch wieder Wasser aufnehmen, wenn es längere Zeit damit in Berührung kommt. Gasförmiges Wasser nimmt aber das einmal ausgetrocknete Holz bei gewöhnlicher Temperatnr nicht mehr so leicht auf, wie tropfbarflüssiges. Die Austrocknung des Holzes erfolgt bald rascher, bald langsamer, je nach der Fällungszeit und nach der Art der Aufbereitung; nebenbei wirken natürlich noch hemmend oder fördernd der Feuchtigkeitsgrad, die Temperatur und der Druck der Luft; eben so ein häufiger Wechsel derselben. Holz, das im Winter gefällt, und nicht entrindet wird, trocknet langsamer aus, als unter entgegengesetzten Verhältnissen; gespaltenes Holz rascher, als solches in runden Stücken; die harten Hölzer geben ihr Wasser langsamer ab, als die weichen ꝛc. Nach Th. Hartig enthalten die harten Laubhölzer in ganz frischem Zustand 35—41 Procent ihres Gewichts als Wasser; die weichen 45—53, die Nadelhölzer 54—60 Procent.

Mit dem Wassergehalt und der Wasseraufnahme beziehungsweise Abgabe hängen die Veränderungen zusammen, die unter dem Namen Schwinden, Reißen, Quellen und Werfen des Holzes bekannt sind. Das Schwinden und Quellen ist in der Richtung der Achse des Stammes am geringsten, stärker in der Richtung der Markstrahlen bis zu 5 Procent in linearer Ausdehnung, und am stärksten in der den Jahrringen folgenden Richtung bis zu 8 Procent; harte Hölzer schwinden stärker, aber viel langsamer als weiche Hölzer; je mehr Saft das Holz enthält, um so stärker schwindet es. In Folge des Schwindens entstehen zwischen den Markstrahlen Risse, wenn die Austrocknung der äußern Schichten rasch vor sich geht, namentlich wenn die Sonnenstrahlen direkt auf das Holz einwirken können. In freier Luft gehen durch das Schwinden 6—10 Procent, im geheizten Raum 8—16 Procent des ursprünglichen Rauminhaltes verloren. Ulmen- und Eschenholz reißt am stärksten, das von Linden und Tannen am wenigsten, jedoch stets das rascher erwachsene stärker als das feinjährige. Wenn man die Holzstücke in der Richtung des Halbmessers sägt, so reißen sie nicht, deßhalb werden die Bretter für Resonanzböden in dieser Richtung abgespalten oder gesägt.

Nach Th. Hartig ist das Schwinden je nach der Fällungszeit in folgender Weise verschieden:

gefällt in den Monaten	harte Laubhölzer.	weiche Laubhölzer.	Nadelholz
Januar und Februar . .	14 Procent	14 Procent	10 Procent
März und April . . .	11 "	10 "	$8\frac{1}{2}$ "
Mai bis November . . .	13 "	12 "	$9\frac{1}{2}$ "

Hiebei wurde das ganz frische Holz mit dem völlig lufttrockenen verglichen.

Das Sichwerfen oder kurzweg Werfen des Holzes entsteht durch die einseitige Aufnahme oder Abgabe von Wasser, wodurch die eine Längsschicht mehr ausgedehnt wird als die andere, so daß sie diese letztere in der Form eines Kreisbogens zusammendrücken muß, wenn der Zusammenhang so stark ist, daß keine Trennung durch Reißen erfolgt. Diesem Uebelstand wird vorgebeugt, indem man zunächst das Holz in kleine Stücke zerlegt und gut ausgetrocknet bei der Verwendung in solche Lagen bringt, daß Längen- und Querrichtung rechtwinklich mit einander abwechseln, z. B. in Parketböden, oder daß man dünn gesägte oder gehobelte Holzlagen längs und quer übereinanderleimt.

§. 135.

Fortsetzung.

Die Festigkeit des Holzes kommt nach folgenden Richtungen in Betracht, in Bezug auf den Widerstand 1) gegen das Zerbrechen eines auf beiden Enden unterstützten, in der Mitte beschwerten, liegenden Stammstückes, die relative Festigkeit; 2) gegen das Zerreißen eines senkrecht hängenden, oben befestigten, unten beschwerten Holzes, die absolute Festigkeit; 3) gegen das Zerdrücken einer aufrecht stehenden Säule, auf welche der Druck von oben wirkt, die rückwirkende Festigkeit und endlich 4) als Widerstand gegen eine windende, drehende Kraft, die Drehungsfestigkeit. Mannichfache Versuche sind hierüber angestellt; es hat sich dabei gezeigt, daß im Allgemeinen zwar die harten Hölzer eine weit größere relative Festigkeit besitzen, als die weichen, doch kommen auch Ausnahmen vor, und der Standort, die Erziehung, Astreinheit 2c. sind auch noch von Einfluß hierauf. Die Tragkraft des Holzes, oder die Spannkraft wird zum Theil nach der relativen Festigkeit bemessen, welche den zulässigen Grad der Belastung angiebt, doch kommt auch noch die Elasticität dabei in Betracht. Die absolute Festigkeit richtet sich nur nach dem Querschnitt der Holzstücke, die relative, rückwirkende und Drehungsfestigkeit dagegen noch ferner nach der Länge des Balkens, nach der Art seiner Befestigung und nach dem Ort, wo das Gewicht wirkt, namentlich nach der Entfernung vom Unterstützungspunkte.

Die Zähigkeit des Holzes ist die Fähigkeit, sich drehen und winden zu lassen, ohne den Zusammenhang zu verlieren, im Gegensatz hievon ist das Holz brüchig und spröde. Jene Eigenschaft macht namentlich die schwächeren Holzsortimente geeignet zu Flecht- und Bindematerial, zu Reifen, das stärkere Holz zu feinen Spaltwaaren. Die Holzart, Astreinheit, Trockenheit und Standortsverhältnisse haben großen Einfluß hierauf; die verschiedenen Baumtheile sind ebenfalls verschieden in ihrem Verhalten; so sind Wurzel und Aeste in vielen Fällen sehr zäh, während das Holz des Stammes diese Eigenschaft nicht immer in gleichem Maße besitzt. Beim Nadelholz ist der unterste Theil des Stammes am sprödesten und wird deßhalb da, wo besonders gute Brettwaare erzeugt werden soll, ins Brennholz genommen. Die jungen Schosse und unterdrückten Stangen sind zäher als rasch erwachsene und als alte Stämme, was öfters vom Vorherrschen des Bastes herrührt; halbtrocken ist das Holz am zähesten. Durch Wärme und durch Auskochen kann man die Zähigkeit erhöhen, bei Frost ist sie fast ganz aufgehoben, und wird namentlich das grüne saftige Holz, wenn es gefroren ist, sehr spröde.

Elasticität besitzt dasjenige Holz, welches einem Druck nachgiebt, aber nach dessen Aufhören wieder in seine frühere Lage zurückkehrt. Am meisten kommt die Elasticität bei Balken in Gebäuden in Betracht, wo sie im Verein mit der relativen Festigkeit die Tragkraft oder Biegungsfestigkeit bildet. Durch Trockenheit wird diese Eigenschaft erhöht, durch feuchte Wärme vermindert, im höheren Alter ist sie ebenfalls geringer. Die Tanne hat die höchste Elasticität (nach Gerstner die Fichte), ihr stehen Fichte und Kiefer sehr nahe, während die Laubhölzer kaum halb so elastisch sind. Auf trockenem, magerem Standort bekommt das Holz diese Eigenschaft viel mehr, als unter entgegengesetzten Verhältnissen. Nach Versuchen von Dr. Schacht besitzt das im Dezember gefällte Holz eine viel größere Tragkraft als das später gefällte und nimmt dieselbe von Monat zu Monat ab im Verhältniß von 100 (Ende Dezember) : 88 : 80 : 72 (Ende März). — Die größte Tragkraft hat von kantig beschlagenem Holz der auf die hohe Kante gelegte Balken, dessen Querschnitt ein Parallelogramm bildet, in dem sich die Breite zur Höhe annähernd wie 5 : 7 (genau wie $1 : \sqrt{2}$) verhält. Die Tragkraft des Rundstammes = 100 angenommen verbleiben einem so bearbeiteten und gelegten Balken 65, dem quadratischbeschlagenen 60 Procent; bei wahnkantigbeschlagenem Stamm, wo die Rundkanten $\frac{1}{4}$ des Umfangs betragen, bis 90 Procent.

Die Härte des Holzes ist die Fähigkeit, den äußern Eindrücken zu widerstehen, sie ist der Dichtigkeit und der Schwere ziemlich analog, wird aber oft noch in andern Verhältnissen erhöht durch die an den Zellwandungen angelagerten mineralischen Stoffe. Je trockener das Holz ist, um so härter wird es, weil die Feuchtigkeit die Holzfaser geschmeidig und biegsam macht. Bei starkem Frost wird das Holz sehr hart, und widersteht bei der Bearbeitung allen Instrumenten.

Die Spaltigkeit ist die Eigenschaft, wonach das Holz in der Richtung der Markstrahlen sich mehr oder weniger leicht trennen läßt, sie hängt hauptsächlich von dem geraden Verlauf der Gefäßbündel und der Häufigkeit der Markstrahlen ab und wechselt bei ein und derselben Holzart und an verschiedenen Theilen des Stammes sehr; am schwersten spaltet der Stock und der untere Theil des Stammes, so wie der ästige Gipfel; in der Saftzeit gefälltes Holz spaltet besser, als das andere; bei Frost geht das Spalten bald gar nicht mehr. Einzelne Individuen haben gewundenes, gedrehtes oder maseriges Holz, wo die Gefäßbündel nicht parallel mit der Achse verlaufen, dieses spaltet sehr schwer; desgl. altes, abgängiges, im Freien, an windigen Stellen erwachsenes Holz. Stämme, die gut spalten, lassen sich bei manchen Holzarten leicht erkennen an einer glätteren Rinde mit senkrecht verlaufenden Rissen, oder durch Proben an herausgehauenen Spänen, oder auch durch einen hellklingenden Ton beim Anschlagen.

Die wärmeleitende Kraft des Holzes ist gering, es gehört zu den schlechten Leitern; am schlechtesten ist seine Leitungsfähigkeit in der Richtung des Stammdurchmessers, bei einzelnen Hölzern ist die Wärmeleitung parallel den Längefasern des Holzes gerade doppelt so stark als in jener Richtung. — Weidenholz leitet die Wärme viel schlechter als das von kanadischen Pappeln, deßhalb sind Holzschuhe aus jenem viel wärmer und gesuchter.

§. 136.

Natürliche Dauer des Holzes.

Das Holz wird durch äußere Einwirkungen zerstört, namentlich durch die Fäulniß, durch Pilze, oder durch Thiere. Die Pilze erlangen oft schon Zutritt in den lebenden Baum, namentlich an Wundstellen oder durch die zarte Haut der Wurzeln. Um die Angriffsfähigkeit derselben zu vermindern, empfiehlt es sich, das Holz vor seiner Verwendung möglichst gut austrocknen zu lassen.

Wie alle organischen Körper, wenn die Lebensthätigkeit von ihnen gewichen ist, so zersetzt sich auch das Holz durch den gewöhnlichen Prozeß der faulen Gährung, welcher von Pilzen eingeleitet den Sauerstoff der Luft mit dem Kohlenstoff langsam zu Kohlensäure und mit dem Wasserstoff zu Wasser verbindet, was aber nur bei einer entsprechenden Wärme von mindestens $+ 6^0$ und höchstens 40^0 R. und bei genügender Feuchtigkeit geschehen kann; dabei ist es gleichgültig, ob die Feuchtigkeit in Form von Wasserdampf oder tropfbarflüssigem Wasser mit dem Holz in Berührung kommt; wird aber im letzteren Fall der Zutritt der Luft durch das Wasser gehemmt, so wird dadurch der Fäulnißprozeß unterbrochen, wie überhaupt ein solcher nur vor sich gehen kann, wenn alle drei Faktoren gleichzeitig auf das Holz einwirken. Deßhalb erhält sich unter Wasser, im Torf und in festen Thonlagern oder in Thon eingestampft alles Holz sehr lange, weil die Luft nicht zutreten kann; in trockener Luft und in sehr kalten Gegenden ebenso, weil die Einwirkung des Wassers gehemmt ist, oder die nöthige Wärme fehlt. In der Wirklichkeit aber ist nur in sehr seltenen Fällen unbedingte Ausschließung eines dieser Faktoren möglich, oder in vielen Fällen zu theuer, und daher unpraktisch, deßhalb haben wir zunächst die Dauer des in gewöhnlicher Weise behandelten Holzes ins Auge zu fassen.

Einzelne Hölzer besitzen als Schutz gegen die Feuchtigkeitsaufnahme den Harzgehalt; dieser ist bei der Kiefer, im Kienholz so bedeutend, daß dasselbe dadurch zu dem dauerhaftesten Holze gemacht und auch deßhalb zu solchen Zwecken sehr gesucht wird, wo es der Nässe häufig ausgesetzt ist. Lärchen und Zürbelkiefern geben ein ebenso gutes Holz, wenn es den gleichen Harzgehalt hat. Der Dauer nach steht diesem am nächsten dasjenige Holz, welches aus sehr dickwandigen, festverwachsenen Zellen und Gefäßen besteht und eine sehr gleichmäßige Textur hat. Hieher gehören die meisten harten Hölzer, und vom weichen Holz besonders solches, das auf magerem, trockenem Standort,[1]) aber noch unter günstigen klimatischen

[1]) Die Dauer einer Bahnschwelle aus Kiefernholz wird auf Grund der in der Schweiz gemachten Erfahrungen auf 5 Jahre angegeben (Schweiz. Zeitschr. f. d. Forstwesen 1877, S. 170), bei den norddeutschen Eisenbahnen, welche hauptsächlich die auf

Verhältnissen erwachsen ist und deßhalb keine breiten Jahresringe anlegte. Aus dem gleichen Grunde sind die Aeste des Nadelholzes, das Holz vom untern Theil des Stammes und das Kernholz unter gleichen äußeren Einwirkungen viel dauerhafter, als das von den übrigen Theilen des Baumes.

Bei Beurtheilung der Dauer des Holzes ist es von großer Wichtigkeit, die Art seiner Erziehung und Behandlung zu kennen, wodurch jene entweder sehr erhöht oder verkürzt werden kann; ebenso vermögen wirthschaftliche Maßregeln und künstliche Mittel solchen Einfluß auszuüben. Unter die ersteren sind zu rechnen die Wahl eines passenden, das Wachsthum nicht zu sehr begünstigenden Standortes, die Einhaltung einer nicht zu kurzen und nicht zu langen Umtriebszeit, damit das Holz seine gehörige Reife erlange, ohne überständig zu werden, die Erziehung in nicht zu dichtem Schluß, ferner die Fällung des Holzes im Vorwinter und Begünstigung des Austrocknens durch Entrinden oder durch Aufspalten oder sonstige Verarbeitung; auch die Fällung im Sommer, wenn das Holz alsbald vollständig entrindet oder gespalten wird, um die Austrocknung zu beschleunigen. Noch günstiger wirkt das Entrinden stehender, belaubter Stämme im Frühling und deren Fällung im Herbst oder Winter, dadurch wird das Holz vollständig ausgetrocknet und ein großer Theil des Splintes in Kernholz verwandelt, weßhalb diese Behandlungsweise in Frankreich und in Ostindien bei den für die Marine bestimmten Hölzern (Eichen und Teakbäumen) empfohlen ist. — Die Fällung im Sommer ist für solches Holz weniger geeignet, das nicht reißen soll; ganz unzulässig aber für Kiefernnutzholz, welches auf diese Weise raschem Verderben entgegengeführt wird, was die bald eintretende blaue Färbung ankündigt und einleitet.

Die Dauer des Holzes hängt auch viel von der Art und dem Ort seiner Verwendung ab; in trockenen Räumen hält sich jedes Holz sehr lang; am schlechtesten dagegen in dumpfigen Orten mit geringem Luftwechsel. Völlig unter Wasser ist die Dauer eine sehr lange, wie die heute noch erhaltenen Pfähle der Römerbrücken und die Rosthölzer, auf denen Venedig steht, beweisen. Sehr nachtheilig wirken abwechselnde Feuchtigkeit und Trockenheit bei dem zu Land- und Wasserbauten verwendeten Holz. Hiefür geben die Eisenbahnschwellen die besten Anhaltspunkte; die rohen nicht imprägnirten Schwellen haben erfahrungsmäßig folgende Dauer: Eichen 12—16, Kiefern 7—9, Fichten 4—5, Lärchen 5, Buchen $2\frac{1}{2}$—3 Jahre.

geringeren Standorten in dortigem Sandboden erwachsenen oder von Skandinavien bezogenen Kiefern verwenden, auf 7—8 Jahre. (Allg. F.- u. J.-Zeit. 1884, S. 376.) — Wenn sodann rohe Eichenschwellen bei der Kaiser-Ferdinand-Nordbahn nur 10, auf der Berlin-Potsdamer und der Hannoverschen Staatsbahn dagegen 16 Jahre dauern, so erregt dies einigen Zweifel gegen die Angabe, daß das in südlichen Ländern erwachsene Eichenholz dauerhafter sei, als das aus nördlicheren Gegenden, namentlich wenn in allen drei Fällen annähernd die gleiche Behandlung vorausgesetzt werden darf.

§. 137.

Künstliche Erhöhung der Dauer des Holzes.

Zu den mehr oder weniger künstlichen Mitteln, die Dauer zu erhöhen, gehören folgende: das Ankohlen vorzüglich von solchen Theilen, die in lockerer Erde dem Zutritt von Luft und Feuchtigkeit abwechselnd ausgesetzt sind. Weil aber durch die Hitze des Feuers das Holz aufspringt und diese Risse der Feuchtigkeit und Luft hernach Zutritt ins Innere gestatten, so wird die Fäulniß durch das Ankohlen nicht aufgehalten. Wirksamer erweisen sich bei zuvor gut ausgetrocknetem Holze das Anstreichen mit Theer oder Theeröl oder Oelfarbe, wodurch das Ansaugen und das Eindringen von Wasser verhindert wird; ferner das Einstampfen des Holzes in festen Thon; das Entsaften des Holzes; dies wird am billigsten durch fließendes Wasser bewirkt und namentlich bei Buchen angewendet, um das Werfen zu verhindern, und bei Eichen, um den Gerbestoff auszuziehen. Durch das Verflößen des Langholzes wird eine theilweise Entsaftung gelegentlich vorgenommen, wenn das Holz längere Zeit im Wasser bleibt; dabei werden die eiweißhaltigen am schnellsten in Fäulniß übergehenden Stoffe ausgewaschen, ebenso das Kali, wogegen der Kalkgehalt zunimmt. — Neuerdings wird das Entsaften auch durch Auskochen in heißen Dämpfen bewerkstelligt; auf diese Weise wird der Zweck, die möglichste Entfernung aller leicht in Gährung übergehenden Substanzen am vollständigsten erreicht.

Ein weiteres künstliches Mittel, die Dauer des Holzes zu erhöhen, ist das Tränken oder Imprägniren[1]) desselben mit verschiedenen Salzlösungen. Die im Saft der Bäume vorhandenen, sich schnell zersetzenden Stoffe werden durch die eindringende Flüssigkeit theils mechanisch verdrängt, theils bilden sich unlösliche, feste Verbindungen und endlich erhält die Holzfaser eine veränderte Beschaffenheit, namentlich wird die Wasseraufsaugungsfähigkeit vermindert.

Schwächere Sortimente, wie Baum- und Rebpfähle oder Zaunsäulen für Pflanzgärten ꝛc. werden durch Eintauchen in heißen Steinkohlentheer, oder in eine zweiprocentige Lösung von Kupfervitriol dauerhaft gemacht (bis zu 15 und 20 Jahren). Noch billiger kommt ein mehrtägiges Eintauchen in Kalkwasser und nachherigem Bestreichen mit verdünnter Schwefelsäure.

Bei stärkerem Holze werden die Salzlösungen entweder nur einfach mit demselben in Berührung gelassen, wie bei dem nach dem Erfinder benannten Kyanisiren, das mit Quecksilberchlorid bewirkt wird und bei

[1]) Vergl. Vereinsschrift für Forst-, Jagd- und Naturkunde von Smoler. Prag, 1859. 20. Heft. Nördlinger in Pfeils kritischen Blättern, 47. Band, 1. Heft. Schweiz. Zeitschr. f. Forstwesen 1876, S. 113. Danckelmann, Zeitschr. f. d. Forst- und Jagdwesen, 1885.

der badischen Eisenbahnverwaltung seit 45 Jahren in Anwendung ist; oder man benützt Dampf, um zuerst das Holz auszukochen und nachher die schützende Lösung einzupressen, dabei wird Zinkchlorid, Kreosotöl, Karbolsäure, Theeröle und Anderes angewendet (Hannover und die meisten norddeutschen Eisenbahnen). Endlich ist des Boucherie'schen Verfahrens noch zu erwähnen, wonach früher in Oesterreich, neuerdings auch in der Schweiz die Buchenschwellen behandelt werden; man läßt im frischgefällten Zustand des Baumes die Flüssigkeit durch hydrostatischen Druck in den Stamm eindringen und bearbeitet ihn erst nachher, während er bei den beiden andern Methoden in schon bearbeitetem Zustand chemisch behandelt wird. In hügeligem Terrain läßt sich dieses Verfahren auf einfachste Weise zur Anwendung bringen nach der vom Forstmeister U. Meister in Zürich in der Danckelmann'schen Zeitschr. f. Forst u. Jagdwesen 1885 gegebenen Beschreibung.

Ueber die Dauer der auf solche Art zubereiteten Schwellen ist nur so viel bekannt, daß die eichenen mindestens doppelt, die aus Nadelholz etwa dreimal so lang halten, wie die unpräparirten; die Dauer der buchenen erhöht sich auf 10 bis 12 Jahre.

Aber nicht bloß die Verwesung, sondern auch das Feuer beeinträchtigt die Dauer des Holzes, man hat deßhalb versucht, durch Imprägniren mit verschiedenen Salzlösungen, durch Uebertünchung mit entsprechenden Stoffen entgegen zu wirken, ohne bis jetzt ein Mittel gefunden zu haben, welches das Holz unverbrennbar macht.

Einzelne Insekten sind dem verarbeiteten Holz oft so gefährlich, wie den lebenden Bäumen; sie können aber durch eine zweckmäßige Behandlung, namentlich durch vollständiges Austrocknen, Entsaften, durch Verminderung des Luftzutrittes mittelst der Oelfarbe- und Theeranstriche gehindert werden, das Holz anzugehen; dagegen sind die Bohrmuscheln, die sich in das Holz der Schiffe einbohren, nur sehr schwer abzuhalten.

Obgleich sodann die Fäulniß des Holzes stets auf die Vegetationsthätigkeit einzelner Pilzarten zurückzuführen ist, so muß doch noch besonders erwähnt werden, daß in schlecht gebauten Häusern die unter dem Namen laufender Schwamm[1]) bekannte Art sehr häufig auftritt. Es giebt bloß vorbeugende Mittel dagegen, welche darin bestehen, daß man nur gut ausgetrocknetes, gesundes Holz verwendet, an und um dasselbe einen regelmäßigen Luftwechsel befördert[2]) und dafür sorgt, daß die Räume, in denen das Holz sich befindet, gehörig trocken sind, daß das Holz mit

[1]) Göppert, Allg. Forst- u. Jagd-Zeit. 1876, S. 357. Rob. Hartig, Der echte Hausschwamm. Berlin, J. Springer. 1885.

[2]) Am besten geschieht dies mit Hülfe der Heizung, z. B. durch den Widemannschen Patentofen, welcher die frische Luft in einem besonderen durch den Ofen geleiteten Kanal dem Zimmer zuführt und die verbrauchte Luft aus dem Raum unter dem Boden durch den Rost ansaugt. Morlock, Heizung der Zimmeröfen, Stuttgart, 1870.

feuchten, schwitzenden Steinen nicht in Berührung kommt, sondern durch dazwischen gelegtes Zinkblech oder durch gut gebrannte Backsteine, eine Lage Cement 2c. davon getrennt wird; es wurde auch schon vorgeschlagen, das Holz an feuchten Orten mit Steinkohlenschlacken oder Kohllösche, (Kohlstübbe) zu umgeben, es ist dies aber nach Rob. Hartig nicht zu empfehlen; auch die vielfach angekündigten Geheimmittel sind nach den angestellten Proben meist wirkungslos.

Wenn gefälltes Holz im Wald vor dem Verderben zu schützen ist, so sind verschiedene Vorsichtsmaßregeln zu beobachten. Damit es nicht aufreißt, soll es nicht unmittelbar den Sonnenstrahlen ausgesetzt sein, die aber nur im Sommer zu fürchten sind; damit die Insekten nicht daran gehen (namentlich der Bostrichus lineatus an Fichten, Tannen und Lärchen), soll es nicht zu sehr im Schatten liegen und gleich nach der Fällung entrindet werden; wenn es nicht aufreißen soll, darf die Entrindung nur streifenweise erfolgen. Auf feuchtem, sumpfigem Boden muß man es auf eine Unterlage von Steinen oder anderem Holze bringen, denn wenn die eine Hälfte des Stammes feucht die andere trocken ist, so beschleunigt dies das Verderben. Am schnellsten verdirbt das Holz in Nachhiebsschlägen mit dichtem, jungem Nachwuchs und in Durchforstungshieben; hier muß es so schnell als möglich herausgeschafft und an trockenen luftigen Orten aufgestapelt (aufgepoltert) werden; kommen mehrere Lagen übereinander, so wird dadurch der schädliche Einfluß der Sonne fast ganz aufgehoben, und das Holz wird sehr bald leicht, insbesondere wenn die einzelnen Schichten zur Beförderung des Luftzuges durch Querhölzer getrennt sind; dieses Ausleichten kommt namentlich beim Holz, das auf Eisenbahnen dem Gewicht nach verfrachtet oder das verflößt wird und dann vielleicht noch schwereres Eichenholz tragen soll, in Anwendung. Eichenholz wird am besten unter Wasser versenkt; absolut nothwendig ist dies aber bei Buchen- und Kiefernnutzholz, welches erst im Sommer verarbeitet werden kann, weil dieses sonst blau, und jenes leicht stockig wird.

Wo es an Gewässer zu solcher Aufbewahrung fehlt, da soll das Nutzholz an luftigen aber nicht der Sonne ausgesetzten Orten untergebracht, zuvor aber ganz oder theilweise entrindet werden; Buchen und Birken ertragen ein vollständiges Entrinden nicht gut, sie reißen zu stark. Die Eiche ist durch ihren Splint, der doch nicht benützt wird, gegen Verderben ziemlich gut geschützt.

Holz, das der Abnutzung stark ausgesetzt ist, wird auf die Stirnseite gestellt, wie bei Holzpflasterung; Bretter muß man auf die breite Seite legen, so daß die der Achse des Stammes zugewendete Seite nach unten zu liegen kommt, weil sich sonst die angeschnittenen Kegelmäntel der Jahreslagen an ihrem oberen Ende leicht auffasern und ablösen.

§. 138.
Heizkraft und Brennbarkeit.

Holz ist dasjenige Material, durch dessen Verbrennen immer noch in vielen Fällen die für technische und häusliche Zwecke nothwendige Wärme erzeugt wird; deßhalb ist die Heizkraft eine sehr wichtige Eigenschaft desselben.

Wird trockenes Holz unter Ausschluß der Luft erhitzt, so erhält man bei mäßiger Temperatur die sogenannten Brenzprodukte: Brenzsäure, Theer und empyreumatisches Oel; das Holz bleibt in halbverkohltem Zustand zurück. Unter dem Einfluß einer stärkeren Hitze bildet sich aus einem Theil des im Holz enthaltenen Sauerstoffs und Wasserstoffs Wasser, welches in Dampfform verflüchtigt; ein Theil des Kohlenstoffs wird mit dem Rest des im Holz enthaltenen Sauerstoffs zu Kohlenoxydgas verbunden, und ein anderer Theil des Kohlenstoffs geht mit dem noch verbliebenen Wasserstoff in Kohlenwasserstoffgas über, das bei noch höherer Temperatur wieder in Kohle und Wasserstoff zerlegt wird, welch beide Produkte alsdann verbrennen. Bei theilweise gehemmtem Luftzutritt verbrennt der Wasserstoff des Kohlenwasserstoffgases allein, und die Kohle schlägt sich als Ruß nieder, von dem Holz selbst aber bleibt eine feste Kohle zurück.

Läßt man nun diesen Zersetzungsproceß unter ungehindertem Luftzutritt vor sich gehen, so verbindet sich der Sauerstoff der Luft zuerst mit den unter Einfluß der Wärme aus dem Holz frei werdenden leichtbrennbaren Gasarten, und dadurch entsteht die Flamme; später, wenn sich keine Gase mehr entwickeln, tritt der Sauerstoff der Luft in Berührung mit der glühenden Kohle und bewirkt deren Verbrennung, indem er mit derselben Kohlensäure bildet. Die schwerer brennbaren Gase entweichen bei niederen Hitzegraden unbenützt aus dem Feuerraum, sie bilden den mit Kohlensäure und Wasserdampf vermischten Rauch; in höherer Temperatur (nahezu Rothglühhitze) verbrennt von jenen zuerst das Kohlenoxydgas. Kommt Kohlensäure mit glühenden Kohlen in Berührung, so nimmt sie noch mehr Kohlenstoff auf, und es bildet sich auf diese Weise weiteres Kohlenoxydgas, wodurch die Verbrennung und Wärmeentwicklung beeinträchtigt wird, weil dasselbe, obgleich brennbar (es verbrennt mit der bekannten blaßblauen Flamme) in der Regel unverbrannt entweicht.

Dies ist der Vorgang bei trockenem Holze; gewöhnlich aber kommt das Holz, selbst das, was man im gemeinen Leben als trocken bezeichnet, mit einer ziemlichen Menge (wenigstens 15 bis 20 Procent) mechanisch gebundenen Wassers zur Feuerung; dieses Wasser muß dann zum größten Theil in Dampf verwandelt und ausgetrieben werden, ehe der Verbrennungsproceß beginnt, die Verdampfung konsumirt eine sehr große Menge Wärme, schwächt somit den Effekt des Feuers. Das Gleiche geschieht, wenn das zum Brennen verwendete Holz eine verhältnißmäßig kleine Oberfläche hat; je größer die einzelnen Stücke desselben sind, um so weniger

Angriffspunkte hat das Feuer; die Produkte der trockenen Destillation, die bei dem der eigentlichen Verbrennung vorausgehenden Schwelungsproceß als Rauch entweichen und von welchen nach entsprechender Steigerung der Hitze das entweichende Kohlenoxyd- und Wasserstoffgas die Flamme bilden, entbinden sich in dem Verhältniß schneller und vollständiger aus dem Holze, als dieses der Hitze eine größere Oberfläche darbietet. So lange die Flamme dauert, ist die Kohle in der Mitte derselben von der Verbrennung nicht ergriffen, weil der zum Feuer dringende Sauerstoff von den ihm entgegentretenden Gasen zunächst in Anspruch genommen wird. Hartes, schweres Holz, welches im gleichen Raum mehr Holzmasse besitzt, verhält sich ähnlich wie grob gespaltenes, weiches Holz, es entzündet sich schwerer, die Flamme ist geringer, die spätere Hitze intensiver und es bleibt nach dem Verlöschen der Flamme mehr Kohle zurück.

Die verschiedenen Versuche über die Heizkraft der Hölzer haben unter sich ziemlich abweichende Resultate gegeben, und viele derselben stimmen mit den Beobachtungen und Erfahrungen des gemeinen Lebens nicht überein; dies hat seinen Grund darin, daß die theoretische Bestimmung der Heizkraft immer die gleichen äußeren Verhältnisse voraussetzt, so namentlich die gleiche (manchmal die vollständige Trockenheit), die gleiche Zerkleinerung (Hobel- oder Feilspäne), das gleiche Objekt der Erwärmung, die gleiche Einrichtung des Feuerraumes ꝛc., ferner eine vollständige Uebereinstimmung in Betreff der Stammtheile, aus denen das Holz genommen, der Jahreszeit und des Alters, in welchem es gefällt, des Wachsthumganges, des Standortes, auf welchem es erzogen wurde.

Die theoretisch zu berechnende Wärme, welche irgend ein Heizmaterial nach der chemischen Zusammensetzung durch seine Verbrennung erzeugen könnte, läßt sich schon deßhalb nicht vollständig nutzbar machen, weil ein Theil sich nicht gehörig entwickeln kann, ein anderer von den Feuermauern und Gefäßen absorbirt wird, und selbst bei den bestkonstruirten Feuerungen ein weiterer Theil in den Schornstein entweicht. Auf diese Weise gehen 20—30 Procent Heizkraft verloren. Berechnet man aber theoretisch die nutzbare Wärme über Abzug des Verlustes durch den Schornstein, so läßt sich auch diese nicht vollständig gewinnen, 8—16 Procent Verlust ist dabei immer noch das Mindeste.

Zu vollständigster Ausnutzung der Heizkraft sind erforderlich möglichste Zerkleinerung des Materials, richtiges Verhältniß des Feuerraumes und Rostes. Für 1 Centner Hartholz per Stunde ist ein Feuerraum von 0,4—0,5, für Weichholz und Torf von 0,6—0,75, für Steinkohle von 0,2—0,25 cbm, bei einer Höhe von 0,4—0,6 m für Holz und 0,2—0,4 m für Steinkohle erforderlich; der Rost für Hartholz soll 0,6—0,7 qm, für Weichholz 0,5—0,6 qm groß und mit 0,7 cm breiten Rostschlitzen versehen sein. Als rauchverzehrende und Brennmaterial ersparende Einrichtungen sind zu erwähnen: der Doppelheerd, der Länge nach durch eine Wand getheilt, wo bald rechts, bald links Feuermaterial zugebracht wird; der Treppenrost und eine weitere Luftzufuhr hinter der Feuerbrücke. — Am größten ist der Wärmeverlust bei offenem Feuer, die Heizung in französischen Kaminen nutzt kaum $\frac{1}{4}$ der strahlenden und $\frac{1}{10}$ der gesammten Wärme des Heizmaterials aus; gut konstruirte geschlossene Oefen bis zu 80 Procent. Bei Wohnräumen ist noch die Wandkonstruction von Einfluß. Ziegelsteinwände 300 mm dick lassen Wärme durch 1, Bruchsteinwände 600 mm dick 1,5, Fachwerkswände 150 mm 2,8, Thürflächen 26 mm 4,3 und einfache Fensterflächen 75,0.

Die nutzbare Heizkraft der Hölzer steht, nach den älteren Versuchen von Rumford und den neueren von Brix, fast genau in direktem Verhältniß zu ihrem Gewicht, einen gleichen Grad von Trockenheit vorausgesetzt; bloß harzhaltiges Holz macht hievon eine Ausnahme, indem es verhältnißmäßig mehr Wärme entwickelt. Die harten Hölzer liefern dem Pfund nach sogar etwas weniger Hitze, als die weichen, was theils daher kommt, daß sie eine verhältnißmäßig geringere Oberfläche haben und weniger locker sind, theils von dem in größerer Menge im weichen Holze enthaltenen freien (nicht mit Sauerstoff zu Wasser verbundenen) Wasserstoff. Dessen ungeachtet werden jene zu vielen Feuerungen mehr gesucht, weil sie im gleichen Raum eine größere Hitze entwickeln können. Oft verlangt man aber weniger Intensität, sondern mehr eine rasche Entwicklung der Hitze, und zu diesem Zweck sind dann wieder die weichen Hölzer, besonders die harzigen Nadelhölzer, besser; in anderen Fällen will man eine starke Kohle neben lebhaftem Feuer, was beim Birkenholz vereinigt ist, dieses brennt auch in frischem Zustand noch gut.

Die Fällungszeit im Vorwinter giebt ein Holz, das die meisten brennbaren Stoffe in fester Form enthält, die Fällung im Saft giebt am wenigsten feste Stoffe, weil solche, aufgelöst im Wasser, theilweise mit diesem bei der Austrocknung verdunsten; dagegen liefert die Saftfällung meist ein trockeneres, und wenn die Entrindung stattgefunden hat, ein aufgerissenes Holz, deßhalb brennt es von der gleichen Holzart schneller und mit stärkerer Flamme; die Gesammtwirkung ist aber geringer, wenn man im Winter gefälltes Holz von gleicher Trockenheit damit vergleicht.

Die Behandlung des Brennholzes nach der Fällung ist ebenfalls von großem Einfluß auf die Brennkraft. Je rascher der Stamm zersägt und aufgespalten oder entrindet wird, um so mehr wird die Austrocknung befördert; das Aufsetzen des Holzes an luftigen sonnigen Orten, auf guten Unterlagen ist ebenso vortheilhaft. Verzögertes Aufspalten verursacht besonders in der Saftzeit ein Gähren der Säfte, ein Stockigwerden, namentlich beim Buchen-, Erlen-, Birken- und Ahornholz und vermindert dadurch den Werth des Brennholzes ebenso, wie den des Nutzholzes. Durch entsprechendes Austrocknen des Holzes und durch Kleinspalten wird die Brennkraft erheblich gesteigert.

§. 139.

Zahlenwerthe.

Die Verhältnißzahlen auf S. 219 sind entnommen den Werken: Gg. Ludw. Hartig, Physikalische Versuche über das Verhältniß der Brennbarkeit der meisten deutschen Waldbaumhölzer. Marburg 1794. Theodor Hartig, Ueber das Verhältniß des Brennwerths verschiedener Holz- und Torfarten für Zimmerheizung und auf dem Kochheerde. Braunschweig 1855. (Es sind nur die Durchschnittszahlen aus den beiden Versuchsreihen aufgenommen worden.) Ferner Brix, Untersuchungen über die Heizkraft der wichtigeren Brennstoffe der preußischen Monarchie. Berlin 1853, und endlich L. Grabner, Oesterreich. Vierteljahrsschrift f. Forstwesen 1851. Während die beiden ersten Autoren und Grabner nur im Kleinen Versuche anstellten, sind die Zahlen von Brix bei Dampfkesselfeuerung ermittelt worden. — Bei den Zahlen von Brix über die Heizkraft von trockenem und nicht trockenem Holz ist übrigens zu beachten, daß beide Reihen von der Heizkraft je des trockenen und halbtrockenen Buchenholzes ausgehen; also die nebeneinander stehenden Zahlen nicht das Verhältniß zwischen der Heizkraft des gleichen Holzquantums in trockenem und in halbtrockenem Zustand angeben, sondern nur die senkrecht unter einander stehenden Zahlen mit einander verglichen werden dürfen. (Siehe Tab. S. 219.)

Da übrigens das Brennholz meist in Raummaßen und in aufgespaltenem Zustande verkauft wird, so kommt hiedurch noch weiter der Derbmassengehalt der verschiedenen Sortimente in Betracht, worüber folgende Verhältnißzahlen nach Pfeil und Hartig nähere Anhaltspunkte geben, sie beziehen sich auf alte preußische Klafter mit 108 Kubikfuß Hohlraum.

		Alter	Derbmasse in Procenten	Derbmasse in Kubikfußen	Heizkraft-Verhältniß	Werth-Verhältniß	
Roth- u. Weißbuchen u. Eschen	Scheite	80	74	80	100	8000	Hartig u. Pfeil.
	gerade Knüppel	bis	60	65	100	6500	do.
	krummes Astholz	120	52	56	90	5040	Hartig.
	frisches Stockholz		37	40	100	4000	Pfeil.
Kiefern, kienig	Scheite	125	74	80	100	8000	Hartig.
kienig		100	74	80	89	7120	do.
kienig		50	69	75	78	5850	do.
nichtkienig		70	74	80	50	4000	do.
kienig	Stangen	30	60	65	68	4420	do.
kienig	Stockholz	100	37	40	90	3600	Pfeil.
Fichten	Scheite	100	74	80	70	5600	Hartig.
	Knüppel	40	60	65	66	4290	do.
Eichen, Traubeich.	Scheite	200	74	80	97	7760	do.
Stieleichen	do.	90	74	80	91	7280	do.
	Knüppel	40	60	65	96	6240	do.
	Astholz	180	52	56	90	5040	do.

Holzart	Stammtheil	Alter	G. L. Hartig 1794	Th. Hartig 1855	Dr. Brix (Berlin) 1853			Oestr. Salinen	Grabner, Heizkraft zur	
			per Festmeter	per Festmeter	per Raummeter bei mittlerem Wassergehalt	per Pfund bei mittlerem Wassergehalt	per Pfund trocken	per Raummeter	Holz-Feuerung Festmeter	Kohlen-Feuerung Festmeter¹)
Steinkohle gute	—	—	—	—	—	2045	—	—	—	—
Kiefernkohle	Stamm	80	—	—	—	1940	1782	—	—	—
Rothbuche	Stamm	120—160	100	100	—	—	—	1000	100	100
		80	—	—	1000	1000	1000	—	—	—
	„	50—80	101	103	—	—	—	—	—	—
	„	25—30	—	112	—	—	—	—	—	—
	Reis	—	—	95	—	—	—	—	—	—
	Stock	—	—	104	—	—	—	—	—	—
	Wurzel	100	—	81	—	—	—	—	—	—
Weißbuche	Stamm	100	105	101	1008	1008	1007	—	100	102
Eiche	Stamm	300	—	—	1038	1030	1029	—	—	—
	„	120	92	96	—	—	—	—	110	112
	„	35	—	92	—	—	—	—	—	—
Birke	„	100	86	102	—	—	—	—	86	87
	„	35—40	—	—	926	1030	1031	—	—	—
	Reis und Aeste	—	—	80	—	—	—	—	—	—
Kiefer	Stamm	200—300	—	—	987	1154	1149	—	—	—
sehr harzreich	„	120	99	114	—	—	—	—	—	—
	Aeste	120	—	58	—	—	—	—	—	—
	Stamm	100	99	76	—	—	—	—	73	83
	„	45—50	—	—	851	1055	1052	—	—	—
	„	20	68	53	—	—	—	—	—	—
Lärche	„	60—70	81	88	—	—	—	—	90	104
Fichte	„	100	79	82	—	—	—	786	85	72
	Stock	—	—	86	—	—	—	—	—	—
Weißtanne	Stamm	120	70	60	—	—	—	—	82	85
	„	80	—	—	—	—	—	656	—	—
Erlen	„	40	58	69	793	1052	1049	575 70jähr.	—	—
	Ausschlag	20	—	51	—	—	—	—	—	—
Aspen	Stamm	60	57	—	—	—	—	629	69	67
		30	—	68	—	—	—	—	—	—

Ein Raummeter Nadelholzscheiter steht im Heizwerth etwa gleich 200 kgr guter Steinkohle, oder 270 kgr guter Braunkohle, oder 390 kgr guten Stichtorf, oder 320 kgr Preßtorf.

1) Grabner, Die Forstwirthschaftslehre, 2. Aufl., S. 283, führt diese Zahlen als auf gleiche Holzgewichte geltend an; geht man aber auf die erste Veröffentlichung (Oesterr. Vierteljahrsschrift, 1. Heft 1851, S. 77) zurück, so ist dort ersichtlich, daß sie von gleich großen Holzstücken à 72 Cub.-Zollen gewonnen worden sind.

Aber auch die Zahlen der letzten Tabelle dürfen nicht unmittelbar als bestimmend für den Waldpreis angesehen werden; da sie den Heizwerth vor der Feuerstelle ausdrücken, während, um jenen zu finden, noch die Beifuhr- und Zubereitungskosten in Abzug zu bringen sind. Da diese aber nicht bei allen Sortimenten gleich stehen, so ergiebt sich daraus eine weitere Verschiebung der betreffenden Verhältnißzahlen, und auch da, wo sie übereinstimmen, haben sie noch ähnlichen Einfluß, sobald die gleichen Raummaße verschiedene Brennwerthe enthalten. — Vor dem Heerd stellt sich nach Hartig der Werth von Buchenscheitholz zum Knüppelholz wie 8,0 : 6,5. Für beide sind die Beifuhr- und Zubereitungskosten gleich hoch, etwa 3 Mark; der Waldpreis ergiebt sich hienach um so viel niedriger, oder wenn jene Zahlen gleich Mark gesetzt werden, zu 5,0 und 3,50 Mark, also ein Verhältniß wie 10 : 7, während der Heizwerth wie 10 : 8,1 steht.

Noch auffallender tritt dies beim Stockholz hervor, dessen Zurichtungskosten höher kommen als die der besseren Brennhölzer; nimmt man hiefür demgemäß statt 3 Mark 4 Mark an, so sinkt der Waldpreis für dieses Sortiment unter Zugrundlegung des Verhältnisses von 8,0 : 4,0 auf Null herab.

Für die Zimmerheizung wird in Norddeutschland als Bedarf angenommen: auf je 6—9 cbm Zimmerraum 1 Festmeter altes Kiefernholz; für das Kochen und Waschen 1,2—1,5 cbm Derbmasse, für das Backen etwa 0,6—0,8 auf die erwachsene Person, Kinder unter 14 Jahren jeweils halb soviel.

§. 140.

Künstliche Erhöhung der Heizkraft durch Verkohlung.[1])

Die Holzkohlen entwickeln in einem kleineren Raum eine viel stärkere Hitze als das Holz, und außerdem haben sie noch die Eigenschaft, unedle Metallerze zu reduciren; deßhalb sind sie für den Hüttenbetrieb sehr geeignet, da sie vor den Steinkohlen den Vorzug haben, daß sie keine für die Metalle schädlichen Substanzen enthalten. Die Kohlen sind außerdem leichter als das Holz (wiegen nur etwa 25 Procent so schwer), demgemäß auch mit weniger Schwierigkeit und in größere Entfernung per Achse zu transportiren; eine andere Transportmethode ist bekanntlich bei ihnen kaum zuläßig.

Die Verkohlung ist immer mit einem Verlust von Brennkraft verbunden; das gewöhnliche lufttrockene Holz enthält etwa 40 Gewichtsprocent Kohlenstoff, man erhält aber im Großen von der besten Köhlerei selten mehr als bei weichem Holze 20—24, bei hartem 18—20 Gewichtsprocent; dem Raum nach bei weichem Holz 70—80, bei hartem Holz 60—70 Procent, weil ein Theil des Holzes im Meiler verbrannt werden muß,

[1]) v. Berg, Anleitung zum Verkohlen des Holzes. 2. Aufl. Darmstadt 1860.

um das andere Holz gehörig zu erhitzen und zum Glühen zu bringen; ein anderer Theil des Kohlenstoffes geht in den Theer, in Kohlenoxyd- und Kohlenwasserstoffgas über, wodurch natürlich das Ausbringen an Kohle vermindert werden muß. Nach Rumford's Versuchen geben 100 Pfund Holz so viel Wärme, als die aus 300 Pfund Holz von gleicher Qualität erzeugte Kohle.

Bei jeder Verkohlung muß man auf möglichste Trockenheit des Holzes sehen und demselben eine solche Form geben, daß es recht dicht zusammengesetzt werden kann, wobei auch noch auf annähernd gleiche Stärke der Stücke zu sehen ist. Krankes und faules Holz soll nicht verwendet werden.

Die Verkohlung wird durch zwei wesentlich verschiedene Methoden bewirkt, in Meilern und in Retorten. Erstere ist die gewöhnlichste Art, bei ihr wird bis jetzt die beste, aber etwas weniger Kohle gewonnen. Die Nebenprodukte: Holzessig, Gas, Theer &c. gehen aber dabei meistens ganz verloren; letztere Stoffe können nur bei der Retortenverkohlung vollständig nutzbar gemacht werden; diese Methode giebt aber meist eine minder gute Kohle, was vielleicht nur dem Umstand zuzuschreiben ist, daß bei dieser Art der Verkohlung mehr Aufmerksamkeit auf die Erzeugung der Nebenprodukte verwendet wird; sie berührt deßhalb auch den Forstmann weniger.[1])

Bei der Meilerverkohlung unterscheidet man zwischen stehenden und liegenden Meilern, je nachdem das Holz aufrecht gestellt oder gelegt wird. Außerdem hat man Hütten- und Waldköhlerei, jene auf ständigen Kohlplätzen in der Nähe des Eisenwerkes, letztere auf wechselnden Kohlstellen in oder bei den Schlägen. Wo das Kohlholz nicht beigeflößt werden kann, da ist die Hüttenköhlerei nicht vortheilhaft, weil der Transport der Kohlen per Achse viel billiger zu stehen kommt, als der dazu nöthigen Holzmenge.

Bei der Meilerverkohlung hat man darauf zu sehen, daß in einer gegen den Wind geschützten Lage, womöglich in der Nähe von Wasser,[2]) eine Meiler- oder Kohlstelle von entsprechender Größe auf minder bindendem Boden angelegt werde, welcher noch einen schwachen Luftzug von unten gestattet; zu locker darf der Boden nicht sein, und namentlich ist eine ungleiche Lockerheit schädlich, was bei Meilerstellen an Berghängen besonders zu beachten ist, weil hier, um die Kohlstelle ganz eben zu legen, ein Theil derselben aufgefüllt werden muß. Eine alte Meilerstelle wird in den meisten Fällen vorgezogen, weil die neu angelegten anfangs zu starken Zug haben,

[1]) Aßmuß, Die trockene Destillation des Holzes und Verarbeitung der durch dieselbe erhaltenen Rohprodukte in feinere. Berlin, Springer. 1867.

[2]) Auf den höhlenreichen Kalkgebirgen Krains und Croatiens muß meist ohne Wasser gekohlt werden; man macht deßhalb die Meiler kleiner, circa 1600 Kubikfuß, deckt stärker und erhält das Feuer in langsamerem Gang. Das Ausbringen ist aber nach Menge und Güte etwas geringer.

also zu viel Holz auf ihnen nutzlos verbrennt. Auf leichtem Sandboden ist dagegen ein Wechseln der Kohlstellen nöthig, weil der Theer sich mit dem Sand zu einer festen Schichte verbindet und diese keine Luft mehr durchläßt und weil der Sand in der Meilerdecke nicht mehr hält, wenn er hiezu schon einmal benützt war. Steine, Stöcke und Wurzeln sind stets zu entfernen, weil sie den Zug ungleich machen. Wo der nöthige Zug fehlt, wird er durch eine Neigung der Kohlstelle vom Mittelpunkt gegen die Peripherie hin verstärkt.

Beim Aufsetzen des Holzes ist es Regel, solches so dicht als möglich und mit der Rindenseite nach außen gerichtet zu setzen und nur einerlei Holzart und Sortiment zu einem Haufen zu verwenden. In einzelnen Gegenden werden ganze Stammklötze bis zu 1 m Durchmesser und 2—4 m Länge in möglichst großen Meilern zusammengesetzt; anderwärts, wo kleinere Meiler üblich sind, nimmt man gewöhnliche, gespaltene Scheite. In allen Fällen, besonders aber bei sehr unregelmäßigem Holz (Stockholz 2c.), und an der Außenseite des aufgeschichteten Holzes, hat man durch kleiner gespaltene Stücke die leeren Zwischenräume möglichst dicht auszufüllen, weil sonst mit der eingeschlossenen Luft zu viel Holz unnütz verbrennt.

Beim Aufsetzen ist ferner Vorsorge zu treffen, daß man den Meiler anzünden kann; dies geschieht im Quandelschacht, einem kleinen, senkrecht in der Axe des Meilers angebrachten Kanal, der nach Beendigung des Aufsetzens mit leicht brennbarem Material angefüllt und mit den trockensten Scheiten umgeben, dann von unten durch eine offen gelassene Zündröhre oder von oben in Brand gesetzt wird. Im Meiler selbst leitet man aber in beiden Fällen stets das Feuer von oben nach unten. Das Holz wird entweder unmittelbar auf die Meilerstelle gesetzt, oder es wird dieselbe überbrückt, indem man einen Rost von Holz anlegt, wenn der Luftzug verstärkt werden muß.

Die Größe der Meiler ist verschieden. Bei sorgfältiger Behandlung geben die großen 200—300 cbm haltenden verhältnißmäßig so viele und ebenso gute Kohle, wie die kleinen Meiler mit 30—40 cbm. Je weniger klein das Holz gespalten ist, um so größer müssen die Meiler gemacht werden.

Die Oberfläche des Meilers muß eine solche Gestalt und Neigung haben, daß die Meilerdecke sich noch gut hält; in der Regel ist der stehende Meiler ein Paraboloid. Die Decke hat die Bestimmung, die äußere Luft möglichst abzuhalten, sie wird gewöhnlich aus zwei Schichten gemacht, die untere nämlich, welche auf das Holz zu liegen kommt, das sogenannte Rauchdach, aus Rasen, Moos, Laub oder Reis von jungen Tannen, etwa 12—18 cm dick; am Harz und in Steyermark bleibt das weg und wird durch Holzspähne 2c. ersetzt. Auf diese Schicht kommt dann die 8—15 cm hohe sogenannte Erddecke, wozu man einen leichten sandigen Lehm oder am liebsten Kohllösche, Stübbe (kleine Kohlenstücke von der Größe eines groben

Sandes bis zu der einer kleinen Haselnuß) in angefeuchtetem Zustande verwendet. Die Decke ist nöthigenfalls gegen das Abrutschen zu sichern durch angelegte Scheite (Rüstung) und durch häufiges Anfeuchten. Die Decke wird unten am Meiler dicker gemacht, als oben an der Spitze oder Haube.

Das Anzünden des stehenden Meilers geschieht bald von unten, bald von oben; ist er in Brand gesetzt, so muß das Feuer regulirt und von oben nach unten geleitet werden, was durch 2—4 cm weite Löcher geschieht, die man in die Meilerdecke einstößt und nach Erforderniß wieder schließt, oder nöthigenfalls die Decke verstärkt, sobald die betreffende Schichte des Meilers gehörig verkohlt, „gar gebrannt" ist, was man an dem eigenthümlichen blauen Rauch erkennt, der aus den Löchern ausströmt. Bei heftigem Wind sind namentlich auf der Windseite weniger Löcher zu stoßen; es wird hier „blind gekohlt" und außerdem ist auch noch die Decke zu verstärken. Während der Meiler brennt, kommt es nicht selten vor, daß die Gase sich in demselben spannen und die Decke abwerfen; dies nennt man das Schlagen oder Schütten; man muß dann so schnell als möglich die Decke wieder aufbringen und der Luft den Zutritt abschneiden.

Nachdem der stehende Meiler etwas über die Hälfte gebrannt hat, entstehen Lücken im Innern desselben; es muß deßhalb nachgefüllt werden, was mit sogenannten Bränden und trockenem Holz bewirkt wird, nachdem man an der eingesunkenen Stelle zuvor die Decke abgenommen hat; letztere wird übrigens so rasch wie möglich wieder aufgebracht. Vor und nach dem Füllen wird blind gekohlt.

Ist der Meiler gar, so muß der Luftzutritt gänzlich abgehalten werden, bis der Meiler verkühlt, d. h. das Feuer verlöscht ist. Dies wird beschleunigt, indem man die feineren Theile der Meilerdecke zwischen die Kohlen hineinrieseln läßt. Nachher beginnt man Nachts mit dem Ausziehen der Kohlen, wobei die Decke des Meilers möglichst zu erhalten ist, um das Verbrennen der etwa noch glühenden Kohlen zu verhindern; die beim Ausziehen noch glühenden Kohlen werden mit Wasser gelöscht. Bei Sortirung der gewonnenen Kohlen hat man auf die Größe der einzelnen Kohlenstücke und auf ihre vollständig erfolgte Verkohlung Rücksicht zu nehmen. Die nicht vollkommen verkohlten, sog. Füchse oder Brände kommen wiederholt in einen anderen Meiler. Kohlen, welche einer zu starken Hitze ausgesetzt waren, werden hart und glasig und sind deßhalb schlechter.

Die liegenden Meiler sind in den Alpen häufig, weil in den engen Thalschluchten kein Raum zur Anlegung größerer, kreisrunder, horizontaler Meilerstellen sich findet. Die Länge des Meilers ist verschieden, gewöhnlich 7—10 m, die Breite ist gleich der einfachen Länge des Holzes. Am einen Ende wird das Holz 1—2 m hoch aufgeschichtet, nach rückwärts nimmt die Höhe immer mehr ab. Die Decke besteht aus den gleichen Schichten wie beim stehenden Meiler, sie wird auf beiden Langseiten und der vorderen Stirnfläche durch eine Rüstung von dünnen Scheiten oder Brettern mit vorgeschlagenen Pfählen festgehalten; auf der oberen Seite ist keine besondere Vorrichtung dazu nöthig.

Der Meiler wird in der am niederen Ende vorgerichteten Zündkammer angezündet und das Feuer durch oben in die Decke eingestoßene Zuglöcher regulirt, so daß es stets in gleicher Breite vorschreitet. Die Kohlen werden von diesem Ende an, während der Meiler noch brennt, allmählig ausgezogen; dies muß aber rasch geschehen, auch darf man sich dabei dem Feuer nicht weiter als bis auf höchstens 3 m nähern. Nachfüllungen sind nicht erforderlich. Das Einsetzen des Holzes, das Auslangen der Kohlen macht viel weniger Arbeit, das Holz kann dichter gesetzt werden, die Fuhrleute und Köhler sind gleichmäßiger beschäftigt und bei sorgfältiger Arbeit ist das Ausbringen nach Güte und Menge das gleiche, wie bei den stehenden Meilern, nur dauert die Verkohlung etwas länger.

§. 141.

Von den Mängeln und Fehlern des Holzes.[1])

Die verschiedenen Zwecke, zu denen das Holz verwendet wird, erfordern jeweils bestimmte Eigenschaften und es kommen dabei Fälle vor, daß die für einen Zweck besonders gesuchte Beschaffenheit des Holzes dasselbe für eine andere Verwendung geradezu untauglich macht. Die meisten Mängel und Schäden sind relativ, sie beziehen sich auf einzelne Arten der Verwendung.

Ein Zeichen von angehendem Verderben ist das Streifigwerden des Holzes, wo in einzelnen Schichten schon der Zersetzungsproceß beginnt und durch eine besondere, von der normalen abweichende Farbe sich zu erkennen giebt; bei der Eiche sind die Streifen unterbrochen, es erscheinen kleinere weiße Flecke, Spreu- oder Staarflecke. Ebenso macht sich beginnende Zersetzung der Holzfaser oft durch eine gleichmäßige dunklere, ins Braune oder Röthliche gehende Färbung kenntlich, man heißt dies wasserröthliches Holz oder den todten Kern. Endlich wird die Fäulniß öfters durch unvorsichtige Verletzungen des Stammes, durch das Abstoßen eines großen Rindenstücks oder eines zu starken Astes veranlaßt, wenn die Ueberwallung so langsam vor sich geht, daß in der Zwischenzeit der Stamm von Pilzen befallen wird und anfault, oder wenn durch die Ueberwallungswulst der Wasserablauf an der Wunde gehindert oder Wasser mit eingeschlossen wird, wodurch Faulstellen im Innern des Stammes sich bilden.

Holz, das während der Vegetationsperiode dürr geworden ist und noch längere Zeit in der Rinde stehen blieb, bekommt sehr schnell eine

[1]) Häring, Kennzeichen der in Deutschland wachsenden Eichengattungen und ihrer hauptsächlichen Fehler. Berlin, 1853.

andere Mischung der Säfte, es wird stockig und fällt auch noch nach seiner Verwendung bälder der Fäulniß anheim, jedoch weniger schnell bei der Eiche und Forche, als bei anderen Holzarten, am schnellsten bei der Birke und Hainbuche.

Den Uebergang von den chemischen zu den physischen Fehlern bilden die abnormen Saftanhäufungen in einzelnen Theilen des Stamms, z. B. des Harzes in den Harzgallen der Fichte, und in den kienigen Theilen des Kiefernholzes, was für die Dauer und Heizkraft der Hölzer zwar vortheilhaft ist, dagegen der Verarbeitung, wegen der damit verbundenen Sprödigkeit, Hindernisse bereitet, die Tragkraft schwächt 2c. Bei den Laubhölzern ist diese Art der Saftausscheidung unter dem Namen Brand bekannt, sie bedingt im Holz eine bälder eintretende Fäulniß des betreffenden Stammtheils. Ist die Verletzung der Art, daß sich das Wasser von der wunden Stelle aus allmählig senkrecht abwärts im Stamm verbreiten kann, so bildet sich dadurch auch das sogenannte wasserrothe Holz.

Eine Folge abnormer Saftanhäufung und Saftumlaufes ist die Bildung einer größeren Anzahl von Knospen, die nicht, oder nur theilweise zur Entwicklung kommen, und auf diese Weise das zu manchen Zwecken so sehr gesuchte Maserholz bilden, was freilich als sehr schlecht spaltig den Stamm zu einzelnen anderen Zwecken ganz unbrauchbar machen kann. — Die durch Pilze verursachte krankhafte Knospen- und Zweigbildung bei Weißtannen, Fichten und Forchen unter dem Namen Hexenbesen, Hexenbusch bekannt, kommt meist nur an den Aesten vor und ist deßhalb von geringer Bedeutung.

Der Krebs bei Weißtannen, ebenfalls durch einen Pilz veranlaßt, macht sich zuerst durch ein freiwilliges Abstoßen der Rinde kenntlich; unter dieser Rinde findet man bald ein sehr hartes, sprödes, bald ein angefaultes oder stockiges Holz und unterscheidet darnach gesunden und kranken Krebs. Der Umfang des Stammes nimmt beim Krebs bald zu, bald ab; die glatte Rundung des Stammes geht in der Regel dabei verloren. Der Krebs macht hienach den Stamm zu manchen Zwecken untauglich, namentlich verliert ein solcher an Tragkraft oder zerbricht schon beim Transport.

Risse im Holz vermindern dessen Gebrauchsfähigkeit sehr, wenn sie koncentrisch sind, wenn das Holz herz- oder ringschälig oder herzlos ist, oder wenn sie von Mark aus strahlenförmig oder als Eisklüfte ganz unregelmäßig verlaufen; zu Sägwaaren läßt es sich dann nicht verwenden, und ebenso ist seine Tragkraft geschwächt. Die Frostrisse sind gleichfalls schädlich, weil solche Stämme nicht nach jeder beliebigen Richtung geschnitten werden können. —

Auch die eingeschlossenen stärkeren Astwurzeln, namentlich wenn sie ungenügend verwachsen und in größerer Zahl nahe beisammen sind, machen das Holz zu feineren Verwendungszwecken untauglich.

Holz mit stark spiralig verlaufenden Gefäßbündeln, gedreht gewachsenes Holz, ist zu Zwecken, bei welchen eine größere Spaltbarkeit verlangt wird, untauglich, und in der Regel auch nicht hinlänglich tragkräftig[1]). — Das wimmerige Holz zeigt einen wellenförmigen, fein gekräuselten Verlauf der Gefäße und Markstrahlen, es spaltet deßhalb schlecht und ist spröder als das normal gewachsene mit gerade verlaufenden parallelen Fasern; dagegen ist es zu feineren Tischlerarbeiten sehr gesucht, namentlich von Ahorn und Erle.

§. 142.
Maß- und Formverhältnisse.

In Bezug auf die Länge der Holzstücke werden die verschiedensten Anforderungen an die Nutzhölzer gestellt, wobei selbstverständlich die durch die Lebensthätigkeit der einzelnen Holzart gesetzten Grenzen nicht überschritten werden können; andererseits lassen sich aber zu manchen Zwecken auch noch die kürzesten Stücke verwenden, z. B. zur Holzpflasterung, zu Fadenspulen, Holzschuhen, Schuhnägeln u. s. w. Die größten Längen werden für das Bauholz gefordert, wobei allerdings Eisen- und Steinbau die Ansprüche, welche früher fast ausschließlich an das Holz gemacht wurden, erheblich vermindert haben.

Hiebei ist es aber nicht allein die Länge, sondern eben so sehr die Stärke der zu verwendenden Stämme, mit Ausschluß der Rinde und manchmal auch des Splintes, welche ihren Gebrauchswerth bestimmt und beeinflußt; denn in den meisten Fällen wird eine bestimmte Tragkraft verlangt, welche nur bei einer gewissen Stärke gewährt werden kann, deßhalb ist bei eigentlichem Bauholz das obere schwächere Stammende nicht mehr für diesen Zweck und meist auch nicht mehr für andere Nutzholzzwecke verwendbar, sondern nur noch zu Brennholz geeignet. Ausnahmsweise kommt es allerdings auch vor, aber nur bei schwächeren Sortimenten, daß der Stamm in seiner ganzen Länge benutzt werden kann, z. B. bei Floßwieden, Bohnen- und Hopfenstangen.

In den Fällen, wo vorherrschend der obere Durchmesser den Gebrauchswerth bestimmt, kommt es dann sehr darauf an, daß derselbe nicht gar zu weit von dem mittleren oder unteren abweicht; denn je stärker dieser im Verhältniß zu jenem wird, um so mehr geht bei Zurichtung des Stammes in die vierkantige Form an Masse nutzlos verloren. Die Oberstärke muß stets mit der Länge wachsen und zugleich in einem der Verwendung ent-

[1]) Im Bayrischen Wald und in den Alpen werden zu Schindeln Stämme von mäßiger, jedoch in bestimmter Richtung verlaufender Drehung gesucht, dieselbe muß von Ost über Süd nach West aufwärts am Stamm verlaufen. Schindeln von solch „sönnigen“ Stämmen sollen sich nicht werfen; widersönnig gedrehtes Holz wird zu Schindeln nicht genommen.

sprechenden Verhältniß zur Mittenstärke stehen, bei den größeren Längen von 20 m etwa $\frac{2}{3}$ des in der halben Länge gemessenen Durchmessers betragen; bei kürzeren Hölzern, namentlich bei Sägholz sind aber öfter schon Abweichungen um $\frac{1}{6}$ bis $\frac{1}{8}$ störend und machen die Waare minderwerthig. Manchmal sind auch allzu starke Hölzer der Verarbeitung oder dem Transport hinderlich und werden deßhalb weniger gerne gekauft.

Da öfter dem Forstmann die Aufgabe gestellt wird, unter stehenden Bäumen solche mit fest bestimmter Oberstärke auszuwählen, so sind die hiefür benützbaren Hülfsmittel auch noch zu besprechen. Den sichersten Anhaltspunkt bekommt man in der Grundstärke, dem bei Brusthöhe 1,3 m über dem Boden abgegriffenen Durchmesser, welcher sich nach dem Gipfel hin allmählig verjüngt. Im Durchschnitt wird angenommen, daß er auf 1 m weiterer Höhe um je 1,2 bis 1,4 cm abnimmt, und zwar in dem unteren Drittheil des Stammes weniger, im letzten Drittheil etwas stärker, wobei dann die obere Hälfte oder $\frac{2}{5}$ des beasteten Theils der Krone als unbenützbar außer Rechnung bleiben. In dichtem Schluß erwachsene Weißtannen halten am längsten aus, hierunter giebt es Stämme, welche nicht einmal um einen vollen Centimeter pro Längenmeter abnehmen; dann folgt die Fichte, die Kiefer und zuletzt die Lärche. Bei diesen beiden treten innerhalb der Krone von älteren Stämmen schon in deren unterem Drittel größere Abweichungen ein. Das Gleiche gilt auch in erhöhtem Maße für Laubhölzer, unter denen übrigens die Eiche sich der Fichte und die Buche mehr der Kiefer nähert.

Außerdem muß man an stehenden Bäumen auch noch einen Abzug für die nicht benützbare Rinde machen. Die Stärke derselben wird durchschnittlich auf $\frac{1}{20}$ des Gesammtdurchmessers angenommen, wobei zu beachten, daß diese Größe sich auf die beiden Seiten des Durchmessers gleich vertheilt und daß die Kiefer in der oberen Hälfte des Stammes eine viel schwächere Rinde hat, wofür ein Abzug von $\frac{1}{25}$ bis $\frac{1}{30}$ genügt. — Hienach hätte man z. B. für eine Fichte, welche bei 20 m noch 28 cm Oberstärke halten soll, folgendermaßen zu rechnen: $28 + 20 \times 1{,}3 = 54$ und mit Hinzurechnung der Rinde $54 + 2{,}7 = 56{,}7$ cm Brusthöhendurchmesser. — Da derartige Zahlen nur Durchschnittswerthe sind und für abnorme Verhältnisse berichtigt werden müssen, so empfiehlt es sich, jede Gelegenheit zu benützen, um sie auf die lokale Anwendbarkeit zu prüfen.

Eine zweite sehr wesentliche Eigenschaft ist die Geradheit oder Schnürigkeit des Stammes, wobei die höchsten Anforderungen dahin gehen, daß derselbe zwischen zwei Paaren paralleler und rechtwinklig aufeinander stehender Ebenen sich einlegen läßt; diese heißt man zweischnürige Stücke; solche werden unbedingt verlangt, wenn sie als Sägholz zu Brettern verarbeitet werden sollen; aber außerdem auch noch längere Stücke, welche als eigentliche Bauhölzer Verwendung finden. Einschnürige Stämme, d. h. solche, welche nur nach einer Seite sich zwischen zwei parallele Ebenen legen lassen, können nur in sehr beschränkter Zahl beim Bauwesen gebraucht werden, und zwar um so eher, je kürzer sie sind. Beim Sägholz gelten sie dagegen fast immer als Ausschußwaare; je kürzer übrigens die Stücke gemacht werden dürfen, um so leichter kann man den Anforderungen bezüglich der Geradheit genügen.

Stark gekrümmte Stämme, namentlich Eichen, wurden früher zum Schiffbau sehr gesucht und theuer bezahlt; neuerdings hat jedoch die Nachfrage sich bedeutend vermindert. Sie müssen auf 1 m Länge noch mindestens um 5 cm von der geraden Linie abweichen; schwächere oder flaue Krümmungen sind dagegen nicht mehr zu gebrauchen und vermindern den Werth bedeutend. Die in annähernd rechtem Winkel auslaufenden Aeste oder meist Wurzeln geben in Verbindung mit dem Stamm Kahnknie und sind in der Nähe von schiffbaren Flüssen ein begehrtes Sortiment. In geringer Zahl finden auch noch gabelförmig gewachsene Hölzer Nachfrage.

Zweites Kapitel.

Von den hauptsächlichsten Verwendungsarten des Nutzholzes.

§. 143.

Beschlagen und Sägen.

Das Holz wird in großen Mengen zu Bauten, Maschinen und Geräthen verwendet und zu solchen Zwecken meist viel besser bezahlt wie als Brennholz. Jedes Sortiment hat seine besonderen Dimensionen und Formen, welche der Forstmann aufs genauste kennen muß, um sie bei der Aufbereitung des Schlagmaterials in derjenigen Reihenfolge auszunutzen, wie es die verschiedenen Preise und die Wünsche der Abnehmer bedingen. In dieser Hinsicht kommt es oft auf ganz nebensächlich scheinende Kleinigkeiten an, z. B. bei den Hopfenstangen, welche nach Abhieb des Gipfels oder des unteren Stammtrummes nicht mehr in diesem Sortiment verkäuflich sind und dadurch etwa die Hälfte an Werth verlieren. Es lassen sich hier natürlich nur die häufigeren Sortimente aufzählen; jede Gegend hat ihre eigenthümliche Art und Weise, dieselben aufzubereiten und zu verwerthen, die sich infolge des täglich wachsenden Verkehrs, infolge von neuen Erfindungen u. s. w. zum Vortheil oder zum Nachtheil des Waldbesitzers schnell ändern können. Je mehr der Wirthschafter diese durch Angebot und Nachfragen bedingten Verhältnisse richtig zu erkennen und zu würdigen versteht, um so vortheilhafter wird er sein Holz verwerthen.

Das meiste Holz wird nicht rund, sondern kantig beschlagen oder gesägt verwendet; der Forstmann muß daher auch das Verhältniß zwischen rundem und dem daraus zu gewinnenden beschlagenen Holze kennen. Es ist dabei ein großer Unterschied, ob das Holz scharfkantig oder wahnig beschlagen wird, ob es als Säule, oder als Pyramidenrumpf herausgearbeitet werden soll, oder ob man ihm eine andere als die gerade Form zu geben hat. Hienach ist der Verlust an Holzmasse sehr verschieden. Wenn man die Bearbeitung mittelst der Säge vornimmt, so kann man, namentlich bei stärkeren Stämmen, noch einen Theil vom abfallenden Holze zu besseren Zwecken als zu bloßem Brennholz verwenden; es ist daher auffallend, wie langsam diese Art der Verarbeitung in Süddeutschland beim Nadelholz Boden gewinnt, während sie bei den werthvolleren Hölzern, z. B. bei den Eichen ganz allgemein ist.

Am seltensten kommt das Beschlagen des Holzes als Pyramidenrumpf vor, es verursacht den geringsten Abfall, nämlich etwa 36—40 Procent von der Masse des runden Stammes, wenn vollkantig gearbeitet werden muß.[1]) Wird das Holz als Säule beschlagen, mit einer der ganzen Länge nach gleichbleibenden Grundfläche, so entsteht dadurch ein viel größerer Verlust; er läßt sich aber nur annähernd bezeichnen, da der Querschnitt der Säule sich nach dem schwächeren Durchmesser am oberen (Zopf) Ende, dem Ablaß richtet. Je größer die Differenz zwischen dem oberen und unteren Durchmesser des Stammes ist, um so größer der Verlust. Deßhalb wird gleichdickes, vollholziges Bauholz besser bezahlt, weil man aus der gleichen Kubikmasse stärkere Balken bekommt, als von abfälligen Stämmen. Wenn der schwächere Durchmesser um ein Viertel kleiner ist, als der stärkere, so wird der Kubikgehalt des beschlagenen Balkens schon um mehr als die Hälfte geringer, als der vom runden Stamm. — Durch das wahnig- oder rindenkantige Beschlagen des Holzes können wieder 15 Procent des Verlustes erspart werden; oder man kann entsprechend schwächeres Holz brauchen, wenn man es nicht scharfkantig beschlägt; es fragt sich dabei, ob der Balken an allen vier Kanten, oder bloß an zwei oder an einer, und wie stark wahnig er sein darf.

Besondere Beachtung verdienen diese Verhältnisse in den Schneidemühlen, wo das Holz zu Brettern, Bohlen und Latten gesägt wird. Gewöhnlich hat man sich im Handel an eine bestimmte Länge und Breite dieser Waaren gewöhnt; am Rhein z. B. beträgt diese Breite 30 cm und die Länge 3 oder 4 m. Unter solchen Umständen hat man dann, bevor Bretter von dieser Breite geschnitten werden, die schwächeren Blöcher oder Sägklötze vierkantig zu schneiden, so daß die eine Seite in der rechtwinkligen Grundfläche der Säulen 30 cm beträgt; dabei ist besonders darauf zu sehen, daß an stärkeren Klötzen, aus denen die doppelte Breite geschnitten werden kann, dies auf die möglichst vortheilhafteste Art geschehe, was oft dadurch am einfachsten bewirkt wird, daß man dieselben in zwei Hälften

[1]) Der Kreis verhält sich nämlich zum Quadrat, das in denselben gezeichnet werden kann, wie 314 : 200, der geringst mögliche Abgang beim Kantigbeschlagen beträgt sonach 36,3 Procent.

zersägt, und aus jeder für sich eine solche vierkantige Säule herausschneidet. — Nach Italien werden Bretter mit trapezförmigem Querschnitt exportirt; diese Formung ermöglicht die vollständigste Nutzbarmachung der Rundholzmasse.

Bei den Schneidemühlen unterscheidet man solche mit Saumgatter; wo die Maschine nur ein einziges Sägenblatt in einem Gang treibt, und andere mit Bund- oder Vollgatter, wo in einem Rahmen mehrere Sägenblätter eingespannt sind. Letztere können in diesem Fall feiner genommen werden; man hat deßhalb etwa 10 Procent weniger Sägmehl, dagegen kann man beim Saumgatter die Bretter oben etwas schwächer machen und dadurch oft noch ein weiteres ganzes Brett aus einem gegebenen Klotz gewinnen. Daß auch bei den Sägklötzen der obere Durchmesser maßgebend ist, versteht sich von selbst, bei der geringen Länge derselben besteht aber in den meisten Fällen kein erheblicher Unterschied zwischen diesem und dem mittleren oder unteren Durchmesser. Aus 10 cbm Rundholz erhält man etwa 6 cbm Bretter, woneben die Schwarten noch zu Latten Verwendung finden.

§. 144.

Vom Holz zu Hochbauten.

Das Bauholz wird hauptsächlich beim Häuserbau benützt; es ist daher nothwendig, die einzelnen Theile des Hauses näher zu kennen, was der Forstmann insbesondere in solchen Verhältnissen nicht entbehren kann, wo der Bedarf der Eingeforsteten noch als Gerechtigkeitsholz abgegeben wird und dem Revierverwalter die Pflicht obliegt, den Bedarf zu prüfen und die Verwendung zu überwachen.

Die Schwellen bilden die Unterlage des Fachwerks einer Wand, Mauerschwellen oder Grundschwellen sind die untersten. Hierzu verwendet man am zweckmäßigsten Eichenholz. Die Brustschwellen oder Vorschwellen gehören zu den oberen Stockwerken und die Dachschwellen bilden die Unterlage des Dachstuhls. Die Grundschwellen müssen nicht nothwendig gerade sein, dagegen verlangt man dies von den andern beiden Arten. Die Wandrahmen schließen das Fachwerk der einzelnen Wand nach oben ab, sie laufen parallel mit den Schwellen. Diese beiden Sortimente werden gerne so lang genommen, als die Wand lang ist, doch wird dies nicht absolut erfordert. Die Stärke ist verschieden, von 18—30 cm; die Grundschwellen sind am stärksten zu nehmen und von dauerhaftestem Holz.

Pfosten sind diejenigen Hölzer, welche senkrecht in einer Wand stehen und die oberen Wände und den Dachstuhl tragen; man unterscheidet Eckpfosten, Thür- und Fensterpfosten, ferner Riegelpfosten, welche mitten in der Wand stehen, Dachpfosten, welche den Dachstuhl tragen. Auch hiezu nimmt man stärkere Hölzer und gern solche, die eine größere Dauer haben, wie Eichen.

Bug oder **Strebband** heißt man dasjenige Holzstück, das im Fachwerk der Wand schief steht, und die Schwellen mit der Wandrahmen verbindet. Die Pfosten und Strebbänder können schwächer und kürzer sein, als die letzteren; ihre Länge ist aber genau bestimmt durch die Höhe der Wand und durch die Neigung, welche sie bekommen sollen; 16—20 cm Stärke genügt für sie vollkommen; gewöhnlich verwendet man zu diesen und den folgenden Sortimenten nur Nadelholz. Die **Riegel** verbinden Pfosten und Büge horizontal mit einander; sie sind meist nur 1—2 m lang und brauchen nicht stärker zu sein, als letztgenannte Sortimente.

Die **Durchzüge** haben die Bestimmung, die in der Länge des Gebäudes einander gegenüberstehenden Wände zusammenzuhalten und die oberen Stockwerke theilweise mit tragen zu helfen, sie liegen gewöhnlich über einem hohlen Raum und haben also viel zu tragen, man nimmt deßhalb für diese Zwecke die stärksten Stämme mit der größten Tragkraft, 30—40 cm dick; am häufigsten wird Nadelholz hiezu verwendet. Zur Verstärkung der Tragkraft legt man sie auf die hohe Kante, d. h. so daß die Schmalseite horizontal zu liegen kommt.

Die **Balken** verbinden die nach der Breite des Gebäudes gegenüber stehenden Wände; **Kehlbalken** nennt man die in den Dachstuhl behufs Herstellung eines weiteren Geschosses in denselben eingezogenen Balken; sie müssen mit den Sparren verbunden werden. Bloß da, wo die Balken feuchter, dumpfiger Luft ausgesetzt sind, werden Eichen zu diesem Zweck verwendet. Die **Dachsparren** gehen von den Seitenwänden aus und treffen auf dem First des Hauses zusammen, sie tragen die Bedeckung des Hauses und werden von geradem, aber schwächerem Holz genommen. Die **Dachpfetten** unterstützen die Sparren und sind mit den Dachstuhlpfosten verbunden.

Außer diesen Sortimenten, welche im Fachwerk des Gebäudes vorkommen, sind noch zu erwähnen die Hölzer, welche zu **Streb- und Hängewerken** verwendet werden, um größere Lasten über oder unter sich tragen zu helfen. Hiezu ist sehr starkes, gesundes und tragkräftiges Holz erforderlich. — Wo die ganze Bedachung aus Schindeln besteht, da ist große Nachfrage nach dem hiezu geeigneten leicht spaltbaren Fichten- oder Tannenholz, welches dann in Längen vom Mehrfachen der Schindellänge abzugeben ist.

Im Allgemeinen unterscheidet man noch das Bauholz nach seiner Länge als kurzes oder Pfostenholz, und als langes oder Streckholz.

§. 145.

Sonstiges Bauholz.

In Betreff des **Maschinenbauholzes**, das zu ganz verschiedenen Zwecken benützt wird, ist ein Eingehen ins Detail hier nicht möglich; es ist der Absatz von solchem auch verhältnißmäßig so unbedeutend, daß es deßhalb ohne Anstand kürzer behandelt werden kann. Der in früheren Zeiten viel größere Bedarf hat sich bedeutend vermindert, seit das Eisen fast überall an die Stelle des Holzes getreten ist. Am gesuchtesten sind noch die starken Hölzer von Eichen und Kiefern zu Wellbäumen, und die krummen Hölzer zu verschiedenen Maschinentheilen. Der Forstmann muß sich mit dem Bedarf an solchen Sortimenten in den einzelnen Gegenden bekannt machen, um deren Ausnutzung möglichst zu befördern; denn wenn dies nicht auf ordentlichem Wege möglich ist, so werden sie gefrevelt. Vielfach sind dabei nicht bloß die Holzart und die Form des Holzes zu berücksichtigen, sondern ebenso sehr die Beschaffenheit des Holzes im Allgemeinen und einzelne besondere Eigenschaften.

An das Wasserbauholz werden sehr verschiedene Ansprüche gemacht, je nachdem es zum einen oder anderen Zweck verwendet wird; namentlich, je nachdem es bleibend unter Wasser sich befindet, oder nur zeitweilig. Zu ersterem Behuf ist fast jedes Holz tauglich, zu letzterem nimmt man dagegen vorherrschend Eichen, Erlen, Kiefern und Lärchen.

Zum Strombau werden hauptsächlich Faschinen verlangt, welche meist ganz unter Wasser versenkt werden; man nimmt hiezu am liebsten Weiden und Pappeln, schwache Durchforstungshölzer oder Stockausschläge, sie dürfen nicht zu stark und nicht zu rauh sein. Mittelst sogenannter Nadeln werden sie im Wasser festgehalten. Es sind dies Pfähle von 6—15 cm Durchmesser, welche durch die Faschinen hindurch in den festen Grund eingeschlagen werden.

Zum Wehr-, Damm- und Schleusenbau verwendet man am zweckmäßigsten Eichenholz, besonders für die Theile, die abwechselnd dem Wasser und der Sonne ausgesetzt sind. Namentlich sind diejenigen Hölzer, auf welchen die ganze Dauerhaftigkeit des Baues beruht, besonders stark und lang erforderlich; so bei den Wehren der Wehrbaum, bei den Schleusen die Säulen und bei den Brücken die Brückenbäume.

Der Erd- und Grubenbau erfordert auch vieles Holz, gewöhnlich nimmt man dazu runde Stammtrümmer, 15—30 cm dick. Gesägtes Holz hat bei gleicher Stärke weniger Widerstandskraft; die Lärche hat mehr als die Fichte, letztere muß 4—6 cm stärker genommen werden als jene. Eichen sind sehr gut für diesen Zweck, auch Forchen. Die Länge ist selten größer als 2—5 m.

Das Holz in Rostwerken ist meist abgeschlossen von der Luft, unter Wasser; namentlich in salzigem Wasser haben sie eine sehr lange Dauer; die Pfähle werden eingerammt und darauf die Rostschwellen gelegt, die hie und da auch der Luft ausgesetzt sind, auf diese kommen die Deckdielen. Zu letzteren verwendet man dauerhaftes Eichen-, Forchen- oder Lärchenholz.

Zu Wasserleitungen nimmt man Nadelholz, meist Kiefern oder

Fichten, die im Winter gefällt und mit der Rinde, womöglich frisch, untergebracht werden. Kann dies nicht geschehen, so legt man sie ins Wasser, bis sie verwendet werden. Die Röhrenstücke müssen wegen des Bohrens gerade und je nach der Wassermenge, die sie fassen, und des Druckes, den sie aushalten sollen, stärker oder schwächer sein.

Zum Wegbau ist der Holzbedarf nicht mehr bedeutend, seitdem die sogenannten Knüppel- oder Prügelwege durch chaussirte Waldwege verdrängt worden sind. Wasserkandeln und kleinere Wasserdurchlässe werden im Wald noch häufig mit Holz hergestellt. Sicherheitsschranken, Abweispfosten, Warnungstafeln sind ebenfalls noch hieher zu rechnen; sie sind am dauerhaftesten aus splintfreiem Eichen- oder aus rothem Forchenholz herzustellen.

Die Eisenbahnen dagegen bedürfen auch viel Holz; sie verlangen splintfreies Eichen- oder Kiefernholz; neuerdings nimmt man imprägnirtes Fichten-, Tannen- und selbst Buchenholz dazu. Die Schwellen sind meist 2,4 m lang, 16—20 cm dick, die Stoßschwellen 30 cm, die Zwischenschwellen 24 cm breit, auf vier von diesen ist je eine Stoßschwelle erforderlich, aufgerissenes Holz wird nicht genommen. — Zu Bremsklötzen wird Buchenholz verwendet, am wirksamsten zeigt sich aber Pappelholz. — Telegraphenstangen sind 10—20 cm stark, 6—10 m lang, von geradem Nadelholz.

Das Schiffbauholz umfaßt alle möglichen Holzarten und Dimensionen, es ist bald sehr stark und lang, wie zu Mast und Kiel, bald kurz und gebogen; sehr starke und gerade Hölzer, wie auch ganz krumme werden am meisten gesucht. Vorzüglich wird gesundes Eichen- und Nadelholz zu den Schiffen verwendet; zum Kiel sehr starke gerade Eichen- oder Buchen; zu den Masten und Raaen feinjähriges, elastisches, gerades Kiefernholz. Ein Mastbaum soll 18—25 m lang sein und oben noch 42 cm Kernholz haben. Zum Deck verwendet man ebenfalls Kiefern- oder Lärchenholz und zum Rumpf Eichen- oder Tannenholz. Zur Verbindung des Rumpfes mit dem Deck werden die Kniehölzer verlangt und Gabelhölzer finden am Vorder- oder Hintertheil des Schiffes ihre Verwendung. Es werden hiebei noch unterschieden Krummholz (winkelförmig gebogen) und Buchtenholz (kreisförmig gebogen ohne Winkel). — Zu Schiffsnägeln nimmt man Akazienholz, sie werden 60 cm lang und 4—5 cm stark gemacht. Wer Gelegenheit hat, aus seinen Forsten Schiffsbauholz absetzen zu können und sich nicht lediglich den Zwischenhändlern anvertrauen will, muß an Ort und Stelle den Bedarf und namentlich die übliche Sortimentseintheilung erforschen.

Zu Sägholz wird in der Regel astfreies, geradfaseriges Holz von geringerer Länge, 3—6 m, gesucht, das eine gesunde Farbe, keinen Waldriß hat und nicht herzlos oder allzu ästig ist; am besten wird es frisch versägt. Je nach der Schönheit der Farbe, der Astreinheit, der Regelmäßigkeit und den Dimensionen wird die Schnittwaare sortirt, und hat jede Art derselben ihre besondere, örtlich wechselnde Benennung.

§. 146.

Vom Werk- und sonstigen Nutzholz.

Das Spaltholz oder Spliessenholz wird von Küblern (Böttchern) und Schindelmachern gesucht; man verwendet vorzüglich Fichten, auch Tannen, ferner Eichen und seltener Buchen, Aspen, Erlen 2c. dazu; es muß geradfaserig, gesund und spaltbar sein; in geschützten Lagen, in dichtem Schluß und auf gutem Boden ist es am ehesten zu finden. Zu Resonanzböden für Klaviere, zu Geigen 2c. verwendet man langsam erwachsenes, feinjähriges Fichtenspaltholz bester Qualität; es muß eine gleichmäßige Dichtheit besitzen und astfrei sein, weßhalb in der Regel nur die äußeren Lagen von älteren Stämmen hiezu tauglich sind. Aehnliches, aber etwas geringeres Material wird zu Zündstiften benutzt. Lichtspäne, Zargen zu Schachteln und Sieben werden gleichfalls gespalten, theils nachdem das Holz vorher ausgesotten worden ist. Die Dachschindeln werden in der Regel auch aus Spaltholz gefertigt, neuerdings aber auch auf der Gangloff'schen Maschine erzeugt, wodurch weniger Material verloren geht.

Zu erwähnen sind noch die kleineren Nutzhölzer für Wagner und Stellmacher, für Bildschnitzer, Korbmacher, Besenbinder 2c., ferner zu Einfriedigungen, zu Baumstützen, zu Faßreifen (Bandstöcken), zu Erntewieden 2c., deren Bedarf mehr lokal ist und deren Ausnutzung vom Forstmann, besonders bei stärkerer Nachfrage, begünstigt werden muß. Oft läßt sich der ganze Betrieb darauf einrichten, wie z. B. bei Weinpfählen (Kastanien- und Akazienniederwald). In Gegenden mit vielem Obstbau schont man in den ersten 20 bis 30 Jahren die zu Baumstützen besonders tauglichen Sahlweiden und läßt sie bis zum Eintritt eines reichen Obstjahres stehen. Sehr gut bezahlt werden die Hopfenstangen, besonders fichtene, welche man in drei Klassen ausscheidet, 7, 8 und 9 m lang und 7, 8 und 9 cm stark. — Beachtung verdient auch die Verwendung von Fichten-, Kiefern- und Aspenholz in Rundstücken zu Papierstoff, welcher entweder durch mechanisches Abschleifen oder durch chemische Mittel als Cellulose gewonnen wird. Das zerhackte Holz wird zu letzterem Zweck bei 10 Atmosphären Ueberdruck in Natronlauge gekocht, nachher ausgewaschen, in Holländern, zu feinen Fasern zerrissen und nöthigenfalls gebleicht.

Im Allgemeinen ist hier noch zu bemerken, daß der aufmerksame Wirthschafter nicht nur genau die Bedürfnisse der nächsten Umgebung für den Augenblick erforschen und würdigen muß, sondern daß er auch mit richtiger Spekulation für die Zukunft den etwaigen Bedarf an diesem oder jenem Holz ins Auge zu fassen hat, daß er an die Möglichkeit der Erweiterung des Marktes denke, an die Steigerung des Absatzes durch die Vermehrung und Vervollkommnung der Kommunikationsmittel, ohne dagegen unbeachtet zu lassen, daß manche Verwendungsarten des Holzes durch verschiedene Surrogate, durch Ersparniß 2c. ausfallen und vermindert werden können. Namentlich ist zu unterscheiden eine vorübergehende Nachfrage von einer muthmaßlich als bleibend zu erkennenden; wobei natürlich nicht immer mit absoluter Sicherheit die eine oder andere Ansicht ausgesprochen werden kann, weßhalb theurere Vorbereitungen, zu weit aussehende Spekulationen in zweifelhaften Fällen möglichst zu vermeiden sind.

Drittes Kapitel.

Vom Brennholz.

§. 147.

Alles Holz, welches nicht zu vorstehenden Zwecken taugt, oder hiezu nicht verwerthet werden kann, wird als *Brennholz* aufbereitet, indem man es in kleinere Stücke von gegebener Länge zersägt und solche theils gespalten als Scheite (Kloben), theils in runden ganzen Trummen als Knüppel oder Prügel zwischen zwei aufrechtstehende Stangen einlegt, aufschichtet, oder indem man das Reis und die schwächeren Prügel büschelweise zusammenbindet und stückweise nach dem Hundert zusammen trägt. Bei hohem Arbeitslohn und niederen Holzpreisen läßt man auch das Reis bloß auf Haufen zusammen ziehen, oder im Schlag herumliegen und verkauft es so wie es abfällt.

Man verlangt in der Regel eine entsprechende Sortirung nach der Holzart, nach dem verschiedenen Grad der Gesundheit, nach den Dimensionen und Sortimenten; manchmal wird der Stamm der Länge nach bloß in Klötze zersägt, und diese ins Klafter gesetzt, manchmal verlangt man fein- oder grobgespaltene Scheite, viele stärkere Prügel in dem Reis, bald gespalten, bald ungespalten mit diesem zusammengebunden. — Die Ansprüche der Abnehmer an eine pünktliche und gleichmäßige Sortirung steigern sich mit dem Preise des Sortiments und nach der Entfernung, in welche es zu transportiren ist.

Ueberall sind durch Gesetz oder Herkommen die Dimensionen bestimmt, in welchen das Brennholz aufbereitet werden soll; es kommt aber dabei immer noch auf verschiedene Verhältnisse an, namentlich ob das Holz mehr oder weniger dicht in einander gesetzt, ganz frisch oder schon etwas ausgetrocknet zum Verkauf gestellt wird. Wird das Brennholz unmittelbar nach der Fällung aufgeschichtet, so verliert es bis zum lufttrockenen Zustand an der Schichthöhe 6—7 % beim Scheitholz, 7—8 % beim Knüppelholz, 9—10 % beim Astholz, 7—8 % beim Stockholz ohne Wurzeln und 10 bis 12 % beim Stockholz mit Wurzeln.

In den großen Brennholzschlägen der Alpenforsten bleiben des leichteren Transportes wegen 2—3 m lange Stammtrümmer ungespalten liegen und werden dann kubisch berechnet; es sind dies die sogenannten *Dreilinge* oder besser gesagt *Drehlinge*.

Zweiter Unterabschnitt.

Spezieller Theil.

Erstes Kapitel.

Von dem Betrieb der Holznutzung.

§. 148.

Von den Arbeitern.

Die Geschäfte der Holzfällung und Aufbereitung werden meistens im Akkord oder Stücklohn an Handarbeiter überlassen. Diese müssen gehörig erstarkt sein, die nöthige Gewandtheit und Uebung besitzen, um die Fällung und Aufbereitung mit dem geringsten Schaden an dem zu fällenden und am stehenbleibenden Holz bewerkstelligen zu können. Zu diesem Zweck sind sie mit einer genauen Anweisung zu versehen, worin die nöthigen Vorschriften darüber gegeben sind, wie sie sich im Allgemeinen und im Einzelnen bei ihrem Geschäft zu verhalten haben. Zuwiderhandlungen gegen einzelne Bestimmungen werden mit Konventionalstrafen bedroht.

Ueber die nothwendige Zahl läßt sich wenig Bestimmtes sagen, da dieselbe von der Beschwerlichkeit der Arbeit, von der etwaigen Nothwendigkeit, dieselbe mehr oder weniger zu beschleunigen, von der Art der verlangten Aufbereitung, von den Werkzeugen und der Geschicklichkeit, von der Tageslänge, der Witterung und Jahreszeit abhängt. Außerdem kann man von den Holzhauern verlangen, daß sie jederzeit zur Arbeit disponibel sind, sobald man sie nöthig hat, und sich der Waldbeschädigungen und Holzdiebstähle enthalten. Es wird nur selten zweckmäßig sein, mit einzelnen Unternehmern zu kontrahiren, weil diese das Risiko eines Akkords nur dann übernehmen, wenn sie sichere Aussicht haben, dabei zu gewinnen, und weil derartige Unternehmer sich bestreben werden, ihren Arbeitern möglichst wenig zu bezahlen; die Arbeit wird dann, auch bei der besten Aufsicht, schlechter geliefert werden, als wenn man jeden einzelnen unter den Arbeitern am Gewinn und Verlust des Unternehmens sich betheiligen läßt. In diesem Fall ist dann eine gehörige Organisation in Rotten unter bestimmte Obleute, welche die Ausbezahlung des Lohns vornehmen, für Proviant, Werkzeuge u. dgl. sorgen, von gutem Erfolg. Zur Sicherung des Waldbesitzers ist es nothwendig, eine solche Gesellschaft gesammtverbindlich für alle von ihr eingegangenen Verpflichtungen zu machen.

Das Fällen und Aufbereiten des Holzes durch Tagelöhner ist nur da gerechtfertigt, wo man wenige geschickte Arbeiter zur Verfügung hat und das eine oder andere Geschäft mehr als gewöhnliche Sorgfalt erheischt, z. B. bei Reinigungshieben, Aufästungen 2c. Die Theilnahme oder selbstständige Arbeit der Holzempfänger oder Käufer beim Fällen und Zurichten des Holzes ist nur ausnahmsweise zu gestatten, wo besondere Sorgfalt und Kunstfertigkeit nothwendig sein sollten, um die einzelnen Stämme in die gehörige Form zu bringen. Strenge Aufsicht im Allgemeinen und Vorsicht, daß das Interesse des Waldbesitzers nicht verkürzt werde, ist hier besonders zu empfehlen.

§. 149.

Zeit der Holzfällung.

Diese ist verschieden nach der beabsichtigten Verwendungsart, nach der Möglichkeit, in einer bestimmten Periode die nöthige Arbeiterzahl zu bekommen und die Arbeit ohne allzugroße Hindernisse vornehmen zu können.

Man unterscheidet Winter- und Sommerfällung; letztere nennt man auch den Safthieb. Die Winterfällung, welche in milderen Gegenden fast allgemein ist, läßt die größte Schonung des Waldes zu, wenn man namentlich bei ganz strenger Kälte mit dem Hieb aussetzt; das Holz trocknet langsamer aus, bekommt demgemäß nicht so leicht schädliche Risse, was beim Nutzholz ein großer Vorzug ist, es kann bei Frost oder Schnee mit möglichster Schonung der Wege aus dem Walde geschafft werden; meist sind die Arbeiter den Winter durch in größerer Zahl und wohlfeiler zu bekommen. Die Sommerfällung wird dessen ungeachtet Regel, wenn im Winter tiefer Schnee und strenge Kälte die Waldarbeiten unmöglich machen, wenn die Holzhauer den Winter durch anderwärts beschäftigt sind, oder wenn man das Holz zum Behuf der Rindengewinnung oder um dasselbe vor Insekten zu schützen, oder um es zum Verflößen leicht zu machen, in der Saftzeit aufbereiten muß. Außer den auf mildere Gegenden angewiesenen Eichenschälwaldungen sind es hauptsächlich die Waldungen im Hoch- und Mittelgebirge, in denen aus obigen Gründen die Sommerfällung nothwendig wird. In Laubwaldungen muß man ferner auch die Holzarten, welche verdrängt werden sollen, und deren Stockausschlag zu fürchten ist, im Sommer hauen lassen.

Bei der Tanne und Fichte liefert der Hieb im September, Oktober und November (vor Eintritt eines Frostes) ein Holz, das selbst bei der vorsichtigsten Behandlung leicht stockig wird und schnell verdirbt; es zeigt sich an der Stirnfläche bald ein schwarzer Schimmel. Bei solchem und bei allem in der Saftzeit gefälltem Holze wird das Austrocknen befördert und die Widerstandskraft gegen schädliche Einflüsse erhöht, wenn man den Stamm nach der Fällung unentrindet und unabgeästet einige Wochen liegen läßt, damit der Saft durch die Lebensthätigkeit der Blätter ausgezogen wird. — Einem schnelleren Verderben sind auch Kiefern und Lärchen ausgesetzt, wenn sie während des Sommers gefällt werden.

In Betreff der Fällungszeit hat man noch vorgeschlagen, die Bäume, welche besonders dauerhaftes Holz liefern sollen, bei abnehmendem Monde zu fällen; es ist aber hiefür kein wissenschaftlicher Beweis erbracht worden und man begnügte sich mit der Erklärung, daß bei abnehmendem Mond weniger Regen fallen soll, als bei zunehmendem, was aber neuerdings auch widerlegt worden ist.

Mit Rücksicht auf den Nachwuchs sind die Nachhiebsschläge zu besonders passender Zeit, bei nicht zu tiefem Schnee auszuführen, bei starkem Frost aber ganz einzustellen; die Besamungsschläge lassen sich eher verschieben und bei den Durchforstungen hat man noch weniger Rücksicht auf die Zeit zu nehmen, weil nicht so viel und nicht so werthvolles Material in denselben anfällt, auch bei der Fällung weniger Schaden geschehen kann.

Während das Holz fest gefroren ist, muß die Arbeit eingestellt werden, da sie zu beschwerlich wird und der Nachwuchs, wie auch das zu fällende Holz selbst viele Beschädigungen erleidet; letztere Rücksicht ist besonders bei werthvollen Nutzhölzern und auch beim Brennholz zu beachten, wenn es sich in diesem Fall um eine sehr brüchige Holzart, z. B. Schwarzerlen, handelt.

§. 150.

Schlag-Auszeichnung.

Die Grundsätze, wonach sich die Größe des Schlages bestimmt, entweder nach seiner Fläche oder nach der Quantität des zu nutzenden Holzes, werden in der Taxationslehre näher dargelegt, die Bestimmung des Ortes des Anhiebs in der Betriebslehre, so daß hier sogleich auf das eigentliche Aufbereitungsgeschäft eingegangen werden kann. Die Schlagauszeichnung, welche der Fällung vorangeht, geschieht durch den Wirthschafter nach den Regeln des Waldbaues; er weist im stärkeren Holz die einzelnen Stämme an, läßt dieselben durch Anplatten und durch Aufschlagen des Waldzeichens oder Waldhammers (eines Stempels mit bestimmten Zeichen, die sich in dem angeschlagenen Holz abdrücken) auf den Stock kenntlich machen, belehrt die Holzhauer und das Aufsichtspersonal über die nothwendigen Sicherungsmaßregeln zu Gunsten des Nachwuchses, über die Art der Aufbereitung und der Ausnutzung der einzelnen Sortimente.

Bei der Auszeichnung hat der Wirthschafter genau darauf zu achten, daß er denjenigen Grad der Lichtung, welchen die Grundsätze des Waldbaues vorschreiben, richtig treffe. Dies kann in der Regel nur geschehen, wenn man einen Theil des herauszunehmenden Holzes nicht gleich anfangs zur Fällung bezeichnet, sondern mit Rektifikation des Schlages so lange wartet, bis einmal die größere Masse des Holzes am Boden liegt. Daß man die stärkeren, breitästigen Stämme zuerst fällen läßt, und in deren Umgebung mit der Auszeichnung anfänglich zurückhält, ist bereits in § 83 erwähnt.

Wo die größere Zahl der Stämme zur Fällung kommt und nur die geringere stehen bleiben soll, da wird die letztere durch Anreißen eines besonderen Zeichens kenntlich gemacht; diese Art läßt übrigens keine so sichere Kontrole zu. In Durchforstungen in sehr dichten jüngeren Stangenhölzern läßt man öfters wohlgeschulte Holzhauer, nach vorangegangener genauer Instruirung an sogenannten Probeschlägen, das unterdrückte Holz ohne vorangehende Auszeichnung fällen, und der Wirthschafter beschränkt sich dann darauf, nachher den Bestand zu durchgehen, um die nöthigen Nachzeichnungen der noch herausgehörenden Stämme vorzunehmen. Man muß aber dabei sicher sein, daß die Arbeiter vorsichtig zu Werk gehen. Wo gemischte Bestände vorkommen und die Mischung gleichmäßig erhalten oder verändert werden soll, da kann man die Arbeit nur selten in obiger Weise den Holzhauern überlassen, noch weniger da, wo die Durchforstungen mehr den Charakter von Auszugs- oder Reinigungshieben annehmen, oder wo die Bestände sehr unregelmäßig sind. Hier hat der Wirthschafter selbst die nöthige Anleitung an Ort und Stelle zu geben und den Vollzug durch das Schutzpersonal überwachen zu lassen.

§. 151.

Die Art der Fällung

ist verschieden nach dem lokalen Gebrauch der Arbeiter, nach den Rücksichten auf das Terrain, den Waldbestand, die Zurichtung und Abfuhr des Holzes.

Die zur Fällung nothwendigen Werkzeuge sind die Schrotaxt, die Säge, der Keil und theilweise auch noch der Wendhaken. Mit der Axt kann man nöthigenfalls den Baum fällen, ohne daß man ein anderes Instrument anwendet, dabei geht aber viel Holz, gerade vom werthvollsten Theil des Stammes, verloren, und man braucht bei stärkeren Stämmen mehr Zeit dazu. Dagegen ist ausschließliche Anwendung der Axt bei der Fällung im Niederwald und im Unterholz des Mittelwaldes mit Rücksicht auf die Erhaltung der Stöcke geboten, da mit der Axt eine glatte, leicht überwallende Abhiebsfläche hergestellt wird, was mit der Säge nicht möglich ist. Ueberdies kann man mit dieser nicht überall so gut beikommen, wie mit jener. Wo dagegen stärkeres Holz zur Fällung gebracht wird und dieses einen höheren Werth hat, empfiehlt sich die gemeinschaftliche Anwendung von Säge und Axt in der Art, daß man etwa $\frac{2}{3}$ oder $\frac{3}{4}$ des Stammes durchsägt, den Rest mit der Axt durchschrotet und dann durch Eintreiben von Keilen in den Sägenschnitt den Baum zu Fall bringt, wobei ihm die erforderliche Richtung gegeben werden kann; da ein senkrecht stehender, gleichmäßig beasteter, gesunder Stamm, wenn er durch Säge und Axt gefällt wird und wenn der Sägenschnitt mit der innersten Linie des ausgeschroteten Raumes parallel geht, in der Regel im rechten Winkel auf den Sägenschnitt nach der geschroteten Seite hin fällt. Dabei ist übrigens zu bemerken, daß man beim Hauen angesägter Stämme stets an beiden äußeren Seiten mehr Holz stehen lassen muß, als in der Mitte des Stammes, sonst hat man die Richtung des Falles nicht unbedingt in der Hand. Eiserne Keile sind den hölzernen stets vorzuziehen, da sich besser mit ihnen arbeiten läßt und dieselben auch billiger sind; am besten hat sich jene Verbindung von Eisen und Holz erprobt, bei welcher der eigentlich wirksame Theil von Eisen gemacht, in das man am dicken Ende ein Stück Holz einsetzen kann, welches oben gegen die Wirkung der Axtschläge durch einen eisernen Ring geschützt ist.

Fällt der Stamm nicht sogleich zu Boden, bleibt er an anderen Bäumen hängen, so bringt man ihn durch Absägen von einzelnen scheitlangen Trummen an seinem Stockende allmählig zu Fall, wobei aber ein Theil des werthvollsten Nutzholzes verloren geht, was vermieden werden kann, wenn man den Stamm mittelst eines Wendhakens und eines Hebels um seine Achse dreht, weil dann die den Fall hindernden Aeste in eine andere Lage gebracht werden und so der Stamm zu Boden fallen muß. Der Wendhaken ist ein 30—36 cm langes, etwas gebogenes, 2—3 cm dickes Eisen, an dessen einem Ende ein 3—5 cm langer, scharfer und gestählter Haken so breit wie das Eisen nach der inneren Seite des Bogens hin gerichtet ist; am anderen Ende befindet sich ein Ring von 15—25 cm Oeffnung, der gegen den Haken hin und rückwärts bewegt werden kann. Dieses Werkzeug wird in den um seine Achse zu drehenden Stamm eingehackt, durch den Ring schiebt man einen Hebel, der einarmig, am zu drehenden Stamm selbst den festen Punkt bekommt, während die Kraft des durch zwei Männer bewegten Hebels am Ring wirksam wird und dadurch den Stamm wendet. Auch bei liegenden Stämmen ist dieses Instrument mit Vortheil zu gebrauchen.

Außerdem findet die Baumrodung, das Ausgraben ganzer Stämme mit dem Stock und einem Theil der Wurzeln Anwendung, wenn es sich um sehr werthvolles Stammholz handelt, namentlich um sehr starkes Holz, bei dem man auf anderem Wege hohe Stöcke machen müßte. Bei sehr spaltigen Stämmen schlitzt leicht ein Theil ab, während der Stock abgesägt wird; dagegen hilft das Umspannen des Stammes oberhalb des Sägenschnittes mit einer starken Kette, welche noch mit Keilen fester angezogen wird. Nur ganz geschickte Arbeiter haben bei dieser Arbeit die Richtung des Falles in der Hand, sonst hat sie aber Vieles für sich und ist in steinfreiem Boden nicht so schwierig, als man auf den ersten Blick glaubt; durch Anwendung von Seilen und Ketten läßt sich dem Stamm eine bestimmte Richtung geben. Als besonders zu dem Zweck konstruirte Instrumente sind zu erwähnen der G. Heyer'sche Seilhaken und der Waldteufel. — Der Fall eines gerodeten Baumes ist weniger wuchtig, also auch dem Nachwuchs weniger schädlich.

Ganz schwache Stämmchen werden mit dem Durchforstungsmesser

oder mit der Durchforstungsscheere ausgeschnitten; schwächere Stangen im Niederwald mit der Hape, Heppe oder dem Gertel abgehauen.

Die billigen Geräthe zu täglichem Gebrauch hat der Arbeiter auf eigene Kosten zu beschaffen und zu erhalten; wo es sich aber um theurere oder seltener zur Verwendung kommende oder um neu einzuführende Werkzeuge handelt, da ist es nothwendig, daß der Waldeigenthümer solche auf eigene Rechnung übernimmt, oder wenigstens Beiträge oder Vorschüsse zu den Anschaffungskosten leistet.

Die Höhe der Stöcke richtet sich hauptsächlich darnach, ob das Stammholz gut bezahlt wird und ob die Stöcke nachher gerodet werden. Ist Ersteres der Fall, so hat man die Stöcke niedrig zu machen; ebenso ist zu verfahren, wenn das Stock- und Wurzelholz keine Abnehmer findet; wird aber dieses sehr gesucht, und hat dagegen das Stammholz keine andere Verwendung, als zu Brennholz, so macht man oft mit Vortheil die Stöcke höher, weil sie dann besser gerodet werden können und ein besserer Erlös zu erwarten ist. Nur bei schwachen Stämmen und auf ebenem Boden vermag man die Stöcke etwas niedriger als 15 cm zu machen. Bei stärkeren Stämmen von 0,5—1 m Durchmesser muß man die Stöcke 15—30 cm hoch lassen, und bei dickeren Bäumen ist öfters auch dieses Minimum nicht mehr einzuhalten; der gleiche Fall tritt ein, wenn man dem Stamm beim Fällen eine andere Richtung geben will, als dies durch seine eigene oder des Terrains Neigung bedingt ist.

Bei Fällung der Stämme hat der Holzhauer dem umgebenden Bestande und dem zu fällenden Stamme selbst die möglichste Schonung angedeihen zu lassen. Bei der Fällung hat man jeweils mit den stärksten und breitästigsten Bäumen zu beginnen, damit der etwa sich ergebende größere Schaden am Bestand durch Ueberhalten anderer, sonst zur Wegnahme bestimmten Stämme wieder ausgeglichen werden kann. Der Stamm wird durch den Sturz nicht selten beschädigt, indem er abbricht, oder am Stock absplittert, oder ein Stück durch abspringende Aeste ausgerissen wird. Um solche Beschädigungen namentlich bei werthvollem Nutzholz zu vermeiden, ist zunächst darauf zu sehen, daß der Stamm in einer Richtung geworfen werde, wo er nicht auf Felsen und alte Stöcke, oder auf zu große Unebenheiten des Terrains fallen kann; an steilen Bergabhängen soll man schwere, werthvolle Stämme nicht bergabwärts, sondern aufwärts oder seitwärts werfen, wobei aber immer der Stock höher gemacht und dem Sägenschnitt eine schiefe Richtung gegen den Berg gegeben werden muß, außerdem noch bei der Abfuhr größerer Schaden entsteht, als bei bergabwärts gerichteten Stämmen.

Wenn man den Baum nach der Seite hinwirft, auf welcher er die meisten Aeste hat, und zur Zeit, wenn er belaubt ist, so wird der Stamm meistens vor Beschädigungen geschützt; doch ist bei sehr starken und langen Aesten zu befürchten, daß ihre Wucht beim Fallen den Stamm entweder ganz abbreche oder wenigstens ein Stück davon herausreiße; deßhalb ist es gut, solche Bäume vor dem Fällen besteigen und die stärksten Aeste zur Hälfte durchsägen zu lassen; dadurch wird der Stamm beim Fallen vor Beschädigungen bewahrt; die Aeste brechen dann ab, ohne ein Stück vom Stamm abzuschlitzen.

Bei windigem Wetter hat man die Richtung des Falles nicht so in der Gewalt, auch entsteht leicht Gefahr für die Arbeiter, und der Stamm wird am Stock oft zerschlitzt, wenn er durch den Wind umgerissen wird, ehe er gehörig abgesägt und abgehauen ist. Durch Anlehnen des stärkeren Stammes an einen schwächeren noch stehenden wird die Gefahr des Zerbrechens für ersteren vermindert. Wenn man das Geschäft der Fällung mit besonderer Schonung für den Nachwuchs betreiben will, so hat man die Stämme in der Richtung zu werfen, wo gar kein Nachwuchs getroffen werden kann; ist dies nicht möglich, so ist es besser, sie in den dichtesten Anflug oder Aufschlag zu werfen, weil sich in solchem die entstehenden Lücken wieder rasch verwachsen. In allen Fällen hat aber die Entastung des geworfenen Stammes unmittelbar zu erfolgen, sobald er zu Boden liegt.

Wird das Holz in langen Stämmen abgeführt, so ist der Schaden bei der Fällung oft ganz unbedeutend gegenüber von dem bei der Abfuhr entstehenden. Die Fällung muß dann in der Art geschehen, daß alle Stämme mit ihrer Spitze gegen den Weg und unter sich annähernd parallel zu liegen kommen. An Berghängen muß die Spitze möglichst bergab gerichtet werden, und wenn an sehr steilen Halden das Abrutschen der Stämme zu befürchten wäre, so muß man sie wenigstens etwas bergabwärts, in der Hauptsache aber seitwärts zu werfen suchen.

Bei den Schlagarbeiten selbst ist der Nachwuchs sorgfältigst zu schonen; das Weghauen einzelner Pflanzen durch die Holzhauer ist zu verbieten und streng darüber zu wachen, daß es nicht geschieht; die gefällten Stämme sollen, soweit sie Brennholz geben, so rasch wie möglich aufgesägt, dann die Rundstücke an die Wege verbracht und hier erst aufgespalten werden. Das Holz, welches man in Klaftern oder Wellenhaufen aufsetzt, ist auf freien Plätzen, wo kein Nachwuchs sich findet, aufzustellen. Kann man bei mäßig tiefem Schnee die Arbeit des Fällens, Aufarbeitens und Abführens vornehmen, so ist dies von großem Nutzen, indem dabei am wenigsten Schaden am Nachwuchs geschieht; je kleiner derselbe ist, um so weniger Beschädigungen ist er ausgesetzt. — Bei strengem Frost ist die Arbeit in Nachhiebsschlägen dem Nachwuchs sehr schädlich, also ganz einzustellen: ebenso während des ersten Maitriebes.

Zur Schonung des Nachwuchses oder des umgebenden Bestandes ist es öfters nothwendig, einzelne Bäume stehend zu entästen, was durch Besteigen derselben geschehen muß; dabei ist aber zu beachten, daß der entastete Stamm selbst beim Fällen mehr der Gefahr des Zerbrechens ausgesetzt ist, als der unentastete.

Das Stockroden geschieht auf zweierlei Weise, je nachdem man nur das eigentliche Stockholz oder dieses mit sammt dem Wurzelholz gewinnt. An steilen, kahlen Hängen ist letzteres Verfahren unzulässig, weil der gelockerte Boden zu leicht abgeschwemmt wird. Wo man bloß das Holz vom eigentlichen Stock nutzt, da werden die Stöcke in kleinen Stücken abgespalten, indem man möglichst nahe an der Erde einen kleinen Schrot einkerbt, alsdann oben in entsprechender Dicke einwärts einen Keil einschlägt und auf diese Weise ein Stück nach dem andern weghaut. Wo man dagegen Wurzel- und Stockholz gewinnt, da ist es nöthig, den Stock von den weitauslaufenden Wurzeln zu isoliren und diese für sich besonders auszuroden, den Stock selbst aber theilweise zu untergraben und durch Keile oder Pulver zu sprengen. Die Wurzelbildung muß besonders beachtet werden, so kann man z. B. Fichtenstöcke nicht auf diese Weise behandeln; sie müssen mit sammt den Wurzeln herausgegraben, dann auf die Stirnfläche gestellt und von unten, d. h. von den Wurzeln aus gespalten werden, weil letztere zu dicht in einander verwachsen sind, was bei der Tanne z. B. nicht der Fall ist. Das Sprengen der Stöcke mit Pulver oder Dynamit unter Anwendung der sogenannten Sprengschraube erspart viele Arbeit. Vgl. Allg. Forst- und Jagdzeitung. 1860. Suppl. 1861 und 1862. S. 245. Sonst kommen auch noch der schon beim Baumroden erwähnte Waldteufel, der Wendhaken und die Fußwinde hiebei zur Anwendung.

§. 152.

Aufbereitung des Holzes.

Die Holzaufbereitung, namentlich die Ausscheidung des werthvolleren Nutzholzes, muß Gegenstand der besonderen Aufsicht und Kontrole des Wirthschafters sein. Zuerst ist darauf zu sehen, daß ebenso wie beim Fällen möglichst wenig Holz nutzlos verloren gehe: demgemäß ist beim stärkeren Holz überall die Anwendung der Säge statt der Axt zu verlangen. Die Holzhauer dürfen sodann zur Feuerung bei kaltem Wetter nur geringes, werthloses Holz verwenden.

Nach der Fällung wird der Stamm zuerst entästet, wenn nicht etwa einzelne Aeste zur Erhöhung des Nutzwerthes für die Zwecke als Schiffsbauholz ꝛc. daran bleiben sollen. Der Abhieb der Aeste muß glatt am Stamm geschehen und jede weitere Erhabenheit zugleich mit beseitigt werden, sofern sie beim Transport das stehende Holz oder die Transporteinrichtungen beschädigen könnten. Nach der Entästung hat man zu entscheiden, zu welcher Art von Nutzholz die einzelnen Theile oder der ganze Stamm am besten taugen; dabei muß vorzüglich auf die lokale Nachfrage Rücksicht genommen, im Zweifelsfall aber soll der Stamm immer möglichst lang gelassen werden; Nadelholzstämme und namentlich Sägklötze sind womöglich unmittelbar über einem Astquirl abzusägen. Das werthvollere Nutzholz muß immer zuerst ausgeschieden werden, und hierauf erst die geringeren Sortimente. Dabei tritt dann nicht selten der Fall ein, daß ein Stamm in zweierlei Formen gebracht werden könnte, wovon die eine ein weniger gut bezahltes Sortiment, aber mehr Holzmasse, die andere dagegen ein theueres, jedoch weniger Holz geben würde; in solchen zweifelhaften Fällen entscheidet mehr der höhere Geldwerth, der auf die eine oder andere Weise zu erzielen ist: oft aber auch die Rücksichten auf den Käufer, auf die Nachfrage, auf die Abfuhr u. dgl., die den Geldwerth mehr in den Hintergrund drängen. Beim Langholz kommt es meist auch auf seine Geradheit (Schnürigkeit) an; diese Eigenschaft wird oft beeinträchtigt, wenn nach dem Fällen der Stamm nicht ganz eben aufliegt oder längere Zeit unentästet liegen bleibt.

Nutzholzstämme werden namentlich im Frühjahr oder Sommer so schnell als möglich gleich nach der Fällung entrindet, entweder durch vollständige Wegnahme des ganzen Rindenkörpers, oder durch streifenweise Beseitigung eines Theils der Rinde bis auf das Holz, oder nur durch Entfernung der äußeren Schicht und Belassung der Basthaut. Dazu bedient man sich in der Regel nur der Axt und des Rindenschälers; wenn aber außer der Saftzeit entrindet werden soll, des Reppeleisens. (Baur Monatsschr. 1875 S. 133), welches die Arbeit sehr erleichtert. Wenn der Stamm vor der Saftzeit gefällt und alsbald entastet wurde, so kann er auch noch nach 2—3 Monaten geschält werden.

Das **Brennholz**, wozu alle übrigen Theile des Baumes verwendet werden, so weit sie noch Absatz finden, ist nach den verschiedenen Holzarten und Sortimenten auszusondern. Gewöhnlich wird es als Scheit- oder Kloben-, Prügel- oder Knüppel- und Reiswellenholz aufbereitet, und das gesunde vom anbrüchigen, das bessere vom geringeren um so sorgfältiger getrennt, je größer die Preisverschiedenheit zwischen den einzelnen Sortimenten ist. — Zum Zweck der Verkohlung in größeren Meilern oder des Transports auf Riesen werden die Stammtrümmer öfters ganz gelassen, wobei man nur den Stamm auf die gegebene Länge mehrmals zu zersägen hat. Die früher allgemein üblich gewesene Anwendung der Schrotaxt zu dieser Längentheilung des Stammes verursacht beachtenswerthe Verluste. Wo z. B. nur mit der Säge allein gearbeitet (gefällt und weiter zerlegt) wird, berechnet sich ein Abgang von nicht über 0,5 Procent, dieser steigt auf 0,6—0,7 Procent, wenn neben dem Sägenschnitt noch **ein** Schrot gemacht wird, auf 0,9—1,0 %, bei zweiseitigem Schrot und nachheriger Anwendung der Säge, und da wo allein nur mit der Axt gearbeitet wird, auf 5—7 Procent.

Die **Länge** der Trümmer hängt im Allgemeinen von den Heizeinrichtungen oder von der Gewohnheit der Konsumenten ab, dabei ist aber zu bemerken, daß die kürzeren Trümmer mehr Arbeit machen, und sich besser zusammensetzen lassen, so daß im gleichen Kubikraum mehr feste Masse enthalten ist, je kürzer die Trümmer gemacht werden.

Das Spalten des Holzes erfolgt in der Richtung des Stammdurchmessers, nur bei stärkeren über 0,5 m dicken Rundstücken werden die allzubreiten Scheite nochmal parallel mit der Peripherie des Stammes durchgespalten. Je kleiner das Holz gespalten wird, um so mehr Arbeitslohn erfordert es, um so weniger Masse ist im gleichen Kubikraum und um so weniger werden die Käufer dafür bezahlen; dagegen ist eine größere Zerkleinerung zweckmäßig in all den Fällen, wo das Holz stark austrocknen soll, z. B. daß es zum Flößen leicht wird 2c. Alsbaldiges Aufspalten gleich nach der Fällung ist nothwendig, um das Holz vor dem Verderben zu schützen und das Austrocknen zu befördern; in feuchtem Klima wird letzteres auch dadurch noch begünstigt, daß man die Scheite nicht gleich ins Klafter setzt, sondern vorher einige Zeit auf Böcken oder im Rauhwurf auch Rauhbeugen sitzen läßt. — Zum Spalten wird mit Vortheil eine schwerere keilförmige Axt (Spaltaxt im Gegensatz zur Schrotaxt) unter Zuhülfenahme von eisernen Keilen benützt.

§. 153.

Fortsetzung.

Zur Aufstellung der Brennholzstöße müssen trockene Stellen, wo möglich auf ebenem Boden, ausgewählt werden; ist letzteres nicht möglich, so muß man die Weite stets horizontal oder die Höhe der Stöße rechtwinkelig auf die geneigte Fläche des Hanges messen. Jeder Stoß bekommt vier Scheite zu Unterlagen, weil sich sonst die unteren Scheite zu tief in den Boden eindrücken und theilweise verderben würden. Sehr grobes, klotziges, unspaltiges Holz wird vom Scheiterholz getrennt und besonders aufgesetzt. — Das Aufsetzen geschieht in der Regel zwischen zwei senkrecht in den Boden gestoßenen Stangen oder Stützen, welche durch eingeschlungene Wieden festgehalten werden; manchmal giebt man statt der Stützen „Kasteln", Kreuzbeugen, solche Stöße haben aber einen um 6—8 Procent geringeren Derbmassengehalt.

Die einzelnen Stöße sollen nicht höher gemacht werden als 2 m. Das Aufsetzen erfordert eine besondere Geschicklichkeit und die dazu geeigneten Arbeiten sind deßhalb mit Umsicht zu wählen. Ob das Aufsetzen sogleich nach dem Aufspalten geschehen soll, oder erst einige Zeit nachher, hängt hauptsächlich von der Sicherheit der Waldprodukte vor Entwendungen ab.

Das schwächere Brennholz von 7—14 cm Durchmesser wird in der Regel nicht mehr gespalten, sondern in runden Trümmern als Knüppel- oder Prügelholz aufgesetzt. Wenn dasselbe bis zu seiner Verwendung längere Zeit, namentlich den Sommer über im Wald oder unterwegs bleibt, so muß es theilweise entrindet (gereppelt oder gefleckt) oder gespalten werden. — Beim Aufspalten von solchem Rundholz ergiebt sich eine Raumvermehrung von etwa 20 Procent.

Das ganz schwache Ast- und Reisholz wird in Büscheln gebracht und mit ein oder zwei Weidenbändern zusammen gebunden. Diese Wellen werden gewöhnlich 1 m lang gemacht und erhalten 1 m Umfang; sie werden nach der Stückzahl, nach Hunderten zusammengesetzt und verkauft. Das Holz derselben muß rasch unter Dach gebracht oder verwendet werden, weil es sonst in der Rinde stockig wird und dadurch bedeutend an Brennkraft verliert.

Aus dem Reisholz werden manchmal noch die stärkeren Aeste von 2—7 cm besonders ausgeschieden und als Reiserknüppel oder Reisprügel in Raummetern oder als Kohlwellen in Gebunden aufbereitet. In vielen Gegenden wird das Reis (der Strauch) bloß auf Haufen zusammengezogen und so abgegeben, um an Arbeitslohn zu sparen, wenn derselbe durch den Erlös aus dem Holze nicht genügend gedeckt wird. Solche Reishaufen dürfen aber nicht zu lange auf der Stelle liegen, weil unter ihnen aller Nachwuchs erstickt, und das Material durch die Fäulniß der Nadeln an Brennwerth verliert. Wo das Nadelreis zur Streu verwendet wird, ist dessen Abfuhr noch mehr zu beschleunigen, weil es sonst die Nadeln fallen läßt und unbrauchbar wird.

Das Stock- und Wurzelholz wird möglichst dicht gesetzt; die Stöße macht man aber nur 1 m hoch, damit man die schweren Stöcke nicht so hoch zu heben braucht; übrigens erfordert das gute Setzen des Stockholzes eine besondere Uebung.

Das Maß ist überall genau einzuhalten, gehörig dicht zu setzen, auch das übliche Schwindmaß (§. 147) zuzugeben und das Reis fest zu binden; von einer in der Gegend üblichen Aufbereitungsweise darf ohne gewichtige Gründe nicht einseitig abgegangen werden, weil dies einen Rückschlag auf die Preise äußert, der in der Regel dem Waldbesitzer nachtheiliger wird, als der auf der andern Seite entstehende Vortheil.

In Beziehung auf die Holzarten wird nicht überall eine gleich scharfe Trennung durchgeführt; eine solche ist überhaupt nur da möglich, wo wenige Holzarten in ziemlich gleicher Menge in allen Theilen des Schlages anfallen; und nothwendig ist sie nur da, wo das Holz in kleineren Quantitäten nach der Taxe abgegeben wird. Beim Unterholz in Mittel- und Niederwaldungen wird man sich in den meisten Fällen darauf beschränken müssen, die harten und weichen Holzarten besonders aufzubereiten.

Wo das Holz nicht bei tiefem und länger liegenbleibendem Schnee abgeführt werden kann, da ist solches so viel thunlich gleich nach der Fällung an die Wege zu schaffen.

Das Ausrücken des Holzes geschieht entweder durch Tragen auf der Schulter, auf Tragkörben oder Tragbahren, oder durch Anfahren mit Schlitten oder Schiebkarren, an steilen Hängen auch durch Rollen und Werfen. Wenn die einzelnen Stammtrümmer nicht zu schwer sind, so trägt man sie vor dem Spalten zusammen. — Je nach der Entfernung der Wege und der Beschwerlichkeit des Terrains ist diese Arbeit theurer oder wohlfeiler. Beim Nutzholz läßt sich dieses Tragen nur mit den kleinsten Sortimenten durchführen, stärkere Stämme müssen mit dem Lottbaum (s. unten §. 154) oder in anderer Weise ausgerückt werden. Wo dies aber auf Rechnung des Waldeigenthümers nicht durchgeführt werden kann, ist darauf zu dringen, daß die Abfuhr der Hölzer sobald wie möglich, jedoch mit Ausschluß der Zeit des ersten Maitriebes, bewirkt werde, weil das Holz durch längeres Liegen dem Nachwuchs schadet und selber an Qualität abnimmt.

Wenn alles Holz im Schlag aufbereitet ist, so wird noch in holzarmen Gegenden das herumliegende Reis- und Spänehol zusammengelesen, um es für die Forstkasse zu verwerthen. Die Holzhauer sollen aber dieses Abfallholz nicht bekommen, weil es sonst in ihrem Interesse liegt, möglichst viel Holz in die Spähne zu hauen. — Vorher noch kann die weiter etwa nothwendig werdende Rectification durch Aufästen der stehenbleibenden, zu dicht beasteten Stämme vorgenommen werden.

In Gegenden mit Holzüberfluß bleibt ein größerer oder geringerer Theil des Reises im Schlag liegen und das Nadelreis hindert sogar noch in den Besamungs- und Abtriebsschlägen das Ankommen und Gedeihen des Nachwuchses; in solchen Fällen ist es nothwendig, das Reis auf Haufen zusammentragen und verbrennen zu lassen, was durch die Holzhauer mit der nöthigen Vorsicht während der übrigen Arbeiten vorgenommen werden muß, oder man läßt nach beendigter Holzabfuhr das Ast- und Reisholz gleichmäßig über den ganzen Schlag ausbreiten.

Außer diesen ordentlichen Nutzungen in den regelmäßigen Jahresschlägen ergeben sich zu verschiedenen Jahreszeiten zufällige unvorhergesehene Nutzungen an Dürrholz, Windbrüchen, von Insekten und Schwämmen befallenen Stämmen, welche namentlich in Nadelholzforsten so rasch als möglich aufbereitet und aus dem Wald geschafft werden müssen, obgleich die Verwerthung dieser vereinzelten Anfälle manchmal ihre Schwierigkeit hat. — Diese Erzeugnisse heißt man in Preußen Totalitätsnutzung, anderwärts zufällige Nutzung.

§. 154.

Die Baumrinde.

Die Rinden werden meistens zum Gerben des Leders benützt; vorzüglich dient hiezu die Eichen- und Fichtenrinde, seltener die von Erlen und Birken. Die Eichenrinde,[1]) namentlich die von der Traubeneiche, ist zur Rothgerberei am gesuchtesten und für manche Zwecke, z. B.

[1]) G. Heyer, Allgem. Forst- und Jagdzeitung. 1863. S. 347. — Neubrand, Die Gerbrinde. Frankfurt, 1869. — Fribolin, Der Eichenschälwaldbetrieb. Stuttgart, Schickhardt & Ebner. 1876.

zur Fabrikation des Sohlleders bis jetzt unentbehrlich; zu 1 Ctr. Leder hat man 5—6 Ctr. Eichenglanz- oder 8 Ctr. Grobrinde nöthig. Der Gerbestoff findet sich in der Bastschicht und deßhalb ist die Rinde von üppig erwachsenen, jüngeren Stämmen und Stockausschlägen, welche noch keine abgestorbene Borke hat, am werthvollsten; man nennt diese Sorte Glanz- oder Spiegelrinde, im Gegensatz zur Grobrinde oder rauhen Rinde älterer Stämme, welche vor der Verwendung in den Gerbereien von der abgestorbenen Borke befreit werden muß; deßhalb ist auch die halbrauhe oder Raitel-Rinde am wenigsten gesucht, weil sich bei dieser Sorte die abgestorbene Borke nicht wohl davon trennen läßt, somit die Lohe viele unnütze Beimengungen erhält, also auch nicht so kräftig wirken kann.

Die Rindengewinnung beschränkt sich meistens auf die Zeit des ersten Safttriebes, weil in dieser Periode die Trennung vom Holz am leichtesten zu bewirken ist und die Rinde den größten Gerbstoffgehalt hat. — Wird die Rinde stark beregnet, so entzieht ihr das Wasser einen Theil des Gerbstoffgehaltes, deßhalb ist es gut, wenn man während des Schälens trockenes Wetter hat. Dabei ist übrigens zu bemerken, daß die Rinde um so bälder in feste Verwachsung mit dem Holz übergeht, je sonniger die Lage und je trockener die Witterung ist, man muß also danach sich richten, um rechtzeitig die nöthige Zahl von Arbeitern zu gewinnen.

Die gewöhnlichste Art des Schälens ist die, daß man das Holz zuvor fällt, das schwächere bis zu 15 oder 20 cm Dicke, soweit es zum Brennen bestimmt ist, in die gewöhnlichen Trümmer zerlegt, diese Trümmer auf zwei entgegengesetzten Seiten leicht klopft und dann die Rinde mit der Hand ablöst; das Klopfen bewirkt übrigens einen Verlust an Gerbestoff bis zu 20 Procent und bis zu 3 Procent am Gewicht, weil dadurch der Saft aus der Rinde herausgedrückt wird.

Soll stärkeres Holz geschält werden, so schneidet man die Rinde der Länge des Stammes nach mit der Axt bis aufs Holz durch, und schiebt dann den Lohschlitzer (ein kurzes, spatelförmiges, 5—8 cm breites, 30 cm langes Eisen mit einem eben so langen hölzernen Stiel) zwischen der Rinde und dem Holz ein, hilft mit der Hand nach und bekommt so die Rindenstücke in möglichst unverletztem Zustande. — Es darf nie mehr Holz gefällt werden, als man an einem Tage schälen kann, weil sich sonst die Rinde nicht mehr löst.

Bei diesem Verfahren kann auch noch das schwächere und schwächste Reis geschält werden, was den Rindenertrag um 6—10 Procent steigert; wogegen allerdings an den Hauspähnen, die hier nicht zu vermeiden sind, wieder 2—3 Procent Rinde verloren gehen. Da aber diese Arbeiten wenigstens theilweise von schwächeren Personen verrichtet werden können, so erfordern sie einen geringeren Aufwand an Löhnen.

Nach dem Schälen wird die Rinde getrocknet, wobei sie annähernd $\frac{1}{3}$ Gewicht verliert. Das Trocknen geschieht am zweckmäßigsten auf kleinen

Gerüsten aus Stangen, welche 2—3 Fuß vom Boden horizontal oder mit einer Neigung gegen Mittag über vier Pfähle gelegt werden. Die Rinde wird mit der äußeren Seite nach oben gedreht, weil sie so das Wasser am wenigsten annimmt. Bei kaltem oder feuchtem Wetter muß man sie öfters wenden, die unten liegenden Stücke nach oben bringen; oder man legt sie von Anfang an etwas dünner, so daß höchstens zwei Lagen auf einander kommen; eine Aufschichtung von 4—5 Lagen über einander ist als eine ziemlich dichte zu betrachten und nur bei ganz gutem Wetter zulässig. Wenn die einzelnen Rindenstücke sich nicht mehr zusammenbiegen lassen, sondern abbrechen, so haben sie den gehörigen Grad der Trockenheit erreicht, die Rinde ist bruchtrocken.

Das Trocknen der Rinde durch Anlehnen an stärkere, liegende Stämme, an Steine und dergleichen ist ganz unzweckmäßig, weil die untere mit der Erde in Berührung befindliche Hälfte nie vollständig austrocknen kann. Ebenso wenig zweckentsprechend ist das Trocknen in sogenannten Böcken, wo man die Rinde in zwei Gabeln wie bei einem Sägebock einlegt. — Neuerdings baut man in den größeren Schälwaldungen eigene Trockenschuppen, die sich gut bezahlt haben. Auch deckt man die Rinde während des Regens mit getheerten Tüchern; hält aber der Regen längere Zeit an, so schimmelt unter solchen die Rinde leicht.

Die etwas theurere Art des Schälens im Stand so lange die Stangen noch stehen, wobei die Rinde mit ihrem oberen Ende am Stamm hängen bleibt, bis sie trocken geworden, liefert eine viel bessere und gerbstoffreichere Rinde und findet deßhalb immer mehr Verbreitung. Die Vortheile dieses Verfahrens liegen in der erleichterten Trocknung, der Vermeidung der Verluste durch die Hauspähne (weil die Stangen erst nach dem Schälen gefällt werden) und durch das Klopfen; dagegen kann nicht alles schwächere Reis geschält werden und bedarf man stärkerer Arbeiter dazu. —

Gegenwärtig hält man folgende Methode für die beste: Stehend schälen auf 2 m Höhe (wobei ebenso wie beim älteren Verfahren die Rinde unten an der Stange rings durchgehauen, dann der Länge nach aufgeschlitzt und streifenweise vom Stamm abgelöst wird), dann Knicken der Stange in 1 m Höhe, Schälen des oberen Schafttheils mit dem Lohlöffel ohne zu klopfen und Schälen der Aeste und Zweige mit Hülfe des Klopfens. — Neuerdings wird auch das Schälen mit Hülfe heißer Dämpfe empfohlen, welches das ganze Jahr hindurch ausführbar ist. (Danckelmann, Zeitschrift für Forst- und Jagdwesen, 1870, II. Bd., S. 341.)

Es ist Regel, die Rinde vor Inangriffnahme der Fällung zu verkaufen. Das Geschäft des Schälens wird am zweckmäßigsten auf Rechnung der Forstverwaltung, manchmal auch noch auf Rechnung der Rindenkäufer betrieben. In letzterem Fall geschieht die Fällung und Aufbereitung des Brenn- und Nutzholzes durch zuverlässige Holzhauer auf Rechnung des Waldeigenthümers. Beim Schälen hat man darauf zu sehen, daß auch die kleineren, glatten Zweige bis zu 2 cm Durchmesser noch geschält werden.

Die Rinde wird, nachdem sie getrocknet ist, entweder in Raummetern oder in Gebunden den Käufern überwiesen. Beide Methoden sind sehr unsicher, weil der Massengehalt sehr verschieden ist, je nachdem dicht oder weniger dicht gesetzt oder gebunden wurde. Die Abgabe nach dem Gewicht ist das Beste, weil dabei jeder Theil genau weiß, was er abgiebt und was er erhält. Die Bestimmung des Trockenheitsgrades kann man ohne Anstand den Käufern überlassen, so lange die Trocknung im Freien stattfindet; denn ein einziger Regen macht die Rinde viel schlechter, als der Gewichtsverlust durch einen warmen Tag sie wohlfeiler macht; deßhalb werden die Käufer nie zögern, sie rechtzeitig in Empfang zu nehmen und wiegen zu lassen. Bei dieser Art von Uebergabe muß nicht gerade alle Rinde gewogen werden; wenn die Büscheln gleich gemacht sind, so genügt es, von 100 Stück 2—5 zu wiegen und davon die Durchschnittszahl für die übrigen gelten zu lassen.

In Schälwaldungen mit 15 bis 20jährigem Umtrieb sind je nach der Standortsgüte 10—20 Procent der gesammten Holzmasse als Rinde zu gewinnen, und per Hektar 5—10 Ctr. als jährlicher Durchschnittsertrag zu erwarten.

Wo das Nadelholz mit Rücksicht auf seinen Gebrauchswerth als Nutzholz geschält werden muß, da kann man die Rinde von Fichten zum Gerben verwenden, wogegen die von Tannen ein geschätztes Brennmaterial abgiebt. Auch diese Rinde muß vor dem Aufsetzen ins Klafter getrocknet werden, nur ist dabei keine so große Sorgfalt nöthig. — Bei Fichten sind etwa 9—12, bei Tannen 10—15 Procent der Gesammtmasse als Rinde zu erwarten.

Die Rinde von Linden wird zur Bastbereitung gesucht, man trennt durch eine Art Wasserröste, wie beim Hanf, die äußere Borke von dem Bast und benützt diesen zu verschiedenen gröberen Flechtwerken.

Die falsche Oberhaut von der Birkenrinde wird zur Dosenfabrikation verwendet, wobei häufig die gesunden stehenden Stämme durch Diebe stark mitgenommen werden, wenn die Abgabe dieses Materials aus den Schlägen nicht thunlichst erleichtert wird.

§. 155.

Schlagaufnahme.

Wenn der ganze Holzschlag fertig ist, so wird das erzeugte Material aufgenommen, d. h. einzeln oder losweise in ein übersichtliches Verzeichniß gebracht, wobei der Revierverwalter, das Schutzpersonal und die Holzhauer mitwirken müssen. Die gefällten Stämme und die aufbereiteten Klaftern werden jedes einzeln mit deutlichen fortlaufenden haltbar angeschriebenen Nummern versehen, welche bei der Abgabe des Holzes noch zu lesen sind.

Diese Arbeit wird durch Schablonen von Ziffern oder durch Numerirschlägel ꝛc. sehr erleichtert und die Leistung verbessert. An den größeren Nutzholzstämmen wird je die ganze Länge und der Durchmesser in der halben Länge des Stammes gemessen, um den Kubikinhalt finden zu können. Wo alle Stämme in wenigen, zum Voraus allgemein bekannten Längen aufbereitet werden, da kann man die Einrichtung treffen, daß sich statt des betreffenden Durchmessers der Kubikgehalt des Stammes vom Gabelmaß oder der Kluppe (§. 288) ablesen läßt. — In vielen Fällen, namentlich wo es Handelsgebrauch ist, die Sortirung nach der Stärke des oberen Durchmessers vorzunehmen, muß auch dieser bei jedem Stamm gemessen und verzeichnet werden. Unregelmäßig gewachsene Stämme werden in zwei oder mehreren Längenabschnitten gemessen und berechnet; an ovalen Stämmen legt man die Hälfte des großen und kleinen Durchmessers der Berechnung zu Grunde. — Zwischen Käufer und Verkäufer muß darüber Vereinbarung getroffen sein, ob mit oder ohne Einbezug der Rinde gemessen und ob nur jeweils der volle Centimeter oder auch dessen Bruchtheile und welche in Rechnung genommen werden. — Die Rinde beträgt im 100.—140. Jahre bei Fichtenstämmen etwa 7—11, bei Weißtannen 8—13, bei Kiefern 6—11 Procent der Gesammtmasse; bei Eichen 15—20.

Der Kubikinhalt selbst wird mit Hülfe von besonderen Tafeln gefunden und übersichtlich, nach Preisklassen getrennt, zusammengestellt. Die Ermittlung des Kubikinhaltes nach dem sogenannten verglichenen Durchmesser (dem arithmetischen Mittel zwischen dem oberen und unteren) führt bei größerer Differenz zwischen beiden zu bedeutenden Fehlern, vgl. §. 289. Man spricht auch manchmal bei ovalen Stämmen, welche nach zwei Richtungen gemessen werden, von verglichenem Durchmesser.

In einzelnen Gegenden ist es üblich, bei kürzeren, zu Schnittwaaren bestimmten Sortimenten den oberen Durchmesser als maßgebend für den Kubikinhalt zu betrachten, und es hat dies für die Käufer den Vortheil, daß sie auf diesem Weg sogleich die wirklich für ihre Zwecke nutzbare Holzmasse erfahren, weil hiefür in den meisten Fällen der obere Durchmesser den Ausschlag giebt. Findet die Nutzholzaufnahme unmittelbar nach der Fällung statt, der Verkauf und die Uebergabe an den Käufer aber erst später, so entstehen Differenzen im Maß, die je nach der Jahreszeit und der Dauer der Austrocknung verschieden sind, beim Laubholz bis zu 8 $\frac{0}{0}$; bei Nadelholz bis zu 6 $\frac{0}{0}$ der Masse betragen können.

Bei schwächeren Nutzhölzern, Hopfenstangen, Rebpfählen, Bandstöcken ꝛc. wird in der Regel nur die Minimal-Länge und die Stückzahl angegeben, wobei aber vorausgesetzt wird, daß die Dicke durchweg, wenigstens nahezu, gleich und fest bestimmt sei. Da und dort verlangt der Handelsgebrauch die unentgeltliche Zugabe von 3 Stück pro Schock oder 5 Stück pro Hundert, wovon nicht wohl abgegangen werden kann, ohne die Kaufliebhaber vor den Kopf zu stoßen.

Beim Brennholz werden jedesmal ein oder mehrere Stöße, wenn sie unmittelbar neben einander stehen, mit einer Nummer versehen. Hauptsächlich ist dabei die Gewohnheit und der Bedarf der Abnehmer ins Auge zu fassen. Wo größere Quantitäten einem einzigen Empfänger zufallen, da kann man ohne Nachtheil mehrere Stöße unter einer Nummer aufführen. Wo das Gegentheil der Fall ist, muß man jeden einzeln mit einer Nummer versehen und bei der Aufschlichtung dafür sorgen, daß solche kleine Quantitäten besonders gesetzt werden. Ebenso erhält jeder Haufen von Wellen oder von ungebundenem Reis seine eigene Nummer.

Ist in der Art alles im Schlag vorhandene Material verzeichnet, so wird die Aufnahme in der Regel an Ort und Stelle nochmals revidirt und hernach ins Reine geschrieben. Hierauf folgt, je nach den besonderen Verwaltungsvorschriften, die Kontrole eines höheren Beamten, oder die Uebergabe an die verrechnende Stelle, oder den Käufer des Holzes. — Bei der Uebergabe wird neben der Quantität auch die Qualität des Holzes vom Käufer besonders beurtheilt und man hat darauf zu sehen, daß bei dieser Gelegenheit die Interessen beider Theile gleichmäßig gewahrt werden; da ein billiges Verfahren die Käufer anzieht und die Konkurrenz steigert. — Messungsfehler und Mängel, welche an einzelnen Stämmen erst nach der Uebergabe gefunden werden, sollen in der Regel keine Berücksichtigung mehr finden; doch gebieten Billigkeitsgründe oftmals eine Abweichung von dieser Regel.

Zweites Kapitel.

Holztransport zu Lande.[1]

§. 156.

Beischaffung an die Wege.

Das Tragen und Werfen des Holzes ist oben beim Brennholz schon erwähnt worden; ebenso das Schlitten von Holz mit Ausschluß des Gespannes. Wo keine regelmäßigen Schlittwege bestehen, kann dies auf der Ebene nur bei mäßig tiefem Schnee geschehen; an steilen Bergabhängen von 20—30° Neigung schlittet man auf dem offenen Boden und hängt an einer Kette noch acht bis zehn Scheite hinter den Schlitten, welche auf dem Boden nachgeschleift werden, um damit die Reibung zu vermehren.

[1]) Jägerschmidt, Handbuch für Holztransport und Floßwesen. Karlsruhe 1827, bei Müller (ein älteres, aber noch ganz brauchbares Werk). Mittheilungen über das Forst- und Jagdwesen in Bayern. III. Bd. 2. Heft. München, Palm 1860. (Der betreffende Artikel über Holzaufbereitung und Landtransport ist auch als Separatabdruck im Buchhandel.) — G. R. Förster, Das forstliche Transportwesen. Wien und Leipzig, Moritz Perles. 1885.

Auf bloßem, aber gefrorenem Boden kann man bei einer Neigung des Terrains von 15—25° den Schlitten noch anwenden. Bei ganz geringem Neigungswinkel wird das Schlitten ohne Schnee dadurch erleichtert, daß man Tannenreis, oder schwache, gleich dicke Aeste oder Scheite (welch letztere man an der Stelle, wo der Schlitten darüber gleitet, nöthigenfalls mit Speck beschmiert oder mit Wasser befeuchtet, um die Reibung zu vermindern) quer über den Weg legt und über diese Unterlagen weg den Schlitten fortzieht. Im Sihlwald bei Zürich hat man diese Querhölzer zwischen zwei Leiterbäumen eingespannt und legt davon Fach an Fach der ganzen Länge des Weges nach; es sind dies die sogenannten Leiterwege, auf denen ebenfalls im Sommer mit Schlitten gefahren wird. Die Leitern erhalten die Breite des Schlittens und eine Länge von 3—4 m, wobei sie noch gut von zwei Männern gehandhabt werden können. Bei Schnee wird das zu schnelle Abgleiten des Schlittens durch Einwerfen von Erde, Sand oder Kohllösche verhindert. Es wird zwar in der Regel eine feste Bahn eingehalten und diese von Felsen, Holz oder ähnlichen Hindernissen zuvor befreit, aber den Namen eines Weges verdient dieselbe dennoch nicht.

Um Langholz an den Weg zu schaffen, wird das Schleifen angewendet. Zu dem Zweck wird der Stamm von allen größeren Unebenheiten befreit, und an beiden Enden, namentlich auf der Seite, die beim Transport nach unten zu liegen kommt, an den scharfen Kanten abgestumpft. Am dünnen Ende schlägt man sofort in ein gebohrtes Loch das sogenannte Lotteisen (einen Nagel, der mit einem Ring derartig verbunden ist, daß er sich ungehindert um seine Axe drehen kann). Dieses Eisen befestigt man mittelst des Ringes und einer Kette an das Vordergestell eines Wagens, so daß der Stamm halb aufgehängt ist, und in dieser Weise vom Zugvieh fortgezogen wird.

Minder schädlich für den Nachwuchs ist das Schleifen mit dem Lottbaum. Dieser besteht aus einer Gabel- oder einfachen Deichsel, welche nach rückwärts mit einem starken buchenen, etwa 1 m langen und 0,4 m breiten Brett in fester Verbindung steht; in diesem ist noch ein 25 cm hohes, entsprechend starkes Holz aufrechtstehend eingefügt, welches dem Ring des Lotteisens zum Anhalt dient und zwar so, daß der zu schleifende Stamm in der Regel mit seinem dünnen Ende auf jenes Brett zu liegen kommt und dann darauf vorwärts gezogen wird. Sobald die Thiere anziehen, hat der Fuhrmann mit Hebeln nachzuhelfen, ebenso da, wo es über Unebenheiten geht; sind diese sehr bedeutend, kommen Felsen, alte Stöcke und dergleichen in den Weg, so müssen vorher Stangen hingelegt werden, um den Stamm darüber wegziehen zu können. Bloß auf solchem Terrain, wo größere oder geringere Neigungen rasch mit einander abwechseln, ist das Anspannen des Stammes am dicken Theil nothwendig, um zu vermeiden, daß derselbe zu lange die horizontale Lage beibehält, wenn die Zugthiere am Hang stehen und der Stamm noch auf der Ebene liegt.

Das **Rutschen** des Holzes wird durch dessen Schwere bewirkt, kann also nur an Bergabhängen angewendet werden; man hat dabei vorzüglich darauf zu sehen, daß der Stamm nicht beschädigt wird und die gewünschte Richtung einhält. — Beim Stammholz geschieht dies am sichersten durch das **Seilen**; man befestigt mittelst eines eisernen Hakens, der in ein 6—10 cm tiefes, regelmäßig eingehauenes Loch eingekeilt wird, das Seil am dicken Ende des Stammes und bringt ihn, nachdem das Seil zwei- oder dreimal um einen stehenden Baum geschlungen ist, mittelst Hebeln in Bewegung, welche man durch Anziehen oder Nachlassen des Seiles so regulirt, daß man ihrer stets Meister bleibt. Ist das Seil kürzer, als der Bergabhang hoch, so läßt man, wenn es abgelaufen, den Stamm zur Ruhe kommen und rückt mit dem Seil abwärts, wo man es um einen anderen stehenden Stamm schlingt. Mittelst eines Flaschenzuges kann man dieses Geschäft besser besorgen, die Seile nützen sich nicht so stark ab, und man hat die Bewegung besser in der Hand, auch werden die stehenden Bäume dadurch weniger beschädigt. — Den Stamm **frei** rutschen zu lassen, geht nur da an, wo es sich um kleinere Bergabhänge, um schwächeres Holz und um keine Rücksicht für den Nachwuchs handelt; stärkere Stämme werden dabei in der Regel beschädigt. In den großen Kahlschlägen der Alpenforste werden die 3—4 m langen Rundholzstücke (Drehlinge) auf diese Art an die Riesen geschafft, wobei die **Sappe** oder der **Sapin** gute Dienste leistet; dies ist ein an hölzernem Stiel, wie die Axt, rechtwinklig befestigter eiserner Haken mit scharfer Spitze, die man in die Drehlinge einhaut und diese damit bergabwärts in Bewegung setzt.

§. 157.

Transport in Riesen.

An hohen Bergabhängen hat man die Richtung des Stammes zu wenig in der Hand, deßhalb legt man in solchen Lokalitäten mit Benutzung nicht zu tief eingeschnittener Terrainmulden **Erdriesen** an; dies sind rinnenförmige Vertiefungen, in welchen etwaige Unebenheiten, namentlich Steine, Wurzeln ꝛc., entfernt sein müssen und welche man nöthigenfalls ausgräbt, um in ihnen die Stämme ins Thal hinunter rutschen zu lassen; sie sollen keinen zu starken Fall haben (etwa 20—30° Neigung), möglichst gleichmäßig fallen, und wenn sie länger sind, zwei oder drei Absätze haben, auf denen der Stamm in eine langsamere Bewegung kommen kann. Je schwerer die einzelnen Holzstücke sind, die in solchen Erdriesen transportirt werden, um so weniger steil dürfen diese angelegt werden; wird bei Schnee oder Eis transportirt, so genügt eine Neigung von 10 bis 15 Graden.

Scheiterholz, dessen einzelne Trümmer ein geringes Gewicht, also beim Fall ein geringeres Beharrungsvermögen haben, kann in solchen Erdriesen nicht gut transportirt werden. Für dieses baut man eigene Riesen aus Holz; man verwendet hiezu je nach der geforderten größeren oder geringeren Dauer schwächere Stangen und Stämme, von denen man je 7—15 Stück muldenförmig zusammenfügt und auf die ganze Länge der Bergwand ein Glied ans andere anreiht. Das oberste Fach bekommt eine stärkere Neigung, 28—30°, um dem eingeworfenen Holz die nöthige Anfangsgeschwindigkeit zu geben; am unteren Ende wird die Neigung nach und nach verringert. Das letzte Fach erhält eine horizontale der ansteigende Lage und schließt mit dem sogenannten Auswurf, einem starken nöthigenfalls mit Eisen beschlagenen Klotz, an welchem die Scheite anprallen und hinausgeschleudert werden; im übrigen Theil der Riese ist die Neigung möglichst gleichmäßig, etwa 20—22°, zu geben. Bei geringerem Fall treten Stockungen ein, wenn man nicht durch Einleiten von Wasser, oder durch eine leichte Eisrinde die Reibung vermindern kann.[1]) — Das Holz muß Stück für Stück eingeworfen werden.

Die Riesen von Holz werden stark abgenutzt und dauern deßhalb nicht lange. Die Kosten der ersten Anlage sind sehr hoch. Das darin zu Thal beförderte Holz erleidet einen bedeutenden Abgang durch Splittern und Abstoßen der Rinde, so daß man diese Art des Transports nur bei sehr niederen Holzpreisen oder in sehr schwierigem Terrain für zulässig erachten kann.

Für kleinere Strecken hat man auch Riesen aus zwei unter einem rechten Winkel zusammengenagelte Bohlen in transportabeln Theilen hergestellt, welche durch in die Erde seitlich eingeschlagene Pflöcke in der richtigen Lage festgehalten werden, um das Scheitholz in denselben abriesen zu können.

In sehr schwierigem Terrain benutzt man die Drahtseilriesen, womit man leichtere Kurzhölzer und sogar auch Sägklötze an einem gespannten Drahtseil abgleiten läßt; man hängt das Holz mit Haken, welche in Rollen laufen, an den bergabwärts gespannten Draht, woran es schnell abrutscht. Wo das Holz über steile Felswände transportirt werden muß, ist diese Art ganz zweckmäßig. (Fankhauser Drahtseilriese, Bern 1872. Jent und Reinert.)

§. 158.

Transport auf Wegen.

Auf regelmäßigen Holzabfuhrwegen wird das Holz meistens mit Gespannfuhren auf Wagen und Schlitten gefahren, auch das Schleifen des Stammholzes wird noch angewendet, und es schadet den Wegen mit festgefahrener Bahn in der Regel weniger, als man gewöhnlich glaubt. Das

[1]) Großbauer, Oesterr. Monatsschrift für Forstwesen, 1869, S. 186.

Fahren geschieht mittelst Schiebkarren und leichten Schlitten, oder mittelst eines Gespannes auf Wagen und schwereren Schlitten. Beim Brennholz erfolgt das Aufladen stückweis von Hand, bei schwererem Stammholz mittelst des Hebels, der Winde und der Hebelade.

Zu ganz schweren Stämmen muß man sehr solid gebaute Wagen, sogenannte Blockwagen, verwenden. Zu Schlitten empfehlen sich im Gebirge für den Transport des Scheitholzes durch Menschen die leichten Schlitten, welche bergaufwärts getragen werden können.

Drittes Kapitel.

Wegebau.[1])

§. 159.

Wegenetz.

Wenngleich die Waldwege dem Transport sämmtlicher Waldprodukte dienen müssen, so gehört die Lehre darüber doch vorherrschend hieher, weil sie ausschließlich fast mit Rücksicht auf den Holzabsatz gebaut werden, den sie in allen Theilen wesentlich befördern, während sie gleichzeitig eine schonendere Behandlung des Waldes möglich machen.

Die Wegeanlagen müssen stets im größeren Zusammenhang aufgefaßt, es muß für jeden zusammenhängenden Waldkomplex ein eigenes Wegenetz entworfen werden, bei dem natürlich an die bereits zu anderen Zwecken bestehenden öffentlichen Straßen, oder an die früher nach anderem System angelegten Waldwege, sofern sie ohne zu großen Nachtheil beibehalten werden können, ein passender Anschluß zu erwirken ist. Im Uebrigen soll dasselbe das Holzanrücken ebenso wie die Abfuhr aus dem Walde möglichst erleichtern und mit den geringsten Kosten einschließlich des Bodenwerthes zweckentsprechend hergestellt und unterhalten werden können, daneben aber auch die wirthschaftliche Waldeintheilung nicht stören.

Wo eigentliche Wegbautechniker beigezogen werden, um die Pläne zu entwerfen, da muß der Forstmann zunächst auf den wesentlichen Unterschied der Aufgabe hinweisen, daß im Wald nicht die kürzeste Linie, sondern diejenige, zu der das meiste Holz am leichtesten beigeschafft werden kann, die zweckmäßigste ist. Die Verlegung der Waldwege auf schmale Rücken des Terrains ist ganz ungeeignet, weil das Holz nur mit großem Aufwand bergaufwärts an die Wege angerückt werden kann. Zickzackwege an Hängen sind ebenfalls unzweckmäßig, weil sie nur einen schmalen Streifen des Hanges aufschließen. In ebenem Terrain gehört kein Weg

[1]) H. Karl, Waldwegbau. Stuttgart. Cotta, 1839. Schenk, Die Unterhaltung der Straßen. Reutlingen, 1854. Schuberg, Waldwegbau. Berlin, Springer. 1873/74.

auf die Eigenthumsgrenze, weil er hier nur einseitig wirkt, aus gleichem Grunde nicht an die Scheidelinie zwischen Berghang und Ebene. An den Hängen, wo die Wege alle nur einseitig wirken, hat man sie an die untere Grenze, und wenn zwei Wege angelegt werden, den oberen in die Mitte des Hanges zu legen.

In erster Linie ist bei Aufstellung eines Wegnetzes die Richtung des oder der Hauptwege festzusetzen; dieselbe muß zusammenfallen mit der Richtung, in welcher die Mehrzahl der Waldprodukte auf kürzestem Wege an den Ort ihrer nächsten Bestimmung gebracht werden kann. Konkurriren zwei Richtungen, so kann man, wenn die Abweichung nicht zu groß, beide eine Strecke weit zusammenlegen. Hierauf ist der Abstand der einzelnen Haupt- und Nebenwege von einander zu bestimmen, wobei natürlich ein größerer Spielraum gelassen werden muß, um sich dem Terrain, den schon bestehenden Wegen und der Ausdehnung des betreffenden Waldeigenthumes anschließen zu können. Zweckmäßig ist es besonders, die Wege auf Distrikts- und Abtheilungsgrenzen zu verlegen, um diese dadurch kenntlicher und den Weg für die beiden angrenzenden Bestände wirksam zu machen. Der Abstand der Hauptwege von einander richtet sich in hügeligem und bergigem Terrain nach der Entfernung der Thaleinschnitte und nach der Höhe der Bergwände; der Abstand zweier Nebenwege dagegen mehr nach der Art und Zeit des Holztransportes; geschieht letzterer bei Schnee auf Schlitten, so kann man die Entfernung größer machen, als da, wo das Holz getragen wird. Eine Entfernung von 3—500 m wird in der Regel genügenden Spielraum geben und den Transport ausreichend erleichtern.

Die Breite der Holzabfuhrwege kann gegenüber von den Landstraßen hauptsächlich aus dem Grunde beschränkt werden, weil sie meistens nur in einer Richtung mit beladenem Fuhrwerk befahren werden, und wird auch innerhalb dieses Rahmens noch verschieden genommen; schmale Wege kosten zwar weniger in der Anlage, aber mehr in der Unterhaltung. Wo bloß Brennholz auf Schlitten transportirt wird, hat man schmale, sogenannte Schlittwege bis zu 2 m Breite. Für Fuhrwerke nimmt man $2\frac{1}{2}$ bis 3 m als die geringste, 5—6 m als die größte Breite an. Es ist übrigens nicht nothwendig, eine durchaus gleiche Breite einzuhalten; an schwierigen Stellen vermindert man sie der Kostenersparniß halber. Bei geringerer Breite müssen Ausweichstellen für die sich begegnenden Fuhrwerke angelegt werden Wo größere Stämme transportirt werden, muß man die gerade Linie auch im bergigen Terrain möglichst lange beibehalten, und die Krümmungen mit größerem Halbmesser anlegen. Bei den Wendeplatten, wo der Weg seine bisherige Richtung in die entgegengesetzte verändert, ist die Länge des zu transportirenden Holzes ebenfalls maßgebend, doch ist dabei zu beachten, daß man da, wo bloß abwärts gefahren wird, keine so große Länge der Wendeplatte nöthig hat, wie beim

Transport bergaufwärts; die Breite bleibt natürlich bei beiden nahezu gleich der Länge des Holzes und des Gespanns.

Die Richtung der Wege in bergigem Terrain ist in der Art zu wählen, daß sie mit beladenem Wagen womöglich nur bergabwärts befahren werden dürfen; das Gefäll kann unter solchen Umständen bis zu 15 Procent betragen, wogegen es da, wo der Holztransport bergaufwärts geht, höchstens 8 Procent sein darf. Schlittwege, die nur bei Schnee benützt werden, dürfen nicht über 6 Procent Gefäll bekommen, und es muß dasselbe möglichst gleichmäßig vertheilt sein, darf andererseits aber auch nicht unter 3—4 Procent herabgehen, weil sonst das Holzziehen einen allzu großen Kraftaufwand erfordert. Bei 12—15 Procent Neigung ist das Schlitten auf Schneebahn kaum mehr zulässig, jedenfalls sehr gefährlich. Allzuschwieriges, namentlich sumpfiges Terrain wird umgangen, wo es ohne Nachtheil geschehen kann.

Hat man nach diesen verschiedenen Richtungen ein Wegnetz entworfen, wobei gute Terrainkarten wesentliche Dienste leisten, so ist es nothwendig, die Reihenfolge zu bezeichnen, in der die Wegbauten in Angriff genommen werden sollen, dabei entscheidet zunächst die Dringlichkeit nach der früheren oder späteren Benützung des Weges zur Abfuhr bedeutenderer Holzmassen; so daß die durch haubare Bestände beabsichtigten Wegbauten früher in Angriff genommen werden müssen, als die übrigen. Es ist jedoch zu beachten, daß die Wege womöglich nicht sogleich nach ihrer Herstellung strenge befahren werden sollen, daß sie vielmehr erst ein oder zwei Jahre sich gehörig setzen müssen, daß also die Weganlage um so viel früher ausgeführt werden muß.

§. 160.

Abstecken und Planiren der Wege.

Ist die Richtung des Weges im Allgemeinen festgestellt, so muß man im Walde selbst die passende Linie für den Weg aussuchen, wobei hauptsächlich das gegebene Gefäll ins Auge zu fassen ist; außerdem hat man allzu großen Schwierigkeiten des Terrains, Felsen und Sümpfen auszuweichen, wenn dies mit weniger Kosten geschehen kann, ohne die Zweckmäßigkeit zu beeinträchtigen.

Bei Bestimmung der Wegrichtung hat man von den gegebenen festen Punkten, z. B. Ueberfahrten über fremdes Eigenthum, über Gewässer oder von Holzlagerstätten 2c. auszugehen. Das Ausstecken des Weges geschieht entweder in leichteren Fällen bloß nach dem Augenmaaß, oder mit Hülfe von Gefällmessern oder feineren Nivellirinstrumenten; es muß dabei überall möglichst genau erhoben werden, welche Masse von Erde bei Abgrabungen und Auffüllungen zu bewegen ist.[1]) Das abzugrabende und aufzufüllende

[1]) Ed. Heyer, Tafeln zur Erdmasseberechnung beim Bau der Waldwege. Berlin und Leipzig, Hugo Voigt. 1879.

Material soll sich womöglich ausgleichen; dabei ist zu beachten, daß frisch aufgeschüttete Erde einen um $\frac{1}{4}$ bis $\frac{1}{3}$ größeren Raum einnimmt, als auf ihrer ursprünglichen Lagerstätte. Ferner ist zu bestimmen der Neigungswinkel der Böschungen (in der Regel 45° oder einfüßige Böschung in Einschnitten, und $1\frac{1}{2}$füßige bei Auffüllungen), ob auf beiden Seiten Gräben nothwendig und wo Stützmauern, Wasserdurchlässe, Dohlen und Kandeln anzulegen sind. Danach richtet sich natürlich der Kostenaufwand. Bei dem Abstecken der Weglinie ist, wo es ohne Steigerung der Anlagekosten geschehen kann, auf Einhaltung eines möglichst gleichen Gefälles hinzuwirken, Gegengefälle sind unter allen Umständen zu vermeiden.

Beim Bau selbst wird unterschieden zwischen der Herstellung des **Unterbaues** oder den Planirungsarbeiten und der Herstellung eines **Steinkörpers**. — Die **Planirungsarbeiten** auf einem mehr ebenen Terrain bestehen einfach darin, daß man zu beiden Seiten des Weges Gräben aushebt und mit der dabei gewonnenen Erde die in der Breite des Weges vorhandenen Löcher und Vertiefungen ausfüllt, nachdem zuvor der Unkrautfilz, gröbere Wurzeln, Stöcke, Felsen und Gestrüpp entfernt sind. Der Weg wird auf diese Weise je nach der Breite in der Mitte um 15—25 cm erhöht und das Profil regelmäßig gewölbt, um den Wasserablauf und die Austrocknung zu begünstigen. An Hängen giebt man der Wegplanie eine gleichmäßige Neigung gegen den Berg, so daß der äußere Rand um 20—30 cm höher liegt, als der innere. Wo Langholz geschleift werden soll, ist eine stärkere Wölbung der Wege unzulässig. — Vertiefungen des Terrains, welche auf diese Weise nicht ausgeglichen werden können, und wegen deren man die gerade Richtung nicht verlassen will, müssen durch Beischaffung einer größeren Menge Erde aufgefüllt werden; man nimmt solche in der nächsten Nähe, am zweckmäßigsten vom Wege selbst, von solchen Erhöhungen, welche zum gleichen Zweck abgegraben werden. Die Auffüllung geschieht in 25—50 cm starken Schichten, welche einzeln festgestampft werden müssen; Felsen, welche man in die Auffüllung nimmt, sind vorher in höchstens 0,1 cbm haltende Stücke zu zerkleinern. Wo der Boden naß ist, muß man durch tiefer eingeschnittene Seitengräben und möglichste Beförderung des Wasserablaufes den Wegkörper trocken legen, außerdem durch Einlegen von Nadelholzreis, im Nothfalle auch Erlen- oder sonstiges Laubholzreis oder Faschinen, und nachheriges Aufbringen von Erde eine trockene Fahrbahn herzustellen suchen, falls es an Steinen in der Nähe fehlen sollte. — In sehr lockerem, losem Torfboden treibt man mit Hülfe eines etwa 15—20 cm starken Pfahles 0,5—0,8 m tiefe Löcher in den Boden, welche je nach der Lockerheit des Bodens 0,3—0,5 m Abstand von einander bekommen und füllt diese mit Sand aus, wodurch das Terrain sich so weit befestigt, daß es einen Steinkörper tragen kann.

Für viele Verhältnisse genügen solche planirte Erdwege, namentlich da, wo bloß im Winter bei Frost gefahren wird und wo sie bei nassem Wetter abgesperrt werden dürfen, oder wo das Holz in beliebigen kleineren Lasten abgeführt werden kann. Bei festem, kiesigem, steinigem oder sandigem Boden ist sogar die Abfuhr stärkerer Stämme fast das ganze Jahr hindurch auf solchen Wegen möglich. — Durch einen dichten Grasfilz wird die Tragfähigkeit des Weges sehr erhöht, deßhalb begünstigt man solchen nach Thunlichkeit; auch mit eingelegtem Haidekraut, mit Sägespähnen oder Kiefernborke werden in losem Sandboden Wegebesserungen vorgenommen, so lange kein geeigneteres Material zu Gebote steht.

§. 161.

Herstellung eines Steinkörpers.

Es giebt jedoch auch viele Oertlichkeiten, wo die Herstellung einer festeren Fahrbahn nothwendig ist, dies geschieht durch Aufbringung von Lehm, Sand, Kies oder Steinen. Die Sandwege sind zwar besser, als die bloß planirten Wege, aber sie erfordern ein gleichmäßiges Gefäll, nicht über 7—8 Procent, stärkere Wölbung und sehr sorgfältiges Ableiten des Wassers; der dazu nöthige Sand soll nicht ganz rein sein, vielmehr bis zu 20 Procent Thon als Bindemittel haben; derselbe wird nach Herstellung der Planie in der Mitte des Weges 15—25 cm, an den Seiten 9—12 cm dick aufgefahren und regelmäßig über den Weg vertheilt; in dieser Weise wurden im Ellwanger und Limpurger Wald, wo es im Gebiete der thonigen Keupermergel an Steinen fehlt, viele Wege zur Brennholz- und Kohlenabfuhr gebaut, die sich ganz gut bewährt haben. — Aehnlich verfährt man bei Herstellung der Lehmwege in Gegenden, wo trockener leichter Sand die herrschende Bodenart ist und Steine mangeln. Durch fernere Aufbringung einer 5—10 cm starken Kiesschicht ergiebt sich dann eine sehr gute Fahrbahn.

Die Herstellung eines Steinkörpers ist nothwendig für Wege, die sehr frequent sind, die mit großen Lasten befahren werden und über minder festen Boden führen. Der vollkommene Steinkörper besteht aus der sogenannten Vorlage oder Sturzpflaster, aufrecht gestellte gröbere Steine, die fest in einander versetzt und verkeilt werden, und aus dem Kleingeschläge, welches auf die Vorlage zu liegen kommt, und die eigentliche Fahrbahn bildet. Das Ausweichen des Steinkörpers nach der Seite hin wird dadurch verhindert, daß man bei der Vorlage die größeren Steine an beiden Seiten nach außen anbringt und sie 60—80 cm vom Graben oder vom Rande der Böschung entfernt einsetzt, ihnen also durch die dazwischen befindliche Erde der Bankette oder Nebenwege einen Halt giebt. Die Vorlage kann aus weicheren Steinen genommen werden, man macht sie 20—30 cm hoch; zum Kleingeschläg wählt man das härtere Material, das in Stücke von 2—5 cm Durchmesser zerschlagen und dann 6—10 cm hoch auf die Vorlage aufgeschüttet wird. Je kleiner innerhalb dieses Rahmens das Material zum Kleingeschläg gemacht wird, um so leichter und fester verbindet es sich mit einander, und bei Wegreparaturen mit der vorhandenen Fahrbahn; namentlich ist aber zu beachten, daß weicheres Material in kleineren Stücken widerstandsfähiger wird als wenn man es in größeren Dimensionen aufbringt. — Bei sehr harten Steinen ist es mit Rücksicht auf das Zugvieh nothwendig, das Kleingeschläg noch mit einer dünnen Schicht Sand oder Lehm zu decken. Ein Anwalzen des Steinkörpers mit schweren Straßenwalzen vor Beginn des Befahrens ist von großem Nutzen.

Nicht überall wird ein so sorgfältig gebauter Steinkörper hergestellt, es genügt oft, wenn nur ein sogenanntes Rauhgeschläg statt der Vorlage eingeworfen wird, wo man Steinbrocken von 13—15 cm Durchmesser etwa 15—20 cm hoch auf den Weg einwirft und durch Andecken von Erde an den Seiten des Weges ihr Ausweichen verhindert; nachher aber in der oben angegebenen Weise ein Kleingeschläg darauf bringt.

Es ist aber nicht in allen Fällen geboten, ein und denselben Weg durchaus nach dem gleichen Systeme zu bauen, auf den trockenen festen Stellen wird er oft bloß planirt, dagegen auf den nassen und sumpfigen mit Steinkörper versehen. Je wohlfeiler man den Zweck (immerhin aber vollständig) erreicht, um so vortheilhafter ist es.

Beim Wegbau sind noch Wasserdurchlässe, Dohlen und Kandeln herzustellen, sie müssen gut gebaut und so weit gemacht werden, daß sie das Wasser, welches durch sie abfließen soll, jederzeit vollkommen fassen; schwächere Quellen können durch Thonröhren abgeleitet werden. Neuerdings fertigt man sehr weite und dauerhafte Röhren aus Cement, welche einzeln schon größere Wassermengen ableiten, nöthigenfalls aber auch zu zweien oder mehr nebeneinander gelegt werden, um die Wirkung zu verstärken. — Die gepflasterten Kandeln, welche das Wasser über den Weg wegleiten, sind in der Regel für Waldwege zweckmäßiger, weil der Wasserablauf über dieselben viel weniger gefährdet ist, als durch die Dohlen und Durchlässe, indem sich letztere leicht mit Holz, Laub und dergleichen verstopfen.

Um die Ableitung des Wassers von den Wegen nach den Gräben vollständig zu bewirken, sind da, wo die Wege eine Neigung haben, von Strecke zu Strecke, bei geringerer Neigung weniger, bei stärkerer mehr Wasserauslässe anzulegen, welche das in den Fahrgeleisen sich sammelnde Wasser seitwärts abführen.

§. 162.

Unterhaltung der Wege.

Bei der Unterhaltung der chaussirten Wege hat man hauptsächlich darauf zu sehen, daß die Wölbung oder die Ebene immer gleichmäßig erhalten wird, daß sich keine Leise und sonstige Vertiefungen bilden, daß nicht immer in einem Geleise gefahren wird und daß die entstehenden Vertiefungen nach vorheriger Entfernung des Morastes sobald als möglich wieder mit kleingeschlagenen Steinen ausgefüllt werden. Dies geschieht nur bei nassem Wetter, damit sich das neu eingeworfene Material um so besser mit dem alten verbindet; ein vollständiges Ueberschütten der Straße mit neuem Kleingeschläg ist nur dann nothwendig, wenn sich das Profil ihrer Wölbung verändert hat, oder wenn die erst eingebrachte Schichte durchgefahren ist. Das Kleingeschläg ist in der Art herzustellen, daß zur Ausgleichung von kleineren Unebenheiten im Weg 2—3 cm — für größere Vertiefungen 3—5 cm große Steine in der Nähe parat sind. Die einzeln auf dem Weg herumliegenden Steine (Rollsteine) müssen jederzeit beseitigt werden. Außerdem sind die Wasserauslässe stets offen zu erhalten, die Gräben, Dohlen ꝛc. zu reinigen, damit das Wasser ungehindert abfließen kann; die Böschungen sind vor dem Abrutschen zu sichern, die abgerutschte Erde zu entfernen. Auf Sandboden ist eine dichte Beschattung der Wege vortheilhaft; anderwärts aber sollte stets an frequenteren Wegen auf der Südseite ein Streifen des Bestandes abgeholzt werden, um die Austrocknung zu befördern. — Das Schleifen von geschälten Nadelholzstämmen darf erst gestattet werden, wenn sich das Kleingeschläg mit der Unterlage fest verbunden hat, oder bei Schneedecke.

Bei einfach planirten Wegen ist die Wasserableitung fast noch wichtiger; der hauptsächlichste Schutz, den man denselben angedeihen lassen kann, besteht aber darin, daß man sie nur bei trockenem, festem oder gefrorenem Boden befahren läßt; weßhalb man sie bei nassem Wetter mittelst Schlagbäumen absperrt. Eine etwa vorhandene Grasnarbe ist sorgfältig zu erhalten. — Die Unterhaltung der Wege wird in größeren Revieren meist an zuverlässige Leute in Akkord übergeben, es ist aber dabei Sorge zu tragen, daß diese Wegwärter ihre Schuldigkeit thun und ihre Stelle nicht bloß als eine Versorgungsanstalt betrachten. Namentlich hat man einer Person nicht zu viel Wege zu übergeben, weil sonst die Arbeiten nicht rechtzeitig überall vorgenommen werden könnten.

§. 163.

Waldeisenbahnen, Rollbahnen.

In den letzten Jahren wurden zu verschiedenen Zwecken Schienenbahnen mit leicht transportabeln Geleisen hergestellt und dann solche auch beim Holztransport mit günstigem Erfolge in Verwendung genommen; sie empfehlen sich namentlich für ausgedehnte, in der Ebene gelegene Forste mit vorherrschender Nutzholzerzeugung, da sie den Transport außerordentlich erleichtern und meistens auch billiger herzustellen sind als gute dauerhafte Waldwege, sie lassen sich aber überdies viel mehr ausnutzen als diese, weil sie dem Fortschreiten der Schläge folgen, oder für ganz andere Absatzrichtungen sofort verwendbar gemacht werden können, wenn sie an der zuerst verwendeten Stelle ihren Zweck erfüllt haben. Der Transport mit Pferdezug kostet auf chaussirten Straßen das 4fache, auf gewöhnlichen Erdwegen das 8fache, wie auf solchen Bahnen.

Die Einrichtung derselben ist ähnlich wie bei den sogen. Arbeitsbahnen: das Wesentliche beruht darin, daß leichte Stahlschienen auf 10—18 cm starken Rundholzschwellen in Gefachen von 2—3 m Länge verbunden sind, welche dann zu fortlaufenden Geleisen vereinigt werden, in welchen die erforderlichen Ausweichestellen angelegt sind. Auf diesen Bahnen laufen solid gebaute, niedrige Rollwagen, welche leicht be- und entladen werden können.

Bei der Anlage soll besonders darauf hingewirkt werden, alle und jede Steigung zu vermeiden, da jede solche die Leistungsfähigkeit bedeutend herabdrückt; um eine Steigung von 1 % zu überwinden, braucht man schon die doppelte Zugkraft, bei 2 % die 3,4fache, bei 3 % die 4,7fache, bei 4 % die 6,2fache und bei 5 % die 9fache.

Näher auf die Beschreibung einzugehen, dürfte in so fern überflüßig sein, weil die erste Anlage doch stets von den Fabrikanten der Schienen und Rollwagen unternommen wird, welche darin mehr Erfahrung haben als der Forstmann. Detailirte mit Zeichnungen verdeutlichte Beschreibung findet sich im Centrbl. f. d. ges. Forstw. 1884, S. 421; Nachweise über sehr günstige Ergebnisse bei größeren Versuchen in Danckelmann Zeitschr. f. F. und Jagdw. 1885, S. 193 und in der Monographie Runnebaum die Waldeisenbahnen Berlin 1886, J. Springer.

Viertes Kapitel.

Vom Holztransport zu Wasser.[1])

§. 164.

Einrichtung der Floßstraße.

Es ist hiebei zu unterscheiden, zwischen dem Transport des Scheit-, Klotz- und Lang-Holzes. Dieses muß zum Flößen vorbereitet und zugerichtet werden, man bringt eine größere Anzahl Stämme in mehr oder weniger feste Verbindung mit einander und bildet dadurch ein Floß, welches von einer der Größe desselben entsprechenden Mannschaft geleitet wird. Auch das Sägholz und Brennholz bringt man theilweise in feste Verbindung mit einander; in den meisten Fällen aber läßt man es frei, ohne Zusammenhang unter sich im Floßbach schwimmen. Dies heißt man die Wild- oder Verlorenflößerei, Schwemme oder Trift; jenes dagegen die Gebundenflößerei.

Für beide Arten von Flößerei braucht man an den Floßbächen entsprechende Einrichtungen zur Sicherung der nöthigen Wassermenge, zur Erhaltung der Ufer, zum Durchlaß durch die Schleusen und Wehre, zur Abweisung des Holzes von den Fabrik- 2c. Kanälen, zum Einwerfen und Einbinden, wie auch zum Ausziehen desselben.

[1]) Mittheilungen über Forst- und Jagdwesen in Bayern. III. Band. 4. Heft. 1862.

Um die erforderliche Wassermenge sich zu sichern, ist es nothwendig, an kleineren Gewässern Floßteiche, Schwellungen oder Klausen anzulegen, in denen das Wasser des Floßbaches oder eines Seitenbaches aufgestaut und rasch abgelassen werden kann, wenn man es bedarf; je seichter der Fluß und je stärker sein Gefäll, je stärkeres Holz man flößt, um so mehr Wasser hat man nöthig; zur Wildflößerei mehr, als zur Gebundenflößerei. Danach sind größere oder kleinere Floßteiche anzulegen. Die nothwendigen Damm- und Schleusenbauten müssen natürlich sehr dauerhaft sein, und dem Druck der zu stauenden Wassermasse genügenden Widerstand leisten. Die nöthigen Anleitungen hiezu geben die Schriften über Wasserbau. — Zur Zeit, wo man keine Schwellwasser braucht, bleiben die Floßteiche entleert, was zu ihrer Erhaltung wesentlich beiträgt.

Die Räumung des Bachbettes geschieht in der Art, daß man Felsen und andere Hindernisse auf die Seite bringt, den Wasserlauf in eine gleich breite Rinne koncentrirt; wo er zu langsam geht, durch Abkürzung beschleunigt. Ist der Fall auf einer Strecke zu stark, so werden quer eingezogene Grundschwellen, sogenannte Stau- oder Gegenwehre, angelegt (kleinere 30—60 cm hohe, 10—20 Schritte von einander entfernte Wasserfälle), damit der Fluß einen Theil seiner Geschwindigkeit verliert. Die Sicherung der Ufer muß durch Flechtzäune, durch eingesenkte Faschinen und dergleichen bewirkt werden. An besonders bedrohten Stellen werden dicht beastete 8—12 m hohe Nadelholzstämme vorgehängt, welche frei im Wasser schwimmen und die Gewalt der Strömung brechen.

Zum Durchlaß des Holzes durch die Mühlwehre sind sogenannte Floßgassen erforderlich, sie müssen so angelegt werden, daß die Hauptströmung des Flusses leicht in sie einmünden kann und sind solid zu bauen, damit sie durch das antreibende Holz nicht beschädigt werden.

Die Vorrichtungen zum Einwerfen des Scheitholzes und Einbinden des Langholzes sind gewöhnlich vereinigt mit den Aufstellplätzen. Für das Einwerfen des Brennholzes ist es gut, wenn die Arbeit zu beiden Seiten des Flusses oder eines Kanals betrieben werden kann, deßhalb leitet man öfters einen oder mehrere Kanäle durch den Aufstellplatz. Für das Einbinden des Langholzes ist eine gehörige Verbreiterung des Flußbettes nothwendig, um auch die längeren Stämme bequem wenden zu können. Zum Befestigen der Flöße dienen eingerammte Pfähle, stehende Bäume und dergleichen, die an den Holzplätzen nicht fehlen dürfen.

Zum Ausziehen des Scheitholzes wird ein Rechen quer über den Fluß gebaut, der natürlich gehörig stark sein muß, um der angeschwemmten Holzmasse auch bei Hochgewässern Widerstand leisten zu können. — Um das Langholz auszuziehen, ist weiter nichts erforderlich, als eine etwas flache Uferstelle. — Auf dem Schwarzwald wird Langholz in Flüssen mit Gefäll bis zu 2 Procent geflößt; das Scheitholz kann bei viel stärkerem Gefäll noch geschwemmt werden. Doch wird der Verlust durch Abstoßen ꝛc. um so größer, je stärker das Gefäll ist.

§. 165.

Zurichten des Floßholzes und der Flöße.

Die Zurichtung des **Brennholzes** besteht darin, daß man es längere Zeit, 1—2 Jahre, an sonnigen, dem Luftzug ausgesetzten Plätzen austrocknen und leicht werden läßt; zu dem Zweck muß es im Walde schon unmittelbar nach der Fällung so gespalten werden, daß sich keine zu schweren und dicken Scheite darunter befinden; beim Prügelholz muß wenigstens ein Theil der Rinde entfernt werden. Die Klafterbeugen (Archen) dürfen nicht zu nahe neben einander gestellt werden, müssen gute Unterlagen bekommen, mit der breitesten Seite nach Süden gesetzt und im Verhältniß zum Abstand von einander nicht zu hoch gemacht werden; zwischen den Stößen darf man kein größeres Unkraut aufkommen lassen; ein Ueberdachen der Zwischenräume (mit glatten Scheiten) während des Winters, damit kein Schnee hineinfallen kann, ist sehr vortheilhaft. Das im Saft gefällte Holz trocknet schneller und vollständiger aus und eignet sich deßhalb bälder zum Verflößen. Auf dem Stock dürrgewordenes Holz taugt nicht, weil es viel Senkholz giebt.

Beim Klotz- und Langholz ist ebenfalls eine vorangehende Ausleichtung nöthig; es muß so zugerichtet werden, daß keine hervorragenden Aststümpfe, Kanten u. dgl. den Gang des Floßes hemmen oder die Floßbauten beschädigen können; um die Beschädigung des Floßholzes zu vermeiden, werden die scharfen Kanten am obern und untern Ende des Stammes abgestumpft. Damit es bei niederem Wasser besser schwimmt und nicht so tief einsinkt, wird das Langholz beschlagen; man giebt ihm eine flache Seite und zwar so, daß diese mit der schönsten und geradesten Fläche des Stammes zusammenfällt. Das dünne Ende darf aber nicht nach abwärts gerichtet sein, weil es sich sonst leicht in das Bachbett einbohrt und den Gang des Floßes aufhält.

Wird das Langholz in **Gestöre**, **Gefache** oder **Boden** gebracht, so werden oben und unten in jeden Stamm zwei Löcher gebohrt, oder eiserne, mit einem Oehr versehene Schrauben eingeschraubt, durch welche man die Floßwieden schieben kann. Zu Floßwieden nimmt man unterdrückte Weißtannen-, Fichten-, Birken oder Haselnußstangen, welche in einer Art Backofen zwischen zwei Feuern erhitzt und nachher gedreht werden. Mit diesen Wieden wird zuerst eine bestimmte Zahl gleich langer Stämme (je nach der Breite des Flußbettes und der Floßgassen mehr oder weniger) zu einem Gestör verbunden, dann verbindet man die Gestöre unter sich, indem man die Floßwieden des oberen Theiles eines Gestöres mit denen des untern Theiles eines anderen verknüpft, mehr oder weniger Spielraum lassend, je nachdem das Flußbett stärkere odere schwächere Krümmungen hat. Bei diesem Zusammenfügen kommen die Stämme mit ihrer Spitze voraus zu liegen, nur einer oder zwei werden in jedem Gestöre verkehrt eingelegt; um keinen zu großen Unterschied in der Breite des vorderen und hinteren Theiles der Gestöre zu veranlassen. Auch kommen die leichten und schwächeren Stämme in die ersten Gestöre.

Als Oblast werden oft Bretter, schwächere Stangen und sonstige Holzwaaren auf die Flöße geladen und verschifft, doch leiden die Bretter unter dem Einfluß der abwechselnden Wirkung von Nässe und Sonnenhitze, so daß man nur geringere Sortimente auf diese Weise transportirt.

In manchen Gegenden hat man besondere Hemm- oder Sperrvorrichtungen zur Verminderung der Geschwindigkeit und zum Anhalten des Floßes, man läßt zu dem Zweck in der Mitte eines hinteren Gestörs einen kleinen Raum frei, durch welchen man einen kurzen 20—30 cm dicken Balken durchlassen kann, dieser wird von der Schwere des Floßes auf den Grund des Flußbettes gedrückt und hemmt so die Geschwindigkeit. — Das Schwellwasser muß einige Zeit vor Abgang des Floßes vorausgelassen werden, doch darf es natürlich nicht ganz abfließen, ehe man das Floß abgehen läßt. Dies ist die Gestörflößerei mit verbohrten Wieden, die mit Lang- und Klotzholz betrieben wird, und hauptsächlich auf Flüssen mit stärkerem Gefäll, engem und vielfach gewundenem Bette Anwendung findet.

Die Gestöre, welche mit verspannten Wieden eingebunden werden, bestehen meist aus geringeren Sägwaaren; es werden dabei immer einzelne Partien, 6—10 Stück zusammengelegt, mit Wieden umschlungen und verspannt; sofort miteinander zu Gestören und diese wieder mit Wieden zu Flößen vereinigt; um den Gestören einen besseren Halt zu geben, müssen noch Verbandhölzer, sogenannte Wettstangen quer über dieselben gelegt, mit diesen die einzelnen Bunde, welche das Gestör bilden, durch Wieden verbunden und mit sogenannten Zwecken (kleinen Keilen) verspannt werden.

Jede Gegend hat wieder ihren eigenen Flößereibetrieb; es mag aber das hier Gesagte genügen, um ein Bild von dieser Transportmethode des Langholzes zu geben. — Es giebt noch steife Flöße, bei denen die Stämme der einzelnen Gestöre durch quer übergelegte Stangen fest unter sich verbunden, die Gestöre aber unter sich noch etwas beweglich sind. Diese Art findet nur auf größeren Flüssen Anwendung.

§. 166.

Floßbetrieb.

Bei der Trift oder dem Brennholzflößen ist zunächst unter den in solchen Fällen nothwendigen mehrjährigen Vorräthen dasjenige Holz zu bezeichnen, welches zum Triften bestimmt werden kann; es ist dabei neben dem Bedarf am Bestimmungsorte hauptsächlich die Leichtigkeit und der Trockenheitsgrad des Holzes ins Auge zu fassen. Sodann hat man vor Beginn der Trift den Zustand der Floßstraße nochmals genau zu prüfen und dabei besonders Acht zu geben, in welchem Zustande die Ufer und die sämmtlichen Wasserbauten sich befinden, ob ihr gegenwärtiger Zustand erwarten läßt, daß sie den Angriffen des Holzes während der Trift widerstehen können, ob keine Fahrlässigkeit von Seiten der Besitzer anstoßender Grundstücke in Beziehung auf Unterhaltung der Uferbauten wahrzunehmen ist. — Die oberen Mündungen der Mühlkanäle werden durch vorgelegte, gutbefestigte Stämme abgesperrt, sofern keine genügend starken ständigen Rechen zum Abweisen des Scheitholzes vorhanden sind.

Ferner ist der Zeitpunkt, an welchem geflößt werden soll, zu bestimmen; im Allgemeinen wird derselbe durch das Herkommen, durch Verträge mit den Besitzern der betheiligten Wasserwerke und der anstoßenden Grundstücke annähernd bestimmt, aber immer auch ein entsprechender Spielraum gelassen sein. Den Hauptausschlag dabei giebt das Vorhandensein der nöthigen, nicht zu großen und nicht zu kleinen Wassermenge, dann auch der Zustand der angrenzenden Grundstücke, daß dieselben durch das Auf- und Abgehen der beim Floßbetrieb Betheiligten durch etwaiges Aufstauen des Wassers und Hinaustreiben des Holzes nicht zu viel Schaden leiden. Meist flößt man im Frühjahr, weil man da nachhaltig auf einen angemessenen Wasserstand rechnen darf, ohne daß Hochgewässer sehr zu fürchten wären, weil gleichzeitig an den angrenzenden Grundstücken weniger Schaden geschehen kann und das kältere Wasser eine größere Tragkraft hat.

Mit dem Einwerfen des Holzes wird an den äußersten Verzweigungen der Floßstraße begonnen und dasselbe allmählig nach abwärts fortgesetzt. Auf den größeren Aufstellplätzen, wo es längere Zeit in Anspruch nimmt, hat man etwas vorher, ehe die Reihe an sie käme, zu beginnen. Das Einwerfen geschieht entweder von Hand, oder mit Schlitten und Schiebkarren. — Ist der Wasserstand des Floßbaches nicht ausreichend, so muß man denselben mittelst der Floßteiche auf die gehörige Höhe bringen, weßhalb zuvor die nöthigen Wassersammlungen zu bewirken sind. Während das Holz schwimmt, müssen die Mühlkanäle geschlossen und die Floßgassen geöffnet werden. An der ganzen Länge der Floßstraße sind Wächter aufzustellen, um Entwendungen, gefährliche Ansammlungen des Holzes und Aufstauungen des Wassers zu verhüten und zu heben, wenn sie etwa an den von früher her bekannten Stellen eintreten sollten.

Das Ausziehen des Holzes beginnt alsbald, nachdem sich am Bestimmungsort die nöthige Menge angesammelt hat, und wird mit genügender Mannschaft ununterbrochen fortgesetzt. Sammelt sich zu viel Holz oder steigt das Wasser durch Regen 2c., so ist das Einwerfen zeitweilig zu beschränken oder ganz einzustellen.

Ist sämmtliches Holz eingeworfen, so beginnt der Nachtrieb, das heißt man fängt am obersten Ende der Floßstraße an, die in Buchten der Ufer, auf Sand- und Kiesbänken 2c. hängen gebliebenen oder aus dem Flußbett hinaus geworfenen Scheite in die Strömung hineinzustoßen und so das Holz seinem Bestimmungsorte zuzutreiben, was auf die ganze Länge der Floßstraße ausgedehnt wird, bis man am letzten Rechen ankommt.

Bei minder breiten Flüssen kann dieses Nachtreiben vom Ufer aus geschehen; indem man mit dem Floßhaken die Scheite gegen die Mitte des Flusses hineinstößt. Bei einer größeren Breite des Flußbettes müssen die Arbeiter auf einem kleinen Kahn oder Floß hinunter fahren und von dem aus die Arbeit besorgen. Häufig reicht die gewöhnliche Wassermenge nicht mehr zum sogenannten Nachtrieb und man ist daher oft genöthigt, die Reserve in den Floßteichen zu Hülfe zu nehmen.

Ist der Nachtrieb beendigt, so beginnt das Ausziehen des Senkholzes, worunter diejenigen Scheite verstanden werden, die sich nicht schwimmend erhalten haben, meist schlechtes Holz, das nicht recht austrocknen konnte. Es wird mit Flößerhaken ausgezogen, am Ufer an sonnigen Plätzen aufgesetzt und meist an Ort und Stelle verkauft, weil es sich zum Verflößen im nächsten Jahr selten mehr eignet.

Beim Betrieb der Langholzflößerei ist eine speciellere Leitung und Ueberwachung jedes einzelnen Floßes nöthig. Die Langholzflöße gehen mit Ausnahme des strengen Winters das ganze Jahr durch und man muß daher besonders dafür sorgen, daß während der trockenen Jahreszeit das erforderliche Wasser nicht ausgeht; dies wird durch Aufstauen in den Wasserstuben, in den Mühlwehren und in Floßteichen gesichert. Der Floß muß gehörig bemannt sein, die Zahl der Flößer richtet sich nach der Länge des Floßes und nach der Beschaffenheit der Floßstraße. Der erfahrenste und geschickteste Flößer muß auf den ersten zwei Gestören die Leitung des ganzen Floßes besorgen und demselben mit der Ruderstange die nöthige Richtung geben.

Der Holztransport auf Schiffen und Eisenbahnen gehört weniger in das Gebiet des forstlichen Betriebes und kann daher hier übergangen werden, zumal, da er keine besonderen Schwierigkeiten und Eigenthümlichkeiten darbietet, außer etwa dort, wo noch Differentialtarife der konkurrirenden Eisenbahnen in Kraft stehen, wo es also darauf ankommt, die wohlfeilste Linie zu ermitteln.

Zweiter Abschnitt.

Von der Erhebung der Nebennutzungen.

§. 167.

Allgemeines.

Der Ausdruck Nebennutzungen stammt aus den Zeiten, wo man den Wald ausschließlich für die Holzzucht bestimmt glaubte; in vielen Fällen sind auch jetzt noch diese Nebennutzungen von ganz untergeordneter Bedeutung und einzelne davon berühren die Forstwirthschaft kaum, wogegen andere in manchen Forsten den ganzen Wirthschaftsbetrieb verändern, oder den Holzertrag wesentlich schwächen, öfter auch das allgemeine Volkseinkommen erhöhen oder der Bevölkerung weiteren Erwerb gewähren.

Die Nebennutzungen werden meist von den Empfängern direkt erhoben; so hinderlich dies für den Forstbetrieb sein kann, so läßt sich doch selten davon Umgang nehmen, weil ihre Gewinnung auf Rechnung des Waldeigenthümers zu theuer wäre, wogegen der Empfänger die dafür aufgewendete Zeit weniger in Anschlag bringt. Man muß daher bei Gewinnung dieser Nutzungen noch vorsichtiger sein als beim Betrieb der Hauptnutzung, weil die Arbeiter bei dieser vom Waldeigenthümer abhängig sind und wenn sie gegen sein Interesse handeln, unmittelbar entlassen werden können, während dies bei den mit Erhebung der Nebennutzungen beauftragten Arbeitern nicht immer der Fall ist, da die Interessen des Empfängers und des Waldeigenthümers meistens weit auseinander gehen; man hat daher strenge Aufsicht zu führen, sich gegen Uebergriffe und Unordnungen durch genügende Kontrole, durch Vertragsbedingungen und dergleichen zu sichern. In vielen Fällen reichen die dem Waldeigenthümer in seinem Eigenthumsrecht und in den Gesetzen gegebenen Sicherheitsmaßregeln nicht aus, um sich vor Uebergriffen und Entwendungen zu schützen, und es muß daher oft die Nutzung auf den möglichsten Grad der Zulässigkeit ausgedehnt werden, um den weit schädlicheren Diebstahl zu verhindern.

Die wichtigsten Nebennutzungen sind die Streu und Weide, sie sind unter Umständen der Holzzucht sehr schädlich. Waldgräserei, Futterlaub und der Zwischenbau von landwirthschaftlichen Gewächsen spielen da und dort eine ebenso große Rolle, beeinträchtigen aber bei vorsichtigem Betrieb die Holznutzung nicht in dem Grad, wie sie anderseits Nutzen gewähren.

Die Gewinnung des Leseholzes, der dürrwerdenden Aeste, Zweige und der Früchte kann ganz unschädlich geschehen. Die Nutzungen aus Steinbrüchen, Kies-, Sand-, Thon-, Lehm- und Mergelgruben sind von ganz untergeordneter Bedeutung, wogegen wieder die Jagdnutzung schädlich werden kann.

§. 168.

Von der Laubstreu.[1])

Unter den verschiedenen Materialien, welche die Landwirthschaft zur Einstreu begehrt und zur Düngervermehrung theilweise nothwendig hat, sind die abgefallenen trockenen Blätter der Laubhölzer oder die trockenen

[1]) Ney, Die natürliche Bestimmung des Waldes und der Streunutzung. Dürkheim, Lang 1869. Ebermayer, Lehre von der Waldstreu. Berlin, J. Springer. 1876. Des Verfassers Beseitigung der Waldstreunutzung. Frankfurt a. M. 1864.

Nadeln der Kiefer am gesuchtesten und werden am meisten verwendet. — Es ist vor der Abgabe stets das Bedürfniß zu ermitteln und wo möglich zu untersuchen, wie weit ein solches wirklich vorliegt. In vielen Gegenden wird die Laub- oder Rechstreu stürmisch verlangt, unter dem Vorgeben, daß die Landwirthschaft ohne diesen Zuschuß an Düngermaterial nicht bestehen könne, während ebendaselbst durch Gleichgültigkeit und Unkenntniß eine große Verschwendung von Dünger stattfindet, so daß also die Abreichung von Laubstreu nur eine Prämie für die Trägheit und Indolenz bildet und hiemit der landwirthschaftliche Raubbau auch noch auf den Wald ausgedehnt wird.

Es kann durch passende Fruchtfolgen, durch Anbau von Futterpflanzen, Pflege und zweckmäßige Behandlung der Wiesen, Entwässerung und Bewässerung derselben, Anlegung von Streuwiesen (Verhandl. der süddeutschen Forstwirthe in Ravensburg 1865, S. 70. Monatschrift f. d. württemberg. Forstwesen 1851 S. 365), durch Zusammenhalten des Grundbesitzes in größeren Höfen, Verwendung von Torfstreu, Ankauf von Düngestoffen, (Kalisalze, Phosphate, Knochenmehl, Guano, Gyps, Mergel 2c.), die Waldstreu ganz entbehrlich gemacht werden, und es ist ohne Zweifel von ebenso großem Vortheil für die Landwirthe, wenn sie vom Wald sich unabhängig machen können, wie es den Forsten nützen muß, wenn sie sich diese Last vom Hals schaffen. Es besteht bei Verwendung von Laubstreu die bereits oben bei den Pilzen angedeutete Gefahr, daß sie am Getreide und Obst Rost- und Brandkrankheiten verursachen. — In den meisten Fällen lassen sich aber die oben angegebenen Abhülfsmittel nicht so rasch durchführen und zudem besteht in der Regel eine solche Verbindung zwischen dem Waldbesitzer und den Anwohnern, daß ersterer den Vorurtheilen und Gewohnheiten nicht gerade direkt entgegen treten, sondern nur durch Belehrung und Beispiel wirken kann, was keine so schnelle Erfolge hat.

Die abgefallenen Blätter und Nadeln sollen den Waldboden gegen zu starke Austrocknung, gegen Frost und Hitze sichern, eine gleichmäßige Lockerheit und Feuchtigkeit erhalten und außerdem noch bei ihrer Verwesung die nöthigen organischen und mineralischen Nahrungsstoffe für die Pflanzen wieder allmählig abgeben und im Boden löslich machen.

Zu einer kräftigen Entwicklung unserer Waldbäume tragen die im Boden vorhandenen mineralischen Stoffe, welche man später in der Asche der einzelnen Baumtheile wiederfindet, wesentlich bei; denn erfahrungsmäßig wird der Boden um so weniger geeignet für die Holzzucht, je ärmer er an solchen Stoffen ist.

Diese Aschenbestandtheile sind nicht überall im Baume gleichmäßig vertreten, wie aus folgender, von Professor Weber veröffentlichten Zusammenstellung verschiedener Baumanalysen hervorgeht.

Holzart	Alter	Standort	Reinaschengehalt in Gewichtsprocenten						
			Kernholz	Splintholz	Reisholz 1—7 cm Durchmesser	Reisholz unter 1 cm Durchmesser	Stammrinde	Blätter und Nadeln	
Buche	90	Spessart	0,450	—	0,880	1,620	3,080	5–10%	
—	220	do.	0,370	0,420	0,860	—	4,760	—	
Traubeiche	345	do.	0,220	0,280	1,290	1,980	4,670	(5,2)	Die in ( ) ein-
Birke	50	Tharandt	0,232	—	0,646	0,923	0,761	(4–5%)	geschlossenen
Weißtanne	90	do.	0,253	—	0,993	2,360	1,805	3,064	Zahlen sind
—	144	Bayr. Wald	0,286	0,266	0,796	—	1,306	2,441	aus anderen
Fichte	100	Tharandt	0,169	—	0,967	1,870	1,376	3,591	Analysen hieher
—	120	Bayr. Wald	0,206	0,275	0,611	—	2,353	2,932	übertragen.
Lärche	45	Muschelkalk	0,098	0,229	—	—	4,118	(3,5)	
Kiefer	90	Eberswalde	0,334	—	0,905	1,180	—	(1,9)	

Hieraus ist ersichtlich, daß in den Blättern dem Waldboden die meisten Mineralstoffe entzogen werden können, und zwar um so mehr, je öfter und in je kürzeren Zwischenzeiten diese Entnahmen wiederkehren. Ergänzend muß übrigens noch beigefügt werden, daß die Blätter im Herbst den größten Gehalt an Mineralstoffen besitzen, dabei jedoch ärmer an Kali und Phosphorsäure sind als im Frühjahr. —

Wo der Boden an und für sich sehr kräftig ist, namentlich wo er die Aschenbestandtheile der Waldbäume in löslichem Zustande und in genügender Menge enthält, wo er nicht leicht austrocknen und hart werden kann, wo eine feuchte Atmosphäre herrscht oder Hitze und Trockenheit weniger schädlich werden, da verursacht also auch eine nicht allzuoft wiederkehrende Entziehung der Laubdecke keine so großen Nachtheile; es giebt sogar, freilich seltene Fälle, wo eine zu dichte Laubdecke der Verjüngung hinderlich ist, das Ankommen der Besamung erschwert, und das sichere Gedeihen der jungen Pflanzen in den ersten Jahren gefährdet.

§. 169.

Fortsetzung.

Es sind bei der Laubstreuabgabe zwei Fälle zu unterscheiden, wenn die Laubstreu in ausreichender Menge vorhanden ist, oder wenn die Nachfrage größer ist als das Erzeugniß. Im ersteren Fall hat man zu sorgen, daß nur diejenigen Bestände, welche auf gutem Boden stocken, in völligem Schluß stehen, und ein gehörig erstarktes, mehr in die Tiefe gehendes Wurzelsystem haben, der Streunutzung zugewiesen werden, daß unter diesen in Perioden von mindestens fünf Jahren abgewechselt, und daß möglichst große Flächen geöffnet, daß aber magere, flachgründige, wenig geschlossene, der Sonne und den austrocknenden Winden sehr ausgesetzte Orte, sodann die jüngeren Bestände bis nach Beendigung ihres hauptsächlichsten Höhenwuchses, und dann wieder einige Jahre vor Eintritt der Verjüngung ganz verschont werden. Die Nutzung soll womöglich im Spätsommer oder Herbst, vor Abfall des Laubes eintreten, jedenfalls nicht unmittelbar nach diesem Zeitpunkt und ebensowenig im Frühjahr vor dem Laubausbruch.

Wo aber das entbehrliche Erzeugniß der Waldungen den Forderungen der Landwirthe nicht genügt, entsteht die erste Vorfrage, ob die Abgabe als Unterstützung für die Landwirthschaft, z. B. in Gegenden mit ausgedehntem Bau von Wein oder sonstigen Gewächsen, die den Boden stark angreifen, oder als ein Theil der Armenunterstützung zu betrachten ist. So wenig eigentlich auch letzteres hieher zu gehören scheint, so häufig kommt es in der Wirklichkeit namentlich bei Gemeindewaldungen und auch bei Staatswaldungen vor, und es ist dabei der nachtheilige Umstand, daß man nur durch allgemeine Hebung des Wohlstandes, also viel schwieriger und langsamer diese mißlichen Verhältnisse beseitigen kann. Wenn man unter solchen Verhältnissen bloß das Wegtragen, nicht auch das Abführen mit Gespann gestattet; wenn man die Abgaben in kleineren Theilen auf verschiedene Termine, namentlich in solche Jahreszeit verlegt, wo der Bedarf besonders dringend ist, so wird schon eher der Zweck erreicht. Es ist dann ferner nothwendig, die für diese Nutzung disponibeln Waldungen wenigstens in drei Abtheilungen zu bringen, wovon die eine als Reserve für Nothfälle zurück behalten, die andern zwei aber abwechselnd 4—6 Jahre geöffnet und wieder eben so lang in Schonung gelegt werden.

Die Rechen oder Harken dürfen keine eisernen Zähne haben; die Zähne dürfen nicht zu enge (in Preußen mindestens $2\frac{1}{2}$ Zoll = 6,5 cm von einander entfernt) und nicht zu schief stehen, weil sonst der fruchtbarste humose Boden noch mitgenommen wird. Der Trockenheitsgrad der Streu ist bei der Abgabe noch besonders zu beachten, ist sie ganz dürr, so kann man sie nicht ordentlich in Bündel zusammenschnüren oder auf Wagen laden; ist sie zu naß, so ist sie schwer zu transportiren, sie verdirbt theilweise noch unter den Händen der Empfänger und der Forstmann hat zu befürchten, daß vom feuchten humosen Boden des Waldes noch viel mitgenommen wird. Danach ist die Bestimmung eines passenden Zeitpunktes für die Streugewinnung zu treffen.

Als beste Art der Gewinnung hat sich das Streurechen auf Kosten des Waldeigenthümers und der Verkauf in öffentlicher Versteigerung bewährt, weil dadurch die Käufer zum Rechnen gezwungen werden, was am ehesten auf Verminderung von eingebildeten Bedürfnissen hinwirkt. — Die Streusammlung durch die Empfänger ist allerdings noch sehr allgemein; theilweise begnügt man sich damit, ihnen in ihrer Gesammtheit, oder jeder Gemeinde besonders eine genau bestimmte Fläche anzuweisen, auf der man ihnen gestattet, ein oder zwei Tage lang die sämmtliche Streu, die sie bekommen können, zu sammeln und sich zuzueignen. Das Austheilen der Streu nach der Fläche unter die einzelnen Empfänger ist nicht rathsam, weil dann jeder glaubt, er müsse alle auf seinem Streuplatz vorhandene Streu vollständig, bis aufs letzte Blättchen abräumen. Bei großer Konkurrenz ist die Zahl der zu Hülfe zu nehmenden Personen zu bestimmen, wobei die Zahl des Viehes, oder die Feldfläche als Grundlage dient. Die betreffenden Personen können mittelst einzuhändigender Erlaubnißscheine kontrolirt werden. Will man den Streubezug noch strenger überwachen, so muß die einer jeden auf den Feldbau angewiesenen Familie, oder jedem Morgen der Feldfläche, oder jedem Stück Vieh zuzuweisende Streumenge, nachdem sie von den Empfängern gesammelt ist, speciell nachgemessen und genau eingehalten werden. Das Messen ist sehr leicht auszuführen mit Hülfe eines rechteckigen, transportablen Kastens ohne Boden, der auf ebenem Terrain aufgestellt wird, und in den man die Streu sofort fest einbringen läßt. — Zur Erleichterung der Kontrole ist nothwendig darauf zu halten, daß die Abfuhr sobald als möglich geschehe, was auch im Interesse der Empfänger liegt.

§. 170.

Von der Schneidelstreu.[1])

Die Schneidelstreu, Graß (Steyermark), Daxen (Bayern), besteht aus den Nadeln und schwächeren Zweigen der Nadelhölzer; sie wird am unschädlichsten in den regelmäßigen Schlägen gewonnen, und man hat bei ihr besonders zu beachten, daß sie sobald als möglich abgegeben und abgeführt wird, weil sie namentlich in größeren Haufen rasch trocknet oder erstickt, und dann die Nadeln fallen läßt, wodurch sie bedeutend an Werth verliert. Im Sommer tritt der Nadelabfall bälder ein als im Winter. Man hat daher diese Art Streu erst kurz vor ihrer Verwendung zu gewinnen; freilich lassen sich die Holzhiebe oft nicht gerade danach verschieben, aber es wird dann von Seiten der Empfänger nicht an Geneigtheit fehlen, die in den Schlägen stehenden Bäume einige Zeit vor dem Fällen zu entasten, was man ohne Anstand gestatten kann, wenn das Bedürfniß es erheischt. Die Ausnutzung der stärkeren Aeste wird in der Regel den Empfängern der Streu überlassen, weil die schwächeren Zweige für sich allein nicht so leicht zu transportiren sind. In Durchforstungen und Reinigungshieben, oder bei Aufastungen kann die Gewinnung in gleicher Weise stattfinden, ist aber weniger ergiebig und kommt theurer zu stehen.

Diese Art der Benützung des Nadelreises ist sehr vortheilhaft für den Land- und Forstwirth; weil dadurch ein meist werthloses Sortiment ohne bedeutende Aufbereitungskosten gut verwerthet wird, weil es rasch aus dem Wald kommt und somit der Schaden durch das längere Lagern im Wald

[1]) Vgl. Centralbl. f. d. ges. Forstwesen Wien 1876, S. 613 u. 1877 S. 22.

vermieden wird, weil seine Benützung den Wald vor den schädlicheren Ansprüchen auf andere Streu sichert, und weil die bei der Zubereitung der Reisstreu abfallenden Aeste ein wohlfeiles und gutes Brennmaterial für die ärmeren Anwohner geben, wodurch mancher Holzfrevel verhindert wird.

Aber nicht in allen Gegenden begnügt man sich mit dem aus den Schlägen abfallenden Nadelreis, sondern greift vor auf die stehenden, noch nicht zum Hieb bestimmten Stämme. So lange man sich dabei an die Regeln der nothwendigen und nützlichen Entastung hält, und diese nicht zu weit ausdehnt, sind die angeführten Vortheile auch hieher gültig. Wenn aber einmal das Entasten Boden gewonnen hat, so beschränkt man sich häufig nicht allein auf das nützliche und nothwendige Maß, sondern überschreitet dasselbe gerne, wobei der vortheilhafte Schluß der Bestände unterbrochen und das Wachsthum beeinträchtigt, oder der Stamm beschädigt und für besseres Nutzholz untauglich gemacht wird.

Das Reis der Tanne ist am beliebtesten; ihr steht die Fichte ziemlich nahe, während die Forche ein schlechteres Material giebt. — Wo das Erzeugniß an Reisstreu nicht ausreicht, wird es am besten im Ganzen an sämmtliche Empfänger überwiesen und ihnen die Austheilung im Einzelnen überlassen, oder es wird die Versteigerung in kleineren Partieen eingeführt.

Zur Köhlerei wird häufig ebenfalls Reis als Deckmaterial abgegeben. es ist in solchem Falle dafür zu sorgen, daß solches in der Nähe der Kohlplatten immer in genügender Menge zu haben ist.

§. 171.

Die Unkrautstreu.

In Nadelholzbeständen hat die Moosdecke dieselben Funktionen, wie bei den Laubhölzern das abgefallene Laub, und sie nimmt dazu noch die abgefallenen Nadeln in sich auf, es sind deßhalb ähnliche Rücksichten zu beobachten, wie sie oben angegeben sind; nur ist noch dabei hervorzuheben, daß das Moos sich nicht so rasch wieder erzeugt, wie das Laub, daß deßhalb eine längere Ruhe zwischen den einzelnen Entnahmen einzutreten hat; etwa 10—15 Jahre. — Wenn man nicht alles Moos gleichzeitig entfernt, sondern etwa die Hälfte davon streifenweise stehen läßt, so wird dadurch die Wiedererzeugung des Moosfilzes wesentlich beschleunigt. — Die Nutzung von Moos- und Unkrautstreu ist bei der Kahlschlagwirthschaft zu Gunsten der nachfolgenden künstlichen Verjüngung in vielen Fällen nothwendig, da eine solche Bodendecke den jungen Pflanzen mehrfach hinderlich wird. — Laub- und Moosstreu nennt man auch Rechstreu, weil sie mit dem Rechen (der Harke) gewonnen wird.

Die Unkräuter, wie z. B. Heiden, Heidelbeeren, Sumpfmoose und dergleichen sind manchmal dem Wald oder dem Waldboden schädlich, indem sie die Verjüngung hindern, den Boden von den athmospärischen Einflüssen abschließen und ihm Nahrungsstoffe entziehen, oder seine Beschaffenheit verschlechtern; in anderen Fällen sind sie von Nutzen, um das Entführen der Laubdecke zu hindern und den jungen Pflanzen einigen Schutz zu geben, oder die oberflächlich streichenden Wurzeln gegen Austrocknung zu schützen. Wo sie schädlich sind, kann ihre zeitweilige, nicht zu oft wiederkehrende Entfernung erwünscht sein, und man hat bloß darauf zu sehen, daß bei ihrer Gewinnung keine anderen Waldbeschädigungen vorkommen, oder Waldprodukte entwendet werden.

Bei den holzigen Unkräutern kann die Einsammlung selten durch Rupfen mit der Hand bewirkt werden, in den meisten Fällen ist das Ausschneiden derselben mittelst der Sichel oder der Sense die einzige mögliche Art, sie unschädlich zu machen. Für den zu erhaltenden Nachwuchs ist die Sense am gefährlichsten, weil der Arbeiter die Fläche, die er mit diesem Werkzeug bestreicht, nicht so nahe im Auge und den Hieb desselben nicht so in seiner Gewalt hat, daß er damit jederzeit einhalten könnte, wenn die Schonung einer Holzpflanze dies erheischt. Bei der gewöhnlichen Sichel ist dies schon eher der Fall, namentlich wenn die Arbeiterinnen die Gewohnheit haben, das abzuschneidende Gras oder Unkraut vor dem Abschneiden büschelweise mit der Hand zu fassen. Thun sie das nicht, so kann man zum besseren Schutz der Pflanzen diese durch kleine Stäbe kenntlich machen, oder vorher auf einem Umkreis von 10—15 cm um dieselben herum mit der Hand das Unkraut entfernen und erst wenn dies auf der ganzen Fläche geschehen ist, die Anwendung der Sichel gestatten. Wenn man den Gebrauch von gezahnten Sicheln verlangen kann, wie sie in den Niederlanden und im Altenburg'schen zu Hause sind, so ist dies das sicherste Verfahren.

In vielen Fällen wird aber nicht bloß das Unkraut, sondern auch noch dazu die oberste Erdschicht, sogenannte Plaggen, Bülten oder Palten verlangt. Diese Abgabe ist der Forstkultur außerordentlich schädlich, da dann nur noch ein schlechter, magerer oder unverwitterter Boden zurückbleibt und in Beständen die Wurzeln der Waldbäume vielfach verletzt und bloßgelegt werden. Diese Art der Nutzung erschöpft den Waldboden sehr rasch, ohne der Landwirthschaft einen nennenswerthen Nutzen zu bringen.

Das dürre abgestorbene Gras kann im Frühjahr leicht mit dem Rechen zusammengezogen werden, und ist dessen Beseitigung wegen der dadurch verminderten Feuersgefahr sehr erwünscht. In Laubholzbeständen, wo es den Haselmäusen über Winter eine willkommene Zuflucht gewährt, sollte es schon im Herbst entfernt werden.

Die Zeit der Gewinnung richtet sich mehr nach dem Bedarf als nach den Zwecken des Waldbesitzers. Wünscht dieser, was in der Regel der Fall ist, die Vertilgung oder Verminderung des Unkrautes, so ist die erste Hälfte des Sommers am geeignetsten hiezu. Die Streu, welche in Kulturen gewonnen wird, ist zu Schonung dieser Flächen an die Wege zu tragen.

§. 172.

Streuwerth.

Der Werth der Waldstreu ist ein verschiedener, je nach dem inneren Gehalt an düngenden Substanzen, nach ihrem äußeren Zustand der Zerkleinerung und nach der Fähigkeit, die Feuchtigkeit und Luft mehr oder weniger in sich aufzunehmen, also im Stall ein trockenes Lager zu gewähren und im Ackerboden schneller oder langsamer zu verwesen; ferner beurtheilt sich die Güte der Waldstreu nach dem Boden, für welchen sie bestimmt ist, nach der Art und Weise der Düngerbereitung und Behandlung, nach der geringeren oder größeren Leichtigkeit, sie beizuschaffen, endlich nach dem allgemeinen Stand der Landwirthschaft.

Es läßt sich der Werth der einzelnen Streumaterialien als Düngmittel unter Zugrundlegung des Gewichts, gleichen Trockenheitsgrad vorausgesetzt, etwa folgendermaßen vergleichen:

Waldstreu	Gattung	Werth für den leichten	Werth für den mittleren	Werth für den schweren	Kali und Natron	Kalk und Bittererde	Phosphorsäure	Schwefelsäure
		Ackerboden						
Winterfruchtstroh .		100	100	100	9,0	5,0	2,5	1,3
Besenpfrieme . . .	zarte	75	75	75	6,8	5,0	1,5	0,6
" . . .	holzige	25—33	35—40	40—45	—	—	—	—
Heide und Heidelbeere	zarte ohne Erde .	50—60	60—65	66—75	4,0	6,4	1,4	0,8
	holzige do. . .	25—33	35—40	40—45	—	—	—	—
" " "	Plaggen	50—60	60—70	70—80	—	—	—	—
Nadelreis von Tannen und Fichten	zartes	50—60	60—65	66—75	—	—	—	—
Nadelreis von Tannen, Fichten und	grobes	25—33	40—45	45—50	2,2	23	2,1	0,7
Kiefern	. . . . . .	—	—	—	2,2	7,0	1,2	0,5
Laub	von Buchen, Ahorn, Eschen, Linden .	33	25	20	3,6	28	3,1	1,1
Laub	von Eichen, Birken, Erlen, Weiden .	25	20	15	4,8	23	2,1	0,7
Nadeln	Kiefern	50	45	40	—	—	—	—
"	Tannen	—	—	—	3,2	27	2,8	0,9
"	Lärchen	60—70	60—70	60—70	2,4	11	1,5	0,6
Moos	von trockenem Grund	75	65	50	9,0	8,0	4,8	1,6
"	von Sumpfboden .	20	15	10	—	—	—	—
Farnkraut u. Binsen	trocken geschnitten .	90	90	90	27	13	5,5	2,3
Farnkraut und Binsen	grün geschnitten und dann getrocknet .	100	100	100	26	8,0	5,0	1,6
Waldgras . . .	trocken gewonnen .	80—90	80—90	80—90	—	—	—	—
Rohrschilf	grün gemäht und getrocknet	50-60	75	90	8,6	5,0	2,8	0,7

Diese Tabelle enthält in der 3.—5. Spalte nur annähernde Verhältnißzahlen, denn in vielen Fällen wird die Gewohnheit und Liebhaberei, die leichtere oder schwerere Art der Gewinnung und des Transportes dem einen oder andern Streumaterial in den Augen der Empfänger geringeren oder höheren Werth geben; auch die Viehgattung und der Viehschlag, sowie die übliche Düngerbehandlung, sind nicht ganz ohne Einfluß darauf. Die Zahlen der 4 letzten Spalten sind dem vortrefflichen Werk von Ebermayer entnommen; sie geben den Gehalt für 1 kgr wasserfreier Streusubstanz von den in der Ueberschrift genannten Aschenbestandtheilen in gr also in Tausendstel an. Wo in der 1. Spalte mehrere Streuarten genannt sind, beziehen sich die Zahlen der 4 letzten Spalten jeweils auf die gesperrt gedruckte Art.

11 Ctr. waldtrockene Streu geben 5 Ctr. lufttrockene. Eine Kuh mittleren Schlages bedarf bei Stallfütterung täglich 4 Pfd. Streustroh.

§. 173.

Die Waldweide.[1])

Diese forstliche Nebennutzung hat in vielen Gegenden sich überlebt und ist durch eine bessere landwirthschaftliche Kultur, durch vermehrten Futterbau auf dem Acker und durch Einführung der Stallfütterung verdrängt worden.

So viele Nachtheile auch in den meisten Verhältnissen die Weidewirthschaft für den Landwirth mit sich bringt, so hat sie doch auch wieder manche Vortheile und ist in einzelnen Gegenden immerhin von einigem Nutzen; dahin gehören besonders die Gegenden mit überwiegender Bewaldung oder mit kleeunfähigem Boden. Hier beruht oft die ganze Existenz einer größeren Bevölkerung auf der Gestattung dieser Nebennutzung und der Forstmann hat dann den richtigen Mittelweg zu finden, um die Weide möglichst unschädlich für den Wald und möglichst ausgiebig für die Viehzucht zu machen. In den herrschaftlichen Harzforsten weideten nach Burkhardt 8500 Stück Kühe und Rinder, 10000 Stück Schafe und noch andere Viehgattungen (etwa gleich 10000 Stück Kühen) auf 55276 ha Waldfläche, wo sie während der Weidezeit ihre volle Ernährung fanden. In neuester Zeit wird die Forstwirthschaft intensiver betrieben, die Femelwirthschaft meist verlassen und eine möglichst rasche Anzucht vollkommener und regelmäßiger Waldungen als das Ziel der waldbaulichen Bestrebungen angesehen; deßhalb ist der Werth der Waldweide ziemlich im Abnehmen begriffen.

Die Waldweide wird für die Waldungen schädlich, indem das Weidvieh die jungen Pflanzen durch den Tritt und durch Abbeißen verletzt; das schwere Vieh tritt den Boden fest, was namentlich auf Thonboden die günstige Einwirkung der Atmosphärilien verhindert. An steilen Hängen wird der Bodenüberzug durch den Tritt des Viehes nicht selten beschädigt und

[1]) Hundeshagen, Waldweide und Waldstreu. Tübingen 1830.

in seinem Zusammenhang unterbrochen, so daß dadurch dem Wasser Angriffspunkte geboten werden, und der gute, humose Boden seinen Halt verliert. Das Abbeißen der Gipfeltriebe, das Umdrücken, Eintreten, Abschälen der jüngeren und älteren Pflanzen, die unvermeidlichen Beschädigungen an Entwässerungsgräben, Böschungen, auf planirten und geschlagenen Wegen können in ihrer Gesammtheit immerhin ziemlich bedeutend genannt werden. Die Laubhölzer heilen die Beschädigungen durch Biß und Tritt viel leichter wieder aus, und ebenso ist die Tanne weniger empfindlich dagegen, als die Fichte und Kiefer. In Reihenkulturen ist das Vieh weniger schädlich, wenn es zwischen den Reihen gut gehen kann, was freilich an steilen Berghängen nicht immer der Fall ist, wo es die zur Saat angelegten Riefen als Pfade benützt. Ein oftmaliges Wiederholen des Abbeißens ist besonders schädlich.

Die einzelnen Viehgattungen unterscheiden sich sehr nach ihrer Schädlichkeit; am schlimmsten hausen die Ziegen, die gar nichts aufkommen lassen, und alles verderben; ihnen folgen die Pferde und Schafe, dann das Rindvieh und die Schweine. Letztere sind in vielfacher Beziehung nützlich, weil sie die meisten schädlichen Insekten und die Mäuse vertilgen helfen. — Am Harz, wo langjährige Erfahrungen darüber vorliegen, wird das Schaf für ebensowenig oder sogar für weniger schädlich gehalten, als das Rindvieh, freilich kann dort die Ausübung der Weide von den Forstbeamten gehörig geregelt werden. (Vergl. auch Pfeil, Krit. Bl. XXXI. 2. S. 133.)

Bei mäßigem Vieheintrieb wird die Waldweide namentlich auf unkrautwüchsigem Boden der Verjüngung förderlich durch Zurückdrängen der schädlichen Unkräuter, Verwundung des Bodens zur Beförderung der natürlichen Besamung (zu vergl. Baur, Monatschrift 1868, S. 48, wo Beispiele aus dem Schwarzwald angeführt sind, die aber auch noch aus anderen Gegenden vermehrt werden könnten). — Auf Bruchboden wird neben der Zurückdrängung des Unkrautes durch den Tritt des Weideviehes auch noch eine Mischung verschiedener Bodenschichten herbeigeführt, wenn die obere Schicht Bruchboden nicht allzumächtig ist. (Allg. F.- u. J.-Ztg. 1879, S. 117.) Jedenfalls darf solches Terrain aber bei größerer Nässe nicht beweidet werden.

§. 172.

Fortsetzung.

Die Zeit der Weidenutzung ist von großem Einfluß; treibt man zu frühe ein, ehe das Gras ausschlägt, so ist das Vieh aufs Holz angewiesen und wird deßhalb um so schädlicher; namentlich bekommt es dadurch für die ganze Saison eine Neigung, das Holz anzugehen, die besonders gefährlich wird, wenn die frischen Triebe noch recht saftig und markig sind. Ebenso geht das Vieh in nassen Jahren und bei nassem Wetter die jungen Triebe leichter an, als bei trockener Witterung. Am unschädlichsten wird die Weide betrieben, wenn einmal ein stärkerer Gras- und Kräuterwuchs genügende Nahrung bietet. — Bei Nacht wird das Vieh entweder in die Ställe heimgetrieben, oder in Haufen beisammen gehalten, an Stellen, wo es durch Bäume oder Felsen Schutz gegen Wind und Wetter hat, und sich nicht verlaufen kann.

Am meisten Weide in fähhrigen (nach forstwirthschaftlichen Rücksichten dem Vieh zur Weide geöffneten) Distrikten bietet der Niederwald und Femelwald, dann folgt der durch Pflanzung verjüngte Hochwald, hierauf der Mittelwald und endlich der durch Saat oder natürliche Besamung entstandene Hochwald. Der Kopfholz- und Schneidelbetrieb, welche beide die Weide sehr begünstigen, sind nicht mehr zu den forstlichen Betriebsarten zu zählen. — Unter den einzelnen Holzarten sind die Eiche, Birke, Aspe, Forche und Lärche diejenigen, die in höherem Alter einen stärkeren Unkräuterüberzug begünstigen und dadurch einen größeren Weidertrag gewähren, namentlich findet sich unter der Lärche ein sehr guter Gras- und Kleewuchs, sobald sie sich im Alter etwas licht stellt.

Der Weidetrieb ist so zu regeln, daß die verschiedenen Viehgattungen in Heerden gesondert ausgetrieben werden. Jede Heerde hat ihren eigenen Hirten. Mehr als 50—80 Stück Rindvieh je nach dem Terrain und der Bestockung kann ein Hirte mit einem jüngeren Gehülfen nicht mehr gut im Auge behalten; größere Heerden sind auch deßhalb unzweckmäßiger, weil sie sich auf einer viel zu ausgedehnten Fläche ihre Nahrung suchen, also jeden Tag sehr weit gehen müssen; sie schaden aber auch dem Wald mehr, namentlich, wenn sie bei schlechtem Wetter in Haufen beisammen gehalten werden sollen. Hat man ausgedehnte Weideflächen, so theilt man sie in 2 oder 3 Abtheilungen und wechselt mit dem Betreiben derselben in Perioden von 2 bis 3 Wochen ab, es ist dies für das Vieh und den Wald gleich nützlich.

Der aufzustellende Hirte muß mit den Schonungsflächen genau bekannt gemacht werden. Diese selbst sind durch besondere Zeichen auffallend zu markiren, mit Stroh zu verhängen, zu bannen; die nöthigen Wege und Triebe (Triften) durch die nicht geöffneten Bestände sind ebenfalls speciell anzuweisen, sie müssen gehörig breit sein, und in kürzester Richtung zum Ziele führen. Der Hirte muß sein Vieh auch in der Hinsicht im Auge behalten, ob nicht einzelne Stücke für den Wald besonders schädliche Gewohnheiten haben oder annehmen, z. B. das Schälen der Stämme und Wurzeln; er soll das Vieh nie an einem Ort zu lange festhalten, weil es dann in Ermangelung von Nahrung solche Untugenden annimmt.

Die Zahl des aufzutreibenden Viehes ist besonders sorgfältig zu bestimmen und zu überwachen, weil davon der größere oder geringere Schaden abhängt, den die Waldweide verursacht. Treibt man zu viel Vieh ein, so ist dieses auf Beschädigung des Holzes angewiesen. Es läßt sich trotzdem kein fester Anhaltspunkt geben, weil die Weide nach Boden, Lage, Klima, Holz und Betriebsart, nach den Ansprüchen der Viehgattung in

Beziehung auf Menge und Güte äußerst verschieden ist, so daß bald nur 2—3 ha, bald 4—10 ha erforderlich sind, um ein Stück erwachsenes Rindvieh mittleren Schlages den Sommer durch vollständig zu ernähren, wobei das Vieh Abends wieder in den Stall kommt und hier noch etwas gefüttert wird. Jener günstige Fall wird nur auf sehr üppigem Aueboden mit Nieder- und Mittelwaldwirthschaft eintreten; der ungünstige Fall, wo man gegen 10 ha für 1 Stück rechnet, in dürftigen Kiefernwäldern oder in sehr regelmäßigen und vollkommenen Hochwaldbeständen mit langsamer natürlicher Verjüngungszeit. — Bleibt das Vieh Tag und Nacht auf der Weide, so braucht man in der Regel die ein und einhalbfache bis doppelte Fläche. Setzt man den Weidebedarf einer Kuh mittleren Schlages als Einheit, so erfordert nach norddeutschen Erfahrungen das Pferd 1,5, ein Füllen 0,75, ein Ochse 1,33, ein Stück Jungvieh über 2 Jahre 0,6, unter 2 Jahre 0,4, ein Schaf 0,1—0,125, ein Schwein 0,125 der für eine Kuh nöthigen Weidefläche. Muß man das Vieh, in Nothfällen und so lange es hungrig ist, in die jüngeren Bestände treiben, so wird der Schaden sehr vermindert, wenn man es in schräger Richtung bergaufwärts gehen läßt.

Die Schweine finden verhältnißmäßig weniger Nahrung im Wald, als die Grasfresser, sie sind auf Raupen, Puppen, Reptilien, Mäuse, ferner auf Schwämme, Farnwurzeln und dergleichen angewiesen, bis ihnen ein reichlicher Ertrag von Eicheln und Bucheln bessere Nahrung in größerer Menge sichert.

Bei jeder Weide hat man noch für Tränken des Viehes zu sorgen und dazu solche Plätze auszuwählen, die leicht zugänglich sind, und wo das Vieh nicht schaden kann.

§. 175.

Waldgräserei.

Das Waldgras ist meistens von geringerem Nahrungswerthe, als das auf guten Wiesen und Aeckern erzeugte Viehfutter, es wird aber doch vielfach gesucht und giebt in manchen Gegenden einen bedeutenden Beitrag zur Viehhaltung. — In mittelwüchsigen, geschlossenen Beständen wird die geringste Menge und die schlechteste Qualität erzeugt; in Kulturen und in Schlägen dagegen das beste und meiste. Unmittelbar nach Entfernung des Schutzbestandes ist der Grasertrag in der Regel nach Menge und Güte am höchsten und läßt dann nach etlichen Jahren zuerst in der Menge, dann in der Güte nach, weil die Bodenkraft allmählig erschöpft wird, sich schlechte Gräser ansiedelu, und der Schatten des aufwachsenden Holzes nachtheiliger wirkt.

Das Gras schadet häufig, indem es Reifbildung und Spätfröste begünstigt, die jungen Pflanzen überwächst, ihre Wurzelentwicklung hindert und den schädlichen Thieren Aufenthalt giebt; es ist dagegen unter manchen

Verhältnissen nützlich, indem es den Boden vor zu starker Austrocknung und die Pflanzen vor den Einflüssen der zu großen Hitze, im Winter auch vor Kälte schützt und in manchen Fällen den Boden bindet, daß er nicht flüchtig werden kann.

Das Gras wird entweder mit der Hand gerupft, oder mit der Sichel, beziehungsweise mit der Sense geschnitten. Erstere Methode ist nur ausführbar bei feineren, zarten Gräsern, oder beim ersten Austreiben des Grases; die Sense ist nur da zulässig, wo sich zwischen dem Gras gar keine zu schonenden Waldpflanzen finden (auf Wegen, alten Blößen), oder wo die Waldpflanzen in größerer Entfernung regelmäßig in Reihen gestellt sind und eine freiwillige Ansiedlung von anderen Holzarten zwischen den Reihen nicht gewünscht wird, oder nicht möglich ist. Die Nutzung geschieht am besten in den Monaten Juli und August, weil das Gras zu dieser Zeit seinen vollen Werth hat und der Wald weniger beschädigt wird, indem die Triebe schon stärker verholzt sind.

In der Regel sind mit der Gewinnung des Grases die Empfänger betraut; um dann Ordnung in den Betrieb zu bringen, werden bestimmte Wochentage festgesetzt, in denen Gras gesammelt werden darf. Auch da, wo die Nutzung nicht gegen Bezahlung erfolgt, werden den einzelnen Personen Erlaubnißscheine ausgestellt, die sie im Wald stets bei sich zu tragen haben. Wenn die Nutzung besondere Sorgfalt erheischt, so vergiebt man sie an ganz zuverlässige Personen und macht jede für den Schaden auf ihrem Flächentheil haftbar. Wo der Andrang groß wird, ist Vorsorge zu treffen, daß eine möglichst große Fläche der Nutzung geöffnet, oder die Zahl ber Nutznießer oder der Wochentage, an denen das Grasen erlaubt ist, vermindert werde; es sind auch die Taxen für die Erlaubnißscheine nicht zu hoch zu stellen. Billig ist es und in diesem Falle selbst vortheilhaft, wenn die Verjüngung so eingerichtet wird, daß neben dem Hauptzweck noch die Erzeugung von Gras möglichst begünstigt wird. Häufig kann dadurch ein sehr großer Beitrag zu den Kulturkosten gewonnen werden. Wenn die Waldgrasnutzung und die dabei einzuhaltende Ordnung in einer Gegend einmal eingebürgert ist, so kann man auch den Grasertrag öffentlich versteigern, namentlich wenn man sich die Wahl unter den Steigerern vorbehält, um die dem Wald gefährlichen Personen ausschließen zu können. — Neben der Waldweide läßt sich diese Nutzung auf der gleichen Fläche nicht ausüben.

Wo größere Samenhandlungen bestehen, kann auch in deren Umgebung aus dem Samen des Waldgrases, welcher nach Arten gesondert eingesammelt wird, eine beachtenswerthe Geldeinnahme flüssig gemacht werden. Der Ertrag wird in der Regel flächen- oder revierweise versteigert.

Von besonderer Einträglichkeit wird die Grasnutzung da, wo das Surrogat für Roßhaare Carex brizoides oder Elymus europaeus (Seegras, in Oesterreich Raschgras genannt) wächst und gewonnen werden kann. Ueber dessen Behandlung und Verarbeitung für den Handel vergl. Baur, Monatschrift, 1873, S. 147 und 455.

Ebenso können Farb- und Arzneipflanzen für die arbeitsuchende Bevölkerung von Wichtigkeit werden, während sie dem Waldbesitzer selten einen Ertrag gewähren.

§. 176.

Futterlaubnutzung.[1])

Das Laub des Ahorns, der Esche, Eiche, canadischen Pappel, Ulme, Linde u. s. w. kann als Viehfutter benützt werden, so lange es noch saftig ist. Die Gewinnung geschieht entweder durch Abstreifen der Blätter von den Zweigen oder durch Abschneiden der feineren, frischen Triebe. Diese werden am besten nach der zweiten Saftbewegung abgeschnitten, während das Laubstreifen am zweckmäßigsten erst Anfangs Septembers geschieht, wenn sich die Knospen vollständig entwickelt haben.

Die Nutzung kann am unschädlichsten stattfinden in jungen Mittel- oder Niederwaldschlägen durch theilweisen Aushieb der meist in viel zu großer Zahl hervorbrechenden Stockausschläge oder durch Entfernung minder werthvoller Holzarten, ferner beim Kopfholz- und Schneidelbetrieb und endlich auch im Hochwalde, wo aber kein so gutes Futterlaub gewonnen wird. Es ist natürlich nur ein Theil der Aeste wegzunehmen und deßhalb muß das Abhauen mit besonderer Vorsicht ausgeübt werden; womöglich durch zuverlässige, nicht im Dienst der Empfänger stehende Personen; die Empfänger können dann das Sammeln und Zusammenbinden der Zweige besorgen. Die Zweige werden in 30 cm dicke Büscheln nicht zu fest gebunden, namentlich nicht, wenn es vorherrschend glatte Ruthen sind; das Laub darf nicht naß werden, man trocknet deßhalb diese Büscheln unter Dach.

Das Laubstreifen kann man nur durch die Futterbedürftigen selbst vornehmen lassen, wobei dann aber eine strenge Ordnung und Aufsicht einzuhalten ist. Wo die Futterlaubgewinnung in einer Gegend eingeführt ist, da kann der Forstmann durch Anlage von Hecken um seine Waldungen, durch Begünstigung der Heckenanlage auf Feldern und Wiesen, durch Bepflanzung von Weiden und Oedungen, Wegen und Bächen mit Kopfholz viel zur Verminderung der Ansprüche an den Wald beitragen.

Der Futterwerth von Ende August geschneideltem trockenem Laub verhält sich nach A. Blok zu gutem Heu folgendermaßen:

2	kgr	Laub von	canadischen Pappeln	gleich 3 kgr gutem Heu.
$2\frac{1}{4}$	"	" "	Ahorn, Eschen, Buchen	
$2\frac{1}{2}$	"	" "	Eichen, Linden, Hainbuchen	
$2\frac{3}{4}$	"	" "	Erlen und Haselnuß	
3	"	" "	Birken	

[1]) Stöckhardt, Chemischer Ackersmann, 1864 und 1866, 1. Heft.

§. 177.

Samengewinnung.

Ueber die Reifezeit der Samen und die Art des Einsammelns wurde bereits in §. 49 das Nöthige angegeben. Bei denjenigen Samen, welche man auf den Bäumen brechen und einsammeln muß, hat man sorgfältig darauf Acht zu geben, ob und wann die Reife beginnt, was in warmen Jahren früher eintritt als in kälteren. Viele Samen fliegen gleich, wie sie reif sind, oder kurze Zeit nachher ab; bei solchen ist es räthlich etwas früher zu kommen.

Die Gewinnung der kleineren Samen muß in der Regel durch **Besteigen** der Bäume geschehen, weil sie sich, nachdem sie abgefallen sind, nicht mehr leicht auf dem Boden sammeln lassen. Je nach der Höhe, Beastung und dem Standort der samentragenden Stämme ist dies ein mehr oder minder beschwerliches Geschäft, das durch Zuhülfenahme von Leitern und Steigeisen einigermaßen erleichtert werden kann; letztere sind aber nur auf Bäumen mit starker Borke, oder an solchen, die unmittelbar nachher gefällt werden, zu gestatten, weil der Stamm dadurch vielfach verletzt und namentlich zu Nutzholz minder brauchbar wird; am empfindlichsten werden dadurch Fichten und jüngere Weißtannen beschädigt. Wenn die Bäume bestiegen sind, so werden die Zapfen oder Samendolden mit der Hand abgenommen und in einen Sack gebracht, oder man schüttelt die Aeste, damit die schwereren und größeren Samen abfallen und am Boden in aufgelegten Tüchern aufgefangen, oder nachher zusammengekehrt werden, wobei natürlich viel Laub und dergleichen mit auf Haufen geschafft wird, welches durch Sieben ausgeschieden und nachher wieder über der Fläche ausgebreitet werden muß.

Größere Samen, wie Bucheln und Eicheln, werden öfters bloß aufgelesen, nachdem sie von selbst abgefallen sind. Hiebei ist aber zu beachten, daß die zuerst abfallenden meist taub oder von Insekten befallen sind, also nichts taugen. (Ueber deren Aufbewahrung vgl. §. 49.) In Besamungsschlägen ist das Zusammenkehren der Samen jedenfalls nicht zu dulden, auch das Auflesen nur dann zu gestatten, wenn der Same in reichlicher Menge gerathen ist. Wo man die Zapfen sammelt, da kann der nicht vollständig gereifte Samen in denselben noch nachreifen.

Unmittelbar nach dem Sammeln erheischt die Behandlung der Samen besondere Vorsicht, sie dürfen anfänglich nur in ganz dünnen 3—4 cm hohen Schichten aufgeschüttet und müssen auch noch in den ersten 8—14 Tagen ein oder zweimal mit dem Rechen gerührt und gewendet werden, weil sie sich sonst erhitzen und die Keimkraft dadurch verloren geht. Erst nach und nach darf man sie dichter aufschichten.

In einzelnen Gegenden ist die früher allgemein üblich gewesene **Mastnutzung** durch Eintreiben von weidenden Schweinen noch im Gebrauch, und es ist nur zu bedauern, daß die masttragenden Eichen und Buchen so selten geworden sind, nachdem ihr Surrogat, die Kartoffel, an Sicherheit und Ergiebigkeit so viel verloren hat. Bei dieser Art der Nutzung sind ähnliche Vorsichtsmaßregeln zu treffen, wie sie oben bei der Weide angegeben wurden. Vor dem Eintrieb der Schweine sind namentlich diejenigen Orte zu bewahren, wo diese Thiere durch das Umwühlen des Bodens Schaden machen könnten, also Kulturen und Schläge mit jüngerem Nachwuchs; nur ein rasches Durchtreiben ist hier etwa noch zulässig. Sollen die Schweine in dem Wald gemästet werden, so darf man nicht zu viele austreiben; die Zahl ist natürlich sehr verschieden, je nachdem die Mastfrüchte mehr oder weniger reichlich gerathen sind, und je nachdem die Mastbäume nahe oder entfernt von einander stehen. Wenn man die Schweine Abends wieder heimtreibt, so kann man oft schon auf 1 ha ein erwachsenes Schwein rechnen; es läßt sich aber hierüber schwer ein specieller Anhaltspunkt geben. — Die Bucheln werden (kalt geschlagen) zur Gewinnung von Speiseöl benützt; die Ausbeute an reinem Oel beträgt 10—12 Procent des Gewichts, und 5 % trübes. Die Oelkuchen sind zur Viehfütterung nicht verwendbar.

Von untergeordneter forstlicher Bedeutung ist die Gewinnung anderer Waldsamen und Früchte, z. B. zahme Kastanien, wildes Obst, Vogelbeeren, Kirschen, Nüsse und dergleichen, obwohl in manchen Gegenden damit eine schöne Nebeneinnahme geschaffen werden kann, wenn man z. B. Obstbäume oder Kastanien in Alleen, oder im Mittelwald als Oberholz anzieht.

Auch die Beeren von Waldunkräutern können für den Unterhalt der Bevölkerung wichtig werden, wie z. B. die Heidelbeeren im Schwarzwald, welche entweder getrocknet verkauft, oder zur Destillation von Heidelbeergeist, oder zur Bereitung eines Saftes zum Weinfärben benützt werden; eine ähnliche Rolle spielen die Preißelbeeren des sächsischen und böhmischen Erzgebirges, welche nach Norddeutschland gehen. —

Bei all diesen Nutzungen hat man darauf zu sehen, daß die Sammler gehörige Ordnung einhalten und daß sie keine Beschädigungen an den nutzbaren Waldpflanzen verursachen. Es wird dies erreicht durch Auswahl zuverlässiger Personen und wo dies nicht möglich ist, durch Ausstellung von Erlaubnißscheinen auf bestimmte Personen und auf bestimmte Zeit. Während der Samenreife kann natürlich mit der Gewinnung nicht ausgesetzt werden; wenn aber z. B. der Zweck der Besamung erreicht werden soll, so muß man das Sammeln auf eine kürzere Zeit beschränken, bevor aller Samen abfallen kann. Die Erlaubnißscheine werden oft umsonst, oft gegen Geld oder Naturallieferung verabfolgt.

Das Ausklengen des Nadelholzsamens aus den Zapfen wird da und dort auf Rechnung des Waldeigenthümers betrieben, entweder im Kleinen durch Sonnenhitze (welche übrigens nur bei Fichten-Zapfen genügende Wirkung hat), oder im Großen in Darranstalten, durch Ofenwärme, wo eine Temperatur von 30—35° R. längere Zeit auf die Zapfen einwirkt, bis sie aufspringen. Der Samen fällt theils von selbst aus, theils wird er durch Rütteln und Sieben der Zapfen zum Ausfallen gebracht; im heißen Raum darf er nicht lange liegen bleiben. Kiefernzapfen dürfen nicht vor Eintritt der Winterkälte gesammelt werden, weil sie sonst schwer platzen und einer zu hohen Temperatur bedürfen, welche die Keimkraft schädigt. Die Zapfen von geharzten Schwarzkiefern öffnen sich schwerer und liefern einen Samen von kleinerem Korn, der schwächlichere Pflanzen giebt. Aus 1 hl Zapfen erhält man abgeflügelten Samen bei der gemeinen Kiefer 0,75—0,9 kgr, bei der Schwarzkiefer 1,5—1,8, Fichte 1,25—1,6, Lärche 1,8—2,7, Tanne 8—10 kgr. Bezüglich der Fichte ist noch zu erwähnen, daß die rothgefärbten Zapfen weniger und auch schlechteren Samen liefern als die grün gefärbten, und daß während des Monates Oktober an sonnigen Tagen ein Theil des Samens und gerade die besseren Körner ausfliegen. Thardt Jahrbuch 1874, S. 206.

Der ausgeklengte Samen wird auf luftigen Böden anfänglich in dünnen Schichten aufgeschüttet, und von Zeit zu Zeit noch gewendet; später bringt man ihn in größere Haufen, schützt ihn aber vor Nässe, Mäusefraß &c.

Das Abflügeln des Fichten- und Kiefersamens geschieht erst kurz vor dessen Verwendung; der Same wird zu dem Zweck leicht angenetzt, nachher in Säcken gedroschen und hierauf durch Werfen oder in einer Putzmühle von den Flügeln gereinigt. Das Netzen schadet oft dem Samen; es wird nicht nöthig, wenn man denselben in einer gewöhnlichen Mühle durch einen sogenannten Gerb- oder Schälgang gehen lassen kann. Diese Gerbgänge dienen dazu, beim Spelz die Körner von der Spreu zu trennen.

§. 178.

Gewinnung der Baumsäfte.

Die flüssigen Säfte der Birke und des Zuckerahorns werden durch Anbohren der Stämme gewonnen, wodurch natürlich der Stamm in seiner gesunden Entwicklung gehemmt und dazu noch beschädigt wird, so daß wenigstens ein Stück davon zu Nutzholz untauglich wird. Bei uns hat diese Nutzung übrigens keine Bedeutung.

Die Lärchenstämme werden ebenfalls angebohrt, um den sogenannten Lärchen- oder venetianischen Terpentin zu gewinnen. Hiebei wird das Loch entweder mit einem Zapfen verschlossen und der Terpentin von Zeit zu Zeit ausgeschöpft, wobei ein Stamm nicht weiter als 2—3 gegen innen geneigte Löcher bekommen soll, oder man giebt dem Loch eine Neigung nach außen und läßt den Terpentin in ein vorgesetztes Gefäß ablaufen. Der Saftausfluß beginnt an schönen, sonnigen Tagen oft schon im Februar, und dauert 4—6 Wochen, wobei man dann die untergestellten Gefäße rechtzeitig leeren muß. (Oesterr. Monatschr. f. Forstw. 1870, S. 16.)

Die harzigen Säfte der Nadelhölzer sind unter unsern Verhältnissen noch von einiger aber immermehr abnehmender Bedeutung. Das meiste Harz liefert die Fichte.[1]) Die Stämme werden zu diesem Zweck angerissen, indem man mit einem scharfen, gebogenen Eisen einen Streifen Rinde in einem einzigen Zug herausschneidet, damit an den Rändern dieser sogenannten Lachen der Saft ausfließt und sich unter Einwirkang des Sauerstoffs der Luft in Harz verwandelt. Da wo die Nutzholzproduktion durch die Harznutzung nicht allzusehr beeinträchtigt werden soll, dürfen die Stämme nicht vor dem 60—80 Jahre und womöglich erst 10—12 Jahre vor der Fällung angerissen werden; man darf ihnen auf 1 m Umfang höchstens 3—4 Lachen geben. Bei schwächeren Stämmen, die lange Zeit geharzt werden, giebt man anfangs weniger Lachen, und läßt auf einer oder zwei Seiten einen größeren Raum frei, um später neue Lachen dort anbringen zu können. Die Lachen müssen so angelegt werden, daß sie das Eindringen des Wassers in den Holzkörper des Stammes nicht gestatten, um der Fäulniß keinen Vorschub zu leisten; sie bekommen eine solche Länge, daß ihr oberes Ende noch gut mit der Hand erreicht werden kann; vom Boden müssen sie so weit entfernt sein, daß durch den Regen keine Unreinigkeit hinengeschlagen wird.

Die passendste Jahreszeit des Anlachens ist der Vorsommer. Wenn der frisch angeharzte Stamm zwei Jahre lang gestanden hat, und auch später je im zweiten Jahre wird das Harz abgenommen; es geschieht dies im Sommer, am besten im Monat Juni; zuerst wird das in der Lache befindliche Harz mit einem gekrümmten Messer sorgfältig und rein herausgekratzt, wobei man es in ein untergehaltenes Gefäß von Rinde oder in ein mittelst eines hölzernen Reifes offen erhaltenes Säckchen fallen läßt; dabei ist Sorge zu tragen, daß keine Lache übergangen und kein Harz zerstreut wird. Hierauf wird das aus der Lache herausgetretene, am Stamm heruntergeflossene Harz besonders gesammelt und bei dieser Gelegenheit werden alle vier Jahre die Lachen wieder aufgefrischt, indem man an den Rändern die hereingewachsene Rindenwulst und das ausgetrocknete Holz wegschneidet. Das bei dieser Gelegenheit gewonnene Flußharz ist ein viel geringeres Produkt, als das Lachenharz.

Die zur Harznutzung bestimmten Schwarzkiefern erhalten auf der Süd- und Südostseite eine vor Beginn der Saftbewegung unten in den Stamm eingehauene, napfförmige Vertiefung (Grandl), worin sich das leichtflüssigere Harz sammeln kann. Sobald an der oberen Hiebsfläche sich ein Harzausfluß bemerklich macht, wird die Rinde am oberen Rande etwa 3 cm breit glatt weggenommen, und zugleich durch abwärts nach dem Grandl führende, ins entrindete Holz geschnittene Rinnen für Zuleitung des Harzes in den Grandl gesorgt. Dieser wird während des Frühjahres und Sommers

[1]) Forst- und Jagdzeitung 1859, Januarheft.

alle 8—14 Tage ausgeschöpft. Um aber den Harzausfluß zu befördern, muß wöchentlich ein- bis zweimal eine sehr dünne Rindenschicht im Umfange der Lache weggeschnitten werden, so daß im Laufe des Vegetationsjahres die Lache höchstens um 0,5—0,7 m nach oben sich verlängert; dabei sind die ins Holz einzuschneidenden Zuleitungsrinnen nach Bedarf zu verlängern und zu vermehren. Der Grandl und die darüber befindliche Lache kommen auf die Mittags-, bei schief stehenden Stämmen auf die obere Seite. Die Lache soll $\frac{2}{3}$ des Stammumfanges niemals überschreiten und die Nutzung nicht länger als 10—12 Jahre dauern.[1])

Die Harznutzung wird theils durch Verpachtung, theils in Selbstadministration betrieben. Letztere ist in der Regel für die Waldungen schonender, denn bei der Verpachtung kann man doch nicht alle Sicherheitsmaßregeln streng durchführen, um das Anharzen zu junger oder schöner Nutzholzstämme, oder die schädliche Erweiterung der Lachen zu verhindern. Bloß da, wo das Fichtenholz wenig Werth hat, kann man die Verpachtung gestatten; sie geschieht in der Regel der Stammzahl nach.

Der Ertrag dieser Nutzung ist sehr wechselnd; aus den Fichtenbeständen des Thüringer Waldes (Allg. Forst- u. Jagdzeitg. 1859), welche erst bei einer Stammstärke von 0,28 m (1,5 m über dem Boden gemessen) angeharzt werden, sind per ha 45—55 kgr reines Pech gewonnen worden, und steigerte dies den Ertrag des ganzen Forstbezirkes um 1,08 Mark per ha; wobei jedoch ein etwaiger Verlust an Holzzuwachs und Nutzholzwerth nicht gerechnet ist. Nach C. Schindler können in haubaren Fichtenbeständen während der letzten 10—12 Jahre vor dem Abtrieb 0,5 kgr Harz per Stamm gewonnen werden. — Im Schleusinger Forst wurde den Harzberechtigten eine Jahresrente von 1 Mark per ha als Abfindung zugestanden. (O. v. Hagen, d. forstl. Verh. Preußens 2. Aufl. S. 132.) — Die Schwarzkiefer im Anninger Forst bei Wien wird nach dem 80. Jahre angeharzt, für einen Stamm wird durchschnittlich 31 Markpfennige Pacht bezahlt, auf 1 ha stehen 350—400 Stämme, wovon die über 30 cm starken durchschnittlich 4 kgr Harz jährlich geben. Der Verlust an Holzertrag wird dem Gelde nach auf $\frac{1}{5}$ des Harzertrages veranschlagt.

Das Harz wird über einem langsamen Feuer geschmolzen und mit Hülfe einer Presse durch Säcke filtrirt, worauf es in hölzerne Kübel gefüllt und in diesen, nachdem es fest geworden, verschickt wird.

In Kiefernforsten ist die Theerschwelerei eine häufige Nebennutzung; man verpachtet zu dem Zweck die Stockholzgewinnung entweder nach der Zahl der Brände oder nach dem bezogenen Holzquantum.

[1]) Vergl. Miklitz, Forstliche Haushaltungskunde. Wien, Braumüller. 2. Aufl. — Heyer, Allgem. Forst- und Jagdzeitung 1865, S. 161.

§. 179.
Leseholznutzung.

Die auf dem Stock dürr werdenden kleineren Stämmchen bis zu etwa 6 cm Durchmesser, die abfallenden Aeste und kleineren Zweige, die in den Schlägen zurückbleibenden Spähne und sonstige Abfälle gehören zu dem Leseholz, eine Nutzung, die zwar in der Regel dem Waldbesitzer keine Einnahme gewährt, aber dennoch gestattet wird, weil sie den ärmeren Anwohnern der Forste unentbehrlich ist und im Fall ihrer Verweigerung die bedeutenderen Holzfrevel mehr überhand nehmen würden. Es ist daher nothwendig, an dieser Holznutzung nur solche Leute Theil nehmen zu lassen, welche wirklich bedürftig sind und welche sich gröberer Holzfrevel enthalten. Ueber die zulässige Zahl der Leseholzsammler läßt sich nichts Bestimmtes angeben, es kommt dies auf die Art der Waldbestockung, auf die Führung der Durchforstungen, auf die Gewohnheit, sich mit stärkerem oder schwächerem Holz zu begnügen, und auf den Holzbedarf an.

Die zu dieser Nutzung zugelassenen Personen müssen jährlich zu erneuernde Erlaubnißscheine erhalten, welche sie bei Ausübung der Nutzung stets mit sich tragen sollen und welche nie von zwei oder mehreren Personen gleichzeitig benützt werden dürfen. Die Nutzung ist auf bestimmte Wochen- oder Monatstage zu beschränken; zweckmäßig ist es, wenn man den Winter über einen öfteren Zutritt gestattet, als im Sommer, wo der Holzbedarf geringer ist und auch die nöthige Zeit dazu fehlt. Es ist wegen der etwa auf diese Holztage fallenden Feiertage Vorsorge zu treffen, daß dafür der folgende Tag gelte. Die Benützung von schneidenden Werkzeugen[1]) und Fuhrwerken ist da, wo ein großer Zudrang zu dieser Nutzung stattfindet, nicht zu gestatten. Um das Freveln von Bindewieden zu verhindern, kann verlangt werden, daß die Leseholzsammler Stricke mit in den Wald nehmen.

Während die Schläge im Betrieb sind, ist den Leseholzsammlern der Zutritt in dieselben zu verbieten, desgleichen in Saaten oder Pflanzungen während der ersten 20—30 Jahre. Ebenso ist das Besteigen der Bäume nicht zu gestatten, namentlich nicht der Gebrauch von Steigeisen. — Um die Bedürftigsten für diese Nutzung auswählen zu können, ist es gut, wenn man sich dieselben von der Gemeindebehörde bezeichnen läßt, doch darf man solche Verzeichnisse nicht ohne Kritik hinnehmen, und wenn zu Viele darin aufgenommen sind, so muß man die Zahl der Leseholztage vermindern. Kann man im Mai und Juni die Nutzung ganz aussetzen, so hat dies manche Vortheile für den Wald, die Schonung der nützlichen Vögel und der Jagd.

[1]) In jungen Fichtenbeständen schadet zwar das Abbrechen und Abreißen dürrer Zweige manchmal viel mehr als ein vorsichtiges Abschneiden oder Absägen, weil bei diesem der Stamm nicht so empfindlich verletzt wird und weil jede Verletzung in der frischen Rinde die Rothfäule begünstigt; deßhalb kann hier wohl die vorsichtige Anwendung der Säge gestattet werden.

§. 180.

Landwirthschaftlicher Einbau.[1])

Es giebt einzelne Gegenden in Deutschland, wo der Einbau landwirthschaftlicher Gewächse in Niederwaldungen schon seit undenklichen Zeiten besteht, und wo es nur einiger Modifikationen bedurfte, um diese Nebennutzung zweckmäßig zu regeln. Hieher gehören die Hackwaldungen des Odenwaldes,[2]) die Hauberge im Siegenschen und ähnliche Kulturarten im Kinzigthal. Die Niederwaldungen bestehen hier meist aus Eichen, von denen man in 15- bis 20jährigem Umtrieb die Rinde gewinnt. Nach dem Abtrieb wird der Unkrautfilz abgeschält, und nachdem er getrocknet ist, mit den zurückgebliebenen Reisern in meilerartigen Haufen langsam verbrannt. Sodann wird die Asche über die ganze Fläche gleichmäßig verbreitet und im ersten Sommer gewöhnlich noch Heidekorn oder Buchweizen ausgesät, mit der Asche eingehackt und im gleichen Sommer geerntet. Nach der Ernte wird Winterroggen gesät, welcher im nächsten Sommer zur Reife kommt, worauf dann kein Fruchtbau mehr stattfinden kann, weil die Ausschläge schon zu groß werden. Mit dieser letzten Aussaat kann auch Birken- oder Forchensamen, oder Eicheln untergebracht werden. Beim Einernten ist Rücksicht zu nehmen auf die Samenpflanzen und Stockausschläge, ebenso auch beim Einhacken der Saat. Wo sich die Ausschläge zu sehr ausbreiten und dadurch der Frucht schaden, kann man sie bis zur Ernte zusammenbinden, damit sie weniger Raum einnehmen. — Diese Art des landwirthschaftlichen Zwischenfruchtbaues ist nur in Niederwaldungen zulässig, ihre Rentabilität nimmt aber in Folge der gestiegenen Arbeitslöhne so weit ab, daß sie vielfach aufgegeben wird.

In Hochwaldungen dagegen, welche künstlich verjüngt werden, findet unter dem Namen Waldfeldbau oder Röderlandbetrieb eine ähnliche vorübergehende Benutzung des Bodens statt, in der Weise, daß nach dem kahlen Abtrieb das Stock- und Wurzelholz vollständig gerodet und der Boden auf 10—20 cm Tiefe umgebrochen wird, worauf sodann der Einbau von Halm- oder Hackfrüchten erfolgt; nach Umständen (auf gutem kräftigem Boden) wird die forstliche Kultur bis ins zweite Jahr nach dem Abtrieb verschoben und so lange die landwirthschaftliche Nutzung ausschließlich betrieben. Auf minder kräftigem Boden werden gleich mit dem ersten landwirthschaftlichen Einbau die Waldpflanzen in Reihen eingesetzt (seltener gesät) und dann zwischen den Reihen noch einige Jahre landwirthschaftliche Gewächse gebaut. Eine angemessene Abwechslung zwischen Halm- und Hackfrüchten ist dabei besonders erwünscht und auch für die Waldpflanzen vortheilhaft,

[1]) Heinrich Fischbach, Königl. württembergischer Forstrath in Stuttgart, Ueber Lockerung des Waldbodens. Stuttgart 1858.

[2]) Jäger, Die Land- und Forstwirthschaft des Odenwaldes. Darmstadt 1843.

weil dann während dieser Zeit das Unkraut nicht so überhand nehmen kann. Kommt die Kultur mehr in die Höhe, oder würde der Boden zu sehr erschöpft, so hört der Einbau auf, nachdem er im Ganzen 1—3 Jahre gedauert hat. Danach bildet sich eine Grasnarbe, welche unter Umständen noch einige Zeit benützt werden kann.

Diese Nutzungen werden entweder mit Ein- oder Ausschluß der Stock- und Wurzelholzgewinnung verpachtet, im letzteren Fall muß aber dafür gesorgt werden, daß dasselbe in bestimmter, möglichst kurzer Frist vollständig entfernt werde. Bei der Verpachtung ist der zulässige Einbau genau vorzuschreiben, und wegen der forstlichen Kulturen geeigneter Vorbehalt zu machen, namentlich ist dies bei Saaten nothwendig, weil sie z. B. in Sommergetreide und zwischen Hackfrüchten besser gedeihen, als in Winterfrucht: ferner in Beziehung auf Schonung der Kultur bei der Bearbeitung und bei der Ernte.

Die Dauer der landwirthschaftlichen Nutzung ist nach dem Kraftzustand des Bodens zu bemessen, jedenfalls nicht zu lang zu gestatten, weil dies die Entwicklung der zu erziehenden Holzbestände für lange Zeit benachtheiligt. Derartige Fehler haben in einzelnen Gegenden das ganze Verfahren in Mißkredit gebracht. (cf. Hagen-Donner, die forstl. Verhältnisse Preußens, S. 59.) Wo man größere Sorgfalt in Behandlung der Kulturen verlangt, kann man die einzelnen Parzellen an zuverlässige Personen abgeben; oder man nimmt den ganzen Betrieb in Selbstverwaltung, wobei natürlich die größte Schonung und Rücksicht auf die Forstkultur möglich ist. — An steilen Hängen, auf felsigem sumpfigem Boden ist diese Nebennutzung nicht zulässig; ebenso nicht bei einzelnen Holzarten, z. B. der Weißtanne. Wo es an Arbeitern fehlt, und wo der Boden zu erschöpft ist, muß ebenfalls davon Umgang genommen werden.

Neben der günstigen Einwirkung auf das Gedeihen der Kulturen ergiebt sich auch noch ein schöner Geldertrag, im hessischen Revier Virnheim z. B. von 2—4 Jahre dauerndem Waldfeldbau 60—100 Mark jährlich pr. ha; im Odenwald aus Hakwald bei zweijähriger Dauer 40—70 Mark pr. ha.

§. 181.

Steine und Erden.

Die Gewinnung von Steinen zum Hoch-, Wasser- und Straßenbau muß im allgemeinen Interesse namentlich da, wo sie selten vorkommen, nach Kräften befördert werden. Ebenso sind die verschiedenen Lehm-, Thon-, Mergel- und sonstige Erdarten zur Unterstützung der Gewerbe und der Landwirthschaft in vielen Gegenden von Wichtigkeit.

Die Steine werden selten auf Rechnung des Waldeigenthümers gewonnen. In der Regel wird eine gewisse Fläche durch Verpachtung auf bestimmte Zeit an irgend einen Unternehmer vergeben. Man hat entweder

Findlinge oder Bruchsteine. Erstere werden dem Wagen, oder dem Kubikraum nach abgegeben, manchmal auch nach der Fläche, wenn sie in größeren Massen beisammen liegen. In jenen Fällen sind geeignete Kontrolmaßregeln anzuordnen; ferner ist zu bedingen, daß keine Steine ungezählt oder ungemessen abgeführt werden; daß beim Brechen, Anrücken an die Wege und bei der Abfuhr auf den Wegen kein vermeidlicher Schaden angerichtet werde, daß die vorgeschriebenen Wege bloß bei erlaubter Zeit befahren und daß nach dem Ausbrechen größere Gruben wieder entsprechend ausgefüllt werden.

Beim Verpachten von Steinbrüchen ist die Größe der Fläche und die Zeitdauer des Pachtes genau zu bestimmen, es sind Vorschriften zu geben über die Art der Ausnutzung, wie tief sie erfolgen, ob die ganze Fläche vollständig benützt werden dürfe, oder ob der Unternehmer die Böschungen, welche den umgebenden Grund und Boden gegen Abrutschen sichern sollen, auf der gepachteten Fläche anzulegen habe; ferner ist zu bedingen, daß die Ausnutzung regelmäßig geschehe, daß der Abraum auf einen bestimmten Platz gebracht werde, ob der Steinbruch nachher offen bleiben, oder ob er eingeebnet werden solle; im letzteren Fall sind die Böschungswinkel genau zu bezeichnen. Im Allgemeinen ist Vorsorge zu treffen, daß die angrenzenden Bestände nicht beschädigt werden, daß die Abfuhr der Steine auf bestimmten Wegen geschehe; ob bei frequenteren Brüchen der Weg vom Pächter theilweise oder ausschließlich unterhalten werden soll, ist ebenfalls vorausgehend zu vereinbaren und die Mitbenutzung des Weges für den Waldeigenthümer vorzubehalten. Ferner kann bedungen werden, daß der Pächter für seine Arbeiter bezüglich des Ersatzes für Waldbeschädigungen Gewähr leiste, die Einfriedigungen des Bruches herstelle, die Wasserableitung gehörig regulire ꝛc. Die Bezahlung des Pachtgeldes hat in der Regel im Voraus zu geschehen; bei Ausmessung desselben ist als Minimum für den Waldbesitzer zu bedingen die aus dem Holzbestand entgehende Rente, die Kosten des künftigen Wiederanbaues und der etwaigen Wegeunterhaltung.

Die Abgabe von Lehm, Thon, Sand, Mergel ꝛc. zu gewerblichen und anderen Zwecken kann nach den gleicheu Grundsätzen geschehen und muß unter Umständen besonders erleichtert werden, wenn es sich darum handelt, ein holzverzehrendes Gewerbe zu unterstützen, oder der Landwirthschaft mit Düngemitteln auszuhelfen.

Die Benützung von Waldhumus zu den Zwecken der Gärtnerei ist in manchen Gegenden bedeutend, sie schadet noch mehr wie die Streunutzung, weil in der Regel nur auf den mageren Böden die verlangte Erde gefunden wird; die bei der Laubstreunutzung gegebenen Regeln gelten auch hier, nur müssen nach jeder Benützung größere Pausen gemacht werden.

§. 182.

Torfnutzung.[1])

Der Torf ist das Produkt eines unter Wasser, bei theilweisem Abschluß der Luft vor sich gehenden langsamen Verkohlungsprozesses. Der Torf findet sich in sumpfigen Niederungen der gemäßigten und kälteren Zone, oder in feuchten Hochlagen. Es werden unterschieden Hochmoore, deren Sohle in oder über dem Spiegel des Sommerwasserstandes liegt und Tiefmoore, welche unter denselben hinabreichen. Er ist an der Oberfläche zu erkennen durch das Vorkommen der sogenannten Torfpflanzen, namentlich des Wollgrases, der verschiedenen Torfmoose, der Rauschbeere u. s. w. Der Torf kommt nicht überall in gleicher Güte und gleicher Mächtigkeit vor. Ehe man zur Benützung desselben schreitet, ist es nothwendig, sich über diese zwei Punkte genau zu unterrichten.

Bei dem Umfang, welchen die Torfgewinnung und Verarbeitung mit Maschinen erlangt hat, ist es nicht mehr möglich, solche in den Rahmen dieser Schrift einzufügen und müssen wir diesfalls auf die besonderen diese Industrie ausführlich beschreibenden Werke Bezug nehmen; indem wir uns in Nachfolgendem auf die Herstellung von Handtorf beschränken.

Man unterscheidet zweierlei Arten von Torf, den sogenannten Stechtorf und Streichtorf; ersterer enthält die abgestorbenen Pflanzentheile noch ziemlich in ihrer ursprünglichen Form; während letzterer eine gleichmäßige breiartige Masse bildet, und in der Regel mehr Heizkraft entwickelt; er ist deßhalb gesuchter, obwohl seine Gewinnung und Herstellung theurer zu stehen kommt.

Der Ausnutzung eines Torflagers geht in der Regel die Entwässerung voraus, wobei neben der Oberfläche des Torffeldes hauptsächlich auch noch die der nächstfolgenden Schichte (des Liegenden) zu berücksichtigen ist. Die Benützung eines Moores muß nach festem, einheitlichem Plan geschehen und es darf namentlich nicht zuerst bloß denjenigen Stellen nachgegangen werden, auf welchen der beste und meiste Torf zu hoffen ist, weil sonst die übrigen leicht unzugänglich werden und die spätere Benützung der abgebauten Fläche zu anderen Zwecken ganz vereitelt werden könnte.

Der Angriff hat auf mehreren längeren geraden Streifen zu erfolgen, neben denen Platz zum Aufstellen und Trocknen des frisch ausgestochenen Torfes frei bleibt.

Vor der eigentlichen Torfgewinnung ist zunächst die oberste, unbrauchbare Schichte zu entfernen, dann wird der Stechtorf mit besonderen Instrumenten ausgestochen, so daß die einzelnen Stücke nicht zu lang und breit

[1]) A. Hausding, Industrielle Torfgewinnung und Torfverwerthung mit besonderer Berücksichtigung der dazu erforderlichen Maschinen und Apparate nebst deren Anlage und Betriebskosten. Berlin, A. Seidel. 1876. — Stiemer, Der Torf und dessen Massenproduktion nach dem zeitigen Stand der Wissenschaft und Technik. Halle, 1883. O. Hendel.

werden, weil sie sonst leicht zerbrechen würden; ebensowenig dürfen sie zu dick werden, um das Austrocknen nicht zu sehr zu verzögern. Die Maaße sind gewöhnlich in jeder Gegend festbestimmt und es kann davon nicht einseitig abgegangen werden. — Das Stechen erfolgt entweder durch senkrecht, oder durch wagerecht geführte Stiche, letzteres Verfahren ist das bessere, weil auf diese Weise die Torfstücke je nur aus einer Schichte gewonnen und dadurch gleichmäßiger werden, als beim Stich in senkrechter Richtung, bei welchem meist verschiedene Schichten in ein und dasselbe Torfstück kommen.

Nach dem Stechen wird der Torf getrocknet, was in der Regel in freier Luft geschieht, indem man ihn zuerst einzeln mit dem schmalen Rand auf den Boden legt und dann in Häufchen so aufsetzt, daß die Luft nach allen Seiten durchziehen kann; manchmal setzt man die frischen Ziegel gleich auf Häufchen. In sehr feuchtem Klima aber ist es nothwendig, eigene Trockenschuppen zu erbauen, in denen die Austrocknung vorgenommen werden kann.

Nach beendigter Arbeit wird der Wasserspiegel durch Schwellung gehoben und den Winter über möglichst hoch gespannt erhalten, da sonst der Frost die Torfmasse an den Rändern und der Oberfläche auflockert, wodurch dieselbe unbrauchbar wird.

Der Streich-, Strich-, Tret- oder Formtorf wird aus einer gleichförmigen, in breiartigem Zustand vorkommenden Torfmasse gewonnen; indem man dieselbe ausschöpft, das Wasser etwas davon ablaufen läßt, sie wohl auch durchknetet, wo sie nicht ganz gleichartig gemischt vorkommt und dann in Formen einstreicht. Das Trocknen erfordert mehr Sorgfalt und geschieht gewöhnlich in bedeckten Trockenschuppen.

In Norddeutschland werden neuerdings Bagger-Maschinen angewendet, welche das Ausheben der Torfmasse aus dem Wasser ermöglichen, sofern das betreffende Lager nicht allzufest ist und kein Lagerholz in demselben vorkommt. Der Franzose Challeton in Montauger zerreibt den Torf unter Zutritt von Wasser zu einem feinen Brei, läßt dann die Torftheilchen in einem Bassin mit horizontalem Boden sich niederschlagen und nach Ablauf des Wassers trocknen, wodurch eine festere, leichter transportable Masse mit intensiverer Heizkraft gewonnen wird. — Anderwärts wird ebenfalls durch Zerkleinern der faserigen Masse und durch nachheriges Pressen, sodann auch noch durch weiteres Trocknen in künstlicher Wärme ein kompacteres Heizmaterial erzeugt.

Die Heizkraft des Torfes entspricht meistens seinem Gewicht; je schwerer eine Torfart ist, um so mehr Wärme entwickelt sie, gleichen Trockenheitsgrad und Aschengehalt vorausgesetzt. Dem Gewicht nach beurtheilt, hat der Torf etwas mehr Heizkraft als dasselbe Gewicht gleich trockenen Holzes; jedoch läßt sich die Heizwirkung durch künstliche Pressung der Torfmasse wesentlich steigern; auf den württembergischen Lokomotiven braucht man zum Ersatz von 100 kgr Steinkohlen 222 kgr Stichtorf, oder 160 kgr gepreßten Torf. Uebrigens legen die sehr bedeutenden Aschenrückstände der Anwendung des Torfes manche Schwierigkeit in den Weg.

Eine andere Verwendung findet neuerdings die Torfmasse zur Einstreu in Viehställen, zur Desinfektion der Abtrittsgruben. Die Verarbeitung zu diesen Zwecken erfordert aber bei einigermaßen größerem Betrieb die Zuhülfenahme von Dampf- und Maschinenkraft und kann deßhalb hier nicht näher darauf eingegangen werden, obgleich der Forstmann an der möglichsten Verbreitung dieser beiden Produkte sehr großes Interesse nehmen muß, weil sie mehr als andere Ersatzmittel geeignet sind, für die Landwirthschaft die Waldstreu entbehrlich zu machen.

Die Benützung ausgebauter Torflager zu Ackerfeld ist in der Regel wenig rentabel, eher lohnt sich die Anlage von Wässerwiesen, namentlich, wenn man Kalk und Mergel, oder kalkhaltiges Wasser in der Nähe hat. Auch Schilfanpflanzungen können einträglich werden, wo dieses Material zur Bedachung und Verblendung der Häuser, oder als Streusurrogat Absatz findet.

Zu Waldanlagen eignet sich ausgebautes Torffeld ebenfalls; Fichten, und auf tiefgründigem Boden Erlen geben gute Erträge. Auch auf Torf selbst wachsen Waldbestände, namentlich Fichten; vgl. Verhandlungen des sächsischen Forstvereins 1857.

§. 183.

Gewässer.

Die gewöhnlichste Benützung der in den Waldungen vorkommenden Gewässer findet statt zur Flößerei, zur Fischerei, zum Betrieb industrieller Unternehmungen, wobei hauptsächlich die Sägmühlen den Forstmann interessiren. Ferner zur Bewässerung für land- und forstwirthschaftliche Zwecke.

Was die Benützung zur Flößerei betrifft, so ist schon oben das Nähere darüber gesagt. Die Fischerei wird in der Regel verpachtet und wirft bei der seitherigen Behandlungsweise einen geringen Ertrag ab. Vielleicht gewährt die Einführung der künstlichen Fischzucht mehr Erfolg und sie scheint geeignet, ein nicht unbedeutendes Nebeneinkommen aus diesem Theil des Waldeigenthumes zu gewinnen.

Die zum Betrieb von Sägemühlen benützten Wasserkräfte können dem Waldeigenthümer sehr zu gut kommen, um die Verwerthung seiner Produkte leichter zu ermöglichen, nur muß er sie entweder in Selbstadministration nehmen, oder noch besser an zuverlässige Leute verpachten, sofern der Uebelstand dabei zu vermeiden, daß dadurch die Pächter ein gewisses Monopol auf das zum Verkauf kommende Nutzholz erlangen.

Die Ueberlassung der Gewässer zum Zweck der Bewässerung von Wiesen außerhalb des Waldes kann indirekt von großem Nutzen für die Forste sein, weil dadurch das Erzeugniß an besserem Viehfutter gesteigert und das schlechtere Material mehr zur Streu verwendet wird. Eben deßhalb ist auch die Anlage von Wässerungswiesen in geeigneten Lokalitäten von großem Werth, und da sie in der Regel viel mehr eintragen, als der rentabelste Wald, so haben sie auch einen genügenden direkten Nutzen. — Auch zur Ueberschlammung von öden Kies- und Moorflächen kann man die Gewässer benützen, wie schon in §. 45 erwähnt ist.

§. 184.

Die Jagd.

In den meisten Fällen ist der Geldertrag der Jagd nur noch von ganz untergeordneter Bedeutung und für die Forstkultur hat ein geringerer Wildstand auch seine Vortheile, obwohl der Forstmann stets ein Interesse daran haben wird, daß die leichtfüßigen Bewohner des Waldes jener Kultur, die alle Welt beleckt, nicht vollends ganz zum Opfer fallen. Als eine forstliche Nebennutzung ist die Jagd ganz am Platz; sie gehört aber auch hauptsächlich in den Wald und wo große, zusammenhängende Forste vorkommen, da kann sie bei einem mäßigen Wildstand ohne Schaden betrieben werden. Wenn auf 15—25 ha ein Reh, auf 50—100 ha ein Stück Hochwild kommt, so wird dies mit der Forstkultur in solchen Gegenden wohl vereinbar sein.

Die Jagd wird in Selbstverwaltung genommen, wo stärkerer Wildschaden zu befürchten, oder verpachtet. In letzterem Falle hat man im Interesse der Erhaltung eines mäßigen Wildstandes dafür zu sorgen, daß die Pachtdistrikte nicht zu klein gemacht werden, nicht unter 2—3000 ha, daß die Pachtzeit eine längere Periode von 6—10 Jahren umfasse, daß die Schon- und Hegezeiten strenge eingehalten werden. Als Schußzeiten gelten gewöhnlich bei dem Hirsch Anfang Juli bis Mitte Oktober, beim Thier Anfang Oktober bis Anfang Januar, beim Rehbock Anfang Juni bis letzten Januar, bei der Rehgaise (Ricke) Oktober und November, beim Hasen Anfang September bis Ende Januar, Feldhühner September bis November, Auer- und Birkhähne März und April.

Daß die Füchse geschont werden, verlangt die wichtige Rücksicht auf land- und forstwirthschaftliche Kultur, weil sie hauptsächlich den Mäusen und schädlichen Insekten nachstellen. Ebenso müssen die Boussarde, die Weihen und Eulen (mit einziger Ausnahme des Schuhu) in besonderen Schutz genommen werden. Für viele Gegenden ist es nothwendig, auch eine Schonung der Singvögel strenge zu verlangen, denn nicht überall lassen sich die Jagdliebhaber von der Harmlosigkeit und Nützlichkeit dieser Thiere überzeugen, und nur zu häufig fallen sie in Ermanglung eines edleren Wildes der Mordluft nutzlos zur Beute.

Besondere Vorsicht ist beim Verpachten nothwendig, daß gegen das Ende der Pachtzeit die Jagd nicht zu stark beschossen werde; in Württemberg suchte man dies unter der früheren Gesetzgebung (vor 1848) dadurch zu verhindern, daß man den Pächter verbindlich machte, nach Ablauf seines Pachtes 5 Jahre lang den etwaigen Mindererlös aus dem Pachtobjekt zu decken. Die zur Hege des Wildes nothwendigen und zulässigen Einrichtungen sind genau zu bezeichnen und dürfen ohne Einwilligung des Waldeigenthümers nicht erweitert oder verändert werden, wie überhaupt die Jagdnutzung stets der Forstnutzung untergeordnet bleiben muß.

Die weiter zu treffenden Maßregeln sind mehr landespolizeilicher Natur, obwohl sie auch theilweise der Jagd nützen, oder ihre Ausübung modificiren können; so z. B. die Vorkehrungen gegen Wildschaden auf den Feldern, die gegen reißende Thiere; die Bestimmungen über die Beschränkung der Konkurrenz beim Pacht auf bestimmte Personen, welche die nöthige Garantie bieten, daß sie keinen Mißbrauch damit treiben, Schutz gegen Unglücksfälle und dergleichen.

Die Abgabe von Jagdkarten an eine bestimmte größere Anzahl von Personen, die dann unter Beobachtung der nöthigen forst- und feldpolizeilichen Sicherheitsmaßregeln überall jagen dürfen, wo sich jagdbare Thiere finden, mit Beschränkung jedoch auf bestimmte Zeitperioden, wie dies in Frankreich und Italien üblich, ist minder geeignet eine Jagd zu erhalten und pfleglich zu behandeln, die Jagdlust wird dadurch in größeren Kreisen allgemein gesteigert und hält sich dann nicht so leicht in bestimmten Grenzen.

§. 185.

Nebengrundstücke.

Vielfach finden sich in den Waldungen Grundstücke, die zu anderen Zwecken, als zur Holzzucht, benützt werden. Hieher gehören Holzlagerplätze, Kohlplatten, Saat- und Pflanzschulen zur Erziehung von Waldpflanzen für den Verkauf. Außerdem Aecker, Wiesen und dergleichen, die von Waldungen eingeschlossen sind, aber in solcher Eigenschaft mehr eintragen, als der Waldboden, oder mit Rücksicht auf den Zusammenhang der Verjüngung im Augenblick nicht kultivirt werden können. Es muß dabei immer die Regel bleiben, daß die Hauptnutzung nicht darunter Noth leidet und die Gesammteinnahme nicht zu sehr geschwächt wird.

Im Uebrigen werden sich die nöthigen Bedingungen für die Verpachtung oder Selbstverwaltung leicht feststellen lassen. — Ob den Holzkäufern für Benützung der Holzlagerplätze und Kohlstellen ein Pachtgeld anzufordern sei oder nicht, wird meist nach lokalem Gebrauch entschieden werden, es ist aber dabei zu bedenken, daß die Holzkäufer häufig durch solche Nebenabgaben sich verletzt glauben und am Ende doch dieselben auch in Rechnung nehmen, so daß sie nur für das Holz um so weniger bieten werden, wenn man sie diese Nebendinge bezahlen läßt.

Dritter Theil.

Forstschutz.

Literatur.

König, Waldschutz und Waldpflege. Herausgegeben von Grebe. 3. Aufl. Gotha 1875.
R. Heß, Der Forstschutz. Leipzig, Teubner 1876.
H. Nördlinger, Lehrbuch des Forstschutzes. Berlin, P. Parey. 1884.

§. 186.

Einleitung.

Die Waldbestände sind während der langen Dauer ihres Lebens von erster Jugend an bis ins spätere Alter vielfachen Gefahren von Seiten der anorganischen Natur, wie der organischen ausgesetzt. Je höher sodann der Werth der Waldungen und der Waldprodukte steigt, um so größer und bedeutender werden die Angriffe der Menschen auf den Bestand des Waldes.

Der Forstschutz lehrt uns nun, die bezeichneten Gefahren und ihr Herannahen erkennen, mit den zweckmäßigsten Mitteln ihnen rechtzeitig vorbeugen und dieselben möglichst unschädlich machen. Dabei ist aber stets der Standpunkt des einzelnen Waldbesitzers, der sich selbst helfen soll, festgehalten. — Dieser Theil der forstlichen Thätigkeit erfordert einerseits höhere natur- und rechtswissenschaftliche Kenntnisse, andererseits fleißige und aufmerksame Beobachtung der anvertrauten Forste. Diese kann zwar bis zu einem gewissen Grade auch ohne jene Vorbedingung durch ein Hülfspersonal wahrgenommen werden, allein der Wirthschaftsführer darf sich dieser wichtigen Thätigkeit niemals entziehen und muß sie als eine der wichtigsten Aufgaben seines Berufes ansehen.

Was zunächst den Schutz gegen die anorganische Natur betrifft, so hat sich derselbe zu erstrecken auf die vorbeugenden und abwendenden Maßregeln gegen Wind, Schnee und Duft, Eis und Hagel, Frost, Hitze, Feuer, Abschwemmung des Bodens, Abrutschungen, Flüchtigwerden, Ausmagerung, Versumpfung.

Erster Abschnitt.

Schutz gegen die anorganische Natur.

§. 187.

Schutz gegen den Wind.

Der Wind schadet durch Ausheben und Umwerfen der Bäume mit sammt ihren Wurzeln: Windwurf (Einzeln-, Gassen- und Massenwurf), oder durch Abbrechen der Stämme: Windbruch. Zu jenem ist noch der

Fall zu zählen, wenn die Wurzeln der Bäume an einer Seite bloß gehoben werden. Endlich schadet er auch noch durch seinen Einfluß auf die Bodenfeuchtigkeit und Bodendecke, namentlich durch Entführung des Laubes. Während der Wind schadet, oder nachdem er geschadet hat, läßt sich nichts mehr zur Verminderung dieses Uebels thun. Die Einwirkung des Menschen beschränkt sich daher ausschließlich auf vorbeugende Maßregeln. — Wie schon oben angedeutet, sind vorzüglich die Nadelhölzer dem Windschaden ausgesetzt und unter ihnen am meisten die Fichte. Von den Laubhölzern leidet nur die Birke und dann und wann die Buche durch Wind. Wo also andere als diese Holzarten mit gleichem Nutzen angezogen werden können, liegt darin die wirksamste Hülfe, theilweise auch noch in der Einmischung solch widerstandskräftigerer Holzarten.

Diejenigen Winde, welche durch ihre Heftigkeit vor anderen dem Waldbestand schaden, treten fast überall in einer gewissen Regelmäßigkeit auf, so daß man mit ziemlicher Sicherheit bestimmen kann, aus welcher Richtung der Schaden zu fürchten ist. Ein sicherer Anhaltspunkt ist in den Erdhaufen, welche die Windwürfe zurücklassen, gegeben, man kann an denselben noch nach vielen Jahrzehnten erkennen, aus welcher Gegend der Wind kam, welcher den Stamm geworfen hat. In dieser Richtung nun hat die Befestigung des Waldbestandes zu geschehen; es läßt sich eine solche zunächst im Allgemeinen dadurch bewirken, daß man den einzelnen Stämmen, welche den Bestand bilden, von Jugend an genügend Raum giebt, um ihr Wurzelsystem so weit ausdehnen zu können, als es zur Erlangung eines festen Anhaltes nöthig ist. Der früher verlangte dichte Schluß schwächt die Widerstandskraft der Bestände gegen den Wind. Sodann ist es geboten, daß man nach der bedrohten Seite hin an den Beständen alle hervorragende Winkel und Ecken vermeidet. Vielfach ist eine entsprechende Arrondirung des Waldbesitzes nothwendig, öfters noch ist es dem Waldbesitzer unmittelbar in die Hand gegeben, durch zweckmäßige Bildung der Abtheilungslinien und namentlich der Hiebszüge und Schlagtouren den nöthigen Schutz zu gewähren, worüber das Nähere in §. 246 vorgetragen ist.

Wie schon im Waldbau angegeben, ist die Schlaglinie rechtwinkelig auf die Richtung der herrschenden sturzgefährlichen Winde zu legen; die Schläge sind in der Richtung aneinander zu reihen, daß immer der jüngste dem Wind mehr entgegenrückt. Entsprechend stärkere Durchforstungen, sowie auch Vorbereitungsstellungen neben sorgfältiger Erhaltung eines Waldmantels aus tief herab und dichtbeasteten Stämmen an sämmtlichen Feld- und den fremden Waldgrenzen werden die dem Wind ausgesetzten Bestände für gewöhnliche Fälle genügend sichern. Muß in solchen ein Schlag geführt werden, so sind die zu schlanken und schwachbewurzelten Stämme nicht überzuhalten und es ist zunächst eine dunklere Stellung zu geben; das Stockroden ist zu beschränken oder ganz einzustellen bis zum

Abtrieb, jedenfalls muß die Wurzelholzgewinnung so lange unterbleiben, bei der Fichte auch die Harznutzung. Die Breite des als Waldmantel zu behandelnden Streifens soll in geschlossenem Hochwald mindestens der halben Höhe des Bestandes gleichkommen, in den Schlägen gleich der vollen, im Niederwald gleich der doppelten Höhe. Das Hauptgewicht ist auf die Randbeastung zu legen und muß den damit versehenen Stämmen stets ein genügender Entwicklungsraum gegeben sein, was also die Ausdehnung der Durchforstungen auch auf diese häufig ganz unberührt bleibenden Ränder bedingt, wobei die windständigsten Stämme und Holzarten zu begünstigen sind. — Nasse Stellen sind zeitig, ehe der Bestand höher und namentlich bevor ein Schlag eingelegt wird, trocken zu legen, bei der Grabenziehung aber die Baumwurzeln zu schonen.

An sehr bedrohten Bestandesrändern werden dann gleichzeitig auch noch die Traufbäume durch Einkürzung ihrer Kronen um den dritten Theil entwipfelt und außerdem die Wurzeln der meistbedrohten Stämme mit aufgelegten Steinen, oder förmlichen Steindämmen beschwert. Vgl. Centralbl. f. d. ges. Forstw. 1881 S. 445. In diesem Fall kam fragliche Sicherungsmaßregel auf 0,95 Fl. österr. W. pr. ha der geschützten Bestände.

Zu möglichster Vermeidung von Windbruch muß bei den Durchforstungen auf frühzeitige Herausnahme der beschädigten, kranken oder faulen Stämme gedrungen werden; außerdem ist zu beachten, daß die früher als Ideal angestrebte höchste Regelmäßigkeit und ein dichter Schluß der Bestände den Windbruch und Windwurf außerordentlich begünstigen, weßhalb die Durchforstungen von Jugend an um so kräftiger eingreifen müssen, je mehr die Oertlichkeit vom Winde bedroht ist.

Das geworfene Holz ist so schnell als möglich aufzuarbeiten und aus dem Walde zu entfernen.

Dem Schaden, welchen der Wind durch Entführung der Laubdecke und durch zu starkes Austrocknen des Bodens verursacht, ist dadurch entgegen zu treten, daß man den Wald mit dichten Hecken umfriedigt, oder am Waldtrauf einen Streifen als Niederwald mit kurzem Umtrieb bewirthschaftet, die vorhandenen Sträucher, Dornen 2c. schont, einige Reihen Fichten und Tannen unterpflanzt oder einen leichten Unkräuterüberzug begünstigt; in wichtigeren Fällen kann man auch durch Behacken des Bodens und an Hängen durch Ziehen von Horizontalgräben entgegenwirken.

In der Nähe von Fabriken schadet der Wind öfters dem Waldbestand durch Zuführung giftiger Gase[1]) namentlich solcher, die im Hüttenrauch hergeweht werden; am schädlichsten wirkt das Chlor, ihm folgt schweflige Säure, Arsenik u. s. w. Ruß ist dagegen nicht schädlich; doch dabei zu beachten, daß der Rauch von manchen Steinkohlen mehr oder weniger Chlor mitführt.

[1]) Hasenclever, Ueber die Beschädigung der Vegetation durch saure Gase. Berlin, J. Springer. 1879.

§. 188.

Schutz gegen Schnee, Duft und Eisbruch.

Der Schaden, der hiedurch veranlaßt wird, erstreckt sich mehr auf jüngere und mittelwüchsige Waldungen; fast ausschließlich auf die Nadelholz-, weniger auf Laubholzbestände. Namentlich ist der Schneedruck zu fürchten, wenn es bei wärmerer Temperatur schneit, wenn Schnee und Regen zugleich fällt. — Duftanhang bildet sich in hohen Lagen im Winter bei sehr kalter Witterung, namentlich an nebeligen Tagen.

Bloß im Kleinen und in jüngeren Beständen läßt sich der Schaden durch Abschütteln des Schnees und Duftes noch abwenden, wenn man sogleich den Bestand durchgehen läßt; gegen Eisanhang läßt sich nichts thun.

Wenn ein Schneebruch in Stangen- oder Mittelhölzern stattgefunden hat, so dürfen zunächst nur die ganz entwipfelten und die mit wenigen schlecht benadelten Aesten verbliebenen Stämme gefällt werden; den übrigen ist zu ihrer etwaigen Erholung noch einige Jahre Zeit zu lassen, wobei aber gute Aufsicht zu führen, daß kein Dürrholz entsteht.

Im Großen kann man nur empfehlen, eine passende Mischung von Laub- und Nadelholz, wenigstens in jüngeren Jahren, zu begünstigen, und die Pflanzen von Jugend auf an eine freie Stellung zu gewöhnen; man wählt zu dem Zweck bei der Kultur die Einzelpflanzung mit genügender Entfernung der Reihen, giebt denselben die Richtung von Südwest nach Nordost, oder an Berghängen gerade bergabwärts. Jedem Drängen des Bestandes ist durch rechtzeitige Durchforstung vorzubeugen; verspätete Durchforstungen sind mit großer Vorsicht auszuführen. Bei spröderen Holzarten, z. B. bei der gemeinen Kiefer, ist mehr zu befürchten, als bei zäheren; auf üppigem Boden mehr, als auf magerem; in Einsenkungen des Terrains, wo der Wind den Schnee nicht so leicht verweht, mehr, als in entgegengesetzten Verhältnissen. — In sehr schneereichen Hochlagen werden übrigens an kräftig sich entwickelnden Fichten die Seitenzweige durch den auflagernden Schnee aus dem Stamm herausgerissen, hier empfiehlt sich die Büschelpflanzung oder langsame natürliche Verjüngung, und noch besser die Femelwirthschaft.

Schneelawinen, welche vom baumlosen Hochgebirge in die unterliegenden Waldungen abgehen, richten selbst noch in haubaren Beständen große Verheerungen an; hiegegen kann man nur vorbeugend einschreiten durch Verbauungen in den Lawinenzügen oben an deren Beginn durch horizontal geführte Mauern, Terrassen, Flechtzäunen u. dgl.

§. 189.

Schutz gegen Hagel und Eis.

Gegen den Hagel, welcher hauptsächlich den jüngeren Pflanzen; den Buchen, Weißtannen und Kiefern aber auch noch in späterem Alter schädlich wird, stehen uns keine anderen Mittel zu Gebote, als langsame Verjüngung mit vorsichtiger Erhaltung eines Schutzbestandes und entsprechende Mischung der Holzarten, weil namentlich das Laubholz die Wirkungen des Hagels leichter ausheilt. — Ein baldiger Schluß des jungen Bestandes und die Erhaltung desselben ist ebenfalls von großem Vortheil.

Das Eis schadet in Niederungen, welche den Ueberschwemmungen ausgesetzt sind. Wenn das ausgetretene Wasser eine Eisdecke bekommt und diese hierauf beim Sinken des Wasserstandes ihrer Unterstützung beraubt wird, so werden die Pflanzen zu Boden gedrückt und abgebrochen. Gegen diesen Schaden kann allein die Regulirung des Wasserlaufes helfen. Ist der Schaden geschehen, so muß das Laubholz auf den Stock gesetzt werden, um einen kräftigen Ausschlag zu veranlassen.

Wo die Eisschollen durch Antreiben an die Stämme schaden, da ist oft dadurch abzuhelfen, daß man eine oder mehrere Reihen Stämme mit schmaler Krone (italienische Pappeln oder Kopfholzstämme) dicht zusammensetzt, um das Eindringen der Eisschollen zwischen denselben unmöglich zu machen, und so den unterhalb liegenden Bestand zu schützen. Es ist dies freilich nur bei kleineren Flüssen möglich, da beim Eisgang auf größeren Strömen die Gewalt des Wassers zu stark wird.

Im Hochgebirge fließt das Wasser oft über steile Felswände herab und gefriert. Tritt nun Thauwetter ein, so löst sich das Eis von den Felsen ab und beschädigt die unten liegenden Waldungen in größerer Ausdehnung. Hier ist kein anderes Mittel möglich, als Ableitung des Wassers; es ist aber eine Nachhülfe um so nöthiger, als durch dieses Wasser die Verwitterung des Felsens befördert wird und die abrollenden Steine den unterliegenden Bestand ebenfalls sehr stark beschädigen und gleichzeitig den produktiven Boden überschütten, wodurch ein Theil der Fläche unfruchtbar wird.

Wo der Boden längere Zeit mit Eis bedeckt ist, da schadet dies den jungen Pflanzen, weil die Wurzeln alle Einwirkungen von Seiten der Atmosphäre entbehren müssen. Hier kann nur durch rechtzeitige Ableitung des Wassers gründlich geholfen werden.

§. 190.

Schutz gegen Frost.

Der Frost tödtet einzelne Pflanzen ganz; namentlich sind die eben erst aufgekeimten zarteren Pflänzchen dieser Beschädigung stark ausgesetzt; bei älteren Individuen der einheimischen Holzarten erstreckt sich seine Wirkung bloß auf Tödtung der jüngeren Triebe, Zurückhalten des Höhenwuchses. In anderen Fällen aber verursacht derselbe bei stärkeren Stämmen Frostrisse. Zur Verhütung der letzteren Art von Beschädigungen, die oft den Stamm zu Nutzholz unbrauchbar machen, läßt sich nichts thun, eben so wenig etwas, um dem entstehenden Verderben des Stammes vorzubeugen; es ist in dem Fall nur eine baldige Benutzung zu empfehlen.

Werden aber jüngere Pflanzen durch den Frost beschädigt, so geschieht dies gewöhnlich zur Vegetationszeit, im Frühjahr durch Spätfröste, im Herbst durch Frühfröste. Gegen Spätfröste ist ein Schutzbestand zu empfehlen, gegen Frühfröste aber nicht immer, weil er das rechtzeitige Verholzen der jungen Triebe verzögert. Manchmal haben diese Fröste rein örtliche Ursachen, wenn z. B. der Standort sehr feucht und stark verrast ist, wo die Verdunstung des Wassers die Temperatur erniedrigt, andererseits die Triebe weniger gut und schnell verholzen oder die Umgebung des Ortes einen geregelten Luftzug hindert, so daß die Erniedrigung der Lufttemperatur durch Vermischung mit wärmeren Schichten nicht ausgeglichen werden kann. In solchen Fällen sind zuerst jene Ursachen wegzuräumen; geht dies aber nicht an, so sind die weiter unten anzudeutenden Mittel zu wählen. Liegen die Ursachen im Klima, so sollen zunächst diejenigen Holzarten begünstigt werden, welche dem Frost mehr Widerstand leisten. Es ist namentlich in höheren Lagen und an Ostseiten die natürliche Verjüngung möglichst auszudehnen, und der Verjüngungszeitraum zu verlängern, auch dafür zu sorgen, daß die nöthige künstliche Nachhülfe schon unter dem Schutzbestand erfolgt. In sehr kalten Lagen ist man genöthigt zu femeln.

Die Richtung der Schläge muß oft mehr mit Rücksicht darauf gewählt werden, daß die kalten Winde weniger schaden, oder muß ein Waldmantel gegen die betreffende Seite hin übergehalten werden. — Die Verjüngungsflächen dürfen nicht zu groß genommen und nicht in ununterbrochenen Zusammenhang gebracht werden.

Wo eine größere Oedung mit empfindlicheren Holzarten bestockt werden soll, läßt sich der Zweck sicherer und meist ebenso schnell erreichen durch eine Vorkultur von Kiefern, Birken, Aspen, Erlen oder Weiden. Ein Grasfilz und sonstiges Unkraut, das die betreffenden Pflanzen nicht überschirmt, begünstigt die Reifbildung, man beobachtet dies namentlich auf Waldfeldern, wo die Spätfröste den zwischen Wintergetreide stehenden Pflanzen bälder und öfter schädlich werden, als den zwischen Sommergetreide; oder es beginnt der Frostschaden erst, wenn die Bodenlockerung aufhört und sich ein Grasfilz gebildet hat. Im Freien ist der Pflanzung der Vorzug vor der Saat zu geben, und dabei sind vorherrschend stärkere Exemplare zu verwenden, weil die schädliche Einwirkung des Reifes nur bis auf eine gewisse Höhe über dem Boden sich erstreckt. In Saatschulen wird der Frostschaden durch Schirmdächer, Bedecken mit Reis ꝛc. abgewendet, auch ist es möglich, die bereiften Pflanzen dadurch zu retten, daß man sie vor Sonnenaufgang mit Wasser begießt.

Der Frost schadet aber auch durch Ausziehen der jungen Pflanzen aus dem Boden; dies geschieht auf Thon-, Moor- und Kalkboden, am häufigsten auf ganz leicht oder gar nicht berasten Stellen. In dieser Hinsicht ist daher ein Unkräuterüberzug oder eine Laubdecke sehr erwünscht, und muß da, wo die Holzsaat nicht umgangen werden kann, die Bildung eines solchen Schutzmittels abgewartet oder befördert werden. In Saat- und Pflanzschulen hat die Bodenlockerung und das Ausjäten des Unkrautes von Ende August ab zu unterbleiben. Oft läßt sich auch durch Entwässern dem Uebelstande abhelfen. Die Saaten sind im Frühjahr nicht zu zeitig, womöglich unter Schutzbestand, vorzunehmen oder es ist die Pflanzung anzuwenden. Zur Verhinderung des Ausziehens durch den Frost ist die Bedeckung der Saaten im Spätherbst oder Winter mit Reisig, Schnee ꝛc. zu empfehlen. In den Saat- und Pflanzschulen legt man Moos, Laub ꝛc. zwischen die Rillen und Reihen. Sind die Pflanzen schon ausgezogen, so kann man durch Antreten, Anhäufeln und Behacken den Schaden wenigstens theilweise noch abwenden.

§. 191.

Schutz gegen Hitze und Trockenheit.

Diese nachtheiligen Einwirkungen machen sich hauptsächlich geltend auf magerem und flachgründigem Boden, an südlichen Hängen, auf Hochebenen mit zerklüftetem felsigem Untergrund. Einzelne Holzarten leiden mehr darunter, als andere, z. B. die Buche und Weißtanne mehr als die Kiefer, junge Pflanzen mehr als ältere ꝛc.

Um den Nachtheilen zu begegnen, ist die Laub- und Moosdecke sorgfältig zu erhalten, in den Schlägen bälder zu lichten und rascher zu verjüngen; namentlich sind in solchen Fällen ältere breit- und tiefherabbeastete Stämme zuerst zu entfernen; jüngeres lichtbeastetes Holz gewährt einen guten Schatten, hält insbesondere die von den älteren Stämmen reflectirten Sonnenstrahlen ab. Die unter dem Einfluß der Trockenheit länger als gewöhnlich sich erhaltenden abgefallenen Nadeln vermehren noch die schädlichen Einwirkungen, und sind daher vor der Besamung wenigstens stellenweise wegzuräumen; es darf in den Schlägen kein Reis liegen bleiben, dasselbe muß verbrannt werden, wo es nicht verwerthet werden kann und wo das Reis der Nadelhölzer Absatz findet, muß es möglichst rasch aus den Schlägen weggeschafft werden, ehe es die Nadeln fallen läßt.

Wo künstlich kultivirt werden soll, ist die Pflanzung der Saat vorzuziehen; die Pflanzlöcher sind tief zu lockern, und sämmtliche Arbeiten früh im Jahr oder im Herbst vorzunehmen. Zur Erhaltung der Feuchtigkeit ist das vorausgehende Ziehen von Pflugfurchen und das Bedecken der Pflanzlöcher mit Steinen oder umgekehrten Rasen zweckdienlich. Später kann durch Auflockerung des Bodens und Entfernung des Unkräuterüberzuges dem schädlichen Einfluß der Sommerhitze vorgebeugt werden. Weil dieses wichtige schon längst in den Weinbergen übliche Hülfsmittel als solches noch vielfach beanstandet oder gar für schädlich gehalten wird, so muß diesfalls zur Bestätigung seiner Wirksamkeit auf folgende Thatsachen hingewiesen werden; es kommt zu gedachtem Zweck in Anwendung in den Steppen Südrußlands bei den Waldkulturen der deutschen Kolonisten (Thardt, Jahrbuch, 16. Bd., S. 241) in Südfrankreich (v. Seckendorff, Verbauung der Wildbäche, Wien 1884), in Ostindien (Allg. Forst- und Jagd-Zeitung 1877, S. 202), so daß es wohl auch bei uns größere Beachtung verdienen würde. — An südlichen Abhängen empfiehlt sich die Anlegung von horizontalen Parallelgräbchen, um das Eindringen des Regenwassers in den Boden zu begünstigen. — Das nächste Ziel bei der Verjüngung muß die Herstellung eines baldigen Schlusses sein, weil mit Hülfe eines solchen der Bodenaustrocknung am wirksamsten begegnet werden kann.

Weiterer durch die Hitze bedingter Schaden ist das Abspringen der Rinde auf der Südseite der Stämme, was man den Sonnenbrand nennt; er tritt an älteren Stämmen, namentlich Buchen, auch an Fichten, aber nur bei einer stärkeren, schnell erfolgten Freistellung ein und macht die Bäume oft so krank, daß sie rasch absterben oder wenigstens im Wuchs bedeutend nachlassen und keinen Samen mehr tragen. Wo dieses Uebel zu fürchten ist, muß man durch vorsichtiges Lichten im Vorbereitungs- und Dunkelschlag demselben entgegenwirken. Bei jungen, namentlich bei frisch ins Freie versetzten Stämmen zärtlicherer Holzarten läßt sich durch Einbinden mit Moos oder Stroh vorbeugen.

§. 192.

Abwehr gegen Feuersgefahr.

Die Waldbrände entstehen in der Regel durch Fahrlässigkeit oder Bosheit der Menschen; seltener durch Blitzschlag oder durch sonstige Zufälle; sie schaden nicht bloß durch Vernichtung oder Beschädigung der lebenden Bestände und des aufbereiteten Materiales, sondern auch durch Zerstörung des Humusvorrathes, wodurch ärmere Böden auf längere Zeit unfruchtbar werden. — Zur Abwendung solcher Gefährdungen ist allen im Wald beschäftigten Personen große Vorsicht bei Handhabung des Feuers, beim Schießen, Tabakrauchen zc. zu empfehlen. Namentlich soll diese Vorsicht verdoppelt und das Feueranzünden ganz untersagt werden zur Zeit der trockenen Frühjahrswinde und während andauernder Sommerhitze, wo das abgestorbene dürre Gras eine rasche Verbreitung des Feuers möglich macht. Die Beseitigung solch gefährlicher Bodendecke, wenn nicht ganz so doch streifenweise, und die Entfernung alles leicht brennbaren Reises aus dem Wald muß vor Beginn der gefährlichen Zeit durchgeführt werden.

Zu den Vorbeugungsmitteln, um eine weite Verbreitung des Feuers zu hindern, gehört die Anzucht von gemischten Beständen; in reinen Nadelholzforsten frühzeitige und häufige Durchforstungen, Erziehung von Feuermänteln aus Birken längs der Abtheilungsgrenzen, an Wegen zc., Aufastungen an der gefährdeten Seite, entsprechendes Auseinanderlegen der

Hiebszüge und Altersklassen, damit keine zu großen zusammenhängenden Dickungen entstehen; sodann die Einrichtung von **Feuerbahnen** oder **Feuergestellen**: Streifen, die den Wald quer durchziehen und jederzeit von aller Vegetation, von Holzabfällen 2c. nöthigenfalls durch Aufpflügen frei gehalten werden, damit das Feuer an ihnen aus Mangel an Nahrung erstickt. Es lassen sich am zweckmäßigsten hiezu die Wege, Bestandes- und Eigenthumsgrenzen verwenden.[1]) Bei den Pflanzungen und Saaten soll im Nadelholz gleich von Anfang an nicht blos der Feuersgefahr, sondern auch der besseren Beaufsichtigung bezüglich der Insekten und des Ausrückens wegen auf erleichterte Zugänglichkeit hingewirkt werden; dies geschieht am einfachsten dadurch, daß man je nach 100 oder 150 Reihen oder Riefen eine oder zwei überspringt und die betreffende Breite freiläßt. Ein Zuwachsverlust wird hiedurch kaum veranlaßt werden. Längs der Eisenbahnen und rings um die Köhlereien, Theerbrennereien sind ebenfalls Sicherheitsstreifen von Laub und aller Vegetation frei zu halten, nöthigenfalls zu behacken oder mit Gräben einzufassen bezw. netzartig in kleine Quadrate abzutheilen; auch ist darauf zu sehen, daß nicht zufällige Feuerverwahrlosung bei solchen Anstalten ein Ueberspringen des Feuers auf die Wipfel veranlassen könnte. — Zur gefährlichsten Zeit stellt man an den bedrohten Orten **Feuerwachen** auf und beschäftigt in entlegenen Waldtheilen eine größere Zahl von Arbeitern bei Wegbauten, Holzhauereien 2c., damit gleich Hülfe vorhanden ist, wenn Feuer auskommt.

Das Schutzpersonal ist über die Gefahr und die zur Abwendung derselben dienenden Mittel sorgfältig zu unterrichten, namentlich auch mit den bestehenden gesetzlichen Bestimmungen zur Verhütung der Waldbrände und mit den Verpflichtungen der Anwohner zur Hülfeleistung bei der Löschung genau bekannt zu machen. — Auf einzeln im Wald gelegenen Forsthäusern sind Löschgeräthe namentlich Spaten und Schaufeln bereit zu halten.

§. 193.

Löschung des Feuers.

Das Feuer ist viererlei Art: **Bodenfeuer**, **Wipfelfeuer**, **Stamm-** und **Erdfeuer**.

Ersteres erfaßt die Unkräuter und jungen Pflanzen; ältere Stämme sterben nicht daran, wenn sie eine dicke Borke haben, wie ältere Forchen und Eichen, oder wenn sie nicht gerade im vollen Saft stehen. Die Laubholzstöcke behalten meistens ihre Ausschlagfähigkeit. — Das **Wipfelfeuer** kommt nur beim Nadelholz vor, es erstreckt sich auf die Belaubung, oder wenn es heftiger wird, auch noch auf die kleineren Zweige und verbreitet

[1]) Der Verlust an produktiver Fläche kommt gegen die größere Sicherheit kaum in Betracht, namentlich bei der Kiefer, weil diese den Seitendruck nicht erträgt, also doch neben jedem höhreren Bestand ein Streifen leer oder nur theilweise benützt ist.

sich weit und rasch namentlich in jüngeren Beständen. Es hat ein völliges Absterben der befallenen Stämme zur Folge. Gewöhnlich entsteht es aus dem Bodenfeuer.

Das Baumfeuer oder das Feuer in einzelnen Bäumen kann nur in faulen, hohlen Stämmen entstehen, entweder durch Blitzschlag, oder durch muthwilliges Anzünden und auch aus einem gewöhnlichen Waldbrand; für sich hat es keine große Bedeutung, es kann sich aber unter Umständen dem angrenzenden Bestande mittheilen.

Die Erdbrände kommen in Torfmooren vor und können einen großen Theil des Materials unbrauchbar machen, möglicherweise aber auch den Boden für eine bessere Kultur vorbereiten.

Das Bodenfeuer gewinnt sehr schnell eine größere, räumliche Ausdehnung und muß man deßhalb zu seiner Bewältigung auch eine zahlreiche Löschmannschaft zu Hülfe rufen.

Leichte Bodenfeuer können mit Reisigwedeln oder mit Spaten ausgeschlagen werden. Gewinnt das Bodenfeuer bei reichlichem brennbarem Bodenüberzug an Kraft und Ausdehnung, so tritt nur noch der Spaten in Gebrauch, indem man das Feuer mit Erde überwirft.

So lange das Feuer sich auf jungen Kulturen, räumlich bestockten Blößen, sehr lichten Kusselbeständen und jüngeren Schonungen bewegt, dirigirt man die Hülfsmannschaften zu beiden Seiten des Feuers, läßt sie dem Feuer folgen und unausgesetzt die Flammen mit Erde bewerfen, dabei den Brand immer mehr nach der Mitte drängend, bis er, von beiden Seiten eingeengt, mit leichter Mühe vollends übererdet, also gelöscht werden kann.

Ist genügende Hülfsmannschaft vorhanden, so dirigirt man einen Theil derselben vor die Brandrichtung, um dem Brand auch direkt entgegen zu treten. In einer zweckentsprechenden Entfernung vom Brande, nicht zu nahe vor dem Feuer, entblöst man einen möglichst breiten Bodenstreifen von allem Ueberzug, wobei mittelst der Axt etwaige Bestockung entfernt wird, und erwartet man hier die Ankunft des Feuers, dasselbe mit Erde überwerfend und an dem Streifen zu halten suchend. Daß zu diesem Angriff auf das Feuer, wenn nicht zuweit entfernt, am besten ein Weg oder ein Gestell oder eine der unbepflanzt gebliebenen Reihen, im Gebirge ein günstiger Terrainwechsel, gewählt wird, bedarf keiner weiteren Ausführung.

Ergreift das Feuer dichte und ältere Schonungen, geht das Bodenfeuer zugleich in Gipfelfeuer über, so läßt die große Hitze in der Regel eine Arbeit in der Nähe nicht zu. In diesem Falle giebt man die seitliche Bekämpfung als zwecklos alsbald auf und dirigirt die ganze Hülfsmannschaft dem Feuer voraus auf eine passende Bestandes- oder Terraingrenze, auf einen Weg, oder auf ein Gestell. Was oben von dem Frontangriff gegen das Feuer gesagt ist, gilt hier in verschärftem Maße. Die Wehrlinie ist von allem Ueberzug zu befreien, eventuell durch Abplaggen vollständig wund zu machen, der Boden möglichst zu lockern, um mit leichter

Mühe das nöthige Material zum Uebererden des Brandes zu gewinnen. Ist genügend Zeit vorhanden, so kann noch ein Theil des vorliegenden, also nach dem Feuer zu liegenden Bestandes abgeräumt und nach der Brandrichtung zu entfernt werden.

Bei sehr heftigem Waldbrand, regem Boden- und Wipfelfeuer empfiehlt sich zuweilen Gegenfeuer. Solches ist nie vom Forstschutzpersonal selbstständig anzuordnen, es bleibt vielmehr die Anordnung dem Forstverwaltungsbeamten allein vorbehalten in der Voraussetzung, daß von einem Gegenfeuer nur im Nothfalle Gebrauch gemacht werde. Die erste Vorbedingung zur Anwendung eines Gegenfeuers ist das reichliche Vorhandensein von Hülfsmannschaften. Dieselben besetzen vor dem Feuer eine Wehrlinie, wie schon oben beschrieben. Der zum Angriff gewählte Weg, oder das Gestell, oder die selbstgeschaffene Angriffslinie muß senkrecht zur Brandrichtung liegen. Nach dem Feuer zu wird ein Bestandesstreifen mit der Axt niedergelegt, wobei die Wipfel dem Feuer entgegengeworfen werden, die Angriffslinie ist möglichst von allen brennbaren Stoffen zu reinigen, dieselben sind mit allen übrigen brennbaren Stoffen, die man kurzer Hand gewinnen kann, auf den gefällten Bestandestheil zu werfen, so daß in der ganzen Breite des herannahenden Feuers eine Linie von Feuerherden geschaffen wird. Bevor der Waldbrand in unmittelbarer Nähe der Wehrlinie angekommen, sind die Feuerherde auf der ganzen Linie in Brand zu setzen. Durch die anziehende Gluth des Hauptbrandes eilt das Gegenfeuer ersterem entgegen. Durch Wehen mit Reisigwedeln kann man den Lauf etwas beschleunigen. Die Hülfsmannschaften müssen bereit sein, eventuell dem nicht bezwungenen Feuer durch Uebererden entgegen zu treten, nöthigenfalls auch das Gegenfeuer wieder zu löschen.

Bei Moorbränden sind Grabenziehungen nothwendig. Je nachdem die Entwässerung eingerichtet ist, kann man auch durch Aufstauen des Wassers die Löschung bewirken. — Brennen einzelne Bäume, so zieht sich das Feuer gewöhnlich in die Höhe und es läßt sich in der Regel erst löschen, wenn die Stämme gefällt sind.

Es besteht in den meisten Ländern die gesetzliche Verpflichtung für die Anwohner zur Hülfeleistung bei Waldbränden, ohne daß sie dafür eine Vergütung zu beanspruchen haben. Bei länger dauernder Arbeit liegt es aber doch im Interesse des Waldbesitzers, auf seine Kosten Erfrischungen zu verabreichen. Viel weniger läßt es sich empfehlen, den Entdecker eines Brandes hiefür besonders zu belohnen, wenn man nicht ganz sicher ist, daß derselbe weder direkt noch indirekt von ihm veranlaßt wurde, und daß dadurch zu keinen weiteren Brandstiftungen aufgemuntert werden könnte.

Ist das Feuer gelöscht, so fragt es sich, wie das Material zu gewinnen sei. Bei jüngerem Laubholz, dessen Stöcke noch ausschlagen, ist keine Zeit zu verlieren, sondern alsbald zum Abtrieb zu schreiten. — Aelteres Holz muß ebenfalls rasch gefällt und aufbereitet werden, weil es in der

Rinde leicht verdirbt; es müssen unverzüglich die nöthigen Anstalten getroffen werden, um das Holz ordentlich zu verwerthen, und wo dies Anstand hat, zu magaziniren. Ob mit der Fällung und Aufbereitung am völlig abgestorbenen oder an dem noch vegetirenden Holze angefangen werden soll, hängt davon ab, zu welcher Jahreszeit der Waldbrand stattfand. Zur Saftzeit wird mit Sicherheit anzunehmen sein, daß noch ein Theil der Säfte unverarbeitet im Holze sich befindet, daß also das Holz verdirbt, wenn es nicht schnell aufbereitet und entrindet würde. Letzteres ist namentlich nothwendig, wenn das Holz nicht sogleich in Köhlereien 2c. verwendet werden kann. Man fängt natürlich mit der Fällung und Aufbereitung da an, wo die vom Feuer befallenen Bäume kein Leben mehr zeigen, und läßt diejenigen Theile des Bestandes, von denen erwartet werden kann, daß sie sich noch theilweise erholen, bis zuletzt stehen. Bei Nadelholz sind aber die nicht ganz vom Feuer getödteten Bäume den Insekten mehr Preis gegeben und man muß in dieser Richtung besonders aufmerksam sein, damit nicht noch ein weiteres Unglück entsteht.

Auf ärmerem Boden darf nach intensiven Bränden mit der Wiederkultur nicht so schnell vorgegangen werden, weil der Humus mit verbrannt ist und die mineralischen Bestandtheile eine chemische Aenderung erlitten haben, welche der Vegetation nicht zuträglich ist.

§. 194.

Schutz gegen Abschwemmung des Bodens.[1])

An steilen Hängen wird durch jeden Regen ein Theil des Bodens entführt und um so mehr, je stärker der Regenfall ist, je rascher das Wasser abfließt und je mehr der Boden vom Pflanzenwuchs entblößt, oberflächlich locker und sandig ist. — Den weggeschwemmten Boden kann man natürlich nicht wieder an seinen früheren Ort zurückbringen, deßhalb gilt es hier vor allem vorbeugend einzuschreiten. Dies geschieht durch Erhaltung des Bestandesschlusses, weil in solchem Falle der Regen nicht vollständig an den Boden gelangt, sondern schon an den Zweigen zum Theil verdunstet und zerstäubt; dann bedingt ein richtiger Schluß auch ein stärkeres Wurzelgewebe, das dem raschen Abfluß des Wassers mechanische Hindernisse in den Weg legt und einen Theil desselben absorbirt. Gleiche Dienste leistet ein Bodenüberzug von Unkräutern und eine Laub- und Nadeldecke; am besten eignet sich aber das Moos zu diesem Zweck. — Durch künstliche Mittel kann einigermaßen nachgeholfen werden, wenn man das Wasser möglichst horizontal am Bergabhang hin seinen natürlichen Rinnsalen zuführt; es wird zwar der hohen Kosten wegen ein eigenes Grabensystem zu diesem alleinigen Zweck nur selten angelegt werden, aber

[1]) A. v. Seckendorff, Verbauung der Wildbäche, Aufforstung und Berasung der Gebirgsgründe. Wien, 1884. W. Frick.

häufig können Wege diesen Dienst versehen, manchmal auch Saatriefen oder Pflanzgräben. Auch durch den Tritt des Weidviehes wird der Wasserablauf gehemmt, weil dasselbe terrassenförmige Stufen in den Hang eintritt, auf welchen sich das Wasser theilweise sammelt und einsickert.

Bei der Verjüngung ist der Vorwuchs überall zu begünstigen, sogar dem Unkräuterüberzug Vorschub zu leisten und die Anzucht des jungen Bestandes so rasch als möglich zu bewirken. Weiche Holzarten sind zu diesem Zweck bei der Verjüngung sehr willkommen. Das Stockroden ist zu unterlassen.

Abrutschungen haben öfters ihren Grund in unterirdischen Quellen, welche den Boden aufweichen und von dem Untergrund ablösen, manchmal sind sie bedingt durch die steile Abdachung der Gebirgswände. Außer der Ableitung des Wassers und der Erhaltung des Bodenüberzuges ist die Anzucht von tiefwurzelnden Holzarten zu empfehlen; hiebei ist aber darauf Bedacht zu nehmen, daß der Holzbestand nicht zu schwer wird; es muß deßhalb auf den am meisten gefährdeten Stellen Niederwald mit kurzem Umtrieb eingeführt werden und wo man bloß Nadelholz zur Verfügung hat, da dürfen keine schweren Stämme auf solchen Lokalitäten erzogen werden. Das Stockroden hat natürlich ebenfalls zu unterbleiben. Nach der Abrutschung ist das schwächere Holz sorgfältig zu schonen.

§. 195.

Schutz gegen Versandung.

Gegen Ueberschütten mit Flugsand kann nur die sorgfältige Unterhaltung eines Schutzwaldes sichern. Ist die Gefahr groß, so darf ein solcher Bestand nur als Femelwald behandelt werden. Um das Flüchtigwerden einer bewaldeten Sandscholle wirksam zu verhindern, ist eine vorsichtige, langsame Verjüngung einzuleiten, nöthigenfalls mit künstlicher Nachhülfe unter dem Schutz des alten Bestandes. Die Bodendecke ist unbedingt zu schonen, selbst da, wo sie der natürlichen Besamung hinderlich ist; man muß hier rasch durch Nachpflanzung helfen. An den dem Wind ausgesetzten Stellen, namentlich am Trauf und an Hohlkehlen, muß doppelt vorsichtig verfahren werden. Die Erhaltung oder Herstellung gleichmäßig geneigter Ebenen ist von besonderem Werthe bei Flächen, die künstlich verjüngt werden.

Möglicherweise rechtfertigt sich hier ein niederer Umtrieb, denn es würde entschieden nicht zum Ziele führen, wenn man durch absolute Schonung des Traufes die Sicherung des Waldes gegen den Wind erreichen wollte; das Holz gewährt im höheren Alter den erforderlichen Schutz nicht mehr und der Boden oder der Bestand setzt dann leicht der Verjüngung zu viele Schwierigkeiten in den Weg. Die Erziehung eines Traufes von Weymouthskiefern, Legföhren an der dem Winde zugewandten Seite würde sich auf nicht zu armem Boden besonders empfehlen.

Alles unnöthige Wundmachen des Bodens bei der Verjüngung durch Stockroden, oder Vorbereitung zur Saat durch Eintreiben von Weidvieh ist gänzlich zu unterlassen, ebenso die Streunutzung. — Offene Stellen, auf welchen der Sand flüchtig wird, sind mit Reis oder Plaggen zu decken.

§. 196.

Schutz gegen Ausmagerung.

Die Verschlechterung des Bodens wird hauptsächlich befördert durch längeres Bloßliegen, durch mangelnden Schluß des Bestandes und durch Unkräuterüberzug, ferner durch Streu- und Humusentziehungen von Seiten der Menschen.

Das längere Bloßliegen eines an sich schon ärmeren Bodens bringt denselben oft so herab, daß nur mit größter Mühe und mit unverhältnißmäßigen Kosten die Wiederanzucht eines Waldbestandes möglich wird; es ist deßhalb gerade auf mineralisch armen Böden, namentlich auf Sand, rechtzeitig mit Zuhülfenahme derjenigen Mittel, welche den Erfolg sichern, die Wiederbestockung einzuleiten und dann für baldige Herstellung des Bestandesschlusses zu sorgen; demnach dürfen mit Rücksicht darauf nur genügsame Holzarten und womöglich solche, die einen dichten Schirm haben, angezogen werden. Es soll vor allem auf Bodendeckung, wenn auch auf Kosten der Regelmäßigkeit des künftigen Bestandes hingearbeitet, also namentlich das Abbuschen, das Weghauen vorgewachsener Kiefern 2c. unterlassen werden.

Die Umtriebszeit ist eher niedriger als höher zu setzen, weil die meisten Holzarten im Alter keinen dichten Schluß mehr haben. Auf vereinzelten mageren Stellen ist diese Vorsicht besonders deßhalb zu beachten, weil sich dieselben leicht vergrößern, wenn man nicht rechtzeitig die Verjüngung und Wiederherstellung eines dichten Schlusses einleitet.

Unter Holzarten, welche sich licht stellen, kann man, wenn sie längere Zeit erhalten werden sollen, durch Untersaaten von Weißtannen oder Fichten Hainbuchen oder Rothbuchen den erforderlichen Schluß herstellen. Tannen und Buchen lassen sich auf entsprechendem Standort vollständig bei der Verjüngung benützen; Fichten dagegen nur theilweise. Wo die natürliche Verjüngung einen dichten Nachwuchs erwarten läßt, ist diese zu wählen; dabei hat aber die künstliche Nachhülfe rechtzeitig durch Saat und Pflanzung unter Schutzbestand einzutreten. Als Bodenschutzholz ist alles geeignete Material sorgfältig zu erhalten und dessen Ankommen zu begünstigen. Dies empfiehlt sich namentlich auch in Hochlagen an der oberen Baumgrenze.

Der Waldfeldbau darf auf mittelmäßigen und schlechten Böden gar nicht, auf besseren nie zu lang betrieben werden; die Wiederkultur soll vielmehr schon im ersten Jahr eintreten, damit die Vortheile der Bodenlockerung auch noch den Waldpflanzen zu gut kommen können. — Die Wegnahme der Laub- und Moosdecke ist gänzlich zu unterlassen.

Die Nachhülfe durch Bearbeitung rc. ist bereits in §. 124 näher besprochen worden.

§. 197.

Schutz gegen Versumpfung.

Die Versumpfung des Bodens ist hauptsächlich in feuchtem Klima zu befürchten und in hohen Gebirgen, wo jede Unterbrechung des Schlusses zuerst eine Versauerung des Humus nach sich zieht, in deren Gefolge sich Sumpfmoose ansiedeln, welche dann in wenigen Jahren eine förmliche Versumpfung bewirken. Diese breitet sich von Jahr zu Jahr mehr aus, das umgebende Holz kränkelt, stirbt ab, die Sumpfgewächse siedeln sich unter demselben an und es beginnt auch hier der gleiche Proceß. Deßhalb ist die Erhaltung eines vollständigen Bestandesschlusses und die alsbaldige Wiederherstellung eines solchen, wo er unterbrochen wurde, das hauptsächlichste Vorbeugungsmittel, welches namentlich auch rechtzeitig auf die in solchen Verhältnissen häufig vorkommenden lichten Forchenbestände angewendet werden muß. Die rasche Anzucht von Fichten oder Erlen trägt sehr viel zur Hebung des Uebels bei. — Die Mittel zur Entwässerung sind bereits im Waldbau angegeben; es ist hier nur nochmals davor zu warnen, mit dieser Maßregel nicht zu weit zu gehen, in welcher Richtung namentlich das Bedürfniß der künftig anzubauenden Holzart beachtet werden muß.

Im Ueberschwemmungsgebiet eines größeren Flusses leiden die Waldungen Schaden durch längeres Stagniren des Wassers, namentlich gilt dies von den jüngeren Pflanzen; deßhalb kann man nur erstarkte Heister zur Kultur verwenden; die Saat ist ganz ausgeschlossen, Pflanzschulen sind in höheren, der Ueberschwemmung nicht ausgesetzten Orten anzulegen. Es sind nur solche Holzarten zu wählen, die längere Ueberschwemmung gut ertragen; die Eiche, Feldulme, Pappeln (mit Ausnahme der Schwarzpappel) im Oberholz, Eschen und Erlen taugen nicht dazu. Im Unterholz sind die Weiden und Erlen, namentlich Weißerle, zu begünstigen.

Die aufbereiteten Hölzer sind durch Abfuhr zu guter Zeit vor eintretender Wegschwemmung zu sichern; das Klafterholz durch Wieden fest unter sich zu verbinden. — Schutzdämme zur Abwehr des Hochwassers sind zwar sehr wirksam, werden jedoch des forstlichen Betriebes wegen nicht angelegt, wenn keine anderen Kulturen zu schützen sind.

Zweiter Abschnitt.

Schutz gegen die organische Natur.

Erstes Kapitel.

Sicherung gegen schädliche Pflanzen.

§. 198.

Nicht bloß die eigentlichen Unkräuter, sondern auch einzelne, unter anderen Verhältnissen oft recht erwünschte Holzarten können dem Bestand oder seiner Verjüngung schaden: durch Unterdrücken oder Verdrängen der begünstigten Holzarten, sowie durch Vermagerung und Verschlechterung des Bodens. Die Maßregeln gegen letztere sind theilweise schon im Waldbau angegeben; sie bestehen in vorsichtiger Verjüngung und in rechtzeitiger Entfernung der fraglichen, nicht gewünschten Hölzer bei den Durchforstungen und Vorbereitungshieben; bei der Verjüngung dagegen muß eine für die begünstigten Pflanzen vortheilhafte, den andern aber nicht zusagende Lichtung in den Schlägen eintreten. Bei der Aspe kann nur durch eine möglichst dunkle Stellung oder durch ein Ueberhalten bis zu dem Zeitpunkt, in welchem der gewünschte Nachwuchs eine geeignete Höhe gewonnen hat, der Zweck erreicht werden. Nach erfolgter Verjüngung ist ein öfterer Aushieb der schlechten Holzarten im Spätsommer nöthig. Beim Laubholz führt es am sichersten zum Ziel, wenn man in einem Sommer zwei Hiebe vornimmt, den zweiten dann, wenn das Holz wieder ausgeschlagen hat, zu welchem Zwecke man beim ersten Hieb 0,5 bis 1 m hohe Stöcke macht, um an deren oberen Ende den Ausschlag hervorzurufen. — Laubhölzer, die sich durch Wurzelbrut vermehren, werden mit dieser am sichersten dadurch vertilgt, daß man die Stämme ringelt, einen etwa 0,2 m breiten Ring aus der Rinde herausschneidet und so die Bäume noch zwei Sommer stehen läßt, bis sie den Wurzeln die letzte Nahrung entzogen haben.

Gegen Unkräuter ist der beste Schutz die Erhaltung der aus Laub, Nadeln und Moos bestehenden Bodendecke und eines dichten Schlusses, die Begünstigung und absichtliche Erziehung von Vorwuchs, oder Schutzholz, eine rasche Verjüngung, Bodenverbesserung durch Entwässern; nicht allzu hoher Umtrieb. Vertreiben lassen sie sich nur durch eine mehrjährige sorgfältige Kultur, mit völligem Umbruch des Bodens, durch Umlegen von Plaggen oder Brennen. Ihre Schädlichkeit kann vermindert werden durch Eintreiben von Weidvieh, wenn sich dasselbe davon nährt; jedoch muß dies schon im Vorsommer geschehen, nicht erst, wenn die guten Gräser absterben oder durch schlechte verdrängt sind. Himbeerstauden können manchmal als Viehfutter abgegeben werden. Brombeerranken sind im Spätsommer auszuschneiden.

Bei Kulturen ist die Reihenform und ein enger Verband zu wählen, zwischen den Reihen durch Ausgrasen oder Wegmähen das schädliche Unkraut zu beseitigen; bei Riefensaaten empfiehlt sich für die ersten Jahre das Ausgrasen der Riefen, wenigstens das Ausjäten des größeren Unkrautes, so weit dieses nicht etwa die Keimpflanzen gegen das Ausziehen durch Frost schützt. Bei sehr unkrautwüchsigem Boden muß dieses Ausschneiden öfter wiederholt werden, namentlich zu Gunsten lichtbedürftiger Pflanzen.

Blattpilze werden öfters auch in größerer Ausdehnung schädlich, indem sie sich auf den Blättern und in den Zellgeweben derselben ansiedeln, wodurch das Verderben und Abfallen der Blätter veranlaßt wird. Es sind aber hiegegen noch keine abhelfenden Mittel bekannt, so wenig als gegen den die Rothfäule verursachenden Pilz, welcher übrigens nur an wunden Stellen in den Stamm eindringen kann, also durch Unterlassung der Aufastung ferngehalten wird. Bei auftretender Wurzelfäule der Fichte und Kiefer werden die kranken Horste mit Isolirgräben umzogen und dabei die ausgehobene Erde einwärts geworfen. Gemischte Bestände sind übrigens weniger davon heimgesucht, vgl. §. 240. — Die an Stämmen und Zweigen sich anheftenden Flechten und Moose schaden nicht unmittelbar, sondern bloß dadurch, daß sie den Insekten Schutz und Aufenthalt geben; ihre Entfernung ist nur etwa bei Insektenfraß geboten.

Zweites Kapitel.

Schutz gegen schädliche Thiere.[1])

§. 199.

Gegen Wild.

Gegen Wildschaden giebt es nur ein wirksames Mittel, die Herstellung eines mit der Waldfläche in richtigem Verhältniß stehenden Wildstandes (zu vergl. §. 184). Der stärkere Abschuß wird wesentlich begünstigt durch Erhöhung der Schußgelder. Ferner empfiehlt sich die Verjüngung in größeren zusammenhängenden Schlägen; oder die Anzucht der häufig beschädigten Holzarten in größerer Zahl. Einfriedigung der ausnahmsweise besonders bedrohten Plätze ist in der Regel zu theuer und gewöhnlich nur bei Saatschulen anwendbar. Dagegen schützt man Heisterpflanzen durch Anbinden an Fichtenpfähle, denen man sämmtliche Aeste gelassen hat. Auch das leichte Anstreichen des Gipfeltriebes mit Holztheer hat günstigen Erfolg. — Gegen das Schälen werden späte Durchforstungen als Vorbeugungsmittel

[1]) Altum, Forstzoologie. Berlin, J. Springer. 1872. — Judeich und Nitschke, Lehrbuch der mitteleuropäischen Forstinsektenkunde, mit einem Anhange über waldschädliche Wirbelthiere (8. Aufl. von Ratzeburgs Waldverderber), Wien, Ed. Hölzel. 1885/86.

empfohlen. Hat aber das Wild angefangen zu schälen, so hilft nur ein rasches Abschießen zunächst der Thiere, welche diese Untugend angenommen haben. — Die Beimischung von gestoßenen Galläpfeln in gleicher Gewichtsmenge wie das Salz in die Salzlecken hat auch schon (Wildpark zu Bistritz in Mähren) günstigen Erfolg gehabt. Anderwärts läßt man Weichlaubholz fällen, damit das stehende Holz mehr verschont bleibt.

Das Auerwild schadet besonders durch Abbeißen der Gipfelknospen, was um so mehr den Wuchs zurückhält, weil es nur in den rauhesten Gegenden vorkommt. Hiegegen läßt sich nur durch Verminderung des Wildstandes etwas thun.

§. 200.

Gegen Mäuse, Siebenschläfer und Eichhörnchen.

Erstere beide schaden durch Auffressen des Samens, Benagen der Rinde, Abfressen der Gipfelknospen, treten jedoch nur in einzelnen, ihrer raschen Vermehrung besonders günstigen Jahren in größerer, schädlicher Anzahl auf; in solchen Fällen läßt sich aber in der Regel auch nur wenig gegen sie thun. Das Vergiften ist zu theuer und hilft bloß im Kleinen, bewirkt aber auch eine Verminderung ihrer Verfolger; die Anlegung von Fanggruben wird im Wald ebenfalls nur unter seltenen Verhältnissen praktisch anwendbar sein; dagegen in Saatschulen das Eingraben von halb mit Wasser gefüllten Töpfen. Um sie von den besseren Holzarten abzuhalten, läßt man ihnen Sahlweiden ꝛc. fällen. Am meisten kann noch geschehen durch Schonung der mäusefressenden Thiere, Füchse, Igel, Eulen, Mäusebussarden, Raben u. dgl.

Wo von Mäusen Schaden zu befürchten ist, rechtfertigt sich die ohnehin zu begünstigende Frühjahrssaat doppelt, die Riefensaat ist zu vermeiden, der Pflanzung thunlichst der Vorzug zu geben, der Bodenüberzug, in welchem sie nicht selten den Winter durch Schutz finden, ist wo möglich zu entfernen. Diejenigen Laubhölzer, welche durch Abnagen beschädigt sind, müssen bald auf den Stock gesetzt werden.

Die Eichhörnchen, welche durch Wegfressen von Samen, Benagen der Stammrinde, Ausbeißen von Knospen und durch Ausrauben der Vogelnester schaden, lassen sich bloß durch Wegschießen unschädlich machen. Wenn sie also zu viel verderben, so ist es am besten, ein Schußgeld auf deren Erlegung auszusetzen.

§. 201.

Schutzmaßregeln gegen Vögel.

Finken, Tauben und Kreuzschnäbel schaden hauptsächlich durch Wegfressen des Samens, sie fallen oft in großen Flügen ein und lassen sich also, gerade wenn sie am schädlichsten sind, nur schwer durch Schießen verscheuchen und vermindern; es empfiehlt sich für diesen Fall das Verschieben der Saaten, bis die Strichzeit dieser Vögel vorüber ist. Die Finken schaden noch besonders durch Abbeißen der keimenden Nadelholzpflanzen; in der Regel geschieht dies Morgens und man kann dem Schaden nur durch Bedecken der Saaten mit Reis oder durch Einweichen des Samens in eine übelriechende Flüssigkeit (Allg. Forst- und Jagdzeitung 1860) wirksam entgegen treten; auch das Ueberspannen der Saatbeete mit etlichen Schnüren oder Dräthen und Aufhängen von Spiegelgläsern vertreibt die Vögel, während andererseits die Beschleunigung des Keimprozesses durch Beizmittel (§. 49) die Gefährdung auf eine kürzere Zeit reducirt.

Neuerdings hat man für die kleineren Nadelholzsamen in der Mennige ein sehr billiges und sicher wirkendes Schutzmittel gegen den Vogelfraß an den Keimpflanzen gefunden (vgl. oben §. 61).

§. 202.

Schutz gegen Insekten.[1])

Unter den schädlichen Forstinsekten sind aufzuzählen:

1) Von den Käfern:

Bostrichus typographus, Fichtenborkenkäfer.
" chalcographus, in Fichten und Lärchen.
" curvidens, Weißtannenborkenkäfer, in alten Weißtannen.
" Laricis, Lärchenborkenkäfer, in Fichten und Lärchen.
" bidens, der kleine Kiefernborkenkäfer, in jungen Kiefern.

Vorstehend aufgeführte entwickeln sich zwischen Rinde und Holz in noch lebenden Stämmen.

Bostrichus lineatus, der Nutzholzkäfer, in gefälltem Fichten-, Tannen- und auch Kiefernholz.
Hylesinus piniperda, Kiefermarkkäfer, in der Markröhre der Zweigspitzen junger und alter Kiefern.
Curculio Pini, der große Fichtenrüsselkäfer, an jungen Fichten und Kiefern fressend, die Larve in Nadelholzstöcken und Wurzeln.
" notatus, der kleine Fichtenrüsselkäfer, die Larven in jüngeren Fichten und Kiefern.
" hercyniae, in jungen Fichten.
Melolontha vulgaris u. hippocastani, der Maikäfer, die Larven an den Wurzeln verschiedener Holzarten namentlich in jugendlichem Alter fressend.

2) Von den Schmetterlingen:

Phalaena Bombyx Pini, Kiefernspinner, die Raupe frißt die Nadeln.

[1]) Ratzeburg, Die Forstinsekten. Berlin, Nicolai 1839—48. 6. Bände. — Henschel, Leitfaden zu leichterer Bestimmung der schädlichen Forstinsekten. Wien, Braumüller. 1861.

Phalaena Bombyx Monacha, Nonne, an den Fichten, Forchen, Buchen und Tannen, die Raupe lebt von deren Blättern und Nadeln.

" " processionea, Prozessionsraupe, an der Eiche.

" Noctua piniperda, Kieferneule, an den Kiefernadeln.

" " valligera und tritici.

3) Von den Wespen:

Tenthredo Pini, Kiefernblattwespe, an jüngeren Kiefern.

4) Von den Heuschrecken:

Gryllus Gryllotalpa, die Maulwurfsgrille, Werre, schadet in Kulturen oder Saatschulen durch Abfressen der Pflanzenwurzeln.

Den vorstehend genannten Insekten ließe sich noch eine weit größere Reihe minder schädlicher anfügen, aber es würde das die Grenzen dieser Schrift überschreiten, denn es soll hier nur im Allgemeinen eine Uebersicht der Schädlichkeit und der dagegen anzuwendenden Mittel gegeben werden, welche für denjenigen natürlich nicht genügen kann, welcher größere, namentlich Nadelholzforste, zu verwalten hat und Kenntnisse über alle Einzelheiten der Lebensweise und der möglichen Vertilgung besitzen muß.

§. 203.

Vorbeugende Maßregeln.

Die Insekten schaden weniger in Laubholzrevieren, und wenn sie auch hier in größerer Zahl von Arten auftreten, so ist der Schaden doch niemals so gefährlich, weder an einzelnen Bäumen, noch an ganzen Beständen, weil das Laubholz mit seiner größeren Reproduktionskraft solche Beschädigungen leichter überwinden kann.

Das Insekt macht bekanntlich mehrere Verwandlungsstufen durch; aus dem Ei entsteht die Raupe, Larve oder Made; diese verwandelt sich in die Puppe oder Nymphe, und aus dieser tritt das Insekt in seiner letzten Gestalt als Käfer, Schmetterling 2c. hervor. Hauptsächlich schaden die Raupen oder Larven, weil sie in diesem Zustand am gefräßigsten sind. Einzelne brauchen zu ihrer vollen Ausbildung mehrere Jahre, andere bloß ein Jahr und wieder andere noch kürzere Zeit, so daß in einem Jahr zwei oder drei Generationen, oder auch in zwei Jahren drei Generationen sich entwickeln können. Bei ein und demselben Insekt sind diese Verwandlungszeiten nicht immer gleich; wenn die äußeren Umstände der Entwicklung sehr günstig sind, so kürzen sie sich öfters ab.

Die genannten Insekten findet man stets an den betreffenden Aufenthaltsorten; aber nur unter außergewöhnlichen, für ihre Vermehrung günstigen Verhältnissen entwickeln sie sich zu einer größeren, schädlichen Zahl, wo sie dann wirklich verheerend auftreten. Ueberläßt man sie in solchen Fällen sich selbst, so bemerkt man in den ersten Jahren ein rasches Zunehmen und später ein allmähliches Verschwinden, wozu ungünstige Witterung,

Krankheiten und die Feinde unter den Thieren das hauptsächlichste beitragen. Ein unthätiges Zuschauen und Gewährenlassen ist jedoch nirgends zu rechtfertigen, wo man nur den geringsten Werth auf die Waldungen legt.

Die Schonung der Feinde[1]) der schädlichen Insekten trägt sehr viel zur Verhütung des Schadens bei, namentlich sind hierunter die zahlreichen Lauf- und Raubkäfer, die Marienkäfer, die Ameisen zu erwähnen, welche die schädlichen Insekten fressen, ferner die Ichneumonen und verschiedene Fliegen, deren Maden in den Insekten leben und so diese tödten; der Forstmann kann jedoch letztere nicht besonders begünstigen, nur dadurch etwa, daß sie nicht mit den gefangenen kranken Raupen und Puppen zusammen vertilgt werden.

Unter den Vögeln sind hauptsächlich die Singvögel, Bachstelzen, der Kukuk, Wiedehopf, Pirol, die Eulen (ausgenommen Uhu) und andere[2]), die Schwalben, Staren, Spechte, Raben, auch die kleineren Raubvögel, Insektenfresser. Viele dieser nützlichen Vögel brüten in hohlen Aesten und Bäumen, es liegt daher im Interesse des Forstmannes, solche Brutplätze zu schonen, oder durch künstliche zu ersetzen, was in der Nähe von Saatschulen besonders erfolgreich ist.

Die Igel, Füchse, Maulwürfe gehören ebenfalls zu den Feinden der Waldverderber; auch das Schwein frißt viele Larven und Puppen. Der Forstmann hat namentlich auch die Pflicht, diese seine Verbündeten vor der blinden Verfolgungssucht der Menschen zu schützen und dieselben über deren Nützlichkeit zu belehren.

Schon in Zeiten, wo die schädlichen Insekten nur in ganz untergeordneter Zahl auftreten, darf man die Aufmerksamkeit nie verlieren, sondern muß stets genau Aufsicht halten, daß man jede Vermehrung derselben alsbald bemerkt und rechtzeitig dagegen einschreiten kann, hauptsächlich ist das Forstschutzpersonal gehörig zu unterrichten und seine Thätigkeit fleißig zu kontroliren. — In den größeren Kiefernforsten werden in den Monaten November und Dezember vor Eintritt von Schnee und Winterfrost — jedenfalls nicht zu früh — Probesammlungen vorgenommen, wobei man die verschiedenen Raupen und Puppen am Fuß der Stämme im Winterlager aufsucht, um ihr Vorkommen und die fürs nächste Jahr drohende Gefahr annähernd festzustellen.

Wenn auf einen Stamm 5—10 Raupen vom Kiefernspinner gefunden werden, so muß man an ernstliche Schutzmaßregeln fürs künftige Frühjahr denken; weil erfahrungsmäßig nur etwa $\frac{1}{4}$ bis $\frac{1}{3}$ der vorhandenen Insekten

[1]) Gloger, Die nützlichen Freunde der Forst- und Landwirthschaft unter den Thieren. Berlin, 1858. — Gloger, Kleine Ermahnung zum Schutz nützlicher Thiere als naturgemäßer Abwehr von Ungezieferschäden ꝛc. Berlin, 1858. — Stadelmann, Schutz der nützlichen Vögel. 2. Auflage. Halle, 1867.

[2]) Vollständiges Verzeichniß der unbedingt und bedingt zu schonenden Vögel von Altum in Danckelmann, Zeitschr. f. Forst- u. Jagdwes. 1877 S. 15.

bei solchen Probesammlungen gefunden wird. — In Fichten- und Tannenrevieren hat man im Frühjahr und Sommer die zu diesem Zweck gefällten Stämme zu beobachten, ob und wie stark sie vom Borkenkäfer befallen werden.

Eine große Anzahl der schädlichen Insekten geht das unterdrückte, kränkelnde Holz, Windwürfe ꝛc. zuerst an, ohne darum bei stärkerem Auftreten die gesunden Bäume zu verschonen, wie man dies früher glaubte. Es ist daher nothwendig, in regelmäßigen Durchforstungen das unterdrückte und beherrschte Holz zu entfernen, die vom Wind geworfenen oder gehobenen Bäume rechtzeitig aufarbeiten und aus dem Wald schaffen zu lassen, auch dem Windschaden so viel als möglich vorzubeugen. Manche, wie z. B. Curculio Pini, vermehren sich in den Stöcken und Wurzeln, daher auch die Stockrodung die weitere Ausbreitung einzelner Arten hindert; wo sie nicht ausführbar ist, werden öfter die Stöcke wegen des Borkenkäfers geschält.

In gemischten Beständen ist der Schaden selten so allgemein, daß sämmtliche Holzarten gleichzeitig dadurch vernichtet werden, man kann in der Regel auf Erhaltung der einen oder andern Holzart rechnen, und dann wenigstens mit dieser die natürliche Verjüngung einleiten. Wo sich daher eine Mischung anbringen und erhalten läßt, namentlich mit Laubholz, da ist solche deßhalb sehr dienlich (vgl. §. 240). Ebenso muß da, wo von Insekten viel zu fürchten ist, jede Pflanze an ihrem passenden Standort erzogen werden, da erfahrungsmäßig kränkelnde und magere Bäume sehr bald angegangen werden und sich das Uebel von da aus rasch auch auf gesunde verbreitet.

§. 204.

Vertilgungsmaßregeln.

Ist das Auftreten des einen oder andern Insektes in größerer Ausdehnung bemerkt worden, so hat man gleich die geeigneten Mittel zur Vertilgung anzuwenden. Bei den Käfern kann man hauptsächlich durch Fangbäume oder Fangklötze der weiteren Verbreitung entgegen wirken; man läßt einzelne Bäume, namentlich an sonnigen, trockenen oder mageren Orten, wo die Käfer am liebsten auftreten, fällen und sofort entasten; wenn sodann die Larven sich in denselben entwickelt haben, was manchmal auf der untern Seite zuerst und ausschließlich geschieht, entrindet man die Stämme und setzt die Rinde mit der Bastseite der Luft aus, oder wenn die Entwicklung schon weit vorgeschritten ist, wird jene verbrannt. Die Fangbäume dürfen nie außer Acht gelassen werden, damit man gerade zur rechten Zeit die Entrindung vornehmen kann, wenn das Insekt noch im Larvenzustand ist. Beim Hylesinus piniperda sind sie im April und Mai zu fällen und im Juni zu entrinden; beim Bostrichus typographus und curvidens vom März bis Mai zu werfen und im Juni und Juli zu entrinden, worauf aber wegen der doppelten oder anderthalbfachen Brut bald wieder neue Fangbäume im Juli, August und September zu fällen und rechtzeitig zu entrinden sind. Die Brut vom B. curvidens entwickelt sich sehr allmählig, das Weibchen legt oft noch Eier, während aus den zuerst gelegten schon flugreife Käfer sich entwickelt haben.

Bostrichus lineatus, der Nutzholzborkenkäfer, bohrt sich ins Splintholz ein; die für ihn gelegten Fangklötze und die von ihm befallenen Fichten- und Tannenstöcke müssen daher verbrannt oder verkohlt werden, so lange die Brut noch darin ist. Das Fällen des Holzes im Saft und alsbaldiges Entrinden der Stämme schützt in den meisten Fällen gegen die weitere Verbreitung des Käfers. Das Entrinden des im Winter gefällten Holzes hilft weniger, und ebenso wird das im Schatten liegende Holz häufig befallen, auch wenn es geschält worden ist.

Curculio notatus und Bostrichus bidens kommen in jungen Kiefern- und Fichtenstämmchen, C. hercyniae nur in Fichten vor; sie lassen sich vertilgen, wenn man die angegangenen, kränklich aussehenden Pflanzen vor beendigter Entwicklung der Käfer ausreißt und verbrennt. Bei beiden Käfern hat dies im Sommer, vom Juli bis September, zu geschehen; B. bidens tritt auch in $1\frac{1}{2}$jähriger Generation auf, und wird dadurch das Ausreißen schon Ende Mai nothwendig.

Curculio Pini läßt sich durch Stock- und Wurzelroden vertreiben; kann dies nicht unmittelbar nach dem Hieb geschehen, so ist es nothwendig, die Kultur ins zweite oder dritte Jahr nach dem Abtrieb zu verschieben. Während des Fraßes läßt sich der Käfer unter ausgelegten Rindenstücken namentlich von Fichten, oder unter Reisbüscheln, welche auf wund gemachtem Boden aufgelegt werden, oder zwischen zwei mit der Innenseite zusammengelegten, durch einen Pfahl festgehaltenen Rinden fangen. Außerdem legt man in steinfreiem Boden mit Erfolg 0,3 m tiefe und ebenso breite Schutz- und Fanggräben mit ca. 20 m von einander entfernten Falllöchern, beide mit senkrechten glatten Wänden zur Abwehr gegen denselben an; auf den Schlagflächen des vorletzten Winter im Monat Juni des zweiten Jahres um die frisch ausgekommenen Käfer zu sammeln, bevor sie die Eier ablegen; auch schon im Frühjahr nach dem Abtrieb um die nach Beendigung des Eierablegens nach den anstoßenden Kulturen abziehenden Käfer von letzteren abzuhalten. — Sehr wirksam ist auch eine Unterbrechung des Zusammenlegens der Schläge.

Der Maikäfer, welcher in 4—5jährigem Turnus schädlich auftritt, läßt sich vertilgen durch Einsammeln der Käfer vor Ablegung der Eier und durch Ablesen der Larven im umgebrochenen Boden, oder unter befallenen, welkenden Pflanzen, so wie durch Eintreiben der Schweine auf die gefährdeten Stellen. Vorbeugend läßt sich ihm begegnen durch Begünstigung der natürlichen Verjüngung und bei der künstlichen Verjüngung durch Erhaltung des Bodenüberzuges, durch Vermeidung der Reihenkultur und einer stärkeren Lockerung, wie auch durch Anwendung der Pflanzung, namentlich der Ballenpflanzung statt der Saat; seine Larve schadet am meisten in Kulturen bis zu 10jährigem Alter; der Fraß an den Blättern des älteren Holzes ist von geringerem Nachtheil.

Die Nonne wird im Herbst und Winter durch Sammeln der Eier unter der Rinde des Stammes, im Frühjahr durch Zerreiben der Raupen, so lang sie noch klein sind, und am untern Theil des Stammes in Haufen (Spiegeln) beisammen sitzen, später, jedoch in weniger wirksamer und theurerer Weise durch Sammeln der Raupen und Puppen vertilgt. Das Fangen von Schmetterlingen hat keinen Erfolg, da sie sehr beweglich sind und leicht auf größere Entfernungen überfliegen. In Fichten wird ein Nonnenfraß sehr schädlich, Kiefern erholen sich dagegen meistens wieder. Die Raupe der unschädlichen Ph. Noctua quadra hat bis zur vorletzten Häutung große Aehnlichkeit mit der Nonnenraupe, welche jedoch an einem rothen Fleck hinter dem Kopf sich von jener, namentlich in späterem Alter, deutlich unterscheidet.

Der Kiefernspinner bezieht als kleine Raupe den Winter über im Moos ein Lager in der Nähe des Stammes und läßt sich hier leicht sammeln, ebenso während der Sommermonate im Zustand der Puppe, die unten am Stamm zu suchen ist; den günstigsten Erfolg hat übrigens das Anlegen von Theerringen zeitig im Frühjahr, bevor die Raupen aufsteigen; die Kosten sind im Verhältniß zum Erfolg nicht zu hoch. Dieselben betrugen z. B. in mehreren, preußischen Regierungsbezirken 1877 7 Procent, 1878 11 Procent des dadurch abgewendeten Schadens. Im Regierungsbezirk Posen verursachten die einzelnen Arbeiten folgenden Aufwand. Das Röthen der Stämme (Entfernen der rauhen Borke) im Tagelohn 3,02 Mk.. pr. ha (3,76 Arbeitstage), Auftragen des Raupenleims 2,12 Mk. (2,6 Arbeitstage), 47 kgr Leim pr. ha 12,54 Mk. und für Geräthe 0,06 Mk., zusammen 17,74 Mk. pr. ha; im ganzen wurden 6673 ha getheert. Bei den Probesammlungen wurden im Maximum 65 Raupen pr. Stamm gefunden; dagegen an einzelnen Theerringen bis zu 600 Stück. Vgl. Danckelmann, Zeitschrift f. Forst- u. Jagdwes. 1878, S. 433.

Die Prozessionsraupe wird gefangen, so lange sie sich im Juni und Juli in gemeinschaftlichen Nestern häutet, oder es werden ihre Eier den Winter durch gesammelt. Ihre Haare sind giftig, was die Sammler zur Vorsicht mahnen muß.

Die Kieferneule wird als Puppe im Herbst und Winter von Schweinen aufgesucht und vertilgt; früher war der Schweineeintrieb eine Begünstigung für die Umwohner, neuerdings muß öfters der Waldbesitzer noch etwas bezahlen, um Schweine zu bekommen, event. solche kaufen, wobei die härteren Racen den Vorzug verdienen, weil sie im Walde stärker brechen, als die anderen. Während des Sommers kann die Kiefereule durch Abschütteln der Raupe und in Gräben gesammelt werden; mit Ausnahme des letzten Mittels läßt sich die gemeine Kieferblattwespe auf ähnliche Weise vernichten.

Die Eier der Maulwurfsgrille oder Werre werden im Juni in ihren Nestern ausgehoben, dieselben sind 8—12 cm unter der Oberfläche des Bodens.

Der (nicht zu den Insekten, sondern zu den Würmern gehörige) Regenwurm schadet in den Saatschulen durch Ausziehen der Keimpflanzen namentlich beim Laubholz; er wird bei Nacht, wo er außerhalb der Erde sich befindet, bei Licht gesammelt, oder bei Tage, nachdem er durch einen Abguß von Wallnußblättern zum Verlassen seines Versteckes gezwungen wird. Der Staar stellt ihm stark nach und ist deßhalb durch Aufstellung von Nistkästen zu begünstigen.

§. 205.

Maßregeln nach dem Fraß.

Hat ein Fraß stattgefunden,[1]) so ist all das Holz, welches nicht mehr gesund zu werden verspricht, so bald als möglich zu schlagen und aufzubereiten, wobei namentlich beim Nutzholz das Entrinden zu empfehlen ist. Auch beim Brennholz ist das Entrinden oder an seiner Stelle wenigstens das Kleinspalten sehr vortheilhaft, wie überhaupt die möglichst rasche Austrocknung befördert werden soll. Hat sich der Fraß über größere Distrikte ausgebreitet und darf der Hieb mit Rücksicht auf den Absatz 2c. sich nicht auf einmal über das ganze befallene Holzquantum ausdehnen, so sind die ganz anbrüchigen Stämme, an denen sich die Rinde schon theilweise ablöst, die ihre sämmtliche Nadeln verloren haben, oder welche sehr früh im Jahr befallen worden sind, zuerst zu fällen; ein sicheres Zeichen von gänzlichem Verderben sind die nur am abgestorbenen Holze lebenden Bockkäfer. Aeltere Stämme und solche auf ungünstigem Standort verderben leichter, als jüngere, unter günstigen Verhältnissen aufgewachsene.

Einzelne Stämme oder Bestände, in denen sich noch eine Lebenskraft zeigt, können für einige Zeit, möglicherweise auf ein oder zwei Jahre zurückgestellt werden und ist etwa wegen des Zusammenhanges mit anderen Waldpartien, oder wegen der nöthigen Altersklassenabstufung die Erhaltung eines solchen Bestandes besonders wünschenswerth, so ist derselbe nach vorangegangener Entfernung der ganz entschieden abgängigen Stämme erst dann zum Hieb zu bringen, wenn man sieht, daß die Mehrzahl der herrschenden Bäume abstirbt und daß sich nach deren Entfernung der Schluß nicht mehr rechtzeitig herstellen ließe.

Wo aber solche kränkelnde Bestände erhalten werden, da ist mit besonderer Sorgfalt auf das mögliche Wiedererscheinen der schädlichen Insekten zu achten, damit rechtzeitig gegen dieselben eingeschritten werden kann.

[1]) Grunert, Forstliche Blätter, 7. Heft, S. 81 u. ff.

Dritter Abschnitt.

Abwehr schädlicher Einwirkungen der Menschen.

§. 206.

Eintheilung.

Hierunter sind diejenigen Maßregeln zu begreifen, welche den Wald in seinem äußeren Umfang und in seiner rechtlichen Integrität bewahren, die volle Erhaltung der Haupt- und der Nebennutzungen und deren möglichst unschädlichen Bezug sichern sollen, so weit sie in der Macht des einzelnen Waldbesitzers stehen, wobei also auf das Eingreifen der Staatsgewalt verzichtet und jeder einzelne auf seine eigene Kraft angewiesen wird.

Erstes Kapitel.

Erhaltung des Waldes in seiner gegebenen Ausdehnung.

§. 207.

Sicherung der Waldgrenzen.

Hiezu giebt eine genaue, durch zuverlässige, womöglich behördlich bestätigte Geometer ausgeführte Kartirung der Waldfläche in Verbindung mit einer ausführlichen Grenzbeschreibung die beste Grundlage und die Vergewisserung über die Frage, ob ein Grenzzeichen verloren ging oder verrückt wurde. — Die Karte muß mit dem Meßtisch oder noch besser mit dem Theodolit aufgenommen sein und die angrenzenden Grundstücke insofern noch berücksichtigen, als die Kulturarten derselben und die Scheidelinien zwischen den Nachbargrundstücken angegeben sind; sie muß namentlich sämmtliche Grenzmarken vollzählig und in richtiger Lage verzeichnet angeben. Wenn letztere nicht mit fortlaufenden Nummern versehen sind, so muß dies nachgeholt und müssen die Nummern in der Karte bemerkt werden. Die Entfernungen von einem Grenzstein zum andern sind in die Karten mit deutlichen Zahlen einzutragen; wo streitige Grenzpunkte sind, muß dies besonders bemerkt werden.

Aber nicht bloß die Grenzzeichen, auch sämmtliche aus dem Wald heraus über dritte Grundstücke führende Ausfahrten, Wege, Wasserläufe 2c. sind genau aufzunehmen, weil diese Verbindungen gesichert bleiben müssen, was mit um so größerer Umsicht zu geschehen hat, da die Wege z. B. oft längere Zeit nicht mit Walderzeugnissen befahren werden und daher das Fahrrecht leicht in Abgang kommen kann. Da, wo Gewässer die Grenze bilden, ist auf deren Aufnahme besondere Sorgfalt zu verwenden, bei größeren Flüssen hat sich die Grenzaufnahme auch auf das gegenüberliegende Ufer, namentlich auf die zu dessen Sicherung unternommenen und den Wasserlauf beeinflussenden Kunstbauten zu erstrecken.

Die Karten sammt Brouillons sind sorgfältig in ihrem ursprünglichen Stand zu belassen, da jeder Nachtrag und jede Aenderung Dritten gegenüber ihre Glaubwürdigkeit beeinträchtigt.

Im Grenzverzeichnisse sind die in den Karten durch Zeichnung dargestellten Anhaltspunkte übersichtlich zusammenzutragen, und wenn damit eine Anerkennung des jeweiligen Besitzstandes von Seiten der Nebenlieger verbunden werden kann, so ist dies nur um so zweckmäßiger. In den meisten Ländern ist durch Katastervermessung auf öffentliche Kosten der Herstellung der Grenzverzeichnisse ein großer Vorschub geleistet. — Soll eine solche Karte von Seiten des Waldeigenthümers anerkannt werden, so ist dabei die Aufmerksamkeit auf die angedeuteten einzelnen Punkte des Eigenthumes und deren Verhältniß zu den Nachbargrundstücken zu richten, bevor die Anerkennung ausgesprochen wird.

Die Grenzen sind fleißig zu begehen und sobald ein Grenzzeichen beschädigt wird oder verloren gegangen, ist solches unter Mitwirkung des Gutsnachbarn oder durch die betreffenden öffentlichen Behörden in ortsüblicher Weise mit den nöthigen Zeichen (Ziegel, Glas ꝛc.) versehen, neu herstellen zu lassen. Dabei ist den Steinen eine solche Größe zu geben, daß sie in einiger Entfernung gut gesehen werden; sie sollen wenigstens 0,5—0,8 m über den Boden hervorragen und nicht zu schwach sein; an die wichtigeren Eckpunkte kommen größere und stärkere, an die minder wichtigen Zwischenpunkte können etwas kleinere genommen werden, an frequenten Wegen macht man sie kürzer und stärker oder schützt sie durch Abweispfähle; wo sie kleiner sind, kann man sie mit weißer Oelfarbe oder mit Kalk anstreichen, damit sie leichter sichtbar werden. In steinarmen Gegenden wirft man über den Grenzpunkten 0,7—1 m hohe Erdhügel auf oder verwendet aus Cement gefertigte Steine; auf sumpfigem Terrain setzt man Weiden oder Pappeln als lebendige Grenzzeichen. — Wo die Grenze zwischen zwei Waldungen hinzieht, da ist eine 1—2 m breite Richtstätte auszuhauen und offen zu erhalten; es geht durch solch schmale Lichtungen kein produktionsfähiger Boden verloren und die Sicherheit und Deutlichkeit der Begrenzung gewinnt sehr dadurch; es werden namentlich auf diese Weise die oft Streit verursachenden gemeinschaftlichen Bäume unmöglich.

Außer mit Grenzzeichen muß die Grenze auch öfters mit Gräben und Schutzdämmen gesichert werden; dies hat namentlich an Feldern, Wiesen und Weiden zu geschehen. Die Gräben sind natürlich auf dem Eigenthum desjenigen anzulegen, der solche zu seinem Schutz bedarf, und danach richtet sich auch die Herstellung eines Aufwurfes am Graben; derselbe ist zum Schutz der Waldungen stets auf der Waldseite aufzuführen. Bei solchen Grabenziehungen ist auf die Erhaltung der Grenzzeichen Bedacht zu nehmen. An steilen Hängen, wo das Wasser die Gräben ausspülen würde, sind immer nur kürzere Strecken auszuwerfen und dazwischen wieder fester Grund unberührt zu lassen; doch muß dem Wasser ein passender Ausweg zu langsamem Abfließen verschafft werden.

Die Anlage von Hecken, namentlich mit Dornsträuchern, ist in Gegenden, wo das Vieh im Herbst auf die Weide getrieben wird, sehr zu empfehlen, sie schützen auch sonst gegen den ersten Anlauf und hindern namentlich das leichte Fortschaffen entwendeter Waldprodukte. Die Ausfahrten aus den Waldungen müssen aber stets offen erhalten bleiben, weil im andern Fall das Recht zur Ueberfahrt über die angrenzenden Güter mit der Zeit bestritten werden könnte. — Gegen das Ueberbauen der Greuze von Seiten der Gutsnachbarn schützen die zwei letzt angegebenen Mittel vorzüglich; ebenso gegen das Einwerfen von Steinen und sonstigem Abtrag aus Feldern und Weinbergen ꝛc.

Besondere Sorgfalt muß der Erhaltung von Ausfahrtrechten über anstoßende fremde Grundstücke zugewendet werden; sie sind jeweilig in kürzeren Zwischenräumen zu benützen, selbst wenn dies nur durch Einlegung kleinerer außerordentlicher Nutzungeu möglich wäre. Es empfiehlt sich in wichtigen Fällen über die jeweilige Benützung solcher Ausfahrten unter Angabe der betreffenden Fuhrleute genau Buch zu führen, um in Anstandsfällen das nöthige Beweismaterial zu besitzen. Werden mit den angrenzenden Gütern Kulturveränderungen vorgenommen, so ist besondere Aufmerksamkeit auf die Erhaltung der seither bestandenen Ausflußgräben und Wege über jene dritten Grundstücke zu empfehlen; es versteht sich von selbst, daß damit eine in beiderseitigem Interesse liegende zweckmäßige Regulirung dieser Züge nicht ausgeschlossen werden soll.

An den Feldern und namentlich an den werthvolleren und besseren Aeckern, Gärten und Weinbergen entsteht nicht selten ein kleiner Krieg gegen den Wald, wobei zwar nicht die Grenze des Areals, dagegen um so mehr die Grenze des Holzbestandes zu verrücken gesucht wird. Diesen Angriffen mit ähnlichen auf die Feldbäume und Feldgewächse zu begegnen, würde den Gesetzen widerstreiten und so bleibt nichts anderes übrig, als ein wachsames Auge anf solche gefährliche Nachbarn zu haben und womöglich sich in gutes Einvernehmen mit denselben zu stellen. Durch Aufästen der Traufbäume, soweit dieses die Rücksicht wegen des Windes gestattet, kann manchmal schon viel gewonnen werden. Es entspricht auch der Billigkeit in unmittelbarer Nähe der Grenze auf die Erziehung von stark beschattenden oder älteren Stämmen zu verzichten. — Wo die Erhaltung eines vollbeasteten Traufes zur Sicherung des Bestandes nothwendig ist, wird der Waldbesitzer bei der Verjüngung am besten thun, wenn er mit dem Hauptbestand so weit zurück rückt, daß die Aeste auch in späterem Alter nicht über die Eigenthumsgrenze hinübergreifen.

Besondere Aufmerksamkeit ist da nöthig, wo an den Grenzen Steinbrüche, Mergelgruben u. dergl. im Betrieb sind; in solchen Fällen gehen leicht Grenzzeichen verloren, oder es wird durch zu nahes Herangraben ein Abrutschen der Erde veranlaßt. — Ebenso sind an größeren Flüssen der Lauf des Wassers und die etwaigen Bauten am gegenüberliegenden Ufer zu beachten.

§. 208.

Sicherung der Integrität des Waldeigenthums.

Je häufiger die Waldungen an den Grenzen Beschädigungen ausgesetzt sind, um so vortheilhafter ist es für den Waldbesitzer, die Ausdehnung der Grenze im Verhältniß zum Flächeninhalt auf das geringste Maß einzuschränken. Bekanntlich hat der Kreis den geringsten Umfang im Verhältniß zu seiner Fläche, und es liegt daher in der Aufgabe einer geregelten Forstverwaltung, die Herstellung einer annähernden Form in der Begrenzung zu erzielen, wobei aber Terrain- und oft auch Bodenverhältnisse hindernd in den Weg treten. Jedenfalls sind die ausspringenden Ecken soviel möglich durch Tausch, Verkauf 2c. auszugleichen. Bei ausgedehnten Waldkomplexen kann schon viel gewonnen werden durch Herstellung einer möglichst langen geraden Grenzlinie. In verstärktem Maße treten die Nachtheile eines nicht arrondirten Besitzthums hervor, wenn fremdes Eigenthum eingeschlossen im Wald liegt. Wo daher durch nicht allzu theuren Kauf oder Tausch eine solche Enclave erworben werden kann, da ist diese günstige Gelegenheit nicht unbenützt zu lassen, um so weniger, wenn das fragliche Gut bewohnt ist.

Auch auf anderem Wege, als durch die Beeinträchtigung der Grenzen, kann das Waldeigenthum in seiner Gesammtheit geschwächt und verringert werden; namentlich sind solche Fälle möglich, wenn Dritten ein Mitbenützungsrecht zusteht. Hier ist vor Allem darauf zu sehen, daß der Servitutberechtigte sich genau innerhalb des durch Vertrag oder Herkommen bezeichneten Umfanges der Nutzung halte, sei es nun, daß dieselbe durch Beschränkung auf bestimmte Walddistrikte, oder durch die Art und Weise, wie sie ausgeübt werden soll, eine solche Aufsicht nöthig macht. In einzelnen Ländern ist durch die Gesetze eine Beschränkung der Servituten zum Schutz des Waldeigenthümers vorgeschrieben, und darum ist es nothwendig, sich mit all den hierauf bezüglichen Vorschriften genau bekannt zu machen und über deren Ausführung zu wachen, indem jede Nachlässigkeit leicht eine Ausdehnung der Servitut auf Kosten des Waldeigenthümers zur Folge haben kann. Namentlich ist das zur unmittelbaren Beaufsichtigung der Berechtigten berufene Personal bezüglich des Umfanges der Nutzungen genau zu instruiren und in seinen Dienstleistungen sorgfältig zu überwachen.

Auf der andern Seite ist aber zu empfehlen, daß die vertragsmäßige und gesetzlich zulässige Ausübung solcher Rechte nicht gehindert oder durch

Chikanen erschwert werde, schon deßhalb, weil dies Erbitterung erzeugt, die möglicherweise auf anderem Wege Schaden bringt. — Wo im Wege freier Vereinbarung eine billige Ablösung herbeizuführen ist, soll diese stets in erster Linie angestrebt werden.

Viele Servituten, die früher von großer Bedeutung waren, haben jetzt ihren Werth ganz oder theilweise verloren, so z. B. die Weidenutzung in einem großen Theil der dicht bevölkerten und kultivirteren Gegenden; die Berechtigten finden die Stallfütterung vortheilhaft und deßhalb wird das Vieh nicht mehr ausgetrieben. Dem Belasteten ist für solche Fälle in seinem Interesse zu empfehlen, die nöthigen Dokumente zu sammeln, um den Beweis über den Zeitpunkt des Aufhörens der Nutzung führen zu können.

Der Entstehung neuer Servituten ist ebenfalls durch entsprechende Maßregeln entgegen zu treten. In Gegenden, wo das Waldeigenthum noch geringen Werth hat, muß man besonders hierauf achten; weil mit dem Steigen des Werthes auch eine früher geringfügige, die Wirthschaft nicht hindernde Abgabe eine große Bedeutung zum Nachtheil des Waldeigenthümers gewinnen kann.

In Lokalitäten, wo die Waldprodukte schon höhern Werth haben, ist die Entstehung von Servituten seltener, doch giebt es auch hier solche Fälle, z. B. bei Durchfahrtsrechten, denen dann bei höheren Ansprüchen an die Kommunikationsmittel die gesteigerte Unterhaltungslast nachfolgt.

Zweites Kapitel.

Sicherung gegen Beschädigungen aus Muthwillen ꝛc.

§. 209.

Diese sind namentlich in stark bevölkerten Gegenden häufig und lassen sich schwer verhindern; insbesondere kann der einzelne Waldbesitzer wenig dagegen thun; es ist dies mehr die Aufgabe der Forstpolizei.

Genaue Beaufsichtigung der den Wald besuchenden Personen, namentlich auch der Jugend an Sonn- und Feiertagen, möglichste Beschränkung des Verkehres in den Waldungen auf die ordentlichen Wege, vorsichtiger Gebrauch des Feuers durch die Waldarbeiter, sowie beim Schießen und Tabakrauchen sind die hauptsächlichsten dem Privatmann zu Gebot stehenden Mittel. Außer diesem ist noch die Herstellung eines friedlichen Verhältnisses zwischen dem Waldbesitzer und den Anwohnern zu empfehlen, wodurch sich solche Frevel reduciren lassen. Gegenüber den Arbeitern ist es nothwendig, sie mit ins Interesse des Waldbesitzers zu ziehen und zwar strenge Disciplin zu halten; aber auch soviel als möglich für ihr Wohl besorgt zu sein.

Drittes Kapitel.

Beschädigungen aus Eigennutz.

§. 210.

Allgemeines.

Die verschiedenen Produkte, welche uns der Wald bietet, sind fast ohne Ausnahme der Entwendung ausgesetzt, an einen Ort mehr diese, am andern mehr jene Art.

Es giebt nun manche Erzeugnisse in den Waldungen, welche der Eigenthümer nicht benützt, weil sich für ihn die Gewinnung nicht lohnt; andere Leute dagegen sammeln solche eifrig und sind dadurch im Stande, etwas zu verdienen; hieher gehört die Gewinnung von Beeren, Schwämmen, sehr häufig und reichlich gedeihenden Holzsamen 2c.

Die Benützung von derlei untergeordneten Produkten muß jedoch schon wegen der nöthigen Aufsicht im Wald besonders geregelt werden, was dadurch geschehen kann, daß man bloß einzelnen als zuverlässig bekannten Personen Erlaubnißscheine ausstellt, oder daß man an besonderen Tagen jedermann auf bestimmten Distrikten zur Nutzung zuläßt, und diejenigen, welche sich der gegebenen Ordnung nicht fügen wollen, von der Nutzung ausschließt. Häufig werden solche Einschränkungen bloß da nothwendig werden, wo durch die Sammler Kulturen 2c. beschädigt werden könnten. Der Schaden wird stets um so geringer sein, je größer die Fläche ist, welche man der Nutzung öffnet. Bei solchen Objekten kann es sich also um keine Entwendungen handeln, sondern nur um Verfehlungen gegen die nothwendige Ordnung im Bezug der Nutzung.

Anders verhält es sich bei solchen Waldprodukten, welche von dem Eigenthümer nutzbar gemacht werden können; jede Entwendung von solchen hat eine Schmälerung des Waldertrages zur Folge und muß daher so viel als möglich verhütet und abgewendet werden. Dies ist eine der Aufgaben der Schutzdiener, welche man aus der Klasse der zuverlässigen, intelligenten Arbeiter oder aus besonders vorgebildeten Leuten wählt; sie werden über die zur Entdeckung und Ueberweisung der Frevler nöthigen Maßregeln und gesetzlichen Vorschriften genau instruirt, zur Abnahme des werthvolleren entwendeten Holzes 2c., zur alsbaldigen Anzeige gröberer Frevel verpflichtet. Außerdem erhalten sie, um die Kontrole über ihre Thätigkeit zu ermöglichen, einen mit besonderem Zeichen versehenen Frevelhammer, den sie an jeden von ihnen gefundenen Frevelstock anschlagen müssen, zum Beweis dafür, daß sie die Entwendung wahrgenommen haben. Bei den täglich zu geeigneter Zeit, auch an Sonn- und Festtagen, sowie zur Nachtzeit vorzunehmenden Waldbegängen dürfen keine bestimmten Tagesstunden eingehalten werden, es ist dabei stets ein sachgemäßer Wechsel eintreten zu lassen. Ferner erscheint es als zweckmäßig, ihnen aufzulegen, daß sie die Verwendung ihrer Zeit im Dienst speciell in einem Tagbuch nachweisen, in das sie dann gleichzeitig alle wahrgenommenen Frevel und sonstige die Waldungen betreffenden wichtigeren Beobachtungen eintragen müssen, mit der strengsten Auflage, die Einträge täglich zu machen und abzuschließen.[1])

Da die Verhinderung unberechtigter Eingriffe Hauptaufgabe des Schutzpersonals ist, so kann man auch die Thätigkeit des Einzelnen nie nach der Zahl der gemachten Anzeigen beurtheilen, noch weniger darf man nach diesem Maßstab etwaige Belohnungen bemessen; am verwerflichsten aber ist die Gewährung von Anzeigegebühren.

Wo der Waldbesitz des Einzelnen zu klein ist, um einen tüchtigen Mann voll zu beschäftigen, da empfiehlt es sich durch Vereinbarung unter mehreren Eigenthümern die Aufstellung eines gemeinsam wirkenden Personals zu ermöglichen.

§. 211.

Entwendungen an dürrem, herumliegendem Holz.

In der Regel wird der Waldeigenthümer auf das abfallende dürre Ast- und Reisholz keinen Werth legen, weil ihn das Einsammeln und Zugutmachen dieses Sortiments mehr kosten würde, als der Werth desselben beträgt; es wird aber immer noch Leute geben, welche dasselbe gern sammeln, und je mehr man diese Vergünstigung solchen Personen zu Theil werden läßt, welche unterstützungsbedürftig sind, um so mehr wird man den Holzbestand der Waldungen vor andern gröberen Eingriffen sicher stellen. Es ist hiebei nöthig, daß man in den jüngeren Beständen, so lange sie sich noch nicht geschlossen haben, in den Schlägen während des Holzhauereibetriebes und so lange das aufbereitete Material noch nicht abgeführt ist, die Leseholznutzung ganz ausschließt. Im übrigen ist sie auf bestimmte Tage zu beschränken; je größer die Waldfläche, je geringer die Zahl der Leseholzsammler ist, um so öfter dürfen diese Tage wiederkehren, und umgekehrt.

Ob und wie weit den Holzhauern gestattet werden kann, aus den Schlägen Abends Dürrholz mit nach Hause zu nehmen, dies muß bei Abschluß der Arbeitsverträge genau festgestellt und vereinbart werden. In den meisten Fällen ist es zweckmäßig, ein solches Abtragen ganz zu verbieten und wenn man entgegenkommen will, ihnen zu gestatten, derartiges gering-

[1]) Dienstanweisung für die königl. württembergische (militärisch organisirte) Forstschutzwache. Juni 1852. Vergl. Monatsschrift für das württembergische Forstwesen. 1852. — Dienstanweisung für die königl. württembergischen Forstwarte und Waldschützen vom 15. Februar 1859. Stuttgart, Chr. Fr. Cotta's Erben. 1859. — Dienst-Instruktion für die königl. preußischen Förster vom 23. Oktober 1868 (vergl. Grunert, Der preußische Förster. 2. Aufl. Trier, 1883).

werthiges Material während der Arbeit auf kleinere Haufen zusammenzubringen, welche nachher unentgeltlich oder zu billigem Preis abgegeben, womöglich verloost werden; damit keiner zum Voraus wissen kann, welchen er bekommt. (In allem Uebrigen zu vgl. §. 179.)

§. 212.

Entwendung von stehendem Holz.

Diese werden verübt zur Deckung des eigenen Bedarfes der Holzdiebe oder zum Wiederverkauf des gefrevelten Materials. Ersteren läßt sich vorbeugen, wenn man den ärmeren Anwohnern Gelegenheit giebt, ihren Brennholzbedarf wohlfeil auf geordnetem Wege zu gewinnen, wozu der Waldeigenthümer selbst wesentlich beitragen kann durch wohlfeile Abgabe von Stock- und Wurzelholz, von geringem Reisig aus Reinigungshieben, Durchforstungen und Schlägen, durch Austheilung von Leseholzscheinen, oder durch Einrichtung von Brennholzmagazinen, aus denen der Bedarf jederzeit auch in kleineren Quantitäten, mit Anborgung des Kaufschillings sich befriedigen läßt.

Wo diese Mittel nicht ausreichen, ist wenigstens darauf zu sehen, daß bei den Durchforstungen nicht alles unterdrückte Holz entfernt wird, oder daß dieselben nicht so oft wiederkehren; namentlich ist diese Regel bei den dem Anlauf ausgesetzten Waldtheilen zu beobachten und wenn man noch die passenden, zum augenblicklichen Gebrauch tauglichen Holzarten eingesprengt erzieht, wie z. B. Forchen, Birken, deren Holz auch im grünen Zustand rasch brennt, so wird man durch ein geringeres Opfer die werthvolleren Sortimente und Waldtheile einigermaßen schützen können.

Handelt es sich um Vertreibung solcher Frevler, die den Holzdiebstahl gewerbsmäßig betreiben und das gestohlene Holz wieder verkaufen, so läßt sich zur Abstellung dieses Uebels bloß ein Mittel angeben, nämlich die Abnahme des gefrevelten Holzes. — Wo keine Arbeitsscheu zu Grunde liegt, kann auch durch Schaffung von Verdienstgelegenheit abgeholfen werden. Das wirksamste Einschreiten muß man übrigens einer zweckmäßigen Gesetzgebung und deren strengen Handhabung anheim stellen.

Oefters kommt es vor, daß seltenere Sortimente, namentlich Handwerkshölzer, der Entwendung sehr ausgesetzt sind. Der hauptsächlichste Grund hievon liegt manchmal darin, daß das entsprechende Material in benutzbarer Form gar nicht käuflich zu erlangen ist, daß die Preise dafür zu hoch gestellt sind, oder die Abgabe nicht rechtzeitig stattfindet. In solchen Fällen ist es in die Hand des Waldbesitzers gegeben, durch erleichterte Abgabe des erforderlichen Bedarfes dem Diebstahl zuvorzukommen. Dabei haben sowohl Erleichterungen in Beziehung auf die Zeit des Bedarfes, als auch in Beziehung auf den Preis einzutreten. So kann z. B. die Abgabe von Spaltholz aus den Schlägen ohne große Mühe erfolgen; wird aber das Bedürfniß dabei nicht berücksichtigt, so fallen ihm manchmal die schönsten Bäume zum Opfer. Das Besenreisschneiden schadet den Birken, Roth- und Weißtannen in den jungen Schlägen außerordentlich, während man mit geringer Mühe den Bedarf auf ordentlichem Wege decken kann. — Jede Gegend hat ihre eigenen Bedürfnisse, welche der Forstmann kennen lernen muß, um seinerseits zu deren Deckung das Erforderliche beizutragen, wobei zugleich auch noch die Forsteinnahmen sich steigern lassen.

§. 213.

Entwendung von Nebennutzungsgegenständen.

Derartige Entwendungen, auch wenn es sich verhältnißmäßig um einen ganz geringen Werth handelt, sind schon deßhalb schädlich, weil die Gewinnung des gefrevelten Materials nicht mit der nöthigen Schonung für die Waldungen geschieht. Vielfach ist zur Verhinderung des Diebstahls an Nebennutzungen dem Waldbesitzer bloß der eine Ausweg gegeben, die ordentliche Gewinnung solcher Produkte möglichst zu begünstigen; dies kann z. B. bei der Gras- und Mastnutzung, der Schneidelstreu (von gefälltem Holz) 2c. ohne Nachtheil geschehen. Wo aber dieser Weg nicht eingeschlagen werden kann, wie z. B. bei der Laubstreu und Harznutzung, da läßt sich nur schwer dem Uebel mit Erfolg entgegen treten. Das Behacken des Bodens hindert zwar eine vollständige Entwendung des Laubes, aber das Mittel ist zu theuer, als daß es in größerer Ausdehnung angewandt werden könnte; es bleibt nichts übrig, als das Laubholz entweder ganz zu verdrängen oder es nach Kräften überall zu begünstigen; die Frevel werden sich im letzteren Fall auf eine größere Fläche ausdehnen und nicht so intensiv schädlich werden. Ebenso läßt sich durch die Beimischung von Nadelholz der von solchen Entwendungen zu befürchtende Schaden in etwas vermindern. Bei den Durchforstungen ist in den gefährdeten Beständen der Schluß vollständig zu erhalten; in Nadelholzhorsten auch das unterdrückte, schlechtwüchsige Laubholz stehen zu lassen, oder selbst auf künstlichem Wege ein Bodenschutzholz anzuziehen. Im Hochwald ist eine kürzere Umtriebszeit mit möglichst langem Verjüngungszeitraum zu wählen; im Nieder- und Mittelwald eine höhere Umtriebszeit, doch natürlich ohne das Ausschlagvermögen der Stöcke zu gefährden.

Gegen die Harzentwendung steht ein sehr wirksames Mittel zu Gebot, wenn man das Harz nicht selbst benützen will, man überstreicht alle 4—6 Jahre die Lachen mit Kalkmilch, wodurch der Ausfluß vermindert und das Harz zum Aussieden unbrauchbar wird. Wo der Waldeigenthümer das Harz selbst benützt, sind Entwendungen schwer zu verhindern und schwer zu entdecken.

Viertes Kapitel.

Sicherung gegen Mißbräuche bei den ordentlichen Wald-Nutzungen.

§. 214.

Allgemeines.

Die Erhebung der ordentlichen Nutzungen wird am besten und mit der größten Schonung für den Wald bewerkstelligt werden, wenn man zu den betreffenden Arbeiten willige, geschickte und brauchbare Arbeiter auswählt, wenn man dieselben über ihre Aufgabe genau unterrichtet, entsprechend bezahlt und ihnen Zeit läßt, das Geschäft ordentlich und pünktlich zu vollbringen. Dabei muß eine fortwährende Aufsicht geführt werden, um in außergewöhnlichen Fällen die nöthigen Belehrungen und Befehle zu ertheilen und um zur genauen Beachtung der vorgeschriebenen Ordnung anzuhalten. In solchen Fällen sind gut bezahlte Tagelöhner, vorzüglich solche, die mit ihrem Erwerb ausschließlich auf den Wald angewiesen sind, am besten zu verwenden.

Wird eine minder große Pünktlichkeit verlangt, oder ist die Arbeit nach ihrer Menge und Güte leicht zu kontroliren, so ist die Verwendung von Akkordarbeitern zulässig; aber es ist dabei eine sorgfältige Auswahl zu treffen, oder wo es an tauglichen Personen mangelt, ist wenigstens eine gehörige Theilung der Arbeit zu bewirken, in der Art, daß die intelligenteren und geschickteren Arbeiter auch die schwierigen Geschäfte zu übernehmen haben. Genaue Unterweisung und Gewährung eines ausreichenden Lohnes sind hier ebenfalls nothwendig. Die Aufsicht hat um so strenger und ununterbrochener anzudauern, je mehr die Arbeiter das Bestreben haben, auf Kosten des Waldes sich Vortheile zu verschaffen und je leichter sie dies bewerkstelligen können, oder je mehr dem Wald dadurch Schaden zugefügt werden dürfte.

Es ist natürlich, daß die Arbeiter mehr an das Interesse des Waldeigenthümers gebunden sind, wenn sie durch ihn als Arbeitgeber berufen werden; anders ist es schon, wenn die Arbeiter für Rechnung eines Dritten die Aufbereitung der Waldprodukte zu besorgen haben. In solchen Fällen wird es häufig ihr Vortheil sein, die Rücksichten für pflegliche Behandlung des Waldes beiseite zu setzen, um rasch fertig zu werden und möglicherweise um Nebenvortheile für ihren Arbeitgeber zu erlangen. Nur ausnahmsweise ist daher eine solche Vergebung der Arbeit zulässig, z. B. bei Nebennutzungen, die nur in geringer Ausdehnung, oder auf kleineren Flächen durch eine oder wenige Personen erhoben werden und wenn die nöthige Zeit zu Gebote steht, um dieselben in allen Richtungen genau überwachen zu können, wobei der Unternehmer, für dessen Rechnung das Geschäft betrieben wird, sich verbindlich zu machen hat, für den durch seine Leute angerichteten Schaden Ersatz zu leisten. — Noch schwieriger aber gestalten sich die Verhältnisse, wenn die betreffenden Personen die fraglichen Nutzungen für eigene Rechnung erheben sollen. Die Aufsicht muß in solchen Fällen verdoppelt werden; nur bekannte und zuverlässige Personen sind zuzulassen und diese nur zu bestimmten Zeiten und auf einer kleineren, leicht zu überwachenden Fläche zu beschäftigen.

Frohnpflichtige kommen zwar in Deutschland keine mehr vor, aber in unseren Wäldern haben wir Forstleute es doch manchmal noch mit einer ähnlichen Klasse von Arbeitern zu thun, den Forststrafarbeitern, welche nicht bezahlen können und ihre Schuldigkeit durch gezwungene Arbeit abtragen müssen. — Von solchen läßt sich natürlich keine gute und sorgfältige Ausführung erwarten; die Arbeit wird in der Regel flüchtig gemacht und schlecht ausfallen; auf den Bestand und die Schonung des Waldes wird keine Rücksicht genommen. Nur in besonders günstigen Fällen werden da, wo eine sorgfältigere und pünktliche Arbeit nöthig ist, solche Forststrafarbeiter verwendet werden können. Haben die Ausstände keine allzu hohe Summe erreicht, so läßt sich oft der gute Wille dadurch erwecken, daß man einen Theil des Verdienstes baar bezahlt, oder einen guten Stücklohn (Akkord) bewilligt.

§. 215.

Hauptnutzung.

Beim Bezug der Hauptnutzung wird ein Eingreifen zum Schutz des Mutterbestandes und des Nachwuchses nothwendig, wenn durch unvorsichtiges Fällen stärkere Stämme zu große Lücken im Schutz- und Besamungsbestand entstehen könnten. Dieser Schaden ist oft mit dem besten Willen kaum zu vermeiden, namentlich bei starken und werthvollen Stammhölzern. Die in §. 151 angegebenen Vorsichtsmaßregeln sind in solchem Falle mit möglichstem Nachdruck zu handhaben.

Gewandte und zuverlässige Holzhauer mit entsprechenden Werkzeugen können viel Schaden verhüten. Besondere Vorsicht ist in Beständen mit flachwurzelnden Holzarten, auf leichten Böden, in feuchten Lokalitäten zu empfehlen; unter solchen Verhältnissen hat die Fällung im Winter bei gefrorenem Boden oder im Sommer bei trockenem Wetter zu geschehen. — Im Femelwald und Mittelwald ist auf die zurückbleidenden Stämme der nöthige Bedacht zu nehmen, daß namentlich diejenigen Altersklassen besonders geschont werden, welche selten sind.

Für die Fälle, wo durch unvorsichtiges Werfen der Stämme am Nachwuchs Schaden geschähe, sind auch bereits oben die nöthigen Anhaltspunkte gegeben.

Weitere Beschädigungen kommen am Nachwuchs vor beim Aufbereiten des Holzes, wenn das Aufspalten und das Zusammenbringen des Holzes auf ungeeignete Weise geschieht, wenn namentlich die Arbeiter im jungen Holze durch Weghauen des Aufschlages sich freien Raum zu verschaffen suchen und durch Schlitten oder Schleifen das Holz über den Nachwuchs hinwegbringen. Es ist aber namentlich ins Auge zu fassen, daß die Abfuhr des Holzes in großen Stammstücken später oft noch viel bedeutenderen Schaden anrichtet, als dies bei dem Aufspalten geschieht· dieses läßt sich in der Regel zu passender Jahreszeit vornehmen, während man die Abfuhr der schwereren Hölzer nicht so unbedingt in der Hand hat.

Besondere Rücksichten sind bei Aufbereitung des Stock- und Wurzelholzes zu nehmen, daß die nebenstehenden Stämme nicht dadurch gelockert und daß der Nachwuchs nicht zu weit dadurch zurückgedrängt wird, sowie auch an Bergabhängen das mögliche Abrutschen und Abwaschen des Bodens ins Auge gefaßt werden muß.

Auch durch das längere Liegenbleiben des Holzes ist der Nachwuchs Beschädigungen ausgesetzt und gefährdet. — Den Winter durch kann der Nachwuchs längere Zeit vom Holz bedeckt sein, ohne besonderen Schaden dadurch zu leiden; am wenigsten gefährdet ist er, wenn das Holz auf Unterlagen ruht, so daß noch ein Luftwechsel zwischen demselben und dem Boden möglich ist. Zur Zeit der Saftbewegung, also noch vor dem Laubausbruch, erträgt die junge Pflanze solche Nachtheile nicht lange und am empfindlichsten ist sie in der Periode der Laubentwicklung. — Das Holz, welches längere Zeit im Walde sitzen bleibt, ist daher auf solchen Plätzen aufzustellen, wo kein Nachwuchs vorhanden ist, da aber, wo es über solchen gesetzt werden muß, sind für das Schichtholz besonders starke Unterlagen zu wählen und es ist für möglichst baldige Abfuhr Sorge zu tragen. Am meisten Schaden verursacht das auf Haufen zusammengezogene Nadelreisig, wenn es so lange im Schlag bleibt, bis es seine Nadeln verliert; die Nadeln bleiben dann in einer dichten Schichte zurück und der auf solchen Stellen vernichtete Nachwuchs kann nicht einmal rasch wieder ersetzt werden, weil in einer solchen Bodendecke mehrere Jahre lang kein Same keimt. Wenn sich gar keine Abnehmer für das geringere Reis finden, so ist dasselbe bald möglichst auf Kosten des Waldbesitzers zu verbrennen, oder doch gleichmäßig über die Schlagfläche auszubreiten.

Bei der Abfuhr stärkerer Sortimente, welche nicht an die Wege getragen werden können, ist ein Schaden nicht wohl zu vermeiden, er wird aber selten so bedeutend sein, daß es sich lohnte, auf den höheren Werth des Nutzholzes zu verzichten und dasselbe zu Brennholz aufzuarbeiten; es handelt sich also in der Regel nur darum, denselben möglichst zu verringern. Dies kann geschehen durch Abfuhr vor Beginn der Saftbewegung, oder erst nach vollständiger Verholzung der Triebe und nur bei festem Boden oder so lange die Pflanzen noch klein sind, bei Schnee. Ebenso empfiehlt es sich, den Stämmen, die als Langholz abgeführt werden, schon bei der Fällung diejenige Richtung zu geben, in welcher die Abfuhr geschehen muß.

Außerdem läßt sich durch zweckmäßige Transportgeräthe mancher Schaden vermindern, namentlich durch die Anwendung des Lottbaumes (§. 156) für Langholz. — Es giebt auch Fälle, wo die Gestattung einer weiteren Verarbeitung der Stämme neben dem Stock wie z. B. der Eichen und Tannen zu Kant- oder Spaltholz den Schaden beim Transport vermindert. Auch das Beschlagen, wie es bei den Floßholzstämmen üblich ist, verringert den Schaden bei der Abfuhr, weil die beschlagenen Stämme nicht auf so viele Hindernisse stoßen, wie unbeschlagene. Mindestens sollten bei Stämmen, die geschleift werden, alle und jede Aststümpfe oder sonstige Unebenheiten zuvor sorgfältig beseitigt sein.

Ein gut angelegtes und unterhaltenes Waldwegnetz ist das wirksamste Mittel, um die Abfuhr so unschädlich als möglich zu machen; namentlich wenn gleichzeitig noch das Holz durch die Arbeiter des Waldbesitzers sofort nach der Aufbereitung unter genügender Aufsicht und Anleitung an die Wege ausgerückt wird. — Andernfalls bleibt nur übrig, durch entsprechende Bedingungen den Holzkäufern die Schonung des Waldes zur Pflicht zu machen, wobei aber der Zweck niemals so vollständig erreicht, dagegen öfter Anlaß zu Meinungsverschiedenheiten und Streitigkeiten gegeben wird.

§. 216.

Schutz gegen Servitutberechtigte (Holznutzung).

Hat der Waldeigenthümer schon bei den Arbeiten durch seine eigenen Leute stets viel Aufmerksamkeit anzuwenden, um den Wald vor Beschädigungen zu schützen, so ist dies in erhöhtem Grade nothwendig, wenn Dritte berechtigt sind, bestimmte Holzsortimente selbst zu gewinnen. Eine solche Aufbereitung durch die Berechtigten wird fast nie ohne Schaden für den Wald geschehen und darum ist es zweckmäßig, wenn der Waldbesitzer die Aufbereitung des betreffenden Materials und dessen Beischaffung an die Wege selbst übernimmt und sich die Kosten nöthigenfalls in einem ermäßigten Betrage vom Berechtigten ersetzen läßt. Dieses Mittel wird sich natürlich nur da anwenden lassen, wo eine gütliche Uebereinkunft über diesen Punkt herbeigeführt werden kann. — In einzelnen Fällen, wo sich das fragliche Beholzigungsrecht nur auf Reisig, Gipfel- und Abfallholz beschränkt, wird die Aufbereitung dem Berechtigten ohne Anstand überlassen werden können, sofern er dieselbe nicht zu sehr verzögert. — Die meisten hiebei vorkommenden Schwierigkeiten und Nachtheile werden sich aber bloß auf dem Wege der Gesetzgebung regeln lassen und ist daher hierwegen auf den Abschnitt über Forstpolizei zu verweisen.

§. 217.

Sicherung gegen Mißbräuche bei der Waldweide.

Es sollen hier nur die beiden wichtigeren dem Holzertrag schädlich werdenden Nebennutzungen, Weide und Streu, noch besprochen werden, für die übrigen wird das in der Forstbenutzung Vorgetragene vollständig genügen.

Um die **Weidenutzung** für den Wald so unschadlich und für die Viehbesitzer so einträglich als möglich zu machen, sind folgende Anordnungen zu treffen:

1) Esdarf im Verhältniß zur Produktionsfähigkeit und Größe der Fläche nicht zu viel Vieh aufgetrieben werden.

2) Diejenigen Orte, wo das Vieh durch Abbeißen der Gipfel den tauglichen Nachwuchs beschädigen kann, sind der Weide nicht zu öffnen, und in ortsüblichrr Weise kenntlich zu machen.

3) Während des Laubausbruches ist das Vieh vorherrschend in ältere Bestände zu treiben; ebenso bei nassem Wetter.

4) Die Viehheerden müssen stets genügend beaufsichtigt sein. Das Rindvieh ist darum mit Glocken zu versehen.

5) Das Vieh ist nach Gattungen, womöglich auch nach Altersklassen in verschiedene Heerden zu vereinigen. Einzelne Individuen mit besonders schädlichen Gewohnheiten sind im Walde nicht zu dulden.

6) Es muß während der Weidezeit ein entsprechender Wechsel in den Flächen eingehalten werden.

Von Seiten des Waldbesitzers kann der Schaden der Waldweide wesentlich vermindert und ihr Ertrag erhöht werden:

7) Durch gleichmäßige Verjüngung der Schläge, rechtzeitige künstliche Nachhülfe, namentlich schon zur Zeit des Besamungsschlages.

8) Durch passende Größe und Aneinanderreihung der Schläge.

9) Durch entsprechende Wahl der Holzart, Betriebsart und Verjüngungsweise.

10) Durch künstlichen Schutz der Kulturen mittelst Einfriedigung durch Gräben, Stangenzäune ꝛc., oder wenigstens durch genaue Bezeichnung der nicht für das Vieh geöffneten Orte.

11) Durch zweckmäßige Anlegung der Triften oder Viehtriebe.

12) Durch eine möglichste Erweiterung der geöffneten Fläche,

13) Schonung und Erhaltung der Bodenkraft.

14) Durch die Wahl einer höheren Umtriebszeit.

Zu Vorstehendem sind noch folgende Erläuterungen zu geben:

Das Verhältniß, in welchem das Vieh aufgetrieben werden darf, richtet sich natürlich zuerst nach der Ertragsfähigkeit der Weide und nach dem Futterbedarf des Viehschlages, worüber in §. 174 annähernde Zahlen gegeben wurden.

Die Schonungszeit der jungen Bestände wird bedingt durch die Betriebsart, die Holzart und ihren mehr oder minder raschen Wuchs, hauptsächlich durch den Erfolg der Verjüngung. Die hierüber gegebenen Zahlen haben keinen unbedingt gültigen Werth. In der Regel wird nach dem

Alter des Nachwuchses gerechnet, es dürfte aber zweckmäßiger sein, beim Hochwald den Zeitpunkt des Abtriebes als Ausgangspunkt anzunehmen; in rauhem Klima, wo der junge Bestand langsam wächst, wird der Nachwuchs unter dem Schutz der Mutterbäume mehr erstarken und darum keine längere Schonung bedürfen, als der rascher wachsende, junge Bestand im milden Klima.

Bei Nadelholz, eine rechtzeitige und zweckmäßige, künstliche Nachhülfe zu der natürlichen Verjüngung vorausgesetzt, wird eine Schonungszeit von 8—12 Jahren nach dem Abtrieb fast überall, selbst für Hornvieh, genügen. Beim Laubholz werden 10—15 Jahre ausreichen. Bei kahlem Abtrieb müßten die Schonungszeiträume etwa um die Hälfte erhöht werden. — Im Niederwald ist bei harten Hölzern und gutem Boden eine Schonungszeit von 6—8 Jahren ausreichend. Bei weichen Holzarten kann auf vier Jahre herabgegangen werden, namentlich wenn jene vom Vieh nicht gern angegangen werden, wie z. B. Birken, Weiden und Erlen. — Im Mittelwald ist mit Rücksicht auf die nachwachsenden Samenpflanzen und die mannichfache Gefährdung derselben durch die Stockausschläge eine höhere Schonungszeit, als beim Hochwald nothwendig. Bei Buchen, deren Stockausschläge ebenfalls langsam wachsen, ist eine Schonungszeit von 12—18 Jahren selbst auf besserem Boden gerechtfertigt, wogegen Eichen und Hainbuchen nur 10—14 und die weichen Hölzer 8—12 Jahre erheischen. — Im Femelwald sind abwechselnd einzelne Abtheilungen, wo junger Nachwuchs begünstigt werden soll, 10—20 Jahre nach Einlegung des Hiebes der Weide zu verschließen.

Die natürliche Verjüngung und die künstliche Ansaat gewähren wegen der längeren Schonungszeit einen geringeren Weideertrag. Wenn die natürliche Verjüngung Regel ist, so muß eine Nachhülfe durch Saat auf den Besamungsschlag beschränkt bleiben und schon beim Lichtschlag mit Pflanzung nachgeholfen werden, oder es ist nach dem Abtrieb mit der Nachpflanzung der Blößen zu warten, bis dazu erstarkte 1—2 m hohe Pflanzen, die mit dem Ballen versetzt werden, in der Nähe verfügbar sind. Bei ausschließlich künstlicher Kultur ist die Riefensaat nicht anzuwenden, weil das Vieh die Riefen als Gangsteige benützt und auch später noch die darin stehenden Pflanzen mehr beschädigt. Wo man vorherrschend pflanzt, sind Büschelpflanzungen besonders geeignet, den Schaden des Weidviehes zu vermindern.

In Betreff der Holzarten ist anzuführen, daß es Regel sein soll, so viel möglich nur einerlei Gattung anzuziehen; fremde, in der Gegend nicht einheimische Holzarten werden vom Vieh mit großer Vorliebe beschädigt. Ueber die Reihenfolge, in welcher die Holzarten vom Vieh angegriffen werden, läßt sich nichts Bestimmtes sagen, da diese selbst bei ein und derselben Viehgattung wechselt, ohne daß sich ein Grund dafür anführen ließe.

§. 218.

Die Streunutzung.

Außer den schon oben, §. 168 und 169 angegebenen Schutzmaßregeln sind bei einer geordneten Nutzung noch folgende zu ergreifen und zwar:

1) Schonung der jungen Hölzer bis zur Beendigung des Hauptlängenwuchses und bis sich unter dem längere Zeit andauernden Schluß ein gehöriger Humusvorrath angesammelt hat. Diese Schonungszeit wird beim Hochwald die Hälfte, mindestens ein Drittel der Umtriebszeit betragen müssen, je nachdem der Boden schlecht oder gut, die Umtriebszeit nieder oder hoch ist, die Holzarten viel oder wenig Kraft verlangen; beim Niederwald mindestens ein Drittel und beim Mittelwald die Hälfte des Umtriebes.

) Vor Eintritt der Verjüngung ist mit der Streunutzung auszusetzen und zwar 6—10 Jahre vor dem ersten Anhieb; ebenso einige Jahre nach jeder Durchforstung; um so länger, je lichter der Hieb geführt wurde. — Sie darf auch nicht zu oft auf der gleichen Fläche wiederkehren; für die Laubstreu ist ein fünfjähriger Turnus als das Aeußerste anzusehen, so daß nach fünf Ruhejahren fünf Nutzungsjahre folgen; beim Nadelholz hat nach einmaliger Nutzung mindestens eine Ruhezeit von 10—15 Jahren einzutreten.

3) Ganz zu verschonen sind diejenigen Orte, wo der Bestand lückenhaft oder licht, wo der Boden zur Vermagerung geneigt ist, wie z. B. das obere Drittheil der steilen Hänge; ferner wo die Sonne zu stark einwirken, oder wo der Wind das Laub leicht entführen kann.

4) Die für den Wald zweckmäßigste Zeit der Gewinnung ist der Herbst, vor dem Laubabfall. Freilich ist in dieser Jahreszeit der Bedarf an Streumaterial nicht groß. Mit Rücksicht auf die Landwirthschaft ist daher der Anfang des Sommers die passendste Zeit zur Streugewinnung; dem Wald wird die Wegnahme der Laubdecke nicht mehr so schädlich, weil die Blattentwicklung den Boden vor Austrocknung schützt; daneben geben auch die Blätter bei längerem Liegen noch verschiedene Mineralbestandtheile an den Waldboden ab.

5) Erhaltung eines guten Bestandesschlusses ist von besonderem Werth, um die nachtheiligen Einflüsse der Laubstreunutzung möglichst zu mindern.

6) Die Erziehung gemischter Bestände ist ebenfalls von Vortheil, namentlich die Beimischung von Nadelhölzern, weil die Nadeln der Fichte, Tanne und Lärche durch den Rechen nicht so leicht mitgenommen werden können.

7) Das Behacken des durch Streuentziehungen verhärteten Bodens und das Ziehen von Horizontalgräben an Süd- und Südwesthängen hebt die nachtheiligen Wirkungen der Laubstreunutzungen theilweise wieder auf, ist aber freilich im Großen, wegen des damit verbundenen Geldaufwandes, nicht durchzuführen.

8) Dagegen ist die Erhaltung der Waldfläche in möglichster Ausdehnung, und die Begünstigung des Laubholzes ein sehr wirksames Mittel, um die Schädlichkeit dieser Nutzung durch Vertheilung derselben auf größere Flächen zu vermindern.

9) Die Veräußerung der Streu Seitens der Empfänger ist zu verbieten, sofern sie dem Waldeigenthümer nicht voll bezahlt wird. — Weitere zur Hebung der Landwirthschaft dienlichen Maßregeln sind bereits im §. 168 angegeben, ebenso das, was bei Abgabe von Unkrautstreu zur Schonung des Waldes anzuwenden ist.

Vierter Theil.

Betriebslehre.[1])

Literatur.

G. Wagener, Der Waldbau und seine Fortbildung. Stuttgart. Cotta. 1884. Dieses sehr empfehlenswerthe Werk behandelt viele hieher gehörige Fragen in anregendster und erschöpfendster Weise.

Th. Hartig, System 2c. der Forstwissenschaftslehre (Leipzig). 1858.

Miklitz, Forstl. Haushaltungskunde. 2. Aufl. Wien (theilweise hieher gehörig).

In der Literatur ist diese wichtige Lehre noch wenig entwickelt; theilweise übrigens in den Taxationsschriften abgehandelt.

§. 219.

Einleitung.

Ein forstlicher Betrieb ist auf die Dauer nur möglich, wenn eine entsprechende Zahl von einzelnen Holzbeständen, in verschiedenen Altersstufen stehend, gemeinschaftlich bewirthschaftet werden, wodurch sie in gegenseitige Wechselbeziehungen zu einander treten. Die Erforschung und Regulirung dieser Wechselwirkungen ist eine der wichtigsten Aufgaben des Forstwirthes und ihre Darstellung Gegenstand der forstlichen Betriebslehre.

Die Forstwirthschaft wird sodann aber auch durch mancherlei äußere und innere Verhältnisse beeinflußt, über welche menschliche Kräfte zum Theil gar nicht Herr sind; jedenfalls aber müssen wir dieselben genau kennen und zu erfahren wissen, wie sie auf den Betrieb hemmend oder fördernd einwirken. Dies ist die Aufgabe der Betriebslehre; sie hat also die Anleitung zu geben, wie für bestimmte Verhältnisse der ganze Forsthaushalt

[1]) Es wurde getadelt, daß dieser Abschnitt der Taxationslehre vorangestellt sei. Dies geschah nach dem Vorgang der landwirthschaftlichen Lehrbücher hauptsächlich aus dem Grunde, weil eine Ertragsermittlung und Werthsschätzung erst dann vorgenommen werden kann, nachdem zuvor die Verhältnisse, welche auf den Betrieb Einfluß haben, erforscht und geordnet sind; demgemäß müssen auch die betreffenden Lehren vorangeschickt werden.

möglichst vortheilhaft eingerichtet werden kann, wobei stets der Standpunkt des Privatwaldeigenthümers festzuhalten ist.

Die den forstlichen Betrieb beeinflussenden Vorbedingungen sind theils äußere, gegebene; theils innere, mehr oder weniger durch den Waldeigenthümer zu ändernde.

Zu jenen sind zu rechnen:

I. Die durch die Natur gegebenen festen Verhältnisse.

1) Die Einwirkungen des Standortes nach Klima, Boden und Lage.

2) Die Eigenthümlichkeiten der einzelnen Holzarten.

II. Die durch Dritte gegebenen Bedingungen.

1) Die Freiheit des Eigenthums von privatrechtlichen und polizeilichen Beschränkungen, die Besteuerung 2c.

2) Die Sitten und Gewohnheiten, die Zahl, Gewerbethätigkeit der umgebenden Bevölkerung.

3) Die Größe und

4) die Arrondirung.

Zu den **inneren Verhältnissen**, welche den Betrieb bedingen und theilweise in die Hand des Waldbesitzers gegeben sind, rechnet man:

1) Die Wahl der Holzart in reinen oder gemischten Beständen.

2) Den Holzvorrath und die Nutzungsweise.

3) Die Betriebsart.

4) Die Umtriebszeit und das Hiebsalter.

5) Die Verjüngungsweise.

6) Die Art der Holzaufbereitung und Verwerthung.

7) Die menschlichen Betriebskräfte.

8) Die Material- und Geldverrechnung.

Erster Abschnitt.

Aeußere gegebene Verhältnisse.

Erstes Kapitel.

Natürliche Verhältnisse.

§. 220.

Das Klima.

Das Klima hat in erster Linie auf die **Verbreitung der Forstwirthschaft** selbst den größten Einfluß, sofern in den heißen Zonen einer der Hauptzwecke derselben, die Erzeugung von Brennholz, fast ganz wegfällt und in den kalten Zonen mit dem Aufhören der Baumvegetation jede Thätigkeit des Forstmannes unmöglich wird.

In zweiter Linie aber ist die Verbreitung der einzelnen Waldbäume wesentlich an die Beschaffenheit des Klimas gebunden und man hat sonach in der rauhesten Waldzone mit Ausnahme der Birken bloß Nadelhölzer und unter Umständen nur eine einzige Art davon, während in milderem Klima noch daneben sämmtliche Laubhölzer auftreten. In letzterem Fall ist also eine größere Mannigfaltigkeit des Betriebes möglich, es lassen sich hier fast alle Waldprodukte gewinnen, wogegen die Bewohner eines rauhen Klimas nur auf die Erzeugnisse einer einzigen oder von wenigen Holzarten angewiesen sind.

Aber auch bei ein und derselben Holzart lassen stch manche durch die Einflüsse des Klimas bedingte Verschiedenheiten nachweisen; in rauhem Klima ist die jährliche Wachsthumsperiode eine viel kürzere und demaemäß der Wuchs im Allgemeinen langsamer, das Lebensalter wird dabei zwar verlängert, es erfolgt aber in vielen Fällen ein schwächerer Zuwachs, der Höhenwuchs bleibt zurück und die Stärkezunahme ist eine viel geringere, aber dann während der ganzen Lebensdauer gleichmäßigere. Besonders auch in der Jugend wird das Wachsthum sehr verlangsamt, und dieses Verhältniß kann dann öfter die Anzucht einer Holzart unmöglich machen. Die Fähigkeit Samen zu tragen tritt beim erwachsenen Holz später ein, der Samenansatz ist nicht so reichlich wie in mildem Klima, die Samenjahre sind seltener. In den Alpen nach Wessely bei der Fichte bis zu 300 m Meereshöhe alle 3, bei 1000 m alle 6 und bei 1400 m alle 11 Jahre.

Der Schluß der Bestände ist an der oberen Vegetationsgrenze vielfach durchbrochen, sonst aber erhält er sich gestützt auf eine weit größere Stammzahl unter ungünstigeren klimatischen Verhältnissen länger in Beziehung auf die Zahl der Jahre; vergleicht man dagegen den entsprechenden Theil des Lebensalters oder der Umtriebszeit, so wird sich in beiden Fällen ein ziemlich übereinstimmendes Verhalten ergeben, weil in ungünstigen klimatischen Lagen die Bäume zwar eine größere Widerstandsfähigkeit gegen die Winde bekommen, auf der andern Seite aber viel längere Zeit den feindlichen Einflüssen ausgesetzt sind. Die Insekten schaden in rauhem Klima weniger intensiv, weil die kürzere Vegetationszeit deren rasche Vermehrung durch zwei- und dreimalige Bruten in einem Sommer nicht fördert und weil bei dem Mangel eines eigentlichen Frühjahres die Vegetation sehr rasch vom Zustand der Ruhe in das lebhafteste Wachsthum übergeht, manche Insekten also nicht Zeit bekommen, alle jungen Triebe 2c. abzufressen oder zu beschädigen. Doch geht der Fichtenborkenkäfer viel höher, als man früher annahm, bis gegen 1200 m absolute Erhebung.

Die Betriebsart des rauhesten Klimas ist der Femelwald; im Uebrigen herrscht der Hochwald schon aus dem Grunde vor, weil die Nadelhölzer die größte Fläche einnehmen. Aber auch bei den Laubhölzern ist der Niederwald unzulässig, weil die Ausschläge, namentlich im ersten Jahr, nicht gehörig verholzen, zumal auch ein Theil der Vegetationszeit für sie verloren geht, bis sich nämlich die neuen Triebe an Stock gebildet haben. Eichenschälwald kann nur in ganz mildem Klima mit Erfolg betrieben werden; weil unter ungünstigen Verhältnissen das Rindenerzeugniß an Menge und namentlich an Güte rasch abnimmt. — Der Mittelwald erfordert gleich günstige Verhältnisse wie der Niederwald; je nachdem Rücksichten auf das Unterholz vorherrschen, sogar noch ein milderes Klima, weil unter dem Druck des Oberholzes nicht alle Holzarten ihre Triebe vollständig ausmifen können. Hievon dürfte nur etwa die Buche eine Ausnahme machen, weil sie den Druck verhältnißmäßig gut erträgt. —

Von den Privatwaldungen des in den bayerischen Alpen gelegenen Salinenbezirks werden 63% der Waldfläche gefemelt; in Mittelfranken und der Rheinpfalz je nur 2%. In Baden werden 66,8% der Gemeindewaldungen als Hochwald behandelt, 31,7% als Mittelwald; im badischen Schwarzwald nimmt erstere Betriebsart 94,6%, in dem milden Hügelland zwischen Neckar und Pfinz letztere 73,8% der Fläche ein.

Beim Hochwald ist noch besonders der Einfluß des Klimas auf die Verjüngungsweise zu beachten. Wie das ganze Pflanzenwachsthum, so ist in rauhem Klima auch die Verjüngung verlangsamt, da der nachwachsende Bestand den schädlichen intensiveren und öfter wiederkehrenden Einflüssen des Frostes, Schnees und Duftes später entwächst und längere Zeit braucht, bis er durch gegenseitigen Schluß selbstständig wird.

Bei der künstlichen Nachbesserung, die wegen der seltener wiederkehrenden Samenjahre häufig nothwendig wird, ist die Saat nur unter Schutzbestand zulässig; in den meisten Fällen wird die Pflanzung mit erstarkten Pflänzlingen oder mit Büscheln nothwendig werden. Die Kultur wird schwierig und in größerer Ausdehnung erforderlich, weil der Schutzbestand und damit auch die natürliche Verjüngung in den Schlägen vielen Gefährdungen ausgesetzt ist.

Die Umtriebszeit des Hochwaldes muß in rauhem Klima immer höher angesetzt werden, als in milderen Gegenden, weil die Bäume langsamer wachsen, erst später Samen tragen; in mildem Klima kann man niedere Umtriebszeiten wählen und ebenso auch hohe; man hat somit einen größeren Spielraum. — In den Gemeindewaldungen Badens werden 18% in 120jährigem, 40% in 100jährigem und 20% in 80jährigem Umtriebe bewirthschaftet; im höheren Schwarzwald dagegen 45, 43 und 2%; in den Vorbergen desselben 5, 49 und 24%. — Im Berner Oberland herrscht auf 44% der Waldfläche der 150jährige, auf 19% der 130 und 140jährige, auf 27% der 110 und 120jährige Umtrieb; in den Voralpen vertheilen sich diese Umtriebszeiten auf 10, 12 und 45% nebst 24% in hundertjährigem Umtriebe.

Die Ausschlagfähigkeit der Laubholzstöcke erlischt in rauhem Klima bälder, weil hier, selbst an jüngeren Stämmen, durch die dickere und härtere Baumrinde die Bildung der Ausschläge schon früher gehindert wird. Dies ist dann ein weiterer Grund, der den Niederwald in engere Grenzen einschränkt.

In rauhem Klima ist die Arbeit der Holzaufbereitung auf den Sommer beschränkt, wodurch ein größerer Schaden bei der Fällung und Abfuhr verursacht, aber ein zu mehrfachen Zwecken besseres Material gewonnen wird.

Der jährliche Holzertrag ist in rauhem Klima viel geringer als in milderen Gegenden. In dem fünften Heft der badischen Ertragstafeln sind die Haubarkeitserträge der Fichte für die Hochlagen des Schwarzwaldes über 1000 m Erhebung im Alter von 50 Jahren um 70%, im 80. Jahr um 54,4%, im 100. um 43,7%, im 120. um 35,9%, im 150. um 31,4% niedriger veranschlagt als im Mittelgebirge und der Ebene. Nach Jos. Wessely, Die österreichischen Alpenländer und ihre Forste, bringen Fichtenbestände mit 120 Jahren im Salzkammergut bei 550—800 m Erhebung 3,63 Festm. Durchschnittszuwachs pr. ha, bei 1250—1830 m 0,37 Festm.; Fichtenfemelwälder in Südtyrol bei 1100—1400 m 4,95 Festm., bei 1400—1750 m 3,85 Festm., bei 1750—1900 m 2,97 Festm. und bei 1900—2100 m 1,10 Festm. Durchschnittszuwachs. Da sich sodann der geringere Zuwachs auch noch auf eine weit größere Stammzahl vertheilt, so beeinflußt dies das Sortimentsverhältniß und damit den Geldertrag in sehr nachtheiliger Weise. — Auch die Nebennutzungen an Baumsäften, Früchten und Laub sind geringer. Die Qualität des Holzes ist dagegen in mehrfacher Beziehung eine bessere, es besitzt größere Dauer, mehr Brennkraft, Zähigkeit und Elasticität; andererseits ist es aber auch rauher, öfter von Aesten durchwachsen und weniger spaltig, daher schwerer aufzubereiten; auch verursachen die vielen Beschädigungen, welche die Bäume von Wind und Wetter erleiden, noch weiteren Abgang am Nutzholzausbringen.

Die Durchforstungen können in mildem Klima stärker geführt werden und es ist nicht nöthig, sie in kürzeren Zwischenräumen zu wiederholen, weil eine kleinere Unterbrechung des Schlusses hier früher wieder hergestellt wird und das freudigere Wachsthum selbst bei einem Drängen der Stämme länger anhält. In rauhem Klima müssen die Durchforstungen öfter wiederkehren und etwas licht geführt werden, um die einzelnen Stämme für den Kampf gegen die schädlichen Naturereignisse, gegen Wind, Schnee rc. fortwährend zu stärken; eine Unterbrechung des Schlusses wirkt aber jedenfalls hier viel nachtheiliger, als in mildem Klima.

Im Allgemeinen ist noch zu bemerken, daß der Produktionsaufwand der Forstwirthschaft in milderem Klima abnimmt, man bedarf zur Erzeugung gleicher Holzmengen hauptsächlich ein viel geringeres Holzvorrathskapital, dann auch weniger Bodenfläche (freilich besitzt dieses kleinere Areal häufig einen viel größeren Geldwerth), bei entsprechender Behandlung weniger Kulturaufwand und wegen der geringeren Ausdehnung und der größeren Produktionsfähigkeit der Waldfläche nicht so viele Abfuhrwege; dagegen werden diese letzteren in rauhem Klima meist während des Winters benützt, wodurch die Unterhaltung erleichtert ist.

Die Gefährdung des Waldes durch Menschen ist in kalten Gegenden bloß da zu fürchten, wo die Waldfläche durch unglückliche Zufälle oder Nachlässigkeiten unverhältnißmäßig vermindert wurde; in der Regel ist die Ausdehnung der Wälder so groß, daß auch ein gesteigerter Brennholzbedarf der Bevölkerung gut gedeckt werden kann; denn diese ist weniger dicht, weil die für andere Kulturarten taugliche Bodenfläche sich auf ein Minimum beschränkt. Aber eben deßhalb hat die Waldweide und andere Nebennutzungen einen größeren Werth und diese können dann leicht die Hauptzwecke der Forstwirthschaft beeinträchtigen.

In Vorstehendem wurden zunächst nur die Gegensätze zwischen rauhem und mildem Klima behandelt; es veranlassen aber auch die Verschiedenartigkeiten in Beziehung auf Trockenheit und Feuchtigkeit ähnliche Einwirkungen auf den Forstbetrieb. Die gasförmig in der Luft enthaltene Feuchtigkeit wirkt in der Regel günstiger auf den Pflanzenwuchs, als eine gleiche oder größere in tropfbarer Form niederfallende Menge Regen. Das trockene Klima entspricht im Allgemeinen mehr den Verhältnissen, die oben beim rauhen Klima angeführt sind; bloß in Beziehung auf die Zeit der Samenbildung und die damit im Zusammenhange stehende Ausdehnung der Umtriebszeit findet eine Ausnahme statt; auch sind die Bestände mehr den Gefährdungen durch Insekten ausgesetzt. Die Rothfäule ist seltener, dagegen aber Gipfeldürre häufiger im trockenen Klima. Eine raschere Verjüngung ist hier nothwendig, damit die atmosphärischen Niederschläge möglichst bald und vollständig den jungen Pflanzen zu gut kommen. In feuchtem Klima ist ein schnelleres Ueberhandnehmen von Versaurung und Versumpfung des Bodens zu befürchten, was die natürliche Verjüngung besonders schwierig macht; doch wirkt zeitweilige Unterbrechung des Schlusses (wenn sie nicht zu lange dauert und dadurch Versaurung des Bodens veranlaßt) nicht so nachtheilig; deßhalb kann man auch die Durchforstungen lichter führen. Ebenso ist die Streunutzung nicht so schädlich, weil der Boden auch ohne Decke nicht so stark austrocknen kann.

Die durch Winde und Stürme bedingten Eigenthümlichkeiten des Klimas sind besonders zu beachten, sie äußern ihren Einfluß auf die Wahl der Holzart, indem sie die Anzucht einzelner sehr erschweren und unvortheilhaft machen; auf die Betriebsart, indem sie in einzelnen Fällen den Femelwald statt des Hochwaldes bedingen; auf die Verjüngungsart, indem sie einen rascheren Abtrieb oder streifenweise Kahlschläge und möglichste Ausdehnung der künstlichen Nachhülfe veranlassen.

Ebenso ist es möglich, daß kleinere Eigenthümlichkeiten des Klimas: Früh- und Spätfröste, trockene, kalte Frühjahrswinde oder häufige, starke

Nebel das Gedeihen einer Holzart hindern und die Betriebsart, die Umtriebszeit, den Verjüngungszeitraum und Kulturbetrieb wesentlich modificiren.

§. 221.

Der Boden.

Der Einfluß des Bodens wird bedingt durch dessen mineralische Zusammensetzung, seine organischen Beimischungen, seinen Feuchtigkeitsgrad, seine Lockerheit, Tiefgründigkeit, einschließlich der Beschaffenheit des Untergrundes, die Beimischung von Gesteinen und die Neigungt sich mehr oder weniger schnell mit einer Unkrautdecke zu überziehen.

Das natürliche Vorkommen oder die künstliche Anzucht und das mehr oder weniger gute Gedeihen einer Holzart ist wie vom Klima, so auch vom Boden abhängig. Die Ertragsfähigkeit desselben wird hauptsächlich bedingt von einigen meist nur in geringeren Mengen vorkommenden Pflanzennährstoffen. Nach den Untersuchungen in Eberswalde und in Zürich geht dieselbe ziemlich parallel mit dem Gehalt an Phosphorsäure, Kali und auf sehr armen Böden auch noch an Kalk. Es sind zwar die meisten Waldbäume nicht an eine bestimmte mineralische Zusammensetzung oder an einzelne Bestandtheile des Bodens gebunden, obwohl nicht zu verkennen, daß manche Arten durch das Vorkommen von größeren Mengen Kali, Phosphorsäure oder Kalk und Bittererde (letztere bei der Schwarzkiefer) wesentlich im Wachsthum gefördert werden. Nach französischen Autoren gedeihen dagegen die Edelkastanie und Pinus Pinaster bei einem größeren Kalkgehalt im Boden nicht mehr. Ebenso kann eine größere Flachgründigkeit, Trockenheit und Humusarmuth oder zu große Bindigkeit des Bodens die Anzucht einer Holzart ganz unmöglich machen, oder ihre Ertragsfähigkeit bedeutend vermindern.

Das Lebensalter des einzelnen Baumes und die Erhaltung des Schlusses ganzer Bestände wird wesentlich gefördert oder beeinträchtigt durch die Beschaffenheit des Bodens und die Zuträglichkeit desselben für die gegebene Holzart; es sind deßhalb die Ansprüche derselben in dieser Richtung genau zu prüfen, ehe man eine definitive Wahl trifft; denn es tritt oftmals der Fall ein, daß mit Ausnahme eines Faktors alle anderen günstig sein können, und gerade jener Mangel allein die fragliche Holzart ganz ausschließt, z. B. mangelnde Tiefgründigkeit die Eiche, fehlende Feuchtigkeit die Fichte &c. Schwieriger sind schon die Fälle zu beurtheilen, wo das minder günstige Verhalten des Bodens in einer Richtung durch überwiegenden Einfluß ausgeglichen wird, den eine andere Eigenschaft des Bodens ausübt, z. B. mangelnde Tiefgründigkeit durch größere Lockerheit oder Feuchtigkeit, oder durch Zerklüftung des unterliegenden Gesteines.

Es ist übrigens beim jetzigen Stand der Wissenschaft noch nicht möglich, die Einwirkung, welche die einzelnen Bodenbestandtheile und Bodeneigenschaften auf das bessere oder schlechtere Gedeihen der Holzarten ausüben, in genauen Zahlen auszudrücken.

Ein dem Gedeihen der betreffenden Holzart zuträglicher Boden wird den Wuchs im Allgemeinen beschleunigen, die Samenentwicklung wird aber später und nicht immer so reichlich, wie auf schlechteren Böden erfolgen. Der Gesammtertrag an Holz wächst mit der Bodengüte und gleichzeitig auch die Schaftholzmasse gegenüber vom Astholz; weil der bessere Boden auf der gleichen Fläche eine geringere Stammzahl und daher stärkere, wie auch werthvollere Stämme aufzuweisen hat als der geringere. — Die Gefährdung der Bäume durch schädliche Einflüsse ist weniger zu fürchten; den Frösten, dem Verbeißen durch Wild und Weidvieh entwachsen die jungen Pflanzen schneller; die Insekten gehen weniger und erst später an das Holz mit üppigem Wuchs, es kann in den meisten Fällen sich rascher wieder erholen Bloß der Windschaden ist bedeutender, weil die Wurzeln sich nicht so ausgedehnt entwickeln und die Stämme langschäftiger und dichter belaubt sind; eine Unterbrechung des Schlusses wirkt aber weniger nachtheilig und verwächst wieder schneller.

Daß auf allzugutem Boden einzelne Holzarten leichter von Krankheiten befallen werden, dürfte nicht als Ausnahme anzusehen sein, da hier nur die für jede Holzart zuträglichste Mischung des Bodens in Betracht kommt. Zu erwähnen ist übrigens, daß z. B. Rob. Hartig in seiner Schrift die Rentabilität der Fichtennutzholz- und Buchenbrennholzwirthschaft im Harz und Wesergebirge, in 110jährigen Fichtenbeständen aus diesem Grund für die beste Standortsklasse nur ein Nutzholzausbringen von 70 %, auf der 2. Klasse dagegen von 85 % der Gesammtmasse annimmt; jenes ist zwar stärker und deßhalb werthvoller, keinenfalls aber um so viel, daß sich diese Differenz ausgleicht. — Aehnlich verhält sich die Kiefer auf sehr gutem Boden, sie wird hier häufiger von der Stammfäule befallen, leidet mehr unter Schneedruck, wodurch viele Stämme zu Nutzholz untauglich werden, indem die Gipfel ausbrechen, oder der Schaft krumm wird.

Auf gutem Boden erhält sich beim Laubholz die Ausschlagfähigkeit länger. Das Lebensalter des einzelnen Baumes und des ganzen Bestandes ist durchweg auf gutem Boden ein höheres. Dagegen ist allerdings das auf solchem Boden erwachsene Holz von geringerer Dauer und hat auch eine etwas geringere Brennkraft; aber für solche Zwecke, wo hauptsächlich Länge und Durchmesser über den Gebrauchswerth entscheiden, ist es natürlich das beste und werthvollste und läßt sich in viel kürzerer Zeit, oft ausschließlich nur auf diesen Böden erziehen.

Auf guten Böden sind stärkere Zwischennutzungen zu erheben. Die Nebennutzungen können eine größere Ausdehnung bekommen, doch wird bei allzustarker Lichtung durch rasche Entwicklung der Unkräuter in den Schlägen die Verjüngung erschwert, oft auch durch die sich eindrängenden Weichhölzer, die auf besseren Böden in großer Zahl auftreten.

Die Umtriebszeit kann auf solchen, der Holzart ganz zuträglichen Böden, wenn man namentlich nicht unbedingt auf natürliche Verjüngung rechnet, niedriger genommen werden, ohne den durchschnittlichen Materialertrag außergewöhnlich herabzudrücken; auf der andern Seite kann man auch nur auf solchen Böden den höchsten, für eine Holzart zulässigen Umtrieb einhalten. — Auf dem einer Holzart minder zuträglichen Boden läßt sich dieselbe nur noch im Niederwald oder Femelwald erhalten, während im entgegengesetzten Falle sowohl diese als auch die andern Betriebsarten möglich sind.

Die Wahl der Verjüngungsweise ist häufig durch die Bodengüte bedingt, sofern ein besserer Boden die natürliche Verjüngung mehr begünstigt, als die künstliche, einen rascheren Abtrieb möglich macht, regelmäßigere und vollkommenere Bestände erwarten läßt. Auf Kiefernboden 5. Klasse ist die natürliche Verjüngung ganz ausgeschlossen.

Der Rohertrag schlechterer Böden wird dadurch bedeutend herabaedrückt, daß neben der geringeren und auf eine weit größere Stammzahl sich vertheilenden Holzmasse viel schwächere also geringwerthigere Sortimente anfallen. Diese Verhältnisse lassen sich beispielsweise wohl am besten an einer in der norddeutschen Tiefebene entstandenen Ertragstafel für die Kiefer darstellen, weil hiebei die Einwirkung von Klima und Lage als annähernd gleiche in den Hintergrund treten. Die nachfolgenden Haubarkeitserträge sind den Burckhardt'schen Tafeln entnommen, bei den Preisen konnte dies unmittelbar nur je für die zweite Klasse geschehen; diesen wurden dann die übrigen anzupassen gesucht, wobei es weniger auf Uebereinstimmung mit den gegenwärtigen Marktpreisen, als auf das richtige Verhältniß in den einzelnen Bodenklassen ankommt. Da die Tafeln bei der schlechtesten Klasse mit dem 70. Jahre abschließen, so können nur für diesen Umtrieb alle fünf Bonitäten verglichen werden.

70jähriger Umtrieb in Kiefern.

Bodenklasse	Haubarkeitsertrag					Zwischennutzung					Gesammtertrag			
	Masse	Geldwerth		Verhältnißzahlen		Masse	Geldwerth		Verhältnißzahlen		Masse	Geld	Verhältnißzahlen	
		pr. F.-M.	im Ganzen	Masse	Geld		pr. F.-M.	im Ganzen	Masse	Geld			Masse	Geld
	F.-M.	Mk.	Mk.	%	%	F.-M.	Mk.	Mk.	%	%	F.-M.	Mk.	%	%
I	418	9,5	3971	100	100	135	3,3	445	100	100	553	4416	100	100
II	342	8,0	2736	82	69	112	3,0	336	83	75	454	3072	82	69
III	266	6,5	1729	64	44	90	2,6	234	67	53	356	1963	64	44
IV	190	5,5	1045	45	26	65	2,1	136	48	31	255	1181	46	27
V	124	4,5	558	30	14	40	1,5	60	30	13	164	618	30	14

90jähriger Umtrieb in Kiefern.

Bodenklasse	Haubarkeitsertrag Masse F.-M.	pr. F.-M. Mk.	im Ganzen Mk.	Masse %	Geld %	Zwischennutzung Masse F.-M.	pr. F.-M. Mk.	im Ganzen Mk.	Masse %	Geld %	Gesammtertrag Masse F.-M.	Geld Mk.	Masse %	Geld %
I	513	11,0	5643	100	100	150	4,0	600	100	100	663	6243	100	100
II	409	9,6	3926	79	70	135	3,6	486	90	81	544	4412	82	71
III	304	8,0	2432	59	43	115	3,0	345	77	58	419	2777	63	44
IV	219	6,0	1314	43	23	90	2,4	216	60	36	309	1530	47	25

Während also bei 70jährigem Umtrieb die Massenerträge in der I. und V. Klasse sich wie 100:30 verhalten, geht der Geldertrag von 100 auf 14 zurück; im 90jährigen Umtrieb von 100 auf 47 der Masse und 100:25 dem Geldwerth nach für I. und IV. Klasse.

Der Produktionsaufwand wird für schlechtere Böden immer sich höher stellen, als für bessere, weil sie ohnehin eine größere, freilich auch minder werthvolle Fläche zur Erzeugung der gleichen Masse beanspruchen und bei der Bestandesverjüngung mehr Nachhülfe als die besseren Böden bedürfen. Auch die Aufbereitungsarbeit vermehrt sich, da das schwächere Holz des geringeren Bodens auf einer größeren Fläche zerstreut ist und zu der gleichen Masse mehr einzelne Stämme nöthig sind.

§. 222.

Fortsetzung.

Betrachten wir nun auch noch einige andere Gegensätze in der Beschaffenheit des Bodens, so haben wir hiebei als besonders häufig hervorzuheben den nassen und trockenen Boden. In jenen werden manche Mineralstoffe weniger wirksam, oder man braucht größere Vorräthe davon, um die gleiche Wirkung zu erzielen wie auf trockenen Böden, was den Landwirthen z. B. von der Phosphorsäure wohl bekannt ist. Auf sumpfigen Flächen und auf dürren Sandböden ist die Wahl der anzubauenden Holzarten gleichmäßig eine sehr beschränkte und wenn nicht andere z. B. klimatische Verhältnisse günstig einwirken, so darf man in beiden Fällen nur auf ein geringes Wachsthum rechnen. Es lassen sich aber zwischen solchen Extremen nicht wohl Vergleichungen anstellen, weil sie ganz verschiedene Holzarten bedingen. Gehen wir zurück auf jenen Gegensatz zwischen feucht und trocken, wo noch ein und dieselbe Holzart gedeiht, so ist natürlich auch hier ein wesentlicher Unterschied darin, ob die Holzart von Natur mehr einen feuchten, oder mehr einen trockenen Boden verlangt. Im Allgemeinen aber wird die Feuchtigkeit das Wachsthum beschleunigen, eine größere Menge, aber geringere Qualität von Holz erzeugen; die Insekten schaden auf trockenem Boden mehr, die Stürme, wie der Schnee und Duft weniger; auch sind Krankheiten seltener; dagegen ist der trockene Boden viel leichter der Verschlechterung ausgesetzt, wenn die natürlichen Abfälle an Laub und Nadeln demselben nicht erhalten bleiben, oder wenn sie aus Mangel an Feuchtigkeit nicht gehörig verwesen können, wodurch sorgfältige Erhaltung des Schlusses, Abkürzung der Umtriebszeit wesentlich geboten erscheint.

Ebenso beeinflussen die Tief- und Flachgründigkeit des Bodens den Forstbetrieb. Nicht bloß die Holzart, sondern auch Betriebsart und Umtriebszeit werden dadurch verändert. Der Niederwald erträgt noch einen flachgründigen Boden, wogegen der Hochwald, Femel- und theilweise auch der Mittelwald eine größere Tiefgründigkeit verlangen. Auf flachgründigem

Boden schadet der Wind öfter. Die Nebennutzungen dürfen nicht so stark betrieben werden. Die Nachtheile des flachgründigen Bodens werden aber oft ausgeglichen durch größeren Gehalt an Feuchtigkeit oder Humus, durch entsprechende Zugänglichkeit des Untergrundes ꝛc.

Das Vorkommen von Gesteinen und Felstrümmern im Boden hat bis zu einem gewissen Grade seine entschiedenen Vortheile; sie geben den Wurzeln einen festen Halt und dem Boden die nöthige Auflockerung; sie sind, je nachdem sie mehr oder weniger rasch verwittern, eine fortwährende Quelle, aus welcher die nöthigen mineralischen Bestandtheile dem Boden zugeführt werden, sie hindern eine zu starke Anhäufung des Wassers und erleichtern die Anlegung von Wegen. Dagegen erschweren sie häufig auch den Transport des Holzes außerhalb der Wege, den Anbau des Holzes und somit die Anzucht vollkommener Bestände, ferner die vollständige Gewinnung von Stock- und Wurzelholz. Häufig zerbrechen da, wo die Felsen aus der Oberfläche des Bodens hervorragen, einzelne Stämme bei der Fällung und verlieren somit an Werth. Eine vollständige Gewinnung von Nebennutzungen ist öfters gehindert.

Besondere Beachtung verdient noch der Bodenüberzug, er fehlt oft ganz, oft besteht er nur in abgefallenem Laub, Nadeln, Reis ꝛc., oder er ist ein zusammenhängender Filz von Gräsern, Moosen, Heiden, Heidelbeeren ꝛc. Die Bodendecke hat viele sehr nützliche Funktionen, und zwar die Erhaltung der Feuchtigkeit, namentlich der Winterfeuchtigkeit, das Verhindern der zu heftigen Einwirkungen von Hitze und Frost, ebenso die Verhütung des Abschwemmens und Abwehens der oberen Schichten; hauptsächlich giebt dieselbe aber meist noch einen sehr beachtenswerthen Beitrag zur Ernährung der Waldbäume.

Die Nachtheile des aus Heiden, Gräsern ꝛc. gebildeten Bodenüberzuges bestehen in der Entziehung von Nahrung und in der verhinderten Einwirkung von Luft und Feuchtigkeit. Es scheint dies ein Widerspruch mit dem Obengesagten zu sein, wonach die Bodendecke das Austrocknen verhindern soll. Jenes bezieht sich aber fast ausschließlich auf Böden mit vielem Gestein und Felstrümmern; dieses auf die aus feineren Theilen bestehenden Böden. — In den trockenen Jahren 1857 und 1858 hat man beobachtet, daß nackter Flugsand durch die stärkste Hitze nur bis zu 15 und 25 cm Tiefe seine Feuchtigkeit verlor; während er im gleichen Forstort unter Grasfilz bis zu 50 cm Tiefe ausgetrocknet war. Hier drang ein leichter Regen nicht ganz 1 cm, auf dem unbedeckten aber 6 cm tief ein. Auf den trockenen Karstböden des österreichischen Küstenlandes bildet ein Grasfilz das größte Hinderniß für das Gedeihen der Holzpflanzen. Entgegengesetzte Wirkung äußert die eigentliche Streudecke aus abgefallenem Laub und Nadeln; nach den Versuchen in Bayern verdunstet der mit Wasser gesättigte Boden im Freien 100, im Wald ohne Streudecke 47, im Wald mit Streudecke 22 Procent.

Wo und bei welchem Boden die Nachtheile eines mehr oder minder dichten Ueberzuges jene Vortheile überwiegen, läßt sich schwer bestimmen; das eine Mal kann ein dichter Filz von Moos und Heidelbeeren die einzige Bedingung sein, um auf felsigem Boden eine Baumvegetation zu erhalten, während in anderen Verhältnissen ein ähnlicher Ueberzug das gedeihliche Wachsthum der jungen Pflanzen unmöglich macht. Es giebt Böden ohne Unkräuterüberzug, die ebendeßhalb mit großen Anstrengungen für den Pflanzenwuchs wieder gewonnen werden müssen, während in anderen Fällen der Mangel eines Bodenüberzuges von entschiedenem Vortheil sein kann.

Noch ist hier des Verhältnisses zu gedenken, ob der Boden in größerer Ausdehnung von gleichartiger oder von wechselnder Beschaffenheit ist. Wo guter und schlechter Boden in kleinen Flächen rasch wechselt, kann man sich bei der Behandlung der Waldungen öfters nur nach letzteren richten; man verliert also, zum Theil wenigstens, die Vortheile des besseren Bodens, und kann gezwungen werden, den Niederwaldbetrieb statt des Hochwaldbetriebes, statt eines höheren einen niederen Umtrieb zu wählen, oder um im Hochwald stärkeres Holz zu erziehen, Waldrechter überzuhalten. Oft kann durch solche Verhältnisse eine horstweise Mischung der Bestände geboten sein, wenn sie auch sonst nicht zu empfehlen wäre. Die Kulturen werden in größerer Ausdehnung nothwendig, weil man bei der natürlichen Verjüngung die Stellung des Schutzbestandes nicht immer so genau der Bodengüte anpassen kann, also leicht das Unkraut überhand nehmen, oder Vermagerung eintreten wird.

Eine auf größere Strecken gleichförmige Bodenbeschaffenheit giebt dem forstlichen Betrieb eine in vielen Fällen minder vortheilhafte Einförmigkeit und weil in der Regel nur ganz schlechter, zu anderen Kulturen nicht tauglicher Boden in ausgedehnteren zusammenhängenden Flächen der Forstkultur überwiesen bleibt, so ist in solchen Verhältnissen die Wahl der Holzart, Betriebsart, Umtriebszeit, der Verjüngungsweise beim Hochwald sehr beengt und ist deßhalb eine freie Bewegung der Wirthschaft vielfach gar nicht möglich.

Die chemische Verbesserung des Bodens durch Düngung und Aehnliches ist beim Forstbetrieb nur im Kleinen bei Saatkämpen, oder bei Pflanzungen durch Zugabe von nahrhafter Kulturerde ausführbar. Die selteneren Fälle, wo eine Bewässerung möglich, sind oben bereits angeführt. Eine Verbesserung des physikalischen Zustandes durch Lockerung wird dagegen in einzelnen dichtbevölkerten Gegenden und bei niedrigstehenden Arbeitslöhnen zulässig; besonders dann, wenn der Boden so kräftig ist, daß er den Waldfeldbau gestattet. In Baur, Monatschrift 1875 ist von mir ein Beispiel vom Niederrhein angeführt, wo das 25—30 cm tiefe Umspaten des Bodens, das pr. ha 36—40 Mark Mehraufwand verursacht, bei 30—40jährigen Kiefern die Steigerung des Zuwachses um nahezu 1 Festm. pr. ha zur Folge hat, dadurch die Vorauslagen mit $3\frac{1}{2}$ Procent verzinst und eine Herabsetzung des Umtriebes möglich macht.

Die leider nur allzuhäufige Bodenerschöpfung hat ihren Grund meist in der übertriebenen Streuentziehung oder im Gebirge in der Abschwemmung des abgeholzten Bodens. — Das erstere weit verbreitete Uebel ist in seiner Schädlichkeit zwar schon lange als solches erkannt, aber es sind erst neuerdings die wissenschaftlichen Anhaltspunkte gewonnen, um die schädlichen Folgen genau konstatiren zu können. In der vortrefflichen Schrift von Ebermayer, Lehre der Waldstreu, ist nachgewiesen, daß in den Blättern und Nadeln der Buche und Fichte sechsmal, der Kiefer fast dreimal so viel Aschenbestandtheile enthalten sind, als in deren Holz und es wird dies genügen, um den verderblichen Einfluß einer öfter wiederkehrenden Streuentziehung auf die Bodenkraft erkennen zu lassen.

Auf mineralisch armen Böden hat man es in einzelnen Gegenden schon jetzt fertig gebracht, sie wenigstens in ihrer oberen Schichte für den Holzanbau völlig unfruchtbar zu machen. Hier läßt sich bei billigen Arbeitslöhnen und entsprechendem Holzpreise für den Anfang durch tiefere Rodung und später durch sorgsame pflegliche Waldbehandlung dem Uebel abhelfen, wie die großen Aufforstungen auf der Hohenzollern'schen Herrschaft 's Heerenberg in Holland beweisen. — Die Vergleichung der im Boden vorhandenen Mengen von Pflanzennährstoffen mit dem Bedarf des Waldes weisen bald 1000 bald 10000jährige Vorräthe nach; doch läßt sich an der Richtigkeit dieser Rechnungen einigermaßen zweifeln, weil ein sehr wichtiger Faktor, die Zeit, dabei noch nicht einmal annähernd in ihren chemischen aufschließenden Wirkungen berücksichtigt werden konnte, obwohl der Zahn der Zeit überall und immer in Thätigkeit steht.

§. 223.

Exposition und Lage.

Der Gegensatz zwischen ebener und geneigter Lage drückt sich hauptsächlich in der Verschiedenheit der Ertragsfähigkeit aus; zwar ist eine genaue Vergleichung sehr schwer, weil die sonst noch in Betracht kommenden Verhältnisse selten zusammenstimmen, und man hat deßhalb bis jetzt eigentlich nur auf theoretischem Wege die Ansicht gewonnen, daß der Hang mehr Holz erzeuge als die Ebene, weil die Bäume bei jenem meist einer größeren Einwirkung der Atmosphärilien ausgesetzt sind, insbesondere ist der Lichtgenuß ein viel größerer, weil der Waldbestand sich treppenförmig aufbaut; die Luft findet sowohl bei den Bäumen, wie beim Boden eine größere Oberfläche und damit die Bedingung einer vielfältigeren günstigen Einwirkung auf das Wachsthum. — Das Regenwasser dagegen fließt am Hang rascher ab, es dringt deßhalb nur ein geringerer Theil davon in den Boden ein; doch tritt dieser Nachtheil bloß in solchen Fällen hervor, wo die Bodendecke mangelt, oder wo ungewöhnlich starke Gußregen häufig sind.

Die Gesammtwirkung der geneigten Lage wird allgemein als eine günstige, den Holzertrag steigernde angesehen, was auch in der officiellen Schrift „Die Forstverwaltung Baierns" S. 345 anerkannt wird. Die betr. Stelle lautet: „In Schwaben und Niederbaiern steht der Holzertrag der Staatswaldungen mit 0,78 und 0,77 Klafter pro Tagwerk am höchsten, weil fast sämmtliche Waldungen auf sehr gutem Boden stocken und dieselben in letzterem Regierungsbezirke noch überwiegende Flächen haubarer Bestände enthalten. Aus gleicher Ursache ist auch der Ertrag der Saalforste sowie der oberbairischen Waldungen ein verhältnißmäßig hoher. Zum Theil erklärt sich solcher auch dadurch, daß die angegebenen Erträge für die auf den Horizont reducirte Flächeneinheit berechnet sind, dieser aber im Gebirge ein ungleich größerer wirklicher Raum zukommt, als in der Ebene oder im Hügellande."

Die geneigte Lage hat aber auch sonst noch manche Vortheile für den forstlichen Betrieb; insbesondere wird dadurch die Bringung des Holzes zu Thal erleichtert; die freie Entwicklung der Baumkronen befördert die Samenproduktion und damit auch die natürliche Verjüngung; die Stürme können weniger schädlich werden, weil die einzelnen Stämme von Jugend an in der freieren Stellung erwachsen, sich also auch mehr befestigen und besser Widerstand leisten; außerdem werden am Hang nie alle Expositionen gleichzeitig und gleich stark vom Wind angegriffen, der Schaden beschränkt sich deßhalb auch meist auf kleinere Flächen als in der Ebene. Aehnlich verhält es sich mit der Feuersgefahr; dagegen sind die Insekten unter beiderlei Verhältnissen gleichmäßig zu fürchten. Versumpfungen kommen in geneigten Lagen um so seltener vor, je steiler dieselben einfallen; sie lassen sich dann aber auch viel leichter beseitigen als in größeren Ebenen. Bei stärker geneigten Flächen sind sodann andere Arten der Nutzbarmachung ausgeschlossen, und stehen deßhalb die Ankaufspreise für solche Böden entsprechend niedriger, wodurch die Reinerträge sich steigern.

Immerhin stehen diesen vielen günstigen auch einige ungünstige Verhältnisse gegenüber; dahin sind zu zählen die größere Entwicklung der Baumkronen, wodurch das Stammholz ästiger und rauher wird, ein Nachtheil, der sich übrigens öfter wieder dadurch ausgleicht, daß das Holz eine viel größere Länge erreicht. Bei der Fällung und dem Holztransport sind die stehenbleibenden Stämme vielfachen Beschädigungen ausgesetzt, desgl. durch die abrollenden Felsen und größeren Steine. Der Wegebau ist schwieriger und theurer, auch sind die Fällungs- und Kulturarbeiten beschwerlicher; bei der Fällung ergiebt sich ein stärkerer Abgang durch das oft unvermeidliche Splittern und Abbrechen der Stämme.

An sehr steilen Lagen ist man in der Wahl der Betriebsarten beschränkt, lediglich auf den Niederwald oder Femelwald angewiesen; selbst unter günstigeren Verhältnissen macht sich der Einfluß dadurch geltend, daß Kahlschläge ausgeschlossen sind, weil der Boden zu leicht abgeschwemmt wird und weil in besonders starkgeneigten Hängen der Schnee nicht liegen bleibt, sondern abrutscht und dabei den jüngeren, ungeschützten und noch nicht genügend erstarkten Nachwuchs mit fortreißt.

Steigt der Neigungswinkel einmal über 45°, so wird dies dem Holzwuchs hinderlich, der Baumwuchs hört ganz auf; schon bei 35° Neigung werden die Bestände lückig. (Meister, Die Stadtwaldungen von Zürich.)

Die Richtung eines Hanges nach der Himmelsgegend, die Exposition, bedingt bekanntlich eine sehr erhebliche Verschiedenheit im Genuß des Sonnenlichtes, der Insolation; der von den Sonnenstrahlen mehr oder weniger senkrecht getroffene südliche Hang empfängt mehr Wärme als der nördliche, ebenso auch mehr direktes Sonnenlicht. Nach den Beobachtungen von Lamont in München steht die mittlere Jahrestemperatur an den verschiedenen Gehängen über +, bezw. unter — der wirklichen durchschnittlichen Wärme für N — 0,48° R, NO — 0,52, O — 0,24, SO + 0,06, S + 0,44, SW + 0,50, W + 0,30, NW — 0,12; die kälteste Lage gegen NO und die wärmste Lage gegen SW zeigen somit einen Unterschied von 1,02° R, was einer Differenz in der Höhenlage von etwa 200 m entspricht.

Neben diesem klimatischen Hauptfaktor kommen noch in Betracht die Regenmenge und der Einfluß der Winde; doch läßt sich hierüber wenig Allgemeines sagen, da beide nach den Oertlichkeiten wechseln. In Deutschland werden die West- und Nordwestseiten den meisten Regen empfangen, weil aus diesen Richtungen die regenbringenden Winde kommen, und in diesen Expositionen, die in schiefer Richtung niederfallenden Regentropfen den Boden ganz oder nahezu senkrecht treffen, dieser also auch eine größere Zahl derselben zugeführt bekommt, als die Hänge mit entgegengesetzter Neigung.

An der oberen Verbreitungsgrenze der einzelnen Holzarten tritt der Einfluß der Exposition auf das bessere oder schlechtere Gedeihen am deutlichsten hervor und sind viele darauf bezügliche Thatsachen durch Prof. Kerner in Wien gesammelt worden, aus denen sich folgende Reihen ergeben haben, in welchen die den betr. Holzarten günstigeren Expositionen vorangestellt sind:

Buche	SO.	O.	S.	NO.	N.	SW.	W.
Stiel-Eiche . . .	SW.	S.	SO.	O.	W.	NO.	N.
Fichte	SW.	S.	SO.	W.	O.	NW.	N.	NO.
Arve, obere Grenze	SW.	S.	W.	SO.	NW.	O.	N.	NO.
do. untere do.	SO.	O.	NO.	S.	N.	SW.	W.	NW.
do. do. do.	SO.	O.	NO.	S.	SW.	W.	N.	NW.

letztere Reihe gilt für die Centralalpen, die vorangehende für die nördlichen Kalkalpen.

Der Unterschied in der Höhenlage zwischen den günstigsten und den ungünstigsten Expositionen ist bei den einzelnen Holzarten verschieden; am bedeutendsten bei der Fichte, welche in den Tiroler Kalkalpen westlich vom Inn einen Höhenunterschied von 311 m, in den Bayrischen Alpen von 209 m aufweist, während die Buche in erstgenanntem Landestheil nur um 261 m, in den Bayrischen Alpen 95 m, im Bayrischen Wald 110 m schwankt; die Lärche um 120 m und die Arve um 158 m. Ferner ist ersichtlich, daß im Allgemeinen die Südwesthänge an der oberen Vegetationsgrenze die günstigsten sind, was hauptsächlich der ihnen zuströmenden größeren Wärme zuzuschreiben ist. Was aber hier förderlich wirkt, das kann unter entgegengesetzten Verhältnissen nachtheilig werden — wie denn z. B. gerade die Fichte und Weißtanne im Mittelgebirge, z. B. im Schwarzwald, nur ausnahmsweise an Südwesthängen vorkommen, weil ihnen solche in diesen Höhenlagen zu warm und zu trocken sind.

Bei anderen Holzarten und in anderen Lagen ist die größere Häufigkeit und Heftigkeit der Spätfröste ein Hinderniß für das Gedeihen, oder für die förderliche Entwicklung; namentlich sind die Ost- und Nordostseiten diesen schädlichen Einflüssen sehr ausgesetzt. — Das Ausreifen des Holzes in den jungen Trieben erfolgt an Nord- und Nordosthängen, namentlich in kälteren Spätjahren, unter dem Einfluß der geringeren Wärme und des geminderten Lichtes viel mangelhafter, als an den übrigen Seiten. Dies ist besonders beim Niederwald von nachtheiligem Einfluß und da die Beschattung durch einen etwaigen Oberholzbestand diese nachtheilige Wirkung noch verstärkt, so wird in solchen Lagen auch der Mittelwald mehr oder weniger ausgeschlossen.

Einzelne Waldprodukte werden in warmen sonnigen Lagen in viel besserer Qualität erzeugt als unter entgegengesetzten Verhältnissen, so namentlich die Eichenlohe und das Harz, öfter auch Früchte und Samen. Ebenso ist das in solchen Oertlichkeiten erwachsene Holz von größerer Dauer und Brennkraft.

Es kommt sodann schließlich noch die Lage unter dem Einfluß der Umgebung in Betracht, wobei zunächst die klimatischen Verhältnisse ins Auge zu fassen sind. Die meisten Holzarten bleiben am Ostabfall der Alpen erheblich zurück, was den störenden Einflüssen des Steppenklimas zugeschrieben wird, welche sich ebenso am Biharia-Gebirge in den Karpathen bemerklich machen, wo nach Kerner (Das Pflanzenleben der Donauländer) die Fichte auf der unter dem Einfluß des waldreichen, feuchten Hochgebirgsklimas von Siebenbürgen stehenden Ostseite um 300 m tiefer herabgeht, und um 150 m höher ansteigt als auf dem der Ungarischen Tiefebene zugekehrten Westabfall. — Aehnlich bewirkt die Nähe des Meeres ein Zurückbleiben der Fichte; andrerseits liegt die obere Grenze derselben im Inneren größerer Gebirgsmassen viel höher als an den isolirteren Ausläufern und Vorbergen, oder an ganz vereinzelten Gebirgsstöcken wie am Harz.

§. 224.

Gesammtwirkung der Standortsfaktoren.

Klima, Boden und Lage treten der Pflanzenwelt gegenüber bekanntlich nie für sich allein, sondern stets nur gemeinschaftlich in Wirkung. Dabei machen sich aber der eine oder der andere oder zwei dieser Faktoren mehr geltend und treten die anderen dagegen theilweise oder ganz zurück; manchmal können sogar die gegentheiligen Einwirkungen der verschiedenen Kräfte sich gegenseitig aufheben, oder die gleichartigen sich verstärken und steigern, welche Verhältnisse beim Forstbetrieb eine eingehende Würdigung erfahren müssen.

Da die Wirkungen des einzelnen Standortsfaktors wiederum aus einer größeren Zahl von Kräften und Ursachen hervorgehen, so ergeben sich daraus eine Menge von Kombinationen, von denen hier nur ein kleiner Theil der wichtigsten erörtert werden kann, um an diesen beispielsweise das Zusammenwirken und dessen Einfluß auf den Forstbetrieb anschaulich zu machen.

Daß das rauhe Klima durch die günstigeren Verhältnisse der südwestlichen Exposition wenigstens in etwas gemildert wird, ist oben schon nachgewiesen. Die Fichte, sonst kein Baum der Niederungen, findet sich auf den sumpfigen Böden der baltischen Provinzen in freudigster Entwicklung, zum Theil in den riesigsten Dimensionen (Willkomm); sie dringt von da her noch westwärts in die ostpreußischen Forsten ein, bis ihr die größere Trockenheit des Bodens eine Grenze setzt, gedeiht aber wiederum in dem feuchteren Klima der Pommerschen Ostseeküste auch noch sehr gut. Der günstige Einfluß größerer Bodenkraft ist bezüglich der Arve von Kerner nachgewiesen, indem dieser Baum an seiner oberen Grenze auf Lehmboden 35 m über das beobachtete Mittel ansteigt, auf Mergelboden dagegen 12 m unter diesem Mittel zurückbleibt. Auch die Weißtanne erleidet in ihrer oberen Grenze durch die größere Trockenheit des Bodens in den Krainer Alpen, dem kroatisch slavonischen Gebirge und vielleicht auch im Schweizer Jura und den Vogesen eine merkliche Depression (Willkomm). Andrerseits gedeihen die wärmebedürftigeren Holzarten auf trockeneren lockeren Böden auch noch in rauherem Klima, was namentlich bei den Eichen in Norddeutschland wahrgenommen werden kann und bei der eßbaren Kastanie in den Wäldern zu beiden Seiten des oberdeutschen Rheinthales.

Bei Eintheilung der verschiedenen Standorte nach ihrer Ertragsfähigkeit spricht man nun allerdings meist nur von Bodenklassen, was aber im Kleinen schon unrichtig ist, wenn es sich nicht um größere ausgedehnte Ebenen handelt; denn selbst bei geringerer Abwechslung des Terrains wird man die Trockenheit der südwestlichen Exposition oder die Feuchtigkeit der nordöstlichen in ihrem Einfluß auf das Pflanzenwachsthum und die Holzproduktion merklich erkennen, je nach den Ansprüchen der betr. Holzarten. Noch stärker tritt dies im Vor- und Mittelgebirge und am ausgeprägtesten im Hochgebirge hervor.

Bei der außerordentlichen Verschiedenheit in den Ansprüchen unserer Waldbäume ist es nicht möglich eine Klasseneintheilung herzustellen, welche die sämmtlichen Arten derselben umfaßt, vielmehr muß für jede einzelne Holzart eine besondere Reihe gebildet werden; es ist dies schon deßhalb nöthig, weil einzelne Holzarten, wie Kiefer und Birke, auf günstigstem und ungünstigstem Standorte vorkommen; während andere, wie Eiche und Buche, nur unter besseren Verhältnissen gedeihen, sonach auf ein viel beschränkteres Gebiet angewiesen sind.

So lange man nur für ein kleineres Waldgebiet Standortsklassen zu bilden hat, wird man mit fünf Klassen vollständig ausreichen und häufig nicht einmal alle in Wirklichkeit vertreten finden. Die große Mannigfaltigkeit in der Ertragsfähigkeit der verschiedenen Standorte von ganz Deutschland, welche besonders wegen des kleiner gewordenen Holzmaßes und der größeren Flächeneinheit nicht wohl in den Rahmen von fünf Klassen eingereiht werden kann, weist dagegen wieder auf die Nothwendigkeit einer Theilung in zehn Klassen hin.

Es wurde auch schon der Vorschlag gemacht, sich nur mit einer Klasse der normalen zu begnügen. Es ist aber an sich schon schwer, die Normalität sicher und allgemein verständlich zu bestimmen; es bleibt viel zu viel Spielraum für die persönlichen Ansichten. Außerdem haben aber die neueren Untersuchungen von Baur, Kunze, Weise, Lorey übereinstimmend nachgewiesen, daß der Zuwachsgang auf den verschiedenen Standorten nicht den gleichen Gesetzen folgt; denn auf den geringeren Klassen hält sein Steigen länger an und tritt das Fallen später ein als auf den besseren, z. B. bei der Fichte in Sachsen am Gesammtmassenzuwachs auf bester Klasse zwischen 30 und 35, auf 2. Klasse 35—40, auf 3. Klasse 40—45 und auf 4. Klasse zwischen 45 und 50 Jahren; bei der Buche in Württemberg zwischen 36—50, 55—57, 64—66 und 55—64 Jahren; bei der Fichte in den Alpen (nach A. von Guttenberg, Wachsthumsgesetze des Waldes. Wien, Frick. 1885) auf bestem Standort im 50. Jahr mit 15 Festm. pr. ha, in mittlerem Standort mit 8 Festm. im 65. Jahr; in den Beständen des Hochgebirges erst im 100. bis 120. Jahr mit 3 Festm.

Zur Bestimmung der Standortsklasse wird in der Regel der vorhandene Bestand benützt; fehlt ein solcher, so kann nur eine ganz eingehende detailirte Lokalkenntniß und auch diese nicht immer mit voller Sicherheit die Klassifikation ermöglichen. — Für die Beurtheilung nach den Bestandesmassen sind Ertrags- und Erfahrungstafeln[1]) nothwendig

[1]) Erfahrungen über den Massenvorrath und Zuwachs geschlossener Hochwaldbestände ꝛc., gesammelt bei der Forsteinrichtung in Baden. 5. Heft. 1873. — Burckhardt, Hülfstafeln für Forsttaxatoren. Hannover 1873. 3. Aufl. — Feistmantel,

wendig, welche angeben, wie viel Masse die einzelne Holzart auf der betr. Standortsklasse in den verschiedenen Altersstufen bei voller Bestockung und sorgfältiger pfleglicher Behandlung erzeugt.

In den meisten Fällen handelt es sich dabei um minder vollkommene und regelmäßige Bestände, welche auf den normalen Vollkommenheitsgrad der betr. Tafeln reducirt werden müssen. Bei einem Bestand, welcher nur zu 0,7 seiner Gesammtfläche bestockt ist, muß die vorhandene Holzmasse zunächst mit diesem Bruch dividirt werden, um eine mit den Tafeln vergleichbare Größe zu erhalten.

Eine Vergleichung der landwirthschaftlichen Bodenklassen mit den forstlichen ist nicht wohl möglich, weil die beiderlei Kulturgewächse in ihren Ansprüchen allzu verschieden sind. Die Grenzlinie, wo die landwirthschaftliche Kultur aufhört und die Forstwirthschaft die alleinige Art der Nutzbarmachung ermöglicht, bestimmt sich ohnehin auch noch nach den anderen Standortsfaktoren, namentlich nach dem Neigungswinkel, welcher mit 30° schon jede landwirthschaftliche Benutzung ausschließt. Ebenso findet man auch ausgedehnte Flächen, denen die zu einem selbstständigen landwirthschaftlichen Betrieb nöthige Bodenkraft mangelt, wo also nur noch eine forstliche Benutzung möglich ist.

Standorte, welche nur durch Forstwirthschaft nutzbar gemacht werden können, nennt man (allerdings nicht ganz korrekt) absoluten Waldboden im Gegensatz zu relativem, der außerdem noch eine landwirthschaftliche Benutzung zulassen würde.

In Beziehung auf die oben für ärmeren Boden gestellte Vorbedingung eines **selbstständigen** landwirthschaftlichen Betriebes muß darauf aufmerksam gemacht werden, daß in sehr vielen Fällen auf geringem Sandboden noch eine anscheinend rentable Landwirthschaft betrieben wird; sieht man aber der Sache näher auf den Grund, so ergiebt sich, daß die Ueberschüsse nur zum kleinsten Theil aus dem landwirthschaftlichen Betrieb stammen, vielmehr von außen bezogen sind, und daß dazu in der Regel der Wald das Meiste beizutragen hatte. So lange nun die Vorräthe an organischer und mineralischer Bodenkraft in den zugehörigen Forsten vorhalten, so lange hat auch die Landwirthschaft noch leidliche Erträge, allein wie schnell gerade die ärmeren Waldböden durch die Streunutzung erschöpft werden, ist bereits mehrfach betont worden; man kann also diesem Raubsystem nur eine kurze Dauer versprechen. Leider ist aber dasselbe ein weit verbreitetes und tief eingelebtes; noch bedauerlicher ist es jedoch, daß die

Waldbestandestafeln. Wien, Braumüller, 1877. — Frz. Baur, Ertragstafeln für die Fichte (Württemberg). Berlin, J. Springer. 1877. — Derselbe, Ertragstafeln für die Rothbuche. Berlin, P. Parey. 1881. — W. Kunze, Ertrag der Fichte (Sachsen). Dresden, Schönfeld. 1877. — J. Lorey, Ertragstafeln für die Weißtanne. Frankfurt, Sauerländer. 1884. — W. Weise, Ertragstafeln für die Kiefer. Berlin, J. Springer. 1880. — Meister, Die Stadtwaldungen von Zürich 1883 (Buche).

schädlichen Folgen dieser traurigen Unwirthschaft gewöhnlich erst erkannt werden, wenn das Uebel so weit vorgeschritten ist, daß die daraus erwachsenen Nachtheile nicht mehr abzuwenden sind. — Betrachtet man unter diesem Gesichtspunkt die wirthschaftlichen Verhältnisse der norddeutschen Tiefebene, so wird man finden, daß ein weit größerer Theil der dortigen ärmeren Sandböden zum absoluten Waldboden zu rechnen ist, als gewöhnlich angenommen wird.

§. 225.
Die Holzarten.

Bei unseren Waldbäumen geht die Holzerzeugung in zwei Richtungen vor sich, mittels des Wachsthums in die Länge und Dicke. Jede Holzart hat darin ihre Eigenthümlichkeiten, welche sich bei dem ausgewachsenen Baume darstellen in Bildung der Wurzel, des Stammes oder Schaftes und der Aeste. Es liegt in dem Verhältniß, welches zwischen diesen einzelnen Baumtheilen besteht und in der Art, wie sich dasselbe in den verschiedenen Altersperioden ändert, der Hauptcharakter einer Holzart, und hievon ist neben der Beschaffenheit der Holzsubstanz ihre Nutzbarkeit mehr oder weniger abhängig.

In den meisten Fällen haben wir die Bäume nicht im freien Stand, sondern im gegenseitigen Schluß mit Individuen derselben oder einer andern Art zu betrachten, wodurch wieder ein artenweise verschiedener Einfluß auf die Baumform ausgeübt wird. — Hiebei kommt namentlich auch die größere oder geringere Lichtbedürftigkeit der betreffenden Art in Betracht, weil die schattenliebenden Holzarten sich länger in dicht geschlossenen Beständen erhalten als die anderen. Freilich geschieht dies oft aus Unkenntniß und nicht zum Nutzen des Waldeigenthümers, indem man bei der Durchforstung schattenliebender Holzarten die im Druck stehenden, noch ziemlich frisch aussehenden Stämme, auch wenn sie thatsächlich schon ganz unterdrückt sind, noch stehen läßt, und dadurch den herrschenden Bestand in seiner Entwicklung beeinträchtigt.

Der **Zuwachsgang**, welcher jeder Holzart eigenthümlich ist, wird hauptsächlich charakterisirt durch das Verhältniß zwischen dem **jährlichen laufenden Zuwachs** (der Masse, um welche sich der Baum oder Bestand im letzten Jahr vermehrt hat) und dem **durchschnittlichen Gesammtalterszuwachs** (dem Ergebniß einer Division mit den Altersjahren in die jeweilige Masse des Baumes oder Bestandes). — Der jährliche Zuwachs ist anfangs nur gering; erst bei beginnendem stärkerem Höhenwuchs steigt er rascher, nahezu im gleichen Verhältniß wie der Längenwuchs, nicht viel später als dieser erreicht er seinen Wendepunkt und sinkt anfangs langsam (langsamer, als er zuvor gestiegen ist), später schneller. — Der durchschnittliche Gesammtalterszuwachs bleibt sich, abgesehen von der ersten Jugendperiode, über die ganze Lebensdauer des Bestandes mehr gleich als jener, er steigt langsamer aber länger als der jährliche Zuwachs. In der Periode, wo beide gleich groß sind, wirft der Wald die höchste Holzmasse ab.

Eine weitere Eigenthümlichkeit der Holzarten liegt in der Fähigkeit, einzeln oder im Schluß eine bestimmte Anzahl von Jahren auszudauern, d. h. in der Lebens- oder Bestandesdauer, die jeder zukommen. In letzterer Beziehung sind die schädlichen Einflüsse, denen die einzelnen Arten während ihres langen Lebens ausgesetzt sind, von besonderer Wichtigkeit, ebenso auch die größere oder geringere Neigung, mit anderen Holzarten mehr oder minder verträglich einen geschlossenen oder lichteren Waldbestand zu bilden. Die Fähigkeiten, bald oder öfter Samen zu tragen, aus dem Stock oder den Wurzeln Ausschläge zu treiben, sind ebenfalls von Bedeutung für den forstlichen Betrieb; ferner das Verhalten der jungen Pflanzen gegen Frost und Hitze, gegen den Druck der Mutterbäume oder gegen das Unkraut. — In gleichem Grade wichtig sind die Anforderungen der einzelnen Holzarten an die Standortsverhältnisse selbst da, wo dieselben das Gedeihen nicht unbedingt ausschließen; denn gerade die mehr oder minder günstigen äußeren Umstände, unter denen ein Bestand erwächst, lassen verschiedene Modifikationen des Betriebes zu. Endlich kommt die Fähigkeit einzelner Hölzer, mehr dem einen oder andern Zweck zu dienen, bei Bemessung der Absatzverhältnisse in Betracht und kann auf die Geldeinnahmen bedeutenden Einfluß ausüben. Der gleiche Fall tritt bei den Nebennutzungen ein.

§. 226.

Gegensatz zwischen Laub- und Nadelholz.

Zieht man eine Vergleichung zwischen Laub- und Nadelholz, so gebührt den Nadelhölzern der erste Rang unter den Waldbäumen wegen ihrer räumlichen Verbreitung, ihrer mannigfaltigeren technischen Verwendbarkeit und den damit zusammenhängenden höheren Gelderträgen. Im Durchschnitt machen sie an die drei Standortsfaktoren geringere Ansprüche als die Laubhölzer, gedeihen insbesondere noch auf minder kräftigen, meist auch weniger tiefgründigen Böden, und in rauherem Klima, wo sie als gesellige Holzarten ausgedehnte Forste bilden.

In ihrer äußeren Gestalt zeichnen sie sich aus durch die regelmäßigere Form und die überwiegende Entwicklung des Stammes gegenüber den Aesten und Zweigen, so wie auch durch größere Länge des Stammes. Die meisten Arten behalten ihre Nadeln auch den Winter über und eine Reihe von Jahren hindurch, was in Verbindung mit der größeren Stammhöhe und theilweise auch der flachen Bewurzlung die Gefahr des Windwurfes wesentlich steigert. Hiedurch wird die natürliche Verjüngung öfter gefährdet, während andrerseits die bei ihnen häufiger eintretenden Samenjahre, so wie der leichtere und beflügelte Samen durch seine allseitige Verbreitung dieselbe wieder günstiger gestaltet als beim Laubholz. Demungeachtet ist die künstliche Verjüngung verhältnißmäßig leichter, weil die jungen Pflanzen rasch wachsen und deßhalb von Unkraut, Frost 2c. weniger zu leiden haben. Dagegen werden die

Insekten in allen Altersstufen sehr gefährlich, weil die Nadelhölzer nur eine geringe **Reproduktionskraft** besitzen. Aus demselben Grunde wirkt auch das Feuer intensiv schädlicher, während zugleich die Feuergefährlichkeit eine viel größere ist, und zwar nach 20jährigen in Hannover gesammelten Durchschnittszahlen traf es auf 1000 ha Laubholzbestände 0,017 ha jährlich, auf 1000 ha Nadelholz 0,742 ha, also das 44fache. Bei letzterer Bestandesart entfielen auf die Altersklassen von 1—30 Jahren 1,107 ha, 31—60 Jahren 0,262 ha, über 60 Jahren 0,354 ha. Die Gefahr vertheilt sich also im Verhältniß wie 100 : 23 : 33 auf diese drei Altersstufen, wobei die Gewalt des Feuers und dessen Zerstörungskraft, welche sich für die jungeren Bestände am verderblichsten zeigt, noch nicht veranschlagt ist.

Noch viel beengenderen Einfluß übt die den Nadelhölzern mangelnde Fähigkeit vom Stock auszuschlagen, weßhalb der Niederwaldbetrieb bei ihnen nicht möglich ist, was gleichzeitig auch noch die kürzeren Umtriebszeiten (unter 50 Jahren) fast vollständig ausschließt. Auch der Mittelwald erträgt nur eine geringe Beimischung von Nadelhölzern im Oberholzbestand.

Das Holz der Zapfenbäume hat zwar im Allgemeinen eine **geringere Heizkraft**, doch ist es zu vielen Zwecken besser als das der Laubhölzer, z. B. zum Betrieb von Eisenschmelzen, Glashütten zc. Im Böhmerwald bezahlen letztere das Buchenbrennholz nur um 5—10 Procent höher als das Nadelholz und nehmen es stets sehr ungern an. — Die auf Flächen von gleicher Größe und Ertragsfähigkeit erwachsende Masse ist namhaft größer als bei den meisten, namentlich bei den harten Laubhölzern, und gleicht sich hiedurch die geringere Heizkraft nicht nur vollständig wieder aus, sondern es ergiebt sich noch ein ziemlicher Ueberschuß zu Gunsten der Nadelhölzer. — Außerdem überwiegt beim Nadelholz das leichter zu bearbeitende und zu handhabende Stammholz, während das Laubholz mehr Aeste und Reisig erzeugt. In den württembergischen Staatsforsten sind z. B. 1874—1876 angefallen im Laubholzgebiet 69 % Derbholz, im Nadelholzgebiet 90 %, das Uebrige war Reisig.

Da aber die Konkurrenz der Steinkohlen die Brennholzerzeugung immer mehr zurückdrängt, so richtet sich auch die wirthschaftliche Wichtigkeit der einzelnen Holzarten vorherrschend nach deren **Verwendbarkeit zu Nutzholz**, und in dieser Beziehung gehen die Nadelhölzer den Laubhölzern weit voran; denn während selbst bei der am meisten gesuchten Eiche das Ausbringen an Nutzholz selten höher als 50 Procent des Haubarkeitsertrages steht, bei der Buche aber auf wenige Procente zurückgeht und nur in Ausnahmefällen, wo Verwendung zu Eisenbahnschwellen, Möbeln zc. besteht, gegen 30 Procent gebracht werden kann (im Frankfurter Stadtwald in günstigster Absatzlage verwerthet sich bei der Buche 1,8, beim Weichlaubholz 15, bei der Eiche 41 Procent als Nutzholz), steigt es bei den Nadelhölzern bis zu 80 und 90 Procent, erfordert aber gleichwohl keine so hohen Umtriebszeiten wie die Erziehung von Eichennutzholz. — Die Marktpreise des letzteren stehen zwar namhaft höher als die des Nadelnutzholzes, allein wohl schwerlich einmal so hoch, daß dadurch der größere Produktionsaufwand ausgeglichen würde.

Außer dem Holz kommen noch die Früchte und Samen in Betracht, wobei die Laubhölzer wegen größerer Nutzbarkeit der Eichel- und Buchelmast voranstehen; andrerseits verdient dagegen bei den Nadelhölzern die Harznutzung hervorgehoben zu werden. Gerbestoffhaltige Rinden werden von der Eiche und Fichte gewonnen, in untergeordneter Menge auch von der Birke und Erle. — Die Nebennutzungen an Waldgras, Weide und Rechstreu lassen in den Laubholzwaldungen höhere Erträge erwarten als in den Nadelholzbeständen, weil jene in der Regel auf besserem Boden stocken.

In Beziehung auf die Möglichkeit, kürzere oder längere Umtriebszeiten einzuhalten, werden im Hochwaldbetrieb die beiderlei Holzarten ziemlich gleich stehen; zwar hält sich die Buche länger geschlossen als die sämmtlichen Nadelhölzer, aber gerade bei ihr tritt ein Bedürfniß höherer Umtriebszeiten am wenigsten hervor, weil sie nur wenig Nutzholz liefert. Andrerseits gestattet der Erlen- und Birkenhochwald einen ebenso kurzen Umtrieb wie der Kiefernwald; nur der Eichenhochwald steht mit seiner unverhältnißmäßig hohen Umtriebszeit als Ausnahme da, tritt aber vermöge seines geringen Umfanges fortwährend mehr zurück. — Bei den Nadelhölzern sind die in höherem Alter eintretenden durch Wind, Schneebruch, Insekten 2c. verursachten Lücken bei Bemessung der Umtriebszeit wohl zu beachten. — Diese vielfachen Zufälligkeiten beunruhigen auch die Wirthschaftsführung das ganze Jahr hindurch, was beim Laubholz viel weniger der Fall ist.

Im Allgemeinen bleibt der Geldertrag der Laubholzbestände weit hinter dem der Nadelholzbestände zurück, obgleich die letzteren im Durchschnitt geringeren, also weniger werthvollen Boden beanspruchen und die künstliche Verjüngung nicht so viel kostet wie beim Laubholz, während bei letzterem andrerseits die natürliche Verjüngung auf entsprechenden Böden leichter durchzuführen ist als bei Nadelholz.

Die Leistungsfähigkeit der einzelnen Holzarten wird von Oberförster Ney in Hagenau auf Grund der in Elsaß-Lothringen 1883 erzielten Durchschnittserlöse mit Hülfe der wohl nur auf den besten Standorten anwendbaren Preßler'schen Holzerträge für den Hochwald mit 100—120jährigem Umtrieb wie folgt veranschlagt:

Tanne . . .	11,1	Festm. pr. ha à	10,50	Mk.	=	116,55	Mk. pr. ha	100
Fichte	10,2	„ „ „ „	10,50	„	=	107,10	„ „ „	92
Lärche . . .	8,5	„ „ „ „	10,50	„	=	89,25	„ „ „	77
Eiche	5,3	„ „ „ „	13,47	„	=	71,39	„ „ „	61
Kiefer	8,2	„ „ „ „	7,98	„	=	65,44	„ „ „	56
Erle	8,0	„ „ „ „	7,37	„	=	58,96	„ „ „	51
Schwarzkiefer	6,1	„ „ „ „	7,98	„	=	48,68	„ „ „	42
Buche . . .	6,6	„ „ „ „	7,14	„	=	47,12	„ „ „	41
Birke	5,3	„ „ „ „	7,34	„	=	39,16	„ „ „	34

Abgesehen von Erle und Birke, welche für höhere Umtriebe nicht passen, können diese Werthe als Verhältnißzahlen für die meisten Oertlichkeiten wenigstens annähernd gelten.

§. 227.

Die Tanne und Fichte.

Die Tanne hat einen geringeren Verbreitungsbezirk als die Fichte, die Ausdehnung desselben durch künstliche Anzucht ist trotz ihrer Vorzüge noch wenig versucht worden. Unter den Nadelhölzern macht sie den höchsten Umtrieb möglich, weil sie sich sehr lange geschlossen erhält, da sie weniger vom Wind, Schnee und Insekten zu leiden hat. Ihr durchschnittlicher Massenertrag ist wegen ihrer langsamen Entwicklung in der Jugend und bei kurzem Umtrieb nicht ganz so hoch, dagegen bei längerem Umtrieb von mehr als hundert Jahren und auf besserem Boden höher als bei der Fichte. Auf schlechteren Böden läßt er aber viel bedeutender nach als bei dieser, und auf geringeren flachgründigen Böden ist sie gar nicht mehr fortzubringen. Die Nachtheile des langsameren Wachsthums in der Jugend gleichen sich wieder aus durch die Fähigkeit, während dieser Zeit den Druck lange zu ertragen, und sich in mäßig gelichteten haubaren Beständen zu erhalten. Der Derbholz-Durchschnittszuwachs kulminirt auf bestem Standort im 100. Jahr, auf geringerem 15—25 Jahre später. Im Femelwald giebt sie sehr hohe Erträge. (Schuberg in Baur, Centr.-Bl., April 1886.)

Wegen ihrer größeren Vollholzigkeit liefert die Tanne stärkeres Bauholz, in einzelnen Schlägen oft 75 bis 80 Procent des Schaftholzes, was natürlich auf den Geldertrag sehr günstig einwirkt, wenn der Nutzholzabsatz einer großen Ausdehnung fähig ist. In einzelnen Gegenden ist ihr Holz nicht so beliebt wie das der Fichte, während man anderwärts kaum einen Unterschied in der Nachfrage bemerkt. Es besitzt größere Dauer, Tragkraft und Elasticität; dagegen eine etwas geringere Heizkraft. Durch das Auftreten der Krebskrankheit (§. 36) wird das Nutzholzausbringen unter Umständen erheblich vermindert. Den Druck der Mutterbäume erträgt sie in der Stellung eines Lichtschlages sehr lange und ohne Nachtheil für ihre künftige Entwicklung; Beschädigungen des Stammes und Gipfels heilt sie in jüngerem Alter gut aus und ist daher zum Lichtungs- und Femelbetrieb wie keine andere Holzart geeignet. Nebennutzungen an Harz, Gerbrinde &c. gewährt sie nicht, aus dem Samen kann ein sehr terpentinhaltiges Oel gewonnen werden; die grünen Nadeln und kleinen Zweige werden als Streumaterial verwendet. Die Weide begünstigt sie in geschlossenen Beständen weniger, dagegen in Junghölzern mehr, weil diese nicht so stark unter den Beschädigungen des Viehes leiden. Wo die Tanne in reinen Beständen vorkommt, läßt sie sich auf natürlichem Wege ziemlich leicht verjüngen; in Mischung mit der Buche ist sie schwer zu erhalten, leichter unter der Eiche und Birke, am besten aber unter der Kiefer. Wenn sie mit der Fichte zusammenleben soll, muß ihr in der Jugend ein Vorsprung von 5—10 Jahren gelassen werden.

Die Fichte ist durch Wind, Schneedruck und Insekten, sowie durch Rothfäule viel häufigeren Gefährdungen ausgesetzt, als die Tanne; sie hält sich daher nicht so lange geschlossen, und läßt keine so hohe Umtriebszeit zu; sie erlangt den höchsten Durchschnittszuwachs an Derb- und Reisholz auf den besten Böden schon nach dem 50. Jahr; auf geringerem Boden oft erst gegen das 70. Jahr, beim Derbholz allein 10—15 Jahre später. Der Unterschied im Ertrag je nach der Bodengüte ist im Verhältniß nicht so bedeutend, wie bei der Tanne. Für den Femelwald paßt sie minder gut, weil sie den Druck der Mutterbäume weniger als die Weißtanne erträgt, und weil die Beschädigung bei Fällung und Abfuhr des Holzes ihr dauernden Nachtheil bringt. Die natürliche Verjüngung wird durch Windschaden sehr beinträchtigt. Die künstliche Verjüngung ist dagegen durch Pflanzung sehr leicht zu bewerkstelligen.

Die Fichte giebt ein gesuchtes Spaltholz zu Böttcherwaaren; es ist leichter als das Tannenholz, und läßt sich daher besser verflößen, dagegen ist der Schaft abfälliger, als bei der Weißtanne, in der Regel aber länger, wodurch dann jenes ungünstigere Verhältniß theilweise wieder ausgeglichen wird. Die Fichte bringt nach neueren Untersuchungen einen merklich geringeren Massenertrag als die Weißtanne; für diese giebt Lorey in seinen Ertragstafeln im 120jährigen Alter 1217 Festm. pr. ha Gesammtmasse (1103 Festm. Derbholz) an, während Baur für die Fichte im gleichen Alter nur 1015 (und 940) Festm., Kunze 1120 (und 1024) Festm. ausweisen, in allen drei Fällen auf erster Standortsklasse. Sie liefert dann auch noch im Durchschnitt eine etwas geringere Ausbeute an Nutzholz, als die Tanne, weil sie weniger vollholzig und der Rothfäule mehr unterworfen ist. — Das Fichtenharz wird häufig benützt, namentlich in den Brennholzwirthschaften. Die Rinde wird zum Gerben, das grüne Reis als Einstreu unter das Vieh verwendet. Die Weide und Gräserei wird bei der Fichte einerseits mehr begünstigt, weil sie sich nicht so lange geschlossen hält; andererseits aber sind die Fichtenbestände wegen des nothwendigen rascheren Abtriebes in der Jugend regelmäßiger und geschlossener, was wieder jenen Vortheil aufheben kann. Die Möglichkeit, sie mit verhältnißmäßig geringen Kosten auf künstlichem Wege anzuziehen, trägt viel zu ihrer weiteren Verbreitung bei, zumal der Kulturerfolg ein ziemlich sicherer ist, was bei der Tanne nach beiden Richtungen hin weniger zutrifft.

§. 228.

Von den Kiefern und der Lärche.

Die gemeine Kiefer ist vorherrschend ein Baum der Ebene und sonst der durch Raubwirthschaft erschöpften Böden, sie hält sich nur bis zum 40. oder 50. Jahr gut geschlossen und bessert in dieser Zeit den Boden in hohem Maß; später stellt sie sich licht und es finden sich dann in der Regel Unkräuter unter ihr ein, welche die Bodenkraft aufzehren und die Verjüngung erschweren. Dies ist der Grund, warum sie unter den Nadelhölzern den kürzesten Umtrieb verlangt, namentlich um so kürzer, je geringer der Boden.

Den höchsten laufenden jährlichen Zuwachs erreicht sie bei Einrechnung von Derb- und Reisholz schon im 25. bis 30. Jahr, wobei sich alle 5 Standortsklassen annähernd gleich verhalten; beim Derbholz ebenso im 35. bis 40. Jahre. Der Durchschnittszuwachs kulminirt auf den drei besseren Standortsklassen zwischen 30 und 40 Jahren, auf den beiden geringeren zwischen 35 und 50 Jahren. (Weise, Ertragstafeln für die Kiefern. Berlin, J. Springer. 1880.)

Bekanntlich gedeiht diese Holzart auch noch auf den geringsten Böden und liefert auf solchen im Verhältniß einen sehr schönen Ertrag. Der Unterschied zwischen der auf den besten und schlechtesten Böden erfolgenden Ertrags*masse* ist bei ihr am geringsten, wogegen aber das Nutzholzausbringen auf geringeren Standorten und der Sortimentspreis erheblich zurückgehen.

In Betreff der Werthproduktion wird auf die im §. 221 eingefügte Tabelle Bezug genommen. Aus den *Görlitzer Stadtforsten* sind inzwischen weitere hieher passende Zahlen veröffentlicht worden; dort stellte sich in den 5 Jahren 1879—84 der erntekostenfreie Ertrag eines Festmeters oberirdischer Holzmasse mit Einrechnung des darauf treffenden Antheiles an Stockholz und Reisig in den verschiedenen Altersstufen:

Bonität.	60	70	80	90	100	110 Jahre alt.
II. Klasse	7,55	8,35	8,68	9,07	9,17	9,94 Mark.
III. „	6,07	6,19	6,37	7,33	8,35	8,44 „
IV. „	3,94	4,36	5,15	5,36	6,21	6,94 „

Die Zwischennutzungen bei der Kiefer sind vermöge des früh eintretenden Bedürfnisses nach lichterer Stellung bedeutender als bei anderen Holzarten; im späteren Alter treten dann noch hinzu die stärkeren Anfälle von Stämmen, welche durch Insekten beschädigt wurden, hernach auch noch die Schwammbäume, so daß mit diesen die freiwilligen und unfreiwilligen Zwischennutzungen bis zu 40 Procent der Haubarkeitserträge liefern können (cf. *Muhl*, Allg. F.- u. J.-Ztg. 1875, S. 441).

Zu Femelwald eignet sich die Kiefer am wenigsten, weil sie den Druck und Seitenschutz nicht liebt. Die künstliche Verjüngung macht weniger Schwierigkeiten, als die natürliche. Ihr Holz von jungen Stämmen hat keinen großen Werth als Brenn- und Bauholz. In Beständen bis zum 60. Jahr stellt sich bei stärkerer Nachfrage nach schwächeren Sortimenten, Grubenholz rc., das Nutzholzausbringen sehr hoch bis zu 80 und 90 Procent; wogegen in den Altholzbeständen von 120 und mehr Jahren kaum noch 60—70 Procent anfallen. Das Brennholz älterer Stämme ist zur Erreichung einer schnellen Hitze mehr geeignet, als das der übrigen Nadelhölzer. Auch als Nutzholz werden die Stämme stärkerer Dimension, namentlich zu Wasserbauten, sehr gesucht und gut bezahlt. Solche Hölzer können dann nur als Oberständer oder unter anderen Holzarten gemischt angezogen werden.

Die Kiefer ist vielen Angriffen von Wild und Insekten und der Feuersgefahr sehr stark ausgesetzt, mehr als jede andere Holzart; dagegen hat sie weniger vom Wind zu leiden als die Fichte. Die Nadeln geben ein geringes Streumaterial. Aus dem Stockholz wird Theer gewonnen. Die Weide und Gräserei ist gering, vorzüglich nur deßhalb, weil die Kiefer die schlechteren Böden einnimmt; sie eignet sich auf besseren Böden mehr in gemischte Bestände und erleichtert den Uebergang zu anderen Holzarten sehr, weil unter ihrem Schirme die Buche, Eiche und Tanne, manchmal auch noch die Fichte, gut gedeihen.

Die österreichische Schwarzkiefer hat einen geringen Verbreitungsbezirk, verdient aber innerhalb desselben alle Beachtung, da sie neben besserem oder gleich gutem Holz, wie das von der gemeinen Kiefer, noch sehr große Harzerträge liefert, den Boden dichter beschirmt und auch noch auf wenig zerklüftetem felsigen Terrain gedeiht. An Holzmasse liefert sie geringere Erträge als die gemeine Kiefer. In den ihrer Heimath entstammenden Waldbestandestafeln von Feistmantel, Wien 1877 stellt sich das Verhältniß, unter Mitberücksichtigung der Lärche, wie folgt:

			I.	III.	V.	VII.	IX.	Standortsklasse		
Schwarzföhre,	100	Jahr alt	565	444	346	258	159	Festm.	pr. ha	Derbholz
do.	80	„ „	488	390	302	225	137	„	„	„
Weißföhre,	100	„ „	867	713	538	373	209	„	„	„
do.	80	„ „	702	571	439	307	176	„	„	„
Lärche,	100	„ „	867	702	527	362	198	„	„	„
do.	80	„ „	735	603	450	307	165	„	„	„

Die Lärche ist vorherrschend ein Baum des Mittel- und Hochgebirges und paßt weniger in die Tiefebenen; dem Wind und Schnee widersteht sie gut, läßt sich leicht verpflanzen; sie liebt von erster Jugend an den freien Stand, kommt deßhalb selten in reinen geschlossenen Beständen vor; da sie ein feuchtes Klima vorzieht, so wird jene Eigenschaft dem Boden nicht so nachtheilig, wie bei der Forche. Die Stämme werden in freiem Stand leicht windschief; das Holz ist ähnlich, wie das der Kiefer, nur eigentlich noch früher zu Nutzholz verwendbar; in einzelnen Lokalitäten erhält man von ihr schlechteres (kein rothes) Holz; ihre Rinde ist zum Gerben gesuchter als die von der Fichte. Den Graswuchs begünstigt sie sehr; in Steiermark sahen wir 20jährige Lärchen in 6 m Reihenweite und 1 m Abstand in den Reihen gepflanzt, zwischen welchen die Grasnutzung um 15 fl. pro Joch verpachtet war, während anstoßend die unbepflanzte Fläche nur 5 fl. brachte.

An den Vegetationsgrenzen und an steilen Hängen des Hochgebirges tritt die Krummholzkiefer auf, die nur noch Brennmaterial, aber ein sehr gutes, namentlich als Kohle sehr gesuchtes, giebt, übrigens darum nicht gering zu schätzen ist, da sie oft nahezu die gleichen Erträge liefert, wie die gewöhnliche Kiefer auf ganz magerem Boden, (nach Wessely in Lagen unter 1200 m Erhebung bis zum 50. Jahre 3,1 Festm. pr. ha, zwischen 1400 und 1700 m noch 0,55 Festm. pr. ha) und da sie namentlich das Abrutschen der fruchtbaren Erde hindert, wie auch gegen Lawinen am wirksamsten schützt.

Die Zürbelkiefer hat ihren Standort in rauhestem Klima, au der Grenze der Baumvegetation, sie erfordert deßhalb einen höheren Umtrieb, in dem sie sich gut geschlossen hält; den Druck und Seitenschutz erträgt sie wie die Tanne und eignet sich daher ebenso zum Femelbetrieb wie diese. Das Holz ist zu Nutz- und Bauholz, und ihr Samen zum Verspeisen und zur Oelbereitung sehr gesucht. Diese für das Hochgebirge besonders werthvolle Holzart hat in Deutschland eine geringe Verbreitung, und die wenig pflegliche Behandlung der Hochgebirgswaldungen verdrängt sie immer mehr.

§. 229.

Die Buche.

Die Buche ist die einzige, in größerer Ausdehnung reine Bestände bildende Laubholzart; sie hält sich von Jugend an bis in ein höheres Alter von 120 und mehr Jahren gleich dicht geschlossen, bessert den Boden eben deßhalb sehr bedeutend, verlangt aber mineralisch kräftigere Böden oder wenigstens ein feuchtes Klima. Sie erträgt den Druck sehr gut und würde sich demgemäß am besten zum Femelbetrieb eignen, wenn dieser nicht wegen des milderen Klimas, das sie fordert und wegen der Zulässigkeit des Mittelwaldbetriebes fast ganz umgangen werden könnte. Im Hochwald ist sie auf natürlichem Wege ziemlich schwer zu verjüngen, weil die Samenjahre seltener eintreten; doch hebt die längere Ausdauer des Vorwuchses unter dem Drucke der Mutterbäume diesen Nachtheil einigermaßen auf. Die künstliche Anzucht ist namentlich im Freien erschwert und nur in frostfreien Lagen rathsam. — Zu Niederwald taugt die Buche weniger, weil sie nicht reichlich oder nur durch besondere Nachhülfe zum Ausschlagen gebracht werden kann, und weil ihre Stöcke die Ausschlagfähigkeit nicht lange behalten; doch bildet sie auf felsigem, flachgründigem Boden noch ein willkommenes Bestockungsmaterial. Unter günstigen klimatischen Verhältnissen, so namentlich am Südabfall der Alpen, findet man dagegen vielen Buchenniederwald, der befriedigende Holzerträge liefert. Zu Mittelwald paßt sie auf gutem Boden, wo das Holz langschäftig wird, noch eher, wegen der erleichterten Verjüngung durch Samen; obgleich sie als Oberholz einen starken Schirmdruck ausübt. Die geringe Dauer der Fähigkeit vom Stock auszuschlagen, macht es nothwendig, daß nach 3—4 Umtriebszeiten eine Regeneration des Unterholzes durch Samennachwuchs erfolgt.

Im Hochwald kann die Buche wegen ihres dichten Schlusses einen hohen Umtrieb aushalten; aber auch schon im Alter von 70 und 60 Jahren durch Samen verjüngt werden, wenn man den Verjüngungszeitraum verlängert, was sie gut erträgt. Der laufende Zuwachs an Gesammtmasse erreicht nach F. Baur, Ertragstafel seinen Höhenpunkt auf bestem Standort im 43. Jahr (beginnend im 36. und anhaltend bis zum 50.) in den 3 mittleren Klassen zwischen 55 und 66, in der 5. im 67. Jahre. Der Durchschnittszuwachs kulminirt auf 1. Klasse im 82. und 83. Jahr, auf 2. Kl. zwischen 88 und 96, auf 3. Kl. zwischen 104 und 118, auf 4. Kl. in 110, auf 5. Kl. zwischen 113 und 119 Jahren. Beim Derbholz allein liegt der Wendepunkt für den laufenden Zuwachs auf den 3 besseren Klassen um das 50. Jahr, auf 4. Kl. zwischen 54 und 57, auf 5. Kl. zwischen 76 und 91 Jahren; der durchschnittliche kulminirt im 75., 94.—113., 99.—113., in der schlechtesten Klasse 111.—115., während bei der vorletzten Klasse im 120. Jahr der Höhepunkt noch nicht erreicht ist. Dies gilt für unsere seitherigen, in dichtem Schluß erzogenen Bestände; durch den v. Seebach'schen Lichthieb und seine weitere Entwicklung läßt sich das Verhältniß zu Gunsten der höheren Altersstufen wesentlich günstiger gestalten, da die Buche hiezu am besten paßt. — Als Ausschlagholz im Niederwald erlangt sie ihre beste Nutzbarkeit im 30. bis 40. Jahr.

Der Ertrag ist im geschlossenen Hochwald ein sehr verschiedener, je nach der Bodengüte. Sie liefert das beste Brennholz, aber auch das wenigste Nutzholz; wo sie größere Gebiete beherrscht, kaum 2 Procent des Gesammterzeugnisses; wo sie vereinzelt vorkommt, bis zu 30 Procent. Ihr Massenertrag ist geringer, als bei den meisten Laub- und Nadelhölzern; das Schaftholz überwiegt dagegen mehr, als bei anderen Laubholzarten. — Die Samen geben ein gutes Oel, die Blätter im grünen Zustand ein gesuchtes Viehfutter, und trocken eine noch mehr gesuchte Streu. — Weide und Gräserei wird durch die Buche weniger begünstigt, wegen der nothwendigen langsamen Verjüngung und des späteren dichten Schlusses. Unter anderen Holzarten, z. B. unter der Eiche, Forche, Birke, hält sie sich gut.

Bei einigermaßen günstigem, namentlich vom Streurechen verschontem Boden kann die Wirthschaft in einem sehr ruhigen Gange erhalten werden, besonders läßt sich der Kulturaufwand durch Umsicht bei Benutzung der natürlichen Verjüngung sehr vermindern. So hatten die Forstämter Urach und Kirchheim an der württembergischen Alb, vorherrschend Buchenforste, in den Jahren 1874—1876 nur einen Kulturaufwand von 1,12 Mk.

pr. ha der Gesammtfläche, während der Durchschnitt sämmtlicher Staatsforste pr. ha sich auf 2,33 Mk. und in einem fast reinen Nadelholzforst bis 3,09 Mk. stellte. — Der Reinertrag der württembergischen Staatsforste stellte sich in den Jahren 1874—1877 für die Laubholzgebiete, meist Buchen, auf 29,2 Mk. pr. ha, in den Nadelholzgebieten auf 51,9 Mk.

§. 230.

Die übrigen Laubhölzer.

Die Eiche wird in reinen Hochwaldbeständen immer seltener, weil der nöthige gute Boden nicht in der gehörigen Ausdehnung mehr zum Wald gehört und weil sie einen sehr hohen Umtrieb erfordert, dabei auch den Boden durch ihre lichte Stellung verschlechtert. In höherem Alter, d. h. erst nach dem 120. Jahr, erreicht sie den größten Durchschnittszuwachs, welcher nach der Bodengüte sehr verschieden ist. Sie giebt unter den häufiger vorkommenden Laubhölzern die größte Menge Nutzholz, im Durchschnitt etwa 40—50 Procent, selten 60 und mehr. Ihr Brennholz ist weniger gesucht als das der Buche; das Verhältniß zwischen Schaft- und Astholz ist zu Gunsten des letzteren bei ihr unter allen Waldbäumen am größten. Wegen ihrer werthvollen Rinde und der Fähigkeit, reichlich vom Stock auszuschlagen, eignet sie sich sehr zum Niederwaldbetrieb. Im Mittelwald bildet sie den mindest schädlichen Oberholzbestand, weil ihr Baumschirm einer der lichtesten ist, und weil sie eine freie Stellung liebt.

Im Massenertrag des Hochwaldes, wo sie sich schon vom 60. Jahre ab licht stellt, steht sie hinter den andern Waldbäumen zurück, im Niederwald dagegen übertrifft sie die übrigen harten Hölzer; aber auch bei ihr kommt in ähnlicher Weise wie bei der Buche der Lichthieb zu günstiger Wirkung, besonders da sie wegen ihrer tiefgehenden Bewurzlung den Einzelnstand noch besser erträgt. Als Nebennutzung ist die Mast früher sehr werthvoll gewesen, hat aber jetzt an Bedeutung verloren. In Ungarn trägt die Stieleiche an dem von einer Gallwespe angestochenen Fruchtkelch Knoppern, die als Gerbmaterial verkauft werden und eine gute Einnahme gewähren. Die Eiche erhält sich in der Mischung mit anderen Holzarten ohne besondere Pflege nicht gut; sie muß einen solchen Vorsprung haben, daß sie mit dem größten Theil ihrer Krone die Umgebung überragt. Von Feinden und Krankheiten hat sie wenig zu leiden.

Hainbuche, Ulme, Esche und Ahorn finden sich sehr selten in reinen Hochwaldbeständen, sondern kommen in dieser Bestandesform mehr mit der Buche gemischt vor. Sie werden vorzüglich als Nutzholz verwendet und sind zu diesem Zweck sehr gesucht, verlangen in Beziehung auf die Umtriebszeit die gleiche Rücksicht wie die Buche, mit Ausnahme der Hainbuche, für welche die höheren Umtriebe über 70 Jahre weniger passen. Im Niederwald und Mittelwald sind sie aber wegen ihrer starken Ausschlagfähigkeit und Massenerzeugung, sowie wegen ihres minder dichten Schirmes sehr willkommen. An Brennkraft steht ihr Holz nahezu dem der Buche gleich. Ulme, Esche und Ahorn eignen sich deßwegen gut zur Einmischung in Buchenhochwald, weil sie vorwüchsig sind und weil die Buche unter ihrem Schirm nicht zu stark beeinträchtigt wird. Der Feldahorn oder Maßholder paßt nur in den Nieder- und Mittelwald.

Die Birke stellt sich frühzeitig licht und verlangt deßhalb im Hochwald einen niederen Umtrieb, kommt übrigens in reinen Beständen auch als Ausschlagholz in Deutschland seltener vor. Ihre Ausschlagfähigkeit ist nicht so groß und namentlich leiden die einzelnen Triebe gerne vom Schneedruck. Im Mittelwald giebt sie ein sehr gutes Oberholz, das dem Unterholz fast gar keinen Eintrag thut; auch eignet sie sich ebenso gut in Hochwaldungen für die Einmischung unter andere Holzarten; obgleich sie die höheren Umtriebszeiten nur in selteneren Fällen aushält; hiedurch werden die Durchforstungserträge sehr erheblich gesteigert. Ihr schneller Wuchs in erster Jugend schadet manchmal den langsamer wachsenden Waldbäumen; obgleich diese Eigenschaft in anderen Fällen wieder sehr schätzenswerth ist, um Schutz zu gewähren und um die Bestände bald in Schluß zu bringen. Da sie unter den Laubhölzern die geringsten Ansprüche an die Bodenkraft macht und sich mit wenig Aufwand ganz im Freien erziehen läßt, dem Frost widersteht, rasch dem Unkraut entwächst und keinen zu dichten Schirm ausübt, so ist sie eine der tauglichsten Holzarten zur sogenannnten Vorkultur, um später einer andern, schwieriger anzuziehenden Holzart Platz zu machen. Ihr Holz ist als Brennholz sehr gesucht, wo es sich darum handelt, eine schnelle Hitze zu erzeugen; es brennt im grünen Zustand von allen Holzarten am besten. Auch zu Werkholz ist es sehr brauchbar und ersetzt namentlich in Gegenden mit vorherrschenden Nadelholzbeständen das Buchen- und Eichenholz; hier kann dann das Nutzholzprocent bis zu 60 Procent steigen. — Der Stamm ist ziemlich abfällig, bei der Weißbirke mehr als bei der andern Art; doch giebt sie unter allen Laubhölzern das meiste Stammholz und das wenigste Astholz. Das Reis wird zu Besen sehr gesucht; das Laub ist zur Streu nicht besonders tauglich. Der Weide und Grasnutzung gewährt diese Holzart den meisten Vorschub, dagegen ist sie nicht im Stande, den Boden zu verbessern.

Die übrigen (weichen) Laubhölzer, die Erlen, Pappeln, Linden, Weiden, Hasel, kommen nur stellenweise in großer Ausdehnung vor und sind häufig durch keine besseren Holzarten zu ersetzen, wie Weiden an Flußufern, Erlen in Brüchen und Mooren; sie eignen sich wenig zum Hochwald, auch mit Ausnahme der Schwarzerle nicht zum Oberholz im Mittelwald, sondern bloß zum Unterholz und zum reinen Niederwald. Weiden und Haseln gestatten den kürzesten Umtrieb von wenigen Jahren; die Erlen den höchsten des Niederwaldes, bis zu 40 und 50 Jahren. Sie schlagen alle reichlich vom Stock oder von der Wurzel aus und werden dadurch häufig sehr schädlich für die besseren Hölzer. — Zu Kopfholz sind einzelne Weiden und Pappelarten am empfehlenswerthesten. Der Material- und Geldertrag kann sich bei Weidenniederwald an Flußufern sehr hoch stellen (cf. §. 261). Unter günstigen Verhältnissen giebt die Schwarzerle im Niederwald ähnlich hohe Gelderträge, namentlich wenn ein Theil als Nutzholz verwerthbar ist. Sogar die Hasel ist da, wo ihre schwächeren Ausschläge zu Flechtarbeiten oder zu Floßwieden Verwendung finden, der Beachtung werth, wie z. B. in den Hackwaldungen des Odenwaldes, wo der einmalige Aushieb im 8. oder 10. Jahre 50—60 Mk. pr. ha abwirft. — Das Pappelholz wird in Ermangelung von Nadelholz als Baumaterial benützt; besonders gesucht ist das Holz der kanadischen Pappeln in Gegenden, wo allgemein Holzschuhe getragen werden; hier können bei kurzem Umtrieb von 25—30 Jahren und einem Durchschnittszuwachs von 7—8 Festm. pr. ha, die Gelderträge ohne Einrechnung der Grasnutzung bis auf 70 und 80 Mk. pr. ha jährlich steigen. Als Brennholz ist das von der Schwarzerle fast so gesucht, wie das der Birke; die übrigen hier genannten Arten geben nur ein schlechtes Material. Die Nebennutzungen an Rinde bei der Erle, an Futterlaub bei einzelnen Pappeln, an Bast bei der Linde, sind nur in wenigen Gegenden von Bedeutung. Gräserei und Weide werden bei diesen Holzarten vorzüglich dadurch begünstigt, weil sie fast ausschließlich nur im Nieder- und Mittelwald vorkommen.

§. 231.

Ausländische Holzarten.

Da bei Verwendung fremder Holzarten stets die künstliche Anzucht nothwendig wird und die dazu erforderlichen Samen oder Pflanzen namhaft höher im Preise stehen als die einheimischen, so befinden sich jene schon hiedurch im Nachtheil. Die Erziehung ist meist schwierig, namentlich die aus Samen; deßhalb kauft man besser 1—2jährige Pflänzlinge aus soliden Handelsgärtnereien, erzieht sie in den eigenen Pflanzschulen zu Heister, und verwendet sie dann als solche sparsam, d. h. nicht zu reinen Kulturen, sondern mit passendem Mischholz, dessen Wahl aber wiederum eine weitere Schwierigkeit bietet, wenn der Entwicklungsgang der fremden Holzart nicht genau bekannt ist. Zum Standort muß jeweils besserer Boden gewählt werden, um den Erfolg zu sichern. — Bei Verschönerungszwecken treten die ökonomischen Rücksichten naturgemäß mehr zurück.

Die Akazie ist eigentlich schon als eine bei uns völlig eingebürgerte Holzart anzusehen. So werthvoll ihr Stammholz auch ist, so paßt sie doch vorherrschend nur in den Niederwald, wo sie durch ihre starke Ausschlagfähigkeit und raschen Wuchs in kurzer Zeit hohe Erträge giebt; allerdings ihrer Dornen wegen ein weniger beliebtes Material, obwohl es eine gute, der Buche nahestehende Heizkraft und auch sonstige Verwendbarkeit zu Rebpfählen ꝛc. besitzt. Sie läßt sich sehr leicht und billig anziehen, und verdient entschieden eine größere Beachtung, als ihr gegenwärtig zu Theil wird; während sie allerdings am Schluß des vorigen Jahrhunderts weit über Gebühr als Universalmittel gegen allen und jeden Holzmangel angepriesen wurde.

Von den ausländischen Eichen ist es hauptsächlich die amerikanische Rotheiche, Quercus rubra, welche in einzelnen Gegenden Deutschlands bereits in größerer Zahl und in älteren Exemplaren vorkommt und sich durch ihre geringeren Ansprüche an den Boden und ihren rascheren Wuchs vor unseren Eichen auszeichnet, während ihr Holz die gleichen Eigenschaften besitzt wie das einheimische. Insofern liegt für den rechnenden Forstwirth die Frage nahe, ob das theurere Kulturmaterial durch die größere Holzproduktion auch bezahlt werde.

Bei der Hikory-Nuß, Inglans alba, die ein sehr gesuchtes, zu manchen Zwecken — (feine Radspeichen an Luxuswagen 2c.) unentbehrliches Holz liefert, — läßt sich viel eher an eine Rentabilität der Anlage denken; wohl auch noch bei I. nigra der amerikanischen Schwarznuß, obgleich deren Holz gegen ersteres etwas zurücksteht. — Beide verlangen guten Boden und aufmerksame Behandlung, die ihnen am ehesten im Mittelwald, an Alleen, in der Nähe von Forstetablissements 2c. zu Theil werden kann.

Die amerikanische Platane verdient ebenfalls ihres guten Holzes wegen eine häufigere Berücksichtigung, zumal sie sich durch Stecklinge auf billige Weise vermehren läßt und als schnellwachsend die Konkurrenz mit anderen Laubhölzern leicht aushält. Zur vollen Nutzbarkeit muß sie mindestens 80 Jahre alt werden. Uebrigens dürfte sie sich auch für den Niederwald empfehlen, da sie sehr reichlich ausschlägt und die Ausschlagfähigkeit ihrer Stöcke lange anhält.

Der Zürgelbaum, Celtis australis, liefert ein sehr gutes und zu manchen Zwecken (Peitschenstielen 2c.) unentbehrliches Holz, wächst aber ziemlich langsam und macht an das Klima fast die gleichen Ansprüche wie die Weinrebe, weßhalb die Rentabilität seiner Anzucht nur in selteneren Fällen gesichert erscheint.

Von den Nadelhölzern ist die Weymuthskiefer eigentlich auch schon als eingebürgert anzusehen; obwohl ihre Anzucht besondere Sorgfalt erheischt und wegen des theuren Samens und der Größe desselben verhältnißmäßig hoch zu stehen kommt, so gleicht sich dies doch durch den raschen Wuchs und durch die Verwendbarkeit zur Ausfüllung von Lücken in vorgeschrittenen Junghölzern wieder einigermaßen aus. Andrerseits darf aber auch nicht unbeachtet bleiben, daß sie vom Wurzelpilz sehr gerne befallen wird und deßhalb solche Oertlichkeiten, wo dieser auftritt, für sie nicht geeignet sind. Der Ertrag an Samen giebt eine sehr beachtenswerthe Einnahme und sollte das Sammeln desselben schon der weiteren Verbreitung dieser Holzart zu Liebe nirgends unterlassen werden.

Nachdem die Wellingtonie dem kalten Winter von 1879/80 in den meisten Gegenden Deutschlands erlegen ist, kann von ihr als Waldbaum nicht wohl mehr die Rede sein. — Vom praktischen Standpunkt aus können zunächst noch wegen ihrer geringen Ansprüche an die Bodenkraft die Douglastanne und Lawson-Cypresse in Betracht kommen, da sie mit den sterilsten Böden noch vorlieb nehmen sollen; es fragt sich aber im Privathaushalt stets noch, ob auf solch geringes Objekt erhöhte Kulturkosten nützliche Verwendung finden. — Manche andere Nadelhölzer, die sich durch diese oder jene Eigenschaft empfehlen, passen vorerst noch nicht für die Privatforstwirthschaft, weil ihre Anzucht zu theuer kommt.

Zweites Kapitel.

Durch die Menschen bedingte, gegebene Verhältnisse.

§. 232.

Freiheit des Eigenthums.

Das Waldeigenthum kann sowohl durch Rechtsansprüche Dritter an einzelne Nutzungen, als auch durch die Staatsgewalt im Interesse Aller Beschränkungen unterworfen sein, welche die freie Bewirthschaftung wesentlich beengen und die vortheilhafteste Benützung des Eigenthumes unmöglich machen. Die Mitbenützungsrechte Dritter sind sehr lästig und muß in jeder geordneten Wirthschaft darauf hingewirkt werden, sie sobald als möglich zu beseitigen, was übrigens nur möglich ist, wenn die Gesetzgebung hiezu die Hand bietet, worüber unten das Nähere folgt.

Zu beachten ist sodann auch die direkte und indirekte Besteuerung, welchen das Waldeigenthum und die Waldprodukte unterworfen sind, es kommen hiebei nicht bloß die Grundsteuer für Staat, Gemeinde und Kreisverband, sondern oft auch noch Wegebauverpflichtungen, Patronats- und Schullasten 2c. in Betracht; ferner die Steuer bei Besitzveränderungen, Stempelkosten bei öffentlichen Holzversteigerungen 2c., welche einen erheblichen Theil des Ertrages in Anspruch nehmen.

Die polizeilichen Beschränkungen, denen das Waldeigenthum unterliegt, sind vom forstlichen Standpunkt aus betrachtet in der Regel nicht bedeutend, weil sie sich in den meisten Fällen nur auf das Verbot der Ausrodung und Devastation der Wälder beschränken und in Beziehung auf Holzart, Betriebsart und Umtriebszeit dem Eigenthümer freie Wahl lassen. Doch können auch solche Bestimmungen, einseitig durchgeführt, von Nachtheil werden, wenn sie die im Interesse des Einzelnen und des Ganzen liegende Verbesserung hindern, z. B. die Uebertragung des Waldes auf die schlechteren Standorte und Abtretung von besseren Böden zu landwirthschaftlichen Zwecken. Wo die gesetzlichen Beschränkungen weiter gehen, schaden sie in der Regel mehr und sind geeignet den Unternehmungsgeist zu lähmen und die Freude am Waldeigenthum zu schwächen.

Andererseits ist auch zu fragen, welchen Schutz die Gesetze durch zweckmäßige Strafen, schnelle Justiz, Aufstellung eines gut organisirten, alle Waldungen gleichmäßig schützenden Personals 2c. dem Eigenthum gegen die Eingriffe Dritter gewähren. Manche Gesetzgebungen begünstigen die Forste bezüglich des Transportes der Waldprodukte über vorliegendes fremdes Eigenthum (Oesterreich), oder erleichtern die Durchführung des überschüssigen Wassers, verbieten die Ansiedelung in unmittelbarer Nähe der Waldungen 2c.

Endlich sind hier noch zu erwähnen die volkswirthschaftlichen Einrichtungen, welche in den einzelnen Ländern auf verschiedene Weise dazu beitragen, die wirthschaftliche Thätigkeit zu heben und die Freiheit des Eigenthumes zur Wahrheit zu machen. Hieher sind namentlich zu zählen, Erleichterung des Verkehrs durch gesetzliche Bestimmungen, Anlage von Straßen, Kanälen, Eisenbahnen, Frachtermäßigungen auf letzteren zu Gunsten der Walderzeugnisse, oder was leider die Regel, zu Gunsten der konkurrirenden Steinkohle, oder des ausländischeu Holzes mit Hülfe von Differentialtarifen 2c.

Glücklicherweise sind letztere in Deutschland jetzt verboten und ist außerdem durch den Einfuhrzoll auf Bau- und Nutzholz, Sägewaare, Borke 2c. gegen übermächtige, ausländische, unter günstigeren wirthschaftlichen Bedingungen producirende Mitbewerber einige Ausgleichung geschaffen, welche den einheimischen Holzzüchter gegen ein allzu starkes Sinken der Preise bis zu einem gewissen Grade sicher stellt, wofür wir unserem großen Kaiser und seinem Kanzler zu lebhaftem Danke verpflichtet sind.

§. 233.

Bevölkerungs- und Absatzverhältnisse.

Die Waldungen sind in entlegenen und wenig bevölkerten Gegenden vor den Eingriffen der Menschen ziemlich sicher, wogegen anderwärts eine zahlreichere Bevölkerung viele Ansprüche an den Wald erhebt und solche zuletzt auf unrechtmäßige Weise geltend zu machen sucht, wenn man nicht genügende Rücksichten auf die Befriedigung derselben nimmt. Dies muß öfters auf Kosten des ganzen Betriebes geschehen, und bringt den Waldeigenthümer nicht selten in Nachtheil; da die Anzucht einzelner Holzarten, die Wahl der Betriebsart und Verjüngungsmethode, die Führung der Durchforstungen danach bemessen, oft einzelne Nutzungen, wie Laub, Gras und dergleichen ganz unentgeltlich oder gegen geringe Vergütung eingeräumt werden müssen. — Auf der anderen Seite sind in bevölkerten Gegenden die Kommunikationsmittel mehr vervollkommnet, die Arbeitslöhne meist auch billiger und die Arbeiter leichter zu bekommen, die Preise sämmtlicher Waldprodukte in der Regel höher und diese selbst besser zu verwerthen, was durchweg eine Steigerung des rohen Geldeinkommens, häufig auch eine

Vermehrung des Reinertrages bewirkt. — In rauhem Klima ist die Bevölkerung in der Regel geringer, aber der Bedarf an Brennholz ein größerer, zugleich überwiegt aber auch der Wald die anderen Kulturarten.

Von großem Einfluß auf den forstlichen Betrieb sind die Sitten, Anschauungen und Gewohnheiten, die Wohlhabenheit und die Bedürfnisse der Bevölkerung. In vielen Gegenden ist die altgermanische Anschauung, daß das Holz Gemeingut sei, noch tief im Volke eingewurzelt und darum der Holzdiebstahl nicht leicht abzustellen. In anderen Gegenden ist der Grundbesitz zerstückelt, die Bevölkerung vorherrschend mit ihrem Unterhalt darauf angewiesen: hier muß der Wald das zum landwirthschaftlichen Betriebe und zum Lebensunterhalt Fehlende in allen möglichen Stoffen und Formen ergänzen. Eine reiche, wohlhabende Bevölkerung ist eine erwünschte Nachbarschaft, weil sie sich weniger Eingriffe erlaubt, aber es fehlen in solchen Gegenden nicht selten die Arbeiter oder es stehen wenigstens die Löhne höher.

In sehr industriereichen Gegenden schädigen der Rauch und die Dämpfe, namentlich wenn sie schwefel- und arsenikhaltig sind, den Baumwuchs oft sehr empfindlich und auf ziemlich weite Entfernung. Andererseits sind in Gegenden mit Windmühlen die umliegenden Grundstücke von der Aufforstung ausgeschlossen.

Die Absatzverhältnisse laufen zwar nicht immer parallel mit der Bevölkerung, denn oft sind dünn bevölkerte Gegenden durch Wasserstraßen oder sonstige Verbindungen einem ausgedehnteren Holzabsatze viel günstiger als andere mit dichter Bevölkerung; namentlich können Waldgegenden, wo es nicht an Wasserstraßen oder Eisenbahnen fehlt, in solch vortheilhafter Lage sein. Durch guten Absatz und hohe Preise wird der forstliche Betrieb im Allgemeinen gehoben, man kann um so eher einen Aufwand auf Kulturen und Wege machen; auch die Durchforstungen so früh beginnen und so weit ausdehnen, daß dadurch der höchste Zuwachs erlangt wird; man kann noch viel Holz nutzbar verwerthen, welches in anderen Gegenden keine Geldeinnahme gewähren würde; deßhalb sind hier auch die kürzeren Umtriebszeiten und der Niederwald noch vortheilhaft. — Wo dagegen nur weniges, somit nur das werthvollste Material abgesetzt werden kann, muß natürlich der Betrieb danach eingerichtet werden, es ist nur Hochwald oder Femelwald mit hohem Umtrieb zulässig; die Verjüngung hat so zu geschehen, daß die wenigste künstliche Nachhülfe erforderlich ist. Manchmal kann nur durch Gewinnung von Nebenprodukten, die einen weiteren Transport ertragen, wie Theer, Harz, Pottasche, Essigsäure ꝛc., aus den Forsten eine Geldeinnahme erzielt werden. Bei größerer Nachfrage nach einzelnen Erzeugnissen, z. B. Gerbrinde, wird auch die Anzucht besonderer Holzarten und eine besondere Betriebsart nothwendig.

Absatzverhältnisse und Nachfrage nach einzelnen Walderzeugnissen wechseln mit der Zeit, so hat die Mast ihre frühere Bedeutung fast ganz verloren, namentlich in Folge des ausgedehnteren Kartoffelbaues; ebenso die Waldweide durch Einführung der Stallfütterung, oder das Leseholz in Gegenden mit hohem Arbeitslohn (Stadtforst von Frankfurt a. M.). Andere Erzeugnisse sind erheblich im Werthe gesunken, z. B. Eichen- und Kiefern-Schiffs- 2c. Bauholz durch Einführung der Panzerschiffe, eisernen Brücken, selbst Eisenbahnschwellen werden durch das Eisen neuerdings verdrängt; auch der Eichenrinde droht große Konkurrenz durch die Verwendung von Chromsäure als Gerbemittel.

Dagegen treten wieder neue Anforderungen auf, z. B. Verwendung von Holz zu Papierstoff, Weidenrinde zur Bereitung von Salicin, Kiefernknospen zur Herstellung von Vanillin 2c.

§. 234.
Größe der Waldfläche.

Die mehr oder minder bedeutende Größe des Waldes wirkt zunächst auf den Umtrieb und die Betriebsart. Bei einem kleinen Besitz kann man keinen hohen Umtrieb einhalten, weil sonst die jährlichen Schlagflächen eine zu geringe Ausdehnung bekommen und die Nachzucht durch die meist schädlichen Wirkungen des Seitenschutzes zu sehr erschwert würde. In vielen Fällen ist dadurch der Hochwaldbetrieb ganz ausgeschlossen, also auch das Nadelholz, wenn man dasselbe im schlagweisen Hochwald erziehen will; Femelwald läßt sich aber damit noch auf ganz kleinen Flächen betreiben. Bei den Laubhölzern wird durch die geringe Ausdehnung des Areals häufig der Niederwald- und Mittelwaldbetrieb nothwendig.

Auf kleinen Waldflächen ist ein sehr sorgfältiger Betrieb der Schläge und Kulturen möglich, weil sich die Arbeiten koncentriren und gut überwachen lassen. Die Ausnutzung der verschiedenen Sortimente kann vollständiger bewirkt werden, die Haupt-, Zwischen- und Nebennutzungen können überall rechtzeitig wiederkehren; wo also die Absatzverhältnisse es erlauben, läßt sich aus diesen Gründen ein hoher Material- und Geldertrag erwarten; wo aber erst Absatz geschafft werden soll, da ist der Besitzer von kleineren Waldparzellen weniger im Vortheil, indem gewöhnlich nur größere, nachhaltig zu liefernde Quantitäten Absatz finden, um für das Brennholz den Bestand von holzverzehrenden Gewerben zu sichern oder für das Nutzholz die Errichtung von Schneidemühlen zu ermöglichen oder einen besonderen Handel zu begründen. — Größere Meliorationen, wie Entwässerungen, Wegbauten 2c. können öfter wegen des beschränkten Areals nicht unternommen werden, weil solche Arbeiten mit dem Lauf der Bäche und dem Zug der Land- und Wasserstraßen in unmittelbaren Zusammenhang gebracht werden müssen. Wo freilich ein kleines Grundstück in nächster Nähe an solchen Verkehrsmitteln liegt, da genießt es in der Regel seiner ganzen Ausdehnung nach, ohne allen weiteren Aufwand von Seiten des Waldbesitzers, die Vortheile davon; wogegen ein großer Waldkomplex zum Theil wenigstens auf eigene Hülfe angewiesen ist, um sich in den Genuß dieser günstigen Verhältnisse zu setzen.

Kleinere Parzellen haben im Verhältniß zu ihrem Flächeninhalt einen größeren Umfang, weßhalb die Grenzunterhaltung mehr Geld und Aufmerksamkeit in Anspruch nimmt und die Möglichkeit von Konflikten mit den Nachbarn erhöht wird, ein Umstand, der bei anstoßenden Feldgütern von großer Bedeutung ist; bei angrenzenden Waldungen sind die Gefahren, welche durch plötzliche Lichtstellung Seitens des Nachbars dem eigenen Bestand drohen, häufig noch mehr zu fürchten.

Der Wind kann in kleineren Komplexen, selbst durch die zweckmäßigsten Vorkehrungen und Schlagtouren weniger gut abgehalten und unschädlich gemacht werden. — Ein Sturm hat z. B. am 20.—21. Februar 1879 im Kanton Bern zusammen 130 000 Stämme geworfen; davon 8 Procent in den größeren geschlossenen Komplexen der Staatsforsten, 40 Procent in den mehr getheilten Gemeindewaldungen und 52 Procent in den unter 23942 Eigenthümern getheilten Privatwaldungen, wovon 17971 unter 5 Juchart = 1,8 ha besitzen.

Die höheren technischen Kenntnisse, welche eine gute Forstwirthschaft voraussetzt, können nur von größeren Waldbesitzern durch eigenes Studium oder durch Anstellung von besonderen Technikern erworben und nutzbar gemacht werden. Aehnlich verhält es sich mit dem Schutzpersonal; wenn dasselbe nicht vom Staat oder den Gemeinden bestellt wird, kommt es besonders für den Besitzer kleiner Waldparzellen sehr theuer, den Schutz gegen Frevel gehörig handhaben zu lassen, weil oft ein einziger Mann damit nicht genügend beschäftigt ist und doch daneben eigentlich keine andere Arbeit treiben kann, also für seine ganze Arbeitszeit belohnt sein muß, während er eben so gut die doppelte und dreifache Fläche schützen könnte.

§. 235.

Arrondirung.

Wenn das Waldeigenthum eines Besitzers in viele kleinere Parzellen zerfällt, so ist klar, daß durch diesen Zustand fast alle jene Nachtheile bedingt sind, die im vorigen Paragraphen näher dargelegt wurden, theilweise in vermehrtem Grad, weil auf dem Weg von einem Grundstück zum andern viele Zeit unnütz verloren geht, und weil die Grenzen sich unverhältnißmäßig ausdehnen. — In dieser Beziehung kommt namentlich noch in Betracht, daß längs den Feldgrenzen stets ein mehr oder weniger breiter Streifen (bis zu 5 m, in exponirter Lage bis zu 10 m) unter dem Einfluß des Windes, der Sonnenstrahlen ꝛc. nicht den vollen Ertrag gewährt, das Holz bleibt kurzschäftiger, setzt mehr Aeste an ꝛc. Als einziger Vortheil ist anzuführen, daß manchmal der Absatz der Produkte durch die Parzellirung erleichtert und die Preise gesteigert werden.

Ein vollständig arrondirtes Waldgut bietet dagegen folgende Vortheile: der Grenzzug ist leichter kennbar zu machen, er kann mit dem geringsten Aufwande hergestellt werden. Zu Differenzen mit den Nachbarn ist viel weniger Veranlassung gegeben, weil die Berührungspunkte sich vermindern und weil viele Konflikte bei der Holzfällung und Holzabfuhr ganz wegfallen. Es ist ein besserer Schutz gegen Frevler möglich, weil sich die Grenzen und die an denselben stattfindenden Ein- und Ausgänge leichter übersehen lassen. Ein arrondirter Waldkomplex ist gegen die Gefahren von Wind und Feuer besser zu schützen als ein Grundstück mit zerrissenen Grenzen oder in vielen Parzellen getheilter Besitz. Die Waldeintheilung und die damit enge verknüpfte Aneinanderreihung der Schläge, mittelst zweckmäßiger Schlagtouren lassen sich nur in gut arrondirten Waldungen unabhängig und so, wie es den inneren Verhältnissen des Forstes entspricht, ausführen.

Die Nebennutzungen können wenigstens theilweise, z. B. Weide, Gräserei und Streu in größerer Ausdehnung betrieben werden, oder kann man die damit verbundenen Nachtheile wesentlich mildern. Die Wege können unabhängig von anderen Einflüssen bloß nach der Rücksicht des Holzabsatzes entworfen und ausgeführt werden. Aehnlich verhält es sich bei den Entwässerungen. Der gegenseitige Schutz, den die Bestände sich geben, ist nur bei arrondirtem Eigenthum im vortheilhaftesten Grade zu erreichen.

Bei einem weniger arrondirten Besitz ist man in der Wahl der Holzart, Betriebsart und Umtriebszeit abhängiger von den Nachbarn und den durch Stürme gebotenen Rücksichten. Die Hiebsführung, die größere oder geringere Nothwendigkeit künstlicher Nachhülfe kann durch eben diesen Grund, wie auch durch den mehr oder weniger bedeutenden gegenseitigen Schutz der Bestände wesentlich beeinflußt werden. Wenn das angrenzende Grundstück ebenfalls Wald trägt und wenn dieser nach den gleichen Prinzipien bewirthschaftet wird, so ist dies natürlich erwünscht. Abweichungen in der Umtriebszeit, Betriebsart und Verjüngungsweise machen aber alsbald besondere Vorkehrungen zum Schutz der anstoßenden Bestände nöthig, z. B. lokale Erhöhung oder Verminderung des Haubarkeitsalters, Sicherheitsstreifen, Loshiebe 2c. Am Feld sind besondere Schutzmaßregeln gegen das Uebergreifen der landwirthschaftlichen Kultur, gegen das Einweiden, gegen den schädlichen Einfluß des Windes durch Austrocknen und Wegwehen des Laubes erforderlich, wodurch Raum weggenommen und vermehrter Kostenaufwand verursacht wird. Dem Verfasser sind sehr parzellirte Waldkomplexe bekannt, die durch ihre große Zerstücklung 15—20 Procent weniger werth sind, als wenn sie ganz arrondirt wären; namentlich wird dieses Verhältniß bei sogenannten Feldhölzern nachtheilig.

Am nachtheiligsten ist die Unterbrechung im Zusammenhang des Eigenthums, wenn sie von kleineren, Dritten gehörigen Enklaven herrührt, weil damit in der Regel noch Wegeservituten verbunden sind, und weil die Besitzer dieser eingeschlossenen Grundstücke öfter jede günstige Gelegenheit zu Verübung von Freveln benützen, daher den Forstschutz bedeutend erschweren.

Zweiter Abschnitt.

Veränderliche Verhältnisse des Forstbetriebes.

Erstes Kapitel.

Einleitung.

§. 236.

Allgemeines.

Ueber die veränderlichen und veränderbaren Verhältnisse kann der Waldbesitzer bis zu einem gewissen Grade frei verfügen, selten aber unmittelbar zu *seinen Gunsten*; denn die Früchte seiner Maßregeln reifen meist einem anderen Nutznießer nach einer längeren Reihe von Jahren. Dieser Umstand muß ihn bestimmen, bei solchen Aenderungen das Für und Wider um so sorgfältiger zu prüfen, um so gewissenhafter die Vor- und Nachtheile für die Gegenwart und für die Zukunft mit einander abzuwägen, um so vorsichtiger vorzugehen, je weiter der Erfolg entfernt liegt und je zweifelhafter derselbe ist, weil ein Abgehen von der bestehenden Ordnung meist erst bei nächster Wiederkehr der Neubegründung des Bestandes nach Ablauf eines vollen Umtriebes möglich wird.

Hiebei hat der Forstwirth mehr als jeder andere mit ungewissen Verhältnissen einer späteren Zukunft zu rechnen und da uns eine besondere prophetische Befähigung hiefür nicht gegeben ist, bleibt meist nur übrig, die gegenwärtigen Verhältnisse als in der Fortentwicklung begriffen und als so fortdauernd anzunehmen. — Unvorherzusehendes läßt sich natürlich nicht in Rechnuug nehmen; wer hätte z. B. vor 50 Jahren, als die erste Eisenbahn in Deutschland in Betrieb gesetzt war, den großen Einfluß auch nur ahnen mögen, welcher sich schon nach 10 und 20 Jahren auf die Steigerung des Nutzholzausbringens ergeben hat, und wer hätte wiederum vor 20 Jahren bei den hohen Eisenpreisen für möglich gehalten, daß dieses Material die Holzschwellen ersetzen könnte. — Aehnlich verhält es sich mit der Holzeinfuhr aus anderen Ländern und Welttheilen, welche ebenfalls erst unter unseren Augen durch die Eisenbahnen so sehr erleichtert und gesteigert, danach aber auch der einheimischen Waldwirthschaft so gefährlich geworden ist.

Allerdings liegt eine gewisse Bürgschaft gegen allzurasches Vorgehen in der Schwerfälligkeit des forstlichen Betriebes; auch die dringlichsten und nützlichsten Maßregeln lassen sich bei demselben nicht so rasch ins Leben rufen und allgemein durchführen, wie es von Sanguinikern hie und da gewünscht wird. In den meisten Fällen ist der Zeitraum einer vollen Umtriebszeit dazu nöthig, manchmal reicht auch dies noch nicht einmal aus; z. B. bei der Verdrängung einer Holzart, Erhöhung der Umtriebszeit, Uebergang zu einer anderen Betriebsart 2c.

Nur in einem Fall ist es möglich sehr rasch zum Ziele zu gelangen — leider zum Verderben des Waldes — wenn nämlich abgewirthschaftet und devastirt werden will, da geht es, insbesondere auf geringen Böden und in ungünstigen klimatischen Verhältnissen überraschend schnell, mag es sich nun um Vernichtung des Holzvorrathes, oder um Erschöpfung der Bodenkraft durch rücksichtsloses Streurechen handeln. — Soll dann aber einstmals die Versündigung an der Natur wieder gut gemacht werden, so erfordert dies eine ungewöhnlich lange Zeit und namhafte Geldmittel; vor allem aber Unternehmer, welche Jahrzehnte lang auf den Ertrag ihrer angelegten Kapitalien warten können und wollen.

§. 237.

Gegensatz von Nutz- und Brennholzwirthschaft.[1])

Mit dem Eintreten in dieses Gebiet beginnt die eigentliche wirthschaftliche Thätigkeit; der Forsthaushalt. — Die Aufgabe einer Wirthschaft wird im neusten Werk, Schönberg Handbuch der Nationalökonomie, Tübingen, Laupp, in folgender Weise bestimmt: Der Wirthschafter soll bei seiner erwerbenden wie konsumirenden Thätigkeit seinen Zweck mit dem möglichst

[1]) Da an der 3. Auflage dieses Buches getadelt wurde, daß die sogenannte Reinertragswirthschaft nicht erwähnt worden sei und gewissermaßen todtgeschwiegen werden wolle, so bin ich genöthigt, hier zu erklären, daß ich glaube, die in den früheren Auflagen und der gegenwärtigen vorgetragenen Lehren streben genau nach demselben Ziele, welches die Reinertragstheorie ausschließlich für sich in Anspruch genommen wissen will. Dasselbe ist übrigens aber bekanntermaßen schon längst der Forstwirthschaft vorgesteckt gewesen, bevor jener Name hauptsächlich für die mit Hülfe einer neuen Formel, der des Bodenerwartungswerthes, mathematisch begründeten Theorie ausschließlich beansprucht wurde. Was dabei an mathematischer Folgerichtigkeit gewonnen werden soll, geht nach meiner Ueberzeugung reichlich wieder verloren durch die Unsicherheit der dabei unentbehrlichen Zukunftswerthe, wie sich dies an den anfänglich so sehr hoch gewertheten Faktoren des Zinsfußes und des Theurungszuwachses sozusagen unter unseren Augen vollzogen hat, indem dieser von einer positiven in eine negative Größe sich verwandelt hat und jener um mehr als ein Procent zurückgegangen ist, wodurch die vor 15 und 20 Jahren aufgestellten Berechnungen mit ihren schönsten wirthschaftlichen Konsequenzen über den Haufen geworfen worden sind. Der mit 4% für das 80. Jahr gefundene Werth läßt sich nun mit 3% erst im 106. Jahr erlangen.

Daß die Ziele, welche die sogenannte Reinertragstheorie ausschließlich für die ihrigen erklärt, schon frühzeitig in die Forstwirthschaft eingeführt wurden, dafür berufe ich mich auf das 1787 erschienene Lehrbuch der Forstwissenschaft des Heidelberger Universitäts-Professors J. H. Jung, welches die wirthschaftliche Aufgabe unseres Berufes fast genau ebenso umgrenzt, wie sie oben aus dem neuesten nationalökonomischen Werke angeführt wurde. Desgleichen sind schon 1764 in Stahls Forstmagazin 4. Band mit Zuhülfenahme

geringsten Opfer an Vermögen und Arbeitskraft zu erreichen suchen und bemüht sein, das Opfer, welches er zu bringen hat, möglichst geringer, keinenfalls größer sein zu lassen, als der Werth dessen ist, was ihm dafür zu Theil wird.

Bei gegenwärtiger Lage des forstlichen Gewerbes und des Marktes für die Walderzeugnisse tritt die Frage, ob Nutzholz- oder Brennholzwirthschaft getrieben werden soll, wohl nirgends mehr ernstlich an den Forstwirth heran, sie mußte in den letzten Jahrzehnten allenthalben zu Gunsten jener entschieden werden. Da wir uns aber erst im Anfange der Uebergangsperiode befinden, so wird es doch nothwendig, den Gegensatz zwischen beiden Systemen und ihre sachliche Berechtigung noch etwas eingehender zu besprechen.

So lange die Eisengewinnung noch mit Holzkohlen betrieben werden mußte, um gutes Eisen zu erzeugen, und so lange sie noch den Wettbewerb mit der auf Steinkohlen gegründeten Hütteninudstrie aushalten konnte, hatte die Brennholzwirthschaft im Zusammenhang mit solchen Unternehmungen ihre volle Berechtigung. Aehnlich stand es bei dem Glashüttenbetrieb, welcher vor noch nicht allzulanger Zeit ausschließlich auf die Feuerung mit Holz eingerichtet war.

Auch die Versorgung größerer Städte mit dem nöthigen Brennholz für den Hausbedarf konnte die Widmung ausgedehnter Waldflächen für ausschließliche oder überwiegende Erziehung von Brennhölzern rechtfertigen zu einer Zeit, wo die Steinkohlenfeuerung nur in der nächsten Umgebung der Kohlengebiete möglich war, bevor das dichte Netz von Eisenbahnen und

von Zinseszinsen forststatische Berechnungen über die Ertragsverhältnisse verschiedener Holz- und Betriebsarten, wie Umtriebszeiten veröffentlicht, deren Methode annähernd richtige Ergebnisse schon damals geliefert hat.

Wenn der wirthschaftlichen Richtung zu Anfang dieses Jahrhunderts, oder wenigstens einzelnen Vertretern derselben das Ziel der höchsten Massenerträge vorgeschwebt hat, so darf dabei doch wohl nicht übersehen werden das damalige Ueberwiegen der Brennholzwirthschaften und die meist untergeordnete Bedeutung des Nutzholzabsatzes, so daß jene Forderung nicht nach den gegenwärtigen Absatzverhältnissen beurtheilt werden kann; sie dürfte in jener Zeit mit überwiegender Nachfrage nach Brennholz nicht allzuweit von den richtigen Grundlagen einer schulgerechten Wirthschaft abgewichen sein.

Sodann ist es eine ganz unwirthschaftliche Unterstellung, wenn bei den Rechnungen nach der sogenannten Reinertragstheorie angenommen wird, daß gleich im ersten Anlauf ein 100- oder 120jähriger Umtrieb begründet werden solle. Kein praktischer Forstwirth wird solchen kühnen Sprung wagen; er wird der Natur folgen, die auch keine Sprünge macht, aber ebendeßhalb um so sicherer zum Ziele gelangt. — Merkwürdig ist es freilich, daß schon einer der ersten Bahnbrecher auf diesem Gebiet, der nachmalige Oberfinanzrath v. Nördlinger in Stuttgart, den praktisch richtigen Weg zeigte, wie man allmählig zum höheren Umtrieb aufsteigen solle, man brauche nicht zu warten, bis die 100jährige Altersreihe hergestellt sei, sondern könne schon vom 50. Jahr ab mit der Abnutzung beginnen (Bechstein, Diana, 3. Bd. 1805) und dann jedes Jahr in die nächst höhere Altersstufe aufsteigen, bis man ins 100jährige Holz komme. Dies setzt voraus, daß man die ganze Aufforstungsfläche in 50 Jahren in Bestockung bringt. — Bei solchem Vorgehen erhält man dann ganz andere, viel günstigere Rechnungsergebnisse.

Wasserstraßen und die billigen Frachten die Ausbreitung des Steinkohlenbrandes in immer weitere Kreise begünstigten. Es wird jetzt nur noch wenige Orte in Deutschland geben, wo die Heizung mit Steinkohlen theurer zu stehen kommt, als die mit Holz, welches auf diese Weise fast allenthalben zum Luxusartikel geworden ist und als Heizstoff immer mehr Boden verliert, so daß man froh sein darf, wenn man für denjenigen Theil, welcher vom Nutzholz abfällt, auf sicheren Absatz rechnen kann. Bei dieser allbekannten Sachlage bedarf es wohl keiner weiteren Ausführung, daß die Brennholzwirthschaft sich überlebt hat, und muß es in der Gegenwart und wohl auch für immer als die Hauptaufgabe des Forstwirthes bezeichnet werden, die Nutzholzerzeugung nach Menge und Güte möglichst zu heben, selbstverständlich unter richtiger Würdigung der Nachfrage nach den einzelnen Sortimenten und Holzarten, sowie des Preis- und Rentabilitätsverhältnisses bei denselben. Auch diese Vorbedingungen unterliegen, wie bereits erwähnt, dem Wechsel, und es ist fast von keinem Sortiment anzunehmen, daß es für absehbare Zeiten gleich begehrt und bezahlt sein werde. Nur bei den Artikeln des täglichen Gebrauches und bei den Bauhölzern in runder oder geschnittener Form wird eine gewisse Stetigkeit im Bedarf vorauszusetzen sein; obwohl auch auf diesem Gebiet Eisen und Stein im Mitbewerb stehen. Andererseits bleibt uns aber die Hoffnung, daß mit zunehmender Bevölkerung und steigendem Wohlstand auch die Nachfrage eine stärkere wird, daß neue Verwendungsarten und neue Bedürfnisse auftreten, und daß insbesondere die Vorräthe der in fremden Ländern neu erschlossenen Urwälder in nicht gar zu ferner Zeit ihrer Erschöpfung entgegengehen, worauf wir dann, ganz oder theilweise auf die Erzeugnisse des heimischen Bodens angewiesen, günstigere Absatzverhältnisse wieder zu erwarten haben.

Zweites Kapitel.

Holzarten.

§. 238.

Die Wahl der Holzarten.

Wenn auch der Forstwirth die Eigenthümlichkeit des Wachsthums einzelner Holzarten nur wenig ändern kann, so hat er es dagegen doch manchmal in der Hand, durch Verdrängung einzelner und Anzucht anderer Arten den forstlichen Betrieb mehr oder weniger umzugestalten.

In vielen Fällen ist es durch die da und dort nur allzusehr überhandnehmende Bodenverschlechterung geboten, mit der Holzart zu wechseln, weil die bisher vorhandene größere Ansprüche macht, als der entkräftete Boden befriedigen kann. Die Ursache dieses Zurückgehens eines Bestandes liegt nicht immer in dem Boden allein; manchmal kann ebenso gut eine unzweckmäßige Waldbehandlung, namentlich rasche Lichtstellung, allzugroße Ausdehnung der Weide- und Streunutzungen der Grund sein; es läßt sich in solchen Fällen vielleicht durch zweckmäßigere Pflege, durch zeitweilige Einschränkung des Laubstreubezuges, durch vorsichtige Lichtung und langsame Verjüngung, oder auch durch Abkürzung der Umtriebszeit ein besseres Gedeihen und ein höherer Holzertrag erzielen. Wo es sich also um eine wertholle, guten Ertrag gewährende Holzart handelt, sind zunächst diese Mittel zur möglichen Erhaltung derselben in Erwägung zu nehmen. — Oft genügt schon die Beimischung einer bodenbessernden Holzart oder eines Bodenschutzholzes, um die andere wenigstens theilweise zu erhalten; dieser Weg ist vielfach auch der billigste und zweckmäßigste, weil der Betrieb dadurch am wenigsten gestört wird. — In einzelnen Fällen ist es möglich, durch vorübergehende Anzucht einer Holzart die gewünschte Bodenverbesserung zu erlangen, wobei dann zeitweilig nur dieser letztere Zweck ins Auge gefaßt wird und die anderen Rücksichten mehr in den Hintergrund treten.

Handelt es sich aber um einen Wechsel der Holzart aus anderen Gründen, so muß die neu anzuziehende Holzart vor Allem eine solche sein, welcher die Standortsverhältnisse zusagen, welche womöglich den Boden nachhaltig bessert, oder ihn wenigstens in gleicher Kraft erhält und deren Erzeugnisse gut abgesetzt werden können. Ueber die bodenverbessernde Kraft der einzelnen Holzarten haben wir genügende Erfahrungen; es ist dabei nur stets auch in Betracht zu ziehen, wie lange sich die einzelne Holzart im Schluß erhält, wie lange also jene Eigenschaft wirksam bleibt.

Eine weitere Vorfrage geht dahin, ob die neu zu erziehende Holzart, wenn sie nur auf einem Theil des Wirthschaftskomplexes angezogen werden soll, in das ganze Wirthschaftssystem paßt, ob sie namentlich die gleiche Betriebsart und Umtriebszeit zuläßt. Ist dies nicht der Fall, so entstehen daraus öfters große Unzuträglichkeiten, wenn die neue Holzart eine bleibende Stelle in dem Wirthschaftskomplex erhalten soll. Bei dem vorübergehenden Anbau einer neuen Holzart kann eine solche Abweichung oft von Nutzen sein, weil sie möglicherweise ein Mittel an die Hand giebt, um das gestörte Altersklassenverhältniß auszugleichen, zu welchem Zweck die schneller wachsenden Holzarten mit kurzem Umtrieb gute Dienste zu leisten.

Ist ein Wechsel der Holzart nicht durch die veränderten Standortsverhältnisse bedingt, sondern nur durch die Absicht, einen vortheilhafteren Betrieb einzuführen, so ist dabei, wie bereits im Allgemeinen oben besprochen, noch besonders zu erwägen, ob die neue Holzart einen besseren und sichereren Ertrag giebt, als die bisherige, wobei natürlich nicht bloß der Holzertrag in Betracht gezogen werden darf, da der reine Geldertrag doch in fast allen Fällen den Ausschlag giebt.

Manchmal kann es räthlich sein, eine Holzart aufzugeben, weil sie einen höheren Umtrieb verlangt, und ein solcher den Verhältnissen und Zwecken des Besitzers nicht entspricht. Oft wird mit Rücksicht auf die Weide-, Streu-, Harz- oder Rindenbenützung eine Holzart begünstigt.

Andererseits gewinnt auch die Schwierigkeit, eine Holzart natürlich oder künstlich nachzuziehen, Einfluß auf die Ausschließung oder geringere Begünstigung derselben.

Die Anzucht einer, in der betreffenden Gegend nicht heimischen Holzart sollte für den Anfang immer nur im Kleinen, und zwar nicht bloß auf gutem Boden versucht werden, weil man nie mit gehöriger Sicherheit auf ein leichtes Akklimatisiren rechnen kann. Das Gedeihen einzelner Stämme läßt keinen ganz sicheren Schluß auf ein entsprechendes Wachsthum in geschlossenen Beständen zu; selbst das freudige Gedeihen einer Holzart in der Jugend berechtigt nicht unbedingt zu Folgerungen auf ein ähnliches Wachsthum im höheren Alter, weil oft unpassende Zusammensetzung der tieferen Bodenschichten, Krankheiten, Gefahren von Wind und Insekten nachtheilige Veränderungen im Gang des Zuwachses herbeiführen.

Aus all diesem dürfte zu entnehmen sein, daß der Forstwirth nur mit größter Vorsicht und nur allmählig die von Natur in einer Gegend vorkommenden Holzarten verdrängen darf, um gänzlich neue an ihre Stelle zu setzen. Weniger bedenklich sind dagegen die Maßregeln, wodurch von zwei oder mehreren bereits eingebürgerten Holzarten die eine auf Kosten der anderen begünstigt wird, wo also in gemischten Beständen durch Auszugshiebe und Durchforstungen die eine vermindert oder verdrängt wird, oder wo von mehreren einer Gegend eigenthümlichen in reinen Beständen vorkommenden Waldbäumen der eine an die Stelle des anderen gesetzt wird.

Die Vorzüge der einen Holzart als Bau- oder Brennmaterial, der größere oder geringere Geldertrag, welcher von ihr zu erwarten ist, die Möglichkeit mehr oder weniger Nebennutzungen zu beziehen, geben hiebei häufig den Ausschlag. Ebenso aber sind zu beachten die Widerstandsfähigkeit gegen Elementarereignisse, die Verbesserung des Bodens, die Nothwendigkeit eines höheren oder niederen Umtriebes ꝛc.

§. 239.

Wechsel der Holzarten.

Für einen durch die Natur begründeten Wechsel haben viele Theoretiker und Praktiker sich ausgesprochen und auch manche oft sehr bestechende Beispiele dafür angeführt. Wäre ein solcher in den Naturgesetzen begründet, so könnte er beim forstlichen Betrieb nicht unbeachtet bleiben, deßhalb ist es nothwendig, näher darauf einzugehen. — Viele haben sich durch das gegenseitige Verhalten der landwirthschaftlichen Gewächse bestimmen lassen, jene Annahme auch bei den Waldbäumen für richtig zu erklären. Dabei wurde aber ganz übersehen, daß die kultivirten Pflanzen in bebautem Boden theilweise unter ganz anderen, dem Naturzustand nicht entsprechenden Verhältnissen wachsen müssen; der Boden des Ackers und der Wiese wird gedüngt oder bewässert, wodurch ihm ein großer Theil der nothwendigen Nahrungsstoffe in reichlicherer Menge als sonst zugeführt wird; dagegen wird ihm aber auch jährlich fast die Gesammtheit seiner Erzeugnisse entzogen, was bei der Forstwirthschaft in der Regel nicht der Fall ist; bei ihr verbleiben dem Boden wenigstens noch die Abfälle an schwächerem Holz, abgestoßenen Rindenschuppen und vorzüglich das Laub oder die Nadeln, deren anorganische Stoffe die Ernährung des Baumes vorzüglich befördern, indem sie einen Kreislauf um und durch denselben beschreiben.

Die Praktiker, welche Beispiele von der Verdrängung einzelner Holzarten in größerer Menge beibrachten, um einen in der Natur begründeten Wechsel zu beweisen, haben in der Regel die Einwirkungen der menschlichen Thätigkeit dabei ganz übersehen. — Wo durch langjährige übertriebene Weide- und Streunutzungen, durch sorgfältiges Einsammeln des Samens und dessen Verwendung zu anderen, als forstlichen Zwecken das Verschwinden einer Holzart veranlaßt worden ist, liegen die Ursachen ziemlich deutlich auch dem Laien vor Augen. Wo aber eine technische fehlerhafte Behandlung der Waldungen den Grund bildet, da wird derselbe in der Regel von den Forstwirthen am schwersten erkannt. Hieher sind namentlich zu rechnen die allzu lichten und allzu dunklen Hiebsführungen,[1]) zu rasche oder zu langsame Verjüngung, unzweckmäßige Umtriebszeit, zu große Ausdehnung der Kahlschläge, zu langes Bloßliegen des Bodens, mangelnde Vorsichtsmaßregeln gegen Austrocknung und Versumpfung ꝛc. Solche Fehler in der Wirthschaft ziehen dann häufig die Ausbreitung von schlechten Hölzern mit leichtgeflügelten, sich weithin verbreitenden Samen nach sich, oder es siedeln sich Unkräuter an, die den Boden verschlechtern und eine natürliche Verjüngung erschweren.

Aenderungen im Klima, wie solche in historischer Zeit einzelne Länder erlitten haben, z. B. Island, Schottland ꝛc. können natürlich das gänzliche Verschwinden einer Holzart bedingen, gehören aber nicht hieher, so wenig als das so sehr beklagte Verschwinden der deutschen Eichenwälder, was zum Theil seinen Grund hat in der Ausdehnung der landwirthschaftlichen Kultur, wozu gerade der bessere Boden der Eichenwälder besonders geeignet war und in den Einschränkungen der Waldfläche, welche keinen so hohen Umtrieb mehr gestattete. — Einen weiteren Beweis, wie Aenderungen des Klimas auch noch in der Gegenwart auf das Gedeihen unserer Waldbäume ihren Einfluß äußern, liefern die Alpen, wo man häufig ganz abgestorbene Bestände trifft, unter denen kein junger Nachwuchs mehr sich findet. Dies wird z. B. im Allgäu der größeren Trockenheit des Klimas

[1]) Das Fehlen der mittelwüchsigen Eichen schreibt man in Württemberg z. B. dem starken Wildstand vor 70 bis 120 Jahren zu; da aber vor 200 und 300 Jahren der Wildstand erwiesenermaßen noch stärker war, und aus jener Zeit Eichen genug vorhanden sind, so ist diese Erklärung nicht genügend. Ohne Zweifel verschwand die Eiche erst zu der Zeit, als die Hartig'schen Dunkelschläge und die damit zusammenhängende langsame Verjüngung ihr in der Jugend das so nöthige Licht entzogen.

zugeschrieben, die nach Sendtner „die Vegetationsverhältnisse Südbaierns" ihren Grund in der Entwaldung der Tyroler Berge haben soll. Aehnliche Zeugen vom Rückgang der oberen Baum- und Waldgrenzen finden sich auch in den österreichischen Alpen.

§. 240.
Reine und gemischte Bestände.

In vielen Fällen sind reine Bestände die einzig möglichen, wenn nämlich der Boden in größerer Ausdehnung bloß eine Holzart tragen kann, oder wenn das Klima von einer solchen Beschaffenheit ist, daß nur die unempfindlichste Holzart noch gedeiht. Auf Standorten aber, wo mehrere Arten entsprechendes Wachsthum zeigen, läßt sich die Frage aufwerfen, ob reine oder gemischte Bestände von größerem Vortheil sind.

Vom forstlichen Standpunkt aus wird man sich in den Fällen, wo man die Wahl hat, meistens für die Anzucht gemischter Bestände entscheiden dürfen;

1) weil dieselben den Boden besser zu überschirmen vermögen, da sie einen dichteren Schluß bilden, als die reinen Bestände;

2) weil sie den Gefahren, die von Wind, Schnee, Feuer, von Thieren und Krankheiten drohen, größeren Widerstand leisten können. Die sehr gefährliche Kiefernraupe meidet mit Laubholz durchsprengte Kiefernbestände fast gänzlich. In Ostpreußen befiel die Nonne vorherrschend die reinen Fichtenbestände und vermied die mit Kiefern gemischten. Der Fichtenborkenkäfer verhielt sich in den Jahren 1873—1875 im böhmisch-bayrischen Wald, nach unseren Wahrnehmungen ganz ähnlich, sobald es sich um Bestände handelte, in welchen die Buche eingesprengt war; da befiel er die Fichten viel weniger, als in den reinen Fichtenbeständen und Horsten. Die gemischten Bestände halten sich gesünder. Rothfäule tritt in denselben weniger auf und kann sich nicht in ansteckender Weise ausbreiten. Rob. Hartig in Baur, Monatschr. 1877, S. 110;

3) weil sie in einzelnen Fällen noch das Gedeihen einer Holzart ermöglichen, welche in reinen Beständen nicht mehr fortkäme;

4) weil sie die Verjüngung meistens erleichtern, namentlich die Anzucht seltener Holzarten mit geringerem Aufwand möglich machen;

5) weil öfter die in Mischung erzogenen Holzarten einen günstigeren Wuchs, größere Astreinheit und Vollholzigkeit wie in reinen Beständen zeigen;

6) weil die Laubstreunutzung in Beständen mit eingesprengtem Nadelholz etwas weniger schädlich wirkt;

7) weil die Mischung für manche Betriebsarten, z. B. für Mittelwald und Femelwald, von besonderem Werth ist; da man dabei an die einzelnen Holzarten, z. B. zu Ober- und Unterholz verschiedene Ansprüche macht.

8) In Beziehung auf den Ertrag verdienen die gemischten Bestände den Vorzug, weil sie in den meisten Fällen mehr Holz liefern, bälder und

stärkere Zwischennutzungen gewähren und ein größeres Ausbringen von Nutzholz erwarten lassen. Mit Hülfe der gemischten Bestände wird es möglich, die besseren Parthien des Bodens überall in ihrer vollen Ertragsfähigkeit benutzbar zu machen; diese Umstände wirken natürlich alle ebenso günstig auf den Geld- wie auf den Materialertrag. — Belehrende Beispiele werden in Jäger's Schrift, Die Land- und Forstwirthschaft des Odenwaldes, Darmstadt 1843, S. 220 u. ff. angeführt, wo für gemischte Bestände eine Steigerung des Holzertrages um 6—13 % nachgewiesen ist, gegenüber von reinen Beständen des gleichen Standortes. Ebenso in des Verfassers „Praktische Forstwirthschaft", S. 209, 225, wo nach einem Beispiel aus den Sudeten die Einmischung von 37 % Lärchen den Holzertrag um 17 % steigerte.[1]) Vgl. K. Gayer, Der gemischte Wald, S. 31.

Die Fälle, wo in Folge der Einmischung einer weiteren Holzart der Material- und Geldertrag zurückgeht, sind die selteneren; dahin gehört die Einmischung von Buchen in Nadelholz und in Weichlaubholz. — Es ergiebt sich aber manchmal aus einem geringeren Massenertrag eine höhere Geldeinnahme, wenn die Stämme der vorgewachsenen Holzart stärkere Dimensionen erlangen als in geschlossenen, reinen Beständen, und deßhalb auch in höhere Preisklassen vorrücken. Folgendes Beispiel ist bezüglich der Massen entnommen der Schrift J. Micklitz, Beschreibung des Altvatergebirges. Die Preise sind gutachtlich veranschlagt. Es standen pr. ha

im reinen Fichtenbestand, 91 Jahr alt — Gesammtwerth.

515 Stämme m. 1028,5 Festm. (1,89 Festm. pr. Stamm), à 9 Mk. pr. Festm. = 9256,5 Mk.

im gemischten Fichten- und Buchenbestand, 95 Jahr alt

				Gesammtwerth
181 Fichten mit	519,7 Festm.	(2,88 Festm. pr. Stamm),	à 14 Mk. pr. Festm.	= 7275,8 Mk.
209 Buchen mit	281,0 „		à 8 „ „	= 2248,0 „
	800,7 „			9523,8 „

Obgleich die Masse des gemischten Bestandes um 20 % zurückbleibt, stehen doch die Werthe bei Berücksichtigung des Altersunterschiedes nahezu auf gleicher Höhe.

9) Auch die Möglichkeit einer kürzeren Umtriebszeit und einer Verminderung der Betriebsklassen läßt sich noch hieher zählen.

10) In zweifelhaften Fällen, wo die Vorzüge der einen oder anderen Holzart und die Absatzverhältnisse für den Augenblick nicht so sicher bestimmt werden können, gestatten die gemischten Bestände später den Ausweg, sich für die eine oder andere Holzart zu entscheiden.

[1]) Obwohl der scharfblickende Statistiker Forstmeister Wagener in seinem so viele wichtige Fragen anregenden Waldbau diese Steigerung des Massenertrages in gemischten Beständen nur der freieren Kronenentwicklung bei der vorwüchsigen Holzart zuschreibt, so glauben wir doch, gestützt auf die oben angeführten beachtenswerthen vergleichenden Versuche, vorerst noch an unserer Ansicht festhalten zu dürfen, ohne den Wunsch unterdrücken zu können, daß diese wichtige Frage recht bald zu weiteren Untersuchungen Anlaß geben möge.

11) Die nicht geselligen Holzarten können nur in gemischten Beständen erzogen werden.

12) Andere, die einen sehr guten Boden verlangen, wie er sich nur seltener in größerer Ausdehnung findet, lassen sich bei wechselnder Bodengüte ebenfalls nur in gemischten Beständen erziehen.

Diesen Vortheilen stehen aber in einzelnen Fällen auch Nachtheile gegenüber. Namentlich sind hieher zu rechnen die Nothwendigkeit einer sorgfältigeren Behandlung, welche gemischte Bestände bei der Verjüngung und während der übrigen Lebensdauer erfordern, welche ihnen aber vermöge der sonstigen Verhältnisse des Forstbetriebes nicht unter allen Umständen zu Theil werden kann. Die meisten Nebennutzungen werden in ihrem Ertrag geschmälert. Die Gefahr, daß eine schnell wachsende Holzart eine andere, oft werthvollere unterdrückt, ist ebenfalls in manchen Fällen von besonderer Bedeutung. Wo eine sorgfältige, künstliche Nachhülfe nicht möglich ist, lassen sich deßhalb viele Mischungen gar nicht erhalten; weil einzelne Holzarten bezüglich ihrer Lebensdauer zu sehr verschieden sind, und somit kein Samenüberwurf stattfinden kann, wenn der Umtrieb für die eine zu hoch, für die andere zu niedrig ist. Auch dann wenn der Entwicklungsgang zweier Holzarten allzu große Verschiedenheiten zeigt, macht sich eine fortwährende Nachhülfe nothwendig, welche oft nicht einmal den gewünschten Erfolg hat, jedenfalls aber unverhältnißmäßige Kosten verursacht.

Der Grad und die Art der Mischung ist von wesentlichem Einfluß auf die Zweckmäßigkeit derselben; so kann eine gleichmäßige Mischung je zur Hälfte im einen Fall von großem Werth sein, im andern aber bei denselben Holzarten forstlich und ökonomisch den Zweck ganz verfehlen. Lärchen und Fichten vertragen sich z. B. sehr gut; aber auch hiebei darf die goldene Mittelstraße nicht verlassen werden. Bei Einmischung von 49 Procent Lärchen steigerte sich der Haubarkeitsertrag um 17 Procent, ging aber auf 7 Procent zurück, durch verstärkte Beimischung in einem gleichalten und sonst gleich situirten Bestand, wo die Lärche mit 66 Procent der Masse vertreten war. (Prakt. Forstwirthschaft l. c.)

Man hat ferner zu unterscheiden zwischen horstweiser Mischung und Einzelmischung. Diese ist nur ausführbar mit Holzarten von gleichem oder doch nicht gar zu verschiedenem Wachsthumsgang und in Oertlichkeiten, wo der Boden beiden ziemlich gleichmäßig zusagt; sie hat aber ihre besonderen Nachtheile bei solchen Holzarten, die durchweg oder periodenweise einen verschiedenen Wachsthumsgang zeigen, die sich vermöge gleicher Ansprüche an Licht und Schatten nicht gut zusammen vertragen, oder durch ungleiche Festigkeit des Stammes und der Zweige ein schädliches Abtreiben und Abschlagen der Gipfel veranlassen, wie dies z. B. bei der Birke und den Nadelhölzern der Fall ist. Die horstweise Mischung ist da nothwendig, wo der Boden nur auf kleineren, vereinzelt zwischen den übrigen Parthien gelegenen Stellen für die eine Holzart paßt, im

Uebrigen aber zu schlecht für sie ist, oder wo es sich um eine Holzart handelt, die von den andern leicht überwachsen wird, oder eine große Neigung hat, sich in die Aeste zu verbreiten, und doch mehrere Umtriebszeiten aushalten soll. Ferner paßt diese Form der Mischung für solche Holzarten, die stark unterdrücken, wenn sie mit andern zusammen bewirthschaftet werden, welche den Druck schwer ertragen. Je größer die Horste gebildet werden müssen, um so mehr treten die Vortheile der Mischung zurück, und nähern sich dann alle Verhältnisse wieder denen der reinen Bestände.

Ob eine Mischung bleibend oder bloß vorübergehend sein soll, hängt meistens davon ab, ob die beiden Holzarten eine gleich große Lebensdauer haben, oder nicht, ob sie sich in den einzelnen Lebensperioden immer gleich gut mit einander vertragen und ob die Produkte aus den haubaren Beständen von beiden gleichmäßig gesucht sind. Die vorübergehende Mischung läßt sich bei der natürlichen Verjüngung nicht fort erhalten; wenn man sie im neu erwachsenden Bestande wieder aufleben lassen will, wie dies z. B. bei der Birke häufig sehr vortheilhaft ist, um die Erträge der Zwischennutzungen zu erhöhen, so muß künstliche Nachhülfe eintreten. — Das Gleiche ist der Fall, wenn die Beimischung erst in einer späteren Altersstufe des Hauptbestandes erfolgen kann, wie bei lichtbedürftigen Holzarten durch Unterbau schattenliebender. — So lange es sich dabei lediglich um kurzlebiges Bodenschutzholz handelt, gehört dies nicht hieher, bei höheren Umtriebszeiten gewährt aber diese nachträglich eingebrachte Holzart auch noch beachtenswerthe Erträge aus sich selbst und steigert außerdem noch den Ertrag der Hauptholzart nach Masse und Güte (vgl. Danckelmann forstl. Zeitschr. 1885, S. 156, wo interessante Zahlen mitgetheilt sind).

Reine Bestände sind aber oft durch die Absatzverhältnisse geboten, wo z. B. bloß die stärkeren Nadelhölzer einen angemessenen Preis haben, oder die Eichenglanzrinde sehr gesucht ist, da läßt sich die ausschließliche Begünstigung der betreffenden Holzart wohl rechtfertigen, obgleich auch hier Erhaltung und Besserung der Bodenkraft manchmal die Beimischung anderer Holzarten nothwendig machen.

Drittes Kapitel.

Holzvorrath, Wirthschaftsganzes und Nutzung.

§. 241.

Holzvorrath und Altersklassenabstufung.

Zu jedem forstlichen Betrieb ist eine gewisse, im Wald vorhandene Masse lebenden Holzes von bestimmter Beschaffenheit nothwendig; denn selbst der Buschholzbetrieb mit einjährigem Umtrieb setzt ausschlagfähige Stöcke voraus, der Hochwald dagegen mit höherem Umtrieb erfordert eine viel größere Menge auf einer bestimmten Fläche vorhandener, und mit derselben in Verbindung stehender lebender Bäume von verschiedenen Altersstufen. Will man nämlich jährlich, ununterbrochen oder nachhaltig, Holz von einem bestimmten Alter nutzen, so müssen sämmtliche jüngere Altersklassen in gleicher Ausdehnung Standorts- und Bestandesgüte vorhanden sein, damit sie allmählig in das höchste Alter vorrücken, und dann zur Nutzung gebracht werden können. Soll z. B. jährlich gleich viel vierjähriges Holz geschlagen werden, so muß jetzt schon nicht nur vierjähriges, sondern weiter noch für die Nutzung des nächsten Jahres dreijähriges, für das übernächste Jahr zweijähriges, für das darauf folgende einjähriges Holz vorhanden sein. Ferner muß auf dem Schlag, welcher jetzt abgetrieben wird, alsbald wieder Holz nachwachsen, um im fünften Jahre den Bedarf zu decken u. s. w. Diese vier Theile des Waldes müssen nicht bloß gleich sein bezüglich der Standortsverhältnisse, sondern auch in Beziehung auf Flächengröße, Vollkommenheit und Regelmäßigkeit der Bestockung, sowie auf die Holzart, oder mit andern Worten: sie müssen die gleiche Produktionsfähigkeit besitzen und gleichmäßig behandelt worden sein und behandelt werden.

Eine solche in windsicherer Reihenfolge angelegte Abstufung nach Altersklassen muß das Ziel einer jeden rationellen Wirthschaftsführung sein, man nennt dieselbe das normale Altersklassenverhältniß oder die regelmäßige Altersabstufung, die dazu nöthige Holzmasse, den normalen Vorrath. Nur unter diesen Vorbedingungen ist es möglich, die höchste, jährlich gleiche Nutzung fortwährend aus dem Wald zu beziehen. Aus dem bloßen Vorhandensein der Holzmasse allein kann noch nicht auf normalen Stand und normalen Ertrag geschlossen werden.

Der normale Vorrath wird annähernd (doch etwas zu hoch) gefunden, wenn man die Formel der österreichischen Cameraltaxe anwendet (§. 319), und den während einer Umtriebszeit auf dem ganzen Complex zu erwartenden Haubarkeitsertrag mit dem Faktor 0,5 multiplicirt. Etwas genauer ist der Badische Faktor 0,45, soweit es sich um Umtriebszeiten von 80 bis 120 Jahren handelt. — Das Materialkapital wächst mit der Umtriebszeit.

Wenn der erforderliche normale Vorrath nicht vorhanden ist, so muß er allmählig angesammelt werden, und dies geschieht dadurch, daß man weniger Holz zur Nutzung bringt, als zuwächst. Ist das vorhandene Holzkapital bedeutend geringer als das normale, so kann dieser Umstand dem Uebergang zu einem andern Betrieb, oder zu einer höheren Umtriebszeit absolut hinderlich werden, wenn der Waldbesitzer nicht auf einen Theil der Nutzung längere Zeit verzichten will, während dagegen ein Ueberschuß über das normale Vorrathskapital weniger Hindernisse in den Weg legt, wenn nicht etwa durch zu großes Angebot die Holzpreise gedrückt würden. Regelmäßige Altersabstufung vorausgesetzt ist ein solcher Ueberschuß im ordentlichen Betrieb nicht nutzbar zu machen; er kann nur als außerordentliche Nutzung erhoben werden.

Aber nicht bloß die Größe des Holzvorrathes, auch die richtige

Vertheilung desselben auf die einzelnen Altersstufen ist von wesentlicher Bedeutung für einen geordneten Betrieb und eine nachhaltige Nutzung. Fehlen z. B. bei einem Hochwald mit 100jährigem Umtrieb die Altersklassen von 94 und 95 Jahren, so weiß man zum Voraus, daß nach 6 und 5 Jahren kein 100jähriges Holz zum Hieb gebracht werden kann, vielmehr muß man sich in jenen Jahren mit 98jährigem begnügen. Weil aber unter der Voraussetzung gleicher Standorts- und Bestockungsverhältnisse der 98jährige Bestand nicht so viel Masse enthält, wie der 100jährige, so wird die Nutzung durch dieses gestörte Altersklassenverhältniß herabgedrückt. — Wäre dagegen der haubare 100jährige Schlag z. B. dreimal so groß, als die übrigen Jahresschläge, so hätte man im Augenblick 100jähriges, im nächsten Jahr 101jähriges und in dem darauf folgenden Jahre 102jähriges Holz zu schlagen; dadurch würde dann die jährliche Nutzung während der letzten beiden Jahre gesteigert. Bei größeren Abweichungen kann hienach ein gestörtes Altersklassenverhältniß auf den Betrieb sehr nachtheilig wirken; entweder muß man augenblicklich mehr oder weniger Holz schlagen, als der Wald wirklich erträgt, oder man muß einzelne Bestände angreifen, ehe sie ihren höchsten Nutzungswerth erlangt haben, oder sie über diesen Zeitpunkt hinaus überhalten, wobei dann nicht bloß der Verlust an Holzzuwachs, sondern auch der mögliche Verlust an Bodenkraft, die Erschwerung der Verjüngung 2c. mit in Rechnung gebracht werden müssen.

Es ist übrigens zu bemerken, daß nur beim Niederwald und beim Unterholz im Mittelwald die Trennung nach einzelnen Jahresschlägen möglich ist. Beim Hochwald ist dies nur selten ausführbar, man faßt hier in der Regel mehrere, meist 10 oder 20 Jahresschläge zusammen und erhält auf diese Weise 1—10jähriges, 11—20jähriges u. s. f. oder 1—20jähriges, 21—40jähriges Holz in der gleichen Altersklasse und öfter auf derselben Fläche beisammen. Diesen Altersklassen entsprechend theilt man auch die Umtriebszeit nach einfachen oder doppelten Jahrzehnten 2c. in Perioden ab und nennt dann diejenigen Flächen, welche bei ihrer Verjüngung den vom Wirthschaftsganzen zu erwartenden Haubarkeitsertrag für einen solchen Zeitraum decken, Periodenflächen, welche übrigens nicht gerade zusammenhängend sein müssen.

§. 242.

Oberholz im Mittelwald.

In §. 114 wurde desselben Erwähnung gethan, so weit es auf die natürliche Verjüngung des Bestandes Einfluß hat, hier sind noch diejenigen Rücksichten zu erörtern, welche durch die Materialnutzung bedingt werden.

In einer Gegend, wo auch schwächeres Nutzholz guten Absatz findet, oder in Waldungen, welche noch nicht mit solchen Holzarten bestockt sind, die eine entsprechende Menge Nutzholz liefern, erzieht man in der Regel nicht viele ältere Oberholzklassen; es genügt bei höherem Umtrieb von

20—30 Jahren, wenn man Laßreiser und Oberständer überhält, und es wird in der Regel nur auf solchen Stellen mit schlechtem Boden nöthig werden, mehr als ein Viertel der Laßreiser zu Oberständern überzuhalten, wenn nicht Rücksichten auf die anzustrebende natürliche Besamung etwas Anderes verlangen. — Bei niederem Umtrieb des Unterholzes von 10—20 Jahren werden in der Regel die Weichhölzer vorherrschen und hier genügen dann, soweit es sich um Erziehung von Brennholz handelt, obige zwei Altersklassen gleichfalls, nur wird man etwas mehr Oberständer überhalten müssen, um sie bei kurzem Umtrieb des Unterholzes die nöthige Stärke erreichen zu lassen.

Sollen aber vorherrschend starke Nutzhölzer erzogen werden, so muß man möglichst viele Stämme in die Klasse der alten Bäume vorrücken lassen, und eben deßhalb nur so viele Stämme von jeder einzelnen jüngeren Altersklasse überhalten, als erforderlich sind, um seiner Zeit die nöthige Auswahl unter denselben treffen zu können, damit die zum Ueberhalten untauglichen sich bei den verschiedenen Hieben allmählig beseitigen lassen und nur ganz gesunde, werthvolle, das Unterholz nicht zu sehr beeinträchtigende Stämme in die höchsten Altersklassen vorrücken. Nach diesen Prinzipien wird die Zahl der Stämme von den einzelnen Altersklassen mehr den Gesetzen einer arithmetischen Progression (a; $a + d$; $a + 2d$; $a + 3d \ldots$) folgen müssen, so daß man da, wo bloß die ganz alten Stämme (alte Bäume) Werth haben, so viel als die Boden- und Bestandesverhältnisse erlauben, von diesen zu erziehen sucht. Man bestimmt demnach, wie viel von dieser Klasse auf einer gegebenen Fläche stehen dürfen; aus dieser Grundzahl (a) ergeben sich die Zahlen für die übrigen Altersklassen nach den Absatzverhältnissen dieser Sortimente, nach der Wahrscheinlichkeit, ob viele oder wenige Stämme während eines Umtriebes durch Absterben, oder mangelnden Höhenwuchs, zu dichte Krone 2c. zum ferneren Ueberhalten untauglich werden (d); auch die Rücksichten fürs Unterholz sind maßgebend. Es ist übrigens nicht immer möglich und auch oft nicht nöthig, daß man sich unmittelbar an die Zahlen der Progression hält, man kann bei einzelnen Altersklassen nach Bedarf davon abweichen, wenn die sichere Ergänzung der nächstfolgenden älteren Klassen dies zulässig erscheinen läßt; man ist z. B. gezwungen von den Laßreisern mehr überzuhalten, weil sie den meisten Gefahren ausgesetzt sind; ebenso von den angehenden Bäumen mehr, als die Progression giebt, wenn die Bodenverhältnisse zu verschieden wären, und man nicht wüßte, ob beim nächsten Hieb die nöthige Zahl von Hauptbäumen überall in gesunden, wüchsigen Exemplaren sich unter jenen auswählen lassen würde.

Bei Abstufung der Oberholzklassen nach geometrischer Progression ($a \ldots ad \ldots ad^2 \ldots ad^3 \ldots ad^4 \ldots$) erzieht man mehr schwächeres Holz, wie folgende Gegenüberstellung erkennen läßt, in welcher für etwa 25jährigen Umtrieb des Unterholzes der Oberholzvorrath unmittelbar nach der Schlagstellung und die vorausgegangene Nutzung ersichtlich gemacht sind, beiderseits bei gleicher Stammzahl (die Massen in preuß. Kubikfußen).

Arithmetische Reihe:

Vorrath:					Nutzung:				
41 St. à	3 c' =	123 c' à	7 ₰ =	8,61 ℳ	8 St. à	10 c' =	80 c' à	10 ₰ =	8,00 ℳ
43 „ „	10 „ „	330 „ „	10 „ „	33,00 „	8 „ „	30 „ „	240 „ „	16 „ „	38,40 „
25 „ „	30 „ „	750 „ „	16 „ „	120,00 „	8 „ „	60 „ „	480 „ „	24 „ „	115,20 „
17 „ „	60 „ „	1020 „ „	24 „ „	244,80 „	8 „ „	100 „ „	800 „ „	36 „ „	288,00 „
9 „ „	100 „ „	900 „ „	36 „ „	324,00 „	9 „ „	140 „ „	1260 „ „	50 „ „	630,00 „
125 Stück		3123 c'		730,41 ℳ	41 Stück		2860 c'		1079,60 ℳ
Der Vorrath . . .		100 „		100,00 „	giebt nach 25 Jahren		91 „		148,00 „

Geometrische Reihe:

82 St. à	3 c' =	246 c' à	7 ₰ =	17,22 ℳ	54 St. à	10 c' =	540 c' à	10 ₰ =	54,00 ℳ
28 „ „	10 „ „	280 „ „	10 „ „	28,00 „	18 „ „	30 „ „	540 „ „	16 „ „	86,40 „
10 „ „	30 „ „	300 „ „	16 „ „	48,00 „	6 „ „	60 „ „	360 „ „	24 „ „	86,40 „
4 „ „	60 „ „	240 „ „	24 „ „	57,60 „	3 „ „	100 „ „	300 „ „	36 „ „	108,00 „
1 „ „	100 „ „	100 „ „	36 „ „	36,00 „	1 „ „	140 „ „	140 „ „	50 „ „	70,00 „
125 Stück		1166 c'		186,82 ℳ	82 Stück		1880 c'		404,80 ℳ
Der Vorrath . . .		100 „		100,00 „	giebt nach 25 Jahren		162 „		216,00 „

In Folge des Vorherrschens der schwächeren Stammklassen giebt das in der geometrischen Reihe angelegte Holz- und Geldkapital viel höhere Zinsen; wogegen die arithmetische Reihe größere Massen- und Geldertäge liefert.

Die Zuwachsverhältnisse für die einzelnen Stammklassen sind sehr eingehend untersucht worden vom königl. preuß. Oberförster Lauprecht in der Oberförsterei Worbis am Vorharz. Einige Durchschnittszahlen desselben mögen zu näherer Orientirung beispielsweise hier angeführt werden.

Eichen:

des Mittelstammes	I. Stärkekl. 43 cm u. darüber	II. Stärkekl. 30—42 cm	III. Stärkekl. 18—29 cm	IV. Stärkekl. 8—17 cm
Durchschnitts-Alter	128 Jahre	104 Jahre	66 Jahre	48 Jahre
„ Höhe	16,9 m	14,8 m	11,9 m	9,4 m
„ Massengehalt	2,11 Festm.	0,775 Festm.	0,229 Festm.	0,059 Festm.
„ Zuwachs	0,016 „	0,0078 „	0,0037 „	0,0012 „
Zuwachs-Procent	1,05	1,44	2,37	3,78

sodann für Buchen:

Stärkeklassen:	34 cm u. mehr	18—34 cm	8—17 cm
Durchschnitts-Alter	106 Jahre	68 Jahre	45 Jahre
„ Höhe	18,8 m	14,1 m	10,4 m
„ Massengehalt	1,61 Festm.	0,341 Festm.	0,056 Festm.
„ Zuwachs	0,015 „	0,005 „	0,0012 „
Zuwachs-Procent	1,58	3,02	5,20

Bei den schwächeren Stämmen, namentlich in den jüngsten Altersklassen, findet man viel höhere Zuwachsprocente; z. B. in derselben Abhandlung Lauprechts bei einer

Brusthöhenstärke		Höhe		Eichen		Buchen	
7,8— 8,5	cm	5,6—13,2	m	8,4	Procent	10,8	Procent
9,1—11,1	„	5,6—11,6	„	7,1	„	—	„
—	„	5,6—14,8	„	—	„	10,3	„
11,7—13,7	„	5,6—13,2	„	5,3	„	9,2	„
14,4—16,3	„	7,2—13,2	„	5,3	„	—	„
—	„	7,2—14,8	„	—	„	8,5	„
17,0—18,9	„	7,2—14,8	„	4,8	„	7,1	„

Da aber nur ausnahmsweise diese schwächeren Klassen vorherrschen, und sonst das stärkere Holz mit einer überwiegenden Masse und stetigen, aber viel mäßigeren Zuwachsprocenten den Ausschlag giebt, so vermögen diese sehr hohen Procente der schwächeren Oberbäume bei Bemessung des Durchschnittes für den ganzen Bestand keinen nennenswerthen Einfluß zu gewinnen.

Wie schon oben, §. 114, gesagt ist, lassen sich diese Abstufungen in der Praxis nur annähernd durchführen, weil selten die Boden- und Bestandesverhältnisse überall die gleichen sind; aber auch die Absatzverhältnisse können es räthlich machen, daß in einzelnen Altersklassen von der Reihe abgewichen wird; wenn z. B. für die Sortimente, welche aus denselben gewonnen werden, eine große Nachfrage in Aussicht steht, so wird man zweckmäßig viel mehr, als das betreffende Glied der Reihe angiebt, überhalten; wenn es dagegen an Absatz fehlt, wird man wohl nur einige Stämme weiter stehen lassen, als man später zum Einwachsen in den nächsten Umtrieb nöthig hat, um bei der Schlagstellung noch einige Auswahl zu haben.

Dabei ist, wie auch schon erwähnt, überall die erforderliche Rücksicht auf das Unterholz zu nehmen, damit die Ueberschirmung nicht zu stark werde; man hat deßhalb zum Voraus den zulässigen Grad der Ueberschirmung zu bestimmen und von jeder einzelnen Stammklasse die Schirmfläche zu ermitteln, welche Größen dann bei Feststellung der Oberholzstammzahl ebenfalls berücksichtigt werden müssen. Der zulässige Grad der Ueberschirmung ist oben bereits annähernd angegeben worden.

§. 243.

Waldrechter.

Aehnliche Verhältnisse wie beim Oberholz im Mittelwald ergeben sich bei den sogenannten Oberständern oder Waldrechtern. Sie sollen in den neu zu erziehenden Bestand einwachsen und seine ganze Lebensdauer hindurch aushalten, im übrigen aber dessen Bedeutung und Behandlung nicht ändern; während im Gegensatz dazu beim Lichtungsbetrieb das Altholz die Hauptbedeutung fortbehält, und nur für einen Rest der Umtriebszeit ein Unterbau stattfindet, durch den bloß ein nebensächlicher Bestand erzogen wird. In älteren Zeiten hat man auch im Hochwald gerne solche Waldrechter übergehalten, darauf folgte ein unbedingtes Verdammungsurtheil gegen dieselben, während man neuerdings mehr dem richtigen Mittelweg sich nähert. Als Waldrechter haben natürlich nur solche Stämme Werth, die zu Nutzholz tauglich sind; bei einer bloßen Brennholzwirthschaft sind sie nicht nothwendig. Höchstens kann man in diesem Fall mit Rücksicht auf die Verschönerung einzelner Waldpartien, oder der ganzen Gegend etliche wenige Stämme überhalten. Bei einer Nutzholzwirthschaft bieten sie aber wesentliche Vortheile:

1) kann man auf diese Weise öfter Stämme erziehen, wie man sie in reinen, gleichalterigen Beständen gar nicht erhalten würde, so z. B. werden im Hauptsmoorwald bei Bamberg einzelne Kiefern als Waldrechter übergehalten und zu einer seltenen Stärke erzogen, die sie in geschlossenen Beständen nie erlangen könnten, weil sich die Kiefer nicht so lange im Schluß erhält.

2) Einzelne Stämme erreichen erst in höherem Alter ihre volle Reife und die zu besonderen Zwecken taugliche Stärke; diese können als Waldrechter erzogen werden, ohne daß man deßhalb die Umtriebszeit des ganzen Waldkomplexes zu erhöhen nöthig hat, was eine unverhältnißmäßige Vermehrung des Holzkapitals bedingen und viel geringwerthigeres Material mit erzeugen würde. Zu Waldrechtern kann man gleich von Anfang an und fast ausschließlich solche Stämme wählen, die zu bestimmten Zwecken besonders geeignet sind, man kann also mit verhältnißmäßig wenigen Stämmen und geringerem Holzkapital werthvolles Nutzholz erziehen.

3) Da diese Stämme, so lang sie gesund sind, mit dem Alter stets in höhere Preisklassen vorrücken, so lassen sich in der Regel dadurch erhebliche, ökonomische Vortheile für den Waldbesitzer erreichen.

4) Den schädlichen Einflüssen der Stürme wird durch das Ueberhalten von Waldrechtern einigermaßen entgegengewirkt.

5) Auch der Mastertrag kann dadurch gesteigert werden.

6) Sie bilden eine werthvolle Reserve für unvorhergesehene Holz- und Geldbedürfnisse.

7) Man kann durch Ueberhalten von Waldrechtern den Uebergang von einer zu niedrigen Umtriebszeit zu einer höhern nach und nach anbahnen, indem man dadurch das Holzvorrathskapital allmählig auf die nothwendige Höhe bringt.

8) Die ökonomische Würdigung der Frage erfolgt hauptsächlich nach zwei Richtungen: zunächst wie verzinst sich das in den neuen Bestand übergehende Holzkapital durch seinen Massen- und Werthzuwachs; sodann wie viel entgeht dem neuen Bestand am Holzertrag durch den Schirmdruck der einwachsenden Stämme, wobei übrigens zu beachten, ob derselbe während des ganzen Umtriebes, oder nur gegen das Ende hin schädlich wirkt. — Danach hat sich dann auch die Zahl der Ueberhälter zu richten.

Sodann entsteht noch die Frage, ob man die Waldrechter einzeln oder horstweise überhalten soll; es ist die Antwort hierüber je nach den Holzarten, Standortsverhältnissen und den Zwecken, denen die Waldrechter dienen sollen, verschieden. Holzarten, die den Druck nicht gut ertragen, oder dem Wind weniger Widerstand leisten, verlangen womöglich eine horstweise Stellung der Oberständer, ebenso die Bodenverhältnisse, wenn nur einzelne Theile der Fläche eine entsprechende Bodenkraft haben, um die Stämme darauf so alt werden zu lassen, als es verlangt wird; dadurch werden dann auch die einzelnen Theile der Waldfläche ihrem Ertragsvermögen entsprechend benützt, und man kann stärkeres Holz erziehen, als wenn auf dem ganzen Komplex durchweg nur eine einzige Umtriebszeit eingehalten werden müßte.

Eine sehr eingehende Beleuchtung aller hiebei in Betracht kommenden Verhältnisse enthält die vom Magistrat der Stadt Görlitz den Mitgliedern der 14. Versammlung deutscher Forstmänner gewidmete Festschrift über den zweihiebigen Kiefernhochwaldbetrieb von Oberförster Arthur Täger, Görlitz 1885. — Der Zuwachsgang solcher Ueberhälter wurde dort auf der 2. Bodenklasse bis zum 180. Jahr, auf der 3. bis zum 160. und auf der 4. bis zum 140. Altersjahre untersucht und ihr Preis nach den Durchschnittserlösen festgestellt auf 131,67—44,88 und 10,33 Mark pr. Stamm. Rechnet man den Anfangswerth derselben mit 3 % Zinseszinsen und dazu noch den Ausfall am Ertrag des jüngeren Bestandes mit 2 %, so bekommt man die Werthe 151,51, 40,89 und 8,98 Mk. pr. Stamm, sonach bei den beiden geringeren Standortsklassen einen Mehrwerth von 9 und 15 Procent, bei der 2. Klasse, hauptsächlich in Folge des längeren Umtriebes, einen Ausfall von 13 Procent, oder eine etwas niedrigere Verzinsung als die oben angenommenen 3 Procent, was in Rücksicht auf die in Betracht kommenden langen Zeiträume immer noch als ein günstiges Ergebniß bezeichnet werden darf.

§. 244.

Größe des Holzvorrathskapitals.

Die **Betriebsarten** haben einen wesentlichen Einfluß auf das **Holzvorrathskapital**, schon mit Rücksicht auf die Verschiedenheit der Umtriebszeiten, welche durch dieselben bedingt sind; dann auch durch die Art und Weise, wie sich die Bäume auf der Fläche vertheilen, ob jede Altersklasse ein besonderes Areal ausschließlich einnimmt, wie beim Niederwald und beim Hochwald, oder ob Bäume von verschiedenem Alter neben- und durcheinander auf der gleichen Fläche stehen, wie im Femelwald, oder im Oberholz des Mittelwaldes.

Der schlagweise Hochwald hat das größte Betriebskapital nöthig, namentlich wenn in regelmäßigen Beständen sehr starke Sortimente erzogen werden sollen. Der Femelwald erfordert auf der gleichen Fläche wahrscheinlich kein so großes Materialkapital, wie der Hochwald, weil die Bestockung nicht so vollkommen ist und weil das einzelne Individuum sich nicht so regelmäßig entwickeln kann. Legt man der Vergleichung die Holzerträge zu Grunde, so dürfte sich der Bedarf am Holzvorrathskapital beim Hochwald und Femelwald nahezu gleichstellen, wogegen dieser meistentheils mehr Fläche erfordert. — Der Niederwaldbetrieb verlangt das geringste Vorrathskapital, die Kopfholz- und Schneidelwirthschaft schon ein größeres und der Mittelwald ein noch höheres. Bei letzterem Betrieb kann aber der Vorrath sehr verschieden sein, je nach der Menge des Oberholzes, oder nach dem Vorwiegen der schwächeren oder stärkeren Altersklassen in demselben.

Den wirklichen Holzvorrath eines Waldes denkt man sich vielfach noch namhaft höher als er thatsächlich ist; folgende in Baden erhobene Zahlen geben hierüber einen annähernden Begriff. Man hat dort in sämmtlichen Gemeinde- und Staatswaldungen nach dem Stand vom 1. Januar 1876 nachstehende Durchschnittsvorräthe per Hektar gefunden und zwar:

Umtrieb	im Niederwald	im Mittelwald	
		Staat	Gemeinden
8—15 Jahre	58 Festm.	48 Festm.	68 Festm.
16—20 "	40 "	112 "	83 "
21—25 "	66 "	114 "	102 "
26—30 "	— "	105 "	104 "
31—35 "	— "	135 "	101 "
36—40 "	— "	90 "	144 "

	Haubarkeitserträge		im Hochwald	
	Buche	Weißtanne	durchschnittlicher Vorrath	
80 Jahre	352 Festm.	472 Festm.	182 Festm.	151 Festm.
90 "	423 "	540 "	163 "	174 "
100 "	490 "	606 "	213 "	220 "
110 "	550 "	671 "	233 "	269 "
120 "	600 "	734 "	245 "	257 "
130 "	637 "	787 "	— "	351 "

Zur Vergleichung sind die Haubarkeitserträge für Buchen- und Weißtannenhochwald von normalem Standort aus den badischen Ertragstafeln (mit kleinerer Schrift) beigesetzt worden.

Obige Größen geben jedoch keine Grundlage für die Beurtheilung der ökonomischen Wirkungen, es sind dabei nothwendigerweise auch noch die Werthsverhältnisse zu würdigen. Aus nachstehender Tabelle wird das zur Verständigung über diesen wichtigen Punkt erforderliche an einem Beispiel ersichtlich werden. Dabei ist aber stets im Auge zu behalten, daß an eine praktische Nutzbarmachung aller daraus sich ergebenden Folgerungen in so lange nicht zu denken ist, als keine Möglichkeit besteht, die zum Normalvorrath (nv) nothwendigen großen Holzmassen jederzeit und ganzen Umfangs verwerthen zu können, sie stellen ein fest angelegtes Kapital vor, über welches im Großen und Ganzen nicht beliebig verfügt werden kann, nur im Kleinen ist es möglich, dasselbe sofort in Geldkapital umzusetzen, ohne die Preise zu drücken.

Verhältniß zwischen Haubarkeitsertrag (he) und Normalvorrath (nv) Fichten II. und III. Standortsklasse (Derbholz). Nach Kunze berechnet.

Alter	nv Masse in Festmeter			nv Geldwerth in Mark				Haubarkeitsertrag				Verhältnißzahlen			
	im einzelnen Decennium	von der ganzen Altersreihe	pro Hektar	Einzelnpreis pro Festmeter	im einzelnen Decennium	von der ganzen Altersreihe	pro Hektar	Alter	Festmeter pro Hektar	Einzelnpreis pro Festmeter	he pro Hektar in Mark	Nutzungsprocent Masse	Nutzungsprocent Geld	nv:he Masse	nv:he Geld
a	b	c	d	e	f	g	h	i	k	l	m	n	o	p	q
Fichte. Zweite Bonität.															
16—30	633			0,3	190										
31—40	2014			0,7	1410										
41—50	3466			1,2	4159										
51—60	4744	10857	181	1,8	8539	14298	238	60	524	2,3	1205	4,83	8,43	0,34	0,20
61—70	5668	16525	235	2,8	15870	30168	431	70	600	3,4	2040	3,63	6,75	0,39	0,21
71—80	6384	22909	286	4,0	25536	55704	696	80	668	4,7	3139	2,88	5,64	0,43	0,22
81—90	7020	29929	332	5,5	38610	94314	1048	90	728	6,3	4586	2,47	4,86	0,46	0,23
91—100	7467	37396	374	7,2	53762	148076	1481	100	762	7,8	5944	2,04	4,01	0,49	0,25
101—110	7807	45203	411	8,5	66359	214435	1949	110	796	8,2	6527	1,76	3,04	0,50	0,30
111—120	8136	53339	444	9,0	72224	286659	2389	120	828	9,2	7618	1,55	2,66	0,54	0,31
Fichte. Dritte Bonität.															
21—40	1258			0,6	755										
41—50	2182			1,0	2182										
51—60	3497	6937	116	1,6	5595	8532	142	60	404	2,0	808	5,82	9,47	0,29	0,18
61—70	4447	11384	163	2,5	11117	19649	281	70	478	3,0	1434	4,20	7,30	0,34	0,20
71—80	5131	16515	206	3,6	18472	38121	476	80	540	4,3	2322	3,27	6,10	0,38	0,21
81—90	5641	22156	236	5,0	28205	66326	737	90	582	5,7	3317	2,62	5,00	0,41	0,22
91—100	5979	28135	281	6,5	38864	105190	1052	100	610	7,0	4270	2,17	4,06	0,46	0,25
101—110	6243	34378	312	7,5	46822	152012	1382	110	636	7,7	4897	1,85	3,22	0,49	0,28
111—120	6503	40881	341	8,0	57024	204036	1700	120	662	8,3	5495	1,62	2,70	0,51	0,31

Für nicht technische Leser ist zu vorstehender Tabelle besonders hervorzuheben, daß die Spalte c, „Vorrath der ganzen Altersreihe" keine unmittelbar vergleichbaren Zahlen enthält; sie beziehen sich vielmehr auf verschiedene Flächengrößen, d. h. auf so viele Einheiten, als das Alter Jahre zählt. In der Spalte d finden sich die richtigen, unmittelbar vergleichbaren Vorräthe für die Flächeneinheit. In den beiden letzten Spalten werden die Bruchtheile des Haubarkeitsertrages angegeben, welche dem Normalvorrath der verschiedenen Umtriebszeiten per Flächeneinheit entsprechen; die Größen der Spalten d und h wurden durch die von k und m dividirt. — Aus den Spalten n und o ist der Zinsfuß zu entnehmen, den das Vorrathskapital abwirft, wobei die Größen der Spalten c und g mit denen aus k und m der Berechnung zu Grunde gelegt sind.

Es ist auch von Interesse das Alter zu kennen, in welchem der normale Vorrath per Flächeneinheit für eine bestimmte Umtriebszeit dem wirklichen Vorrath einer Altersstufe gleichsteht, wobei man sich, um Bruchzahlen in den Jahren zu vermeiden, wohl mit annähernden Werthen für Derbholz begnügen kann, wie sie nachstehend aufgeführt werden:

	Baur Fichte				Kunze Fichte			
Umtrieb =	60	80	100	120	60	80	100	120
I. Klasse	34	41	48	56	32	40	47	53
II. „	35	43	51	59	34	41	48	53
III. „	36	46	55	62	37	44	50	55
IV. „	36	47	56	63	40	49	54	58
	Baur Buche				Weise Kiefer			
I. „	36	45	51	57	31	38	44	51
II. „	36	45	52	59	33	38	43	49
III. „	37	46	53	60	33	39	45	52
IV. „	39	48	56	64	34	41		
V. „	41	50	60	68	34	42		

Hiernach ist also bei Fichten auf der ersten Standortsklasse der Normalvorrath des 100jährigen Umtriebes nach Baur im 48., nach Kunze im 47. Altersjahr, als wirklicher Vorrath faktisch vorhanden.

Für die Gesammtmasse, Derb- und Nichtderbholz, findet sich der Normalvorrath nachstehender Umtriebszeiten in folgenden Altersstufen wirklich vertreten:

	Baur Fichte				Baur Buche			
Umtrieb =	60	80	100	120	60	80	100	120
II. Bonität	33	41	48	55	33	43	51	60

Wie ersichtlich, beziehen sich alle vorstehenden Zahlen nur auf den Haubarkeitsertrag mit Ausschluß der Zwischennutzungen, durch deren Mitberücksichtigung die Holzerträge um 0,16—0,33, die Gelderträge jedoch nur um 0,10—0,20 gesteigert werden.

Eine normale Altersklassenabstufung wird in der Wirklichkeit selten gefunden, da die Hochwaldungen noch zu sehr an den Folgen des Ueberganges vom Femelwald oder vom Mittelwald zum Hochwald leiden, und da in der langen Zeit eines Umtriebes viele unvorhergesehene, nicht abzuwendende Elementarereignisse oder Fehlgriffe ꝛc. die schon eingeführte Ordnung stören können. Die Niederwaldungen lassen sich zwar bälder zu einer solchen Ordnung überführen, doch bilden bei ihnen öfters die Standortsfaktoren Hindernisse, welche der Ausführung eines geregelten Planes entgegen treten; bei den Mittel- und Femelwaldungen aber ist dies noch viel schwieriger, weil die Altersklassen nicht so leicht zu übersehen sind.

Dessen ungeachtet muß diese regelmäßige Altersklassenabstufung und deren richtige örtliche Aneinanderreihung bei jeder geordneten Wirthschaft mit allen zulässigen Mitteln angestrebt werden, denn sie ist die unentbehrliche Grundlage eines wahrhaft nachhaltigen Betriebes, wird aber noch viel zu oft außer Acht gelassen.

§. 245.

Das Wirthschaftsganze.

Da unsere Waldbäume fest mit dem Boden verwachsen sind und wir sie im höheren Alter nicht mehr willkürlich da oder dorthin verpflanzen können,[1]) so ist es auch nothwendig, mit dieser Altersklassenabstufung eine bestimmte Fläche in Verbindung zu bringen, und aus diesen beiden Faktoren besteht das Wirthschaftsganze, die Wirthschaftseinheit oder die Betriebsklasse, der Betriebskomplex, Block. Es bezeichnen diese Ausdrücke eine größere Zahl, nicht gerade zusammenhängender Waldbestände, welche bereits in einer normalen Altersklassenabstufung stehen, oder in einer bestimmten Zeitfrist eine solche erhalten sollen, also Holzbestände, welche durch dieses Vorhandensein, oder durch dieses Anstreben zum normalen Altersklassenverhältniß als zusammengehöriges Ganzes fest verbunden sind, die sich ohne wesentliche Nachtheile für den Betrieb nicht wohl in einzelne Theile zerschlagen lassen. — Es ist also die Wirthschaftseinheit sehr wesentlich verschieden vom Wirthschaftsbezirk, welcher die administrative Einheit bildet und aus mehreren Wirthschaftseinheiten oder Betriebsklassen bestehen kann.

Die strenge Nachhaltigkeit fordert ferner, daß ein solches Ganzes mit ein und derselben Holzart, oder doch mit ähnlichen Holzarten bestockt sei, die den gleichen Betrieb zulassen und einen nach Quantität und Qualität

[1]) Dennoch ist es möglich, den Holzvorrath kleinerer Waldtheile, wenn sie ausgerodet und sonst vom Wald abgetrennt werden, auf die übrig bleibenden Waldungen zu übertragen, indem man nämlich die beim Abtrieb jener kleineren Theile anfallende Holzmasse unter der ordentlichen Jahresnutzung in Rechnung nimmt, wodurch natürlich in den andern, als solche bleibenden Waldtheilen um so viel mehr Holz stehen bleibt.

wenigstens theilweise gleichen Ertrag gewähren; daß die Standortsverhältnisse nicht so weit differiren, um in der Umtriebszeit oder Betriebsart eine Abweichung zu bedingen, und daß dann diejenigen Altersklassen, welche auf Flächen mit geringerer Standortsgüte stocken, eine entsprechend größere Ausdehnung haben. Auch die Absatz- und Eigenthumsverhältnisse (einschließlich der etwaigen Servituten), sollen in einem Wirthschaftsganzen die gleichen sein; endlich kommt noch die Form und die Größe des Wirthschaftsganzen in Betracht.

Ein solches Wirthschaftsganzes bringt die einzelnen Theile in eine innige Wechselwirkung zu einander, und dies macht es möglich, den Zuwachs, welcher auf der ganzeu Fläche an jedem einzelnen Stamm oder Bestand erfolgt, jährlich auf einem bestimmten kleineren Theil dieser Fläche in hiebsreifem Holze zur Erhebung zu bringen. Dieser Zusammenhang ist die Ursache, daß wir in einem normal bestockten Wirthschaftsganzen von den Kulturen, sobald ihr Gedeihen gesichert ist, den an ihnen erfolgenden Zuwachs im haubaren Holze erheben können. Bei einem solchen Wirthschaftsganzen sind also die Kulturunternehmungen keine weitaussehenden Spekulationen, denn sie ersetzen die aufgewendeten Kosten in wenigen Jahren; weil man entweder im Verhältniß, wie dadurch die Ertragsfähigkeit gehoben wird, mehr schlagen kann, oder weil man nur bei sorgfältiger Erhaltung eines geordneten Waldzustandes die höchst mögliche Nutzung nachhaltig fortzubeziehen vermag.

Zu beachten ist übrigens, daß in einem ähnlich scheinenden Falle, wenn zu einem normal abgestuften Wirthschaftsganzen eine Kulturfläche neu hinzutritt, dadurch das bestehende Gleichgewicht gestört wird. Streng genommen muß diese Vergrößerung der Fläche, namentlich wenn sie ausschließlich der jüngsten Altersklasse zu gut kommt, so lange eine Verminderung der bisherigen Nutzungsgröße bewirken, bis der Normalvorrath auch für den neuen Zugang angesammelt sein wird.

In einzelnen Fällen ist man durch äußere Umstände gezwungen, bei Bildung eines Wirthschaftskomplexes von der einen oder andern Regel abzuweichen, weil oft der Waldbesitz eines Einzelnen nicht so groß ist, oder bezüglich der Standortsverhältnisse so übereinstimmt, daß man in Beziehung auf die Bildung von Wirthschaftseinheiten die gehörige Wahl und freie Bewegung hat. Da kann es dann vorkommen, daß man verschiedene Umtriebszeiten in einem Komplex dulden muß. In diesem Fall hat man darauf zu sehen, daß man die Nachtheile, die damit verbunden sind, möglichst vermeidet. Diese bestehen hauptsächlich darin, daß die Erträge nicht wohl dauernd auf eine jährlich gleiche Größe gestellt werden können. Ein Bestand z. B. von 70jährigem Alter, der in zehn Jahren zum Hieb kommt, deckt dann ein Deficit, das in Folge einer abnormen Altersklassenabstufung im übrigen Komplex mit 100jähriger Umtriebszeit vorhanden ist. Dieses Deficit tritt natürlich bei strenger Einhaltung des Umtriebes hundert

Jahre später wieder ein; bringt man nun den ersteren Bestand in seinem richtigen Hiebsalter, 70 Jahre nach seiner ersten Verjüngung zum zweitenmal zum Hieb, so entsteht auf diese Weise ein Ueberschuß, welcher das 30 Jahre später eintretende Deficit der Bestände des 100jährigen Umtriebes nicht mehr deckt. Mit Rücksicht auf solche Verhältnisse ist daher eine einheitliche Umtriebszeit geboten; oder es sind nur solche Verschiedenheiten gestattet, welche gut aufeinander passen, so daß die eine Umtriebszeit die Hälfte oder ein Drittel von der andern ist. Bei kleineren Bruchtheilen liegt schon die Möglichkeit einer dauernden Ausgleichung zu fern.

Die Betriebsart muß ebenfalls durchweg die gleiche sein; weil sonst verschiedene Umtriebszeiten und größere Abweichungen in der Quantität und Qualität des Ertrages dadurch bedingt würden; doch können auch hier Ausnahmen vorkommen, und namentlich sind hie und da Mittelwaldungen und Hochwaldungen in ein Wirthschaftsganzes vereinigt, wenn letztere Betriebsart durch die Standortsverhältnisse und die Holzart auf einem verhältnißmäßig kleinen Theil des Besitzes bedingt ist.

Die Altersklassenabstufung eines Wirthschaftsganzen ist zwar in der Regel nicht normal; dies läßt sich auch nicht absolut verlangen, aber die Möglichkeit muß vorhanden sein, daß sie dereinst ohne zu große Opfer sich normal herstellen läßt. Es giebt freilich Fälle, wo dies nur mit vieler Mühe und mit Ertragsverlusten möglich ist, wie z. B. beim Uebergang vom Femelwald zum schlagweisen Hochwald, bei neuerworbenen, früher nach verschiedenen Systemen bewirthschafteten Waldungen ꝛc.; man muß dann aber in solchen Fällen nach Kräften die dadurch bedingten Nachtheile auf anderem Wege zu beseitigen suchen.

Die Einheit der Absatzverhältnisse ist besonders wichtig, daß man mit Sicherheit bei der Ertragsberechnung die Voraussetzung unterstellen kann, daß an das Wirthschaftsganze nicht von verschiedenen Seiten her Ansprüche auf Deckung der Holzbedürfnisse gemacht werden können. Möglicherweise sind schon die Berechtigungen von Einfluß hierauf; und zwar nicht bloß Berechtigungen auf gewisse Holzsortimente, sondern auch Weide- und Streuservituten. — Wo in einem Komplex Ansprüche aus verschiedenen Richtungen befriedigt werden müssen, da ist man schließlich doch genöthigt, für jeden Großkäufer besondere Untertheilungen nachträglich vorzunehmen, wobei dann leicht das Wirthschaftssystem des Ganzen Noth leidet.

In Beziehung auf die geometrische Form läßt sich im Allgemeinen nur ein ordentlicher Zusammenhang und passende Arrondirung als wünschenswerth bezeichnen; obgleich dieses Ziel selbst bei geschlossenem Waldeigenthum von größerer Ausdehnung nicht immer erreicht werden kann, weil Verschiedenheiten in den Betriebs- oder Holzarten, sowie in der Umtriebszeit der einzelnen Bestände öfters eine Unterbrechung veranlassen.

Die Größe der Wirthschaftseinheit richtet sich nach der Umtriebszeit, je kürzer diese ist, um so kleiner darf die Fläche sein; nach den Betriebsarten, denn beim Femelbetrieb kann dem Wirthschaftskomplex die größte oder auch die kleinste Ausdehnung gegeben werden, beim Niederwald die kleinste; ferner richtet sie sich nach den Personalverhältnissen, je thätiger, gebildeter und unabhängiger ein Wirthschafter ist, um so größer kann man die Wirthschaftskomplexe machen. Nimmt man dieselben zu groß, so verliert ein minder geübter Mann leicht die nöthige Uebersicht; sind sie zu klein, so wird die Wirthschafts- und Buchführung sehr erschwert. Obgleich, wie schon erwähnt, die Wirthschaftseinheit nicht identisch ist mit dem Verwaltungsbezirk, so ist sie doch auch einigermaßen von letzterem abhängig, da sie dessen Grenzen in der Regel nicht überschreiten soll; sehr häufig müssen größere Bezirke in zwei oder mehr Wirthschaftseinheiten getheilt werden.

Alle wirthschaftlichen Maßregeln, auch wenn sie sich nur auf den einzelnen Bestand zunächst zu beziehen scheinen, äußern ihren Einfluß auf das Wirthschaftsganze, namentlich auf dessen Ertrag. Wenn man z. B. beim Ueberwiegen jüngerer Bestände größere Kulturen, Bestandesnachbesserungen ꝛc. auszuführen hat, so muß man bedenken, daß ein Theil der jüngeren Bestände das normale Alter der Haubarkeit nicht erreichen wird; ein anderer Theil es vielleicht überschreitet; danach hat man bei der Kultur beide Theile jetzt schon entsprechend zu behandeln; ersteren mit schnellwachsenden, letzteren mit dauerhaften Holzarten in Bestockung zu bringen; oder wo die jüngsten Altersklassen nur schwach vertreten sind, durchaus schneller wachsende Holzarten einzusprengen oder geeigneten Vorwuchs, jüngere Oberständer u. dgl. sorgfältig zum Einwachsen überzuhalten. — Bei den Durchforstungen und Auszugshieben von älterem Holz oder weichen Holzarten richtet sich die Stärke des Angriffes wesentlich nach dem muthmaßlichen Hiebsalter, das die betreffenden Bestände erreichen sollen; man muß sich also vor Beginn der Auszeichnung die Altersklassentabelle genau ansehen, lo lange die Normalität nicht erreicht ist. — Aehnliche Beispiele ließen sich noch viele aufzählen; es ist daraus ersichtlich, daß der Wirthschaftsführer nicht bloß die Gegenwart, sondern ebenso die Zukunft im Auge behalten muß, und nur derjenige verdient den Namen eines Forstwirthes, der diese Kunst wirklich versteht.

§. 246.

Von den Distrikten und Hiebszügen.[1]

Der Wirthschaftskomplex muß schon zur Erleichterung der Uebersichtlichkeit in kleinere Flächen zerlegt werden. Früher hat man zunächst die von alten Zeiten überkommenen Distrikte als Zwischenglieder eingeschoben; da dieselben aber zufälligen, häufig gar nicht mehr bestehenden Verhältnissen

[1]) Es wurde bemängelt, daß diese Lehre hier eingefügt sei, da sie korrekterweise zur Taxation gehöre. Es ist richtig, daß sie in der Regel dort vorgetragen wird; aber es sind dem Verfasser auch viele Forste bekannt geworden, wo ohne vorausgehende Taxation und ohne Betriebseinrichtung eine geordnete Waldeintheilung besteht.

ihre Bildung und Form verdanken, so hat man sie fast überall aufgegeben; ihr Fortbestehen läßt sich nur etwa da noch rechtfertigen, wo Servituten darauf ruhen und deßhalb die alte Begrenzung bestehen bleiben muß. Immerhin erleichtern sie die Orientirung für Holzkäufer und die im Walde beschäftigten Personen, und manchmal hat ihre Erhaltung auch einen historischen Werth sowohl bezüglich ihrer Namen, wie bezüglich ihrer Begrenzung; eine forstliche Bedeutung haben sie aber nicht mehr.

Die Eintheilung der Forste erfordert jetzt in jeder geordneten Wirthschaft die Anlage eines regelmäßigen Schneißennetzes, welches sich zunächst an die natürliche Bildung von Berg und Thal, an Wasserläufe, Bergrücken, Hänge anzuschließen hat, dann an die bestehenden oder in Aussicht genommenen bleibenden Haupt- und Nebenwege; wo aber solche Anhaltspunkte fehlen, wird die Eintheilung in regelmäßigen geometrischen Figuren durch rechtwinklig sich schneidende gerade Linien hergestellt.

Innerhalb eines solchen Schneißennetzes bildet man zuvörderst Hiebszüge (Schlagfolgen, Schlagtouren) mit der Bestimmung, daß innerhalb derselben die Reihenfolge der Verjüngungshiebe in der gegen Sturmschaden am meisten sichernden, dem Terrain angepaßten Richtung vorschreitet, so daß stets die Orte mit jüngerem Holz nach der Windseite hin vorliegen. Auf den beiden anderen, den Langseiten, erhält jeder Hiebszug seine Wirthschaftsstreifen, Einfassungen von windständigen, nach der freien Seite hin mit voller Beastung in räumlicher Stellung erzogenen Traufbäumen. Dieser Traufbildung wegen muß, wo kein Feld angrenzt, ein entsprechend breiter Streifen auf der Hiebszugsgrenze bleibend von Holz frei gehalten werden, und kann sich dann gegenüber am nebenliegenden Hiebszug ebenfalls ein solcher Trauf bilden. Je höher das Holz werden soll, um so breiter müssen diese Sicherheitsstreifen angelegt werden, bis zu 6 und 8 m Breite. — In mittelaltem und angehend haubarem Holze ist diese Vorsichtsmaßregel nicht ausführbar, weil sich kein Waldmantel mehr bilden kann; er muß von erster Jugend an erzogen werden.

Die Vortheile einer zweckmäßigen Ordnung der Schlagfolge bestehen hauptsächlich darin, daß im Allgemeinen die Wirthschaftsführung im Walde in allen Theilen viel übersichtlicher und einfacher wird, die Bestände gegen Windschaden, Feuer, Insekten, Weidvieh ꝛc. besser geschützt sind, und daß die bei Fällung, Aufbereitung und Abfuhr des Holzes unvermeidlichen Beschädigungen der angrenzenden Bestände auf das geringste Maß reducirt werden können. Die für einzelne Holzarten so schädlich einwirkende Beschattung des jüngeren Holzes durch das anstoßende ältere wird hiebei fast ganz vermieden, weil die aneinander angrenzenden Altersklassen im Alter nicht sehr verschieden sind und darum auch nur einen geringen Unterschied in der Höhe haben. Durch einen zweckmäßig angelegten Hiebszug kann auch die natürliche Verjüngung sehr erleichtert und befördert werden.

Es ist jedoch dabei zu bemerken, daß diese Vortheile nicht zutreffen, wenn die einzelnen Jahresschläge zu große Ausdehnung bekämen oder Jahr um Jahr unmittelbar aneinander gereiht würden; es werden dadurch die Gefahren von Insekten, Feuer, von Früh- und Spätfrösten, theilweise auch vom Wind, und die Beschädigungen bei der Holzabfuhr größer. Diese Rücksichten geben deßhalb Veranlassung, die einzelnen Wirthschaftskomplexe stets in eine größere Zahl von Hiebszügen zu zerlegen; namentlich ist dies auch da geboten, wo die natürliche Verjüngung sehr langsam vor sich geht, oder wo es die Absatzverhältnisse wünschenswerth machen. — Mit dem Schlag darf erst dann wieder vorgerückt werden, wenn die Aufforstung auf dem vorherigen, angrenzenden vollständig gesichert ist. Es muß also in den verschiedenen Hiebszügen ein regelmäßiger Wechsel mit zeitweiliger Unterbrechung des Hiebes eintreten.

Im Gebirge können die Hiebszüge nicht so leicht wie in der Ebene den gleichen Verlauf nehmen, weil die Abwechselungen der Terrainbildung und die Unregelmäßigkeit der Windströmungen das Vorrücken der Schlaglinie nach bestimmter gleichbleibender Richtung nicht immer gestatten; es ist hier nur darauf zu sehen, daß jede Thalwand, soweit sie gleichen Einflüssen von Wind und Sonne ausgesetzt ist, ihre eigene kleinere Schlagtour bekommt, und daß man nicht die untere Hälfte steilerer Berghänge vor der oberen abtreibt, wenn nicht etwa ein zwischenliegender Weg die sonst unvermeidlichen und großen Beschädigungen am verjüngten Theil auf der unteren Hälfte der Bergwand verhindert.

Die Größe der Hiebszüge ist ganz unbestimmt, sie können natürlich nicht größer sein als der Wirthschaftskomplex, zu welchem sie gehören; aber der Umstand, daß bei einer zu geringen Zahl von Hiebszügen die Wirthschaft schwerfälliger wird, macht es wünschenswerth, daß dieselben nicht zu groß ausfallen. Größere, in sich selbst zurückkehrende Schlagfolgen mit vollständiger Altersklassenabstufung sind nur in den Ebenen oder in den hügeligen Gegenden des Mittellandes auszuführen, und es sind bei deren Anlage zunächst folgende Punkte ins Auge zu fassen:

1) Daß die gefahrbringende **Windrichtung** sorgfältigst beachtet werde. Die älteren, haubaren Bestände müssen durch die jüngeren, gegen den zu fürchtenden Wind vorliegenden Waldtheile geschützt sein. Man hat also da, wo die Gefahr von Nordwesten droht, mit dem Anhieb auf der Südostseite zu beginnen, und den Schlagflächen eine solche Form und Lage zu geben, daß ihre Langseiten in gerader Richtung von Nordost gegen Südwest verlaufen.

2) Daß wo möglich jeder Bestand in seinem **richtigen Hiebsalter** geschlagen werde. Diese Rücksicht kann bei einer Wirthschaft, welche bloß Brennholz zu liefern hat, bei der erstmaligen Einrichtung der Schlagtour in vielen Fällen mehr in den Hintergrund treten, weil hier bloß der Holz-, nicht auch der Werthzuwachs maßgebend ist.

3) Bei einzelnen Holzarten sind weniger die Gefährdungen der Althölzer, als die schädlichen Einwirkungen der Winde auf den Nachwuchs zu fürchten (Norstostwinde bei der Kiefer), oder die Verbreitung des abfliegenden Samens zu begünstigen, was bei Einrichtung der Schlagtour zu beachten ist.

4) Die Schlagtour soll sich passend an das Wegnetz anschließen, damit man für jeden Schlag die erforderliche Anzahl von Wegen ohne Schwierigkeit benützen kann.

5) Eine Schlagtour darf sich nicht in zwei verschiedene entgegengesetzte Absatzgebiete erstrecken. — Womöglich soll sie auch nur eine einzige Holzart und keine zu großen Standortsverschiedenheiten in sich vereinigen.

6) Wo Weidenutzungen bestehen, da ist für eine passende Zufahrt (Trift) nach sämmtlichen einzelnen Schlägen besondere Fürsorge zu treffen.

7) Bei alldem soll schon während der ersten Einrichtung eines geordneten Zustandes darauf Bedacht genommen werden, daß derselbe mit den möglichst geringsten Opfern erreicht werde. Es ist namentlich zu bedenken, daß eine sofort ins Leben tretende starre Einhaltung der Schlagfolge bedeutend größere Verluste nach sich zieht, als wenn man die etwaigen Mängel in zwei verschiedenen Umtriebszeiten auszugleichen sucht. Letzteres ist vorzüglich in Nutzholzwirthschaften geboten, wo eine Abweichung von der Umtriebszeit größere Verluste an Geldeinkommen verursacht; kann aber bei Fichten in exponirten Lagen nicht immer berücksichtigt werden. — Solche Abweichungen von der richtigen Hiebsfolge müssen in Zeiten durch Bildung vorübergehender Hiebszüge vorbereitet werden, wobei hauptsächlich die sogenannten Loshiebe zur Anwendung kommen, um die außer der richtigen Ordnung freizustellenden Bestandespartien vor Eintritt dieser Freistellung möglichst widerstandsfähig zu machen. Dieselben können etwas weniger breit durchgehauen werden, als die bleibenden Wirthschaftsstreifen, auch brauchen sie nicht wie diese der Holzzucht entzogen zu werden. Wo der Loshieb dem Bestande folgend in mehreren Winkeln sich bricht, braucht man dafür den Ausdruck Umhauung.

8) Auf den Bestandeskarten sind die zu einem Hiebszug vereinigten Bestände als zusammengehörig kenntlich zu machen, die Wirthschaftsstreifen und Anhiebsräume zu bezeichnen und die Richtung, in welcher die Schläge vorrücken, durch Pfeile anzudeuten.

§. 247.

Von den Abtheilungen.

Die Wirthschaftsabtheilung, Wirthschaftsfigur, oder kurzweg Abtheilung, bildet als Bestandeseinheit die Grundlage einer geordneten Waldwirthschaft. Die Trennung des Wirthschaftsganzen in Abtheilungen ist zunächst geboten durch die Altersklassenabstufung und dann zur erleichterten

Uebersicht in der Wirthschaft. Jede Abtheilung soll in sich einerlei Eigenthumsverhältnisse, sowie die gleiche Standorts- und Bestandesbeschaffenheit, Holzart und Holzartenmischung, Alter, Vollkommenheit und Regelmäßigkeit aufweisen oder in nicht zu ferner Zeit herstellen lassen; ferner muß jeder dieser Theile die gleiche Waldbehandlung gestatten, sich gut arrondiren und hinsichtlich der Größe in angemessenem Verhältniß stehen mit der Größe des Wirthschaftskomplexes und mit der Umtriebszeit. Die Verhältnisse, welche die Ausscheidung einer Abtheilung bedingen, müssen bleibend sein, weil jede gute Flächeneintheilung eigentlich für immer die Grundlage der Wirthschaft zu bilden hat. — Wie groß die Unterschiede sein müssen, um die Bildung einer Abtheilung nöthig zu machen, darüber läßt sich nichts Allgemeines sagen, es hängt dies wesentlich von lokalen oder sonstigen Verhältnissen ab.

In erster Linie kommen die Eigenthumsverhältnisse in Betracht, namentlich die Servituten; keine Abtheilung darf belastete und nicht belastete Fläche in sich schließen.

Hinsichtlich des Standortes soll namentlich der Boden und die Lage durchweg gleich sein, doch gelingt es nicht immer, die Einheit in dieser Richtung herzustellen; weil häufig die Bodenverhältnisse rasch wechseln und nur auf kleineren Strecken gleich sind, welche für eine Abtheilung nicht die gehörige Ausdehnung haben. In solchen Fällen muß man natürlich nur den Durchschnitt im Auge behalten. — Abweichungen in der Standortsgüte, welche im Materialertrag einen Unterschied von einem Fünftel bedingen, geben bei gehöriger Flächenausdehnung und geeigneter Abgrenzung Anlaß zur Bildung einer besonderen Abtheilung.

Bei der Lage sind hauptsächlich die Gegensätze zwischen Ebene und Berghang, wie zwischen südlicher und nördlicher Exposition in verschiedene Abtheilungen zu trennen; nordwestliche, nördliche und nordöstliche Einhänge oder südwestliche, südliche und südöstliche können wegen Aehnlichkeit der atmosphärischen Einflüsse häufig beisammen gelassen werden.

Auf der kleineren Fläche einer Abtheilung werden die klimatischen Verschiedenheiten nur selten so erheblich sein, daß man mit Rücksicht darauf eine Trennung nöthig finden wird, vielleicht allein in solchen Oertlichkeiten, wo Spätfröste häufig schaden und dann auf den Ertrag oder das Nichtgedeihen einer Holzart wesentlichen Einfluß ausüben.

Viel mehr Verschiedenheiten kommen bei den Bestandesverhältnissen vor. Zuerst ist die Holzart oder die Mischung der Holzarten zu beachten, weil die Eigenthümlichkeiten und der Wachsthumsgang derselben von wesentlichem Einfluß auf die wirthschaftliche Behandlung und den Holzertrag sind. Bloß solche Verschiedenheiten in der Mischung sollen Beachtung finden, welche auf größeren Flächen vorkommen und von Holzarten gebildet werden, die im Ertrag und in der Behandlungsweise erheblich von einander abweichen.

Die **Bestockung** nach ihrer Vollkommenheit und Regelmäßigkeit wird für sich allein nicht wohl einen Grund zur Bildung von Abtheilungen geben, weil diese Zustände nicht als bleibend gelten können.

Dagegen ist das **Alter** eines Bestandes bei der Bildung von Abtheilungen wieder ganz besonders wichtig, weil es hauptsächlich über die Zeit der künftigen Benutzbarkeit entscheidet; Waldtheile also, welche nicht in ein und derselben Periode zur Nutzung kommen, müssen auch der Fläche nach getrennt gehalten werden, und weil bei der Holznutzung stets verschiedene Altersstufen vorhanden sein müssen, so können Unterschiede in dieser Hinsicht ebenfalls als bleibend angesehen werden, so lange nicht etwa wegen besserer Aneinanderreihung der Schläge oder passender Arrondirung der Abtheilungen Ausnahmen gerechtfertigt erscheinen.

In gleicher Weise muß die Abtheilung als Ganzes und Gleichförmiges behandelt werden können, es dürfen demnach keine Verschiedenheiten in Beziehung auf Betriebsart, Umtriebszeit und Verjüngungsmethode vorkommen.

Eine weitere Bedingung bei Bildung von Abtheilungen ist die, daß ihnen eine entsprechende **geometrische Form** gegeben werde, daß sie im Zusammenhang mit den anderen Abtheilungen einen regelmäßigen Schlagbetrieb und Schlagturnus möglich mache. Hier sind namentlich die Rücksichten auf den Wind, die Holzabfuhr und die Aneinanderreihung der Schläge zu beachten. Erste Regel ist, daß man womöglich jeder Abtheilung **natürliche** Grenzen zu geben suche; der Lauf der Gewässer, Einsenkungen des Terrains, die Scheidelinien zwischen Berghang und Ebene, oder zwischen zwei Berghängen von verschiedener Exposition ꝛc. eignen sich hiezu vorzüglich. Wo dies nicht thunlich ist, hält man sich zweckmäßig an die ständigen Wege, und wo auch diese verlassen werden müssen, da zieht man eigene Linien, welche im Wald durch Auslichtung eines 1—3 m breiten Streifens und durch besondere Vermarkung kenntlich gemacht werden. Die Linien, Gestelle, Schneißen oder Geräumte sind möglichst gerade, mit den wenigsten Biegungen und mit Berücksichtigung der gefährlichsten Windrichtung zu ziehen.

Für große Ebenen ist die sogenannte **Jageneintheilung** sehr zweckmäßig; dieselbe ist in den königl. preußischen Forsten durch Friedrich den Großen eingeführt worden; indem man regelmäßige Quadrate von zweihundert Ruthen ($\frac{1}{10}$ geographische Meile) Seitenlänge und 222 Morgen, 40 □Ruthen (56,66 ha) Flächeninhalt bildete. Die Theilungslinien wurden anfänglich von Süd nach Nord und von Ost nach West gelegt; erstere heißen **Feuergestelle** und werden, auf der Ostseite beginnend, mit kleinen lateinischen Buchstaben bezeichnet; letztere heißen **Hauptgestelle** und erhalten, im Süden beginnend, große lateinische Littern als Bezeichnung. — Beim Uebergang zu einer intensiveren Wirthschaft erwiesen sich diese Jagen als zu groß, sie werden nun in Kiefernforsten halbirt und in Fichten noch kleiner gemacht.

Wo man die Gestelle erst noch durchzuhauen hat, giebt man ihnen neuerdings eine veränderte Richtung und zwar in Kiefernbeständen von Südost nach Nordwest und von Nordost nach Südwest, wobei letztere in halber Jagenbreite von ersteren durchschnitten werden, so daß man Rechtecke von 100 × 200 Ruthen erhält, welche die Langseite nach Nordosten gerichtet haben, von wo in der Regel der Anhieb zu erfolgen hat. — Bei den Fichten dagegen wird die Langseite gegen Südost oder Ostsüdost gerichtet, und auf dieser Seite der Anhieb begonnen.

Was nun im Allgemeinen noch die Größe der Abtheilungen anbelangt, so richtet sich diese zunächst nach der Dauer der Umtriebszeit oder des Wirthschaftszeitraumes, so wie nach Zahl und Größe seiner einzelnen Perioden. Je länger die Umtriebszeit ist, um so kleiner werden die Jahresschläge und Periodenflächen, die gleiche Ausdehnung eines Wirthschaftsbezirkes vorausgesetzt; je größer die Zahl der Perioden gemacht wird, um so kleiner werden die Abtheilungen. Je länger die einzelnen Perioden oder bei der natürlichen Verjüngung der Verjüngungszeitraum angenommen werden, um so größer können wieder die Abtheilungen sein. Kleinere Waldkomplexe bedingen dann natürlich auch kleinere Abtheilungen. Sind einzelne Altersklassen nicht vollzählig vertreten, so muß man diesen zu Liebe, wo sie vorkommen, öfters kleinere Abtheilungen machen.

Die richtigste Größe ist diejenige, bei welcher die einzelne Abtheilung mit ihrem Haubarkeitsertrag gerade den Bedarf *einer* Periode deckt; vorausgesetzt, daß die Fläche des einzelnen Jahresschlages dabei nicht zu groß wird. Es läßt sich aber nur in wenigen Fällen der Bedarf der Periode zum Voraus angeben, und deßhalb muß man sich hiezu mit annähernden Schätzungen begnügen. Mehr als den Bedarf *einer* Periode soll eine Abtheilung nie liefern, in diesem Fall wäre sie zu groß; doch erlaubt man hier Ausnahmen bei solchen Beständen, die erst in späterer Zeit zur Nutzung kommen, wogegen man bei den für die nächsten Zeitabschnitte zum Hieb bestimmten Waldtheilen mit größerer Sorgfalt und Genauigkeit auch in dieser Richtung zu Werke gehen muß.

Bestehende Flächeneintheilungen sind nach diesen Regeln zu prüfen und bei *erheblichen* Abweichungen entsprechend richtig zu stellen. Es ist aber hiebei vor allzu häufigen Aenderungen und Verbesserungen zu warnen, weil gar zu leicht dadurch die stets sehr belehrenden Nachweise über die früheren Wirthschaftsergebnisse schwerer verständlich oder werthlos werden.

§. 248.

Von den Unterabtheilungen.

Wie nun bei Bildung der Abtheilungen diejenigen Waldzustände als maßgebend betrachtet werden, welche *bleibend* verschieden sein sollen, so sind für die anderen Verschiedenheiten, welche nur *vorübergehend* auf den Walderträg einwirken, **Unterabtheilungen** zu bilden. — Zu diesem Zweck ist zuerst der Unterschied zwischen bleibend und vorübergehend festzustellen. Was in zwei oder mehr Umtriebszeiten voraussichtlich sich als verschieden zeigen wird, das kann man für unsere Zwecke bleibend nennen, und eine Abtheilung danach bilden. Was aber längstens innerhalb einer Umtriebszeit sich ausgleichen oder mit dem benachbarten Bestand verschmelzen wird, das darf man ohne Bedenken bloß als Grund zur Bildung einer Unterabtheilung ansehen.

Faßt man diesen Unterschied zwischen Abtheilung und Unterabtheilung gehörig ins Auge, so ergeben sich die Regeln für Bildung der letzteren von selbst, nach denjenigen, welche im vorigen Paragraphen vorgetragen wurden. Hauptsächlich treten hier die **Bestandes**verschiedenheiten in den Vordergrund, und zwar die verschiedenen Grade, sowohl der Vollkommenheit, als der Regelmäßigkeit. — Wie groß die Abweichungen sein dürfen, ist nicht für alle Fälle zum Voraus zu bestimmen, ein Fünftel, manchmal auch bloß ein Zehntel Differenz in der Ertragsfähigkeit der Bestände kann hier den Ausschlag geben. Außerdem kommt aber auch in Betracht die Verschiedenheit in der Behandlungsweise, welche durch solche Abweichungen von der Normalität bedingt sind, und mit dieser beachtenswerthen Einfluß auf den Ertrag ausüben. Größere unbestockte Flächen, die jedoch für eine besondere Abtheilung zu klein sind, und sich gut an eine benachbarte Abtheilung anschließen, werden als Unterabtheilung ausgeschieden. Auch Holzart und Alter können eine Unterabtheilung bedingen, wenn sie nicht bleibend von dem umgebenden Bestand verschieden sein sollen. — Selbst die Bodenverhältnisse, welche sich möglicherweise, z. B. durch Entwässerungen, verbessern können, dürfen nicht immer als bleibend angesehen werden.

Die Größe der Unterabtheilung läßt einen freieren Spielraum zu, sie kann natürlich nicht größer genommen werden, als eine Abtheilung; aber unter diese Ausdehnung herab wird oft bis zu den kleinsten Flächen gegangen. Ein Minimum kann man dabei nicht wohl festsetzen, doch ist immerhin zu bedenken, daß die Ertragsschätzung durch die Bildung vieler Abtheilungen und Unterabtheilungen zwar häufig genauer, aber dagegen die Wirthschaftsführung vielleicht unnöthig verwickelt wird und an Uebersichtlichkeit verliert.

§. 249.

Nachhaltigkeit der Nutzung.

Man erwartet von jedem geordneten Haushalt, daß er die übernommenen Kapitalien und Vorräthe in gleich gutem, wo nicht in besserem Zustand wieder abgebe, und so müssen auch wir die von der weisen Fürsorge der Schöpfung und von unseren haushälterischen Vorfahren übernommenen Wälder in ihrem gehörigen Bestand an Holzvorrath und

Bodenkraft zu erhalten und zu verbessern streben, wobei eine ihren natürlichen Kräften entsprechende Benutzung der Forstprodukte für den physischen Unterhalt der Bevölkerung nothwendig und eben darum auch ganz wohl mit jener Pflicht der schonenden Behandlung zu vereinbaren ist.

Die Erhebung der Waldprodukte kann mit Rücksicht auf die Zeit und Art, wie die Nutzungen auf einzelne Perioden vertheilt werden, sowie mit Rücksicht auf das Verhältniß zwischen der Produktionsfähigkeit der Fläche und der Quantität der zu gewinnenden Erzeugnisse in verschiedener Weise betrieben werden, und zwar nachhaltig, wobei Nutzung und Zuwachs im Gleichgewicht stehen, so, daß nach Menge und Güte nie mehr erhoben wird, als sich in der Zeit zwischen zwei Nutzungen wieder erzeugen kann. Es verlangt die nachhaltige Nutzung nicht bloß die Erhaltung des nöthigen Holzvorrathes (auch wenn es sich von anderen Produkten als vom Holz handelt), sondern auch die gehörige Pflege des Waldes, um die Standortsgüte ebenfalls gleichmäßig und unverändert auf derselben Höhe zu erhalten oder zu verbessern. Zur nachhaltigen Benützung der Waldungen ist jeder Eigenthümer vollkommen berechtigt, mag er vorherrschend das eine oder das andere Produkt für sich zu gute machen.

Die nachhaltige Nutzung ist aber nicht immer in gleichen Zeitabschnitten die gleiche, sie kann vielmehr, ohne den Begriff der Nachhaltigkeit zu verlieren, allmählig sich erhöhen, wenn in diesen Perioden auch die Ertragsfähigkeit des Waldes sich erhöht. Aber auch die zeitweise sinkende Nutzung ist im Begriff der Nachhaltigkeit nicht ausgeschlossen; wenn es sich nämlich darum handelt, einen Ueberschuß über den normalen Holzvorrath in bestimmter Frist aufzuzehren.

Es ist auch schon vorgeschlagen worden, bei im Ganzen nachhaltiger Nutzung sich nicht an jährlich gleiche Fällungen zu binden, sondern je nach dem Stand der Holzpreise mit dem Einschlag zurückzuhalten bei ungünstigem Absatz, damit bei eintretender stärkerer Nachfrage die Mindernutzung wieder ausgeglichen werden kann. In kleineren Wirthschaften und vereinzelt mag eine solche Spekulation öfter, aber nicht immer, von gutem Erfolg sein. Es leuchtet aber ein, daß die erwarteten Vortheile sehr in Frage gestellt werden, sobald eine große Mehrzahl oder alle Waldbesitzer sich darauf einlassen wollten. Nur etwa in Kriegszeiten ist eine Ausnahme gerechtfertigt und bei Sortimenten von untergeordneter Bedeutung, Hopfenstangen nach guten Hopfenernten 2c. oder auch dann, wenn noch größere Vorräthe aus früheren Jahren unverkauft sind.

Ist die Erhebungsweise so geordnet, daß jedes Jahr das durchschnittliche Erzeugniß (Zuwachs) gewonnen wird, so nennt man dies eine jährlich nachhaltige Nutzung. — Aussetzend ist dieselbe, wenn in mehr als einjährigen Zwischenräumen die Nutzung erhoben wird. Der Begriff von unnachhaltig ist hienach leicht zu bestimmen, es ist ein Angriff in jährlichen oder längeren Pausen, der in seiner durchschnittlichen Größe den durchschnittlichen Zuwachs in diesen Perioden überschreitet, ohne den Wald in seinem Fortbestand zu gefährden. Dieses kann durch einen Angriff auf das Holzkapital, auf die Zahl oder die Gesundheit (bei der Harznutzung) der Stämme, oder auf den Schluß und die Integrität der Bestände, sowie durch eine Verschlechterung des Bodens bewirkt werden, letztere mag nun durch aktives Eingreifen oder durch Fahrlässigkeit verursacht sein. Zu diesen nicht nachhaltigen Nutzungen sind insbesondere zu zählen die Umwandlungen von Hochwald in Niederwald, die Verminderung des Oberholzbestandes im Mittelwald, sofern die Erhaltung des Unterholzes dies nicht nothwendig macht, ferner die Herabsetzungen der Umtriebszeit in sämmtlichen Betriebsarten, weil dadurch der normale Holzvorrath stets vermindert wird; endlich auch die Verdrängung werthvollerer Holzarten durch minder ertragsfähige, die Bodenkraft erschöpfende.

Unter Devastation (Waldabschwendung) versteht man diejenige Waldbehandlung oder eigentlich Mißhandlung, welche gar keine Rücksicht auf die Erhaltung des Waldbestandes und der für den Wald nothwendigen Bodenkraft nimmt, und selbst die zu Erhaltung des Waldes wirksamen Naturkräfte preisgiebt, so daß die feindlichen Elemente die Oberhand bekommen und der Wald allmählig aufhört, als solcher zu existiren. — Dieser höchste Grad der Selbstsucht und des Eigennutzes ist fast bei keinem Gewerbe mehr, als beim forstlichen zu fürchten, weil in sehr vielen Fällen die Folgen eines solch barbarischen Verfahrens sich gar nicht mehr gut machen lassen, in ebenso vielen Fällen aber mehr als ein Menschenalter dazu gehört, um mit unverhältnißmäßigen Opfern wieder einen Wald herzustellen. Am gefährlichsten sind Devastationen im Gebirge, weil sie dort gar zu leicht den Boden Preis geben und weil nur wenige Jahre dazu gehören, um eine steile Bergwand ihres Wälderschmuckes zu berauben und ihr nacktes, unfruchtbares Gestein bloß zu legen.

Es ist bedauerlich, daß der Begriff über die Nützlichkeit des Waldes im Haushalt der Natur so wenig ins Volksbewußtsein eingedrungen ist und daß sich dieser Begriff nur auf einige kleinere Forste im Hochgebirge, deren Unentbehrlichkeit für einzelne Lokalitäten besonders einleuchtet, koncentrirt hat. Wäre der enge Zusammenhang zwischen den Entwaldungen im Gebirge und den verheerenden Fluthen allgemein ins Bewußtsein des Volkes gedrungen, man würde denjenigen, der einen Wald devastirt, nicht anders ansehen, als den, der muthwillig die schützenden Deiche in den Niederungen zerstört, oder die Wuth der Flammen entfesselt. Es ist gewiß eine Handlung, die den Menschen aufs Tiefste entwürdigt, weil sie seine Mitbrüder in der weitesten Ferne gefährlich bedroht, ohne daß sie es ahnen, weil sie das heilsame Gleichgewicht in der Natur stört nnd den Kampf des Menschen gegen die feindlichen Naturkräfte noch weiter erschwert, so daß ganze Länder dadurch allmählig unbewohnbar werden und in Barbarei zurücksinken.

§. 250.

Haubarkeitsertrag und Zwischennutzungen.

Der Holzertrag wird zum größten Theil in den ältesten Beständen und meistens in der Art gewonnen, daß damit gleichzeitig der natürlichen Verjüngung der Bestände thunlichst Vorschub geleistet wird; der auf diese Weise anfallende Haubarkeitsertrag bildet die Haubarkeits- oder kurzweg Hauptnutzung.

Ein kleinerer Theil des Holzertrages fällt als Zwischennutzung bei Durchforstungen, Reinigungs- und Auszugshieben an. Diese Nutzungen stehen in keinem festen Verhältnisse zu einander und zum Haubarkeitsertrag. Dasselbe wird vielmehr durch mannigfaltige Einflüsse verändert. Einzelne Betriebsarten schließen z. B. die Durchforstungen fast ganz aus, so der Femelwald und der Niederwald mit kürzerem Umtrieb; allein schon bei einem solchen von 10 Jahren ist der Erfolg ein außerordentlich günstiger.

Beim schlagweisen Hochwald, wo die Durchforstungen am meisten vorkommen, sinken sie im Vergleich zur Hauptnutzung um so mehr, je höher die Umtriebszeit wird. Auf gutem Boden fällt mehr Material in den Durchforstungen an, als auf schlechtem. Auch die einzelnen Holzarten verhalten sich verschieden; so werfen namentlich die frühe sich lichtstellenden Kiefern, Lärchen, Birken, Erlen und Eichen anfänglich ein größeres Quantum ihres Gesammtertrages bei den Durchforstungen ab, als die schattenliebenden Holzarten. In gemischten Beständen sind die Durchforstungserträge stets größer, als in reinen; am größten dann, wenn die eine der beigemischten Holzarten den höheren Umtrieb der andern nicht auszuhalten vermag. Im Hochwald können diese Zwischennutzungserträge bis auf ein Viertel oder ein Drittel der Hauptnutzung steigen. Beim Mittel- und Niederwald, selbst wenn sie die höchsten Umtriebszeiten haben, bleiben die Durchforstungserträge stets verhältnißmäßig gering im Vergleich mit dem Hauptertrag, in Baden während der Jahre 1880—81 z. B. in den Domänenwaldungen 0,05 Festm. pr. ha, in den Gemeindewaldungen 0,02 Festm. gegen 0,91 Festm. im Hochwald.

Einen sehr bedeutenden Einfluß auf das Verhältniß zwischen Durchforstungs- und Hauptertragen übt der Zweck, den der Waldbesitzer zu erreichen strebt; will man ohne Rücksicht auf die Qualität des Holzes recht viel Masse erzeugen, so sind starke Durchforstungen in allen Fällen ein wesentliches Förderungsmittel. Will man dagegen besonders astreines und vollholziges Nutzholz oder möglichst viel Stammholz und wenig Astholz, so darf die Durchforstung vor beendigtem Höhenwuchs des Bestandes sich nur auf unterdrückte und stark beherrschte Stämme erstrecken, was den Ertrag dieser Hiebe vermindert. Hat man mit Rücksicht auf die Verjüngung oder auf den Mastertrag die Samenbildung zu begünstigen, so müssen die Durchforstungen lichter geführt werden; auf das zulässig kleinste Maß aber sind sie zu beschränken, wenn häufige Laub- und Moosentziehungen den Boden seiner nächsten und natürlichen Decke berauben.

Die Holzpreise und Arbeitslöhne sind von beachtenswerthem Einfluß auf den Beginn und die öftere Wiederkehr der Zwischennutzungen. Je niedriger die Holzpreise, oder je höher die Arbeitslöhne stehen, um so später wird man beginnen wollen, damit die Gewinnungskosten den Holzerlös nicht übersteigen und nicht zu viel von demselben verschlingen, eben deßhalb will man auch in solchen Verhältnissen weniger oft diese Nutzung wiederholen.

Hiebei darf man aber nicht unterlassen, den baaren Auslagen die dadurch für die Zukunft zu erzielenden Vortheile in Geld gegenüberzustellen und denen, welche etwa fragen: woher das Geld nehmen? mit dem Altmeister H. Cotta zu erwidern: daher, wo man auch die Kulturkosten holt. Bei den mit Sicherheit zu erwartenden Erfolgen spielt der zu hoffende Zeitgewinn eine sehr wichtige Rolle, der sich besonders dadurch erzielen läßt, daß man frühzeitig mit den Durchforstungen beginnt, in einem Alter, wo die Arbeitslöhne sich durch das gewonnene Holz noch nicht überall decken. — Man ist berechtigt anzunehmen, daß mit Hülfe eines solchen rechtzeitig begonnenen und entsprechend durchgeführten Durchforstungsbetriebes der Umtrieb sich abkürzen läßt, ohne daß dadurch eine Verminderung des Holz- und Geldertrages veranlaßt würde, indem z. B. ein richtig behandelter Buchenwald im 70jährigen Alter ebenso viel und ebenso werthvolles Holz erzeuge, als ein sich selbst überlassener oder spät und ungenügend durchforsteter im 80. Jahr, dem namentlich die Pflege in jener Zeit mangelte, wo das schwache Holz noch nicht absetzbar war. Wo aus diesem Grunde z. B. die im 18. Jahr mit einem Aufwand von 20 Mark pr. ha und im 25. Jahr mit 6 Mark Ausgabe zu führenden Durchforstungen unterblieben sind, da stellt sich die Rechnung für einen 560 ha großen, im nachhaltigen jährlichen Betrieb stehenden Wald wie folgt:

	80jähriger Umtrieb	70jähriger Umtrieb		
Jahresschlag	560 : 80 = 7 ha	560 : 70 = 8 ha		
Haubarkeitsertrag	240 Festm. pr. ha	240 Festm. pr. ha		
Preis pr. Festm.	8 Mk.	8 Mk.		
Geldertrag	7 × 240 × 8 = 13 440 Mk.	8 × 240 × 8 =		15 360 Mk.
Diskontirt aufs 70. Jahr 3%	= 9 999 „	Hievon gehen ab:		
	Der Nachwerth von 20 Mk. nach 70—18 Jahren . .		93,00 Mk.	
	desgl. von 6 Mk. nach 70—25 Jahren		22,70 „	
	für 1 ha . . zusammen		115,70 Mk.	
	für 8 ha			926 „
			bleiben:	14 434 Mk.

Es ist also der 70jährige Umtrieb vom Beginn der Ernte des nach 70—18 Jahren hiebsreif werdenden, erstmals mit diesem Hieb bedachten Jahresschlages im Vortheil um jährlich 14 434 — 9999 = 4435 Mk. (= 44 Procent). Diese Mehreinnahme entspricht einem Kapitalwerth bei 3 Procent von 147 833 Mk. mit einem Jetztwerth von 31 784 Mk., woraus ein Zinsenertrag von 954 Mk. zu erwarten, während obige Vorauslagen, welche diesem Mehrertrag gegenüberstehen, nur einen jährlichen Aufwand von 8 × 26 = 208 Mk. verursachen, was einem Gewinn von 746 Mk. = 1,33 Mk. pr. ha entspricht.

Ueber den richtigen Grad der Durchforstung gehen die Ansichten noch sehr weit auseinander; doch wird neuerdings ein stärkerer Zugriff immer mehr empfohlen und nachdrücklich mit theoretischen Gründen, wie mit praktischen Erfolgen unterstützt. Solche sind in Wagener's Waldbau in großer Zahl aus kleineren und größeren Versuchen nachgewiesen, und darf man sich deßhalb der Erkenntniß nicht verschließen, daß hauptsächlich dieses Hülfsmittel eine Steigerung der Holzerträge zu bewirken vermag.[1]) Jeder Waldbesitzer oder Wirthschaftsbeamte möge deßhalb nach dem Rath von Wagener durch vergleichende Versuche den für seine Verhältnisse richtigen Durchforstungsgrad selber bestimmen.

Es ist namentlich zu beachten, daß die neueren Untersuchungen den früher allgemein geglaubten Satz, als ob dichter Schluß den Höhenwuchs steigere, über den Haufen geworfen haben. In freier Stellung erwachsene Stämme haben unter sonst gleichen Verhältnissen stets einen merklichen Vorsprung in der Höhe vor den im Schluß erwachsenen. Ein dichterer Schluß ist also nur da nothwendig, wo bis zu einer gewissen Höhe astreines Nutzholz erzogen werden soll und entsprechend höher bezahlt wird, oder wo die künstlichen Aufästungen zu viel kosten. — Außerdem lehrt jeder Blick in den Wald, daß halb und ganz unterdrückte, sowie zurückgebliebene Bäume außerordentlich wenig zur Verstärkung des Schlusses beitragen, während durch ihre rechtzeitige Entfernung die Entwicklung des verbleibenden Bestandes so gefördert und gekräftigt wird, daß sich dadurch der Schirm mehr verdichtet als durch die armselige Belaubung des Zwischenbestandes.

In den badischen Domänenwaldungen ergaben die Zwischennutzungen in den Hochwaldungen 1880—1882 auf 100 Festm. Haubarkeitsertrag je 26 Festm. Derbholz und Reis, jährlich pr. ha bestockter Fläche 3,5 Festm. Haupt- und 0,91 Zwischennutzung. In den württembergischen Staatswaldungen

[1]) Sehr belehrende Untersuchungsergebnisse veröffentlicht der Leiter des badischen Versuchswesens Forstrath und Professor Schuberg in Karlsruhe in Baurs Centr.-Bl. 1886 März- und Aprilheft, welche durchweg zu gunsten einer räumlicheren Stellung sprechen und bei einer solchen überraschend günstige Zuwachsleistungen nachweisen. — Leider konnten diese werthvollen Zahlen wegen des weit vorgeschrittenen Druckes in gegenwärtiger Auflage nicht mehr in dem Umfang, wie sie es verdient hätten, berücksichtigt werden.

stand 1874—1878 das Verhältniß wie 100 : 20,8 bei 3,60 und 0,75 Festm. pr. ha Derbholz. — Bei den Zwischennutzungen fielen 1874—1876 hier an 67 % Derbholz und 33 % Reis, bei der Hauptnutzung 84 und 16 %. In den Staatswaldungen des Kantons Zürich sind 1878—1881 angefallen an Haubarkeitsertrag pr. ha und Jahr 4,61 Festm., Zwischennutzungen 1,67 Festm., auf 100 je 36,3. Bei den Gelderträgen wird noch seltener eine Trennung durchgeführt; doch ist von der Domäne Worlick in Böhmen aus 20jährigem Durchschnitt konstatirt, daß die Durchforstungen 18 % vom Haubarkeitsertrag in Geld eingebracht haben, bei einer Bestockung von Fichten und Kiefern in 80- und 100jährigem Umtrieb.

§. 251.

Sortimentsverhältniß.

Neben der Holzmasse fällt auch noch die Qualität des Erzeugnisses und die verschiedenartige Verwendbarkeit der einzelnen Theile des Baumes ins Gewicht, wobei zunächst Nutz- und Brennholz unterschieden und vorausgesetzt wird, daß für jenes stets bessere Preise, als für das Brennholz zu erlangen sind.

Wie bekannt stellen sich die Brennholzpreise von Jahr zu Jahr ungünstiger und deßhalb muß dem Nutzholz immer größere Aufmerksamkeit geschenkt werden; seine Bedeutung ergiebt sich am besten aus folgendem Beispiel: 1863 stand die Nutzung in den königl. bayrischen Staatswaldungen auf 1,044,468 Klafter, wovon etwa 20 Procent als Nutzholz anfielen, jede Erhöhung um ein Procent steigerte, den Gelderlös um 111,000 Fl.

Die Grenze zwischen diesen beiden Hauptsortimenten steht nicht unbedingt fest, sie wechselt nach den mehr oder minder günstigen Absatzverhältnissen, und davon hängt in erster Linie unter sonst gleichen Vorbedingungen die Größe des Ausbringens ab. Außerdem aber sind die Verschiedenheiten der Holzarten von größtem Einfluß darauf, ebenso Betriebsart, Umtriebszeit, Standorts- und Bestandesverhältnisse.

Den höchsten Nutzholzanfall bekommt man bei den Nadelhölzern, zunächst bei der Fichte, dann folgt die Weißtanne, Kiefer und die Lärche; von den Laubhölzern nähert sich die Eiche der Kiefer, dann folgt die Birke mit einem erheblich geringeren Nutzholzantheil und schließlich die Buche mit dem geringsten. Wo diese Holzart in größerer Ausdehnung den Waldbestand bildet, da lassen sich selten mehr als 2—3 Procent des Gesammterzeugnisses in der Form von Nutzholz verwerthen; das Ausbringen steigt aber bis zu 20 und mehr Procent, wenn die Buche nur vereinzelt vorkommt. Bei der Birke kann man im ersteren Fall 8—10 Procent annehmen, in letzterem das drei- bis vierfache. Die Eiche liefert 40—60 Procent und wenn man die Rinde einrechnet, noch etwas mehr. Die Kiefer 50—70, die Weißtanne 60—80 und die Fichte 66—90 Procent vom Haubarkeitsertrag. Bei diesen Angaben sind die gewöhnlichen Umtriebszeiten von 90—120 Jahren und Durchschnittserträge aus größeren Verjüngungsschlägen bei günstigen Absatzverhältnissen vorausgesetzt. — Bezüglich der nicht geselligen Holzarten, Esche, Ulme, Ahorn ꝛc. ist zu sagen, daß zwar die einzelnen Bäume ein ebenso hohes Nutzholzprocent geben wie die Eiche, daß dieses aber wegen ihres selteneren Vorkommens auf das Gesammtergebniß von keinem großen Einfluß ist.

Die Betriebsart übt eine geringere Bedeutung als die Holzart, man kann nicht wohl Niederwald mit Nadelholzhochwald vergleichen, sondern muß dieselben, oder doch ähnliche Holzarten dabei festhalten. Dagegen besteht allerdings ein Unterschied zu Gunsten des Mittelwaldes gegenüber vom Niederwald und kann jener unter günstigen Umständen annähernd so viel Nutzholz liefern wie der Eichenhochwald. Die badischen Domänenwaldungen im unteren Rheinthal ergaben 1880 aus den Hochwaldbeständen nur 11,6, der Mittel- und Niederwald dagegen 15,9 Procent, beiderseits mit Einbezug des Reises. — Beim Eichenschälwald kommt das Verhältniß zwischen Rinde und Holz in Betracht. In mittlerer Standortsgüte sind von 15jährigem reinen Schälwald zu erwarten 4500—5000 kgr Glanzrinde und etwa 35—40 Festm. Schälholz.

Viel größere Bedeutung erlangt die Umtriebszeit, und hier gilt als Regel, daß die höheren Umtriebe das meiste Nutzholz erzeugen, obwohl auch Fälle vorkommen, wo in niederem Umtrieb fast das ganze Erzeugniß zu Nutzholz verwerthbar wird, z. B. 40—50jährige Kiefern zu Grubenholz und andererseits wieder eine für die betreffende Holzart, oder den Standort zu hoch angesetzte Umtriebszeit den Anfall an Nutzholz wieder herabdrücken kann, was namentlich bei der in höherem Alter leicht rothfaul werdenden Fichte öfter der Fall ist. — In folgender Tabelle sind Durchschnittszahlen aus den Görlitzer Stadtforsten vorgetragen, an welchen die durch Bonitätsklassen und Umtriebszeiten veranlaßten Unterschiede in den hauptsächlich vom Sortimentsergebniß abhängigen Durchschnittserlösen und die großen Abweichungen unter denselben vor Augen geführt werden:

Ein Festmeter Derbholz, incl. des auf ein solches mit entfallenen Stockholzes und Reisigs, lieferte im Jahrfünft 1879/84 erntekostenfreien Ertrag aus Beständen im Alter von:

	60	70	80	90	100	110
	Jahren					
	Mark	Mark	Mark	Mark	Mark	Mark
Von II. Bodenklasse	7,55	8,35	8,68	9,07	9,17	9,94
„ III. „	6,07	6,19	6,37	7,33	8,35	8,44
„ IV. „	3,94	4,36	5,15	5,36	6,21	6,94

Bei den Zwischennutzungen treten etwas abweichende Verhältnisse ein, weil es sich vorherrschend um schwächeres Material handelt, und deßhalb das Brennholz überwiegt. — Nur in einer Richtung finden Ausnahmen statt in Gegenden, wo starker Hopfen- und Weinbau getrieben wird und deßhalb die Hopfenstangen und Rebpfähle sehr gesucht sind; hier liefern die Durchforstungen in Fichten- und Tannenbeständen vom 20.—50. Jahr und Niederwald von Edelkastanien oder Akazien einen sehr schönen Geldertrag aus diesen Sortimenten.

Die Ermittlung des Nutzholzausbringens[1]) geschieht gewöhnlich ohne Ausscheidung für Haubarkeits- und Zwischennutzungsertrag und ohne Trenung nach Holzarten in Durchschnittszahlen aus dem gesammten Materialerzeugniß; derlei Zahlen sind aber unter sich nur dann vergleichbar, wenn sie sich auf die gleichen Waldkomplexe beziehen und wenn in denselben die gleiche Nutzungsweise, namentlich das gleiche Verhältniß zwischen dem Angriff auf Laub- und Nadelholz festgehalten wurde. Außerdem ist bei Vergleichung der Nutzholzprocente zu untersuchen, ob sie sich beiderseits nur auf das Derbholz oder auch auf das Reis oder eventuell auch auf das Stockholz beziehen, ob die Rinde des Nutzholzes mit eingerechnet ist oder nicht, und ob die Reduktionsfaktoren für die einzelnen Sortimente beiderseits die gleichen sind.

In den königl. bairischen Staatsforsten stieg das Nutzholzausbringen von 1825—31 mit 14,4% bis 1863—64 auf 27,7%, wobei Reis und Stockholz nicht einbezogen sind; in den königl. preußischen Forsten stand es 1830 auf 20,2 und 1865 auf 31,6. In Württemberg lieferten die Staatsforsten 1851 20%, 1873 50,7% Nutzholz; und zwar in letztgenanntem Jahr das Nadelholz 58,7, die Eichen, Rinde eingerechnet, 50,7%, das sonstige Laubholz 6,2%, 1882 Gesammterzeugniß 47%. In den königl. preußischen Staatsforsten stieg das Nutzholzausbringen von 1830 mit 19,3% bis 1880 auf 29%, nachdem es 1874 den höchsten Stand mit 34% erreicht hatte. Am günstigsten steht es in dem industriereichen, dichtbevölkerten Königreich Sachsen, wo übrigens bekanntlich das Nadelholz bedeutend überwiegt, 1879 ergaben sich in den Staatswaldungen 72% beim Derbholz.

Brennholz und Nutzholz theilen sich sodann wieder in Sortimente von verschiedenem Werth; je nach dem Bedarf und den Gewohnheiten der Abnehmer. Hiebei ergiebt sich in der Regel, daß die stärkeren Sortimente höher im Preise stehen als die schwächeren, ausgenommen sind fast nur die oben bereits erwähnten Hopfenstangen und Rebstecken. — Ein Beispiel, wie der Sortimentspreis mit zunehmender Stärke wächst, folgt hier aus den Görlitzer Stadtforsten.

[1]) cf. Baur, Centr.-Bl. 1883, S. 136, wo die große Verschiedenheit bei Berechnung des Nutzholzausbringen in den einzelnen Staatsforstverwaltungen vom Verfasser eingehend besprochen ist.

Das Festmeter Nutzholz kostete im Jahrfünft 1879—84:

in Stämmen:				Mark
	bis 0,30	Festm.	Inhalt	6,92
von 0,31	= 0,40	=	=	7,42
= 0,41	= 0,50	=	=	7,96
= 0,51	= 0,60	=	=	8,50
= 0,61	= 0,70	=	=	9,50
= 0,71	= 0,80	=	=	10,60
= 0,81	= 0,90	=	=	11,74
= 0,91	= 1,00	=	=	12,50
= 1,01	= 1,10	=	=	13,20
= 1,11	= 1,20	=	=	13,87
= 1,21	= 1,30	=	=	14,20
= 1,31	= 1,40	=	=	14,55
= 1,41	= 1,50	=	=	14,90
= 1,51	= 1,60	=	=	15,25
= 1,61	= 1,70	=	=	15,65

in Stämmen:				Mark
von 1,71	bis 1,80	Festm.	Inhalt	16,15
= 1,81	= 1,90	=	=	17,20
= 1,91	= 2,00	=	=	18,25
= 2,01	= 2,10	=	=	19,30
= 2,11	= 2,20	=	=	20,40
= 2,21	= 2,30	=	=	21,45
= 2,31	= 2,40	=	=	22,50
= 2,41	= 2,50	=	=	23,40
= 2,51	= 2,80	=	=	25,00
= 2,81	= 3,10	=	=	27,50
= 3,11	= 3,30	=	=	30,00
= 3,31	= 3,60	=	=	31,00
= 3,61	= 3,90	=	=	32,00
über 3,91		=	=	33,00

Die Sortimente werden in der Regel nach bestimmten Längen und Stärken eingetheilt, was bei dem zum allgemeinen Gebrauch bestimmten Material vollständig ausreicht; für manche Zwecke aber werden noch besondere, seltener vorkommende Eigenschaften des Holzes erfordert und kann durch deren Vorhandensein der Gebrauchswerth und Preis wesentlich erhöht werden. — Bei Eichen, Kiefern und Lärchen spielt das Verhältniß zwischen Kernholz und Splint eine wichtige Rolle, namentlich bei der Eiche, wo der Splint bei jeder Verwendung zu Nutzholzzwecken zuvor entferut werden muß. Bei den beiden anderen Arten hängt die größere Dauer des Holzes wesentlich mit dem Vorwiegen des Kernes zusammen.

Die allgemeine Annahme, daß auf besserem Boden der Splint sich stärker entwickle als auf geringerem, traf bei einer vergleichenden Untersuchung in Eberswalde nicht zu (Danckelmann, Zeitschr. 1885 S. 165). Dort ist nachgewiesen, daß mit Buchen unterwachsene Kiefern, wo jene den Boden sehr gebessert hatten, erheblich weniger Splint besaßen, als die in reinem Bestande erzogenen Kiefern.

Die Preisverschiedenheiten bei den einzelnen Sortimenten muß der Forstwirth genau kennen, um sie bei der Zugutemachung der Produkte und bei den allgemeinen wirthschaftlichen Fragen entsprechend berücksichtigen zu können. — In neuester Zeit, wo durch Erleichterung des Holztransportes die Absatzgebiete namentlich für das bessere Nutzholz sich in ungeahnter Weise erweitert haben, muß auch der Forstmann, über seine nächste Umgebung hinausblickend, den Gang des Holzhandels und insbesondere der ausländischen Konkurrenz an den für ihn maßgebenden Handelsplätzen genau kennen und fortwährend aufmerksam beobachten, um von jeder günstigen Wendung Nutzen ziehen zu können.

§. 252.

Verhältniß zwischen Holz- und Nebennutzungen.

Diejenigen Nebennutzungen, welche auf den Holzertrag des Waldes keinen Einfluß ausüben, wie Mast, Gräserei und Steinbrüche, kommen hier nicht in Betracht; dagegen sind die landwirthschaftlichen Nutzungen, Weide, Laubstreu, Waldfeld, Hackwald, Harz- und Jagdnutzung, bei rücksichtslosem Betrieb leicht geeignet, den Hauptertrag an Holz zu vermindern und deßhalb verdient das Verhältniß zwischen letzterem und jenen Nebennutzungen besonders festgestellt zu werden. — In einigen wenigen Fällen können allerdings diese Nebennutzungen unschädlich für die Holzzucht ausgeübt werden, wie eine geregelte Viehweide im Femel- und Hochwald. In anderen Fällen überwiegen die mit den Nebennutzungen verknüpften Vortheile die durch dieselben verursachten Nachtheile. Die Ermittlung dieser Verhältnisse ist äußerst schwierig, weil die Verschiedenheiten in den einzelnen Wirthschaften gar zu mannigfaltig sind. Deßhalb läßt sich meist nur schätzungsweise bestimmen, in welchen Fällen die Beeinträchtigung des Holzertrages durch eine größere Ausdehnung jener Nebennutzungen die Gesammteinnahme aus dem Wald dauernd erhöht oder vermindert; diese Aufgabe wird um so schwieriger, je länger die Ursache von dem Zeitpunkt entfernt ist, wo sich die Folge fühlbar macht. Es ist aber häufig nicht bloß eine Verminderung des Holzertrages nach Menge und Güte, sondern es sind auch andere bleibende Nachtheile für den Waldeigenthümer mit jenen Nebennutzungen verknüpft: die Ertragsfähigkeit des Waldbodens vermindert sich in vielen Fällen für immer, die natürliche Verjüngung wird erschwert und der Aufwand für Kulturen und Wege gesteigert; es ist eine vermehrte Aufsicht nöthig; Beschädigungen an Wegen, Gräben 2c. sind manchmal unvermeidlich. Auf der andern Seite gründen sich aber nicht selten solche Bezüge auf verbrieftes Recht und der Privatmann kann nichts oder nur wenig dagegen thun.

Die Harznutzung äußert bei der Schwarzkiefer[1]) nur einen geringen Einfluß auf Verminderung des Holzzuwachses und noch weniger auf die Gesundheit des Stammes, und es wird im Wiener Wald der Werth des entgehenden Holzertrages um mehr als das fünffache durch den Harzertrag gedeckt (cf. §. 178). — Bei der Fichte entsteht dagegen ein großer Verlust am Nutzholzausbringen, schon wenn die Harznutzung nur 6—8 Jahre vor dem Abtrieb begonnen wird. Etwa 20 Jahre nach dem Anreißen beginnt der Stamm zu faulen und nach 40 Jahren ist er in der Regel ganz faul, wodurch der Windbruchschaden erheblich zunimmt. Die Harzerträge von der Fichte sind viel geringer. Der Einfluß des Harzens auf den Holzzuwachs ist bei der Fichte noch nicht genauer untersucht. —

[1]) cf. Böhmerle in v. Seckendorff, Centr.-Bl., 1885, S. 436.

Die Laubstreunutzung vermindert den Holzzuwachs in verschiedenem Grade, auf trockenem, magerem Standort mehr und viel rascher als unter entgegengesetzten Verhältnissen, aber schon eine einmalige Wegnahme der Bodendecke hat nachtheiligen Einfluß auf den Holzwuchs. Dies ist namentlich durch die Versuche des Forstdirektors Jäger im Odenwald bewiesen, wo eine vierjährige Laubstreunutzung in vorher nicht berechtem Bestande einen Holzertragsverlust von 17 Procent verursacht hat. Dauert die Streuentziehung länger, so steigt dieser Verlust nach den Jäger'schen Versuchen nach 20—30 Jahren auf 26—40 Procent des Holzertrages. — Grabner hat erhoben, daß im Buchenhochwald bei 120jährigem Umtrieb der Zuwachs beträgt: bei jährlicher Streunutzung . . . 40 Procent.
" 2jähriger " . . . 30 "
" 3 " " . . . 24 "
" 4 " " . . . 20 "

In Nassau werden für jede 12 Ctr. Laubstreu 0,6 Festm. an der Holznutzung einbehalten.

Noch größer sind die Verluste beim Nadelholz, weil hiebei gleichzeitig nicht bloß die Masse, sondern auch die Qualität der erwachsenen Stämme zurückgeht. In der österreichischen Monatschrift für Forstwesen, 1868, S. 68, wird ein Versuch aus Oesterr.-Schlesien mitgetheilt, wonach ein 61jähriger starkberechter Fichtenbestand hiedurch 52 Procent an Holzmasse und 67 Procent am Geldertrag verloren hatte. Sehr anschaulich stellen sich die Holzertragsverluste nach folgenden von J. Kreß in Lukawitz (Böhmen) angestellten Versuchen dar: in 50jährigen Kiefern blieb die erste Versuchsfläche unberecht, sie zeigte nach 13 Jahren eine Zunahme des Holzzuwachses um 5,2 Procent,
die 2. Fläche, jährlich berecht . . . eine Abnahme um 30 Procent.
" 3. " alle 2 Jahre berecht, " " " 22 "
" 4. " " 3 " " " " " 8,7 "

Der königl. bairische Ministerialrath Mantel veranschlagt den Holzertragsverlust für die starkberechten Staatsforste der Regierungsbezirke Oberpfalz und Regensburg, Mittel- und Oberfranken (ca. 82 400 ha) auf 66 Procent, bei den schwächer angegriffenen Beständen (ca. 213 000 ha) auf 31 Procent. —

Auch die so unschädlich scheinende Nutzung von Nadelreis zur Streu kann sehr verderblich für den Wald werden, wenn sie sich auf stehendes Holz ausdehnt, wie es in den österreichischen Alpenländern vorkommt (Hempel, Centr.-Bl. 1879 S. 250) wobei der Zuwachs an Stammholz erheblich zurückgeht.

Auf gutem Boden ist der Einbau von Feldfrüchten für die Dauer von 2—3 Jahren eher vortheilhaft als nachtheilig, weil die Bodenlockerung den Wuchs der jungen Holzpflanzen fördert; auf armem Boden dagegen wirkt diese Nutzung sehr schädlich. In bevölkerten Gegenden lassen sich hohe Gelderträge daraus ziehen. — Bei den Hackwaldungen macht sich der Einfluß namentlich auf die Rindenerträge bemerklich. v. Tellenberg hat durch Einstellen des Fruchtbaues den Rindenertrag auf 29 Morgen von 800 Bürden auf 1443 gebracht, also um 80 Procent gesteigert (Köln. Zeitung 1884 Nr. 209).

§. 253.

Von den Reserven.

Die Reserven sollen das Mittel bieten, um Schwankungen in den Erträgen auszugleichen und wurde zu diesem Zwecke versucht, den Ertrag von einzelnen Theilen des Waldes außer Berechnung zu lassen, damit man, wenn ein Mangel wirklich eintreten würde, auf diesen Theilen die Nutzung um das Fehlende ergänzen könne. Zu gleichem Zweck wurden öfters einzelne Waldtheile zurückgestellt.

Bei der Holznutzung können die Reserven auf folgende Weise gebildet werden:

1) Durch Zurückstellung einzelner haubarer oder angehend haubarer Abtheilungen, welche übrigens noch in günstigem Schluß und Zuwachs stehen sollen. Diese Waldtheile bleiben außer Berechnung und es soll in ihnen keine andere Nutzung stattfinden als Durchforstungen und Auszugshiebe von krankem, abgängigem Holz.

Diese Abtheilungen sind aber den gleichen Gefahren ausgesetzt wie die übrigen Waldbestände, und es kann häufig der Fall eintreten, daß sie zur Zeit, wo man ihrer bedürfen würde, gar nicht mehr ihren Zweck erfüllen können. Außerdem hat man keine Gewißheit darüber, in welchem Zeitpunkt sie genutzt werden müssen und nur selten wird ihre Nutzung gerade in dasjenige Alter fallen, wo sie den höchsten Ertrag gewähren; es sind also auch noch bei dieser Art der Sicherstellung Zuwachsverluste zu befürchten, indem entweder zu früh oder zu spät geschlagen werden muß. Aus diesen Gründen bringt man derartige Reserven längst nicht mehr in Anwendung.

2) Eine andere Deckung für außerordentliche Fälle sucht man dadurch zu erlangen, daß man einzelne besonders wüchsige Stämme an leicht zugänglichen Orten (Wegen, Schlagrändern rc.) überhält und in den jungen Bestand einwachsen läßt. Wenn nicht gerade Holzarten nachgezogen werden, welche den Druck schwer ertragen oder wenn man astreine Stämme überhalten kann, ist diese Art von Reserve sehr zweckdienlich. Bei Nieder- und Mittelwaldungen ist es fast die einzig mögliche Art.

3) Einige Schriftsteller wollen die Reserve in dem auf den angehauenen Abtheilungen vorhandenen Schutzbestand bestehen lassen; aber es würde durch diesen Vorschlag die Verjüngung möglicherweise sehr beeinträchtigt werden; bei Kahlschlägen ist sie gar nicht anwendbar.

4) Durch Weglassung einzelner Nutzungen (Durchforstungen, Stockholz) aus der Ertragsberechnung wird entweder der Zweck der Reserve

oder der wichtigere Zweck der Walderziehung nicht erreicht; denn das Stockholz läßt sich nur da als Reserve benützen, wo seine Gewinnung herkömmlich ist und es kann nur das Brennholz, nicht aber das Nutzholz ersetzen; auf die Dauer übrigens läßt es sich nicht als Reserve halten, weil es nach etlichen Jahren im Boden verdirbt. Die Durchforstungen aber müssen ihren regelmäßigen Gang fortgehen, wenn nicht der Zuwachs und der Ertrag der Bestände vermindert werden soll, wodurch dann gerade das Gegentheil von dem, was die Reserve beabsichtigt, erreicht werden würde. Größere unvorhergesehene Bedürfnisse können ohnehin durch die Zwischennutzungserträge nicht gedeckt werden, weil man mit denselben nur auf eine kürzere Periode und auf eine einmalige Nutzung vorausgreifen kann, auch ergeben die Durchforstungshiebe nur geringere Sortimente, welche die Zwecke der Reserven nur theilweise erfüllen würden.

5) Ferner kann man die Haubarkeitserträge sämmtlicher oder bloß einzelner (der ältesten) Altersklassen niedriger anschlagen, als sie voraussichtlich anfallen werden. Es ergiebt sich aber daraus eine allmählige Erhöhung der Umtriebszeit, falls die Herbeiziehung der Reserve nicht nothwendig wäre; außerdem ist in diesem Fall die Größe des reservirten Materials nie so genau bekannt und bei der Nutzung nach der Fläche (Flächenkontrole) ist sie eigentlich gar nicht zulässig.

6) Endlich giebt eine kleine Erhöhung der Umtriebszeit und die damit zusammenhängende Vermehrung des normalen Holzvorrathes eine Sicherheit für unvorhergesehene Fälle, weil man bei außerordentlichem Bedarf stets den Vorrath einiger Jahresschläge zur Verfügung hat. Ein Zuwachsverlust findet in dem Fall nicht, oder nur ein höchst unbedeutender statt, da die zweckmäßigste Umtriebszeit nie so scharf aufs Jahr hin ermittelt werden kann, und ohnehin selten alle Bestände gerade in diesem Altersjahre zum Hiebe gebracht werden können.

Die Fälle, in welchen auf die Reserven zurückgegriffen werden darf, lassen sich zum Voraus natürlich nicht bestimmeu, doch soll als leitender Grundsatz in dieser Hinsicht gelten, daß man so wenig als möglich davon Gebrauch mache, und daß nur außerordentliche Vorkommnisse Veranlassung zur Inanspruchnahme derselben geben dürfen.

Von den anderen forstlichen Nutzungen macht nur die Laub- und Moosstreunutzung Reserven nothwendig, diese werden aber in der Regel viel häufiger in Anspruch genommen als die Reserven für die Holznutzung und man muß deßhalb nicht selten die ordentliche Nutzung verringern, um den Reserven die nöthige Ausdehnung geben zu können. Diese Reserven sind natürlich in den der Nutzung geöffneten Distrikten anzulegen. Da die nicht geöffneten Abtheilungen überall zur Nutzung reifes Material haben, so bilden sie für ganz außergewöhnlichen Bedarf eine zweite Reserve, die aber natürlich nicht oft in Anspruch genommen werden darf.

Viertes Kapitel.

Ueber die Wahl der Betriebsart.

§. 254.

Vom Hochwald.

Dieser Betrieb ist beim Nadelholz neben dem Femelbetrieb allein möglich und bei der lichtbedürftigen Kiefer fast ausnahmslos geboten. Ebenso ist der schlagweise Hochwald beim Laubholz in rauheren Gegenden nothwendig, wenigstens kann da kein Mittelwald und ebenso wenig Niederwald getrieben werden. Die Absatzverhältnisse sind es hauptsächlich, welche den Hochwald im Gegensatz zum Niederwald dann bedingen, wenn nur stärkere Sortimente, Langholz und vom Brennholz nur das Kloben- oder Scheitholz, angemessen verwerthet werden können. Wenn die Bodenkraft gehoben werden soll, ist ebenfalls der Hochwald zweckmäßiger, weil bei ihm die für die Verjüngung unvermeidliche Lichtungsperiode seltener wiederkehrt und deßhalb die Bodenkraft weniger oft geschwächt wird.

Der Hochwald erfordert aber, um geordnet betrieben werden zu können, die größte Fläche und in einzelnen Fällen sogar den besten Boden. Außerdem ist der größte und werthvollste Holzvorrath nöthig, was also im Ganzen ein sehr bedeutendes Kapital bildet. — Auf besserem Boden, wo auch der Mittelwald platzgreifen kann, liefert letzterer mit Hülfe der freien Stellung des Oberholzes manchmal höhere Materialerträge; z. B. in den badischen Domänenwaldungen 5,10 Festm. pr. ha, wogegen der Hochwald nur 4,28 Festm. erträgt; auch bei den Gemeindewaldungen herrscht ein ähnliches Verhältniß, Mittelwald 4,57 Festm., Hochwald 4,28 Festm., und ist hier die im Mittelwald bewirthschaftete Fläche viel größer als bei den Hochwaldungen. Aehnliche Zahlen sind aus dem Regierungsbezirk Erfurt beigebracht (Danckelmann, Zeitschrift für Forst- und Jagdwesen, 2. Bd., 1. Heft, S. 170), wo der Mittelwald 4,48, der Hochwald 4,31 Festm. pr. ha abwirft; desgleichen aus Oberhessen, wo in den Gemeindewaldungen vom Hochwald 3,97, vom Mittelwald 4,14 Festm. pr. ha bezogen werden. — Auch der Femelbetrieb liefert bei sachgemäßer Behandlung günstigere Erträge (cf. §. 256.)

Das im Hochwald erzogene Holz hat eine regelmäßigere Stammform, die Schaftholzmasse überwiegt und im Vergleich mit allen anderen Betriebsarten ergiebt sich die geringste Menge Ast- und Reisholzes. Für das im Hochwald gewonnene Holz wird in den meisten Fällen der höchste durchschnittliche Preis bezahlt.

Der Aufwand für Kulturen ist bei einer zweckmäßigen Hiebsführung geringer, weil sich die Verjüngungen nicht so oft wiederholen. Ebenso erfordert die Aufbereitung des Holzes verhältnißmäßig die wenigsten Kosten, weil die Schlagarbeiten auf einer kleineren Fläche zusammengedrängt sind und weil ein werthvolleres Material erzeugt wird; wogegen die Unterhaltung der Wege theurer zu stehen kommt, weil stärkeres Holz und verhältnißmäßig mehr darauf abgeführt wird. — Außerdem gewährt der Hochwald gegenüber vom Mittelwald und Femelwald eine leichtere Uebersicht über die Nachhaltigkeit des Betriebes, weil bei ihm die Altersklassen flächenweise getrennt sind.

Als Schattenseiten der Hochwaldwirthschaft sind anzuführen, daß die Bestände in der längeren Reihe von Jahren, die sie zu leben haben, vielen Gefahren ausgesetzt sind, welche bei ihrem Eintreten den ganzen Betrieb sehr stören und einzelne Flächen vorübergehend ertraglos machen. Diese Gefahren werden durch die eigenthümliche Erziehung der Bestände in dichtem Schluß noch theilweise erhöht und es entstehen dadurch Schwierigkeiten, wenn man jenen vorbeugen oder ihre Folgen verwischen will. Die Aussicht, erst in sehr ferner Zukunft den Lohn seiner Vorauslagen zu ernten, die Möglichkeit, daß viele Zwischenfälle die anscheinend sichersten Voranschläge durchkreuzen und vereiteln, verleihen dieser Wirthschaftsart keinen besonderen Reiz, um Kapitalien in derselben anzulegen, wenn der Betrieb neu begründet, oder mit unverhältnißmäßig geringem Holzvorrathskapital angefangen werden muß. Das Fehlen dieses wichtigsten Gliedes des Forstbetriebes macht die Einführung oder Neubegründung einer Hochwaldwirthschaft in all den Fällen unmöglich, wo der Waldeigenthümer nicht in der glücklichen Lage ist, für längere Zeit auf den Zinsengenuß der aufgewendeten Vorauslagen verzichten zu können; und da auch beim reichsten Privatmann ein solcher auf 50 und mehr Jahre wirkender Verzicht seine Grenzen findet; so ist die pflegliche Erhaltung des Hochwaldes mit seinem Vorrath an lebendem Holz so wichtig, weil nach dessen Vernichtung keine gesetzgeberische Maßregel das Verlorene wieder herzustellen vermag, und es liegt bekanntlich die Versuchung für die Waldbesitzer sehr nahe, einen Theil des Holzvorrathes, die werthvolleren Bestände, außerordentlicher Weise zu nutzen und so die Materialproduktion bleibend zu schwächen. — Weide- und Streunutzungen können den Hochwald mehr gefährden, als andere Betriebsarten.

§. 255.

Lichtungsbetriebe.

Unter Bezugnahme auf das bereits oben §. 116 Gesagte soll hier nur noch dasjenige Material nachgetragen werden, welches geeignet ist, die außerordentlich günstige Wirkung dieses veränderten Hochwaldbetriebes darzuthun. Von den Gegnern wird zwar betont, der Seebach'sche Lichthieb sei ein Kind der Noth und nur in Nothfällen anzuwenden; gegenüber den bedeutenden Mehrleistungen desselben sind aber solche Gründe der Noth, in der sich diese Widersacher angesichts derartiger Thatsachen befinden, ohne weiteres als hinfällig zu betrachten.

Der nun über 40 Jahre hindurch in den Buchenforsten am Solling eingeführte Lichthieb hat in den nachstehend aufgeführten Versuchsflächen 1—5 folgende Ergebnisse geliefert, denen unter Ziffer 6 noch ein weiteres Beispiel über den Lichtungszuwachs bei dem Homburg'schen Verfahren angefügt ist.

Nr.	Forstort	Standortsklasse	Vor der Lichtung			Nach der Lichtung				
			Zuwachs			Zuwachs			Stammzahl pr. ha	Gesammtholzmasse
			in der Altersperiode	%	Vorrath pr. ha	in der Altersperiode	%	jährlich pr. ha F.-M.		
1	Kesselberg,	III	94—103	2,4		104—113	5,1		127	
	Abth. 87 a					114—123	4,9	6,7		
						124—133	3,0			
						134—143	2,1			
						144—146	2,9	8,7		318
2	Kugelberg,	III	65—74	1,9		75—84	3,8			
	Abth. 84					85—94	4,5		282	
						95—104	3,4			
						105—111	2,7	9,8	223	328
3	Malliehagen	III	62—71	1,9		82—91	5,0		300	
	Abth. 98 a		72—81	1,9		92—94	7,7			221
4	das. 97 u. 98 a	III	71—80	2,3		81—83	6,3		364	168
5	Hüttebronn,	II	58—67	2,3		68—77	4,5		228	
	Abth. 106					78—87	4,7			
						88	5,2	10,7		267
6	Escheberg	II u. III	1858		300	70—87		} 14,1		
			1875							539,6

Die überraschenden Leistungen der auf diese Weise behandelten Bestände treten besonders hervor, wenn man sie unseren im dichten Schluß erzogenen Buchen nach Baur's Ertragstafeln an die Seite stellt, wonach der jährliche Zuwachs in 100 Jahren von 840 Stämmen pr. ha in III. Standortsklasse auf 5 Festm. pr. ha, im 120. Jahr bei 700 Stämmen auf 4,5 Festm. steht; in der ersten Klasse von 640 bezw. 480 Stämmen des Vollbestandes auf 6,5 und 5,5 Festm. Gesammtmasse.

Neben der namhaften Steigerung des Holzertrages fällt dann auch der Qualitätszuwachs ins Gewicht, da die stärkeren Stämme eine mannigfaltigere Verwendung als Nutzholz zulassen. Ferner liegt noch darin ein großer Vortheil, daß in Folge der Lichtung eine stärkere Vornutzung und mit deren Hülfe die Ausgleichung unregelmäßiger Altersverhältnisse möglich wird, woneben auch noch der finanzielle Nutzen besondere Beachtung verdient, welcher aus der früheren Liquidmachung eines Theiles des Holzvorrathes erwächst. Dies trifft aber nur so lange zu, als die Maßregel nicht allgemein wird; denn sobald auf diese Weise die überschüssigen Vorräthe sämmtlicher Forste auf den Markt geworfen würden, müßte nothwendigerweise ein erheblicher Rückgang in den Preisen eintreten.

Auch bei den Nadelhölzern lassen sich ähnliche Erfolge von einer Erziehung in lichterer Stellung mit Sicherheit erwarten, wie schon aus den in Baden angestellten Zuwachsuntersuchungen hervorgeht. Es sind dort u. a. an 98 lichtgestandenen Weißtannen 2,79 Procente Massenzuwachs nachgewiesen; darunter befanden sich 37 Stämme, welche vor der Lichtstellung 100 Jahre noch nicht erreicht hatten, bei diesen ergaben sich 3,31 Procent. Nach denselben Tafeln hatten die im Schluß erwachsenen Weißtannenbestände im 100. Jahre 606, im 110. Jahre 671 Festm. Masse, also in 10 Jahren 65 Festm. oder 1,1 Procent jährlichen Zuwachs. Bei einer freieren Stellung, wie sie obige 37 Stämme hatten, bedürfte es nur eines Holzvorrathskapitales von $6{,}5 \times 100 : 3{,}31 = 197$ Festm., um diese dem vollen Schluß zukommende Zuwachsleistung zu Stande zu bringen. Es ist aber ganz wohl denkbar, daß auch bei einem größeren Vorrathe noch eine solche Lichtstellung möglich wäre, bei welcher jene 3,31 Procent Lichtungszuwachs zu erwarten sind. So würde dann von 400 Festm. lichtgestellten Bestandes eine jährliche Leistung von 13,24 Festm.; von 450 Festm. 14,9 Festm. in Aussicht zu nehmen sein, während in geschlossenen Beständen nach Lorey für die beiden besten Klassen nur 10,8 und 10,4 Festm. vorgesehen sind. — Aehnliche Ergebnisse veröffentlicht soeben Professor Schuberg in Baur, Centr.-Bl., 1886, S. 215 u. ff. nach Untersuchungen, welche an 103 Stämmen vorgenommen wurden; an diesen betrug der mittlere 10jährige Zuwachs durchschnittlich pr. Stamm:

für das	2	1	1	2	
	Jahrzehnt				
	vor der Lichtung		nach der Lichtstellung		
wirklicher Zuwachs	0,192	0,209	0,273	0,316	Festm.
relativer Zuwachs	100	110	144	166	"
" "		100	131	151	"

Außerdem sind daselbst noch weitere ähnliche Ergebnisse mitgetheilt.

§. 256.

Der Femel- oder Plänterwald.

Zunächst muß wiederholt hervorgehoben werden, daß man jetzt nicht mehr wie zu Anfang des Jahrhunderts unter diesem Betrieb sich eine plan- und regellose Wirthschaft denken darf, man muß dabei mindestens eine ebenso gute Pflege und Ordnung voraussetzen wie beim schlagweise betriebenen Hochwald. Wenn allerdings in diesem die Abtriebsstämme nach dem in §. 129 gegebenen Andeutungen von Jugend an sachgemäß behandelt, oder wenn bei den Lichthieben die im vorigen Paragraph angedeutete

Verbesserung durch frühzeitigere und allmähligere Inangriffnahme zur Anwendung käme, so könnte freilich der Hauptvorzug des Femelbetriebes, die individuelle Behandlung und Pflege nicht mehr allein für denselben in Anspruch genommen werden; so lange aber beim Hochwald jeweils nur die einzelnen Ab- und Unterabtheilungen als Ganzes aufgefaßt und benutzt werden, so lange sind jene Betriebsarten wirthschaftlich im Vorsprung, welche dem einzelnen Baum ihre Aufmerksamkeit und Pflege zuwenden, und da dies bis jetzt hauptsächlich nur beim Femelwald möglich ist, so gebührt diesem, wie neuerdings immer mehr erkannt wird, der Vorzug vor allen übrigen. Eine sehr eingehende Darstellung seiner statischen Verhältnisse und seiner Leistungsfähigkeit giebt uns die am Schluß des vorigen Paragraphen citirte Abhandlung Schubergs, welche die in den badischen Forsten angestellten Untersuchungen zur Grundlage nimmt und viele seither dunkle Parthien in ganz neuem Licht erscheinen läßt.

Der Femelbetrieb ist geboten in den Hochlagen und in rauhem Klima, wo die Verjüngung mit größeren und ungewöhnlichen Schwierigkeiten zu kämpfen hat; ebenso in stark den Stürmen ausgesetzten Lagen, auf felsigem Terrain und sehr magerem Boden, an steilen Hängen und an den äußeren Grenzen, wo Gefahren von Lawinen, Felsstürzen, Murbrüchen, von fortschreitender Versumpfung oder Versandung drohen. Auch bedingt eine geringere Ausdehnung des Waldbesitzes, welche dem schlagweisen Hochwald mit seinen vielen Altersklassen nicht den genügenden Raum giebt, den Femelbetrieb, sofern kein Mittel- oder Niederwald möglich wäre. Im Laubholzgebiet und in milderem Klima treten meist diese beiden Betriebsarten für ihn ein; aber an der oberen Grenze des Laubholzes können sie ihn nicht ersetzen.

Im Plänterwald wird die Erhaltung der Bodenkraft am besten und nachhaltigsten gesichert, weil der auf den Kahlschlägen und theilweise auch bei langsamerer natürlicher Verjüngung unvermeidliche Verlust an organischer Bodenkraft hier fast gar nicht zu befürchten ist. Die Gefährdung durch Stürme, Insekten und Feuer ist eine weit geringere als bei allen übrigen Betriebsarten. Die Ausgaben für künstliche Nachhülfe bei der Verjüngung können bei sachgemäßer Behandlung fast ganz erspart werden, meist auch noch die für Reinigungs- und Auszugshiebe.

Was die Ertragsverhältnisse anbelangt, so lagen bisher nur wenige sicher ermittelte Anhaltspunkte vor, zunächst eigentlich blos die von Forstrath Wagner aus Karlsruhe im Kinzigthal hauptsächlich an Weißtannen angestellten Zuwachsuntersuchungen, welche einen Durchschnittszuwachs von 12,76 Festm. pr. ha in 100jährigem Umtrieb angaben; doch ließen die dazu veröffentlichten Grundlagen bezüglich ihrer Vollständigkeit noch einiges zu wünschen (Forstl. Monatsschrift 1859, S. 108), obwohl der Ortskundige jene Leistungsfähigkeit, welche die des geschlossenen Hochwaldes weit übertraf, nicht im geringsten bezweifeln konnte.

Nun bringt aber Professor Schuberg aus Karlsruhe in Baur Centr.-Bl. 1886, S. 310 u. ff. ein reiches, in streng wissenschaftlicher Weise bearbeitetes statisches Material zur Veröffentlichung, auf Grund dessen er aus wirklich vorhandenen in einem durchschnittlichen Alter von 90 bis 112 Jahren stehenden gemischten Femelbeständen Durchschnittserträge von 10,33—18,56 Festm. pr. ha nachweist, so daß die Leistungsfähigkeit der Femelwirthschaft das Doppelte des im Schluß erwachsenen Hochwaldes erreichen kann; jedenfalls aber bei irgend entsprechender Behandlung die des letzteren weit übertrifft. — Auch die astreine Schaftholzmasse wird kaum geringer sein, weil im freieren Stand der Höhenwuchs ein günstigerer ist, als im dichten Schluß.

Als Schattenseiten des Femelbetriebes werden angeführt, daß er dem Wirthschaftsführer viel mehr zu thun giebt, als der schlagweise Hochwald. Gegen die so eben nachgewiesenen höheren Erträge kommt dies aber kaum in Betracht, selbst wenn man deßhalb genöthigt sein sollte, die Wirthschaftsbezirke etwas zu verkleinern. — Sodann wird die Nutzungsregulirung und die Kontrole der Wirthschaft bezüglich der Nachhaltigkeit erschwert, was aber auch keine unüberwindliche Schwierigkeiten und kaum vermehrte Ausgaben zur Folge hat. Richtig ist es auch, daß die Holzfällung und das Ausrücken an die Wege, besonders bei der nothwendigen größeren Sorgfalt, die sie erfordern, mehr Arbeit und auch etwas mehr Kosten machen, und daß geschickte und gut eingeübte Holzhauer und Fuhrleute dazu gehören, um Beschädigungen am stehenden Bestand möglichst zu vermeiden; allein auch hierin liegt keine unüberwindliche Schwierigkeit. — Viel eher ist es noch als ein Nachtheil zu bezeichnen, daß nicht alle unsere Waldbäume gleich gut für diesen so rentablen Betrieb sich eignen.

§. 257.

Niederwald.

Diese Betriebsart ist auf das Laubholzgebiet beschränkt und hier in solchen Lokalitäten nothwendig, wo der Boden für Laubholzhochwald zu schlecht ist und wo dennoch Laubholz verlangt wird. Namentlich flachgründiger Boden, heiße südliche Hänge und häufig der Ueberschwemmung ausgesetzte Flußniederungen oder bruchiger, sumpfiger Grund bedingen diesen Betrieb. Ebenso auch sehr steile Lagen, wo die Verjüngung des Hochwaldes wegen der Gefahr des Abrutschens der Erde die ganze Existenz des Waldes gefährden könnte. — Bei kleinem Besitz an Fläche und Holzvorrathskapital ist diese Betriebsart gleichfalls geboten. Da sie jedoch meist nur geringwerthigeres Brennmaterial erzeugt, kann sie nur in dicht bevölkerten Gegenden, wo solches noch Absatz findet, betrieben werden, zumal dasselbe stets nur ein sehr beschränktes Absatzgebiet hat.

In rauhem Klima dagegen, wohin einzelne Forstschriftsteller den Niederwald verweisen, ist er nicht am Platz, weil während einer kürzeren

Vegetationszeit die üppig treibenden und daher minder konsistenten Ausschläge nicht mehr gehörig verholzen können; dies ist namentlich im ersten Jahr nach dem Hieb von Bedeutung, weil in solchem die Triebe später als sonst ausbrechen. In mildem Klima erhält sich die Ausschlagfähigkeit der Stöcke viel länger und es ist deßhalb auch der Niederwald und gleichzeitig eine höhere Umtriebszeit desselben viel eher zulässig. — Die meisten Ansprüche macht der Eichenschälwald; er kann mit Vortheil nur da betrieben werden, wo die Eiche im April oder früh im Mai ausschlägt.

Einzelne Holzarten, welche nur in erster Jugend einen besonderen Werth haben, z. B. Weiden, Haseln, Eichen, letztere, wenn sie vorherrschend Glanz- oder Spiegelrinde geben sollen, bedingen den Niederwald. Ansprüche an die größtmögliche Ausdehnung der Weide, Gräserei, landwirthschaftliche Zwischennutzung 2c. lassen sich im Niederwald am ehesten befriedigen.

Der Niederwald und insbesondere der Eichenschälwald bietet die meiste Arbeitsgelegenheit bei der Holzaufbereitung; (in den preußischen Staatsforsten wird für gewöhnliche Handarbeit nur 5 Mk. pr. ha jährlich bezahlt; im Schälwald dagegen 12,50 Mk. pr. ha) die Verjüngung ist ohne besondere Schwierigkeiten mit großer Sicherheit durchzuführen. Kulturnachbesserungen sind verhältnißmäßig selten, und der Kulturaufwand dafür steht im Vergleich mit allen anderen Betriebsarten am niedrigsten. Die Gefahren, denen der Bestand ausgesetzt ist, sind nur von untergeordneter Bedeutung und selten von der Art, daß sie die Fortexistenz des Waldes gefährden können. Beschädigungen bei der Fällung und Abfuhr des Holzes kommen fast gar nicht vor.

Die Neuanlage eines solchen Waldes bezahlt sich bald, er gewährt in vielen Fällen die höchste Bodenrente und es ist darum diese Betriebsart am meisten geeignet zu spekulativen Unternehmungen, wie sie der Privatmann wünscht. Die ganze Wirthschaft ist überdies sehr einfach, läßt sich mit den wenigsten technischen Kenntnissen ausführen und in regelmäßigem Gang erhalten. Das aus dem Niederwald zu erwartende Geldeinkommen gehört zu den sichersten des land- und forstwirthschaftlichen Gewerbes, und kann unter günstigen Verhältnissen bei passender Wahl der Holzart ein sehr hohes sein, namentlich bei den Schwarzerlen und den Weiden. Von ersteren führt Pfeil an, daß sie auf entsprechendem Boden die höchste überhaupt erreichbare Waldrente liefern können. Vielleicht werden sie aber noch übertroffen von den Weiden. Im Großherzogthum Hessen trugen die unter der Flußbauverwaltung stehenden Niederwaldungen 1861 pr. ha 13,27 cbm Holz mit einem Gelderlös von 50,60 Mk., wobei noch ein Grasertrag von 20,40 Mk. in Einnahme kam. — Von den besseren Eichenschälwaldungen sind ähnliche, oft auch noch höhere Erträge zu erwarten; ob für die Dauer? das hängt von der Möglichkeit ab, die Eichenlohe durch chemische Substanzen zu ersetzen.

Dagegen ist der Niederwald nur da am Platz, wo die geringeren Sortimente in größerer Menge zu angemessenen Preisen Absatz finden; er verlangt zur Erzeugung eines Holzquantums von bestimmter Brennkraft die größte Fläche, den größten Aufwand für Aufbereitungs- und Transportkosten. Die Wahl der Holzart ist selbst unter den Laubhölzern theilweise beschränkt. Einzelne, und gerade die schlechteren Holzarten drängen sich ein und breiten sich rasch aus, wodurch öfter die besseren Hölzer ganz verdrängt werden, oder nur mit Mühe erhalten werden können.

Zu vielen Zwecken läßt sich im Niederwald das nöthige Holz gar nicht erzeugen; selbst das gewonnene Brennholz ist im Durchschnitt schlechter, weil viele Weichhölzer im Niederwald vorkommen, und weil bei den harten Hölzern nur, oder wenigstens vorherrschend Splintholz gewonnen wird. Die in kurzen Perioden auf einander folgenden Verjüngungen und der damit zusammenhängende mehrere Jahre andauernde mangelhafte Schluß des Bestandes hat meist eine große Verschlechterung des Bodens zur Folge, welche die Ertragsfähigkeit schwächt und den Fortbestand des Waldes gefährden kann.

§. 258.

Der Mittelwald.

Diese Betriebsart gehört in milderes Klima und auf bessere, durchweg für Laubholz geeignete Böden; sie paßt unter Umständen auch noch für solche Bodenverhältnisse, bei welchen die Tiefgründigkeit rasch abwechselt. Bei einzelnen, namentlich den nicht geselligen Holzarten, wie z. B. Ulmen, Ahorn, Eschen, vielfach auch Eichen, ist dieser Betrieb von besonderem Vortheil; ebenso auch für solche Hölzer, die sich bald licht stellen und größere Ansprüche an Bodenkraft machen, wie z. B. die Eiche und theilweise auch die Birke. Im Uebrigen sind es hauptsächlich die Rücksichten auf den Geld- und Materialertrag, welche diese Betriebsart bedingen und ihr den Vorzug vor dem Hochwald und Niederwald verschaffen. Der Materialertrag ist, wie bereits in §. 254 erwähnt, der Masse nach oft größer, als beim Hochwald; auch da noch, wo Standorte von gleicher Produktionskraft in Vergleich gezogen werden. — Aehnlich verhält es sich mit den Gelderträgen; obwohl dabei die günstigeren Absatzlagen in bevölkerteren Gegenden zu Gunsten des Mittelwaldes mit ins Gewicht fallen. Für einzelne Zwecke lassen sich sehr gesuchte Sortimente in dem freieren Stande des Oberholzes erziehen und gegenüber dem Niederwald giebt dieser Betrieb deswegen eine größere und viel werthvollere Masse. Die meisten Nebennutzungen können mit Rücksicht auf den natürlichen Nachwuchs und die künstlichen Nachbesserungen nicht so ausgedehnt werden, als im Niederwald; desto ausgedehnter ist die Nutzung der Baumfrüchte möglich: die von Jugend auf frei stehenden Stämme tragen bälder, öfter und reichlicher Samen, als dies im Hochwald der Fall ist. Selbst Obstbäume lassen als

Oberholz eine bedeutende Nebenneinnahme erwarten. Der Mittelwald gestattet die bunteste Mischung der Holzarten; die Vorzüge jeder einzelnen Holzart und jedes einzelnen Stammes vom Oberholz lassen sich um so mehr nutzbar machen, als man jedem die passende Stelle im Ober- und Unterholz, mehr in freiem, oder mehr in geschlossenem Stande geben und die minder tauglichen Oberhölzer frühzeitig entfernen kann.

Bezüglich des Kulturaufwandes wäre anzunehmen, daß die natürliche Verjüngung durch Besamung und Stockausschlag eine große Erleichterung gewähren könnte; allein andererseits sind die jährlichen Schlagflächen viel größer, und besteht die Nothwendigkeit mit viel theurerem Material nachbessern zu müssen, namentlich mit theurem Samen, mit Heisterpflanzen ꝛc.

In acht Oberförstereien Elsaß-Lothringens wird ausschließlich Mittelwaldwirthschaft getrieben; in denselben wurden 1883 auf zusammen 30 000 ha für Saaten 7,3 Pf., für Pflanzungen 23,9 Pf., und für Pflanzenerziehung 0,33 Pf. pr. ha ertragsfähiger Fläche aufgewendet; in den übrigen Staatswaldungen für Saat und Pflanzung 44 Pf. (sonach 42 Procent mehr), für Pflanzenerziehung 27 Pf. pr. ha (18 Procent weniger); zusammen also im Mittelwald 64 Pf., in den übrigen Waldungen 71 Pf. pr. ha. Unter letzteren laufen allerdings auch noch 8356 Mittelwaldungen, für welche sich der Antheil an Kulturaufwand nicht ausscheiden läßt.

Die Austrocknung und Verschlechterung des Bodens ist beim Mittelwald nicht so zu fürchten, wie beim Niederwald; derselbe ist auf ebenso kleinen Flächen anwendbar, wie der Niederwald, und auch bei größeren Fehlern in der Hiebsführung ist die Verjüngung nicht so sehr gefährdet, wie beim Hochwald; wogegen allerdings eine rationelle Behandlung des Mittelwaldes zu den schwierigsten Aufgaben des Forstmannes gehört. Bei dieser Betriebsart wird noch ziemlich viel geringeres, minder werthvolles Holz erzeugt. Die Uebersicht über die Menge des vorhandenen und zu nutzenden Oberholzes ist ziemlich erschwert. — Der Mittelwald entzieht nach Ebermayer dem Boden mehr Nährstoffe als der Hochwald, weil er mehr Rinde und Reis erzeugt als dieser.

§. 259.

Kopfholz- und Schneidelwirthschaft.

Diese zwei Betriebsarten sind keine rein forstwirthschaftlichen, sie kommen zunächst nur da in Anwendung, wo jährlich wiederkehrende Frühjahrs-Ueberschwemmungen den Niederwald und theilweise auch den Hochwald unmöglich machen, oder wo die Holzzucht mehr Nebensache ist und eine landwirthschaftliche Nutzung gleichberechtigt damit Hand in Hand geht. Namentlich sind die Weide- oder Grasnutzung und die Gewinnung von Futterlaub hieher zu zählen. Diese Betriebsarten lassen solche Nebennutzungen in größter Ausdehnung zu, erfordern geringe Vorauslagen und wenig Pflege, wogegen die Aufbereitungs- und Transportkosten für das Holz sich steigern. Der Materialertrag ist der Quantität nach dem des Niederwaldes ziemlich gleich, dagegen in Beziehung auf Qualität ein geringerer, weil meist nur schwaches Reis anfällt und weil man vorherrschend auf die weichen Holzarten angewiesen ist, die bei diesen Betrieben fast ausschließlich angezogen werden. Uebrigens läßt sich mit Hülfe dieser beiden Arten der Holzzucht am schnellsten ein Theil der klimatisch wohlthätigen Wirkungen des Waldes herbeiführen, auch erhält man sehr bald einen entsprechenden Holzertrag. Mit Rücksicht auf die landwirthschaftlichen Nutzungen empfiehlt sich der eine dieser Betriebe noch dadurch, daß die Weide unter Kopfholz besseren Ertrag giebt, als auf unbepflanzten Flächen.

Die Einfriedigung größerer landwirthschaftlicher Güter mit gürtelförmigen Streifen von Wald kann auch noch hieher gezählt werden; sie ist von größtem Nutzen auf weiten Ebenen, in denen die Baumvegetation fehlt wo also durch solche Waldgürtel die nachtheilige Einwirkung des Windes, die zu starke Austrocknung und vielleicht auch schädliche Kälte gemindert werden können, was neben dem Ertrag an Holz zum größten Nutzen für den ganzen Betrieb eines Gutes sein kann. — E. Kolazcek führt in seinem Lehrbuch der Botanik (Wien, Braumüller 1856) an, daß in der ungarischen Ebene auf den mit solchen Baumgürteln umgebenen Ländereien sich viel häufiger ein Thauniederschlag bilde, als außerhalb derselben auf offenem Felde.

Fünftes Kapitel.

Uebergang von einer Betriebsart zur andern.

§. 260.

Uebergang vom Femelwald zum Hochwald.

Der Uebergang vom Femelwald zum schlagweisen Hochwald ist bei lichtbedüftigeren Holzarten zu empfehlen, ebenso bei sehr großem Waldbesitz, weil der letztgenannte Betrieb die Wirthschaft und Oberaufsicht erleichtert. Schwierig wird dieser Uebergang wegen des Mangels einer gehörigen Altersklassenabstufung mit flächenweiser Sonderung der Klassen; es werden sich aber dennoch immer einzelne Waldtheile mit Rücksicht auf die Altersverschiedenheit ihrer Bestockung ausscheiden lassen und es hat die Abtheilung und Eintheilung des Waldkomplexes nach diesem Gesichtspunkt allen andern Arbeiten vorauszugehen. Das Alter der einzelnen Stämme ist dabei nicht allein maßgebend, sondern vorherrschend ihre Leistungs- und Lebensfähigkeit, wobei die Standortsgüte wesentlich mit zu beachten ist; ohnedies läßt sich bei der bunten Mischung der Altersklassen im Femelwald ein annähernder Altersdurchschnitt nur nach ungefährer Schätzung ziehen. In den meisten Fällen wird es genügen, wenn man die Bestände etwa in vier Altersklassen bringt. In die eine Klasse (der Kürze wegen wollen wir sie mit dem Buchstaben A bezeichnen) bringt man diejenigen Bestände, in welchen das mittelwüchsige und angehend haubare Holz vorherrscht; diese Altersstufen werden natürlich nicht rein anzutreffen sein; es finden sich in den betreffenden Waldtheilen einzelne alte, haubare Stämme eingesprengt, oder Lücken oder Horste mit jüngerem Holz und andere mit Nachwuchs bestockt; es muß deßhalb dem Wirthschafter überlassen werden, bei der Bestandesausscheidung das richtige Maß einzuhalten, welches nach dem Verhältniß des ganzen Waldareals, sowie nach der Ausdehnung der andern Altersklassen sich richtet. Ist die Standortsgüte des Waldkomplexes sehr verschieden, so muß diese Klasse A in zwei Unterklassen getrennt werden, wovon die eine die Bestände auf schlechterem und die andere die auf besserem Standort in sich begreift; damit letztere nöthigenfalls um ein oder zwei Jahrzehnte später verjüngt werden können.

Junge Bestände werden in der Regel nur in ganz geringer Ausdehnung vorhanden sein, sie sind mit der gleichen Sorgfalt auszuscheiden und in eine besondere Klasse (B) zu bringen. Es gehören hieher noch alle diejenigen Parthien, welche mit tauglichem Vorwuchs bestockt sind und wo nur ein regelmäßiger Abtrieb nöthig ist, um diesem Vorwuchs Luft zu machen. Als dritte Klasse (C) sind diejenigen Bestände zusammenzuwerfen, welche vorherrschend hiebreifes oder gar überständiges Holz enthalten. Endlich ist ein Theil des Waldkomplexes (D) vorerst zum Femeln zu reserviren. — Bei Ausscheidung dieser vier Bestandesklassen, namentlich bei der dritten, sind die Rücksichten auf die künftig einzurichtenden Schlagtouren jetzt schon als maßgebend anzusehen.

Die Ausdehnung, in welcher diese vier Klassen vorhanden sein werden, läßt sich natürlich nicht angeben; doch kann es bei den Waldzuständen, wie sie die Femelwirthschaft mit sich bringt, als ein wünschenswerthes und wahrscheinliches Verhältniß bezeichnet werden, wenn die Abtheilungen unter B 0,1 der Gesammtfläche oder mehr betragen, wenn A 0,2 bis 0,3, ferner C 0,2 oder darüber und D den Rest der Fläche einnehmen, wobei letzterer Theil nicht unter ein Drittel des Gesammtareales sinken sollte. Je mehr die Klasse B fehlt, um so mehr muß man bestrebt sein, die Klassen A und D größer zu machen, weil diese Bestände später das Deficit, das durch die geringe Ausdehnung der jungen Bestände veranlaßt wird, zu decken haben.

Die zweckmäßigste Reihenfolge der Hiebe ist etwa die nachstehende:

1) Zunächst sind die Auszugshiebe und Nachhiebe des alten und abgängigen Holzes in B mit möglichster Schonung des Nachwuchses vorzunehmen; ebenso die Durchforstungen in dieser Klasse.

2) Hierauf folgen die Auszugshiebe in A, welche sich jedoch nur auf das ganz abgängige Holz erstrecken dürfen, das voraussichtlich bis zur Verjüngung dieser Bestände nicht mehr aushalten würde. Die Hauptmasse des Bestandes soll dabei so wenig als möglich (um so weniger je näher

die Verjüngung der betreffenden Bestände bevorsteht), angegriffen und der Schluß nach Thunlichkeit erhalten werden. Wenn die Verjüngungen in der Klasse C längere Zeit dauern, so muß dieser Hieb in A nach 10 oder 20 Jahren wiederholt werden.

3) Während die zu 2 genannten Hiebe noch im Gang sind, kann in der Bestandesklasse C durch Einlegung von Vorbereitungsschlägen mit der Verjüngung begonnen werden.

4) In den Abtheilungen der Klasse D führt man die Hiebe anfänglich nach den ad 2 angegebenen Grundsätzen, jedoch mit dem Unterschied, daß das abgängige Holz nur in so weit herausgenommen wird, als es die Wiederholung dieses Hiebes nach 8—15 Jahren nicht mehr erleben würde.

5) Wäre aber die Flächenausdehnung der Klassen A und C sehr bedeutend, etwa über 0,6 des Gesammtareals, so müßte in denjenigen dieser Klasse angehörigen Bestandesabtheilungen selbst, welche nicht demnächst zur Verjüngung kommen, ein Auszugshieb vorausgehen und in der Klasse D rechtzeitig durch vorsichtige, öfter wiederkehrende Femelhiebe darauf hingewirkt werden, daß die mittelalterigen und jüngeren Stämme möglichst begünstigt würden; es müßten also in D den ersten Auszugshieben (vgl. oben Ziffer 4) stärkere Femelhiebe folgen, sobald die Verjüngungen in A und C etwa auf $\frac{1}{4}$ der in diesen Klassen vorhandenen Bestände vollzogen wären.

6) Nach Beendigung der dringendsten Auszugshiebe, wie sie bei 2, 4 und 5 aufgeführt sind, beginnt die eigentliche schlagweise Verjüngung in der Klasse C und rückt von da aus vor in die Klasse A, mit Berücksichtigung der etwaigen Unterbrechungen, die unter Ziffer 4, 5 und 7 vorgesehen sind.

7) 15—30 Jahre, ehe die Verjüngung in C und A vollendet wird, scheidet man in der Klasse D einen Theil der Bestände aus und unterläßt in ihnen die Femelhiebe, oder beschränkt sie bloß auf das unterdrückte und ganz rückgängige Holz. Ist dann die Verjüngung in A nahezu vollendet, so stellt man in dem genannten Theil von D einen Vorbereitungsschlag und leitet damit in demselben die Verjüngung ein. Während diese noch im Gang ist, wird ein weiterer Theil von D, wie oben angegeben, dem Femelbetrieb entzogen, und nach Beendigung der schlagweisen Verjüngung in den zuerst angegriffenen Beständen von D ähnlich behandelt wie diese. So wiederholt sich dies noch ein- oder zweimal, je nach der Ausdehnung, die man der Klasse D gegeben hat.

8) Nachdem auf diese Weise die Klasse D verjüngt ist, kommen die Bestände, welche unter B vereinigt worden sind, an die Reihe, womit dann der einmalige Umtrieb beendigt sein wird.

Ueber die Art, wie diese Hiebe auszuführen sind, ist hier noch einiges zu sagen. Bei den Auszugshieben des älteren Holzes ist vorsichtig zu verfahren, daß der umgebende Bestand so wenig als möglich beschädigt und der Schluß nicht allzusehr unterbrochen werde. Bei der eigentlichen Verjüngung ist eine größere Fläche als gewöhnlich in Angriff zu nehmen und der Verjüngungszeitraum möglichst auszudehnen, damit die jüngeren Stämme noch zum Samentragen gebracht werden und einen höheren Werth erlangen. Bei Holzarten, die in der Jugend den Druck weniger gut ertragen, kann durch Vorbereitungsschläge die Verjüngung etwas hinausgerückt werden. Ist aber einmal die schlagweise Verjüngung begonnen worden, so hat dieselbe möglichst rasch vorzurücken, aus dem doppelten Grund, um das nöthige Material zu liefern und um die jüngeren Altersklassen thunlichst zu vermehren; dieses ist nothwendig, weil in der Regel die mittelalterigen Bestände A nur in geringerer Ausdehnung vorhanden sind, seiner Zeit also die nachfolgenden jüngeren Altersklassen das Deficit theilweise decken müssen. Der Widerspruch, der in den beiden obigen Regeln zu liegen scheint, besteht in der Wirklichkeit nicht, sobald man die Vorbereitungshiebe oder die eigentliche Verjüngung in dem schlagweise zu behandelnden Theile beginnt, ehe noch alle Auszugshiebe vollzogen sind, und wenn man, wie oben gesagt, bei der schlagweisen Verjüngung eine etwas größere Fläche, als bei geschlossenen, regelmäßigen Beständen erforderlich wäre, in Angriff nimmt.

Weiter empfiehlt sich die baldige Zuhülfenahme einer geeigneten künstlichen Kultur, um da, wo die natürliche Verjüngung einen sichern Erfolg nicht verspricht, keine Lücken im Bestand entstehen zu lassen. Rechtzeitiges Eingreifen mittelst der Reinigungs-, Auszugs- und Durchforstungshiebe ist ebenfalls von besonderer Wichtigkeit für die jüngeren Bestände, und darf hier am wenigsten verzögert werden.

Aber nicht bloß bei den mittelwüchsigen Altersklassen ist ein Abmangel an Fläche vorhanden, es sind vielmehr zu Anfang des Ueberganges die jungen Bestände in noch geringerer Ausdehnung vertreten. Will man also das der angenommenen Umtriebszeit entsprechende Hiebsalter möglichst einhalten, so entsteht in der zweiten Hälfte derselben ein Ausfall an haubarem Holz; dieser wird in vorliegendem Fall theilweise gedeckt durch die zum Femeln reservirten Waldtheile, welche in jener Periode zur schlagweisen Verjüngung kommen. Ganz wird sich der Ausfall dadurch wohl nicht ausgleichen lassen, deßhalb sind noch einige Hülfsmittel dafür anzugeben.

a) Es ist vor allem dabei nothwendig, nicht einseitig auf die Erziehung streng regelmäßiger Bestände hinwirken zu wollen; es ist kein Nachtheil damit verknüpft, wenn in den nächstfolgenden und auch noch im übernächsten Umtrieb einige Unregelmäßigkeit in den Beständen an die frühere Femelwirthschaft erinnert. Deßhalb läßt man in solchen Fällen zu möglichster Ausnutzung des Lichtzuwachses alle kleinere, geschlossene Horste mittelwüchsiger und jüngerer Hölzer und einzelne gesunde Vorwüchse dieses Alters (50—100 pr. ha), zwischen dem jüngeren Nachwuchs stehen, um sie bei der zweiten Verjüngung bälder zu schlagen, oder um eine höhere Geldeinnahme aus ihnen zu beziehen, wenn man sie erst mit dem umgebenden Bestand schlägt. Die Bodengüte ist aber dabei stets zu beachten, ob nämlich die betreffenden Horste vermöge derselben aushalten können, bis der umgebende Bestand auf's Neue verjüngt wird. Solche Parthien mit einem Vorsprung im Alter sind besonders in den unter B aufgeführten Beständen erwünscht.

b) Auch die Anzucht schnell wachsender Holzarten in reinen Beständen oder in Mischung mit der herrschenden Holzart, wo Standorts- und Absatzverhältnisse dies zulassen, bildet manchmal ein dienliches Auskunftsmittel. Hiezu eignen sich die Birke, Kiefer und im Gebirge die Lärche.

c) Wo aber durch diese Hölzer später ein Ausfall im Geldertrag entstände, da läßt sich möglicherweise aus den Beständen der Klasse D das Deficit decken, wenn in diesen Waldtheilen darauf hingewirkt wird, daß zur fraglichen Zeit ein größerer Vorrath von stärkeren Stämmen sich in demselben vorfindet.

d) Auf passendem Standort läßt sich manchmal durch Erhöhung oder Herabsetzung des Haubarkeitsalters einzelner Bestände das fragliche Deficit decken. Bei früherem Anhieb kann man mit verstärkten Durchforstungen und Vorbereitungs- oder Lichthieben noch weiter den gegebenen Zweck fördern.

e) Sind aber alle diese Mittel nicht zureichend oder anwendbar, so muß man noch zum Ueberhalten von einzelnen gutwüchsigen Stämmen als Waldrechter seine Zuflucht nehmen, worüber bereits in §. 243 das Nöthige gesagt wurde.

In Vorstehendem ist auf die Herstellung der richtigen Altersklassenabstufung das größte Gewicht gelegt; daneben soll man aber auch eine zweckmäßige Schlagfolge einrichten; dadurch wird die Aufgabe natürlich viel schwieriger und kann nur gelöst werden, wenn man für den Anfang größere Opfer bringt, da bedeutendere Zuwachsverluste hiebei nicht wohl zu vermeiden sind. Namentlich wird in einem solchen Falle dem längere Zeit noch zu femelnden Theile des Waldkomplexes D eine möglichst große Ausdehnung gegeben, und müssen die oben unter 7 aufgeführten Unterabtheilungen dieser Klasse mit den nöthigen Loshieben und Umhauungen noch vermehrt werden. Bei einer Wirthschaft, die vorherrschend nur Brennholz liefern soll, werden die Zuwachsverluste nicht so bedeutend sein, wie bei Erziehung von Handelshölzern.

Ein großer wirthschaftlicher Fehler ist es, wenn man in allen Waldbeständen eines Komplexes gleichzeitig den Uebergang vom Femelwald zum Hochwald einleiten will; man erhält dadurch viel zu große Verjüngungsflächen und andrerseits nach Ablauf von einigen Decennien eine große Menge haubarer Bestände, die dann entweder überständig werden, oder eine unnachhaltige Nutzung nothwendig machen; die Folgen dieses Fehlers pflanzen sich auf mehrere Umtriebszeiten fort.

§. 261.

Uebergang vom Mittelwald zum Hochwald.

Nach dem was oben über die günstigen Ertragsverhältnisse des Mittelwaldes namentlich bezüglich der Nutzholzerzeugung angeführt wurde, ist die Zweckmäßigkeit einer solchen Ueberführung zuvor sehr eingehend zu erwägen, namentlich wenn im künftigen Hochwald die Laubhölzer beibehalten werden wollten, wodurch möglicherweise nur der weniger einträglichen Brennholzerzeugung Vorschub geleistet würde.

Es ist ein viel größerer Unterschied zwischen dem nothwendigen Holzkapital des Hochwaldes und Mittelwaldes, als zwischen dem des Hochwaldes und Femelwaldes; deßwegen ist jener Uebergang schwieriger und von längerer Dauer, namentlich wenn das Materialkapital im Wald auf die nothwendige Höhe gebracht werden soll, ohne daß der Waldbesitzer die Nutzung wesentlich verringern lassen will; auf einen Theil des inzwischen erfolgenden Zuwachses muß er aber jedenfalls zu Gunsten der Zukunft verzichten. Ferner kann man nicht gleich zur eigentlichen Umtriebszeit des Hochwaldes übergehen; man muß vielmehr für den Anfang noch zeitweilig eine niedrigere Umtriebszeit einhalten, schon mit Rücksicht auf die vielen Stockausschläge des Unterholzes, sodann aber auch, um die Nutzung nicht zu sehr herabzudrücken, um den Oberholzbestand möglichst zu vermehren und endlich, um Zeit zu bekommen, die zum Hochwaldbetrieb minder tauglichen Holzarten *allmählig* entfernen zu können. Eine zu schnelle Beseitigung derselben ist nicht zu wünschen, weil sie anfangs ganz geeignet sind, den Materialertrag auf einer entsprechenden Höhe zu erhalten.

Die ersten Maßregeln, um vom Mittelwald zum Hochwald überzugehen, sind möglichste Vermehrung des samentragenden Oberholzes, geeignete Pflege der harten Hölzer im Unterholz, damit sie bald Samen tragen (ohne übrigens die besseren Weichhölzer zu sehr zu vermindern), und Herstellung einer dichten Bodenbeschattung, damit die Besamung ein ordentliches Keimbett finde. Diese drei Hülfsmittel sind schon eine oder mehrere Umtriebszeiten vor dem eigentlichen Beginn des Ueberganges anzuwenden.

Ist einmal das erforderliche Oberholz vorhanden, so daß vor der Schlagstellung mindestens 0,8 der Gesammtfläche von demselben überschirmt sind, so kann man mit der *natürlichen Verjüngung nach den Regeln des Hochwaldbetriebes* beginnen. Die ältesten Schläge läßt man zu dem Zweck die gewöhnliche Haubarkeitszeit des Unterholzes überschreiten, durchforstet vorher das Unterholz mehrere Male, wobei auf Erhaltung des noch lebensfähigen Kernwuchses aller Bedacht genommen wird. Einzelne Stämme oder Horste von Weichhölzern, die eine solche Verlängerung des Umtriebes nicht aushalten würden, sind bei diesen Durchforstungen wegzuhauen; solche Horste werden sich durch Ausschlag verjüngen und wird dadurch der Boden im Ertrag bleiben; die harten Holzarten, welche in diesen

Horsten von Weichholz vorkommen, sind bei deren Abtrieb zu schonen. Abgängiges Oberholz, welches bis zur Verjüngung nicht mehr aushalten würde, ist ebenfalls mit herauszunehmen.

Außerdem ist darauf zu dringen, daß auf jedem Mutterstock nur so viele Ausschläge stehen gelassen werden, als derselbe vollkommen und kräftig ernähren kann, wie überhaupt diejenigen Individuen besonders zu begünstigen sind, welche sich kräftig entwickeln; was auch noch während der schlagweisen Verjüngung zu beobachten ist. Diese muß länger dauern als gewöhnlich, und namentlich durch einen Vorbereitungschlag eingeleitet werden, um aus dem Unterholz möglichst viele Samenbäume heranzubilden. Die Stellung des Dunkelschlages hat womöglich zur Zeit eines Samenjahres zu erfolgen. Auf solchen Stellen, wo wegen mangelnden Besamungsbestandes, oder wegen minder günstigen Standortsverhältnissen eine natürliche Besamung voraussichtlich nicht ankommen kann, muß rechtzeitig zur künstlichen Kultur geschritten werden, wobei auch Weichhölzer, wenn sie sich nicht von selbst einfinden, künstlich anzuziehen sind; damit die späteren Durchforstungserträge möglichst verstärkt werden.

Zur Erhöhung des künftigen Haubarkeitsertrages werden beim letzten Abtrieb einzelne Oberständer und Laßreiser zum Einwachsen in den künftigen Hochwaldbestand übergehalten. Ferner soll unterdrückter Kernwuchs beim Abtrieb oder beim Lichtschlag auf den Stock gesetzt werden, um einen gesunden, wüchsigen Bestand zu erziehen.

Um aber in der Zeit, wo die ältesten Schläge des seitherigen Mittelwaldes unangehauen fortwachsen sollen, und in den Pausen zwischen Vorbereitungshieb, Dunkel-, Licht- und Abtriebsschlag eine entsprechende Nutzung aus dem Waldkomplex erheben zu können, ist es nothwendig, auf die kurz zuvor nach dem System des Mittelwaldes verjüngten Schläge durch Nachhiebe des Oberholzes zurückzugreifen, wobei bis auf einen kleinen Rest Alles entfernt werden soll, so weit nämlich gesunder Kernwuchs oder freudig vegetirende Stockausschläge vorhanden sind. Wo diese beiden fehlen und nicht etwa zur Anzucht einer schnell wachsenden Holzart seine Zuflucht genommen werden will, da muß freilich durch einen stärkeren Oberholzbestand die Lücke gedeckt werden. Bei solchen Nachhieben fällt viel werthvolleres Material als gewöhnlich an, sie können daher auch bei einer geringeren Nutzungsgröße dennoch den gleichen Geldertrag abwerfen.

Die hienach nothwendige Eintheilung des umzuwandelnden Mittelwaldkomplexes ist folgende. Etwa 10—15 Procent der Fläche von den ältesten Beständen werden zur Verjüngung durch natürliche Besamung vorbereitet und später gemeinschaftlich mit einander durch Schlagstellung verjüngt. Inzwischen decken die Nachhiebe des Oberholzes in den jüngeren Schlägen auf 20—25 Procent der Gesammtfläche die Nutzung für diejenigen Jahre, in denen die in Schlag gestellte Fläche vom Hieb verschont wird; ein Theil des Bedarfes wird auch aus den Durchforstungen und Auszugshieben der älteren noch unangegriffenen Mittelwaldschläge gezogen.

Ist die Verjüngung auf jener Fläche nahezu vollendet, so wird eine etwas größere Fläche, 15—20 Procent des Gesammtareals angehauen, weil jetzt die Nachhiebe in den als Mittelwald verjüngten Schlägen aufhören und der ganze Materialetat aus den nach den Regeln des Hochwaldes zu führenden Verjüngungshieben und Durchforstungen gedeckt werden muß. Ein weiterer, etwas größerer Theil der Fläche kann dann noch in angedeuteter Weise zur Verjüngung gebracht werden, worauf die Reihe an die oben bezeichneten 20—25 Procent der Wirthschaftseinheit kommt, die bereits mit einem Nachhiebe belegt wurden.

Sind die Schläge in dieser Weise über die ganze Fläche vorgerückt, so wird sich die Umtriebszeit um ein Wesentliches erhöht haben; beim zweiten Turnus muß dann durch Verkleinerung der Periodenschlagfläche eine weitere Erhöhung bewirkt werden; gleichzeitig ist auf allmählige Beseitigung weniger geeigneter Weichhölzer hinzuarbeiten.

In einem andern Fall der Umwandlung, wenn ein Mittelwald in Nadelholzhochwald übergeführt werden soll, wo also die erforderliche Zahl von Samenbäumen nicht vorhanden ist, hat man die künstliche Kultur zu Hülfe zu nehmen; man bestimmt zuerst die Umtriebszeit für das Nadelholz und hat dann den seitherigen Mittelwaldkomplex in so viel gleichen Jahresschlägen abzutreiben und zu kultiviren, als diese Umtriebszeit Jahre zählt. Ist es aber nicht möglich, das Nadelholz ohne Schutzbestand aufzubringen, so faßt man mehrere Jahre zusammen und stellt einen entsprechenden Dunkel- oder Lichtschlag, die dann nach Bedarf des Nachwuchses abgetrieben werden.

Bei dieser Hiebsfolge würde natürlich ein großer Theil des Unterholzes und die älteste Klasse des Oberholzes viel älter, als beim bisherigen Mittelwaldbetrieb, und ohne sehr große Verluste an Holzzuwachs und Holzwerth oder an Bodenkraft könnten diese vorherrschend aus Stockausschlag bestehenden Waldungen eine solche Verdopplung oder Verdreifachung der Umtriebszeit nicht aushalten; man hat deßhalb nach den ersten 10—15 Jahren mit dem Abtrieb und den Nadelholzkulturen etliche Jahre auszusetzen und die ältesten 10—20 Mittelwaldschläge zu überspringen, um in den nächst jüngeren eigentliche Mittelwaldhiebe zu führen, wobei man einiges Oberholz mehr überhält, um den späteren Ausfall an Unterholz zu decken, die Schlagfläche kann sich deßhalb auch auf mehr als einen Jahresschlag ausdehnen.

Es werden auch Uebergänge vom Mittelwald zum Hochwald nothwendig, um ein seither für sich als Wirthschaftskomplex behandeltes Mittelwaldstück an ein anderes größeres Wirthschaftsganzes, in dem der Hochwaldbetrieb herrschend ist, anzuschließen und damit in Verbindung zu bringen. Ist das Wirthschaftsganze des Hochwaldes in seinen Altersklassen normal abgestuft, so wird durch ein Einschieben des seitherigen Mittelwaldes die normale Altersordnung gestört; deßhalb ist es in solchem Fall räthlich, wenn es die Standortsverhältnisse gestatten, und wenn es kein großer Mittelwaldkomplex ist, die Umtriebszeit des Hochwaldes dem Flächenzuwachs entsprechend zu erhöhen. — Will man aber den Mittelwald in die Altersabstufung des Hochwaldkomplexes einschieben und sind nicht etwa durch lokale Verhältnisse (durch passendes Angrenzen jenes an eine oder mehrere Altersklassen des Hochwaldes) schon die Richtungen vorgezeichnet, in welchen dies zu geschehen hat, so ist es zweckmäßig, den Mittelwald in drei bis vier Abtheilungen nach den Altersklassen zu zerlegen und in jeder Abtheilung darauf hinzuwirken, daß sich so viel als möglich ein den Anforderungen des Hochwaldes sich nähernder Bestand auf denselben bilde, daß namentlich diese Bestände so lang als möglich geschlossen und in günstigem Zuwachs erhalten werden, bis sie sich den geeigneten Altersklassen des Hochwaldes anfügen lassen.

§. 262.

Uebergang vom Niederwald zum Mittelwald und Hochwald.

Die einfachste Form des Ueberganges von einer Betriebsart zur andern ist die vom Niederwald zum Mittelwald, so lange die seitherige Umtriebszeit auch ferner für das Unterholz beibehalten wird. Man hat dabei für nichts anderes zu sorgen, als daß die zum Oberholz tauglichen Holzarten in genügender Anzahl und in gesunden Exemplaren angezogen und übergehalten werden, damit man mit ihnen den Oberholzbestand allmählig herstelle.

Will man das Oberholz in einer größeren Zahl von Altersklassen anziehen, so steht es längere Zeit an, bis alle Altersstufen in demselben vertreten sind. Da der Stockausschlag im Niederwald vorherrscht und Kernwuchs eigentlich zu den Ausnahmen gehört, so wird es nöthig, einen Theil der zum Oberholz bestimmten Pflanzen künstlich zu erziehen; für die Laßraitel und Oberständer, die nur eine oder zwei Umtriebszeiten auszuhalten haben, können gesunde Stockausschläge verwendet werden. Von solchen läßt sich auch eine theilweise Besamung erwarten, und wenn man einen Umtrieb für Erziehung des älteren Oberholzes verloren gehen lassen will, so kann man möglicherweise ohne künstliche Nachhülfe die nöthige Zahl aus Samen erwachsener Pflanzen bekommen. Freilich giebt es Fälle, wo man eine neue Holzart als Oberholz erziehen will, und dann bleibt nichts übrig, als die künstliche Kultur, Anwendung starker Pflänzlinge in horstweiser Stellung.

Besonders empfehlenswerth sind für den Anfang die Birke und die Lärche wegen der leichten und billigen Anzucht, des schnellen Wuchses und des geringen Schirmdruckes. Ihnen stehen fast gleich die Ulme, Esche, der Bergahorn und die Pappeln; bei der Eiche kommt die Anzucht ziemlich am theuersten zu stehen.

Will man einen Niederwaldkomplex in Hochwald überführen, so geschieht dies am besten, indem man zuvor in den Mittelwald übergeht, dabei aber nur wenige Oberholzklassen, jedoch die samentragenden Stämme in ziemlicher Zahl anzieht.

Der direkte Uebergang vom Niederwald zum Hochwald ist fast nur da möglich, wo der seitherige Niederwaldkomplex mit einem im Hochwaldbetrieb stehenden Wirthschaftsganzen in Verbindung gebracht werden kann; aber es wird in der Regel eine Störung des Altersklassenverhältnisses dadurch herbeigeführt, daß die Niederwaldbestände ausschließlich die zur Zeit der Vereinigung bestehenden jüngeren und jüngsten Altersklassen vermehren und dabei nicht dieselbe Haubarkeitszeit erreichen, wie die Hochwaldbestände. Auch ist die größere Hiebsfläche im Niederwald auf verschiedene Zeiträume zu vertheilen, um der künftigen Normalität kein zu großes Hinderniß in den Weg zu legen. Es kommt freilich der Fall nicht selten vor, wo der frühere Eintritt des Haubarkeitsalters in solchen Beständen erwünscht ist, um ein etwaiges Defizit einzelner Perioden des Hochwaldes zu decken; dabei ist aber namentlich das Mißverhältniß der Hiebsflächen im Auge zu behalten. Die Umwandlung wird erleichtert, wenn man ähnlich verfahren kann, wie beim modificirten Buchenhochwaldbetrieb nach den Vorschlägen von Seebachs.

§. 263.
Uebergang vom Hochwald zum Niederwald und einige andere Uebergänge.

Bei größeren Komplexen und da, wo man eine beschränkte Absatzgelegenheit hat, entstehen schon beim Uebergang vom Hochwald in Niederwald Schwierigkeiten wegen der Verwerthung des entbehrlich werdenden Holzvorrathes, welche sich nach der beendigten Durchführung noch weiter steigern können. Dann aber ist vor diesem Uebergang immer zu bedenken, daß die gegentheilige Umwandlung von Niederwald zum Hochwald bis der nothwendige größere Holzvorrath wieder angesammelt und die Bodenkraft wieder entsprechend gesteigert ist, fast unüberwindliche Schwierigkeiten hat und eine viel größere Zeit braucht; daß man also die Hochwaldwirthschaft bloß dann aufgeben dürfe, wenn entschiedene und bleibende Gründe dafür sprechen, da ein Mißgriff so schwer wieder gut zu machen ist.

Hat man einen Hochwald mit vollkommen oder annähernd regelmäßiger Altersklassenabstufung, so müssen zuerst diejenigen Bestände auf den Stock gesetzt werden, welche nahe daran sind, ihre Ausschlagfähigkeit zu verlieren. Inzwischen ist in den haubaren Beständen die Verjüngung mittelst natürlicher Besamung einzuleiten, wogegen man die ganz jungen Kernwüchse fortwachsen läßt, bis sie die normale Umtriebszeit des Niederwaldes erreicht, oder um etwas überschritten haben. Auf diese Weise bekommt man allerdings keinen Zusammenhang in die Schlagtour, aber diese Theilung in zwei oder mehr Hiebszüge ist ohnehin nothwendig, weil bei einem einzigen die Jahresschläge im Niederwald leicht zu groß werden würden.

Wo man Hochwald in Mittelwald umwandeln will, da ist neben der Sorge für Erlangung von möglichst vielen ausschlagfähigen Stöcken noch eine passende Wahl für das Oberholz zu treffen. Die verschiedenen Altersklassen sind im Hochwald räumlich getrennt; beim Uebergang zum Mittelwald ist man daher genöthigt, ihre Repräsentanten im Oberholz auch noch einige Umtriebe lang so getrennt zu halten. Auf ein und derselben Fläche kann man dadurch einen analogen Unterschied herstellen, daß man Stämme von verschiedenen Dimensionen überhält, was auch beim regelmäßigsten Wald noch möglich sein wird. Dabei ist aber für alles Oberholz eine Gewöhnung an den freieren Stand durch stärkere Durchforstungen, Vorbereitungs- oder Dunkelhiebe einzuleiten oder wegen nicht zu vermeidender Unglücksfälle eine größere Anzahl von Stämmen überzuhalten.

Zugekaufte, bisher landwirthschaftlich benützte Grundstücke werden öfters sehr schnell angepflanzt und in Bestockung gebracht. Dies ist aber in dem Fall ganz unpassend, wenn sie nicht groß und von mittelwüchsigem und haubarem Holz umgeben sind, weil wenigstens die junge Kultur durch den Seitendruck viel zu leiden hat, bei der Fällung und Aufbereitung des umgebenden Bestandes vielen Beschädigungen ausgesetzt ist, und vor dem verjüngten Bestand einen zu großen Vorsprung gewinnt, oder weggehauen werden muß, ehe sie ihren vollen Zuwachs erreicht hat. Es ist am passendsten, solche Grundstücke noch so lange auf bisherige Weise zu benützen, bis sie dem angrenzenden oder umgebenden Bestand, wenn er zur Verjüngung kommt, angereiht werden können. — Daß nicht etwa einer Altersklasse, die schon Ueberfluß an Fläche hat, durch Zuweisung einer solchen Erwerbung ein noch größerer Ueberschuß gegeben wird, ist besonders zu beachten. Die Ausgleichung eines etwaigen Abmangels wäre aber zu begünstigen, sofern es sonst nach der Lage dieses Grundstückes zulässig ist. Die vorübergehende Anzucht schnellwachsender Holzarten, welche später zugleich mit dem jetzt schon älteren angrenzenden Bestand verjüngt werden können, ist in den meisten Fällen zu empfehlen.

Sehr große, mehr als eine Periodenfläche umfassende Blößen können eigentlich mit Rücksicht auf die künftig herzustellende normale Altersabstufung nicht auf einmal kultivirt werden; wenn aber der Bodenzustand ein Verschieben der Kultur nicht erlaubt, wird diese in der Art vorgenommen, daß man später einen Theil des mittelwüchsigen Holzes abtreiben kann, zu welchem Zweck die Anzucht schnellwachsender Holzarten nebst passender Flächeneintheilung oder Bestandesmischung 2c. zu empfehlen ist.

§. 264.

Begründung eines neuen Wirthschaftskomplexes.

Diese schwierigste Aufgabe des forstlichen Berufes tritt in allen Kulturländern an den Forst- und Staatswirth heran, um die Fehler und Mißgriffe der früheren Geschlechter wieder gut zu machen. Die forstliche Ausführung bietet die geringeren Schwierigkeiten, dagegen um so größere die finanzielle Ausstattung und die Beschaffung der erst nach längerer Frist einen Zinsengenuß gewährenden Kapitalien.

Am leichtesten ist es wohl, wenn man an einer kahlen Thalwand in mildem Klima einen Eichenschälwald anlegt, es kann dies mit geringen Vorauslagen geschehen und in 16—20 Jahren ist schon ein schöner Ertrag aus dem Holze und der Rinde zu ziehen. In diesem Falle ist die Sache ganz einfach: man theilt die Fläche in 16 oder in 20 gleiche Theile, oder wenn auffallende Unterschiede in der Bodengüte vorkommen, macht man die Theile auf schlechterem Boden etwas größer, die auf besserem Boden kleiner und pflanzt nach dieser Eintheilung jedes Jahr einen dieser Theile aus. Durch Bodenlockerung in der Nähe der Pflänzlinge, durch Herbeiführung eines baldigen Schlusses mittelst Einsprengens schnell wachsender Holzarten kann man die Entwicklung der Anlage wesentlich fördern, frühzeitigere und reichlichere Zwischenerträge erlangen. In Gegenden, wo das Waldgras gesucht ist, wird man durch den Erlös aus demselben wenigstens einen Theil der Bodenrente decken und die Auszugshiebe werden auch etwas dazu beitragen, bevor die Hauptnutzung bezogen werden kann.

Solche Waldungen mit kurzem Umtrieb sind aber nur wenig geeignet, das Klima zu verbessern. Zu diesem Zweck muß man Hochwälder erziehen und hauptsächlich schattenliebende Holzarten wählen, die einen höheren Umtrieb verlangen. Geht man nun in geradem Wege auf dieses Ziel los, so erreicht man es nur mit unverhältnißmäßig hohen Opfern; die Aufzucht schattenliebender Pflanzen ohne den Schutz der Mutterbäume ist sehr theuer, meist auch sehr unsicher und ein Ertrag von ihnen erst spät zu erwarten. Deßhalb ist es gerechtfertigt, zunächst schnell wachsende, frühzeitig hiebsreif werdende Holzarten: Birken, Kiefern, Lärchen 2c., zu wählen, um die auf solche Waldanlagen verwendeten Kapitalien möglichst bald nutzbringend zu machen, was namentlich in holzarmen Gegenden, wo die kleineren Sortimente angemessen verwerthet werden können, möglich ist.

Die Flächeneintheilung und die Einrichtung der Hiebszüge muß von Anfang an vorgezeichnet werden, so daß die künftige Schlagfolge sich ohne Anstand durchführen läßt. Sehr zweckmäßig ist es, wenn die erstangezogenen Bestände zur Hälfte nach Umfluß der halben künftigen Umtriebszeit abgetrieben werden können, weil dadurch der Uebergang zum höheren Umtrieb erleichtert wird. Dabei kann man, je nachdem die Mittel anfangs mehr oder weniger reichlich zu Gebote stehen, mit größeren Flächen den Anfang machen, oder vom Kleineren zum Größeren aufsteigen. — Wird also etwa die Aufforstung von 1600 ha Heideland in Aussicht genommen, worauf später ein 100jähriger Umtrieb eingeführt werden soll, so wählt man Birken oder Kiefern zur Vorkultur und vertheilt die Arbeit der ersten Anlage auf 50 Jahre, bringt also jährlich 32 ha in Bestockung. Im 51. Jahre wird dann in der Weise mit der Nutzung begonnen, daß jährlich der Flächenantheil des 100jährigen Umtriebes, also 16 ha, je im Alter von 50 Jahren zum Abtriebe kommt und die andere Hälfte für die 100jährige Altersreihe erhalten bleibt; dann kann mit Beginn des nächsten Jahrhunderts die normale jährliche Nutzung aus dem Kiefernwalde bezogen werden.

Ein späterer Uebergang zu einer anderen Holzart ist sodann mit Hülfe eines Schutzbestandes forstlich und ökonomisch erleichtert; man durchlichtet und treibt den erstangezogenen Bestand allmählig ab, so daß von dem Zeitpunkt an möglicherweise das Unternehmen ökonomisch selbstständig dasteht. Es ist freilich nicht leicht vorauszubestimmen, wann dieser Termin eintrete, es kann schon im 15., aber erst auch im 40.—50. Jahre der Fall sein. Die Birke läßt besonders früh einen Hauptertrag erwarten, die Lärche und die gemeine Kiefer später; bei letzterer aber sind die Durchforstungen ertragreicher und die späteren Materialanfälle werthvoller; die beiden letztgenannten Holzarten geben mehr Nutzholz, erstere mehr Brennholz.

Wollte man mit der zweiten Kultur früher fertig werden, bevor die ältesten Bestände der Vorkultur haubar sind, so müßte man von den durch dieselbe angezogenen Holzarten eine gehörige Menge einwachsen lassen, um vor dem ersten Anhieb die nöthigen Materialerträge aus den Durchforstungen erheben zu können; denn jede Störung in der Gleichheit der jährlichen Nutzung oder ein Aussetzen derselben müßte eine schädliche Zinsenansammlung, eine Vermehrung der dem Unternehmen zur Last geschriebenen Schuld herbeiführen.

Bei sehr ausgedehnten Aufforstungen bedient man sich auch des Auskunftsmittels, daß man nur einzelne, über das ganze Areal gleichmäßig vertheilte Streifen oder Horste in Kultur nimmt, um von diesen aus die nächste Umgebung auf natürlichem Wege verjüngen zu können.

Sechstes Kapitel.

Von der Umtriebszeit und dem Hiebsalter.

§. 265.

Im Allgemeinen.

Umtriebszeit und Hiebsalter unterscheiden sich dadurch, daß jene sich auf einen ganzen, zusammengehörenden und zusammen bewirthschafteten Waldkomplex, auf ein Betriebsganzes bezieht und den Zeitraum umfaßt, in welchem auf sämmtlichen einzelnen Theilen dieses Ganzen die Abnutzung des Hauptbestandes und die damit in Verbindung stehende Verjüngung bewirkt werden soll. — Das Hiebs-, Abtriebs- oder Haubarkeitsalter dagegen bezieht sich auf den einzelnen Bestand, es bezeichnet denjenigen Zeitpunkt, in welchem dieser geschlagen und zur Verjüngung gebracht wird. Bei ganz regelmäßig abgestufter Altersfolge fallen Umtriebszeit und Hiebsalter in allen einzelnen Beständen zusammen, je mehr das Altersklassenverhältniß gestört ist, um so größere und häufigere Abweichungen kommen vor.

Die Haubarkeit eines Bestandes tritt ein, wenn die Benützung seines Holzvorrathes oder seine Verjüngung aus irgend einer Rücksicht geboten ist. Die natürliche oder physische Haubarkeit wird in demjenigen Alter erreicht, in welchem der Bestand durch die Fähigkeit der einzelnen Bäume, Samen zu tragen, oder vom Stock auszuschlagen, bei ungeschwächter Bodenkraft am leichtesten sich natürlich verjüngen läßt. Technisch haubar ist ein Bestand, wenn er zu einem bestimmten Zweck Material von bester Beschaffenheit in größter Menge liefert. Oekonomisch oder forstwirthschaftlich haubar ist nach den seitherigen Definitionen ein Bestand dann, wenn er die größte Holzmasse in vollkommenster Qualität abwirft, nämlich in dem Zeitpunkt, wo der durchschnittliche Zuwachs des gesammten Alters den höchsten Stand erreicht hat und dem laufenden Zuwachs gleich steht. Die finanzielle Haubarkeit tritt mit dem Zeitpunkt ein, in welchem die sämmtlichen Walderzeugnisse während der ganzen rückwärtsliegenden Periode bis zur Entstehung des Bestandes den höchsten Geldertrag abwerfen. Die Art, diese Rente zu berechnen, liegt gegenwärtig noch im Streit; die einen nehmen an, daß in einem nachhaltig eingerichteten Betrieb von dem jährlichen Rohertrag einfach die jährlichen Ausgaben abzuziehen seien und dann derjenige Umtrieb gewählt werden müsse, welcher die höchste Waldrente gewähre. Dabei umgeht man die Schwierigkeit, unsichere Zukunftswerthe in die Rechnung einzubeziehen, welche bei dem von den Anhängern der sogenannten Reinertragstheorie zum Vergleichungsmaßstab angenommenen Bodenerwartungswerth (§. 328) unserer Meinung nach eine viel weniger sichere Grundlage geben (vgl. §. 237).

Hier ist insbesondere auf die bereits oben angedeutete Wechselwirkung zwischen der Umtriebszeit und der jährlichen Abtriebs- oder Schlagfläche hinzuweisen, worin sich die forstliche Nutzung wesentlich von der landwirthschaftlichen unterscheidet. Bei dieser kann mit wenig Ausnahmen jedes Jahr die ganze Fläche abgeerntet werden, was im forstlichen Haushalt nur etwa bei der Erziehung von einjährigen Weidenruthen möglich ist, sobald man aber diese zweijährig werden läßt, kann man nur ein übers andere Jahr die Nutzung von der ganzen Fläche erheben, oder wenn man jährlich eine Einnahme beziehen will, muß die Fläche in zwei Hälften getheilt und kann jährlich nur von einer Hälfte die Nutzung bezogen werden. — In einem Komplex von 600 ha hat man sonach jährlich zu schlagen bei 120jährigem Umtrieb 5, bei 60jährigem 10 und bei 30jährigem 20 ha. Die Größe der Jahresschläge steht in umgekehrtem Verhältnisse zur Umtriebszeit.[1])

Dieses Verhältniß veranschaulicht nachstehende Figur:

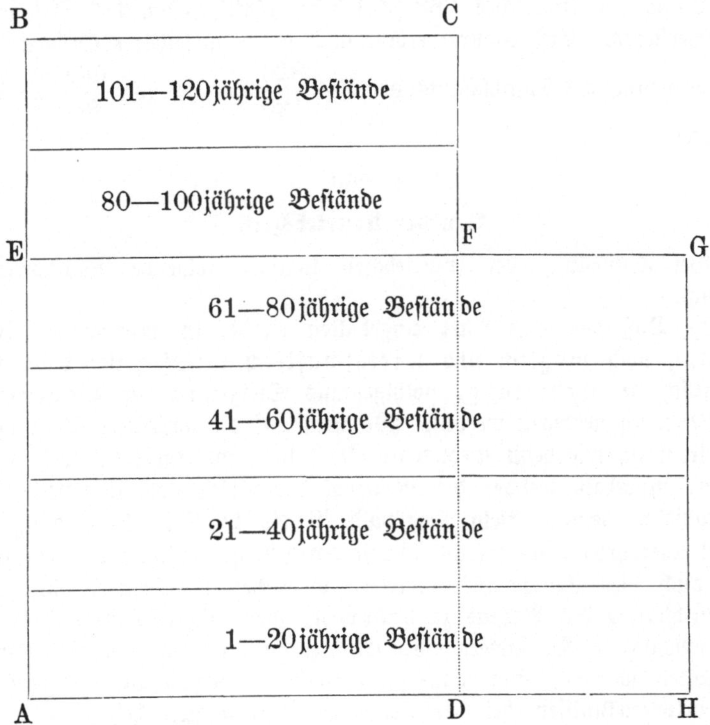

Die beiden Rechtecke ABCD und AEGH sind gleich groß, ersteres hat eine 120jährige, letzteres eine 80jährige normale Altersabstufung; hier sind aber die Periodenflächen um die Hälfte größer, als beim 120jährigen Umtrieb; zu diesem sind die 1—80jährigen Altersklassen nur in dem Umfang des Rechteckes AEFD erforderlich, beim Uebergang vom 80- zum 120jährigen Umtrieb werden also die Flächentheile DFGH mit ihrem Holzbestand entbehrlich und müssen anstatt ihrer in gleichem Umfang 81- bis 120jährige Bestände EBCF erzogen werden.

Zu weiterer Verständigung wird auf die im §. 248 eingefügte Tabelle Bezug genommen, dabei aber noch besonders darauf aufmerksam gemacht, daß die in Spalte k und m vorgetragenen Haubarkeitserträge in obiger Richtung einer Umrechnung bedürfen, da sie sich auf verschiedene Gesammtflächen beziehen, nämlich jeweils auf so viele Einheiten, als der Umtrieb

[1]) Danach ist der an dieser Stelle in der 3. Auflage vorgetragene Satz zu berichtigen.

Jahre zählt. — Wenn bei der Fichte mit 120jährigem Umtrieb 1 ha 828 Festm. Haubarkeitsertrag giebt, im 80. Jahre dagegen nur 668, so ist dabei obiges Verhältniß noch nicht berücksichtigt, wonach bei letzterem Umtrieb das 1,5fache der Fläche zur Verjüngung kommt, also den 828 Festm. des 120jährigen Umtriebes 668 $\times$ 1,5 = 1002 Festm. des 80jährigen gegenüberstehen. Erst dadurch erhält man die vergleichbaren Größen, oder bei Anwendung des Durchschnittszuwachses $\frac{828}{120} = 6{,}9$ und $\frac{668}{80} = 8{,}35$ Festmeter.

§. 266.

Von der Umtriebszeit.

Bei Feststellung der Umtriebszeit kommen folgende Rücksichten in Betracht.

1) Daß dasjenige Alter eingehalten werde, in welchem die Verjüngung noch möglich und wirthschaftlich zulässig ist; dabei muß namentlich der Erhaltung, nöthigenfalls Steigerung der Bodenkraft alle Rechnung getragen werden. Wo man auf die natürliche Verjüngung angewiesen ist, wie beim Niederwald, kann man nur innerhalb der Grenze wählen, innerhalb welcher die Mehrzahl der Stöcke noch ihre volle Ausschlagfähigkeit besitzt. Beim Hochwald ist die künstliche Verjüngung fast überall ausführbar, aber nicht überall vortheilhaft, deßhalb kommen theilweise auch hier ähnliche Rücksichten in Betracht; außerdem ist eine große Verschlechterung des Bodens zu befürchten, wenn lichtbedürftige Holzarten im Hochwald, z. B. Kiefern oder Eichen, zu lange in reinen Beständen hingehalten werden, und man hat deßhalb namentlich unter ungünstigen Standortsverhältnissen bei der Wahl der Umtriebszeit besonders darauf Rücksicht zu nehmen, daß dies vermieden werde, weil durch solche Lichtstellung auch die künstliche Verjüngung unnöthig erschwert und vertheuert wird. Andererseits entzieht aber auch ein kürzerer Umtrieb dem Boden wiederum mehr Aschenbestandtheile, weil bei jüngerem Holz Laub, Reis und Rinde stärker vertreten und darin mehr Mineralbestandtheile enthalten sind als im Holzkörper. Dagegen erhält man beim Abtrieb in jüngerem Alter für den Boden einen reichlicheren Humusvorrath. Ein solcher läßt sich auch in Kiefern und Eichen durch Unterbau ansammeln und hat dann bei letzteren die günstige Wirkung, daß sie schon um 20—40 Jahre eher die Hiebsreife erlangen (cf. v. Hagen, Donner die forstlichen Verhältnisse Preußens 1883 S. 151).

Beim Niederwald ist die Umtriebszeit nicht zu kurz anzusetzen, weil sonst diejenige Periode zu oft wiederkehrt, in welcher der Boden durch die jungen Ausschläge mehrere Jahre lang nur ungenügend beschattet ist; es sollte beim Niederwald der Boden stets so lange wenigstens durch den vollständigen Schluß der Ausschläge beschattet sein, als derselbe nach dem

Abtrieb diesen vollen Schatten entbehren muß. — Könnte man aber beim Hochwald in der Zeit, während welcher sich die betreffende Holzart geschlossen hält, kein genügend starkes Material erziehen, so müßte man rechtzeitig daran denken, unter derselben ein Bodenschutzholz heranzuziehen, welches der Bodenverschlechterung entgegenwirkt.

Durch ein Herabgehen mit der Umtriebszeit unter das Alter, in dem die Bäume anfangen, Samen zu tragen, wird im Hochwald die künstliche Verjüngung Regel. Da wo die natürliche Verjüngung sehr leicht, die künstliche Verjüngung oder Nachhülfe aber sehr theuer wird, muß womöglich jene angestrebt werden, man muß also den geeignetsten Zeitpunkt hiezu wählen, wo die meisten Bäume reichlich Samen tragen und der Boden in einem solchen Zustand ist, daß die Besamung leicht ankommen kann.

2) Da die einzelnen Holzarten in verschiedenen Altersstufen reifen Samen tragen und sich mehr oder weniger bald licht stellen, so ist schon aus dem oben Gesagten ersichtlich, daß sie im Hochwald und Femelwald jeweils verschiedene Umtriebszeiten bedingen; aber auch die verschiedene Zeit der Nutzbarkeit hat einen wesentlichen Einfluß hierauf. Nicht minder die mit der Verjüngung verknüpften Gefahren und Schwierigkeiten, welche einerseits einen Theil der Umtriebszeit verloren gehen lassen (5—10 Jahre bei den Kiefern nach Hagen, Donner, die forstlichen Verhältnisse Preußens), andrerseits dahin drängen, sie möglichst wenig wiederkehren zu lassen. Reine Bestände erheischen in der Regel eine andere Umtriebszeit als gemischte, und bei letzteren hat man meist einen größeren Spielraum in der Wahl und Bestimmung der Umtriebszeit. Im Niederwald ist die Dauer der Ausschlagfähigkeit maßgebend, welche bei den einzelnen Holzarten eine verschiedene ist.

3) Die Betriebsarten bedingen, ebenfalls jede für sich, besondere Umtriebszeiten; z. B. der Niederwald eine andere, als der Hochwald. Das Unterholz im Mittelwald verlangt eine kürzere, als der Niederwald, weil es den zunehmenden Druck des Oberholzes nicht so lange ertragen kann. Beim Femelwald und Hochwald sind die Unterschiede nicht so erheblich.

4) Die Standortsfaktoren sind von bedeutendem Einfluß auf die Umtriebszeit; in sehr hoch gelegenen Gegenden mit rauhem Klima erreichen die Holzarten nicht so rasch ihre Vollkommenheit, wie in mildem Klima, dort sind somit höhere Umtriebszeiten nöthig; wogegen hier ein niederer Turnus zulässig ist, ohne daß der höhere ausgeschlossen wäre. Die Gefahren des Windes sind bei höherem Umtrieb mehr zu fürchten, als bei niederem, ein Umstand, der in einzelnen Lokalitäten und bei einzelnen Holzarten wesentlichen Einfluß ausübt. Auf schlechtem Boden kann man die Bestände nicht so früh nutzen, aber auch nicht so sehr alt werden lassen, obgleich bei ihnen das Sinken des Zuwachses später eintritt, als auf gutem Boden.

5) Die wichtigsten Bestimmungsgründe liegen für den Privatmann in dem Waldertrag, theils dem Holzertrag, meist aber dem Geldertrag.

Die größte Holzmasse wird nachhaltig erzeugt, wenn man den Umtrieb so hoch setzt, daß im ältesten Bestande der durchschnittliche Gesammtalterszuwachs den für die gegebenen Verhältnisse höchsten Stand erreichen kann. Wo dagegen Holz von besonderer Qualität erzeugt werden soll, da ist neben dem Massenzuwachs auch der Werthzuwachs maßgebend und es tritt häufig der Fall ein, daß ersterer sinkt, während letzterer noch längere Zeit steigt; man hat dann die Erlangung des höchsten durchschnittlichen Zuwachses an Geldwerth als das Ziel der Wirthschaft anzunehmen, und in der Regel wird diese Rücksicht im Privathaushalt den Ausschlag geben.

Auch die Nebennutzungen an Weide, Streu, Gras ꝛc. sind oft von Einfluß auf den Umtrieb, namentlich da, wo das Waldeigenthum mehr zur Aushülfe beim landwirthschaftlichen Betrieb bestimmt ist. — Die Nutzung der Rinde verlangt, wie schon erwähnt, besondere Berücksichtigung, indem man die Ausschläge nicht so alt werden lassen darf, daß die Rinde aufreißt. Der Waldfeldbetrieb erhält bei kürzerem Umtrieb eine größere Ausdehnung, als bei längerem, wirkt dann aber auch noch viel erschöpfender auf die Bodenkraft.

Künstliche Verjüngung als Regel vorausgesetzt, werden die Kulturkosten eines Wirthschaftskomplexes um so niedriger, je höher der Umtrieb ist (innerhalb der Grenze, bei welcher wegen zu hohem Umtrieb Bodenverschlechterung eintritt), denn die Kulturfläche steht in umgekehrtem Verhältniß zum Umtrieb.

6) Die Ausdehnung des Waldareals und der darauf befindliche Holzvorrath sind sodann unter Umständen auch noch von Einfluß auf die Höhe der Umtriebszeit. Je kleiner die Waldfläche ist, um so weniger ist sie geeignet, die mit der höheren Umtriebszeit verknüpfte größere Zahl von Schlagflächen oder Altersklassen aufzunehmen, und um so abhängiger ist man in dieser Beziehung von den Eigenthümern der anstoßenden Waldbestände. Je geringer der Materialvorrath ist, um so weniger kann man zu einer höheren Umtriebszeit übergehen, namentlich dann nicht, wenn der Waldeigenthümer von der Holznutzung nichts entbehren will oder kann.

7) In den Berechtigungen Dritter liegt ebenso häufig ein Grund für die Bestimmung der Umtriebszeit, um z. B. Holz von der erforderlichen Stärke zu erziehen.

Hat man nach diesen Punkten die Umtriebszeit vorläufig festgestellt, so ist noch insbesondere darauf hinzuwirken, daß

8) in einem Wirthschaftsganzen nur eine einzige Umtriebszeit bestehe; daß also die bei einzelnen Beständen oder bei einzelnen Klassen von Beständen etwa vorkommende Verschiedenheit in der Umtriebszeit möglichst ausgeglichen und eine Einheit erzielt werde. Diese Einheit ist um so nöthiger, als hiedurch allein die so wünschenswerthe Regelmäßigkeit in der Altersabstufung hergestellt und nur dadurch die einmal geordnete Hiebs-

reihenfolge dauernd erhalten werden kann, was die Gleichförmigkeit und Nachhaltigkeit der Nutzung wesentlich sichert. Eine Vereinigung solcher Bestände mit abweichenden Verhältnissen läßt sich ohne erhebliche Nachtheile bewirken, wenn die Differenzen nicht zu groß sind; denn es lassen sich die Umtriebszeiten nie so scharf aufs Jahr hinaus berechnen und es wird stets ein Spielraum von mehreren Jahren bleiben, wenn es sich um Hochwaldbestände handelt.

Ist aber die Vereinigung nicht möglich, so ist darauf hinzuwirken, daß entweder jede Klasse von Beständen mit besonderer Umtriebszeit so groß werde, um als ein selbstständiges Ganzes bestehen zu können, oder daß die abweichenden Klassen auf ein Minimum reducirt werden, um dann in der zuträglichsten Weise isolirt und im aussetzenden Nachhaltigkeitsbetrieb behandelt zu werden. In diesem Fall darf natürlich die kleinere Fläche mit ihrem Ertrag keine erheblichen Störungen in die Nachhaltigkeit der Nutzung bringen.

Ein weiteres Auskunftsmittel, welches aber nur anwendbar ist, wenn die Sicherung gegen Windschaden keine besonderen Vorsichtsmaßregeln erheischt, besteht darin, daß man die beiderseitigen Umtriebszeiten in ein möglichst einfaches Verhältniß zu einander bringt, die eine z. B. halb so lang nimmt, wie die andere, damit die einmal geordnete Einrichtung sich bleibend erhalten lasse, was bei einem irrationalen Verhältniß beider Umtriebszeiten nicht möglich ist.

§. 267.

Uebergänge von einer Umtriebszeit zu einer anderen

sind in vielen Fällen geboten durch Verschlechterung des Bodens, namentlich da, wo die Streunutzung in schädlicher Ausdehnung betrieben wird. Hier handelt es sich um Herabsetzung der Umtriebszeit, und eine solche ist besonders sorgfältig zu überlegen, ehe man sich dazu entschließt, weil eine Wiederherstellung des früheren Standes nur mit größeren Opfern an Zeit und Zuwachs bewirkt werden könnte. Oefters läßt sich eine solche Herabsetzung der Umtriebszeit umgehen durch längere Schonung vor der Verjüngung, Erhaltung des Bestandesschlusses, rechtzeitige Beseitigung der Blößen durch Unterpflanzung, Bodenbearbeitung, Stockrodung 2c., um das Umsichgreifen der Unkräuter zu verhindern. Manchmal ist schon die Führung eines Vorbereitungsschlages und die Ausdehnung der Verjüngungszeit von den günstigsten Folgen, um den Umtrieb auf der seitherigen Höhe zu erhalten. Auch die Einsprengung von genügsameren Holzarten läßt oft die gleich guten Erfolge erwarten. Will man die Herabsetzung der Umtriebszeit möglichst wenig fühlbar machen, so muß man dieselbe da, wo seither eine regelmäßige Altersabstufung bestand, in einer möglichst langen Zeitperiode zu bewirken suchen; weil im entgegengesetzten Falle die Nachhaltigkeit für jetzt und für die Zukunft gestört wäre, indem die jüngeren

Klassen durch den beschleunigten Abtrieb einen zu starken Flächenzuwachs bekämen. — Das planlose Abtreiben derjenigen Altersklassen, welche durch die neue Umtriebszeit entbehrlich werden, wäre eine unwirthschaftliche Maßregel, wodurch jede geordnete Eintheilung gestört und für mehrere Umtriebszeiten hinaus unmöglich gemacht würde.

Das Aufsteigen von einer geringeren zu einer höheren Umtriebszeit wird oft erleichtert durch seitherige zu niedere Nutzung, wodurch die haubaren Bestände allmählig eine größere, als die normale Ausdehnung erlangt haben, und der wirkliche Holzvorrath größer wurde, als der normale des kürzeren Umtriebes; doch macht auch hier die nöthige Aenderung der Altersklassen, welche in der Figur auf S. 445 dargestellt ist, einige Schwierigkeiten. Ist aber bloß der normale Vorrath des kürzeren Umtriebes vorhanden, so hat man für längere Zeit auf einen Theil des regelmäßigen Zuwachses zu verzichten und diesen im Holzkapital sich ansammeln zu lassen, bis dasselbe auf die richtige Höhe gebracht ist; man darf aber dabei nicht außer Acht lassen, daß jede einzelne Altersstufe an dieser Vermehrung gleichmäßig Theil nehmen soll; daß aber auch ein Theil des normalen Vorrathes vom niederen Umtrieb entbehrlich wird (das Rechteck DFGH in obiger Figur).

Wie bereits oben erwähnt, hat man in einem sachgemäßen Durchforstungsbetrieb mit sorgfältiger Pflege des Abtriebsbestandes ein sehr wirksames Mittel zur Hand zur Abkürzung der Umtriebszeiten und kann auf diese Weise um mindestens 10 Jahre früher die Hochwaldbestände zur Hiebsreife bringen, wobei sie gleich viel und gleich werthvolles Holz liefern als die in seitheriger Art durchforsteten Bestände. Ferner macht die Schonung und Pflege des Vorwuchses, theilweise auch der Stockausschläge, das Ueberhalten von schwächeren oder stärkeren Waldrechtern, in Horsten oder einzeln, die gegenwärtig in Verjüngung stehenden Bestände fähig zum früheren Anhieb bei der nächsten Verjüngung. Das Einsprengen schnell wachsender Holzarten und Anzucht derselben in reinen, früher nutzbar werdenden Beständen, die Ausdehnung des Verjüngungszeitraumes mittelst Vorbereitungsschlägen, bei Buchenwaldungen die von Seebach'schen Hiebe in einzelnen mittelwüchsigen Beständen werden dagegen den Uebergang zu einer höheren Umtriebszeit erleichtern; denn gewöhnlich entsteht in der Mitte oder in der zweiten Hälfte der Uebergangsperiode ein Ertragsausfall, der dann auf solche Weise mehr oder weniger ausgeglichen werden kann. — Wie in allen Fällen, so hat man hier noch besonders dringende Aufforderung zu sorgfältiger, sicherer Kultur, zu richtiger Hiebsfolge und möglichst langer Erhaltung der gutwüchsigen Bestände.

§. 268.

Vom Hiebsalter.

Wenn nun gleich die Umtriebszeit für den gesammten Wirthschaftskomplex das Alter angiebt, in welchem jeder einzelne Waldtheil zum Hieb gebracht werden soll, so kommt doch in der Wirklichkeit nur selten ein Bestand genau in dem Alter zur Nutzung, welches durch die Umtriebszeit bezeichnet wird. Es ist dies auch nicht absolut nothwendig, da die Faktoren, aus welchen die Umtriebszeit sich ergiebt, nicht so scharf auf ein bestimmtes Jahr, sondern nur auf den weiteren Rahmen einer Altersperiode hinweisen, innerhalb welcher dann ein entsprechender Spielraum wohl zulässig ist. Handelt es sich aber um sehr unregelmäßige oder unvollkommene Bestände, so wird der Spielraum oft noch größer. Die Gründe, welche beim einzelnen Bestand eine solche Abweichung von der Umtriebszeit rechtfertigen und ein besonderes Hiebsalter für dieselben nothwendig erscheinen lassen, sind folgende:

1) Vor Allem ist die vorgezeichnete, zur Sicherung gegen Windschaden dienende Hiebsreihenfolge einzuhalten und zwar um so strenger, je mehr die Holzart den Gefahren des Windwurfes ausgesetzt und je stärker die betreffende Gegend davon bedroht ist. Dadurch werden bei der erstmaligen Einführung der neuen Ordnung manchmal Abweichungen von der Umtriebszeit nothwendig.

2) Hienach kommt in Betracht die Beschaffenheit des Bestandes, besonders seine größere oder geringere Unvollkommenheit oder Unregelmäßigkeit und der zu erwartende bessere oder schlechtere Zuwachs. Je schlechter der Zustand des Waldes in diesen Richtungen ist und je weniger man Aussicht hat, denselben vor der nächsten Verjüngung verbessern zu können, um so nothwendiger ist dessen früherer Angriff. In welchem Grade ein Bestand unregelmäßig oder unvollkommen sein muß, um darauf einen von der Umtriebszeit abweichenden früheren Anhieb zu begründen, hängt von den in Vergleichung zu ziehenden Beständen ab; je größer diese Unterschiede sind, um so mehr ist bei sonst gleichen Verhältnissen, namentlich bezüglich des Alters die frühere Verjüngung des geringeren Bestandes gerechtfertigt. Sind die haubaren Bestände alle sehr vollkommen und regelmäßig, so kann schon eine Unvollkommenheit, wobei nur zwei Zehntel der Fläche unbestockt sind, eine zeitigere Verjüngung bedingen. Bei sehr unregelmäßigen Beständen, namentlich in Gegenden, wo nur stärkere Nutzholzsortimente Werth haben, kann ein früher stattfindender Angriff und eine Verlängerung des Verjüngungszeitraumes geboten sein, wogegen bei einer bloßen Brennholzwirthschaft solche Maßnahmen seltener nothwendig werden.

Die Bestandesmischung, namentlich das Vorkommen einer oder mehrerer Holzarten, die den Umtrieb nicht aushalten, das Auftreten vieler Stockausschläge bedingt auch öfters ein abweichendes kürzeres Haubarkeitsalter.

Als Hauptregel einer guten konservativen Wirthschaftsführung hat zu gelten, zunächst immer die schlechteren, nicht den vollen Ertrag gebenden Bestände zu verjüngen; dagegen aber vollkommene, regelmäßige, in gutem Zuwachs stehende Bestände auf günstigem Boden, in geschützter Lage möglichst lang zu halten, obgleich öfter aus kurzsichtigem Eigennutz, oder aus

Rücksicht auf sich zeigenden Vorwuchs 2c. gerade die besseren zuerst angehauen werden.

3) Es kann auch nöthig werden, daß man vorbeugend einzelne Bestände, welche besonderen Krankheiten (Gipfeldürre, Rothfäule) oder Gefahren von Wind 2c. ausgesetzt sind, aus diesen Gründen früher verjüngt, als es die Umtriebszeit erheischen würde.

4) Ein unregelmäßiges Altersklassenverhältniß ist häufig die Ursache, daß einzelne Bestände früher oder später, als es der Umtrieb bedingt, zum Hieb kommen müssen, wenn man eine Regelmäßigkeit anstrebt. Besonders tritt dieser Fall ein, wenn man mit der Umtriebszeit oder Betriebsart wechselt.

5) Die Nothwendigkeit, natürlich zu verjüngen, veranlaßt öfters eine Abweichung vom Umtrieb; weil in minder günstiger Lage einzelne Bestände früher die Ausschlagfähigkeit verlieren, oder erst später Samen tragen, oder umgekehrt. Aehnlich wirkt da, wo die künstliche Kultur geboten ist, der Mangel an geeigneten Kulturmitteln.

6) Rücksichten auf die Möglichkeit, theure aber nicht dauerhafte Transportanstalten (Riesen) zu benützen, geben hie und da auch Veranlassung zu Abweichungen von der Umtriebszeit; jene Anstalten werden aber dadurch nur noch theurer.

Wenn mehrere der hier aufgezählten Rücksichten bei einem und demselben Bestand in gleicher Richtung sich geltend machen, so liegt natürlich eine verstärkte Aufforderung darin, sein Hiebsalter abweichend von der Umtriebszeit festzusetzen; schwierig wird aber die Sache, wenn die eine Rücksicht für ein höheres, die andere für ein niederes Hiebsalter spricht; z. B. wenn die Ausführung einer regelmäßigen Aneinanderreihung der Schläge die Verspätung des Anhiebes, dagegen die Beschaffenheit des Bestandes eine Beschleunigung desselben wünschenswerth erscheinen läßt. In solchen Fällen muß der Wirthschafter sorgfältig erwägen, welche Rücksicht das meiste Gewicht hat und also den Ausschlag geben soll, nachdem er alle zu berücksichtigenden lokalen Verhältnisse genau erforscht und gegen einander abgewogen hat; allgemeine Regeln lassen sich nicht dafür aufstellen.

Sechstes Kapitel.

Von der Art der Verjüngung.

§. 269.

Natürliche und künstliche Verjüngung.

Wo die natürliche oder die künstliche Verjüngung technisch anwendbar oder unzulässig sei, wurde bereits oben, §. 42 und 81, dargelegt; hier ist deßhalb nur noch zu erörtern, welche Vortheile und Nachtheile dem einen oder andern Verfahren zukommen; dabei soll aber festgehalten werden, daß die natürliche Verjüngung nach Kahlhieben und die künstliche Verjüngung unter Schutzbestand bei dieser Vergleichung unberücksichtigt bleiben müssen.

Für die natürliche Verjüngung läßt sich anführen:

1) daß bei entsprechender Behandlung keine oder nur geringe Kulturkosten aufzuwenden sind;

2) daß diese Art der Verjüngung in einzelnen Fällen, z. B. beim Niederwald, im Großen allein möglich ist;

3) daß der natürliche Schutz der Mutterbäume, den viele Holzarten in der Jugend verlangen, nur durch theure künstliche Mittel ersetzt werden kann, wenn man die natürliche Verjüngung verläßt. Unter jenem Schutze ist der Zuwachs bei Schatten liebenden Holzarten in einem gewissen jugendlichen Alter viel bedeutender, als wenn sie im Freien erzogen würden;

4) wo die natürliche Verjüngung nicht durch schmale Kahlhiebe, sondern durch Dunkel-, und Lichtschläge betrieben wird, da ist der Zuwachs am Schutzbestand oft sehr bedeutend, namentlich wenn zu dem Holzzuwachs noch ein Werthzuwachs hinzukommt, wofür bereits mehrfache Beispiele angeführt wurden. (Vgl. auch S. 456, unten.)

5) die natürliche Verjüngung liefert in der Regel einen viel dichteren jungen Bestand, was die Bodenkraft vollständiger erhält und rascher wieder hebt. Die meist von selbst sich ansiedelnden Weichhölzer und der in großer Zahl ankommende natürliche Nachwuchs erhöhen die Zwischennutzungserträge und begünstigen in Verbindung mit dem dichten Schluß die Bildung von astreineren Stämmen.

6) die Gefahren, die den jungen, natürlich verjüngten Beständen drohen, sind in manchen Beziehungen nicht so bedeutend, wie bei den künstlich verjüngten. Erstere haben zwar, aber nur wenn eine rechtzeitige Pflege nicht eintritt, mehr vom Schneedruck und Duftanhang zu fürchten, wogegen die Mäuse, Insekten, das Weidvieh, Wild, die Unkräuter und Fröste weniger schaden. Diese Gefährdungen der künstlich erzogenen Bestände bewirken, wie oben bereits erwähnt, in den preußischen Staatsforsten Verluste, welche einer Herabsetzung der Umtriebszeit um 5—10 Jahre gleich kommen, wozu auch noch der entgehende Lichtungszuwachs hinzutritt.

Dagegen ist nun allerdings auch noch hervorzuheben, daß

1) die natürliche Verjüngung nicht überall für sich allein ausreicht, um vollkommene und regelmäßige Bestände zu erziehen, oder daß allzu dichte Jungwüchse erhalten werden, in welchen der gedrängte Stand bleibende oder länger dauernde nachtheilige Wirkungen auf die Entwickelung mit sich bringt. — Auf ganz geringen Böden ist die natürliche Verjüngung sehr erschwert und manchmal ganz ausgeschlossen;

2) bei diesem Verfahren die geschehenen Mißgriffe nicht mehr durch die natürliche Verjüngung selbst ausgeglichen werden können, wie dies bei den Kulturen der Fall ist, und daß solche unrichtige Behandlung manchmal

Zuwachsverluste, Verwilderung und Ausmagerung des Bodens mit nachfolgender theureren künstlichen Kultur zur Folge hat;

3) da man in den meisten Fällen bei der natürlichen Verjüngung den reifen Holzbestand nicht mit einem Hieb wegnimmt, sondern mehrmals auf der gleichen Stelle haut, so wird die Arbeit der Holzernte etwas theurer;

4) die Fällung und Abfuhr des Holzes vom Schutzbestand veranlaßt Schaden, welcher namentlich in dem Fall beachtenswerth wird, wenn die Arbeiter nicht die nöthige Uebung besitzen und wenn das Holz in großen Stämmen aus dem Wald geschafft und während des Sommers gefällt und ausgerückt wird. Stock- und Wurzelholz lassen sich nicht immer vollständig nutzen;

5) der Schutzbestand kann selbst mit der größten Vorsicht nicht unbedingt gegen Windschaden gesichert werden, wodurch der Nachwuchs, wenn er noch nicht genügend erstarkt ist, manchen Gefahren, auch der wirthschaftliche Betrieb größeren Störungen ausgesetzt wird;

6) die Samenjahre treten unter manchen Verhältnissen selten und unregelmäßig ein, weßhalb der Betrieb der Hauungen entweder unterbrochen oder zu bald licht gestellt werden muß. Auch kann man darin die Ursache eines häufigen Fehlers suchen, daß man bei solchen Holzarten, die nur in längeren Zwischenräumen Samen tragen, bei einem reichlichen Samenjahr leicht eine zu große Fläche in Angriff nimmt und dann mit den Nachhieben nicht rechtzeitig fertig wird;

7) einige Nebennutzungen, Gräserei, Weide, Mast 2c. können erst später ausgeübt werden, oder geben einen geringeren Ertrag;

8) in gemischten Beständen hat man die Erhaltung des wünschenswerthen Mischungsverhältnisses und die Vertheilung der Holzarten auf die einzelnen ihnen zusagenden Oertlichkeiten nicht so sicher in der Hand und muß daher zu deren Herstellung im jungen Bestand weiteren Kostenaufwand machen.

Aus dieser Gegenüberstellung dürfte zu entnehmen sein, daß keines der beiden Systeme alle Vorzüge in sich vereinigt, und daß meistentheils eine Kombination beider nothwendig ist, um mit den geringsten Kosten und wenigsten Zeitverlust zum Ziel zu gelangen. In der Wirklichkeit sehen wir auch nur da die natürliche Verjüngung ausschließlich in Anwendung, wo entweder sehr günstige Standortsverhältnisse den Erfolg unbedingt sicher machen, oder wo in ausgedehnten Waldmassen das Holz ziemlich werthlos ist, und darum die Erziehung von vollkommenen jungen Beständen nicht absolut verlangt wird. Auf der andern Seite wird nur da die künstliche Verjüngung ausschließlich betrieben, wo die natürliche Verjüngung unsicher, die künstliche dagegen sicher und billig ist, oder eine werthvolle Nebennutzung durch sie erlangt werden kann, wie z. B. beim Hochwald der Waldfeldbau, die Grasnutzung 2c., oder wo natürliche Hindernisse, wie Unkraut, stagnirendes Wasser 2c. nur auf diesem Wege zu überwinden sind.

— Ueber die Art, wie beide Methoden ineinander zu greifen haben, ist bereits im Waldbau das Nöthige gesagt.

§. 270.

Saat und Pflanzung.

Eine Vergleichung zwischen Saat und Pflanzung ist nicht wohl möglich, da unter geeigneten Verhältnissen jede, wo sie am richtigen Orte angewendet und zweckmäßig ausgeführt wird, sicher und wohlfeil ihren Zweck erreicht, und weder die eine noch die andere unbedingt für alle Fälle empfohlen werden kann; wenn man also Parallelen zieht, so hat man in der Regel die gleichen Oertlichkeiten für beide Methoden im Auge, und so muß der Vergleich zu Gunsten derjenigen Kulturart ausfallen, welche in diesem Fall am besten dahin paßt. Doch ist zu sagen, daß bei der Fichte die Saaten am wenigsten zu empfehlen sind.

Zu Gunsten der Pflanzung läßt sich allerdings anführen, daß sie dem jungen Bestand einige Jahre Vorsprung verschafft, daß bei ihr bälder ein den Zwecken des Besitzers entsprechender Bestandesschluß hergestellt werden kann, und auch gleich von Anfang an ein besserer Zuwachs erfolgt. — Die Kosten beider Methoden sind aus den oben angeführten Gründen ebenso wenig mit einander vergleichbar. Bei steigenden Samenpreisen wird die Saat verhältnißmäßig theurer als die Pflanzung, namentlich wenn man die nie ausbleibenden Nachbesserungen noch dazu rechnet; andrerseits ermöglicht die Pflanzung unter Schutzbestand die Verwendung von 1 und 2jährigen Pflänzchen und damit auch eine bedeutende Kostenersparniß.

Für beide Kulturarten gilt die Warnung, daß Ersparnisse mit Gefährdung der Sicherheit des Erfolges nicht als solche angesehen werden können; denn die mehr mit Rücksicht auf die anfängliche Wohlfeilheit ausgeführten Kulturen werden durch spätere unvermeidliche Nachbesserungen die theuersten; man verwendet also lieber etwas mehr Geld und gleich von Anfang an die größte Sorgfalt darauf; es wird sich dies in mehrfacher Hinsicht lohnen: durch den raschen Erfolg der Kultur, die dadurch gesicherte Bodenkraft und durch die geringeren Gesammtkosten. — Als häufig noch vorkommende Mißgriffe sind anzuführen Verwendung von zu wenig Samen, schlechte, ungenügende Vorbereitung des Bodens, Pflanzung ohne Füllerde oder mit zu schwachen Pflänzchen, allzutiefes Einsetzen, namentlich der Fichten, zu weiter Verband ꝛc.

§. 271.

Dauer des Verjüngungszeitraumes.

Bei der Verjüngung hat man in den meisten Fällen die Wahl zwischen Kahlhieb mit Nachverjüngung, oder allmähligem Abtrieb des Mutterbestandes nach vorausgegangener natürlicher Verjüngung (Vorverjüngung). Die Kahlhiebe sind unzulässig in exponirten Hochlagen, an steilen Hängen, auf felsigem Terrain, in Frostlagen und bei Holzarten, welche in der Jugend ohne genügenden Schutz nicht aufkommen. Bei Kahlhieben stellt sich die Holzernte, meist auch der Holztransport und die Weganlage billiger; dagegen wird die Bodenkraft weniger geschont, weil bald Verunkrautung und Verwilderung eintritt, was die Wiederkultur erschwert, wenn man nicht Waldfeldbau treiben kann, welcher bekanntlich nur beim Kahlhieb möglich ist.

Von den Anhängern des Kahlschlagbetriebes wird noch angeführt, daß dabei eine sorgfältigere Ausscheidung des Nutzholzes möglich sei, was aber nur auf einer ungenügenden Würdigung des allmähligen Abtriebes beruhen kann; denn nur bei diesem ist die Möglichkeit gegeben, die beim Anhieb vorhandenen schwächeren Stämme, welche im Kahlschlag nur Brennholz oder minderwerthiges Nutzholz geben, bis gegen Ende des Verjüngungszeitraumes fortwachsen und dadurch in höhere Preisklassen aufrücken zu lassen; während da, wo die Kahlhiebe Regel sind, nur höchst selten einmal der Versuch gemacht wird, durch einen rechtzeitig geführten Vorbereitungsschlag die Vortheile des Lichtungszuwachses nutzbar zu machen, obgleich dies ohne Beeinträchtigung des Systemes geschehen könnte.

Dieser Lichtungszuwachs bei allmähligem Abtrieb übersteigt den gewöhnlichen Durchschnittszuwachs des geschlossenen Vollbestandes so bedeutend, daß schon nach wenigen Jahren die Kosten einer Unterpflanzung vollständig dadurch gedeckt werden (Wagener). In den meisten Fällen wird aber die natürliche Verjüngung hiebei noch so sehr gefördert, daß nur wenig für künstliche Nachbesserung aufzuwenden ist, um so weniger, je länger der Verjüngungszeitraum genommen wird.

Die neuesten Veröffentlichungen aus Baden von Professor Schuberg in Karlsruhe weisen für die Periode der Lichtstellung sehr hohe Massen- und Werthzuwachsprocente nach und es lassen sich auf Grund dieser Zahlen für eine 20jährige Verjüngungsperiode die muthmaßlichen Erträge der von 4 zu 4 Jahren wiederkehrenden, der Einfachheit halber gleich stark angenommenen Hiebe etwa veranschlagen, wie folgt:

Vollbestand		Nachhiebsmasse		Werth
0,2		0,20		0,200
0,2 + 5jähr. Zuwachs	3 Procent	= 0,23	mit Zuschlag von je 1 Procent Werthzuwachs pro Jahr	0,241
0,2 + 10 „ „	4 „	= 0,28		0,308
0,2 + 15 „ „	4 „	= 0,32		0,368
0,2 + 20 „ „	4,5 „	= 0,38		0,456
1,0		1,41		1,573

Bei Vergleichung mit dem Ertrag des Kahlhiebes 1 ist zunächst zu beachten, daß der in 5 Schlagführungen vollzogene langsame Abtrieb durchschnittlich um $\frac{20}{2} = 10$ Jahre älteres Holz geliefert hat, welches übrigens in diesen ihm zur Last zu schreibenden 10 Jahren einen Mehrertrag von 41 Procent an Masse und 57 Procent an Werth ergab.

Aehnlich wie in obigem Beispiel lassen sich auch die Vor- und Nachtheile einer kürzeren oder längeren Verjüngungsperiode berechnen, wobei aber stets auch noch die größere oder geringere Unregelmäßigkeit der betreffenden Bestände als ausschlaggebend mit in Betracht kommt.

Bei der künstlichen Verjüngung findet in der Regel keine absichtliche Verlangsamung statt, dagegen kommen um so öfter unabsichtliche Verzögerungen vor, wenn die Kultur nicht so rasch anwächst, und sich sehr spät schließt; dies hat auf gutem Boden nur dann erhebliche Nachtheile, wenn der Unkräuterwuchs dadurch zu sehr begünstigt würde; auf schlechtem Boden geht aber in der Regel die nöthige Bodenkraft vollends ganz verloren und die Nachbesserungen werden immer mehr erschwert, je später sie kommen; deßhalb hat man so viel wie möglich gleich von Anfang an auf thunlichst baldige Herstellung des Schlusses zu dringen und entweder enger zu pflanzen, mehr Saatriefen zu ziehen und überhaupt eine sorgfältigere Behandlung eintreten zu lassen, oder durch Einsprengung von anderen, genügsameren Holzarten, wie Birken, Kiefern 2c., theilweise Erhaltung von stärkeren Unkräutern, wie Pfriemen, Farren, Haseln 2c. den Schutz zu vervollständigen, oder noch besser gleich von Anfang an unter dem Schutz des zu verjüngenden Bestandes die Kultur auszuführen. — Die Kulturmethoden müssen um so sichereren Erfolg versprechen, je später sie in Thätigkeit treten; so bessert man z. B. die mit einjährigen Kiefern ausgeführte Pflanzung im folgenden Jahr mit 2jährigen Pflänzchen aus dem Saatbeet; danach mit 2jährigen verschulten und zuletzt in den späteren Jahren nur noch mit Ballenpflanzen nach, wobei jeweils auch eine Erweiterung des Verbandes eintritt, um unnöthige Ausgaben zu sparen. Bei Fichten verwendet man zuerst vielleicht 3jährige unverschulte Pflänzlinge, dann zur Nachbesserung verschulte 4 oder 5jährige, einige Jahre nachher Ballenpflanzen in Höhe von ca. 1 m, oder eine schnell wachsende Holzart, Lärchen, Birken 2c.

Dabei ist es aber nicht gerade nothwendig, daß jeweils gleich im folgenden Jahre wieder nachgebessert werde, man geht in solchem Falle dann in der Regel zu weit; das wirkliche Bedürfniß läßt sich besser erst nach 2 oder 3 Jahren überschauen; man ist dann sicher, daß nicht zu viel geschieht.

Ein langsames Vorschreiten zum Ziel ist bei der künstlichen Kultur öfters da geboten, wo es sich um die Anzucht empfindlicher Holzarten auf größeren Blößen handelt. Hier ist es meistens wohlfeiler, wenn man zuerst härtere, eines Schutzes in der Jugend nicht bedürfende Holzarten anzieht, um dann im geeigneten Zeitpunkt unter deren Schutz sicherer kultiviren zu können.

§. 272.

Regelmäßigkeit und Vollkommenheit.

Daß man bei der gesammten Walderziehung stets vollkommene Bestände anstrebt, bedarf keiner näheren Begründung, es kann aber dabei doch, wie schon mehrfach und eingehend besprochen, ein Unterschied gemacht werden, ob man einen dichten Schluß, oder mehr einen lichten Stand, ob für die ganze Umtriebszeit, oder bloß für die erste oder zweite Hälfte derselben beabsichtigt. Hiefür sind die Eigenthümlichkeiten der Holzarten, die klimatischen und merkantilen Verhältnisse maßgebend. Eichen, Birken und Kiefern kann man in höherem Alter nicht mehr dicht geschlossen erhalten. In Lagen, die dem Wind sehr ausgesetzt sind, muß man die Stämme von Jugend auf an möglichst freie Stellung gewöhnen. Wenn vorherrschend das Schaftholz einen guten Preis hat, so muß man durch stärkeren Schluß darauf hinzuwirken suchen, daß möglichst wenig Aeste, und diese auf einer möglichst geringen Länge des Stammes sich entwickeln. Ist die Umtriebszeit verhältnißmäßig kurz und die natürliche Verjüngung Regel, so erfordert dies einen weniger dichten Schluß. Häufige Streunutzungen dagegen verlangen einen gedrängteren Stand.

Bei der natürlichen Verjüngung ist die Verstärkung oder Verminderung der Stammzahl nicht unmittelbar in die Hand des Forstmannes gegeben, bloß etwa bei den allerdings häufig zu weit getriebenen Nachbesserungen; er hat aber in den Auszugshieben und Durchforstungen das Mittel, allmählig die richtige Zahl herzustellen. Bei den Saaten hat er die Erlangung eines bestimmten Schlußgrades schon mehr in der Hand, am besten aber bei der Pflanzung.

Gewöhnlich wird von dem zu erziehenden Bestand auch die höchste Regelmäßigkeit gefordert, um die größte Holzmasse zu erlangen, was aber nach den neueren Erfahrungen damit nicht zu erreichen ist. Bei Kiefern, die den Seitenschutz und selbst den geringeren Druck der nebenstehenden höheren Stämme nicht ohne Nachtheil ertragen können, mag das Aufgeben der Regelmäßigkeit manchmal Ertragsverluste nach sich ziehen. Dagegen giebt es auch Holzarten, die nicht darunter Noth leiden und bei diesen kann die Unregelmäßigkeit des Bestandes den Geldertrag wesentlich erhöhen, weil dabei einzelne Stämme durch einen freieren Stand in kürzerer Zeit die Stärke erreichen, welche ihnen einen höheren Werth verleiht. Der Kampf zwischen den einzelnen Stämmen um die Herrschaft wird ganz vermieden, oder doch abgekürzt, was zur Folge hat, daß in der gleichen Zeit durch lichtere Stellung stärkeres und werthvolleres Holz erzogen wird. Einen sehr anschaulichen Beleg dafür veröffentlicht Professor Schuberg (Baur, Centr.-Bl., 1886, S. 145) in den Aufnahmen von zwei Probeflächen 1. Bonität, Weißtannen und Fichten, welche folgende Zahlen ergaben:

Alter	Stammzahl pr. ha	Holzmasse, Festmeter im Ganzen pr. ha	pr. Jahr und ha	Nutzholzanfall nach Preisklassen % 1	2	3	4	5	zusammen %	Werthverhältniß
78	564	846	10,85	—	27	46	8	—	81	52029
83	1038	899	10,83	—	4	39	35	3	81	48546
		Preisverhältniß		100	87	72	60	40		

Danach hat also der jüngere Bestand in lichterer Stellung mit nur 55 Procent der Stammzahl des älteren einen etwas günstigeren Durchschnittszuwachs (Spalte 4) und trotz des um 6 Procent geringeren Massenertrages einen um 7 Procent höheren Werth. — Weitere ähnliche Ergebnisse sind dort noch mehrfach mitgetheilt.

Achtes Kapitel.

Von der Verwerthung der Walderzeugnisse.

§. 273.

Arten der Holzverwerthung.

Eine Verpachtung der Waldungen ist in der Regel nicht ausführbar, weil die Kontrole über die richtige Einhaltung der zulässigen, nachhaltigen Nutzung sehr schwierig ist, indem diese leicht auf Kosten des nothwendigen normalen Vorraths gesteigert und der Beweis der Unnachhaltigkeit nicht so leicht hergestellt werden kann.

Bei den Lehenwaldungen und Familiengütern, welche als Fideicommiß einem bestimmten Glied der Familie zur Nutznießung überlassen werden, und bei Krondotationsgütern findet aber doch in gewisser Art die temporäre Ueberlassung der Nutznießung an Nichteigenthümer statt. Jedoch bilden Sitte, Gewohnheit und meist auch feste Satzungen gewisse Schranken, die kein honetter Nutznießer zu überschreiten wagt und in welche ein anders handelnder auf dem Rechtswege zurückgewiesen werden kann.

Eine dem Pacht ziemlich nahestehende Art der Waldverleihung ist die früher im Oesterreichischen übliche Kohlwidmung, wobei der Waldeigenthümer mit irgend einem Hüttenwerk einen Vertrag auf längere Zeit abschließt und damit diesem Etablissement den Holzertrag aus einer bestimmten Waldfläche ausschließlich, ohne alle weitere Konkurrenz, überläßt. Die Holzpreise (aber nicht immer die Art der Waldbehandlung, die Wiederkultur 2c.) sind in der Regel ebenfalls zum Voraus in diesem Vertrag bestimmt. — Wenn hiebei auch der Waldeigenthümer eine Einwirkung auf die Forstwirthschaft sich vorbehält, so wird diese doch zu leicht illusorisch gemacht und in der Regel war es die Hüttenverwaltung, welche die Wirthschaft und den Hieb nach ihrem Interesse leitete. Viele der werthvollsten Gebirgswaldungen sind dadurch devastirt und ertraglos geworden, weil man mit ausschließlicher Rücksicht auf die Holzkäufer große Kahlschläge geführt und die Verjüngung gänzlich vernachlässigt hat. Da überdies der Käufer nur ein Interesse hat, möglichst gutes Holz zu bekommen, so bleibt gewöhnlich das geringere Material unbenützt im Walde zurück. Dadurch und durch die niederen Holzpreise sinkt dann der Ertrag der Waldungen weit unter die wahre Ertragsfähigkeit, die forstlichen Unternehmungen werden gelähmt, es wird am Nothwendigsten, an Personal und an den Kulturen gespart.

Die in Frankreich eingeführte, dort aber allmählig verlassene Art des Verkaufs ganzer Schläge, welche durch den Käufer aufbereitet werden, ohne daß eine Nachmessung des gefällten Holzes stattfindet, enthält ebenfalls einen großen Reiz zu Uebergriffen, es wird dabei die forstwirthschaftliche Rücksicht für die Nachzucht junger Bestände auf eine nachtheilige Weise in den Hintergrund gedrängt. Wo dann eine starke, lokale Nachfrage nach kleineren Holzquantitäten besteht, da erzieht sich der Waldeigenthümer durch diese Verkaufsmethode eine besondere Klasse von Zwischenhändlern, die theils auf seine, theils auf der Konsumenten Kosten leben und somit den Waldertrag schmälern, ohne dem Wald etwas zu nützen.[1]) — Bei Eichenschälwald ist diese Art der Verwerthung auch in Deutschland (Odenwald) üblich; ebenso in Norddeutschland bei einzelnen Großgrundbesitzern, welche die haubaren Holzvorräthe nach der Fläche einschätzen und verkaufen, was bei Kiefernhochwald und bei der Kahlschlagwirthschaft noch am ehesten zulässig ist, wenn die vorhergehende Einschätzung richtig vorgenommen wird. — Die Betheiligung der Kauflustigen wird aber durch diese Verkaufsart sehr beschränkt.

Der Verkauf einer bestimmten Anzahl von Stämmen, welche der Käufer auswählen darf (Wahlstämme) ist zunächst für den Waldbestand unzuträglich und erschwert die spätere Verwerthung des verbliebenen Bestandes, weil jeder folgende Käufer annimmt, daß bereits das beste Holz weggenommen sei. Es kann nur etwa ausnahmsweise bei geringem Bedarf von einigen wenigen Stämmen und bei entsprechender Preiserhöhung zugelassen werden. Wenn die Anforderungen an die Beschaffenheit der fraglichen Stämme sehr hoch gesteigert werden, so läßt es sich unter Umständen vielleicht rechtfertigen, das Doppelte des Durchschnittspreises der nächststehenden Preisklasse zu fordern.

[1]) Von einem Fachgenossen, welcher längere Zeit in Diensten eines französischen Holzhandelshauses gestanden, hörte der Verfasser, daß es dort als ein schlechtes Geschäft angesehen wurde, wenn die Schlußabrechnung über einen Schlag nicht mindestens das angefallene Brennholz als Unternehmergewinn übrig ließ.

Der Verkauf von stehenden Stämmen, welche am zweckmäßigsten schon im Voraus bezeichnet sind, oder welche jedenfalls der Forstbeamte allein zu wählen hat, und dem Käufer nur nach vorher bestimmten Normen eine Einwirkung auf die Art der Aufbereitung zusteht, ist mit einer pfleglichen Waldbehandlung wohl zu vereinbaren, und ist nothwendig da anzuwenden, wo eine ganz geringe Konkurrenz bei seltenen Nutzholzsortimenten zu erwarten ist, oder zu einer Zeit, wo die Preise größeren Schwankungen unterworfen sind. Es läßt sich aber das Verfahren nur unter der Voraussetzung ausführen, daß die gekauften Hölzer schnell aufbereitet und den Käufern übergeben werden; denn wenn diese nicht mit Sicherheit vorausbestimmen können, wann sie das Holz zu ihrer Verfügung haben, so sind sie auch nicht im Stande, die höchsten Preise dafür zu bezahlen. — Am schwierigsten ist es bei dieser Verkaufsmethode, die richtigen Bestimmungen über die Garantie für die Qualität der Waare zu treffen. Der Verkäufer kann nur kaufmannsgute Waare zusichern, und es empfiehlt sich in dieser Hinsicht, dem Bedürfniß der Käufer möglichst gerecht zu werden; obgleich nicht ausgeschlossen, daß derselbe es in der Hand hat, durch Zurückweisung geringerer Qualitäten die erzielten günstigeren Preise theilweise wieder illusorisch zu machen. — Läßt man den Käufer aber andrerseits alles Risiko in Betreff der Qualität des stehenden Stammes und sogar noch die Gefahr der Beschädigung desselben bei der Fällung tragen, so ist es natürlich, daß dafür eine entsprechende Versicherungsprämie vom Kaufpreis abgezogen wird und zwar eine um so höhere, je mehr der Käufer zu wagen hat; der Verkäufer wird also schwerlich dabei einen Vortheil erlangen, umsoweniger, wenn das Holz viele Mängel und Fehler hat und diese bei stehenden Stämmen nicht leicht zu erkennen sind, — ein Fall, welcher bei Eichen häufig vorkommt.

Das nur zu Brennholz taugliche Material der stehend verkauften Stämme wird von den Nutzholzhändlern in der Regel nicht besonders angeschlagen, weil sie es nicht so gut verwerthen können, wie der Waldeigenthümer; es ist daher besser, wenn dieser sich dasselbe vorbehält, um es anderweitig zu verkaufen.

Ob die stehenden Stämme auf Nachmessung nach der Fällung, oder sogleich definitiv nach annähernder Veranschlagung ihres Kubikgehaltes verkauft werden, hängt von der Wahl beider Theile ab. Der Verkauf auf Nachmessung nach der Fällung ist für den Waldeigenthümer die sicherste und empfehlenswertheste Methode. Dabei müssen aber die Sortimente nach Länge und Dicke, namentlich nach dem oberen Durchmesser und die Preise für jedes einzelne Sortiment zum Voraus genau bestimmt sein. Auch ist die Aufbereitung der stehend verkauften Stämme auf Rechnung des Waldbesitzers und durch seine Arbeiter sehr zu empfehlen.

Der Verkauf des Holzes im aufbereiteten Zustand ist in Deutschland Regel; solches soll dann da, wo es sich nicht um Kahlschläge handelt, womöglich vor dem Verkauf an die Abfuhrwege ausgerückt werden; dies sichert die pfleglichste Waldbehandlung; der Käufer weiß genau, was er bekommt, unnöthige Zwischenhändler, welche sich des örtlichen Verkehres zum Nachtheil von Producenten und Konsumenten bemächtigen, werden auf diese Weise ferngehalten. — Auch bei der Eichenrinde, welche früher meist durch die Käufer aufbereitet wurde, wird immer allgemeiner die Aufbereitung durch die Arbeiter des Waldbesitzers für dessen Rechnung vorgenommen.

Unter Umständen kann der Waldbesitzer auch noch genöthigt sein, einen Schritt weiter zu gehen und das Rohmaterial auf eigenen Schneidemühlen zu Sägwaare zu verarbeiten; oder doch den Nutzholzkäufern eine derartige Veredlung zu ermöglichen, indem man ihnen solche Werke gegen Bezahlung eines entsprechenden Schnittlohnes zur Verfügung stellt, was sie schon des erleichterten Transportes der verarbeiteten Waare wegen gerne annehmen; öfter aber auch unbedingt nöthig haben, um mit anderen in fremden Händen befindlichen Sägewerken in Mitbewerb treten zu können (vgl. Dreßler, die Weißtanne, Straßburg 1880, S. 67 u. ff. über die fiskalischen Sägewerke der Oberförsterei St. Quirin).

§. 274.

Konkurrenz und Art der Bezahlung.

Bei allen Arten der Verwerthung kann eine beschränkte oder unbeschränkte Konkurrenz der Kaufliebhaber eintreten. In Beziehung auf die Bezahlung der Kaufpreise kann baare Bezahlung beim Empfang des Holzes verlangt, oder ein Theil, oder der ganze Kaufschilling erst später erhoben werden. — Die Beschränkung der Konkurrenz auf zahlungsfähige Käufer wird sich überall von selbst verstehen; wogegen sonstige Beschränkungen nicht im Interesse des Waldeigenthümers liegen.

Eine zeitweilige Beschränkung der Konkurrenz läßt sich nur dann rechtfertigen: wenn der Waldeigenthümer ein Interesse hat, die Etablirung neuer holzverzehrender Gewerbsanlagen zu befördern, oder wenn es sich um Unterstützung ärmerer Anwohner zum Zweck der Verminderung des Holzdiebstahles handelt. In diesem Fall findet die Beschränkung der Konkurrenz nur bei den geringeren Sortimenten statt.

Auch nach größeren Unglücksfällen (Feuersbrünsten), wird es jeder Waldeigenthümer verschmähen, aus dem Unglück Vortheil zu ziehen und ebensowenig einem Dritten als Zwischenhändler eine solche wucherische Handlung möglich machen.

Was sodann die Art und Weise der Bezahlung betrifft, so ist die Baarzahlung als das reellste Verfahren in erster Linie zu empfehlen; sie nützt beiden Theilen, bewahrt den Verkäufer vor Verlusten am Kaufschilling und an Zinsen, während der Käufer dadurch an Ordnung und Pünktlichkeit gewöhnt und von gewagten Spekulationen abgehalten wird. Für den Verkauf in kleineren Mengen an ärmere Konsumenten sollte Baarzahlung die Regel sein.

Im Großhandel läßt sich dieselbe aber nicht allgemein festhalten, weil die Konsumenten von den Zwischenhändlern ebenfalls Zahlungsfristen verlangen und die Gewährung solcher fast allgemeiner Handelsgebrauch ist. Namentlich kommt dabei das Vorgehen benachbarter größerer Forstverwaltungen in Betracht, indem man keine ungünstigeren Bedingungen stellen darf als diese.

Für die angeborgten Kaufschillinge verlangt man Sicherheit, entweder durch Stellung eines unbetheiligten Dritten als Bürgen, Hinterlegung von guten Wechseln oder Werthpapieren, oder durch Haftbarmachung des die Verwerthung des Holzes besorgenden Beamten. Ersteres erfordert viele Geschäfte, wenn die Bürgschaft ihren Zweck erfüllen soll; namentlich ist eine genaue Prüfung der Urkunden nöthig, eine Vergleichung, daß keine wechselseitigen Verbürgungen stattfinden, daß nur zahlungsfähige Bürgen gestellt werden 2c. Trotz aller Vorsicht aber sind Verluste nie ganz zu vermeiden. — Wenn im Allgemeinen Zahlungsfristen bewilligt werden müssen, so kann man zur Baarzahlung dadurch aufmuntern, daß man denen, welche davon für größere Posten Gebrauch machen, einen nicht zu niedrig bemessenen Rabatt bewilligt; oder anderen, die nicht soviel verfügbare Mittel haben, im Wege der Separatübereinkunft die Holzabfuhr jeweils nur so weit gestattet, als sie vorausgehend Zahlung leisten, woneben für die Einhaltung des eingegangenen Kaufvertrages noch eine weitere Sicherheit zu bestellen ist.

Die Haftbarmachung des Beamten für die richtige Bezahlung kann nachtheilig wirken, wenn derselbe zu ängstlich oder zu nachsichtig ist und der richtige Mittelweg ist schwer zu treffen, um sich nicht dem Vorwurf auszusetzen, daß man die Reichen vorzugsweise begünstige, oder die Interessen des Verkäufers Preis gebe.

Will man die Baarzahlung neu einführen, so ist ein allmähliger Uebergang nothwendig, oder es ist eine bessere Zeit abzuwarten, wo die ökonomischen Verhältnisse der Käufer günstig sind, ihnen somit die Vermehrung ihres Betriebskapitales nicht allzuschwer fällt.

Ob man sogleich beim Verkauf oder einige Tage später den Geldeinzug vornehme, ist mit Rücksicht auf die Käufer zu bestimmen. Größere Geldbeträge werden am bequemsten für sie erst nach einigen Tagen erlegt, weil nicht jeder Käufer vorher gewiß ist, daß und wie viel er kauft, bei kleineren Posten ist manchmal der unmittelbare Einzug im Walde zuläßig. — Jedenfalls darf kein Material abgeführt werden, ehe die Zahlung oder die vorschriftsmäßige Sicherheit geleistet ist, und hierüber hat das Schutz- und Verwaltungspersonal bei eigener Haftbarkeit strengstens zu wachen.

In allen Fällen ist eine an den Verkauf sich unmittelbar anschließende Uebergabe des Materials an den Käufer nothwendig, damit der Waldbesitzer von der Haftung und Tragung der Gefahr entbunden wird.

§. 275.

Von den Holzpreisen.

Den Verkäufen dienen zur Grundlage entweder zum voraus festgesetzte Taxen, welche jährlich oder in längeren Zwischenräumen regulirt werden; oder Preise der freien Uebereinkunft zwischen Käufer und Verkäufer mit Berücksichtigung der Marktpreise und der Transportkosten; oder Preise, welche sich bei der öffentlichen Steigerung bilden.

Der Verkauf nach Taxen war lange Zeit und bis vor kurzem die übliche Verkaufsweise in Staats- und größeren Privatforsten, sie hat aber viele Nachtheile für Käufer und Verkäufer, besonders dann, wenn kleinere Lose an viele Käufer abgegeben werden müssen. Bei großer Ausdehnung der Waldungen und bei der verschiedenen Zugänglichkeit einzelner Theile derselben hat ein bestimmtes Holzmaß nicht überall den gleichen Werth, weil die Transportkosten oft in einem und demselben Schlage sehr verschieden sind, je nachdem das Material am Wege ohne Weiteres aufgeladen werden kann, oder erst mühsam beigeschafft werden muß. Ferner hat das Holz ein und desselben Schlages oft verschiedene Beschaffenheit und selbst bei sorgfältigstem Sortiren läßt sich dies nicht immer ausgleichen. Diese, eine Preisverschiedenheit bedingenden Verhältnisse können nun aber bei Regulirung der Taxen nur in ihrem Durchschnitt in Betracht kommen, es werden also bei Festhaltung an den Taxen einzelne Käufer verkürzt, andere kommen in Vortheil.

Die Regulirung der Taxen ist namentlich da sehr schwierig, wo sämmtliche Verkäufer sich derselben bedienen; nicht einmal die Marktpreise an größeren Konsumtionsorten geben in diesem Fall die richtigen Anhaltspunkte. Die Verkäufer werden eine etwaige Steigerung der Nachfrage nicht sogleich erfahren, wogegen sie bei vermindertem Absatz alsbald zur Erniedrigung der Preise genöthigt werden. Außerdem sind die festen Taxen ein Hinderniß der besseren Waldbehandlung, namentlich lassen sich bei diesem System der Verwerthung die Vortheile von geordneten Waldweganlagen nicht so leicht erkennen, auch die pflegliche Behandlung der Schläge durch Herbeischaffung des Bau- und Brennholzes an die Abfuhrwege wird dadurch weniger befördert. Andererseits werden die Käufer, wenn es ihnen längere Zeit gelingt, die Taxen uuter dem wahren Werth zu halten, an einen mühelosen Erwerb auf Kosten des Waldes gewöhnt und haben deßhalb weniger Aufforderung zur Vervollkommnung ihres Betriebes, zu Einrichtung von holzersparenden Feuerungen ꝛc. —

Ganz unzulässig ist aber die Abgabe nach Taxen in dem Fall, wenn das Erzeugniß den Bedarf nicht deckt, weil es für den Waldeigenthümer große Schwierigkeiten hat, dasselbe in richtigem Verhältniß unter die einzelnen Kauflustigen auszutheilen, ohne den einen oder den andern zu verkürzen, oder den Schein von Begünstigung zu vermeiden. Bloß wenn geringeres Holz für die ärmere, sonst dem Holzfrevel obliegende Klasse auszutheilen ist, oder wenn in Folge allgemeinen Nothstandes größere Anforderungen an den Waldbesitzer gemacht werden, läßt sich eine Abgabe nach Taxen rechtfertigen. — Bei schwächerer Nachfrage, wo zugleich in größeren Losen verkauft werden muß, empfiehlt sich die Anwendung der Taxen auch noch, vorausgesetzt, daß eine sorgfältige Abstufung derselben nach den Absatzlagen dabei eintritt.

Es können übrigens mit größeren Industrieunternehmungen oder Handelskompagnien Lieferungsverträge auch auf eine längere oder kürzere Zeitdauer mit zuvor vereinbarten festen Preisen abgeschlossen werden, ohne daß die oben geschilderten Nachtheile damit verbunden sind, wenn nämlich die Gründung eines holzverzehrenden Gewerbes, oder die Beiziehung von Handelskapitalien nur dadurch möglich wäre, daß von Seiten des Waldeigenthümers der nöthige Holzbedarf auf einige Jahre fest zugesagt wird, damit dem Geschäfte eine größere Ausdehnung gegeben und daraufhin die Vorauslagen, Einrichtungen für Transport u. dergl. gemacht werden können. Es ist dabei mit Vorsicht zu verfahren, damit der Waldeigenthümer nicht beschränkt ist, wenn später die Preise steigen. Ueberhaupt ist es rathsam, wenn möglich nicht alles verfügbare Holz durch solche Verträge zu vergeben, sondern immer noch einen Theil zur freien Verfügung zu behalten, um weitere Konkurrenz beiziehen zu können, wenn es nöthig wäre.

Der Verkauf an den Meistbietenden im Wege öffentlicher Steigerung gewährt in den meisten Fällen dem Waldeigenthümer die größten Vortheile; es wird dabei in der Regel für jedes einzelne Quantum der richtige, den augenblicklichen Absatzverhältnissen entsprechende Preis erzielt; die Beschaffenheit des Holzes und die mehr oder minder günstige Absatzlage finden stets die richtige Würdigung durch die Käufer; die Wünsche derselben bezüglich der Sortirung, der Wege ꝛc. drücken sich auf diese Weise am deutlichsten aus und der Waldeigenthümer kann sich danach leicht die Rechnung machen, ob es für ihn vortheilhaft sei, darauf einzugehen oder nicht. Für die Käufer selbst hat diese Methode gleichfalls ihre Vorzüge, indem sie ihnen verstattet, das Holz in seinem richtigen Werth zu bezahlen und indem ihnen bei ungenügendem Angebot die Oeffentlichkeit Garantie bietet, daß kein Kauflustiger verkürzt oder zurückgedrängt wird. Es können dabei allerdings leidenschaftliche Steigerungen veranlaßt werden, wenn die gewöhnliche bei uns übliche Weise eingehalten wird. Läßt man aber nach französischem Muster von Seiten des Verkäufers zuerst einen höheren **Preis fordern**, als der muthmaßliche Erlös betragen wird, und allmählig stufenweise absteigen, bis ein Kaufsliebhaber sich bereit erklärt, zum ausgerufenen Preise zu kaufen, so ist jenem Nachtheil vorgebeugt. — Aehnliche Ergebnisse erzielt man durch das Verfahren der schriftlichen Submission, wobei insbesondere noch den beliebten Verabredungen unter den Kaufliebhabern am besten vorgebeugt wird. — In allen Fällen ist auch bei diesem Verfahren darauf zu halten, daß bei stockendem Absatz nicht zunächst das beste Material allein zugeschlagen wird; das Umgekehrte dürfte in den meisten Fällen das Richtigere sein. Namentlich sollen die dem Verderben leichter unterworfenen Sortimente stets so rasch als möglich abgesetzt werden, da sie bei längerem Hinhalten immer werthloser würden.

Bei Verkäufen nach freier Uebereinkunft werden die Preise nach dem augenblicklichen und dem muthmaßlichen künftigen Stand des Marktes geregelt. Diese Art der Verwerthung ist bei Brennholz nur dann zulässig, wenn der Waldeigenthümer solches in größeren Mengen an leicht zugänglichen Orten in aufbereitetem, trockenem Zustand vorräthig hält, um es in der für die augenblickliche Verwendung nothwendigen Beschaffenheit abgeben zu können. Es ist nothwendig, daß da, wo nach solchen Grundsätzen verkauft wird, der Verkäufer sich über den Stand der Marktpreise an den nächstgelegenen wichtigeren Konsumtionsorten stets genau unterrichte, daß er in Beziehung auf den Abschluß der Verkäufe möglichst freie Hand behalte und volles Zutrauen genieße; es ist ferner erforderlich, daß durch die Lage der Waldungen eine stetige Nachfrage gesichert sei, und daß die bestehenden Geschäftsverbindungen durch prompte Erfüllung der Kaufverträge aufrecht erhalten werden. Danach wird diese Verkaufsart nur für kleineren und mittleren Waldbesitz sich eignen und mehr für solchen, wo der Eigenthümer selbst handelnd in die Verwaltung eingreifen kann.

§. 276.

Beförderung der Kauflust und Begünstigung des Absatzes.

Hieher sind zu zählen: die Wahl einer dem Käufer passenden Verkaufszeit, das Ausbieten der richtigen Quantitäten, genaue Berücksichtigung der Wünsche der Abnehmer in Beziehung auf die Dimensionen, Sortirung, Zeit der Fällung ꝛc., namentlich auch noch die Herstellung zweckmäßig angelegter Waldwege, deren gute Unterhaltung, und erleichterte Benützung durch Ausrücken des Holzes (einschließlich des Nutzholzes) an die Wege.

In Beziehung auf die Zeit der Verkäufe ist zuerst vorauszuschicken, daß dieselben nicht gerade mit der Zeit der Aufbereitung zusammenfallen muß, doch kann sie natürlich nicht weiter davon entfernt sein, als überhaupt ein Liegenlassen des Holzes im Walde möglich ist, ohne dessen Verderben befürchten zu müssen. Der Verkauf muß an einem Tage gehalten werden, wo die Käufer von ihren Geschäften gut abkommen können, also bei ländlicher Bevölkerung nicht zur Zeit der Ernte, bei städtischer nicht an Markttagen. Ferner, wenn Baarzahlung verlangt wird, zu einer Zeit, wo die meisten Kauflustigen in Folge von Verkäufen ihrer Produkte mit Geld versehen sind. Unmittelbar nach dem Holzverkauf soll die nöthige Menge von Gespann verfügbar sein, ohne daß der Transport durch Regenwetter und schlechte Wege voraussichtlich unterbrochen wird. Die Zeit des Verbrauches darf nicht zu nahe sein, damit der Käufer die weiteren Zubereitungen und Umformungen des Holzes noch gelegentlich vornehmen kann, wenn er selbst der Konsument ist. Ist er aber ein Zwischenhändler, so wird er besonders darauf sehen, daß ihm das Material nicht zur todten Jahreszeit nutzlos daliege, sondern daß er es vorher noch in Geld umzusetzen vermag. Endlich ist die Konkurrenz anderer Waldbesitzer noch zu beachten, daß nicht gleichzeitig zu viel Holz ausgeboten werde. Eine Ausnahme von dieser Regel ist nur da zulässig, wo entfernt wohnende und mit disponibeln Mitteln gehörig versehene Käufer Zeit und Reisekosten zu sparen suchen, oder wo die in nächster Umgegend ansässigen Abnehmer sich nicht untereinander Konkurrenz machen wollen, also auswärtige Liebhaber erwünscht sind. Aus diesem Grunde haben sich namentlich die Rindenmärkte im Odenwald, im Rheingau, in Württemberg 2c. erprobt, wo gleichzeitig eine größere Zahl von Waldbesitzern ihr Rindenerzeugniß vor der Schälzeit nach Mustern öffentlich ausbietet.

Da die verschiedenen Holzsortimente, wie sie für den örtlichen Bedarf oder für den Handel verlangt werden, nach langjähriger Gewohnheit der Käufer genau bestimmt sind und nur selten Neuerungen in dieser Beziehung eingeführt werden, so können die Wünsche der Abnehmer von Seiten des Waldbesitzers leicht beachtet werden. Namentlich ist dies da möglich, wo in größter Ausdehnung nur Brennholz erzeugt wird. Beim Absatz von Nutzholz in entlegenere Gegenden ist schon eine größere Aufmerksamkeit nöthig.

Die Größe der Verkaufsloose, welche ebenfalls sehr auf die Preise einwirkt, muß sich richten nach der Nachfrage. In einzelnen Fällen kann es gerechtfertigt sein, den gesammten Anfall eines Schlages als Ganzes auszubieten, wo eine geringe Konkurrenz unter wenigen Käufern herrscht, die sämmtlich bedeutende Quantitäten bedürfen und wo etwa der Transport oder die Verkohlung 2c. größere Zurüstungen und Geldausgaben nöthig machen, die sich nur bei einer bedeutenderen Masse bezahlen. Hier wäre es gegen das Interesse des Verkäufers, eine Zersplitterung des Ausgebotes vorzunehmen, weil jeder Käufer die aufzuwendenden Unkosten vorher überschlägt und danach den Waldpreis des Holzes sich berechnet. Ein Theil jener Auslagen bleibt aber unveränderlich, mag man sie für viel oder wenig Holz zu machen haben, drückt also den Preis von geringeren Quantitäten viel mehr herab, als von größeren. Jedoch kann man dieses Ausbieten

30*

ganzer Schläge nur da mit Vortheil bewirken, wo bloß *ein* Sortiment, oder bloß wenige zum gleichen Zweck taugliche Sortimente anfallen, z. B. bloß Brennhölzer. Dagegen wird beim Nutzholz fast überall eine Trennung nach Sortimenten oder gar nach Stärkeklassen verlangt.

Wo man dagegen zum Zweck des Verkaufes das Erzeugniß eines Schlages in kleineren Parthien ausbieten muß, da ist die Bildung der Verkaufsloose von besonderer Wichtigkeit. Zu *große* Loose drücken den Preis herab, wenn man Käufern gegenübersteht, die einzeln nicht so viel bedürfen, als in einem Loos enthalten ist, oder deren Mehrzahl nicht so viele Mittel zu Gebote stehen, um größere Parthien ersteigern zu können. Auch bei einer augenblicklichen Theuerung der Preise wagen sich nicht so viele Käufer an größere Quantitäten. — Das Minimum der Verkaufsloose richtet sich vorzüglich nach der Art und Weise des Transportes. Wo zweispänniges Fuhrwerk üblich ist, sollte kein Loos weit unter das Maß der Ladung für ein Zweigespann fallen; wo aber der Transport auf Handschlitten, oder sogar auf Tragkörben üblich ist, da kann man die Loose so klein machen, als es sonst die Rücksichten auf Vereinfachung der Aufbereitung und der Steigerungsprotokolle, sowie auf die passende Zeitdauer der Verkäufe zulassen. Je kleiner die Verkaufsloose werden, um so mehr ist auf scharfe Trennung der einzelnen Sortimente zu dringen und namentlich sind keine Sortimente zusammen zu werfen, von denen jedes einzeln seinen besondern Abnehmer findet. — Wenn die Verkaufsverhandlung zu lange dauert, so verlaufen sich gegen das Ende der Versteigerung die Kauflustigen wenigstens theilweise, was dann leicht die Preise herabdrückt.

Die *Fällungszeit* ist beim Nutzholz von großer Wichtigkeit; denn wenn eine dem Käufer nicht geeignet scheinende Jahreszeit dazu gewählt wird, so hat dies der Waldeigenthümer stets an dem geringeren Erlös des Holzes zu empfinden; ebenso wenn das Material zu lange im Walde bleibt und dadurch seine Beschaffenheit sich verschlechtert. Oft wünschen einzelne Liebhaber alsbaldige Fällung und Empfangnahme des Holzes; je schneller man ihnen dann entgegen kommt, um so bessere Preise werden sie bezahlen.

Der *Abfuhrtermin* ist auch noch von Einfluß auf die Holzpreise; wird derselbe zu kurz gegeben, so müssen die Käufer mehr Fuhrlohn zahlen, oder setzen sich Strafen aus, bleiben also in ihren Geboten für das Holz zurück.

§. 277.

Waldwege.

Um den Holzabsatz noch weiter zu befördern und sich bessere Preise zu sichern, hat der Waldeigenthümer den *Transport des Holzes* in den Waldungen und theilweise auch außerhalb derselben *möglichst zu erleichtern*; denn jemehr die Käufer an den Transportkosten ersparen, um so höhere Preise können sie für das Holz im Wald bezahlen. Durch Verbesserung der Wege im Innern der Waldungen kann eben deßhalb auch die Erweiterung des Absatzgebietes ihrer Erzeugnisse bewirkt, sowie der Werth und die Ertragsfähigkeit der Waldungen bleibend erhöht werden.

Es kommt der Fall sehr oft vor, daß ein Weg schon bei der ersten Benützung durch höhere Holzpreise mehr einbringt, als die Anlagekosten betragen. Kein Aufwand für irgend eine forstliche Verbesserung macht sich so rasch und so reichlich bezahlt, wie der für einen zweckmäßigen Wegebau. Außerdem hat ein geregeltes Wegenetz unendlich viele Vortheile für die bessere Ordnung im Walde selbst, namentlich für die erleichterte Beaufsichtigung und größere Sicherheit der Waldungen besonders auch gegen Feuersgefahr, theilweise auch gegen Sturm. Vielfach wird dadurch die Eintheilung der Waldungen vereinfacht und die zweckmäßigste Aneinanderreihung der Schläge erleichtert. So lange z. B. früher eigentlich gar keine Wege in den Waldungen bestanden, hatte jede benachbarte Ortschaft gewissermaßen ihren eigenen Wirthschaftskomplex, wovon sich theilweise die unregelmäßige Vertheilung der Altersklassen in unseren Waldungen herschreibt; durch Ordnung und Verbesserung der Wege läßt sich dieser Uebelstand auch bei ausgedehnten Waldkomplexen leicht beseitigen.

Der Einwurf, daß ein regelmäßiges Wegenetz viel Bodenfläche ertraglos mache, ist nicht gerechtfertigt, da in denjenigen Waldungen, wo keine regelmäßig angelegten Wege bestehen, das Bedürfniß der Käufer sich ebenfalls Wege zu verschaffen weiß und diese dann eine unregelmäßige, vom Zufall und der Willkür des Einzelnen abhängige Richtung bekommen, während ihre Anzahl ebenso beliebig vermehrt wird und die parallel neben einander laufenden Bahnen viel mehr Raum einnehmen, viel mehr Beschädigungen des umgebenden Bestandes zulassen und die Versumpfungen befördern, was bei geordneten Wegen ganz wegfällt. Uebrigens ist nicht aller den Wegen gewidmete Boden unproduktiv, bloß bei Steinstraßen ist die beschlagene Fläche ertraglos, so weit es sich um den Boden handelt; die günstige Einwirkung des freieren Standes auf die Randbäume ist hingegen auch hier zu beobachten. Wo aber die Wurzeln der seitwärts stehenden Stämme den Weg vollständig durchziehen können, was nur durch tiefere Seitengräben ganz gehindert ist, da wird der Zuwachsverlust noch geringer; bei Nebenwegen und Schlittwegen mit einer Breite von 2—3 m ist ein solcher Verlust kaum noch merklich. Uebrigens kann durch Anpflanzung von Alleen nutzbarer Bäume mit werthvollem Holze oder Früchten ein etwaiger Ausfall an Masse leicht gedeckt werden, wie öfters auch die Grasnutzung auf planirten Wegen in den Jahren, wo sie nicht stark befahren werden, einen vollen Ersatz für die entgehende Holznutzung gewährt.

Da die Neuanlage zweckmäßiger Holzabfuhrwege eine bleibende Steigerung des Ertragsvermögens der betreffenden Forste begründet, so ist es deßhalb auch vollkommen gerechtfertigt, einen Theil der Kosten (für die Erdarbeiten und die Fundirung des Steinkörpers) aus Grundstocksmitteln zu bestreiten, was namentlich bei Fideikommißwaldungen, wo zwischen dem eigentlichen Familiengut und dem davon zu beziehenden Fruchtgenuß strenge zu unterscheiden ist, seine Bedeutung hat. — Bei fast allen neuen Wegeanlagen wird übrigens jeweils ein Theil des zum Grundstocksvermögen gehörigen lebenden Holzvorrathes flüssig gemacht, zugleich aber auch für immer entbehrlich, weil die Wegefläche aus der (unmittelbar) ertragsfähigen Fläche ausscheidet. Deßhalb wird im badischen Staatshaushalt das bei neuen Wegedurchhieben anfallende Holz als außerordentliche Nutzung verrechnet und dadurch ein Theil der Wegebaukosten ausgeglichen.

Die Rücksichten, welche bei Anlage eines Wegenetzes zu nehmen sind, werden bedingt durch das Terrain (bereits in §. 159 vorgetragen), durch die Art der Ausnutzung des Holzmaterials, durch die Art der Verjüngung, oft auch durch Nebennutzungen, wie z. B. durch die Weide, Steinbrüche 2c., durch die klimatischen Verhältnisse und die davon abhängige Zeit des Transportes, ob das Holz bei Schnee, oder auf der Sommerbahn abgeführt zu werden pflegt.

Wo viele lange und schwere Nutzhölzer transportirt werden, da müssen die Hauptwege einen Steinkörper bekommen, weil man in der Regel das ganze Jahr hindurch abführen will, um das Holz immer rechtzeitig auf den Markt bringen zu können, wodurch natürlich der Waldbesitzer wiederum höhere Holzpreise erlangt. Bei überwiegender Brennholzerzeugung ist dies weniger nöthig, um so weniger, wenn der Transport vorherrschend im Winter bei Schnee bewirkt wird, oder wenn man die Abfuhr verschieben kann, bis der Weg ausgetrocknet ist. Kahlschläge mit nachfolgender künstlicher Verjüngung erfordern weniger Nebenwege, als die Verjüngung durch Dunkel-, Licht- und Abtriebsschläge.

§. 278.
Eisenbahnen.

Die **Eisenbahn**, das wichtigste Transportmittel der Neuzeit, fängt jetzt auch an, im Walde selbst in Verwendung zu treten, seit es gelungen ist, leicht transportable Feld- und Waldeisenbahnen herzustellen, deren Schienengeleise in der Ebene zu jedem einzelnen Stamm hingeführt werden können, um ihn dann aufzunehmen und mit leichter Mühe weiter zu bringen, wobei, wie bereits oben erwähnt, die geringste Kraftanstrengung nothwendig wird.

Dieses System empfiehlt sich für größere Forste besonders dann, wenn gute Abfuhrwege fehlen und wegen Mangel an Steinen nicht leicht hergestellt werden können; in ihm sind alle die Vortheile eines guten Wegesystems gesteigert und kommt noch hinzu, daß die leichte Beweglichkeit der Schienenstränge die mühsame Arbeit des Ausrückens an die Wege gänzlich erspart. Allerdings lohnt sich eine solche Anlage oder zeitweilige Verwendung nur für größere Mengen Holzes, welche nicht zu sehr zerstreut liegen dürfen, also vorzugsweise für Wirthschaften mit Kahlschlagbetrieb.

In bergigem Terrain können die beweglichen Geleise keine entsprechende und lohnende Verwendung finden; da ist es nothwendig, dieselben festzulegen und solche finden dann ihren geeigneten Platz in der Sohle der Hauptthäler, wo sie von beiden Seiten her das anfallende Holz aufnehmen. Aber auch hier ist es eine nothwendige Vorbedingung für die Lebensfähigkeit des Unternehmens, daß bei einer solchen Einrichtung größere Mengen von Holz womöglich für die Dauer mehrerer Jahre zur Verfügung stehen, weil sonst auf Verzinsung und Tilgung des Anlagekapitals, Ersatz für Abnützung und der Transportkosten nicht zu rechnen wäre.

Bei weiterer Entwicklung dieses wichtigen Hülfsmittels ist vielleicht noch in Aussicht zu nehmen, daß dasselbe auch in Forsten von geringerem Umfang zur Anwendung komme, wenn die dazu nöthigen Einrichtungen leihweise zur Benutzung gegeben würden, oder wenn sich eigene Unternehmer fänden, welche die Holzbringung mit diesen Einrichtungen selbstständig übernehmen.

Anders verhält es sich mit dem in öffentlichem Gebrauch stehenden Eisenbahnnetz; dasselbe hat in den letzten Jahrzehnten, wo in den Nachbarländern viele seither unzugängliche Urwälder aufgeschlossen wurden, auch dem Nutzholzmarkt eine ungeahnte Konkurrenz gebracht, nachdem es schon zuvor durch die fortwährende Erleichterung und Steigerung des Transportes der fossilen Kohlen den Brennholzmarkt verdorben hatte. Glücklicherweise sind die so schädlich wirkenden Differenzialtarife abgeschafft; aber immerhin ist die Zufuhr aus dem näheren und ferneren Ausland noch immer so bedeutend, daß die Preise der einheimischen Nutzhölzer namhaft dadurch gedrückt werden.

Dabei ist allerdings auch anzuerkennen, daß dieses Verkehrsmittel in seinen Wirkungen immerhin ebenso sehr dem einheimischen Holzhandel dient und namentlich in den ehemals weniger zugänglichen Gegenden die Preise gesteigert hat, während einzelne früher bevorzugte Waldgebiete eher einen Rückgang in den Preisen erfahren mußten, da ja die Eisenbahnen auch bei anderen Erzeugnissen die Preisverschiedenheiten mehr und mehr ausgleichen.

§. 279.

Holzriesen.

Eine andere Art des Transportes ist die mittelst der Riesen, welche aber fast nur beim Brennholz in Uebung ist; sie scheint sehr wohlfeil zu sein, und in den österreichischen Alpen wird diese Methode in großer Ausdehnung angewendet, sie hat aber sehr vieles gegen sich. Die Riesen verbrauchen schon zu ihrer Herstellung eine große Menge Holzes, das meist verfault; es lassen sich außerdem auf denselben die geringeren Sortimente, erste Floßbarmachung des Wassers, für Schwellungen, Holzaufstellplätze, wie Reis, Stockholz, knorriges Astholz ꝛc. nicht fortschaffen, und bleiben unbenützt im Walde. Diese Verluste werden von Wessely (Alpenländer und ihre Forste) bis zu 72 Procent des gesammten Holzertrages der betreffenden Waldungen veranschlagt. Die Riesen sind nur von vorübergehendem Bestand, sie müssen für jede Holzernte wieder neu erbaut werden, während bei den Wegen ein großer Theil der Anlagekosten allen späteren Holzernten zu gute kommt. Die kürzere Dauer einer Riese (in den baierischen Salinenforsten dauert eine solche in günstiger schattiger Lage, wenn die Bäume auf dem Boden aufliegen, höchstens sieben Jahre) zwingt den Wirthschafter zur Beschleunigung des Abtriebes, wodurch die Verjüngung Noth leidet; vielfach ist deßhalb die für jene Verhältnisse ganz untaugliche Verjüngungsart mittelst großer Kahlschläge eingeführt worden. Mit der fortschreitenden Vervollkommnung der Wirthschaft hat man diese Transportmethode daher meistens verlassen. Doch giebt es namentlich in den Alpen enge Seitenthäler mit steilen Wänden, wo bei niederen Holzpreisen die Wegebauten noch nicht empfohlen werden können. — Bei den Drahtriesen kommen die hier aufgeführten Nachtheile nicht vor.

§. 280.

Von der Brennholzflößerei.

Das Verflößen des Holzes wird theils durch den Waldeigenthümer, theils durch die Holzkäufer betrieben, ersterer Fall kommt mehr beim Brennholz, letzterer mehr beim Langholz vor.

Die Brennholzflößerei (Trift) ist auf größere Entfernungen von mehr als 10—15 Meilen nicht wohl ausführbar, weil sonst der Abgang an Sinkholz und Brennkraft zu groß wird; bloß bei Flüssen mit vielem Wasser und starkem Gefäll läßt sich Brennholz auf 20—30 Meilen weit flößen; auf zu kleine Entfernungen von weniger als 2—3 Meilen ist sie aber ebenso wenig rentabel, weil die Kosten des Einwerfens und Ausziehens die gleichen sind, ob man auf kurzen oder langen Strecken flößt und weil der sonstige Aufwand für Ueberwachung und Leitung des zu verflößenden Holzes, Sicherung der Wasserwerke und Ufer verhältnißmäßig ganz unbedeutend ist. Wo es freilich an guten Wegen, oder am nöthigen Gespann mangelt, da ist das Verflößen, wenn Gelegenheit dazu vorhanden ist, ein sehr erwünschtes Auskunftsmittel.

Außer den bereits genannten zwei Ausgabeposten ist noch als weiterer Aufwand zu berechnen: die Herstellung und Unterhaltung der Triftanstalten, die Beischaffung des Holzes ans Wasser, der Verlust an Sinkholz und sonstiger Abgang durch Abstoßen der Rinde während des Transportes zu Wasser und zu Land (unvermeidlicher Verlust 9—10 Procent, vergl. Forst-Verwaltung Baierns S. 276 u. ff., im Wiener Wald 1867—70 von 91 000 Klftr. 6 Procent), die Zinsen aus dem Kapital, das für die

Holzgärten, Fangrechen rc. aufzuwenden war; die Zinsen aus dem Betriebskapital, das in den 2—3jährigen Holzvorräthen enthalten ist; ferner allgemeine Verwaltungskosten, Besoldungen, Entschädigungen an Wasserwerks- und Uferbesitzer rc.; endlich aber der Verlust an Brennkraft, den das auf solche Weise transportirte Holz erleidet und der im Großen, selbst bei der sorgsamsten Behandlung nicht zu umgehen ist, weil das nothwendige, längere 2—3jährige Stehen im Freien, das Verbleiben im Wasser und die nachherige unvollkommene Austrocknung die Brennkraft vermindern muß. Es wird dieser Verlust von den Konsumenten auf 7—15 Procent des ursprünglichen Werthes veranschlagt. Dem stehen nun zwar theoretische Versuche entgegen, durch welche der Verlust in Abrede gezogen wird, es gilt dies aber nur für besonders sorgfältig behandeltes Holz; im Großen hat sich diese Ansicht noch nicht bewährt und es ist auch noch kein Mittel gefunden, um durch eine bessere Behandlung die volle Brennkraft ungeschwächt zu erhalten. Nach W. Brix verdampft geflößtes, trockenes Rothbuchenholz pr. kg 4,6 kg Wasser; dagegen nicht geflößtes 4,4 kg von Null Grad in Dampf von 90° R. Dr. G. Wunder in Chemnitz fand jedoch bei geflößtem Fichtenholz das spezifische Gewicht = 91,7, bei nicht geflößtem = 100; den Wärmeeffekt (bei der Bäckerei) von ersterem = 89, von letzterem = 100 bei Verwendung der gleichen Raummaße. Der Preisunterschied in Wien beträgt bei Buchenholz pr. W. Klftr. ca. 2 fl. (18 Procent) zu Gunsten des nicht geflößten.

Der Aufwand für das Triften des Brennholzes ist daher nicht so unbedeutend und da, wo es aus Mangel an besseren Verkehrsmitteln ausschließlich betrieben werden muß, fällt ihm noch zur Last, daß die geringeren Sortimente, wie auch Ulmen- und Eichenholz, diese Art des Transportes nicht aushalten und darum in der Regel im Wald verfaulen, oder nur zu unverhältnißmäßig geringen Preisen abzusetzen sind.

Wenn der Waldeigenthümer die Brennholzflößerei selbst betreibt, so müssen damit Holzhöfe in Verbindung gesetzt werden, in welchen das Holz, nachdem es ausgezogen ist, abtrocknet und dann nach und nach verkauft wird; es ist darin wenigstens $1\frac{1}{2}$jähriger Vorrath zu halten, um stets lufttrockenes Holz abgeben zu können.

Wird gleichzeitig in demselben Fluß Holz von verschiedenen Waldeigenthümern geflößt, so kann man es dadurch leicht kenntlich machen, daß man den Scheiten verschiedene Längen giebt, was aber dann auch wiederum den Absatz an die Kleinkonsumenten erschwert.

§. 281.

Von der Langholzflößerei.

Die Langholzflößerei, welche ein werthvolleres Material zum Transport übernimmt und dasselbe auf größere Entfernungen verbringen kann, ist viel vortheilhafter als die Flößerei des Brennholzes; sie gewährt dem

Waldbesitzer großen Vortheil, auch wenn er sie nicht selbst ausübt. Das Nutzholz gewinnt zu manchen Zwecken an Brauchbarkeit durch das Verflößen, die Transportkosten sind gegenüber der Landfracht ganz gering, und es wird dadurch der Holzüberfluß aus den waldreichen Quellgebieten der Flüsse auf die einfachste Art den holzarmen Niederungen zugeführt. Bei dieser Art des Transportes kann aber nicht immer mit Sicherheit auf die Einhaltung einer bestimmten Lieferungszeit gerechnet werden, da ein zu hoher oder zu niederer Wasserstand das Verflößen hindern. — Die früheren sehr lästigen Flußzölle sind nun glücklicherweise mit Errichtung des neuen deutschen Reiches gefallen.

Das Verflößen des Langholzes veranlaßt jedoch auch einen besonders bei starken Stämmen nicht unbedeutenden Verlust an Holzmasse durch das Zurichten der Stämme, durch die Reibung auf den Felsen des Bachbettes, durch die nothwendigen Löcher, um die Stämme mit einander verbinden zu können. — Durch eiserne, mit Oehren versehene Schrauben, wodurch man die Wieden hindurch zieht, wird letzterer Verlust theilweise vermieden.

Je mehr sich der Handel und die Kommunikationsmittel vervollkommnen, um so größere Aufforderung liegt darin, allmählig das Flößen des Langholzes möglichst zu beschränken und dem Holz am Erzeugungsort diejenige Form zu geben, in welcher es der Konsument zu erhalten wünscht. Dann wird es auch noch mehr als jetzt im Interesse der Waldbesitzer liegen, die Verarbeitung der Nutzhölzer in der Nähe der Waldungen möglichst zu begünstigen, denn dadurch kann das gegebene Material am vortheilhaftesten benützt werden und der erzielte Gewinn kommt dann dem Käufer und Verkäufer gleichmäßig zu gut.

§. 282.

Verkohlung und sonstige Begünstigung des Brennholzabsatzes.

Die Verkohlung des Brennmaterials ist da nothwendig, wo es für Hüttenwerke verwendet wird, oder wo schlechte Wege den Transport in anderer Form unthunlich machen. (Trockenes Buchenholz vermindert sich durch Verkohlung von 100 auf 30 Kubikfuß und von 100 auf 21 Pfund; Kiefernholz von 100 auf 34 Kubikfuß und von 100 auf 16 Pfund.) Es lassen sich dadurch geringere Sortimente oft noch nutzbar verwenden. In der Regel beschäftigt sich der Waldeigenthümer damit nicht. — Wo die Köhlerei nicht durch den Hüttenprozeß geboten ist, da wird man ohne Zweifel besser thun, durch Vervollkommnung der Transportanstalten das Verkohlen überflüssig zu machen; denn die Verkohlung ist immer mit einem Verlust von Brennkraft verbunden; das lufttrockene Holz enthält etwa 40 Procent Kohle, man gewinnt aber bei der besten Köhlerei selten mehr als 20 Procent dem Gewicht nach.

So lange aber diese Art der Umwandlung des Holzes besteht, hat der Waldbesitzer durch Einräumung von Meilerstellen, Holzaufstellplätzen, durch die Abgabe von Deckreis ꝛc., sowie durch Unterhaltung der Wege den möglichsten Vorschub zu leisten, wodurch er nicht bloß den Vortheil der Abnehmer, sondern auch seinen eigenen fördern wird.

In anderer Weise kann die Verwerthung des Brennholzes gehoben werden durch Beiziehung von holzverzehrenden Gewerben und Begünstigung derselben bei der ersten Anlage; oder in größeren Städten durch Lieferung kleingespaltenen Holzes in die Wohnungen der Abnehmer, unter Festhaltung eines leicht kontrolirbaren Maaßes, wie dies in Zürich bei den sogenannten Reifwellen geschieht, wo das gespaltene Holz in gestempelten eisernen Reifen ins Haus geliefert wird.

Auch das Anrücken des Holzes an die Wege, oder noch besser das Anrücken an Landstraßen, Eisenbahnstationen, an schiffbare Flüsse ꝛc. ist geeignet, den Absatz in fernere Gegenden zu erleichtern, wenn jene Arbeit auf Kosten des Waldeigenthümers ausgeführt wird, weil entfernter Wohnende ohne zu großen Zeitverlust sich nicht leicht derselben unterziehen können und deßhalb von der Konkurrenz ausgeschlossen sind, wenn das Anrücken den Käufern überlassen bleibt. Auf diese Weise können unnöthige Zwischenhändler leicht beseitigt werden.

Wenn die Heizung mit Gas die gewöhnliche Holzfeuerung verdrängt haben wird, so mag es sich fragen, ob die vom Verfasser zuerst in Vorschlag gebrachte Idee, das Holz am Ort seiner Erzeugung zur Gasbereitung zu benützen und das Gas in Röhren auf größere Entfernungen fortzuleiten, praktische Bedeutung gewinnen kann oder nicht. (Vgl. Augsburger Allgem. Zeitung 1853 Nr. 288.)

Neuntes Kapitel.

Von den menschlichen Betriebskräften.

§. 283.

Der Wirthschaftsführer ist offenbar das wichtigste Organ einer Forstverwaltung, und die Gewinnung eines tüchtigen, gewissenhaften Mannes für diesen Posten ist nicht immer eine leichte Aufgabe. Es gehört dazu neben vollkommener körperlicher Gesundheit, Beweglichkeit und Abhärtung gegen äußere Einflüsse eine gründliche wissenschaftliche und praktische Bildung, vor Allem Gewöhnung an wirthschaftliches Denken und Rechnen, verbunden mit Umsicht und Thatkraft, die überall im rechten Augenblicke die Initiative zu ergreifen, dabei das Dringende vom minder Dringenden zu unterscheiden versteht, die mit den gegebenen Mitteln, sowohl Natur- als Kapitalkräften, haushälterisch umgeht und dem Walde ꝛc. den höchsten Ertrag abzugewinnen weiß, ohne die Nachhaltigkeit der Nutzung zu gefährden. Er soll nicht bloß Forstwirth sein, nicht bloß säen, pflanzen und alte

Bäume erziehen, sondern auch ebenso als Verwaltungsbeamter eine haushälterische Wirthschaft zu führen bemüht sein; namentlich darf er im Verkehr nach außen nie vergessen, daß er zuerst Kaufmann und erst in zweiter Linie Beamter sei.

Hinsichtlich der nothwendigen Berufstreue mag folgende Aeußerung des früheren, nachmals in anderer Richtung thätigen und berühmt gewordenen Heidelberger Professors der Forstwirthschaft der besonderen Beherzigung empfohlen werden: „Der Forstwirth muß in seinem Amte, wo es sehr auf geprüfte Treue auch in den geheimsten und kleinsten Handlungen ankommt, das zarteste Gefühl von Recht und Pflicht haben, besonders da ihm so Vieles anvertraut wird, wovon allein der Allwissende Rechenschaft fordern und seine Handlungen beurtheilen kann. Die genaueste Vollstreckung aller seiner Pflichten ist ein wichtigster Theil des Forstwirths-Gottesdienstes." (Joh. Heinrich Jung-Stilling.)

Die Frage über den zweckmäßigsten Bildungsgang, über die Einrichtung der erforderlichen Institute und Akademien gehört nicht hieher, soweit sie durch die Staatsgewalt ihre Lösung findet; immerhin ist aber vor einer einseitig technischen und naturwissenschaftlichen Richtung des Studienganges zu warnen; die rechtlichen und volkswirthschaftlichen Fächer dürfen daneben nicht vernachlässigt werden, sie erlangen eine täglich größere Bedeutung in der Praxis. Es wird jetzt sehr viel gefordert und ist deßhalb beim Studiengang besonders die Klippe zu vermeiden, daß dieses Viele nicht die Oberflächlichkeit begünstige. Sehr wichtig ist dann auch die richtige und allmählige Einführung in die Praxis durch stufenweises Aufrücken in die höheren Wirkungskreise.

In der Hand des Waldbesitzers liegt es, dem Wirthschafter die richtige Stellung zu geben. Vor allem ist dazu erforderlich, daß man demselben mit Vertrauen entgegenkomme, ihm innerhalb eines entsprechenden Wirkungskreises die nöthige freie Bewegung selbstständig gestatte, daß man ihn ins Klare setze über den Zweck der Wirthschaft und die leitenden Prinzipien, und daß man hierin so wenig als möglich Aenderungen eintreten lasse, ohne ihn ins Interesse zu ziehen. Ferner gehört hiezu eine nach außen vollkommen unabhängige Stellung, Sicherung einer sorgenfreien Existenz, Unabhängigkeit in Beziehung auf die allgemeinen Lebensbedürfnisse, Wohnung 2c. — Tantiemen als Gehaltstheile sind beim Forstwesen in keiner Form zulässig, weil sie gar zu leicht auf Kosten der Nachhaltigkeit gesteigert werden könnten, und ist jede solche Versuchung fernzuhalten.

Der Wirthschaftsführer soll alle Geschäfte, welche den fortlaufenden Betrieb betreffen, selbstständig vornehmen dürfen und nur an die Einhaltung der Etats, Wirthschafts- und Kulturpläne gebunden sein, was natürlich eine vorausgehende oder gleichzeitige Berathung mit dem inspicirenden Beamten nicht ausschließt, da die Ausführung der betreffenden wirthschaftlichen Maßregeln dabei nur um so allseitiger erwogen werden kann. Die Annahme und Entlassung der Arbeiter, die Lohnbestimmung für dieselben muß ebenfalls fast ausschließlich in seine Hand gelegt werden. Die Verwerthung der Produkte wird am zweckmäßigsten durch den Wirthschafter besorgt, bei größeren Verkäufen etwa noch unter Mitwirkung des technischen Oberbeamten, wogegen die Erhebung der Geldeinkünfte unbedingt in andere Hände gegeben werden muß.

Ob und wie weit der Wirthschafter mit dem Forstschutz gegen Waldfrevler belastet werden darf, hängt von der Art und Weise seiner sonstigen Beschäftigung und von der Ausdehnung seines Wirthschaftsbezirkes ab. Eine strenge Aufsichtführung über das Schutzpersonal ist jedenfalls von ihm zu verlangen, desgleichen die Handhabung des Schutzes gegen schädliche Thiere und Naturereignisse. — Die Einschätzung und Wirthschaftseinrichtung sollte nie ohne vorherrschende Mitwirkung des Wirthschafters vorgenommen werden.

Wie groß hienach ein Wirthschaftsbezirk gemacht werden soll, dies hängt von dem Terrain, der Holzart, Betriebsart, von der Art der Wirthschaft, von der Arrondirung oder Zersplitterung des Besitzes, von der Art der Holzverwendung und Verwerthung ab. Zwischen 2—4000 ha wird in der Regel die richtige Größe liegen; bei größeren Bezirken, wie sie in den norddeutschen Kiefernbeständen häufig sind, muß der Wirthschafter einen Theil der wichtigeren Verrichtungen dem Schutzpersonal überlassen, was bei einfachen Verhältnissen (Kahlschlagwirthschaft) noch am ehesten angeht.

Die Forstkassenämter werden in der Regel als Nebenämter an zuverlässige Beamte übertragen, welche eine entsprechende Kaution zu leisten haben. — Von den verwaltenden Forstbeamten wird eine solche nur ausnahmsweise verlangt.

Von höheren technischen Beamten wird der Privatwaldbesitzer in der Regel nur eine Kategorie bedürfen, welche dann mehr die wirthschaftliche und technische Kontrole zu führen haben, die leitenden Grundsätze der Wirthschaft unter Mitwirkung der Wirthschaftsführer aufstellen und deren Ausführung überwachen müssen, ohne jedoch zu sehr in's Einzelne einzugehen. Für 8—12 Verwaltungsbezirke wird ein solcher Beamter ausreichen, wenn die Wirthschaftsführer den oben aufgestellten Anforderungen entsprechen. — Wo eine geringe Waldfläche die Anstellung eines eigenen Beamten nicht möglich machen würde, da ist wenigstens von Zeit zu Zeit ein tüchtiger Forstmann zur Revision und Prüfung der Wirthschaftsführung zu berufen.

§. 284.

Hülfspersonal.

Das Schutzpersonal bedarf in der Regel keiner speziellen technischen Vorbildung. Wenn man aber neben den forstlichen Zwecken noch die Jagd im Auge behält, so wird man in den meisten Fällen eine solche verlangen und dabei mehr auf die Befähigung zu diesem Beruf sehen, was für den Wald nicht immer ein Gewinn ist. Die Schutzdiener wählt man am besten aus der Zahl der Holzhauer, ansässige Leute mit einigem Vermögen, entsprechender Intelligenz und Vorliebe für den Wald. Ihre Anstellung ist in der Regel auf Wohlverhalten mit viertel- oder halbjähriger Kündigungsfrist. Je mehr Zeit sie dem Dienst widmen müssen, um so besser sollen sie bezahlt sein; haben sie keine Zeit zu Nebenbeschäftigungen, so muß ihnen ihr Diensteinkommen den nöthigen Lebensunterhalt gewähren. — Anbringgebühren, Pfandgelder und dergleichen sind ihnen nicht zuzusichern, da diese Art der Belohnung nicht geeignet ist, die Frevel zu verringern. Dagegen kann man den tüchtigeren unter ihnen Aufmunterungsprämien geben. Uniformirung auf Kosten des Waldeigenthümers ist zweckmäßig. In Beziehung auf ihre Behandlung ist anzuführen, daß man ihnen eine gute, kurz aber klar abgefaßte Dienstanweisung schriftlich behändigt, daß man sie strenge zu eifriger Pflichterfüllung anhält, darin gehörig kontrolirt und durch geeignete Belehrung unterstützt. Werden für geringere Vergehen und Nachlässigkeiten im Dienstvertrage Konventionalstrafen vorgesehen, so hat darin auch der Privatwaldeigenthümer ein Mittel, die Leute zu warnen, ehe er zur Entlassung schreitet.

Die Größe des Schutzbezirkes, Belaufes, der Hut ꝛc. richtet sich in erster Linie nach dem Grad der Bedrohung durch Holzdiebstähle und nach der weiteren Inanspruchnahme der Schutzdiener zu wirthschaftlichen Verrichtungen, als kleinster Umfang eines solchen wird etwa 2—300 ha anzunehmen sein, wobei noch eine volle Beschäftigung des betreffenden Angestellten möglich ist; als äußerste Grenze wird etwa das Doppelte obiger Zahlen gelten können.

Ob und wie weit die Schutzdiener außer der eigentlichen Waldhut zu andern Geschäften, namentlich zur Aufsicht über Schlag- und Kulturarbeiten herangezogen werden können, hängt davon ab, in welchem Grade der Wald den Freveln ausgesetzt ist. Wo übrigens die Waldhüter nicht ununterbrochen den Kulturarbeiten anwohnen können, da ist es zweckmäßiger, besondere Vorarbeiter, Kulturmeister, für die Aufsicht bei Kulturen zu verwenden, deren Auswahl und Einleitung in die Arbeit eine wichtige Aufgabe des Wirthschaftsführers ist.

Wo der Forstschutz ganz getrennt ist von der Verwaltung, da muß auch noch ein Hülfspersonal für die Beaufsichtigung der Schlagarbeiten aufgestellt werden, und ist dieser Posten um so wichtiger, je mehr Nutzholz gewonnen wird und dessen Ausscheidung und Aufbereitung Sorgfalt erfordert. In den meisten Fällen wird der Kulturvorarbeiter auch diese Verrichtung übernehmen können.

Was sodann die gewöhnlichen Waldarbeiter anbetrifft, so wird diesen in den meisten Forsten noch viel zu wenig Beachtung geschenkt, und namentlich fehlt es fast überall an ständigen Arbeitern, auch da, wo das Waldareal groß genug ist, um das ganze Jahr hindurch andauernde Beschäftigung zu gewähren. Meistens trifft man bei den Waldgeschäften nur solche Leute, die augenblicklich keine lohnendere Arbeit finden, denen es an Uebung, Kraft und Ausdauer fehlt. Wo man aber durch geeignete Fürsorge für die Arbeiter und Organisation der Arbeit eine Anzahl von Leuten sich gewonnen hat, die das ganze Jahr durch im Wald Arbeit finden, da wird man entschieden nicht bloß bessere, sondern im Durchschnitt auch wohlfeilere Arbeit erhalten. Derartige Maßregeln der Fürsorge bestehen außer dauernder Arbeit in einem genügenden Lohn, Gewährung von Wohnung mit Pachtland, Unterstützung verunglückter, Versorgung gebrechlicher Arbeiter. — Eine genaue Aufsicht und unparteiische Strenge gegen unordentliche Arbeiter ist aber auch eben so nothwendig.

Zehntes Kapitel.

Material- und Geldverrechnung, Buchhaltung.

§. 285.

Bei der Materialverrechnung werden alle im Laufe eines Jahres anfallenden Holz- und Nebennutzungen nach Waldabtheilungen und Unterabtheilungen getrennt in Einnahme gebucht und die Materialabgaben mit den daraus erzielten Gelderlösen nach den verschiedenen Rubriken gesondert, als Ausgaben verrechnet. Diese Rubriken sind in der Regel durch die Vorschriften für die Rechnungen der Kassenämter gegeben, lassen sich aber auch nach Bedürfniß leicht bilden.

Wie bei jeder Verwaltungsrechnung, so ist es auch hier nothwendig, die Darstellung der Verwaltungsergebnisse vollständig klar und übersichtlich zu geben und gehörig mit Nachweisen über die Art und die Zeit des Vollzuges zu belegen, auf der andern Seite aber soll alle unnöthige Schreiberei vermieden werden.

Die Materialeinnahmen werden vom Wirthschafter unter Mitwirkung des Schutzpersonals im Walde selbst nach Ab- oder Unterabtheilungen in besonderen Registern getrennt verzeichnet, und die Richtigkeit des Verzeichnisses beurkundet. In diesen Aufnahmeregistern oder Abpostemanualen wird das Holz nach Sortimenten und Preisklassen getrennt vorgetragen und am Schluß die Summe gezogen. Außerdem sind diesen Verzeichnissen etliche Spalten angehängt, in welchen die Empfänger des Materials, der Kaufpreis und etwa noch der Tag der Zahlung vorgemerkt wird, um durch diese Einträge die Ausgabe des Materials nachzuweisen und die Verrechnung der Geldeinnahme zu begründen; jene hat der Wirthschaftsführer mit dem Schutzpersonal oder mit dem zum Verkauf beigezogenen Beamten zu beurkunden. — Am Schluß dieser Aufnahmeregister wird dann noch eine Uebersicht beigefügt, welche nach den einzelnen, für die Geldrechnung vorgeschriebenen Rubriken die in dem betreffenden Register verzeichneten Materialausgaben mit den ihnen gegenüberstehenden Geldeinnahmen summarisch aufführt. Aehnlich verfährt man bei den Nebennutzungsgegenständen. — Nach vollzogener Verwerthung des Materials werden diese Verzeichnisse oder Auszüge daraus dem Kassenamt zur Einleitung des Geldeinzuges übergeben, welches, so weit es nöthig ist, besondere Einzugsregister anlegt, oder in den Materialaufnahmeregistern selbst die Zahlung vormerkt. Als Beleg zur Einnahme kann das Begleitschreiben, in welchem die zur Zahlung kommenden Summen genannt sind, benützt werden; die Register selbst gehen alsbald dem Wirthschaftsführer wieder zu, welcher sie nach erfolgtem Rechnungsschluß endgiltig an das Kassenamt abgiebt.

Die Ausgaben sind theils von fremden Verhältnissen abhängig, wie z. B. die Steuern, theils zum Voraus auf längere Zeiträume fest bestimmt, wie Besoldungen, theils jährlich wechselnd nach der Ausdehnung der Arbeit und den Lohnsätzen. — Letztere werden bei Stückarbeit vor deren Beginn vertragsmäßig festgestellt, nach vollzogener Arbeit und Erhebung des gelieferten Materials wird der Lohn vom Wirthschafter berechnet und zur Zahlung angewiesen; bei größeren Arbeiten werden vor der gänzlichen Beendigung Abschlagszahlungen gegeben. Die Lohnrechnung dient dem Kassenbeamten als Beleg für die Ausgabe. — Bei Kulturen und Wegbauten werden die auf einzelne Ab- und Unterabtheilungen gemachten Ausgaben in besonderen Verzeichnissen zusammengestellt, die dann ebenfalls dem Kassenamt als Beilagen zur Rechnung zugehen.

Der Wirthschaftsführer verzeichnet der Zeitfolge nach forlaufend alle dem Kassirer zum Einzug oder zur Ausbezahlung überwiesenen Posten, mit Ausnahme etwa der zum Voraus auf längere Zeit fest bestimmten, wie Besoldungen ꝛc. Alle Monate oder Vierteljahre wird dieses Tagebuch dem Kassenamt zur Vergleichung zugestellt und der Empfang der betreffenden Zahlungsein- und Anweisungen bescheinigt. Am Schluß des Jahres zieht der Wirthschafter die Summen und hängt eine Uebersicht an, in welcher die Einnahmen summarisch, aber nach den einzelnen Rechnungsrubriken gesondert vorgetragen und die Ausgaben ebenso aufgeführt werden, wobei die fest bestimmten Besoldungen, Unterhaltung der Dienstgebäude ꝛc. ebenfalls aufzunehmen sind, um einen richtigen Abschluß zu bekommen.

Wenn ein kontrolirender Beamter dem Wirthschaftsführer vorgesetzt oder beigegeben ist, so müssen sämmtliche Einnahme- und Ausgabeurkunden von diesem vor der Uebergabe an das Kassenamt bezüglich ihres Inhaltes (nöthigenfalls im Walde) und ihrer Form geprüft werden, ebenso die Schlußzusammenstellung. — Da die Erforschung und Feststellung statischer Effekte mehr Sache des unten näher zu besprechenden Kontrolbuches sein soll, so genügen für Kassenzwecke obige einfache Rechnungsnachweise.

Der Termin zum Rechnungsabschluß hängt hauptsächlich von der Fällungszeit ab; bei Winterfällung ist zweckmäßig der 1. Oktober oder November, bei Sommerfällung der Schluß des Sonnenjahres oder der 1. März. Für die Kulturen ist ein früherer Abschluß, etwa auf den

1. August oder September, nöthig, um die in das gleiche Wachsthumsjahr gehörigen Kulturen auch im gleichen Rechnungsjahr zu verrechnen.

In den meisten Verwaltungen werden jährlich oder in mehrjährigen Perioden **Voranschläge über die Einnahmen und Ausgaben** (Etats) gemacht, um zum Voraus eine annähernde Uebersicht über Einnahmen und Ausgaben zu erhalten, beziehungsweise die eine nach der andern ermäßigen oder erhöhen zu können. Dabei hat man nach den gegebenen und muthmaßlichen Anhaltspunkten für die einzelnen Rubriken der Rechnung die zu erwartenden Einnahmen oder Ausgaben möglichst genau zu veranschlagen; dann aber noch bei der Wirthschaftsführung selbst, so weit es ohne Beeinträchtigung des Hauptzweckes geschehen kann, die Voranschläge einzuhalten, und ohne erhebliche Gründe und ohne Zustimmung der betreffenden höheren Behörden nicht davon abzuweichen.

Fünfter Theil.

Taxation oder Waldertragsschätzung.

Literatur.

Hartig, G. L., Anweisung zur Taxation der Wälder. 1. Aufl. 1795. 4. Aufl. 1813 u. 1819.
Cotta, H., Systematische Anleitung zur Taxation der Waldungen. 1804.
Dessen Anweisung zur Forsteinrichtung und Forstabschätzung. Dresden 1820.
Hundeshagen, Die Forstabschätzung auf neuen wissenschaftlichen Grundlagen. 1826.
Pfeil, Forsttaxation. Berlin 1858.
Wedekind, v., Anleitung zur Forstbetriebsregulirung und Holzertragsabschätzung. Darmstadt 1834, und dessen Fachwerksmethoden. Frankfurt 1843.
Karl, Grundzüge einer wissenschaftlich begründeten Forstbetriebsregulirung. Sigmaringen 1838, und dessen Forstbetriebsregulirung nach der Fachwerksmethode. 1851.
Heyer, Karl, Die Hauptmethoden der Waldertragsregelung. Gießen 1848.
Dessen Waldertragsregelung. 3. Aufl. Leipzig 1883. G. Teubner.
Judeich, Die Forsteinrichtung. 4. Aufl. Dresden, Schönfeld 1885.
Wagener, G., Anleitung zur Regelung des Forstbetriebes. Berlin, 1875. J. Springer.

§. 286.

Eintheilung.

Dieser Zweig der Forstwissenschaft lehrt uns die Ermittelung des wirklichen und des höchstmöglichen Ertrages der Wälder. Hiebei können verschiedene Zwecke vorschweben und zwar:

1) Die Ermittelung des Ertrages zur Feststellung der Holznutzung.

2) Die Erforschung des aus der Gesammtheit eines Waldes zu ziehenden Geldeinkommens und des Werthes der Waldungen.

3) Die Werthserhebungen über einzelne Theile der Waldungen oder Waldnutzungen bei Ablösung von Dienstbarkeiten und Expropriationen.

4) Die Untersuchung darüber, ob ein Wald durch vorsätzlich oder fahrlässig schlechte Behandlung (Walddevastation) im Ertragsvermögen außergewöhnlich geschwächt worden sei.

Der Hauptertrag eines Waldes besteht in der Regel aus Holz, die Schätzung desselben kommt daher vorerst ausschließlich in Betracht. Der nachhaltig oder für alle Zeit von einem bestimmten Waldkomplex zu beziehende Holzertrag besteht in dem Zuwachs, welcher auf dieser ganzen Fläche in den bestimmten Zeiträumen, in denen die Nutzungen wiederkehren, wirklich erfolgt ist, über Abzug desjenigen Theils, welcher durch Absterben und Verwesung für den unmittelbaren menschlichen Haushalt verloren geht.

Die Bestimmung des, theils schon in den Holzbeständen vorhandenen, theils erst erfolgenden Zuwachses ist daher die Hauptaufgabe der Taxationslehre; da aber die Gesetze, denen die organischen Körper in Beziehung auf ihre Formentwicklung folgen, nicht in streng mathematischer Weise dargestellt werden können, so gehört auch die mathematisch genaue Bestimmung des Baumzuwachses zu den Unmöglichkeiten, daher ist es erklärlich, daß diese Aufgabe auf verschiedenen Wegen zu lösen versucht wurde. Alle Methoden verlangen aber als Vorarbeit eine mehr oder minder genaue Erforschung der bestehenden, den Holzertrag beeinflussenden Verhältnisse, insbesondere die Ermittlung des Holzvorrathes und Zuwachses, des Bestandesalters, der Flächengröße, der Boden- und Bestandesgüte.

Erster Abschnitt.

Vorerhebungen.

Erstes Kapitel.

Ausmittlung des Holzvorrathes.

Literatur.

König, Dr. G., Forstmathematik nebst Hülfstafeln. 5. Aufl. 1864.

Heyer, Dr. Carl, Anleitung zu forststatischen Untersuchungen. Gießen 1846.

Riecke, Dr. Friedrich, Ueber die Berechnung des körperlichen Inhalts unbeschlagener Baumstämme. Stuttgart 1849.

Heyer, Dr. Gustav, Ueber Ermittlung der Masse, des Alters und des Zuwachses der Holzbestände. Dessau 1852.

Baur, Dr. F., Die Holzmeßkunde. Anleitung zur Aufnahme der Bäume und Bestände nach Masse, Alter und Zuwachs. 3. Aufl. Wien 1882. W. Braumüller.

Massentafeln (Baierische) zur Bestimmung des Inhalts der vorzüglichsten deutschen Waldbäume. München 1846. Für zehntheiliges Fußmaß.

Massentafeln in Metermaaß von H. Behm. Berlin, J. Springer.

Pößl, Tafeln zur Schätzung des Holzgehaltes stehender Waldbäume. Wien, Hölzl 1874 (nach dem Metermaaß).

Preßler, Hofrath Dr., Der Meßknecht und sein Praktikum. 5. Aufl. Leipzig, 1876. A. G. Liebeskind.

Preßler und Kunze, Lehrbuch der Holzmeßkunst. Berlin 1873. Wiegand & Hempel.

§. 287.

Von den Meß-Instrumenten.

Die Holzmasse wird entweder an gefällten oder an stehenden Bäumen ermittelt. Zum Messen von liegenden Stämmen bedarf man ein gewöhnliches Längenmaaß und ein Gabelmaaß, auch Schiebemaaß, Kluppmaaß, Baumkluppe genannt, oder statt des letzteren ein Meßband. Das Längenmaaß ist in Meter und Decimeter, an beiden Enden auch ein Stück weit in Centimeter eingetheilt.

Das Gabelmaß hat den Zweck, den Durchmesser abzugreifen. Dieser kann nur dann richtig ermittelt werden, wenn der Kreis durch zwei Parallellinien an zwei gegenüberliegenden, mit dem Mittelpunkt eine gerade Linie bildenden Punkten berührt wird. Die Einrichtung des Gabelmaßes ist daher folgende: es besteht aus zwei rechtwinklig festverbundenen Schenkeln und einem dritten Schenkel, welcher parallel mit einem der ersteren sich hin und her schieben läßt. Der eine Schenkel, an dem der bewegliche hin und her geschoben wird, trägt die Maßeintheilung von der inneren Seite des andern festen Schenkels anfangend, in ganzen und halben Centimetern, für genauere Messungen in Millimetern.

Hat man nun an einem Stamm den Durchmesser zu suchen, so öffnet man die Schenkel des Gabelmaßes und nimmt den Stamm in die Mitte derselben, so daß die beiden Schenkel den Umkreis berühren und mit dem zu ermittelnden Durchmesser rechte Winkel bilden. Es ist dabei besonders darauf zu sehen, daß der bewegliche Schenkel von der parallelen Richtung nicht abweicht, daß man beim Abgreifen des Durchmessers die auffallend unregelmäßigen Stellen vermeidet und die an der Rinde sich findenden Moose und Flechten vorher entfernt.

Außerdem kommt aber noch in Betracht, daß der Durchschnitt des Baumes nur selten ein Kreis ist, daß derselbe vielfach von dieser regelmäßigen Form abweicht. Meistens nähert er sich der Ellipse, und in diesem Fall nimmt man die Hälfte der Summe des kleinen und großen Durchmessers als sogenannten verglichenen Durchmesser; erhält aber dabei der Ellipse gegenüber stets ein etwas zu großes Resultat.

Der Quadratinhalt der Ellipse wird bekanntlich gefunden, wenn man den kleinen Halbmesser mit dem großen und dieses Produkt mit 3,14 multiplicirt. Die Differenz wird um so größer, je mehr die beiden Durchmesser verschieden sind; sie wird ausgedrückt durch die Formel $\frac{1}{4}(R - r)^2 \times 3{,}14$, um was die Berechnung mit verglichenem Durchmesser zu viel ergiebt.

Die selbstregistrirende Baummeßkluppe vom Forstmeister Reuß in Dobrisch verdient hier auch noch erwähnt zu werden; sie ist von dem Erfinder in einer besonderen bei Rivnak in Prag 1882 erschienenen Brochüre näher beschrieben. Mittelst einer leicht zu handhabenden Markirnadel werden die abgemessenen Stämme an der betreffenden Stelle auf einem Papierstreifen vorgetragen.

Das **Meßband** besteht aus gefirnißter, in Oel getränkter Leinewand und wird gewöhnlich auf eine Rolle aufgewickelt; es dient dazu den Umfang eines Rundholzstückes zu messen, und daraus den Inhalt des Kreises zu berechnen. Wenn der Durchschnitt des Stammes völlig kreisrund ist, so bekommt man den Quadratinhalt richtig; jede Abweichung aber von der Kreisform bewirkt ein zu hohes Resultat, weil der Kreis im Verhältniß zum Quadratinhalt von sämmtlichen mathematischen Figuren den kleinsten Umfang hat. Hiedurch bekommt man bei unregelmäßig gewachsenen, schwächeren Stämmen unter 10 cm Durchmesser ein um 8—10 Procent zu hohes Resultat. Bei Stämmen von 10—25 cm Durchmesser ist der Fehler schon geringer, und er sinkt bei Stämmen über 25 cm auf 2—3 Procent. Wo das Holz als Brennholz aufgespalten wird, korrigirt sich dies von selbst bei Reduktion der Derbholzmasse auf Klafter. Bei der Fichte ist diese Differenz noch größer, sie steigt bei obigen Stammstärken auf 15, 12—14 und bei der stärksten noch auf 10—12 Procent, und ist deßhalb das Meßband nicht zu empfehlen, zumal auch nicht so schnell damit gearbeitet werden kann, und die liegenden Stämme sich nur schwer damit messen lassen.

Weil zwischen Umfang und Durchmesser des Kreises ein bestimmtes Verhältniß besteht, und aus jeder einzelnen dieser Linien der Inhalt berechnet werden kann, so sind die Gabelmaße und Meßbänder in der Regel noch besonders darauf eingerichtet, daß man beim entsprechenden Durchmesser oder Umfang den **Inhalt** des **Kreises** in **Quadrat**centimetern ablesen kann, wodurch die kubische Berechnung erleichtert und vereinfacht wird. — Wo die Stämme gewöhnlich in wenigen, zum Voraus festbestimmten Längen aufbereitet werden, da kann man den Kubikgehalt für die einzelnen Längen gleich auf dem Gabelmaß in besonderen Spalten beim betreffenden Durchmesser anschreiben.

§. 288.

Ermittlung des Massengehaltes gefällter Stämme.

Der **Stamm** unserer Waldbäume steht seiner mathematischen Form nach zwischen der Walze und dem Kegel und nähert sich mehr dem ausgebauchten Paraboloid. Die Berechnung des Kubikinhaltes dieser Körper geschieht nach folgenden Formeln, worin statt R^2 oder r^2 (Quadrat des unteren oder oberen Halbmessers) auch $\frac{1}{4}$ D^2 oder $\frac{1}{4}$ d^2 gesetzt werden kann:

1) die Walze oder der Cylinder $= R^2 . \pi . h$ Grundfläche (Quadrat des Halbmessers mal 3,14) mal Höhe (h)

2) der Kegel $\frac{1}{3} R^2 . \pi . h$ ein Drittel der Walze bei gleicher Grundfläche und Höhe.

3) der abgekürzte Kegel (Kegelrumpf) $= \frac{1}{3} \pi . h (R^2 + R r + r^2)$

4) das ausgebauchte (apollonische) Paraboloid $= \frac{1}{2} \pi . h . R^2$ die Hälfte der Walze mit gleicher Grundfläche und Höhe.

5) das abgekürzte apollonische Paraboloid $= \frac{1}{2} \pi . h (R^2 + r^2)$

6) das eingebauchte (neiloidische) Paraboloid $= \frac{1}{4} \pi . h . R^2$ (von untergeordneter forstlicher Bedeutung).

Die Stammform unserer Waldbäume kommt dem abgestutzten, ausgebauchten Paraboloid am nächsten; da nun bei diesem Körper die in obiger Formel aufgenommenen Größen $\frac{1}{2} \pi (R^2 + r^2) = \frac{\pi R^2 + \pi r^2}{2}$ das arithmetische Mittel zwischen oberer und unterer Grundfläche ausdrücken, und da dieses Mittel bei diesem Körper gerade in der halben Höhe liegt, so giebt das im Großen übliche Verfahren den Kubikgehalt der Baumstämme durch Multiplikation der Länge mit der in halber Länge abgenommenen Kreisfläche nach der Huber'schen[1]) Formel zu berechnen, für die Praxis hinreichend genaue Resultate. Für wissenschaftliche Zwecke reicht die Huber'sche Formel nur dann aus, wenn man den Stamm in eine größere Zahl von Abschnitten sich zerlegt denkt und jeden für sich berechnet. — Aus der Länge und Hälfte des oberen und unteren Durchmessers (früher verglichener Durchmesser genannt) ergiebt sich ein der Wirklichkeit gegenüber zu kleiner Kubikgehalt, der um so unrichtiger wird, je größer die Differenz zwischen den beiden Durchmessern ist, so daß eventuell von einem Stamm, nachdem ein weiterer Theil am oberen Ende abgeschnitten wurde, ein größerer Kubikgehalt sich berechnet als zuvor.

Die Formel von Hoßfeld giebt auch ein genaues Resultat; es wird hiebei die Durchschnittsfläche in $\frac{1}{3}$ der Stammlänge (vom dicken Ende her) G^1 und am oberen Ende g abgemessen, erstere dreifach, letztere einfach genommen und der vierte Theil der Summe mit der Länge multiplizirt, und lautet die Formel hienach $\frac{3 G^1 + g}{4} h = (3 G^1 + g) \times \frac{h}{4}$.

Noch genauer ist die Formel von Riecke, wonach der sechste Theil der oberen und unteren Stammgrundfläche + der viermal genommenen, in halber Länge gemessenen Durchschnittsfläche g^1 mit der ganzen Länge multiplizirt den Kubikgehalt des Stammes ergiebt $= \frac{G + 4 g^1 + g}{6} h$. Die komplizirte Simpson'sche Formel ist die Anwendung der Riecke'schen auf den in mehrere Abschnitte zerlegt gedachten Stamm.

Bei sehr unregelmäßig gewachsenen Hölzern, oder bei schwächeren Baumtheilen, beim Reisig findet man den Kubikinhalt durch Wägung, indem man das Gewicht von sämmtlichem Material ermittelt; sodann aus dem Gewicht eines kleineren, leicht zu berechnenden Holzstückes die Schwere eines Kubikdecimeters feststellt, und damit in das Gewicht

[1]) Dieses Verfahren ist übrigens schon lange vor Huber (1825) zur Anwendung gekommen; es wird unter dem Namen des bekannten Mathematikers Hofrath Kästner aus dem 19. St. des neuen Hamburger Magazins S. 11 empfohlen in Krünitz ökonom. Encyklopädie 24. Bd. S. 698 Berlin 1781.

der kubisch zu berechnenden Holzmasse dividirt, woraus die Zahl von Kubikdecimetern sich ergiebt. Dabei ist nur zu beachten, daß dasjenige Holzstück, an welchem das Gewicht und der Kubikgehalt ermittelt wird, in allen Beziehungen dem übrigen Material ähnlich ist; also namentlich vom gleichen Theil des Baumes, von ähnlicher Stärke, von gleichem Trockenheitszustand rc. genommen wird.

Auf andere Weise noch läßt sich das Ziel erreichen, wenn man das zu berechnende Holz in einem Gefäß unter Wasser taucht. Der Raum, um den das Wasser während des Untertauchens des Holzes steigt, entspricht dem Kubikgehalt des letzteren. — Besonders zu diesem Zweck angefertigte, und im Voraus nach Kubikdecimetern geaichte Gefäße erleichtern das Geschäft. Um Fehler zu vermeiden, muß der Stand des Wassers jedesmal vor dem Eintauchen des Holzes abgelesen werden; das Holz darf nicht zu lange im Wasser bleiben, weil es sonst einen Theil desselben aufnimmt; auch darf es nicht zu rasch untergetaucht werden, weil dadurch viel Luft mechanisch mit hineingerissen wird.

Manchmal will man den Gehalt an Schaftholz (im Gegensatz zum Astholz) besonders wissen; oder man verlangt den Kubikgehalt der einzelnen Sortimente, also Bau-, Scheit-, Prügel-, Reis- und Stockholz; es sind in diesem Fall vor Ausmessung des Stammes die Grenzen dieser Sortimente zu bestimmen und ist hierauf erst die Berechnung der einzelnen Baumtheile getrennt vorzunehmen. — Auch die Rinde muß öfter für sich allein kubisch veranschlagt werden; man mißt zu dem Zweck die einzelnen Sektionen zuerst mit, dann ohne Rinde; jedoch genau an denselben Stellen und in der gleichen Lage. Die Differenz der Kubikmasse beider Aufnahmen ergiebt den Rindengehalt.

§. 289.

Derbraumgehalt des Schichtholzes.

Das meiste Holz wird nicht als sogenanntes Derbholz in ganzen Stämmen, sondern als Klafterholz[1]) abgegeben, nachdem es in kleinere Trümmer zersägt, bei stärkeren Theilen auch noch zerspalten und in die Klafter aufgeschichtet oder gesetzt ist. Der Raum dieser Holzstöße wird nun von den eingelegten Scheiten rc. nicht vollständig ausgefüllt; man muß daher ermitteln, wie viel feste Holzmasse im Hohlraum eines Raummeters enthalten ist, und findet dann seinen Derbraumgehalt. Dies geschieht entweder durch Aufbereiten von zuvor genau gemessenen und kubisch berechneten Stammtrümmern und Aufsetzen derselben in das landesübliche Maaß, oder durch Wägung eines ganzen Stoßes und Berechnung

[1]) Unter der Herrschaft der früheren Maaßordnungen bezeichnete das Wort Klafter nicht bloß das Maaß, sondern auch die Art der Aufbereitung (Aufklafterung) in letzterer Beziehung wird man dieses Wort, wenigstens vorerst, noch nicht entbehren können und nur in diesem Sinne soll es hier gebraucht werden.

des Derbraumes aus dem Gewicht eines Kubikdecimeters Holz von gleicher Beschaffenheit, oder in oben beschriebener Weise durch Untertauchen aller Scheite unter Wasser. Hiebei ist aber strenge darauf zu sehen, daß die gewöhnliche Art der Aufbereitung und des Aufsetzens auch hier eingehalten, daß unterschieden werde zwischen den einzelnen Sortimenten und Qualitäten des Holzes, wo das rauhere, mehr leere Zwischenräume lassende, ebenso in Betracht gezogen wird, wie das glatte und spaltigere. Es schwankt der Derbraum bei Scheit- (Kloben-) und Knüppelholz zwischen 60 und 80 Procenten des wirklichen Körpermaaßes, bei Reisknüppel- und Stockholz zwischen 35—50 Procent. — In ähnlicher Weise läßt sich der Derbraum von Reisbüscheln ermitteln.

Das Schichtholz wird in der Regel nicht in ganz frischem Zustand, unmittelbar nach der Aufbereitung, sondern erst einige Zeit nachher verkauft. In dieser Zeit vermindert sich die solide Masse durch das Austrocknen der einzelnen Scheite; diesen Verlust an Masse hat fast überall der Waldeigenthümer zu tragen, indem die Käufer von ihm eine größere Menge von grünem, frischem Holz verlangen; man giebt zu dem Ende jedem Holzstoß eine Ueberlage (Darrscheit) von 6—10 Procent der Gesammthöhe. Da man nun beim Messen der Stämme grünes Holz vor sich hat, so ist jene Ueberlage wohl zu beachten, wenn es sich darum handelt, den Derbraum eines Raummeters zu ermitteln. — Neuerdings wird zwar diese Zugabe nicht mehr allgemein gewährt.

Gegenüber dieser Raumvermehrung bei dem Aufklaftern tritt dann aber ein Verlust während des Aufarbeitens ein, welcher in vielen Fällen nicht zu umgehen ist, und unter Umständen bei der Taxation Beachtung verdient. Dieser Verlust entsteht durch das Sägen und Schroten, durch Entrinden, wenn die Rinde nicht benützt werden kann, durch Zertrümmerung einzelner Stammtheile, durch den Verbrauch von Geschirrholz und Brennholz Seitens der Arbeiter während der Arbeit. Letzteres Material ist oft sehr bedeutend, und läßt sich im Allgemeinen schwer bestimmen. Die Verluste durch den Sägschnitt lassen sich aus der Schnittfläche und aus der Höhe des Sägenganges einfach berechnen; die Späne, welche beim Schroten abfallen, müssen durchs Gewicht bestimmt werden (cf. §. 152).

Das Stock- und Wurzelholz wird in holzreichen Gegenden häufig ungenützt im Wald zurückgelassen; in diesem Fall bleibt dasselbe bei der Taxation unberücksichtigt, indem man bloß den Theil der Stämme in Betracht zieht, der wirklich zur Nutzung kommt. — Aehnliche Verhältnisse trifft man auch noch bezüglich des Ast- und Reisholzes.

§. 290.

Ermittlung des Holzgehaltes stehender Stämme.

Der Kubikgehalt stehender Bäume läßt sich nicht in angegebener Weise berechnen, man wendet zwar auch, doch im Ganzen sehr selten, das

Mittel an, die Bäume besteigen zu lassen, um die Dimensionen der wichtigeren Stammtheile genau zu bekommen. In der Regel sucht man aber auf indirektem Wege diese Aufgabe zu lösen. Hiezu gehört noch ein weiteres Instrument, der Höhenmesser, Dendrometer.

Die vielfachen Konstruktionen kommen alle auf das Princip der Aehnlichkeit der Dreiecke zurück, weßhalb wir hier den Hoßfeld'schen Höhenmesser beschreiben, bei welchem dies am deutlichsten hervortritt. Auf einem Statif wird senkrecht ein in beliebige gleiche Theile eingetheiltes Stäbchen angebracht. Dasselbe hat eine Kerbe, durch welche sich genau horizontal ein anderes in gleich große Theile getheiltes Stäbchen hin und her schieben läßt. Stellt man nun das Statif in einer entsprechenden Entfernung vom Baum auf, so hat man das horizontal verschiebbare Stäbchen so weit herauszuziehen, bis die Zahl der Theile auf dieser Kathete der Entfernung vom Stamm (der Standlinie) in Dezimetern entspricht. Sonach visirt man von dem dem Stamm abgewendeten Endpunkt dieser Kathete auf den Gipfel des Stammes, zu welchem Behuf als Hypothenuse ein um den Anfangspunkt der verschiebbaren Kathete drehbares Visirstäbchen angebracht ist. Da, wo nun dieses Visir an dem senkrecht stehenden Stäbchen einschneidet, läßt sich die Höhe des Stammes ablesen. Die Höhe des Statifes ist noch dazu zu zählen. Die Standlinie muß in diesem Falle horizontal sein.

Hofrath Preßler in Tharandt hat einen sogenannten Meßknecht (Meßbrettchen, ähnlich dem Quadrat der Alten), der zu Höhenmessungen sehr brauchbar, und auch sonst mit Vortheil zu verschiedenen forstlichen Zwecken zu verwenden ist, in den Buchhandel gebracht. — Oberförster Faustmann in Babenhausen (Großherzogthum Hessen) hat ein Spiegelhypsometer konstruirt, das sehr genaue Resultate liefert und leicht zu handhaben ist.

Neben der Höhe des Stammes ist noch weiter der untere Durchmesser zu bestimmen. Weil aber der Stamm unmittelbar über dem Boden, in der Regel eine von der Kreisfläche ganz abweichende Grundfläche zeigt, welche wegen ihrer Unregelmäßigkeit nie so genau sich berechnen ließe, so ist man dahin übereingekommen, die Grundfläche des Stammes da zu messen, wo deren Form regelmäßiger wird; man wählt dazu fast ausschließlich die Brusthöhe, neuerlich präziser auf 1,3 m über dem Boden fixirt. Smalian und nach ihm Preßler schlugen vor, die Messung jeweils in $\frac{1}{n}$ der Höhe, meist bei $\frac{1}{20}$ vorzunehmen und Preßler hat danach seine echten oder Normalformzahlen berechnet, welche, obgleich den stereometrischen Lehrsätzen mehr entsprechend, in der Praxis doch sich nicht bewährt haben, da sie unbrauchbare Resultate geben (cf. Baur Holzmeßkunde, S. 179 u. ff.).

Denkt man sich nun eine Walze mit der so gefundenen Grundfläche und der ganzen Höhe des Stammes, so wird der Raum dieser Idealwalze zum Anhaltspunkt der Berechnung genommen, indem man das Verhältniß zwischen dem durch den Stamm ausgefüllten und dem ganzen Raum jener Idealwalze feststellt. — Diese Verhältnißzahl richtet sich nun hauptsächlich nach der Baumart und nach der Form, welche der einzelne Stamm unter dem Einfluß der äußern Einwirkungen angenommen hat, wobei der Grad des Schlusses, in dem der Stamm erwachsen ist, der Standort und das Alter hauptsächlich noch von Einfluß sind.

Die erwähnte Verhältnißzahl, Reduktionszahl, Formzahl oder Reduktionsfaktor wird an gefällten Stämmen von ähnlicher Baumform ermittelt; indem man zuerst den Idealwalzengehalt aus der Grundfläche und der Höhe berechnet und dann mit diesem in den wirkichen Massengehalt dividirt, sie drückt also das Verhältniß aus zwischen einer als Einheit angenommenen Idealwalze und dem wirklichen Gehalt des Stammes; sie wird in der Regel auf zwei Decimalstellen berechnet.

Hat also eine Buche 1,3 m über dem Boden, 64 cm Durchmesser und 24 m Höhe, so beträgt der Idealwalzengehalt 7,72 Festm., und wenn der wirkliche Massengehalt zu 4,25 Festm. gefunden wurde, so ergiebt folgende Proportion: 7,72 : 1 = 4,25 : 0,55, die Brusthöhenformzahl ist also = 0,55. Damit soll ausgedrückt werden, daß auf den Raum von 1 cbm der Idealwalze 0,55 cbm der wirklichen Masse kommen, oder auf 100 cbm 55 cbm.

Wird beim wirklichen Gehalt bloß die Masse des Schaftholzes (ausschließlich des Stockholzes) im Verhältniß zur Idealwalze in Betracht gezogen, so erhält man die Schaftformzahl oder Ausbauchungszahl; nimmt man aber Schaft- und Astholz zusammen in Rechnung, so giebt dies die Baumformzahl oder Vollholzigkeitszahl. Die forstlichen Versuchsanstalten ermitteln neben dem letzteren Faktor noch die Derbholzformzahl, welche vom Stockabschnitt ab die Schaftholzmasse bis zu 7 cm Stärke in sich begreift; Derbholzformzahl von der Baumformzahl abgezogen giebt die Reisholzformzahl. — Das Produkt aus der Stammgrundfläche, Höhe und Formzahl ergiebt sonach den Massengehalt des stehenden Baumes. — Als Bestandesformzahl gilt die durchschnittliche, für einen gegebenen Bestand gefundene Formzahl. — Einzelne multipliciren die auf gleichem Weg gefundene Form- oder Reduktionszahl nicht mit dem Massengehalt der Idealwalze, sondern bloß mit der Höhe, wobei natürlich das gleiche Resultat erzielt wird. König nennt diese Höhe die Gehalts- oder Richthöhe.

Hofrath Preßler in Tharandt ermittelt den Massengehalt stehender Bäume dadurch, daß er deren Grundfläche mit $\frac{2}{3}$ der Richthöhe multiplicirt. Diese darf aber mit der von König nicht verwechselt werden; denn um die Preßler'sche Richthöhe zu finden, sucht man am Stamm denjenigen (Richt-) Punkt auf, wo der Durchmesser nur noch halb so stark ist, wie am Meßpunkt (bei $\frac{1}{20}$ der Höhe), zu dieser von der Abhiebsfläche an gerechneten Länge des betreffenden Stammtheiles addirt man die halbe Meßpunktshöhe und findet damit die Richthöhe.

In anderer Weise sind von der königlich bairischen Staatsforstverwaltung sogenannte **Massentafeln** aufgestellt worden, welche für die verschiedenen Holzarten bei jeder vorkommenden Höhe und Stärke direkt den wirklichen Kubikgehalt des Stammes angeben, sie wurden auf den Grund vieler Versuche an gefällten Stämmen mit Hülfe der Reduktionszahlen sehr sorgfältig berechnet und gewähren bei größeren Aufnahmen ganzer Bestände die nöthige Schärfe und Genauigkeit. Der Meßpunkt für den Durchmesser liegt bei diesen Tafeln 4,5 (bairische) Fuß über dem Boden = 1,31337 m; sie stimmen also hinreichend mit der neuerlichen Messungsart überein.

Das **empirische Verfahren**, den Kubikgehalt stehender Stämme zu ermitteln, besteht darin, daß man denselben auf Grund vielfacher Beobachtungen und Versuche bei jedem einzelnen Stamm in dem bestimmten Maß, Festmeter, Raummeter oder metrische Wellen, **direkt anspricht**, d. h. auf den Grund des Augenmaßes schätzt. Dies ist die sogenannte **Okularschätzung**. Bloß bei einer Arbeit, wo weniger Genauigkeit verlangt wird, und wo es sich um eine kleinere Zahl von stärkeren, unregelmäßig gewachsenen Stämmen handelt, ist dieses Verfahren gerechtfertigt; es erfordert aber eine langjährige Erfahrung und große Uebung, oder einen größeren Zeitaufwand.

Wo das Nutzholz in entrindetem Zustand abgegeben wird, ist auch noch der Abgang an Rinde zu bestimmen, welcher beim Nadelholz je nach dem Alter der Stämme und der Holzart zwischen 8—15 Procent der ganzen Masse des Stammes (also einschließlich der Rinde) schwankt.

§. 291.

Ermittlung des Holzvorrathes ganzer Bestände.

In ganzen Beständen läßt sich die Holzvorrathsaufnahme auf folgende verschiedene Weise vornehmen, und zwar:

1) Durch gutachtliche Schätzung; a) des Gesammtvorrathes auf der ganzen Fläche; b) des durchschnittlichen Vorrathes per Hektar oder Flächeneinheit; c) aller einzelnen Stämme auf der ganzen Fläche oder auf einem Theil derselben, um von diesem auf die Gesammtfläche zu schließen.

2) Durch Messung und Berechnung aller Stämme; a) auf der ganzen Fläche; b) auf einem Theil der Fläche.

3) Durch Vergleichsgrößen, Erfahrungs-, Ertrags- oder Zuwachstafeln.

In der Regel wird keine dieser Verfahrungsarten rein für sich angewendet; es haben sich je nach dem Bedürfniß, nach dem Grad der verlangten Genauigkeit, der persönlichen Gewohnheit und Uebung der Taxatoren verschiedene Kombinationen gebildet. Keine dieser Methoden ist für sich absolut zu verwerfen oder zu empfehlen, jede hat für besondere Verhältnisse ihre Vorzüge oder Mängel.

Die Holzmasse eines Bestandes wird entweder in Festmetern (Kubikmetern) oder in Raummetern und Wellen ausgedrückt, oder in summarischen Festmetern, wobei Nutzholz, Schichtholz, Stockholz und Wellen nach ihrem Derbraumgehalt auf dieselbe Einheit reduzirt sind.

Da die frühere große Verschiedenheit der deutschen Flächen- und Holzmaaße eine Menge mühsamer Reduktionen nothwendig machte, so hat man zur Vermeidung dieser vorgeschlagen, die Holzmasse eines Bestandes in der Art auszudrücken, daß man sich dieselbe in eine die ganze betreffende Fläche gleichmäßig bedeckende, überall gleich hohe Schichte verwandelt denkt, und also nur die Höhe dieser Schichte anzugeben hat, die durch Multiplikation mit den Quadratmetern der Flächeneinheit den Massengehalt des ganzen Bestandes finden läßt. — Wegen der erleichterten Multiplikation und der zweckmäßigeren Eintheilung eignet sich das nun allgemein eingeführte metrische Maßsystem sehr gut hiezu. Jeder Millimeter der Höhe dieser Schicht zeigt eine Holzmasse von 10 Festm. pr. ha an; also entspricht ein Holzvorrath von 615 Festm. pr. ha der Schichthöhe von 61,5 mm.

§. 292.

Die Oculartaxation.

Die gutachtliche Schätzung des Gesammtvorrathes eines bestimmten, dem Flächengehalt nach nicht bekannten Bestandes, wobei unmittelbar die Masse nach Raum- oder Festmetern angesprochen wird, läßt sich nur auf kleinen, leicht zu übersehenden Flächen ausführen; sie ist in größeren Beständen ganz unzweckmäßig und kommt im Allgemeinen nur selten zur Anwendung, weil gerade in kleineren Beständen eine genaue Messung der einzelnen Stämme leicht durchzuführen ist.

Das gutachtliche Ansprechen des durchschnittlichen Vorrathes auf der Flächeneinheit (Hektar) erfordert eine große Uebung, setzt viel Erfahrung voraus, gewährt aber beim Zutreffen dieser Vorbedingungen eine bedeutende Zeitersparniß und je nach der Persönlichkeit eine ziemliche Annäherung an die Wirklichkeit. Wo es also nicht um eine große Genauigkeit der Schätzung zu thun ist, kann dieses Verfahren von geübteren Taxatoren wohl angewendet werden, und jeder Forstmann muß sich bei Zeiten darauf einüben, namentlich jede Gelegenheit benützen, um sein Augenmaß in dieser Hinsicht zu schärfen und in Uebung zu erhalten. — Die auf das ältere Maaß eingeübten Fachgenossen thun am besten, wenn sie zunächst nach diesem einschätzen und sodann erst die Umrechnung ins metrische Maaß vornehmen.

Die stammweise gutachtliche Schätzung des Holzvorrathes von größeren Distrikten gewährt schon ziemlich sichere Resultate, vorausgesetzt, daß man geübte und im Schätzen erfahrene Gehülfen hat. Sie wird in der Weise ausgeführt, daß mehrere Personen in einer geraden Linie

10—25 m entfernt von einander aufgestellt werden, und einen Streifen des Distrikts durchgehen, wobei jeder nur nach einer Seite hin, also etwa nach rechts, die Stämme einzeln beaugenscheinigt und nach ihrem Massengehalt in ein tabellarisches Manual einträgt. Der eine, in diesem Fall der linke, Flügelmann muß sich dabei an die Grenze des Bestandes halten, der andere (rechts) hat nichts zu thun, als die Grenze, bis wohin sein Nachbar (zur Linken) die Bäume aufnimmt, speziell zu bezeichnen. Ist auf diese Weise ein Streifen durchgenommen, so kehrt die Kolonne um; der seitherige rechte Flügelmann bleibt auf seiner Grenze und wird jetzt Führer auf der linken Seite. — Es kann auch jeder abgeschätzte Stamm besonders bezeichnet werden durch Anplatten mit dem Beil (bei Stämmen mit sehr rauher Rinde), durch Anreißen mit dem Reißer, durch Anstreichen mit Kalk und dergleichen, oder durch Wegkratzen eines Theils vom Bodenüberzug mit dem Fuß, was in Fichten- und Tannenbeständen mit einer Moosdecke sehr leicht von statten geht. In solchen Fällen braucht man natürlich keine besondere Person zur Bezeichnung der Grenze.

Die Auswahl kleinerer Bestandestheile und Abschätzung derselben in angedeuteter Weise kommt selten zur Anwendung, und es läßt sich die Behandlung der Sache aus dem Obigen und aus dem, was im nächsten Paragraphen über die Probeflächen gesagt ist, leicht entnehmen.

§. 293.

Von der stammweisen Messung.

Die zweite Art der Holzvorrathsaufnahme, die spezielle Messung aller vorhandenen Bäume und Berechnung ihres Kubikgehaltes giebt in den meisten Fällen die größere Sicherheit und entspricht den Anforderungen der Wissenschaft besser; sie kann auch so vereinfacht werden, daß der Mehraufwand an Zeit, den sie veranlaßt, durch jene Vortheile wieder vollständig ausgeglichen wird.

Bei diesen Auszählungen oder Kluppirungen hat man den Haupt- und den Zwischenbestand zu unterscheiden und gesondert zu verzeichnen. Die zur Berechnung des kubischen Gehaltes eines Baumes nöthigen Faktoren, die Stammgrundfläche, die Höhe und die Formzahl, lassen sich nach dem oben Gesagten mit ziemlicher mathematischer Schärfe bestimmen. Die genaue Ermittelung der Höhe ist aber in einzelnen Fällen schwierig und sehr zeitraubend, wenn sie sich auf alle Stämme erstrecken sollte; man begnügt sich daher meistens damit, die Höhe gutachtlich zu schätzen. Ist der Taxator noch nicht darin geübt, so muß er durch Ansprechen der Höhe vor deren Abmessung sich üben und die nöthige Fertigkeit zu erlangen suchen; es ist gut, wenn man vor Beginn des Geschäftes jedesmal sein Augenmaß wieder schärft, auch wenn man eine große Uebung hat; namentlich ist dies bei sehr langschäftigem Holze und beim Uebergang vom Laub- in Nadelholz oder umgekehrt nothwendig.

Das Ansprechen der Höhe geschieht am zweckmäßigsten in der Weise, daß man mehrere **Höhenklassen** bildet; nach Erforderniß 3—5, in unregelmäßigen Beständen möglicherweise noch mehr. Die Höhe, welche für jede derselben festgesetzt wird, ist die mittlere Höhe, was beim Klassificiren der Stämme in der Weise zu beachten ist, daß man eben so weit unter die mittlere Höhe gehen darf als über dieselbe. Ist z. B. die mittlere Länge einer Klasse 23 m, die der nächsten Klassen aber 20 und 26 m, so gehören in die erste alle Stämme von mehr als 21 bis incl. 24 m Länge. Hieraus ergiebt sich auch die Nothwendigkeit, gleiche Abstufungen bei Bildung der Höhenklassen zu machen. Jeder Stamm wird beim Abgreifen des Durchmessers in der seiner Höhenklasse vorbehaltenen Spalte des Manuals eingetragen.

Wo in einem und demselben Bestand die Baumformen auffallend wechseln, da ist eine Trennung der Bestandestheile, auf denen erhebliche Verschiedenheiten sich vorfinden, dringend nothwendig. In gemischten Beständen müssen die verschiedenen Holzarten getrennt gehalten werden, weil sie in ihrer Höhe und Formzahl nur selten so weit übereinstimmen, daß man sie ohne Nachtheil zusammenwerfen kann.

In ganz regelmäßigen Beständen, namentlich wo kein unterdrücktes Holz vorkommt, kann die Höhe mit der untern Stammstärke ins Verhältniß gebracht werden; man nimmt in solchem Fall an, daß alle Stämme von einer gewissen Stärke auch ein und dieselbe Höhe haben. Beim Ausmitteln derselben muß aber besondere Sorgfalt darauf verwendet werden, daß man die durchschnittliche Höhe von jeder Stärkeklasse richtig bekommt; man muß sie also an verschiedenen Stämmen von jeder Klasse, namentlich auch von verschiedenen Standorten abmessen, und den Durchschnitt daraus ziehen.

Die **Aufnahme der Stammgrundfläche** oder des unteren Durchmessers geschieht am zweckmäßigsten mit Hülfe des Gabelmaßes. Es wird entweder die Kreisfläche oder der Durchmesser abgelesen und unter den betreffenden Höhenklassen in den für die Stärkeklassen vorbereiteten Spalten des Manuals vorgemerkt. Am zweckmäßigsten werden die Stärkeklassen in Abstufungen von 3 zu 3 cm gebildet, so daß jeweils in die mit der mittleren Zahl überschriebenen Spalte noch die um 1 cm darüber und auch die um 1 cm weniger messenden Stämme eingetragen werden; also fallen in die mit 30 cm sowohl die mit 29, wie die mit 31 cm Durchmesser, wodurch sich bei der Berechnung das Mehr und Weniger ausgleichen, wenn man für alle Stämme dieser Klasse einen Durchmesser von 30 cm annimmt.

Beim Abmessen sind auffallend unregelmäßige Stellen zu vermeiden, das Moos an der Borke ist vorher zu entfernen; an Berghängen, wo die meisten Stämme oval sind, ist darauf zu sehen, daß man nicht immer den größten Durchmesser bekommt. Die zum Abzählen der Stämme verwendeten Gehülfen werden so angestellt, wie es oben bei der stammweisen, gutachtlichen Schätzung beschrieben wurde.

Ist der ganze Bestand ausgezählt, so werden aus jeder Höhenklasse Modellstämme oder Probestämme gefällt. Diese müssen ihrer Stärke und Form nach derjenigen Klasse, für welche sie gelten, genau entsprechen, bei ihrer Auswahl hat man sich zunächst an das aus der Bestandesaufnahme gefundene geometrische Mittel der Brusthöhenkreisfläche der betreffenden Stammklasse zu halten; daneben aber auch noch die Höhe und sonstige Entwicklung der Baumform möglichst der herrschenden Stammbildung entsprechend auszuwählen; deßhalb nimmt man in der Regel für jede Klasse mehrere Probestämme, um aus dem Durchschnitt ein sicheres Resultat zu bekommen. Dies ist namentlich auch da zu empfehlen, wo eine größere Ausdehnung des Bestandes oder eine bedeutendere Unregelmäßigkeit Einfluß auf die Baumformen ausüben konnten. In lichterer Stellung oder am Rand erwachsene Bäume sind auszuschließen.

Die Berechnung des Massengehaltes der Mittelstämme erfolgt mit der nöthigen Genauigkeit in Abschnitten von 2—3 m Länge und wird dann durch Division mit der Zahl der gefällten Stämme der mittlere Kubikgehalt gefunden, welcher sodann mit der gesammten Stammzahl der Höhenklasse multiplicirt, deren Masse und nach Addition aller Höhenklassen den Holzvorrath des ganzen Bestandes ergiebt.

Durch Forstmeister Dr. Draudt in Gießen ist folgendes sehr zweckmäßige Verfahren vorgeschlagen worden; derselbe läßt, nachdem die Stammzahl der einzelnen Klasse ermittelt ist, von jeder Stammklasse (oder je von mehreren zusammengezogenen Klassen) immer die gleiche Procentzahl von Probestämmen, von dem der betreffenden Stärke entsprechenden mittleren Durchmesser fällen und nach ortsüblichem Gebrauch aufarbeiten; er schließt dann mit Hülfe der Kreisfläche der gefällten Stämme und mit der Kreisfläche der gesammten Stammzahl von dem Massengehalt jener auf den zu suchenden Kubikinhalt aller Stämme der ganzen Fläche. Ein gesondertes Aufarbeiten der aus den einzelnen Klassen gewählten Probestämme ist hiebei nicht nothwendig, was die Arbeit wesentlich vereinfacht. Wenn man nicht zu wenig Probestämme fällt, so hat dieses Verfahren den großen Vorzug, daß es gleich einen Schluß auf die anfallenden Sortimente zuläßt und daß dabei der Fehler vermieden wird, den man bei Verwandlung der Derbmasse des stehenden Holzes in Klafter häufig noch macht. (Vgl. Allg. Forst- und Jagdzeitung 1857, Aprilheft, 1865 September und 1872 Februar.) Dieses Verfahren ist von Urich noch weiter vervollkommnet worden, aber doch einigermaßen auf Kosten der Einfachheit. Hiewegen muß auf Baur, Holzmeßkunde S. 303 und auf Danckelmann, Zeitschr. f. Forst- u. Jagdw. 1881 Bezug genommen werden.

Die Veranschlagung des Sortimentsanfalles auf dem Wege der Berechnung darf nur mit großer Vorsicht vorgenommen werden; die Anhaltspunkte, welche die Modellstämme liefern, geben kein so sicheres, in der Regel ein zu hohes Resultat, weil die Beschädigungen des Holzes, welche es besonders während der Fällung erleidet, dabei nicht in Betracht kommen. Am besten findet man jenes Verhältniß aus den Erfahrungen in benachbarten größeren Schlägen.

Wenn die Fällung von Probestämmen unzulässig ist, so wird mit Hülfe von Massentafeln oder aus größeren Durchschnitten gefundener Formzahlen, aus Stammgrundfläche und Höhe der Massengehalt einzelner Stammklassen und des ganzen Bestandes ermittelt und berechnet. Ueber die Benützung und Feststellung der geeigneten Formzahlen geben jeweils die betreffenden Tafeln nähere Anleitung.

§. 294.

Von den Probeflächen.

In manchen Fällen, wo die eben beschriebene specielle Auszählung zu umständlich und zeitraubend ist, beschränkt man dieselbe auf einen kleinen Theil des ganzen Bestandes, indem man eine oder mehrere sogenannte Probeflächen auswählt, und vom Holzvorrath der kleineren, ihrer Größe nach bekannten Fläche auf den Vorrath des ganzen Bestandes schließt, dessen Fläche ebenfalls bekannt sein muß. Wie bei jedem Verfahren, wo vom Kleineren aufs Größere geschlossen wird, so sind auch hier Fehler möglich, es läßt sich solchen aber unter folgenden Bedingungen möglichst vorbeugen.

1) Die Schätzung mittelst Probeflächen darf nur in ganz regelmäßigen und gleichförmigen Beständen zur Anwendung kommen. Erhebliche Abweichungen in Bezug auf Alter, Holzart, Schluß 2c. des Bestandes machen daher eine abgesonderte Behandlung solcher Flächentheile nothwendig.

2) Die Probeflächen müssen so gewählt werden, daß sie den mittleren Vorrath des Bestandes tragen. Hiebei sind aber größere Blößen, welche im Bestand sich vorfinden, nicht zu berüchsichtigen, sondern von der Gesammtfläche in Abzug zu bringen. An Hängen muß man sie so wählen, daß sie von allen Theilen des Berghanges verhältnißmäßige Flächen in sich aufnehmen, also dürfen sie nicht in gleicher Höhe hinziehen, sondern müssen womöglich den ganzen Hang von unten nach oben durchschneiden, weil Bestände in solchen Lagen verschiedene Bestockungs- oder Wachsthumsverhältnisse haben, je nachdem man den unteren, mittleren oder oberen Theil des Berghanges vor sich hat.

3) Sie müssen eine entsprechende Größe erhalten, nach Umständen 1—6 Procent der ganzen Fläche. Je älter der Bestand ist, je lichter er steht, je mehr er sich dem Unregelmäßigen nähert, um so größer sind die Probeflächen zu machen. Dabei ist zu empfehlen, daß man dieselben an verschiedenen Stellen wählt. In dem Fall kann man auch die einzelnen Probeflächen auf abweichend bestockte, der Ausdehnung nach bekannte Theile

der Gesammtfläche besonders anwenden. Unter ein gewisses Minimum (0,2 ha bei jungen, regelmäßigen, 0,5 ha bei älteren Beständen) kann in der Regel nicht herabgegangen werden, ohne das Resultat unsicher zu machen.

4) Die Form der Probefläche muß wenigstens annähernd quadratisch sein, weil das Quadrat leicht abgesteckt werden kann, und im Verhältniß zu seinem Inhalt den geringsten Umfang unter den Rechtecken hat. Ein möglichst kleiner Umfang im Verhältniß zur Fläche ist aber geboten, weil durch zu große Ausdehnung der Grenzen die Zahl derjenigen Stämme vermehrt wird, deren Zugehörigkeit zur Probefläche zweifelhaft ist.

5) Die Aufnahme des Holzvorrathes auf solchen Probeflächen muß mit Sorgfalt durch spezielles Auszählen und Klassifiziren der Stämme geschehen. In Niederwaldungen kann der Holzvorrath auch durch Fällen und Aufbereiten ermittelt werden.

6) Die Berechnung des Kubikgehaltes wird mit Hülfe von Probestämmen oder von Formzahlen nach der im vorigen Paragraphen gegebenen Anleitung vorgenommen.

Ein anderes ähnliches Verfahren, wobei keine Flächengröße erhoben zu werden braucht, giebt ebenso sichere Resultate: Man sucht die Stammzahl des ganzen Bestandes, nöthigenfalls nach verschiedenen Höhenklassen gesondert; hierauf wird ein durch die maßgebenden Theile des Bestandes ziehender Streifen ohne bestimmte Abgrenzung und ohne daß seine Fläche bekannt zu sein braucht, wie eine Probefläche aufgenommen; von der Stammzahl dieses Streifens und deren Massengehalt schließt man dann mit Hülfe der Stammzahl des ganzen Bestandes auf den gesuchten Holzvorrath dieses letzteren. Hat man Stammklassen gemacht, so ist diese Rechnung für jede einzelne Klasse nothwendig.

§. 295.

Von der Abstandszahl.

Ein eigenthümliches, einfaches, für den Femelwald, das Oberholz im Mittelwald, für die Verjüngungsschläge und die Durchforstungen des Hochwaldes bei genauen Zuwachsberechnungen kaum zu entbehrendes Hülfsmittel zur Holzvorrathsaufnahme hat uns G. König gelehrt. Derselbe geht von der Voraussetzung aus, daß sämmtliche Stämme eines Bestandes sich nach Verhältniß ihrer Stammgrundfläche in die Bodenfläche desselben theilen. Die Richtigkeit dieser Voraussetznng leuchtet ein, sobald man die Abstände einzelner Stämme von verschiedener Stärke im Wald selbst ins Auge faßt.

König nennt den Raum, den ein Stamm auf solche Weise ausfüllt, dessen Standraum, und denkt sich denselben in quadratischer Form. Nun bringt er die Seite des Quadrates von diesem Standraum ins Ver=

hältniß mit dem Umfang des Baumes bei Brusthöhe, und drückt den Abstand der einzelnen Stämme in der Art aus, daß er für je 1 Fuß der Umfangsstärke des Stammes die entsprechende Seitenlänge des Quadrates vom Standraum in der sogenannten Abstandszahl (oder dem Abstand) angiebt.

Diese selbst findet man nach dem König'schen Verfahren, indem man die Entfernung zweier Stämme durch das arithmetische Mittel ihrer Umfangsstärken dividirt. Nach den oben gegebenen Voraussetzungen sind nämlich zwei benachbarte Stämme um die Hälfte der Quadratseiten ihres Standraumes von einander entfernt, weil man sie sich im Mittelpunkt der betreffenden Quadrate denkt. Nehmen wir nun die Summe der Seiten beider Quadrate, d. h. die doppelte Entfernung der Stämme, und dividiren mit dem Umfang der Stämme, so erhalten wir wieder dieses Verhältniß zwischen 1 Fuß Umfangsstärke und dem darauf treffenden Theil der Quadratseite. Zwei Stämme mit $4\frac{1}{2}$ Fuß und $3\frac{1}{2}$ Fuß Umfang bei Brusthöhe stehen 16 Fuß entfernt von einander. Die Abstandszahl ist in diesem Falle $= \frac{16}{\frac{1}{2}\,(4\frac{1}{2} + 3\frac{1}{2})}$ oder $= \frac{2\,.\,16}{4\frac{1}{2} + 3\frac{1}{2}} = 4$.

Gewöhnlich nimmt man von mehreren Stämmen den Abstand und ermittelt die Durchschnittszahl daraus, wobei man ziemlich genaue Resultate bekommen kann, ohne daß man eine Probefläche abzustecken nöthig hat; man geht da, wo der Bestand den mittleren Schluß zeigt, von Stamm zu Stamm, mißt jeweils Entfernung und Umfang, und erhält damit Resultate von ähnlicher Genauigkeit, wie mit Probeflächen, wenn man die Berechnung in nachstehender Weise durchführt.

In dieser Abstandszahl hat man einen wichtigen Faktor für den Massengehalt des Bestandes; durch Erhebung ins Quadrat erhält man den Standraum eines Stammes von 1 Fuß Umfang, und in dem Umfang der Stammgrundfläche liegt diese letztere selbst, sie ist gleich 0,0796 Quadratfuß. — Ist nun eine beliebige Abstandszahl gegeben, z. B. fünf, so weiß man, daß auf 1 Fuß der Umfangsstärke 5 Fuß der Standraumsseite kommen. Hat man die Umfangsstärke = 2 Fuß gefunden, so können wir das Verhältniß zwischen der Bodenfläche und der Stammgrundfläche ermitteln. Auf 2 Fuß Umfangsstärke kommt ein quadratischer Standraum mit der Seite 2 × 5 Fuß, also von 100 Quadratfuß. Die Stammgrundfläche ist aber bei 2 Fuß Umfang 0,318 Quadratfuß. Auf 1 Quadratfuß Bestandesfläche trifft es somit $\frac{0{,}318}{100} = 0{,}00318$. Diese Zahl, welche das Verhältniß zwischen der Bodenfläche und der Stammgrundfläche ausdrückt, nennt König den Stammgrundflächenantheil; mit dessen Hülfe kann man von jeder beliebigen Fläche, für welche die gleiche Abstandszahl gilt, die Stammgrundfläche finden, indem man die Bestandesfläche, in Quadratfußen oder Quadratmetern ausgedrückt, mit dem Stammgrundflächenantheil multiplicirt; auf

38400 Quadratfuß findet sich demnach eine Stammgrundfläche von 38400 mal 0,00318 = 122,1 Quadratfuß. Die mittlere Höhe multiplicirt mit Formzahl und Stammgrundfläche ergeben dann den Holzvorrath.

Aus der unmittelbar gemessenen Summe der Stammgrundflächen einer gewissen Bestandesfläche läßt sich umgekehrt wieder die Abstandszahl für dieselbe ermitteln, und dieses Verfahren giebt das zuverlässigste Resultat. Die Summe der Stammgrundflächen verhält sich zur Bestandesfläche wie die Stammgrundfläche des Stammes mit 1 Fuß Umfang (abgerundet 0,08) zu dem Standraum desselben. Zieht man aus diesem die Quadratwurzel, so erhält man die Abstandszahl, z. B.:

$$122{,}1 : 38400 = 0{,}08 : x \text{ und danach } x = 25{,}01.$$

Die Quadratwurzel aus 25 ergiebt den Abstand = 5.

§. 296.

Schätzung nach Vergleichsgrößen und Ertragstafeln.[1])

Die Vorrathsaufnahme durch Vergleichsgrößen besteht im wesentlichen darin, daß man die Wahrnehmungen, welche man in ähnlichen Beständen gemacht und die dabei gefundenen Ergebnisse auf andere analoge Verhältnisse anwendet. Diese Art der Massenschätzung ist bloß da zulässig, wo man von der Uebereinstimmung zweier Bestände bezüglich der Standorts- und Bestandesverhältnisse, namentlich der Vollkommenheit, Regelmäßigkeit und des Alters sich zuvor in verlässiger Weise versichern konnte; sie liegt, streng genommen, jedesmal der gutachtlichen Schätzung des durchschnittlichen Vorrathes zu Grunde.

Wie nun in diesem Fall die Erfahrung, welche ein Einzelner in beschränkteren Lokalverhältnissen gemacht hat, zu Erforschung eines unbekannten Holzvorrathes benützt wird, so kann man auch die Erfahrungen, welche von mehreren in größeren Waldgegenden unter ähnlichen Verhältnissen gemacht worden sind, diesem Zwecke dienstbar machen. Die systematische Bearbeitung und Zusammenstellung solcher Vorrathsaufnahmen nennt man Erfahrungstafel, Waldbestands-, Zuwachs- oder Ertragstafel. Es wird dazu erfordert, daß für normale Bestände jeder Holzart, Betriebsart und für merklich verschiedene Standortsverhältnisse jedesmal eine besondere Tafel aufgestellt werde, in welcher die Erträge für die einzelnen Jahre des Bestandesalters oder von 5 zu 5, beziehungsweise 10 zu 10 Jahren vorgetragen werden. cf. §. 224.

Die richtigsten Grundlagen hiefür bekommt man, wenn ein und derselbe größere Bestand in verschiedenen Altersstufen genau mathematisch aufgenommen wird. Hiezu sind aber, namentlich beim Hochwald, zu große Zeiträume erforderlich, deßhalb begnügt man sich vorerst noch damit, verschiedenalterige normale Bestände auf gleichem Standort aufzusuchen, und auf Grund

[1]) Die wichtigeren Ertragstafeln sind schon oben §. 224 namhaft gemacht.

dieser Anhaltspunkte für jedes zwischenliegende Altersjahr die fehlenden Zahlen durch Rechnung einzuschalten.

Bei Anwendung der Ertragstafeln zum Zweck der Holzvorrathsaufnahme hat man das Alter des fraglichen Bestandes genau zu erforschen, und wenn derselbe sodann auch noch diejenige Vollkommenheit besitzt, welche den Erfahrungstafeln zur Grundlage dient, so kann man unmittelbar aus denselben den Holzvorrath ablesen. Zeigt der Bestand aber einen andern Vollkommenheitsgrad, so muß dieser auf denjenigen der Erfahrungstafel zurückgeführt werden. Dies ist nun eine ziemlich schwierige Aufgabe; denn einmal ist der Vollkommenheitsgrad, welcher den Tafeln zu Grund liegt (in der Regel der normale), sehr schwer so genau zu bezeichnen, daß über das Bild desselben keine verschiedenen Ansichten entstehen könnten; dann ist die Reduktion des gegebenen Waldzustandes auf den normalen deswegen besonders schwierig, weil die Lücken des Bestandes ihrer Flächenausdehnung nach gewöhnlich sich nicht so genau bestimmen lassen; doch sind dies bei einiger Uebung leicht zu überwindende Schwierigkeiten, man kann sich bald in die Zahlen der gewählten Erfahrungstafeln einarbeiten, und sich dadurch ein Bild über die denselben zu Grunde liegende Normalität machen.

Zweites Kapitel.

Ermittlung des Zuwachses.

§. 297.

Verschiedene Zuwachsarten.

Eine weitere Aufgabe der Holztaxation ist die Ermittlung der Massenvermehrung, des Zuwachses beim einzelnen Baum wie beim Bestand, in Folge deren Zunahme an Höhe, Dicke, an Masse und Werth. — Dabei wird unterschieden:

1) jährlicher oder laufendjähriger Zuwachs: die Massenvermehrung, welche in einem gegebenen Jahr wirklich erfolgt.

2) periodischer Zuwachs, um welchen in einem bestimmten, mehrere Jahre umfassenden Zeitabschnitt, die Holzmasse sich vermehrt hat.

3) Der Gesammtzuwachs, Gesammtalterszuwachs oder summarische Zuwachs, welcher von Entstehung des Stammes oder Bestandes bis zu einem beliebigen späteren Zeitpunkt oder bis zum jetzigen Augenblick sich ergeben hat.

4) Der durchschnittliche Zuwachs, welcher aus dem wirklichen Zuwachs in einem bestimmten Zeitraum durch Division mit der Zahl der Jahre gefunden wird, und zwar:

a) durchschnittlich periodischer Zuwachs,

b) durchschnittlicher oder gemeinjähriger Gesammtalterszuwachs, auch kurzweg Durchschnittszuwachs.

Sämmtliche Zuwachsarten beziehen sich entweder bloß auf die Holzmasse oder auch auf deren Geldwerth, oder auf beide zusammen. Das stärkere Holz hat in der Regel einen höheren Preis pro Kubikmeter als das schwächere; es ergiebt sich hienach neben dem Holz- auch noch ein Preiszuwachs, welcher sich ebenfalls in Procenten ausdrücken läßt. Diese Preiszuwachsprocente, addirt zu den Holzzuwachsprocenten, ergeben annähernd den Werthzuwachs, ebenfalls in Procenten ausgedrückt. — Obgleich dieser Werthzuwachs von sehr großer Bedeutung ist, so wird ihm doch erst neuerdings mehr Aufmerksamkeit in der Literatur geschenkt, in der Praxis aber ist er verhältnißmäßig noch viel zu wenig beachtet.

Außerdem ist namentlich für längere Zeiträume noch der sogenannte Theuerungszuwachs zu beachten, welcher sich im Steigen der Holzpreise ausdrückt, als nothwendige Folge der abnehmenden Holzproduktion, der wachsenden Nachfrage und des sinkenden Geldwerthes. — Neuerdings ist aber unter dem Einfluß der Holzzufuhr vom Ausland der Theurungszuwachs eine etwas fragliche, wo nicht gar eine negative Größe geworden.

Der jährliche Holzzuwachs wird durch Standorts- und Bestandesverhältnisse, sowie durch die Waldbehandlung bedingt; er steht noch außerdem unter dem wechselnden Einfluß der Witterung des betreffenden Jahrganges. In einer längeren Periode gleichen sich aber diese Schwankungen vollständig aus; wenn man daher den Zuwachs mehrerer Jahre zusammenfaßt und den Durchschnitt daraus zieht, so erhält man stets ein sichereres Resultat, als wenn man den Zuwachs eines einzelnen Jahres für sich allein betrachtet.

Der höchste jährliche Durchschnittszuwachs tritt immer später ein, als der höchste laufendjährige Zuwachs; in dem Alter, wo ersterer am höchsten steht, wird die größte Holzmasse von einer gegebenen Fläche gewonnen. — Der Preiszuwachs steigt oft auch noch bei solchem Holze oder solchen Beständen, welche den höchsten jährlichen Massendurchschnittszuwachs überschritten haben; bei Brennholz ist dies übrigens selten und gilt vorzüglich nur für Nutzholz.

Der Zuwachs erfolgt an einzelnen Stämmen und ganzen Beständen. In beiden Fällen ist unter Umständen auch noch der Verlust an Holzmasse zu beachten, welcher während der Vegetation durch Absterben und Abstoßen einzelner Theile verursacht wird, z. B. an den Aesten, der Rinde, durch Faulwerden einzelner Stammtheile ꝛc. Bei ganzen Beständen ist überdieß noch derjenige Theil der Holzmasse besonders ins Auge zu fassen, welcher in Folge der naturgesetzlich mit zunehmendem Alter sich vermindernden Stammzahl durch die Zwischennutzungen (Reinigungshiebe, Durchforstungen) entfernt wird, oder abstirbt und unbenutzt bleibt. — Die Zuwachsberechnung erstreckt sich manchmal nur auf den Haubarkeitsertrag, manchmal nebenbei auch auf die Zwischennutzungen.

§. 298.
Ermittlung des bereits erfolgten Zuwachses.

Wenn man jährlich am Schluß der Wachsthumsperiode oder in bestimmten größeren Zwischenräumen die Holzmasse eines heranwachsenden Baumes oder Bestandes genau und stets nach der gleichen Methode aus der Grundstärke, Höhe und Formzahl bestimmt, nebenbei auch noch die erfolgenden Nutzungen mit dem sonst abgängig werdenden Material aufzeichnet, so kann man daraus die einzelnen Arten des Zuwachses ganz genau ermitteln. Dieses sicherste Verfahren führt nun aber selten in so kurzer Zeit zum Ziele, daß man sich dabei begnügen könnte; deßhalb wählt man in der Regel die andere Methode und nimmt mehrere Bestände von verschiedenem Alter aber gleicher Standorts- und Bestandesgüte genau auf, wodurch man in dem Unterschied des beiderseitigen Holzvorrathes den Zuwachs der betreffenden Periode und aus der mit dem Bestandesalter dividirten Gesammtholzmasse den durchschnittlichen Gesammtalterszuwachs für die Flächeneinheit kennen lernt. Darunter sind dann die Zwischennutzungen nicht begriffen, deren Ertrag jedoch annähernd aus den Durchforstungserträgen ähnlicher Bestände sich bestimmen läßt.

Die Zuwachsermittlung kann auch durch Erfahrungstafeln vorgenommen werden. Sobald die Standortsgüte und das Alter des Bestandes nach dem Maßstabe der Tafel festgestellt sind, läßt sich für den auf die Normalität reducirten Bestand der gegenwärtige, frühere und künftige Vorrath aus den Tafeln entnehmen, und somit auch die verschiedenen Arten des Zuwachses mit Leichtigkeit berechnen. Dieses Verfahren empfiehlt sich hauptsächlich bei jungen Beständen, so lange sie ihren Höhenwuchs noch nicht beendigt haben.

§. 299.
Die Baumanalyse.

Bei unseren Holzarten kann man nach Zerlegung des Stammes auf jedem horizontal geführten Durchschnitt die vor einer beliebigen Zahl von Jahren bestandene Stammstärke nach den Jahresringen feststellen und abmessen; jedoch ist die Rinde stets dabei ausgeschlossen. Da der innerste, älteste Jahresring sehr schwer und nur in dem kleinsten Theil des Stammes zu finden ist, so nimmt man den äußersten Jahresring zum Anhaltspunkt. Zuerst erforscht man das Alter des Stammes möglichst genau, indem man die Jahresringe des Durchschnittes am Wurzelknoten abzählt, was vom Mark aus nach verschiedenen Richtungen hin zu geschehen hat, um etwaige Fehler beim Zählen, oder durch falsche Jahresringe ꝛc. veranlaßt, zu vermeiden. Sollten Zweifel darüber entstehen, ob man wirklich auch den ältesten Jahresring auf dem Durchschnitt sehen kann, so führt man nochmals tiefer unten am Stamm einen Schnitt, oder spaltet den Stock am

Mark glatt ab. Beim Zählen der Jahresringe muß man sich dadurch kontroliren, daß man je etwa den zehnten oder zwanzigsten Jahresring im Kreis herum verfolgt und prüft, ob die von verschiedenen Seiten her vorgenommene Zählung auf demselben Ring zusammentrifft.

Zur genauen Bestimmnng des Stärkezuwachses ist aber ein Durchschnitt unmittelbar über dem Boden (am Wurzelknoten) nicht geeignet, man läßt zu diesem Zweck eine Scheibe bei Brusthöhe ausschneiden, diese wird glatt gehobelt und auf ihr die Jahresringe in Abständen von 10 oder 20 Jahren an 2 oder 3 eingezeichneten, im Mark sich schneidenden Linien kenntlich gemacht, an welchen durch unmittelbare Messung mit dem Maßstab der Durchmesser im betreffenden Alter sich ergiebt; diese Messung wird nach verschiedenen Richtungen hin vorgenommen und der Durchschnitt daraus gezogen, wobei allzu große Unregelmäßigkeiten und Abweichungen von der Kreisform umgangen oder doch gegenseitig ausgeglichen werden.

Um den Höhenzuwachs der einzelnen Perioden zu finden, muß der Stamm der Länge nach in verschiedenen Höhen durchgesägt werden. Je kleiner diese Abschnitte gemacht werden, um so genauere Resultate erhält man; sie dürfen auch verschiedene Länge haben und namentlich da, wo der Stamm stärker gewachsen ist, größer sein als da, wo der Höhenwuchs allmählig abnimmt. Wenn man nun sicher ist, daß ein solcher Durchschnitt, in der Nähe des Bodens geführt, die einjährige Pflanze getroffen hat, so kann man auf diesem das Alter des Stammes genau abzählen. Der nächste Schnitt, bei Brusthöhe, zeigt weniger Jahresringe, weil er die durch spätere Holzlagen mantelförmig eingehüllte ein-, zwei-, drei- 2c. jährige Pflanze nicht mehr treffen konnte; indem dieselbe in der Zeit von ein, zwei oder drei Jahren diese Höhe nicht erreicht hatte; aus dem Unterschied dieser beiden Zahlen läßt sich nun feststellen, wie viele Jahre die junge Pflanze nothwendig hatte, um jene Höhe zu erreichen. Ein Fehler kann sich hiebei allerdings einschleichen, wenn nämlich der Schnitt nicht genau mit dem Ende des Höhentriebes zusammentrifft. Bei den meisten Nadelhölzern geben die Astquirle in dieser Richtung sichere Anhaltspunkte zur Beurtheilung. Bei den Laubhölzern bleibt aber, wenn man sich von diesem Fehler frei halten will, nichts übrig, als auf mehreren Schnitten über oder unter dem erstgeführten sich die nöthige Gewißheit zu verschaffen. — In ähnlicher Weise werden von jedem weiteren Schnitt die Jahresringe gezählt und die Höhe vom Boden und vom nächsten Abschnitt vorgemerkt. Die Differenz zwischen der Zahl von Jahresringen einer Schnittfläche und dem Gesammtalter des fraglichen Stammes giebt das Alter, in welchem dieser die Höhe der betreffenden Sektion über dem Boden erreicht hat. Ebenso kann man aus dem Unterschied in der Zahl der Holzlagen an zwei verschiedenen Schnitten und aus der Entfernung dieser zwei Schnitte das Längenwachsthum in der entsprechenden Altersperiode ermitteln. — Hat man z. B. bei einem Stamm von 135 Jahren in 4 m Höhe 116, bei 12 m 92 Jahresringe gezählt, so hatte derselbe also im 19. Jahre eine Länge von 4 m, im 43. von 12 m erreicht und zwischen diesen beiden Altersstufen, in 24 Jahren, um 8 m zugenommen, in einem Jahre sonach um 33 cm. Der dritte Schnitt, 18 m über dem Boden, zeigt noch 80 Jahresringe, daraus ergiebt sich zwischen dem 43. und 55. Lebensjahre ein Höhenzuwachs von 6 m oder 0,5 m jährlich.

Gewöhnlich genügt aber die zufällige, durch das Zerlegen in Sektionen erhaltene Höhe bei entsprechendem Alter nicht, man wünscht öfters für andere Altersstufen die damalige Länge des Baumes zu wissen. Diese findet man durch Einschaltung, Interpolirung. Hiezu hat man zwei Wege, und zwar durch Rechnung oder durch Zeichnung. Bei letzterer zieht man eine wagerechte, in gleiche, der Zahl der Jahre entsprechende Abschnitte getheilte Linie, errichtet auf sämmtlichen Theilungspunkten senkrechte Linien, und giebt denjenigen davon, welche nach der Theilung der Wagerechten diesen Altersstufen entsprechen, mit einem beliebigen, nicht zu kleinen Maßstab die der Höhe des Baumes analoge Länge, bezeichnet sodann die Endpunkte, welche aus freier Hand oder mittelst eines Kurvenlineals in entsprechenden Bogen mit einander verbunden werden. Die dadurch entstehende Linie stellt den Gang des Höhenwuchses durch alle Altersstufen dar, und man findet die Höhe von den zwischenliegenden Stufen, wenn man die im entsprechenden Punkt der Horizontalen errichtete Senkrechte bis zum Schnitt der Kurve mit demselben Maßstab mißt, mit dem die übrigen Höhen aufgetragen sind. — Die Verwendung von sogenanntem Millimeterpapier erleichtert diese Arbeit wesentlich.

Das Interpoliren durch Rechnung geschieht auf folgende Weise: man dividirt mit dem Altersunterschied zweier Schnittflächen in deren Abstand, und erhält sonach den mittleren Höhenzuwachs auf 1 Jahr der betreffenden Altersperiode. An den Schnittflächen hat man einen festen Anhaltspunkt für die Höhe einer gewissen Altersstufe; will man nun für ein anderes, zwischen den zwei Abschnitten liegendes Altersjahr die Höhe wissen, so addirt oder subtrahirt man zu oder von der Höhe der nächsten Altersstufe den durchschnittlichen Höhenzuwachs, multiplicirt mit der Differenz der Jahre. Diese Art der Interpolirung giebt aber keine so genauen Resultate. — Sollte man aus obigen Zahlen die Höhe für das 40. Jahr bestimmen, so erhält man dafür zunächst $12 - (3 \times 0{,}33) = 11$ m; da aber in der folgenden Periode der jährliche Höhenzuwachs auf 0,5 m gestiegen ist, so leuchtet ein, daß derselbe am Ende des vorherigen Zeitabschnittes zwischen 40 und 43 Jahr näher bei 0,5 als bei 0,33 gelegen haben wird, man erhielte dann $12 - (3 \times 0{,}5) = 10{,}5$ m und muß annehmen, daß das Richtige zwischen diesen beiden Größen liegen werde. Bei langsamerem Wuchs ergeben sich übrigens viel geringere Differenzen, die man eher übersehen kann.

Aus der Höhe und dem Durchmesser in jedem beliebigen Alter kann man dann den wirklichen Massengehalt des Stammes mit Hülfe der Formzahl finden. Letztere läßt sich an dem liegenden Stamm unmittelbar erheben, gilt aber dann nur für diese Altersstufe, und muß für die jüngeren gutachtlich nach Erfahrungen an anderen Bäumen festgestellt werden; doch hat man hiezu einen Anhaltspunkt an der gegenwärtigen Formzahl des Stammes. Die Rinde bleibt dabei stets unbeachtet.

Der Zuwachs an den Aesten und Zweigen wird entweder direkt durch Zerlegung in Sektionen ꝛc. ermittelt oder gutachtlich durch das Verhältniß zwischen Ausbauchung und Vollholzigkeit. Im ersteren Fall läßt sich das Geschäft wesentlich erleichtern, wenn man die Aeste nach ihrer Stärke und ihrem Zuwachs in Klassen bringt, und dann für jede Klasse ein oder mehrere Musterstücke wählt, um danach für alle übrigen den Zuwachs zu berechnen. — Da aber die Astmasse nicht bloß im Verhältniß zum Gesammtholzertrag, sondern namentlich bezüglich des Geldwerthes sehr zurücktritt, so werden derartige Untersuchungen nur selten vorgenommen.

§. 300.

Einfacheres Verfahren.

Häufig kann man auch auf einfacherem Wege zu einem annähernd genauen Resultate kommen, wenn es sich nämlich um Stämme handelt, welche ihr Höhenwachsthum größtentheils oder ganz beendigt haben. Will man von solchen den Zuwachs für diejenige Periode, in welcher der Längenwuchs nachgelassen hat, erforschen, so wird von mehreren stehenden Bäumen die Dicke einer entsprechenden Anzahl von Jahresringen an mit dem Preßler'schen Zuwachsbohrer aus dem Stamm herausgebohrten Probespähnen abgemessen und die so gefundene Dicke dieser Schichte vom gegenwärtigen Halbmesser (ohne Rinde) einfach, vom Durchmesser doppelt abgezogen, hierauf aber aus den beiden Durchmessern bei gleicher Höhe und entsprechender Formzahl oder mit Hülfe der bairischen Massentafeln der Kubikgehalt des gegenwärtigen und des vor jener Zahl von Jahren vorhandenen Stammes ermittelt; in der Differenz beider erhält man den Zuwachs der letzten Altersperiode. Die Erforschung desselben ist gerade bei den haubaren (im Höhenwuchs meist stillstehenden) Beständen häufig nothwendig, wobei dieses einfache Verfahren genügt. Man hat dabei nur solche Stämme zum Muster zu nehmen, welche im durchschnittlichen Schluß des betreffenden Bestandes erwachsen sind und also nie zu gedrängt oder zu frei standen. — Wenn ein Unterschied in der Höhe nicht eingetreten ist, kann auch das Verhältniß der beiden Kreisflächen zur Feststellung des Zuwachses nach Procenten benützt werden. In diesem Falle spricht man vom Flächenzuwachs des Stammes. Außerdem kommt auch noch die Stammgrundfläche aller auf 1 ha stehenden Bäume in Betracht, be welcher mit zunehmendem Alter ein Stammgrundflächenzuwachs sich ergiebt.

Ist auf diese Weise der Zuwachs des mittleren Stammes einer Stärken- oder Höhenklasse gefunden und die Zahl der Stämme bekannt, so ist der Zuwachs an den sämmtlichen Bäumen der ganzen Klasse durch Multiplikation leicht zu berechnen. Aus dem Zuwachs der sämmtlichen Baumklassen findet man den Zuwachs, welcher auf einer bestimmten Fläche erfolgt ist. Da aber stets ein Theil der Stämme mit der Zeit abgängig oder herausgenommen wird, so kann auf diesem Wege nur für kürzere Perioden, in denen keine merkliche Verminderung der Stammzahl erfolgt, der Zuwachs ganzer Bestände mit annähernder Sicherheit bestimmt werden.

Der Massenzuwachs wird entweder auf die Flächeneinheit, neuerdings also per Hektar in Festmetern berechnet oder auch in Procenten der Holzmasse ausgedrückt. Das Zuwachsprocent ergiebt sich aus M, dem Vorrath des älteren Bestandes und m, dem des um n Jahre jüngeren, wobei $\frac{M + m}{2}$ das durchschnittliche Holzvorrathskapital ausdrückt; man erhält damit folgende Proportion: $\frac{M + m}{2} : \frac{M - m}{n} = 100 : x$, also $x = 100 \frac{M - m}{n} : \frac{M + m}{2} = \frac{200}{n} \times \frac{M - m}{M + m}$. Statt M und m kann bei stillstehendem Höhenwachsthum auch D^2 und d^2 gesetzt werden. Mit dieser Formel läßt sich sowohl der Massen- wie der Werthzuwachs berechnen.

Die Zuwachsprocente stehen in umgekehrtem Verhältniß zur Standortsgüte, sie sind größer auf schlechterem Boden als auf gutem, z. B. im 80. Jahre für Derbholz bei der

	I.	II.	III.	IV.	V. Bonität
Fichte nach Baur	1,2	1,3	1,5	2,0	—
Buche desgl.	1,3	1,5	1,6	2,1	3,0
do. Gesammtertrag	1,3	1,4	1,5	1,5	1,7
Kiefer (Weise) Derbholz	0,7	0,7	0,9	0,6	0,8
Weißtanne (Lorey) Derbholz	2,58	2,60	3,20		

Alle diese Zahlen beziehen sich nur auf das Verhältniß zwischen dem 80jährigen Einzelbestand und dem laufenden Zuwachs in der nächstfolgenden Periode; sie geben also nur für den aussetzenden Betrieb wirkliche Anhaltspunkte, weil ja der nachhaltige Betrieb in seiner regelmäßigen Altersabstufung einen annähernd um die Hälfte (oder darüber noch hinausgehend) geringeren Vorrath zu verzinsen hat, wobei das Verhältniß zwischen diesem Gesammtvorrath und dem ältesten hiebsreifen Bestand, das Nutzungsprocent, zum Ausdruck kommt. In den Tafeln von Weise sind diese

Procente berechnet und stellen sich wiederum im 80. Jahre für die fünf Standortsklassen, mit der ersten beginnend, beim Derbholz = 2,6 ... 2,8 ... 2,9 ... 3,0 und 3,2.

Hierin ist der Werthzuwachs noch nicht zum Ausdruck gekommen, in welcher Hinsicht auf die bereits oben §. 244 aufgenommene Tabelle Bezug genommen wird.

Was den Zuwachsverlust durch Absterben einzelner Baumtheile betrifft, so kann solcher überall unbeachtet bleiben, wo die Gewinnung des betreffenden Materials sich für den Waldbesitzer nicht lohnt. Im andern Fall, z. B. bei Bestimmung des Ertrages der Leseholznutzung, muß hauptsächlich durch unmittelbare Messung an einzelnen Stämmen dieser Verlust in verschiedenen Perioden erhoben werden; auch durch vergleichende Untersuchung mehrerer Stämme von verschiedenen Altersstufen kann man der Wirklichkeit sich nähernde Resultate erlangen. Zuwachsverluste durch Fäulniß des Stammes 2c. kommen da und dort häufig vor, und sind deßhalb zu beachten, sie lassen sich aber natürlich nur annähernd schätzen.

§. 301.

Ermittlung des künftigen Zuwachses.

Von dem auf die eine oder andere Weise ermittelten seitherigen Zuwachs wird sodann auf den künftigen Zuwachs geschlossen. Dieser läßt sich natürlich noch viel weniger mit mathematischer Schärfe bestimmen; man kann jedoch zu diesem Zweck die im seitherigen Wachsthumsgange liegenden Anhaltspunkte benützen und dadurch zu einem ziemlich sicheren Schluß kommen. Zunächst ist der allgemeine Zuwachsgang ins Auge zu fassen, welcher anfangs bei den meisten Hölzern sehr langsam vor sich geht und in einer folgenden Periode durch rasche Vermehrung der Schaftlänge sich charakterisirt; hierin tritt später ein Stillstand ein, wogegen aber der Zuwachs in die Dicke noch länger in gleicher Stärke andauert, bis allmählig auch dieser schwächer wird und zuletzt ganz still steht, oder gar bei kranken und angefaulten Bäumen ein rückgängiger wird.

Die Berechnung für den gleichbleibend angenommenen Stärkezuwachs eines Stammes geht von der Voraussetzung aus, daß der in den letzten n Jahren am Durchmesser erfolgte Zuwachs b zur Hälfte innerhalb des gegenwärtigen Stammes, zur Hälfte außerhalb desselben sich angelegt habe; also ist der jetzige Durchmesser D; der vor n Jahren $D - \frac{b}{2}$ oder kürzer D_2; der nach n Jahren $= D + \frac{b}{2}$ oder D_3; so erhält man den n jährigen Zuwachs $Z = \frac{\pi}{4} h (D_3 + D_2)(D_3 - D_2)$.

Bei ganzen Beständen ist der Zuwachsgang ein anderer, als beim einzelnen Baum, weil die mit dem Alter abnehmende Stammzahl und der Schluß des Bestandes auch noch wesentlich auf die Größe des Zuwachses einwirken. So lange die vorhandene Holzmasse noch zu gering ist, bei jungen und mittelwüchsigen Beständen, läßt sich der künftige Zuwachs am sichersten durch Erfahrungstafeln oder durch Vergleichung mit älteren Beständen von derselben Bonität ermitteln.

In höherem Alter, namentlich in der Periode nach Beendigung des vorherrschenden Höhenwuchses, ist schon der größte Theil des Haubarkeitsertrages vorhanden, man hat daher in dem Holzvorrath ziemlich sichere Anhaltspunkte. Hier ist dann ausnahmsweise noch das analytische Verfahren zulässig, wenn in den geschlossenen Beständen die Stammzahl sich nicht mehr erheblich vermindert, oder wenn in Folge der eingeleiteten Verjüngung oder etwaiger Lichtungshiebe der Zuwachsgang ein anderer wird als in geschlossenen Beständen. Man erforscht dann an einer größeren Zahl von Stämmen den Zuwachs einer bestimmten vergangenen Periode und schließt von diesem auf den künftigen Zuwachs. Dabei dürfen jedoch folgende Vorsichtsmaßregeln nicht außer Acht gelassen werden:

1) ist die Erforschung des rückwärts liegenden Zuwachses auf keinen zu langen und keinen zu kurzen Zeitraum auszudehnen. Derselbe darf nicht unter 3—5 Jahre umfassen, weil sonst die zufälligen Schwankungen des jährlichen Zuwachses ein unrichtiges Resultat bewirken könnten. Ueber 10—12 Jahre darf er nur da genommen werden, wo der Einfluß von Durchforstungen ꝛc. eine größere Ungleichheit bedingt hat, oder wo regelmäßig wiederkehrende Hiebe solche veranlassen, wie z. B. beim Oberholz im Mittelwald, wo auf eine ganze Umtriebszeit zurückgegriffen werden muß;

2) ist zu erforschen, ob der Zuwachs der Stämme ein steigender, gleichbleibender oder fallender ist. In Verbindung mit der äußeren Erscheinung der Stämme kann dies dadurch ermittelt werden, daß man den zu untersuchenden Holzring (nicht Jahresring) in mehrere Ringe theilt und jeden besonders berechnet. Hiebei ist aber zu beachten, in wie weit etwa versäumte Durchforstungen ꝛc. darauf Einfluß gehabt haben können;

3) ist bei Auswahl der Stämme auf eine entsprechende Stellung und auf die sonstigen Eigenschaften zu achten, um richtige Mittelwerthe zu erhalten; die Stämme von mittlerer Stärke sind in den Fällen nicht ganz maßgebend, wenn sie unter dem Einfluß stärkerer Stämme oder in zu gedrängtem Stande nicht den wirklichen Durchschnittszuwachs anlegen konnten;

4) ist der Bestandesschluß und die Stammzahl (mit Ausschluß des Zwischenbestandes) zu berücksichtigen;

5) ist der so für die letzte Periode erhaltene Zuwachs auf keinen zu großen, vorwärts liegenden Zeitabschnitt anzuwenden, oder es sollte derselbe im entgegengesetzten Fall womöglich noch unter Vergleichung mit dem Zuwachsgang ähnlicher, älterer Bestände vermindert oder erhöht werden.

In den meisten Fällen wird der seitherige, aus dem Gesammtalter des Bestandes gefundene Haubarkeits-Durchschnittszuwachs für die künftige Massenvermehrung zum Anhaltspunkt genommen. Dies ist das einfachere und auch sicherere Verfahren, namentlich richtig bei Beständen, die in ein Alter getreten sind, in welchem der jährliche Zuwachs und der Durchschnittszuwachs annähernd gleich stehen. Wird der Durchschnittszuwachs mit dem periodischen Zuwachs in der Art verglichen, daß man an letzterem namentlich das Steigen und Sinken der Massenvermehrung prüft und ersteren danach korrigirt, so wird dies für haubare und angehend haubare Bestände immer ein ziemlich annäherndes Resultat geben.

Für die mittelwüchsigen und jüngeren Bestände erhält man aus verlässigen Ertragstafeln die sichersten Anhaltspunkte über deren Massenzuwachs, so lange es sich um regelmäßige, gleichalterige und annähernd geschlossene Bestände handelt. Dagegen bietet ihre Anwendung auf sehr unvollkommene und lückenhafte Bestände, mehrfache Schwierigkeiten, weil der Grad des Schlusses schwer zu ermitteln und mit dem den Ertragstafeln zu Grund liegenden ins richtige Verhältniß zu bringen ist und weil hier häufig der unterbrochene Schluß in späterer Zeit anders als bisher (nachtheilig oder günstig) einwirkt, ohne daß man dies genauer in Zahlen auszudrücken vermöchte.

In angehauenen, im Abtriebe befindlichen Beständen wird während der Verjüngungsdauer periodenweise oder jährlich ein Theil des Altholzes herausgezogen, der Zuwachs erfolgt deßhalb von einem stets kleiner und zuletzt ganz aufhörenden Kapital, sei es nun, daß man sich die Verjüngung in Dunkel-, Licht- und Abtriebsschlägen oder in Kahlhieben vorgenommen denkt, sofern bei letzterem Verfahren überhaupt nur eine mehrjährige Abtriebsdauer unterstellt wird. Für solche Fälle genügt das einfache Verfahren, daß man den vollen Zuwachs des geschlossenen Bestandes für die halbe Abtriebsdauer in Ansatz bringt. Wird nun in der ersten Hälfte des Verjüngungszeitraumes weniger als die Hälfte des Vorrathes geschlagen, so entsteht dadurch ein positiver Fehler, der noch erhöht wird, wenn durch die lichte Stellung der Zuwachs an den einzelnen Stämmen sich steigert. Im entgegengesetzten Falle ist natürlich ein negativer Fehler möglich. Bei einer größeren Zahl von Beständen gleicht sich dies übrigens jedenfalls so weit aus, daß die Ergebnisse dieses Verfahrens hinlänglich sichere Zahlen erwarten lassen.

Außer dem Gesammtzuwachs ist aber manchmal auch noch der Zuwachs in einzelnen Sortimenten zu wissen nöthig, namentlich handelt es sich oft darum, zu erfahren, in welcher Zeit eine gewisse Stärke des Stammes zu erwarten sei. Hier haben, wenn es sich um zukünftige Stärken handelt, die Taxatoren noch weniger festen Boden; es ist in solchen Fällen das gerathenste, in Schlägen an einer größeren Zahl von älteren Stämmen auf entsprechendem Standort die nöthigen Untersuchungen anzustellen und von diesen auf die jüngeren Stämme zu schließen. Beim Schluß auf ganze Bestände ist zu beachten, daß stets einzelne Stämme faul oder sonst schadhaft sind, beim Fällen zerbrechen, vom Wind beschädigt werden ꝛc.; man hat demnach entsprechende Abzüge zu machen. — Neuerdings hat übrigens Professor Schuberg in Karlsruhe sehr interessante Untersuchungsergebnisse über das Vorrücken in die höheren Stärkeklassen aus dem badischen Schwarzwald veröffentlicht, vgl. Baur, Centralbl. 1886, S. 213.

Auch zum Zweck der Ausmittlung des Werthzuwachses sind hauptsächlich Erhebungen an einer größeren Zahl von gefällten Stämmen in den ordentlichen Jahresschlägen nothwendig; da hiefür meistens der Gesammtkubikgehalt oder die obere Stärke des Stammes maßgebend sind.

§. 302.

Holzertragsberechnung für den Einzelnbestand.

Der Haubarkeitsertrag des hiebsreifen Bestandes ist gleich seiner gegenwärtig vorhandenen Holzmasse; durch genaue Aufnahme dieser wird also auch jener ermittelt. Dabei ist jedoch der beim Fällen und Aufarbeiten sich ergebende Verlust noch zu beachten, welcher je nach ortsüblicher Gewohnheit ein ganz geringer sein, aber auch sich sehr erheblich steigern kann, wenn z. B. ausnahmsweise die Säge noch nicht zur Anwendung kommt, oder die Rinde, das Astreis ꝛc. unbenutzt zurückgelassen werden muß. Unter Umständen kommt auch noch ein Verlust beim Ausrücken in Betracht, namentlich beim Abstürzen über steile Gehänge und Felshalden. Diese Verluste sind auch bei den nachfolgenden Fällen in Rechnung zu nehmen.

Bei annähernd haubarem Holze ist dem Vorrath noch der Zuwachs bis zur Zeit des Anhiebes und während des Abtriebes zuzuschlagen, nachdem derselbe in einer oder der anderen oben beschriebenen Weise ermittelt worden ist, wobei man sich in der Regel auf den Haubarkeitszuwachs (mit Ausschluß der Zwischennutzungen) beschränkt. Der Holzvorrath ist hiebei in der Regel der überwiegende Theil des Ertrages, und somit wird auch in diesem Fall eine genaue Messung desselben nöthig. — Der aus den Zwischennutzungen zu erwartende Ertrag ist stets getrennt vom Haubarkeitsertrag zu veranschlagen und zu buchen. Dabei ist bezüglich der später anfallenden Durchforstungen mit besonderer Vorsicht zu verfahren, da die verschiedenen Verhältnisse, welche darauf einwirken, nicht immer so klar und deutlich vor Augen liegen, wie dies bei den Hauptertägen der Fall ist.

Bei mittelwüchsigen Beständen giebt der Holzvorrath weniger Anhaltspunkte, weil der künftige Ertrag zum größten Theil in dem erst erfolgenden Zuwachs besteht; hier ist mehr die Ertragsfähigkeit des Standortes in die Wagschale zu legen, obgleich der Holzwuchs, der Schluß des Bestandes, dessen Behandlung ꝛc. ebenso sehr beachtet werden müssen. Bei jüngeren Beständen und bei solchen, die erst im Entstehen begriffen sind, bildet dann die Ertragsfähigkeit des Standortes und der Holzart den einzigen Anhaltspunkt.

Hieraus schon ergiebt sich, daß die Ertragsberechnung je für einzelne kleinere Flächen besonders vorgenommen werden muß; am schicklichsten sind hiezu die Abtheilungen, beziehungsweise die Unterabtheilungen. Für jede derselben wird der wahrscheinliche Ertrag nach Maßgabe ihrer Standorts- und Bestandesverhältnisse berechnet, und das Alter des Bestandes oder die betreffende Periode des Berechnungszeitraumes (§. 311) beigesetzt, in welchen die einzelnen Haupt- und Zwischenerträge erfolgen werden.

Es ist aber besonders auch noch die Waldbehandlung bei den mittelwüchsigen und jüngeren Beständen von wesentlichem Einfluß auf die Größe des künftig erfolgenden Zuwachses, und somit auch auf die Größe des Ertrages; bevor also in solchen Beständen von einer Ertragsberechnung die Rede sein kann, muß deren künftige Behandlung festgestellt sein. Dies geschieht durch die Anwendung derjenigen Grundsätze, welche in der Betriebslehre näher entwickelt worden sind; es muß also zuerst eine Verständigung eintreten über die zu wählende Betriebsart, Holzart, Umtriebszeit, Verjüngungsweise, über die Ausdehnung und Wiederkehr der Durchforstungen, über den Umfang der Nebennutzungen ꝛc. Die weiteren, auf den Ertrag einwirkenden Verhältnisse sind ebenfalls zu beachten, namentlich die Berechtigungsansprüche Dritter an den Wald und die Häufigkeit oder Schädlichkeit der unbefugten Eingriffe in das Waldeigenthum. Aus der Vergleichung mit anderen ähnlichen oder mit direkt entgegengesetzten Verhältnissen wird sich dann leicht der Einfluß des einen oder andern der hier aufgeführten Momente auf den Ertrag ansprechen lassen.

Drittes Kapitel.

Von Ausmittlung des Alters.

§. 303.

Das Alter eines einzelnen Stammes wird ermittelt durch Abzählung der Jahresringe auf seiner Grundfläche, d. h. womöglich in der Höhe, welche die einjährige Pflanze noch erreicht hat. Gewöhnlich kann man aber den Hieb nicht so tief führen, und muß dann annähernd schätzen, wie alt die junge Pflanze etwa gewesen sei, als sie so hoch war, daß ihr Gipfel noch die betreffende Abhiebsfläche erreichte. Hiebei hat man hauptsächlich den Wachsthumsgang zu berücksichtigen, wie er sich auf der Abhiebsfläche für jene Wachsthumsperiode darstellt, und die sonstigen Eigenthümlichkeiten des jugendlichen Wachsthums bei der betreffenden Holzart.

Die Altersermittlung für ganze Bestände wird wesentlich vereinfacht und erleichtert durch die neuerdings auch aus anderen Gründen mehr ins Einzelne gehende Trennung der Bestandesverschiedenheiten, wofür das Alter hauptsächliche Veranlassung giebt.

Das *durchschnittliche Stammesalter* eines Bestandes erhält man, wenn man von mehreren Stämmen das Alter ermittelt und aus der

Summe das arithmetische Mittel nimmt. Dieser Durchschnitt giebt für das Alter eines ganzen Bestandes nur dann eine richtige Zahl, wenn der Bestand ziemlich gleichaltrige Stämme enthält, und wenn man von den einzelnen Altersklassen die ihrem mehr oder minder zahlreichen Vorkommen entsprechende Zahl von Stämmen in die Berechnung einbezogen hat.

Das wahre Lebensalter eines Stammes giebt aber nicht immer einen richtigen Anhaltspunkt, weil öfters ungünstige Einflüsse in der Jugend, oder in späteren Altersperioden das Wachsthum gehemmt haben können. Eine Tanne oder Buche, die lange im Druck stand, ist im dreißigsten Jahr vielleicht kaum so hoch und stark, als eine andere, die sich frei von diesen Hemmnissen entwickeln konnte, bei den gleichen Standortsverhältnissen, im fünften oder sechsten Jahr ist. Diesen Einfluß zu bemessen und in Zahlen auszudrücken, ist schwierig; gewöhnlich begnügt man sich damit, ihn annähernd zu schätzen und das Alter um eine entsprechende Zahl von Jahren niedriger anzunehmen.

Hätte man Ertragstafeln, deren Richtigkeit für alle Fälle verbürgt, und deren Anwendung überall unzweifelhaft wäre, so könnte man das richtige effektive Alter (Massenalter) dadurch finden, daß man von einem vollkommenen, regelrecht erzogenen Bestand den Vorrath berechnete und in den Ertragstafeln nachsehen würde, welche Altersziffer diesem Vorrath gegenüber stünde. Bei unvollkommenen Beständen würde die Anwendung der Ertragstafel schon etwas unsicher. Da aber dieses Hülfsmittel noch nicht in genügender Vollkommenheit zu Gebot steht, so bestimmt C. Heyer das Massenalter annähernd dadurch, daß die Summe des Massengehaltes sämmtlicher Altersklassen durch die Summe des Durchschnittszuwachses aller Altersklassen dividirt wird, wobei der Quotient die Zahl des Durchschnittsalters angiebt. — Dabei, wie bei allen Arten der Altersermittlung ist zu beachten, daß man solche Altersklassen, nach denen sich die Behandlung nicht richtet, unbeachtet zu lassen hat; z. B. die unterdrückten Stämme, oder eine Holzart, die einzeln eingesprengt vorkommt, und bei der nächsten Durchforstung entfernt werden soll, ebenso etwaigen Vorwuchs, oder vereinzelte Ueberhälter. Wenn nöthig, wird für solche ihr Alter besonders ermittelt und vorgetragen.

Viertes Kapitel.

Flächenvermessung und Kartirung.

§. 304.

Die Flächenvermessung, obgleich mehr Sache des Geometers als des Forstwirthes, muß doch von diesem geleitet werden. Hervorzuheben ist, daß neuerdings der Gebrauch des Theodoliten immer allgemeiner wird wegen der größeren, mit Hülfe dieses Instrumentes erreichbaren Genauigkeit. — Vor Beginn der Vermessung müssen die Eigenthumsgrenzen genau festgestellt und berichtigt werden; womöglich ist ihnen zuvor durch zweckmäßige Arrondirung eine passende Form zu geben. Auch zwischen belasteter und unbelasteter Fläche sind deutliche Grenzpunkte und Grenzlinien herzustellen. Die zu Gunsten oder zum Nachtheil des betreffenden Waldes bestehenden Ausfahrten und Ueberfahrten über anstoßende, fremde Grundstücke sind kenntlich zu machen und dem Geometer deren Aufnahme und Vermessung aufzutragen.

Im Wald selbst geht die Bildung von Abtheilungen und Unterabtheilungen der Vermessung voraus; jene ist ausschließlich Aufgabe des Taxators und es sind nur forstliche Rücksichten dabei maßgebend (vgl. §. 247 und 248). Auch das Wegnetz soll gleichzeitig in seinen Hauptzügen festgestellt sein; und wenn auch nicht alle Wege sogleich gebaut werden können, so sollen doch diejenigen, welche mit Abtheilungslinien zusammenfallen, vorläufig durchgehauen werden. Dabei darf die Verbindung der Waldwege mit den öffentlichen Straßen außerhalb des betreffenden Waldeigenthumes nicht unbeachtet bleiben, und muß solche wenigstens so weit angegeben werden, als es zur Verdeutlichung der Hauptrichtungen, in welchen sich der Holzabsatz bewegt, nothwendig ist.

Die weiteren, im Innern des Waldes aufzunehmenden Einzelheiten erstrecken sich auf die Gewässer, Schluchten, Felswände, auf sonstige unfruchtbare, nicht kulturfähige Flächen; auf größere Blößen, auf die Kohlstellen, Holzlagerstätten, Flößereianstalten, Sägemühlen, auf die Wohnungen und Dienstgründe des Forstpersonals, welche sich im Wald selbst oder in dessen Nähe befinden. Die Grenzen der Wirthschaftskomplexe, der Hiebszüge und die politische Eintheilung sind bei der Vermessung ebenfalls aufzunehmen und in die Karten einzuzeichnen; auch sind von den benachbarten Grundstücken die abgehenden Grenzlinien und die Kulturarten anzugeben. Wie weit die Blößen besonders auszuscheiden und geometrisch aufzunehmen sind, hängt von der verlangten Genauigkeit des Geschäftes ab; die bleibend ertraglosen sind jedenfalls schon bei geringerem Umfang zu vermessen, als die kulturfähigen; in Beständen, welche bald zur Verjüngung kommen, wo die betreffenden Größen also bald ertragsfähig gemacht werden können, hat die genauere Ausscheidung keinen so großen Werth wie da, wo die betreffenden Flächen mehrere Perioden hindurch ertraglos bleiben müssen, weil der umgebende Bestand deren Aufforstung verhindert. — Bei nicht kulturfähigen Blößen wird man unter Umständen die Ausscheidung bis auf 0,20 ha herab verlangen, bei kulturfähigen dagegen nur bei 1 ha und darüber.

Die Kartirung der Waldungen hat mehrfache Zwecke, und je nach dem Zweck wird auch der Maßstab dafür gewählt. Für die eigentlichen Wirthschaftskarten darf derselbe nicht zu klein sein; man nimmt dafür gewöhnlich den 5000theiligen Maßstab; Uebersichtskarten können 20—50000=theilig gezeichnet werden: je nach dem Umfang der betreffenden Forste und dem größeren oder geringeren Detail der Terrain= und Bestandesverhältnisse. Dabei soll jederzeit auch die Skala des benützten Maßstabes und die Jahreszahl der Aufnahme angegeben sein.

Zu manchen forstlichen Zwecken ist die Angabe des Terrains auf den Karten sehr erwünscht, man hat deßhalb vielfach auch **Terrainkarten** verlangt; doch stört auf der andern Seite die in gewöhnlicher Weise ausgeführte Terrainzeichnung den Ueberblick, weßhalb man vorzieht, nur die Höhenhorizontalen von 10 zu 10 m oder von größerem Abstand einzutragen; so daß also jede solche Linie alle Punkte von gleicher absoluter Höhe mit einander verbindet, und aus dem näheren oder weiteren Beisammenliegen derselben die größere oder geringere Neigung des Hanges alsbald ersichtlich wird.

Außerdem werden die Karten zur Darstellung des gegenwärtigen Zustandes der Bestände benützt (**Bestandeskarten**); indem man die verschiedenen Betriebsarten, Holzarten, Alters= und Standortsklassen ꝛc. darstellt; für jede Holzart nimmt man eine besondere Farbe und für jede Altersstufe einen besonderen Ton der Farbe, für die älteren den dunkelsten, für die jüngsten den lichtesten und legt auf der Karte alle gleichalterigen und mit den gleichen Holzarten bestandenen Flächen mit den gleichen Farbentönen an. Daraus ergiebt sich ein sehr deutliches Bild des jetzigen Waldzustandes. Weniger anschaulich gestaltet sich die Sache, wenn die Altersklassen durch koncentrische Ringe, die jüngste 1—20jährige mit einem, die folgende mit 2 u. s. w. bezeichnet werden, oder durch die Zahl eingezeichneter Laubblätter oder Punkte.

Ferner wird auch noch der dem Taxator vorschwebende ideale **künftige** Zustand des Waldkomplexes in Farben und Farbentönen auf einer besondern Karte dargestellt, und wenn man beiderlei Karten zusammenhält, so erfaßt auch ein Ungeübter oder ein weniger Lokalkundiger alsbald die Mängel des gegenwärtigen Zustandes mit **einem** Blick und das anzustrebende Ziel der Wirthschaft wird durch nichts so klar und deutlich ausgedrückt, wie durch eine solche Karte; selbst der Taxator wird dadurch auf manches noch aufmerksam, was ihm ohne dieses Hülfsmittel entgangen wäre, er ist genöthigt, den Plan viel schärfer auszuarbeiten und umsichtiger zu überlegen; deßhalb ist die Entwerfung eines solchen idealen Bildes von dem künftigen Zustand den Zwecken der Wirthschaftseinrichtung und rationellen Wirthschaftsführung äußerst förderlich, es sollte deßhalb die Kartirung womöglich auch auf diesen „**Hiebsplan**" ausgedehnt werden. — Annähernd wird der gleiche Zweck erreicht durch die Einzeichnung der **Hiebszüge** in die Karte, wobei die Richtung, in welcher die Hiebe vorrücken, durch Pfeile bezeichnet ist, und die Stellen, an welchen der Anhieb zu erfolgen hat, besonders kenntlich gemacht werden.

Fünftes Kapitel.

Von der Bonitirung.

§. 305.

a) Des Standortes.

Der sicherstèrste Maßstab zu richtiger Bemessung der Ertragsfähigkeit ist die vorhandene Holzmasse des hiebsreifen, normal bestockten und von Jugend an regelrecht behandelten Bestandes. Dieses Mittel ist aber nicht überall zur Hand, wir müssen uns öfter mit unvollkommenen, unregelmäßigen und schlecht behandelten, oder mit jüngeren Beständen behelfen. Von dem Vorrath und Wachsthum der jüngeren Altersstufen läßt sich nicht mit Sicherheit auf den künftigen Ertrag schließen, weil der Zuwachs öfters wechselt; je nachdem die Wurzeln auf eine gute oder schlechte Bodenschichte, auf stockende Nässe oder Felsen im Untergrund stoßen. In solchen Fällen muß also der Boden durch Nachgrabungen an verschiedenen Stellen genau untersucht und sachgemäß beurtheilt werden.

Bei unregelmäßigen Beständen ist der Gesammtvorrath pro Hektar zum Bemessen der Ertragsfähigkeit minder geeignet. Hier muß man sich auch noch an den Wachsthumsgang der einzelnen Stämme von verschiedenem Alter halten, dabei jedoch den Einfluß des freien oder gedrängten Standes, des Druckes der Mutterbäume in jetziger und früherer Zeit, die eigenthümlichen Ansprüche der Holzart wohl mit in Rechnung ziehen. — In unvollkommenen Beständen wird man schon hie und da kleinere, geschlossene, regelmäßige Horste antreffen, welche Anhaltspunkte bieten. Dabei ist dann nur die Hereinziehung von Randbäumen längs der etwaigen Blößen zu vermeiden. — Ganz vereinzelt stehende, sehr alte Bäume sind zu solchen Anhaltspunkten nicht immer tauglich, weil sie die Veränderungen, welche in den oberen Bodenschichten vorgegangen sind, nicht mehr mit Sicherheit erkennen lassen. Bloß in Hinsicht auf Lage und Klima geben sie zuverlässige Anhaltspunkte.

Neuerdings benützt man theilweise auch die durchschnittliche Höhe der Bestände als Maßstab für die Bonitirung und es zeigt dieser eine Faktor der Holzmasse ziemlich richtig das Verhältniß der Ertragsfähigkeit an, sofern die vorausgegangene Behandlung der verglichenen Bestände eine übereinstimmende war. — Weniger ist dies der Fall mit der Stammzahl, weil hierüber noch nicht genug Erfahrungen vorliegen und weil die Behandlung hierauf noch einen viel größeren Einfluß ausübt.

Der Schluß von dem Gedeihen einer bereits vorhandenen Holzart auf das Wachsthum einer andern, erst anzuziehenden, ist viel schwieriger. Hiebei muß zuerst die Aehnlichkeit in den Ansprüchen beider Holzarten ins Auge gefaßt werden; in der Hauptsache ist man aber auf ein gutachtliches Urtheil nach den allgemeinen Anhaltspunkten beschränkt, welche die äußere und innere Beschaffenheit des Bodens, die Verhältnisse von Klima und Lage an die Hand geben. Dies ist auch da, wo es sich um unbestockte, erst neu zu Wald anzulegende Flächen handelt, zu beobachten; hier geben nur noch die wild vorkommenden Gräser, Kräuter und Stauden einen ungefähren Maßstab für die Güte und Beschaffenheit des Bodens, wenigstens für die oberen, von den Wurzeln dieser Pflanzen durchdrungenen Schichten. Im Uebrigen muß man sich verlassen auf die Erfahrung des Taxators, auf dessen praktischen Blick, den Boden nach seiner Zusammensetzung, seinen physischen Eigenschaften ꝛc. zu beurtheilen. — Die Eintheilung des Standortes in Ertrags- oder Bonitäts-Klassen ist in §. 224 bereits besprochen.

Mit jeder Klasse verknüpft sich ein fester Begriff von dem in Wirklichkeit zu erwartenden Ertrag und da, wo Erfahrungstafeln vorliegen, kann man also mit Hülfe der wirklich erfolgten Erträge in normalen Beständen auf die Bodenklasse schließen. Nach dem Holzvorrath jüngerer, normal bestockter Flächen die Standortsklasse aus solchen Tafeln zu bestimmen, erfordert aber schon größere Vorsicht.

In Forsten, wo die Standortsverhältnisse sehr abweichend sind, wird es nöthig, die konkrete oder wirkliche Flächengröße nach ihrer verschiedenen Bonität auf gleichwerthige Fläche (reducirte Fläche) umzurechnen. Es geschieht dies mit Hülfe von fremden oder selbst konstruirten Ertragstafeln durch einfache Rechnung, wobei jedoch zu beachten, daß die Fläche im Verhältniß zum geringeren Ertrag größer wird und umgekehrt kleiner bei höherer Ertragsfähigkeit. Gewöhnlich reducirt man auf die mittlere, manchmal auch auf diejenige Standortsklasse, welche am verbreitetsten vorkommt.

Bei dieser Verwandlung in gleichertragsfähige oder gleichwerthige Flächen darf man sich namentlich in Nutzholzwirthschaften nicht bloß auf die Holzmassen beschränken, sondern muß gleichmäßig auch die Holzpreise mit in Rechnung nehmen, wie an folgendem Beispiel mit Zahlenwerthen aus den Görlitzer Stadtforsten ersichtlich wird. In demselben stellt sich der Holzertrag 100jähriger Kiefern von 2., 3. und 4. Standortsklasse auf 382, 280 und 194 Festm. Derbholz pr. ha, woraus sich die Flächen von gleichem Massenertrage berechnen auf 100 = 136 = 197 ha. Da nun in diesem Alter 1 Festm. Derbholz auf den 3 Standorten sich verwerthet zu 9,17 Mk., 8,35 und 6,21 Mk., so ergeben sich daraus folgende Massen als gleichwerthig 100 = 110 = 148. Danach findet man aus diesen beiden Reihen von Verhältnißzahlen als Flächen mit gleichen Bruttogelderträgen 100 = 150 = 291 ha, oder auch 35 = 51 = 100 ha.

§. 306.

b) Bestimmung der Bestandesgüte.

Hiebei unterscheidet man die Ertragsfähigkeit, welche dem Normalertrag und das Ertragsvermögen, welches dem wirklichen Ertrage entspricht. Das Ansprechen der Bestände nach ihrer Vollkommenheit und Regelmäßigkeit kann eigentlich nur auf gutachtlichem Wege geschehen, wobei man zunächst ins Auge faßt, wie viel von der Gesammtfläche als bestockt anzusehen, ob der Schluß des bestockten Theiles ein mehr oder weniger gedrängter ist, ob die vorhandenen größeren oder kleineren Lücken sich verwachsen werden oder nicht, ob im ersteren Fall der Bestandesschluß so zeitig eintritt, daß es noch von wesentlichem Einfluß auf den Hauptertrag des Bestandes sein kann.

Dabei muß dem Taxator das Bild eines Bestandes vorschweben, welcher in Beziehung auf Vollkommenheit und Regelmäßigkeit allen im Großen erreichbaren Anforderungen entspricht (mit Ausschluß der nur in kleiner Ausdehnung vorkommenden idealen Bestockung), das Bild des normalen Bestandes. Dieser wird am zweckmäßigsten = 1 gesetzt und jeder geringere Bestandesgütegrad absteigend mit Zehnteln bezeichnet.

Ueber das Ansprechen des Schlusses ist hier noch einiges zu bemerken: Es wird z. B. jeder Taxator eine gelungene Fichtenpflanzung von 4füßigem Verband als vollkommen bestockt bezeichnen, sobald er sich überzeugt hat, daß die Pflanzen die ersten ungünstigen Jahre überstanden haben, und der Boden ihnen zusagt, wenn auch die Zweige der Pflanzen noch nicht in einander greifen; dagegen kann man bei gleicher Pflanzweite eine Kultur auf unzusagendem Boden, mit kränkelnden Pflanzen noch nicht als vollkommen bestockt ansehen. Bei älteren Beständen scheint die Sache minder zweifelhaft sein zu können: doch ist hier häufig ungewiß, wie weit eigentlich die Lücken reichen, in der Regel nimmt man an, daß sie unter den Spitzen der Zweige endigen; aber manchmal ist ihre Wirkung eine größere, namentlich bei Holzarten, die eine Unterbrechung des Schlusses nicht gut ertragen, und umgekehrt kann eine günstige Einwirkung auf den umgebenden Bestand in manchen Verhältnissen, namentlich an nördlichen Hängen, nicht in Abrede gezogen werden. Schwieriger ist die Beurtheilung, ob bei vollkommenem Schlusse ein minder gedrängter Stand als Abweichung von der Normalität betrachtet werden müsse; es hängt dies hauptsächlich davon ab, ob der Ertrag dadurch verringert wird oder nicht.

Zum Ansprechen der Unregelmäßigkeit, das übrigens seltener gefordert wird, fehlt es an den nöthigen Hülfsmitteln; man ist lediglich auf die subjektive Ansicht und die praktische Uebung des Taxators angewiesen, welcher dabei namentlich die Altersstufe des Bestandes und die Eigenthümlichkeit der Holzart zu beachten hat.

Sechstes Kapitel.

§. 307.

Waldbeschreibung.

Alle in bisher geschilderter Weise erhobenen, auf den Ertrag Einfluß äußernden Verhältnisse werden sodann für jede Ab- oder Unterabtheilung einzeln in der speziellen Waldbeschreibung zusammengetragen, wobei man sich leichterer Uebersicht halber der tabellarischen Form, etwa nach folgendem Muster bedienen kann:

Distrikt oder Block	Abtheilung	Unterabtheilung	Flächengröße						Standortsverhältnisse, Boden, Lage, Bonitätsklasse	Bestand, Holzart, Alter, Vollkommenheit, Regelmäßigkeit	Künftige Bewirthschaftung		Haubarkeitsertrag		
			bestockt		unbestockt						Betriebsart, Umtriebzeit	Wirthschaftliche Maßregeln	Zeitperioden	pro ha	im Ganzen
					ertragsfähig		nichtertragsfähig								
			ha	ar	ha	ar	ha	ar			Jahre			Festmeter	
a	b	c	d	e	f	g	h	i	k	l	m	n	o	p	q
I	1	a	10	—	1	—	—	17	Leichter Sand. Lage eben. IV. Bonitätsklasse.	Kiefern, einz. Birken, 15 Jahr, Vollkommenheit 0,9.	Hochwald 80	Sofortige Nachbesserung der unbestockten ertragsfähigen Fläche. Die Birken sind demnächst auszuhauen.	IV	250	2500
IV	2	—	15	40	—	—	—	24	Humoser, ziemlich feuchter Sand. Lage eben, dem Westwind ausgesetzt. III. Kl.	Kiefern 66 Jahr, Vollkommenheit 0,8, ziemlich regelmäßig.	Hochwald 80	Verjüngung durch Kahlschläge in der I. Periode und hernach Anpflanzung.	I	380	5852

Zur Erläuterung ist noch zu bemerken, daß in Spalte a die betreffenden Namen eingesetzt und die Ab- und Unterabtheilungen in der Reihenfolge numerirt und literirt werden, wie sie der Hiebsfolge nach sich aneinander anreihen, so daß auf der Ostseite mit 1 oder mit a begonnen wird und die nächste Zahl immer die weiter westlich gelegene Abtheilung bezeichnet.

In Spalte d und e wird die bestockte Fläche in der Regel in abgerundeten Zahlen vorgetragen, von 10 zu 10 oder 20 zu 20 Aren aufsteigend; das Ungerade fällt dann mit den Wegen, Wirthschaftsstreifen, Gewässern, Felsen 2c. in die Rubrik h und i. Zu k ist zu bemerken, daß der eine Standortsfaktor das Klima in der Regel für den ganzen Komplex dasselbe sein und deßhalb hier nicht besonders erwähnt wird; doch sind Frostlagen, und dem Wind ausgesetzte Oertlichkeiten als solche hier zu bezeichnen. Die Bonitätsklasse wird nach einer allgemein bekannten oder nach einer besonderen, für den betreffenden Komplex speziell hergestellten Skala angegeben. In der Spalte l kann bei größeren Bestandesverschiedenheiten auch eine mehr ins Einzelne gehende Schilderung derselben Platz finden. Die Vorschriften der Spalte n beziehen sich in der Regel nur auf die erste Periode. In diesem Fall sind vier, je zwanzigjährige Perioden angenommen und in der Spalte q vorausgesetzt, daß der betreffende Bestand jeweils im 80. Jahre zur Verjüngung komme, also die 1—20jährigen Abtheilungen in der dritten, die 41—60jährigen in der zweiten, und die 61—80jährigen in der ersten Periode. — Wenn nöthig kann in einer weiteren Spalte zwischen n und o auch der gegenwärtige Holzvorrath vorgetragen und am Schluß noch für Bemerkungen ein Raum frei gelassen werden, unter welchen die Ertragsberechnung, Nachweis über die Entstehung der Zahlen in Spalte p und q Platz findet.

Es wird sodann zur Vollständigkeit der Darstellung häufig auch noch eine allgemeine Waldbeschreibung angefertigt, in welcher die dem ganzen Wirthschaftskomplex gemeinschaftlichen Verhältnisse dargestellt werden, und zwar außer den bereits oben berührten etwaigen Servituten und Nutzungsrechten Dritter, das Klima in seinen auf den Waldbau bezüglichen Eigenthümlichkeiten, die Ertrags-, Absatz- und Preisverhältnisse und die dadurch bedingten Wirthschaftsgrundlagen, Beibehaltung oder Aenderung der Holz- und Betriebsart, Umtriebszeit 2c. nebst allgemeinen Vorschriften über die Waldbehandlung bei der Verjüngung, den Durchforstungen u. s. w. Man darf aber solche Vorschriften nicht ansehen, als seien sie für die Ewigkeit gegeben, sie bestimmen nur diejenige Waldbehandlung, welche sich der Taxator als die richtige dachte, und deßhalb müssen sie in den Akten niedergelegt werden, damit der Wirthschafter und die späteren Taxatoren daraus ersehen, mit welchen Mitteln der Normalzustand angestrebt werden soll, ohne daß ihnen vorenthalten bliebe, die mit der Zeit nothwendigen, den Fortschritten der Wissenschaft entsprechenden Verbesserungen ins Leben zu rufen.

Wird diesem allgemeinen Theil eine größere Ausdehnung gegeben, so erhält er häufig auch noch eine geschichtliche Einleitung und eine Darstellung der früheren Nutzungsweise, Nutzungsgröße und Bewirthschaftungsart.

Zweiter Abschnitt.

Holzertragsermittlung und Betriebsregelung im Wirthschaftsganzen.

§. 308.

Einleitung.

Die Ertragsermittlung hat die Aufgabe, nicht bloß die jährlich zulässige nachhaltige Holznutzung festzustellen, sondern auch den normalen Waldzustand anzubahnen, so daß für alle Zeiten der höchste und werthvollste Materialertrag aus den gegen elementare Störungen bestmöglich gesicherten Beständen regelmäßig und nachhaltig bezogen werden kann. Zur Forstertragsermittlung gehört also als wesentliche Vorbedingung die Betriebsregelung, d. h. die räumliche und zeitliche Ordnung der Holzhiebe, wobei der von H. Cotta gegebene Rath, diesen Theil der Aufgabe stets als den wichtigeren anzusehen, weil es sich hiebei um die **bleibende** Grundlage der Wirthschaft handelt, besondere Beachtung verdient.

Die Normalität läßt sich aber nur ausnahmsweise vor Ablauf einer vollen Umtriebszeit erreichen; gewöhnlich wird gefordert, daß sie im Lauf dieses Zeitraumes hergestellt werde; allein in vielen Fällen, namentlich bei Nutzholzwirthschaft und beim Uebergang von einer Betriebsart in eine andere ist dies in so kurzer Zeit ohne sehr große Opfer fast gar nicht möglich; es fragt sich dann allerdings, ob die Nachtheile des abweichenden Waldzustandes wirklich so bedeutend sind, daß es sich lohnt, jene Opfer zu bringen, welche freilich ihrer Größe nach sich kaum annähernd übersehen lassen; während man auf der andern Seite die Herstellung der Normalität für viel leichter hält, als sie es in der Wirklichkeit ist, besonders wenn man bedenkt, daß nach einem halben Jahrhundert unter einem normalen Wirthschaftsganzen leicht etwas anderes verstanden werden kann, als was wir uns darunter denken. Von verschiedenen und zwar gewichtigen Seiten wird der Forstwirthschaft der Uebergang zur Waldgärtnerei in Aussicht gestellt; damit ist dann die volle Beachtung und Pflege des einzelnen Baumes gegeben, während wir jetzt nur dem ganzen Bestande unsere Sorgfalt zuwenden; jene Waldgärtnerei wird aber den nach unserer jetzigen Anschauung normalen Wirthschaftskomplex gewaltig verändern; und deßhalb dürfte es auch denjenigen Waldbesitzern, welche die großen Opfer eines raschen Ueberganges zur Normalität nicht so schwer empfinden, dringend zu rathen sein, dabei nicht so schnell vorzugehen und jene nicht unnöthig zu vergrößern. — Bei kleinerem Waldbesitz verbietet sich das eigentlich von selbst und doch sieht man nicht selten Beispiele davon, daß fast mit Gewalt eine vermeintliche Normalität angestrebt und dadurch der Waldbesitzer um einen großen Theil seiner jetzigen oder nächstkünftigen Einnahmen gebracht wird; am meisten sind Gemeinden mit kleinem Waldbesitz solchen Verlusten ausgesetzt, wenn ein Anfänger gedankenlos die Schablone der Staatswaldungen darauf anwendet.

Die Ertragsermittlung und Herstellung des normalen Zustandes ist auf verschiedene Weise versucht worden; man unterscheidet hienach folgende mehr oder weniger in die Praxis übergegangene Methoden:

Die Fachwerksmethode einschließlich der Theilung in gleiche und proportionirte Jahresschläge.

Die (sogenannte) rationelle oder Hundeshagen'sche Methode.

Die Differenzmethoden, und zwar die österreichische Kameraltaxe die Methoden von C. Heyer und H. Karl; endlich die summarische Ertragsermittlung nach Durchschnittserträgen.

Als Grundbedingungen eines guten Verfahrens werden von Carl Heyer in theoretischer und praktischer Beziehung folgende aufgestellt:

1) Die allgemeine Aufgabe — „eine Waldung von jeder beliebigen Beschaffenheit und jeder Betriebsart baldigst und mit den geringsten Opfern für die Gegenwart und nächste Folgezeit in einen solchen Zustand zu versetzen und darin zu erhalten, bei welchem unter gegebenen Verhältnissen der höchste und werthvollste Materialertrag nachhaltig erfolgen kann" — soll die Regelungsmethode in möglichster Vollständigkeit lösen, zugleich aber auch dem Waldbesitzer bei der zeitlichen Vertheilung der zu erwartenden Materialerträge thunlichst freie Wahl lassen und dem Wirthschaftsbetriebe keinen unnöthigen Zwang anlegen.

2) Die Methode soll in ihren Grundlagen einfach und verständlich sein, daß sie sowohl den praktischen Lokalforstbeamten von nicht streng wissenschaftlicher Bildung leicht zugänglich, als auch den nicht forstlich vorgebildeten Waldbesitzern begreiflich wird und zu jeder Zeit eine klare Uebersicht des gegenwärtigen und künftigen Waldertragsvermögens liefert.

3) Sie soll in der Ausführung einen möglichst geringen Aufwand an Kosten, Mühe und Zeit verursachen, damit sie nicht von einem fremden, sondern von dem Lokalforstpersonale und zwar ohne Beeinträchtigung der laufenden Dienstgeschäfte ausgeführt werden kann.

4) Da schon die genaue und richtige Erhebung gegenwärtiger, auf die Größe des Nachhaltsertrages influirender Waldzustandsverhältnisse wie des vorhandenen Holzvorrathes und seines laufenden Zuwachses, auch bei der größten Sorgfalt nicht möglich ist, noch viel weniger aber die in späterer Folgezeit eintretenden Ertragsverhältnisse mit Sicherheit sich vorausbestimmen lassen, mithin jede, auch noch so umsichtig angelegte Ertragsregelung schon von vornherein die Keime der Unvollkommenheit in sich schließt, so muß bei ihrer Anlage auf zeitige und leichte Auffindung und bequeme Berichtigung eingeschlichener Fehler hingewirkt und eine ununterbrochene fortschreitende Vervollkommnung eingeleitet werden.

Erstes Kapitel.

Fachwerksmethoden.

§. 309.

Allgemeines.

Die Fachwerksmethode ist mit ihren verschiedenen Modifikationen die verbreitetste Art der Ertragsermittlung und Betriebsregulirung; sie soll demgemäß auch in Nachstehendem ausführlicher behandelt werden. Ihren Namen erhielt sie von der Vergleichung mit dem Fachwerk eines Schrankes oder Gebäudes und der Aehnlichkeit dieser Eintheilung bei ihrem hauptsächlichsten Tabellenwerk, worin die senkrechten Spalten den Zeitabschnitten, die Horizontallinien den Flächen eingeräumt werden. Gestützt entweder auf die in dem Lauf einer Umtriebszeit oder eines beliebig großen Zeitabschnittes zur Verjüngung kommenden bestockten Flächen, oder auf die in Aussicht zu nehmenden Haubarkeitserträge wird hiebei der künftige Materialanfall für jeden einzelnen Waldtheil mehr oder weniger genau festgestellt, und werden hierauf diese künftigen Erträge für einen bestimmten längeren Zeitraum, nach kleineren Zeitabschnitten (Perioden) gesondert, unter sorgfältiger Berücksichtigung der zuvor geordneten Hiebsreihenfolge in den einzelnen Hiebszügen und unter möglichster Einhaltung der festgesetzten Umtriebszeit zusammengestellt, woraus sich dann die für jeden einzelnen Zeitabschnitt zu erwartende Nutzungsgröße ergiebt, welche bei größeren Abweichungen vom Durchschnittsertrag so weit möglich gleichgestellt werden.

Je nachdem man dabei sich mehr an die Flächen oder mehr an die Holzerträge hält, bezeichnet man die Methoden als Flächen- oder Massenfachwerk, die Verbindung beider als kombinirtes Fachwerk.

In Wirklichkeit besteht eigentlich ein Gegensatz zwischen Fläche und Holzertrag nicht; denn letzterer ist stets das Erzeugniß der ersteren und man sollte glauben, daß es deßhalb gleichgültig sei, ob man die für jeden Zeitabschnitt sich ergebende Hiebsfläche der haubaren Bestände oder die mit dem Holzertrag des letzteren multiplicirte Flächengröße ermittelt; allein darin liegt nicht der wesentliche Unterschied: das Flächenfachwerk fordert im Wald eine viel strengere Hiebsordnung und bringt dieser sehr große Opfer, verzichtet mehr oder weniger auf gleiche jährliche oder periodische Erträge, und legt größeres Gewicht auf die für zweckmäßig erkannte Aneinanderreihung der Schläge als auf die genaue Einhaltung des für jeden Bestand ermittelten richtigen Haubarkeitsalters.

§. 310.

Flächenfachwerk.

Das einfachste und wohl auch älteste Verfahren ist das Flächenfachwerk und zwar die Eintheilung in gleich große Jahresschlagflächen, worauf die in der Landwirthschaft früher allgemein verbreitete Dreifelderwirthschaft hingeführt haben mag. In Wirthschaftskomplexen von ganz oder annähernd gleichen Standortsverhältnissen und mit kürzeren Umtriebszeiten, worüber sich eine Uebersicht leicht gewinnen läßt, also namentlich im Niederwald, Eichenschälwald und im Unterholz des Mittelwaldes ist dieses Verfahren sehr empfehlenswerth, weil es die Ordnung des nachhaltigen Betriebes auf die einfachste und übersichtlichste Weise ermöglicht und auch dem nicht technisch gebildeten Waldbesitzer die Kontrole darüber erleichtert; denn die Zahl der Jahresschläge ist gleich der Zahl der Jahre der Umtriebszeit, und ein Schlag genau so groß wie die übrigen.

Da aber in der Regel der Verkauf des aufstehenden Holzes nicht nach Flächen stattfindet, sondern nach den verschiedenen Holzsortimenten, so muß man, um die muthmaßlichen künftigen Holz- und Gelderträge zu finden, diese per Flächeneinheit und für den Jahresschlag ermitteln, entweder nach den seitherigen Ergebnissen gleich guter und gleich alter Bestände, oder nach Probeflächen, für welche am besten die Erträge durch Fällung und Aufbereitung festgestellt werden.

Wenn aber die Standortsverhältnisse merklich verschieden sind, so bewirkt dies auch sehr ungleiche Jahreserträge. Um dies zu vermeiden, giebt man dann den Schlägen auf geringerem Standort eine verhältnißmäßig größere Fläche, wie es in §. 305 gelehrt ist. Dieses Verfahren heißt die Eintheilung nach proportionirten Jahres-Schlagflächen, und gewährt ganz ähnliche Vortheile wie das oben behandelte, welche namentlich auch dem Laien einleuchten mußten.

Dies gab dann auch Friedrich dem Großen Anlaß, für die Hochwaldungen ein ähnliches Verfahren der Betriebs- und Nutzungsregulirung anzuordnen; es erwies sich für diese aber bald als unausführbar, weil hier der Gang der Wirthschaft bei den viel längeren Umtriebszeiten nicht so ruhig und gleichmäßig verläuft und nicht für alle Zeiten mit so sicherer Bestimmtheit vorgezeichnet werden kann, wie beim Niederwald. Demungeachtet beruht auch heute noch unser Flächenfachwerk auf dem gleichen Prinzip, wie es der Eintheilung in proportionirte Jahresschläge zu Grunde liegt, nur mit dem Unterschied, daß man nicht mehr nach jährlichen, sondern nach Periodenflächen theilt; es werden jedem größeren Zeitabschnitt die ihm zukommenden, durch das Verhältniß der Umtriebszeit und der Standortsgüte zu bestimmenden Flächentheile zur Nutzung überwiesen und dadurch der Gang der Verjüngung, so wie die davon abhängigen Holz- und Gelderträge vorgezeichnet und veranschlagt. Die einem solchen Zeitabschnitt zugewiesenen Flächen faßt man zusammen unter dem Begriff Periodenfläche; gleich der Gesammtfläche dividirt durch die Zahl der Perioden. Theilt man aber mit der Zahl der Jahre der Umtriebszeit, so erhält man die sogenannte Flächenfraktion, den Jahresschlag.

Als Grundlage des Flächenfachwerkes dient die Altersklassenübersicht. Die Altersklassen müssen in Abstufungen, welche der Periodeneintheilung entsprechen, gebildet werden; ist diese eine 20jährige, so muß diese Zahl auch für die Klasseneintheilung beibehalten werden. Dabei entspricht dann die älteste (erste) Klasse der eben beginnenden oder bereits angetretenen, die jüngste der letzten Periode des laufenden Umtriebes. Die Länge der Perioden soll im Verhältniß zu der Zahl der Jahre der Umtriebszeit stehen, bei 80jährigem und längerem Turnus wird man nicht unter 20, bei 50- und 60jährigem dagegen wohl auf 10 Jahre herabgehen. Uebrigens brauchen nicht alle Perioden gleich lang gemacht zu werden; namentlich bei den späteren ist das Zusammenziehen mehrerer in eine von doppelter oder dreifacher Länge zulässig. Demungeachtet sollten aber die Altersklassen stets nach gleichen Abstufungen für die ganze Dauer des Umtriebes getrennt gehalten und auch so in der tabellarischen Uebersicht vorgetragen werden, in welcher jede einzelne Abtheilung mit ihrer bestockten Fläche in der Spalte erscheint, die dem Alter des aufstehenden Bestandes enspricht.

Angehauene Bestände werden bald mit der ganzen Fläche der jüngsten oder ältesten Klassen zugetheilt, je nachdem die Verjüngung über die Hälfte beendigt ist oder nicht, bald mit einem verhältnißmäßigen Theil ihrer Fläche der ältesten, und mit dem andern Theil der jüngsten Altersklasse zugeschieden; so viel Bruchtheile als vom Holzvorrath des haubaren Bestandes noch auf der Fläche vorhanden sind, so viel von der Fläche kommt in die Spalte der ältesten Bestände, der Rest in die für die jüngsten. — Durch Addition der Flächen in den einzelnen Spalten erfährt man, wie viel Fläche mit jeder einzelnen Altersklasse bestockt ist. — Dies giebt aber bloß dann ein richtiges Bild, wenn die Flächen auf eine Standortsgüte reducirt sind. Hat jede Altersklasse die gleiche Fläche, so ist dies die sicherste Bürgschaft dafür, daß die Normalität in kürzester Frist herbeigeführt wird. Finden sich aber Ungleichheiten, so müssen diese mit der Zeit ausgeglichen werden, um jenes Ziel erreichen zu können.

Das strenge Flächenfachwerk verlangt, daß ohne Berücksichtigung des Materialertrages die Ausgleichung der Flächenverschiedenheiten bei den einzelnen Altersklassen in möglichst kürzester Zeitfrist angestrebt, oder daß jeder Periode ihr verhältnißmäßiger Antheil an der Gesammtfläche des Wirthschaftskomplexes, d. h. die richtige Periodenfläche zugewiesen und die angestrebte Reihenfolge der Hiebe womöglich schon während der ersten Umtriebszeit eingerichtet werde. So sehr dies aber im Allgemeinen zu wünschen ist, so oft ist es mit unverhältnißmäßigen Opfern verknüpft, wenn man es zu rasch durchführen will. Aber im Auge muß das Ziel stets behalten werden, und dazu leistet diese Flächenübersicht in der Altersklassentabelle die wesentlichsten Dienste.

Wo sich aus dieser Zusammenstellung eine normale Altersabstufung bei gleicher Ertragsfähigkeit der Flächen und bei entsprechender richtiger Hiebsfolge ergeben würde, da könnte jede weitere Maßnahme entfallen; denn es bedürfte dann nur der Einhaltung dieser bereits bestehenden Ordnung. Solche Fälle sind aber kaum denkbar und deßhalb hat der Taxator stets noch weiter die wichtigere Aufgabe der Betriebsordnung zu erfüllen. Zu diesem Zwecke entwirft er den allgemeinen Nutzungsplan oder das Taxationsregister (nach G. L. Hartig), worin die zum Hieb kommenden Bestände mit ihren wirklichen oder reducirten Flächen unter Beachtung der Hiebsordnung und mit möglichster Einhaltung der Umtriebszeit für jede Periode in besonderen Spalten vorgetragen und schließlich summirt werden.

In solchen Fällen, wo die verschiedenen Standortsklassen jeweils in größerer Ausdehnung vertreten sind und erhebliche Verschiedenheiten in deren

Ertragsfähigkeit vorkommen, empfiehlt es sich sowohl in den Spalten für die Altersklassen wie für die Verjüngungsflächen, die Trennung nach den einzelnen Bonitätsklassen durchzuführen und jede derselben besonders als eigenes Wirthschaftsganzes zu behandeln, bezw. die nachhaltige Nutzung für jede selbstständig anzustreben. Man kann dies entweder durch Trennung in den senkrechten Spalten oder in den Horizontallinien durchführen; in ersterem Fall folgt man der in der speciellen Waldbeschreibung angenommenen Ordnung, im letzteren werden zunächst die Flächen 1. Klasse, dann die 2. Klasse ꝛc. vorgetragen und jede für sich behandelt. Ebenso verfährt man auch mit den wichtigeren Holzarten (vgl. §. 315).

Hat man auf diese Weise die in einer Periode zur Nutzung kommenden Verjüngungsflächen gefunden, so ist in der Regel auch noch der von denselben zu erwartende Holzertrag zu bestimmen, wobei man unter Beachtung des Hiebsalters und der Vollkommenheit der betreffenden Bestände entweder Durchschnittsergebnisse aus der seitherigen Wirthschaft oder auch verlässige Ertragstafeln benützen kann, vorausgesetzt, daß die Verjüngungsflächen nach Standortsklassen getrennt gehalten wurden.

Neben der Altersklassentabelle, welche den gegenwärtigen Stand darstellt, wird neuerdings auch noch eine Uebersicht über die Periodenflächen in ihrer richtigen, dem normalen oder gar idealen Zustand des Waldkomplexes entsprechenden Vertheilung verlangt, der sogenannte **Einrichtungsplan**, in welchem der Taxator das für die Zukunft anzustrebende Ziel der Bestandesordnung zum Ausdruck bringt, indem jeder Altersklasse die ihr **bleibend** bestimmten Flächen zugewiesen werden. — In Vergleichung mit der Altersübersicht ersieht der Wirthschaftsführer daraus, wo Abweichungen vom normalen Zustand zu verbessern und wie die richtigen Hiebstouren herzustellen sind. — Noch besser geschieht dies aber auf einer Karte durch Darstellung der idealen Bestandesordnung in der oben §. 304 beschriebenen Weise.

Das Flächenfachwerk eignet sich am besten für Niederwald, das Unterholz im Mittelwald und den Hochwald mit Kahlschlagbetrieb, weniger für Femelschlagbetrieb und gar nicht für eigentlichen Femelwald, so wenig wie für Waldungen, welche in eine andere Betriebsart oder zu einer anderen Umtriebszeit übergeführt werden sollen; besonders unanwendbar ist dasselbe beim Uebergang vom Mittelwald zum Hochwald.

§. 311.

Massenfachwerk.

Ist auf die in §. 302 angegebene Weise zunächst unter Festhaltung des durch die Umtriebszeit vorgezeichneten Hiebsalters der Ertrag von Haupt- und Zwischennutzungen (diese in der Regel nur für die erste Periode) von jeder einzelnen Ab- und Unterabtheilung berechnet, so muß er für den Wirthschaftskomplex ebenfalls ermittelt werden. Dies geschieht durch Summirung der nach Perioden getrennt aufzuführenden Haubarkeitserträge von sämmtlichen Abtheilungen, welche während eines bestimmten größeren Zeitraumes, in der Regel während einer Umtriebszeit, zur Verjüngung kommen, weil dann jeder Bestand mit seinem Haubarkeitsertrag einmal im Gesammtmaterialanfall erscheint. Diesen Zeitraum heißt man die Berechnungszeit, (welche, wie unten noch berührt wird, mit der Umtriebszeit nicht zusammenzufallen braucht), die Zusammenstellung der Erträge, wie schon oben gesagt, den allgemeinen Nutzungsplan oder das Taxationsregister. Wird der Materialanfall in diesem Zeitabschnitt mit der Zahl der Jahre desselben dividirt, so erhält man die durchschnittliche Jahresnutzung. Ein ähnliches Formular läßt sich auch hiefür anwenden, wenn man die Spalten „Verjüngungsflächen" für Haubarkeitserträge nach Festmetern benützt, also dafür die Flächengrößen ausfallen läßt (vgl. §. 315).

Beim Massenfachwerk verlangt man einen annähernd gleichen und gleichwerthigen, nachhaltigen, jährlichen Holzertrag. Der Nachweis, daß ein solcher gesichert sei, wird dadurch geliefert, daß man für die Dauer einer Umtriebszeit die Erträge nach kleineren Zeitabschnitten (Perioden) gesondert aufführt, so daß man aus einer derartigen tabellarischen Uebersicht entnehmen kann, wie viel Material, und in welchen einzelnen Abtheilungen dasselbe während der nächsten oder jeder beliebigen folgenden Periode zu erheben ist. Der Gesammthaubarkeitsertrag für die ganze Berechnungszeit wird in einer besonderen Spalte am Schluß aufgeführt. Fällt nun während der ganzen Umtriebszeit in jeder solchen Periode eine nach Menge und Güte gleiche Masse an, so ist die Nachhaltigkeit gesichert, weil dann in den entsprechend gleichen Perioden der folgenden Umtriebszeiten auf den gleichen Flächen dieselben Hiebe wiederkehren können, wobei allerdings die Möglichkeit besteht, daß durch Erziehung besserer und vollkommenerer Bestände sämmtliche oder einzelne Perioden besser ausgestattet werden, als sie es jetzt sind.

Durch die Beifügung von zwei weiteren Spalten, worin das gegenwärtige Alter und sodann daneben das Alter, in welchem die Bestände zum Abtrieb kommen, für jede einzelne Abtheilung und Unterabtheilung vorgetragen werden, erhält man eine sehr rasche Uebersicht zur Beurtheilung, wie weit die Umtriebszeit eingehalten werden kann und welche Abweichungen vorkommen. — Noch genauer erfährt man dies durch Berechnung des durchschnittlichen Hiebsalters von sämmtlichen einer Periode zugewiesenen Beständen, indem man das Alter jedes einzelnen mit dessen Fläche multiplicirt und in die Summe dieser Produkte mit der ganzen Periodenfläche dividirt.

Bei angehauenen Beständen fällt ein Theil des Hauptertrages in die erste, ein anderer in die letzte Periode, wenn die Berechnungszeit dem Umtrieb gleichsteht. Dabei wird stets vorausgesetzt, daß der Bestand mit dem gleichen Vorrath, mit welchem er in die Berechnungszeit eintritt, auch wieder in die nächstfolgende übergeht, und um soviel wird dann der in die letzte Periode fallende Haubarkeitsertrag niedriger eingesetzt, weil sonst dieser Theil zweimal gerechnet und dadurch der Gesammtertrag wie der jährliche Durchschnittsertrag zu hoch gefunden würde. — Dieser Theil des Holzvorrathes, welcher in den angehauenen, in Verjüngung getretenen Beständen beim Beginn der Berechnungszeit übernommen und am Schluß derselben wieder abgegeben werden, also hier außer Rechnung bleiben muß, nennt von Wedekind das Liquidationsquantum.

Zur Vereinfachung der Ertragsberechnung nimmt man allgemein an, daß sämmtliche im Laufe einer Periode anfallenden Erträge je in der Mitte dieses Zeitraumes zur Erhebung kommen und berechnet bis dahin, also für die halbe Dauer der Periode, den vollen Zuwachs. Wenn sich auch im Ganzen das Zuviel und Zuwenig gegenseitig hiebei ausgleicht, so ist doch im Einzelfalle zu beachten, daß diejenigen Bestände, welche in der ersten Hälfte und namentlich anfangs derselben vollständig abgetrieben werden, weniger geben müssen als die geschätzten Erträge; dagegen die am Schluß des Zeitraumes in gleichem Verhältniß mehr.

Bei Feststellung der jährlichen Haubarkeitsnutzung müssen stets auch noch namentlich in Nadelholzforsten die außerhalb der ordentlichen Verjüngungsschläge anfallenden zufälligen Erzeugnisse an Windwürfen, Dürrhölzern 2c. mit in Rechnung genommen werden. Sie gehören aber nur soweit zur Hauptnutzung, als sie später etwa den Haubarkeitsertrag des betreffenden Bestandes vermindern, und dieser Theil der Nutzung ist nach den seitherigen Ergebnissen in einer Pauschalsumme zu veranschlagen und in die Hauptnutzung einzubeziehen, d. h. die in den ordentlichen Schlägen zu erhebende Masse vermindert sich um diesen Pauschalbetrag.

§. 312.

Etat für einzelne Stammklassen.

Es kommen auch noch Fälle vor, wo ein einzelnes Holzsortiment besonders behandelt werden muß, sei es mit Rücksicht auf seinen höheren Werth und geringe Verbreitung, und mit Rücksicht auf die nachhaltige Befriedigung eines damit zu deckenden unabweisbaren Bedürfnisses; oder bei Wirthschaftssystemen, welche der Nutzung nach der Fläche sich nicht anpassen lassen. Hieher sind insbesondere die Eichenüberhälter im Hochwald, das Oberholz im Mittelwald und die stärkeren Stammklassen im Femelwald zu zählen, welche öfters eine besondere Behandlung erfordern. Da sie nicht abtheilungsweise beisammen stehen, sondern einzeln über größere Flächen vertheilt sind, so muß man bei dieser Arbeit die Stammzahl mit Unterscheidung der wichtigeren Altersklassen zum Anhaltspunkt nehmen. Wollte man nun bis herab in die jüngsten Klassen abzählen, so würde das

Geschäft dadurch sehr umständlich und theuer; deßhalb begnügt man sich damit, bloß diejenigen Stämme, welche ein gewisses Alter zurückgelegt, beziehungsweise eine bestimmte Stärke erlangt haben, zu zählen.

Das höchste Alter, das jeder einzelne Stamm erreichen soll, ist gegeben, ebenso kann man annähernd festsetzen, wie alt die jüngsten der gezählten Stämme seien. Diese letztere Zahl Jahre von der ersteren abgezogen, giebt den Zeitraum, für den die ermittelte Stammzahl ausreichen soll, und durch einfache Division der letzteren mit dieser Zahl von Jahren wird die jährlich zu nutzende Stammzahl gefunden.

Will man nun auch den Massengehalt der jährlich zu schlagenden Stämme wissen, so ist zuerst die Frage zu entscheiden, ob bloß von den ältesten Stämmen die Nutzung erhoben werde, oder ob, wie im Mittelwald, die sämmtlichen Altersklassen, und in welchem Verhältniß die einzelnen jährlich daran Theil zu nehmen haben. Im ersteren Fall hat man die durchschnittliche Masse eines Stammes der ältesten Klasse zu ermitteln, und die Multiplikation mit der jährlich zu schlagenden Stammzahl giebt das jährliche Nutzungsquantum. Ebenso kann man im zweiten Fall nach dem durchschnittlichen Gehalt der übrigen Klassen für diese die jährliche Hiebsquote ermitteln, indem man zu ihrer gegenwärtigen Masse den in Procenten festgesetzten Zuwachs für die halbe Abnutzungsperiode hinzuschlägt.

Dieses Verfahren gehört zum Massenfachwerk im engeren Sinn, da bei ihm die Fläche gar nicht in Betracht kommt. Doch ist es nöthig, jedesmal die Frage aufzuwerfen, ob die vorhandene Stammzahl in richtigem Verhältniß stehe zu dem übrigen Holzvorrath und dem forstlichen Zustand des Waldkomplexes, um erforderlichen Falls eine verstärkte oder verminderte Nutzung eintreten lassen zu können. Es ist mit anderen Worten der wirkliche Vorrath mit dem normalen zu vergleichen, obwohl für solche Fälle jeweils besondere Ertragstafeln zu konstruiren sind, und obwohl die Hereinziehung des normalen Vorrathes nicht in das System des Massenfachwerkes paßt.

§. 313.

Kombinirtes Fachwerk.

Weil die Einschätzung der von den jüngeren Beständen am Ende des Berechnungszeitraumes anfallenden Erträge einen großen Spielraum zuläßt, je nachdem man mehr die möglichen Gefahren, die ihnen drohen, oder mehr die pfleglichere Behandlung, die ihnen in Aussicht steht, in Anschlag bringt, und weil dadurch die Schätzungen für diese Perioden ohnehin minder sicher sind, so hat man Abkürzungen vorgenommen und zu dem Zweck beide Methoden vereinigt, indem man sich mit der Nachweisung begnügte, daß die der zweiten Hälfte oder den letzten zwei Drittheilen der Berechnungszeit zugehörigen jüngeren Altersklassen in genügender Flächenausdehnung vertreten seien, und auf die Berechnung der Materialerträge verzichtete. Es versteht sich von selbst, daß bei einer solchen Vergleichung nur mit Flächen von gleichem Werthe gearbeitet werden kann, sie müssen also auf dieselbe Standortsgüte reducirt sein. Ferner ist zum Voraus festzustellen, welche Ausdehnung eine Periodenfläche haben muß, um den nothwendigen Materialanfall für den betreffenden Zeitabschnitt zu decken.

Bei der hier berührten Flächenzuscheidung wird eine genaue Gleichstellung der den einzelnen Perioden zuzuweisenden Flächentheile nicht verlangt, es genügt eine annähernde Gleichheit, oder bei auffallenden Abweichungen der Nachweis, daß innerhalb des bestimmten Theiles vom Einrichtungszeitraum seiner Zeit eine Ausgleichung möglich ist.

Auf die der Gegenwart zunächst liegenden zwei oder drei Perioden wird dann dieses summarische Verfahren nicht angewendet, sondern eine nach den gegebenen Verhältnissen mehr oder weniger genaue, jedenfalls aber auf die Holzvorräthe und den Zuwachs sich gründende, spezielle Ertragsberechnung nach der bereits oben gegebenen Anweisung gefertigt.

Bei dieser Methode, dem kombinirten Fachwerk, hat man aber insbesondere darauf zu sehen, daß der summarisch behandelte Theil des Wirthschaftszeitraumes mit dem spezieller taxirten in gehörige Uebereinstimmung komme, was hauptsächlich wieder nach der Altersklassentabelle beurtheilt werden kann. Es ist nämlich immer auch noch zu untersuchen, ob die muthmaßliche Nutzung in der zweiten Hälfte der Umtriebszeit nicht allzusehr von der für die erste in Aussicht genommenen abweiche. Zutreffenden Falls hätte dann womöglich an der Grenze beider Hälften eine Ausgleichung nach Anleitung des folgenden §. stattzufinden.

Alle beim kombinirten Fachwerk in Betracht zu ziehenden Verhältnisse sowohl die bestehenden wie die anzustrebenden, kommen in anschaulichster Weise zum Ausdruck durch die von H. Karl[1]) vorgeschlagenen Waldlängenprofile. Diese Profile werden über einer wagerechten Grundlinie errichtet, auf welcher dem Flächengehalt der einzelnen Abtheilungen entsprechende Längen in verjüngtem Maßstab an einander gereiht sind; hiebei kann man sowohl die wirkliche als auch die auf gleiche Bestandesgüte reducirte Fläche für jede Abtheilung, vom gleichen Anfangspunkt ausgehend, auftragen; die Abtheilungen werden nach ihrem Hiebsalter unmittelbar an einander gereiht. In den Anfangs- und Endpunkten der Linienabschnitte, welche die reducirte Fläche anzeigen, errichtet man senkrechte Linien, auf welchen das gegenwärtige Bestandesalter mit verjüngtem Maß aufgetragen und das Rechteck ergänzt wird. Die Fläche dieses Rechteckes entspricht dem Produkt des Bestandesalters mal der Bestandesfläche. Nun wird aber auch die Alterslinie um so viel verlängert, als der Bestand noch Jahre bis zu seiner Verjüngung zu leben hat und auch hieraus das Rechteck gebildet. Außerdem zieht man mit der Grundlinie eine Parallele so weit von jener entfernt,

[1]) Vgl. dessen Forstbetriebsregulirung nach der Fachwerksmethode. Stuttgart, Metzler. 1851. S. 388. Beilage F.

als die normale Umtriebszeit nach dem für das Alter gewählten Maßstab Jahre zählt. Hieraus ersieht man für jeden einzelnen Bestand die Abweichungen von der normalen Umtriebszeit; je größer diese sind, um so größer werden auch die Verluste am Geld- und Materialertrag sein. — Setzt man dann statt der Jahre den Haubarkeitsdurchschnittszuwachs für ein Jahr, so kann man aus diesen Figuren eine verlässige Uebersicht über die Holzerträge gewinnen. Ebenso auch über die Holzvorräthe, wenn man solche auf die senkrechten Linien aufträgt und daraus mit Hülfe der die Fläche anzeigenden Linien in ähnlicher Weise, wie oben gesagt, Rechtecke konstruirt.

§. 314.

Gleichstellung der Periodenerträge.

Fallen den einzelnen Perioden keine gleich großen oder keine gleichwerthigen, den Zeiträumen entsprechende Hiebsflächen oder Holzerträge zu, und wird dieses als Ziel der Wirthschaft schon jetzt verlangt, so hat man die Abweichungen auszugleichen, was auf die Art geschieht, daß man bei einem Ausfall in der ersten Periode die Haubarkeitszeit für einen entsprechenden Theil der im nächsten Zeitraum zum Hieb eingereihten Bestände abkürzt, so daß sie mit ihrem nunmehr früher erfolgenden und allerdings dadurch kleiner werdenden Ertrag den Ausfall decken können. Entsteht durch dieses Vorwärtsschieben ein Abmangel in der zweiten Periode, so müssen ähnliche Vorgriffe in die für den nächstfolgenden Zeitraum zum Hieb bestimmten Abtheilungen gemacht werden. — Umgekehrt wird verfahren, wenn man mit dem Ueberschuß eines vorausgehenden Zeitraumes den Abmangel bei einem folgenden zu decken hat; hier muß ein Theil der besten und schönsten Bestände länger, als es nach den allgemeinen Grundsätzen der Wirthschaft zu geschehen hätte, übergehalten werden, um mit ihrem Ertrage die Lücke in der folgenden Periode auszufüllen.

Es ist übrigens nicht immer möglich, die Periodenerträge gleichzustellen, in günstigeren Fällen muß ein ohne Gefährdung der Gesundheit oder aus sonstigen Gründen nicht länger hinzuhaltender Vorrathsüberschuß rascher abgenutzt, oder in anderen Fällen ein Theil des erfolgenden Zuwachses zur Ergänzung des nothwendigen Holzvorrathes aufgespart werden. Auf diese Weise erhält man dort eine fallende, hier eine mit der Zeit steigende Nutzungsgröße.

Manchmal sind die Werthe der in einzelnen Perioden anfallenden Holzerträge sehr verschieden, wenn z. B. in der einen bloß älteres hiebsreifes, in der anderen vorherrschend unreifes, schwächeres Holz zur Nutzung käme. Ein solcher Unterschied erfordert selbstverständlich ebenfalls eine entsprechende Ausgleichung.

Wie weit Verschiebungen stattfinden dürfen, ist schon in der Betriebslehre, §. 268 und 253 abgehandelt; es ist aber hier noch besonders hervorzuheben, daß diese Verschiebungen mit gehöriger Umsicht und unter Erwägung aller hieher Einfluß übender Umstände vorgenommen werden müssen; namentlich sind dabei die Standorts- und Bestandesverhältnisse von sämmtlichen Abtheilungen, unter denen man zu wählen hat, besonders aber deren Stellung in der Hiebsfolge, sorgfältig und umsichtig zu vergleichen, um mit Sicherheit entscheiden zu können, welcher Bestand mit dem geringsten Material- und Geldverlust und ohne Störung der Hiebsordnung vor- und rückwärts verschoben werden kann.

Durchforstungserträge sollen nie zur Ertragsausgleichung benützt werden, indem bei einer verfrühten oder verspäteten Vornahme stets der Hauptbestand erheblichen Nachtheilen ausgesetzt wäre. Dagegen findet sich in den Seebach'schen Lichtungshieben ein sehr willkommenes Mittel zur Ertragsausgleichung.

Bei größeren Verschiebungen, namentlich bei solchen, welche vorherrschend in einer Richtung vor- oder rückwärts geschehen, tritt in der Regel der Fall ein, daß sie den für die ganze Umtriebszeit berechneten Gesammtertrag verändern. Wo nämlich viele Bestände älter werden, als Anfangs angenommen, da wird er sich durch denjenigen Zuwachs erhöhen, der während der Dauer der Verschiebung auf den betreffenden Flächen erfolgt. Dieser Zuwachs kann ganz gering sein, selbst viel geringer, als am verjüngten Bestand zu erwarten gewesen wäre; die Erhöhung tritt aber doch ein, weil er durch die Verschiebung in den Ertrag der gegenwärtigen Berechnungszeit kommt; ohne die Verschiebung aber kommt er in dem Holzvorrath des nachwachsenden Bestandes der folgenden Umtriebszeit zu gut. Im entgegengesetzten Falle ist ebenso eine Erniedrigung der Nutzung die Folge von der abgekürzten Haubarkeitszeit.

Auch in anderer Hinsicht hat man eine Erleichterung gegen früher eintreten lassen. Die Gleichstellungen der Periodenerträge werden nicht mehr für die ganze Berechnungszeit durchgeführt, man beschränkt sich darauf, nachdem die Nutzung für eine Periode ermittelt ist, der ersten oder den zwei ersten Perioden diejenigen Abtheilungen zuzuweisen, welche den berechneten Ertrag gewähren sollen; die Ausgleichung der späteren Perioden wird dann bloß in dem Fall angedeutet, wo die Materialanfälle sehr verschieden sind, wo man ohne einen solchen speciellen Nachweis fürchten müßte, daß ein Theil des Berechnungszeitraumes bedeutenden Mangel oder Ueberschuß haben würde. In solchen Fällen sind diejenigen Bestände zu bezeichnen, durch welche die Ausgleichung bewirkt werden kann.

Zur Verdeutlichung mögen folgende Beispiele nach dem Flächenfachwerk dienen: In einem Wirthschaftsganzen von 1250 ha, welches in 100jährigem Umtrieb bewirthschaftet wird, finden sich die 5 Altersklassen des 100jährigen Umtriebes in dem beigesetzten Flächenumfange vertreten, und müssen zur Gleichstellung der Periodenflächen auf je 250 ha die

Verschiebungen in der seitwärts angegebenen Weise zur Durchführung gebracht werden.

Periode		
1886—1905	352 ha,	hat also zuviel 102 ha, welche der 2. Periode zugehen;
1906—1925	108 „	dazu obige 102 ha; es fehlen also noch 40 ha, die aus der 3. Periode herüberzunehmen sind;
1926—1945	167 „	nach Abgang dieser 40 ha bleiben nach 127 ha; daher müssen der 4. Periode entnommen werden 123 ha;
1946—1965	241 „	davon 123 ha; Rest 118 ha, also Abmangel 132 ha, der 5. Periode zu entnehmen;
1966—1985	382 „	hienach verbleiben hier noch 250 ha.
	1250 ha.	

Diese Ausgleichungen haben zur Folge, daß in der 1. Periode und auch noch in einem Theile der 2. die Bestände ein höheres Alter als das vorgesehene 100jährige erreichen; hernach aber geht das Hiebsalter unter 100 Jahre zurück bis in die 5. Periode, wo es wieder erreicht wird und in allen folgenden Umtriebszeiten solange festgehalten werden kann, als keine Störungen in der Hiebsordnung eintreten.

Ein anderes Beispiel mit viel unregelmäßigerer Altersabstufung, wie sie leider nicht gar zu selten angetroffen wird, veranschaulicht zugleich den oben (Gründung eines neuen Wirthschaftskomplexes) schon angedeuteten Ausweg des Ueberganges von einem niederen Umtrieb auf einen doppelt so hohen; man wartet dabei nicht das Hiebsalter des anzustrebenden Umtriebes von 80 Jahren ab, sondern beginnt schon mit dem Abtrieb desjenigen Theiles der jüngeren Bestände, welcher über die Periodenfläche hinausgeht, sobald das Holz zu annehmbaren Preisen verwerthbar ist, also bei Kiefern etwa vom 40. Jahr ab.

Alter	Fläche	Jahrzehnt				Jahrzwanzigt	
		1	2	3	4	5	6
71—80	150 ha	**150**					
61—70	280 „		**280**				
51—60	550 „			**550**			
41—50	760 „	160			**600**		
21—40	1200 „	290				**910**	
1—20	1860 „		320	50		290	**1200**
	4800 ha	600	600	600	600	1200	1200

Die durch fettgedruckte Zahlen angegebenen Flächen kommen in dem richtigen Alter von 80 Jahren zum Hieb. Aus den Periodenflächen in der untersten Reihe ist ersichtlich, daß auf diese Weise schon während des ersten Umtriebes die normale Altersreihe hergestellt wird.

Vertheilt man aber diese Aufgabe auf mehrere Umtriebszeiten, so lassen sich dadurch die zu bringenden Opfer für den Anfang etwas erleichtern. Es könnten z. B. ganz wohl im 1. Jahrzehnt für einen Theil der eingereihten jüngeren Bestände (160 + 290 ha) etwa 80 ha der 61—70jährigen in Nutzung genommen werden, wofür dann mindestens das vierfache von jenen in der zuwachsreichsten Altersperiode stehenden noch zwei oder drei Jahrzehnte sich zurückstellen ließen; ähnlich würde man dann einen Theil der folgenden Altersklassen statt im 80. schon im 70. Jahr nutzen und dafür jüngere Bestände noch länger überhalten können, ohne daß dadurch der zeitweilige Geldertrag gegenüber dem nach obigem Plan zu erwartenden geschmälert würde; eher wäre auf diesem Wege eine Besserung desselben zu erzielen; dagegen würde sich aber die Herstellung der regelmäßigen Altersabstufung bis in die übernächste Umtriebszeit verschieben.

§. 315.

Tabellarische Darstellung der Arbeiten.

Die zwei wichtigsten Tabellen der Fachwerksmethoden sind die Altersklassentabelle und der allgemeine Nutzungsplan für je ein Wirthschaftsganzes. In nebenstehendem Formular sind dieselben nach den Grundlagen des Flächenfachwerks schematisch dargestellt. Beim Massenfachwerk treten an die Stelle der Flächengrößen die Holzerträge in Festmetern.

Außerdem wird auch manchmal ein sogenannter periodischer Nutzungsplan gefertigt, welcher nur die für die erste Periode beantragten Hiebe enthält, wobei der Vortrag mehr ins Einzelne geht, und zweckmäßig auch noch den Geldertrag veranschlagt. Wo der Verjüngungszeitraum länger dauert als die Periode, da muß man die für ersteren nöthige Fläche und Holzmasse in diesen periodischen Hiebsplan aufnehmen, um den Gang der Verjüngung nicht zu stören; die Jahresnutzung wird aber dadurch nicht beeinflußt, sondern bloß dem Wirthschafter die zu Einhaltung der Verjüngungszeit nöthige Angriffsfläche zur Verfügung gestellt.

Mehr als Nebensache bei der schriftlichen Darstellung der Taxationsarbeiten ist zu betrachten die übersichtliche Zusammenstellung der Flächengrößen von den einzelnen Abtheilungen des ganzen Wirthschaftskomplexes. Es geschieht dies getrennt nach den Rubriken bestockt und nichtbestockt, letztere wieder abgetheilt in kulturfähige und nichtkulturfähige Fläche. Diese Uebersicht dient der Altersklassentabelle zur Grundlage.

Ferner ist es Regel, einen periodischen Kulturplan anzufertigen, worin die in den nächsten ein oder zwei Perioden durch Saat oder Pflanzung aufzuforstenden Blößen und Schlagflächen nebst den nothwendigen Entwässerungsarbeiten zusammengestellt werden. Die zum Zweck der Aufforstung nothwendigen Geldmittel werden in diesem Kulturplan summarisch veranschlagt.

I. Altersklassen-Uebersicht nach dem Stande vom 1. November 1886.

Distrikt oder Komplex	Abtheilung	Unterabtheilung	Standortsklasse	Vollkommenheit	Durchschnittsalter	61 Jahre und darüber					41 bis 60 Jahre					(Für die Klassen 21 bis 40 Jahre und 1—20 Jahre wiederholen sich die linksseitigen Spalten.)	Unbestockte Fläche				Gesammtfläche	
						Standortsklassen					Standortsklassen						ertragsfähig		nicht ertragsfähig			
						1	2	3	4	5	1	2	3	4	5							
						Hektare					Hektare						ha	a	ha	a	ha	a

(Wo nur eine geringere Zahl von Standortsklassen vorkommen, da lassen sich beide Tabellen leicht in eine einzige zusammenziehen, was die Uebersichtlichkeit wesentlich fördert.)

II. Allgemeiner Nutzungsplan oder Betriebsplan für den Zeitraum 1886—1965.

Distrikt oder Komplex	Abtheilung	Unterabtheilung	Standortsklasse	Vollkommenheit	Alter		Holzvorrath		Abnutzungsflächen											Zur Abnutzung kommen	
					ist alt	wird alt	gegenwärtig	beim Abtrieb	1. Periode 1886—1905					2. Periode 1906—1925					(Für die folgenden Perioden wiederholen sich die linksseitigen Spalten.)	doppelt	gar nicht
							Festmeter		Ertragsklasse					Ertragsklasse							
									1	2	3	4	5	1	2	3	4	5			
							pr. ha	pr. ha	Hektare					Hektare						ha	ha

(In weiteren Vertikalspalten können noch vorgetragen werden die Durchforstungsflächen und die Kulturflächen.)

§. 316.

Regulirung der jährlichen Nutzungsgröße (Abgleichung).

a. Bei der Materialkontrole.

Die seitherigen Erhebungen haben bloß die Ermittlung der periodischen Nutzung zum Ziel gehabt. Es würde sich daraus die jährliche Nutzung leicht finden lassen, wenn der Taxator mit absoluter Gewißheit in seinen Schätzungen die wirklich erfolgenden künftigen Erträge voraus sagen könnte. Dies ist aber nicht möglich, weil viele Umstände, deren Eintreffen mit größerer oder geringerer Wahrscheinlichkeit erwartet werden konnte, oft gar nicht, oder wenigstens nicht rechtzeitig eintreten; weil ferner ein genaues Vorausbestimmen der Erträge vielfach zu den Unmöglichkeiten gehört. Es handelt sich nun bei Ausmittlung der jährlichen Nutzung darum, diese Unregelmäßigkeiten in Rechnung zu bringen und möglichst auszugleichen.

Weil die jährliche Erhebung der Haubarkeitserträge die Vergleichung der wirklichen mit den geschätzten Erträgen am Ende einer Periode ermöglicht, so nennt man die Art und Weise, wie man die Jahreserträge feststellt und erhebt, häufig auch die Kontrole der Taxation; man unterscheidet demgemäß Flächen- und Materialkontrole.

Könnte man die absolute Richtigkeit der Schätzungsarbeiten voraussetzen, so wäre allerdings die Materialkontrole das richtigste Verfahren. Sie war auch früher die allgemein angewandte Methode und eignet sich am besten für Wirthschaften mit vorherrschender natürlicher Verjüngung und allmähligem Abtrieb, für den Femelwald und das Oberholz im Mittelwald. Man verfährt bei ihr in der Art, daß man im ersten Jahr der Periode genau den auf das einzelne Jahr dieses Abschnittes treffenden Antheil der periodischen Nutzung zum Hieb beantragt. Wird aber mehr oder weniger erhoben, so muß dies in der nächstfolgenden Zeit entweder in einem oder in mehreren Jahren wieder ausgeglichen werden, und zwar bei einem Ueberhieb durch entsprechenden Abzug an der künftigen Nutzung, bei einem Minderhieb durch Zuschlag des zu wenig erhobenen Materials.

Folgendes Beispiel wird die Sache klar machen.

Der 20jährigen Periode von 1880—1899 sind zugewiesen an

Haubarkeitserträgen	54800	Festmeter,
es trifft somit auf ein Jahr	2740	„
im ersten Jahre sind aber wirklich geschlagen worden	3260	„
also mehr	520	„

Wird nun die Ausgleichung ganzen Umfanges im folgenden Jahre bewirkt, so vermindert sich dessen Etat von 2740 auf 2220 Festmeter. Vertheilt man aber diesen Ueberhieb auf die folgenden 9 Jahre des Jahrzehntes, so stellt sich die Nutzung auf $2740 - \frac{520}{9} = 2682$ Festmeter.

— Wäre weniger geschlagen worden, so hätte dagegen ein gleicher Weise berechneter Zuschlag zu der Nutzung zu erfolgen.

Dieses Verfahren macht es möglich, daß die Fehler der Taxation durch Fehler in der Schlagführung wenigstens eine Zeit lang verdeckt werden können, daß z. B. eine zu niedere Schätzung durch zu dunkle Stellung der Besamungsschläge und zu langsamen Nachhieb auszugleichen gesucht wird; aber selbst da, wo dies nicht im Willen des Wirthschafters liegt, wird er oft durch diese Art der Nutzungsregulirung direkt dazu gezwungen, diesen Fehler zu machen, wenn er nicht frühzeitig den Fall vorausgesehen und danach den Anhieb einzelner Bestände verschoben hatte.

Durch genaue Schätzung des Materialertrages sind diese Nachtheile allerdings fast gänzlich zu beseitigen und es gewährt die Materialkontrole der Haubarkeitserträge namentlich in großen Wirthschaften für die überwachende Behörde die größte Sicherheit. Will man dann dem Wirthschaftsführer eine freiere Bewegung gestatten, so darf man ihm nur eine entsprechend größere Wirthschaftsfläche für die betreffende Periode einräumen, damit er bei verspätet eintretenden Samenjahren und sonstigen unvorherzusehenden Fällen in der Wirthschaft nicht beengt ist. Die verlangte genaue Einhaltung der Jahresnutzung sichert hiebei den Waldeigenthümer vor unnachhaltigen Uebergriffen.

Für den Durchforstungsbetrieb ist dagegen die Anwendung der Materialkontrole ganz ungeeignet, weil einerseits die Ertragsschätzung für diese Hiebsart unsicherer ist und andrerseits die Behandlung des Bestandes nicht abhängig gemacht werden darf von den Zufälligkeiten einer solchen schwer vorauszubestimmenden Größe.

§. 317.

b) Bei der Flächenkontrole.

Dieses Verfahren eignet sich besonders für Hochwald mit Kahlschlagbetrieb, für Niederwald, das Unterholz im Mittelwald und für die Zwischennutzungen; es kann dabei in den meisten Fällen die vorgesehene Hiebsfläche mathematisch genau eingehalten werden, in welchem Falle es einer Abgleichung gar nicht bedarf; denn am Schluß der Periode muß dann die Summe der einzelnen Jahresschläge in ihrer Flächengröße wiederum mit der im Betriebsplan eingestellten Periodenfläche übereinstimmen. — Dabei wird es nothwendig, auch die Standortsklassen zu berücksichtigen und für jede einzeln Buch zu führen, wenn sie im Betriebsplan gesondert gehalten sind.

Es kann jedoch beim Hochwald und besonders bei Holzarten, welche dem Windwurf oder der Insektengefahr stark ausgesetzt sind, vorkommen, daß auf nicht zur Hauptnutzung vorgesehenen Beständen größere Massen zufälliger Erzeugnisse anfallen, und daß dadurch eine Einschränkung des Hiebsplanes, sei es im gleichen oder im folgenden Jahre, nothwendig wird. Diese berechnet sich dann durch Division des durchschnittlichen Haubarkeitsertrages pr. ha in die Masse des außerordentlichen Anfalles, wobei aber jene Erzeugnisse außer Rechnung zu bleiben haben, welche nur als Vorgriffe auf die Zwischennutzungserträge anzusehen sind; also solche, die keine bis zum Abtrieb des betreffenden Bestandes bleibende Lücken verursacht haben.

Im Hochwald mit Vorverjüngung läßt sich die Flächenkontrole um so weniger durchführen, je länger die Abtriebsperiode dauert, weil der Abschluß der Rechnung für die einzelne Abtheilung sich zu weit hinauszieht und in der Zwischenzeit die Kontrole unwirksam ist, zumal auch nicht im Voraus dem Wirthschaftsführer vorgeschrieben werden kann, wie oft und wie stark jedesmal der Zugriff erfolgen darf. Deßhalb wird in solchen Fällen die Materialkontrole den gegebenen Zweck stets viel besser erfüllen.

Bei den Zwischennutzungen darf man sich übrigens mit dem Nachweis über die durchforstete Fläche allein nicht begnügen; es gehört wesentlich noch dazu, daß man sich auch von der richtigen Ausführung dieser wichtigen Hiebe im Walde selbst überzeuge, und wenn eine frühere Wiederholung nothwendig erscheint, als ursprünglich vorgesehen war, solche alsdann auch wirklich zur Ausführung bringt.

§. 318.

Von dem Wirthschaftsbuch und den Revisionen.

Die Ausführung der einzelnen Vorschriften des Wirthschaftsplanes und die dabei gewonnenen Erträge betrachtet man als die Kontrole der Taxation. Es ist daher nöthig, für jede Abtheilung und Unterabtheilung getrennt alle in denselben ausgeführten wirthschaftlichen Maßregeln der Zeitfolge nach genau zu verzeichnen. Dies geschieht im sogenannten Wirthschaftsbuch, in welchem jeder Abtheilung einige Seiten gewidmet sind, um darauf in besonderen Spalten vorzutragen, was in den einzelnen Jahren der Fläche und dem Material nach als Haupt- und als Zwischennutzung gewonnen, welche Gelderlöse daraus erhoben, wie viel und mit welchem Aufwand von Samen, Pflanzen und Geld kultivirt, wie oft und welche Nebennutzungen eingelegt wurden 2c. Am Schluß der Periode werden die Summen gezogen und Vergleichungen angestellt mit der vorangegangenen Schätzung.

Dies führt auf die Revisionen der Wirthschaftseinrichtung, welche von Zeit zu Zeit einzutreten haben. Dabei wird zur Sicherung des Nachhaltigkeitsbetriebes die Holzertragseinschätzung und die ganze Grundlage der Wirthschaft in größeren oder kleineren Zwischenräumen genau geprüft, und besonders ins Auge gefaßt, wie die Schätzung in der abgelaufenen Periode sich zum wirklichen Ergebniß der Nutzung verhalte, ob insbesondere alle beantragten Hiebe und Kulturen wirklich vollzogen worden sind, so wie sie in Antrag genommen waren. Ferner werden die Holzvorräthe der haubaren und angehend haubaren Bestände, wenn nöthig, aufs Neue untersucht, ob namentlich der vorausgesetzte Zuwachs wirklich in der geschätzten Größe erfolgt sei oder nicht.

Nach der Sammlung dieser Materialien hat man mit Hülfe derselben die Ertragsberechnungen dem neuen Thatbestand anzupassen. Die Waldbeschreibung wird bei dieser Gelegenheit durch entsprechende Zusätze nach dem jetzigen Waldzustand ergänzt, und die Altersklassentabelle, der periodische Hiebsplan und der Kulturplan neu hergestellt.

Je geringere Sorgfalt beim erstmaligen Entwurf der Waldbeschreibung und Ertragsberechnung angewendet wurde, um so mehr ist man auch noch aufgefordert, bei der Revision dieser Arbeiten die Grundlagen des ganzen Geschäftes, die Flächeneintheilung, die Aufnahme des Thatbestandes, die getroffene Wahl der Betriebsart, Umtriebszeit, Verjüngungsmethode ꝛc. einer genauen Prüfung zu unterwerfen, und nöthigenfalls auch noch den allgemeinen Nutzungsplan neu anzufertigen.

Im Allgemeinen haben die Revisionen noch den weiteren Zweck, periodisch die Fortschritte der Wissenschaft in den praktischen Betrieb zu übertragen, und namentlich bei der Ertragsberechnung die gemachten Erfahrungen und die größere Sicherheit, die der Kulturbetrieb allmählig erlangt, zu Gunsten des Waldbesitzers nutzbar zu machen. Auf der andern Seite können unabwendbare, äußere Einflüsse zum Nachtheil des Waldertrages sich in einer Weise geltend machen, wie man dies bei erstmaliger Anfertigung der Ertragsberechnung nicht vorausgesetzt hatte, und diese Verhältnisse sind dann natürlich bei der Revision ebenfalls gehörig zu würdigen.

Wenn keine außergewöhnlichen Ereignisse außerordentliche Revisionen erheischen, so hat man ziemlich allgemein sich dahin geeinigt, daß die Revision jedesmal am Schluß einer Periode einzutreten habe. Dies ist der passendste Zeitpunkt, weil man bei Entwerfung des Wirthschaftsplanes diesem Zeitabschnitt eine bestimmte Fläche und ein gewisses Material zugewiesen hat, und gerade am Schluß der Periode am besten prüfen kann, wie weit die Schätzung eine richtige war. Sind die Perioden zu lang, so nimmt man öfters schon in der Mitte derselben eine Revision vor, bei welcher dann mehr die Wirthschaftsgrundsätze und deren praktische Anwendung im Wald geprüft werden; während am Schluß der Periode mehr die Berichtigung der Ertragsschätzung vorgenommen wird.

Zweites Kapitel.

Die Weisermethoden.

§. 319.

Die österreichische Kameraltaxe.

Setzt man den normalen Vorrath eines Wirthschaftsganzen ins Verhältniß mit dem normalen Ertrag, so erhält man auf diese Weise ebenfalls eine Grundlage für die Bemessung der Ertragsfähigkeit desselben. Man drückt dieses Verhältniß in Procent- oder Decimalzahlen aus und bezeichnet es dann als **Nutzungsprocent** oder **Nutzungsweiser**. Mehrere Methoden haben Nutzungsprocente auf verschiedenem Wege ermittelt und werden nach **Th. Hartig** unter dem Namen **Weisermethoden** zusammengefaßt.

Die älteste derselben ist die unter dem Namen **österreichische Kameraltaxe** mit Hofdekret vom 14. Juni 1788 vorgeschriebene Methode. Sie bestimmt die jährliche Nutzungsgröße jN gleich dem jährlichen normalen Zuwachs der Wirthschaftseinheit nz, erhöht oder vermindert um den mit der Zahl der Jahre des zur Ausgleichung angenommenen Zeitraumes a dividirten Unterschied zwischen dem normalen nv und dem wirklichen wv Holzvorrath. Bei einem Vorrathsüberschuß ist also $jN = nz + \frac{wv - nv}{a}$ oder bei einem Mangel $= nz - \frac{nv - wv}{a}$. Gleichzeitig gab sie ein sehr einfaches Verfahren an, den fundus instructus oder normalen Vorrath annähernd zu ermitteln: man multiplicirt die Gesammtfläche mit dem normalen Haubarkeitsertrag der Flächeneinheit und nimmt hievon die Hälfte, was aber nach den in §. 244 gegebenen Ausführungen in vielen Fällen zu hoch gegriffen ist, da die richtigen Faktoren meist zwischen 0,40 und 0,45 liegen, so daß man für kürzere Umtriebe mit obigem Faktor 0,5 um 10—20 Procent zu viel erhält.

In dem angeführten Hofdekret ist bezüglich des für die Herstellung der Normalität nothwendigen Zeitraumes etwas Bestimmtes nicht vorgeschrieben. Es scheint sich aber in der Praxis bald die volle Umtriebszeit als Ausgleichungszeitraum eingebürgert zu haben, und nimmt C. Andre, Versuch einer zeitgemäßen Forstorganisation, Prag 1823 dies ohne besondere Motivirung als selbstverständlich an, obwohl, namentlich wenn Ueberschüsse in haubarem Holz vorhanden sind, ein so langer Zeitraum gar nicht angenommen zu werden braucht.

Der gegen die österreichische Kameraltaxe erhobene Vorwurf, daß bei ihr der **wirkliche Zuwachs unbeachtet** bleibe, ist bedenklich, weil die mit Hülfe der obigen Formel berechnete Nutzungsgröße unter Umständen zu hoch sein kann und dann das angestrebte Ziel der Normalität nicht erreicht würde (vergl. darüber das von C. Heyer S. 192 seiner Waldertragsregelung gegebene Beispiel). Ein weiteres Bedenken, daß die Ausgleichung der Abnormität stets nur innerhalb der Umtriebszeit erfolgen müsse, während diese bald zu kurz, bald zu lang hiezu ist, hat in vielen Fällen große, praktische Bedeutung, bezieht sich aber nur auf die später eingeführte Praxis, nicht auf die ursprüngliche Vorschrift.

Aus dem folgenden Paragraphen sind dann noch weitere, auch hieher bezügliche Schattenseiten zu entnehmen, besonders die Nichtberücksichtigung der normalen Altersstufen und der Mangel einer Hiebsordnung.

§. 320.

Hundeshagens Methode.

Bald nach der vorerwähnten Taxationsvorschrift schlug Paulsen (1795) eine ähnliche vor, welche dann von Hundeshagen (1826) weiter ausgebildet und verbreitet wurde. Dieser legt bei seinen Ertragsermittlungen folgende Rechnung zu Grund: der Gesammtholzvorrath im normal bestandenen Wald (nv) verhält sich zum Gesammtvorrath im abzuschätzenden Wald (wv), wie der Ertrag des normalen (ne oder ältester Jahresschlag) zum gesuchten Ertrag des zu schätzenden Waldes (we). — Das Verhältniß zwischen dem normalen Gesammtvorrath und dem normalen Ertrag drückt er in der Weise aus, daß er ersteren in allen Fällen = 1 setzt und den Ertrag als sogenanntes Nutzungsprocent durch einen Decimalbruch wieder giebt. $\mathrm{nv} : \mathrm{wv} = \mathrm{ne} : \mathrm{we}$, also $\mathrm{we} = \frac{\mathrm{ne}}{\mathrm{nv}} \times \mathrm{wv}$ und $\frac{\mathrm{ne}}{\mathrm{nv}} =$ dem Nutzungsprocent.

Nach Hundeshagen soll diese Methode die einzig richtige Grundlage der Taxation, eine mathematische haben, nur vom Gegebenen ausgehen und alle Wahrscheinlichkeitsrechnungen ausschließen; sie soll stets die augenblickliche Nutzungsgröße bezeichnen, wie solche dem gegenwärtigen Stande des Holzvorrathes entspreche; sie soll auf kürzestem Wege den Wald in den Zustand der Normalität führen; dem Wirthschafter einen möglichst freien Spielraum lassen; bei der Taxation selbst sich einfach handhaben und bei den verschiedensten Ansichten der Taxatoren stets das gleiche Resultat zur Folge haben; endlich die sicherste Kontrole in sich selbst tragen, weil sie den Normalzustand als endliches Ziel der Wirthschaft genau angiebt, indem sie sich an die wirklich vorhandene Holzmasse, und nicht an Flächen und deren Produktionsfähigkeit anschließt. — Diese Gründe bestimmten Hundeshagen, sein Taxationsverfahren für das rationellste, welches aufgestellt werden könne, zu erklären, sie haben aber bis jetzt, in bald sechzig Jahren, die gehoffte Anerkennung nicht gefunden.

Diese Methode hat zunächst den Hauptfehler, daß sie die Normalität nur nach der Holzmasse bemißt; daß sie die Altersabstufung und die sichernde räumliche Vertheilung der Bestände in dem der Ertragsschätzung unterworfenen Wald gar nicht beachtet; und doch drückt sich in der Altersabstufung die Normalität am richtigsten und deutlichsten aus; sie kann aber auch nur dann auf die Dauer bestehen, wenn alle nöthigen Vorsichtsmaßregeln gegen etwaige Störungen im Betrieb getroffen sind; darauf nimmt aber Hundeshagen keine Rücksicht. — Haben sodann zwei Waldkomplexe gleichen Holzvorrath und ist der eine normal bestanden, der andere nicht, so kann nach Umständen im normalen Komplex ein größerer oder geringerer (normaler) Zuwachs erfolgen, als in dem abnorm bestockten. Nach dem Hundeshagen'schen Princip wird aber demungeachtet der normale Zuwachs als Nutzungsgröße erhoben, weil eine dem normalen Vorrath gleiche Holzmasse vorhanden ist, was in kürzerer oder längerer Frist eine noch größere Abweichung von der Normalität herbeiführen muß. Es sei z. B. bei einem normalen Vorrath von 1000 Klaftern die jährliche normale Nutzung gleich 30 Klafter. In einem abnorm bestockten Wald mit 1000 Klafter Vorrath, wo die ältesten Klassen stärker vertreten sind, und die mittleren mit dem größten Zuwachs fehlen, würden danach auch 30 Klafter genutzt werden müssen, während möglicherweise nur 25 Klafter jährlich zuwachsen. Eiue solche Differenz kann noch größer sein, als hier angegeben, wenn das in überwiegender Zahl vorhandene älteste Holz zuwachslos ist.

Ein anderer Umstand, welcher Bedenken gegen dieses Verfahren erregt, ist der, daß das Nutzungsprocent aus Erfahrungstafeln berechnet wird, welche den normalen Zustand unterstellen. Nun kann man sich allerdings bei kleineren Flächen leicht darüber vereinigen, was normal ist, denn es lassen sich Bilder von solch kleineren normalen Beständen nicht selten dem Auge vorführen. Die Normalität in einem ganzen Komplex, namentlich beim Hochwaldbetrieb hat aber wohl noch kein Forstmann gesehen. Es dürfte daher ein etwas gewagter Schluß sein, der hier vom Kleinen aufs Große gemacht wird. Dieses Bedenken ist nun allerdings untergeordnet; dagegen ist der Einfluß, welchen die Behandlung und Bewirthschaftung auf den Zustand des Waldes ausübt, von größter Wichtigkeit. Was ist aber nun eine normale Behandlung? Die vielen Forstschriftsteller und noch mehr die Wirthschafter sind darüber noch lange nicht einig. Wie schon gesagt, so haben wir es in der Wirklichkeit fast ausschließlich mit abnormen Beständen zu thun, deren Vollkommenheit und Regelmäßigkeit Manches zu wünschen übrig läßt; mit Waldkomplexen, wo die Altersabstufung selten der Normalität sich nur einigermaßen nähert.

In Beziehung auf die Vollkommenheit der Bestände muß durch Reduktion der Fläche auf die Normalität die Gleichstellung mit dem in den Erfahrungstafeln unterstellten Waldzustand herbeigeführt werden. Nun ist aber diese Gleichstellung sehr schwierig; weil wohl etwa noch die leere, unbestockte Fläche annäherungsweise ermittelt und in Zahlen ausgedrückt werden kann; nicht aber der andere, oft ebenso wesentlich einwirkende Faktor, nämlich das Verhältniß, in welchem durch die Unterbrechung des Schlusses der Zuwachs gefördert oder geschwächt wird, was je nach der Lage, dem Boden, der Holzart 2c. verschieden ist, und Zuwachsdifferenzen bis zu ein Fünftel und ein Viertel der Wirklichkeit gegenüber verursachen kann. Noch weniger ist man im Stande zum Voraus zu bemessen, ob dieses Verhältniß im höheren Alter sich ändere oder nicht, und doch muß dies in den Kreis der Beurtheilung gezogen werden, wenn man sich überzeugen will, daß der Zuwachs, wie ihn die Erfahrungstafeln angeben, genau so in der Wirklichkeit erfolgen werde. — Die Unregelmäßigkeit in den Beständen auf das Normale zu reduciren, ist aber bis jetzt noch gar nicht versucht worden, und doch ist diese ebenfalls von großem Einfluß auf den Zuwachs.

Die Hundeshagen'sche Methode setzt nun direkt den Zuwachs der normalen Bestände der Masse nach ins Verhältniß mit dem Vorrath und giebt keine Mittel und Wege, die angedeuteten Uebelstände zu beseitigen; sie verläßt also hier den von ihrem Erfinder so hoch gehaltenen Boden der Wirklichkeit und nimmt sehr bedeutende, in der Zukunft erst wirksam werdende Kräfte und Maßregeln mit in Rechnung.

Außerdem kann es Fälle geben, wo der Waldbesitzer in anderer Weise entweder mehr oder weniger als den wirklichen Zuwachs erheben will oder muß, und hier zeigt sich dann diese Hundeshagen'sche Methode zu wenig fügsam. Sie erreicht überdieß, wie C. Heyer nachgewiesen hat, den Normalzustand weder in kürzester Zeit, noch mit den geringsten Opfern.

Der Vorwurf, daß sie dem Wirthschafter einen allzufreien Spielraum gewähre, daß daher beim Wechsel des ausübenden Personals der neueintretende sich schwer zurechtfinde, und leicht ein Wechsel der leitenden Grundsätze eintreten könne, ist dadurch zum Theil beseitigt worden, daß Hundeshagen selbst einen Wirthschafts- und Hiebsplan, so wie auch noch in längeren Zeiträumen von 30 und mehr Jahren wiederkehrende Revisionen für zulässig erkannt hat. Immerhin bleibt es der Willkür des Taxators überlassen, einen solchen zu fertigen, und so lange nicht ein detaillirter Wirthschaftsplan zur absoluten Bedingung gemacht wird, so lange ist keine Garantie vorhanden, daß der Waldzustand bei diesem Taxationsverfahren die gehörige Berücksichtigung finde, daß die jährliche Nutzung jeder Zeit da erhoben werde, wo es im Hinblick auf die Beschaffenheit der sämmtlichen Bestände und der danach gebotenen Hiebsfolge, so wie nach den Regeln einer geordneten Waldbehandlung am nothwendigsten ist. Auch mit einem Wirthschaftsplan bleibt die Kontrole der Wirthschaft und der Ertragsberechnung sehr unsicher.

Eine Hauptschwierigkeit bei Anwendung des Hundeshagen'schen Verfahrens besteht noch ferner in dem Mangel an geeigneten Erfahrungstafeln, namentlich von solchen, welche größeren Waldkomplexen entnommen sind; endlich läßt sich bei ihr der Zeitpunkt, in welchem die Normalität erreicht wird, nicht leicht bestimmen.

§. 321.

C. Heyer' und Karl'sche Methoden.

Verbesserungen an obiger Hundeshagen'schen Formel haben vorgenommen H. Karl und C. Heyer, welche namentlich den Fall berücksichtigen, wo der normale Vorrath, aber ohne die normale Altersabstufung, vorhanden ist.

Karl berechnet die Nutzungsgröße (N) aus dem wirklich erfolgenden Zuwachs (wz) auf der ganzen Fläche mehr oder weniger der Massendifferenz md (des Unterschiedes zwischen normalem und wirklichem Vorrath), dividirt durch die Zahl der Jahre des Ausgleichungszeitraumes (u) weniger oder mehr der Zuwachsdifferenz zd (des Unterschiedes zwischen normalem und wirklichem Zuwachs), dividirt durch die Zahl der Jahre des Ausgleichungszeitraumes (derjenigen Periode, in welcher der Waldkomplex der Normalität entgegengeführt werden soll), multiplicirt mit der seit der Schätzung verflossenen Anzahl Jahre n,

$$\text{also } N = wz \pm \frac{md}{u} \mp \frac{zd}{u} n.$$

Der Autor hat aber diese Methode verlassen und ist zum Fachwerk zurückgekehrt; vgl. §. 323.

Carl Heyer hat für die Berechnung der jährlichen Nutzung folgende Formel aufgestellt:

$$N = \frac{wv + swz - nv}{x}$$

wobei wv der wirkliche Vorrath, swz der summarische Haubarkeitszuwachs, während des ganzen Ausgleichungszeitraumes, nv der normale Vorrath und x die Ausgleichungszeit, in welcher der normale Zustand hergestellt werden soll, bedeutet. In Worten ausgedrückt heißt also die Formel: Die Jahresnutzung wird gefunden, wenn man zum wirklichen Vorrath den summarischen Zuwachs während des Ausgleichungszeitraumes hinzuschlägt, von der Summe den die Nachhaltigkeit der Nutzung für alle Zukunft sichernden normalen Vorrath abzieht und den Rest mit der Zahl der Jahre des Ausgleichungszeitraumes dividirt. Es wird hienach als Nutzung erhoben der wirkliche Zuwachs, so weit nicht ein Theil desselben zur Ergänzung des Normalvorrathes stehen bleiben muß, oder als Ueberschuß über denselben mit zur Erhebung kommen kann. Der sehr verdienstvolle Autor fügt aber ausdrücklich bei: „In diesen einfachen Grundzügen erblicke man nur den arithmetischen Nachweis der Regeln zur Herstellung und Sicherung des Waldnormalzustandes im Allgemeinen — aber keineswegs die Möglichkeit einer jederzeitigen ganz strengen Durchführung dieser Verfahren in allen Fällen, und glaube überhaupt nicht, daß die praktische Etatsordnung mit gutem Erfolg in die engen Grenzen einer mathematischen **Formel** sich einzwängen lasse. Wir wiederholen nochmals, daß die unübersehbare Verschiedenheit der Waldzustände, die Ungleichheit der Ansprüche und Bedürfnisse der Waldbesitzer und die Mannigfaltigkeit der auf das Waldertragsverhältniß fortwährend einwirkenden und im Voraus nicht bemeßbaren äußeren Einflüsse häufige Aenderungen von jenen Regeln veranlassen und mitunter selbst zwingen, den schon mühsam errungenen Normalzustand einer oder der andern Klasse zeitweise wieder aufzugeben.“ — Demgemäß verlangt dieser Autor genaue Erhebung des Thatbestandes und sorgfältige Ausarbeitung eines speziellen Betriebsplanes wie beim Fachwerk.

Drittes Kapitel.

Die Ertragsschätzung nach Durchschnittserträgen.

§. 322.

Diese besteht darin, daß für einen Waldkomplex oder seine sämmtlichen einzelnen Theile der Durchschnittszuwachs nach den Vorräthen haubarer Bestände veranschlagt wird, den jene bei einer gegebenen Betriebsart, Umtriebszeit und Waldbehandlung, so wie nach der Ertragsfähigkeit des Bodens erwarten lassen. Je gleichmäßiger die Standorts- und Bestandesverhältnisse sind, um so rascher läßt sich diese Art der Einschätzung betreiben, weil man alle Waldtheile mit gleicher Standorts- und Bestandesgüte zusammennehmen, und für sie alle den gleichen Durchschnittszuwachs unterstellen kann. — Der Durchschnittsertrag wird aus den Anhaltspunkten, welche die Vorräthe in hiebsreifen Beständen zur Hand geben, für jede einzelne Bestandes- oder Standortsklasse für die Flächeneinheit besonders ermittelt, indem man den gegenwärtigen Vorrath und die seither erhobenen Nutzungen durch die Zahl der Altersjahre dividirt und den Quotienten mit den Flächeneinheiten der einzelnen Bestände multiplicirt. Es können natürlich auch Erfahrungen aus andern, aber ähnlichen Lokalitäten benützt werden. Weil der Durchschnittszuwachs eines Bestandes in angehend haubaren Beständen längere Zeit hindurch dieselbe Größe zeigt, so darf man bei der Wahl solcher Probebestände nicht zu ängstlich auf das Alter Rücksicht nehmen. Es ist aber nicht zu übersehen, daß es sich nicht von dem Gesammtdurchschnittszuwachs jeder einzelnen Altersstufe, sondern stets nur von dem des haubaren Bestandes handelt.

Hat man sich auf die eine oder andere Art die nöthigen Anhaltspunkte verschafft, so spricht man für jeden Waldtheil auf den Grund seiner gegenwärtigen Bestandes- und Standortsgüte den jährlichen Gesammtdurchschnittszuwachs an, und erhält dann aus der Summe aller dieser Zahlen die jährliche Nutzung.

Diese Methode ist sehr einfach und ohne großen Zeit- und Geldaufwand durchzuführen, aber sie berücksichtigt das Altersklassenverhältniß gar nicht, und entbehrt somit einer sicheren Grundlage und eines festen, bestimmt bezeichneten Zieles. Die Flächengröße allein gewährt keine genügende Sicherung der Nachhaltigkeit.

Viertes Kapitel.

Verbindung der verschiedenen Methoden.

§. 323.

Da der normale Vorrath einen sehr erwünschten und sicheren Anhaltspunkt giebt und in Verbindung mit der richtigen Flächen- und Altersklassenvertheilung den normalen Zustand des Wirthschaftsganzen ausdrückt, so hat man von verschiedenen Seiten, namentlich in den Instruktionen für die Wirthschaftseinrichtung und Ertragsberechnung von Staatswaldungen den Versuch gemacht, dieses weitere wichtige Hülfsmittel zur Bestimmung des Normalzustandes mit dem System des Fachwerkes zu vereinigen. — Bald hat man für jede einzelne Abtheilung neben dem wirklichen auch noch den normalen Ertrag, bald den normalen Vorrath des ganzen Komplexes ermittelt und mit dem wirklichen, gegenwärtigen Vorrath verglichen, um aus dem Abstand beider zu ersehen, wie weit man noch vom Normalzustande entfernt ist. — Hinsichtlich der Ermittlung des normalen Vorrathes ist das badische Verfahren besonders hervorzuheben; man hat dort aus 71 gut behandelten Wirthschaftsbezirken die Verhältnißzahl zwischen dem wirklichen Vorrath und dem wirklichen jeweiligen Ertrag gesucht und hat geschlossen, daß auch der normale Vorrath zum normalen Ertrag in gleichem Verhältniß stehe. Es wird demgemäß der normale Ertrag des hiebsreifen Bestandes mit der auf gleiche Bonität reducirten Flächengröße der Wirthschaftseinheit und mit dem auf obige Weise ermittelten Decimalbruch 0,45 multiplicirt. Die österreichische Kameraltaxe hat statt dessen 0,5, wodurch aber anerkanntermaßen der Normalvorrath zu hoch gefunden wird. Auch jene Zahl liefert noch ein zu hohes Ergebniß, denn die zum Anhaltspunkt benützten Wirthschaftskomplexe sind noch nicht normal; ein Theil des in ihnen erfolgenden zeitlichen Zuwachses muß also, wenn sie gut bewirthschaftet werden, zum Vorrath geschlagen werden und kann nicht in der jährlichen Nutzung erscheinen; letztere steht also nicht in demselben Verhältniß zum zeitlichen Vorrath, wie die normale Nutzung zum normalen Vorrath, weil dieser nicht mehr vermehrt zu werden braucht.

Ermittelt man diesen Faktor aus den Ertragstafeln, so findet man, daß er die Höhe von 0,5 erst bei 100jährigen und höheren Umtriebszeiten erreicht; die Spalte p der Tabelle auf S. 396 zeigt diesen Faktor für die verschiedenen Altersstufen der Fichte 2. und 3. Bonität.

Eine sehr gute Uebersicht über die Abweichung des zeitlichen Zustandes vom normalen erhält man dadurch, wenn man von jeder Abtheilung den jetzigen Zuwachs neben dem normalen aufführt und dann noch angiebt, wie lange es dauern wird, bis letzterer eintritt; daraus läßt sich auch noch entnehmen, wie viel Fläche nicht normal bestockt ist. Je nachdem die Abweichungen vom Normalzustand groß oder weniger bedeutend sind, kann dieser schon vor oder erst nach dem Eintritt der Haubarkeit erfolgen.

H. Karl hat später (1851) noch eine andere Formel für die Ertragsermittlung vorgeschlagen, die ebenfalls den normalen Vorrath zum Anhaltspunkt nimmt, doch aber mehr zum Fachwerk neigt, weil sie die Altersklassen sehr ausführlich benützt, sie heißt:

$$N = \frac{V + zF + h\,\frac{1}{2}F}{h} \text{ und daraus } h = \frac{V + zF}{N - \frac{1}{2}F}$$

N giebt die Nutzungsgröße in Durchschnittszuwachseinheiten aus dem Vorrath der Durchschnittszuwachseinheiten zur Zeit der Bestandesaufnahme V und dem jährlich bis zur Nutzung in z Jahren erfolgenden Zuwachs an Durchschnittszuwachseinheiten mal der Fläche F und der Zahl der Jahre des Abtriebes h (Holzungsdauer) multiplicirt mit der halben Fläche, dividirt durch die Holzungsdauer. Der Autor spricht von Durchschnitszuwachseinheiten; diese beziehen sich jedoch nicht auf ein gleiches Alter, sondern sind für jede Altersklasse nach dem Gang des Zuwachses andere Größen; es kann aber unbeschadet der Sache statt derselben für jede einzelne Abtheilung das mit der Fläche multiplicirte Alter gesetzt werden, wie bereits in der Monatsschrift für das württembergische Forstwesen, 1853 von uns nachgewiesen ist, dann wird die Rechnung einfacher. Mit der zweiten Formel wird die Holzungsdauer für jeden einzelnen Bestand gesucht, und wenn die Reihenfolge, in welcher die Abtheilungen zum Abtrieb kommen, bestimmt ist, so läßt sich das mittlere Alter, das jeder Bestand erreicht, leicht berechnen. Mit Hülfe von Ertragstafeln, welche sich nur auf haubare Bestände zu erstrecken brauchen, findet man dann den Ertrag des einzelnen Bestandes. — Die erste Formel kann man sowohl für den einzelnen Bestand, wie für die Wirthschaftseinheit anwenden, in letzterem Fall ist z = Null und h = der Umtriebszeit.

Professor Breymann in Mariabrunn hat eine ähnliche Formel aufgestellt:

$$N = \frac{F}{u} \times M \cdot \frac{2m + u}{2}$$

N, die jährliche Nutzungsgröße, ist gleich der auf eine Bonität reducirten Fläche getheilt durch die Umtriebszeit mal M der Holzmasse per Joch in einem bestimmten Alter, hier durch den folgenden Bruch bezeichnet, worin m das Durchschnittsalter vom ganzen Wirthschaftskomplex und u die Umtriebszeit ausdrücken; bei normaler Altersabstufung ist $m = \frac{1}{2}$ u. Diese Formel ist übrigens nur auf ein Wirthschaftsganzes, nicht auf den einzelnen Bestand anwendbar.

Dritter Abschnitt.

Ermittlung des Ertrages der Nebennutzungen.

(Literatur vergl. bei §. 330.)

§. 324.

Bei den Nebennutzungen ist die Ertragsschätzung meistens deßhalb leichter auszuführen, weil sie in der Regel keiner so langen Zeit bedürfen, bis sie benutzbar sind, und somit meistens genügende Erfahrungen über ihren wirklichen Ertrag vorliegen. Um ihren Ertrag zu ermitteln, ist es zuerst nothwendig, die Grenzen zu bezeichnen, innerhalb welcher die Nutzung sich bewegen darf, und dann nach dem Zustand des Waldes, nach dessen künftiger Behandlung und den an Ort und Stelle oder anderwärts gesammelten Erfahrungen die Größe der Nutzung zu bestimmen.

Beim Leseholz ist zunächst festzustellen, wie viele Personen die Erlaubniß zum Einsammeln haben, an wieviel Tagen des Jahres ihnen der Wald zugänglich ist, und an wie vielen Tagen und von wie vielen Personen diese Erlaubniß wirklich benützt wird. Dann ist der Begriff vom Leseholz nach dem örtlichen Gebrauch, oder nach den betreffenden Gesetzen oder Urkunden genau zu erheben, namentlich ist auch zu ermitteln, ob die Leseholzsammler das Holz nach Hause tragen müssen, oder ob ihnen die Benützung von Fuhrwerken gestattet ist. — Danach kann man von zuverlässigen Forstschutzdienern oder sonstigen mit dem Betrieb der Nutzung vertrauten Personen die Holzmenge annähernd taxiren lassen, welche ein Sammler durchschnittlich in einem Tage hereinschafft, und daraus ergiebt sich der Gesammtanfall durch Multiplikation mit der Zahl der Tage und Personen. Davon gehen dann noch ab die Gewinnungskosten, wobei aber zu beachten, daß man hiefür nicht den gewöhnlichen Tagelohn, sondern nur einen geringeren in Ansatz bringen darf, weil die Sammler nur arbeitsfreie Tage, wo sie sonst keinen Verdienst finden, dafür zu benützen pflegen. Der Preis des Holzes ist der Holzart und Beschaffenheit nach verschieden zu veranschlagen, worüber die Versteigerungs- und sonstige Erlöse Anhaltspunkte an die Hand geben.

Ein anderer Weg führt minder sicher zum Ziel, wenn man nämlich das abfallende Holz nach Procenten des Gesammtholzvorrathes oder Ertrages veranschlagt und dabei besonders in Rücksicht nimmt, wie bald die Durchforstungen beginnen, wie rasch sie wiederkehren, und ob die Nachfrage so stark sei, daß alles oder nur ein Theil des abfallenden Materiales gesammelt werde. Wo die Mehrzahl der Bevölkerung ihren ganzen Brennholzbedarf durch Leseholz deckt, da kann man auch aus dem Bedarf der einzelnen Haushaltung auf die Holzmenge und deren Geldwerth schließen.

Die Harznutzung nimmt an Umfang und Wichtigkeit ab; sie wird in der Art veranschlagt, daß man zuerst festsetzt, wie viele Jahre ein Stamm auf Harz benützt werden darf, dann die Zahl von Stämmen berechnet, an denen die Nutzung für zulässig gefunden wird, und hierauf das jährlich anfallende Harz von einem Stamm ausmittelt, worauf die Gesammtmasse durch eine einfache Multiplikation sich ergiebt. Dabei sind aber zufällige Verluste durch zu große Hitze im Sommer, ferner die nicht zu vermeidenden Verunreinigungen mit in Rechnung zu nehmen. — Die Stammzahl kann gutachtlich oder nach Probeflächen für die betreffenden Distrikte oder Altersklassen besonders ermittelt werden. Bezüglich der Preisbestimmung ist man auf den Marktpreis für Pech verwiesen, wovon allerdings noch die Herstellungskosten abgehen.

Die Mastnutzung ist deßhalb schwer zu veranschlagen, weil sie in unregelmäßigen Zwischenräumen und verhältnißmäßig selten wiederkehrt, seit die Holzerziehung immer mehr in regelmäßigen und dicht geschlossenen Beständen geschieht; ebendeßhalb hat sie auch ihren Werth so ziemlich verloren, sie kann dem Material nach nicht wohl veranschlagt werden, weil dasselbe unmittelbar von den eingetriebenen Schweinen verzehrt wird; sie läßt sich also nur in Geld ausdrücken, was am besten nach der Stückzahl der eingetriebenen Schweine und durch Ansatz eines entsprechenden Weidezinses geschieht. — Wo die Mast durch Menschen gesammelt wird, läßt sich deren Ertrag in ähnlicher Weise wie beim Leseholz nach der Zahl der Sammler, nach der Zeitdauer der Nutzung, aus dem durchschnittlichen Tagesgewinn und dem Verkaufs- oder Nutzungswerth nach Abzug der Gewinnungskosten feststellen.

Die Waldweide wird nach der Zahl und Größe des einzutreibenden Viehes gewerthet, wobei die geöffnete Fläche, die Art ihrer Bestockung und Altersklassenverhältnisse, ob namentlich die jüngeren Altersklassen vorwiegen oder die älteren, die Holz- und Betriebsarten, ferner die Bodenbeschaffenheit und das Klima von besonderem Einfluß sind. Ueber den Futterbedarf der verschiedenen Vieharten stehen Erfahrungszahlen von land- und forstwirthschaftlicher Seite zu Gebot, sie geben aber durchweg einen sehr weiten Spielraum und sind deßhalb nicht unbedingt anwendbar, müssen vielmehr nach den obigen Andeutungen für jeden besonderen Fall geprüft und festgestellt werden. In manchen Gegenden besteht schon längere Zeit ein fester Weidezins für die einzelnen Viehklassen und läßt sich damit der Geldwerth am leichtesten feststellen.

Der Ertrag an Laubstreu wird nach der Flächeneinheit ermittelt. Es liegen hierüber verschiedene Zahlenangaben vor, aber sie lassen sich nicht überall unbedingt anwenden, weil die Behandlung des Waldes, das Mischungsverhältniß der Holzarten, die Betriebsart, Umtriebszeit und die Ausdehnung oder öftere Wiederkehr der Nutzung, die mehr oder weniger exponirte Lage, die Beschaffenheit der Bodenoberfläche von großem Einfluß auf die Menge des Ertrages sind. Es lassen sich aber mit geringer Mühe Ertragsversuche in den einzelnen Altersklassen machen, und wenn die obigen Punkte gehörig ins Auge gefaßt werden, so kann man auch genügend sichere Grundlagen dadurch bekommen. Der Durchschnittsertrag der Flächeneinheit ist sodann zu multipliciren mit der geöffneten Fläche. Ob man hiebei das Gewicht oder ein Raummaß zur Grundlage nehmen will, ist ziemlich gleichgültig. Letzteres ist übrigens das Uebliche, und es wird hiezu der gewöhnliche Wagen, welcher zur Abfuhr benützt wird, als Einheit angenommen, dabei aber vorausgesetzt, daß die Abfuhr von allen Seiten auf gleich guten Wegen möglich ist und mit dem gleichen Gespann bewerkstelligt wird.

Besonders schwierig wird hiebei die Bestimmung des Geldwerthes, weil einerseits weder die Laubstreu, noch auch das Stroh im Großen auf den Markt kommt, und weil von letzterem die geringe Menge, welche wirklich verkauft wird, besser und werthvoller ist als dasjenige, was im großen

Durchschnitt in der Landwirthschaft unmittelbar verbraucht wird. Deßhalb muß man die für das zum Verkauf gekommene Stroh gefundenen Durchschnittspreise entsprechend reduciren, wenn man sie für die Werthschätzung der Laubstreu benutzen will. Aber auch diese ermäßigten Preise können nicht ohne weiteres zur Anwendung kommen, da das Stroh vermöge seiner chemischen Zusammensetzung und seines inneren Baues ein viel besseres Dünge- und Einstreumittel giebt als das Laub, und muß deßhalb noch eine weitere Ausgleichung der Preise nach dem eigentlichen Gebrauchswerth der beiden Streumittel erfolgen, wobei noch überdieß gleicher Trockenheitsgrad zu unterstellen ist.

Der Ertrag an Heiden-, Farn- zc. Streu richtet sich zu sehr nach der Dichtheit des Ueberzuges, nach der zulässigen Art der Gewinnung, ob namentlich gemäht werden darf oder gerupft werden muß, als daß man hiefür besondere Zahlen geben könnte; sie sind für jeden einzelnen Fall durch Versuche zu ermitteln.

Der Ertrag an Nadelreisstreu kann nach der Umtriebszeit, dem Grad der Regelmäßigkeit, Vollkommenheit und Reinheit der Bestände, der Ausdehnung der Durchforstungen und künstlichen Ausästungen nach der Fläche oder nach der Masse der Jahresnutzung sehr verschieden sein. Allgemeine Zahlen hierüber fehlen. In ziemlich regelmäßigen, theilweise früheren Femelwaldungen ergaben sich von dem in Verjüngungsschlägen angefallenen Stammholz auf 100 Klafter Nadelholz 13—20 Wagen Nadelreisstreu, der Wagen gleich 50 Stück Wellen gerechnet. In Steiermark rechnet man auf ein Joch in 6jährigem Turnus zwischen dem 30. und 60. Jahre 40 Kubikklafter, was aber keine von größeren Durchschnitten der Wirklichkeit entnommene Zahl zu sein scheint; hiebei ist jedenfalls zu beachten, daß diese Streu, dort Graß genannt, von stehenden Bäumen gewonnen (geschnattet) wird.

Der Ertrag an Waldgras ist der Masse nach schwer zu veranschlagen, er richtet sich nach der Bodenkraft, der Feuchtigkeit des Standortes, der Art der Verjüngung, der Vollkommenheit und Regelmäßigkeit der Bestände, nach der Betriebsart und Umtriebszeit. Die Nährkraft des Futters ist nie so gut, wie bei gutem Wiesengras, in jungen Schlägen aber wird oft so viel Gras gewonnen, als auf Wiesen von mittlerer Ertragsfähigkeit, die nicht bewässert werden können. Eine annähernde Veranschlagung des Massenertrages ist bloß da ausführbar, wo die Nutzung auf kleinere Flächen, etwa auf die jüngeren Schläge concentrirt ist und hier einen größeren Ertrag abwirft. Hier hätte man auf Flächen von verschiedener Bestockung und verschiedener Bodengüte Probeschätzungen oder versuchsweise Erhebungen der Nutzungen vorzunehmen, um Anhaltspunkte für Durchschnittszahlen zu gewinnen. — Der Preis bestimmt sich nach dem des Heues und der Nährkraft, abzüglich der höheren Gewinnungskosten. Bei vorherrschend ärmerer Bevölkerung steigert sich derselbe aber über diesen Minimalbetrag in Folge stärkerer Nachfrage namentlich zur futterarmen Jahreszeit.

Vierter Abschnitt.

Berechnung des Geldwerthes der Waldungen.

Literatur.

Burkhardt, H., Der Waldwerth in Beziehung auf Veräußerung ꝛc. Hannover 1860.
Preßler, Die Praxis der Forstfinanzrechnung. 3. Aufl.
Heyer, G., Anleitung zur Waldwerthrechnung nebst Statik. 3. Aufl. Leipzig, Teubner. 1883.
Anleitung zur Waldwerthberechnung, vom k. pr. Minist.-Forst-Bureau. 1866.
Baur, Dr. Frz., Handbuch der Waldwerthberechnung. 1886. Berlin, P. Parey.

Diese Lehre hat inzwischen einen solchen Umfang angenommen, daß es in dem gegebenen Rahmen dieses Buches nicht mehr möglich ist, auch noch den mathematischen Theil derselben hier vorzutragen und muß diesfalls auf die umfangreiche, besondere Literatur Bezug genommen werden.

§. 325.

Allgemeines.

Die Volkswirthschaftslehre nennt alles dasjenige Güter, was zur Befriedigung menschlicher Bedürfnisse dienen kann, und es wird deren Werth bemessen nach dem Grade, in welchem sie diese Bedürfnisse zu befriedigen vermögen. Hieraus ergiebt sich für denjenigen, welcher ein Gut unmittelbar selbst gebrauchen will, dessen Gebrauchswerth, auf welchem wieder der Tauschwerth beruht, je nach der Möglichkeit, andere Güter damit zu erwerben. Die als Gegengabe zu erlangende Menge von Gütern ist verschieden, je nachdem die betreffende Sache einen größeren oder geringeren absoluten Werth hat, d. h. zum wahren oder eingebildeten Lebensbedarf mehr oder weniger unentbehrlich, und je nachdem sie in größerer oder geringerer Menge leichter oder schwerer zu erwerben ist. — Einzelne Güter bedarf der Mensch zu seinem unmittelbaren Lebensunterhalt und sie werden beim Gebrauch aufgezehrt, wie z. B. die Lebensmittel, Kleidung, Holz zur Heizung ꝛc.; andere dagegen werden zur Schaffung und Erzeugung neuer Güter benützt, welche wieder zu mittelbarer oder unmittelbarer Befriedigung menschlicher Bedürfnisse dienen und deßhalb einen Tauschwerth besitzen. Zu diesen gehören auch die Waldungen, und ihr Tausch- oder Kaufwerth wird daher hauptsächlich bestimmt durch den Ertrag an verwerthbaren Erzeugnissen, den sie ihrem Eigenthümer gewähren. — Nach dem jetzigen Stand unseres Verkehres ist es Regel, den Tauschwerth in dem allgemeinen Zahlungsmittel, in Geld, auszudrücken; diejenige Summe Geldes, die nach gegenseitiger Uebereinkunft zwischen dem Käufer und Verkäufer als Ersatz für das zu veräußernde Objekt hingegeben wird, nennt man den Preis dieses letzteren; dieser kann vom absoluten Werth wesentlich verschieden sein, wie z. B. die Lebensmittel in der Regel keinen Preis haben, der ihrer absoluten Unentbehrlichkeit entspricht, erst bei lokalem Mangel steigt der Preis derselben oft zu einer solchen Höhe, welche erkennen läßt, daß jedes andere menschliche Bedürfniß dagegen zurücktreten muß.

Manche Güter haben aber nur für einzelne Klassen von Menschen, oder bloß für einzelne Personen einen Werth, für andere entweder gar keinen oder doch nur einen höchst beschränkten; dieser relative oder Affectionswerth gründet sich auf die subjektive Anschauungsweise des Einzelnen, sowie auf die persönliche Liebhaberei, und kommt hier nicht in Betracht. Andere Güter wieder haben einen Werth, der sich nicht in Geld ausdrücken läßt, sie sind unentbehrlich für das Leben und die Wohlfahrt der Menschen; weil sie aber jedem gleich geboten werden und jeder davon so viel benützen kann, als er ihrer bedarf, so kommen sie nicht in den Verkehr, es besteht für sie kein Preis; man nennt sie deßhalb freie Güter: Luft, Wasser rc. Einzelne Güter können aus anderen Rücksichten einen Preis haben, ohne daß solche Verhältnisse darauf Einfluß ausüben, wie z. B. gerade bei den Waldungen ihre Wirkungen auf die Gesundheit ihrer Anwohner, auf die klimatischen Verhältnisse rc. nie in Berechnung kommen.

Außer diesen, der Volkswirthschaftslehre entnommenen Begriffen sind für die Zwecke der Waldwerthrechnung noch einige weitere zu erklären, welche bis jetzt fast nur in der forstlichen Literatur gebraucht werden, da sie gleichzeitig auch noch die Art und Weise der Berechnung bezeichnen.

Der Nutzungs- oder Rentirungswerth ergiebt sich aus der Kapitalisirung der jährlich oder in regelmäßigen Perioden nachhaltig wiederkehrenden reinen Rente, welche dem Waldeigenthümer nach Abzug aller wirthschaftlich nothwendigen Ausgaben zur freien Verfügung übrig bleibt. In der Praxis wird dieser Werth bei Kaufsverhandlungen am häufigsten zum Anhaltspunkt genommen, weil er für Käufer und Verkäufer die sicherste Grundlage abgiebt, sobald man über die Höhe des Zinsfußes einig ist, und sobald man es, wie in den meisten Fällen, mit einer nachhaltig zu betreibenden Wirthschaft zu thun hat. Weil aber in einer solchen die Rente aus dem Zusammenwirken von Boden- und Bestandeskapital sich bildet, so läßt sich auch der Werth dieser beiden Faktoren auf diesem Wege nicht wohl gesondert berechnen, man erhält nur den Werth für den Wald als Ganzes.

Der Erwartungswerth wird gefunden aus den sämmtlichen künftig anfallenden Einnahmen nach Abzug aller wirthschaftlich nöthigen Ausgaben, welche beide mit dem Faktor zur Kapitalisirung der Periodenrente auf ihren Jetztwerth diskontirt werden. Hiebei muß mit verschiedenen, ziemlich unsicheren Zukunftsfaktoren gerechnet werden, was die praktische Anwendbarkeit der gefundenen Werthe wesentlich beeinträchtigt.

Der Erzeugungs- oder Kostenwerth bildet sich aus den zur Herstellung eines Gutes nothwendigen Vorauslagen einschließlich der aus diesen erwachsenen Zinsen bis zu dem Zeitpunkt, für welchen der Werth berechnet werden soll. Beim Wald sind es hauptsächlich folgende Posten:

Zinsen aus Boden- und Holzkapital, Schutz- und Verwaltungskosten, Steuern, Kultur- und Wegebaukosten.

Der Erwartungs- und Erzeugungswerth werden sowohl für den Boden und Holzbestand gesondert, wie auch für beide zusammen, für den Wald als Ganzes, berechnet. — Ein Erzeugungswerth des Bodens ist namentlich da zu berechnen, wo größere Urbarmachungs- und Meliorationsarbeiten vorauszugehen haben, ehe mit der Forstkultur begonnen werden kann.

Der Verkaufswerth (Marktpreis) bestimmt sich nach dem Preise, welcher im allgemeinen Verkehr für gleiche Quantitäten und Qualitäten (innere Güte und Zugänglichkeit in gleicher Absatzlage) eines Gutes bezahlt zu werden pflegt. Dieser Verkaufswerth findet in der Regel nur Anwendung bei den Waldprodukten, weil die Waldungen selbst und auch der Waldboden für sich allein nur selten in den Verkehr kommen, und außerdem in ihrer Beschaffenheit und Ertragsfähigkeit allzusehr verschieden sind. — Wird das Angebot einer Waare über den gewöhnlichen Bedarf hinaus gesteigert, so drückt dies den Marktpreis bekanntlich herab, um so weiter, je mehr dieser Bedarf überschritten wird, und je weniger solche Güter ohne Beeinträchtigung ihres Gebrauchswerthes aufbewahrt werden können. Dies trifft namentlich auch beim Holz zu; denn schon das Ausbieten eines 2jährigen Bedarfs drückt die Preise um 15—20 Procent, und es wäre ganz unmöglich, die 5- oder gar 10jährige Bedarfsmenge in aufbereitetem Zustand überhaupt abzusetzen, weil sie sich ohne unverhältnißmäßige Kosten und ohne Verlust am Gebrauchswerth so lange nicht aufbewahren läßt. Daher ist es denn auch eine unserem wirthschaftlichen Verkehrsleben völlig widerstreitende Annahme, wenn man die Marktpreise ohne Weiteres auf die lebenden Holzvorräthe überträgt; da diese in ihrer Gesammtheit geradezu unverkäuflich sind. — Wer wollte die 60685179 Festmeter lebenden Holzvorrathes der badischen Domänen- und Gemeindewaldungen kaufen? — Dieses Verhältniß bleibt häufig bei Beurtheilung der Rentabilität des Holzkapitales unbeachtet, und kommt man dann zu ganz unrichtigen Schlüssen. — Auch in der Landwirthschaft ist es bekanntlich nicht möglich, die Vorräthe und Erzeugnisse an Futter, Stroh und Dünger um die laufenden Marktpreise zu verkaufen, sie müssen in der eigenen Wirthschaft zu weit geringeren Preisen ihre Verwerthung finden, weil außerhalb derselben nur ein kleiner Bruchtheil in Verwendung genommen werden kann; der größte wirthschaftliche Scharfsinn hat dieses Verhältniß noch nicht zu ändern vermocht.

Bei den besseren Waldböden kommt die Konkurrenz des landwirthschaftlichen Gewerbes noch in Betracht, bei welchem sich in Folge häufigerer Verkäufe eher ein fester Bodenverkaufswerth bildet. Wo die Möglichkeit der landwirthschaftlichen Benützung des Waldbodens gegeben ist, da kann es sich auch noch um einen Waldzerschlagungswerth handeln, welcher bei getrenntem Verkauf von Holzbestand und Boden entsteht. Ist letzterer zu nachhaltiger landwirthschaftlicher Kultur fähig, so wird in diesem Fall wohl stets ein höherer Werth als der für den forstlichen Betrieb sich herausstellen.

§. 326.

Ausmittlung des Geldertrages.

Der Rohertrag eines Waldes fließt theils ausschließlich aus dem Holz, theils auch noch aus den Nebenprodukten, Baumfrüchten, Harz, Laub, Gras, Jagd 2c. Nur noch in wenigen seltenen Oertlichkeiten ist das Holz werthlos und sind bloß die leicht transportablen Nebenprodukte, Harz, Asche, Mastnutzung 2c. verwerthbar. Der Preis dieser Walderzeugnisse am Orte ihrer Gewinnung und die nach dem Waldzustand mögliche und zulässige nachhaltige Produktion derselben, sowie die Gelegenheit, dieselben in voller Ausdehnung oder nur theilweise zu verwerthen, bildet die Grundlage für die Veranschlagung der Waldbruttorente. Jeder Werthsberechnung haben also Untersuchungen hierüber vorauszugehen. Die Größe der zu erwartenden Materialnutzungen wird nach den im Kapitel über Holzertragsschätzung gegebenen Anhaltspunkten festgesetzt, wobei natürlich von verschiedenen Gesichtspunkten ausgegangen werden kann, je nachdem man die Betriebsart oder Umtriebszeit wählt, je nachdem ferner der wirkliche Vorrath vom normalen abweicht und je nachdem man schneller oder langsamer zum normalen Zustand übergehen will.

Der Preis der Waldprodukte[1]) und die Möglichkeit ihrer mehr oder weniger vollständigen Verwerthung muß nach den seitherigen, an Ort und Stelle gemachten Erfahrungen bestimmt werden. Gewöhnlich handelt es sich nur um den Preis, der im Wald selbst für die fraglichen Erzeugnisse bezahlt wird, und hat man sich dahin geeinigt, daß der Einfachheit halber die Löhne für die Fällung, das Ausrücken und die einfache Zurichtung des Holzes ins Schichtmaß oder als Nutzholz einschließlich des Entrindens von dem im Wald erzielten Erlös abgezogen werden, wodurch man den Nettoholzpreis erhält. Dabei darf ein muthmaßliches Steigen der Arbeitslöhne nicht unbeachtet bleiben. Für Transport oder weitere Be- und Verarbeitung des Holzes, Verkohlung 2c., ist dagegen nur selten Vorsorge von Seiten des Waldbesitzers zu treffen, doch sind auch Ausnahmen möglich. — Die Ermittlung dieser Preise geschieht am richtigsten nach den seitherigen Durchschnittserlösen in dem betreffenden Waldkomplex selbst, wobei natürlich dem Käufer oder Verkäufer überlassen bleiben muß, mit Rücksicht auf die Möglichkeit, daß sich die Preise künftig heben oder mindern, die Durchschnittszahlen zu erhöhen oder herabzusetzen; es handelt sich hier nicht immer bloß um Muthmaßungen, sondern oft um Preissteigerungen, die mit größter Sicherheit erwartet werden können; z. B. durch Anlage neuer Wege im

[1]) J. Lehr, Beitrag zur Statistik der Preise, insbesondere des Geldes und des Holzes. Frankfurt, Sauerländer. 1885.

Wald, Straßen, Eisenbahnen und Kanälen außerhalb des Waldes, oder durch Vermehrung der Holzkonsumtion, wodurch dann möglicherweise auch noch die geringeren Sortimente Abnehmer finden und die Aufbereitung lohnen. — Man verlangt aber auch noch vom Forstmann die Bestimmung der muthmaßlichen Preise späterer Perioden, dabei kommen dann der sinkende Geldwerth (Geld ist nur ein Werthmesser für heute) und möglicherweise auch noch die abnehmende Holzerzeugung in Folge der Verminderung der Waldfläche, so wie die steigende Nachfrage in Folge Anwachsens der Bevölkerung oder umgekehrt die zunehmende Einfuhr billigeren Holzes vom Ausland in Betracht, Verhältnisse, welche allerdings nur annähernd in Zahlen veranschlagt werden können, aber demungeachtet nicht vernachlässigt werden dürfen.

Auf wie viele Jahre man zum Behuf der Ermittlung von Durchschnittspreisen[1]) zurückgehen soll, läßt sich nicht zum voraus für alle Fälle bestimmen. Zehnjährige Durchschnittsberechnungen gewähren bei gleich gebliebenen Absatzverhältnissen eine große Sicherheit, wo aber bedeutende Schwankungen in dieser Periode vorgekommen sind, da kann man genöthigt sein, auf 15 und 20 Jahre zurückzugehen; ist dies nicht möglich, so erscheint es räthlich, bei kürzeren Zeiträumen die höchsten und die niedersten Zahlen außer Rechnung zu lassen, falls sie nicht etwa ihre Ursache in Erweiterung oder Beschränkung des Absatzgebietes und der Nachfrage haben, welche als bleibend angenommen werden können, nnd wonach sich dann in solchem Fall die Preisbestimmung mehr oder weniger zu richten hat.

In manchen Fällen ist es nothwendig, bei Berechnung der Durchschnitte nicht bloß die Preise für sich allein, sondern auch die Menge des verkauften Materials besonders in Betracht zu ziehen, wenn letztere dadurch auf die Preise wesentlich eingewirkt hätte, daß man gegenüber von dem begehrten Quantum zu wenig oder zu viel verkauft haben sollte.

Ueber das Verhältniß der Holzsortimente zu einander verschafft man sich durch die Holztaxation oder aus den seitherigen Wirthschaftsergebnissen näheren Aufschluß und man hat dabei nur zu untersuchen, ob die werthvolleren Sortimente mit Rücksicht auf die Möglichkeit des Absatzes vollständig ausgenutzt werden können oder nicht; ob ferner die Reihenfolge, in der die einzelnen Abtheilungen zum Hieb kommen, später keine Veränderung in dem Anfall der einzelnen Sortimente verursacht.

[1]) Die Anwendung von Durchschnittswerthen hat ihre volle Berechtigung, so weit sie sich rückwärts oder vorwärts auf größere Mengen und Zeitabschnitte bezieht; anders aber gestaltet sie sich, wenn es nur um einen Einzelfall sich handelt, hier verlieren die Durchschnittszahlen ihre Verläßlichkeit und Anwendbarkeit. Statt weiterer Ausführungen ein Beispiel: Die mittlere Lebenszeit eines Menschen berechnet sich für Versicherungsgesellschaften hinreichend genau, wenn man das gegenwärtige Alter von 86 abzieht und den Unterschied halbirt. — Uebernimmt man aber bei Waldkäufen danach einen Pensionär oder einen im Ausgeding Lebenden, so kann man dabei sehr in Nachtheil kommen.

In ähnlicher Weise wie für das Holz, wird auch für die Nebennutzungen der Ertrag in Geld ermittelt und die Summe dieser einzelnen Posten bildet den Gesammtrohertrag des Waldes.

Dem gegenüber werden die nothwendigen Ausgaben gestellt und zwar die sämmtlichen Besoldungstheile des Oberaufsichts-, Wirthschafts- und Hutpersonal einschließlich des Miethzinses und Bauaufwandes für Dienstwohnungen, sowie des Pachtwerthes etwaiger Dienstländereien, ferner die Kosten für Vermessung, Kartirung und Taxation der Waldungen, sowohl die erste Anfertigung, wie auch die Fortführung dieser Arbeiten. Die Unterhaltung der Grenzen, die Sicherung der Ufer an Flüssen und Bächen, die Kosten für Abhaltung und Vertilgung schädlicher Thiere ꝛc. Die etwaigen Berechtigungen Dritter, welche auf dem Grundbesitz lasten; die Steuern und Abgaben an öffentliche Kassen, Armen- und Schullasten; ferner der Aufwand für die Anlage und Unterhaltung der Wege. Wo übrigens neue Wege in Voranschlag genommen werden, da muß auf der andern Seite auch die entsprechende Erhöhung der Holzpreise in Betracht kommen. Endlich die Kosten für Kulturen aller Art, Entwässerungen, Saaten, Pflanzungen und Pflanzschulen, Kulturinstrumente. Dann möglicherweise noch Abzüge für die Versicherung gegen Insekten und Feuerschaden und sonstige Elementarereignisse. Wenn auch keine derartige Versicherung faktisch abgeschlossen werden kann, so ist es doch gerechtfertigt, in dieser Richtung die etwa nöthigen Abzüge zu machen, mit andern Worten, bei sich selbst in Versicherung zu gehen.

Zieht man diese nothwendigen wirthschaftlichen Ausgaben von dem Rohertrag ab, so ergiebt sich die Nettoeinnahme, oder der reine Geldertrag, welcher die Zinsen aus dem im Wald angelegten Kapital, die Rente aus dem Boden- und Holzkapital mit dem Unternehmergewinn in sich schließt. Ist dann der Zinsfuß bestimmt, so ergiebt sich der Kapitalwerth durch die bekannte einfache Rechnung.

Vom Standpunkt des Verkäufers hat man natürlich bei allen Einnahmen den günstigeren Fall vorauszusetzen; von dem des Käufers aus aber möglichst vorsichtig vorzugehen. — Bei gezwungener Enteignung (Expropriation) sind zu Gunsten des Waldbesitzers alle Verhältnisse so vortheilhaft als möglich anzunehmen.

In besonderen Fällen kann sich der Werth vermindern oder erhöhen, je nach den Verhältnissen des Käufers oder Verkäufers. Am häufigsten kommt dabei die Arrondirung des Besitzstandes in Betracht, welche namentlich in Nadelholzbeständen zur Sichernng gegen Sturmschaden von größtem Vortheil ist, aber auch sonst noch Nutzen bringt durch Verminderung der Grenzunterhaltungskosten, durch Erleichterung des Forstschutzes gegen Diebstahl, durch entbehrlich werdende Zufahrten ꝛc.

Beim Forstbetrieb kann sodann auch noch ein bei anderem Grundbesitz mehr in den Hintergrund tretendes Verhältniß ins Gewicht fallen, durch

Vergrößerung oder Verkleinerung des Besitzes, sofern diese einen Umfang erreicht, daß dadurch die allgemeinen Verwaltungs- oder auch Schutzkosten erheblich geändert werden. Wenn z. B. ein Wirthschaftsbezirk von 400 ha Umfang, bisher mit 1600 Mk. Verwaltungsaufwand belastet, durch Ankauf vergrößert werden kann, ohne daß diese Ausgabe gesteigert werden muß, so sinkt dieselbe durch Erwerbung weiterer 200 ha von 4 Mk. auf 2,66 Mk. pr. ha, und tritt somit für den alten Besitz eine sehr namhafte Erleichterung ein, welche lediglich diesem Ankauf zuzuschreiben ist.

Bei Tauschgeschäften hat man neben der Boden- und Bestandesbeschaffenheit besonders auch noch die Preis- und Absatzverhältnisse gegenseitig zu würdigen. Wo darin eine große Verschiedenheit hervortritt, wird die Tauschverhandlung wesentlich erschwert; schon durch die Bestockung mit zweierlei Holzarten, Laub- und Nadelholz, ergeben sich vielfache, schwer zu begleichende Umstände, wenn der Eigenthümer des letzteren seinen Vortheil wahrzunehmen strebt.

Handelt es sich um Waldvertheilung, so müssen die Werthe für alle Theile genau nach den gleichen Grundlagen berechnet werden; das Hauptgewicht liegt aber in einem solchen Fall in der möglichst gleichen Zuweisung der verschiedenen Altersklassen an die einzelnen Theile; da die konsequenteste Berechnung den Nachtheil nicht ausgleichen kann, welcher durch die Zutheilung von ausschließlich jüngerem, der Haubarkeit fern stehendem Holz dem damit Abzufindenden erwachsen wird, im Vergleich mit den Vortheilen, die derjenige genießt, welchem vorherrschend haubares Holz zufällt.

Zu Verpfändungen eignen sich die Waldungen weniger, weil ihr Hauptwerth im Holzvorrath allzu beweglich ist. In vielen Fällen wird nur der Werth des Grund und Bodens als Unterpfand angenommen, oft sogar nur so weit, als der Boden sich zu landwirthschaftlicher Benutzung eignet. Wo auch noch der Holzvorrath Sicherheit für das Darlehen geben soll, da ist ein besonders sorgfältiger Betriebs- und Hiebsplan zu entwerfen und darauf die Werthsberechnung zu gründen; wenn dann nicht aus sonstigem Anlaß schon die genaue Einhaltung der Nutzung gewährleistet wird, so hat dies der Gläubiger einzuleiten. — Größere Waldkomplexe, welche weniger rasch devastirt werden können, eignen sich schon besser zu Unterpfändern, namentlich wenn das Darlehen ratenweise (in Annuitäten) abbezahlt wird.

§. 327.

Vom Zinsfuß und der Art der Zinsenberechnung.

Der reine Geldertrag wird bei der Werthsberechnung unter Zugrundlegung eines bestimmten Zinsfußes kapitalisirt und das so gefundene Kapital ist der in Geld ausgedrückte Nutzungs- oder Rentirungswerth des Waldes. Zinsfuß und Kapitalwerth stehen bekanntlich in umgekehrtem Verhältniß zu einander, je höher der eine, um so niedriger stellt sich der andere für eine gegebene gleich große Jahresrente. Im Allgemeinen ist die Bewegung des Zinsfußes eine rückgängige; wenn auch vorübergehende Ausnahmen vorkommen, wie z. B. in den letzten Jahrzehnten, so findet doch bald wieder eine Rückkehr zu den normalen Verhältnissen statt, wie wir jetzt gerade wahrnehmen können.

Die Höhe des Zinsfußes richtet sich nach verschiedenen Verhältnissen. Je größer die Sicherheit ist, daß das für ein Gut hingegebene Kapital dem Besitzer ungeschmälert verbleibe, mit um so geringerem Zinsfuß wird sich derselbe begnügen, um so größer wird er sich den Kapitalwerth des fraglichen Gutes denken, und umgekehrt. Weil nun die Rente aus dem Waldeigenthum zu den sichersten gehört, welche man aus Grund und Boden bezieht, und der Grundbesitz im Allgemeinen sehr gesucht ist, so giebt man gerne ein größeres Kapital aus, um Forste zu erwerben, und dieser Umstand steigert den Kapitalwerth der Waldungen und drückt eben deßhalb den Zinsfuß herab.

Auf der andern Seite aber sind die Waldungen in der Regel nur in größeren Komplexen zu erwerben, ihr Ankauf fordert große Kapitalien und noch dazu wegen der leicht möglichen Verschleuderung der werthvolleren Holzvorräthe zur Sicherung des Verkäufers viele baare Mittel. Die Spekulationen, welche mit dem im Wald angelegten Kapital bewirkt werden können, sind nicht so mannigfaltig, wie bei anderen Grundstücken, und namentlich lassen sich die Früchte der forstlichen Unternehmungen nicht so rasch erheben, sie können erst nach Jahrzehnten oder gar nach einem Jahrhundert flüssig gemacht werden; deßhalb ist die Nachfrage nach größeren Forsten eine geringe, und es wird dadurch der Preis wieder einigermaßen herabgedrückt.

Die Kapitalisirung der Waldrente nach einem in allen Fällen gleichen Zinsfuß ist demgemäß nicht möglich. In der Regel wird ein Zinsfuß von drei bis dreieinhalb Procent der Werthsberechnung zu Grunde gelegt; nach dem augenblicklichen Stande des Kapitalmarktes wird man wohl auch noch auf zweieinhalb Procent herabgehen müssen. Ausnahmsweise begnügt sich der Käufer mit einer noch geringeren Rente, wenn ihm die fragliche Erwerbung wegen besonderer Verhältnisse, z. B. zur besseren Arrondirung seines Gutes oder wegen einzelner Nebennutzungen, Jagd, Weide, Laubstreu, aus anderen Rücksichten von besonderem Werth ist.

Je länger sodann die Umtriebszeit dauert, um so niedriger darf der Zinsfuß genommen werden, weil das Anwachsen der in Anwendung kommenden Zinseszinsen (s. unt.) in geometrischer Progression, also bei längeren Zeiträumen außerordentlich rasch erfolgt, wie es in der Wirklichkeit nirgends der Fall ist. Daneben steht noch ein schwer zu bestimmender (gegenwärtig eher negativer) Theurungszuwachs in Aussicht, der deßhalb nur selten in Rechnung genommen wird.

Aber nicht bloß die Höhe des Zinsfußes, sondern auch die Art und Weise, wie die Zinsen berechnet werden, ist von bedeutendem Einfluß auf den zu ermittelnden Waldwerth. Man unterscheidet nämlich einfache oder gewöhnliche Zinsen und Zinseszinsen; diese zerfallen wieder in volle Zinseszinsen und in beschränkte. Bei den vollen Zinseszinsen wird der Zinsenertrag regelmäßig auch am Ende des betreffenden Jahres zum Kapital geschlagen und zinstragend angelegt; bei den beschränkten Zinseszinsen wird dagegen von den zum Kapital geschlagenen Zinsen nur der einfache Zins, vom Kapital aber die vollen Zinseszinsen berechnet. Burkhardt empfiehlt diese beschränkten Zinseszinsen; H. Cotta hat arithmetisch mittlere Zinsen vorgeschlagen, den arithmetischen Durchschnitt von gewöhnlichen und Zinseszinsen; von Gehren nimmt das geometrische Mittel aus beiden.

Sowohl mit einfachen Zinsen wie mit beschränkten Zinseszinsen erhält man unrichtige und widersprechende Rechnungsergebnisse; vom mathematischen Standpunkt aus rechtfertigt sich also nur die Anwendung voller Zinseszinsen, und wird deßhalb auch allgemein als das richtige Verfahren gelehrt.

Immerhin dürfte dabei nicht unbeachtet bleiben, daß im übrigen Erwerbsleben niemals mit so langen Zeiträumen gerechnet zu werden braucht, wie beim Forstwesen, und daß das Anwachsen der Zinseszinsen, in geometrischer Reihe steigend, am Schluß derartig langer Zeitabschnitte in ungewöhnlich raschem Maß erfolgt, womit kein Zweig der wirthschaftlichen Thätigkeit gleichen Schritt halten könnte, selbst wenn die weitere ziemlich unwahrscheinliche Annahme, daß niemals Verluste eintreten, hier als zutreffend erschiene. Dies gab Anlaß zu dem Vorschlag, Franz von Baur's (München), die Zinseszinsen jeweils nur so lange sich ansammeln zu lassen, als dies anderwärts in den Lebensversicherungsbanken und andern Geldinstituten praktisch möglich ist, also etwa auf 30 bis 40 Jahre.

Hiegegen sträubt sich zwar die mathematische Konsequenz, aber gewiß mit Unrecht; denn bei allen forstlichen Unternehmungen, welche mit wirthschaftlicher Umsicht geplant werden, darf doch schon von Anfang an das Verhältniß dieser Nachwerths- oder Periodenwerthsfaktoren nicht unbeachtet bleiben. Wenn der Wiederholungswerth mit 3 ½ Procent bei 140jährigem Turnus auf 0,008, d. h. auf die Hälfte wie beim 120jährigen = 0,016, bei 100jährigem 0,033, bei 80jährigem 0,068 und bei 60jährigem 0,145 sich stellt, so weist dies den Wirthschafter nothwendig darauf hin, daß er um so weniger freien Spielraum hat, je länger er die Perioden nimmt; in 60jährigem Umtrieb erzielt er das 9fache, wie im 120jährigen. Wäre nun letzterer der wirthschaftlich richtige, so liegt doch kein zwingender Grund vor, ihn gewissermaßen im ersten Ansturm zu ertrotzen; das sich fast von selbst bietende Auskunftsmittel, zunächst mit Begründung eines 60jährigen Umtriebes, unter Umständen sogar mit 40jährigem zu beginnen, darf in solchem Falle nicht unbenützt gelassen werden und giebt (auch bei niedrigen

Holzpreisen) immer noch viel günstigere Rechnungsresultate, als jenes rasche Losstürmen auf ein in unsicherer Ferne liegendes Ziel.

§. 328.

Weitere Grundlagen für die Berechnung.

Nach der Natur des forstlichen Betriebes muß in den meisten Fällen eine strengnachhaltige, jährlich gleiche Nutzung angenommen und den Berechnungen zu Grunde gelegt werden, wobei die etwa vorkommenden kleineren Schwankungen sich gegenseitig ausgleichen. In solchen Fällen ist die Rechnung leicht zu machen, sobald man über die Höhe des Zinsfußes im Klaren ist; der Rentirungswerth stellt sich dann auf das 33 $\frac{1}{3}$- oder 25fache des ermittelten Reinertrages, je nachdem man das Kapital mit 3 oder 4 Procenten verzinst haben will.

Es sind aber auch Fälle denkbar, wo ein größerer Ueberschuß an haubarem Holz außerordentlicherweise erhoben werden kann, und dann ist der Werth dieser nicht nachhaltig erfolgenden Einnahmen besonders zu ermitteln. Derselbe ist gleich dem um die Aufbereitungskosten verminderten Verkaufswerth des überschüssigen Quantums, wenn dieses sofort verkäuflich wäre, was aber nur bei kleineren Ueberschüssen der Fall ist; bei größeren Mengen hat man die Abnutzungsperiode zu bestimmen unter Berücksichtigung der Konsumtionsfähigkeit des Marktgebietes und etwaiger Preisrückgänge, Störungen im Absatz oder in der Aufbereitung wegen mangelnder Arbeitskräfte, um dann den Jetztwerth der außerordentlichen Nutzungen zu berechnen, welcher dem Kapitalwerth der bleibenden nachhaltigen Nutzung zuzuschlagen ist.

Bei entgegengesetzten Verhältnissen, wenn also ein Mangel an haubarem Holze bestände, welcher durch zeitweilige Herabsetzung des Hiebsalters nicht ausgeglichen werden kann, hat man den Kapitalwerth der erst später beginnenden nachhaltigen Nutzung auf die gegebene Zahl von Jahren zu diskontiren und in dem Fall auch noch den kapitalisirten Jetztwerth, der inzwischen aufzuwendenden Verwaltungs- und Schutzkosten, Steuern &c. davon abzuziehen, wenn solche nicht durch Einnahmen aus den betreffenden Forsten gedeckt werden können.

Der Werth eines im aussetzenden Betrieb zu bewirthschaftenden, erst neu zu begründenden Bestandes wird gefunden, indem man die während des ersten Umtriebes zu machenden Vorauslagen auf den Schluß dieses Zeitraumes mit Zinseszinsen prolongirt. Diese Beträge werden von dem zu erwartenden Haubarkeitsertrag abgezogen und der verbleibende, in jedem folgenden Umtrieb wiederkehrende Ueberschuß mit dem Faktor des Wiederholungswerthes auf die Gegenwart diskontirt, wodurch man den sogenannten Bodenerwartungswerth erhält; wenn außerdem schon während des ersten Umtriebes Einnahmen aus Durchforstungen und Nebennutzungen anfallen, so werden dieselben ebenfalls an den Schluß des Umtriebes prolongirt und dem Haubarkeitsertrag zugeschlagen. Andrerseits sind aber auch noch die jährlichen Steuern, Schutz- und Verwaltungskosten mit ihrem entsprechenden Kapitalwerth von dem gefundenen Jetztwerthe abzuziehen.

§. 329.

Berechnung des Werthes einzelner Nutzungen.

Soll der Werth von einzelnen Theilen eines Wirthschaftskomplexes berechnet werden, so ist dabei nicht bloß die direkte, aus denselben erfolgende reine Geldeinnahme in Anschlag zu bringen, sondern auch der Nachtheil, welchen dieses Herausreißen aus dem Ganzen mit sich bringt, in Geld zu veranschlagen. Diese Theile können sowohl einzelne Nutzungen als auch aus dem seitherigen Verband auszulösende Bestände oder Flächen sein; in beiden Fällen kann man den reinen Geldertrag auf die oben angegebene Weise durch Gegenüberstellung des Rohertrages und des Produktionsaufwandes finden. Die Nachtheile, welche das Zerreißen eines solchen Ganzen mit sich bringt, sind oft ganz gering; manchmal kann sogar ein Vortheil daraus entstehen, namentlich wenn ein Komplex durch Zufälligkeiten eine unpassende Form oder Ausdehnung erlangt hat, z. B. durch entlegene und verhältnißmäßig kleine Waldtheile. In vielen Fällen aber ist ein solches Zerreißen dem ganzen Betrieb hinderlich, und es läßt sich dies nicht immer genau in Geld ausdrücken.

Fassen wir zunächst den Fall ins Auge, wo der isolirte Theil eines Waldkomplexes vom seitherigen Verband mit der übrigen Fläche getrennt wird, so bestehen die Nachtheile dieser Trennung möglicherweise in Folgendem:

1) in Störung des Altersklassenverhältnisses im verbleibenden Komplex, so daß ein Theil der Bestände zu früh, ein anderer zu spät angehauen werden muß. Ersterer Fall kann namentlich in Wirthschaften mit ausgedehntem Nutzholzabsatz größere Verluste nach sich ziehen, weil nicht bloß die Menge der Erzeugnisse, sondern auch der Anfall werthvollerer Sortimente verringert wird;

2) in einer Erhöhung des Verwaltungsaufwandes (vgl. §. 326).

Auch der Kulturaufwand kann durch Störung des Altersklassenverhältnisses wirklich vermehrt werden, weil die natürliche Verjüngung sich möglicherweise nicht so gut durchführen läßt, als beim Gleichgewicht der Altersklassen.

Ist nun aber der abzutretende Theil seither in unmittelbarer räumlicher Verbindung mit dem ganzen Komplex gewesen, so können durch dessen Abtrennung noch weiter folgende Nachtheile herbeigeführt werden:

3) Bleibende oder vorübergehende Vermehrung des Windschadens durch Windwürfe und Windbrüche, in dessen Folge lückenhafte Bestände, verminderter Nutzholzanfall, theilweise Verschlechterung des Bodens, Vermehrung der Aufbereitungs- und Kulturkosten;

4) vergrößerte Gefahr von Insekten, in Folge des zu 3) Gesagten;

5) Ausdehnung der unter den nachtheiligen Einflüssen des Waldtraufes leidenden Fläche;

6) vermehrter Aufwand für Grenzunterhaltung und Grenzsicherung;

7) Aenderungen des Wegesystems; unter Umständen kann die Abfuhr der Walderzeugnisse in einer oder der andern Richtung erschwert oder gehemmt werden, was die Holzpreise herabdrückt.

Wo in Folge von Feuer, Freveln 2c. einzelne Bäume und Horste zwischen dem umgebenden Bestand herausfallen, da hat man zunächst den Verlust in Folge der verfrühten und unfreiwilligen Nutzung von unreifem Holz, und wenn die Blöße nicht sofort wieder aufgeforstet werden kann, den entgehenden Holzzuwachs für den Rest der Umtriebszeit je auf den Jetztwerth zu berechnen und event. auch noch die (möglicherweise durch Verwilderung des Bodens) gesteigerten Kulturkosten hinzuzuschlagen.

Handelt es sich dagegen um einzelne Nutzungen, von welchen der Waldeigenthümer den Kapitalwerth berechnet haben will, so ist auch hier das reine Geldeinkommen, das sie gewähren, festzustellen und zu kapitalisiren. — Ist diese Nutzung für den übrigen Betrieb auch nicht störend, so kann doch ihre Gewinnung durch Dritte dem Waldeigenthümer Kosten oder Ertragsverluste verursachen, wie z. B. bei Verpachtung eines Steinbruchs die Unterhaltung der benützten Waldwege, der entgehende Holzzuwachs während der Ausnutzung, die nachfolgenden Kulturkosten, einschließlich der nöthigen Planirungsarbeiten. Sind diese Ausgaben vom Waldeigenthümer zu tragen, so müssen sie ebenfalls kapitalisirt werden, und aus dem Ueberschuß gegenüber der zu erwartenden Einnahme ergiebt sich der Reinwerth der Nutzung, welcher auch negativ sein kann.

In vielen Fällen tritt aber die durch eine solche Nutzung herbeigeführte Verkürzung des Hauptertrages überwiegend hervor, sei es, daß dieselbe nur etwa die volle oder theilweise Ausnutzung der werthvolleren Sortimente hindert, sei es, daß der Holzzuwachs dadurch verringert oder der Boden bleibend verschlechtert, also keine höhere Umtriebszeit mehr möglich, oder gar die Anzucht einer bestimmten Holzart unthunlich wird. Unter solchen Umständen hat man den Geldertrag für den freien und für den durch eine solche Nutzung gehemmten Betrieb je besonders zu berechnen. Aus dem Unterschied ergiebt sich der Schaden, welche jene Nutzung dem Waldeigenthümer verursacht; dem gegenüber steht der Vortheil, den dieselbe durch ihren reinen Geldertrag gewährt, welcher oft weit hinter jenem zurückbleibt.

Hat der Bezugsberechtigte einen Theil des Werthes dieser Nutzung zu vergüten, so muß jener Werth um so viel vermindert werden, und im gleichen Verhältniß ist auch die Ablösungssumme oder das in Grund und Boden oder in Wald abzutretende Abfindungsobjekt zu verkleinern.

Anhang.

Staatsforstwirthschaftslehre.[1])

Literatur.

Berg, C. v., Staatsforstwirthschaftslehre. Leipzig 1850.
Hundeshagen, Klauprecht, Lehrbuch der Forstpolizei. 4. Aufl. Tübingen 1859.
Die Forstverwaltung Bayerns, Vom K. Ministerialforstbureau. München 1861.
Hagen, O. von, Die forstlichen Verhältnisse Preußens. 2. Aufl. Bearbeitet von K. Donner. Berlin, J. Springer 1883.
Württembergs forstliche Verhältnisse. Stuttgart 1881.
Berg, v., Elsaß-Lothringens forstliche Verhältnisse. Straßburg 1883.
Baden, Statistik der inneren Verwaltung. Verschiedene Hefte.

§. 330.

Einleitung.

Die Lehre von der Staatsforstwirthschaft entwickelt die Grundsätze, nach welchen die Staatsgewalt auf das forstliche Gewerbe einzuwirken hat, um solches in die den Staatszwecken entsprechende richtige Bahn zu leiten und in derselben zu erhalten.

Der Begriff des Staats wird gewöhnlich definirt als die Vereinigung einer größeren Anzahl Menschen auf einem bestimmten Gebiet, unter einer obersten Gewalt, zum Zweck einer möglichst allseitigen und freien Entwicklung der in den Menschen ruhenden edlen Kräfte und Fähigkeiten. — Robert v. Mohl bezeichnet den Staat als einen dauernden, einheitlichen Organismus derjenigen Einrichtungen, welche, geleitet durch einen Gesammtwillen, sowie aufrecht erhalten und durchgeführt durch eine Gesammtkraft,

[1]) Zwischen dem Erscheinen der ersten und der gegenwärtigen vierten Auflage dieses Buches hat sich die schon früher vorbereitete Umwandlung des Polizeistaates in den Rechtsstaat unter dem Einfluß der sogenannten Manchesterschule vollzogen, deren Lehren die staatliche Einwirkung auf das Erwerbsleben gänzlich ausschließen. Da nun aber diese schrankenlos freie Bewegung gerade beim Forstwesen von den allerschlimmsten Folgen begleitet ist, welche, wenn sie eingetreten, nur theilweise und jedenfalls nur mit unverhältnißmäßig großen Opfern an Zeit und Geld wieder gut zu machen sind, so mag die in Nachfolgendem da und dort durchklingende Sehnsucht nach einer vorsorglichen Forstpolizei durch die Nothwendigkeit der Erhaltung unserer Wälder entschuldigt werden.

die Aufgabe haben, die Lebenszwecke eines bestimmten und räumlich abgeschlossenen Volkes, und zwar vom Einzelnen bis zur Gesellschaft, zu fördern.

Die Thätigkeit der Staatsgewalt, so weit solche die Forstwirthschaft berührt, zerfällt in drei Haupttheile, in die Rechtspflege, Polizei und das Finanzwesen.

Die erstere beschäftigt sich mit der Bestimmung der jedem Einzelnen zukommenden Rechte, mit der Abwehr von Rechtsverletzungen, die durch Dritte geschehen könnten, und mit der Bestrafung von wirklich begangenen Rechtsverletzungen, oder mit deren Ausgleichung und Wiederherstellung der dadurch gestörten Verhältnisse.

Die Polizei dagegen hat die Aufgabe, da, wo die Kräfte des einzelnen oder mehrerer vereinigter Staatsbürger nicht mehr zureichen, um die von äußeren Verhältnissen drohenden Gefahren abzuwenden, den nöthigen Schutz durch die dem Staat zu Gebot stehende Macht zu gewähren und weiter noch dahin zu wirken, daß sowohl die Kräfte der Menschen, wie der Natur vollständig benutzt, aber letztere auch noch ungeschwächt für die Nachkommen erhalten werden.

Das Finanzwesen endlich beschäftigt sich mit Beschaffung der für den Staatshaushalt nöthigen Mittel und deren zweckmäßiger Verwendung.

Erste Abtheilung.

Forstrechtspflege.

Erster Abschnitt.

Privatrechtliches.

Erstes Kapitel.

Sicherung des Eigenthums.

§. 331.

In Beziehung auf das Grundeigenthum.

Die Forstrechtspflege hat, wie die Rechtspflege überhaupt, in erster Linie auf eine gute zweckentsprechende Gesetzgebung und auf deren gewissenhafte Beobachtung sich zu stützen.

In dieser Hinsicht ist zuerst zu nennen die Sicherung des Grundeigenthums durch genaue Vermarkung, Beschreibung und Vermessung der Grenzen, welche gesetzlich jedem Waldeigenthümer auferlegt oder vom Staat selbst vorgenommen wird, und dann über alle Arten von Grundstücken gleichmäßig sich erstreckt. — Je genauer und pünktlicher diese Arbeiten ausgeführt und erhalten werden, um so mehr sind für die Zukunft alle Zweifel und Streitigkeiten über die Eigenthumsrechte beseitigt. Die Wiederherstellung verloren gegangener Grenzzeichen und die Errichtung neuer werden am besten einer Behörde übertragen, welche dafür zu sorgen hat, daß die beiderseitigen Eigenthumsrechte jederzeit gewahrt werden. Die Grenzen zwischen den Waldungen sind durch Aufhauen von Schneißen kenntlich zu machen und so zu erhalten; die Grenzzeichen müssen im Wald entsprechend groß gemacht werden.

Hieher gehören auch noch die öffentlichen Bücher, Grundbücher 2c., in welchen der Besitztitel, die Ausdehnung des Gutes, die Verhältnisse desselben zu den benachbarten Grundstücken (Aus- und Zufahrten, Weggerechtigkeiten 2c.) und die etwaige Belastung durch Rechtsansprüche Dritter genau verzeichnet werden. Diese Bücher sind durch die betreffenden Behörden anzulegen und mit öffentlichem Glauben auszustatten. Käufe und Verkäufe von Liegenschaften müssen gerichtlicher Prüfung und Bestätigung (Gewähr) unterstellt werden.

§. 332.

In Beziehung auf den Holzbestand.

Zur Sicherung des Holzbestandes läßt sich vorbeugend einwirken durch entsprechende Gesetze, welche das Verhältniß des Waldes zu den angrenzenden Gütern regeln, welche genau bestimmen, wie weit der Waldbestand an die Grundstücke mit anderen Kulturarten heranrücken darf. Das bestehende Recht, welches meist noch gestattet, die Waldbäume bis hart an die Eigenthumsgrenze hinauszurücken, wogegen der Nachbar übergreifende Aeste und Wurzeln abhauen darf, ist für beide Theile unzweckmäßig; denn im Innern eines Bestandes kann ja auch nur in gewisser Entfernung wieder ein stärkerer Baum erwachsen und andrerseits hat der Wald die Beastung am Trauf gegen das Feld zu seinem Schutz unbedingt nothwendig, und zwar um so mehr, je älter er wird. Von diesen Gesichtspunkten aus ist es zu empfehlen, für hochstämmige Bäume einen Abstand von mindestens 2—3 m, für Ausschlagholz von mindestens 1—1,5 m vorzuschreiben. Zu Gunsten der über 30 Jahre bestehenden Weinberge geht man oft bei neu anzulegenden Waldungen noch weiter.

Es bestehen sodann auch Gesetze, welche unter bestimmten Voraussetzungen den angrenzenden Gutsbesitzer für Beschädigung der Traufbäume verantwortlich erklären, die Ansiedlung menschlicher Wohnungen und den Betrieb holzverzehrender Gewerbe in einer bestimmten Nähe des Waldes untersagen, welche die Handlungen, womit Waldbrände vorbereitet werden können, verbieten, welche dem Waldeigenthümer die Wiedererlangung des entwendeten Holzes möglichst erleichtern, welche ferner die Nachtarbeit in den Waldungen mit Ausnahme der Köhlerei, sodann das zwecklose, unbefugte Umhergehen verdächtiger, namentlich mit Aerten, Sägen 2c. versehener

36*

Personen in den Waldungen, den Ankauf von entwendetem Holz, Streumaterial, Harz ꝛc. verbieten, endlich die Aussagen öffentlicher Diener in Beziehung auf ihre unmittelbaren Wahrnehmungen im Wald als vollen Beweis gegen die Frevler gelten lassen. Ebenso sollen auch die mit dem allgemeinen Sicherheitsdienst betrauten Angestellten ihre Aufmerksamkeit auf die Waldungen richten. Den Forstdienern muß das Recht eingeräumt sein, Hausdurchsuchungen bei Personen, die als Frevler verdächtig sind, vornehmen zu dürfen. Es läßt sich auch noch für den Fall, daß die Waldfrevel häufiger werden, eine specielle Kontrole und Beaufsichtigung des Holzhandels, hauptsächlich des Kleinhandels, der Sägemühlen nnd anderer holzverzehrender Gewerbe gesetzlich anordnen; indem die mit Holz handelnden Personen sich mit Ursprungszeugnissen über den legalen Erwerb ihrer Waare auszuweisen haben.

Es ist ferner ein Mittel, vorbeugend einzuwirken, wenn die Gesetze, die zum Schutze des Waldeigenthums erlassen sind, öfter und möglichst allgemein bekannt gemacht werden.

In Zeiten des Krieges und der politischen Bewegung werden die Waldungen häufig allzustark von Frevlern heimgesucht, auch sind sie schon in solchen Perioden von revolutionären Gewalthabern gewissenlos zu eigenem Nutzen oder zu Gunsten öffentlicher Kassen verschleudert worden. Es erscheint zweckmäßig, solchen Fällen in ruhigen Zeiten vorzubeugen, indem man die ganze Gemeinde unter bestimmten Formen ersatzpflichtig erklärt und Verkäufe von Grund und Boden oder vom Holzbestand bei Staats- und Korporationswaldungen zum Voraus an erschwerende Förmlichkeiten und Bedingungen knüpft.

Sehr förderlich erscheint es auch, wenn, wie dies in Oesterreich der Fall, die Erwerbung von Enklaven durch gesetzliche Maßregeln Stempel- und Gebührenfreiheit, Vorkaufsrecht ꝛc. erleichtert wird. Andrerseits sollte eine zu weit gehende Theilung der Forste thunlichst verhindert und erschwert werden, da sie nicht bloß den geordneten Betrieb stört, sondern auch die Ertragsfähigkeit wesentlich vermindert. — Deßhalb ist die Bildung von Waldgenossenschaften gesetzlich zu regeln und zu erleichtern.

Hieher gehört dann auch die gesetzliche Ermöglichung und Ordnung der Holzabfuhr über fremde Grundstücke, namentlich wo solche im Gebirge unterhalb der Waldungen gelegen sind. In diesem Fall räumt das österreichische Forstgesetz dem Waldbesitzer gegen behördlich festzustellende Entschädigung das Ueberfahrtsrecht über die Nachbargrundstücke ein, sobald ein anderer Ausweg nicht oder nur mit unverhältnißmäßigen Kosten beschafft werden kann.

Im Gegensatz hiezu besteht in Frankreich für viele in unmittelbarer und mittelbarer Nähe der Landesgrenzen gelegenen Departements die gesetzliche Beschränkung, daß ohne Zustimmung des Kriegsministeriums kein neuer Waldweg angelegt und kein älterer verbessert werden darf.

Zweites Kapitel.

Belastetes Eigenthum betreffend.

§. 333.

Von den Servituten.

Die meisten Servituten und Reallasten hindern den Eigenthümer in der freien Bewirthschaftung, schmälern seine Einnahmen mehr, als sie die des Berechtigten steigern;[1]) sie entziehen dem Eigenthum den sonst in demselben liegenden Sporn zur pfleglichen Behandlung und zu Verbesserungen, sie bringen eine Störung in die Einheit der Verwaltung, erschweren diese und den Schutz der Waldungen, führen zu Mißhelligkeiten und Processen. Diese Nachtheile, welche bei den einen mehr, bei den andern weniger zutreffen, wirken zunächst auf den Privathaushalt schädlich ein; ebenso aber sind auch einzelne geeignet, das Nationaleinkommen zu schmälern, weßhalb die Staatsregierung denselben besondere Aufmerksamkeit zu schenken und in erster Linie die Beseitigung dieser Lasten auf gesetzlichem Wege durch zwangsweise Ablösung einzuleiten hat, da auch die eingehendste gesetzliche Regelung bei Fortbestand dieser Grundlasten nicht im Stande ist, die großen Nachtheile des getheilten Eigenthums zu beseitigen. — Die auf dem Wege der Civilklage zu erwirkende Einschränkung einer Servitut, falls das belastete Waldgrundstück nicht mehr so viel erträgt, gehört nicht in dieses Kapitel.

Von der Staatsgewalt sind im Interesse der Erhaltung und Schonung des Waldes folgende Maßregeln zu ergreifen, um die Waldservituten möglichst unschädlich zu machen und die Interessen von Berechtigten und Belasteten möglichst wenig zu verletzen.

Bei allen Dienstbarkeiten ist zunächst ihre Entstehungsart, ihre ursprüngliche Ausdehnung und ihr gegenwärtiger Umfang genau zu erforschen. Ferner sind Untersuchungen darüber anzustellen, wie weit der Belastete durch die Servitut in seinem Einkommen verkürzt wird und welchen Nutzen der Berechtigte daraus zieht; ob und wie weit seine ökonomische Existenz davon abhängt. Aus der Vergleichung wird sich dann ergeben, ob das Staatsinteresse eine völlige Aufhebung, oder nur eine Beschränkung der Servitut erheischt.

In einzelnen Fällen wird man nicht sogleich zur Ablösung schreiten können, sondern einen allmähligen Uebergang einzuleiten haben. Es ist zu dem Zweck den Berechtigten vorerst zu untersagen, ihr Gerechtigkeitsholz selbst aufzubereiten; wo dies üblich war, muß die A u f a r b e i t u n g

[1]) Die belasteten bayerischen Staatswaldungen tragen z. B., einschließlich der von den Berechtigten erhobenen Nutzungen, 11 Procent weniger als die unbelasteten.

dem Waldeigenthümer in die Hand gegeben und der Berechtigte zum Ersatz der Aufbereitungskosten angehalten werden. Bei Leseholz-, Gras- und ähnlichen Nutzungen ist eine solche Maßregel zwar nicht anwendbar, weil die Einsammlungskosten außer Verhältniß zum Werth stehen; dagegen wohl bei der Laubstreunutzung. Die Jahreszeit, zu welcher die Berechtigten die Abgaben beanspruchen können, muß gesetzlich bestimmt und der Schonung des Waldes dabei genügende Rechnung getragen werden.

Ein zweiter Schritt zum Uebergang ist die Umwandlung der ungemessenen Berechtigungen in genau bemessene. Hiebei hat man die Fragen zu lösen, was vom bisherigen Bezug als mißbräuchlich, oder die Holzverschwendung befördernd anzusehen sei, ob dies auch künftig noch gereicht werden soll oder nicht; ob es ganz oder nur theilweise vom Fixationsbetrag auszuschließen sei. Ferner wie weit die Ertragsfähigkeit des Waldes mit dem fixirten Betrag der Berechtigung zusammenstimme. Sind politische Gemeinden nach der Kopfzahl zum Holzbezug berechtigt, so fragt es sich, ob ein muthmaßliches Anwachsen der Bevölkerung bei Bemessung des Ablösungsobjektes in Betracht kommen soll oder nicht. In der Regel wird dies verneint, weil nur das Gegenwärtige und nicht das Zukünftige eine sichere Grundlage giebt.

Gleichzeitig sind gesetzliche Vorschriften zu erlassen, wodurch die verschiedenen Berechtigungen in die zu Erhaltung der Waldungen nothwendigen Grenzen eingeschränkt werden, wie dies die im Forstschutz vorgetragenen Lehren verlangen. Für die dadurch den Berechtigten zugehende Einkommensverminderung ist denselben Ersatz zu leisten.

§. 334.

Ablösung.[1])

In der Regel wird es der kürzeste und einfachste Weg sein, sobald als möglich die Ablösung einzuleiten und solche bei allen denjenigen Arten zwangsweise durchzuführen, die dem Belasteten mehr schaden, als sie dem Berechtigten nützen, wobei ein billiger Maßstab angelegt und in der Regel vollständige Entschädigung gewährt werden muß nach dem bisher vom Berechtigten bezogenen Werth seiner Nutzung. Bei den andern Gerechtigkeiten ist die Ablösbarkeit ebenfalls gesetzlich auszusprechen, jedoch kann es hiebei eher dem freien Uebereinkommen beider Theile überlassen bleiben, ob sie ablösen wollen oder nicht. Unpassend ist es, wenn in letzterem Fall, je nachdem der Berechtigte oder der Belastete auf Ablösung Antrag stellt, ein verschiedener Entschädigungsmaßstab angenommen wird, meist verzögert sich dadurch die Ablösung.

[1]) Oesten, A., Die technische Instruktion für die Auseinandersetzungskommissarien der Provinz Sachsen, 3. Aufl. Stendal 1869.

Von großer Wichtigkeit ist die Art der Entschädigung, ob solche in Geld, als Kapital, oder als Rente, oder in abzutretendem Wald gewährt werden soll. Letzteres hat viele Vorzüge, kann aber nur da zweckmäßig sein, wo die Entschädigung bedeutend genug ist, um eine geordnete Waldwirthschaft darauf begründen zu können und wo der künftige Eigenthümer die Garantie dazu bietet, oder wo der Boden zur landwirthschaftlichen Benützung sich eignet. So sehr sich die Abfindung mit Geld für den Waldbesitzer empfiehlt, so erscheint sie vom nationalökonomischen Gesichtspunkt aus nicht immer geeignet, so bald sie an Einzelne gegeben werden soll, weil sie in der Regel nicht zu dauernden Anlagen verwendet und gar zu gerne verschleudert wird. Es ist dies natürlich nach dem durchschnittlichen Vermögensstand und Bildungsgrad der Berechtigten zu bemessen. — Bei Abtretung von Wald für Brennholzberechtigungen hat man noch darauf zu achten, daß das in den betreffenden Beständen vorhandene Nutzholz dem Berechtigten mit dem vollen Werth aufgerechnet wird, indem im andern Fall der Waldbesitzer sehr benachtheiligt wäre.

§. 335.
Von den Holzberechtigungen.

Am schädlichsten wirken die Berechtigungen zu Holzbezügen, welche nach Qualität und Quantität nicht bestimmt sind, die unbedingte Beholzigungsrechte für Bau-, Nutz- oder Brennholz. Diese werden besonders lästig und nachtheilig, je mehr die Bevölkerung steigt und die Waldfläche sich verringert; sie verursachen eine Holzverschwendung, welche das Volkseinkommen um so weiter herabdrücken muß, je mehr sie eine wirthschaftlich sparsame Verwendung des Holzes ausschließen und dem Waldeigenthümer einen weit größeren Theil seiner Einnahmen entziehen. Auch die Berechtigten kommen in Nachtheil, weil sie ihr Holz nicht nach Gutdünken verwenden können, sondern zu den Zwecken, zu welchen es verlangt wurde, benützen müssen; sie haben sich lästigen Kontrolmaßregeln zu unterwerfen und sind verhindert, ihre häuslichen und gewerblichen Einrichtungen zu verbessern oder zu erweitern.

Ferner kommen Holzgerechtigkeiten vor, die nur zum Theil bestimmt, zum Theil aber unbestimmt sind. Es kann die Menge, aber nicht die Qualität, oder die Qualität, aber nicht die Menge festgestellt sein; jeder dieser Fälle kann wieder eine größere Zahl von Verschiedenheiten in sich schließen, z. B. wenn die Menge bloß nach der Stammzahl, oder nach der Zahl von Sägeblöcken, oder nach der Zahl von Fuhren, und wenn die Qualität bloß nach der Holzart und nicht auch nach dem Sortiment, oder bloß nach zufälligen Eigenschaften (wie z. B. beim Dürr-, Windwurf-, Abfall- und Gipfelholz 2c.) angegeben ist.

Die meisten oben aufgezählten Nachtheile lassen sich auch für diese Art von Gerechtigkeiten anführen; manche noch in höherem Maße als dort,

z. B. wenn der Berechtigte eine bestimmte Holzart ausschließlich nutzen darf, so ist dies natürlich der sicherste Weg, diese Holzart möglichst bald auszurotten; diese Servituten wirken daher äußerst verderblich.

Einzelne hieher gehörige Berechtigungen haben allerdings keine so großen Nachtheile im Gefolge, z. B. das Recht auf Leseholz, auf Stock-, Wurzel- und Lagerholz, weil der Waldeigenthümer diese Nutzungen in der Regel nicht, oder nur mit unverhältnißmäßigem Aufwand selbst erheben kann. Doch vermehrt eine Leseholzberechtigung die Schutzkosten erheblich und enthält eine ständige Versuchung zu Uebergriffen, kann auch in jungen Fichtenbeständen nicht leicht ohne Beschädigung des Hauptbestandes ausgeübt werden, deßhalb hat man sie in Sachsen überall abgelöst.

Nach Qualität und Quantität bestimmte Holzgerechtigkeiten sind nicht in so vielen Richtungen lästig, wie die eben erwähnten, dagegen können sie insofern hinderlicher werden, als der Berechtigte vom Waldeigenthümer verlangen kann, daß stets die erforderliche Menge der betreffenden Sortimente im Walde vorhanden sein und jederzeit, wenn er solche bedarf, geschlagen werden soll, was der Wirthschaft ihre freie Bewegung raubt und sie in die alten, oft unzweckmäßigen Bahnen einzwängt.

§. 336.

Die Berechtigungen auf Nebennutzungen.

Diese sind unter sich wesentlich verschieden, indem viele eine geregelte Waldwirthschaft unter allen Umständen beeinträchtigen, z. B. das Recht auf die Benützung der Baumsäfte, das unbeschränkte Recht auf Mast, Weide, Laub- und Moosstreu. Sie verschlechtern allmählig den Boden und Holzbestand, oder vernichten letzteren ganz; beschränken den Waldbesitzer in der Wahl der Holzart, Betriebsart und Umtriebszeit, in der Verjüngungsmethode 2c.

Bezüglich der Laub- und Moosstreunutzung kommt man immer mehr auch in landwirthschaftlichen Kreisen, zu der Ueberzeugung, daß sie dem Walde größeren Schaden zufüge, als sie dem Acker Nutzen bringe. H. Settegast, Holzungen und Wald, Breslau 1875, sagt: Wo die Rentabilität der Landwirthschaft nicht in ihr selbst beruht, sondern erst durch Ausbeutung der Waldungen von dem Forste erbettelt, oder im Kriege mit ihm erobert werden soll, da haben wir es mit ungesunden Zuständen zu thun, mit einer Hungerleiderwirthschaft, der die innere Berechtigung abgeht und deren schmarotzendes Bestehen kein wirthschaftliches Interesse gewährt.

In Sachsen und in Württemberg sind alle auf den Staatswaldungen ruhenden Streurechte mit Geld abgelöst worden, ohne daß die Landwirthschaft darunter Noth gelitten hätte; in Sachsen hat sie seitdem (allerdings in einer längeren Periode) einen sehr großen Aufschwung genommen. — In Württemberg waren an Ablösungskapitalien pr. ha belasteter Fläche aufzuwenden, für Streunutzung 38,2 Mk., Gräserei 25,7 Mk. und für Weide 4,7 Mk.

Die Weide- und Gräsereirechte können bei geordnetem Betrieb in einer gewissen Beschränkung ohne besonders erheblichen Schaden ausgeübt werden, namentlich können sie dem Berechtigten oft mehr nützen, als sie den Belasteten benachtheiligen. In Gegenden, wo das Waldland vorherrscht, die Bewohner auf die Viehzucht angewiesen sind und nur einen wenig ausgedehnten Ackerbau treiben können, hängt oft die Existenz der Bevölkerung von solchen Servituten ab, und es läßt sich die Berechtigung durch Geld nur ungenügend, durch Grund und Boden nur in günstigen Fällen ausgleichen. — Am Harz wird der Kapitalwerth der ohne merkliche Schädignng der Holzzucht ausgeübten Waldweidenutzung zu 2 $\frac{1}{3}$ Thlr. per. preuß. Morgen veranschlagt. Anderwärts, wo keine so strenge Ordnung gehandhabt werden kann, treten dagegen mehr die Nachtheile in den Vordergrund.

Die Weide mit Ziegen ist aber unter allen Umständen ganz aus dem Wald zu verbannen, da die Ziegen eine Wiederverjüngung des Waldes unmöglich machen; sie vernichten im Laufe von wenigen Jahrzehnten den schönsten Wald, weil sie keinerlei Nachwuchs mehr aufkommen lassen. Durch die Ziegen wurden die Wälder auf den Inseln des grünen Vorgebirges ausgerottet, und an dem Südabfall der Schweizer und Tyroler Alpen drängen sie den Wald von Jahr zu Jahr mehr zurück.

Das von Dritten ausgeübte Jagdrecht ist ebenfalls geeignet, die Bewirthschaftung in mancherlei Hinsicht zu hemmen und direkte Holzertragsverluste zu veranlassen, namentlich die Nutzholzerträge zu vermindern, wenn das Wild die Gewohnheit hat, die jungen Stangen zu schälen.

Andere Servituten, wie z. B. das Recht zur Wasserbenützung, zur Gewinnung von Steinen, Lehm ꝛc., lassen sich ohne große Benachtheiligung des Waldbesitzers ausüben, obwohl sie auch mancherlei Unordnungen und Streitigkeiten herbeiführen können.

Zweiter Abschnitt.

Forststrafrechtspflege.

Literatur.

Oesterreichisches Forstgesetz von 1852. Abgedruckt in Grabner's Forstwirthschaftslehre. Wien 1856.

Elsaß-Lothringen, Forst- und Jagdgesetze. Straßburg. S. Schultz 1876.

Preußen, Gesetz betr. den Forstdiebstahl und Feld- und Forstpolizeigesetz. Berlin. J. Springer.

Baiern, Das Forstgesetz. Herausgegeben von Ganghofer. Augsburg 1880.

Württemberg, Forststrafgesetz vom 2. September 1879. Stuttgart. Chr. Scheufele.

Baden, Forststrafrecht und Strafverfahren vom 25. Februar 1879.

Kanton Zürich, Gesetz betr. das Forstwesen vom 27. Dezember 1860.

§. 337.

Forstvergehen im Allgemeinen.

Die Forststrafrechtspflege hat zur Aufgabe, die gesetzwidrigen Eingriffe in das Waldeigenthum zu sühnen und wieder auszugleichen, sowie auch solchen vorzubeugen.

Eine Entwendung von Walderzeugnissen wird nirgends als Diebstahl angesehen, vielfach besteht im Volke eine Erinnerung an die alte germanische Rechtsanschauung, wonach die Wälder mehr oder weniger Gemeingut waren, wie z. B. der Schwabenspiegel dem Waldeigenthümer die Pflicht auferlegt, den Armen das erforderliche Holz unentgeltlich zu überlassen. Aber nicht bloß in den Schichten der Armen und Ungebildeten findet sich dieses Vorurtheil, unter seinem Einfluß stehen auch die Gesetzgeber und Rechtslehrer, da sie so erheblichen Unterschied machen zwischen einem Waldbaum und einem Obstbaum, zwischen den Gewächsen des Feldes und des Waldes. Es ist die Aufgabe der Volkserziehung, dieser Auffassung nach Kräften entgegenzuwirken und die Verhältnisse aufzuklären. Die bäuerlichen Kreise theilen allerdings dieses Vorurtheil nicht mehr, sobald sie eigenen Wald besitzen und selbst die Bestohlenen sind, dann kann nach ihrer Ansicht die Strafe nicht hoch genug gegriffen werden.

Es handelt sich freilich meist um die Entwendungen von geringwerthigeren Gegenständen, oft von solchen, welche der Waldeigenthümer selbst gar nicht für sich benutzt, und in der Regel werden sie auch noch von Leuten aus den vermögenslosen Klassen begangen; aber die große Zahl der Waldfrevel und die Häufigkeit ihrer Wiederholung in Verbindung mit der erschwerten Abwehr derselben können unter ungünstigen Verhältnissen die Existenz des Waldes empfindlich gefährden, wie man dies jetzt schon in der Nähe größerer Städte wahrnimmt. Da mit der Zeit in allen waldarmen Gegenden ähnliche Zustände eintreten werden, so ist es nothwendig, dieser drohenden Gefahr alle Beachtung zu schenken und nicht bloß die augenblicklichen Folgen solcher Rechtsverletzungen, sondern gleichmäßig auch die *abschreckende Wirkung*, welche dieselben auf die *Lust zu neuen Waldanlagen* äußern, in Erwägung zu nehmen, wenn es sich um den Erlaß eines Forststrafgesetzes handelt.

§. 338.

Verschiedene Arten von Forstfreveln.

Es kommen hier in Betracht:

1) Die Entwendungen, Holz- und andere Diebstähle, wobei zu unterscheiden zwischen solchen Walderzeugnissen, die der Waldeigenthümer schon aufbereiten ließ und zwischen denen, die der Frevler selbst gewonnen und für sich zurecht gemacht hat; ferner lassen sich unterscheiden Entwendungen, welche den Waldeigenthümer nur durch Entziehung des gefrevelten Objektes

in seinen Einkünften verkürzen, z. B. die Wegnahme von abgefallenem Holz, von dürren, unterdrückten Stämmen, von Gras aus erwachsenen Beständen, Wegen 2c. und solche Entwendungen, welche neben einer derartigen Beeinträchtigung noch weiteren Schaden verursachen; hieher sind zu zählen die Wegnahme von Schutzbäumen in Schlägen, am Trauf des Waldes, herrschende Stämme in geschlossenen Beständen, das Entrinden, Anbohren und Anharzen der Stämme, das Grasen und Weiden in Schlägen und Schonungen, Entwendung von Bodenstreu, Humus.

2) Beschädigungen durch Muthwillen und Sorglosigkeit, ohne eine damit verbundene Entwendung.

3) Ungehorsam gegen bestimmte Gebote und Verbote, welche dazu dienen, die Ordnung in den Waldungen aufrecht zu halten.

4) Eingriffe in das Waldareal durch Ueberbauung, Einpflügen, Grenzverrückung 2c.

Wie bei allen Vergehen, so kommen auch bei den Forstfreveln besondere Erschwerungsgründe vor, insbesondere:

a) Die Absicht, muthwillig Schaden zu stiften.

b) Die Verübung bei Nacht, an Sonn- und Festtagen. Früher rechnete man hiezu auch noch Rügetage und die Zeit während eines Waldbrandes.

c) Die Vermummung der Frevler oder Mitführung von Waffen zur Widersetzung.

d) Die Begehung der Frevel im Komplott, unter Betheiligung von mehr als zwei Personen.

e) Verwendung von Gespannfuhrwerken, oder Wasserfahrzeugen.

f) Verweigerung der Namensangabe oder Angabe eines falschen Namens.

g) Flucht des Frevlers bei der Betretung.

h) Verbalinjurien oder thätliche Widersetzung gegen die Schutzdiener.

i) Vergehen an besonders zu schonenden und als solche kenntlich gemachten Plätzen oder Bäumen: Entwendung von Samenbäumen, Laub, Gras 2c. in Schlägen, das Weiden darin 2c., Frevel an Allee- und Traufbäumen.

k) Entwendung von gefälltem aber noch nicht vollständig aufbereitetem Material.

l) Rückfälle innerhalb kürzerer Perioden, gewöhnlich 2 Jahre. Dabei empfiehlt sich nach dem Vorgang in Baden, die Leseholzdiebstähle nicht in die Berechnung der Rückfälle einzubeziehen.

m) Entwendung mit der Absicht, das gefrevelte Material zu verkaufen.

n) Wenn der Frevel von Personen begangen wird, die im Dienste des Waldeigenthümers stehen oder im Wald beschäftigt sind, z. B. von Holzhauern, Köhlern 2c.

Straflos dagegen müssen die Vergehen gelassen werden, wenn der Frevler des Gebrauchs der Vernunft beraubt ist, wenn er durch Gewalt dazu gezwungen wurde, oder in Nothfällen nicht anders handeln konnte.

Außerdem läßt man für Holzdiebstähle eine kürzere Verjährungsfrist eintreten, neuerdings sechs Monate, so daß später eine gerichtliche Verfolgung nicht mehr eingeleitet werden darf.

§. 339.

Strafarten.

Die Strafen für Forstvergehen werden erkannt in der Form von Geldbußen oder Freiheitsstrafen, erstere mit dem Unterschied, daß die Zahlungsfähigen in der Regel baar bezahlen und die übrigen statt des Geldes Arbeit zu leisten haben; letztere entweder als einfache Gefängnißstrafen, oder geschärft durch schmale Kost, Dunkelarrest ꝛc. — Daneben wird auch noch die Konfiskation der zum Holzdiebstahl verwendeten Werkzeuge (mit Ausnahme von Gespann und Fuhrwerk) ausgesprochen.

Die baar zu erlegenden Geldstrafen sind in vielen Fällen gegen Forstfrevler nicht anwendbar, da diese vorherrschend der besitzlosen Klasse angehören; übrigens sind die Geldstrafen da, wo sie zulässig erscheinen, sehr wirksam.

Die Strafarbeit ist in der Regel nicht so rasch und leicht zum Vollzug zu bringen, wie es der Zweck der Strafe erfordert, und sie hat überdies für den Waldbesitzer keinen großen Werth.

Freiheitsstrafen sind bloß bei Erwachsenen zulässig; bei sehr verkommenen Individuen übrigens nur dann wirksam, wenn sie geschärft werden; sie verursachen jedoch dem Staat einen größeren Aufwand für Unterhaltung der Gefängnisse und der Gefangenen, indem von diesen nur selten ein Ersatz der Auslagen zu erlangen ist.

Häufig werden die Forstvergehen von Unmündigen begangen, diese kann man aber nicht straflos lassen, wenn ein Dritter daraus Nutzen gezogen, oder durch mangelnde Aufsicht den Frevel indirekt veranlaßt hat, oder wenn eine Absicht zu schaden von Seiten des Frevlers nachgewiesen werden kann. Die Strafe muß in letzterem Fall ihn selbst treffen, wobei körperliche Züchtigung an jüngeren Individuen nicht ausgeschlossen sein sollte; doch ist auch Arrest und schmale Kost anwendbar, wenn man die für das jugendliche Alter nöthigen Rücksichten eintreten läßt. In den erstgenannten Fällen jedoch ist die Strafe gegen den Dritten zu erkennen, der aus dem Frevel Nutzen gezogen, oder die gehörige Aufsicht versäumt hat und gegen ihn zum Vollzug zu bringen, wie wenn er selbst den Frevel begangen hätte.

Haben Dienstboten und Tagelöhner im Auftrage ihres Arbeitgebers gefrevelt, so ist dieser mit der vollen Strafe zu belegen und die Frevler selbst sind wegen Theilnahme an einem Vergehen ebenfalls zu bestrafen. Das Gleiche hat zu geschehen, wenn der Dienstherr aus dem Diebstahl Nutzen gezogen, oder auch nur denselben indirekt begünstigt hat. Ist aber letzteres nicht der Fall, so kann ihm keine Strafe zuerkannt werden.

Für das zu Schaden gehende Weidvieh hat in der Regel der Eigenthümer einzustehen, manchmal wird auch bloß der Hirte dafür verantwortlich gemacht; doch müssen in dem Fall die Hirten besondere, gesetzlich zu bestimmende Eigenschaften nachweisen, ehe sie ihren derartig verantwortlichen Dienst antreten.

Als allgemeiner Grundsatz soll gelten, daß die Forststrafen nicht zu hart und nicht zu mild seien, es ist in letzterer Hinsicht namentlich zu beachten, daß selbst beim besten Schutz nie alle Diebstähle und Uebertretungen entdeckt werden, daß einzelne Arten schwieriger zu entdecken sind, wie z. B. Harzdiebstähle oder Holzentwendungen unter Anwendung der Säge, und daß in der Regel die gleichen Personen öfter freveln. Die Strafen sollen stets im Verhältniß zum Werth des Entwendeten und des gestifteten Schadens stehen.

In den Forststrafgesetzen kommen bezüglich der Strafen zwei verschiedene Systeme zur Anwendung, entweder das eines feststehenden Tarifes, nach welchem für jede Art von Vergehen durchweg in allen Fällen (Erschwerungsgründe ausgenommen) der gleiche Strafbetrag erkannt werden muß; z. B. für die Entwendung von grünen stehenden Stämmen, oder für das Abhauen von Aesten in jenem Fall eine größere, in diesem eine geringere Strafe anzusetzen ist. Nun kann es aber vorkommen, daß der Wald mehr beschädigt wird durch das Abästen einzelner (Nutzholz- oder Trauf-) Stämme, wie durch das Wegnehmen anderer bloß zu Brennholz tauglicher. Unter den gefrevelten Stämmen kann ferner ein großer Unterschied sein, je nachdem sie zu dem Haupt- oder Nebenbestand, zur begünstigten oder nicht begünstigten Holzart gehören, einen größeren oder geringeren Werth haben ꝛc.

Weil diese verschiedenen Verhältnisse bei einem zum Voraus festbestimmten Straftarif nicht genügend berücksichtigt werden können, so ist das andere System, die Strafen nach dem Werth des Entwendeten und dem gestifteten Schaden zu bemessen, das richtigere. Im Gesetz selbst sind dann nur die verschiedenen Arten von Vergehen nebst den Erschwerungsgründen aufzuzählen und genau zu definiren, so wie bei jeder Art anzugeben, welches Ein- oder Mehrfache des Werthes, oder des Werthes und Schadens als Strafe erkannt werden muß; dabei sollte aber dem Richter, wenigstens bei den gröberen, oder unter erschwerenden Umständen begangenen Vergehen, ein mäßiger Rahmen gelassen werden, in welchem er ab- oder aufsteigend, die jedem einzelnen Falle zukommende Strafe bemessen kann. — Außerdem wird im Gesetz der niedrigste und der höchste zulässige Betrag der Geldstrafe bestimmt; ebenso auch der Maßstab, nach welchem die Geldbußen in Freiheitsstrafen verwandelt oder durch Arbeitsleistung getilgt werden können.

Bei diesem Strafsystem ist es dann nöthig, einen für größere Bezirke mit ähnlichen Absatzverhältnissen geltenden Werthstarif aufzustellen, in welchem die der Entwendung ausgesetzten Waldprodukte nach den verschiedenen Sortimenten und Quantitäten (Tracht, Fuhr, Stückzahl rc.) zum laufenden Waldpreis, ausschließlich der Gewinnungskosten, taxirt sind.

§. 340.

Werth- und Schadenersatz.

Gleichzeitig mit Fällung des Straferkenntnisses wird der Gestrafte zur Ersatzleistung für den Werth des Entwendeten verurtheilt.

In vielen Fällen genügt dies vollständig, wenn nämlich dem Waldbesitzer durch die Entwendung kein weiterer Schaden zugefügt wurde, z. B. bei Wegnahme von unterdrücktem Holz, Gras auf Wegen rc. Wenn dagegen durch Unterbrechung des Schlusses, durch Beschädigung von Stämmen beim Entasten rc. noch weiterer Schaden gestiftet wurde, so ist dieser besonders zu vergüten. Die Schätzung desselben ist aber eine schwierigere, weil er nicht unter allen Verhältnissen gleich ist; die Unterbrechung des Schlusses schadet z. B. weniger am Nordhang, als am Südhang; in kurzschäftigen Beständen mehr, als in langschäftigen; an einem bloß zu Brennholzerzeugung tauglichen Stamm wirkt die Wegnahme der Aeste nicht so schädlich, wie an einem zu Nutzholz bestimmten.

Ueberläßt man nun die Veranschlagung des Schadens dem Waldeigenthümer oder seinen Beamten, so wird die Sache allzu ungleich behandelt und führt möglicherweise zu großen Unbilligkeiten; deßhalb ist es vorzuziehen, wenn der Gesetzgeber genaue Normen über die Ermittlung des gestifteten Schadens giebt. Bei Holzentwendungen wird sich dies am besten in einem Vielfachen des Werthes vom Entwendeten ausdrücken lassen. Dabei wäre dann zu unterscheiden zwischen alten und jungen Beständen, in diesen ist, sobald sie geschlossen sind, der durch Wegnahme von einzelnen Stämmen entstehende Schaden in der Regel geringer, weil noch andere Stämme in die Lücke eintreten können, was bei älteren Beständen nicht mehr möglich ist. Ebenso wird in lichten Waldungen der Schaden durch Herausnahme einzelner Bäume größer als in geschlosseneren; doch ist hiewegen im Gesetz nicht leicht eine Bestimmung zu treffen; jedenfalls aber muß der durch unerlaubte Fällung von Samenbäumen in Verjüngungsschlägen, von Traufbäumen und Oberholz im Mittelwald entstehende Schaden auf das Drei- bis Fünffache des Holzwerthes angenommen werden.

Bei Weide- und Gräsereifreveln ist der Schaden gleichfalls nach den Bestandesverhältnissen verschieden; am schädlichsten sind dieselben in den natürlich zu verjüngenden Schlägen und Saaten, etwas weniger in den Pflanzungen und am wenigsten in den erwachsenen Beständen. Bei Grasdiebstählen ist zu unterscheiden, ob bloß gerupft oder mit der Sichel oder Sense erheblich größerer Schaden angerichtet wird und dann auch noch nach der Menge des Entwendeten ein Vielfaches als Schadenersatz zu fordern. Für Weidevergehen werden die Schadenersätze nach der Viehgattung und deren Schädlichkeit abgestuft und für in Verjüngung stehende Bestände erheblich verschärft.

§. 341.

Untersuchungsproceß.

Das Untersuchungsverfahren muß durch das Gesetz genau geregelt sein, es ist darin anzugeben, welche Momente zur Ueberweisung des Frevlers nothwendig sind, wie solche beigebracht werden, ob und wie weit und unter welchen Voraussetzungen den Aussagen öffentlich verpflichteter Schutzdiener in Beziehung auf ihre direkten eigenen Wahrnehmungen die Kraft des vollen Beweises einzuräumen sei; vorbehältlich des vom Frevler vorher zu erbringenden Gegenbeweises. Je mehr Gewicht der Aussage des Schutzbeamten beigelegt wird, um so weniger ist es thunlich, denselben einen Theil der Strafe als Anzeigebühren zuzuweisen, weil sie dadurch an der Ueberführung des Frevlers ein persönliches Interesse bekommen. Bei gröberen Vergehen, namentlich eigentlichen Diebstählen an aufbereitetem Holz ꝛc., wird übrigens die Aussage des Schutzdieners selten als voller Beweis angenommen; in diesem Fall ist es dann nothwendig, ein Maximum der Geld- und Freiheitsstrafe festzusetzen, für das die Aussage des Schutzdieners als voller Beweis gilt, weil sonst leicht die Möglichkeit eintreten kann, daß schwerere Vergehen ganz straffrei gelassen werden müssen.

Es ist außerdem genau zu bestimmen, in welchen Fällen und unter welchen Formen eine Hausdurchsuchung vorgenommen werden darf. In dieser Hinsicht ist es zweckmäßig, die Gewohnheitsfrevler und die in der Nähe der Waldungen oder isolirt Wohnenden, namentlich auch die innerhalb des Waldes oder in bestimmter Entfernung davon befindlichen Sägemühlen, Ziegeleien, Theeröfen ꝛc., unter strengere Aufsicht zu stellen, die Hausdurchsuchungen bei denselben nicht an so viele schützende Formen zu knüpfen. — Im Allgemeinen aber soll dieses Mittel nur bei gröberen Freveln und Diebstählen zur Anwendung kommen und nicht zur Begünstigung der Bequemlichkeit des Schutzpersonales mißbraucht werden.

Es sind ferner Vorschriften zu geben, daß die Anzeigen möglichst schnell zur Untersuchung und Bestrafung gebracht und die Strafen alsbald vollzogen werden. Gewöhnlich geschieht die Abwandlung der geringeren Frevel in zwei- oder dreimonatlich wiederkehrenden Terminen; gröbere Excesse aber sind sogleich nach deren Entdeckung zur Anzeige, Untersuchung und Bestrafung zu bringen. Untersuchungshaft soll nur zulässig sein bei Untersuchungen wegen gröberen Freveln, wenn die muthmaßliche Strafe ein gesetzlich zu bestimmendes Minimum übersteigt. Die Untersuchungskosten hat der Gestrafte zu ersetzen.

Das Verfahren bei der Untersuchung und Fällung des Erkenntnisses muß genau vorgeschrieben, aber möglichst einfach gehalten sein. Die Regelung eines Kontumatialverfahrens, wodurch es dem Richter möglich gemacht wird, unter Einhaltung bestimmter Formen gegen abwesende, ordnungsmäßig vorgeladene Frevler Strafe zu erkennen, trägt wesentlich zur Vereinfachung der Geschäfte bei; der Gewinn eines solchen Verfahrens liegt hauptsächlich in der Zeit, die beim persönlichen Erscheinen der Frevler durch den Gang zum Amt nutzlos verloren geht.

Nur bei Strafen, die ein bestimmtes Minimum überschreiten, soll Berufung an eine höhere Instanz von Seiten des Gestraften zulässig sein, wobei ebenfalls ein möglichst einfaches Proceßverfahren zuzulassen ist. Dem Waldeigenthümer sollte dagegen die Berufung in allen Fällen freistehen.

§. 342.
Strafvollzug.

Die Strafen werden aber erst dann recht wirksam, wenn sie möglichst schnell zum Vollzug kommen; das Gesetz hat deßhalb hiefür besondere Fürsorge zu treffen. Der Strafvollzug, einschließlich der Beitreibung der zuerkannten Schadenersätze und Untersuchungskosten, muß durch die Staatsbehörden bewirkt werden, ohne Rücksicht darauf, in welchen Waldungen die Frevel begangen worden sind; dem Waldeigenthümer darf kein Einfluß auf den Vollzug eingeräumt sein, auch soll er nicht mit Kosten des Vollzuges belastet werden. Dagegen sind ihm die eingehobenen Schadenersätze zu verabfolgen, wogegen die Geldstrafen in die Staatskasse fließen.

Strafnachlaß im Wege der Gnade ist bei den Forstvergehen häufig, namentlich in Ländern, wo die Gesetze veraltet sind; in diesem Fall wäre es besser, die Gesetzgebung den Zeitverhältnissen anzupassen. Andernfalls wird oft bei harten Wintern, bei größerer Theurung 2c. allgemeine Amnestie für Waldfrevler verkündigt. Solche Vorgänge wirken aber nicht gut, vielmehr häufig nur als eine Aufmunterung, bei ähnlichen äußeren Verhältnissen die Waldungen noch stärker heimzusuchen. Manchmal wird auch Amnestie für Forstvergehen gewährt nach gelungenen Revolutionen, um dadurch das Landvolk mit der neuen Regierung auszusöhnen, oder für geleistete Dienste zu belohnen; es ist dies eine wohlfeile Belohnung auf Kosten der Zukunft und der gegenwärtigen Waldeigenthümer; sie wirkt natürlich noch verderblicher auf das Rechtsgefühl der Bürger und die Sicherheit des Waldeigenthums.

§. 343.
Ausübende Behörden.

Zur Abrügung der Forstfrevel sind die Gerichte die geeignetsten Behörden, weil sie nicht wie die Forstbehörden als Richter in eigener Sache erscheinen; es wird ferner durch gerichtliche Behandlung der Forstdiebstähle am wirksamsten dem Vorurtheil, daß die Waldungen Gemeingut seien, entgegen gearbeitet, und auf der andern Seite werden die Forstbehörden ihrem eigentlichen Beruf mehr erhalten.

Als wesentliche Vorbedingung zur Uebertragung der Forstgerichtsbarkeit an die Gerichte ist aber ein den Zeitverhältnissen entsprechendes, präcis und umsichtig abgefaßtes Forststrafgesetz zu bezeichnen, da ohne solches der nicht sachkundige Richter seines Amtes nicht genügend walten kann. Außerdem muß dem Ankläger das Recht zustehen, in allen Fällen und ohne Rücksicht auf den Werth des Entwendeten oder die Höhe des Strafbetrages an die höhere Instanz appelliren zu können, weil oftmals gerade die kleinsten Entwendungen (von Streu, Harz) bei zahlreichem Vorkommen und öfterer Wiederholung die empfindlichsten Folgen für den Wald haben.

Eben so wenig wie die Forstbehörden sind die Polizeibehörden geeignet zur Abrügung der Forstfrevel, am wenigsten aber die Gemeindebehörden, weil die Gemeindewaldungen noch mehr wie die Staatswaldungen als Gemeingut angesehen werden und deßhalb bei Abwandlung der Forstfrevel nicht die nöthige Energie von dieser Seite zu erwarten ist.

§. 344.

Frevel in den Waldungen an der Landesgrenze.

Zur Abwendung der Waldfrevel in den Grenzwaldungen sind Verträge mit den Nachbarstaaten nothwendig, worin sich die Kontrahenten verbindlich machen, die im andern Staatsgebiet von ihren Unterthanen verübten Frevel durch die eigenen Behörden auf eigene Kosten abwandeln zu lassen, wie wenn solche im Lande selbst begangen wären. Ohne eine derartige Vereinbarung würden die beiderseitigen Forste an der Grenze der Devastation preisgegeben, wie auch die Bevölkerung an rechtlose Zustände gewöhnt und demoralisirt werden.

Ausländische Frevler, welche auf der That betreten werden, sollen, wenn ihre Persönlichkeit oder ihre Zahlungsfähigkeit nicht feststeht, verhaftet und von den inländischen Gerichten abgeurtheilt werden, falls nicht durch Pfändung oder sonstwie Sicherheit für ihr Erscheinen vor Gericht geleistet wird.

Zweite Abtheilung.

Die Forstpolizei.

§. 345.

Eintheilung.

Im Allgemeinen hat die Polizei die Aufgabe, durch Anwendung der Gesammtkraft des Staates die Lebenszwecke der Bürger und ihre Interessen möglichst zu fördern (Rob. v. Mohl), sie hat also in Beziehung auf das forstliche Gewerbe in zweierlei Richtungen thätig zu sein, und zwar:

1) die Hindernisse zu beseitigen, welche dem möglichst vortheilhaftesten Betrieb der Waldwirthschaft entgegen treten können, so weit zu deren Bewältigung die Kraft des Einzelnen nicht zureicht;

2) für die Herstellung und Erhaltung der nothwendigen Waldfläche in den verschiedenen Theilen des Staatsgebiets besorgt zu sein.

In ersterer Hinsicht ist anzuführen, daß die hemmenden Einflüsse theilweise in Naturkräften und theilweise in Unkenntniß der Wichtigkeit der Wälder und des forstlichen Betriebs ihren Grund haben.

Bezüglich des zweiten Punktes ist aufmerksam zu machen auf die vielfach ungünstigen Verhältnisse des forstlichen Gewerbes, auf die geringe Erträglichkeit des Hochwaldbetriebs ꝛc., worüber unten Näheres zu finden ist. Mit Rücksicht darauf sagt Rob. v. Mohl: Eine Ausnahme von den gewöhnlichen Grundsätzen (der Polizei) bildet die dem Staat obliegende Thätigkeit bezüglich des Waldbesitzes. Hier fordert nicht sowohl der Eigenthümer Unterstützung für seine Wirthschaft, als vielmehr die Gesammtheit Schutz gegen Waldverwüstung Seitens der Eigenthümer.

Erster Abschnitt.

Beseitigung der die forstliche Produktion hemmenden Verhältnisse.

Erstes Kapitel.

Abwehr der schädlichen Naturereignisse.

§. 346.

Allgemeine Hülfsmittel.

Gegen die schädlichen Einwirkungen von Seiten der Natur sind von der Polizei folgende Mittel anzuwenden:

als vorbeugende: Belehrung, Verbot mit Strafandrohung; Aufsicht darüber, daß die Verbote eingehalten werden; Klagerecht des Einzelnen gegen Nachlässigkeiten von Seiten Dritter, wodurch schädliche Naturereignisse eingeleitet oder begünstigt werden; endlich unmittelbares Eingreifen;

als beseitigende: gesetzliche Verpflichtung der Bürger zu allgemeiner Hülfsleistung, nöthigenfalls auf öffentliche Kosten.

Diejenigen Hülfsmittel, welche im Forstschutz angegeben sind, gelten natürlich auch für diesen Abschnitt der Forstpolizei; jedoch nur so, daß die Staatsgewalt auf Grund präciser Gesetzesbestimmungen erst dann eingreift, wenn die Kräfte des Einzelnen nicht ausreichen, sich selbst zu helfen, oder wenn diese Selbsthülfe nicht möglich wäre, ohne in die Rechtssphäre Dritter überzugreifen.

§. 347.

Hülfsmittel gegen das Feuer.

Gegen Waldbrände hat der Staat vorbeugend einzuschreiten durch Erlaß von gesetzlichen Bestimmungen über die Art, wie, wo und wann im Wald Feuer zum Bedarf der Arbeiter, oder zu gewerblichen Zwecken angezündet werden dürfen; es sind die Organe der Staatsgewalt zu bezeichnen, welche die Ausführung dieser Maßregeln zu überwachen haben. Unzuverlässige Leute sind von solchen gefährlichen Arbeiten auszuschließen; die Eisenbahnen, Köhlereien, Theerbrennereien ꝛc. sind gesetzlich zu verpflichten, neben dem Wald einen Streifen von wundem, nicht berastem Boden anzulegen; in größeren Waldkomplexen ist die Anlage von Feuerbahnen anzuordnen, welche stets wund, namentlich von Unkraut, Moos, Holz, Spähnen ꝛc. frei zu halten sind. Ansiedelung von feuergefährlichen Gewerben und Wohngebäuden sind nur in gewissen Entfernungen vom Walde zuzulassen. Es ist ferner darauf zu sehen, daß beim Schießen und Tabakrauchen während der trockenen Jahreszeiten, namentlich im Frühjahr, wenn das abgestorbene Unkraut dürr ist, und während der größten Sommerhitze die erforderlichen Vorsichtsmaßregeln strenge beobachtet werden.

Für den Fall, daß ein Waldbrand zum Ausbruch käme, sind gesetzliche Bestimmungen nothwendig, daß sogleich Anzeige bei der nächsten Polizeibehörde gemacht wird, und daß diese alsbald mit der erforderlichen Löschmannschaft und den nöthigen Geräthschaften an Ort und Stelle zu erscheinen verpflichtet ist. Die im gefährdeten Walde zu irgend einer Nutzung Berechtigten sind in erster Linie zur Hülfeleistung zu verpflichten, bei Strafe der zeitweiligen Einstellung ihrer Nutzungsrechte. Ferner ist der die Löschanstalten leitende und dafür verantwortliche Beamte, sowie dessen Stellvertreter genau durch das Gesetz zu bezeichnen; er ist für solchen Fall mit den erforderlichen Vollmachten zu versehen, namentlich zur Aufbietung der nöthigen Zahl von Löschmannschaft, zur Requisition von Lebensmitteln für dieselbe, wenn der Brand in entlegenen Waldungen herrscht und längere Zeit dauert, zur Niederhauung von Holzbeständen, um die Ausbreitung des Feuers zu verhindern ꝛc. Die Strafen wegen Ungehorsams gegen seine Befehle sind unter Berücksichtigung der Gefahr, die eine solche Widerspänstigkeit nach sich ziehen kann, zu bestimmen.

Die Kosten des Löschens sollen bei kleineren Bränden ganz, bei größeren theilweise von der Gemeinde, theilweise vom Bezirk, Kreis oder Staat getragen werden. Darunter ist auch die Entschädigung derjenigen Waldbesitzer einzubeziehen, deren Waldungen durch Anlegung von Gegenfeuer ꝛc. im Interesse der übrigen preisgegeben werden mußten.

§. 348.

Verheerungen durch Stürme.

Hiegegen lassen sich nur wenige polizeiliche Vorkehrungen treffen. An den Grenzen zwischen zwei Waldungen kann der Wind großen Schaden verursachen, wenn der eine Eigenthümer auf der exponirten Seite abholzt. Es sind daher in einzelnen Forstgesetzen Vorschriften darüber gegeben, daß ein solches Bloßstellen des Bestandes auf dem benachbarten Grundstück unzulässig, und ein Schutzstreifen von gewisser Breite auf dem Nachbarwald zu erhalten sei. Auf der vom Wind bedrohten Seite hilft aber ein solcher zu diesem Zweck nicht besonders erzogener und daher nur wenig widerstandsfähiger Streifen nicht viel, da er einige Jahre nach erfolgtem Aufhieb selbst vom Wind geworfen wird; auf den minder bedrohten Seiten ist ein solcher Schutzstreifen dagegen gar nicht nothwendig.

Mit Rücksicht auf die vom Wind drohenden Gefahren ist dem Waldbesitzer die nöthige freie Wahl der Betriebsart zu gestatten, namentlich soll deßhalb der Femelbetrieb nicht erschwert werden. Jedoch läßt sich auf der andern Seite eben aus diesem Grunde auch die gesetzliche Verhinderung oder Erschwerung einer allzu weit gehenden Parzellirung der Waldungen, namentlich durch Theilung in lange, schmale Streifen rechtfertigen, wofür außerdem noch gewichtige andere Gründe sprechen. Die Schonung der Traufbäume ist besonders zu begünstigen, namentlich deren Entwendung und Beschädigung strenge zu bestrafen.

§. 349.

Gegen Versandung, Lawinen 2c.

ist hauptsächlich vorbeugend einzuschreiten, dadurch, daß man auf den Sandschollen die Entblößung des Bodens von Vegetation verbietet, eine langsame natürliche Verjüngung der Waldbestände mit rechtzeitig eintretender künstlicher Nachhülfe, oder eine Femelwirthschaft in solchen Oertlichkeiten vorschreibt und das Abplaggen des Bodenüberzugs untersagt. Flüchtige Sandschollen sind nöthigenfalls mit Staatsunterstützung zu binden und in Anbau zu nehmen. Gegenüber von säumigen Waldbesitzern muß die Staatsgewalt rechtzeitig einschreiten, nöthigenfalls durch ihre Organe die Sache selbst in die Hand nehmen können. Von besonderem Werth ist es dann, wenn die in obiger Hinsicht zu beaufsichtigenden Grundstücke nach sachgemäßer Prüfung genau zum Voraus bezeichnet werden.

Ebenso sind diejenigen Waldungen, welche im Gebirge die Wohnorte, Straßen und bebaute Ländereien vor Ueberschüttung durch *Lawinen* oder *Steingerölle* schützen, genau zu bezeichnen, und es ist auf ihre Erhaltung sorgfältiger Bedacht zu nehmen, worüber die gesetzlichen Vorschriften zu geben sind, wann und wie gegen zweckwidrig vorgehende oder nachlässige

Waldbesitzer eingeschritten werden darf. Der Zeitpunkt des Einschreitens ist aber eher zu früh, als zu spät zu wählen.

§. 350.

Ueberschwemmung und Versumpfung.

Der Wassersgefahr ist von Seiten der Landespolizei durch folgende Maßregeln entgegenzuwirken: an größeren oder sehr reißenden Strömen wird eine gehörige Regulirung der Wasserläufe und Eindämmung der Flüsse, ferner eine zweckmäßige Bepflanzung der Flußufer nothwendig. Ist der Staat nicht selbst der Eigenthümer dieser Flüsse, so hat er durch gesetzliche Anordnungen solche Schutzbauten ins Leben zu rufen, deren Ausführung zu leiten und zu unterstützen. Da übrigens in den Waldungen die Ueberschwemmungen selten großen Schaden anrichten, so sind vom forstlichen Standpunkt aus Maßregeln dagegen nicht so dringend.

Wichtiger sind Gesetze darüber, wie das Wasser vom oben liegenden Grundstück auf das untere abgeleitet werden kann und soll (Vorfluth), weil nur durch zweckmäßige Bestimmungen in dieser Richtung die Entwässerung auf größeren Flächen mit getheiltem Grundbesitz möglich und ausführbar wird. Der Grundsatz der Unterordnung der Minorität unter den Willen der Majorität ist in solchen Fällen auszusprechen, nöthigenfalls soll es dieser möglich gemacht sein, im Wege der Expropriation sich den Ablauf des Wassers herzustellen. Ebenso sollte in einem derartigen Gesetz dem unterhalb angrenzenden Gutsnachbar das Recht eingeräumt werden, auf Entwässerung des benachbarten, höher liegenden Grundstücks zu klagen, sobald der eigene Wald durch die Nachlässigkeit des Dritten der Versumpfung preisgegeben wird.

Die Regulirung der Wildbäche innerhalb der Waldungen des Mittel- und Hochgebirges ist im Interesse der Waldbesitzer ebenso geboten, wie in dem der Anwohner der betreffenden größeren Flüsse außerhalb des Gebirges in den Niederungen, und muß daher ebenfalls durch gesetzliche Maßregeln erleichtert oder durch den Staat unterstützt werden.

§. 351.

Schädliche Thiere und Pflanzen.

Gegen die Gefahren, welche den Waldungen von Seiten der Thiere[1]) drohen, hat die Polizei in folgenden Richtungen vorbeugend einzuschreiten:

1) durch möglichst allgemeine Verbreitung der nöthigen Kenntnisse über die schädlichen Thiere und ihre Feinde, namentlich durch Belehrung der mit und in dem Wald beschäftigten Personen;

[1]) Gesetz, den Schutz der Waldungen gegen schädliche Insekten betr. vom 17. Juli 1876 für das Königreich Sachsen. — Tharandter forstl. Jahrbuch 27. Bd. S. 317. — Grunert, forstl. Blätter 1877 S. 104.

2) durch entsprechende Gebote und Verbote zur Schonung der insektenfressenden Vögel und anderer nützlicher Thiere, der Mäuseverfolger ꝛc.;

3) durch Anordnung eines passenden Termins für die Schlagräumung und für die Aufarbeitung von Windfällen, Dürrholz ꝛc.;

4) durch geeignete Fürsorge, daß eine drohende Vermehrung der schädlichen Thiere rechtzeitig zur Kenntniß komme.

Ist ein Fraß ausgebrochen, so sind die im Forstschutz gelehrten Vertilgungs- und Vorbeugungsmittel rechtzeitig und allgemein anzuordnen und mit Strenge zur Anwendung zu bringen, um die aufgetretenen Feinde zu bekämpfen und deren weitere Verbreitung zu verhindern.

In einzelnen Gegenden müssen zu Gunsten der Landwirthschaft schädliche Ackerunkräuter auch im Walde vertilgt werden, z. B. das Kreuzkraut, die Wucherblume ꝛc. Bezüglich des ersteren ist auf das S. 42 Gesagte hinzuweisen, wonach die Mehlthaupilze von Senecio den Kiefernblasenrost erzeugen, so daß also auch der Wald aus solcher Fürsorge für den Ackerbau einigen Vortheil ziehen kann.

Zweites Kapitel.

Staatliche Regelung des Verkehrs.

§. 352.

Nachdem in Folge der Verbesserung und Erweiterung der Verkehrsmittel die ausländische Mitbewerbung auf dem Holzmarkt immer größeren Umfang erlangt hatte, und die Preise des einheimischen Erzeugnisses fortwährend dadurch herabgedrückt wurden, trat auch auf diesem Gebiet die Nothwendigkeit für die Staatsgewalt ein, dem inländischen Waldbesitzer hiegegen einigen Schutz zu gewähren, bevor die Entwerthung des Waldeigenthums sich weiter entwickeln und die wirthschaftliche Selbstständigkeit desselben untergraben konnte.

Diese Abwehr kann nur durch Holzzölle erfolgen, wir verdanken sie den Gründern des neuen deutschen Reiches, unserem großen Kaiser und seinem Kanzler, dem Fürsten Bismarck. Sie ist von dem günstigsten Erfolge begleitet, obwohl zuvor alle möglichen Einwände dagegen erhoben wurden. — Es hat sich namentlich als richtig erwiesen, daß ein mäßiger Holzzoll nicht vom inländischen Holzkäufer, sondern vom ausländischen Waldbesitzer getragen wird, daß allein auf diesem Wege die einheimische Forstwirthschaft noch einigermaßen mit Nutzen fortbetrieben und die großen darauf angewiesenen Flächen in ihrem Kapitalwerth annähernd erhalten werden können.

Auch in anderer Richtung noch können die Eisenbahnen den Holzzüchter benachtheiligen, indem sie durch Gewährung von Nachlaß an den Frachtgebühren die Einfuhr fremden Holzes begünstigen, wodurch der ausländische oder der ferner wohnende Waldbesitzer in Vortheil gesetzt wird. Diese Begünstigungen sind unter dem Namen Differentialtarife bekannt, aber glücklicherweise in Deutschland jetzt nicht mehr gestattet.

Immer aber genießt unsere gefährlichste Mitbewerberin, die Steinkohle, viel weitgehendere Begünstigungen beim Bahntransport, als das Holz, so daß dieses hauptsächlich dadurch immer mehr vom Markt verdrängt wird, ein Verhältniß, gegen das allerdings nicht wohl mit Erfolg angekämpft werden kann, weil die Steinkohle für manche Zwecke geradezu unentbehrlich ist und sich nicht ohne weiteres durch Holz ersetzen läßt, das ohnehin gar nicht mehr in der benöthigten Menge erzeugt werden könnte.

Dagegen wird der Holzabsatz durch Wasserstraßen, namentlich durch Kanäle, wesentlich begünstigt, und ist es eine der wichtigsten Aufgaben der Staatsregierungen, diese Verkehrsmittel weiter zu entwickeln, welche ja ohnehin auch sonst noch viel wichtigeren Interessen zu dienen haben.

Die früher bestandenen Flußzölle lasteten besonders hart auf der Flößerei, sind aber glücklicherweise im neuen deutschen Reich nunmehr ebenfalls beseitigt worden.

Drittes Kapitel.

Verbreitung forstlicher Kenntnisse.

§. 353.

Eine weitere Aufgabe der Regieruug ist die Aufklärung der Bevölkerung über die hohe Bedeutung der Wälder im Haushalt der Natur und über die Art und Weise, wie dieselben ohne Störung dieser wichtigen Funktion sachgemäß zu behandeln und zu benutzen sind.

Ersteres geschieht durch gemeinverständliche Schriften, Zeitungen, Kalender 2c., durch geeignete Belehrung in den verschiedenen Schulen 2c.[1]) Das zweite läßt sich ebenfalls durch solche Mittel erreichen und durch die Aufstellung von Musterwirthschaften für die verschiedenen Landestheile und Betriebsarten, zu belehrendem Beispiel für die bäuerlichen Waldbesitzer.

Außerdem aber ist noch dafür zu sorgen, daß der Staat in seinem eigenen Interesse und in dem der größeren Waldbesitzer einer hinreichenden

[1]) Erfreulich ist es, daß auf diesem Gebiet von patriotischen Männern bis in die jüngste Zeit herein sehr Bedeutendes geleistet wurde. Kasthofer (Der Lehrer im Walde, Bern 1828) und Borch, Freih. v. (Unterhaltungen des Lehrers Erich mit seinen Schülern im Walde, Nürnberg 1831) geben dafür Zeugniß aus älterer Zeit, während die erfolgreichen und sachgemäßen Bemühungen des um das Forstwesen in dieser Richtung hochverdienten früheren Professors an der Forstakademie zu Tharandt Dr. Roßmäßler allen unsern Lesern bekannt sein werden. (Vgl. Roßmäßler, Der Wald. Leipzig, Winter. 2. Auflage, herausgegeben von Willkomm.) Außerdem macht sich in der periodischen und Tagesliteratur neuerdings ein sehr erfreulicher reger Eifer für Erhaltung und pflegliche Behandlung des Waldes geltend.

Zahl geistig und körperlich tüchtiger Forstdienstaspiranten Gelegenheit zur praktischen und theoretischen Ausbildung verschaffe und sich genau über ihre Befähigung unterrichte. Jeder größere Staat muß zu dem Zweck eine oder mehrere Forstlehranstalten errichten. Es muß dafür gesorgt werden, daß die Studirenden mit den nöthigen theoretischen und praktischen Vorkenntnissen versehen, auf die Schule kommen, daß ihnen hier die einzelnen Fächer in richtigem Verhältniß zu deren Wichtigkeit und zu den verlangten Vorkenntnissen vorgetragen werden, daß über den Erfolg der Studien eine unparteiische, nicht oder wenigstens nicht vorherrschend von den Lehrern der Anstalt vorzunehmende Prüfung mit gleichmäßiger Berücksichtigung der theoretischen und praktischen Kenntnisse Nachweis gebe, worauf dann vor selbstständiger Verwendung der Kandidaten in dem praktischen Dienst gewöhnlich noch eine Zeit lang gewisse Probedienste von ihnen verlangt werden. Ein zweimaliges Examen ist nicht unbedingt nothwendig, da überhaupt die Examina nie vollständig den Grad der Tüchtigkeit des Kandidaten feststellen können, besonders wenn die Prüfungen, wie meistens der Fall, eine vorherrschend theoretische Richtung annehmen.

In Oesterreich sind mehrere trefflich geleitete Forstlehranstalten von größeren Herrschaftsbesitzern gemeinschaftlich begründet worden, zu Weißwasser in Böhmen und zu Eulenberg, früher Aussee, in Mähren.

Ob nach der Fachschule noch eine Universität zu besuchen sei, hängt von der Organisation jener ab; für den praktischen Dienst eines Verwalters ist die Universitätsbildung jedenfalls sehr förderlich, für höhere Stellen dagegen geradezu unentbehrlich.

Es haben deßhalb einzelne Staatsregierungen den gesammten forstlichen Unterricht mit den Universitäten verbunden. Hessen, Württemberg, Bayern. Oesterreich hat eine besondere Hochschule für Bodenkultur in Wien ins Leben gerufen.

Weitere Hülfsmittel sind wissenschaftliche Reisen und wissenschaftliche Vereine, wofür der Staat Unterstützungen zu gewähren hat, Auszeichnung tüchtiger Beamter durch Beförderung und andere Belohnungen.

Die Einrichtung von Waldbauschulen zur praktischen Ausbildung von Forstschutzbeamten, Kulturaufsehern, Vorarbeitern ꝛc. ist besonders für diejenigen Staaten zu empfehlen, wo das Waldeigenthum sehr parzellirt ist, wo also der einzelne Waldbesitzer nicht die Mittel hat, höher gebildete Beamten anzustellen. — In mehreren Kantonen der Schweiz sind praktische Unterrichtskurse für Gemeindewaldbannwarthe gesetzlich vorgeschrieben und bewähren sich sehr gut.

Die von den deutschen Staatsforstverwaltungen begründeten und im Verein mit den österreichischen arbeitenden forstlichen Versuchsanstalten sind eifrigst an der Arbeit, die Forstwissenschaft wesentlich zu fördern und verdienen daher alle Anerkennung.

Zweiter Abschnitt.

Erhaltung und Herstellung der nöthigen Waldfläche.

Erstes Kapitel.

Nothwendigkeit der Staatsfürsorge.

§. 354.

Indirekter Nutzen des Waldes.[1])

Die Nothwendigkeit der Staatsfürsorge begründet sich hauptsächlich durch die im gewöhnlichen freien Erwerbs- und Verkehrsleben der Einzelnen nur ausnahmsweise und keinenfalls ausschlaggebend in Betracht kommenden klimatischen hygienischen und sonstigen Wirkungen des Waldes, welche demselben im großen Haushalt der Natur eine so hohe Bedeutung verleihen; aber wie die Luft und das Wasser gewissermaßen als freie Güter extra commercium stehend, dem Zufall und der Willkür des Einzelnen überlassen blieben, wenn nicht die höhere Gewalt des Staates sie in Schutz nehmen würde. Ferner noch dadurch, daß einerseits viele wirthschaftliche Verhältnisse die Vernichtung des Waldes erleichtern und sogar dazu aufmuntern, während andrerseits eine etwaige spätere Wiederbewaldung unverhältnißmäßig lange Zeit und große Opfer verlangt, oft sogar ganz unmöglich wird.

Unter diesen Gesichtspunkten erscheint der Wald als ein unentbehrliches Gemeingut für jetzt und für die fernste Zukunft, und nur die Staatsgewalt vermag hier alle Interessen gleichmäßig zu wahren. Diese oft viel wichtigere Bestimmung des Waldes wird allzuhäufig noch verkannt, weil ein großer Theil der Bevölkerung, unter dem Einfluß der Tradition aus den Zeiten der ersten Besiedelung stehend, den damals nothwendigen und berechtigten Krieg gegen den Wald unter ganz veränderten Verhältnissen noch fortführt. Je näher die Bevölkerung jenen primitiven Zuständen steht, um so rücksichtsloser wird der Wald behandelt (Nordamerika und theilweise auch die östlichen Provinzen Deutschlands) leider nicht bloß auf illegalem, sondern auch auf legalem Wege, letzteres in denjenigen Ländern, wo der vielfach mißdeutete Begriff von Freiheit und die Nichtbeachtung der Eigenthümlich-

[1]) Ebermayer, Die physikalischen Einwirkungen des Waldes auf Luft und Boden. Nach den Resultaten der forstlichen Versuchsstationen im Königreich Bayern. Berlin, Wiegand, Hempel u. Parey, 1873. — J. Maistre de Villeneuvette, De l'Influence des forêts sur le climat et le régime des sources. 1874. — Rapports annuels de météorologie forestière par M. Mathieu, sous-directeur à l'Ecole forestière à Nancy. Rapports de la commission météorologique du département de l'Oise pour l'année 1873/74. — Lorenz, Wald, Klima und Wasser. München, 1878. — Lauterburg, Einfluß der Wälder auf die Quellen- und Stromverhältnisse der Schweiz. Bern, K. J. Wyß, 1878.

keiten des forstlichen Betriebes zusammen gewirkt haben, um dem Waldbesitzer ein schrankenloses Verfügungsrecht über sein Eigenthum einzuräumen, während andrerseits gerade die Staaten mit freister Konstitution, z. B. die republikanischen Schweizer Kantone und die Eidgenossenschaft den Waldbesitzer verpflichten, bei Benutzung seiner Waldungen die zum Wohle des Ganzen nothwendigen Rücksichten sorgfältig zu beobachten, um das Land bewohnbar und fruchtbar zu erhalten.

Allerdings läßt sich in diesem Falle leider der positive Beweis zu Gunsten des Waldes weit schwieriger erbringen, als der negative, denn es ist unbestritten die Verwüstung und Vernichtung der Wälder die erste und wichtigste Ursache, daß die alten Kulturländer Vorderasiens und der Mittelmeerküste von ihrem früheren blühenden Zustand so tief herabgekommen sind. Aber man braucht nicht mehr auf die fernen Länder und Zeiten zu verweisen, man findet leider genug der traurigen Belege in der eigenen Heimath. Der kgl. preuß. Oberlandforstmeister O. v. Hagen sagt in seiner Schrift, Die forstlichen Verhältnisse Preußens: „Wer Beispiele sucht, sehe nach der Kurischen Nehrung, dem Eichsfelde, nach der Eifel, nach der Grafschaft Wittgenstein und dem Oberbergischen Lande; er verschließe auch nicht geflissentlich seine Augen, er wird sie in kleinerem Maßstab im ganzen Lande finden."

Dieser indirekte Nutzen des Waldes äußert sich zunächst in rein mechanischer Weise durch die Befestigung des Bodens, indem die Bewurzelung der Bäume im Verein mit der Bodendecke an den Gehängen das Abschwemmen der Feinerde verhindert, welche bei längerem Bloßliegen und bei stärkerer Neigung des Terrains vom Regenwasser immer zuerst ausgewaschen und fortgeführt wird, wobei sich Rinnsale bilden, in denen das Wasser stets größere Gewalt erlangt und um sich greift, bis schließlich nur noch der nackte, unfruchtbare Fels zurückbleibt. Die abgeschwemmten Erd- und Steinmassen werden dann entweder in unmittelbarer Nähe auf fruchtbarem Gelände abgelagert und machen auch dieses ertraglos, oder sie werden noch eine Strecke weit vom Wasser fortgeschoben und füllen dann die Flußbetten, verursachen Ueberschwemmungen, Ausbrüche der Hochwasser, oder zur Abwehr einen großen Aufwand für Dammbauten und deren fortwährende Unterhaltung.

Jene anfänglich kleinen und kaum merklichen Verwüstungen kann man fast allenthalben beobachten; ihre durch Jahrzehnte hindurch summirten Wirkungen treten namentlich in Gebirgsländern in erschreckendem Umfang zu Tage. Im Departement der Niederalpen hat sich nach dem offiziellen Steuerkataster in Folge der Entwaldung das bebaute Land während des Dezenniums 1842 bis 1852 von 99 000 auf 74 000 ha vermindert.

In gleicher Weise dient der Wald auf flüchtigem Sandboden zur Befestigung und zur Nutzbarmachung desselben, welche sonst auf anderem Wege nicht möglich wäre; es bildet dann aber auch hier die Bewaldung einen Schutz für die angrenzenden, in höherer Kultur stehenden Ländereien. Die Tragweite dieser Funktion läßt sich daran erkennen, daß im Regierungsbezirk Bromberg die Flächenausdehnung der vollständig versandeten Grundstücke 1857 zu 36616 Morgen angegeben war und seit 1837 sich um das $2\frac{1}{2}$fache vergrößert hatte.

Zu den mechanischen Wirkungen gehört auch die Abwehr und der Schutz gegen Schneelawinen im Hochgebirge, welchen allein nur der Wald bis zu einem gewissen Grad zu leisten vermag.

Die Waldungen brechen die Kraft der Winde und halten in ihrer nächsten Umgebung einzelne Winde ganz ab. Entwaldete Länder haben unter heftigeren Stürmen zu leiden, wie z. B. die Steppen und Wüsten, der Karst bei Triest und der Westerwald. Auf dieser im vorigen Jahrhundert fast ganz entwaldeten Hochebene war der Bau landwirthschaftlicher Gewächse wegen der heftigen kalten Winde ganz unsicher geworden, was sich nun in Folge der seit 1830 neuangelegten Waldstreifen und Bewaldung der Höhenrücken wesentlich gebessert hat. In der Normandie muß der Apfelbaum durch Windmäntel (Baumwände) gegen die heftigen Seewinde geschützt werden, wenn er blühen und Frucht tragen soll; ebenso im unteren Rhonethal der Oelbaum gegen den kalten Nordwind (Mistral).

Auch im oberen Rheinthal (St. Margarethen) wurde ein Rückgang des Obstbaues in Folge eingetretener Entfernung des schützenden Waldes wahrgenommen (Lauterburg, S. 45).

§. 355.

Einfluß auf Luftwärme und Elektrizität.

Von allgemeinerer und größerer Bedeutung sind die physikalischen Einwirkungen des Waldes auf das Klima; zunächst auf die Luftwärme. Bekanntlich sind es hauptsächlich die von der Erdoberfläche zurückgeworfenen Sonnenstrahlen, welche die unteren Luftschichten erwärmen; dieser Reflex ist auf bewaldetem Terrain, wenn auch nicht ganz aufgehoben, so doch wesentlich gemindert; sodann absorbiren die dunkel gefärbten Waldbäume eine große Menge der durch die Sonnenstrahlen ihnen zugeführten Wärme, ebenso die durch die Vegetation bewirkte Verdunstung von Wasser. Weil sich im Schatten der Wälder die Feuchtigkeit länger hält, so ist hier die Verdunstung aus dem Boden viel andauernder, als auf unbewaldetem Land, was eine Verminderung der Temperatur bewirkt.

Dagegen wird im Walde auf den durch die Baumkronen überschirmten Flächen die nächtliche Wärmeausstrahlung mit ihren erkältenden Wirkungen zu einem großen Theil ganz aufgehoben, außerdem wird durch einen unten näher zu erwähnenden Proceß ein Theil des in der Atmosphäre gasförmig enthaltenen Wassers im Boden verdichtet, wodurch wieder Wärme entbunden wird. Die geschlossenen Waldungen lassen die Winde nicht in ihrer ursprünglichen Kraft ins Innere der Bestände eindringen, was besonders bei kälteren Luftströmungen von günstigem Einfluß auf die Temperatur im Wald ist. In größeren Waldmassen haben diese Umstände meist eine Erniedrigung der mittleren Jahrestemperatur zur Folge (Boussingault fand dieselbe = 2° C.), wogegen die Extreme von Hitze und Kälte nicht so weit auseinander liegen, wie in unbewaldeten Gegenden.

Schon im Waldbau ist darauf aufmerksam gemacht, daß die Lufttemperatur im geschlossenen Holzbestand eine ganz andere sei, als auf kleineren, zwischen hohem Holze befindlichen baumlosen Stellen. Professor Krutzsch in Tharandt hat darüber folgende Versuche veröffentlicht:

	am 25.—26. August		am 23.—24. September	
	auf einem Kahlschlag	im hohen Holze	in einer Pflanzung	im hohen Holze
Mitteltemperatur in 24 Stunden bei 48 Beobachtungen . . .	13,75° R.	13,56	3,52	3,91
Mitteltemperatur des Tages	16,80	14,80	6,16	5,53
Mitteltemp. der Nacht .	11,20	12,50	0,89	2,30
Maximum in 24 Stunden	19,3	16,9	10,0	8,6
Minimum „ „	10,1	11,4	— 1,7	0,2
Schwankungen um . .	9,2	5,5	11,7	8,4

Professor Dr. Ebermayer fand den Jahresdurchschnitt der Lufttemperatur nach den Ergebnissen der bayerischen meteorologischen Stationen für das freie Feld um 0,78° R höher als im Walde, 5′, über dem Boden, wobei übrigens zu bemerken, daß dieser Unterschied unmittelbar am Boden und während der Vegetationszeit ein weit größerer ist, was sich schon an den viel stärkeren und häufigeren Thau- und Reifbildungen auf freiem Felde deutlich erkennen läßt. — Die Bodentemperatur ist in freiem Felde um 1 ½° höher als im Walde gefunden worden. In den Baumkronen ist die Luft bis 1,04° wärmer als bei 5 Fuß Höhe. Diese zwischen Wald und Feld bestehenden Temperaturdifferenzen veranlassen nothwendigerweise einen regelmäßigen Luftaustausch, indem bei Tage die kühlere Waldluft ins Freie ausströmt und durch ihren größeren Feuchtigkeits- und Sauerstoffgehalt die Vegetation auf dem Felde erfrischt, während bei Nacht die durch Wärmestrahlung über dem freien Feld erkältete Luft, von da in den Wald zurückfließt.

Im Allgemeinen werden die Gegensätze in der Luftwärme durch entsprechende Bewaldung gemindert und abgeschwächt, so hat das Departement der Ardeche, welches gegenwärtig kein einziges Gehölz von Bedeutung mehr besitzt, seit 50 Jahren durch vermehrtes Auftreten der früher fast ganz unbekannten Spätfröste eine nachtheilige klimatische Störung erfahren, welche nur durch die fortschreitende Entwaldung erklärt werden kann.

Daß die Waldungen nicht ohne Einfluß auf die Luftelektrizität[1]) und den damit zusammenhängenden Hagel sind[2]), wird schon lange vermuthet, und es sind dem Verfasser namentlich in seinem früheren zwischen Schwarzwald und Schwäbischer Alp gelegenen Dienstbezirk mehrfach Oertlichkeiten bezeichnet worden, wo nach Abholzung eines Hochwaldes die Hagelwetter auffallend sich mehrten, und andere, wo nach Heranwachsen eines neuen Bestandes der Hagel merklich seltener wurde oder ganz aufhörte. Becquerel, Mitglied der französischen Akademie, ist der Ansicht, daß größere Forste die Bildung des Hagels verhindern. Doch wird man dabei unterscheiden müssen zwischen Laub- und Nadelholz; so ist z. B. in Württemberg beobachtet worden, daß das Oberamt Ellwangen, in welchem die Nadelholzbestände weit überwiegen, viel seltener vom Hagel heimgesucht wird als das Oberamt Ehingen, wo das Laubholz vorherrscht, aber auch die Bewaldung eine schwächere ist, nämlich 25,19 $\frac{0}{0}$ der Gesammtfläche gegen 34,62 $\frac{0}{0}$ bei Ellwangen. Obgleich beide Bezirke ziemlich weit von einander entfernt sind und deßhalb auch noch andere Ursachen mitwirken werden, so ist doch der Unterschied ein sehr auffallender, da es in Ehingen (Laubholz) 22mal mehr hagelt als in Ellwangen. Auch in den meisten übrigen Nadelholzgegenden Württembergs kommt der Hagel seltener vor. — Ausgedehnte Waldrodungen haben auf einigen Feldfluren im Königreich Sachsen, Pilsdorf, Dittmannsdorf und Dörnthal eine auffallende Zunahme der Hagelwetter zur Folge gehabt. (Allg. Forst- u. Jagd-Ztg. 1879, S. 146).

Eine sehr bemerkenswerthe Beobachtung des Forstinspektors Cantégril zu Carcassonne wird in der Revue des Deux Mondes Juin 1875 p. 641 mitgetheilt: Am 8. Juni 1874 überzog ein starkes Gewitter den südlichen mit Nadelwald bedeckten Theil des Departements de l'Aude in der gewöhnlichen Richtung von Nordwest nach Südost. Zuvor schon hatte es im Departement de l'Ariége großen Schaden verursacht; so lange es dagegen über den erwähnten Waldungen sich befand, hörte der Hagel auf, begann aber gleich wieder, als das Gewitter die Grenze des fast ganz waldlosen Departements der Ostpyrenäen erreichte, wo es die ersten 5 oder 6 Gemeindefluren, welche auf seinem Wege lagen, verheerte. Zum Beweis, daß die Luft auch über dem Wald mit Elektrizität stark geladen war, wird noch angeführt, daß in demselben bei diesem Anlaß 8 Kiefern (sapins) vom Blitz zerrissen wurden.

[1]) Riniker, Die Hagelschläge. Berlin, J. Springer.

[2]) Nach J. Clavé vollzieht sich die Hagelbildung in Folge rascher Auflösung der Regenwolken während ihres Durchganges durch sehr trockene Luftschichten, wobei sie durch Verwandlung des tropfbar flüssigen Wassers der Nebelbläschen in Dampf so viel Wärme verlieren, daß die Eisbildung dadurch ermöglicht wird. Daraus schließt dann dieser Autor auf die größere Häufigkeit der Hagelbildung in waldarmen Ländern als in waldreichen, weil der erhitzte Boden der ersteren keine Feuchtigkeit enthält, während derjenige der letzteren feucht ist und überdies die stets feuchte Luft eine zu schnelle Verdunstung des Regenwassers verhindert.

Nicht ohne Grund bestimmt demgemäß das Forstgesetz für den Kanton Aargau vom 29. Februar 1860 in §. 48, daß Waldungen auf Anhöhen, welche erfahrungsmäßig gegen Hagelgewitter schützen, so bewirthschaftet werden sollen, daß ihr Bestand möglichst lange der Gegend den nöthigen Schutz zu erhalten vermag. . . . . Gemeinderäthe haben die Aufsichtsbeamten jedenfalls auf derartige Verhältnisse aufmerksam zu machen.

§. 356.

Einfluß auf Luftfeuchtigkeit und Regen.

In Bezug auf den Feuchtigkeitsgehalt der Luft haben die Beobachtungen auf den bayrischen Stationen festgestellt, daß der absolute Wassergasgehalt über dem freien Felde nahezu ebenso groß ist wie bei der Luft im benachbarten Wald; dagegen ist der Unterschied beim relativen Feuchtigkeitsgehalt sehr bedeutend, namentlich in den Sommermonaten und in den höheren Lagen. Da nun letzterer hauptsächlich die Thau- und Regenbildung beeinflußt und im Wald je nach der Höhenlage durchschnittlich fürs ganze Jahr um 3—9 Procent, im Frühjahr und Sommer sogar bis 18 Procent höher steht, so muß dieses Verhältniß auf die Vermehrung der wässrigen Niederschläge im Innern und in der Nähe des Waldes sehr förderlich einwirken.

Ein französischer Beobachter, Fautrat, hat gefunden, daß die relative Feuchtigkeit, der mittlere Sättigungsgrad, über einem Laubholzbestand im Durchschnitt von 11 Monaten (ausschließlich des Januars) um 4,4 $\frac{0}{0}$, über einem Nadelholzbestand um 11 $\frac{0}{0}$ größer war, als 300 m davon entfernt über freiem Felde. Während der fünf Monate Mai bis September betrugen diese Unterschiede über Laubholz 12,2, über Nadelholz 12,1, standen also während der Vegetationszeit eigentlich gleich. — Unter den Baumkronen eines andern Nadelholzbestandes fand derselbe in den Monaten Februar bis Juli 24 $\frac{0}{0}$ mehr als im freien Felde 300 m davon entfernt; über den Baumkronen dieses Bestandes 11 $\frac{0}{0}$ mehr als im offenen Land. Dabei wurden die Beobochtungen jeweils in gleicher Höhe über den Boden angestellt.

Hiebei darf nicht übersehen werden, daß ein bei den meteorologischen Beobachtungen bis jetzt fast gänzlich vernachlässigter Faktor, die Thaubildung im Walde und in dessen Umgebung, namentlich in den höheren Lagen und auf den der Sonne mehr abgewendeten Bergseiten, von großer Bedeutung ist; der Niederschlag erfolgt hier viel stärker und anhaltender, während der kürzeren Tage, besonders im Herbst fast den ganzen Tag hindurch, so daß ein großer Theil davon dem Boden zu gut kommt. — Schon schmale Waldstreifen begünstigen die Thaubildung, vgl. E. Kolazeck (Führer ins Pflanzenreich, Wien 1856, Braumüller), wonach in den mit Wänden von lebenden Bäumen umfriedigten Weideflächen Ungarns viel öfter ein Thauniederschlag sich bildet, als in der offenen, baumlosen Ebene. Dies ist wohl vorherrschend der dadurch bewirkten Abhaltung der Winde zuzuschreiben, weil bekanntlich bei bewegter Luft keine Thaubildung erfolgt. — Aehnliche günstige Erfolge werden berichtet aus dem Nildelta und den Umgebungen des Suezkanals als Folge von ausgedehnten Baumpflanzungen, welche überdies auch schon merklich auf die Vermehrung des Regenfalles einwirken.

Die wichtigste Frage, ob der Regenfall durch dichtere Bewaldung vermehrt oder sonst beeinflußt werde, ist durch exakte Versuche sehr schwer zu beantworten, weil auch sonst noch eine größere Zahl von Ursachen darauf einwirken, darunter solche, die aus weiter Ferne herübergreifen in den enggegrenzten Kreis der Beobachtungsstation und von dieser nicht immer wahrgenommen oder genau bestimmt werden können, so daß es nur unter günstigen Verhältnissen möglich wird, den Einfluß der Waldungen in dieser Richtung für sich allein zu erkennen und darzustellen. Daß im Allgemeinen die Regenmenge sich nicht verändert, wenn man mit 5jährigen Perioden rechnet, ist an den seit 1725 in Mailand und seit 1764 in Padua geführten Aufzeichnungen nachgewiesen worden.

Es wird nun allgemein als richtig anerkannt, daß die Waldungen einen günstigen Einfluß auf die regelmäßigere Vertheilung des Regenfalles während der einzelnen Jahreszeiten ausüben; in den bewaldeten Gegenden regnet es häufiger, aber die Regen sind weniger heftig, die Gewitter und Wolkenbrüche sind seltener und minder verderblich, wie im offenen Land. Dies erklärt sich wohl daraus, weil die Luft über unbewaldetem Boden sich unter der Einwirkung der reflektirten Sonnenstrahlen stärker und rascher erwärmt und dann mit der aufgenommenen Feuchtigkeit in die Höhe steigt, die oberen Regionen bald sättigt, welche dann unter Einwirkung eines erkältenden Windes plötzlich den größten Theil ihres größeren Wassergasgehaltes abgeben müssen; während über dem Wald sich die Feuchtigkeit ansammelt, wie die Fautrat'schen Beobachtungen darthun, so daß die höheren Luftschichten davon viel weniger erhalten als über freiem Felde.

In Betreff der Einwirkung des Waldes auf die Regenmenge war man früher geneigt, diesen Einfluß vielleicht etwas zu überschätzen, während man neuerdings sich mehr dem andern Extrem zuzuneigen scheint. Zieht man aber in Betracht, daß im Wald die Temperatur eine niedrigere ist als außerhalb, daß sein Boden feuchter bleibt, langsamer austrocknet und die Vegetationsthätigkeit den Sommer über ununterbrochen fortdauert, namentlich nicht so frühzeitig aufhört wie beim Getreide, oder nicht zeitweilig unterbrochen wird wie bei den Wiesen, so erklärt sich daraus die bereits oben berührte größere relative Feuchtigkeit der Luft, und daß hiedurch Regen- und Thauniederschlag wesentlich gesteigert werden, ist eine allbekannte Erfahrung und bestätigt sich bei feuchtwarmem Wetter an der häufiger und frühzeitiger erfolgenden Nebelbildung im Wald, welche zunächst immer auf den kleineren Blößen (den bei der Bestandesverjüngung so sehr zu fürchtenden Frostlöchern) sich bemerklich macht. Diese den Regen begünstigenden Verhältnisse kommen hauptsächlich in den Gebirgswaldungen zur Geltung; in der Ebene nur dann, wenn die Wälder eine sehr große Ausdehnung haben.

Die 10jährigen Beobachtungen Mathieu's, des Direktors der Forstschule zu Nancy haben für bewaldetes Terrain einen um 6 % stärkeren Regenfall nachgewiesen; da aber die betreffenden Stationen ziemlich weit von einander entfernt waren, so konnten auch noch andere Faktoren auf dieses Ergebniß eingewirkt haben; deßhalb hat der bereits oben erwähnte Fautrat, im Walde von Halatte die Regenmesser 7 m über dem Holzbestand, die anderen in gleicher Höhe, nur 300 m davon entfernt, über unbewaldetem Terrain aufgestellt. Während einer 12monatlichen Beobachtungszeit erhielt man über dem Laubholzbestand 932, im Freien 901 mm, über dem Nadelholzbestand 848, im Freien 787 mm, also über dem Wald im ersten Fall 3,44, im zweiten Fall 7,71; in den fünf Vegetationsmonaten Mai bis September 4,8 und 6,3 Procent mehr. Durch die Baumkronen gelangten übrigens im Jahresdurchschnitt nur 69,6 und 46,8 Procent obiger Mengen an den Boden; während der Vegetationszeit dagegen 56 und 46 Prozent, die letzte Zahl bezieht sich stets auf das Nadelholz.

Die Waldungen im Gebirge äußern überdies noch auf mechanischem Wege einen bemerkbaren Einfluß auf die Regenmenge, indem sie den über ihnen wegstreichenden Wolken und mit Wasser gesättigten Luftschichten einen Theil ihrer Geschwindigkeit entziehen und sie aufhalten, wobei denselben weitere Feuchtigkeit zugeführt wird, oder eine Abkühlung erfolgt, was den Regen veranlaßt oder vermehrt. So hat man in Frankreich auf der Westseite des Jura beobachtet, daß hier die Regenmenge eine viel geringere ist, als auf dem gegenüberliegenden Gehänge und findet die Ursache zum Theil auch darin, daß die ausgedehnten Waldungen, welche auf dieser Seite liegen, zuvor den über sie wegziehenden Westwinden ihre Feuchtigkeit in der Form von reichlichem Regen entziehen.

Ein belehrendes Beispiel von dem Einfluß der Waldungen auf die Regenmenge führt Boussingault aus Amerika an: Der See von Tacarigua in Venezuela hat keinen Abfluß nach dem Meer hin, er liegt in der Mitte eines Gebirgsbeckens, das rings geschlossen ist. Im Jahre 1800, wo Alexander v. Humboldt diesen See besuchte, überzeugte er sich, daß derselbe in Abnahme begriffen war und er fand die Ursache in der starken Verminderung der Wälder, welche den Kakaopflanzungen den Platz räumen mußten. 1825 kam Boussingault in diese Gegend, nachdem die Bürgerkriege das Land verödet und die Wälder in ihr altes Recht eingesetzt hatten; jetzt traf er den See wieder in Zunahme begriffen; Inseln, die früher aufgetaucht waren, verschwanden wieder unter der Oberfläche des Wassers und an den Ufern waren ausgedehnte, kultivirte Ländereien überschwemmt. In der gemäßigten Zone sind solche Erfahrungen in der gleichen Zeit nicht wohl zu machen, weil die Vegetation langsamer vorschreitet.

Die Anwendbarkeit dieses Beispiels aus den tropischen Himmelsstrichen auf unsere Länder im gemäßigten Klima hat G. Heyer in seiner „forstlichen Bodenkunde und Klimatologie" bezweifelt; es dürfte dies aber nach dem Ergebniß der Fautrat'schen Beobachtungen kaum mehr angänglich sein.

Neuerdings hat übrigens H. V. Leo-Anderlind die Regenmengen von Jerusalem und Nazareth und die Bewaldungsverhältnisse in den angrenzenden Landstrichen erhoben, woraus die günstige Einwirkung des Waldes auf die Vermehrung und größere Regelmäßigkeit des Regenfalls deutlich hervorgeht. Nach zehnjährigem Durchschnitt 1869—1878 hat Jerusalem 57,01 cm, Nazareth 61,17 cm Regenhöhe. Jenes liegt im Mittel 500 m höher als dieses und ergiebt eine Vergleichung mit dem Regenfall in Jaffa, daß auf 100 m Erhebung die Regenmenge um 1,43 cm zunimmt; es sollte hienach Jerusalem gegenüber von Nazareth um 7,15 cm mehr haben, während es 4,16 cm weniger hat, so daß obiger Unterschied auf 11,31 cm oder 20 Procent sich berechnet. In der Umgebung von Jerusalem findet sich nun auf 45—75 km Entfernung eigentlich gar kein Wald, während Nazareth am Karmel und auf dem Gebirge Ephraim von zwei Waldgürteln umgeben ist, wovon der eine bis auf 3 km heranreicht und beide zusammen etwa 580 qkm bewaldetes Land enthalten; auf eine Gesammtfläche für Galiläa von 4320 qkm ergiebt dies 13,4 Procent Bewaldung, welche unser Gewährsmann nach der Beschaffenheit der dortigen Bestockung schließlich noch auf 5,97 Procent reduzirt.

Dazu kommt dann auch eine größere Regelmäßigkeit des Regenfalles in Nazareth, wo die Schwankungen sich zwischen 37,44 und 89,61 cm Jahresmittel bewegten, in Jerusalem dagegen zwischen 31,85 und 109,05 cm.

§. 357.

Wasserstand der Quellen und Flüsse.

In innigem Zusammenhang mit der Regenmenge und der Regelmäßigkeit des Regenfalles steht der Wasserstand der Quellen, Bäche und Flüsse. Die früher auf Pegelmessungen gestützte Behauptung von der Abnahme der Wassermenge in denselben hat sich bei genaueren Untersuchungen nicht als haltbar erwiesen, weil die Pegelhöhen für sich allein ohne Querprofil und Geschwindigkeit des Wasserlaufes keine sicheren Anhaltspunkte geben. Bei diesem Anlasse erkennen übrigens die Wasserbautechniker ausdrücklich an, daß die zunehmende Unregelmäßigkeit im Wasserstand der Flüsse, sowie die größere Häufigkeit und Heftigkeit der verheerenden Hochwasser mit all ihren nachtheiligen Folgen für Gewerbe und Handel in erster Linie der fortschreitenden Entwaldung zugeschrieben werden muß. (v. Seckendorff, Centr.-Bl. 1882, S. 1.)

Sobald man etwas näher auf die Vorgänge bei Speisung der Quellen durch das Meteorwasser und auf das oberflächliche Abrinnen desselben eingeht, wird jene Wahrnehmung und deren Begründung klar werden.

Im Allgemeinen ist nachgewiesen, daß der während der Vegetationsperiode fallende Regen durch die Verdunstung und den Bedarf des Pflanzenwuchses größtentheils in Anspruch genommen wird; daß es also fast ausschließlich die während des Herbstes und Winters fallenden Regen sind, welche die Quellen, Bäche und Flüsse nachhaltig speisen. In Frankreich wurde diese Erfahrung praktisch verwerthet; als im Winter 1873—74 im Departement der Oise vom 1. November bis 30. April statt des durchschnittlichen Regenfalles von 0,26 m nur ein solcher von 0,17 m beobachtet worden war, wurden die Wasserwerksbesitzer zeitig auf den bevorstehenden Mangel an Nutzwasser aufmerksam gemacht und konnten sich zuvor noch mit den zur Aushülfe nöthigen Dampfmaschinen versehen.

Aber auch bezüglich der Verdunstung des Meteorwassers macht sich ein Unterschied zwischen bewaldetem und nicht bewaldetem Terrain bemerklich; obwohl von dem jährlichen Regenfall nach den in Bayern gemachten Beobachtungen nur 74 Prozent durch die Kronen des geschlossenen Bestandes an den Boden gelangen, so ist doch diese Zahl für die vorliegende Frage noch nicht maßgebend, weil einerseits stets ein Theil des Waldes in Verjüngung begriffen, nicht in vollem Schluß steht, andrerseits aber der Laubwald im Winter das Meteorwasser fast unverkürzt dem Boden zu gute kommen läßt und im Allgemeinen die Verdunstung im Winter eine viel geringere ist, also auch der Nadelwald nicht so viel auf seinen Kronen zurückhält. Diese Verhältnisse fallen besonders deßhalb ins Gewicht, weil nach Obigem gerade die Niederschläge des Winterhalbjahres vorzugsweise die Quellen speisen.

Die Verdunstung des Regenwassers erfolgte auf den bayerischen Stationen während des Sommerhalbjahrs in nachstehenden Verhältnissen:

im Wald mit Streudecke	100	oder	625,92	cbm pr. ha
„ „ ohne „	254	„	1592,13	„ „
„ freien Feld . . .	653	„	4086,56	„ „

Hiedurch wird der etwaige Verlust beim Durchgang durch die Baumkronen reichlich wieder ausgeglichen, und da gleichzeitig der oberirdische Ablauf des Wassers im Wald vielfach gehemmt und für kleinere Wassermengen sogar ganz unmöglich gemacht, dagegen die Einführung des Wassers längs der lebenden Wurzeln und in den durch das Verfaulen der abgestorbenen Wurzeln sich bildenden Röhren wesentlich erleichtert wird, so ist es klar, daß der Wald mehr Wasser in die tieferen Bodenschichten einführt als freies Feld. Dies beweisen auch die in Bayern ermittelten Zahlen, welche allerdings nur für die Vegetationsperiode gelten und wonach die in den 1—4 Fuß tiefen Untergrund durchgesickerte Wassermenge im bewaldeten mit Streudecke versehenen Boden = 100 angenommen, der seiner natürlichen Decke beraubte = 85,8 und das offene Land nur 56,5 eindringen ließ, Zahlen, die überdies auf ganz oder nahezu horizontal gelegenen Flächen gefunden wurden und deßhalb die noch viel günstigeren Wirkungen des Waldes an Abhängen nicht hinlänglich erkennen lassen.

Auf Grund von genauen Versuchen hat Oberbaurath Gerwig in Karlsruhe bezüglich der wasserhaltenden Kraft der Waldmoose erhoben, daß 5 Loth gewöhnliches, getrocknetes Laubmoos in 1 Minute 30 Loth Wasser aufnehmen; in 10 Minuten im Ganzen nur $31\frac{1}{4}$ Loth. Der Wassergehalt eines so gesättigten Moosrasens entspricht einer Schicht reinen Wassers von 4,4666 Millimeter Höhe; im Gebirge, wo die Moose sich viel üppiger entwickeln, veranschlagt G. die Höhe dieser Schicht zu 10 Millimeter; es treten aber dabei nicht bloß die absorbirende Kraft der Moosstengel, sondern ebenso die Kapillarität des dichten Moosfilzes und die durch den Moosrasen fortwährend erhaltene Aufnahmefähigkeit des Bodens für Regenwasser in Wirksamkeit, so daß der bewaldete, mit Moos bewachsene Boden im Ganzen eine Wasserschicht von 2—3 Centimeter in kürzester Frist aufzunehmen vermag. Eine Quadratmeile Wald kann hienach 1—$1\frac{1}{2}$ Millionen Kubikmeter Wasser zurückhalten. Der Autor zieht daraus folgenden Schluß: „Es wird in manchen Fällen zutreffen, daß ein Unterschied von 20—30 Kubikmeter Wasserzufluß in der Sekunde von der Fläche einer Quadratmeile entscheidet, ob ein Hochwasser verderblich wirkt oder nicht. Alsdann wird die kahle Fläche schon 55000 Sekunden (über 15 Stunden) früher als die bewaldete jene 20—30 Kubikmeter abgeben. Läßt man hiebei nicht außer Acht, daß die schädlichen Hochgewässer meist nur von kurzer Dauer sind, so wird man finden, wie auch ganz mäßige Annahmen über die in der Moosdecke eines Berghanges enthaltene Wasserschichte schon zu einem günstigen Ergebniß führen. . . ." „Dort, wo der Wald seine naturgemäße Stelle findet, darf er nicht zerstört und verwüstet, er muß mit aller Sorgfalt gehegt werden. Die sonst unfruchtbare Höhe, der steile Felshang wird dann für das ganze Flußgebiet segenbringend." (Förster, Allg. Bauzeitung 1862, IV. und V. Heft.)

Nach den oben mitgetheilten Zahlen über die in Bayern beobachtete Menge des durchgesickerten Wassers berechnet Ebermayer, daß ein eben gelegener Landstrich vom Umfang des Spessarts ca. 34,000 Hektare groß, den Bedarf für den mittleren Wasserstand des Mains bei Aschaffenburg abzugeben vermöchte: als unbewaldetes Land auf $6\frac{1}{2}$ Tage, bewaldet, jedoch ohne Streudecke, auf $10\frac{3}{4}$ Tage, mit Streudecke 12 Tage. Daß die Wirkung des Waldes im Gebirge eine noch viel günstigere sein muß und daß sich diese Zahlen nur auf die Durchsickerung während der Vegetationsperiode beziehen, ist bereits oben erwähnt. Demungeachtet geben sie einen Begriff von dem regulirenden Einfluß des Waldes auf den Wasserstand, weil die geringe Menge des auf freiem Feld durchgesickerten Wassers auch nach Hinzurechnung der oberirdischen Verdunstungsmenge den großen Ueberschuß erkennen läßt, der von dem frischgefallenen Regenwasser sofort ungehindert den offenen Rinnsalen zufließt und das rasche Anwachsen, aber ebenso rasche Verlaufen der Gewässer veranlaßt, wobei wiederum das im Gehänge gelegene waldlose Terrain diese Nachtheile in noch viel höherem Grade hervortreten läßt.

Wie im Sommer, so sind die Waldungen auch im Winter berufen, den Quellen einen regelmäßigen Zufluß zu sichern. Es ist entschieden unrichtig, wenn man glaubt, daß der Schnee im Walde überall länger liegen bleibe, als außerhalb desselben; es läßt sich dies in der Praxis leicht nachweisen, wenn man zwei Oertlichkeiten mit gleichem Schneefall und gleicher Lage in Betracht zieht; es läßt sich schon beim Gehen über den beschneiten Boden fühlen, wenn man in den geschlossenen Bestand eintritt; hier ist nämlich der Schnee gleichmäßiger über die Fläche ausgebreitet und in der Regel nicht so tief, weil ein Theil desselben an den Aesten und Zweigen hängen geblieben ist. Hebt sich durch den Einfluß der Sonne die Temperatur etliche Grade über den Gefrierpunkt, was namentlich an Ost-, Süd- und Westhängen auch zur kälteren Jahreszeit fast jeden Tag vorkommt, so fängt unter dem Schirm der Bäume der Schnee an zu schmelzen, wie dies auch beim frischgefallenen Schnee im freien Felde anfänglich der Fall ist; hier aber bewirkt die ungehinderte Ausstrahlung der Wärme schon nach einigen hellen Nächten eine solche Erkältung, daß der Schnee eine firnartige Körnung und eine feste Eisdecke bekommt, die in der Regel auch einer stärkeren Einwirkung der Sonnenstrahlen auf längere Zeit Widerstand leistet und gewöhnlich erst wärmerem Regen weicht. Ganz anders verhält sich die Sache im geschlossenen Bestand des Hochwaldes oder selbst noch im Dunkelschlag; hier ist durch den Schutz der Bäume die nächtliche Ausstrahlung der Wärme fast ganz gehindert, der Schnee bleibt die Nacht durch locker und weich, so daß die folgende Tageswärme alsbald einen weiteren Theil davon zum Schmelzen bringt; dies wird noch ferner dadurch begünstigt, daß durch abfallendes Reis, Rindenschuppen, Flechten 2c. der Schnee mit dunkel gefärbten, die Wärme leicht aufnehmenden Körpern bedeckt wird.

Auf der Ebene und den nordwestlichen, nördlichen und nordöstlichen Hängen, sowie in jungen Schlägen und in den von hohem Holz umgebenen Blößen hält sich der Schnee viel länger; auf letzteren sammelt er sich in viel größeren Massen an, und schmilzt deßhalb auch später als auf unbewaldetem Boden. Diese Umstände bewirken in bewaldeten Gebirgsgegenden mit Femel- und Hochwaldungen ein *frühzeitiges, aber langsames und lange dauerndes Schmelzen des Schnees.*

Ein weiterer Umstand ist dann noch hervorzuheben, weil er eigentlich mehr, als dies die geschilderten Verhältnisse vermögen, den Gewässern einen gleichmäßigen Zufluß sichert; der Schnee fällt nämlich öfter auf gefrorenen Boden, und das Schmelzwasser muß deßhalb oberflächlich abrinnen oder verdunsten. Im Wald ist dagegen vor dem Schneefall der Boden selten gefroren, oder wenigstens nicht so fest, wie im Freien, weil, gehindert durch den Holzbestand oder die Laub- und Moosdecke, der Frost nicht so rasch eindringt; deßhalb kann das Wasser vom schmelzenden Schnee im Walde leichter versinken und eilt nicht so rasch den Bächen und Flüssen zu, daß es Ueberschwemmungen verursachen könnte, welche durch den von Feldfluren abgehenden Schnee viel leichter entstehen; der Boden erhält hier öfters nicht einmal den für die Feldgewächse nöthigen Feuchtigkeitsgrad und noch weniger nachhaltig werden die Quellen versorgt.

Aber noch eine andere Eigenschaft der Wälder machen sie zum unentbehrlichen Versorger der Quellen; es ist dies die Fähigkeit, den gasförmigen Wassergehalt der Atmosphäre zu absorbiren und in tropfbares Wasser zu verdichten. Diese Funktion haben theilweise die Bäume des Hochwaldes, an deren hohen belaubten Wipfeln die Dunstbläschen der im Herbst häufig auf den Waldungen ruhenden Nebel sich zu Tropfen oder Eiskrystallen verdichten und oft als dichter Regen oder Duft zu Boden fallen, während es außerhalb des Waldes nirgends regnet.

In viel ausgedehnterem Maße bewirkt aber der Waldboden eine Absorption des Wassergases. Von einzelnen Flüssen nämlich ist es bereits nachgewiesen, daß sie jährlich mehr Wasser dem Meere zuführen, als die in ihrem Gebiet niederfallende Regenmenge beträgt; die Vegetation und die Verdunstung auf der Erdoberfläche nehmen eine weitere, nicht weniger bedeutende Wassermenge in Anspruch; ohne die erwähnte Eigenschaft des Bodens wäre daher vegetabilisches Leben nur in wenigen, kürzeren Perioden des Jahres denkbar. Jene Eigenschaft, Wasserdampf zu absorbiren und zu verdichten, besitzen die Erdarten in verschiedenem Grade, es kommt dabei aber auch hauptsächlich auf den Lockerheitszustand derselben an; deßhalb hat man bisher vorzüglich nur dem Kulturland diese Eigenschaft zugeschrieben; noch mehr aber besitzt sie der Waldboden in seinem natürlichen Zustand, wo er nicht durch Streurechen oder unter allzustarken Lichtstellungen, wie sie im schlechten Nieder- und Mittelwald oder bei großen Kahlschlägen so häufig sind, hart geworden ist. Die Bodenlockerung als eine wesentliche Vorbedingung der Absorptionsfähigkeit wird im Wald durch den Frost bewirkt und im Sommer durch fortwährende Beschattung und Verhinderung der Austrocknung erhalten. Der Waldesschatten hält den Boden kühl, ebenso die Vegetation der Moosdecke, er kann sich nie so rasch und so stark erwärmen, wie die über ihm stehende Luft und diese Temperaturdifferenz ist besonders geeignet, den Prozeß der Absorption zu begünstigen und zu verstärken.

Durch all das dürfte nachgewiesen sein, daß die Waldungen in den Quellgebieten der Flüsse einen wohlthätigen Einfluß ausüben weit hinab in die Ebenen, daß sie wesentlich nothwendig sind zum Schutz gegen Ueberschwemmungen, zu Erhaltung der Wasserkräfte und Wasserstraßen, daß man durch genügende Bewaldung die kostbare und nur kurze Zeit genügende Eindeichung der Flüsse entbehrlich machen kann.

Unbedingt beweiskräftige Fälle aus der Wirklichkeit, wo die eingetretene Entwaldung oder Bewaldung als alleinige und einzige, auf die Veränderung des Wasserlaufes einwirkende Ursache sofort und unzweifelhaft erkannt wird, sind verhältnißmäßig selten, weil die Wirkungen sich nur allmählig geltend machen, deßhalb erst spät erkannt und auf ihren ursächlichen Zusammenhang zurückgeführt werden können. Die nachfolgenden dürften deßhalb um so größere Beachtung verdienen.

Aus der Denkschrift des Berner Kantonsforstmeisters A. Marchand über Entwaldung der Gebirge entnehmen wir, daß die Spinnerei in St. Ursanne die nöthige Wasserkraft durch größere Kahlschläge im Quellgebiet des Flusses verlor; ähnliche Erfahrungen wurden bezüglich der Sorne an den Eisenwerken von Unterwyl gemacht. In Folge von Abholzungen sind folgende Quellen ausgeblieben: Die von Combefoulat in der Gemeinde Seleute, die Quelle von Varieux, die Hundsquelle bei Pruntrut. Der Wolfsbrunnen in der Gemeinde Soubey entstand in Folge einer Aufforstung und verschwand wieder nach Abholzung des betreffenden Waldes.

In seiner sehr beachtenswerthen Brochüre, Ueber den Einfluß der Wälder auf die Quellen- und Stromverhältnisse der Schweiz, stellt der Ingenieur Rob. Lauterburg die beobachteten Schwankungen in den Wassermengen einzelner Quellen aus bewaldeten und nicht bewaldeten Gebieten bei sonst möglichst gleichen Vorbedingungen, namentlich auch bezüglich der Gebirgsformation, einander gegenüber. Danach wechselt die Wassermenge der in bewaldetem Land entspringenden Quellen bis auf das siebenfache des niedersten Standes, wogegen die aus wenig bewaldetem Terrain gespeisten Quellen Schwankungen von 1 zu 27 und 31 unterworfen sind.

Noch viel bedeutender tritt dieses Verhältniß bei den Flüssen hervor, indem jene mit reichlich bewaldetem Quellgebiet höchstens ein Anwachsen ihrer Wassermenge auf das 120fache des niedrigsten Standes nachweisen lassen, während bei den anderen aus entwaldeten Quellgebieten das 500fache und noch mehr vorkommt.

Der französische Akademiker Becquerel führt aus der Gegend von Orleans zwei interessante Beispiele an über den Einfluß der Bewaldung auf die Wasserläufe: Die Römer leiteten die Quelle von Etüvec nach Orleans; diese Quelle ist heute gänzlich versiegt. — Ein Bach, welcher sich östlich von dieser Stadt in die Loire ergoß und welcher bei der Belagerung im Jahre 1428 wesentlich zur Vertheidigung beitrug, setzte ehemals Mühlen in Bewegung, er existirt heute nicht mehr; allein man muß hinzufügen, daß auch die Wälder nicht mehr existiren, welche damals nach dieser Seite hin Orleans umgaben.

Aus dem Departement de l'Aude berichtet Forst-Inspektor **Cantegril** aus Carcassonne, daß der im Forst von Montaut am Montagne Noire entspringende Bach Caunan früher verschiedene Tuchwalken in Bewegung setzte. Nachdem aber der genannte Wald abgeholzt war, wurde der Wasserstand des Baches so unregelmäßig, daß die Werke während eines Theiles des Jahres stillstehen mußten. Die Wiederaufforstung der abgetriebenen Flächen gab aber bald dem Bach seinen früheren regelmäßigen Wasserstand wieder, und die Walkmühlen arbeiten nun wie zuvor das ganze Jahr hindurch.

In demselben Gebirge beobachtete Jules Maistre de Villneuvette den Wasserlauf zweier Thäler, wovon das eine bewaldet, das andere unbewaldet ist. Das erste giebt unmittelbar nach einem Regen weniger Wasser als das zweite, dieses aber trocknet sehr rasch aus, während das erste den Bach das ganze Jahr hindurch gleichmäßig speist. Im entwaldeten Thal fallen die heftigen Regen während des Sommers, wo das wenigste oder gar kein Wasser in die tieferen Schichten eindringt; im bewaldeten Thal ist der Regenfall während des Herbstes und Winters stärker und dieses Wasser kommt hauptsächlich den tieferen Schichten des Bodens zu gut.

Aus R. Lauterburg's Brochüre entnehmen wir noch ein weiteres Beispiel: Gegenüber Klein-Erlenbach (Niedersimmenthal) ist ein tief aufgerissener Wildgraben mit einem immensen Schuttkegel zu sehen, dessen Umgebungen von den früheren Verheerungen des Baches ein unwidersprechliches Zeugniß geben. Gegenwärtig ist der tiefe Grabenschlund und der Schuttkegel dicht mit Jungwald bestockt, und läuft nun das vordem so ungestüme Wildwasser geräuschlos und friedlich mit kleiner konstanter Wassermenge der Simme zu.

Sehr überzeugend und zugleich abschreckend sind auch die Verhältnisse des **Addathales**, dasselbe wurde erst im Jahre 1821 durch den Bau einer Kunststraße dem Verkehr erschlossen und hatten bis dahin seine wohl bewaldeten Berghänge ihren schützenden Baumwuchs erhalten. Hierauf kam von 1822—1839 allmählig die Kahlschlagwirthschaft in immer größerem Umfang zur Geltung und wurde in der folgenden Periode bis 1863 noch weiter, stellenweise bis zur Waldabschwendung, fortgetrieben. In diesen drei Zeitabschnitten wiederholten sich nun die Ueberschwemmungen der Adda in immer kürzeren Perioden. Vor der Erschließung alle 58 Monate, zwischen 1822—1839 alle 44 und 1840—1863 alle 20 Monate.

Zu gleicher Zeit wuchsen die Hochfluthen und es sank der niedrigste Wasserstand in umgekehrtem Verhältniß; bei Como betrug letzterer 1834 bis 1842 noch 57,4 cbm, 1843—1852 dagegen schon 53,3 und 1853 bis 1862 nur 40,9 cbm, also ein Rückgang der Wasserkraft in 28 Jahren um 28,8 Procent. — Die Hochfluthen des Po sind seit 1812 bis 1872 um durchschnittlich 1,06 m gewachsen, in gleichem oder noch viel größerem Maß auch die dabei den entwaldeten Hängen entführten Geschiebe und feineren Schlammtheile.

§. 358.

Einfluß auf Bodenfruchtbarkeit und Gesundheit.

Die Wälder haben außerdem einen großen Einfluß auf die Fruchtbarkeit eines Landes, durch dieselben wird vielfach dem schlechtesten Boden, welcher zu anderer Kultur nicht tauglich ist, noch ein Ertrag abgewonnen; der Flugsand wird gebunden und damit das angrenzende Kulturland vor Verwehungen geschützt; es können an bewaldeten Hängen keine Schneelawinen abgehen; ebenso wird das leicht verwitternde Gestein dem Verwitterungsproceß mehr entzogen, die Bildung von Schutthalden verhindert und somit die am Fuß der Berghänge liegenden Feldfluren vor Verwüstungen bewahrt.

„Ueberall, wo sich neue Gießbäche finden, — sagt Surell in seinem Werk Les Torrens des Hautes Alpes — hat es keinen Wald und überall, wo man den Boden entwaldete, haben sich neue Wildbäche gebildet, so daß dieselbe Generation, unter deren Augen der Wald am Abhang eines Gebirges verschwand, unaufhaltsam eine Menge von Wildwässern sich bilden sah; man kann für diese Thatsache die ganze Bevölkerung zu Zeugen aufrufen." — Die Wiederbewaldung in der Umgebung solcher Wildbäche hat aber dieselben gebändigt oder ganz beseitigt. (Revue des deux Mondes 1875, Band 9, S. 643.)

Der oben geschilderte Einfluß der Wälder aufs Klima ist in den meisten Ländern ein wohlthätiger geworden, nachdem das frühere Uebermaß einer dichten Bewaldung längst nicht mehr schädlich wirken kann; namentlich ist die regelmäßigere Vertheilung des Regens auf die einzelnen Jahreszeiten von günstigstem Einfluß auf das Gedeihen der meisten landwirthschaftlichen Gewächse. Doch hat man auch Beispiele vom Gegentheil: Fallmerayer führt ein solches an in seinen Fragmenten aus dem Orient; danach gedeiht die Orange bei Trapezunt nur noch am Gestade des schwarzen Meeres, während sie vor 400 Jahren auf der angrenzenden Hochebene beinahe wild wuchs. In dieser Zeit haben sich die Wälder sehr ausgebreitet und das örtliche Klima rauher gemacht.

Die Waldungen entziehen der Atmosphäre die Kohlensäure und geben ihr dafür den für alles thierische und menschliche Leben so wichtigen Sauerstoff zurück; sie machen dadurch die Luft gesund und stärkend. Die Sologne in Mittelfrankreich wurde durch Entwaldung ungesund und theilweise unbewohnbar, ebenso ein Theil der Normandie und Champagne; die neueren Aufforstungen in der Sologne haben dieser Gegend inzwischen wieder ein gesunderes Klima verschafft. — In Italien wird die über den Sümpfen sich bildende Fieberluft beim Durchzug durch den vorliegenden Wald ihres Ansteckungsstoffes befreit und es gelten deßhalb die hinter einem solchen Walde gelegenen Orte als fieberfrei.

Die Folgen der Waldverwüstung auf die Fruchtbarkeit und Bewohnbarkeit des Landes sind besonders in Frankreich genauer erhoben und werden aus nachstehenden Thatsachen klar werden. Die Oberprovence hat vom 15. bis zum Ende des 18. Jahrhunderts die Hälfte ihres baubaren Bodens verloren. 1790 zählten die beiden Alpendepartements 400,000 Einwohner, 1853 nur noch 280,000. Die Bevölkerung im Departement der Niederalpen fiel zwischen 1846 und 1851 um 5000, bis 1856 um weitere 2400 Seelen. Aehnlich an der Seeküste, wo der waldlose, den Stürmen preisgegebene Kanton Braumont bei Cherbourg 1826 12399, 1856 nur noch 9688 Einwohner zählte; während gleichzeitig die Gesammtbevölkerung Frankreichs von 32 auf 36 Millionen stieg.

Daß auch in Deutschland die nachtheiligen Folgen der Entwaldung auf die Bewohnbarkeit einzelner Landestheile nur allzusehr bemerkbar werden, dafür können wir als unanfechtbaren Gewährsmann den königl. preuß. Oberlandforstmeister O. v. Hagen anführen, welcher in seinem Werk: Die forstlichen Verhältnisse Preußens, wörtlich sagt: „Durch Entwaldung der „Nehrungen (in Ost-Preußen) sind die Seeküsten allen Winden und „Stürmen preisgegeben; der Dünensand hat weithin fruchtbare Fluren „bedeckt, Dörfer, deren ackerbauende Bevölkerung im Wohlstand lebte, sind „verschwunden oder verkommen.

„In den mittleren und östlichen Provinzen ebenen und leichten Bodens „sind in bald größerem, bald kleinerem Umfange Sandberge und Hügel „flüchtig geworden und Sümpfe entstanden, wo sonst Waldbestand den „Sand deckte, oder die stagnirende Feuchtigkeit absorbirte.

„In den westlichen gebirgigen Provinzen ist von den entwaldeten „Höhenzügen der fruchtbare Waldboden, das Produkt tausendjährigen Laub- „und Nadelabfalles, verschwunden. Sonnenbrand und Winde haben ihn „verdorrt, Regen- und Schneewasser haben ihn in die Thäler geführt und „auch diesen ist er nicht zu gut gekommen. Der rohe, ertragsunfähige „Gebirgsboden, Gerölle und Geschiebe sind ihm gefolgt und haben die „Thäler verschlemmt.

„Die Höhenzüge tragen oft kaum noch Ginster und Heidekraut, ge- „währen kaum noch magere Schaf- und Ziegenweide; in den Thälern sind „die fruchtbaren Waldwiesen verschwunden, sie werden wieder und immer „wieder zerrissen von den Wasserströmen, die sich nach jedem Gewitterregen „unaufgehalten durch Laub und Moos und alljährlich im Frühjahr nach „dem beschleunigten Schneeschmelzen von den Bergen ergießen.

„Die raschen und darum in größerem Umfang herabgeführten Wasser- „massen spotten bis zur Seeküste hin aller Dämme und Deiche.

„Die feuchten Niederschläge werden der Atmosphäre nicht mehr wieder- „gegeben, weder durch Exhalation aus den Waldpflanzen, noch durch Ver- „dunstung aus dem Laube und dem lockeren Waldboden; Wälder brechen „nicht mehr die Stürme und die nach und aus der Entwaldung entstandenen „Hochmoore entwickeln zu jeder Jahreszeit Dünste und Nebel, die weithin „ins Land die Vegetation vernichten.

„So verarmt der Boden unmittelbar, so ändern und verschlechtern „sich die klimatischen Verhältnisse."

Im heißen Klima ist der Einfluß der Waldungen auf die Gesundheit des Landes häufig ein entgegengesetzter, oft sehr ungünstiger, namentlich in feuchten Lagen, weil die Feuchtigkeit und hohe Wärme eine sehr rasche Verwesung der abfallenden Pflanzentheile bewirkt, wodurch die Luft ungesund wird und Fieber hervorruft.

§. 359.

Direkter Nutzen der Wälder.

Der direkte Nutzen, welchen die Waldungen durch die Erzeugung einer großen Menge unentbehrlicher Lebensbedürfnisse gewähren, wird hier keiner besonderen Aufzählung bedürfen, wir haben nur auf die weiteren Vortheile aufmerksam zu machen, die dadurch einem Lande zufließen, das eine genügende Waldfläche besitzt.

In unseren Zonen hängt die Möglichkeit der menschlichen Existenz mehr vom Wald-, wie vom Getreidebau ab, weil sich die Brodfrüchte ohne Anstand auf weite Entfernungen transportiren lassen, was bei dem Holz und den Brennmaterialien nur in beschränktem Umfange möglich ist.

Wenn sodann auch der Wald nur verhältnißmäßig wenig Gelegenheit zu Arbeitsverdienst gewährt, so bietet er solchen meist in der Zeit, wo es an anderer Beschäftigung fast gänzlich fehlt, im Winter, und wirkt dadurch ausgleichend auf den Verdienst der ländlichen Bevölkerung, wobei neben der Handarbeit auch noch die Arbeit mit Gespannfuhrwerk in Betracht kommt. Wo der Wald fehlt, entsteht ein empfindlicher Ausfall an Arbeitsverdienst für die Landbewohner. Unter solchen Verhältnissen hat die Waldverwüstung nicht bloß eine Verarmung der Besitzer, sondern ebenso der Arbeiter zur Folge und werden diese dadurch zur Auswanderung gezwungen.

Außerdem ist eine große Menge von Gewerben und Industriezweigen davon abhängig, daß sie zur direkten oder indirekten Verarbeitung die nöthigen Mengen von Holz um wohlfeile Preise beziehen. Ebenso bietet der Binnenhandel mit Holz aus den waldreicheren Gegenden in die weniger bewaldeten einen bedeutenden Arbeitsverdienst und ein solcher Handel ist von volkswirthschaftlichem Standpunkt aus nur zu begünstigen. Viel weniger ist dies zulässig bei einem Ausfuhrhandel mit rohem Holz, weil damit eine große Menge unverarbeitetes Material den heimischen Arbeitskräften entzogen wird.

Der Seehandel und der Binnenhandel, soweit er auf Schiffen betrieben wird, beziehen aus dem Wald das unentbehrliche und auch jetzt noch in großen Mengen nöthige Holz zum Schiffbau. Sonach sehen wir, daß die nationale Selbstständigkeit eines Volkes ohne genügende Waldfläche keine innere Sicherheit und Garantie hat. Aber auch zur Vertheidigung dieser Selbstständigkeit müssen die Wälder ein unentbehrliches Material in größeren Mengen liefern, als Holz zu Schiffen, zu Kriegs- und Festungsgeräthen aller Art, die Wälder selbst können als Befestigung dienen; in den bewaldeten Landestheilen hat der defensive Volkskrieg seine sichersten Stützpunkte. — In Frankreich darf ohne die schwer zu erlangende Zustimmung der Militärbehörde in mehr als der Hälfte der Departements an der Grenze keine Waldrodung, kein neuer Waldweg, keine Wegverbesserung ausgeführt werden aus Rücksicht auf die Landesvertheidigung.

§. 360.

Gründe gegen den Betrieb der Forstwirthschaft durch Privaten.

Da im Allgemeinen der Staat in das Erwerbsleben nur dann einzugreifen hat, wenn der Einzelne sich selbst gar nicht, oder nur mit unverhältnißmäßigen Opfern helfen könnte, so entsteht hier zunächst die Vorfrage, ob man die Fürsorge für den Holzbedarf und die Gesundheit des Landes nicht der Privatthätigkett überlassen dürfe, wie dies bei Beschaffung der meisten anderen menschlichen Bedürfnisse geschieht.

Hinsichtlich der Wälder und der Forstwirthschaft muß obige Frage entschieden verneint werden, weil der forstliche Betrieb zu viele Eigenthümlichkeiten hat, welche in den gewöhnlichen Haushalt einer Privatwirthschaft nicht passen, und weil er deßhalb auf den sonst so regen Unternehmungsgeist des Einzelnen und der Erwerbsgesellschaften gar keine oder doch nur eine höchst ungenügende, das Bedürfniß nicht befriedigende Anziehungskraft ausübt, wie die traurigen Beispiele aus allen entwaldeten Ländern beweisen.[1]) Zur näheren Begründuug sind folgende Einzelheiten hervorzuheben:

Keines der zur Befriedigung menschlicher Nothdurft dienenden Güter erfordert so lange Zeit zu seiner Erzeugung, wie das Hauptprodukt des Waldes, das Holz. Alle anderen menschlichen Lebensbedürfnisse, Nahrung, Kleidung ꝛc. können in einem, höchstens 2—3 Jahren erzeugt werden, lediglich durch die Thätigkeit der unmittelbar ihrer Bedürfenden; beim Holz

[1]) In überzeugendster Weise läßt sich dies an Spanien darlegen, wo im Jahre 1792 die ökonomische Gesellschaft von Madrid in einem Bericht an den königlichen Rath von Castilien sich folgendermaßen äußerte: Der Mangel an Holz, selbst an Brennholz, ist außerordentlich. Die Forstgesetze sind daran schuld. Nehmt sie zurück und der Ueberfluß wird wiederkehren. Der Holzmangel ist ein großes Uebel, er hat aber zur Folge die Theurung und diese wird die Waldeigenthümer veranlassen, sich ihrer Waldungen besser anzunehmen, die Anpflanzungen zu vermehren und dadurch der Zukunft die Hülfsquellen zu sichern, welche der Gegenwart mangeln. — Der eifrige Vorkämpfer für Freigebung der Waldwirthschaft in Bayern, Staatsrath Hazzi, giebt den Text dieses vertrauensseligen Aktenstückes in seinen Echten Ansichten der Waldungen ꝛc. München 1804 vollständig wieder. Es wird keiner Ausführung bedürfen, wie schlecht die Prophezeihung für Spanien eingetroffen und welches Glück für Bayern, daß die Vorschläge Hazzi's nur in beschränktem Umfang zur Ausführung kamen.

dagegen überschreitet die zu seiner Erzeugung nöthige Zeit die menschliche Lebensdauer ums doppelte und mehrfache. Es muß für die künftige noch ungeborene Generation schon jetzt gepflanzt werden, und dies liegt dem Staat ob, weil die freie Thätigkeit des Einzelnen hiefür keine Garantie giebt.

Der Forstbetrieb erfordert sodann, um rentabel zu sein, in den meisten Fällen ein sehr großes Kapital oder eine sehr große Fläche; es sind aber nur Wenige in der Lage, über solche bedeutende Mittel zu verfügen, um größere Forste erwerben zu können. Für Aktiengesellschaften bietet sodann die Waldwirthschaft zu wenig Anlockendes, wie schon aus dem Gesagten zu entnehmen, da sie keinen großen und schnellen Gewinn gewährt.

Aus diesem Grunde und aus den im Folgenden näher zu erörternden Verhältnissen sind die Waldungen nicht so leicht verkäuflich, was deren Besitz nicht besonders wünschenswerth erscheinen läßt. — Noch weniger aber eignen sie sich als Unterpfand, weil der größte Theil des in ihnen vertretenen Werthes im Holzkapital ruht und dieses viel zu beweglich und schwierig zu übersehen ist, als daß es für Darlehen genügende hypothekarische Sicherheit bieten würde.

Die Verwaltung der Waldungen erfordert besondere Kenntnisse und Einsicht; es ist nur ausnahmsweise der Fall, daß ein mit den erforderlichen Mitteln ausgestatteter Kapitalist auch diese Kenntnisse besitzt. Die Aufstellung eines eigenen Personals für eine Verwaltung, über welche dem Eigenthümer die nöthige Uebersicht fehlt, wird im mindesten Fall für etwas sehr Lästiges und Ungewisses angesehen, besonders in gegenwärtiger Zeit, wo die Masse von Staatsschuldscheinen und Aktien die Verwaltung des darin angelegten Vermögens so einfach machen. — Eine Verpachtung der Waldungen ist wegen der leicht zu verdeckenden Vorgriffe auf einen Theil der Holzvorräthe in angehend haubaren und mittelwüchsigen Beständen nicht ausführbar ohne die Gefahr der größten Beeinträchtigung des Waldeigenthümers; auch die richtige und rechtzeitige Wiederkultur kann dabei nicht genügend gesichert werden.

Auf der andern Seite läßt ein geregelter, nicht auf Devastation ausgehender Forstbetrieb viel zu wenig Spekulationen zu, er geht viel zu sehr im ruhigen, gleichmäßigen Gang fort, als daß er einzelne gewinnlustige Unternehmer anlocken könnte. Die Vermehrung des Betriebskapitals oder der Arbeit, die in anderen Erwerbszweigen so vortheilhafte Resultate erwarten läßt, kann bei der Waldwirthschaft nur in sehr beschränktem Maße ausgeführt werden und hat keine so günstigen Erfolge aufzuweisen, wie bei andern Unternehmungen. Ja sogar eine Vergrößerung der Waldfläche durch Oedländereien hat zunächst für den alten Waldbesitz eine Verminderung der Nutzungsgröße zur Folge, bis das für den neuen Zugang benöthigte Holzvorrathskapital angesammelt ist.

Bei einem kleineren Waldbesitz können die Gefährdungen durch Elementarereignisse, durch Nachlässigkeit der Gutsnachbarn und durch

Diebstähle den Ertrag sehr beeinträchtigen und diese Möglichkeiten halten manchen Kapitalisten von Walderwerbungen ab, da namentlich bei eintretendem Holzmangel die höheren Holzpreise vermehrte Veranlassung zu Eingriffen in das Waldeigenthum geben.

Die Vorauslagen, welche nöthig sind, um einen neuen Wald anzulegen, werden durch den Waldertrag erst spät wieder ersetzt; unter Umständen kann es hundert Jahre dauern, bis ein erheblicher Ertrag erfolgt, und den Waldbesitzer für seine ersten Anlagekosten entschädigt. Diese haben sich in der Zeit mit Zinsen und Zwischenzinsen, wenn man nur 3 Procent rechnet, mindestens auf das 19fache gesteigert, ohne die Kosten der Administration, die Grundrente und Steuer dabei zu rechnen. Welcher Privatmann mag sich nun auf solche Unternehmungen einlassen? Er erlebt ja nie die Zeit, wo er die Früchte seiner Arbeit genießen kann, er weiß nicht zu beurtheilen, ob in jener Zeit, wo die Holzernte erfolgen wird, die gleichen Bevölkerungs- und Absatzverhältnisse die Verwerthung des Holzes nach den jetzigen Grundlagen möglich machen.

Aber auch da, wo es sich nicht um Anlegung neuer Waldbestände handelt, wo vielmehr der nöthige Holzvorrath schon vorhanden ist, befindet sich der Privatmann im Nachtheil gegenüber von andern Unternehmungen, weil das im Holz und Boden vertretene Kapital sich meistens viel niedriger verzinst als in irgend einem andern Gewerbe.

Die aus den beiden Ertragstafeln auf Seite 396 in den Spalten n und o ersichtliche Verzinsung der Holzmassen und Geldwerthe bei den verschiedenen Umtriebszeiten bringt nur das Verhältniß zwischen Nutzung und Holzvorrath zum Ausdruck; bei der Schlußabrechnung sind noch weiter als Ausgaben zu verzeichnen die Zinsen vom Bodenkapital, die Steuern, Kultur-, Schutz- und Verwaltungskosten, wodurch der Zinsfuß jeweils noch erheblich sich vermindert. Wo allerdings die Zwischen- und Nebennutzungen noch einigen Ertrag gewähren, wird durch diese wieder ein Theil der genannten Ausgaben gedeckt. — In der Wirklichkeit werden übrigens die höheren Normalertragsätze jener Tafeln niemals erreicht, deßhalb wird also ein Waldbestand mit 100jährigem Turnus sich selten höher als zu 2,0—3,0 Procenten verzinsen, und doch sind vielfach noch höhere Umtriebszeiten als 100jährige geboten, wenn das Bedürfniß an stärkeren Hölzern gedeckt werden soll; bei 120jährigem Umtrieb ist außerdem etwa das $1\frac{1}{4}$fache des Vorrathskapitals vom 100jährigen Turnus nöthig, während der Haubarkeitsertrag unter Berücksichtigung des in §. 265 dargestellten Verhältnisses der kleineren Schlagflächen bei höherem Umtrieb der Masse nach nur selten ein größerer wird; dagegen kann allerdings der Werthzuwachs in dieser Altersperiode noch ein beachtenswerthes Moment bilden. — In diesem geringen Zinsenertrag und in der Gelegenheit, den größeren Theil des Holzkapitals leicht umzusetzen, liegt für jeden finanziell rechnenden Privatmann ein fortwährender Reiz zur Verminderung des Vorrathes, oder gar zur Devastation, und wie bereits erwähnt, ist der Privatmann nicht wohl geneigt und selten in der Lage, Auslagen zu machen, oder auf Einkünfte zu verzichten, um solche Vorrathsverminderungen später wieder auszugleichen. Je höher in Folge des Holzmangels die Holzpreise steigen, um so größer wird für den Privatmann die Versuchung, den normalen Vorrath anzugreifen und zu versilbern; die Ertragsfähigkeit der Waldungen also zu schwächen statt zu kräftigen. Einen erhöhten Reiz zu neuen Waldanlagen geben die hohen Holzpreise dem Privatmann nicht, weil er zu lange auf die Früchte seiner Unternehmungen warten muß. — Am deutlichsten geht dies aus folgenden, allerdings schon vor 50 Jahren in Frankreich erhobenen Zahlen hervor. Danach war der Werth von 1 ha Wald, im Durchschnitt eingeschätzt, in den waldreichsten östlichen und nördlichen Konservationsbezirken, nämlich Besançon auf 1800 fr., Douai 1300, Rouen und Paris 1200 fr., dagegen in den waldarmen Departements Mittel- und Südfrankreichs in Alby (Dep. Tarn) auf 300 fr., Toulouse 150, Bordeaux 150, Pau 65, Aix in der Provence 64 fr. Die Bewaldungsziffern sind zwar nicht für die Konservationen, sondern nur für die einzelnen Departements angegeben, sie schwanken zwischen 29,7 $\frac{0}{0}$, im Departement Doubs (Besançon) 4,3, Ober-Charente (Toulouse) und 6,8 $\frac{0}{0}$ Tarn (Alby). — Je theurer das Holz, um so schlechter der Wald.

Wo aber die Verzinsung des Holzkapitals eine günstigere wird, z. B. beim Niederwald und theilweise auch beim Mittelwald, da ist dafür (abgesehen von der verminderten klimatischen Wirkung) die Qualität des Holzes geringer, seine Versendung auf einen viel engeren Kreis beschränkt, die Aufbereitungskosten werden höher, und überdieß noch eine größere Bodenfläche nothwendig, um die gleiche Masse Holz wie im Hochwald zu erzeugen; diese Vermehrung der Fläche kann sich auf das $1\frac{1}{2}$fache steigern, wodurch namentlich bei relativem Waldboden die Produktionskosten sich wieder namhaft erhöhen. Nur da, wo werthvollere Nebennutzungen in größerer Ausdehnung gewonnen werden, wie z. B. Eichenrinde, Gras, Getreide 2c., gestalten sich die Verhältnisse nahezu so günstig, wie beim landwirthschaftlichen Betrieb.

Neben diesen ungünstigen Verhältnissen ist in den meisten Staaten das Waldeigenthum vielfachen gesetzlichen Beschränkungen unterworfen; es darf nicht in beliebiger Weise einer anderen Kulturart gewidmet werden. Da und dort sind auch noch weiter eingreifende gesetzliche Vorschriften über den Betrieb und die Benützung gegeben. Wenn nun gleich die Gegenwart im Allgemeinen möglichst Beseitigung der die Bodenkultur hemmenden Fesseln anstrebt, so ist dies doch bei dem Forstbetrieb weniger der Fall, und es läßt sich denken, daß hier noch weitere Beschränkungen eintreten könnten. Diese bestehenden und noch etwa zu erwartenden Hemmnisse einer freien ungehinderten Verfügung über das Eigenthum halten manche ab, ihre Kapitalien dem Forstbetrieb zuzuwenden.

Im Verhältniß zu dem geringen Reinertrag, den die Forste gewähren, sind sie fast überall sehr hoch besteuert, was besonders bei den kleineren Waldkomplexen mit aussetzendem Betrieb lästig wird, und diejenigen Kapitalisten, welche nicht tiefer in das Wesen des Forsthaushaltes eindringen, übertragen diesen Nachtheil ohne weiteres auch auf die übrigen Waldungen.

§. 361.

Gründe, welche den Betrieb der Forstwirthschaft durch den Staat und Korporationen empfehlen.

Diesen Verhältnissen gegenüber bietet aber der Forstbetrieb wieder andere Seiten, welche ihn für den Staat besonders empfehlenswerth machen und zwar:

1) Es kann die Rente aus dem Waldeigenthum mit großer Gleichförmigkeit und Stetigkeit erhoben werden, ohne daß der Besitzer gehindert wäre, durch Vorgriffe auf das Holzvorrathskapital die Nutzung vorübergehend zu erhöhen, um sich damit schnell Geld zu verschaffen, was selbst bei geordnetem Staatshaushalt schon öfter vorgekommen ist, z. B. in Preußen zur Zeit der Befreiungskriege, in Sachsen 1849. Eine solche Maßregel kann allerdings auch mißbräuchlich von gewissenlosen Regierungen im Stillen vorgenommen werden, aber bei einem, nur einigermaßen seiner Pflicht bewußten Verwaltungspersonal wird ein solcher Mißbrauch nicht zu befürchten sein.

2) Das Einkommen aus den Forsten ist bei größerer Ausdehnung des Waldareals sehr sicher, weil kein Mißwachs, Hagelschlag 2c. störend einwirken kann, und weil selbst das Feuer und die Insekten die Bäume nur tödten, aber nicht, oder nur ausnahmsweise das Holz verzehren.

3) Die im vorigen Paragraphen bezüglich der Vermehrung des Betriebskapitals und der mangelnden Arbeitsgelegenheit hervorgehobenen Eigenthümlichkeiten machen den Forstbetrieb besonders geeignet für öffentliche Verwaltungen, welche sich in andere Unternehmungen, die viel Arbeit erheischen, wegen der erschwerten Aufsicht und der mangelnden freien Bewegung nicht wohl einlassen können. Die im Wald vorkommenden Arbeiten sind der Mehrzahl nach solche, welche sich ohne Anstand im Accord gegen Stücklohn ausführen lassen, welche also der Staat so gut und so billig wie jeder Privatmann geliefert erhält.

4) Ebenso ist der oben angeführte Umstand, daß Spekulationen aller Art beim Forstbetrieb eigentlich ganz ausgeschlossen sind, ein Grund mehr, welcher denselben dem Staat empfehlenswerth machen muß.

5) Ferner sind die Einnahmen aus dem Waldeigenthum für Gemeinheiten, Korporationen 2c. deßhalb von besonderem Werth, weil sie ein Einkommen gewähren, das ihre Bedürfnisse stets in einem gleichbleibenden Verhältniß deckt, indem das Hauptprodukt voraussichtlich immer den

gleichen, absoluten, inneren Werth behalten wird, weil also das fortwährende Sinken des Geldwerthes auf diesen Theil der Revenüen keinen Einfluß ausübt.

6) Je weniger der Privatmann eine Veranlassung hat, neue Waldanlagen zu machen, um so mehr liegt dies in der Aufgabe der Staatsgewalt und zwar aus verschiedenen Gründen:

a) um den absoluten Waldboden in Benutzung zu nehmen und seine Fruchtbarkeit zu erhalten;

b) um eine verhältnißmäßig gleiche Vertheilung der Waldungen auf die einzelnen Landestheile herzustellen. Dies ist nothwendig, weil viele Waldprodukte, namentlich auch die geringwerthigeren Hölzer, einen weiteren Transport nicht ertragen, also in verhältnißmäßiger Nähe des Verbrauchsortes erzeugt werden müssen, und weil die Wälder einen großen Einfluß auf das Klima ausüben. Ueberläßt man die Waldwirthschaft ausschließlich den Privaten, so hat man jedenfalls nie die erforderliche Garantie, daß die Wälder am richtigen Ort, in genügender Menge erzogen werden;

c) weil der Forstbetrieb einer der wenigen Zweige der öffentlichen Verwaltung ist, die eine rentirende Kapitalanlage zulassen, und wobei der Staat nicht in störende Konkurrenz mit Privatunternehmern tritt;

d) weil der Staat in der Regel schon größere Waldkomplexe mit überschüssigen Holzvorräthen besitzt und somit in der Lage ist, viel früher als ein Privatmann einen Nutzen aus solchen neuen Waldanlagen zu ziehen; sobald nämlich das Gedeihen der Kultur als gesichert erscheint, d. h. oft schon nach 5—10 Jahren, kann er den an dem jungen Bestand erfolgenden Zuwachs in seinen haubaren Beständen erheben;

e) der Staat ist außerdem für sein Eigenthum steuerfrei;

f) es hat derselbe ohnehin eine größere Zahl von Forstbeamten aufzustellen, um die polizeilichen Maßregeln in Beziehung auf sämmtliche Waldungen durchführen zu können; die Schutz- und Verwaltungskosten werden dadurch natürlich vermindert.

7) Die Waldungen liefern eine Menge von Erzeugnissen, die für den Eigenthümer keinen Werth haben, weil ihre Gewinnung zu theuer für ihn wäre, die aber doch für andere Leute von Wichtigkeit sind, weil sie ihnen erwünschte Arbeitsgelegenheit geben, so namentlich das Leseholz, die Beeren, Waldsamen, Schwämme, theilweise auch das Waldgras. Von diesen Nutzungen wird der Privatwaldbesitzer Dritte so viel als möglich auszuschließen suchen, auch wenn er sie selbst nicht gewinnen kann; sie gehen in dem Fall also für das Allgemeine verloren, sobald die Waldungen bloß vom rein privatwirthschaftlichen Standpunkt bewirthschaftet werden.

8) Wollte ein Staat ohne eigenen Waldbesitz seinen Angehörigen die nöthige Menge von Waldprodukten dauernd sichern, so müßte er in die Wirthschaft der Privaten auf eine Weise eingreifen, welche der Staatsgewalt viel mehr Arbeit verursacht als die Verwaltung von eigenen Forsten, und

außerdem ohne lästige Aufsichtsmaßregeln gegen die Privatwaldbesitzer gar nicht durchzuführen wäre.

9) Die Erzeugung von Holz erfordert längere Zeiträume und es können dieselben durch menschliche Thätigkeit nur um ein Geringes abgekürzt werden. Zu vielen Zwecken müssen Bäume 100 oder 150 Jahre, im Hochgebirge sogar zwei Jahrhunderte oder darüber alt werden. Der Mangel an Holz tritt aber nicht so rasch hervor, weil man bei unnachhaltiger Wirthschaft längere Zeit von dem bei abgekürztem Umtrieb entbehrlich werdenden Materialvorrath zehren kann. — Ist nun ein solcher Mangel eingetreten, so hat weder der Staat noch der Privatmann irgend ein Mittel, um das erforderliche stärkere Nutzholz in der Nähe sich zu verschaffen, wogegen das Brennholz zwar in kürzeren Zeiträumen erzogen werden kann, aber in dem Fall eine unverhältnißmäßig große Bodenfläche dadurch in Anspruch genommen und theilweise anderen einträglicheren Kulturarten entzogen werden muß.

10) Der hohe Umtrieb mit niedriger Verzinsung des Materialkapitals liefert von einer bestimmten Fläche den größten Holzertrag.[1]) Je weniger nun der Forstbetrieb bei höherem Umtrieb entsprechende Zinsen gewährt, um so weniger wird der Privatmann Veranlassung haben, ein solches Opfer zu bringen, er wird vielmehr einen seinem Vortheil besser entsprechenden, niederen Umtrieb wählen. Darin liegt also für die Staatsgewalt die dringendste Aufforderung, eine solche Produktion selbst in die Hand zu nehmen, um möglichst wenig Fläche diesem wenig einträglichen Erwerbszweig zuzuwenden; diese Rücksicht ist namentlich in den Ländern von großer Bedeutung, wo der absolute Waldboden nicht ausreicht, um den nöthigen Bedarf an Holz ꝛc. zu decken, wo also noch anderer, zu besser rentirenden Kulturen tauglicher Boden als Wald verbleiben muß. — Der niedere Umtrieb bedingt aber nicht bloß eine größere Fläche, sondern auch eine ganz andere räumliche Vertheilung des Waldareals, weil er verhältnißmäßig viel weniger werthvolles, und darum nur in geringere Entfernung versendbares Holz erzeugt.

11) Die Forstwirthschaft verlangt bekanntlich, um mit Vortheil betrieben werden zu können, größere zusammenhängende Flächen. Wo nun ein solches Areal noch nicht vorhanden ist, da wird es Privatpersonen nur in seltenen Fällen möglich, eine Fläche von hinreichender Größe zu erwerben, weil die Parzellirung des Grund und Bodens meist schon weiter, als für den forstlichen Betrieb zweckmäßig, vorgeschritten ist. Der Staat aber und Körperschaften sind mit solchen Ankäufen nicht an eine so kurze

[1]) Die oben in §. 254 angeführten höheren Massenerträge des Mittelwaldes sind an und für sich nicht allgemein und für alle Fälle gültig; außerdem tritt aber der Mittelwald nur auf den besseren Böden mit dem Hochwald in Konkurrenz und nimmt letzterer in überwiegender Ausdehnung so geringe Böden ein, daß Mittelwald nicht mehr darauf möglich ist.

Zeit gebunden, sie können deßhalb auch viel eher parzellirte Grundstücke allmählig zusammenkaufen und die günstigen Gelegenheiten dazu abwarten.

12) Die Unabhängigkeit größerer Staaten, namentlich der mit Kolonien versehenen, hängt von dem Bestand einer entsprechenden Handels- und Kriegsflotte ab; letztere ist aber nicht wohl herzustellen ohne einen im eigenen Lande vorhandenen größeren Waldbesitz mit höherem Umtrieb, und daß ein solcher in den Waldungen der Privaten freiwillig nicht wohl eingehalten wird, ist nach dem Vorausgegangenen keinem Zweifel unterworfen.

Von den vorstehend aufgezählten Gründen sind die ad 1) bis 5), 6) a, c, d, e (letzteres theilweise), 7) und 11) genannten gleichmäßig wie auf den Staat, so auch auf die Korporationen (Gemeinden, Stiftungen rc.), die Familiengüter rc. anzuwenden. Ebenso gelten die von 1) bis 3) genannten Gründe für die über sehr große Mittel verfügenden Privaten.

§. 362.

Berechtigung des Staates zur Beschränkung der Waldeigenthümer.

In den vorausgehenden §§. ist die in vielen Verhältnissen eintretende Nothwendigkeit und Zweckmäßigkeit nachgewiesen, daß die Staatsgewalt den Waldbesitz beaufsichtige und in die Waldwirthschaft des Einzelnen eingreife. Da nun aber jede Beschränkung des Eigenthums als etwas Ungerechtes und sehr Lästiges angesehen wird, so hört man viele Stimmen, welche den Wald ganz frei geben wollen und dem Staate die Berechtigung absprechen, den Waldeigenthümer in dem Verfügungsrecht über sein Eigenthum irgendwie zu beschränken.

Diesen Einwürfen gegenüber ist darauf hinzuweisen, daß die sonst so sehr zu schätzende Selbsthülfe, sei es des Einzelnen oder eines Vereines, überhaupt nur wirksam werden kann zur Deckung augenblicklicher Bedürfnisse, welche sich in kürzerer Zeit, von wenigen Monaten und Jahren, herstellen lassen, nicht aber zur Beschaffung von Bedürfnissen für die kommenden Geschlechter, wie es beim Holz der Fall ist. Es ist ferner zu beachten, daß die Verbote der Waldausrodung und die Maßregeln, welche die Erhaltung des Waldbestandes zum Zweck haben, erst dann nothwendig sind, wenn die allgemeine Kultur entsprechend weiter vorgeschritten ist; die hierdurch hervorgerufenen äußeren, für den Waldbesitzer stets günstiger sich gestaltenden Verhältnisse sind es aber allein, welche die Ausrodung von Wald und die unnachhaltige Verminderung der Holzvorräthe gewinnbringend machen. Eine zahlreiche, wohlhabende Bevölkerung, entwickelte Gewerbsthätigkeit, vollkommene Verkehrsmittel und Anderes sind die Ursachen, daß der Waldbesitzer durch Zertrümmerung seines Waldes, durch Verwerthung seines niedriger sich verzinsenden Holzvorrathes und durch landwirthschaftliche Benützung des Bodens ein höheres Einkommen sich verschaffen könnte als durch den Waldbau. Alle jene äußeren Verhältnisse aber hat nicht der Waldbesitzer herbeigeführt, sie sind ohne irgend welche Thätigkeit von seiner Seite durch das Zusammenwirken aller Staatsangehörigen so geworden und deßhalb muß auch der Staatsgewalt, welche die Interessen der Gesammtheit zu wahren und zu vertreten hat, die Befugniß zustehen, dem Waldbesitzer die einseitige Ausbeutung dieser unter der Mitwirkung Aller geschaffenen günstigeren Verhältnisse zu verbieten, sobald dadurch einer größeren Zahl von Staatsangehörigen Nachtheile zugingen, welche in anderer Weise sich nicht abwenden lassen, als durch die Erhaltung des Waldes in möglichst gutem Zustand.

Man hat auch die Wiederkultur eines abgeholzten Waldes lediglich nur als die Gegenleistung für das bereits bezogene haubare Holz anzusehen; denn einerseits ist es bei vorsichtiger Behandlung möglich, die Waldungen ohne Aufwand natürlich zu verjüngen, und andererseits sind die Holzvorräthe ursprünglich ein Geschenk der Natur. — Wenn anfänglich unter einer langen Reihe von vorausgehenden Waldeigenthümern keine Kulturkosten aufgewendet werden mußten, so darf man doch mit Sicherheit annehmen, daß der erste, der sich hiezu genöthigt sah, nur durch die eigenen oder seiner Vorfahren Versäumnisse oder durch die ohne sein Zuthun günstiger gewordenen äußeren Verhältnisse zu diesen Auslagen veranlaßt wurde. Unter letzteren sind hauptsächlich die gestiegenen Holzpreise maßgebend, indem sie eine Aenderung der Betriebsart, eine beschleunigte Verjüngung ꝛc. dem Waldbesitzer vortheilhaft erscheinen lassen; aber schon ehe sich dieser erstmals zu Kulturausgaben entschließt, hat er in den günstigeren Holzerlösen eine reichliche Entschädigung für den, namentlich anfangs nur unbedeutenden Kulturaufwand bereits bezogen und kann daher ohne Anstand gesetzlich verpflichtet werden, für das benützte, haubare Holz wieder einen entsprechenden jungen Bestand anzuziehen, und diesfallsige Versäumnisse aus früherer Zeit allmählig nachzuholen. — Die Verzinsung dieser Kulturauslagen bis zur Zeit der Haubarkeit des damit erzogenen Bestandes kann hienach von Seiten der Waldbesitzer gar nicht mit Recht beansprucht und erwartet werden; wie aber schon mehrfach erwähnt, darf man ohnehin in einem Wirthschaftsganzen die Kulturkosten nicht als so spät rentirend ansehen, da der Zuwachs an dem jungen Bestand, sobald dessen Fortkommen gesichert ist, im haubaren, älteren Holz erhoben wird. Daß keine Wirthschaftsganze mit dem erforderlichen Holzvorrath mehr vorhanden sind, darf man im Allgemeinen als Ausnahme betrachten, und es hat in diesem Fall der Waldeigenthümer durch Zerschlagung des größeren Besitzes oder durch unnachhaltige Holzung zum Voraus einen unberechtigten Gewinn gemacht, der ihn zu diesen Ausgaben für Wiederherstellung des Waldes verpflichtet.

Wenn in dem für Preußen erlassenen sogenannten Waldschutzgesetz vom 6. Juli 1875 prinzipiell die völlige Freigebung der Privatwaldungen ausgesprochen ist und die von den Nachtheilen der Entwaldung bedrohten

Grundeigenthümer auf Selbsthülfe im Prozeßwege verwiesen werden, um die devastirenden Waldbesitzer zur Wiederaufforstung und geordneten Bewirthschaftung ihrer Forste zu zwingen, jedoch auch eintretenden Falles zu entschädigen, so kann dies für die Dauer dem Staatszweck durchaus nicht genügen, denn in solchen Fällen sind Ursache und Wirkung räumlich und zeitlich meist so weit auseinander gerückt, daß sie von der Mehrzahl der Betheiligten erst dann erkannt werden, wenn es zu spät ist, den Schaden ohne besondere Kosten abzuwenden; in allen Fällen aber läßt sich der drohende Nachtheil und der zu gewährende Vortheil nicht so leicht in Zahlen ausdrücken. Die im Gesetz für Ausnahmsfälle gebotenen Hülfsmittel werden also nur selten zum Schutz des Waldes in Anwendung kommen,[1]) obgleich dies schon jetzt in großem Umfange nöthig wäre, was die oben aus der Schrift „Die forstlichen Verhältnisse Preußens" angeführten zahlreichen Beispiele von schädlichen Entwaldungen hinlänglich beweisen. Glücklicherweise haben die Forstgesetze der übrigen Staaten Oesterreich, Bayern, Württemberg, Baden, Schweiz 2c. an den älteren konservativen Grundsätzen festgehalten. Insbesondere hat die Schweizer Bundesversammlung unterm 24. März 1876 für Hochgebirge sehr weitgehende forstpolizeiliche Beaufsichtigung angeordnet.

§. 363.

Nothwendige Größe der Waldfläche.

Wie groß die für Gesundheit und Wohlbefinden der Bevölkerung nöthige Waldfläche sein muß, läßt sich nicht unbedingt und für alle Fälle genau feststellen. Im Gebirge, wo viele und starke Gehänge nur durch die Holzzucht nutzbar gemacht werden können, ist in der Regel schon dadurch die für klimatische Zwecke nöthige Bewaldung hergestellt, und es bleiben nur wenige Prozente der Bodenfläche für die anderen Kulturarten frei. Allein auch die Hochebenen bedürfen des schützenden Waldes, wie das bereits oben erwähnte Beispiel vom Westerwald zeigt; ähnliche Erfahrungen hat man auf der Eifel, dem Hundsrück und anderwärts gemacht. Naturgemäß überwiegt in der Tiefebene die landwirthschaftliche Benutzung und hier schwindet die Bewaldung immer mehr zusammen, während mindestens ein Drittel oder doch ein Viertel des Ganzen ihr überlassen sein sollte. Die traurigen Verhältnisse der friesischen, hannöverischen, schleswig-holsteinischen u. a. Heidegegenden, wo nur 2—3 Procent der Gesammtfläche der Holzzucht gewidmet sind, haben dort längst zur Erkenntniß geführt, daß die Landwirthschaft ohne den Schutz des Waldes nicht entsprechend gedeihen kann, und man bemüht sich deßhalb daselbst allmählig, ihr wieder diesen Schutz zu verschaffen, wozu aber nicht bloß viele Zeit,

[1]) Vgl. hierüber Preußens landwirthschaftliche Verwaltung in den Jahren 1878 bis 1880. Berlin, P. Parey. 1881, worin diese Voraussage bestätigt wird.

sondern auch ein großes Anlagekapital erforderlich ist, welches neuerdings theilweise aus den Mitteln der Provinzialfonds zur Verfügung gestellt wird.

Bei Beurtheilung der einen Vorfrage, wie weit der absolute Waldboden gehe, sind jetzt namentlich auch die ungünstigen wirthschaftlichen Verhältnisse des Ackerbaues in die Waagschale zu legen. Manche Flächen, die früher als 6- und 9jähriges Roggenland noch eine, wenn auch geringe (später nach Einführung der Lupine auch noch eine bessere) landwirthschaftliche Rente gewähren konnten, sind jetzt nur noch zum absoluten Waldboden zu schlagen, besonders deßhalb, weil die sinkenden Wollpreise die Nutzung dieser geringen Böden zur Schafweide nur selten noch gestatten.

Von diesem Gesichtspunkt aus wären ausgedehnte Ländereien, namentlich die vom Wirthschaftshofe zu weit entfernten, der Holzzucht zu überweisen; allein im Privathaushalt scheitert dies meistens daran, daß man selbst auf die geringe Rente für so lange Zeit nicht verzichten und noch weniger die zur Waldanlage nöthigen Vorauslagen machen kann.

Zweites Kapitel.

Modalitäten der Staatsfürsorge.

§. 364.

Statistische Voruntersuchung.[1])

Nachdem in Vorangehendem die Nothwendigkeit nachgewiesen worden, daß und warum der Staat die Waldungen unter seine Aufsicht nehmen müsse, so handelt es sich nun von der Art und Weise, wie dies zu geschehen habe.

Das erste Erforderniß ist die Herstellung einer genauen Forststatistik; denn ohne eine richtige Kenntniß des Bestehenden ist man nicht im Stande, zu sagen, was und wie etwas besser gemacht werden solle. Es sind in Beziehung auf die Wälder folgende Thatsachen zu erheben:

1) Die Flächenausdehnung derselben für einzelne Provinzen oder besser Gebirgszüge, Flußgebiete, gesondert nach den verschiedenen Arten der Besitzer und womöglich auch noch getrennt nach absolutem und relativem Waldboden.

2) Die herrschenden Holz- und Betriebsarten und Umtriebszeiten.

3) Ertragsfähigkeit nach der Standorts- und Bestandesgüte, womöglich mit Ausscheidung nach Holzarten und Sortimenten.

1) Maron, Forststatistik der sämmtlichen Wälder Deutschlands einschließlich Preußen (jedoch mit Ausschluß Oesterreichs). Berlin 1862. — Leo, Forststatistik über Deutschland und Oesterreich-Ungarn. Berlin 1871. — Bernhardt, Forststatistik Deutschlands. Berlin 1872. J. Springer.

4) Die auf dem Waldeigenthum ruhenden Lasten; ferner die Zahl und Bedeutung der jährlich vorkommenden Waldfrevel.

5) Das Verhältniß zwischen Holz- und Nebennutzungen.

6) Holztransportanstalten in- und außerhalb der Waldungen.

7) Roh- und Reinertrag der Waldungen.

8) Hindernisse einer besseren Bewirthschaftung.

9) Ausscheidung derjenigen Waldungen, welche lokalen Schutz gegen schädliche Naturereignisse gewähren.

Als weitere hieher Bezug habende Verhältnisse müssen erforscht werden:

10) Der Umfang, in welchem Holzsurrogate (Bausteine, Torf, fossile Kohlen) gewonnen oder beigeschafft werden können.

11) Welche Holzmasse als Nebennutzung von landwirthschaftlichen Betriebsarten, Obst-, Weinbau, von den Holzpflanzungen, an Straßen, Bächen, auf Viehweiden 2c. erzeugt wird.

12) Welche Theile der bis jetzt nicht forstwirthschaftlich benützten Fläche sich mit Vortheil zu Wald anlegen ließen.

13) Ebenso umgekehrt: welche Waldflächen besser landwirthschaftlich benützt werden könnten, wobei neben der Fruchtbarkeit des Bodens auch die Bevölkerungsverhältnisse berücksichtigt werden müssen.

14) Holzbedarf der einzelnen Provinzen, oder noch besser der einzelnen Stromgebiete, gesondert nach den wichtigeren Sortimenten und Verwendungsarten, namentlich ob zu häuslichen oder gewerblichen Zwecken, und mit Berücksichtigung etwa möglicher Holzersparnisse.

15) Beobachtung der Regenmenge, Messung des Wasserstandes der Flüsse, Aufzeichnung der Ueberschwemmungen, Hagelwetter 2c.

16) Wenn sich eine zu große Ausdehnung der Wälder herausstellen würde, so gehören auch noch daher Untersuchungen, ob das Acker-, Wiesen- und Weideland ausreicht, um die nöthige Menge von Nahrungsmitteln für die Bevölkerung zu liefern.

§. 365.

Arten des Waldeigenthums.

Als solche sind zu unterscheiden:

Privatwaldungen, über welche die Eigenthümer ein unbeschränktes Verfügungsrecht ausüben. Diese sind in Süd- und Mitteldeutschland meist in den Händen von bäuerlichen Grundbesitzern und in der Regel in kleinere Parzellen zersplittert, während in den östlichen Provinzen Preußens und in Oesterreich der Großgrundbesitz vorherrscht.

Fideicommißwaldungen, über welche der jeweilige Nutznießer nicht einseitig verfügen kann, gewöhnlich größere Komplexe.

Korporationswaldungen, Gemeinden, Stiftungen, Klöstern, Schulen 2c. gehörig, welche ebenso im Interesse der folgenden Generationen nachhaltig zu bewirthschaften sind.

Dem Staat als Eigenthum zugehörige Waldungen.

Die Gemeinde- und andere Korporationswaldungen müssen von Staatswegen beaufsichtigt werden, weil die zukünftige Generation an deren Erhaltung mit betheiligt ist; es können freilich ganz verschiedene Grundsätze dabei angewendet werden, man kann das eine Mal die Behandlung und Bewirthschaftung den Staatsbeamten übertragen, das andere Mal sich auf eine Oberaufsicht beschränken; diese kann die Betriebsart, Umtriebszeit und die Ausdehnung der Nebennutzungen, oder nur im Allgemeinen die Erhaltung der Waldungen als solche zum Zweck haben (vgl. §. 368).

§. 366.

Maßregeln gegen Waldüberfluß.

Ergiebt sich aus den statistischen Untersuchungen, daß der Wald in einem Landestheil, der in forstlicher Hinsicht als selbstständige Provinz betrachtet werden kann, eine zu große Fläche einnimmt und daß es an Feldfläche mangelt, so hat die Staatsregierung dafür zu sorgen, daß durch Ansiedlung ackerbautreibender Kolonisten die Waldfläche vermindert wird. Erleichterung der Uebersiedlung durch gesetzliche Einrichtungen und direkte Geldunterstützung, Prämien für Waldrodungen, Steuererlaß auf etliche Jahre, wohlfeile Abgabe von Waldland und Bauholz sind hiefür die geeignetsten Mittel.

Ist in einer Gegend der absolute Waldboden vorherrschend, und deßhalb das Holz im Ueberfluß vorhanden, läßt es sich nicht entsprechend verwerthen, so muß die Regierung darauf hinwirken, daß holzverzehrende Gewerbe sich dort ansiedeln, namentlich solche, die ihre Produkte leicht in größere Ferne versenden können, oder es sind Eisenbahnen, Land- und Wasserstraßen nach anderen, bevölkerten Gegenden herzustellen, um dahin den Ueberfluß leicht abgeben zu können. Die Herbeiziehung von Mittelspersonen, welche den Holzhandel betreiben, ist ebenso zu begünstigen.

Unter solchen Verhältnissen kann der Staat für die Zukunft am besten sorgen, wenn er sich bemüht, die wichtigsten Waldungen an sich zu kaufen, weil voraussichtlich bei steigender Nachfrage nach Holz die Waldungen durch andere Besitzer nicht so bewirthschaftet werden würden, wie es das allgemeine Interesse erheischt. Sind aber solche Erwerbungen für den Staat und die Gemeinden nicht in genügendem Umfange möglich, so wäre die Konstituirung von größeren Waldfideicommissen anzuregen und gesetzlich zu erleichtern, denn so wenig man auch zu Gunsten der Fideicommissirung landwirthschaftlicher Objecte gestimmt sein mag, so wird sich doch aus dem Vorstehenden die Ueberzeugung schöpfen lassen, daß gerade beim Wald die Fideicommissirung zu allseitigem Vortheil ausschlagen muß, und daß dies der einzige Weg ist, um das Großkapital dauernd für forstliche Unternehmungen zu gewinnen. Es ist deßhalb ein großer Fehler in der

Gesetzgebung, wenn die Gründung von Waldfideicommissen mit den gleichen Erschwernissen umgeben wird, wie die aus landwirthschaftlichen Grundstücken zu bildenden.

Von den Waldungen, die sich nicht im Besitz des Staates befinden, hat die Regierung zunächst nur diejenigen zu beaufsichtigen, welche für Erhaltung der Bodenfruchtbarkeit wichtig sind, und sie muß dafür sorgen, daß dieselben schonend behandelt werden, damit sie diesen Zweck bleibend erfüllen können; sei es nun, daß nur der eigene Boden oder auch die angrenzenden Grundstücke vor Unfruchtbarkeit geschützt werden sollen. Je weniger aber unter solchen Verhältnissen, wo die Waldungen vorherrschen, die Waldeigenthümer sich in der freien Bewirthschaftung ihres Eigenthumes beengen lassen werden, um so mehr liegt darin eine Aufforderung für den Staat, derartige Waldungen selbst zu erwerben, und in eigene, zweckentsprechende Verwaltung zu nehmen.

Ob in einem solchen Fall der Ausfuhrhandel von rohem oder halbverarbeitetem Holz zu begünstigen sei oder nicht, ist eine Frage von weitgreifender Bedeutung, denn wo einmal ein solcher Absatzweg sich gebildet hat, da ist er schwer wieder zu verlassen. Bei anfänglichem Holzüberfluß wirkt die Ausfuhr von Handelsholz vortheilhaft, namentlich wenn sie noch durch Wasserstraßen oder Eisenbahnen begünstigt ist. Auf die Dauer aber ist eine solche Ausfuhr einem selbstständigen Staate und seiner normalen Entwicklung nicht zuträglich, weil es überhaupt nicht vortheilhaft ist, unverarbeitete Rohstoffe auszuführen, und weil eine auf größeren Holzbedarf Anspruch machende Industrie nur bei wohlfeilen Holzpreisen bestehen kann, diese aber durch eine Ausfuhr in der Regel zu hoch gesteigert und dadurch die Bildung von industriellen Etablissements erschwert oder unmöglich gemacht, und die Arbeitsgelegenheiten für die Staatsangehörigen wesentlich vermindert werden. Auf der andern Seite wird durch die mit dem Ausfuhrhandel gegebene Gelegenheit zu besserer Verwerthung des Holzes dem Waldbesitzer eine größere Einnahme gesichert, und liegt darin auch die Aufforderung, dem Wald selbst eine größere Sorgfalt und Pflege zuzuwenden.

§. 367.

Holzersparende Einrichtungen.

Der häufiger eintretende Fall, daß das Holzerzeugniß der Waldungen den Bedarf der Bevölkerung geradezu deckt, daß also für das stets wachsende Bedürfniß der gegebenen oder sich vermehrenden Volkszahl die Waldungen nicht ausreichen würden, macht ein anderes Verfahren nothwendig.

Zuerst sind von der Staatsregierung Einrichtungen zu treffen, daß die Waldprodukte möglichst leicht aus den waldreicheren in die holzärmeren Gegenden versendet werden können, dazu zählen die Herstellung von Wasserstraßen, Eisenbahnen, guten Landstraßen und Waldwegen, Beseitigung von

Zöllen, belästigenden Frachttarifen und andern, den Verkehr hemmenden Abgaben oder Kontrolmaßregeln.

Den Brenn- und Bauholzsurrogaten ist unter solchen Umständen eine besondere Aufmerksamkeit zu schenken, daß sie in geordnetem Betriebe gewonnen und nach Bedarf benützt werden. — Ferner sind holzersparende Einrichtungen, gute Oefen und Kochheerde, Dampfkochtöpfe, Gemeinde-Back- und Waschhäuser, Imprägnirungsanstalten für Nutzholz ꝛc. vom Staat, wo er Gelegenheit dazu hat, selbst einzuführen, und nebenbei durch Prämien und passende Belehrung deren allgemeiner Gebrauch anzubahnen; das Bauen von steinernen Häusern ist durch baupolizeiliche Bestimmungen, durch niedrige Feuerassecuranzbeiträge ꝛc. zu begünstigen. — Der Anzucht von Bäumen außerhalb des Waldes auf landwirthschaftlichen Grundstücken, an Flüssen, Straßen, Wegen ꝛc. ist ebenfalls durch Aufmunterung und Beispiel eine möglichst große Ausdehnung zu geben.

§. 368.

Beschränkungen der Waldwirthschaft.

In Beziehung auf den Forstbetrieb selbst sind bei nachgewiesenem Wald- und Holzmangel folgende Maßregeln geboten:

Die Erhaltung der Gebirgswaldungen in der für die Speisung der Quellen nothwendigen Ausdehnung ist unbedingt zu fordern, und zwar müssen diese Waldungen in guter Bestockung als Hochwald oder Femelwald mit der Streudecke erhalten werden. — Ebenso sind die Waldungen, welche den eigenen und den Boden benachbarter Grundstücke vor Unfruchtbarkeit schützen, gut zu pflegen. In den genannten Waldungen sind Ausrodungen gar nicht zu gestatten; sie müssen in Beziehung auf ihre Bewirthschaftung genau überwacht werden, damit die zweckmäßigste Betriebsart und Umtriebszeit eingehalten und eine sorgfältige Pflege ihnen zu Theil wird.

Rodungen in andern Waldungen sind nur ausnahmsweise zuzulassen und zwar nur so weit, als die ausgestockte Fläche anderwärts durch Waldanlagen oder bessere Bewirthschaftung der übrigen Waldungen ersetzt wird. Praktisch ist in solchem Falle die vormals in Frankreich geltende Bestimmung, daß gerodetes Waldland um den vierten Theil höher besteuert wird, als anderes Kulturland gleicher Ertragsfähigkeit; es hält diese Maßregel manchen vom Ausroden ab und giebt Sicherheit dafür, daß nur zum Ackerbau wirklich tauglicher Boden gerodet wird.

Der Walddevastation und einer erheblichen Verminderung der Produktionsfähigkeit der Waldfläche ist vorzubeugen, damit nicht durch allzu große Ausdehnung der schädlichen Nebennutzungen (Laub- und Moosstreu, übermäßige Viehweide, besonders mit Ziegen und Schafen) oder durch Herabsetzung der Umtriebszeit, Umwandlungen von Hochwald in Mittel- und Niederwald, oder durch Nachlässigkeiten bei der Verjüngung, Verschleuderung des Holzvorrathes rc. der künftige Ertrag geschmälert werde.

Ebenso ist die allzugroße Parzellirung der Waldungen zu verbieten oder doch zu erschweren, weil auf einer zu kleinen Fläche ein geordneter Forstbetrieb nicht möglich ist, und weil außerdem die Zersplitterung des Waldeigenthums viele Eigenthümer schafft, welche nicht das nöthige Vermögen haben, um eine nachhaltige Waldwirthschaft führen zu können. In Baden darf z. B. eine Waldparzelle unter 3 ha nicht weiter getheilt werden; auf ärmeren Böden sollte nicht unter 10 ha gegangen werden dürfen. — Das Zusammenlegen der Privatwaldungen zu größeren, gemeinsam zu bewirthschaftenden Komplexen (Genossenschaftswaldungen) ist gesetzlich zu erleichtern und zu begünstigen. Aus älterer Zeit bestehen noch manche solcher Genossenschaften, im Schwarzwald die Murgschifferschaft;[1]) in neuerer Zeit sind in Westfalen[2]) solche Zusammenlegungen ausgeführt worden, doch darf man sich von letzterer Maßregel, insbesondere bei Hochwald, keinen allzugroßen Erfolg versprechen, weil die wegen der beigebrachten Holzvorräthe nothwendige Ausgleichung viele Schwierigkeiten verursacht, denen die widerstrebenden Waldbesitzer meist dadurch zuvorkommen, daß sie den vorhandenen Bestand zuvor abschlagen und damit dem ganzen Unternehmen eine wesentliche Vorbedingung zu seinem Gedeihen entziehen.

Je größer die Unzulänglichkeit der eigenen Holzerzeugung sich herausstellt, um so strenger müssen diese Maßregeln durchgeführt werden, auf um so mehr Waldungen haben sie sich zu erstrecken.

Daß die dem Staat eigenthümlich zustehenden Waldungen zuerst nach den Grundsätzen bewirthschaftet werden, welche die Rücksicht auf das allgemeine Bedürfniß nothwendig machen, ist ohne weiteres anzunehmen. Zunächst hernach folgen die Waldungen, welche Gemeinden und öffentlichen Stiftungen angehören, denn derartige Korporationen sind die einzelnen Glieder des Staatsganzen und haben das gleiche Interesse an seinem Fortbestehen und an der gedeihlichen Entwicklung der Zukunft; man kann also von ihnen am ehesten diejenigen Opfer verlangen, welche eine solche forstliche Fürsorge für die Nachhaltigkeit im Holz- und Nebennutzungsertrag,[3]) so wie für möglichste Erhaltung und Hebung der Bodenkraft der Gegenwart auferlegt, z. B. höheren Umtrieb, Erhaltung werthvoller Holzarten, Eichen rc.

[1]) Emminghaus, Die Murgschifferschaft in der Grafschaft Eberstein im untern Schwarzwald. Jena, Fr. Mauke, 1870.

[2]) Allg. Forst- und Jagdzeitung von G. Heyer. Supplement. 1. B. 3. Heft, und Waldschutzgesetz für die kgl. preußische Monarchie vom 6. Juli 1875.

[3]) Regulirung der Laubabgabe in den Gemeindewaldungen des Herzogthums Nassau, s. Allg. Forst- und Jagdzeitung 1865, S. 326. (12 Ctr. Streulaub werden mit 0,6 Festm. Holzertrag ausgeglichen.)

Am besten erreicht der Staat diesen Zweck dadurch, daß er die Gemeindewaldungen durch seine eigenen Forstbeamten verwalten läßt, was das sicherste und einfachste Mittel ist, denn eine Kontrole und Beaufsichtigung der Gemeindewald-Wirthschaft würde nur dann zum Ziel führen, wenn sie ins Einzelne einginge und dem Gang des Betriebes Schritt für Schritt folgte. Dies würde natürlich den doppelten Aufwand veranlassen, denn es wäre neben dem forstpolizeilichen Kontroleur noch ein eigener Wirthschafter aufzustellen. — Vielfach haben auch die Gemeinden nicht so viel Wald, daß ein Wirthschaftsführer damit vollständig beschäftigt wäre; eine freiwillige Vereinigung mehrerer Gemeinden um einen gemeinschaftlichen Forstbeamten zu engagiren, hält aber sehr schwer, da ja bekanntlich die Kirchthurmsinteressen manchmal noch nützlichere Vereinigungen unmöglich machen; es ist also jedenfalls viel wohlfeiler, wenn der Staat selbst die Gemeindewaldungen beförstert, er kann dabei häufig auch seine eigenen Waldungen durch das gleiche Personal verwalten lassen, nur darf dies natürlich die Gemeindewaldungen nicht in den Hintergrund drängen, es sind vielmehr für diese die tüchtigsten und gebildetsten Techniker auszuwählen, um die Gemeinden zweckmäßig berathen und die Waldwirthschaft den jeweiligen Bedürfnissen anpassen zu können, wobei insbesondere vor unmotivirter Anwendung der für die Staatsforste aufgestellten Wirthschaftsgrundsätze namentlich Seitens übereifriger Anfänger in der Praxis und vor unsicherem gewagtem Experimentiren sich zu hüten ist.

Im Großherzogthum Baden[1]) und in vielen Kantonen der Schweiz findet eine solche Beförsterung der Gemeindewaldungen von Seiten des Staates statt, und der günstige Erfolg davon läßt sich leicht nachweisen, wird aber auch von Seiten der Betheiligten allenthalben anerkannt. — In Württemberg wurde durch Gesetz vom 17. September 1875 ein gemischtes Beförsterungssystem eingeführt, welches den Gemeinden die Wahl läßt, entweder einen für den Staatsforstdienst befähigten Forsttechniker als verantwortlichen Wirthschaftsführer zu wählen und aus eigenen Mitteln zu besolden, oder die Bewirthschaftung den Staatsforstbeamten zu überlassen, wofür eine Entschädigung von 0,8 Mark pr. ha an die Staatskasse zu zahlen ist.[2]) In letzterem Fall ist die Gemeinde zehn Jahre lang an diesen

[1]) Krutina, Die Gemeindeforstverwaltung im Großherzogthum Baden. Karlsruhe, Braun 1874. — Aus dieser sehr belehrenden Schrift sei hier nur der Schluß angeführt: „Der Erfolg der Gemeindewaldwirthschaft in Baden ..... ist in den am Schluß der letzten Tabelle gegebenen Zahlen genugsam ausgesprochen: Zuwachs und Massenertrag sind in den Gemeindewaldungen genau so groß wie in den Domänenwaldungen" (Zuwachs = 4,25 Festm., Haubarkeitsertrag = 3,75 Festm. per ha). „Das System der Bevormundung der Gemeinden in der Bewirthschaftung ihrer Waldungen hat sich demnach bewährt und es wird dies auch von den Gemeinden in ihrer großen Mehrzahl gerne anerkannt."

[2]) In Nassau 0,51 Mk. pr. ha Hochwald und die Hälfte für die Hauberge (Niederwald).

Beschluß gebunden. Die Oberaufsicht über die Wirthschaftsführung steht den königlichen Forstmeistern unter Mitwirkung der königlichen Oberämter, in letzter Instanz aber einem zum Ministerium des Innern ressortirenden Kollegium zu, welches aus dem Vorsitzenden der königlichen Forstdirektion, aus drei technischen Mitgliedern dieser Behörde und aus drei dem Departement des Innern angehörigen Mitgliedern gebildet wird.

Für die östlichen Provinzen Preußens gilt das Gesetz vom 14. August 1876, betreffend die Verwaltung der den Gemeinden und öffentlichen Anstalten gehörigen Holzungen.

Die Selbstständigkeit (Autonomie) der Gemeinden ist nun freilich das allgemeine Verlangen unserer Zeit und dem entsprechen obige Forderungen allerdings gar nicht. Es kann übrigens neben der Bewirthschaftung durch Staatsförster den Gemeinden noch vielfach ein ziemlich freier Spielraum in Bezug auf die Verwaltung ihres Waldeigenthumes eingeräumt werden, sie sollen jedenfalls frei verfügen über die Verwendung und Verwerthung der Waldprodukte, so weit dies eine öffentliche Verwaltung thun darf. Die Betriebsart und Umtriebszeit, das innerhalb der gesetzlichen Bestimmungen zulässige Maß der Nebennutzungen bieten noch reichliche Gelegenheit zu einer genügenden Thätigkeit der Gemeindebehörden, und im Allgemeinen wird ein Gesetz niemals Unbilliges, über die Kräfte der Einzelnen Gehendes auferlegen.

Genügt eine solche Bevormundung der Korporationswaldungen nicht mehr, so müssen auch die Privatwaldungen unter strenge Aufsicht genommen werden, wobei man nach dem Grade des Bedarfes mehr oder weniger von den oben genannten Mitteln in Anwendung bringen kann. Mindestens ist die Erhaltung der Waldbestockung, beziehungsweise die volle Sicherung der Wiederkultur zu verlangen.

Sodann hat sich noch die Aufmerksamkeit der Forstpolizeibehörden auf die ertraglosen, außerhalb des Waldes gelegenen öden Flächen zu richten; die Aufforstung derselben ist zu fördern durch Staatsbeiträge, Abgabe von Samen und Waldpflanzen um ermäßigten Preis,[1]) Geldbeiträge, Steuererleichterungen,[2]) technische Belehrung und Berathung der Waldbesitzer ꝛc. Wo solche ertraglose Flächen den Gemeinden gehören, läßt sich ein zwangsweises, durch Gesetz zu regelndes Einschreiten rechtfertigen.

[1]) Gegen Ende des vorigen Jahrhunderts vertheilte die holländische Regierung in den Provinzen Ober-Yssel und Gelderland größere Mengen von Eichenheister unentgeltlich, um die Aufforstungen zu befördern, und bot demjenigen, welcher auf seinem Eigenthum 100,000 Stück pflanzte, noch überdies den Freiherrnstand an. — Immerhin bleibt aber in solchen Fällen die Forterhaltung des neuangelegten Waldes, so lange er in Privatbesitz sich befindet, sehr fraglich, wenn nicht etwa ein Waldfideicommiß gebildet werden kann.

[2]) In Hannover wurden z. B neu aufgeforstete Flächen erst dann zu der höheren Steuer des Waldeigenthums beigezogen, wenn der wirkliche Forstertrag anfängt. — In Frankreich sind Aufforstungen auf Bergen, Abhängen, Dünen, Seeküsten und Heiden 30 Jahre steuerfrei.

In Frankreich ist man auf Anregung Napoleon III. in dieser Richtung seit 30 Jahren mit großem Eifer vorgegangen und es ist belehrend, aus dem Gang der Gesetzgebung zu ersehen, wie man zu einem immer strengeren Einschreiten und zu einer strafferen Organisation gekommen ist. Die Gesetze vom 28. Juli 1860 und 8. Juni 1864 ließen den Eigenthümern noch die Möglichkeit, selbst mit der Aufforstung vorzugehen, oder wenn der Staat die Aufforstung durchgeführt hatte, gegen Ersatz der Kosten oder gegen Abtretung der halben Fläche die ganze Fläche oder wenigstens die Hälfte wieder in Besitz zu nehmen. Durch das neueste mustergiltige Gesetz vom 4. April 1882 sind die Aufforstungen einer besonderen Centralbehörde unterstellt und werden durchaus von Staatsbeamten und auf Staatskosten ausgeführt; sobald ein Spezialgesetz die Nützlichkeit des Unternehmens anerkannt hat, wodurch zugleich in dem Bereich des betreffenden Umkreises die Ermächtigung zur zwangsweisen Enteignung gegen Widerstrebende ertheilt wird. Innerhalb zehn Jahren haben die Eigenthümer das Recht, gegen vollen Ersatz der Kosten ihre Grundstücke zurückzufordern. (A. v. Seckendorff, Verbauung der Wildbäche &c., Wien 1884, W. Frick.) Auf diese Weise sind in den Jahren 1860—1878 circa 87,000 ha, davon 51,000 freiwillig durch die Gemeinden und Privaten, unterstützt durch entsprechende Beiträge aus der Staatskasse, aufgeforstet worden.

Auch im westlichen Theil der Rheinprovinz ist die Aufforstung von Oedland energisch in Angriff genommen und durch bedeutende Zuschüsse aus der Staatskasse befördert worden; es wurden in den Jahren 1855 bis 1881 für solche Zwecke in den Regierungsbezirken Coblenz, Trier und Aachen 74,000 Mark Staatsbeiträge bewilligt und damit und mit weiteren eigenen Mitteln der Gemeinden auf der Eifel und dem hohen Venn 1400 ha in Kultur gesetzt. — In Schleswig-Holstein und Hannover kaufen die Provinzialverwaltungen Oedländereien und lassen sie aufforsten, auch werden Privaten und Gemeinden zu diesem Zweck Prämien und Anleihen zu billigen Zinsen bewilligt.

Aehnlich geht die Stadt Triest vor, und wird außerdem in deren Umgebung, im Karstgebiet sowohl im österreichischen wie ungarischen Antheil die Aufforstung sehr energisch und mit günstigem Erfolge betrieben.

Es läßt sich denken, daß durch jedes Eingreifen in die Eigenthumsrechte des Einzelnen der Regierung und den betroffenen Privaten vielfache Widerwärtigkeiten bereitet werden, ohne daß deßhalb der Erfolg den beabsichtigten Zwecken vollständig entsprechen würde. Sind daher die Privatwaldungen im Verhältniß zur ganzen Waldfläche des Landes von geringerer Ausdehnung, so wird man sich von Seiten der Regierung auf das Verbot der Ausrodung und auf die Verhinderung der Devastation beschränken. Letzteres geschieht am einfachsten dadurch, daß man einen Waldbesitzer, der zu devastiren anfängt, amtlich vor weiteren derartigen Schritten verwarnt und genügend über eine bessere Behandlung belehrt, giebt er diesem keine Folge, so expropriirt man den Wald und macht ihn zum Staatsgut. Der andere Weg, den devastirten Wald von Staats wegen wieder zu kultiviren und sich die Kosten dafür vom Waldeigenthümer ersetzen zu lassen, führt nicht so sicher zum Ziel, weil keine Garantie gegeben ist, daß der Waldeigenthümer nachher nicht wieder devastirt. In Baden besteht übrigens ein derartiges Gesetz und soll gute Wirkung haben. (Vgl. Monatsschrift für das Forst- und Jagdwesen 1859, S. 4.)

Haben aber die Privatwaldungen einen größeren Umfang und stehen größere Ausfälle an Walderzeugnissen oder nachtheilige klimatische Einwirkungen für die nächste Zeit in Aussicht, so wird eine Leitung und Bevormundung der Privatwaldungen nur unvollständig zum Ziele führen, weil man den Eigenthümer doch nicht gänzlich seines Einflusses auf das Eigenthum berauben kann, und weil man immerhin zu viele, vom Hauptzweck abziehende Rücksichten zu nehmen hat. Man wird deßhalb besser daran thun, wenn man soviel wie möglich Privatwaldungen für den Staat zu erwerben sucht, sei es nun im Wege der freien Uebereinkunft oder der zwangsweisen Abtretung. Erstere läßt sich ohne Anstand durchführen, wenn der Staat dazu solche Zeiten abwartet, wo das Holz und das Grundeigenthum nicht zu hoch im Preise stehen.

Außerdem hat die Staatsregierung selbst zur Anlage von neuen Waldungen zu schreiten; hiezu sind natürlich in erster Reihe diejenigen Flächen zu bestimmen, welche für eine andere Kultur nicht taugen. Für devastirte Waldungen und für Weideflächen 2c., die sich besser zur Forstkultur eignen, sind keine zu niedrigen Steuersätze anzulegen, jedenfalls sollen die Waldungen nicht höher besteuert sein als diese Flächen. Das Zusammenkaufen und Zusammenlegen mehrerer Waldparzellen soll von den üblichen Stempelgebühren, Verkaufsaccise 2c. befreit sein.

Da, wo man die große Bedeutung des Waldes durch empfindliche Unglücksfälle kennen gelernt hat, in der republikanischen Schweiz, da nimmt man keinen Anstand der rücksichtslosen, gemeingefährlichen Ausbeutung der Privatwaldungen aus Gründen des öffentlichen Wohles energisch entgegenzutreten; das Schweizerische eidgenössische Forstgesetz vom 24. März 1876 verfügt bezüglich der Privatwaldungen innerhalb des Alpengebietes, daß auch solche Privatwaldungen, welche nicht unter den Begriff von Schutzwaldungen fallen, ohne polizeiliche Erlaubniß und ohne gleichzeitige Aufforstung einer entsprechenden anderen Fläche nicht gerodet werden dürfen; die Schläge und etwaige neu sich bildenden Blößen sind rechtzeitig wieder aufzuforsten. Der Eigenthümer solcher Waldungen ist berechtigt, die Ablösung etwaiger darauf ruhender Beholzigungsrechte zu verlangen. — Noch strenger sind die im Privatbesitz befindlichen Schutzwaldungen beaufsichtigt; die Rodung derselben und der benachbarten Waldungen ist ganz untersagt, alle darauf haftenden Dienstbarkeiten müssen binnen zehn Jahren abgelöst werden, wenn sie die Zwecke, denen die Schutzwaldungen dienen, beeinträchtigen. Neue Dienstbarkeiten dürfen nicht konstituirt werden, die

Ausübung der Nebennutzungen ist nach forstwirthschaftlichen Grundsätzen zu regeln, nöthigenfalls einzustellen. Grundstücke, durch deren Aufforstung wichtige Schutzwaldungen gewonnen werden können, sind auf Verlangen des Bundesrathes oder einer Kantons-Regierung aufzuforsten, wozu Beiträge aus Staatsmitteln in Aussicht gestellt werden. Gehört das Grundstück einem Privaten, so kann dieser die Expropriation verlangen. — Unter Schutzwaldungen begreift das Gesetz solche, die vermöge ihrer bedeutenden Höhenlage oder durch ihre Lage an steilen Gebirgshängen, auf Anhöhen, Gräten, Rücken, Vorsprüngen oder in Quellgebieten, Engpässen, an Rüfen, Bach- und Flußufern, oder wegen zu geringer Bewaldung einer Gegend zum Schutz gegen schädliche klimatische Einflüsse, Windschaden, Lawinen, Stein- und Eisschläge, Erdabrutschungen, Unterwaschungen, Verrüfungen oder Ueberschwemmungen dienen.

Möchte dieses gute Beispiel überall da, wo es Noth thut, zeitig Nachahmung finden.

§. 369.

Vollzugsorgane.

Zunächst entsteht die Frage, in welches Verwaltungsdepartement die Forstpolizei einzutheilen sei. In Staaten, welche vermöge ihrer Ausdehnung ein eigenes Ministerium für Bodenkultur einrichten können, gehört sie entschieden dahin, wo dies nicht der Fall ist, sollte man sie ebenso wie die Obsorge für das landwirthschaftliche Gewerbe dem Ministerium des Innern zuweisen. Mehrfach ist sie aber noch in den Händen der Finanzbehörden, bei denen gar zu leicht die finanziellen Interessen, mehr als sich gebührt, in den Vordergrund treten. Gewöhnlich führt man für diese Zutheilung unter das Finanzdepartement an, daß die Staatswaldungen ohnehin dessen Verwaltung anvertraut sind, daß man dadurch also, wenn man auch die Forstpolizei dahin theile, an Beamten und Stellen ersparen könne. Dies ist richtig, aber ebenso wird man uns auch vom theoretischen Standpunkt aus zugeben, daß auf diese Weise leicht die Wahrung der polizeilichen Interessen mehr Nebensache werden, oder daß es wenigstens so scheinen könnte, als ob eine solche Unterordnung der höheren volkswirthschaftlichen Rücksichten unter den Geldpunkt begünstigt werde. Sehr zweckmäßig sind deßhalb in Preußen und Oesterreich die Staatsforste in die Verwaltung der Ministerien für Landwirthschaft oder Bodenkultur überwiesen worden.

Ein technisches Kollegium mit einem von jeder Einseitigkeit sich frei haltenden Techniker als Direktor[1]) ist für die beste Centralbehörde anzusehen; Nichttechniker, auch wenn sie sich noch so gut einarbeiten, sind zu unsicher in ihren Ansichten und deßhalb doch wieder von den einzelnen Technikern abhängig. — Die technischen Räthe müssen vielfach den Zustand der Waldungen durch Visitationen an Ort und Stelle untersuchen und aus

[1]) Vgl. v. Seckendorff, Centr.-Bl. f. d. ges. Forstwesen. 1884 S. 1.

eigener Anschauung kennen lernen. — Doch ist auch anzuführen, daß manche Staaten mit trefflicher Forstverwaltung (Bayern, Sachsen, Hannover) und selbst ein Großstaat (Preußen) die oberste Leitung einem einzigen, dem Finanzministerium als Rath beigegebenen, in forstlichen Fragen ziemlich selbstständig gestellten Techniker übertragen haben. Bei größeren Verwaltungen empfiehlt sich eine Decentralisirung, wie solche in Elsaß-Lothringen durch die technischen Kreisforstdirektionen durchgeführt war; es traten hier 4—5 Forstinspektoren als Kollegium zusammen, um über die wichtigeren Angelegenheiten ihrer Dienstbezirke gemeinsam zu beschließen. Diese Organisation mußte aber trotz ihrer Vorzüge dem centralisirenden Zuge weichen.

Außerdem sind für die Verwaltung der Staatsforste und für die forstpolizeiliche Ueberwachung der übrigen Waldungen besondere Lokalbeamte aufzustellen. Für diese Beaufsichtigung genügen häufig die Verwalter der Staatsforste vollkommen, und man bedarf keiner besonderen Forstpolizeibeamten. Nur in solchen Landestheilen, wo der Staat keinen Wald besitzt, sind für die Polizei besondere Lokalbeamte nöthig, welche nicht bloß die Gesetze zu handhaben, sondern namentlich auch durch Belehrung zu wirken und den berechtigten Ansprüchen der Waldeigenthümer, so weit sie nichts Verbotenes anstreben, in billiger Weise entgegenzukommen haben.

Es entspricht dem Princip der möglichst freien Benützung des Eigenthumes am vollkommensten, wenn man den Schutz der Waldungen jedem einzelnen Waldbesitzer überläßt, aber es hat diese Freiheit bei stark parzellirtem Eigenthum ihre großen Schattenseiten. Je kräftiger namentlich ein Theil der Waldungen geschützt wird, um so mehr werden sich die Frevler in den weniger geschützten Theil hinüberziehen. Die Aufsicht und Kontrole über die Schutzdiener kann von einzelnen Waldbesitzern nicht so gut ausgeübt werden; die Kosten für das Personal werden dabei unnöthig vermehrt; es lassen sich in diesem Falle selten die tauglicheren Leute zu diesem Dienste herbei, und öfters werden auch die freundlichen Nachbarschaftsverhältnisse unter den Waldeigenthümern gestört. — Es wäre daher am zweckmäßigsten und wohlfeilsten, wenn für alle im Staatsgebiet gelegenen Waldungen (wie in Frankreich und Holland) von Polizei wegen ein wohl organisirtes und disciplinirtes Schutzpersonal aufgestellt würde.

§. 370.

Forstpolizeigesetzgebung.

Die Normen, nach welchen die einzelnen Arten von Waldungen zu bewirthschaften und zu behandeln sind, müssen als gesetzlich bindende Vorschriften erlassen werden; es darf sich aber der Gesetzgeber nicht zu sehr ins technische Detail einlassen, weil er sonst leicht dem wissenschaftlichen Fortschritt hindernd in den Weg tritt; es soll nur im Allgemeinen das Ziel der Wirthschaft genau angegeben sein, ferner soll das Gesetz Bestimmungen enthalten, wann und wie die Wirthschaft des Einzelnen beschränkt werden dürfe, ob und welche Eigenthümer die Nachhaltigkeit der Nutzung einhalten müssen, in welchen Fällen er davon abweichen dürfe; das Gesetz muß ferner das zulässige Maß der Nebennutzungen angeben, das Minimum einer Waldparzelle feststellen und die Behörden bezeichnen, welche über Ausstockungen der Waldungen, über zulässige Umwandlungen ꝛc. zu erkennen und die Waldungen nach ihrer Wichtigkeit für das Land zu klassificiren haben. Waldzusammenlegungen, Arrondirungen, Austauschungen zwischen Wald und Feld, wenn jener guten, dieses schlechten Boden hat, sind durch das Gesetz möglichst zu erleichtern; ebenso Ablösungen oder Fixationen von schädlichen Servituten. Die Regelung der Wege und Ausfahrten in und aus den Waldungen, die Bestimmung, unter welchen Bedingungen die Gewässer zur Flößerei benützt werden dürfen, gehören ebenfalls in das Forstgesetz. — Dasselbe soll nicht zu tief ins Einzelne eingehen, es ist dies, so weit nöthig, der Vollzugsinstruktion zu überlassen, welche auch die verschiedenen provinziellen Eigenthümlichkeiten berücksichtigen muß.[1])

Dritte Abtheilung.

Besteuerung der Forste.

§. 371.

Allgemeines.

Bei Besteuerung der Waldungen kommen folgende Gesichtspunkte zur Erörterung. Die Grundsteuer ist eine bei den Finanzmännern sehr beliebte Abgabe, weil sie leicht aufgelegt und erhoben werden kann, und weil sich die davon Betroffenen ihr nicht zu entziehen vermögen. Man nimmt dabei den Reinertrag oder den Kapitalwerth zur Grundlage. Bei

[1]) Eben, während des Druckes, erschien in Nr. 175 der Kölnischen Zeitung von 1886 eine Abhandlung, welche mit überzeugender Sicherheit nachweist, daß die schon früher befürchtete, aber auch mehrfach angezweifelte Erschöpfung der Steinkohlenlager in nicht zu ferner Zukunft, für England schon etwa in 100 Jahren, bestimmt zu erwarten sei. Mögen dann inzwischen auch andere Wärme- und Kraftquellen entdeckt werden, mag es bis dahin gelingen, daß, wie Verfasser schon früher angedeutet (Köln. Zeit. 1885 Nr. 6, erstes Bl.) durch elektrische Uebertragung der Wasserkräfte aus den Gebirgen in weitere Entfernung ein Theil der Leistung der Steinkohlen ersetzt werde; zur Deckung des vollen Bedarfs an mechanischer Kraft und an Wärme wird dies wohl niemals ausreichen. Dann wird der Wald noch eine viel wichtigere Rolle spielen als jetzt; aber es wird auch der Minister für Bodenkultur einer frierenden und arbeitslosen Bevölkerung nicht zurufen dürfen „mir wächst kein Eichwald auf der flachen Hand!“ Der dann nothwendige Wald muß sofort den dringendsten Theil des Bedürfnisses decken können, es muß Holz und zwar von allen Altersstufen da sein, man muß in Zeiten dafür sorgen, und unstreitig gehört unter solchen Verhältnissen auch der ganze Waldbesitz eines Landes in die Hand des Staates. **Ergo videant consules!**

der Besteuerung der Forste müssen aber einige besondere Rücksichten genommen werden. Ist nämlich der Staat genöthigt, einen Theil oder alle in seinem Gebiet gelegenen Waldungen zu bevormunden, kann er ihnen wegen drohendem Holzmangel oder um schädliche Naturereignisse abzuwenden, keine freie Bewirthschaftung gestatten, so ist zuerst zu untersuchen, ob die mit Rücksicht hierauf erlassenen gesetzlichen Bestimmungen den Waldbesitzer wirklich hindern, eine für ihn vortheilhaftere, ihm mehr Reinertrag gewährende Bewirthschaftung auf seinem Grundstück einzuführen. Ist dies der Fall, so wäre zunächst derjenige Theil zu bestimmen, um welchen der Reinertrag durch jene nothwendige Bevormundung beschränkt wird; ist dieser gleich oder größer als derjenige Reinertragstheil, den andere Grundstücke als Steuer entrichten müssen, so kann billigerweise von diesen Waldungen eine Steuer nicht erhoben werden. Aus den gleichen Rücksichten muß die Steuer bei denjenigen Waldungen ermäßigt werden, bei welchen sich in Folge jener Untersuchungen ergiebt, daß der gesetzliche Zwang einen Theil des Reinertrags zum Voraus wegnimmt.

Bei Waldungen auf absolutem Waldboden, deren Erhaltung für den Staat in doppelter Hinsicht wünschenswerth erscheint, um die Fruchtbarkeit ihres eigenen Bodens zu erhalten und um anderes, zu einträglicheren Kulturarten taugliches Gelände nicht der forstlichen Kultur zuwenden zu müssen, kann eine Steuerbefreiung oder Steuererleichterung ebenfalls gerechtfertigt werden. Bei neuen Waldanlagen auf ödem Grund sollte so lange Steuerfreiheit gewährt werden, bis erstmals ein Hauptertrag oder doch größere Zwischennutzungen anfallen.

§. 372.

Specielle Anleitung.

Bei der Besteuerung der übrigen Waldungen soll nach folgenden Grundsätzen verfahren werden:

Zunächst ist bei der Einschätzung darauf zu sehen, daß die Waldungen in einem richtigen **Verhältniß** zu den übrigen Kulturarten zur Steuer herangezogen werden. Allgemeine Anhaltspunkte, wie dieser Zweck erreicht werden soll, sind aber schwer zu geben.

Es muß sodann derjenige **Betrieb**, welcher durch die äußeren, nicht in der Hand des Waldeigenthümers liegenden Verhältnisse geboten ist, festgestellt werden. Bei der Holzart und Betriebsart ist dies meistens gegegeben, oder läßt es sich unter Vergleichung mit den benachbarten Beständen leicht feststellen, da in der Regel jede Gegend ihre eigenthümliche Waldwirthschaft hat. Die **Umtriebszeit** läßt dagegen einen viel größeren Spielraum zu, und man muß zu ihrer Ermittlung schon einen möglichst großen Bezirk mit gleichartigen Verhältnissen ins Auge fassen, um daraus das Mittel zu ziehen. Daß devastirte, ebensowenig als die unter besonders günstigen Verhältnissen bewirthschafteten Waldungen dabei in Vergleichung gezogen werden, läßt sich wohl rechtfertigen, da man durch die Steuer weder Nachlässigkeiten aufmuntern, noch weniger aber Fleiß und Umsicht mehr belasten darf.

Die Produktionsfähigkeit nach den drei Standortsfaktoren ist für den Geldertrag besonders wichtig und darum mit Sorgfalt zu erforschen. Dabei bleiben diejenigen Verbesserungen des Bodens, welche nur durch besonderen Fleiß und durch größere Vorauslagen möglich zu machen sind, außer Berechnung, ebenso aber Verschlechterung des Bodens aus Nachlässigkeit. Man wird am besten thun, wenn man bei diesem Geschäft Standortsklassen zu Grunde legt, wobei die Zahl von 5 für jede Holzart genügen kann. Die Ertragsfähigkeit ist nach dem Durchschnittsertrag vom haubaren Bestand zu veranschlagen.

Von großer Wichtigkeit für den Ertrag ist die Art der Ausnutzung; es fragt sich, wie viele Procente Nutzholz, von welchen Preissortimenten angenommen werden sollen. Auch hier sind die mittleren, durch ortsübliche Wirthschaft gegebenen Zahlen maßgebend. Eine besondere Veredlung des Holzes bleibt unberücksichtigt.

Die Preise des Holzes, welche für dasselbe an dem Ort seiner Erzeugung bezahlt werden, sind nach mehrjährigem Durchschnitt für einzelne Lokalitäten zu ermitteln. Hiebei ist besonders die Lage der Waldungen maßgebend, weil der Holztransport sehr theuer kommt, und somit der Waldpreis des Holzes um so mehr sinkt, je entlegener oder unzugänglicher der Wald ist. Diejenigen Preissteigerungen, welche der Waldbesitzer durch eigene, auf seine Kosten ausgeführte Waldweganlagen bewirkt hat, müssen entweder unbeachtet bleiben, oder muß ihm für Verzinsung und Tilgung des Wegebaukapitales, sowie für Wegeunterhaltung ein Ersatz berechnet werden, wogegen die durch öffentliche Straßen ihm zufließenden Vortheile voll in Rechnung kommen.

Die wichtigeren Nebennutzungen müssen so weit veranschlagt werden, als sie gesetzlich zulässig sind und als sie innerhalb dieses Rahmens im Durchschnitt von der Mehrzahl der Waldeigenthümer ausgeübt werden.

Der Holzvorrath, welcher von wesentlichem Einfluß auf den Ertrag ist, kann bei einer Berechnung, welche der Besteuerung zur Grundlage dienen soll, nicht berücksichtigt werden, weil sonst die Steuer den gut und mit haubarem Holz bestockten Wald härter treffen würde, als einen jungen oder devastirten Bestand, und somit die Steuer eine Verminderung des Holzvorrathes begünstigen würde. Ohnehin wäre diese Grundlage der Besteuerung zu schwankend.

Sind die genannten Verhältnisse genau erforscht, so stellt man für den gegebenen Bezirk die Berechnungen auf, aus welchen sich ergiebt, wie viel ein nach den gesetzlichen Bestimmungen und der landesüblichen Bewirthschaftungsweise behandelter Wald Rohertrag, in Geld ausgedrückt, liefert. Es sind hiebei die verschiedenen Standorts- und Bestandesklassen der Art zu berücksichtigen, daß man nach Bedarf mehr oder weniger Klassen macht und für jede einen besonderen Rohertrag berechnet, sodann aber jede einzelne Waldparzelle oder Abtheilung in die betreffende Standorts- und Ertragsklasse einreiht, nachdem man zuvor durch genaue Begehung ꝛc. sich von den thatsächlichen Verhältnissen überzeugt hat.

Diesem gegenüber steht der nothwendige Produktionsaufwand und zwar: die Kosten der Holzaufbereitung, der Gewinnung von Nebennutzungen, die gewöhnlichen Kultur- und Wegbaukosten, der Verwaltungsaufwand, ferner der Ausfall, durch Servituten oder gesetzliche Beschränkungen des Betriebes. Zieht man diese von jenen ab, so erhält man den der Besteuerung zu unterwerfenden Reinertrag. Gewöhnlich bestimmt man denselben nach Procenten des Rohertrages, und es ist zu dem Zweck in der Instruktion oder im Gesetze selbst vorgeschrieben, wie viel Procente man für die vom Eigenthümer aufzuwendenden Kosten (ausschließlich der Servituten) abzuziehen habe; dieser Theil wäre jedoch für jede Klasse der Standortsgüte und der Lage besonders zu ermitteln, denn es ist ein unrichtiges Verfahren, wenn er für alle Ertragsklassen und für ein größeres Land gleichmäßig festgesetzt wird, weil die Verwaltungs-, Ernte-, Kultur- und andere Kosten auf schlechtem Boden einen viel größeren Theil des Rohertrages wegnehmen, als auf gutem Boden, denn dieser erzeugt mehr Holz ꝛc. und ist leichter zu bewirthschaften. — Es werden auch zur Vereinfachung der Einschätzungsarbeiten gegenseitige Ausgleichungen zwischen einzelnen Einnahme- und Ausgabeposten vorgenommen, so schreibt z. B. das badische Gesetz vom 23. März 1854 vor, den 15fachen Betrag des Werthes vom durchschnittlichen Haubarkeitsertrag als Steuerkapital anzunehmen: Zwischen- und Nebennutzungen (Hackwald und Rindennutzung jedoch ausgenommen), wie andrerseits Verwaltungs- und Schutzkosten, bleiben außer Rechnung. Vom Haubarkeitsertrag werden die Sortimente nach durchschnittlichen Procentsätzen getrennt aufgeführt und die Waldpreise aus den Jahren 1845/1847 und 1850/1852 nach Abzug der Aufbereitungskosten darauf angewendet.

Es ist endlich auch noch dafür zu sorgen, daß die zur Mitbenützung des Waldes (zum Bezug von Holz, Streu ꝛc.) Berechtigten für ihren verhältnißmäßigen Antheil am Reinertrag des belasteten Grundstückes entsprechend zur Grundsteuer beigezogen werden.

Eine Besteuerung nach dem Verkaufswerth ist bei den Waldungen nicht wohl zulässig, weil derselbe hauptsächlich durch den Holzvorrath bedingt wird, und es ist bereits oben erwähnt worden, warum dieser nicht als Grundlage bei einer Besteuerung angenommen werden kann, auch ist ein großer Theil der Waldungen dem Verkehr entzogen und fehlt es daher an den zur Feststellung richtiger Durchschnittszahlen nöthigen Grundlagen.

Beilage 1.

Notizen für die Veranschlagung der Kulturkosten.

Da es die Uebersicht wesentlich erleichtert, wenn die Kosten für die einzelnen Kulturarbeiten zu unmittelbarer Vergleichung nebeneinander aufgeführt werden, so blieb dies für eine besondere Beilage vorbehalten. — Es ist zwar unmöglich, für alle in ganz Deutschland vorkommenden Verhältnisse Anhaltspunkte zu geben, man muß sich dabei auf die in größerem Umfange eingebürgerten Kulturarten beschränken. Allein auch dabei bietet die Verschiedenheit der Arbeitslöhne noch mancherlei Schwierigkeiten. In einem großen Theile von Norddeutschland bekommt man erwachsene Männer um 1 Mk. Tagelohn, Frauen um 60 Pfg., halberwachsene Arbeiter um 40—50 Pfg., während in Süd- und Mitteldeutschland manche Gegenden doppelt so hohe Lohnsätze haben. Aber selbst diese erhebliche Verschiedenheit ist nicht für sich allein ausschlaggebend, es kommt noch insbesondere darauf an, ob billigere jüngere Arbeitskräfte vorherrschend oder ausschließlich verwendet werden können und in genügender Zahl zur Verfügung stehen. In zweiter Linie aber ist die Geschicklichkeit, Uebung und Ausdauer der Arbeiter von fast ebenso großem Einfluß, wie sich aus folgendem Beispiel ergiebt. In der Neumark kostet die Rodung von 1 ha Saatkamp auf 30—35 cm Tiefe 150—180 Mk, es steht dort der Lohn für einen erwachsenen Arbeiter auf 1 Mk. pro Tag. In Holland, an der deutschen Grenze bei Emmerich, bezahlt die fürstlich hohenzollern'sche Verwaltung für die Rodung auf 80 cm Tiefe 100—110 fl. = 160—176 Mk. Der Tagelohn steht da auf 0,75 fl. = 1,20 Mk. und der Boden ist noch dazu etwas bindiger als in erstgenannter Gegend.

Mit Rücksicht auf diese Verhältnisse sind in der Uebersicht die Autoren oder die Gegenden, aus welchen die Zahlen stammen, genannt; doch ist darauf aufmerksam zu machen, daß allgemein anwendbare Zahlen nicht gegeben werden können; es handelt sich bloß um Näherungswerthe, namentlich zur Beurtheilung des Kostenpunktes bei den verschiedenen Methoden, woneben aber niemals die Sicherung des Kulturerfolges vernachlässigt werden darf.

Bei den Saaten mußten die Kosten für Samenankauf, bei den Pflanzungen die für Pflanzenerziehung weggelassen werden, da sie gar zu sehr schwanken; sie dürfen aber bei wirthschaftlichen Erwägungen niemals außer Ansatz bleiben, zumal man meist besser fährt, wenn man weniger Samen oder Pflanzen verwendet und dafür diesen eine größere Sorgfalt angedeihen läßt. — Außerdem kommen noch in allen Fällen die Kosten für Ergänzung und Nachbesserung der Kulturen in Betracht, welche aber von zu vielen Umständen abhängig und deßhalb schwer zu veranschlagen sind. — Um alle in Betracht kommende Verhältnisse in ihrer Zusammenwirkung richtig würdigen zu können, sind am Schluß noch einige Voranschläge über die Gesammtkosten für die Flächeneinheit aufgestellt worden. — Der österreichische und holländische Gulden sind mit 1,60 Mk. in Rechnung genommen.

I. Umfriedigungen.

Zäune. Dichte Flechtzäune ohne Nägel, pr. lfd. Meter Arbeitslohn
gegen Rehwild 10—20 Pfg.,
gegen Roth- und Schwarzwild 30—40 Pfg.,
aus Drath dreifach mit Einrechnung des Draths 3 Pfg.

Für Thiergärten, 2,2 m hoch, 14 Dräthe mit eichenen Säulen (ohne Einrechnung des Holzes) pr. m 1,0 Mk.

Stangenzaun (ohne Holzwerth), acht gespaltene Stangen 0,6 Mk. (Burkhardt.)

Mauern (am Karst), unten 1,1 m, oben 0,6 m breit, 1,6 m hoch, pr. lfd. Meter 0,60 Mk.

Gräben, zugleich für Entwässerung 2c., pr. lfd. Meter
in Sandboden, 1 m breit, 60 cm tief, 5—10 Pfg.,
0,60 m breit, 30 cm tief, 3—4 Pfg.,
in Thonboden, ohne Felsen, 1 m breit, 50 cm tief, 15—20 Pfg.
1,5 m × 0,30 m breit und 1 m tief, 25—30 Pfg.,

ein cbm Erde umzugraben erfordert	in Sand 0,10	Männertage.
	„ Lehm 0,15	
	„ Thon 0,20	

Beim Vorkommen von Steinen und Wurzeln bis zum Doppelten.

II. Bodenbearbeitung.

Abschälen und Verbrennen des Heideüberzugs (Pommern) pr. ha 100 Mk.

Rasenasche bereiten (Heß, Gießen, hohe Löhne) pr. hl 0,60 Mk. — Die Rasenasche enthielt 0,16 Procent in Wasser lösliche Verbindungen, darunter im Maximum 0,1 Procent (wahrscheinlich auch im Wasser löslicher) Phosphorsäure. Bei etwa 2,5 specifischem Gewicht der Rasenasche treffen auf 1 hl 0,25 kgr von diesem wichtigen Nahrungsstoff, welcher im anderen künstlichen Dünger um 80 Pfg. pr. kgr zu kaufen ist, die übrigen wichtigeren Aschenbestandtheile um 40 Pfg. Bei Verwendung von künstlichem Mineraldünger kann man also die genannten Stoffe um den halben Preis kaufen.

Rodung,
a) wurzelfreier lockerer Boden, Lehm, Sand, 80 cm tief, zur Anlage von Eichenschälwald (Holland) pr. ha 140—160 Mk.;
b) mit Raseneisenstein durchzogener Boden, 50 cm tief, je nach Härte desselben, pr. ha 150—250 Mk.;
c) auf Kahlschlägen, unter Zugabe des Stockholzes 45—50jähriger Kiefern, (Holland), 20—25 cm tief (Umspaten) 80—90 Mk.;
d) diese Arbeit mit sorgfältigem Wechsel der Bodenschichten, 30—35 cm tief, (Neumark) 140—160 Mk.;
e) Umspaten in älterem Eichenschälwald (Holland) 60—70 Mk.;
f) auf bindigem Lehm- und Thonboden ohne Felsen und größere Steine (Süddeutschland), 35 cm tief, 300—500 Mk.

Pflügen der ganzen Fläche, 15—20 cm tief, und nachher Eggen (Burkhardt) 30 Mk.
do. mittelst Dampfpfluges, 80 cm tief, pr ha 66 Mk. (Aremberg).
do. do. do. bei Ortstein (Aremberg) pr. ha 100 Mk.

Dammkultur (Holland), 5 m breite Streifen, 0,6 m tief gerodet, dazwischen Gräben, 1,7 m obere Breite, 85 cm Tiefe, den Aushub gleichmäßig auf die Dämme vertheilt, pr. ha 170—200 Mk.

Aufbringen besserer Erde in Saatkämpen, 0,3 m hoch (Alemann) pr. ha 375 Mk.

Saatgräben, Ausheben und Wiedereinfüllen, 40 cm tief, 60 cm breit, pr. lfd. Meter Sand 0,07—0,10 Mk., Thon 0,10—0,20 Mk.

Riefenziehen zur Saat, 20—25 cm breit, 0,10 cm tief, Hacken, Handarbeit, pr. 100 lfd. Meter 0,06—0,08 Mk. (Norddeutschland).

do. in stark verfilztem Boden 0,10 Mk.

do. mit Gespann (Neumark), Abstand der Riefen 1,5 m, Tiefe 0,5—7 cm pr. ha 4—5 Mk.

do. mit Alemann'schem Waldpflug, 1,33 m Abstand, 14 Mk.; hernach Untergrundpflug, 15—20 cm tief, 7 Mk.; Nachklappen der in die Furchen gefallenen Rasen 4 Mk. je pr. ha.

do. (Altglashütte, Pfalz), 1,2 m Abstand, 0,6 m breite Riefen, gehackt und Aussaat (9 kgr Nadelholzsamen). pr. ha 30—33 Mk.

Pflanz- oder Saatplätze, umgraben, je 1 qm groß, Abstand 2 × 1 m Lockerung 0,12—15 cm tief, pr. ha 8 Mk. (Pommern).

desgl. Revier Liepe, 0,5 qm groß in 1 × 1 m Verband, pr. ha 15 Mk.

Pflanzlöcher für Heister (Alemann), 30 cm in den drei Dimensionen, im leichten Boden 3—5 Mk., im schweren Boden 5—7 Mk.

Hoch- oder Hügelsaat (Altglashütte, Pfalz), 1,5 m Abstand, 0,5 m breite erhöhte Streifen, mit 25 kgr Tannensamen besät, pr. ha 36—42 Mk. einschließlich der Aussaat.

Pflanzgräben in steinigem Terrain (Zengg am Karst), 18—22 cm breit, 0,3 m tief, pr. lfd. Meter 0,03—0,05 Mk.; nach 4 Gräben eine Schutzmauer, 45 cm hoch, 35 cm breit, 0,50 Mk.; Einpflanzen pr. 1000 Stück 4,8 Mk.; Gesammtkosten der Aufforstung pr. ha 160 Mk.

III. Saatarbeiten.

Vollsaat. Birken zur Einmischung, Ausstreuen des Samens pr. ha 0,15—0,20 Mk.
Fichten in Waldfeldern 0,25—0,35 Mk. (Süddeutschland.)

Riefensaat, 1,5 m Riefen Entfernung. (Weniger Samen bedingt sorgfältigere Arbeit.)
Kiefern, Samensaat (Alemann), pr. ha (7 kgr. Samen) 2—3 Mk. pr. ha.
" Zapfensaat ders. (2,6 hl Zapfen) pr. ha Ausstreuen, Kehren und Wenden 2,6 Mk. pr. ha.
Eichen, Revier Liepe, 1 × 1 m Verband 1 hl pr. ha 4 Mk.
Buchen, das. 0,5 hl 4 Mk.
Eichen, Alemann, 3 Mk.

Plätzesaat. Kiefern (Bodenvorbereitung s. ob.) 4—5 Mk. pr. ha.
Weißtannen unter Schutzbestand bei wundem Boden 6—8 Mk. (Schwarzwald.)
Eichen (Revier Liepe), 0,5 hl pr. ha, 3 Mk.
Buchen das. 0,25 hl pr. ha, 2 Mk.

Stecksaat. Buchen, Verband 1 m × 0,3 m pr. ha 8 Mk.
Eichen, hinter dem Pflug, 3—4 Mk.
" mit Steckeisen, 6 Mk.

Aufbewahren des Samens.
Eichen in Alemann'schen Hütten, pr. hl 0,40 Mk.
Bucheln, den Winter über wöchentlich wenden und einmal begießen, pr. hl 1,00 Mk. (Alemann). In größeren Mengen billiger.

Vergleichende Versuche vom königl. Oberförster Kirchner in Rogelwitz, Schlesien.

Furchen mit dem Pflug, 1,2 m entfernt, sammt Säen von 8 kgr Kiefernsamen pr. ha 17,57 Mk.

Erfolg: 36 Pflanzen auf 10 m Furchenlänge.

Desgl. und hernach Untergrundpflug sammt Säen 25,00 Mark.

Erfolg: 179 Pflanzen auf 10 m Furchenlänge.

Furchen mit der Hacke, 1,2 m Distanz, 24,10 Mk.

Erfolg: 150 Pflanzen auf 10 m.

Plätzesaat $0{,}5^2$ m, 1,2 Abstand von Mitte zu Mitte (4 kgr) 29,60 Mk.

Erfolg: 30 Pflanzen auf 10 Plätzen.

In vorstehenden vier Versuchen sind bloß die Arbeitslöhne berücksichtigt; ein zweispänniger Pflug mit Untergrundpflug kostet pr. Stunde 1 Mk.; ein vierspänniger Pflug mit zwei Arbeitern 2 Mk. Tagelohn im Herbst 50 Pfg., im Frühjahr 60 Pfg.

IV. Saat- und Pflanzschularbeiten.

Saat. Ansaat von Kiefern in Streifen (60 kgr pr. ha) einschließlich der Vorbereitung der Saatfläche und Rillenziehen 30—40 Mk.

Reinhalten im ersten Jahr 10—40 Mk.

" " zweiten " 25—50 "

Vorbereitung für Fichten- und Lärchensaat in Beeten und Ansaat in Rillen 50—70 Mk.

Reinhalten und Lockern im ersten Jahr zweimal 30—50 Mk.

" " " " zweiten " " 30—50 "

in schwerem unkrautwüchsigem Boden dreimal jährlich 60—100 Mk.

Eichelsaat in Rillen, Auslegen 25—30 Mk.

" breitwürfig und Untereggen 10—16 Mk.

Ahorn, Eschen, Hainbuchen in Rillen 40—60 Mk.

Rasenaschedüngung 0,2 hl pr. 1 qm 0,12—0,15 Mk.

Verschulen 1jähriger Kiefern 0,30—0,50 Mk. pr. 1000.

2- und 3jähriger Fichten 0,40—0,60 Mk.

3- und 4jähriger Weißtannen 0,60—0,80 Mk.

2jähriger Eichen, Ulmen, Ahorn, einschließlich Beschneiden der Wurzeln, 1,0 bis 1,5 Mk.

2jähriger Buchen und Lärchen 0,50—0,70 Mk.

Ausheben 1- und 2jähriger Nadelholzpflanzen, pr. 1000 0,04—0,06 Mk.

2jähriger Laubholzpflanzen 0,06—0,08 Mk.

verschulter 3- und 4jähriger Lärchen, 4- und 5jähriger Fichten 0,06—0,08 Mk.

" 5- und 6jähriger Weißtannen 0,08—0,1 Mk.

" 4- und 5jähriger Eichen pr. 1000 0,6—1,0 Mk.

" 7—10jähriger Eichen 2-3 Mk.

" do. aus Freisaaten 8—10 Mk. (Alemann.)

V. Pflanzung. Vollkultur.

Kiefern, einjährige, pr. 1000 Einpflanzen in Furchen 1,0 Mk. (Norddeutschland.)

zweijährige, unverschulte, pr. 1000 Einpflanzen in Furchen 1,2 Mk.

" verschulte, pr. 1000 Einpflanzen in Furchen 1,3 Mk.

Nachbesserungen um 20—30 Procent höher.

Kiefern, zwei- und dreijährige Ballenpflanzen (Ausheben und Einpflanzen) 2,0 Mk.
fünfjährige Ballenpflanzen (Ausheben und Einpflanzen) 4,0 Mk. pr. 1000.

Fichten, zwei- und dreijährig, Pflanzbeil oder Buttlar'sches Eisen 1,2—1,5 Mk.
" " " mit der Hacke 3,0 Mk. pr. 1000 (Süddeutschland).
vier- und fünfjährige, verschulte, ohne Kulturerde, einschließlich Löchermachen, 4—5 Mk. pr. 1000 (Süddeutschland).
vier- und fünfjährige, mit Kulturerde 5—7 Mk.
" " " mit Ballen, ohne Transport 3—4 Mk.
1—1,5 m hohe Halbheister mit Ballen 12—15 Mk.
Hügelpflanzung, 0,05 cbm pr. Hügel, 10—15 Mk.

Lärchen, jeweils 1—2 Jahre jünger verpflanzt, um die gleichen Löhne.

Weißtannen, so alt wie Fichten, um 25 Procent höher.

Eichen, einjährige, mit dem Pflug eingelegt, 1,0 Mk. pr. 1000 (Norddeutschland).
" mit dem Spiralbohrer 3,0 Mk. (Süddeutschland).
zweijährige, Klemmpflanzung (Alemann) 1,50 Mk. pr. 1000.
Stummel, fünfjährige, in gerodetem Land 2,5—3 Mk. (Holland).
fünfjährige Lohden in vorbereitete Löcher 4—6 Mk.
Halbheister, 1,5 m hoch, in vorbereitete Löcher 10—15 Mk.
Heister, 3 m hoch, in vorbereitete Löcher, 15—20 Mk.

Buchen, mit Buttlar'schem Eisen 2—3 Mk. pr. 1000.
drei- und vierjährige, mit der Hacke 5—6 Mk. pr. 1000.
sechs- und achtjährige, Nachbesserung, vorbereitete Löcher 8—10 Mk.

Eschen, Ahorn, Ulmen, 30—40 Procent höher als Buchen.

Erlen, Klapppflanzung (Alemann) 8 Mk. pr. 1000.

VI. Absenker.

Eichen (Holland) 25 Mk. pr. 1000.

VII. Stecklinge.

Weiden, zweijähriges Holz schneiden und einsetzen (Alemann) 3—4 Mk.

VIII. Gesammtkosten pr. ha.

Kiefernsaat (Alemann) Pflugarbeit 20 Mk.
7 kgr Samen (reichlich bemessen) à 3 Mk. 21 Mk.
Aussaat 3 Mk.
Nachbesserungen 3 Mk. Zusammen 47 Mk.

Kiefern-Pflanzung.
Pflugarbeiten wie oben 20 Mk.
8000 einjährige Pflanzen, Ankauf oder Erziehungskosten 8 Mk.
Einpflanzen 8 Mk.
Nachbesserungen 4 Mk. Zusammen 40 Mk.

Kiefern-Pflanzung.
Pflugarbeit, einmaliges Pflügen 6 Mk.
10,000 Pflanzen, Ankauf und Einsetzen 20 Mk.
Nachbesserungen 7 Mk. Zusammen 33 Mk.

Eichensaat (Alemann) Pflugarbeit 20 Mk.
3,3 hl Eicheln à 20 Mk.

Ausstecken 1 Mk.
Nachbesserung 4 Mk. Zusammen 45 Mk.

Eichen-Pflanzung (Alemann).
Pflugarbeit 20 Mk
8500 zweijährige Pflanzen, Ankauf 34 Mk.
Einsetzen 9 Mk.
Nachbesserung 7 Mk. Zusammen 70 Mk.

Eichen-Pflanzung (Alemann).
Pflanzlöcher, 0,3 × 0,3 × 0,3 m 3,5 Mk.
6000 achtjährige Heister, Ankauf 90,0 Mk.
Einpflanzen 12,5 Mk. Zusammen 106,0 Mk.

Eichen-Pflanzung (Süddeutschland).
Pflanzlöcher, 0,5 cbm, 1000 Stück 20 Mk.
1000 Stück Heister (Abtriebsbestand) Ankauf 15 Mk. Pflanzung 10 Mk.
5000 Stück dreijährige Buchen, Füllbestand. Ankauf und Pflanzung 45 Mk.
Zusammen 90 Mk.

Fichten-Unterpflanzung. (Süddeutschland.)
10,000 Stück, zwei oder dreijährig, (Buttlar) 15 Mk.
Ankauf oder Erziehung 10 Mk.
Nachbesserung 1 Mk. Zusammen 26 Mk.

Fichten-Pflanzung. (Süddeutschland.)
6000 Stück vierjährige, verschulte, Ankauf 24 Mk.
Einpflanzen mit der Hacke und mit Kulturerde 30 Mk.
Nachbesserung 6 Mk. Zusammen 60 Mk.

Beilage 2.

Entwurf eines Holzkauf-Vertrages.

Holzverkaufvertrag, abgeschlossen zwischen dem Forstamt A., vertreten durch den Oberförster W. zu O., und der Holzhandlungsfirma D. & Cie. zu J., vertreten durch den zur Prokuraführung berechtigten Theilhaber F. zu J.

Hiewegen ist zunächst zu prüfen, ob und unter welchem Titel die Firma im Handelsregister eingetragen und wer zur Prokuraführung berechtigt sei. — In Fällen, wo man es nur mit einem alleinstehenden Abnehmer zu thun hat, wird nach Umständen nothwendig sein, daß die Ehefrau dem Vertrag beitritt, dann muß dieselbe mit ihrem Geburtsnamen besonders genannt werden. — Wenn zwei nicht in einer Handelsfirma vereinigte Käufer auftreten, so sind sie zu verpflichten, den Vertrag unter gegenseitiger Haftbarkeit zu schließen.

§. 1. Das Forstamt verkauft an die Firma D. & Cie. in J., vorbehältlich der noch einzuholenden dienstherrlichen Genehmigung aus dem in seiner Verwaltung stehenden Forstbezirk (oder aus den namentlich zu bezeichnenden Waldtheilen), welcher dem Käufer nach Lage, Ausdehnung und Umfang genau bekannt ist, 25,000 Festmeter (mit Worten) Nadelnutzholz, und letzterer verpflichtet sich, dieses Holz unter nachfolgenden Bedingungen zu übernehmen.

§. 2. Die Abgabe wird in ungefähr gleichen Jahresleistungen innerhalb der Zeit vom 1. Oktober 1886 bis dahin 1891 erfolgen. Käufer ist aber verpflichtet, wenn es der Verkäufer verlangt, im letzten Vertragsjahr auch noch einen Mehranfall bis zu zehn Procent der Gesammtsumme zu übernehmen.

Da in Nadelholzrevieren wegen der zufälligen Erzeugnisse an Windfallholz ꝛc. die Nutzungsgrößen ziemlich schwanken, liegt es im Interesse der Wirthschaft, nicht gerade an eine feste, jährlich gleich große Abgabe gebunden zu sein; die Zusage einer solchen wird daher besser vermieden und nur in obiger Fassung zugestanden. — Bei bedeutenderen Mehranfällen, also etwa über 10% des jährlichen Durchschnittssatzes, empfiehlt es sich, um verkäuferischerseits möglichst freie Hand zu haben, für solchen Mehrbezug in §. 12 noch eine spätere Zahlungsfrist einzuräumen. Sehr nothwendig ist es auch, daß eine sichere Verständigung über den Umfang des Bezugsgebietes vorausgehe.

Handelt es sich um den Verkauf von Brennholz an ein industrielles Unternehmen (Eisen- oder Glashütte), so kann in §. 1 der Zusatz nothwendig werden, daß der Käufer verpflichtet sei, das übernommene Material nur zu diesem gewerblichen Zwecke zu verwenden, damit er nicht etwa dem Forstamt bei Verwerthung seines übrigen Brennholzerzeugnisses Konkurrenz in unmittelbarer Nähe mache. — Eine solche Bedingung hat aber dann auch wieder ihre Schattenseite, indem es auf Grund derselben dem Käufer möglich wird zu verlangen, daß die Abgabe nur in der für seine speziellen Zwecke erforderlichen Beschaffenheit und in den dazu geeigneten Holzarten erfolge.

§. 3. Die Vertheilung des jährlichen Abgabequantums auf die einzelnen Forstorte ist lediglich Sache des Verkäufers, und steht dem Käufer hiegegen ein Einspracherecht nicht zu; er hat dasselbe aus den ordentlichen Erzeugnissen der Verjüngungs- und Durchforstungsschläge, wie aus den außerordentlichen Erzeugnissen an Windfall-, Käfer- ꝛc. Holz zu übernehmen.

Bei der Ueberweisung ist es Regel, daß solche in ganzen Schlägen erfolgt; als Ausnahme bleibt aber vorbehalten die Deckung des eigenen herrschaftlichen Bedarfes an Bau-, Säg- und Schindelholz für sämmtliche auf der ganzen Domäne vorkommenden Bauten.

Ein etwaiger Mehranfall kann vom Käufer nicht in Anspruch genommen werden, Verkäufer hat das Recht, zu bestimmen, in welchem Forstort derselbe zurückbehalten und in welcher Weise er verwerthet werden soll.

Hier, wie in allen ähnlichen Fällen, muß der Käufer rücksichtsvoll behandelt werden, es wäre nicht billig, ihm die näher gelegenen Schläge oder die, wo besseres Holz anfällt, vorzuenthalten und ihm die ferneren und geringwerthigeren zuzuweisen.

Die Ausscheidung besserer Qualitäten zu Nutzen des Verkäufers ist bei allen Nutzholzverkäufen ganz ungeeignet und führt zu unnöthigen Streitigkeiten; beim Brennholz ist sie wohl selbstverständlich, allein die besondere Erwähnung dieses Vorbehaltes dennoch zu empfehlen. Es kann auch angezeigt erscheinen, verkäuferischerseits sich noch weiter die Befugniß vorzubehalten, Gnadengaben an Bauholz für Abbrändler in die dem Käufer überlassenen Schläge zu verweisen.

Bei Verträgen über Brennholz ist unter Umständen neben dem Bedarf der eigenen Verwaltung und ihrer Beamten, Patronatspfarreien ꝛc. auch noch ein Quantum zum öffentlichen Verkauf zur Befriedigung der Anwohner vorzubehalten.

Wo Kahlhiebe nicht Regel sind, ist es nothwendig, noch weiter zu bestimmen, daß die Schlagauszeichnung durch die Forstbeamten und lediglich nach forsttechnischen Grundsätzen erfolgen müsse, ohne daß dem Käufer eine Einflußnahme darauf zustehe.

§. 4. Die Fällung und Aufbereitung des Holzes wird unter Aufsicht und Leitung des Forstamtes durch die von demselben hiefür angenommenen und bezahlten Arbeiter besorgt, wogegen das Ausrücken desselben an die Wege oder auf die vom Forstamt zu bezeichnenden Lagerplätze und die Verbringung an seinen Bestimmungsort auf Kosten und Gefahr des Käufers zu geschehen hat.

Zur Schonung des Nachwuchses bei langsamer natürlicher Verjüngung empfiehlt es sich, das Ausrücken an die Wege ebenfalls noch durch die eigenen Arbeiter des Waldbesitzers ausführen und dann entsprechende Preiserhöhung eintreten zu lassen.

Das Zugeständniß, daß die Aufbereitung durch die Arbeiter des Käufers und auf dessen Rechnung erfolgen soll, hat auch beim Kahlschlagbetrieb seine Bedenklichkeiten, namentlich bei complizirteren Sortimentsverhältnissen, welche gar leicht einseitig zu Gunsten des Käufers und Arbeitgebers ausgenutzt werden können.

§. 5. Die Aufbereitung des Nutzholzes schließt das Entrinden nicht in sich und hat in folgenden Sortimenten zu erfolgen:

Für Langhölzer sind die Längen und der obere geringste Durchmesser einzusetzen, dabei muß beachtet werden, daß niemals ein Zweifel darüber entstehen kann, in welche Klasse der einzelne Stamm gehört, noch weniger darüber, für welche Klasse er zugerichtet werden kann. — Bei Säghölzern in Längen von 6 m und weniger darf die Klasseneintheilung unbedenklich nach dem mittleren Durchmesser erfolgen, wodurch für die Aufnahme eine wesentliche Geschäftsvereinfachung erzielt wird. Auch da, wo der Abnehmer vorherrschend Langholz begehrt, kann ihm die Uebernahme von kürzeren, nur zu Sägholz tauglichen Stücken nicht erspart werden, dagegen wird er sich dann die Zusage geben lassen, daß die Aufbereitung als Langholz die Regel bilden müsse und die Ausscheidung kürzerer Stücke nur bei vorkommendem Bruch- oder Faulholz stattfinden dürfe. Ebenso wird er beanspruchen, daß er krumme Stämme nicht zu übernehmen braucht, wobei nöthigenfalls eine genaue Definition der Krümmung zu geben ist. — Bei stärkeren Eichen ist es nicht rathsam, zum voraus festbestimmte Längen zuzusagen, sie sind nach Metern und geraden Decimetern abzulängen.

Wo der Käufer nur Sägholz zu erhalten wünscht, müssen zu Gunsten des Verkäufers mindestens 2 oder 3 Klotzlängen bestimmt werden, mit dem Vorbehalt, daß er diese Längen so kombiniren dürfe, wie es die möglichst beste Ausnutzung des einzelnen Stammes erheische. Zu Gunsten des Käufers soll dann auch noch die Zusage gegeben werden, daß nur kranke oder schadhafte Theile eines Stammes ausgeschnitten, sonst aber alle zu Nutzholz tauglichen Klötze eines Stammes zugewiesen werden müssen.

Auf Verlangen kann dem Käufer auch zugestanden werden, daß er bei veränderten Absatzverhältnissen andere Längen beantragen könne, wenn durch die veränderte Eintheilung dem Verkäufer daraus kein Nachtheil erwachse, oder wenn die Messung demungeachtet nach der normalen Länge erfolge.

Bei Brennhölzern sind die Sortimente leicht zu fixiren; es handelt sich zunächst um die Ausscheidung nach Holzarten, worin man bei größeren Käufen nicht zu weit gehen soll, dann nach Stärkeklassen event. mit Trennung von gespaltenem und nicht gespaltenem Holz, schwachen und starken Prügeln, sowie um eine präcise Bestimmung wegen der Ueberlage oder der Darrschicht. Werden Seitens des Käufers besondere Forderungen bezüglich des Verhältnisses, in welchem die einzelnen Sortimente übergeben werden müssen, gestellt, so hat der Verkäufer hiewegen die Leistungsfähigkeit seines Waldes zuvor genau prüfen und feststellen zu lassen, damit er nicht mehr zusage, als er leisten kann.

In der Regel wird sich beim Nutzholz dahin geeinigt, daß von der letzten oder den beiden letzten, d. h. schwächsten Klassen nicht über einen gewissen Procentsatz anfallen, aber das Mehr und Weniger in den folgenden Jahren abgeglichen werden darf.

Beim Brennholz kommt neben den Sortimenten auch noch die Holzart in Betracht, was bei gemischten Waldungen ein weiteres Erschwerniß bildet und zur besonderen Vorsicht mahnt, sich zuvor die Gewißheit zu verschaffen, wie weit mit den Zusagen gegangen werden kann.

Von Seiten der Käufer wird noch häufiger, als beim Nutzholz, gefordert, daß die geringeren Sortimente nur in gewissem Verhältniß vertreten sein dürfen, namentlich ist dies beim Nichtderbholz und Stockholz Regel. Es erscheint deßhalb nothwendig, sich auf Grund der Ergebnisse aus früheren Jahren zu vergewissern, daß nicht mehr als das vom Großkäufer übernommene Quantum anfalle, oder daß ein solches Mehrerzeugniß anderweitig noch verwerthet werden könne.

§. 6. Die Stärke des zu übergebenden Nutzholzes wird in halber Länge des Stammes oder Stammabschnittes ohne Einbezug der Rinde mit dem Kluppmaaß gemessen, wobei überschießende Bruchtheile eines Centimeters unberücksichtigt bleiben. Bei unregelmäßig gewachsenen Stämmen kann der Käufer verlangen, daß der Durchmesser zweimal und zwar rechtwinklig übers Kreuz abgenommen und verglichen werde, oder er darf einen anderen aber rückwärts, dem dicken Ende zu gelegenen Punkt, wo die Stammform eine regelmäßige ist, als Meßpunkt bezeichnen, an welchem der Durchmesser abgegriffen werden muß.

Nach der Stammlänge und dem mittleren Durchmesser wird unter Zuhülfenahme der . . .'schen Kubirungstafeln der Massengehalt für jeden einzelnen Stamm oder Stammabschnitt festgestellt und nach Preisklassen getrennt aufsummirt.

Wollte man ganz genau messen, so müßten die überschießenden Theile eines Centimeters unter der Hälfte vernachlässigt und die über der Hälfte für voll gerechnet werden.[1]) Da aber das Stammholz in Folge der Austrocknung auch in der Richtung des Durchmessers einen Schwindungsverlust erleidet, so erscheint es billig, in der oben angegebenen Weise zu verfahren.

Neuerdings wird sogar von Seiten der Holzhändler die ihnen noch günstigere Praxis einzubürgern gesucht, daß jeweils nur die nächste rückwärts liegende gerade Centimeterzahl der Kubikrechnung zu Grunde gelegt werde, was doch offenbar zu weit geht.

§. 7. Dem Käufer wird nur kaufmannsgute, gesunde Waare übergeben, dabei aber eine Gewähr für etwaige verborgene Fehler nicht geleistet. Auf dem Stamm dürr gewordene, oder in Folge Insektenfraßes abgestorbene, oder von Insekten befallene Stämme dürfen nicht zurückgewiesen werden, wohl aber angefaulte, stark strahlrissige, kreuz- oder drehrissige, durch Aeste ungewöhnlich verunstaltete und sehr rauhe Klötze, welche sich zur Verwendung als Säg- und Nutzholz nicht eignen, was übrigens der Käufer jeweils zu beweisen hat. — Einwendungen in diesem Sinne müssen jedenfalls bei der Uebergabe vorgebracht werden, später sind sie nicht mehr zulässig.

Entstehen wegen der Beschaffenheit einzelner Stämme Differenzen, so werden sie an Ort und Stelle von dem obersten Inspektionsbeamten zu F. entgiltig entschieden, dessen Ausspruch sich der Käufer zu unterwerfen hat.

Ringschälige, herzlose Stämme sind oben nicht aufgeführt, weil dieser Fehler, wenn er in geringem Umfange auftritt, nicht beachtet zu werden braucht, entgegengesetzten Falles muß er allerdings zu Gunsten des Käufers berücksichtigt werden. Es empfiehlt sich überhaupt bei Handhabung dieser Bestimmungen, nicht zu strenge und einseitig vorzugehen deßhalb kann auch die Schlußentscheidung wohl in die Hand der einen Partei gelegt werden, was von strengrechtlichem Standpunkt aus eigentlich unzulässig ist.

Die auf solche Weise zurückfallenden Ausschußhölzer werden zweckmäßig der freien Verfügung des Verkäufers vorbehalten und womöglich anderweitig verwerthet. Es empfiehlt sich durchaus nicht, im Vertrag dafür eine Ausschußklasse mit ermäßigtem Preis zu bilden oder sie auf Antrag des Käufers in die nächst niedrige Klasse zurückzusetzen, weil auf diese Weise seinerseits das Bestreben hervorgerufen und begünstigt würde, möglichst viele in die Ausschußklasse herabzudrücken. Behält sich aber der Verkäufer freie Verfügung darüber vor, so wird der Käufer den Zutritt anderer Konkurrenten in die von ihm übernommenen Schläge möglichst hintanzuhalten suchen, was manche kleine Differenz im Entstehen erstickt.

Wird dem Käufer eine mehrtägige Frist zur Prüfung der Beschaffenheit des Holzes eingeräumt, so hat dies leicht Nachtheile zur Folge bezüglich der Tragung der Gefahr für das bereits übergebene und übernommene Holz. Es empfiehlt sich daher obige Bestimmung; der Käufer kann aber dann billigerweise erwarten, daß die Uebergabe nicht überhastet werde.

Handelt es sich um Brennholz, so ist zu vereinbaren, ob nur völlig gesundes Material übergeben werden darf oder ob auch anbrüchiges einbezogen sei. In diesem Falle wird der Käufer sich vor allzugeringer Beschaffenheit zu verwahren suchen, und deßhalb in beiderseitigem Interesse die Verabredung dahin zu treffen sein, daß nur „keilhaltiges" Holz noch übernommen werden müsse.

Außerdem darf bei einem Verkauf von Brennholz nicht übersehen werden, dem Verkäufer das Recht der vorhergehenden Ausscheidung alles zu Nutzholz tauglichen Materiales ausdrücklich vorzubehalten.

[1]) Ein Verfahren, das aber bei dem zu Zwecken der Preisklassifikation abgenommenen oberen Durchmesser keine Anwendung finden darf, da hier der Centimeterstrich als maßgebend angesehen werden muß.

§. 8. Die Uebergabe des Holzes erfolgt aus den ordentlichen Jahresschlägen im Laufe des Winters und wird längstens bis 31. März beendigt, sofern nicht ungewöhnlicher Schneefall die Fällungsarbeiten länger als vierzehn Tage unmöglich gemacht hat.

Die zufälligen Erzeugnisse von Windfällen, Dürrhölzern 2c. werden je am Schluß des zweiten (geraden) Monats übergeben.

Zu jeder Uebergabe wird der Käufer oder sein mit Vollmacht zu versehender Vertreter sechs Tage zuvor schriftlich eingeladen. Dieselbe findet im Walde durch Vorzeigung des Holzes und etwaige Nachmessung desselben statt.

Einwendungen gegen das Maß oder die Klassifikation, oder die Beschaffenheit des Holzes müssen bei dieser Uebergabe geltend gemacht werden.

Wenn Seitens des Käufers zum Uebergabetermin Niemand erscheint, so wird die Uebernahme als anstandslos vollzogen angesehen.

Der Käufer ist verpflichtet, den Empfang des übernommenen Holzes jeweils schriftlich zu bestätigen, andrerseits aber auch berechtigt, eine Abschrift vom Aufnahme-Register des Forstamtes unentgeltlich zu beziehen.

Bleibt der Käufer am Uebergabetermin aus, so ist dies unter Mitbetheiligung des Schutzpersonales urkundlich festzustellen und die Empfangsbescheinigung für das Holz unverweilt einzuverlangen.

§. 9. Wenn die Uebergabe in vorstehender Weise vollzogen oder als vollzogen anzusehen ist, so liegt das Holz auf Gefahr des Käufers im Walde. Das Schutzpersonal des Verkäufers wird zwar die Hütung desselben fortsetzen, jedoch ohne eine Haftbarkeit dafür zu übernehmen. — (Es ist selbstverständlich, daß dem Personal des Verkäufers demungeachtet sehr daran liegen muß, alle Entwendungen, Beschädigungen 2c. an dem verkauften Holze hintanzuhalten, und wenn solche doch vorkommen, dem Käufer alle nöthige Unterstützung zu gewähren.)

Dem Käufer bleibt überlassen, zur Hütung des Holzes eigene Wächter im Einverständniß mit dem Forstamt aufzustellen, welches die Befugniß hat, ihm hiefür ungeeignet scheinende Personen zurückzuweisen.

§. 10. Die Abfuhr des Holzes aus dem Walde hat der Käufer thunlichst zu beschleunigen, und wird ihm für das Ausrücken an die Wege jeweils ein Termin von sechs Wochen und für die Abfuhr aus dem Walde von weiteren zwei Monaten gegeben.

Bei Nichteinhaltung dieser Fristen hat das Forstamt die Befugniß, eine Konventionalstrafe bis zu 5 Procent des Kaufpreises des betreffenden Holzes anzusetzen und einzuheben.

Sämmtliche Abfuhrwege, so weit sie zum Transport des erkauften Nutzholzes nöthig sind, werden zu diesem Zwecke dem Verkäufer zur Benutzung überlassen; es bleibt jedoch dem Forstamt vorbehalten, die zur Schonung der geöffneten Wege nöthigen Maßregeln anzuordnen, und der Käufer ist danach verpflichtet, seine Fuhrwerksunternehmer zu pünktlicher Einhaltung dieser Anordnungen zu verhalten. Der Käufer ist für alle bei der Holzabfuhr vorgekommenen, vermeidlich gewesenen Beschädigungen an den Wegen und dem Holzbestand haftbar und ebenso für die durch seine Arbeiter und Fuhrleute verübten Entwendungen und Weidevergehen. Ob es sich um einen Schaden, der vermeidlich gewesen wäre, handle, hat ausschließlich das Forstamt zu bestimmen und auch den Schadenersatz festzustellen; Käufer ist sodann verpflichtet, diesen binnen vierzehn Tagen nach der Anforderung an die Kasse zu Z. einzubezahlen.

Wenn sodann das Auftreten schädlicher Forstinsekten die Entrindung des übernommenen Holzes nöthig macht, so hat der Käufer auf ergehende Aufforderung hiezu diese Arbeit unweigerlich binnen längstens vierzehn Tagen vornehmen zu lassen; geschieht das in dieser

Frist nicht, so ist das Forstamt berechtigt, auf Kosten des Käufers die Ausführung zu übernehmen.

Werden obige Abfuhrtermine nicht eingehalten, so empfiehlt sich eine billige Rücksichtnahme auf den Käufer, jedenfalls erscheint es angemessen, demselben gleich bei der Uebergabe anzuzeigen, in welchen Schlägen die forstlichen Interessen die Abfuhr dringlich machen Der durch die Abfuhr an dem Bestand und den Wegen verursachte Schaden darf selbstverständlich nur dann dem Käufer zur Last geschrieben werden, wenn er durch grobe Fahrlässigkeit oder Bosheit verursacht wurde. Die gewöhnliche Abnutzung der Wege darf dem Holzfuhrmann nicht aufgebürdet werden.

Wo die Hauptwege mit festem Steinkörper versehen sind, wird man diese ohne Ausnahme und Einschränkung a ch bei nasser Witterung zur Benutzung freigeben. Zu diesem Zweck muß dann aber das Ausrucken an solche Hauptwege verlangt werden.

Wo blos im Winter bei festgefrorenem Boden gefahren werden darf, ist dies besonders zu bedingen, was aber nicht ohne Einfluß auf die Preise sein wird, vielleicht von größerem als der Schaden an den Wegen.

§. 11. Für das übernommene Holz hat Käufer folgende Preise in der landesgesetzlichen Geldwährung portofrei an die Kasse in Z. zu bezahlen:

Die Preise sind ganz in Uebereinstimmung mit den oben festgestellten Sortimenten für jedes einzelne auszusetzen.

Wo die Absatzlagen erhebliche Verschiedenheiten in den Bringungskosten bedingen, empfiehlt es sich, zwei oder mehrere Preiszonen zu vereinbaren, damit man verkäuferischerseits die Abgaben auch unbeanstandet in die ungünstiger gelegenen Waldtheile verweisen kann.

Wo die Höhe der Stempel-Abgabe sich nach dem Gesammterlös bemißt, läßt sich hier eine Veranschlagung des letzteren auf Grund des muthmaßlichen Procentverhältnisses unter den einzelnen Sortimenten einfügen.

§. 12. Die Bezahlung des Kaufpreises für die übergebenen Hölzer hat in folgenden Terminen portofrei an die Kasse in Z. zu geschehen, und zwar auf den der Uebergabe folgenden nächsten 1. April, 1. Juli und 1. Oktober je 5000 fl., den Rest auf 1. Dezember.

Sollte die Bezahlung nicht längstens innerhalb acht Tagen nach Ablauf dieser Termine erfolgen, so werden vom Verfalltage ab jeweils fünf Procent Saumsalszinsen berechnet, welche der Käufer zu bezahlen hat.

Außerdem steht aber dem Verkäufer auch noch die Befugniß zu, entweder den fälligen Kaufschilling und die eben erwähnten Zinsen gerichtlich einzuklagen oder das abgegebene Holz nach eigenem Ermessen anderweitig zu verwerthen.

Für einen hiebei sich ergebenden Mindererlös ist der erste Käufer haftbar. Jedenfalls kann Verkäufer weitere Holzabgaben so lange verweigern, bis die älteren verfallenen Schuldigkeiten bezahlt sind.

Was hiebei zunächst die Zahlungstermine anbelangt, so empfiehlt es sich, solche der Rechnungs- und Kassenkontrole wegen auf feste Kalendertage zu bestimmen und sie nicht von den Tagen der Holzübergaben abhängig zu machen. Dabei muß aber dann jedenfalls Sorge getragen werden, daß bis zum ersten Termin so viel Holz abgegeben ist, daß sein Werth mindestens die erste Zahlungsrate erreicht.

Die Höhe des Zinsfußes ist so zu bemessen, daß darin eine weitere Nöthigung zur Einhaltung der Termine liegt. So lange der Käufer anderwärts höhere Zinsen zu zahlen hat, liegt für ihn die Versuchung nahe, die zu niedrigeren Zinsen laufende Holzgeldschuld fortbestehen zu lassen und den übrigen Verbindlichkeiten früher gerecht zu werden.

Daß dem Verkäufer nicht in allen Fällen der im dritten Absatz vorbehaltene Zugriff auf das abgegebene Holz zusteht, ist unzweifelhaft, namentlich nicht bei eintretendem Konkurs, weil ja das Holz bereits dem Käufer übergeben ist.

§. 13. Zur Sicherstellung des Verkäufers für pünktliche Erfüllung aller aus diesem Vertrage dem Käufer erwachsenen Verpflichtungen hat dieser eine Kaution im Werthe von — bei der Kasse in Z. zu hinterlegen, und zwar entweder in Staatsschuldscheinen oder in sonstigen nach alleinigem Urtheil des Verkäufers gleich sicheren Werthpapieren, welche zum gegenwärtigen Kurs an der Berliner Börse angenommen werden.

Sollte der Kurs um mehr als fünf Procent zurückgehen, so ist Käufer auf Verlangen verpflichtet, binnen vierzehn Tagen das zu obiger Summe Fehlende zu ergänzen.

Die Kouponbogen nebst Talon sind mit den Schuldscheinen zugleich zu hinterlegen und werden die verfallenen Koupons jeweils auf den Termin dem Käufer gutgeschrieben.

Etwaige Verloosungen und Kündigungen hat der Käufer selbst zu kontroliren und übernimmt die verkäuferische Verwaltung hiewegen keinerlei Verpflichtung oder Haftbarkeit.

Ausgelooste Scheine sind sofort durch gleichwerthige wieder zu ersetzen.

In gleicher Weise ist die Kaution längstens binnen vierzehn Tagen wieder auf den vollen obigen Betrag zu ergänzen, wenn der Verkäufer genöthigt war, einen Theil oder das Ganze zur Begleichung seiner unbefriedigt gebliebenen Forderungen zu verwenden.

Um eine mit besonderen weiteren Kosten verknüpfte Kautionswidmungsurkunde entbehrlich zu machen, empfiehlt es sich, die als Kaution zu hinterlegenden Papiere in diesem §. speziell mit ihrem Nominalwerth, so wie mit Serie und Nummer aufzuführen. Die in vorstehender Weise durch Faustpfand geleistete Sicherheit ist allen anderen Arten vorzuziehen, doch kann nicht in allen Fällen darauf beharrt werden, man muß öfter auch Bürgschaft oder Hypothekarkaution annehmen, bei welchen eine unmittelbare rasche Deckung der Rückstände nicht so leicht möglich ist.

Bei Bürgschaftsleistung wird es oft nothwendig, zwei Bürgen zu verlangen, welche dann gegenseitig solidarisch haftbar gemacht werden müssen. Ueber ihre Zahlungsfähigkeit ist sich mit aller Vorsicht zu vergewissern, und zwar nicht bloß bei Abschluß des Vertrages, sondern auch während der ganzen Dauer desselben. Der oder die Bürgen müssen auf ihr Recht die Vorausklage oder Theilung der Haftbarkeit verlangen zu dürfen, Verzicht leisten.

§. 14. Die mit dem Vertragsabschluß verbundenen Stempel- und sonstige öffentlich rechtliche Kosten hat Käufer allein zu tragen, und den Steuerbehörden gegenüber auch sonst zu vertreten.

§. 15. Die Kontrahenten verzichten auf die Einrede des Irrthumes, des Betruges und der enormen Verletzung, desgleichen auf jede Anfechtung des Vertrages wegen etwa eintretender außerordentlicher Umstände, z. B. Krieg.

§. 16. Gegenwärtiger Vertrag ist einfach ausgefertigt und bleibt das Original in Händen des Verkäufers, während dem Käufer eine wortgetreue Abschrift davon ausgehändigt wird.

Der Vertrag ist beiderseitig zu unterzeichnen und zu siegeln, die Unterschriften müssen in Oesterreich auch noch von zwei Zeugen bestätigt werden. — Wird Sicherheit durch Bürgschaft geleistet, so ist bei den Unterschriften der Bürgen diese ihre Eigenschaft ersichtlich zu machen durch den Beisatz: als Bürge und Selbstschuldner.

Zusammenstellung
der
technischen Ausdrücke
und
Nachweisung darüber, wo dieselben erklärt sind.

G.

H.

J.

K.

Q.

R.

S.

Druckfehler.

Seite 430 Zeile 15 von oben lies 33 Pfg. statt 0,33 Pfg.
" 430 " 19 " " ist ha hinter 8356 einzufügen.
" 452 " 8 " unten lies Siebentes Kapitel.